Bert Breuer/
Karlheinz H. Bill (Hrsg.)

Bremsenhandbuch

Aus dem Programm
Kraftfahrzeugtechnik

Vieweg Handbuch Kraftfahrzeugtechnik
herausgegeben von H.-H. Braess und U. Seiffert

Handbuch Verbrennungsmotor
herausgegeben von F. Schäfer und R. van Basshuysen

Bremsenhandbuch
herausgegeben von B. Breuer und K. H. Bill

Nutzfahrzeugtechnik
herausgegeben von E. Hoepke

Verbrennungsmotoren
von E. Köhler

Passive Sicherheit von Kraftfahrzeugen
von F. Kramer

Motorradtechnik
von J. Stoffregen

Omnibustechnik
von O.-P. A. Bühler, herausgegeben vom VDA

Automotive Software Engineering
von J. Schäuffele und T. Zurawka

Kurbeltriebe
von S. Zima

Die BOSCH-Fachbuchreihe
- **Ottomotor-Management**
- **Dieselmotor-Management**
- **Autoelektrik/Autoelektronik**
- **Fahrsicherheitssysteme**
- **Fachwörterbuch Kraftfahrzeugtechnik**
- **Kraftfahrtechnisches Taschenbuch jetzt auch als CD in deutscher oder mehrsprachiger Version**

herausgegeben von ROBERT BOSCH GmbH

Bert Breuer/
Karlheinz H. Bill (Hrsg.)

Bremsenhandbuch

Grundlagen, Komponenten, Systeme, Fahrdynamik

Mit 468 Abbildungen

ATZ-MTZ-Fachbuch

vieweg

Bibliografische Information Der Deutschen Bibliothek
Die Deutsche Bibliothek verzeichnet diese Publikation in der Deutschen Nationalbibliografie; detaillierte bibliografische Daten sind im Internet über <http://dnb.ddb.de> abrufbar.

Das Werk entstand mit freundlicher Unterstützung der Continental Teves AG.

1. Auflage September 2003

Der Vieweg Verlag ist ein Unternehmen der Fachverlagsgruppe BertelsmannSpringer.
www.vieweg.de

Technische Redaktion: Imke Zander, Wiesbaden
Konzeption und Layout des Umschlags: Ulrike Weigel, www.CorporateDesignGroup.de
Bilder: Graphik & Text Studio, Dr. Wolfgang Zettlmeier, Barbing
Satz, Druck und buchbinderische Verarbeitung: Druckhaus Thomas Müntzer, Bad Langensalza
Gedruckt auf säurefreiem und chlorfrei gebleichtem Papier.
Printed in Germany

ISBN 3-528-03952-3

Vorwort

Im deutschsprachigen Raum gibt es seit 1935 das sogenannte TEVES-Bremsenhandbuch, das mit seinen Neuauflagen bis in die heutige Zeit ein bewährter Ratgeber zu Bremsenfragen auf dem Gebiet des Personenwagens ist. Ihm wurde vom gleichen Bremsenhersteller 1995 ein Bremsen-Handbuch Elektronische Bremssysteme an die Seite gestellt.
Auf Anregung des Vieweg Verlages wurde das Konzept erweitert und den Bedürfnissen einer stark erweiterten Zielgruppe angepasst, die Anspruch an ein herstellerneutrales, grundlagen- und gleichzeitig anwendungsbezogenes Fachbuch signalisierte.
Mikroelektronik und Mechatronik haben das technische Potenzial und die Funktionalität von Bremsanlagen enorm gesteigert. Hydraulisch, elektrohydraulisch oder elektromechanisch betätigte Bremsen und die gesamte Bremsanlage mit all ihren Komponenten sind ein unverzichtbarer Teil des heute bereits erreichten bzw. zukünftig noch möglichen Niveaus der Sicherheit, der Fahrerassistenz und der Unfallvermeidung, aber auch des Komforts. Hierbei ist eine mit anderen Subsystemen des Kraftfahrzeuges wie Lenkung, Radaufhängung oder Reifen zusammenwirkende Einbindung in das Gesamtsystem Umwelt – Fahrer – Fahrzeug unerlässlich.
Herausgeber und Verlag legen mit diesem Bremsenhandbuch der Fachwelt ein geschlossenes Gesamtwerk über Bremsen und Bremssysteme für Kraftfahrzeuge aller Art in der Form eines neutralen technischen Fachbuches vor.
Es behandelt umfassend Grundlagen, Anforderungen, Auslegungen, Aufbau, Gestaltungen, Komponenten und Teilsystemfunktionen im modernen Kraftfahrzeug. Das Buch wendet sich dabei den Personenwagen, Nutzfahrzeugen, Anhängern, geländegängigen Rad- und Kettenfahrzeugen, Motorrädern, Rennfahrzeugen und sogar Flugzeugen zu.
Den mechatronischen Anwendungen, den Materialien und Prozessen, der Prüfung, Zulassung und Bewertung, der Wartung/Reparatur und den Zukunftsaspekten sind eigene Kapitel gewidmet.
Unsere Zielgruppe sind Ingenieure, Techniker und sonstiges technisches Personal in der Konzeption, Konstruktion, Entwicklung, Erprobung, Herstellung, Wartung und Überwachung von Straßenfahrzeugen und deren Bremsanlagen sowie Lehrende, Forschende und besonders auch Studierende des Ingenieur- und Kraftfahrwesens.
Wir haben die vom Vieweg Verlag an uns herangetragene Aufgabe als Herausgeber dieses neuen Werkes gerne angenommen und bedanken uns bei Frau Imke Zander und Herrn Ewald Schmitt herzlich für die hervorragende Zusammenarbeit.
Den über 50 Autoren aus Industrie, Hochschulen und anderen Institutionen danken wir für ihre Mitwirkung an diesem Buch und für ihre engagierte Arbeit als Verfasser der von ihnen gestalteten Buchkapitel.

Seeheim-Jugenheim/Berlin im August 2003

Bert Breuer
Karlheinz Bill

Kapitel, Beiträge und Mitarbeiter

1	Zur Geschichte der Kraftfahrzeugbremse	Dr. Peter Rieth
2	Der Bremsvorgang – Ablauf, Einflüsse und Anforderungen	Prof. Dr.-Ing. Claus Wolff
3	Fahrzeugtechnische Anforderungen	Dr.-Ing. Ulrich Eichhorn/Dipl.-Ing. Karl Horst Fuhrmann
4	Menschliche Anforderungen	Dr.-Ing. Bettina Abendroth/ Prof. Dr.-Ing. Kurt Landau/ Dipl.-Ing. Jochen Weiße
5	Interaktion Fahrbahn – Reifen – Bremse	Prof. Heinrich Huinink
6	Auslegung und Simulation von Pkw-Bremsanlagen	Dipl.-Ing. (TU) Josef Pickenhahn/ Dipl.-Ing. (FH) Thomas Straub
7	Aufbau und Komponenten von Pkw-Bremsanlagen	Dipl.-Ing. Gunther Buschmann/Dipl.-Ing. James Remfrey
8	Bremssysteme und Bremsverhalten von Nutzfahrzeugen und Zügen	Prof. Dr.-Ing. habil. Egon-Christian von Glasner
9	Nutzfahrzeugbremsen	Dipl.-Ing. Hans Baumgartner/Dr. Eduard Gerum/ Dipl.-Ing. Alf Siebke
10	Bremsverhalten und Bremsen von Einspurfahrzeugen	Dr. Markus Braunsperger/Dipl.-Ing. Helmut Köhler Dipl.-Ing. Ralf Lewien/Dipl.-Ing. (FH) Horst Reichl/ Dipl.-Ing. Gert Vilsmeier/Dipl.-Ing. Hans-Albert Wagner
11	Auflaufbremsanlagen	Hermann Hofstetter/Johann Loipl/ Dipl.-Ing. (FH) Josef Strasser
12	Bremsen von Off-Road Radfahrzeugen	Dipl.-Ing. Hermann Beck/ Dipl.-Ing. Wolfgang Grünbeck
13	Bremsen für Kettenfahrzeuge	Prof. Dr.-Ing. Manfred Hirt/ Dipl.-Ing. Max Witzenberger
14	Flugzeugbremsen	Dipl.-Ing. Gerd Roloff/Burkard Ohly
15	Bremssysteme für Rennwagen	Dr. Riccardo Cesarini/Ing. Mauro Piccoli
16	Grundlagen elektrisch betätigter Pkw-Bremssysteme	Prof. Dr.-Ing. Karlheinz H. Bill
17	Elektrohydraulisch betätigte Bremsen	Dr.-Ing. Hans Georg Engel
18	Elektromechanisch betätigte Bremsen	Dipl.-Ing. Gunther Buschmann
19	Die Bremsanlage im Fahrerassistenzsystem	Dr. Anton van Zanten
20	Die Bremse im mechatronischen Fahrwerk	Dipl.-Ing. Steffen Gruber/Dipl.-Ing. Jochen Reichel/ Dipl.-Ing. Markus Schumann/Dipl.-Ing. Martin Semsch/ Dipl.-Ing. Thomas Strothjohann/ Prof. Dr. rer. nat. Hermann Winner
21	Eigenschaften der Reibpaarung im Bremsprozess	Dipl.-Ing. Claus Kleinlein/Prof. Dr.-Ing. Dietrich Severin
22	Schwingungen und Geräusche	Prof. Dr.-Ing. habil. Horst Brunner/ Dipl.-Ing. Lars Koch
23	Reibbeläge	Dr. rer. nat. Christian Wiaterek
24	Bremsflüssigkeiten	Dr. Harald Dietl
25	Bremsenprüfstände	Dieter Weiss
26	Sicherheit und Zuverlässigkeit von Bremsanlagen	Dr.-Ing. Thomas Aubel/Dipl.-Ing. Hans-Wilfried Mäder
27	Regelwerke und Prüfverfahren	Dipl.-Ing. Hans-Thomas Ebner
28	Wartung und Diagnose von Bremsanlagen	Ulrich Güllering/Dipl.-Ing. (FH) Peter Jobelius/ Dipl.-Ing. Roman Rotter
29	Entwicklungstendenzen und Zukunftsaspekte	Dr. Peter Rieth

Firmen- und Hochschulverzeichnis

Firmen

Airbus Deutschland GmbH, Hamburg	Dipl.-Ing. Gerd Roloff
BMW Motorrad, München	Dr. Markus Braunsperger Dipl.-Ing. Helmut Köhler Dipl.-Ing. Ralf Lewien Dipl.-Ing. Horst Reichl Dipl.-Ing. Gert Vilsmeier Dipl.-Ing. Hans-Albert Wagner
Robert Bosch GmbH, Schwieberdingen	Dr. Anton van Zanten
Brembo S.p.A., Curno	Ing. Riccardo Cesarini Ing. Mauro Piccoli
Clariant GmbH Division FUN, Burgkirchen	Dr. Harald Dietl
Continental AG, Hannover	Prof. Heinrich Huinink
Continental Teves AG & Co. oHG, Frankfurt	Dipl.-Ing. Gunther Buschmann Dipl.-Ing. James Remfrey Dr.-Ing. Peter Rieth
DaimlerChrysler AG, Sindelfingen	Dr.-Ing. Hans Georg Engel
DaimlerChrysler AG, Stuttgart	Prof. Dr.-Ing. habil. Egon-Christian von Glasner
Knorr-Bremse SfN GmbH, München	Dipl.-Ing. Hans Baumgartner Dr. Eduard Gerum Dipl.-Ing. Alf Siebke
Knott GmbH, Eggstätt	Hermann Hofstetter Johann Loipl Dipl.-Ing. Josef Strasser
Renk AG, Augsburg	Prof. Dr.-Ing. Manfred Hirt Dipl.-Ing. Max Witzenberger
RWTÜV Fahrzeug GmbH, Essen	Prof. Dr.-Ing. Claus Wolff
Schenck Pegasus GmbH	Dieter Weiss
TMD Friction GmbH, Leverkusen	Dr. rer. nat. Christian Wiaterek
TRW KFZ Ausrüstung, Neuwied	Ulrich Güllering Dipl.-Ing. (FH) Peter Jobelius Dipl.-Ing. Roman Rotter

TRW Automotive, Koblenz	Dipl.-Ing. (TU) Josef Pickenhahn Dipl.-Ing. (FH) Thomas Straub
TÜV Automotive GmbH, München	Dr.-Ing. Thomas Aubel Dipl.-Ing. Hans-Wilfried Mäder
Verband der Automobilindustrie (VDA), Frankfurt	Dipl.-Ing Hans-Thomas Ebner
Volkswagen AG, Wolfsburg	Dr. Ulrich Eichhorn (ausgeschieden) Dipl.-Ing. Karl Horst Fuhrmann
ZF Passau GmbH, Passau	Dipl.-Ing. Hermann Beck Dipl.-Ing. Wolfgang Grünbeck

Universitäten und Hochschulen

FHTW Berlin	Prof. Dr.-Ing. Karlheinz H. Bill
TU Berlin	Prof. Dr.-Ing. Dietrich Severin Dipl.-Ing. Claus Kleinlein
TU Darmstadt	Prof. Dr.-Ing. Kurt Landau Dr.-Ing. Bettina Abendroth Dipl.-Ing. Jochen Weiße
TU Darmstadt	Prof. Dr. rer. nat. Hermann Winner Dipl.-Ing. Steffen Gruber Dipl.-Ing. Jochen Reichel (ausgeschieden) Dipl.-Ing. Markus Schumann Dipl.-Ing. Martin Semsch (ausgeschieden) Dipl.-Ing. Thomas Strothjohann
TU Dresden	Prof. Dr.-Ing. habil. Horst Brunner Dipl.-Ing. Lars Koch

Autorenverzeichnis Bremsenhandbuch

Dr.-Ing. Bettina Abendroth	TU Darmstadt, Institut für Arbeitswissenschaft
Dr.-Ing. Thomas Aubel	Geschäftsführer, TÜV Automotive GmbH, München
Dipl.-Ing. Hans Baumgartner	Leiter Vorentwicklung Radbremse, Knorr-Bremse SfN, München
Dipl.-Ing. Hermann Beck	Leiter des Geschäftsfeldes A-Baumaschinensysteme, ZF Passau GmbH, Passau
Prof. Dr.-Ing. Karlheinz H. Bill	FHTW Berlin, FB Ingenieurwissenschaften II, Fahrzeugtechnik
Dr. Markus Braunsperger	Leiter Forschung und Entwicklung, BMW Motorrad, BMW AG, München
Prof. Dr.-Ing. habil. Horst Brunner	Leiter des Lehrstuhls für Kraftfahrzeug- und Antriebstechnik, TU Dresden, Institut für Verbrennungsmotoren u. Kraftfahrzeuge (IVK)
Dipl.-Ing. Gunther Buschmann	Systemauslegung EHB, Continental Teves AG & Co. oHG, Frankfurt
Ing. Riccardo Cesarini	B.U. Racing Director, Brembo S.p.A., Curno
Dr. Harald Dietl	Clariant GmbH, Divison FUN, Burgkirchen
Dipl.-Ing. Hans-Thomas Ebner	Leiter der Abteilung Technik, Verband der Automobilindustrie (VDA), Frankfurt
Dr.-Ing. Ulrich Eichhorn	ehem. Leiter der Konzernforschung, Volkswagen AG, Wolfsburg jetzt: Vorstand Bentley Motors, Crewe
Dr.-Ing. Hans Georg Engel	Leiter Entwicklung Fahrwerk und Fahrwerksystem DaimlerChrysler AG, Sindelfingen
Dipl.-Ing. Karl Horst Fuhrmann	Leiter Pkw-Fahrwerk-Entwicklung, Volkswagen AG, Wolfsburg
Dr. Eduard Gerum	Leiter Entwicklung Bremssysteme, Knorr-Bremse SfN, München
Prof. Dr.-Ing. habil. Egon-Christian von Glasner	Advanced Product Engineering, DaimlerChrysler AG, Stuttgart
Dipl.-Ing. Steffen Gruber	Wissenschaftlicher Mitarbeiter, TU Darmstadt, FG Fahrzeugtechnik (fzd)

Dipl.-Ing. Wolfgang Grünbeck	Versuch/Geschäftsfeld A-Baumaschinensysteme, ZF Passau GmbH, Passau
Ulrich Güllering	Documentation & Publication Manager KFZ Mechaniker-Meister, KFZ Elektro-Meister, TRW KFZ Ausrüstung GmbH, Neuwied
Prof. Dr.-Ing. Manfred Hirt	Sprecher des Vorstandes Renk AG, Augsburg
Hermann Hofstetter	Leiter Konstruktion/Entwicklung Trailertechnik, Knott GmbH, Eggstätt
Prof. Heinrich Huinink	ehem. Leiter Strategische Technologie, Continental AG, Hannover
Dipl.-Ing. (FH) Peter Jobelius	Product Engineer, TRW KFZ Ausrüstung GmbH, Neuwied
Dipl.-Ing. Claus Kleinlein	Fachgebiet Fördertechnik und Getriebetechnik im Institut für Konstruktion, Mikro- und Medizintechnik, TU Berlin
Dipl.-Ing. Lars Koch	Forschungsingenieur am Lehrstuhl für Kraftfahrzeug- und Antriebstechnik, TU Dresden, Institut für Verbrennungsmotoren u. Kraftfahrzeuge (IVK)
Dipl.-Ing. (FH) Helmut Köhler	BMW AG, München
Prof. Dr.-Ing. Kurt Landau	TU Darmstadt, Institut für Arbeitswissenschaft
Dipl.-Ing. (FH) Ralf Lewien	BMW AG, München
Johann Loipl	Leitung Konstruktion Achsen, Knott GmbH, Eggstätt
Dipl.-Ing. Hans-Wilfried Mäder	TÜV Automotive GmbH, München
Burkard Ohly	Aerospace System Consultant, vorm. DASA/EADS, Wackersberg
Ing. Mauro Piccoli	F1 Race Engineer, Brembo S.p.A., Curno
Dipl.-Ing. (TU) Josef Pickenhahn	Vice President Engineering – Braking, TRW Automotive, Koblenz
Dipl.-Ing. Jochen Reichel	ehem. Wissenschaftlicher Mitarbeiter, TU Darmstadt, FG Fahrzeugtechnik (fzd) jetzt: Volkswagen AG
Dipl.-Ing. (FH) Horst Reichl	Leiter Entwicklung Fahrwerk, BMW Motorrad, München
Dipl.-Ing. James Remfrey	Leiter System-/Produktstrategie, Continental Teves AG & Co. oHG, Frankfurt

Dr.-Ing. Peter Rieth	Leiter Zentrale Technik und Fahrzeugsysteme, Mitglied der Geschäftsleitung, Continental Teves AG & Co. oHG, Frankfurt
Dipl.-Ing. Gerd Roloff	Airbus Deutschland GmbH, Hamburg
Dipl.-Ing. Roman Rotter	Technical Manager Chassis Systems Europe, TRW KFZ Ausrüstung GmbH, Neuwied
Dipl.-Ing. Markus Schumann	Wissenschaftlicher Mitarbeiter, TU Darmstadt, FG Fahrzeugtechnik (fzd)
Dipl.-Ing. Martin Semsch	ehem. Wissenschaftlicher Mitarbeiter, TU Darmstadt, FG Fahrzeugtechnik (fzd) jetzt: Continental Teves
Prof. Dr.-Ing. Dietrich Severin	Fachgebiet Fördertechnik und Getriebetechnik im Institut für Konstruktion, Mikro- und Medizintechnik, TU Berlin
Dipl.-Ing. Alf Siebke	Leiter Technik Radbremse, Knorr-Bremse SfN, München
Dipl.-Ing. (FH) Josef Strasser	Leiter Konstruktion Fahrzeugverbindende Teile, Knott GmbH, Eggstätt
Dipl.-Ing. (FH) Thomas Straub	Technischer Direktor – Advanced Control Systems, TRW Automotive, Koblenz
Dipl.-Ing. Thomas Strothjohann	Wissenschaftlicher Mitarbeiter, TU Darmstadt, FG Fahrzeugtechnik (fzd)
Dipl.-Ing. (FH) Gerd Vilsmeier	BMW AG, München
Dipl.-Ing. (TU) Hans-Albert Wagner	BMW AG, München
Dieter Weiss	Schenck Pegasus GmbH, Darmstadt
Dipl.-Ing. Jochen Weiße	TU Darmstadt, Institut für Arbeitswissenschaft
Dr. rer. nat. Christian Wiaterek	Leiter Product Customizing, TMD Friction GmbH, Leverkusen
Dipl.-Ing. Thomas Strothjohann	Fachgebietsleiter Fahrzeugtechnik, TU Darmstadt, FG Fahrzeugtechnik (fzd)
Dipl.-Ing. Max Witzenberger	Renk AG, Augsburg
Prof. Dr.-Ing. Claus Wolff	Vorsitzender der Geschäftsführung, RWTÜV Fahrzeug GmbH, Essen
Dr. Anton van Zanten	Robert Bosch GmbH, Schwieberdingen

Inhaltsverzeichnis

1 Zur Geschichte der Kraftfahrzeugbremse ... 1
1.1 Mechanisch betätigte Fahrzeugbremsen ... 1
1.2 Die hydraulisch betätigte Vierradbremse ... 3
1.3 Die Bremse mit innerer Verstärkung ... 4
1.4 Mehrkreis-Bremsanlagen ... 5
1.5 Von der Muskelkraft- zur Fremdkraftanlage ... 6
1.6 Die hydraulisch betätigte Scheibenbremse ... 7
1.7 Elektronische Bremsregelsysteme ... 8

2 Der Bremsvorgang – Ablauf, Einflüsse und Anforderungen ... 10
2.1 Bremsung als Fahraufgabe ... 10
2.2 Besonderheiten des Bremsvorgangs ... 11
2.3 Bremswege ... 12
2.4 Bremsstabilität ... 14
2.5 Ausfallsicherheit ... 15

3 Fahrzeugtechnische Anforderungen ... 17
3.1 Leistung ... 17
3.1.1 Bremsweg ... 17
3.1.2 Standfestigkeit ... 18
3.1.3 Unebenheit der Straße ... 19
3.1.4 Reibwertabhängigkeit ... 20
3.2 Fahrzeugverhalten ... 21
3.2.1 Stabilität ... 21
3.2.2 Aufbaunicken ... 24
3.3 Betätigung/Bedienung ... 26
3.3.1 Ansprechen und Dosierbarkeit ... 26
3.3.2 Kräfte, Wege, Kennung ... 27
3.4 Package/Einbausituation ... 28
3.4.1 Baugrößen und Einbauverhältnisse ... 28
3.4.2 Massen ... 29
3.5 Energieversorgung Bremskraftverstärkung ... 30
3.6 Thermische Randbedingungen ... 31
3.7 Umgebungsbedingungen ... 33
3.8 Geräusche und Schwingungen (NVH) ... 33
3.8.1 Vibrationen ... 34
3.8.2 Geräusche ... 35
3.9 Crashanforderungen ... 35
3.10 Umweltschutz ... 36
3.10.1 Bremsbeläge ... 36
3.10.2 Korrosionsschutz ... 36
3.10.3 Bremsflüssigkeit ... 36
3.11 Energierückgewinnung ... 36

4 Menschliche Anforderungen ... 38
4.1 Einleitung ... 38
4.2 Bremssituation ... 38
4.2.1 Informationsaufnahme ... 40
4.2.2 Informationsverarbeitung i. e. S. ... 40
4.2.3 Reaktion ... 42
4.2.4 Zeitlicher Ablauf des Informationsverarbeitungsprozesses beim Bremsen ... 42

4.3 Bremshandlung ... 42
4.3.1 Fußbewegung ... 42
4.3.2 Betätigung des Bremspedals ... 43
4.4 Ergonomische Bremsengestaltung ... 44
4.4.1 Geometrie ... 44
4.4.2 Pedalkennlinien ... 45
4.4.3 Alternative Konzepte ... 45
4.4.4 Bremsassistenten ... 46

5 Interaktion Fahrbahn-Reifen-Bremse ... 49
5.1 Einleitung ... 49
5.2 Kraftübertragung Reifen – Fahrbahn ... 49
5.2.1 Gummireibung ... 49
5.2.2 Wechselwirkung Reifen-Fahrbahn ... 50
5.2.3 Aufbau Reifenkräfte ... 52
5.2.3.1 Bremskräfte/Umfangskräfte ... 52
5.2.3.2 Schräglauf; Kräfte und Momente ... 54
5.3 Interaktion Reifen-Bremse ... 55
5.3.1 Reifenmodelle ... 55
5.3.2 Dynamische Umfangskraft-Schlupf-Charakteristik des Reifens beim Bremsen ... 56
5.3.3 Umfangskräfte beim ABS-Bremsen ... 56
5.3.4 Kombinierte Umfangs- und Seitenkraft, Bremsen bei Seitenkraftbedarf ... 57
5.4 Integration des Reifens in das Gesamtsystem Fahrzeug ... 59
5.4.1 Produktoptimierung Reifen – ABS-Regelung am Beispiel Winterreifen ... 59
5.5 Ausblick ... 61

6 Auslegung und Simulation von Pkw-Bremsanlagen ... 62
6.1 Grundlagen der Bremsdynamik ... 63
6.2 Grundlagen der Bremsenberechnung ... 65
6.2.1 Pedaleinheit ... 66
6.2.2 Unterdruckverstärker mit Hauptbremszylinder ... 66
6.2.3 Bremse ... 67
6.2.3.1 Scheibenbremse ... 67
6.2.3.2 Trommelbremse ... 67
6.3 Bremssystem-Auslegung ... 68
6.3.1 Bremskreisaufteilung ... 68
6.3.2 Auslegungskriterien für Bremssysteme ... 69
6.3.3 Auslegung von Radbremsen ... 71
6.3.3.1 Bremsleistung ... 71
6.3.3.2 Thermische Auslegung ... 71
6.3.3.3 Lebensdauer/Verschleiß ... 72
6.3.3.4 Komfort ... 73
6.3.3.5 Kosten ... 75
6.3.3.6 Gewicht ... 75
6.3.4 Auslegung von Bremsregelsystemen ... 75
6.3.4.1 Auslegungskriterien für ABS-Anlagen ... 76
6.3.4.2 Auslegungskriterien für die Antriebsschlupfregelung ... 77
6.3.4.3 Auslegungskriterien für die Fahrdynamikregelung ... 78
6.3.5 Auslegungskriterien von Elektro-Hydraulischen Bremssystemen ... 79
6.4 Simulation von Bremssystemen ... 80
6.4.1 Bremssystem-Auslegung ... 80
6.4.2 Analyse der Bremssystemkomponenten mit der Finite-Elemente-Methode ... 81
6.4.3 Simulation von Bremssystemkomponenten ... 83
6.4.4 Gesamtsystem-Simulation ... 84

7 Aufbau und Komponenten von Pkw-Bremsanlagen ... 86
7.1 Einführung ... 86
7.2 Grundlagen ... 86

7.2.1 Physikalische Grundlagen 86
7.2.2 Arten von Bremsanlagen 87
7.3 Bremskraftverteilung 87
7.4 Pedalcharakteristik (Ergonomie) 89
7.5 Betätigung 90
7.5.1 Tandem-Hauptzylinder 90
7.5.2 Ausgleichbehälter 92
7.5.3 Bremskraftverstärker 92
7.5.3.1 Vakuum-Bremskraftverstärker 92
7.5.3.2 Weitere Bauformen von Vakuum-Bremskraftverstärkern 93
7.5.3.3 Spezifische Themen und Begriffe rund um den Verstärker 94
7.5.3.4 Vakuumpumpe 94
7.5.3.5 Funktionserweiterte Vakuum-Bremskraftverstärker 94
7.5.4 Bremskraftverteiler 97
7.5.5 Übertragungseinrichtungen 98
7.6 Radbremse 99
7.6.1 Trommelbremsen 99
7.6.1.1 Bauarten 99
7.6.1.2 Bremstrommeln 100
7.6.1.3 Nachstellung 101
7.6.1.4 Feststellbremsen 101
7.6.2 Scheibenbremsen 101
7.6.2.1 Sattelbauarten 101
7.6.2.2 Bremsscheiben 105
7.6.3 Sattel-Werkstoffe 106
7.6.4 Spezifische Themen und Begriffe rund um die Scheibenbremse 107
7.7 Elektronische Regelsysteme 108
7.7.1 Allgemeines 108
7.7.2 Physikalische Grundlagen 108
7.7.3 Sensoren für elektronische Brems-Regelsysteme 109
7.7.3.1 Raddrehzahlsensoren 109
7.7.3.2 Wegsensor in der Betätigung 111
7.7.3.3 Beschleunigungsschalter/Beschleunigungssensor 111
7.7.3.4 Lenkradwinkelsensor 111
7.7.3.5 Querbeschleunigungssensor 111
7.7.3.6 Gierratensensor 112
7.7.3.7 Drucksensor 112
7.7.4 Hydraulisch/elektronische Regeleinheit für das elektronische (Brems-)Regelsystem .. 112
7.7.5 Bremsen mit Antiblockiersystem (ABS) 114
7.7.5.1 ABS-Funktionalität 114
7.7.5.2 Arbeitsbereich des ABS 115
7.7.6 Elektronische Bremskraftverteilung (EBV) 117
7.7.7 Erweitertes Stabilitäts-Bremssystem 117
7.7.8 Antriebsschlupfregelung (ASR) 117
7.7.8.1 ASR-Funktionalität 117
7.7.8.2 Bremsenregelung der ASR (BASR) 118
7.7.8.3 Motorregelung der ASR (MASR) 118
7.7.8.4 Motor-Schleppmomenten-Regelung (MSR) 118
7.7.9 Elektronisches Stabilitätsprogramm (ESP) 118

8 Bremssysteme und Bremsverhalten von Nutzfahrzeugen und Zügen 120

8.1 Auslegung einer Bremsanlage 120
8.1.1 Fahrzeugstabilität beim Bremsen 120
8.1.2 Verteilung der Bremskräfte auf die Achsen 120
8.1.3 Der Bremsvorgang im Bremskraftverteilungsdiagramm 123
8.1.4 Bremskraftsteuerungen (ALB) 123
8.1.4.1 Bremskraftbegrenzer 123
8.1.4.2 Bremskraftminderer 124

8.1.5 Einfluss von Motorbremsmomenten, Massenträgheitsmomenten und Bremsmomenten von Dauerbremsanlagen ... 124
8.1.6 Ermittlung von Kennwertschwankungen und ihr Einfluss auf die Bremskraftverteilung 126
8.1.7 Bremskreisaufteilungen und Bremskreisausfall ... 126
8.2 Bremsanlagen für mittlere und schwere Nutzfahrzeuge ... 128
8.2.1 Bremsanlagenaufbau ... 128
8.2.2 Radbremsen und Betätigungskomponenten ... 130
8.3 Dauerbremsanlagen ... 132
8.3.1 Motorbremssysteme ... 132
8.3.2 Retarder ... 133
8.4 Brems- und Antriebsschlupf-Regelsysteme ... 135
8.4.1 Antiblockiersysteme ... 135
8.4.2 Traktionsregelungen ... 136
8.5 Elektronisches Bremsenmanagement ... 137
8.5.1 Integration von Dauerbremsanlagen ... 139
8.5.2 Stabilitätsregelung mit integrierter Überschlagverhinderung ... 140
8.5.3 Optimierung der Kompatibilität zwischen Zug- und Anhängefahrzeug ... 141
8.5.4 Bremsassistent ... 141
8.5.5 Rückrollsperre ... 142
8.5.6 Bremsbelagverschleißregelung ... 142
8.5.7 Abstandsregeltempomat ... 142
8.5.8 Systeme zur automatischen Fahrzeugführung ... 143
8.6 Systemintegration und elektronische Vernetzung ... 144
8.7 Zusammenfassende Betrachtung von X-by-wire-Systemen ... 144

9 Nutzfahrzeugbremsen ... 146

9.1 Bauarten von druckluftbetätigten NfZ-Bremsen ... 146
9.1.1 Trommelbremsen ... 146
9.1.2 Scheibenbremsen ... 146
9.2 Aufbau und Wirkungsweise der druckluftbetätigten Schiebesattel-Scheibenbremse ... 147
9.2.1 Betätigungssystem ... 147
9.2.1.1 Betriebsbremse ... 147
9.2.1.2 Feststell- und Hilfsbremse ... 148
9.2.2 Automatisches Verschleißnachstellsystem ... 148
9.2.3 Nachstellverhalten ... 149
9.2.4 Bedeutung des Lüftspieles ... 149
9.3 Leistungs- und Lebensdauerverhalten ... 150
9.3.1 Auslegungsdaten ... 150
9.3.1.1 Dauerhaltbarkeit ... 151
9.3.1.2 Dauerbremsleistung ... 151
9.4 Reibkörper ... 152
9.4.1 Bremsbeläge ... 152
9.4.2 Bremsscheibe ... 153
9.5 Entwicklung und Erprobung von Bremse und Reibkörpern ... 156

10 Bremsverhalten und Bremsen von Einspurfahrzeugen ... 159

10.1 Fahrdynamik von Einspurfahrzeugen ... 159
10.2 Bremsverhalten von Einspurfahrzeugen ... 160
10.3 Typische Fahrfehler beim Bremsen ... 165
10.4 Bremssysteme von Einspurfahrzeugen ... 166
10.4.1 Der Bremssattel ... 166
10.4.2 Bremsscheiben ... 169
10.4.3 Bremsbeläge ... 172
10.5 Auslegung des Bremssystems ... 173
10.6 Integralbremssysteme und Bremsregelsysteme ... 176
10.6.1 Antiblockiersysteme (ABS) ... 176
10.6.2 Bestandteile des ABS ... 176

10.6.3 Der ABS-Regelvorgang ... 177
10.6.4 Arbeitsprinzipien ... 178
10.7 Integralbremssysteme ... 182
10.8 Brake-by-Wire ... 185

11 Auflaufbremsanlagen ... 187

11.1 Einleitung ... 187
11.2 Aufbau und Wirkung der Bremsanlage ... 187
11.2.1 Komponenten ... 187
11.2.1.1 Auflaufeinrichtung ... 187
11.2.1.2 Übertragungseinrichtung ... 189
11.2.1.3 Radbremse ... 190
11.2.2 Funktionen ... 191
11.2.2.1 Betriebsbremse Vorwärtsfahrt ... 191
11.2.2.2 Rückfahrautomatik Rückwärtsfahrt ... 191
11.2.2.3 Feststellbremse ... 191
11.2.2.4 Abreißbremse ... 193
11.3 Auslegung der Bremsanlage ... 193
11.3.1 Zuordnungsberechnung gemäß Richtlinie 71/320/EWG ... 193
11.3.2 Kraftschlussausnutzung ... 193
11.3.3 ABS-Verträglichkeit ... 194
11.4 Wartung – Pflege ... 194
11.4.1 Wartung ... 194
11.4.2 Nachstellung ... 195
11.5 Neue Entwicklungen ... 195

12 Bremsen von Off-Road Radfahrzeugen ... 198

12.1 Historische Entwicklung der Bremsen in Off-Road Fahrzeugen ... 198
12.2 Überblick über nationale und internationale Rechtsvorschriften für Bremsanlagen ... 198
12.2.1 Verkehrsgesetze in der Bundesrepublik Deutschland (StVZO) ... 198
12.2.2 Richtlinien der Europäischen Gemeinschaften (EG) ... 199
12.2.3 Regelungen der Economic Commission for Europe (ECE) ... 199
12.2.4 Normen der Society of Automotive Engineers (SAE) ... 199
12.3 Technische Ausführungen und Dimensionierung ... 199
12.3.1 Trommelbremse ... 200
12.3.2 Scheibenbremse ... 201
12.3.3 Lamellenbremse ... 201
12.3.3.1 Aufbau einer Lamellenbremse ... 201
12.3.3.2 Berechnung des Bremsmoments ... 201
12.3.3.3 Reibeigenschaften ... 202
12.3.3.4 Verlustleistung und Wirkungsgrad ... 203
12.4 Bremsprüfung und Bremswirkung ... 205
12.4.1 Prüfungen im Laborbereich ... 205
12.4.1.1 Nachweis der Einhaltung von gesetzlichen Vorschriften ... 205
12.4.1.2 Lebensdauer- und Verschleißprüfungen ... 205
12.4.2 Prüfungen im Fahrzeug ... 205
12.4.2.1 Abbremsung bei kalter Bremse (Typ 0) ... 205
12.4.2.2 Abbremsung bei heißer Bremse (Wärmefading) ... 205
12.4.2.3 Vergleich der Vorschriften ... 206
12.5 Ausblicke und Tendenzen ... 207
12.5.1 Die Radbremse im Zusammenspiel mit anderen Bremssystemen im Fahrzeug (Bremsenmanagement ... 207
12.5.2 Umweltschutz durch neue Bremskonzepte ... 208

13 Bremsen für Kettenfahrzeuge ... 209

13.1 Einleitung ... 209
13.2 Besondere Anforderungen an Kettenfahrzeugbremsen ... 209

13.3 Mechanische Bremsen für Kettenfahrzeuge ... 210
13.3.1 Mechanische Reibungsbremsen ... 210
13.3.2 Nasslaufende Lamellenbremsen ... 211
13.3.3 Trockenlaufende Ein- und Mehrscheibenbremsen ... 212
13.3.4 Die Ansteuerung von mechanischen Bremsen ... 213
13.4 Kombinationsbremssysteme ... 214
13.4.1 Kombination mit Primärretarder ... 214
13.4.2 Kombination mit Hochleistungssekundärretarder ... 215
13.4.3 Andere Kombinationen ... 216
13.5 Abnahme von Kettenfahrzeugbremsen ... 216
13.6 Zusammenfassung und Ausblick ... 216

14 Flugzeugbremsen ... 217
14.1 Allgemeine Beschreibung eines Flugzeugbremssystems ... 217
14.1.1 Mechanische Ansteuerung ... 219
14.1.2 Elektronische Ansteuerung (Brake-by-wire) ... 219
14.1.3 Untersysteme des Bremssystems (Subsystems) ... 220
14.1.3.1 Antiblockiersystem (Anti-skid system) ... 220
14.1.3.2 Automatisches Bremskontrollsystem (Auto-braking system) ... 221
14.1.3.3 Parkbremssystem (Parking brake system) ... 221
14.1.3.4 Notbremssystem (Emergency braking system) ... 221
14.1.3.5 Bremsenkühlungssystem (Brake cooling system) ... 222
14.1.3.6 Anzeige- und Überwachungssystem (Indicating and monitoring system) ... 222
14.2 Auslegungskriterien für militärische und zivile Flugzeuge ... 222
14.2.1 Qualifikationsrichtlinien ... 222
14.2.1.2 Zivile Luftfahrtbestimmungen ... 222
14.2.1.3 Militärische Luftfahrtbestimmungen ... 223
14.2.2 Simulationsverfahren ... 223
14.3 Aufbau und Komponenten eines Bremssystems ... 224
14.3.1 Pedalbaugruppe (Pedal assembly) ... 224
14.3.2 Bremssteuergerät (Brake Control Unit, BCU) ... 226
14.3.3 Ventile (Valves) ... 226
14.3.3.1 Bremsventil (Brake control valve) ... 226
14.3.3.2 Absperrventile (Shut off valves) ... 226
14.3.3.3 Sicherheitsventile (Hydraulic fuses) ... 226
14.3.4 Sensoren ... 226
14.3.4.1 Wärmesensor (Thermocouple) ... 226
14.3.4.2 Bremsmomentsensor (Brake torque transducer) ... 226
14.3.4.3 Tachogenerator (Wheel speed sensor) ... 226
14.3.5 Radbremsen (Wheel brakes) ... 227
14.4 Reibwerkstoffe ... 228
14.5 Kühlung und Temperaturüberwachung ... 229
14.5.1 Thermische Belastungen ... 229
14.5.2 Kühlung ... 229
14.5.3 Temperaturüberwachung ... 230
14.6 Ausblick, Perspektiven ... 230

15 Bremssysteme für Rennwagen ... 231
15.1 Einführung ... 231
15.2 Leistungsfähigkeit eines Bremssystems für Rennwagen ... 231
15.3 Bremsanlage ... 233
15.3.1 Bremszange ... 234
15.3.2 Hauptzylinder ... 234
15.4 Kühlung der Bremsanlage ... 236
15.5 Reibungsmaterialien ... 237
15.5.1 Herstellung von Karbon ... 238

16 Grundlagen elektrisch betätigter Pkw-Bremssysteme ... 240
16.1 Einleitung ... 240
16.2 Definition von ‚Brake-by-wire' ... 241
16.3 Strukturierung elektrisch betätigter Bremssysteme ... 242
16.4 Gestaltung der Betätigungseinrichtung ... 243
16.4.1 Stellglied ... 243
16.4.2 Basiseigenschaften ... 243
16.4.3 Informationsrückmeldung ... 244
16.5 Elektrohydraulische Bremssysteme ... 244
16.5.1 EHB-Systeme mit Druckmodulator und Druckspeicher ... 244
16.5.2 EHB-Systeme mit elektrohydraulischem Wandler ... 245
16.6 Elektromechanische Bremssysteme ... 246
16.6.1 Elektrisch betätigte Fahrzeugbremsen ... 247
16.6.1.1 Komponenten ... 248
16.6.1.2 Betriebsarten – Interaktion der Komponenten ... 248
16.6.2 Energiebedarf ... 250
16.6.3 Betrieb elektrisch betätigter Radbremsen ... 252
16.6.4 Bremssystemaufbau ... 255
16.6.5 Fail-safe-Konzept ... 256
16.7 Konzeptvergleich ... 257
16.8 Hybride elektrische Bremssysteme ... 258
16.9 Perspektiven ... 258

17 Elektrohydraulisch betätigte Bremsen ... 261
17.1 Zielkonflikte und Einschränkungen konventioneller Bremsanlagen ... 261
17.2 Konzeptvergleich verschiedener Bremssysteme ... 261
17.3 Merkmale elektrohydraulisch betätigter Bremsanlagen ... 264
17.4 System- und Komponentenbeschreibung ... 265
17.4.1 Betätigungseinheit ... 265
17.4.2 Hydraulikeinheit ... 266
17.4.3 Steuergeräte und Sensorik ... 266
17.5 Funktionale Systemeigenschaften ... 266
17.5.1 Pedalgefühl ... 267
17.5.2 Anhalteweg ... 267
17.5.3 Fahrstabilität ... 269
17.5.4 Mehrwert-Funktionen ... 270

18 Elektromechanisch betätigte Bremsen ... 271
18.1 Zielsetzung ... 271
18.2 Systemaufbau – Zusammenwirken der Komponenten ... 271
18.2.1 Betätigungseinrichtung ... 271
18.2.2 Elektromechanische Radbremse ... 272
18.2.2.1 Aktor ... 272
18.2.2.2 Getriebesysteme ... 272
18.2.2.3 Sensorik ... 272
18.2.3 Regelkonzepte ... 273
18.2.4 Energieversorgung ... 273
18.3 Aspekte der passiven Sicherheit ... 273
18.4 Elektrische Parkbremse (EPB) und Aktive Parkbremse (APB) ... 274
18.5 Ausblick, Perspektiven ... 275

19 Die Bremsanlage in Fahrerassistenzsystemen ... 276
19.1 Übersicht, Funktion und Anforderungen an die Fahrerassistenzsysteme für Pkw ... 276
19.1.1 Antiblockiersystem ABS ... 276
19.1.2 Antriebsschlupfregelung ASR ... 279
19.1.3 Elektronisches Stabilitätsprogramm ESP ... 281

19.1.3.1 Fahrdynamikregler 283
19.1.3.2 Bremsschlupfregler 285
19.1.3.3 Antriebsschlupfregler 287
19.1.4 Elektronische Bremskraftverteilung EBV 289
19.1.5 Electronically Controlled Deceleration ECD 289
19.1.6 Hilldescent HDC 289
19.1.7 Bremsassistent BA 290
19.2 Funktion der Bremsanlage in Fahrerassistenzsystemen 292
19.3 Anforderungen der Fahrerassistenzsysteme an die Bremsanlage 292
19.4 Ausführungen der Bremsanlage für die Fahrerassistenzsysteme 293
19.5 Überwachung der Bremsanlage in Fahrerassistenzsystemen 296
19.6 Ausblick und Perspektiven 296

20 Die Bremse im mechatronischen Fahrwerk 300

20.1 Einführung in die Mechatronik 300
20.2 Darstellung einer mechanischen Fahrzeugecke 301
20.2.1 Funktionsstruktur und Schnittstellen von Radaufhängungen 301
20.2.2 Wechselwirkungen zwischen Bremse und Fahrwerk 301
20.2.3 Darstellung von Fahrwerksparametern 301
20.3 Grenzen mechanischer Systeme 303
20.3.1 Einschränkungen konventioneller hydraulischer Radbremsen 303
20.3.2 Dynamik 303
20.3.3 Bremskomfort 303
20.3.4 Konflikt zwischen Sicherheit und Komfort 303
20.4 Lösungspotenzial durch Mechatronik 304
20.4.1 Übersicht über mechatronische Fahrwerksysteme 304
20.4.2 Adaptive Fahrwerklagerung 305
20.4.3 Verstelldämpfer 306
20.4.4 Elektromechanisch betätigte Teilbelagscheibenbremse mit Selbstverstärkung 307
20.4.5 Intelligenter Reifen 311
20.5 Ausblick 313

21 Eigenschaften der Reibpaarungen im Bremsprozess 315

21.1 Einführung 315
21.2 Prüfmöglichkeiten, Belastungskenngrößen und Beurteilungskriterien 315
21.3 Der Einlaufprozess 317
21.4 Funktionsmechanismus in der Kontaktfläche 318
21.5 Modell zur Erklärung der Vorgänge in der Kontaktzone 322
21.6 Einflussgrößen auf Reibung und Verschleiß 323
21.7 Zur Auswahl und Dimensionierung von Reibsystemen 326

22 Schwingungen und Geräusche 327

22.1 Definition 327
22.2 Erscheinungsformen 327
22.2.1 Niederfrequente Schwingungen und Geräusche 327
22.2.2 Hochfrequente Geräusche 328
22.3 Erregungsquellen 328
22.3.1 Ursachen niederfrequenter Geräusche und Schwingungen 328
22.3.2 Entstehungsmechanismen hochfrequenter Geräusche 329
22.4 Auswirkungen 329
22.4.1 Schwingungen 329
22.4.2 Akustische Auswirkungen 329
22.5 Prüf- und Beurteilungsmethoden 329
22.5.1 Simulation 330
22.5.2 Prüfstandsuntersuchungen 331
22.5.3 Fahrversuche 331

22.6 Maßnahmen zur Reduzierung bzw. Vermeidung ... 331
22.6.1 Maßnahmen an der Erregungsquelle ... 332
22.6.2 Maßnahmen an den Übertragungsstrecken ... 332
22.7 Ausblick, Perspektiven ... 333

23 Reibbeläge ... 334
23.1 Einführung ... 334
23.2 Anforderung an Reibbeläge ... 334
23.3 Materialkonzepte ... 335
23.4 Ökologie ... 338
23.5 Rohstoffe und ihre Eigenschaften in Reibbelägen ... 340
23.6 Fertigungsverfahren ... 342
23.7 Ausblick ... 344

24 Bremsflüssigkeiten ... 345
24.1 Bremsflüssigkeitstypen ... 345
24.1.1 Bremsflüssigkeiten auf Basis von Glykolen, Glykolethern und deren Borsäureester ... 345
24.1.2 Bremsflüssigkeiten auf Basis von Silikonestern ... 346
24.1.3 Bremsflüssigkeiten auf Basis von Mineralölen ... 346
24.2 Nationale und internationale Normen ... 346
24.3 Bremsflüssigkeitseigenschaften ... 346
24.3.1 Fahrzeugspezifische Eignung ... 346
24.3.2 Verträglichkeit mit anderen Bremsflüssigkeiten ... 347
24.3.3 Physikalische Kennwerte ... 347
24.4 Umgang mit Bremsflüssigkeiten ... 348
24.4.1 Handhabung ... 348
24.4.2 Lagerung ... 349
24.4.3 Entsorgung von Bremsflüssigkeiten ... 349

25 Bremsenprüfstände ... 350
25.1 Grundlagen und Aufgabenstellung ... 350
25.2 Rollen-Bremsprüfstände ... 350
25.2.1 Rollen-Bremsprüfstand für die Autowerkstatt ... 350
25.2.2 Rollen-Brems- und ABS-Prüfstand für die Serienprüfung am Bandende ... 351
25.3 Reibwert-Prüfstand zur Gütesicherung in der Belagproduktion ... 352
25.4 Schwungmassen-Bremsenprüfstand für das F- und E-Prüffeld ... 353
25.5 Schwungmassen-Bremsengeräusch-Prüfstand ... 354
25.6 Fahrzeug-Bremsen NVH-Prüfstand ... 354
25.7 Simulation anstatt „Trial and Error" auf dem Bremsenprüfstand ... 355

26 Sicherheit und Zuverlässigkeit von Bremsanlagen ... 358
26.1 Die Bremse als Fehlerquelle ... 358
26.1.1 Sicherheitsbetrachtungen an konservativen Bremsanlagen ... 358
26.1.2 Sicherheitsbetrachtungen an Bremssystemen neuerer Technologien ... 359
26.1.2.1 Zuverlässigkeit von Systemen ... 360
26.1.2.2 Verfügbarkeit von Systemen ... 361
26.1.2.3 Anforderungen an sicherheitsgerichtete elektronische Systeme ... 361
26.2 Schlankes Testen („Lean Testing") in der Fahrzeugindustrie ... 363
26.2.1 Begleitung der Entwicklungsphase ... 363
26.2.2 Die Homologation (Typbegutachtung) ... 363
26.2.3 Erfahrungen aus dem Feld ... 363
26.3 Entwicklung von Test- und Prüfgrundlagen ... 364
26.3.1 Weiterentwicklung der Hauptuntersuchung ... 364

27 Regelwerke und Prüfverfahren ... 368
27.1 Zulassungsverfahren in Europa und den USA ... 368
27.2 Entwicklung von Vorschriften in Europa und den USA ... 369

27.2.1 Entwicklung der Vorschriften in der EU ... 369
27.2.2 Entwicklung der Vorschriften bei der UN-ECE ... 369
27.2.3 Entwicklung der Vorschriften in den USA ... 370
27.3 Europäische Vorschriften für Straßenfahrzeuge ... 370
27.3.1 Allgemeine Vorschriften, ECE-Regelung 13 und EU-Richtlinie 71/320/EWG ... 371
27.3.2 Wirkvorschriften ... 372
27.3.3 Bremskraftverteilung und Kompatibilität zwischen Zugfahrzeug und Anhänger ... 374
27.3.4 Vorschriften für ABS-Systeme ... 375
27.3.5 Vorschriften für komplexe elektronische Systeme ... 375
27.3.6 Prüfung von Ersatzreibbelägen ... 376
27.4 US-amerikanische Bremsenvorschriften ... 376
27.4.1 FMVSS 105 – Hydraulische Bremsanlagen ... 376
27.4.2 FMVSS 121 – Pneumatische Bremsanlagen ... 376
27.4.3 FMVSS 106 – Bremsschlauchleitungen ... 376
27.4.4 FMVSS 116 – Bremsflüssigkeiten für Kraftfahrzeuge ... 376
27.5 Weltweite Harmonisierung ... 376
27.5.1 FMVSS 135 und ECE R.13H ... 376
27.5.2 Harmonisierung, ein Ausblick ... 377

28 Wartung und Diagnose von Bremsanlagen ... 378
28.1 Einfluss von Normen, Regeln und Gesetzen in der Praxis ... 378
28.2 Bremsendiagnose ... 379
28.2.1 Geräusche und Vibrationen ... 379
28.2.2 Pedalbox ... 379
28.2.3 Bremskraftverstärker ... 380
28.2.4 Hauptbremszylinder ... 381
28.2.5 Rohrleitungen und Bremsschläuche ... 381
28.2.6 Bremsen ... 382
28.2.6.1 Scheibenbremsen ... 382
28.2.6.2 Trommelbremsen ... 383
28.2.7 Druckregler ... 383
28.2.8 Bremsflüssigkeit ... 384
28.2.9 ABS, BA, EHB, VSC und weitere ... 384
28.3 Umwelt- und zeitwertgerechte Reparatur und Wartung ... 384
28.4 Testgeräte ... 385

29 Entwicklungstendenzen und Zukunftsaspekte ... 387
29.1 Gesellschaftliche und wirtschaftliche Tendenzen ... 387
29.2 Die Fahrzeugführungsaufgabe heute und morgen ... 388
29.3 Entwicklungssprünge durch neue Technologien ... 389
29.4 Grenzen der Hilfskraft-, Potenziale der Fremdkraftanlagen ... 390
29.5 Die Mensch-Maschine-Schnittstelle ... 391
29.6 Beispiele für By-wire-Technologien und Assistenzsysteme im Chassisbereich ... 391
29.6.1 Throttle-by-wire (E-Gas) ... 391
29.6.2 Shift-by-wire ... 391
29.6.3 Steer-by-wire ... 393
29.6.4 Brake-by-wire (EHB und EMB) ... 393
29.6.5 Energiemanagement im Auto von morgen: das 42-Volt-Bordnetz ... 394
29.7 Global Chassis Control, die Vernetzung der Assistenz- und Chassissysteme ... 394
29.7.1 ESP II – Vernetzung mit fremdansteuerbarer Überlagerungslenkung ... 394
29.7.2 Elektronisches Luftfederfahrwerk, Dämpfer- und Stabilisatorverstellung ... 396
29.7.3 Technische und wirtschaftliche Notwendigkeiten ... 397
29.7.4 Der umfassende Sicherheitsgedanke ... 398
29.7.5 Fernziel Unfallvermeidung ... 399

1 Zur Geschichte der Kraftfahrzeugbremse

1.1 Mechanisch betätigte Fahrzeugbremsen

Die Geschichte der Bremse ist ungleich länger als die des Verbrennungsmotors, der heute weltweit individuelle Mobilität sicherstellt. Bereits die Phönizier kannten simple Vorrichtungen zum Abbremsen ihrer Streitwagen, und die Kutschen des 18. und 19. Jahrhunderts bremsten mit an Ketten hängenden Bremsschuhen oder Keilen (Bild 1-1).

Als der Automobilbau Ende des 19. Jahrhunderts langsam begann, wurde die Bremse noch als eher unbedeutendes Nebenaggregat betrachtet – die Ingenieure dieser Zeit waren in der Hauptsache auf die Entwicklung leistungsfähiger Verbrennungsmotoren konzentriert. Wilhelm Maybach etwa verwandte ein Großteil seines Genies darauf, die Drehzahl des Ottomotors von 180 auf 600 Umdrehungen pro Minute zu steigern, was diesen erst wirklich praktikabel machte. Dass die Bremse ein Schattendasein führte, lag auch an den erreichbaren Geschwindigkeiten. Der von Wilhelm Maybach und Gottlieb Daimler gebaute „Reitwagen" erreichte 1885 gerade einmal 12 km/h. Die Reibung im Antriebsstrang war so hoch, dass sich das Gefährt auch ohne Bremse ausreichend verzögern ließ. Eine gelenkte Achse oder gar ein gelenktes Rad abzubremsen, kam vor diesem Hintergrund auch wegen der konstruktiven Komplexität niemandem in den Sinn.

Daher wurde das Geschehen vorerst von Band-, Klotz- oder Keilbremsen (Bild 1-2) bestimmt, die der Fahrer von Hand über Kurbel, Hebel, Gestänge und/oder Seile bediente. Eine Neukonstruktion war diese Einrichtung nicht, sie wurde vielmehr von den Pferdekutschen jener Zeit übernommen. Die Bremse wirkte auf die angetriebene, starre Hinterachse. Auch Carl Friedrich Benz vertraute auf diese Lösung bei seinem legendären dreirädrigen Patentwagen von 1887 (Bild 1-3).

Mit diesem Patentwagen startete Bertha Benz im August 1888 zur ersten Langstreckenfahrt überhaupt von Mannheim nach Pforzheim. Auf dieser 100 Kilometer langen Strecke mussten Sattler der durchquerten Ortschaften mehrmals die Lederbezüge der Bremsklötze erneuern, was angesichts heutiger Wechselintervalle für Bremsbeläge von rund 50 000 Kilometern ein eindeutiges Licht auf die Beschaffenheit der Bremsanlagen jener Pionierzeit wirft.

Bereits 1902 wurden wesentlich wirkungsvollere, noch rein mechanisch betätigte Radbremsen erdacht, die von den Automobilherstellern der Gründerzeit gern genutzt wurden: F. W. Lanchester ersann die Scheibenbremse, und mit Louis Renaults Innenbackenbremse und Wilhelm Maybachs Außenbandbremse (Bild 1-4) war auch die Trommelbremse erfunden. Bis die Scheibenbremse als hydraulisch betätigte Teilbelagscheibenbremse Einzug in Serienfahrzeuge hielt, sollte jedoch noch ein halbes Jahrhundert vergehen (siehe Kapitel 1.6). Bis 1950 wurden überwiegend Trommelbremsen verbaut, wobei die Innenbackenbremse von 1924 an zunehmend die Außenbandbremse verdrängte, die wegen der ungeschützt um die innenliegende Bremstrommel verlaufenden Bremsbänder schnell verschmutzte.

Die mechanisch betätigte Innenbackenbremse arbeitete mit einem Spreizhebel, der die Bremsbacken von innen an die mit dem Rad verbundene Bremstrommel presste. Bei späteren hydraulischen Aus-

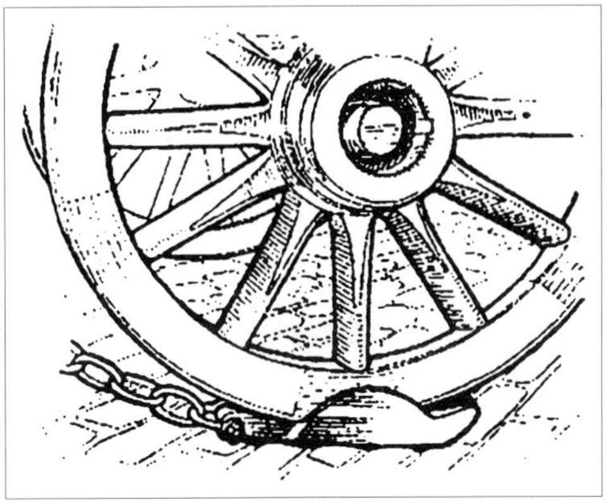

Bild 1-1 An einer Kette hängender Bremsschuh aus der Pferdewagenzeit [1]

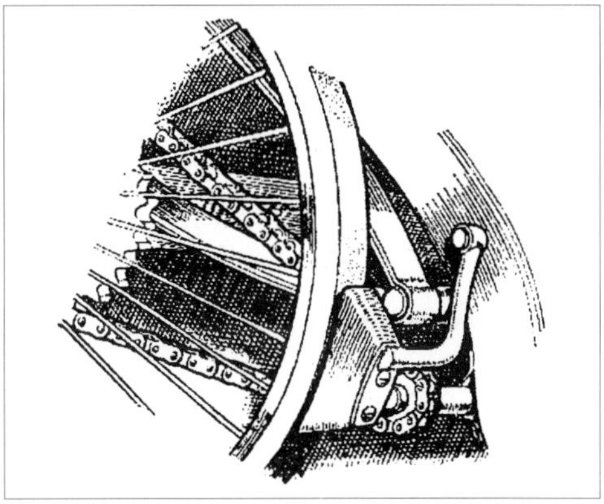

Bild 1-2 Über Seile, Gestänge und Hebel betätigte Klotzbremse, auf die Hinterräder wirkend [1]

Bild 1-3 Patentwagen von Carl Friedrich Benz aus dem Jahr 1887 [2]

führungen der Betätigung trat an die Stelle des Spreizhebels ein hydraulischer Zylinder (Bild 1-5). Wegen dieser einfachen und robusten Konstruktion wird diese kostengünstige Bauart Simplexbremse genannt. An der Hinterachse leichter Autos wird sie noch heute als Betriebsbremse verbaut.

Diese erste Weiterentwicklung der Bremsanlage kam keinen Tag zu früh, denn in den Jahrzehnten nach der legendären Ausfahrt von Bertha Benz stiegen Motorleistung, Geschwindigkeit und Gewicht der Fahrzeuge rasant. Hinterachs- und Getriebebremsen reichten nicht mehr aus. So kamen 1920 die ersten Fahrzeuge mit einer Vierradbremse auf den Markt. Dieses aufwändige System hatte bei Automobilen der Spitzenklasse bis zu 50 Gelenke, 20 Lagerstellen und 200 Teile, die der Übertragung der vom Fahrer erzeugten Bremskraft an die Räder dienten (Bild 1-6).

Doch die schon bei der Montage anspruchsvolle Mechanik erwies sich auch im täglichen Einsatz als problematisch. Denn trotz regelmäßiger Wartung mit sorgfältigem Schmieren und Justieren aller beweglichen Teile blieb das Hauptproblem dieser Bremsanlage bestehen: Durch Umwelteinflüsse und Verschleiß kam es immer wieder zu ungleichmäßiger Reibung in der Übertragungsmechanik und damit zu

Bild 1-4 Außenbandbremse aus dem Jahr 1925, 1902 erfunden von Wilhelm Maybach

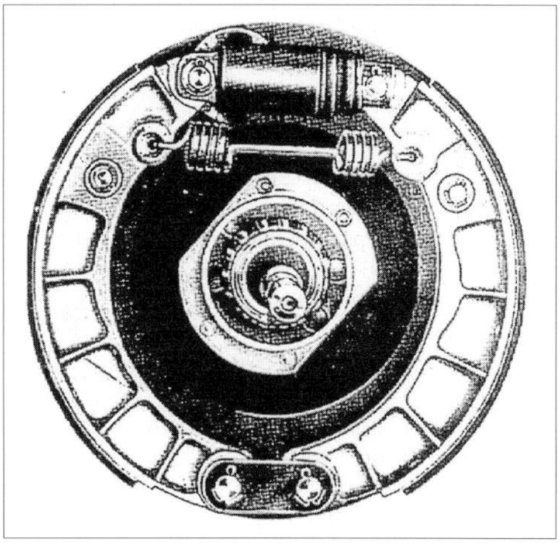

Bild 1-5 Simplex-Trommelbremse, hier mit hydraulischer Übertragung durch einen Radbremszylinder

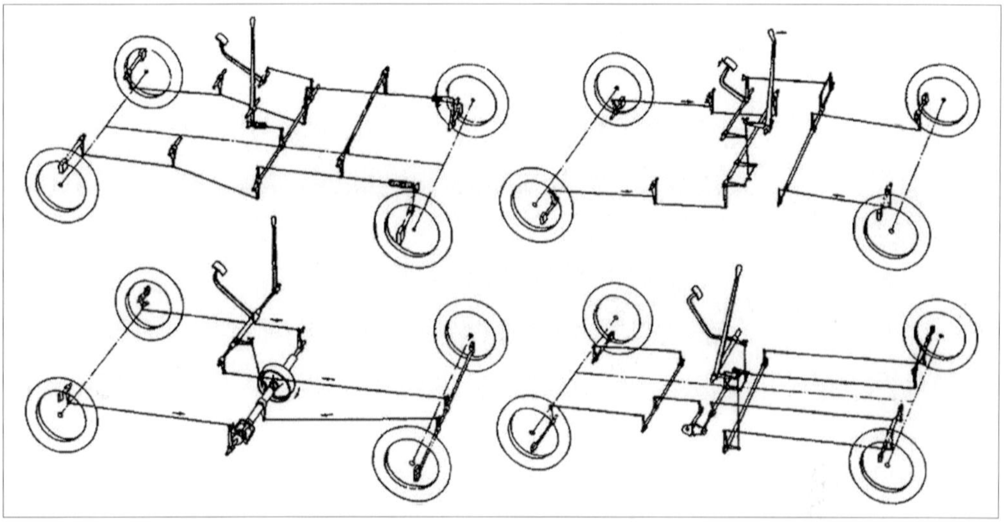

Bild 1-6 Mechanische Vierradbremse, mehrere Ausführungen der Übertragungseinrichtungen

ungleichmäßiger Bremswirkung an den Rädern. Das führte zum Schiefziehen oder gar gelegentlich zu plötzlichem seitlichen Ausbrechen der schweren Fahrzeuge mit oft schlimmen Unfallfolgen. Schließlich waren die Fahrzeuge dieser Zeit in der Regel offen, sodass Fahrer und Passagiere nicht selten aus dem Automobil geschleudert wurden. Trotz dieser Widrigkeiten setzten viele Automobilhersteller die mechanisch betätigte Vierradbremse noch lange ein. Sogar Maybach, diese innovative Marke, hielt der mechanischen Bremskraftübertragung bis zur Einstellung der Produktion im Jahre 1941 die Treue, obwohl längst eine viel besseres System erdacht war und in hohen Stückzahlen produziert wurde.

1.2 Die hydraulisch betätigte Vierradbremse

Das Bremssystem der Zukunft ersann der in Kalifornien lebende Bergbauingenieur Malcolm Loughead (später Lockheed). Er ließ sich 1917 einen durch Bremsflüssigkeit betätigten hydraulischen Radbremszylinder für Autos patentieren. Dieser Radbremszylinder und der fußbetätigte Hauptbremszylinder, auf den Loughead 1920 ein Patent erhielt, sind die Kernbestandteile der „hydraulischen Bremse", wie sie noch heute im Einsatz ist. Durch Druck auf das Bremspedal wird eine hydraulische Flüssigkeit von einem Kolben aus dem Hauptbremszylinder verdrängt und durch Rohre und Schläuche in die Radbremszylinder geleitet. Dort wirkt sie auf die Bremskolben, die die Radbremsen betätigen (Bild 1-7). Dem Pascal'schen Gesetz folgend überträgt sie die Muskelkraft des Fahrers in Form von hydraulischem Druck gleichmäßig im geschlossenen Bremsleitungssystem: Die Gefahr des Schiefziehens ist so erheblich minimiert. Ein weiterer Vorteil gegenüber der „mechanischen Bremse" ist der mit 0,8 bis 0,9 gegenüber 0,4 bis 0,5 erheblich höhere Wirkungsgrad dieser Betätigung, deren Patente Loughead bald abtrat.

Das erste mit diesem Bremssystem ausgerüstete Serienautomobil der Welt war 1924 der Chrysler 70. Über Lizenzen und Unterlizenzen an die englische Firma AP (Automotive Products) und den Frankfurter Unternehmer Alfred Teves kam die hydraulische Vierradbremse, System Lockheed, bald nach Europa. Dort feierte sie – wahrscheinlich – im englischen Triumph 13/30 von 1925 Europa- und im Adler Standard 6 von 1926 Deutschland-Premiere. Den Adler-Werken fühlte sich Alfred Teves in besonderer Weise verbunden, da er bei ihnen bis 1906 in leitender Funktion tätig gewesen war. Kurios mutet aus heutiger Sicht an, dass Adler diese fortschrittliche Bremsbetätigung mit der kritischen Außenbandbremse koppelte.

Die Mängel mechanisch betätigter Vierradbremsen führten neben der hydraulischen Bremse zu anderen, seit Beginn der zwanziger Jahre konkurrierenden Systemen. So gab es die kombinierte hydraulisch-mechanische Bremse mit Öldruckaggregaten zur Umgehung der mechanischen Vorrichtungen zum Bremskraftausgleich. An die Radbremsen gelangte die Bremskraft weiterhin über Gestänge. Eine vielversprechendere Lösung war die von der Eisenbahn bekannte Luftdruckbremse, die auf Straßenfahrzeuge übertragen wurde. Im Nutzfahrzeugbereich war diesem Vorstoß Erfolg beschieden, doch für den Einsatz in Personenwagen waren Kompressor und Druckluftbehälter zu groß. Zudem hatte die durch Fußkraft betätigte hydraulische Bremse auch Kostenvorteile.

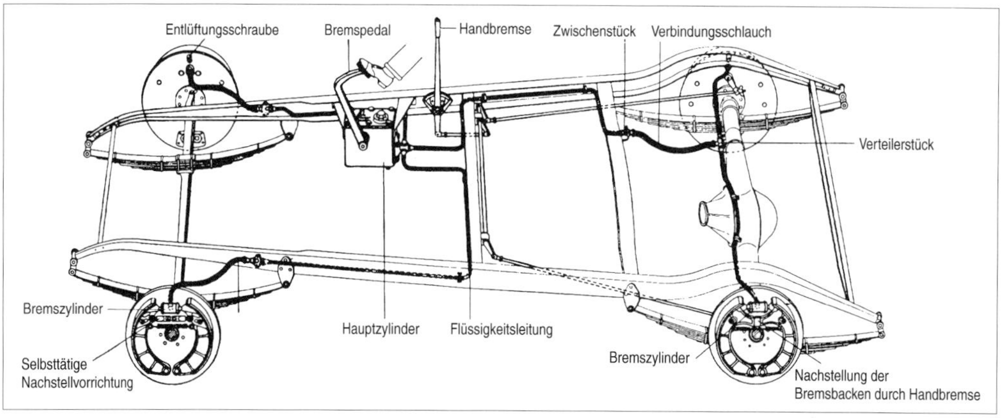

Bild 1-7 Hydraulische Bremsbetätigung mit drei im Rahmen verlegten Kupferleitungen und drei Hochdruckschläuchen, um 1928

1.3 Die Bremse mit innerer Verstärkung

Obwohl die hydraulische Bremse die Betätigungskräfte gegenüber mechanischen Systemen aufgrund ihres besseren Wirkungsgrades reduzierte, waren die Ingenieure angesichts beständig schwerer und schneller werdender Automobile bemüht, die Betätigungskräfte nicht weiter ansteigen zu lassen oder sogar zu reduzieren. Dieses Streben nach Komfort brachte eine Reihe selbstverstärkender oder servounterstützter Bremsen hervor, die durch zusätzliche innere Aktoren oder spezifische konstruktive Maßnahmen geringere Fußkräfte aufwiesen. Kennzeichen für das Maß der inneren Verstärkung der Radbremse ist der sogenannte C^*-Wert, der das Verhältnis der in den Reibflächen entstehenden Summen-Umfangskraft zur eingeleiteten Spannkraft darstellt (siehe Kapitel 7.6.). Eine aufwändige Lösung war die ATE Reynolds-Bremse von 1927/1928, bei der die Bremsflüssigkeit auf die Kolben eines Radbremszylinders und über die Bremsbacken auf einen zweiten Radbremszylinder wirkte, dessen Kolben wiederum die Bremskraft erhöhte (Bild 1-8).

Konstruktiv eleganter und preiswerter in der Produktion war die Duplex-Trommelbremse (Bild 1-9), eine etwa 1936 serienreife Weiterentwicklung der Simplexbremse. Die durch zwei Radbremszylinder unabhängig voneinander wirkenden Bremskrafteinleitungen dieses Systems ermöglichen zwei auflaufende Bremsbacken und damit eine verbesserte Bremswirkung in einer Drehrichtung (Vorwärtsfahrt). Bei

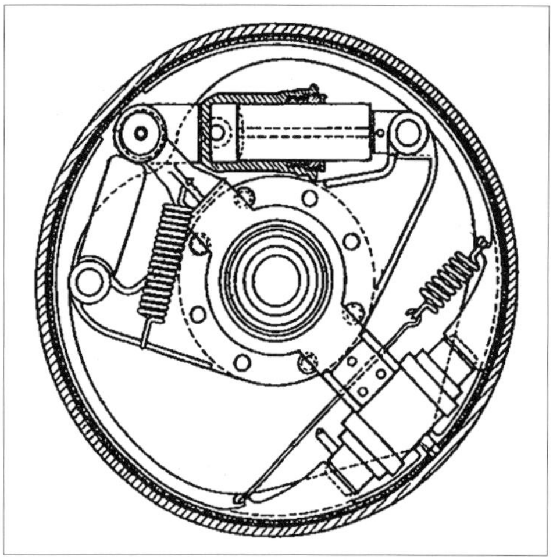

Bild 1-8 Selbstverstärkende ATE Reynolds-Bremse, 1927/1928

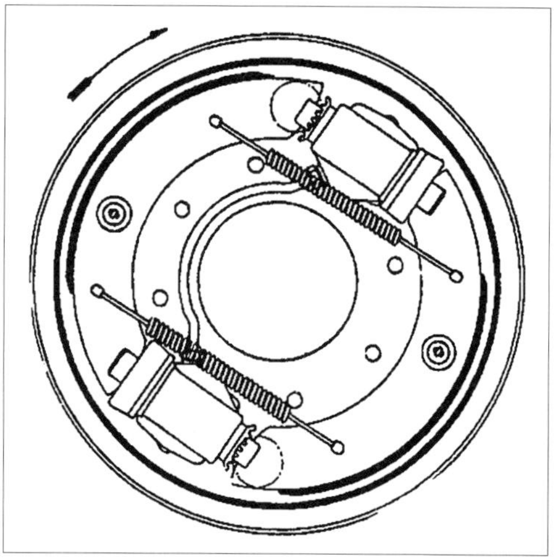

Bild 1-9 Duplex-Bremse mit zwei auflaufenden Bremsbacken, um 1936

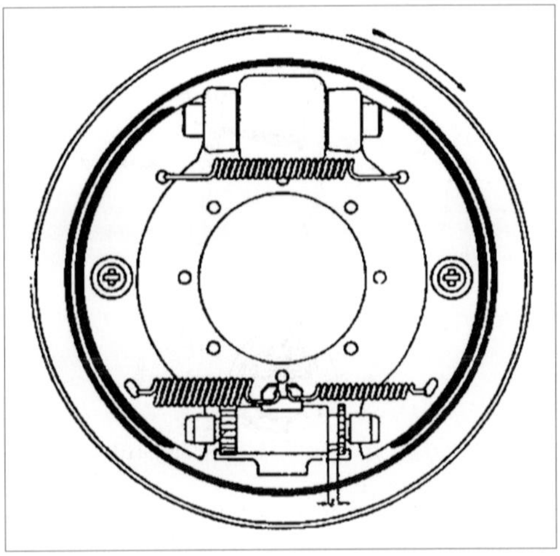

Bild 1-10 Servo-Bremse (Vollbremse) von 1950

Rückwärtsfahrt war die Bremswirkung allerdings stark gemindert, da nun zwei ablaufende Bremsbacken zum Einsatz kamen. Abhilfe brachte die Duo-Duplexbremse mit zwei Doppelzylindern.

Die Servo-Bremse von 1950 wiederum baut auf der Simplexbremse mit einem Radbremszylinder auf. Sie überträgt die Reibungskraft der auflaufenden Bremsbacke über ein in einer Richtung bewegliches Stützlager auf die ablaufende Bremsbacke und realisierte dadurch spürbar niedrigere Betätigungskräfte bei höherer Bremswirkung. (Bild 1-10). Bei Rückwärtsfahrt ist die Bremswirkung allerdings, wie bei der Duplexbremse, sehr schwach ausgebildet. Durch ein in zwei Richtungen verschiebbares Stützlager wurde dieser selbstverstärkende Effekt in beiden Drehrichtungen nutzbar, sodass diese „Duo-Servo" genannte Trommelbremse sich ebenfalls als Feststellbremse eignet. In dieser Funktion wird sie heute noch oft als Feststellbremse genutzt.

1.4 Mehrkreis-Bremsanlagen

Die hydraulisch betätigte Bremsanlage war zweifellos ein gewaltiger Fortschritt gegenüber der mechanisch betätigten Bremse. Doch ihre thermische Stabilität war in den frühen Jahren nicht besonders groß. Bei starker Beanspruchung, etwa bei langen Bergabfahrten, konnte sich die Bremsflüssigkeit, die längst nicht so leistungsfähig war wie die heutige, so stark erhitzen, dass sich komprimierbare Dampfblasen bildeten. In den noch ungeteilten Bremskreisläufen der zwanziger Jahre führte der Tritt aufs Bremspedal dann nicht zur Verzögerung, da die Radbremsen mit zu wenig oder gar keinem Druck beaufschlagt wurden.

Schon seit den dreißiger Jahren fordern Gesetzgeber in aller Welt daher die Aufteilung des Bremssystems in zwei voneinander unabhängige Betriebs-Bremskreise, sodass bei Ausfall eines Kreises immer noch zwei Radbremsen funktionsfähig bleiben. Zwei Layouts setzten sich durch:

- die Schwarzweiß-Aufteilung in Vorder- und Hinterachskreis (Bild 1-11a)
- die diagonale Aufteilung, die jeweils ein Vorderrad und ein Hinterrad kreuzweise verbindet (Bild 1-11b)

In den 60er-Jahren kamen an den Vorderrädern thermisch problematische Festsattel-Scheibenbremsen zum Einsatz (siehe auch Kapitel 1.6). Durch die oberhalb der heißen Bremsscheibe gelegene hydraulische Verbindung der beiden Bremszylinder war hier die Gefahr der Dampfblasenbildung besonders groß. Bildeten sich dort Dampfblasen, blieben bei Schwarzweiß-Aufteilung zumindest noch die Hinterradbremsen funktionstüchtig. Deren Bremsleistung ist zwar wegen der dynamischen Achslastverteilung geringer, doch das gefürchtete Schiefziehen unterblieb zumindest. Bei einer Diagonalaufteilung wäre in diesen Fällen die komplette Bremsanlage ausgefallen. Daher war die Schwarzweiß-Aufteilung die bevorzugte Ausführung dieser Zeit. Für die Tren-

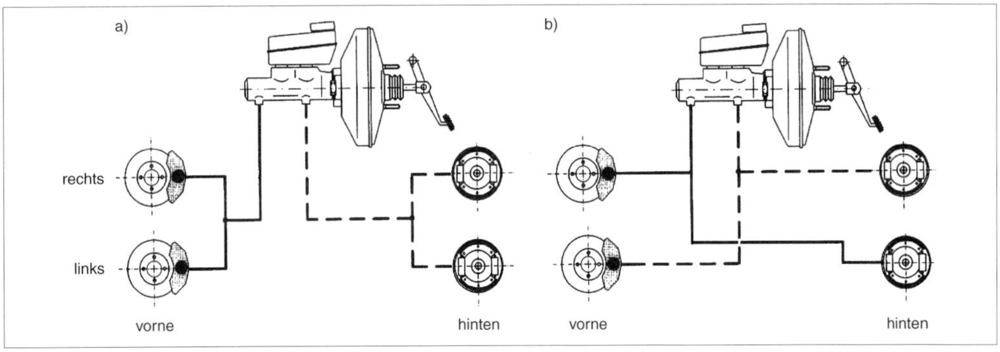

Bild 1-11 Zweikreisbremsanlage mit Schwarzweiß-Aufteilung (a) und diagonaler Aufteilung (b)

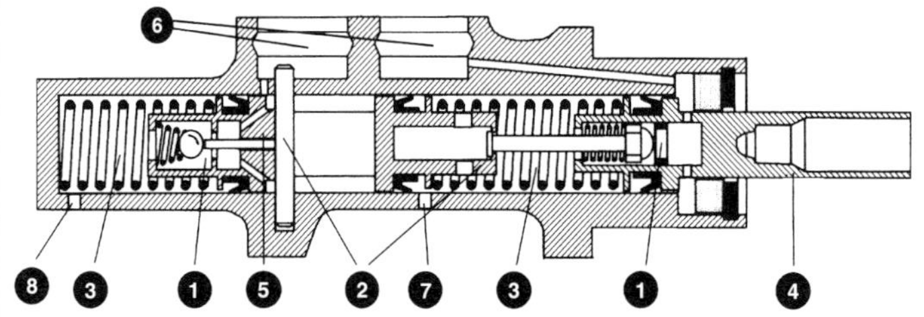

Bild 1-12 Tandemhauptbremszylinder

nung von Vorder- und Hinterachsbremskreis sprach auch, dass der Ausfall eines Diagonalkreises die Bremsstabilität wegen der unterschiedlichen Kräfte an Vorder- und Hinterachse erheblich mindert. Diesen Effekt des „Schiefziehens" muss der Fahrer durch entsprechendes Gegenlenken ausgleichen.

Das Sicherheitskonzept der zwei getrennten Bremskreise führte von zwei gemeinsam betätigten Hauptbremszylindern über verschiedene Baukonzepte (parallele oder serielle Zylinderanordnung) zum heute noch üblichen Tandemhauptbremszylinder (THZ) mit seriell hintereinander gelegenen Bremszylindern. Bei ihm wirkt das Bremspedal über eine Druckstange unmittelbar auf den ersten (Primär-)Kolben und über das hydraulische Polster des ersten Bremskreises mittelbar auf den zweiten (Sekundär-)Kolben. (Bild 1-12).

1.5 Von der Muskelkraft- zur Fremdkraftanlage

Nach dem Zweiten Weltkrieg wurden die Autos schwerer und schneller, trotz Fortschritten im Bereich der Radbremsen wuchsen die Betätigungskräfte der mechanischen Bremse weiter an. Daher suchten die Ingenieure Wege, die vom Fahrer erzeugte Bremskraft im hydraulischen System zu verstärken. Die Entwicklung im Bereich der Verstärker-Bremsanlagen verlief zweigleisig. So wurden etwa Generatoren entwickelt, die auf pneumatischem oder hydraulischem Wege Überdruck erzeugen, den der Fahrer durch Betätigen des Bremspedals dosiert in das Bremssystem einleitet, ohne durch Muskelkraft selbst Bremskraft zu erzeugen. Dieses Fremdkraft-

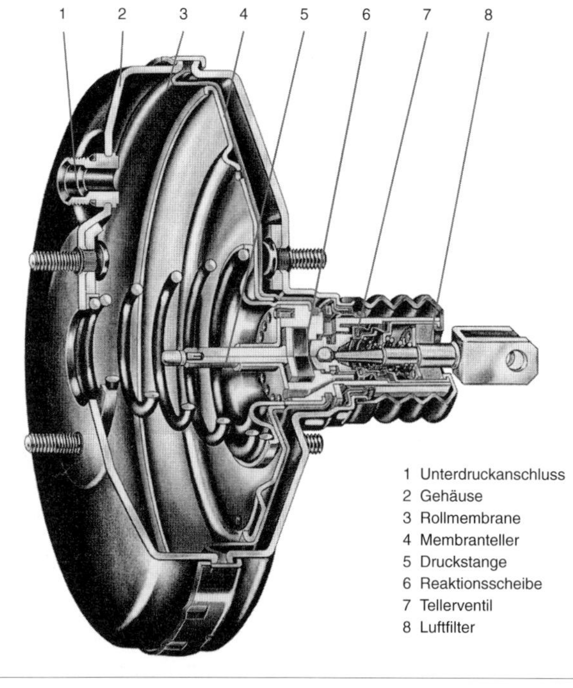

Bild 1-13 Vakuum-Bremskraftverstärker

bremsanlage genannte System setzte Citroen phasenweise auch in Personenwagen ein, im Nutzfahrzeugbereich ist es auch heute noch die verbreitetste Ausführung. Es wird sich – in ungleich anspruchsvollerer Ausführung – als elektrohydraulische und elektromechanische Bremse (siehe Kapitel 17 und 18) künftig auch im Personenwagen etablieren.
Bis dahin bleibt bei Personenwagen die Hilfskraftbremsanlage mit einem Vakuum-Bremskraftverstärker (Bild 1-13) dominierend. Der war in Grundzügen bereits in den zwanziger Jahren erdacht, gelangte aber erst 1950 durch ein Bendix-System zum Durchbruch. Diese Hilfskraftanlage nutzt den vom Motor im Ansaugtrakt erzeugten Unterdruck als Verstärkungsmedium, das über ein vom Bremspedal angesteuertes Ventil dosiert wird und über eine Rollmembran die Hilfskraft erzeugt, die linear zur Fußkraft ansteigt. Die mechanische Bremsbetätigung über Seilzüge findet sich nur noch bei der Feststellbremse.

1.6 Die hydraulisch betätigte Scheibenbremse

50 Jahre nach ihrer Erfindung meldete sich die bis dahin vernachlässigte Scheibenbremse eindrucksvoll zurück: 1953 fuhr Jaguar mit dem D-Type Rennwagen beim 24-Stunden-Klassiker von Le Mans einen eindrucksvollen Doppelsieg ein. Großen Anteil daran hatten von Dunlop entwickelte Scheibenbremsen, die ein späteres Anbremsen der Kurven erlaubten.
Die Scheibenbremse war bis dahin nicht vergessen, wohl aber ohne viel Nachdruck verfeinert und nur sporadisch eingesetzt worden – nicht selten als Getriebebremse in leichten Personen- oder Lastwagen. Vollbelagbremsen, bei denen die Bremsbeläge die gesamte Fläche der Scheibe nutzen, wurden seit 1930 von Goodyear in den USA für den Einsatz in Flugzeugen entwickelt; 1940 erhielt der Deutsche Hermann Klaue das Patent auf eine Vollbelag-Scheibenbremse mit Selbstverstärkung und umlaufendem Bremsgehäuse (Bild 1-14), die auch in Flugzeugen und Kampfpanzern zum Einsatz kam. Chrysler baute ab 1949 in sein Spitzenmodell Crown Imperial Vollbelag-Scheibenbremsen von Ausco-Lambert ein, die auf Klaue-Patenten beruhten.
Vollbelag-Bremsen waren allerdings teuer in der Herstellung und hatten gravierende Probleme, was die Abdichtung und die Kühlung der Beläge anbetraf. So konzentrierte sich das Interesse weltweit auf die von Jaguar beim Le Mans Sieg benutzten Teilbelag-Scheibenbremsen, die Dunlop 1957 auf der Internationalen Automobilausstellung IAA in Frankfurt in serienreifem Zustand zeigte (Bild 1-15).
An den Vorderrädern setzte sich diese Bremse seit den sechziger Jahren rasch durch, da die Schwächen der Trommelbremse immer deutlicher zu Tage traten: Temperaturprobleme, Verzug und Fading durch die windgeschützte Montageposition tief in den Felgen hinter Kotflügeln und Karosserieblechen, dazu Reibwertschwankungen, schlechte Dosierbarkeit, Verschleiß und Quietschen. An den thermisch weniger problematischen Hinterrädern blieb die Scheibenbremse noch für viele Jahre die Ausnahme. Pio-

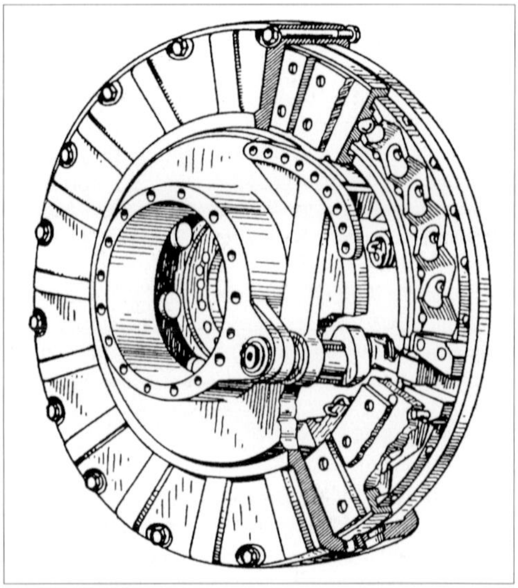

Bild 1-14 Klaue-Vollbelag-Scheibenbremse mit Selbstverstärkung, 1940

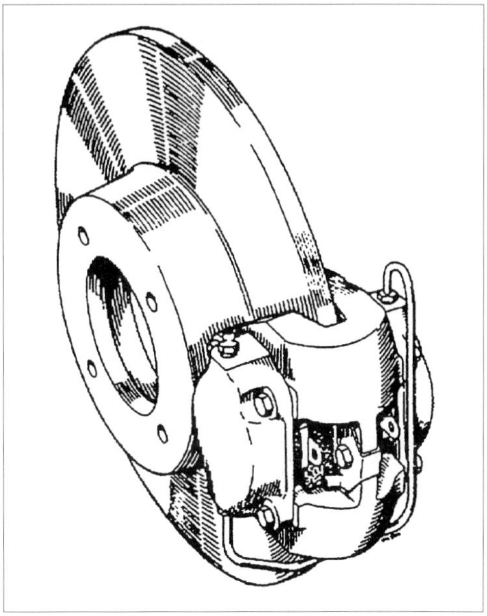

Bild 1-15 Dunlop Festsattel-Scheibenbremse, 1957

niere waren hier Lancia Flavia und Fiat 2300 sowie die Mercedes-Benz Modelle 300 SE/SEL, die schon 1961 serienmäßig mit Scheibenbremsen an allen vier Rädern ausgerüstet wurden.
Zu Beginn der siebziger Jahre ließen sich die Vorteile der diagonalen Bremskreisaufteilung (höhere Bremsleistung durch zumindest eine funktionstüchtige Vorderradbremse bei Ausfall eines Bremskreises) wieder ohne das Risiko eingeschränkter Fahrstabilität nutzen. Entscheidend für das Revival dieses Layouts war die Entwicklung des negativen Lenkrollradius. Durch eine spezielle Ausführung der vorderen Radaufhängung wird das Vorderrad dabei durch die Bremskraft so eingelenkt, dass es dem bremseninduzierten Schiefziehen des Fahrzeugs entgegenwirkt (Bild 1-16).
Die Hinwendung zur diagonalen Aufteilung resultierte auch aus dem Umstand, dass manche Fahrzeuge mit Schwarzweiß-Bremskreisaufteilung die gesetzlich geforderte Mindestverzögerung bei Ausfall des Vorderrad-Bremskreises wegen einer ungünstigen Achslastverteilung nicht erreichten. Die Schwarzweiß-Aufteilung wurde bis dahin bevorzugt, weil Festsattel-Scheibenbremsen bei hoher Beanspruchung zur Dampfblasenbildung neigten. Die Gefahr der Dampfblasenbildung schwand jedoch mit der Entwicklung von Scheibenbremsen in schwimmender Ausführung mit nur einem Bremszylinder (Bild 1-16). Durch den Wegfall des felgenseitigen Bremszylinders erlaubte diese Schwimmrahmen- oder Schwimmfaustsattel-Bremse bei wesentlich verbesserter thermischer Stabilität den vom negativen Lenkrollradius geforderten tieferen Einbau in der Radfelge – ein Vorteil, der besonders bei Kleinwagen mit kleinen Felgenschüsseln zum Tragen kam.
1978 löste der Faustsattel (siehe Bild 7-29) den Schwimmrahmensattel ab: Er wies bei vergleichbar kompakten Baumaßen eine höhere Steifigkeit auf und ist heute die weltweit am weitesten verbreitete Scheibenbrems-Bauform.

1.7 Elektronische Bremsregelsysteme

Simple Systeme zur Regelung der Radbremskräfte waren bereits 1908 erdacht. In diesem Jahr ließ sich J. E. Francis einen Gleitschutzregler für den Einsatz in Eisenbahnen patentieren. Entwicklungen für Kraftfahrzeuge begannen um 1928 mit der Patentanmeldung von Karl Wessel auf Basis eines trägheitsmassengesteuerten mechanisch-hydraulischen Reglers. Elektronische ABS-Regler mit analoger Schaltungstechnik wurden erstmals nach Ende des Zweiten Weltkrieges in den USA verwendet.
Das Dunlop Maxaret Anti-Skid im englischen Jensen Typ C-V8 FF von 1965 mit Allradantrieb und Vierrad-Scheibenbremsen war das erste serienmäßig in einem Personenwagen verbaute Einkanal-ABS. Ein Drehverzögerungsfühler auf Trägheitsmassenbasis am Verteilergetriebe registrierte schnell auftretende Achsdrehzahländerungen und betätigte einen Schalter, der ein elektropneumatisches Umsteuerventil bestromte. Dadurch wurde die Verstärkungskraft am Vakuumbremskraftverstärker aufgehoben.
Zur heutigen Regelgüte gelangte das Antiblockiersystem, das Fritz Oswald bereits in seiner Diplomarbeit von 1940 als Bremsschlupfregler skizziert hatte, allerdings erst Ende der siebziger Jahre, als digitale, frei

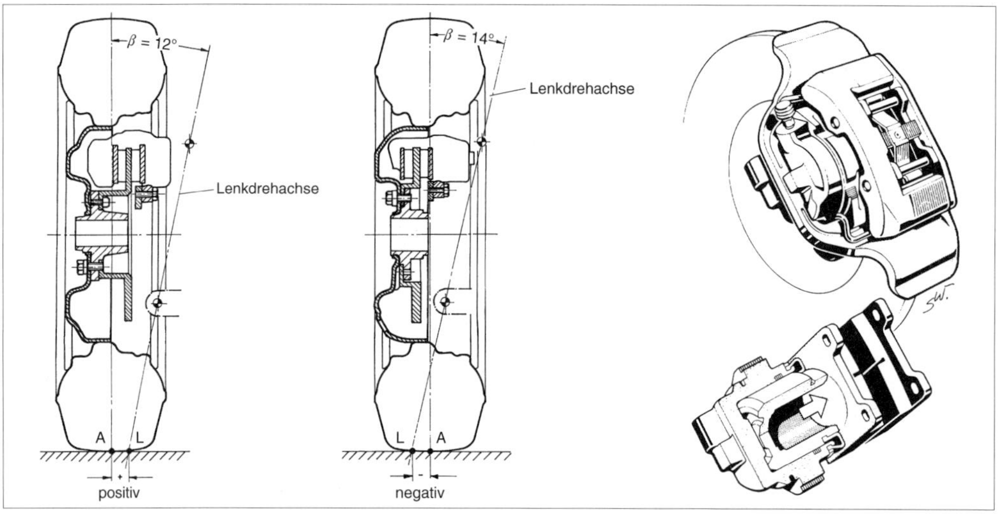

Bild 1-16 Positiver (links) und negativer (rechts) Lenkrollradius, ATE Schwimmrahmen-Scheibenbremse. Erster Einsatz 1972 im Audi 80

programmierbare Elektronik, robuste, weil berührungslose Raddrehzahlsensoren und schnelle hydraulische Schaltventile zur Verfügung standen. Diese Komponenten erlaubten es, den Schlupf im System Reifen – Fahrbahn stets im Bereich des maximalen Kraftschlussbeiwertes zu halten. 1978 gelang diesem ersten elektronisch geregelten Bremsregelsystem der großserientechnische Durchbruch im Mercedes-Benz Pkw.

Nach der Regelung des Bremsschlupfes gelang 1987 auch die Regelung des Antriebsschlupfes. Durch Abbremsen eines beim Anfahren durchdrehenden Rades wird das Motormoment mittels des Differenzialgetriebes zum zweiten Rad der angetriebenen Achse lenkt. Diese Regelung des Antriebsschlupfes durch reinen Bremseneingriff (daher die Bezeichnung B-ASR, Brems-Antriebsschlupfregelung) dient in der Regel nur als Anfahrhilfe bei niedrigen Geschwindigkeiten. Da ihre Wirkung in etwa der einer Differenzialsperre entspricht, wird sie heute auch EDS (elektronische Differenzialsperre) genannt.

Anfang der neunziger Jahre war die am weitesten entwickelte Antriebsschlupfregelung serienreif: Diese ASR greift nicht nur auf die Radbremsen zu, sondern drosselt über eine Schnittstelle zur Motorelektronik auch das Motormoment. Dadurch wird verhindert, dass Motor und Radbremse während eines Regelvorgangs kontraproduktiv gegeneinander arbeiten. Anders als die EDS ist diese ASR auch bei hohen Geschwindigkeiten wirksam.

Um 1994 zog die elektronische Bremskraftverteilung (EBV) in Serienfahrzeuge ein. Sie erfasst Schlupfunterschiede zwischen den Rädern der Vorder- und der Hinterachse mittels der ABS-Raddrehzahlsensoren und regelt den weiteren Aufbau von Bremsdruck an der Hinterachse ab. Die EBV löste die mechanisch-hydraulischen Bremskraftminderer ab, die seit etwa 1950 – zusammen mit der im Bremssystem installierten Bremskraftverteilung – ein Überbremsen der durch die dynamische Achslastverlagerung entlasteten Hinterräder verhindern sollten.

1995 revolutionierte das elektronische Stabilitätsprogramm ESP die Sicherheitstechnologie im Fahrzeugbau. Mittels Sensoren für Querbeschleunigung, Lenkradwinkel, Gierrate der Karosserie und Raddrehzahlen errechnet dieses System den vom Fahrer gewünschten Kurs und gleicht ihn kontinuierlich mit der tatsächlichen Bewegungsrichtung des Fahrzeugs ab. Klaffen Fahrerwunsch und Fahrzeugverhalten kritisch auseinander, bremst ESP eines oder mehrere Räder gezielt ab und/oder drosselt das Motormoment. Die daraus resultierende Giermomentenkontrolle erfolgt autonom, das heißt: ohne dass der Fahrer durch Betätigung der Bremse einen Impuls geben muss. Die zum Bremseneingriff benötigte Hilfskraft wird durch die ABS-Pumpe erzeugt. Bei großen Bremsanlagen wird die Pumpe zur Sicherstellung einer ausreichenden Bremsdruckaufbaudynamik zusätzlich mit einem aktiven Vakuumbremskraftverstärker oder einer sogenannten Vorladepumpe vorgeladen.

1996 ging der Bremsassistent BAS in Serie, der bei einer zu zögerlich oder zu kraftlos eingeleiteten Notbremsung autonom maximalen Bremsdruck bereitstellt. Hierzu wertet eine Elektronik Pedalweg und Betätigungsgeschwindigkeit aus und öffnet ein elektromagnetisches Ventil im Bremskraftverstärker, wenn das Bewegungsprofil des Bremspedals den Wunsch nach einer Notbremsung erkennen lässt. Atmosphärischer Außendruck wirkt nun auf die Rückseite der Membran, und diese Hilfskraft überlagert die vom Fahrer eingeleitete Bremskraft. Eine zweite Bauform ist der rein mechanische Bremsassistent, der in der primären Phase der Notbremsung maximalen Bremsdruck bereit stellt, indem er die Massenträgheit bewegter Teile im Bremskraftverstärker nutzt, um das Ventil in voll geöffneter Stellung temporär zu verriegeln.

Die elektronische Regelbremse in ihrer höchsten Ausprägung findet sich in der fremdansteuerbaren Komfortbremse der adaptiven Geschwindigkeitsregelung ACC (Adaptive Cruise Control). Die ACC reguliert die Fahrzeuggeschwindigkeit abhängig von der zuvor eingestellten Wunschgeschwindigkeit und dem Abstand zum voraus fahrenden Fahrzeug, das mittels Bugradar detektiert wird. Wird der Sicherheitsabstand zu gering, drosselt ACC das Motormoment und/oder bremst das Fahrzeug selbsttätig ab. Hierbei sind nur schwache Verzögerungen (0,2–0,3 g max.) zugelassen. Der Fahrer wird durch entsprechende Signale zum aktiven Eingreifen aufgefordert, falls die Fahrsituation eine stärkere Bremsung erfordert. Zur vorgewählten Wunschgeschwindigkeit kehrt ACC automatisch zurück, sobald die benutzte Fahrspur wieder frei ist. Um dieses Abbremsen möglichst diskret zu gestalten, ist ein aktiver Bremskraftverstärker, wie er auch für die Bremsassistent-Funktion benötigt wird, ideal geeignet, da er in der Lage ist, autonom Drücke in quasianaloger Form komfortabel und nahezu geräuschlos aufzubauen.

Literatur

[1] *Vereinigte Motor-Verlage GmbH & Co. KG:* mot Sonderdruck aus Nr. 23/96 Stuttgart

[2] *Das Beste Reader's Digest:* Unser 20. Jahrhundert, Bahnbrechende Erfindungen. Stuttgart: Verlag das Beste GmbH, 1998

[3] *Eckermann, E.:* Dynamik beherrschen, Eine Chronik im Zeichen des Fortschritts. Frankfurt: Alfred Teves GmbH, 1986

[4] *Rieth, P.; Drumm, S.; Harnischfeger, M.:* Elektronisches Stabilitätsprogramm: die Bremse, die lenkt. Landsberg/Lech: Verlag Moderne Industrie, 2001

[5] *Rieth, P.:* Autonome Bremssysteme. Frankfurt: Continental Teves AG & Co. oHG, 1999

[6] *Rieth, P.:* Brake by Wire: Bremsentechnologie im Wandel. Frankfurt: Continental Teves AG & Co. oHG, 1999

2 Der Bremsvorgang – Ablauf, Einflüsse und Anforderungen

Im Jahre 1885 lag bei dem von Wilhelm Maybach und Gottlieb Daimler gebauten berühmten „Reitwagen“ die bauartbedingte Höchstgeschwindigkeit bei 12 km/h. Die Reibwerte im Antriebsstrang waren damals noch so hoch, dass auch ohne Betätigung der Bremse das Fahrzeug effektiv verzögerte. So spielte die Bremse nur eine untergeordnete Rolle. Die Entwicklung konzentrierte sich zu dieser Zeit vornehmlich auf die Erhöhung der Motorleistung. Diese Gegebenheiten haben sich heute deutlich verändert. Ein Pkw mit etwa 100 kW Motorleistung und einer Höchstgeschwindigkeit von 200 km/h entwickelt heute eine Bremsleistung von mehr als 800 kW.

2.1 Bremsung als Fahraufgabe

Das besondere Merkmal für den Betrieb eines Automobils im Straßenverkehr ist das Spannungsverhältnis zwischen den zwei Freiheitsgraden der Bewegung in Längs- und Querrichtung und dem stark eingeschränkten Bewegungsspielraum auf der Straße selbst. Nach der Betrachtungsweise der Regelungstechnik findet das Führen eines Kraftfahrzeugs mit Beschleunigen, Bremsen und Lenken in einem geschlossenen Regelkreis statt. In diesem Regelkreis kann das Fahrzeug als Regelstrecke, der Fahrer als Regler und die Verkehrs-Umwelt als Informations- und Störungsquelle angesehen werden, siehe auch Kap. 4.
Der Fahrer hat die Aufgabe, den Istkurs des Fahrzeugs mit dem Sollkurs in Übereinstimmung zu bringen. Er kann seine Aufgabe als Regler jedoch nur so lange erfüllen wie sich das System aus Fahrzeug und Fahrbahn in einem steuerbaren Zustand befindet, d. h. bei Nichtüberschreiten der physikalischen Grenzbedingungen. Die Auflösung dieses Spannungsverhältnisses sei am Beispiel der unfallträchtigen Fahrsituation „Aquaplaning“ verdeutlicht. Die Fahraufgabe lautet hier: „Passieren eines mit einem Wasserfilm benetzten Fahrbahnstückes“.
Aus Kenntnis über diesen Straßenzustand handelt der Fahrer zunächst aus Erfahrung und reduziert die Geschwindigkeit seines Fahrzeugs – er bremst. Das Fahrzeug reagiert auf diese Fahrerhandlung, darüber hinaus aber auch auf die umweltbedingte Störung, das Absinken des Kraftschlusses zwischen Reifen und Fahrbahn.
Dosiert der Fahrer nun falsch, bremst er z. B. zu schwach, so kann das Fahrzeug infolge zu hoher Geschwindigkeit aufschwimmen, es kommt zum sogenannten Aquaplaning. Dieser Vorgang erfolgt in der Regel nicht schlagartig an allen Rädern gleichzeitig. Aus den Reaktionen des Fahrzeugs – wie Schlagen in der Lenkung – erhält der Fahrer Informationen über den gegenwärtigen Fahrzustand und kann korrigierend eingreifen durch gefühlvolles Gegenlenken und Bremsen.
Hat er jedoch zu stark gebremst, so ist wegen des bei nasser Fahrbahn stark reduzierten Kraftschlusses ein Blockieren der Räder wahrscheinlich. Dieser Zustand wird ihm über Fahrzeugreaktionen – wie Schleudern und Verlust der Lenkbarkeit – signalisiert, was ihn sofort zum Loslassen des Bremspedals veranlassen sollte. Dieses Umsetzen von Fahrerinformationen in Fahrerhandlungen muss jeweils sehr schnell und insbesondere fehlerfrei erfolgen.
Aus dem Beschriebenem wird deutlich, dass der Fahrer in einer für ihn überraschenden Ausnahmelage, z. B. einer Pre-Crash-Situation, überfordert sein kann bzw. sein wird, muss er doch dann zusätzlich weitere Informationen richtig einschätzen und so in

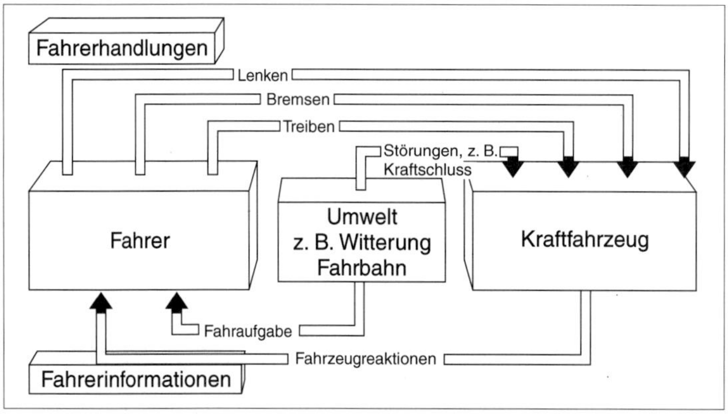

Bild 2-1 Regelkreis Fahrer – Fahrzeug – Umwelt; Quelle: Verfasser [5]

Sie werden gesucht!
Schau'n Sie doch mal nach von wem.

dosierte Betätigungskräfte umsetzen, dass das Gesamtsystem stabil bleibt.
Erschwerend kommt für den Fahrer hinzu, dass er in der Regel für die Beherrschung solch schwieriger Situationen weder ausgebildet noch darin geübt ist, weil sie zum Glück ja selten sind. Hier kann die Unfall-Vermeidungschance deutlich durch ein gezieltes Sicherheitstraining gesteigert werden. Im gleichen Sinne wirken auch die heute verfügbaren Fahrerassistenzsysteme, die immer dann unterstützend eingreifen, wenn der Mensch als Regler an seine Grenzen gelangt und die Gefahr besteht, dass er überfordert werden könnte. Etabliert haben sich hier in den vergangenen zwei Jahrzehnten hauptsächlich Längsschlupfregelsysteme. In Ergänzung hierzu finden sich heute zunehmend jedoch auch Regelsysteme, die den Querschlupf berücksichtigen und dabei so arbeiten, dass der Systemeingriff zur Radschlupfänderung nicht nur parallel zu einer Fahreraktivität, sondern auch unabhängig vom Fahrer stattfinden kann.

2.2 Besonderheiten des Bremsvorgangs

Aus der Darstellung des Regelkreises ging hervor, dass eine Behandlung des Gesamtsystems Fahrer – Fahrzeug – Umwelt sehr komplex ist und damit leicht unübersichtlich wird. Deshalb soll im Folgenden nur auf einige Besonderheiten des Bremsvorgangs eingegangen werden:
Die Bremsanlagen eines Kraftfahrzeugs dienen zu folgenden Zwecken:

- Festhaltebremsung, d. h. Verhüten unerwünschter Bewegung des ruhenden Fahrzeugs
- Beharrungsbremsung, d. h. Verhindern unerwünschter Beschleunigung bei Talfahrt
- Verzögerungsbremsung, d. h. Verringern der Geschwindigkeit, ggf. bis zum Stillstand des Fahrzeugs

Die Festhaltebremsung ist ein einfaches Kraftproblem. Das Fahrzeug muss gegenüber der Fahrbahn mit einer bestimmten Umfangskraft festgehalten werden, damit es auf abschüssiger Straße nicht wegrollt oder in der Ebene unerwünscht verschoben wird.
Bei Gefällefahrt mit konstanter Geschwindigkeit, der sog. Beharrungsbremsung, muss das Bremsmoment durch den Verbrennungsmotor, verstärkt durch ein Schaltgetriebe, als Schleppmoment aufgebracht werden. Reicht das Moment nicht aus oder ist wie bei Anhängefahrzeugen kein Motor vorhanden, so müssen hydraulische oder elektrische Verlangsamer, so genannte Retarder, – falls vorhanden – zugeschaltet werden oder die Reibungsbremsen betätigt werden.
Höhere Verzögerungen und die Abbremsung bis zum Stillstand können nicht mit der Motorbremse und auch nicht mit Retardern erreicht werden, sondern der Fahrer muss für eine Verzögerungsbremsung die Betriebsbremsanlage betätigen, wodurch die Räder in der Regel durch Reibungsbremsen abgebremst werden. Bei diesem Vorgang müssen zwischen Reifen und Fahrbahn Reibungskräfte übertragen werden. Die Gesetzmäßigkeiten des Kraftschlusses zwischen Reifen und Fahrbahn sind anders als die der klassischen Reibung zwischen festen Körpern, weil es sich beim Reifen um einen elastischen Körper handelt. Kritische Fahrsituationen entstehen immer dann, wenn die Haftung zwischen Reifen und Fahrbahn verloren geht.
Wenn die am Rad wirkenden Verzögerungskräfte die Haftgrenze zwischen Reifen und Fahrbahn überschreiten, tritt beim Bremsen Blockieren auf, d. h. es tritt zwischen Reifen und Fahrbahn ein Gleiten auf. Das Maß für den Gleitanteil der Abrollbewegung in Längsrichtung ist der Schlupf. Für den Bremsvorgang hat sich folgende Definition des Umfangsschlupfes eingebürgert, die zu positiven Zahlenwerten zwischen 0 und 1 (bzw. 0 % bis 100 %) für den Bereich von „frei rollend“ bis „blockiert“ führt.
Bild 2-2 zeigt einige typische Verläufe des Kraftschlussbeiwertes μ_B als charakteristische Größe für

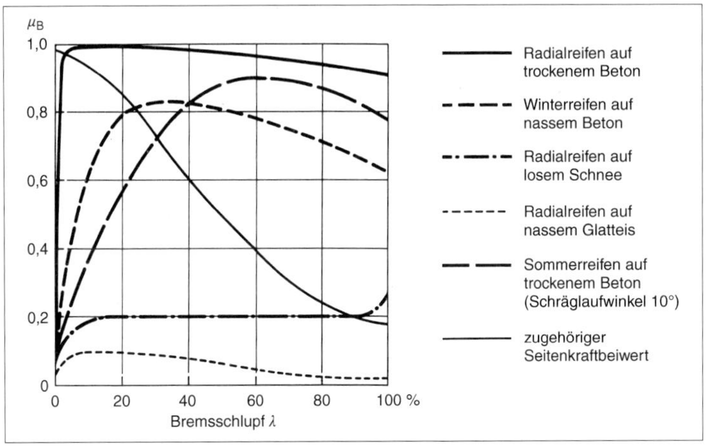

Bild 2-2 Kraftschlussbeiwert μ_B in Abhängigkeit vom Bremsschlupf λ; Quelle: Verfasser [5]

die Umfangskraftübertragung in Abhängigkeit vom Bremsschlupf λ auf unterschiedlichen Fahrbahnoberflächen.

Auf griffigen Fahrbahnoberflächen steigt der ausgenutzte Kraftschlussbeiwert mit zunehmendem Schlupf zunächst bis zu einem Maximalwert an und fällt dann bis auf den Gleitbeiwert bei 100 % Schlupf ab. Die maximale Kraftschlussbeanspruchung (Grenze des stabilen Bereichs) ist durch die Haftreibungszahl μ_h gegeben. Der Bereich zwischen Haftreibungszahl μ_h und Gleitreibungszahl μ_g (100 % Schlupf) ist der instabile Bereich, d. h. dass der Schlupf nach Überschreiten des Kurvenmaximums unmittelbar auf 100 % anwächst und das Rad in den Gleitzustand übergeht. Die besondere Gefahr dieser Situation besteht darin, dass im instabilen Bereich mit dem Abbau der übertragbaren Längskräfte am Reifen grundsätzlich auch ein Verlust der übertragbaren Seitenführungskräfte einhergeht, siehe Abfall des zugehörigen Seitenkraftbeiwerts in Bild 2-2. Wird die Stabilitätsgrenze eines oder mehrerer Räder durch zu hohen Schlupf überschritten, hat dies bei Hecktrieblern den Verlust der Fahrstabilität bzw. bei Fronttrieblern den Verlust der Lenkfähigkeit zur Folge.

Auf rutschigen Fahrbahnen unterscheiden sich maximaler Kraftschlussbeiwert und Gleitbeiwert nur marginal voneinander. Der Zusammenhang zwischen Umfangsschlupf und Kraftschlussbeiwert μ für die Umfangsrichtung hängt nicht nur von der Beschaffenheit der Fahrbahnoberfläche (trocken, nass, verschmutzt, vereist, verschneit etc.), sondern auch von der Beschaffenheit (Konstruktion, Verschleißzustand etc.) des Reifens sowie der gegebenen Radlast und der gefahrenen Geschwindigkeit ab.

Um den jeweils vorhandenen Haftbeiwert voll auszunutzen und damit den kürzestmöglichen Bremsweg zu erzielen, muss der Fahrer beim Tritt auf das Bremspedal seine Fußkraft so dosieren, dass bei der Ausgangsgeschwindigkeit der Haftbeiwert an den Rädern gerade erreicht wird und im Verlauf des Bremsvorgangs mit abnehmender Geschwindigkeit durch entsprechend stärkeres Treten das Anwachsen des Haftbeiwertes in Verzögerungs- und damit Bremsweggewinn umgesetzt wird. Tritt der Fahrer zu schwach, so ist die erzielte Verzögerung kleiner als maximal möglich; tritt er zu stark, so besteht Blockiergefahr für die Räder, die Verzögerung ist wegen des nun maßgeblichen Gleitbeiwertes ebenfalls geringer als bei optimaler Kraftschlussausnutzung. Bild 2-3 zeigt den typischen Verlauf der Bremskraft B und weiterer charakteristischer Größen für einen solchen Vorgang.

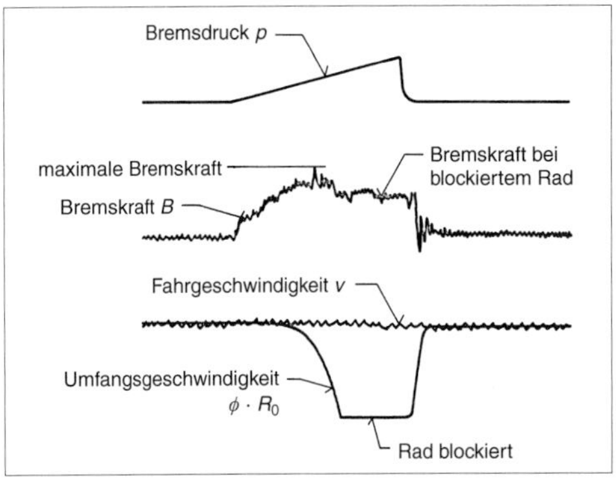

Bild 2-3 Blockiervorgang beim Bremsen; Quelle: Verfasser [5]

2.3 Bremswege

Entscheidend aus dem Blickwinkel der Verkehrssicherheit im Sinne von Unfallvermeidung ist letztlich die Frage, wann und wo ein Fahrzeug im Notfall zum Stehen kommt. Man muss dabei zwischen Anhalteweg und Bremsweg unterscheiden; ersterer wird ganz maßgeblich vom Fahrer mitbestimmt, letzterer spiegelt dagegen die Eigenschaften und Leistungsfähigkeit der Bremsanlage wider und ist der letzte Abschnitt des Anhalteweges. Der Anhalteweg setzt sich aus den zurückgelegten Wegstrecken während der Reaktionsdauer t_r und der Bremsenansprechdauer t_a bei konstanter Fahrgeschwindigkeit v sowie der Strecke während der Bremswirkung t_w zusammen. Die Vollverzögerung a wird in der Bremsenschwellzeit t_s erreicht. Näherungsweise betrachtet man die halbe Schwelldauer als vollverzögert und rechnet die andere Hälfte den Zeiten ohne Verzögerung, der Verlustzeit, zu, siehe Bild 2-4 und Kap. 4.2.

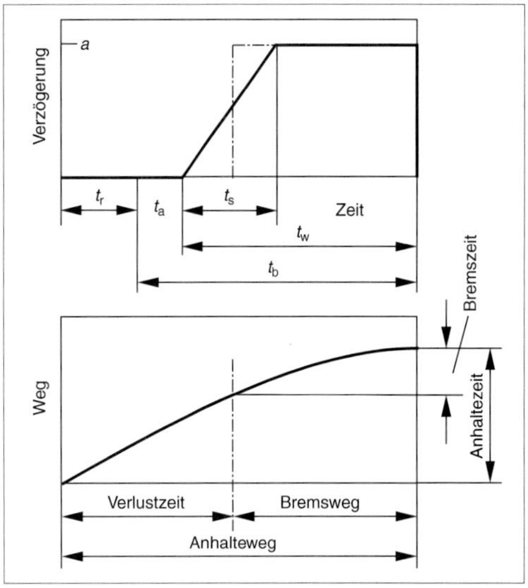

Bild 2-4 Verzögerung und Anhalteweg beim Bremsvorgang; Quelle: Verfasser [5]

Die Reaktionsdauer beinhaltet die Zeitspanne von der Wahrnehmung eines Hindernisses, der Entscheidung des Fahrers und dem Umsetzen des Fußes vom Gaspedal auf das Bremspedal einschließlich der Dauer für die Überwindung des Spieles am Bremspedal. Die Reaktionszeit ist nicht konstant, sondern bewegt sich je nach körperlicher Verfassung, geistiger Disposition und Konzentrationsvermögen von 0,5 bis zu 2 Sekunden. Unter normalen Umständen ist etwa eine Sekunde, die so genannte Schrecksekunde, ein realistischer Wert. Man bedenke, dass bei einer Fahrgeschwindigkeit von 100 km/h während dieser Zeit noch eine Wegstrecke von rund 28 Metern ungebremst zurückgelegt wird.

Die Betätigungs- und Übertragungseinrichtung sowie die Bremse selbst und deren momentaner Zustand bestimmen die Bremsenansprech- und Bremsenschwelldauer. Die Dynamik von Pkw-Bremsanlagen zeigt hier üblicherweise Werte für $t_a + t_s/2$ von 0,2 Sekunden; gesetzlich zulässig sind bis zu 0,36 Sekunden.

Bei einer Gefahrenbremsung muss der Anhalteweg kurz sein, d. h. der Fahrer wird versuchen, möglichst schnell zu reagieren und sein Fahrzeug mit der maximal möglichen Verzögerung abzubremsen. Wie groß diese maximale Verzögerung überhaupt sein kann, hängt zum einen vom Geschick des Fahrers – soweit ihn kein „Bremsassistent" unterstützt – zum anderen von den aktuellen Haftbeiwerten zwischen Reifen und Straße und von der konstruktiv vorgegebenen Bremsmomentenverteilung auf die einzelnen Achsen ab.

Tabelle 2.1 diskutiert fünf verschiedene Fälle und führt zu dem Schluss, dass die höchste fahrzeugtechnisch vorstellbare Abbremsung z_{grenz} dann vorliegt, wenn gleichzeitig an allen Rädern die Kraftschlussgrenze erreicht wird (Fall 3). Die Abbremsung z als dimensionslose Größe, gebildet durch Bezug der Verzögerung a auf die Erdbeschleunigung g, nimmt in diesem Fall den Wert des aktuell vorliegenden Haftbeiwertes μ_h an. In allen anderen Konstellationen bleibt die maximal mögliche Abbremsung des realen Fahrzeugs unter diesem Grenzwert.

Bezieht man die vorhandene Abbremsung auf den gegebenen Haftbeiwert, so spricht man auch von der Haftwertausnutzung, die neben den maßgebenden Fahrzeugparametern auch den Einfluss des Fahrers (Art der Bremsbetätigung, Höhe der Fußkraft etc.)

Tabelle 2.1 Unterschiedliche Abbremsungsfälle; Quelle: Mitschke [2]

Fall	Vorderräder (VR)	Hinterräder (HR)	Abbremsung	Bemerkungen
	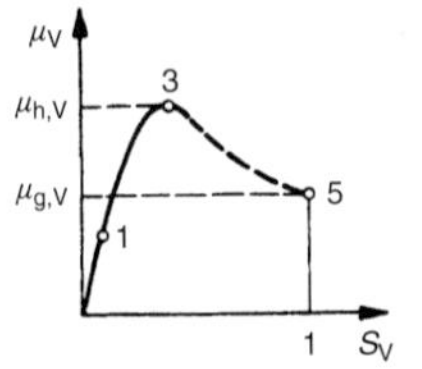	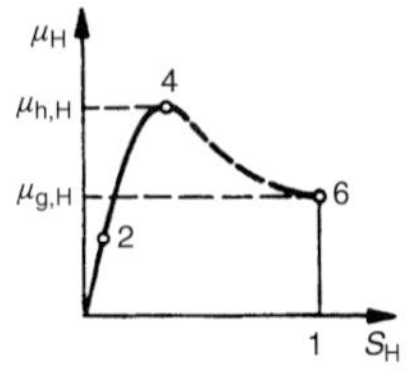		VR = Vorderräder HR = Hinterräder
1	$\mu_V < \mu_{h,V}$ (Pkt. 1)	$\mu_H < \mu_{h,H}$ (Pkt. 2)	$z < z_{\text{grenz}}$	übliche Bremsung
2a	$\mu_V < \mu_{h,V}$ (Pkt. 1)	$\mu_H = \mu_{h,H}$ (Pkt. 4)	$z < z_{\text{grenz}}$	HR an Kraftschlussgrenze, Grenze der Stabilität
2b	$\mu_V = \mu_{h,V}$ (Pkt. 3)	$\mu_H < \mu_{h,H}$ (Pkt. 2)	$z < z_{\text{grenz}}$	VR an Kraftschlussgrenze, Grenze der Lenkfähigkeit
3	$\mu_V = \mu_{h,V}$ (Pkt. 3)	$\mu_H = \mu_{h,H}$ (Pkt. 4)	bei $\mu_{h,V} = \mu_{h,H} = \mu_h$ $z = z_{\text{grenz}} = \mu_h$	alle Räder an Kraftschlussgrenze, größtmögliche Abbremsung
4a	$\mu_V < \mu_{h,V}$ (Pkt. 3, 1)	$\mu_H = \mu_{g,H}$ (Pkt. 6)	$z < z_{\text{grenz}}$	HR blockieren, Fahrzeug instabil*
4b	$\mu_V = \mu_{g,V}$ (Pkt. 5)	$\mu_H < \mu_{h,H}$ (Pkt. 2, 4)	$z < z_{\text{grenz}}$	VR blockieren, Fahrzeug nicht lenkfähig*
5	$\mu_V = \mu_{g,V}$ (Pkt. 5)	$\mu_H = \mu_{g,H}$ (Pkt. 6)	bei $\mu_{g,V} = \mu_{g,H}$ $z = z_g < z_{\text{grenz}}$	alle Räder blockieren, Fahrzeug rutscht geradeaus

(* Erklärung in Abschnitt 2.4)

enthält. Im günstigsten Fall kann der Quotient den Wert 1 annehmen, und zwar dann, wenn die vorhandene Abbremsung die maximal mögliche des realen Fahrzeugs erreicht. Will man den Fahrereinfluss ausblenden, um letztlich eine Aussage zur Güte der Auslegung der Bremsanlage treffen zu können, so muss man statt der vorhandenen Abbremsung nun die maximal mögliche auf den gegebenen Haftbeiwert beziehen. Nach den Ausführungen in und zu Tabelle 2.1 ist der Quotient $z_{\max}/\mu_h = z_{\max}/z_{\text{grenz}} \leq 1$, er wird auch Gütegrad genannt. Den kürzesten im idealen Fall erreichbaren Anhalteweg erzielt man mit dem höchsten Gütegrad $z_{\max}/\mu_h = 1$, d. h. der Entwickler einer Bremsanlage muss bestrebt sein, die Unterschiede der Kraftschlussbeanspruchungen an den Rädern der einzelnen Achsen eines Fahrzeugs möglichst gering zu halten, um in der Nähe des Idealpunktes zu bleiben (Fall 3). Mit anderen Worten, ein niedriger Gütegrad verlängert den Bremsweg und muss daher vermieden werden, siehe Bild 2-5.

Bei Straßenfahrzeugen treten durch mögliche hohe Verzögerungen beim Bremsen große Radlastunterschiede an Vorder- und Hinterachse auf, die Konsequenzen für die Bremskraftverteilung auf die Achsen haben, siehe hierzu auch Kap. 6.1. Die Unterschiede der Kraftschlussbeanspruchungen an den Rädern der einzelnen Achsen bestimmen maßgeblich den Gütegrad und damit die Länge des Bremsweges. Beim Blockieren der Räder kommt neben der Bremswegverlängerung als weiterer gravierender Nachteil hinzu, dass keine Seitenführungskräfte mehr aufgebaut werden können und das Fahrzeug bei der geringsten Störung ins Schleudern geraten kann.

Deshalb ist es bei der Auslegung der Bremsen im Zuge der Entwicklung eines neuen Fahrzeugs unverzichtbar, eine Bremskraftverteilung zu installieren, die neben der durch den Bremsvorgang selbst hervorgerufenen Dynamik auch Änderungen der Schwerpunktlage durch Beladung des Fahrzeugs angemessen berücksichtigt. Wichtige Parameter in diesem Zusammenhang sind insbesondere die Höhe des Schwerpunkts über der Fahrbahn, seine relative Lage zur Vorderachse und der Radstand des Fahrzeugs. In der Praxis ergeben sich hier bei Nutzfahrzeugen erwartungsgemäß größere Probleme als bei Pkw. Keinesfalls dürfen die Räder der Hinterachse die Kraftschlussgrenze vor den Vorderrädern erreichen, da dies zu einem instabilen Fahrverhalten des Fahrzeugs führt, siehe Tabelle 2.1.

Potenziale zur Darstellung eines kurzen Bremsweges liegen wie gezeigt vor allem in der technischen Realisierung eines hohen Gütegrades unter den zu erwartenden Betriebsbedingungen des Fahrzeugs. Wesentliche Meilensteine der letzten 25 Jahre sind hier Antiblockiersysteme, elektronische Bremskraftverteilungen, Bremsassistenten und Fahrdynamikregelungen gewesen. Weitere Fortschritte werden hoch entwickelte Fahrerassistenzsysteme bis zum Systemverbund eines intelligenten Fahrwerkkonzepts zur Schlechtwegerkennung mit Anpassung der Regelparameter für Schlupfregelsysteme oder gezielte Dämpferverstellungen etc. bringen. Fahrerassistenzsysteme werden auch die menschlichen Schwächen und Unzulänglichkeiten in Bezug auf die Verlustzeiten, die den Anhalteweg beeinflussen, teils oder weitestgehend kompensieren können und so einen Beitrag zur aktiven Unfallvermeidung leisten.

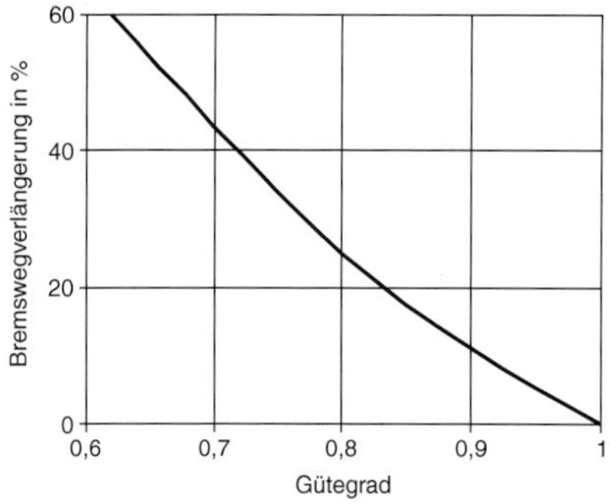

Bild 2-5 Bremswegverlängerung durch niedrigen Gütegrad: Verfasser [5]

2.4 Bremsstabilität

Oberstes Ziel für eine gute Bremsenauslegung muss es sein, dass das Fahrzeug beim Bremsvorgang einen kurzen Bremsweg erzielt, seine Spur nicht verlässt und lenkbar bleibt. Voraussetzung dafür ist, dass die Räder nicht blockieren, denn bei blockierenden Rädern kann das Fahrzeug seine Lenkfähigkeit oder Stabilität einbüßen. Die Forderung nach Bremsstabilität bedeutet für die konstruktive Auslegung der Bremskraftverteilung, dass die Kraftschlussbeanpruchung an den Hinterrädern kleiner sein muss als an den Vorderrädern, woraus folgt, dass die Vorderachse mit zunehmender Abbremsung stärker als die Hinterachse gebremst werden muss. Der Grenzwert für die Stabilität wird gerade dann erreicht, wenn die Kraftschlussbeanspruchungen vorn und hinten gleich sind. Sofern diese Bedingung für alle Abbremsungen eingehalten ist, spricht man von einer idealen Bremskraftverteilung. Mit dieser wird, wenn an allen Rädern die höchste Kraftschlussbeanspruchung, der Haftbeiwert μ_h, herrscht, der kürzeste Bremsweg erreicht.

Gebräuchlich ist hierfür eine Darstellung, in der die auf das Gewicht bezogenen Bremskräfte die Koordinaten bilden und in der die Linien konstanter Abbremsung Geraden sind, siehe Bild 2-6. Die Stabilitätsgrenze wird durch die Kurve der idealen Bremskraftverteilung festgelegt (obere Grenzlinie), die gesetzliche Mindestforderung nach der EU-

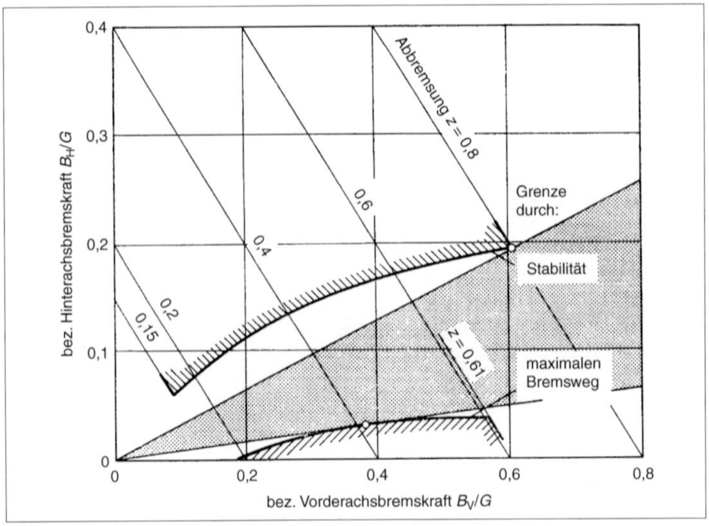

Bild 2-6 Auslegungskorridor für die Bremskraftverteilung; Quelle: Mitschke [2]

Richtlinie 71/320 an den Bremsweg bildet die andere Korridorgrenze (untere Grenzlinie).

Die Bremskräfte sind auf Vorder- und Hinterachse so zu verteilen, dass sie innerhalb der Grenzen liegen, die durch die Forderungen nach „Stabilität" und kurzem „Bremsweg" gegeben sind. Hierbei wird der Entwickler bestrebt sein, die Auslegung möglichst dicht an die Stabilitätskurve, die ideale Bremskraftverteilung, heranzubringen. Erreichen wird er diese Kurve bei linearer Bremskraftverteilung jedoch nur in einem Punkt. Dieser Umstand war in der Vergangenheit Anlass für die Entwickler, durch den Einsatz von mechanisch-hydraulischen Bremskraftminderern an der Hinterachse den parabolischen Verlauf der Stabilitätskurve anzunähern. Heute übernehmen sensorgestützte Systeme durch einen Schlupfvergleich der Achsen das Detektieren der Überbremsgefahr der Hinterachse und leiten ggf. die Verringerung des Druckanstiegs an den Hinterradbremsen ein und verhindern damit die drohende Instabilität des Fahrzeugs.

2.5 Ausfallsicherheit

Da es absolute Sicherheit nicht gibt, muss die Ausfallwahrscheinlichkeit bezogen auf eine Zeitdauer oder eine Laufstrecke relativ gering sein. Betrachtet man zunächst eine einfache Bremsanlage, eine Einkreis-Anlage, so kann man diese nach Bild 2-7 in drei Gruppen unterteilen: in eine Betätigungseinrichtung A_1, in eine Übertragungseinrichtung A_2 und in eine Bremse A_3. Wenn das Fahrzeug nur eine Bremse hätte, bedeutet dieses Hintereinanderschalten von drei Blöcken: falls irgendein Teil ausfällt, ist die ganze Anlage außer Funktion. Wenn z. B. das Bremspedal brechen sollte, dann kann man nicht mehr bremsen, wenn in der Leitung des einen Kreises ein Leck auftreten sollte, dann fällt der Block A_2 aus und damit ist auch die Bremswirkung null, und wenn die Bremse ausfiele, dann wäre auch keine Bremsung mehr möglich.

Diese drei Blöcke sind jedoch nicht gleichgewichtig in ihrer Ausfallwahrscheinlichkeit; am unzuverlässigsten ist die Übertragungseinrichtung, der mittlere Block A_2. Aufgrund dieser empirischen Erkenntnis hat man vorsorglich eine so genannte Redundanz eingebaut, man hat die Übertragungseinrichtung durch eine Zweikreisbremse in zwei Blöcke A_{21} und A_{22} aufgeteilt. Fällt der eine Kreis aus, so funktioniert noch der andere, und das Auto wird, wenn auch nicht mehr mit der vollen Bremswirkung, verzögert. Durch den Einbau dieser so genannten Redundanz ist die Wahrscheinlichkeit des Ausfalles der Übertragungseinrichtung, d. h. des gleichzeitigen Ausfalles beider Kreise gesunken, die Zuverlässigkeit damit gestiegen. Sie wird zahlenmäßig im Diagrammteil von Bild 2-7 erläutert. An der Ordinate sind die Zuverlässigkeit und an der Abszisse die Anzahl der Übertragungskreise aufgetragen. Wenn die obere Kurve gilt, dann hätte eine Einkreisbremsanlage eine Zuverlässigkeit von 80 %. Das bedeutet, nach einer Fahrt von so und soviel Millionen Kilometern werden die Bremsanlagen von Fahrzeugen zu 80 % noch intakt sein, und der Rest von 20 % ist ausgefallen.

Wird statt der Einkreis- eine Zweikreisbremse verwendet und wird angenommen, dass jeder der beiden Kreise für sich so zuverlässig sei wie früher die Einkreisbremse, dann steigt die Zuverlässigkeit von 80 auf 96 %, d. h. während der gleichen Fahrstrecke sind noch 96 % der Bremsen intakt, und nur 4 % sind ausgefallen. Wegen des erheblichen Sicherheitsgewinns könnte man auf die Idee kommen, die Sicherheit noch weiter zu steigern und eine Dreikreis-

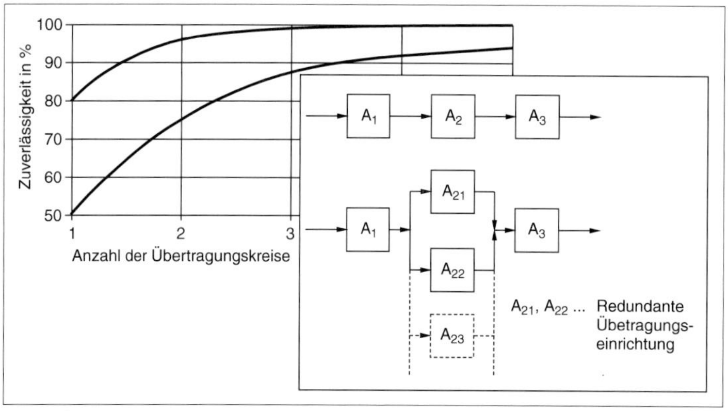

Bild 2-7 Ausfallsicherheit als Funktion der Anzahl der Übertragungskreise; Quelle: Verfasser [5]

bremse einzubauen; dann würde die Zuverlässigkeit auf 99 % erhöht, die Ausfallrate auf 1 % gesenkt. Die Sache hat nur einen Haken: je mehr Redundanzen eingebaut werden, umso mehr Teile können ausfallen. Zwar nicht alle zusammen, aber nacheinander, und das bedeutet, dass das Fahrzeug öfter in die Werkstatt muss. Dies widerspricht dem anderen Ziel, das man hat, nämlich die Wartungsintervalle zu verlängern und damit die Fahrzeugkosten zu senken. Das heißt also, wenn die obere Kurve in Bild 2-7 gilt, lohnt es sich nicht, statt der Zweikreis- eine Dreikreisbremse zu nehmen.

Anders sähe es bei schlechterer Grundzuverlässigkeit der Komponenten gemäß der unteren Kurve aus. Die Einkreisbremse hätte hier nur eine Zuverlässigkeit von 50 %, die Zweikreisbremse käme auf 75 % und bei der Dreikreisbremse gäbe es noch eine deutliche Steigerung auf 87,5 %.

Hinweise zu in der Praxis bestehender Ausfallsicherheit heutiger Kraftfahrzeugbremsanlagen finden sich im jährlich erscheinenden TÜV autoreport sowie den Publikationen weiterer Prüfinstitutionen, der Automobilclubs, des Kraftfahrzeughandwerks, der Fahrzeugindustrie und der Versicherer.

Literatur

[1] *Braess, H.-H./Seiffert, U.* (Hrsg.): Handbuch Kraftfahrzeugtechnik, 2. Aufl. Braunschweig/Wiesbaden: Vieweg, 2001

[2] *Mitschke, M.:* Dynamik der Kraftfahrzeuge. Band A – Antrieb und Bremsung, 2. Aufl. Berlin/Heidelberg: Springer, 1988

[3] *Rieth, P.:* Elektronisches Stabilitätsprogramm: die Bremse, die lenkt. Landsberg/Lech: Moderne Industrie, 2001

[4] *Wolff, C.:* Anforderungen der europäischen Vorschriften an Fahrdynamik-Regler im Hinblick auf Typprüfung und periodische Überwachung (VdTÜV/DEKRA/ika-Workshop „Elektronisch kontrollierte Systeme im Kfz" RWTH Aachen 1998)

[5] *Wolff, C.:* Fahrzeugbremsen. Vorlesung Ruhr-Universität Bochum, 2002

3 Fahrzeugtechnische Anforderungen

3.1 Leistung

Die Auslegung der Bremsanlage von Fahrzeugen erfolgt unter der Maßgabe, das Fahrzeug komfortabel und zuverlässig zu verzögern und im Notfall eine Vollbremsung mit möglichst kurzem Bremsweg unter Beibehaltung der fahrdynamischen Stabilität zu gewährleisten. Die Bremse muss dabei erhebliche Leistungen aufnehmen. Bild 3-1 zeigt die gesamte Bremsleistung eines Wagens der Kompaktklasse in Abhängigkeit von der Geschwindigkeit bei einer Verzögerung von 1 g. Roll- und Luftwiderstand des Fahrzeuges, die auch zu einer, wenn auch geringen, Verzögerung („Ausrollen“) führen würden, reduzieren den von der Bremse aufzubringenden Anteil an der Gesamtbremsleistung (in Bild 3-1 schattiert dargestellt). Für o. g. Fahrzeug entspricht dies z. B. bei einer Geschwindigkeit von 100 km/h einer Bremsleistung von rd. 340 kW. Der von der Bremse aufzunehmende Teil wird dabei in Wärme umgewandelt, die dann an die Umgebung wieder abzugeben ist.

3.1.1 Bremsweg

Der Bremsweg (i. S. von Vollverzögerungsweg) wird einerseits durch die Auslegung der Bremsanlage bestimmt, andererseits aber wesentlich durch den maximalen Kraftschluss zwischen Reifen und Fahrbahn begrenzt. Deshalb müssen bei der Reduzierung des Bremsweges die Beschaffenheit der Fahrbahn und die Eigenschaften des Reifens betrachtet werden. Das Fortschreiten der Entwicklungen besonders auf dem Reifensektor hat in den letzten Jahrzehnten zu einer erkennbaren Reduzierung der Bremswege geführt. Bild 3-2 zeigt die Ergebnisse der von verschiedenen Autozeitschriften [1], [2] durchgeführten Bremsentests.

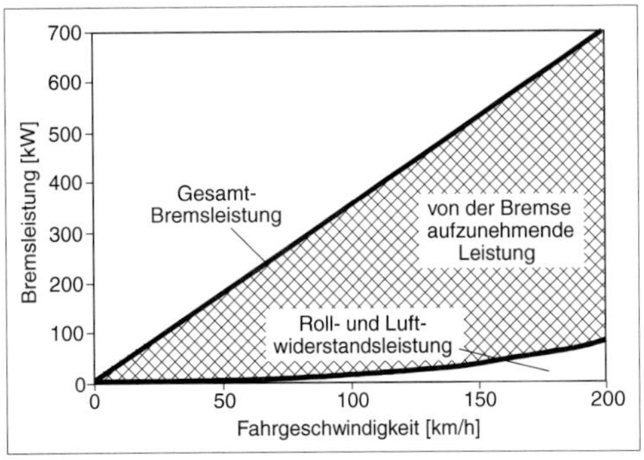

Bild 3-1 Bremsleistung bei 1 g Verzögerung

Bei heutigen Pkw liegt der Bremsweg aus 100 km/h im Mittel bei rund 40 m, was einer mittleren Verzögerung von 0,97 g entspricht, s. Bild 3-3.

Neben den durch die Bremse erzeugbaren Bremsmomenten und dem Reibwert zwischen Reifen und Fahrbahn bestimmt auch die Radlast den Bremsweg. Diese kann durch aerodynamische Maßnahmen positiv oder negativ beeinflusst werden. Deshalb sind bei aerodynamischen Betrachtungen neben dem Luftwiderstandsbeiwert c_W stets auch die Auftriebsbeiwerte c_A an Vorder- und Hinterachse zu beachten, da sich diese radlasterhöhend oder -erniedrigend auswirken können. Bestes Beispiel sind hier die Rennfahrzeuge der Formel 1, die je nach Kontur der Rennstrecke mithilfe der Spoiler Abtriebskräfte bis fast zum 4-fachen der statischen Radlast erzeugen können, wodurch die hohen Querbeschleunigungen und kurzen Bremswege (rd. 55 m aus 200 km/h, entsprechend 2,8 g Abbremsung) erst möglich werden. Durch die extreme Radlasterhöhung wäre es einem solchen Fahrzeug möglich, bei Geschwindigkeiten über 150 km/h kopfüber an der Decke zu fahren, ohne herunterzufallen.

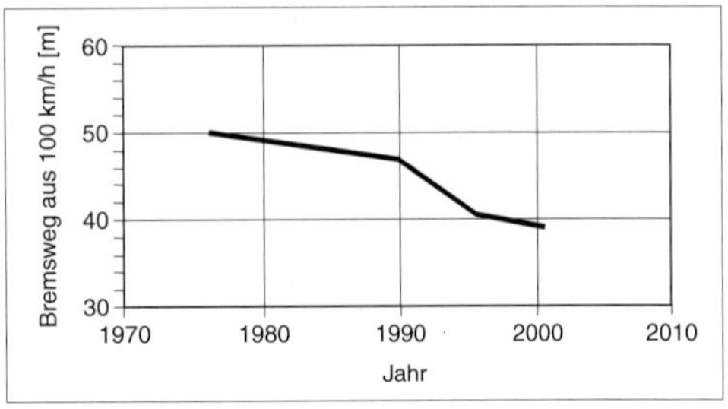

Bild 3-2 Zeitliche Entwicklung der Bremswege von Pkw

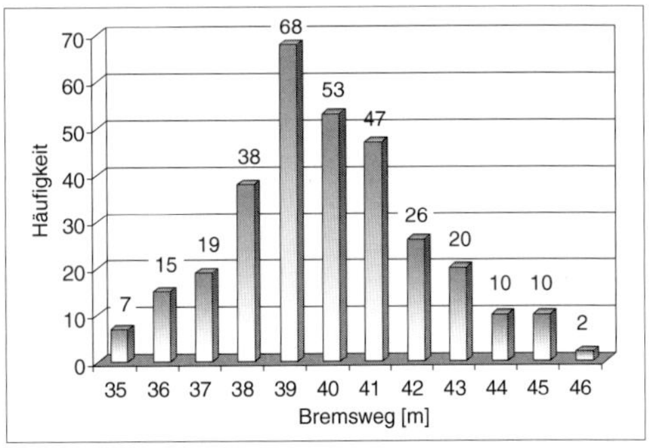

Bild 3-3 Häufigkeitsverteilung von Bremswegen aus 100 km/h (1999–2000)

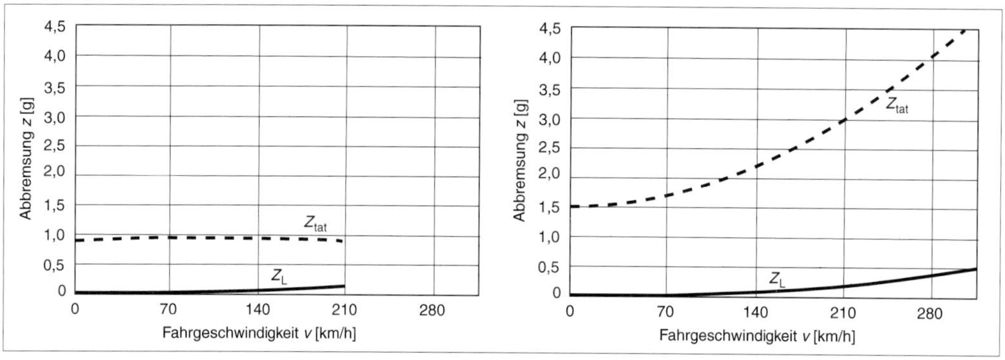

Bild 3-4 Vergleich erzielbarer Abbremsungen für einen Mittelklasse-Pkw (links) und einen Sportprototypen (rechts); z_{tat}: tatsächliche Abbremsung, z_L: Anteil durch Luftwiderstand

Die aerodynamischen Maßnahmen erhöhen Luftwiderstand und übertragbare Bremskraft am Reifen in ähnlichem Maß, so dass die Luftwiderstandsanteile an der möglichen Gesamtabbremsung bei Pkw und Rennsportfahrzeugen etwa gleich sind, wie Bild 3-4 zeigt.

3.1.2 Standfestigkeit

Bremsanlagen müssen ihre Funktion auch nach Erwärmung durch extreme Fahraufgaben wie z. B. Passabfahrten mit voll beladenem Fahrzeug und Anhänger oder mehrfachen Bremsungen aus hohen Geschwindigkeiten (z. B. bei schneller Fahrt auf der Autobahn) erfüllen. Zur Beurteilung dieser Fähigkeiten werden verschiedene Verfahren benutzt:

- mehrere Vollbremsungen (z. B. 10 Bremsungen aus 100 km/h) bis zum Stillstand des Fahrzeugs,
- mehrere Vollbremsungen bei hohen Geschwindigkeiten (z. B. 10 Bremsungen von 80 % der Höchstgeschwindigkeit auf 100 km/h),
- eine Vollbremsung aus Höchstgeschwindigkeit (v_{max}) bis zum Stillstand,
- Passabfahrten (z. B. auf verschiedenen Alpenpässen) mit und ohne Anhänger, langsam oder schnell.

Dabei wird der Temperaturerhöhung der Bremsscheibe, der Veränderung des Reibwertes zwischen Scheibe und Bremsbelag, der Temperatur der Bremsflüssigkeit („Kochen") sowie der Volumenaufnahme der gesamten Bremsanlage besondere Beachtung geschenkt (s. auch Kap. 3.6). Während die ersten beiden Versuchsvarianten im Wesentlichen von der Motorleistung abhängen, ist die Stoppbremsung aus v_{max} wie die Passabfahrt eher eine Funktion der Fahrzeugmasse. Von Autozeitschriften wird meist der Bremsweg zu Beginn und am Ende mehrerer Vollbremsungen (z. B. 10 Bremsungen aus 100 km/h) als Zeichen für Fading analysiert.

Als Fading wird das Nachlassen der Bremswirkung durch Erwärmung der Bremse bezeichnet. Hierfür gibt es mehrere Ursachen. Bei höheren Temperaturen ist ein Absinken des Reibwertes zwischen den Bremsbelägen und der Bremsscheibe bzw. -trommel zu beobachten (Kap. 3.6). Zur besseren Kühlung werden deshalb heute vorwiegend innenbelüftete Bremsscheiben an den i. d. R. stärker belasteten Vorderrädern verbaut.

Für den Temperaturhaushalt der Bremse sind seitens der Fahrzeugauslegung die Kühlung von Sattel und Bremsscheibe, die dazu erforderliche Luftzu- und -abfuhr sowie die Auslegung des Bremskraftverstärkers maßgebend. Dieser sollte genügend Reserven haben, um die Fußkraftunterstützung auch bei nachlassender Bremswirkung bei Fading aufrecht zu erhalten, da der Fahrer ansonsten gezwungen ist, die für hohe Abbremsungen notwendigen hohen Hauptzylinderdrücke durch Fußkräfte aufzubringen. Ist er dazu nicht in der Lage, wird die mögliche Abbremsung verringert und der Bremsweg verlängert sich. Im Extremfall kann dies zu einem Unfall führen.

Bei Scheibenbremsen steht der Forderung nach einer guten Kühlung die Anforderung entgegen, die Bremsscheibe vor Umgebungseinflüssen zu schützen, die sich reibwertmindernd auswirken (z. B. Spritzwasser, Salz). Hier sind Maßnahmen zu ergreifen, die einerseits die Bremsscheibe vor diesen Einflüssen schützen, andererseits aber eine möglichst gute Kühlung gewährleisten. Dies wird durch entsprechend gestaltete Spritzbleche oder durch Luftleitbleche bzw. durch Luftführungskanäle gewährleistet.

Trommelbremsen sind gegenüber Scheibenbremsen zwar besser gegenüber Umgebungseinflüssen geschützt, haben aber andererseits schlechtere Möglichkeiten, die Wärmeabfuhr zu verbessern (z. B. ist keine Verdoppelung der wärmeabgebenden Oberfläche durch Innenbelüftung möglich). Darüber hinaus vergrößert sich der Trommelumfang durch Erwärmung, was dazu führt, dass der Bremszylinder den Bremsbelag nachführen muss und somit die Gefahr besteht, dass das Leistungsvermögen des Bremskraftverstärkers erschöpft wird. Der Fahrer ist gezwungen, für die gleiche Abbremsung das Pedal weiter und fester durchzutreten, oder er erreicht bei gleichen Pedalkräften kleinere Verzögerungswerte.

Da die Bremsflüssigkeit hygroskopisch ist, besteht die Gefahr, dass mit zunehmender Einsatzdauer der Wassergehalt in der Bremsflüssigkeit ansteigt und dadurch das Bremsverhalten bei Erwärmung der Bremsanlage beeinträchtigt wird. Durch den höheren Wassergehalt wird die Siedetemperatur der Bremsflüssigkeit herabgesetzt. Die Überschreitung dieser Temperatur bei zunehmender Bremsenerwärmung bewirkt Dampfblasenbildung und damit eine verstärkte Kompressibilität bei der Kraftübertragung. Die Folge sind sehr lange Pedalwege bei gleichzeitig geringen Verzögerungsmomenten. Der Fahrer muss am Pedal „pumpen“.

3.1.3 Unebenheit der Straße

Straßenunebenheiten bewirken Bewegungen von Rad und Aufbau und somit Schwankungen der Radlast. Wegen Nichtlinearitäten im Reifenverhalten bei Ein- und Ausfedervorgängen ergibt sich daraus eine Reduzierung der zeitlich gemittelten maximalen Reifenlängskraft, der Bremsweg wird also auf unebener Fahrbahn länger. Je kurzwelliger die Unebenheiten, umso größer ist der Verlust an übertragbarer Reifenlängskraft. Zusätzlich erschwert die ständig wechselnde Reifenlängskraft das Einstellen des optimalen Schlupfes durch ein ABS.

Um das so genannte Einlaufverhalten des Reifens zu erklären, soll das vereinfachte Modell nach Bild 3-5 herangezogen werden. Dort sind in zwei Skizzen die Vorgänge in der Radaufstandsfläche bei Be- und Entlastungssprung schematisch dargestellt. Als repräsentativ für die gesamte Reifenbreite werden nur die Mittellinien von Reifenoberfläche, Gürtel und Felge betrachtet.

Im stationären Ausgangszustand berührt der Protektor im Latscheinlaufpunkt A_0 die Fahrbahn und wird nachfolgend durch unterschiedliche Bewegungsgeschwindigkeit von Gürtel und Reifenoberfläche ausgelenkt. Dadurch entstehen Schubspannungen im Protektor. Wenn diese nicht mehr kraftschlüssig auf die Fahrbahn übertragen werden können, beginnt die Reifenoberfläche auf der Fahrbahn zu gleiten und kehrt bei E_0 in die unverformte Lage zurück. Die Reifenlängskraft ist proportional zu dieser Verspannungsfläche und greift in deren Schwerpunkt an [3], [4].

Wird jetzt plötzlich die Radlast erhöht, verlängert sich der Latsch von L_0 auf L_1, der Latschanfangspunkt wandert von A_0 nach A_1. Dieses allein bewirkt noch keine Steigerung der Längskraft, da der Latsch nur um unverspannte Zonen vergrößert wurde. Erst durch das Weiterrollen des Reifens können diese Bereiche ausgelenkt werden und eine Kraft aufbauen.

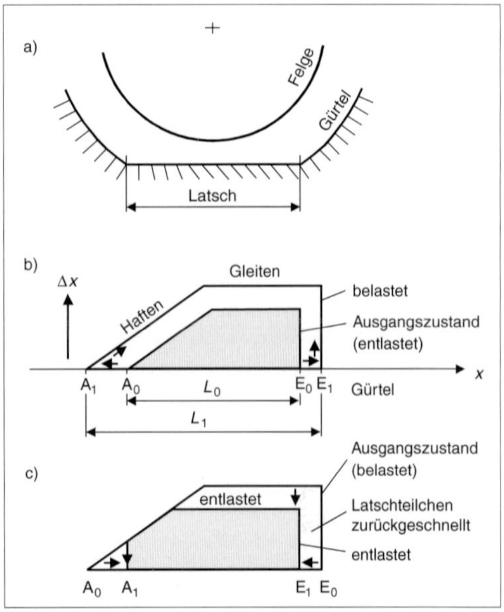

Bild 3-5 Vereinfachte Darstellung der Vorgänge im Latsch (Radaufstandsfläche) eines rollenden, bremsenden Reifens bei sprungförmiger Radlasterhöhung (b) und -verringerung (c)

Infolge der steigenden Längskraft wird auch der Gürtel relativ zur Felge weiter bewegt, bis durch diesen wegabhängigen Einlaufvorgang der neue Endzustand mit größerer Längskraft erreicht ist. Die Vorgänge am Latschende laufen analog dazu ab.

Beim Entlastungssprung (s. Bild 3-5c) werden am Anfang und Ende des Latsches Protektorbereiche von der Fahrbahn abgehoben und augenblicklich entspannt. Zusätzlich kommt es bei größeren Sprüngen auch in der verbleibenden Aufstandsfläche zum Überschreiten der Kraftschlussgrenze und damit zu einem weiteren raschen Abbau der überschüssigen Auslenkungen. Der verbleibende Unterschied zum Endzustand wird dann durch den umgekehrten wegabhängigen Einlaufvorgang, wie oben beim Belastungssprung beschrieben, abgebaut. Je nach der Größe des Sprunges überwiegt eine plötzliche oder eine verzögerte Längskraftverringerung.

Dem vergleichsweise langsamen Aufbau der Reifenlängskraft bei Belastung (Einfedern) steht also ein schneller Abbau der Reifenlängskraft bei Entlastung (Ausfedern) gegenüber. Dadurch wird bei Ein- und Ausfedervorgängen der Mittelwert kleiner sein als bei statischer Belastung und wird umso kleiner, je schneller dies passiert, also je höher die Anregungsfrequenz (bzw. je kleiner die Wellenlänge) ist. Die Verringerung der übertragbaren Längskraft des Reifens bedeutet, dass der Bremsweg sich vergößert. Ziel des Fahrzeugentwicklers sollte es neben weiteren fahrdynamischen Randbedingungen also sein, die Radlastschwankungen möglichst klein zu halten. Die Stärke der Radlastschwankungen wird seitens des Fahrzeuges im Wesentlichen beeinflusst durch

- Art der Radaufhängung,
- Dämpferkennung,
- reifengefederte Masse (Rad, Reifen, Teile der Radaufhängung),
- Reifenfedersteifigkeit.

Geringe Radlastschwankungen werden erreicht durch geringe reifengefederte Massen, weiche Reifen und relativ harte Dämpfer. Hierbei ist jedoch ein Kompromiss mit den Anforderungen an Fahrverhalten (z. B. steife Reifen) und Komfort (z. B. teilweise weiche Dämpfer) zu schließen.

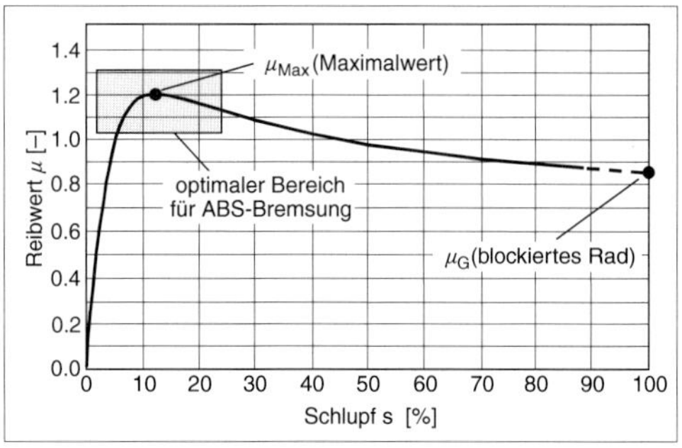

Bild 3-6 Beispiel einer Kraftschluss-Schlupf-Kurve und optimaler Bereich der Reibwertausnutzung bei ABS-Bremsungen

3.1.4 Reibwertabhängigkeit

Der Reibwert/Reibungskoeffizient μ zwischen Fahrbahn und Reifen hat wegen des Zusammenhangs zwischen der Bremskraft F_{Tx} und der Radlast F_{Tz}

$$F_{Tx} = \mu \cdot F_{Tz} \qquad \text{(Gl. 3.1)}$$

entscheidenden Einfluss auf die Abbremsung des Fahrzeuges und damit auf den Bremsweg. Nur wenn der Reibwert einen möglichst hohen Wert erreicht, kann die Radlast optimal ausgenutzt und dadurch eine hohe Abbremsung erreicht werden. Der Reibungskoeffizient μ, auch Kraftschlussbeanspruchung genannt, ist eine Funktion des Schlupfes s zwischen Reifen und Fahrbahn. Bild 3-6 zeigt den typischen Verlauf der μ-s-Kurve für einen Pkw-Reifen. Der maximale Kraftschluss ist durch die Haftreibungszahl μ_{max} gegeben. Wird der Schlupf weiter gesteigert, sinkt die Kurve bei 100 % Schlupf auf die Gleitreibungszahl μ_G ab. Das Verhalten im Bereich zwischen μ_{max} und μ_G ist instabil, so dass der Schlupf nach Überschreiten des Kurvenmaximums sehr schnell auf 100 % ansteigt und das Rad zu gleiten beginnt: es blockiert. Moderne Antiblockiersysteme versuchen deshalb, den Schlupf in der Nähe des Reibwertmaximums zu halten, um so die optimale Kraftübertragung im Latsch zu gewährleisten (s. Kasten nahe μ_{max} in Bild 3-6).

Die Form der Kraftschluss-Schlupf-Kurve des gleichen Reifens hängt von der Fahrbahnoberflächenbeschaffenheit und vom Straßenbelag ab. Bild 3-7 zeigt dies beispielhaft für einige Fahrbahnen. Das Reibwertmaximum liegt bei heutigen Reifen bei 8 % bis 25 % Schlupf. Auf einigen kurzwelligen Fahrbahnen, wie z. B. Kopfsteinpflaster, wird dieses aber zu höheren Schlupfwerten verschoben (siehe „55 trocken").

Bild 3-8 zeigt die maximal möglichen Reibwerte μ_{max} sowie die in Blockadenähe entstehenden Beiwerte für verschiedene Fahrbahnen und trockenen bzw. nassen Fahrbahnzustand eines Reifentyps bei 30 km/h. Daraus lässt sich erkennen, dass die Reibwerte in weiten Bereichen streuen. So kann ein maximaler Reibwert von 1,0 bis 1,2 auf allen trockenen Fahrbahnen erreicht werden. Sind diese Strecken aber nass, ergibt sich ein anderes Bild. Das Kopfsteinpflaster weist dann nur noch Reibwerte von 0,4 auf, Asphalt- und Betonfahrbahnen ergeben Werte von 0,7 bis 0,8 und nur spezielle Oberflächen, wie auf Rennstrecken oder Flugplätzen, weisen auch

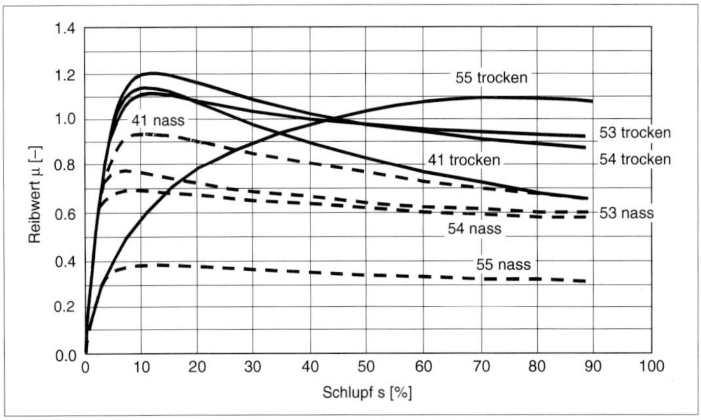

Bild 3-7 Beispiele einiger Kraftschluss-Schlupf-Kurven für verschiedene trockene bzw. nasse Fahrbahnen

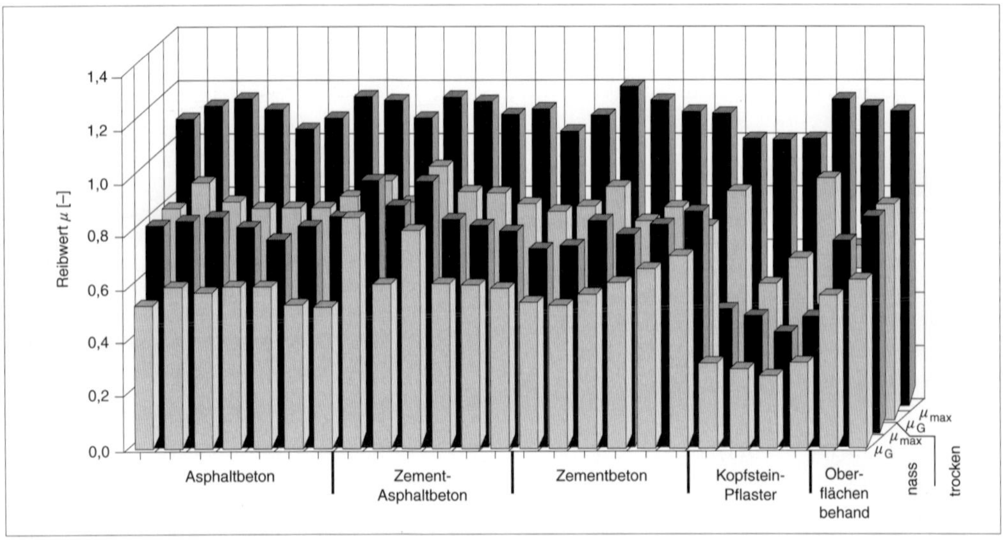

Bild 3-8 Reibwertmaxima und Blockierreibwerte bei Trockenheit und Nässe für einige Fahrbahnen

nass noch gute Reibwerte von 0,9 bis 0,95 auf [5]. Der bei blockierendem Rad sich einstellende Gleitbeiwert μ_G liegt jeweils noch deutlich darunter.

Literatur

[1] *Heilmann, P.*: Die Wahrheit über Bremswege. In: Mot, 1976, Heft 9, S. 54–60, Stuttgart: Vereinigte Motor-Verlage
[2] *Auto, Motor und Sport*, Zeitschrift, verschiedene Jahrgänge (1990, 1996, 1997, 1998, 2000, 2001), Stuttgart: Vereinigte Motor-Verlage
[3] *Laermann, F.-J.*: Seitenführungsverhalten von Kraftfahrzeugreifen bei schnellen Radlaständerungen, Fortschrittsberichte Reihe 12 Nr. 73. Düsseldorf, VDI-Verlag 1986
[4] *Schubert, K.*: Seitenkräfte am rollenden Luftreifen bei periodischer Felgenquerbewegung. Dissertation TU Hannover, 1972
[5] *Eichhorn, U.*: Reibwert zwischen Reifen und Fahrbahn – Einflussgrößen und Erkennung, Dissertation TH Darmstadt, Fortschrittsberichte Reihe 12 Nr. 222. Düsseldorf, VDI-Verlag 1994
[6] *Burckhardt, M.*: Fahrwerktechnik: Bremsdynamik und Pkw-Bremsanlagen. Würzburg: Vogel, 1991

3.2 Fahrzeugverhalten

Die beim Bremsen auftretenden Kräfte beeinflussen die Fahrzeugdynamik sowohl direkt als Kräfte auf den Aufbau als auch indirekt durch Beeinflussung des Seitenführungsverhaltens des Reifens. Durch geeignete Verteilung der Bremskraft und durch Maßnahmen am Fahrwerk können die auf den Aufbau wirkenden Gier- und Nickmomente reduziert werden.

3.2.1 Stabilität

Beim Bremsen kommt es nicht nur darauf an, möglichst stark zu verzögern; wesentlich ist auch die Stabilität des Fahrzeugs um die Hochachse.

Geradeausfahrt

Ein Rad, das blockiert oder an der Blockiergrenze gehalten wird, kann keine nennenswerten Seitenkräfte mehr aufbauen. Blockierende Vorderräder bewirken ein Geradeausrutschen des Fahrzeugs. Blockierende Hinterräder dagegen führen zu einem – wesentlich kritischeren – instabilen Fahrzustand: Kleine Schwimmwinkel führen zu einem Giermoment, die folgende Gierreaktion vergrößert wieder den Schwimmwinkel, bis das Fahrzeug schleudert (siehe auch Kap. 2.4).

Zur Vermeidung dieses Zustandes ist sicher zu stellen, dass die Kraftschlussbeanspruchung hinten bei Erreichen der Kraftschlussgrenze höchstens so groß ist wie vorn (grauer Bereich in Bild 3-9). Dies kann bis zu einer kritischen Abbremsung erreicht werden durch eine fixe, stark die Vorderachse betonende Bremskraftverteilung (Kurve 1), mit dem Nachteil

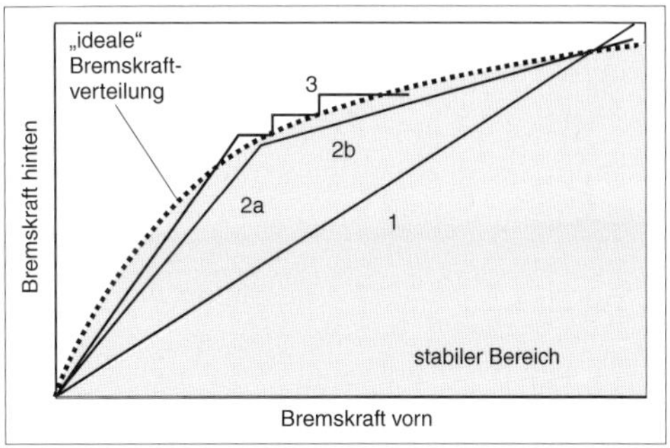

Bild 3-9 Verteilung der Bremskraft auf Vorder- und Hinterräder

einer bei geringer Abbremsung stark unterbremsten Hinterachse. Bei Einsatz eines Bremsdruckminderers kann die installierte Bremskraftverteilung der „idealen“ (Kraftschlussausnutzung vorn und hinten gleich) stärker angenähert werden (Kurve 2a); bei Überschreiten eines bestimmten Bremsdruckes oder einer Fahrzeugverzögerung wird dann der Bremsdruck der hinteren Bremsen reduziert (Kurve 2b). Durch lastabhängige Einstellung des Knickpunktes kann der Beladungsabhängigkeit der idealen Bremskraftverteilung Rechnung getragen werden [1].
Heutige Fahrzeuge besitzen statt eines Bremsdruckminderers oft eine Elektronische Bremskraftverteilung (EBV) als Funktion des ABS. Bei Überschreiten eines tolerierten Differenzschlupfes zwischen Vorder- und Hinterachse wird über die ABS-Ventile der Druckaufbau an den hinteren Bremsen unterbrochen, so dass eine Bremskraftverteilung nahe der idealen gewährleistet wird (Kurve 3); bei Erreichen der Kraftschlussgrenze übernimmt dann die ABS-Funktion die Verteilung (Kap. 7.7.5) [2]. EBV besitzt den weiteren Vorteil der automatischen Anpassung an Beladung, Fahrbahn- und Fahrzustand.

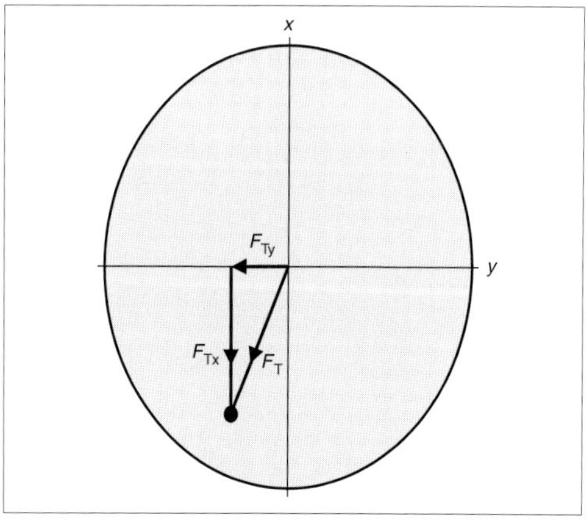

Bild 3-10 Reibungsellipse als Bereich möglicher Reifenkräfte und beispielhafte Reifenkraft F_T, aufgeteilt in Längskomponente F_{Tx} und Querkomponente F_{Ty}

Kurvenfahrt

Wird während einer Kurvenfahrt gebremst, so wirken gleichzeitig Seitenkräfte (F_{Ty}) und Bremskräfte (F_{Tx}) zwischen Reifen und Fahrbahn, die sich zu einem resultierenden Kraftvektor F_T addieren (siehe auch Kap. 5.3.4). Der Bereich der möglichen Kraftvektoren F_T beschreibt eine annähernd kreisförmige Ellipse (Bild 3-10), die in Längsrichtung meist etwas größer ist, d. h. ein Reifen kann etwas höhere Antriebs- und Bremskräfte als Seitenkräfte übertragen.
Bild 3-11 soll die gegenseitige Beeinflussung zwischen Seitenkraft- und Umfangskraftanteilen verdeutlichen. Eingetragen sind die Endpunkte der Vektoren der horizontalen Reifenkraft F_T in verschiedenen Fahrzuständen. Neben beispielhaften typischen Fahrzuständen (Punkte 1–5) ist eine Kurvenfahrt bei verschiedenen Bremszuständen dargestellt. Punkt 6 stellt den Kraftvektor bei einer Kurvenfahrt ohne Längskräfte dar. Muss der Fahrer bremsen, muss der Reifen zusätzlich eine Längskraft aufbringen. Bei einer leichten Bremsung (Punkt 6′) ist dies noch möglich, weil der Punkt innerhalb der Reibungsellipse liegt. Wird über das Bremsmoment eine Längskraft abgefordert, die bei Geradeausfahrt noch möglich ist (Punkt 4), so ergäbe sich ein Kraftvektor mit dem Endpunkt 6″. Diese Kraft kann der Reifen nicht aufbringen. Vom Lenkverhalten des Fahrers und von der Auslegung des ABS hängt es ab, ob sich eher der Punkt 6‴ (Beibehaltung von Seitenkraft und damit Querbeschleunigung bei Verminderung der Verzögerung) oder der Punkt 4 (maximale Verzögerung bei Entfall der Seitenkraft) einstellt. Ist der Seitenkraftverlust an den Hinterrädern

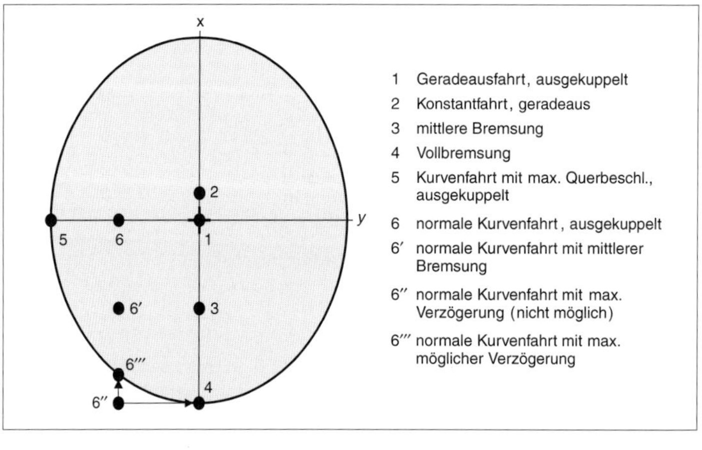

Bild 3-11 Reibungsellipse und Endpunkte der Reifenkraftvektoren in verschiedenen Fahrzuständen

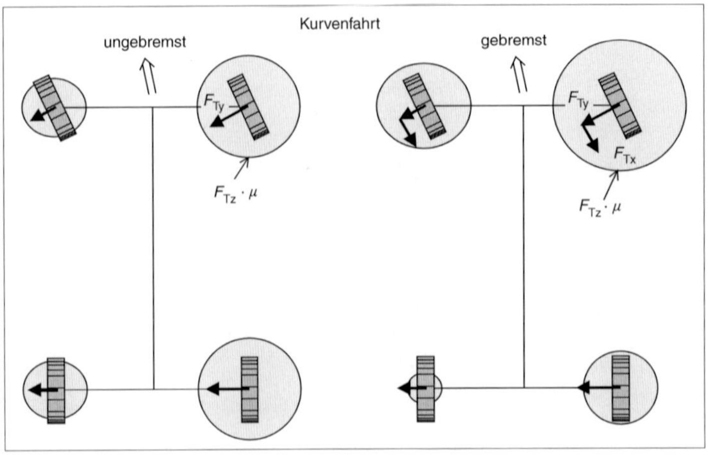

Bild 3-12 Reibungskreise und Reifenkräfte bei ungebremster und gebremster Kurvenfahrt

größer als der an den Vorderrädern, führt dies zum Übersteuern und schließlich zum Schleudern des Fahrzeugs [3].

Darüber hinaus ist zu beachten, dass die beim Bremsen vorliegende Achslastverschiebung in Richtung der Vorderachse die Größe der Reibungsellipse vorn vergrößert und hinten verkleinert. In Bild 3-12 ist links ein Fahrzeug bei ungebremster Kurvenfahrt dargestellt; rechts werden zusätzlich Bremskräfte aufgebracht. Vereinfachend wird ein homogener Reibwert angenommen, so dass die Reibungsellipse einen Kreis („Kamm'scher Kreis") mit dem Radius Radlast F_{Tz} mal Reibwert (μ) darstellt. Bei der ungebremsten Kurvenfahrt liegen die Seitenkräfte F_{Ty} innerhalb der Reibungskreise, die aufgrund des abzustützenden Fliehkraftmomentes an den kurvenäußeren Rädern größer sind als an den kurveninneren.

Bremst der Fahrer nun, so muss ebenfalls ein Nickmoment abgestützt werden. Vorn vergrößern sich daher die Radlasten und damit die Reibungskreise, hinten verkleinern sie sich; die Seitenkräfte F_{Ty} dagegen müssen gleich bleiben, um Querbeschleunigung und Giergeschwindigkeit und damit den Fahrzustand aufrecht zu erhalten. Im dargestellten Beispiel kann die zusätzliche Längskraft F_{Tx} an den Vorderrädern wegen des vergrößerten Reibungskreises noch aufgenommen werden, an der Hinterachse sind die Reibungskreise jedoch so klein geworden, dass die Reifen – obwohl im Beispiel nur die Vorderräder gebremst werden – die benötigte Seitenkraft nicht mehr aufbringen können. Ohne Fahrerreaktion würde das Fahrzeug daher schleudern.

Auch wenn der verfügbare Kraftschluss nicht überschritten wird, erfordert die geringere Radlast hinten größere Schräglaufwinkel für die nötige Querkraft und das Fahrzeug „dreht ein". Erfahrene Fahrer können diesen Effekt zum Anpassen des Kurvenradius („Lenken mit dem Gaspedal") nutzen. Beim Bremsen wird das Fahrzeug durch die Achslastverlagerung nach vorn übersteuernder; durch eine stark frontlastige Bremskraftverteilung kann dieser Tendenz entgegengewirkt werden. Bild 3-13 zeigt Messergebnisse an einem frontgetriebenen Mittelklassefahrzeug. Ausgehend von einer Kreisfahrt mit 0,5 g Querbeschleunigung bei einer Fahrgeschwindigkeit von 56 km/h wurde mit der Bremse eine konstante Verzögerung eingestellt und dabei die sich nach 1 Sekunde einstellende Giergeschwindigkeitsabweichung (Differenz zur Giergeschwindigkeit für Beibehaltung des Kreisradius) ermittelt [4], [5]. Eine positive Giergeschwindigkeitsabweichung bedeutet eine Vergrößerung der Übersteuertendenz.

Ein um Kurvenfahrterkennung erweitertes ABS kann den Fahrer unterstützen, indem der Bremskraftaufbau am kurveninneren Vorderrad verlangsamt wird; dadurch wirkt zunächst ein untersteuerndes Giermoment, das den Aufbau der Giergeschwindigkeitsabweichung verlangsamt, so dass der Fahrer mehr Zeit zum Reagieren hat (ABS+, CBC; Kap. 7.7.7).

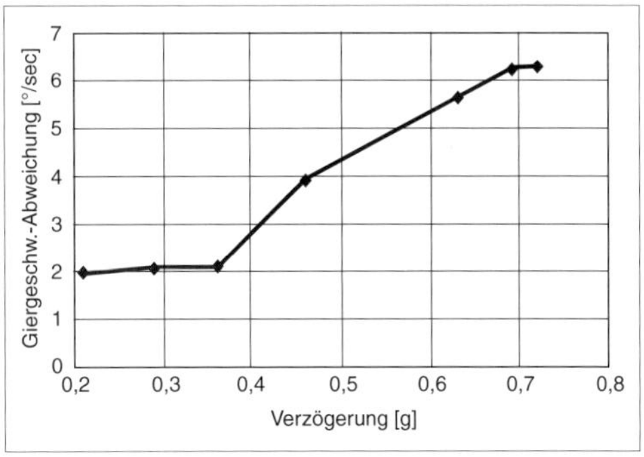

Bild 3-13 Giergeschwindigkeitsabweichung 1 sec nach Bremsbeginn bei 0.5 g Anfangsquerbeschleunigung

Links und rechts unterschiedlicher Reibwert (μ-split)

Muss der Fahrer auf links und rechts unterschiedlichem Reibwert (μ-split-Fahrbahn, z. B. einseitig vereiste Straße) bremsen, so können die Reifen auf der Seite mit hohem Kraftschluss höhere Umfangskräfte F_{Tx} aufbringen als die gegenüberliegenden (Bild 3-14 links); um den Fahrzeugschwerpunkt SP wirkt daher ein resultierendes Giermoment M_{FTx}, das zu einer Gierbewegung hin zur Seite mit dem hohen Reibwert (high-μ) führt.
Um in der Spur zu bleiben, muss der Fahrer gegenlenken. Ein ABS unterstützt ihn hierbei, indem am Vorderrad auf der high-μ-Seite der Bremsdruckaufbau verlangsamt wird, so dass mehr Zeit zum Gegenlenken bleibt (Giermomentenbeeinflussung), außerdem wird an der Hinterachse nach dem Rad auf der low-μ-Seite geregelt (select low) – beides verlängert jedoch den Bremsweg.
Im Bild 3-14 ist rechts der Gleichgewichtszustand nach erfolgtem Gegenlenken gezeigt. Die Räder laufen nicht mehr parallel zur Radmittelebene, stattdessen bildet der Geschwindigkeitsvektor v_T der Radmitte einen Schräglaufwinkel α zur Radmittelebene. Unter solchen Bedingungen baut der Reifen zusätzlich eine Reifenseitenkraft F_{Ty} auf. Die Reifenseitenkräfte bewirken um den Schwerpunkt ein Moment M_{FTy}, das im gezeigten Gleichgewichtszustand das Moment M_{FTx} kompensiert. Wichtig ist jedoch, dass ein Hinterrad auf der high-μ-Seite bleibt; sonst können keine nennenswerte Seitenkräfte an der Hinterachse aufgebaut werden, was in der Regel zum Schleudern des Fahrzeugs führt.
Ein negativer Lenkrollradius hilft dem Fahrer bei der stabilisierenden Lenkreaktion, weil das durch die einseitig wirkende Reifenlängskraft bewirkte Lenkradmoment die Gegenlenkbewegung unterstützt. Bei geeigneter Größe des Lenkrollradius kann ein Fahrzeug auf einer μ-split-Fahrbahn auch bei losgelassenem Lenkrad stabil bleiben. Noch sicherer ist ein automatisches Gegenlenken des Fahrzeugs, z. B. mittels Überlagerungslenkung (Kap. 29.6.3, 29.7.1) oder intelligenter Hinterachslenkung, hier kann dann auch die oben erwähnte bremswegverlängernde Giermomentenbeeinflussung entfallen.
In Tabelle 3.1 sind Maßnahmen aufgetragen, die die Stabilität beim Bremsen in der Kurve und beim Bremsen auf μ-split beeinflussen. Während beim Bremsen in der Kurve die relevanteren Räder (hier die kurvenäußeren) das Fahrzeug nach außen lenken sollten (Nachspur an der Vorderachse, Vorspur an der Hinterachse), sollten bei μ-split-Bremsung die wichtigeren Räder (hier die auf der high-μ-Seite) vorn zur low-μ-Seite, hinten zur high-μ-Seite lenken; daher die widerstreitenden Anforderungen der spurwinkelbeeinflussenden Maßnahmen.

3.2.2 Aufbaunicken

Die beim Bremsen entstehende Trägheitskraft auf den Schwerpunkt bewirkt eine Nickbewegung des Aufbaus, deren Größe außer durch Schwerpunkthöhe, Radstand und Federsteifen auch durch fahrwerksseitige Maßnahmen beeinflusst wird.
Den Einfluss des Fahrwerks soll Bild 3-15 verdeutlichen. Die Nickpole D_V und D_H stellen die Momentanpole der Vorder- bzw. Hinterachse dar. Die Abstützung der Bremskraft einer Achse kann nur durch einen Kraftvektor erfolgen, der auf der Geraden durch den Nickpol und den Radaufstandspunkt liegt. Der Winkel dieser Geraden zur Fahrbahn wird als Bremsstützwinkel bezeichnet. Ist der Bremsstützwinkel nicht 0, so führen Bremskräfte immer auch zur Einleitung von Kräften in z-Richtung auf den Aufbau, die bei der gezeichneten Lage der Punkte dem

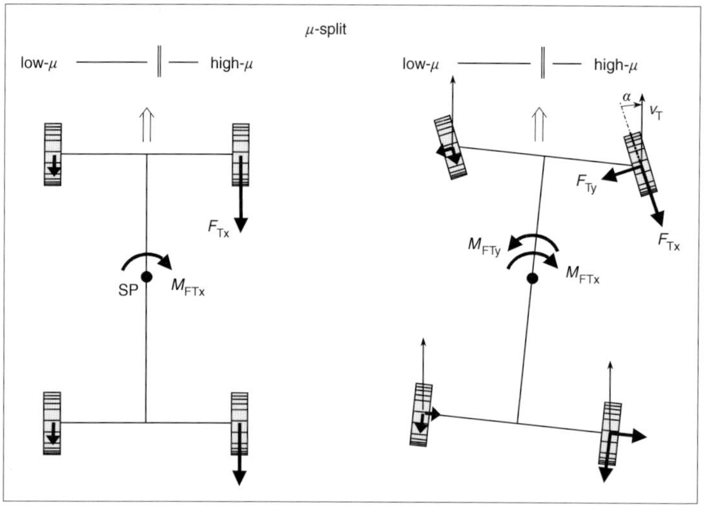

Bild 3-14 Bremsung auf μ-split; links: Anfangszustand; rechts: Gleichgewichtszustand nach Gegenlenken des Fahrers [6]

Tabelle 3.1 Maßnahmen zur Stabilitätserhöhung beim Bremsen in der Kurve und auf μ-split-Fahrbahn (+: günstig; –: ungünstig, ○ kein oder geringer Einfluss, *: bewirkt Bremswegverlängerung)

Maßnahme	beim Bremsen in der Kurve	bei μ-split
Nachspur unter Bremskraft vorn	+	–
Nachspur unter Bremskraft hinten	–	+
Nachspur beim Einfedern vorn	+	–
neg. Lenkrollradius	–	+
niedriger Schwerpunkt	+	○
hoher Bremskraftanteil an der Vorderachse	+	+
hohe Untersteuerreserve	+	○
ABS mit select low an der Hinterachse	+*	+*
ABS mit Giermomentenbeeinflussung	○	+*
ABS mit CBC/ABS+	+*	○
ESP	+	+

Nickmoment entgegenwirken. Der Schnittpunkt dieser Geraden wird als Nickmomentanpol D zwischen Aufbau und Inertialsystem bezeichnet.

Bild 3-15 stellt die zeichnerische Ermittlung des Nickausgleichs der Achsen dar. Hierzu ist der Radstand L entsprechend der Verteilung der Bremskräfte aufzuteilen und an dieser Stelle eine Linie in z-Richtung einzutragen (Prozent-Skala im Bild, 0 % auf Fahrbahnhöhe; 100 % auf Schwerpunkthöhe). Der Schnittpunkt der oben erwähnten Geraden mit dieser Linie gibt den Anteil des Nickausgleichs an. Im Beispiel besitzt die Vorderachse einen Nickausgleich von 44 %, die Hinterachse von 80 %. Ein Bremsnickausgleich von 100 % je Achse bedeutet, dass die Vorderachse beim Bremsen nicht einfedert und die Hinterachse nicht ausfedert.

In Tabelle 3.2 ist der Bremsnickausgleich für eine Auswahl von Fahrzeugen zusammengestellt. Insbesondere an der Hinterachse sind sehr große Unterschiede festzustellen. Fahrzeug 7 wird an der Vorderachse stark eintauchen und an der Hinterachse wegen Überkompensierung des Nickmomentes ebenfalls etwas einfedern, so dass das Fahrzeug insgesamt abgesenkt wird; Fahrzeug 6 dagegen ist vorne stark „gehalten“, wird sich jedoch hinten deutlich anheben.

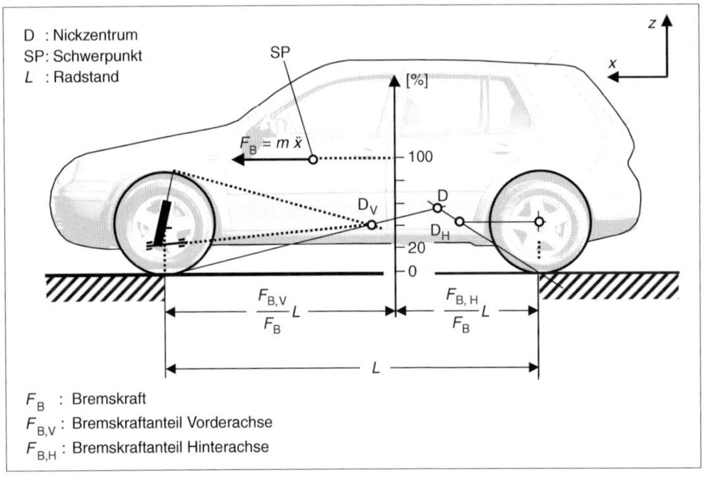

Bild 3-15 Zeichnerische Ermittlung des Bremsnickausgleichs [7]

Tabelle 3-2 Bremsnickausgleich von Pkw (Kompakt- bis obere Mittelklasse)

Fzg-Nr.	Bremsnickausgleich	
	vorn [%]	hinten [%]
1	14	49
2	39	44
3	38	53
4	34	53
5	48	71
6	48	6
7	20	124
8	16	63
9	15	13
10	28	81
11	21	48
12	25	49

Literatur

[1] *Klein, H.-Ch.*: Bewertungskriterien zur Optimierung der Auslegung von Bremskraftverteilungen für Personenkraftwagen. In: ATZ 86 (1984), Heft 10, S. 445–449
[2] *Grunow, D.; Heißing, B.; Otto, H.*: Testverfahren für Personenkraftwagen mit automatischen Blockierverhinderern beim Bremsen. Düsseldorf: VDI-Verlag, 1983
[3] *Otto, H.*: Lastwechselreaktion von Pkw bei Kurvenfahrt. Dissertation TU Braunschweig, 1987
[4] *Rompe, K.*: Erprobung eines Testverfahrens für das Bremsen in der Kurve und Ermittlung geeigneter Bewertungskriterien. Düsseldorf: VDI-Verlag, 1980
[5] *Rompe, K.; Grunow, D.; Tupova, J.*: Fahrzeugbewegungen bei Kurvenfahrt. Düsseldorf: VDI-Verlag, 1980
[6] *Burckhardt, M.*: Fahrwerktechnik: Bremsdynamik und Pkw-Bremsanlagen. Würzburg: Vogel, 1991
[7] *Breuer, B.*: Skriptum zur Vorlesung Kraftfahrzeuge II. Vorlesungsumdruck der TH Darmstadt, 1993

3.3 Betätigung/Bedienung

Der grundlegende Anspruch an das Bremssystem ist die Bereitstellung eines optimalen Ansprech- und Verzögerungsverhaltens bei allen Fahr- und Umgebungszuständen wie z. B. Geschwindigkeit, Beladungszustand, Witterung und Straßenbeschaffenheit. Für die Bewertung der Qualität des Bremsverhaltens hat neben objektiv messbaren Größen wie z. B. Bremsweg oder Verzögerung insbesondere die subjektive Wahrnehmung des Kunden beim Bremsvorgang eine zentrale Bedeutung. Ziel der Auslegung ist es, dem Kunden im Sinne einer positiven Auffälligkeit Vertrauen in das Sicherheitsniveau und die Leistungsfähigkeit seines Fahrzeugs zu vermitteln. Dafür spielen neben der grundsätzlichen Fahrzeugstabilität und Spurtreue beim Bremsvorgang insbesondere Bremspedalgefühl, Ansprechen und Dosierbarkeit eine wesentliche Rolle. Andere Funktionen hingegen sollen für den Kunden positiv unauffällig bleiben, so z. B. das thermische Verhalten und das Geräusch- und Schwingungsverhalten der Bremsanlage.

3.3.1 Ansprechen und Dosierbarkeit

Das Bremspedal stellt die zentrale Schnittstelle des Fahrers für die Steuerung des Bremsvorgangs dar. Die wesentlichen Rückmeldungen an den Fahrer bestehen einerseits in der Fahrzeugverzögerung, andererseits im Pedalkraftverlauf, der ganz wesentlich den subjektiven Eindruck von Ansprechen und Dosierbarkeit prägt. Dabei wird ein sehr weiter Arbeitsbereich abgedeckt von der leichten Komfortbremsung zur Regulierung der Fahrgeschwindigkeit, über Normalbremsungen bis zum Stillstand, wie z. B. Ampelstopps, bis hin zu einer Vollbremsung möglicherweise aus hoher Geschwindigkeit in einer Gefahrensituation.

In einer systemtechnischen Betrachtung trägt nicht nur die Bremsanlage zu dieser Systemeigenschaft bei, sondern vielmehr das gesamte Fahrzeug, Bild 3-16.

Durch Betätigen des Bremspedals (Weg s) wird im Bremssystem ein Druck p aufgebaut, dessen Rückwirkung im Hauptbremszylinder und Bremskraftverstärker zu einer Pedalkraft F_{Pedal} führt und eine wichtige Rückmeldung für den Fahrer als Regler darstellt (siehe auch Kap. 2.1 und 4.1). Der Bremsdruck wird an den Radbremsen in Zuspannkräfte umgesetzt, welche wiederum an den Radaufstandspunkten zu Bremskräften F_{brems} an Vorderachse VA und Hinterachse HA führen. Dadurch ergibt sich eine Fahrzeugverzögerung a, die der Fahrer als Ausgangsgröße sensiert. Der gesamte Regelkreis wird durch eine Reihe externer Faktoren wie Straßen- und Fahrzustand sowie Fahrzeugbeladung beeinflusst.

Die systemtechnische Darstellung zeigt, dass die Auslegung und Optimierung des Pedalgefühls und damit des Ansprechverhaltens eine detaillierte Betrachtung des gesamten Bremssystems erfordert. Konstruktive Parameter wie Übersetzungen von Pedal und hydraulischem Bremssystem, Leerwege im Bremskraftverstärker, Lüftspiele der Radbremsen, Elastizitäten im System sowie Kompressibilität und Temperaturverhalten von Bremsbelägen, um nur die wesentlichen Größen zu nennen, müssen sorgfältig optimiert werden, um letztendlich eine der Zielfunktion entsprechende Pedalcharakteristik zu erreichen, die vom Kunden als wichtiges Qualitätsmerkmal des Fahrzeugs wahrgenommen wird.

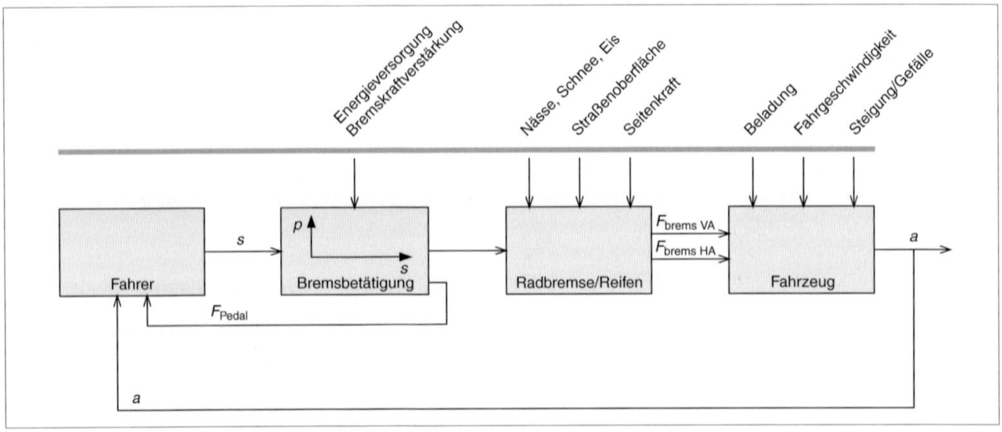

Bild 3-16 Regelkreis Fahrer – Fahrzeug beim Bremsvorgang

3.3.2 Kräfte, Wege, Kennung

Die Pedal- und Verzögerungscharakteristik wird üblicherweise mit Kennungen dargestellt, welche einige der in Bild 3-16 gezeigten Größen miteinander verknüpfen. Beispielhaft ist in Bild 3-17 die typische Form solcher Kennungen für ein System mit pneumatischem Bremskraftverstärker in idealisierter Darstellung gezeigt, womit sich die grundsätzlichen Verhältnisse erläutern lassen.

Die vom Fahrer beim Bremsen wahrgenommene Pedalcharakteristik ist durch die Kraft-Weg-Kennlinie, Bild 3-17a, gegeben. Zur Betätigung des Pedals ist eine bestimmte Antrittskraft erforderlich, die im Wesentlichen durch Vorspannung und Reibung im System geprägt ist. Bei kleinen Pedalwegen ist zunächst keine nennenswerte Kraftsteigerung zu verzeichnen. Dies liegt einerseits an Leerwegen im System, andererseits wird nach dem Überfahren der Leerwege auslegungsbedingt auch ohne Kraftsteigerung bereits eine Verzögerung bewirkt, wie auch in der Darstellung von Verzögerung über Pedalkraft, Bild 3-17d, erkennbar. Diese auch als „Springer" bezeichnete Funktion wirkt sich positiv auf die subjektive Wahr-

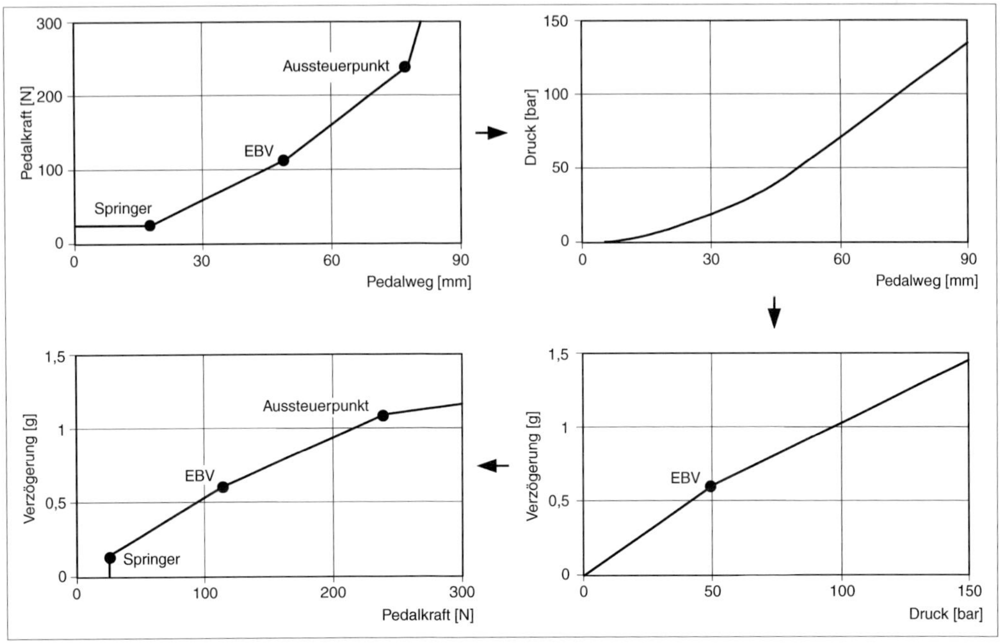

Bild 3-17 Pedal- und Verzögerungskennungen

nehmung des Ansprechverhaltens aus. Nach diesem Einsprung baut sich die Pedalkraft über dem Pedalweg auf, wobei nach dem Eingriff der elektronischen Bremskraftverteilung (EBV) eine Zunahme der Kurvensteigung zu verzeichnen ist. Bei einem bestimmten Wert wird der Aussteuerpunkt des Bremskraftverstärkers und damit die maximale Bremskraftunterstützung erreicht. Jenseits dieses Punktes liefert der Bremskraftverstärker keine weitere Unterstützung, was vom Fahrer annähernd wie ein mechanischer Anschlag empfunden wird. Aus diesem Grund wird durch geeignete Dimensionierung der Bremsanlage sichergestellt, dass auch bei Vollbremsungen dieser Aussteuerpunkt nicht übertreten werden muss.

Durch die Betätigung des Bremspedals wird in der Bremsanlage ein Bremsdruck erzeugt, der nach Überfahren der bereits genannten Leerwege, aufgrund nichtlinearer Steifigkeiten, über dem Pedalweg leicht progressiv verläuft, Bild 3-17b. Aus dem Bremsdruck ergibt sich je nach Fahrzustand und Straßenbeschaffenheit eine bestimmte Fahrzeugverzögerung, Bild 3-17c. Die hier dargestellte Verzögerungs-Druck-Kurve gilt für einen bestimmten Gewichtszustand des Fahrzeugs. Zunehmende Beladung des Fahrzeugs reduziert bei gegebenem Druck die Verzögerung. Die vom Fahrer wahrgenommenen Größen Verzögerung und Pedalkraft führen schließlich zur Kennung, Bild 3-17d, in welcher der Einfluss des „Springers", der Bremsdruckreduzierung an der Hinterachse durch die elektronische Bremskraftverteilung sowie der Einfluss des Aussteuerpunktes zu erkennen sind.

Aus den dargestellten Kennungen lassen sich eine Reihe von Entwurfsgrößen oder Qualitätsmerkmale für Bremsenansprechen und Dosierbarkeit ableiten. Wesentliche Größen sind z. B. die Größe des Leerwegs, der auch durch Vorgabe eines minimalen Bremsdrucks bei einem bestimmten Pedalweg charakterisiert werden kann, die Höhe des Einsprungs in Bild 3-17d, die Antrittskraft, sowie die Steigung des Pedalkraftverlaufs über Pedalweg und Verzögerung. Schon moderate Erhöhungen der Antrittskraft können z. B. dazu führen, dass die Bremse subjektiv als stumpf empfunden wird. Andererseits zeigt sich, dass bei gleichen Pedalkräften ein kurzer Pedalweg subjektiv günstig empfunden wird.

In der Realität sind die hier eher idealisiert dargestellten Verläufe durch Elastizitäten im System verrundet. Weiterhin kommen auch dynamische Effekte zum Tragen, die sich insbesondere in einer von der Betätigungsgeschwindigkeit abhängigen Dämpfung des Bremspedals zeigen. Zur Erzielung eines vom Kunden als hervorstechendes Qualitätsmerkmal empfundenen Betätigungsgefühls ist eine aufwändige und gezielte Feinoptimierung sämtlicher genannter Parameter erforderlich. In der Serienproduktion unterliegen die Bauteileigenschaften außerdem fertigungsbedingten Streuungen, deren Einfluss durch eine robuste Auslegung minimiert werden muss. Besondere Beachtung erfordert die Qualität der durch Vakuum unterstützten Befüllung der Bremsanlage mit Bremsflüssigkeit. Durch sorgfältige Abstimmung der Anlagenparameter muss sichergestellt werden, dass keine Restluft im System verbleibt, die zu einem weichen Pedalgefühl bzw. langen Pedalwegen führen würde.

3.4 Package/Einbausituation

Die Randbedingungen für die Einbausituation der Fahrzeugbremsen sind wesentlich durch Art und Gestaltung der Radaufhängung sowie Größe und Gestalt der Räder bestimmt. In der konstruktiven Gestaltung gibt es dabei eine Reihe von Zielkonflikten zwischen der Funktion der Radaufhängung für Lenk- und Fahrverhalten einerseits und der Bremsanlage andererseits zu lösen. Die konstruktive Ausführung entscheidet ganz wesentlich über die Leistungsfähigkeit der Bremsen, Kühlverhalten, Empfindlichkeit auf Nässe und Verschmutzung sowie auf Vibrationen und Geräusche.

3.4.1 Baugrößen und Einbauverhältnisse

Die grundsätzlichen Einbauverhältnisse einer Scheibenbremse sind in Bild 3-18 am Beispiel der Vorderradkonfiguration eines frontgetriebenen Fahrzeugs dargestellt. Die Bremsscheibe wird zwischen Radnabe und Radschüssel gehalten, während der Bremssattel am Schwenklager befestigt ist. Die zentrale Einflussgröße für die thermische Leistungsfähigkeit der Bremse ist durch die Größe der Bremsscheibe gegeben, welche deren Wärmespeichervermögen und Kühlleistung bestimmt. Aus diesem Grund ist man bei der Dimensionierung der Radbremse üblicherweise bestrebt, zumindest bei der Vorderradbremse, an der normalerweise der überwiegende Anteil der Bremsenergie umgesetzt wird, die jeweilige Radgröße voll auszunutzen. Damit ergibt sich, dass die Baugrößen von Radbremsen den Zollsprüngen der Radgrößen folgen. Man findet im Markt Räder und Bremsengrößen von 13″ bis zu 20″ und darüber, wobei für Fahrzeuge der Kompaktklasse Bremsengrößen zwischen 14″ und 16″ gängig sind.

In Bild 3-18 ist deutlich erkennbar, dass der Bremssattel zur optimalen Bauraumausnutzung sich so eng wie möglich an die innere Radkontur anschmiegt. Der konstruktive Freiraum wird dabei stark durch die Art der Radaufhängung und die Antriebsform (Front- oder Heckantrieb) bestimmt. Dies soll am Beispiel der sehr weit verbreiteten McPherson-Vorderradaufhängung, Bild 3-19, erläutert werden. Dabei wird das Rad durch das Federbein geführt, welches sich über das Führungsgelenk am Querlenker abstützt. Die Verbindung zwischen oberem Federbein-

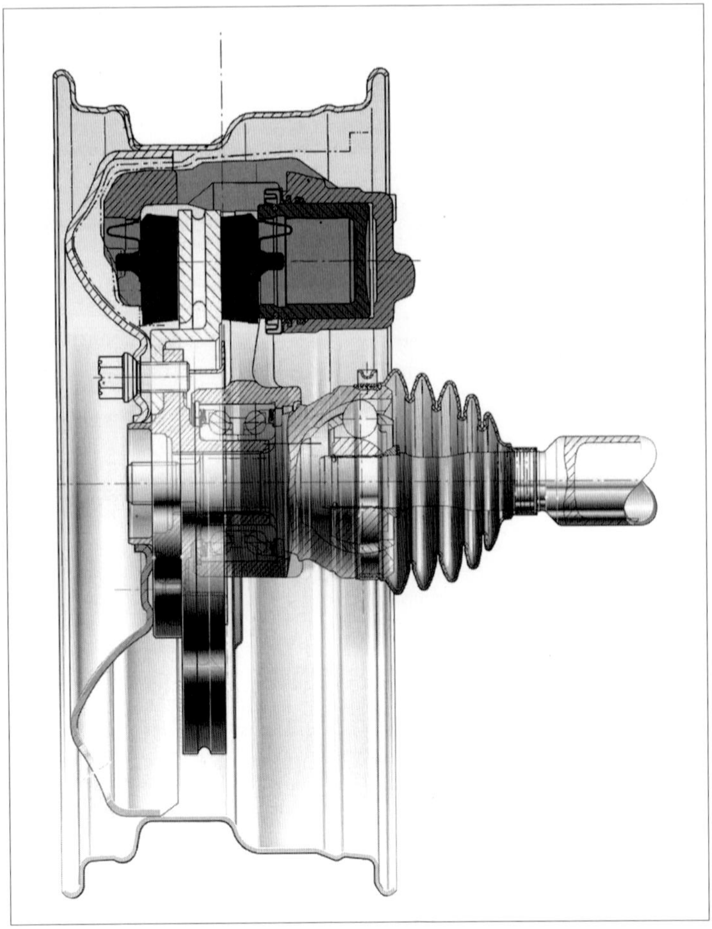

Bild 3-18 Einbauverhältnisse einer Scheibenbremse

anlenkpunkt und Führungsgelenk definiert die Spreizachse, um die sich das Rad bei Lenkbewegungen dreht. Für die kinematische Auslegung von frontgetriebenen Fahrzeugen stellt der Störkrafthebelarm, d. h. der Abstand des Kraftangriffspunkts des Rades von der Spreizachse, eine wesentliche Größe dar. Antriebskräfte am Radaufstandspunkt bewirken über diesen Störkrafthebelarm Momente um die Lenkachse und können so bei unterschiedlichen Verhältnissen zwischen linkem und rechtem Rad als unerwünschte Störeinflüsse auf die Lenkung zurückwirken. Aus diesem Grund wird eine Minimierung des Störkrafthebelarms angestrebt, was durch ein möglichst weit außen positioniertes Führungsgelenk erreicht werden kann. Dadurch wird allerdings die Position des Reibrings der Bremsscheibe und somit auch die Lage des Bremssattels nach innen beschränkt. Aufgrund dieser Bauraumeinschränkung werden bei Frontantriebsfahrzeugen mit McPherson-Achsen nahezu ausschließlich Faustsattelbremsen eingesetzt, da Festsattelbremsen aufgrund des aussenliegenden Bremskolbens mehr axialen Bauraum in der Radschüssel beanspruchen. Bei heckgetriebenen Fahrzeugen oder Mehrlenkervorderachsen liegt der dargestellte Bauraumkonflikt nicht im gleichen Ausmaß vor, so dass hier durch weiter innen angeordnete Bremsen bei gleichen Radgrößen größere Bremsscheibendurchmesser realisiert werden können.

3.4.2 Massen

Die an den Zollgrößen der Räder orientierten Bremsscheibengrößen stellen den maßgeblichen Einfluss auf das Gewicht der Radbremsen dar. Beispielhaft sind in Tab. 3.3 die Massen von Bremsscheiben mit gängigen Durchmessern und Reibringdicken für die Größen 14″ bis 17″ dargestellt. Bei den Bremssätteln wirken sich Unterschiede in Bauform, Steifigkeit und geforderten maximalen Zuspannkräften auf die Masse aus. Bisweilen werden jedoch auch baugleiche Bremssättel für unterschiedliche Brem-

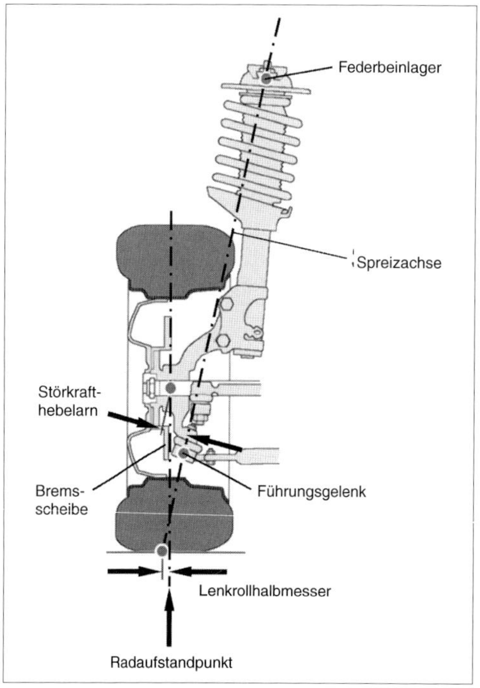

Bild 3-19 Grundsätzlicher Aufbau einer McPherson-Federbeinachse

sengrößen eingesetzt, so dass ein Gewichtsunterschied lediglich durch unterschiedliche Halter gegeben ist.

Die Masse der Radbremse liefert einen erheblichen Beitrag zur gesamten reifengefederten Masse einer Radaufhängung mit Rad. In Tab. 3.4 ist dies beispielhaft für eine McPherson-Radaufhängung mit verschiedenen Rad- und Bremsengrößen gezeigt. In dieser Darstellung wird auch deutlich, dass der Möglichkeit zum Leichtbau bei Radbremsen Grenzen gesetzt sind. Da insbesondere die Masse der Bremsscheibe direkt mit deren thermischer Leistungsfähigkeit verknüpft ist, kann hier nur durch Einsatz alternativer Werkstoffe Gewicht reduziert werden. Der Einsatz neuerer Entwicklungen wie z. B. Bremsscheiben aus Keramik bleibt derzeit jedoch aufgrund der Kostensituation ausschließlich auf Hochleistungsanwendungen beschränkt.

3.5 Energieversorgung Bremskraftverstärkung

Mit Einführung der Scheibenbremse an den Fahrzeugvorderachsen entfiel der von den Trommelbremsen ausgehende Selbstverstärkungseffekt der Vorderradbremsen, so dass in Kombination mit zunehmenden Fahrzeugmassen der Bedarf an fußkraftentlastenden Bremskraftverstärkern wuchs. Grundsätzlich steht eine Vielfalt von bremskraftverstärkenden Systemen zur Verfügung. Dominierend bis in die Gegenwart ist allerdings der Unterdruckbremskraftverstärker. Dessen Siegeszug ist unmittelbare Folge der damals dominierenden Fahrzeugantriebe, nämlich des drosselklappengesteuerten Ottomotors. Diese Antriebsart stellte den für pneumatische Bremskraftverstärker benötigten Unterdruck unproblematisch zur Verfügung. Der qualitätsgeregelte Dieselantrieb benötigt dagegen für Unterdruckverstärker eine mechanisch betriebene Pumpe.

In Verbindung mit aktuellen Abgaskonzepten und zunehmender Verbreitung von Otto-Direkteinspritzern wird die zuverlässige Unterdruckversorgung schwieriger, so dass eine additive Unterdruckversor-

Tabelle 3.3 Masse von Bremsscheiben unterschiedlicher Baugrößen (Beispiel Volkswagen Golf)

Bremsscheibengröße		14″	15″	16″	17″
Außen-∅ × Reibringdicke	[mm]	∅ 256 × 22	∅ 288 × 25	∅ 312 × 25	∅ 345 × 30
Masse Bremsscheibe	[kg]	5,1	7,0	8,1	12,1

Tabelle 3.4 Reifengefederte Masse einer McPherson Vorderradaufhängung mit Radbremse

Bremsscheibengröße		14″	15″	16″	17″
Reifengefederte Masse einer Radaufhängung (mit Rad/Reifen)	[kg]	40,0	47,5	55,0	51,5[1)]
Masse Radbremse (mit Bremsscheibe)	[kg]	9,0	13,0	15,4	20,3
Anteil Radbremse	[%]	22,5	27,5	28,0	39,5

[1)] *Reifengefederte Masse bei 17″ mit* **Alu-Gußrad**, alle anderen mit **Stahlrad**

gung mit elektrischen oder mechanischen Pumpen auch bei Ottomotoren zum Einsatz kommt.
Wirtschaftlich interessant mit zukünftig gutem Einsatzpotenzial ist auch die hydraulische Zusatzverstärkung durch intelligente Einbindung des ESP-Hydraulikaggregates. Weiterhin findet man im Markt auch hydraulische Bremskraftverstärker. Eine aktuelle Neuentwicklung, allerdings bis dato in geringer Verbreitung, stellt die elektrohydraulische Bremse (EHB) dar.
Hier soll im folgenden auf die Energieversorgung des marktdominierenden Unterdruckverstärkers eingegangen werden. Eine Übersicht der Varianten für dessen Energieversorgung zeigt Bild 3-20. Basis ist der vom drosselklappengesteuerten Ottomotor zur Verfügung stehende Saugrohrunterdruck. Speziell für Automatikgetriebefahrzeuge, wo Schaltvorgänge ohne Lastunterbrechung durchgeführt werden, ist die allein saugrohrunterdruckgeführte Versorgung des BKV bei speziellen Fahrzuständen, vornehmlich nach Kaltstart, möglicherweise nicht ausreichend. Als kostengünstige Unterdruckhilfe können Saugstrahlpumpen eingesetzt werden, die nach dem Venturi-Prinzip additiven Unterdruck von ca. 70–150 mbar zur Verfügung stellen können. Sollten Motor- und Fahrzeugkonzept auch damit keine ausreichende Unterdrucksituation erzielen können, muss, wenn man den Pneumatikverstärker beibehalten möchte, mittels elektromechanischer Unterdruck-Pumpen evakuiert werden.

Heutige Fahrzeuge mit Otto-Direkt-Einspritzung werden zukünftig ähnlich den Fahrzeugen mit dieselmotorischen Antrieben auch rein mechanisch betriebene Unterdruck-Pumpen einsetzen.

3.6 Thermische Randbedingungen

Die grundlegende Problematik der thermischen Auslegung von Kraftfahrzeugbremsen liegt im Abfall des Reibwerts zwischen Bremsbelag und Bremsscheibe bei steigender Temperatur, wie dies in Bild 3-21 schematisch dargestellt ist. Wie man erkennt, findet bei Bremsscheibentemperaturen ab ca. 700 °C bei handelsüblichen Bremsbelägen ein überproportionaler Reibwertabfall statt, der zu einer deutlichen Bremswegverlängerung bei überhitzter Bremsanlage, dem sogenannten Fading, führen kann.
Bestimmend für die thermische Leistungsfähigkeit der Bremsanlage sind die Bremsscheiben, an denen die gesamte Bewegungsenergie des Fahrzeugs in Wärme umgewandelt wird. Durch den Reibvorgang mit den Bremsbelägen entsteht ein Wärmestrom, mit dem die Bremsscheibe beaufschlagt wird, Bild 3-22. Die Wärmeenergie wird einerseits von der Bremsscheibe gespeichert, andererseits ergeben sich mit der Temperaturerhöhung auch abfließende Wärmeströme durch Wärmeleitung zu benachbarten Bauteilen, Konvektion an der Oberfläche und durch den Kühlkanal, sowie Wärmestrahlung an der Oberfläche. Ergebnis

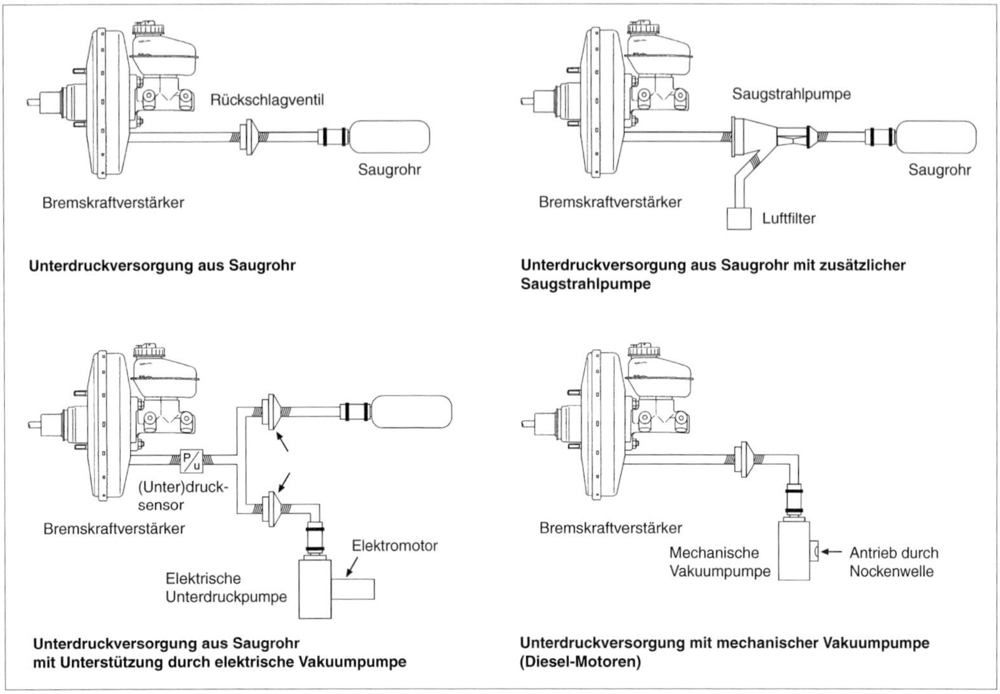

Bild 3-20 Varianten der Unterdruckversorgung von Bremskraftverstärkern

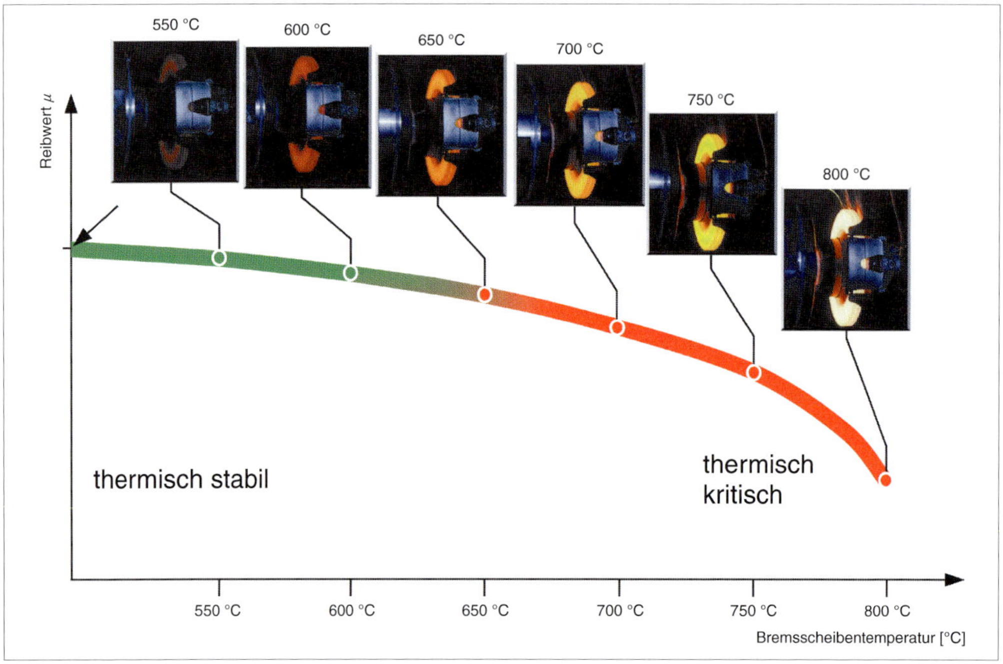

Bild 3-21 Temperaturabhängigkeit des Reibwerts bei Scheibenbremsen

dieser Energiebilanz aus zu- und abfließenden Wärmeströmen ist ein zeitlicher Temperaturverlauf der Bremsscheibe, der grundsätzlich durch schnelle Temperaturerhöhung während der Bremsung und nachfolgende Abkühlung gekennzeichnet ist.

Als Beispiel für einen typischen Temperaturverlauf ist in Bild 3-23 eine Messung für einen Folgestoppversuch gezeigt. Bei diesem definierten Test werden 10 aufeinanderfolgende Vollbremsungen aus 100 km/h zum Stillstand mit dazwischenliegenden Beschleunigungsphasen durchgeführt. Durch geeignete Dimensionierung der Bremsanlage muss sichergestellt werden, dass durch die zunehmende Erhitzung der Bremsscheiben keine nennenswerte Bremswegverlängerung (Fading) bei den einzelnen Bremsungen auftritt. Wie der Ausschnitt für eine einzelne Bremsung zeigt, tritt während der Bremsung eine schnelle Temperaturerhöhung auf, deren Höhe maßgeblich von der Fahrzeugenergie und damit der Fahrzeugmasse einerseits sowie vom Wärmespeichervermögen der Bremsscheibe und damit deren Masse andererseits bestimmt wird. Größere Bremsscheiben würden hier direkt zu einer geringeren Temperaturerhöhung führen. In der Abkühlphase nach der Bremsung spielen insbesondere die Konvektion an der Bremsscheibe durch die Kühlkanäle sowie die Wärmestrahlung eine wichtige Rolle. Der Temperaturrückgang zwischen zwei Bremsungen ist auch durch die Abkühlzeit bestimmt, die durch das Beschleunigungsvermögen des Fahrzeugs und somit seinem Leistungsgewicht vorgegeben ist. Der Gesamtverlauf der Temperatur ist aufgrund der überproportional zunehmenden Wärmestrahlung degressiv und nähert sich einer durch die Dimensionierung der Bremsscheiben bestimmten Beharrungstemperatur an. Wie in Bild 3-21 muss durch ausreichende Dimensionierung sichergestellt werden, dass diese Beharrungstemperatur unterhalb des kritischen

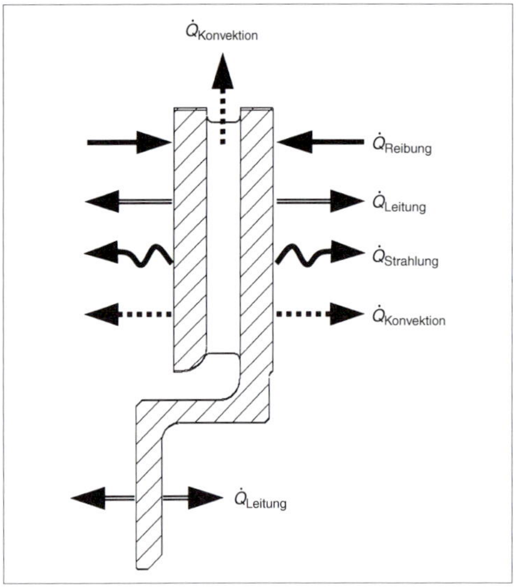

Bild 3-22 Energiebilanz für die Bremsscheibe

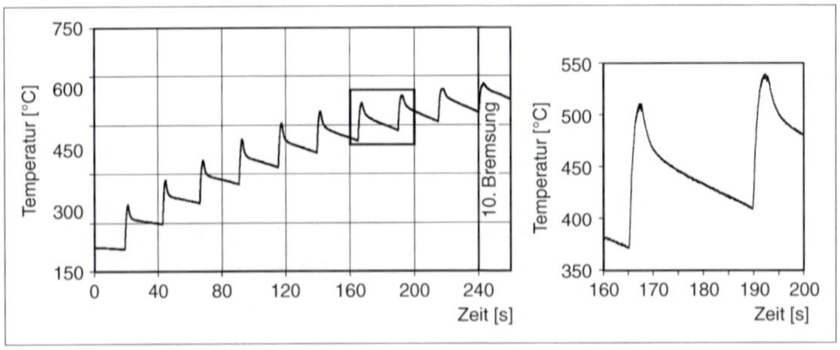

Bild 3-23 Temperaturverlauf in der Reibringoberfläche der Bremsscheibe bei einem Folgestoppversuch

Temperaturbereichs liegt, ab dem der Reibwert überproportional abfällt. Typischerweise wird dabei eine Beharrungstemperatur unterhalb 700 °C angestrebt.

Zur Verbesserung des Abkühlverhaltens werden insbesondere bei Hochleistungsfahrzeugen besondere konstruktive Maßnahmen zur Anströmung der Bremsen vorgesehen. Als Beispiel ist in Bild 3-24 die Anströmung einer Hochleistungsbremsanlage gezeigt. Man erkennt, wie über einen Kühlkanal und ein Luftleitelement ein gezielter Luftstrom zur Bremse geführt wird, der durch die Ventilation der belüfteten Bremsscheibe durch das Rad abgeführt wird. Dadurch kann die Abkühlgeschwindigkeit der Bremsscheiben signifikant verbessert werden.

3.7 Umgebungsbedingungen

Die gezielte Anströmung der Bremsen ist einerseits vorteilhaft für die thermische Leistungsfähigkeit, sie birgt jedoch das Risiko einer verstärkten Beaufschlagung der Bremsscheibe durch Wasser, Verschmutzung sowie im Wasser enthaltenes Streusalz. Dies kann zumindest im Ansprechverhalten zu einer signifikanten Verringerung der Bremswirkung führen. Bei der konstruktiven Gestaltung von Radbremse, Bremsenabdeckblech sowie Anströmungsmaßnahmen muss daher sowohl durch geeignete theoretische Betrachtung, aber dominant durch geeignete Versuchstechnik eine optimale Bremsenkühlung erzielt werden, ohne eine nachteilig wirkende Beaufschlagung durch Wasser, Schmutz und Salz in Kauf nehmen zu müssen.

3.8 Geräusche und Schwingungen (NVH)

Neben der Auslegung der thermischen Leistungsfähigkeit spielt die Optimierung des Schwingungsverhaltens der Radbremse eine wesentliche Rolle im Hinblick auf die Produktqualität. Bremsgeräusche und Vibrationen, wie z. B. Bremsenrubbeln oder Lenkraddrehschwingungen, werden vom Kunden nicht akzeptiert und führen zu Beanstandungen. Die Ursachen von Schwingungs- und Geräuschphänomenen in Bremsanlagen sind vielfältig und stellen hohe Anforderungen an die Entwicklung. Eine zentrale Bedeutung kommt dabei der Bremsscheibe zu, welche durch den Reibvorgang mit dem Bremsbelag in

Bild 3-24 Bremsenkühlung durch gezielte Anströmung, Volkswagen Phaeton

Schwingungen versetzt werden oder aufgrund von Inhomogenitäten Schwingungen der Radaufhängung auslösen kann. Für weitere Ausführungen zur Geräusch- und Schwingungsthematik sei auf Kap. 22 verwiesen.

3.8.1 Vibrationen

Bremsscheiben, die bereits in ihrer Ausgangsgeometrie vom Ideal abweichen, erzeugen bereits in Neufahrzeugen unangenehme Unarten, zu denen das Pulsieren und bei höheren Raddrehzahlen auch Rubbelerscheinungen gehören, die sich u. a. durch Lenkraddrehschwingungen und Dröhnen bemerkbar machen können.

Die Geometrievorgaben für Bremsscheiben sind in den letzten Jahren erheblich verschärft worden. So dürfen Dickenschwankungen des Reibringes in der Regel ca. 10 µ nicht überschreiten, und der Scheibenschlag ist meist auf max. 25 µ begrenzt. Bremsscheiben, die o. g. Vorgaben erfüllen, erweisen sich im Neuzustand in der Regel im positiven Sinne als unauffällig. Zu beachten ist allerdings, dass Bremsscheiben meist als zu verspannende Bauteile zwischen Scheibenrad und Radlagerflansch fungieren. Geometrieunzulässigkeiten am Radlagerflansch oder eine ungünstige Verspannung der Scheibe radseitig (kritischer als Leichtmetallräder sind hier Stahlfelgen) führen auch bei i. O.-Bremsscheibengeometrie zu Verzügen und zu Pulsier- und Rubbelerscheinungen.

Ungleich schwieriger ist es, die im Neuzustand guten Geometriedaten der Scheibe über die Lebensdauer zu halten oder doch mindestens nur so wenig zu verschlechtern, dass es bei der sog. positiven Unauffälligkeit bleibt. Im Fahr- und Bremsbetrieb werden Bremsscheiben teilweise stark wechselnden extremen Temperaturen ausgesetzt und müssen neben hoher mechan. Beanspruchung durch den Bremsbelag z. T. extreme Witterungseinflüsse verkraften.

Bremsenfehlverhalten, wie z. B. das Rubbeln, kann eine Vielzahl von Ursachen haben (vgl. Kap. 22). Einer der vielfältigen Entstehungsmechanismen ergibt sich aus der thermischen Verformung der Bremsscheibe während der Bremsung. Durch die starke Temperaturerhöhung dehnt sich der Reibring der Bremsscheibe aus, was aufgrund der Anbindung an den Bremsscheibentopf zu einer tellerförmigen Verformung führt. Bild 3-25 zeigt eine typische Verformung in zwei Phasen einer Bremsung in überhöhter Darstellung, wobei die Temperaturverteilung durch unterschiedliche Schattierung angedeutet wird. Dieses Verformungsverhalten wird als Schirmung bezeichnet und muss durch geeignete konstruktive Gestaltung der Bremsscheiben minimiert werden. Das Schirmungsverhalten kann über längere Laufzeit wieder zu Dickenschwankungen und somit zu Rubbelerscheinungen führen. Andererseits können sich durch hohe thermische Belastung auf dem Reibring – auch durch metallurgische Umwandlungen – Zonen mit unterschiedlichen Reibwerten bilden, die ebenfalls zu pulsierenden Bremskräften und damit Bremsenrubbeln führen. Die Behebung von Rubbelerscheinungen bei Bremsanlagen erfordert aufgrund der Vielfalt der Mechanismen und Einflussfaktoren eine sehr sorgfältige konstruktive Auslegung und versuchstechnische Optimierung.

Gerade bei Bremsenrubbelerscheinungen hat sich verstärkt herausgestellt, dass es sich zwar durch ein meist von der Vorderradbremse verursachtes Phänomen handelt, dass aber das Bremsenumfeld in Form

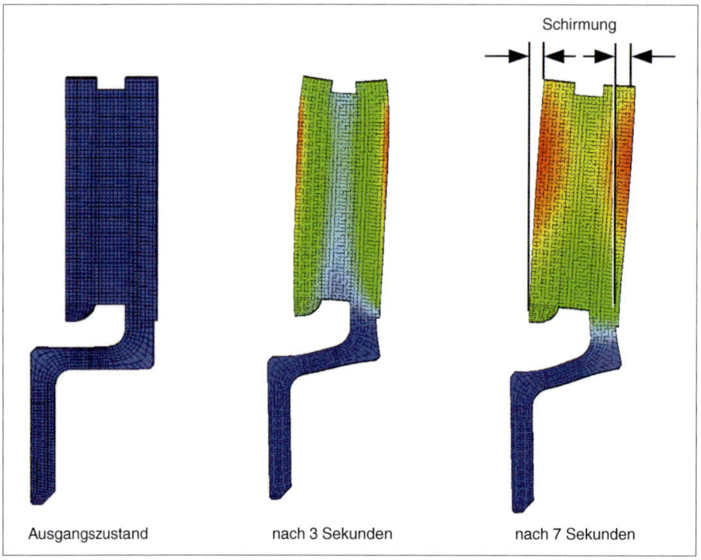

Bild 3-25 Schirmung einer Bremsscheibe beim Bremsvorgang

von Radaufhängung und Subsystemen (z. B. Hilfsrahmen und deren Lagerung) einen wesentlichen Einfluss hat. Es sind also weitaus umfassendere Gesamtbetrachtungen der Bremsanlage im Fahrzeug notwendig. Diese Aufgabenstellung ist komplex und bisher keineswegs gelöst.

3.8.2 Geräusche

Bei höherfrequenten Bremsengeräuschen wie Bremsenquietschen handelt es sich in der Regel um komplexe nichtlineare Schwingungsphänomene, die durch den Reibvorgang zwischen Bremsbelag und -scheibe angeregt werden und durch gekoppelte Strukturschwingungen von Bremsscheibe, Bremssattel, Schwenklager und anderen Bauteilen gekennzeichnet sind. Die Schallabstrahlung der Bremsscheibe hat bei Quietschphänomenen einen dominanten Einfluss, so dass deren Eigenfrequenzen und Eigenschwingungsformen eine zentrale Bedeutung haben. Bild 3-26 zeigt beipielhaft ausgewählte Schwingungsformen einer Bremsscheibe.

Die Behebung von Quietschproblemen stellt eine anspruchsvolle Aufgabe dar, da vielfältige Einflussfaktoren wie Temperatur, Luftfeuchtigkeit, Belagkonditionierung, Korrosion, Ankopplung an das Fahrzeug etc. vorliegen. Häufig wird versucht, durch Verstimmen des Systems durch andere Massenverteilung von Bremssattel, -halter oder Schwenklager die Empfindlichkeit des Systems zu reduzieren und Resonanzphänomene zu vermeiden. Weiterhin kann durch sogenannte Sekundärmaßnahmen am Bremsbelag, z. B. hochdämpfende Zwischenschichten auf der Belagrückenplatte, die Übertragung hochfrequenter Schwingungen vermieden werden.

Neben dem genannten Bremsenquietschen gibt es auch andere Geräuschphänomene, die durch gezielte Maßnahmen behoben werden müssen. Beispielhaft sei das Bremsenknurpsen genannt, das aufgrund des Schleppmoments insbesondere bei Automatikfahrzeugen und leichter Bremsbetätigung im Quasi-Stillstand auftritt. Hierbei handelt es sich um ein Stick-Slip-Phänomen mit wechselndem Übergang von Haft- zu Gleitreibung, das sich über die Radaufhängungen auf die Karosserie überträgt und zu einem dröhnenden Geräusch führen kann. Abhilfe bieten u. a. speziell optimierte Bremsbeläge, die allerdings Nachteile in Bremsleistung und Ansprechverhalten haben können. Zusammenfassend kann gesagt werden, dass bei einer Bremsenentwicklung aufgrund der komplexen Entstehungsmechanismen von Geräuschen und Schwingungen in der Regel erheblicher Aufwand zur deren Vermeidung bzw. Behebung getrieben werden muss.

3.9 Crashanforderungen

Im Rahmen stetig steigender Sicherheitsanforderungen unterliegt auch die Gestaltung der Bremsanlage Vorgaben für das Crashverhalten des Fahrzeugs. Die Bremsanlage hat aufgrund der weitgehend vorgegebenen Lage von Fußhebelwerk und Bremskraftverstärker insbesondere einen Einfluss auf die Fußraumintrusion. Zu deren Minimierung muss eine Blockbildung von Bauteilen im Motorraum mit dem

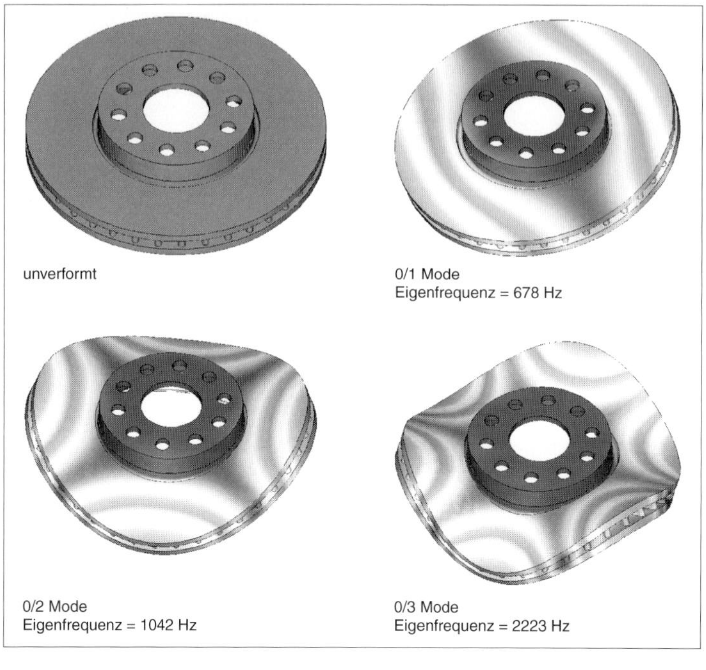

Bild 3-26 Eigenformen einer Bremsscheibe

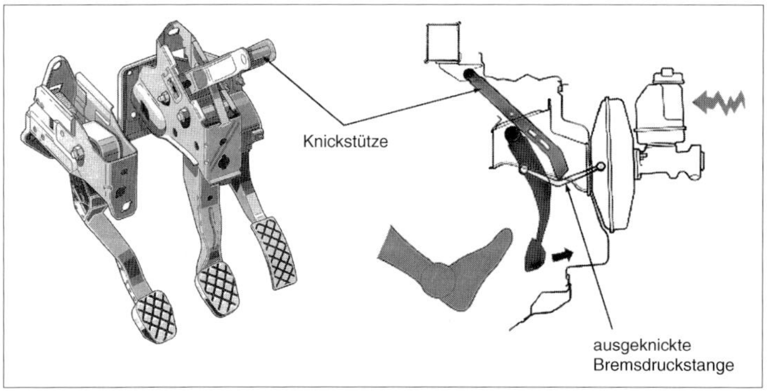

Bild 3-27 Crash-optimiertes Fußhebelwerk des Volkswagen Polo

Hauptbremszylinder und Bremskraftverstärker im Crashfall vermieden werden. Durch konstruktive Maßnahmen am Fußhebelwerk wird zudem dafür gesorgt, dass sich dieses entweder beim Crash vom Lagerbock löst oder aktiv zurückgezogen wird, so dass es nicht weiter in den Fußraum eindringt. In Bild 3-27 ist dies am Beispiel des Fußhebelwerks des Volkswagen Polo gezeigt. Über eine Knickstütze, die durch den im Crash nach hinten verformten Schalttafelquerträger betätigt wird, wird die Bremsdruckstange abgeknickt, so dass sich das Pedal zurückzieht.

3.10 Umweltschutz

3.10.1 Bremsbeläge

Bremsbeläge müssen extremen Belastungen standhalten, einer Vollbremsung aus Höchstgeschwindigkeit ebenso wie beispielsweise einer Passfahrt im Hochgebirge, bei denen sie bis zu 700 °C heiß werden können. Da Bremsscheibe und Bremsbelag eine Reibpaarung darstellen, kann dies nicht ohne Verschleiß ablaufen. Bei jedem Tritt auf die Bremse wird ein kleiner Teil des Belags abgerieben. Um die daraus resultierende Umweltbelastung zu minimieren, wurden die früher enthaltenen asbesthaltigen Werkstoffe mittlerweile ausnahmslos durch asbestfreie ersetzt (vgl. dazu auch Kap. 23). Neuere Umweltauflagen erfordern zusätzlich sogenannte ABC-freie Beläge, d. h. die Substanzen Antimon, Blei und Cadmium sollen zukünftig nicht mehr im Belagmaterial verwendet werden.

3.10.2 Korrosionsschutz

Ein weiterer Ansatzpunkt für Umweltschutz an der Bremse ist der Korrosionsschutz des Bremssattels. Die Korrosionsbeschichtungen des Sattels enthalten heute häufig Cr(IV)-Verbindungen (Stichwort: Gelbchromatierung). Da insbesondere Chrom(VI) zu den krankheitserregenden Stoffen gezählt wird, zielen aktuelle Entwicklungsarbeiten darauf, diese Verbindungen z. B. durch Zink-Beschichtungen zu ersetzen.

3.10.3 Bremsflüssigkeit

Bremsflüssigkeit ist eine wichtige Sicherheitsflüssigkeit in Kraftfahrzeugen (vgl. Kap. 24). Die weltweit meistverwendeten Bremsflüssigkeiten mit einem Anteil von ca. 95 %, basieren auf Polyethylenglycolbasis. Diese Bremsflüssigkeiten sind hygroskopisch und verschleißen durch Wasseraufnahme. Zusätzlich verschmutzt Bremsflüssigkeit im Fahrzeugbetrieb durch Aufnahme von Staub, Metall- und Gummiabrieb. Deshalb empfehlen die Automobilhersteller, Bremsflüssigkeit in regelmäßigen Abständen zu wechseln. Jährlich fallen dadurch mehrere tausend Tonnen gebrauchter Bremsflüssigkeit in den Kfz-Werkstätten an. Bremsflüssigkeit ist in jedem Fall ordnungsgemäß zu entsorgen. Mit speziellen Verfahren können aber aus gebrauchter Bremsflüssigkeit auch Rohstoffe für die Herstellung neuer Bremsflüssigkeiten zurückgewonnen werden. Voraussetzung hierfür ist eine sortenreine Sammlung. Die Alternative zur stofflichen Verwertung gebrauchter Bremsflüssigkeit ist die Verbrennung. (Quelle: www.pentosin.de/umwelt)

3.11 Energierückgewinnung

Die hohen von der Bremse aufzubringenden Leistungen (Bild 3-1) lassen es wünschenswert erscheinen, zumindest einen Teil der Bremsarbeit zu speichern und später z. B. zur Unterstützung bei Beschleunigungsvorgängen zu nutzen. Insbesondere bietet sich die Energierückgewinnung (Rekuperation) bei Elektro- und Hybridfahrzeugen an, da hier sowohl Energiewandler (Elektromotor im Generatorbetrieb) als auch Energiespeicher (Batterie) vorhanden sind.
Bild 3-28 zeigt die an einem Elektrofahrzeug ermittelten Energieanteile in einem Stadtzyklus. Durch Energierückgewinnung beim Bremsen kann immerhin 20 % der benötigten Energie eingespart werden. Die konventionelle Bremse ist hier bereits im Eingriff und nimmt 10 % der Gesamtenergie auf. Weiteres Potenzial liegt in der Verringerung der Umwandlungsverluste. Bei Landstraßen- oder Autobahn-

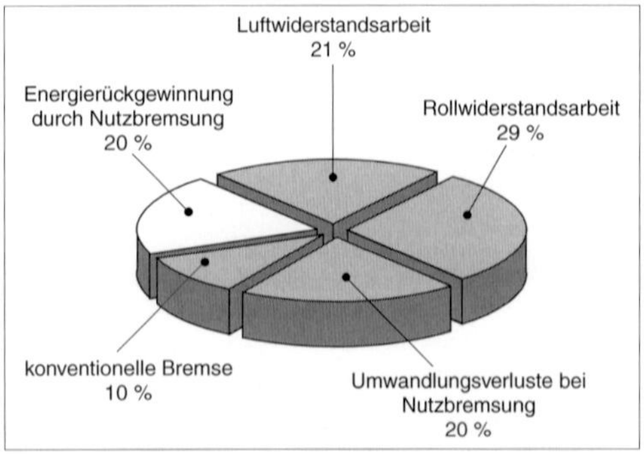

Bild 3-28 Bremsenergierückgewinnung eines Elektrofahrzeuges im US-Stadtzyklus FTP72 [1]

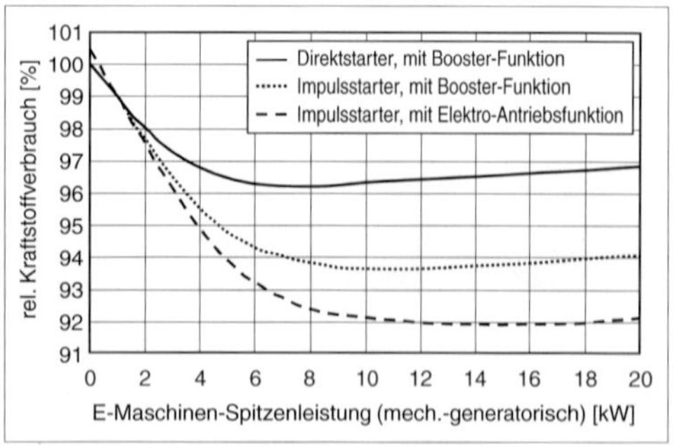

Bild 3-29 Verbrauchsreduzierung im NEFZ-Zyklus durch Energierückgewinnung mittels Startergenerator

fahrt mit ihren hohen Konstantfahrtanteilen ist der Anteil der rückgewinnbaren Energie naturgemäß deutlich geringer.

In jedem Fall muss neben dem Generator eine konventionelle Bremse vorhanden sein, um die hohen Energien bei Bremsungen aus hoher Geschwindigkeit aufzunehmen, um die Bremskraft fahrdynamisch sinnvoll zu verteilen und um Schlupfregelfunktionen ausführen zu können.

Durch den Einsatz von Startergeneratoren, die sich derzeit in der Entwicklung befinden, könnte Rekuperation auch bei Fahrzeugen mit konventionellem Verbrennungsmotor möglich werden [2], [3]. Startergeneratoren können im Motorbetrieb die Funktion des Anlassers oder eines Zusatzantriebs und im Generatorbetrieb die Funktion der Lichtmaschine sowie eine gewisse Bremsfunktion übernehmen. Der Startergenerator kann direkt an der Kurbelwelle sitzen (Direktstarter) oder von dieser durch eine Kupplung trennbar sein (Impulsstarter, z. B. im VW 1-Liter-Auto).

Für den Einsatz der beim Bremsen zurückgewonnenen Energie gibt es mehrere Möglichkeiten:

- Speisung des Bordnetzes,
- Unterstützung des Verbrennungsmotors beim Beschleunigen („Booster-Funktion"),
- zeitweilig Antrieb nur durch Elektromotor (erfordert Impulsstarter für die Trennung vom Verbrennungsmotor; bei manchen Fahrern Akzeptanzprobleme).

Problematisch sind dabei die hohen von der Batterie aufzunehmenden und abzugebenden Leistungen, die deren Lebensdauer negativ beeinflussen, sowie Erhöhung von Gewicht und Kosten einer vergrößerten Batterie.

Bild 3-29 zeigt am Beispiel eines Dieselfahrzeugs der Kompaktklasse das Einsparpotenzial durch die Energierückgewinnung in Abhängigkeit von der Spitzenleistung des Startergenerators. Referenz ist das konventionelle Fahrzeug mit 100 %. Der Neue Europäische Fahrzyklus (NEFZ) beinhaltet, im Gegensatz zum oben erwähnten FTP72-Zyklus, neben einem Stadtzyklus auch die Fahrt mit höheren Geschwindigkeiten. Der Impulsstarter benötigt zwar Energie, da er im ausgekuppelten Zustand elektrisch auf Drehzahl gehalten werden muss (und benötigt daher bei dem theoretischen Grenzfall einer Spitzenleistung von 0 kW mehr Energie als das konventionelle Fahrzeug), ermöglicht aber bei leichten Bremsungen eine deutlich höhere Rückgewinnung, da der Motor abgekoppelt werden kann und durch das Wegfallen des Motorschleppmomentes ein erhöhtes Generatormoment entsteht. Bei großen installierten Leistungen wird die Ersparnis wegen des steigenden Gewichtes und der zunehmenden Grundverluste des elektrischen Systems wieder geringer.

Bei Fahrzeugen ohne Generator und Elektromotor müsste die Energie in einem anderen Speichermedium gesammelt werden. Hier kommen in Frage:

- Schwungradspeicher [4], [5],
- Hydraulikspeicher [4], [5],
- Federspeicher,
- Wärmespeicher, z. B. zur Unterstützung der Innenraumheizung.

Aus Kosten- und Gewichtsgründen hat sich bisher keines dieser Systeme durchsetzen können.

Literaturverzeichnis

[1] *Quissek, F.; Köhle, S.; Lück, P.:* Rahmenbedingungen und Zukunft der E-Mobile aus der Sicht des Herstellers. VDI-Tagung Batterie-, Brennstoffzellen- und Hybridfahrzeuge (Dresden 1998). – Referatskompendium

[2] *Schenk, R.; Pesch, M.:* Startergenerator: Konzepte und Potenziale. In: Kurbelwellenstartgenerator (KSG) – Basis für zukünftige Fahrzeugkomponente (Renningen-Malmsheim 1999)

[3] *Dümeland, M.; Bischof, H.; Bork, M.; Schenk, R.:* Vergleich unterschiedlicher Konzepte für Startergeneratoren. (9. Aachener Kolloquium Fahrzeug- und Motorentechnik Aachen. – 2000)

[4] *Helling, J.:* Längsdynamik von Kraftfahrzeugen. Aachen: ika Schriftenreihe Automobiltechnik, 1989

[5] *Jürgens, G.:* Rekuperation – eine „ewige" Herausforderung. Bühl: (Fachtagung E-Maschine im Antriebsstrang Bühl 1999)

4 Menschliche Anforderungen

4.1 Einleitung

Die technische Auslegung eines Bremssystems wäre unvollständig, wenn die Einwirkung des Fahrers, also die Bremse als Informationsgeber und Handlungsorgan oder die Kontaktstelle Mensch/Bremse unberücksichtigt bliebe. Die Gestaltung der Mensch-Maschine-Schnittstelle, also das Zusammenwirken und die Gesamtheit der Wechselbeziehungen zwischen Fahrer und Bremse, wird daher im folgenden Kapitel behandelt.

Die Mensch-Maschine-Interaktion (MMI) hat bei allen Bedienfunktionen im Kraftfahrzeug die gleiche Struktur (Bild 4-1).

Untersucht man diese Interaktion mehr im Hinblick auf die Fahrer-Bremse-Interaktion, dann wird ersichtlich, dass sich aus der Fahrzeugführungsaufgabe, der Strecken- und Fahrsituation sowie den Wetter- und Sichtbedingungen Bremshandlungen ergeben (Bild 4-2). Dabei werden vor allem über die visuellen, kinästhetischen und haptischen Sinnesdimensionen Umweltreize aufgenommen (A), decodiert (B), verarbeitet (C) und in Reaktionen des Fuß-Bein-Systems (D) umgesetzt.

Natürlich sind das Identifizieren einer Bremshandlung und das Bremsen selbst nur ein Teil der gesamten Fahraufgabe. Beim Fahren handelt es sich um eine zweidimensionale Steuerungsaufgabe mit dem Lenkrad für die Fahrzeugquerbewegung und Fahr- und Bremspedal für die Längsbewegung.

Die Auslegung des Bremssystems muss nun einbeziehen: Die Leistungsfähigkeit des Fahrers in den Bereichen Informationsaufnahme, -verarbeitung und Bremshandlung, das Fahrerverhalten in unterschiedlichen Fahrsituationen, also z. B. bei einer Standardbremsung und einer Notbremsung, und das Aufmerksamkeitsniveau des Fahrers u. a. in Abhängigkeit von der Fahrdauer. Dies hat Einfluss auf die anthropometrische Gestaltung des Fuß-Bein-Raumes im Fahrzeug-Cockpit, auf die Pedalgeometrie sowie auf den Bremsdruckaufbau und die Gestaltung von Pedalkennlinien. Ebenso bedarf natürlich die Auslegung von Bremsassistenten der Berücksichtigung der in Bild 4-2 benannten MMI-Komponenten.

4.2 Bremssituation

Aus Sicht des Fahrers können Bremsungen folgende Zwecke beinhalten:

- Reduzieren der Fahrzeuggeschwindigkeit (ohne abschließendem Stillstand) zur Anpassung an situative Gegebenheiten, z. B. Geschwindigkeitslimitierung, vorausfahrende Fahrzeuge (Anpassungsbremsung) oder
- Fahrzeug an einem bestimmten Ort zum Stillstand bringen, z. B. Stoppschild, vor Engstelle (Zielbremsung).

Darüber hinaus können Bremsungen je nach zeitlichem Handlungsspielraum für den Fahrer in Standardbremssituationen und Notbremssituationen unterschieden werden.

Der Ablauf einer Bremsung kann aus Sicht des Fahrers in die in Bild 4-3 am Beispiel einer Notbremssituation dargestellten zeitlichen Anteile gegliedert werden (siehe auch Kap. 2.3).

Am Beginn eines Bremsvorgangs steht eine Situation, die eine Reaktion des Fahrers erforderlich macht. Liegt der auslösende Reiz nicht im Gesichtsfeld des Fahrers, muss der Blick zunächst auf die relevante Information gerichtet werden (ggf. muss dazu auch der Kopf bewegt werden). Diese Phasen werden *Blickzuwendungszeit* (bzw. Kopfbewegungszeit) genannt. Nachdem der Fahrer den auslösenden Reiz wahrgenommen hat, wird diese Information verarbeitet. Die sogenannte *Reaktionsgrundzeit* vergeht. Diese endet mit dem Beginn einer Aktion, in aller Regel einer Bewegung des rechten Fußes zum Bremspedal. Die Zeitspanne vom Beginn der Fußbewegung bis zum Erreichen des Bremspedals wird

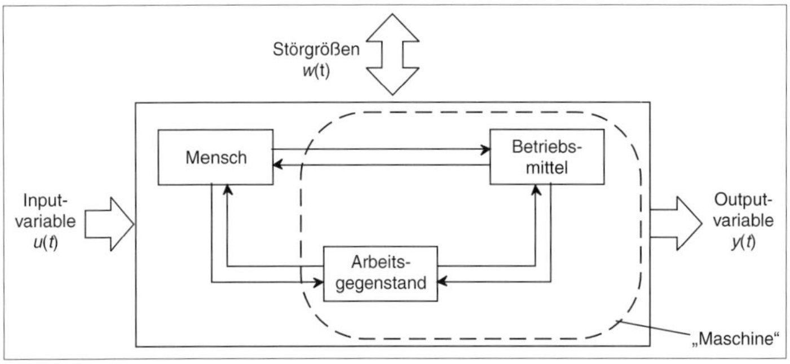

Bild 4-1 Prinzipielle Struktur der Mensch-Maschine-Interaktion (MMI)

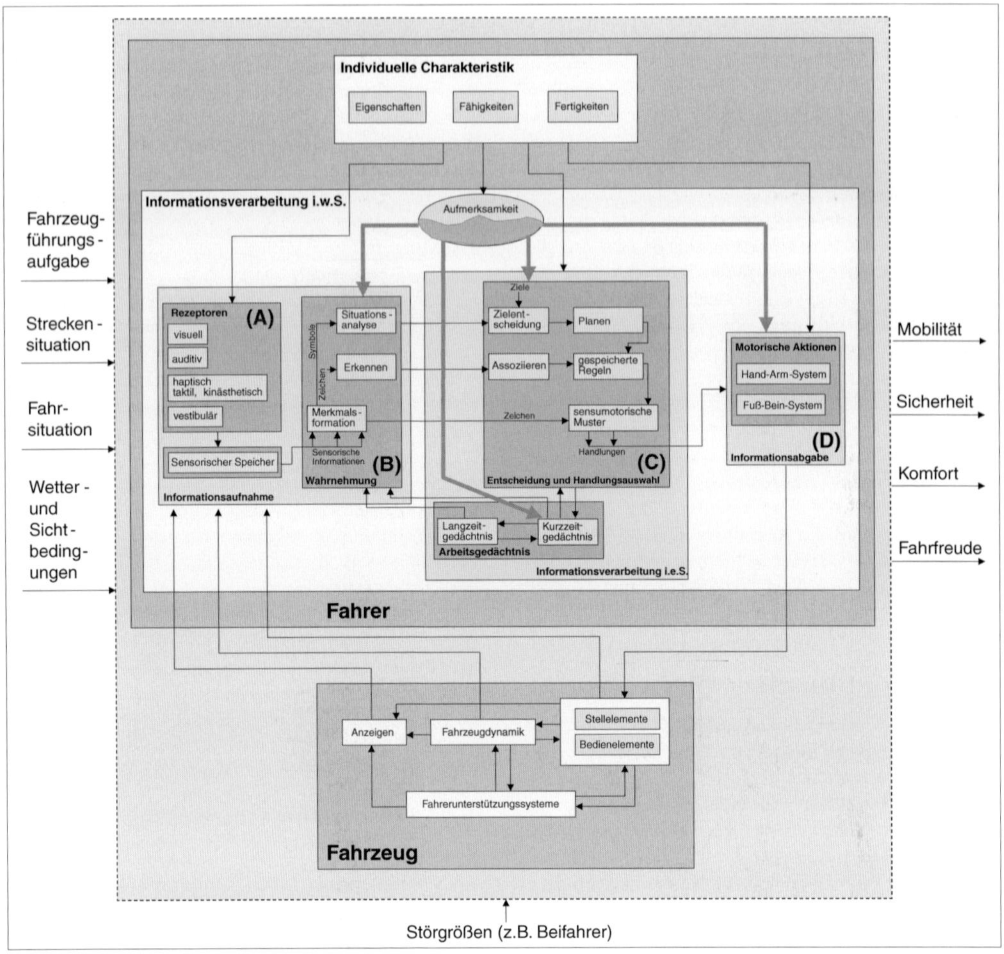

Bild 4-2 Systemmodell Fahrer-Fahrzeug-Umgebung [1]

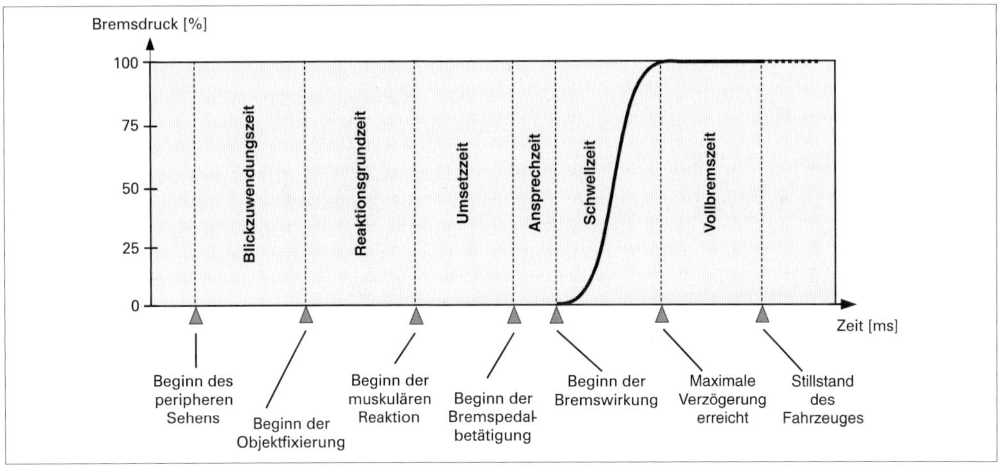

Bild 4-3 Zeitanteile eines Notbremsvorgangs (nach [2])

als *Umsetzzeit* bezeichnet. Daran schließen sich Zeiten an, in der die Spiele und Elastizitäten des Pedals (Anlegezeit) sowie der Hydraulikanlage (Ansprechzeit) überwunden werden [3]. Der Einfachheit halber werden diese Zeiträume an dieser Stelle zusammengefasst *Ansprechzeit* genannt. Nach dem Beginn der Bremswirkung steigt der Bremsdruck entsprechend der Betätigung des Pedals an. Die Phase dieses Anstiegs wird als *Schwellzeit* bezeichnet. Wird der maximal mögliche Bremsdruck erreicht und ist das Fahrzeug bis dahin noch nicht zum Stillstand gekommen, beginnt in diesem Moment die *Vollbremszeit*, die mit dem Stillstand des Fahrzeugs endet.
Entsprechend des sehr einfachen Informationsverarbeitungsmodells von WELFORD können diese zeitlichen Anteile des Bremsvorgangs auch den Phasen der Informationsaufnahme (Perzeption), -verarbeitung i. e. S. (Kognition) und -abgabe bzw. Reaktion (Motorik) zugeordnet werden. Die Blickzuwendungszeit findet während der Informationsaufnahme statt, die Reaktionsgrundzeit beinhaltet die Informationsverarbeitung i. e. S. und der Zeitraum zwischen Umsetzzeit und Vollbremszeit zählt zur Reaktion des Menschen.

4.2.1 Informationsaufnahme

Der Informationsaufnahme werden alle Prozesse zugeordnet, die das Entdecken und Erkennen von Informationen betreffen. Sie erfolgt über die Sinnesorgane des Menschen. Die spezifischen Leistungsbereiche der Sinnesorgane beeinflussen Quantität und Qualität der aufgenommenen Informationen und somit auch alle folgenden Informationsverarbeitungsschritte [4]. [5] ordnet dem menschlichen Wahrnehmungssystem neun sensorische Modalitäten zu. Für die Fahrzeugführung sind jedoch vor allem visuelle, akustische und haptische sowie vestibuläre Wahrnehmungen von Bedeutung.
Die mit Abstand meisten verkehrsrelevanten Informationen werden beim Autofahren visuell aufgenommen (ca. 80–90 %). Dabei hat das Auge die drei Grundaufgaben Adaptation (Anpassung der Empfindlichkeit des Auges an die Leuchtdichte), Akkomodation (Anpassung an die Sehentfernung) und Fixation (konvergente Ausrichtung beider Sehachsen auf einen Sehgegenstand). Das Sehen lässt sich in foveales und peripheres Sehen unterscheiden. Im Bereich um die als Foveola bezeichnete Netzhautgrube, der Fovea genannt wird, kann der Mensch scharf sehen. Da dieser Bereich nicht sehr groß ist (runder Bereich auf der Netzhaut mit einem Durchmesser von ca. 1,5 °), bedarf es, um scharf sehen zu können, in der Regel einer Augenbewegung. Über die Notwendigkeit, verkehrsrelevante Informationen foveal wahrnehmen zu müssen gibt es jedoch unterschiedliche Ansichten (einen Überblick hierzu geben [6]).

Bei haptischer Informationsaufnahme werden der taktile und/oder der kinästhetische Wahrnehmungskanal genutzt. Über das taktile Wahrnehmungssystem werden Verformungen der Haut wahrgenommen (Druck-, Berührungs- und Vibrationsempfinden). Das kinästhetische Wahrnehmungssystem nimmt die Dehnung von Muskeln und die Bewegung der Gelenke wahr, so dass Körperbewegungen und die Stellung der Körperteile zueinander festgestellt werden können. Die Orientierung im Raum wird dem Menschen über das vestibuläre Wahrnehmungssystem ermöglicht. Als Rezeptor wird der sich im Innenohr befindende Vestibularapparat genutzt. Dieser hat darüber hinaus die Aufgaben, Informationen zur Erhaltung des Gleichgewichtes und die Auslösung der Stellreflexe zur Normalhaltung des Kopfes und der Augen zu geben.
Da das Auge das bei der Informationsaufnahme am stärksten beanspruchte Sinnesorgan ist, sollte dieses entsprechend ergonomischer Gestaltungsregeln dadurch entlastet werden, dass bei der gestalteten Informationsdarbietung auf andere Sinnesmodalitäten ausgewichen wird. Zu den gestalteten Informationen bei der Fahrzeugführung gehören z. B. Anzeigen verschiedener Modalitäten innerhalb und außerhalb des Fahrzeuges. Auch Warnungen sind gestaltete Informationen, die potentiell dazu geeignet sind, den Fahrer früher zu einer richtigen Reaktion aufzufordern. Es sei aber darauf hingewiesen, dass nicht jede Art der Warnung gleichermaßen für diesen Einsatz geeignet ist.

4.2.2 Informationsverarbeitung i. e. S.

Signale aus der Umgebung sowie vom Fahrzeug werden von den menschlichen Rezeptoren aufgenommen, aufbereitet und auf der Stufe der Informationsverarbeitung i. e. S. (Kognition) weiter verarbeitet. Hier wird entschieden, ob eine Information zu einer Handlung führt (aktiver Fall) oder erduldet wird (passiver Fall). Diese Entscheidung wird maßgeblich von der individuellen Charakteristik des Fahrers beeinflusst. Die Informationsverarbeitung i. e. S. umfasst die Stufen Wahrnehmung und Entscheidung/Handlungsauswahl. Diese Stufen können durch die drei aufeinander aufbauenden Verhaltensebenen, die nach [7] als fertigkeitsbasiert, regelbasiert und wissensbasiert bezeichnet werden, erklärt werden (Bild 4-4). Auf welcher Verhaltensebene die Informationsverarbeitung abläuft, ist von der Art der auszuführenden Aufgabe sowie der individuellen Charakteristik des Fahrers, insbesondere seinen Erfahrungen im Bereich der gegebenen Anforderungen abhängig.
Der fertigkeitsbasierten Ebene werden sensumotorische Handlungen (vgl. [8]), die ohne bewusste Regulation als automatisierte, gleichmäßige und hochintegrierte Verhaltensmuster auftreten, zugeordnet. Dies ermöglicht eine hohe Verarbeitungsgeschwindigkeit und somit das rasche und flexible Reagieren auf situative Veränderungen. Das regelbasierte Ver-

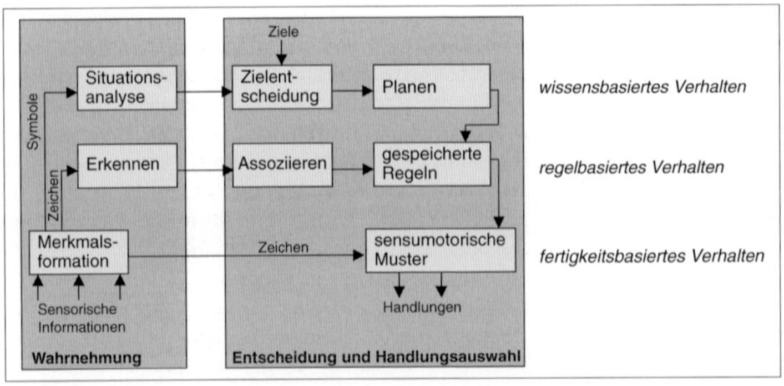

Bild 4-4 Modell der menschlichen Informationsverarbeitung i. e. S. (nach [7])

halten läuft auf kognitiv anspruchsvolleren Ebenen ab und wird durch einfache Entscheidungsvorgänge auf Basis von gespeicherten Regeln bestimmt. Diese Regeln werden durch empirische Erfahrungen, kommunizierte oder gelesene Verhaltensanweisungen gesammelt. Es findet eine Assoziation der Merkmale der gespeicherten Regeln mit den Umgebungsmerkmalen statt. In unbekannten, für den Menschen neuen Situationen, für die keine Regeln vorliegen, läuft das Verhalten auf der wissensbasierten Ebene ab. Hier wird das Ziel aufgrund einer Situationsanalyse und persönlicher Präferenzen festgelegt. Es werden Alternativpläne entwickelt und der im Hinblick auf das festgelegte Ziel effektivste Plan ausgewählt.

Die Informationsverarbeitung in Standardbremssituationen findet bei einem routinierten Fahrer auf der fertigkeitsbasierten Handlungsebene statt, während bei Bremsungen in außergewöhnlichen kritischen Situationen (z. B. plötzlich querendes Fahrzeug an einer Kreuzung), je nach Erfahrung des Fahrers mit solchen Situationen, die Informationsverarbeitung eher auf der regel- oder sogar der wissensbasierten Ebene abläuft und dementsprechend eine längere Reaktionsgrundzeit benötigt.

Die Effizienz der Informationsverarbeitung sowie der Informationsabgabe wird durch die zur Verfügung stehenden Verarbeitungsressourcen beeinflusst und benötigt die Zuwendung von Aufmerksamkeit [4]. Der Mensch kann seine gesamte Aufmerksamkeit unterschiedlich auf die drei Stufen des Informationsverarbeitungsprozesses verteilen, um relevante Informationsquellen auszuwählen und diese Informationen weiterzuverarbeiten. Für jede Arbeitstätigkeit kann eine günstige Aufmerksamkeitsverteilung vom Menschen erlernt werden, im Extremfall kann eine schlechte Aufmerksamkeitsverteilung menschliche Fehlhandlungen verursachen.

Auf theoretischer Ebene können verschiedene Formen der Aufmerksamkeit unterschieden werden ([9], vgl. [10]). Mit der *selektiven Aufmerksamkeitszuwendung* wird die Tatsache beschrieben, dass der Mensch sich zwischen verschiedenen miteinander konkurrierenden Informationsquellen entscheiden muss. Im Rahmen der *geteilten Aufmerksamkeit* muss der Mensch verschiedene Reize simultan wahrnehmen während er sich bei einem Aufmerksamkeitswechsel von einem Reiz abwendet, um sich anschließend einem anderen zuzuwenden. Mit dem Problem der herabgesetzten Vigilanz ist die *Daueraufmerksamkeit* verbunden.

Einen nicht unwesentlichen Einfluss auf den Informationsverarbeitungsprozess des Fahrers und somit auf den Ablauf einer Situation im Straßenverkehr hat auch die individuelle Charakteristik des Fahrers. Zu den für die Tätigkeit Autofahren relevanten Merkmalen des Menschen zählen vor allem das Alter, das Geschlecht und die Fahrerfahrung aber auch die Persönlichkeitsmerkmale des Fahrers wie z. B. die generelle Risikobereitschaft oder die Emotionalität. Bild 4-5 gibt einen kurzen Überblick über die von den individuellen Merkmalen des Fahrers beein-

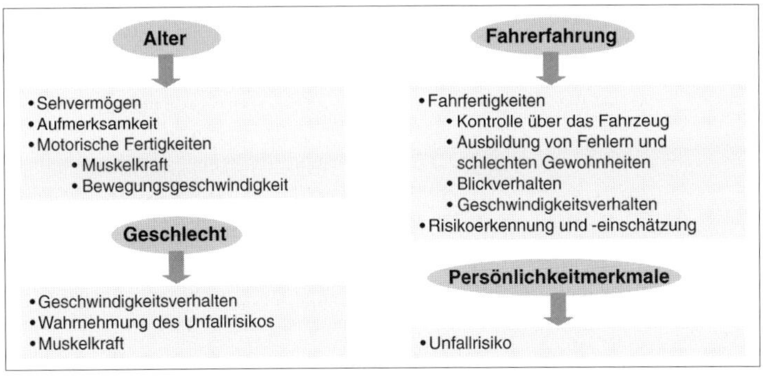

Bild 4-5 Auswahl der von den Merkmalen der individuellen Charakteristik des Fahrers beeinflussten Bereiche der Fahrzeugführung

flussten Bereiche, die für das Autofahren, insbesondere für das Bremsen von Bedeutung sind. Weitere Ausführungen zu diesem Thema sind z. B. [1] zu entnehmen.

4.2.3 Reaktion

In der dritten Stufe des Informationsverarbeitungsprozesses werden die auf der Stufe der Informationsverarbeitung i. e. S. getroffenen Entscheidungen in Handlungen umgesetzt. Diese Handlungen umfassen beim Bremsen motorische Bewegungen des Fuß-Bein-Systems (siehe Kapitel 4.3). Die physische Belastung im Sinne einer arbeitsphysiologisch zu leistenden Arbeit ist im Vergleich zu den sich aus der Informationsaufnahme und verarbeitung ergebenden Belastungen gering und wird durch technische Unterstützungssysteme im Fahrzeug (z. B. Bremskraftverstärker) immer weiter reduziert (vgl. [11]).

4.2.4 Zeitlicher Ablauf des Informationsverarbeitungsprozesses beim Bremsen

In Tabelle 4.1 wird ein kurzer Überblick über in der Literatur dokumentierte Reaktionszeiten des Menschen gegeben. Zur Reaktionszeit wird die Blickzuwendungszeit und die Reaktionsgrundzeit zusammengefasst. In zahlreichen Untersuchungen wird der Reaktionszeit bei der Messung ihrer Dauer zusätzlich die Bewegung des Fußes bis zum Erreichen des Bremspedals hinzugefügt. Aus Gründen der Übersichtlichkeit soll dieser Zeitabschnitt, der aus Blickzuwendungszeit, Reaktionsgrundzeit und Umsetzzeit besteht, hier als „erweiterte Reaktionszeit“ bezeichnet werden. Da diese Phase den Zeitraum, in dem das Bremssystem noch in Ruhe ist, bezeichnet, wird sie in technischen Beschreibungen auch oft Totzeit oder Systemtotzeit (z. B. [3]) genannt.

4.3 Bremshandlung

4.3.1 Fußbewegung

Zurückziehen des Fahrpedals

Über die Art der Fuß-Rückziehbewegung vom Fahrpedal gibt es nahezu keine veröffentlichten Erkenntnisse. [14] sowie [15] geben lediglich qualitativ an, dass Fahrer in Notsituationen das Fahrpedal schneller zurücknehmen als in Standardsituationen. Über die Größe dieses Unterschiedes werden weder in

Tabelle 4.1 Überblick über in der Literatur dokumentierte Reaktionszeiten des Menschen (weitere Ausführungen zu diesen Untersuchungen sind in [20] zusammengestellt)

Untersuchungs-gegenstand	Ergebnis	Untersuchung
Erweiterte Reaktionszeit in Notbremssituationen	Mittelwert 0,9 s Streuung 0,3 bis 2,0 s Alle Zeiten <2,5 s	*Johansson & Rumar, 1971* *Koppa et al., 1996*
	Mittelwert 0,7 s	*ATZ, 1983*
Einflussfaktoren auf die erweiterte Reaktionszeit	Kein Einfluss von Geschlecht, Witterungs- und Straßenverhältnissen	*ATZ, 1983*
	Erhöhung der erweiterten Reaktionszeit um 0,4 s, wenn der Blick des Fahrers nicht auf die Fahrbahn gelenkt ist	*ATZ, 1983*
	Erweiterte Reaktionszeit ca. 0,4 s kürzer, wenn die Reaktionsaufforderung durch ein aufleuchtendes Licht geschieht im Vergleich zum alleinigen Bremsen eines vorausfahrenden Fahrzeugs	*Martin & Holding, o. Jg.*
	Folgeabstand beeinflusst die erweiterte Reaktionszeit, Fahrgeschwindigkeit nicht	*Liebermann et al., 1995*
	Kein eindeutiger Einfluss des Fahreralters, jüngere Fahrer erreichen jedoch in der durchgeführten Untersuchung die kürzesten erweiterten Reaktionszeiten	*Lerner et al., 1995*
	Ältere Fahrer benötigen längere erweiterte Reaktionszeiten als jüngere	*Wierwille, 1990* *Broen & Chiang, 1996*
	Deutlich erhöhte erweiterte Reaktionszeiten, wenn der Blick des Fahrers im Moment der Reaktionsaufforderung nicht auf die Fahrbahn gelenkt ist	*Summala et al., 1998*
	Fahrtzweck, mentale Beanspruchung, Nervenkrankheiten oder Rauschmittelkonsum haben einen Einfluss auf die erweiterte Reaktionszeit	*Summala, 2000*

Tabelle 4.2 Überblick über in der Literatur dokumentierte Umsetzzeiten des Menschen (weitere Ausführungen zu diesen Untersuchungen sind in [20] zusammengestellt)

Untersuchungsgegenstand	Ergebnis	Untersuchung
Umsetzzeit bei Notbremsungen	50. Perzentil 0,15 s 99. Perzentil 0,3 s	*Zomotor, 1987*
	2. Perzentil 0,15 s 50. Perzentil 0,19 s 98. Perzentil 0,21	*Burckhardt, 1985*
Einflussfaktoren auf die Umsetzzeit	Reaktionsaufforderung und Folgeabstand beeinflussen die Umsetzzeit, die Fahrgeschwindigkeit nicht	*Liebermann et al., 1995*
Bewegungsbahn beim Umsetzen des Fußes	Ältere Fahrer beschreiben eher eine ballistische Bewegungsbahn, während jüngere Fahrer die Bewegung weniger gleichmäßig gestalten, so dass aber im Verlauf der Bewegung diese besser verändert werden kann	*Vercruyssen et al., 1996*
Einfluss der Pedalposition auf die Umsetzbewegung	Eine für den individuellen Fahrer ideale Pedalposition ist dadurch gekennzeichnet, dass die Ferse beim Umsetzen so wenig wie möglich vom Boden abgehoben werden muss, der Fuß also nur nach links in Richtung Bremspedal abgerollt wird	*Paranteau et al., 2000*
	Wurden in der unmittelbaren Vergangenheit vorwiegend Notbremsungen durchgeführt, wird die Ferse meistens unterhalb des Bremspedals abgestellt, während die Ferse nach Standardbremsungen zwischen Fahr- und Bremspedal steht	*Owen et al., 1998*

Form von Fahrpedalgeschwindigkeiten noch in Form einer Verkürzung der Bewegungszeit bis zum Verlassen des Fahrpedals Angaben gemacht.

Eigene Untersuchungen des Fahrerverhaltens in Notbremssituationen auf einem abgesperrten Testgelände [20] haben im Durchschnitt maximale Fahrpedalgeschwindigkeiten beim Zurückziehen von ca. 106 mm/s ergeben (Standardabw. ca. 58 mm/s, $N = 62$). Die vergleichende Analyse von Standardbremsungen im öffentlichen Verkehr mit dem selben Fahrzeug ergaben dagegen im Mittel maximale Fahrpedalrückziehgeschwindigkeiten von nur. ca. 49 mm/s (Standardabw. ca. 24 mm/s, $N = 201$). Der Unterschied ist statistisch höchst signifikant ($p < 0,001$).

Umsetzen des Fußes

Gemeinsam mit der seitlichen Bewegung des Fußes sowie der Bewegung in Richtung Bremspedal wurde das Zurücknehmen des Fahrpedals in vielen Untersuchungen in Bezug auf die Dauer analysiert und dann Umsetzzeit genannt (Tabelle 4.2).

4.3.2 Betätigung des Bremspedals

Bezüglich der Betätigung des Bremspedals kann festgestellt werden, dass mindestens jeder zweite Autofahrer die Bremse in Notsituationen nicht stark genug betätigt [17] und dass Probanden in der Regel mit zu geringen Kräften auf das Bremspedal treten und nach Bremsbeginn dieses nicht stetig durchtreten [18]. Nach [19] liegt das möglicherweise daran, dass Fahrer in Extremsituationen oft nicht die als sinnvoll erlernte Reaktion zeigen, sondern eine alte Strategie wählen, die zwar nicht das bestmögliche Ergebnis zeigt aber auch mit Sicherheit nicht kontraproduktiv ist. [3] gibt an, dass ungeübte Fahrer dazu neigen, in kritischen Situationen 0,1 s bis 0,2 s nach Bremsbeginn mit dem Druck auf das Pedal etwas nachzulassen und erst, wenn das Hindernis drohend näher kommt, den Druck weiter zu erhöhen. [12] zeigen, dass normale Fahrer ungefähr 0,3 s benötigen bis sie nach dem ersten Anstieg des Bremsdruckes einen Wert von 60 bar, was einer starken aber noch keiner Vollbremsung entspricht, erzielen. Geübte Fahrer benötigen dazu nur ca. 0,15 s.

Bild 4-6 zeigt beispielhaft Verläufe für den Bremsdruck am Hauptzylinder bei von Fahrern durchgeführten Notbremsungen. Die von [3] veröffentlichte Form der Verläufe (links) kann durch die ebenfalls dargestellten eigenen Messungen (rechts) [20] bestätigt werden.

[16] haben in einer Reihenuntersuchung maximale Betätigungskräfte von durchschnittlich 750 N (Standardabweichung 327 N) gemessen. Dabei konnten sie auch feststellen, dass etwa die Hälfte der Proban-

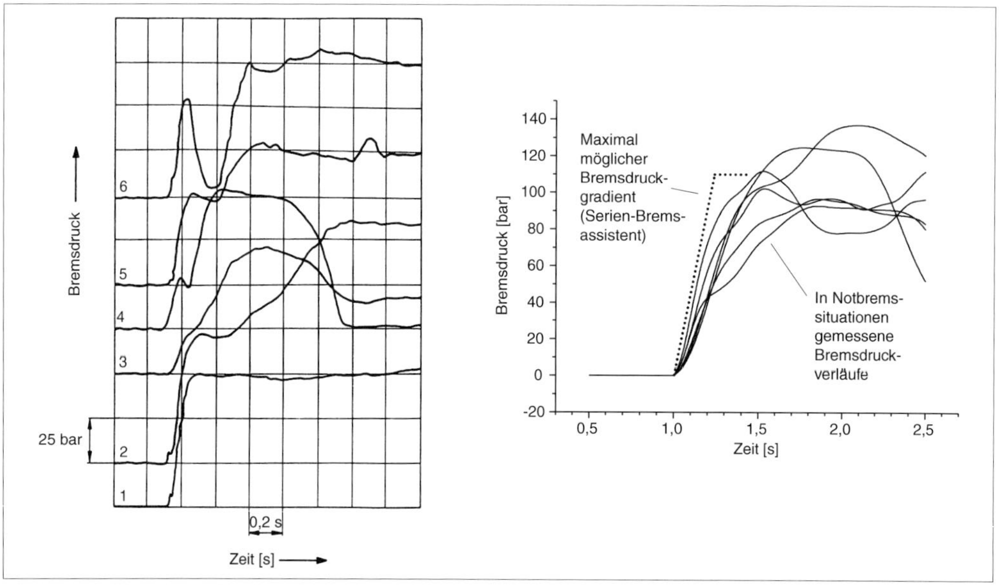

Bild 4-6 Links: Beispielbremsdruckverläufe in Notbremssituationen nach [3]; Rechts: Beispielbremsdruckverläufe, eigene Messungen bei Notbremsungen auf einem Testgelände [20]

den während der Umsetzbewegung und dem Betätigen des Bremspedals die Ferse vom Boden abheben, während die andere Hälfte den Fuß nur über die aufliegende Ferse abrollen. Nach [21] hängt die maximale Pedalkraft, die Fahrer aufbringen können, hoch signifikant von der Lage des Pedals und dem Geschlecht ab.

4.4 Ergonomische Bremsengestaltung

4.4.1 Geometrie

Ein in Zusammenhang mit der geometrischen Pedalgestaltung häufig untersuchter Ansatzpunkt ist die Höhe bezogen auf die Pedalfläche der einzelnen Pedale bzw. die Höhendifferenz zwischen Fahr- und Bremspedal. Es konnte nachgewiesen werden, dass die in Pkw übliche Anordnung, in der das Bremspedal deutlich oberhalb des Fahrpedals liegt, nicht zu optimal kurzen Umsetzzeiten führt. Bereits Ende der sechziger Jahre wurde gezeigt, dass Anordnungen, in denen beide Pedale gleich hoch liegen in Bezug auf die Umsetzbewegung günstiger sind als die üblichen Pedalanordnungen. Nach [22], [23] wird bei entsprechender Anordnung (Höhendifferenz: 0 cm im Vergleich zu 15,4 cm) die mittlere Umsetzzeit in etwa halbiert auf Werte von ca. 0,15 s. Ein Einfluss anderer Faktoren wie der Sitzhöhe konnte nicht nachgewiesen werden. Bei geringfügig unterschiedlichen Versuchsbedingungen konnten diese Ergebnisse nachfolgend auch im Rahmen anderer Studien weitestgehend bestätigt werden. [24] haben gezeigt, dass bei Vergleichen mit kleineren Höhendifferenzen (5 cm) sogar ein unterhalb des Fahrpedals angeordnetes Bremspedal zu den kürzesten Umsetzzeiten führt (Verkürzung um bis zu 45 % im Vergleich zu einem hoch angeordneten Bremspedal). Auffällig war zudem, dass der Geschlechtsunterschied (Umsetzzeiten weiblicher Probanden liegen meist höher als diejenigen der männlichen Probanden) bei gleich hoch angeordneten Pedalen reduziert und beim Bremspedal unterhalb des Fahrpedals gar nicht mehr feststellbar ist. Der seitliche Abstand zwischen den Pedalen hat einen vergleichsweise kleinen Einfluss auf die Umsetzzeit, so dass der Gefahr des gleichzeitigen Betätigens beider Pedale bei den von den Autoren vorgeschlagenen Pedalhöhenanordnung durch einen Seitenabstand, der größer ist als die Breite des Fahrerschuhs, begegnet werden kann. Bild 4-7 zeigt die mittleren Umsetzzeiten für die beschriebenen Höhenanordnungen für 60 Probanden (30 männlich, 30 weiblich).

Ohne den gezeigten Ergebnissen zu widersprechen, sehen [25] die Empfehlung, beide Pedale auf gleicher Höhe oder das Bremspedal sogar unterhalb des Fahrpedals anzuordnen, kritisch. Dafür werden mehrere Gründe aufgeführt. Zunächst wird auf die Gefahr der versehentlich gleichzeitigen Betätigung beider Pedale hingewiesen. Wird diese durch entsprechend große Abstände zwischen den Pedalen verhindert, leidet nach Angabe der Autoren der Fahrkomfort, da ein „Abrollen“ des Fußes über die Ferse beim Umsetzen in Standardsituationen nicht mehr möglich ist. Zudem ist speziell in Kleinwagen

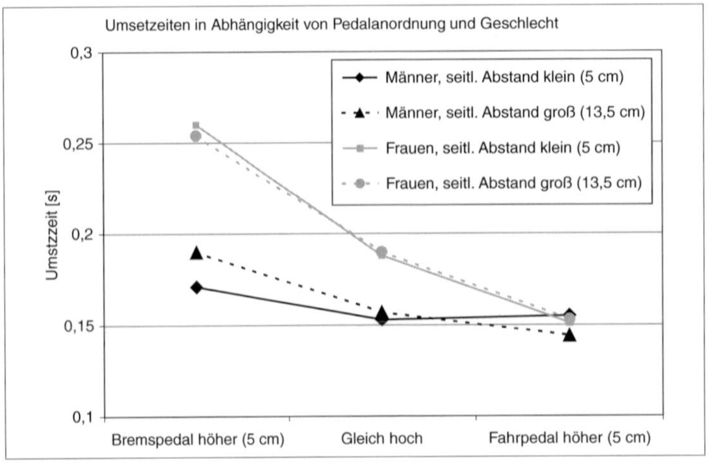

Bild 4-7 Umsetzzeiten in Abhängigkeit von Pedalanordnung und Geschlecht (nach [24])

der dafür benötigte Platz nicht vorhanden. Des weiteren wird auf die technische Notwendigkeit, zur Bereitstellung des benötigten Bremsdruckes ausreichend große Pedalwege zu ermöglichen und auf die bessere Dosierbarkeit der Bremswirkung bei einer größeren Betätigungsstrecke hingewiesen. Beides erfordert ein Bremspedal, welches oberhalb des Fahrpedals angeordnet ist.

In einer anderen Untersuchung wurde festgestellt, dass eine gemeinsame Verschiebung beider Pedale in seitliche Richtung keinen signifikanten Einfluss auf die Umsetzzeit hat. Tendenziell sind jedoch Pedalpositionen weiter rechts günstiger als solche, die weiter links liegen [13]. In Bezug auf die Pedalgröße, die von [26] in Kombination mit einigen Anordnungsparametern (seitlicher Abstand, Höhendifferenz, seitliche Lage der Pedale) untersucht wurde, konnten keine eindeutigen Empfehlungen abgeleitet werden.

Zusammenfassend kann gesagt werden, dass die Umsetzzeit durch eine günstige Pedalanordnung reduziert werden kann. Bisher ist jedoch wegen der aufgeführten Gründe an der Standardpedalkonfiguration mit dem erhöhten Bremspedal festgehalten worden. Nach Einführung der fremdkraftgesteuerten Bremsanlagen (Elektrohydraulische Bremse, Elektromechanische Bremse) kann sich dies ändern, da zum einen der größere Pedalweg zum Bremsdruckaufbau nicht mehr benötigt wird und dem Problem des gleichzeitigen Betätigens beider Pedale durch elektronische Regelung begegnet werden könnte.

4.4.2 Pedalkennlinien

Der Bremsdruckaufbau kann durch eine Gestaltung des Pedalwiderstandes, die den Fahrer zu einer schnelleren bzw. stärkeren Betätigung bringt, begünstigt werden. Eine solche unter Umständen auch von der Situation oder der Person abhängige Veränderung der Pedalbetätigungscharakteristik wird von [29] vorgeschlagen.

4.4.3 Alternative Konzepte

Eine häufig aufgegriffene Gestaltungsalternative, die keine Umsetzbewegung des Fußes und damit auch keine Umsetzzeit benötigen würde, sieht vor, statt einem Fahr- und einem Bremspedal nur ein Kombinationspedal zu verwenden. Ein solcher Gestaltungsvorschlag [27] sieht eine Kombination aus Fahr- und Bremspedal der Art vor, dass nur noch ein Pedal, das in Form und Anordnung dem herkömmlichen Fahrpedal ähnelt, verbleibt. Zum Gas geben wird dieses Pedal genauso betätigt wie in herkömmlichen Fahrzeugen. Am vorderen Ende des Pedals (unter der Fußspitze) muss dazu eine Kraft aufgebracht werden, die eine Rotation um eine Achse unterhalb der Ferse bewirkt. Möchte der Fahrer bremsen, muss das Pedal mit der Ferse niedergedrückt werden. Dabei muss eine Federkraft überwunden werden, die durch die normale Gewichtskraft des Fußes noch nicht gegeben ist. Geschieht das, wird die Drosselklappenstellung verändert, so dass die Drehzahl des Motors so zurückgeht, wie es bei einem normalen Verlassen des Fahrpedals der Fall wäre. Die ist nötig, weil davon auszugehen ist, dass das Pedal im Moment des Bremsens noch nach vorne gekippt ist und der Fahrer nicht zwangsläufig diese zum Gasgeben initiierte Rotation vor dem Bremsen zurücknimmt. Ein solches Pedal verkürzt die Zeit, die zwischen der Reaktionsaufforderung und dem Beginn der Verzögerung vergeht um ca. 0,2 s. Weitere Konzepte zur Kombination der beiden Pedale sind ein „mitgeschlepptes Bremspedal“ und ein „Translations-Rotations-Pedal“ [28]. Bei dem ersten Konzept (siehe Bild 4-8, links) liegen Fahr- und Bremspedal zunächst auf gleicher Höhe, der seitliche Abstand ist nahezu 0. Bei Betätigung des

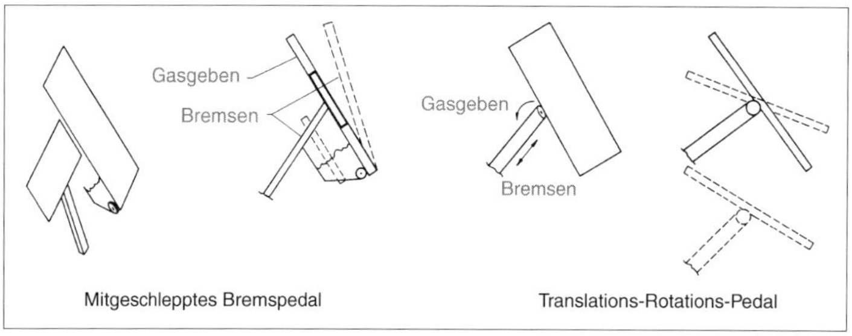

Bild 4-8 Ausführungsbeispiele für kombinierte Fahr-Brems-Pedale (nach [28])

Fahrpedals wird das Bremspedal „mitgeschleppt" (ohne dass Bremsdruck aufgebaut wird), d. h. es bleibt immer auf der Höhe, in der sich das Fahrpedal befindet. Zum Bremsen muss der Fuß lediglich so weit auf das Bremspedal geschoben werden, dass das Fahrpedal frei in die Ruheposition zurückklappen kann. Wird eine solche Lagedifferenz erkannt, wird Bremsdruck erzeugt, das Fahrzeug verzögert. Eine andere Idee ähnelt dem Konzept von [27]. Ein einzelnes Pedal hat zwei Bewegungsfreiheitsgrade. Durch eine Rotation um eine unter der Fußmitte angeordnete Drehachse wird eine Beschleunigung des Fahrzeuges initiiert. Unabhängig von der Winkelstellung dieses „Fahrpedals" kann durch eine Translation (siehe Bild 4-8, rechts) ein Bremsdruck aufgebaut werden. Auch hier wird bei Identifikation des Bremswunsches die Drosselklappenstellung automatisch so verändert, wie es beim Loslassen des Fahrpedals auch der Fall wäre.

Darüber hinaus gibt es Bestrebungen, die Längsdynamik des Fahrzeuges nicht mehr durch die üblichen Pedale zu steuern, sondern einen Steuerknüppel, der durch die rechte oder die linke Hand zu betätigen ist, zu ersetzen. Weiterführende Informationen zu diesem Thema enthält [30].

4.4.4 Bremsassistenten

Bremsassistenten verfolgen das Ziel, ein Kraftfahrzeug früher zum Stillstand zu bringen, bzw. die kinetische Energie bei einem Aufprall zu reduzieren. Heute im Serieneinsatz befindliche Systeme analysieren das Bremspedalbetätigungsverhalten und erkennen daran indirekt Notbremssituationen. Ist eine solche mit hinreichender Sicherheit erkannt, wird der vom Fahrer initiierte Bremsdruckaufbau verstärkt oder der maximal mögliche Bremsdruck in kürzest möglicher Form automatisch aufgebaut. Im zeitlichen Verlauf einer Notbremssituation (vgl. Bild 4-3) erfolgt dieser Eingriff erst sehr spät. Es ist daher zu mindestens theoretisch möglich, einen Systemeingriff früher einzuleiten und dadurch den Anhalteweg zusätzlich zu verkürzen. Für eine solche Erweiterung des Bremsassistenten stehen zwei Möglichkeiten zur Verfügung.

Den größeren Nutzen haben dabei potentielle Systeme, die eine Notsituation direkt, ohne dass eine Entscheidung des Menschen erforderlich ist, erkennen. Sie können direkt nach Auftreten der Situation eingreifen. Solche Systeme (automatische Bremssysteme) sind technisch aufwendig, da sie Einrichtungen zur Erfassung und Interpretation der komplexen Verkehrs- und Fahrsituationen (z. B. Abstandssensorik, Bilderkennung, ...) umfassen müssen. Darüber hinaus ergeben sich bei der Entwicklung entsprechender Seriensysteme juristische Fragen mit der Produkthaftung für den Fall einer Fehlfunktion, da der Fahrer beim Eingriff eines solchen Systems ausserhalb des Regelkreises steht.

Eine zweite Methode zur Verbesserung eines Bremsassistenten ist es, nicht die Situation selbst sondern die Reaktion des Menschen zu interpretieren. Der „herkömmliche" Bremsassistent gehört zu dieser Systemkategorie. Der potentielle Zeitgewinn ist geringer, die technische Realisierbarkeit jedoch zunächst einfacher. Zudem ist das Problem mit der Haftung geringer, da die Entscheidung über das Vorliegen einer Notsituation vom Menschen gefällt wird, bevor das Assistenzsystem eingreift.

Als wesentliche Reaktion, die der Mensch unmittelbar nach Erkennen einer Notsituation zeigt, kann die Bewegung des rechten Fußes zum Bremspedal angesehen werden. Darüber hinaus liegen auch veröffentlichte Erkenntnisse darüber vor, dass andere Reaktionen wie z. B. das feste Greifen des Lenkrads, auftreten.

Eigene Untersuchungen zum Bewegungsverhalten in unterschiedlichen Bremssituationen [20], [31] zeigen, dass Bewegungsbahnen bei nachfolgenden Notbremsungen anders verlaufen als bei nachfolgenden Standardbremssituationen. Besonders Bewegungsgeschwindigkeiten unterscheiden sich erheblich. Bild 4-9 zeigt den Verlauf der Fußgeschwindigkeit in Richtung Fahrertür. Die Geschwindigkeit ist auf der Ordinate dargestellt, während die Abszisse den entsprechenden Ort in Richtung Fahrertür zeigt.

Es wird deutlich, dass die Bewegungsgeschwindigkeiten in Notbremssituationen bereits kurz nach Beginn der Bewegung wesentlich höhere Werte annehmen als in Standardbremssituationen. Wäre es technisch möglich, diese seitliche Fußgeschwindig-

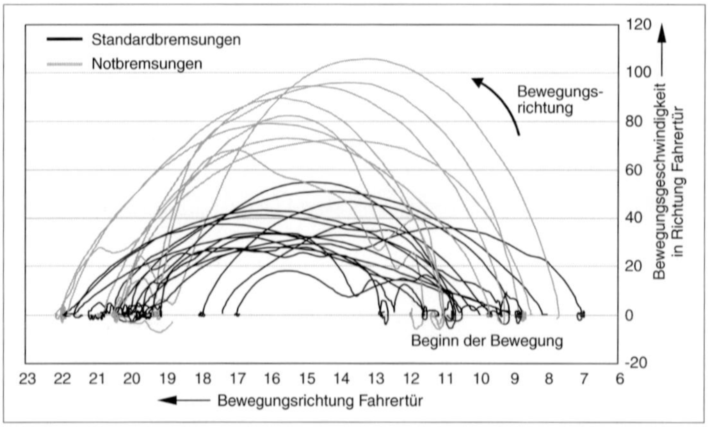

Bild 4-9 Bewegungsgeschwindigkeiten des rechten Fußes in unterschiedlichen Bremssituationen

keit zu messen, könnte ein Bremsassistent bis zu ca. 0,2 s früher aktiviert werden und der Anhalteweg dadurch um einige Meter verkürzt werden. Ähnliche Effekte lassen sich auch bei der „Fußrückziehgeschwindigkeit“ vom Bremspedal oder der Fußgeschwindigkeit in Richtung Bremspedal nachweisen. Des weiteren besteht die Möglichkeit, bereits die Betätigung des Fahrpedals und dabei im speziellen das Loslassen zu analysieren, jedoch würde ein entsprechender Bremsassistent nur in Situationen funktionieren, in denen der Fuß seine Bewegung auch tatsächlich vom Fahrpedal aus beginnt, was beim Fahren mit Tempomat oder ACC nicht mehr der Fall ist. Weiterführende Informationen zu diesem Thema enthält [20].

Literatur

[1] *Abendroth, B.:* Gestaltungspotenziale für ein Pkw-Abstandsregelsystem unter Berücksichtigung verschiedener Fahrertypen. Stuttgart: Ergonomia, 2001

[2] *Burckhardt, M.:* Reaktionszeiten bei Notbremsvorgängen. Köln: TÜV Rheinland, 1985

[3] *Zomotor, A.:* Fahrwerktechnik: Fahrverhalten. Würzburg: Vogel, 1987

[4] *Wickens, C, D.:* Engineering Psychology and Human Performance. New York: Harper-Collins Publishers Inc., 1992

[5] *Luczak, H.:* Arbeitswissenschaft. Berlin u. a.: Springer, 1998

[6] *Cohen, A, S.; Hirsig, R.:* The role of foveal vision in the process of information input. In: Gale, A. G. et al. (Hrsg.): Vision in Vehicles III. Amsterdam usw.: Elsevier Science Publishers, 1991

[7] *Rasmussen, J.:* Skills, Rules, and Knowledge: Signals, Signs, and Symbols, and Other Distinctions in Human Performance Models. In: IEE Transactions on Systems, Man, and Cybernetics, SMC-13 (1983), Heft 3, S. 257–266

[8] *Landau, K.; Luczak, H.; Laurig, W.* (Hrsg.): Ergonomie der Sensumotorik. Festschrift anlässlich der Emeritierung von Herrn Prof. Dr.-Ing. W. Rohmert. München, Wien: Hanser, 1996

[9] *McDowd, J, M.; Birren, J, E.:* Aging and Attentional Processes. In: *Birren, J. E.; Schaie, K. W.* (Hrsg.): Handbook of the Psychology of Aging. San Diego usw.: Academic Press, 1990, S. 222–233

[10] *Kobayashi, T.:* Human Factors in Driving. In: JSAE-Review (1986) Heft 6–7, S. 68–76

[11] *Ellinghaus, D.; Schlag, B.:* Alter und Autofahren. Eine zukunftsorientierte Studie über ältere Autofahrer. Uniroyal Verkehrsuntersuchung. Köln: Ifaplan, 1984

[12] *Martin, P.; Holding, K.:* Average driving behaviour in emergency situations. Köln: TÜV Rheinland, o. Jg.

[13] *Broen, N, L.; Chiang, D. P.:* Braking Response Times for 100 drivers in avoidance of an unexpected obstacle as measured in a driving simulator. In: Proceedings of the Human Factors and Ergonomics Society 40th annual meeting, Santa Monica, California. Philadelphia, Pennsylvania: Human Factors and Ergonomics Society, 1996, S. 900–904

[14] *Shinar, D.:* Field Evaluation of an Advance Brake Warning System. In: Human Factors (1995), Heft 4, S. 746–751

[15] *Achenbach, W., Stoll, U.:* Weltneuheit bei den Bremsen: Die Sensotronic Brake Control (SBC). In: Sonderausgabe der ATZ und MTZ (2001), S. 92–99

[16] *Manning, P.; Wallace, W, A.; Roberts, A, K.; Owen, C, J.; Lowne, R. W.:* The position and movement of the foot in emergency maneuvres and the influence of tension in the achilles tendon. In: Proceedings of the 41st Stapp Car Crash Conference, Orlando. Warrendale, Pa., USA: Society of Automotive Engineers, 1997, S. 195–206

[17] *Yoshida, H.; Sugitani, T.; Ohta, M.; Kizaki, J.; Yamamoto, A.; Shirai, K.:* Development of the brake assist system. In: SAE Transactions, journal of Passenger Cars. Paper No 980601. Warrendale, Pennsylvania: Society of Automotive Engineering, 1998, S. 1099–1106

[18] *Kiesewetter, W.; Klinkner, W.; Reichelt, W.; Steiner, M.:* Der neue Brake-Assist von Mercedes-Benz aktive Fahrerunterstützung in Notsituationen. In: ATZ (1997), Heft 6, S. 330–339

[19] *Prynne, K.:* Braking behaviour in emergencies. Advanced Engineering Centre. Lucas Industries, 1993

[20] *Weiße, J.:* Beitrag zur Entwicklung eines optimierten Bremsassistenten. Dissertation an der TU Darmstadt, Institut für Arbeitswissenschaft, 2003.

[21] *Corlett, E. N.; Bishop, R. P.:* Foot pedalforces for seated operators. In: Ergonomics (1975), Heft 6, S. 687–692

[22] *Davies, B. T.; Watts, J. M.:* Preliminary investigations of movement time between brake and accelerator pedal in automobiles. In: Human Factors (1969), Heft 4, S. 407–410

[23] *Davies, B. T.; Watts, J. M.:* Further investigations of movement time between brake and accelerator pedal in automobiles. In: Human Factors (1970), Heft 6, S. 559–561

[24] *Morrison, R. W.; Swope, J. G.; Halcomb, C. G.:* Movement times and brake pedal placement. In: Human Factors (1986), Heft 2, S. 241–246

[25] *Casey, S. M.; Rogers, P. R.:* The case against coplanar pedals. In: Human Factors (1987), Heft 1, S. 83–86

[26] *Brackett, R. Q.; Pezoldt, V. J.; Sherrod, M. G.; Roush, L.:* Evaluation of a proposed Standardized Automobile Foot Pedal

Configuration. In: SAE 1990 Transactions. Warrendale, Pennsylvania: Society of Automobile Engineers, 1991, S. 171–179

[27] *Poock, G. K., West, A. E.; Toben, T. J.; Sullivan, J. P. T.:* A combined Accelerator-Brake Pedal. In: Ergonomics (1973), Heft 6, S. 845–848

[28] *Glass, S. W.; Suggs, C. W.:* Optimization of vehicle accelerator-brake pedal foot travel time. In: Applied Ergonomics (1977), Heft 4, S. 215–218

[29] *Eckert, A.:* Vorrichtung und Verfahren zum Ansteuern einer Bremsanlage für Kraftfahrzeuge. Patentschrift DE 198 25 231 A1. Deutsches Patent- und Markenamt, 1998

[30] *Eckstein, L.:* Entwicklung und Überprüfung eines Bedienkonzeptes und von Algorithmen zum Fahren eines Kraftfahrzeugs mit aktiven Sidesticks. Düsseldorf: VDI, 2001

[31] *Weiße, J.; Landau, K.; Rieth, P.; Eberz, T.:* Klassifikation von Fahrzeugbewegungen durch Analyse der Fussbewegungen. In: Gärtner, K.-P.; Grandt, M. (Hrsg.): Human Factors bei der Entwicklung von Fahrzeugen. Bonn: Deutsche Gesellschaft für Luft- und Raumfahrt e. V., S. 221–232

5 Interaktion Fahrbahn-Reifen-Bremse

5.1 Einleitung

Bei dem Thema „Interaktion Fahrbahn-Reifen-Bremse“ steht das Kraftschluss- und Übertragungsverhalten des Reifens in Abstimmung mit dem Bremssystem im Vordergrund. Im System Fahrzeug/Straße nimmt der Reifen eine hervorragende Rolle ein: Als Bindeglied zwischen Fahrbahn und Fahrzeug überträgt er alle Kräfte und Momente, sein Kraftschluss- und Übertragungsverhalten geht deutlich in Fahrverhalten, Komfort und Sicherheit des Gesamtfahrzeugs ein. Beim pneumatischen Reifen ist das unter Überdruck eingeschlossene Gas oder Gasgemisch das tragende Element, nur ein Anteil von etwa 10–15 % der Radlast wird direkt durch die Reifenstruktur getragen. Die Reifenhülle bestimmt nach Form, konstruktiver Auslegung und Materialeinsatz weitgehend die Gebrauchseigenschaften des Reifens. Die Entwicklung von Pkw- und Lkw-Reifen wird entscheidend durch die sich ständig ändernden und zunehmenden Anforderungen an die Kraftfahrzeuge beeinflusst.

Die Gebrauchseigenschaften (Bild 5-1) beschreiben für den Verbraucher die einzelnen Eigenschaften der Reifen und sind immer in Verbindung mit Fahrzeug, Straße und Fahrer zu sehen. Zur Ermittlung der Gebrauchseigenschaften werden Versuche durchgeführt, die sowohl nach subjektiven als auch nach objektiven Kriterien bewertet werden.

5.2 Kraftübertragung Reifen – Fahrbahn

Das Kraftschlussverhalten des Reifens ist ein zentrales Thema für den Reifenentwickler. Einflussgrößen auf das Kraftschlussverhalten sind vor allem die konstruktive und materialtechnische Reifenauslegung sowie Reifenzustand, Fahrbahnart und Fahrbahnzustand, Betriebsbedingungen und Betriebsfehler. Der Reifen muss nicht nur bei den unterschiedlichsten Fahrbahnbelägen, sondern auch bei allen Witterungsbedingungen und Geschwindigkeiten des Fahrzeugs die Kraftübertragung (siehe Bild 5-2) zur Straße sicherstellen. Ziel der Entwickler ist die Koordination von Reifen, Bremse, Antrieb und Lenkung, um eine optimale Fahrzeugregelung und -sicherheit zu erreichen.

5.2.1 Gummireibung

Das Kraftschlussverhalten von Reifen kann im Wesentlichen auf das Verhalten der Reibpartner Gummi – Fahrbahnoberfläche zurückgeführt werden. Der Kraftschlussbeiwert von Gummi ist keine Konstante. Er hängt von der Reibpaarung Laufflächenmischung und Straßenoberfläche, dem Kontaktdruck, der Schlupf- oder Gleitgeschwindigkeit sowie der Temperatur ab (Bild 5-3).

Das viskoelastische Materialverhalten von Gummi bestimmt die übertragbaren Reibungskräfte. Das dynamische Verhalten des viskoelastischen Werkstoffs Gummi beschreibt ein komplexer Modul, der aus Speichermodul und Verlustmodul besteht mit $G^* = G' + iG''$.

Der Verlustmodul G'' bzw. der Verlustbeiwert $\tan\delta$ als das Verhältnis von Verlustmodul zu Speichermodul ist ein Maß für die dissipierte Energie, für die Hysterese bei dynamischer Verformung. Die Deformationsfrequenzen ergeben sich aus Gleitgeschwindigkeit und den Längenskalen der Rauigkeit des Reibpartners. Im Bereich kleiner Gleitgeschwindigkeiten werden die übertragbaren Kräfte deutlich durch die Adhäsionsreibung mitbestimmt (siehe Bild 5-4 und 5-5) [3], [8], [12].

Der Verlustbeiwert $\tan\delta$ hängt insbesondere von der Temperatur und der Deformations-Frequenz ab, er korreliert bei entsprechender Temperatur-Frequenz-Zuordnung mit dem erreichbaren Kraftschluss und den Rollverlusten. Der Reifenentwickler kann damit

Fahrkomfort	Lenkverhalten	Fahrstabilität
Federungskomfort	… im 0°-Bereich	Geradeausstabilität
Geräuschkomfort	… im Proportionalbereich	Kurvenstabilität
Laufruhe	… im Grenzbereich	Bremsen in Kurven
	Lenkpräzision	

Kraftschluss	Haltbarkeit	Wirtschaftlichkeit/Umwelt
Traktion	Strukturelle Dauerhaltbarkeit	Lebenserwartung
Bremsweg	Hochgeschwindigkeitstüchtigkeit	Rollwiderstand
Rundenzeiten	Platzdruck	Runderneuerungsfähigkeit
Aquaplaning	Durchschlagsfestigkeit	Vorbeifahrgeräusch

Bild 5-1 Übersicht über Bewertungskriterien von Pkw-Reifen

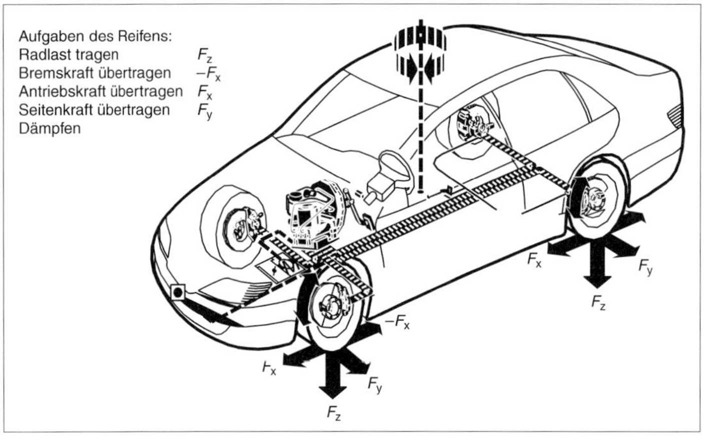

Bild 5-2 Kräfte und Momente am Fahrzeug

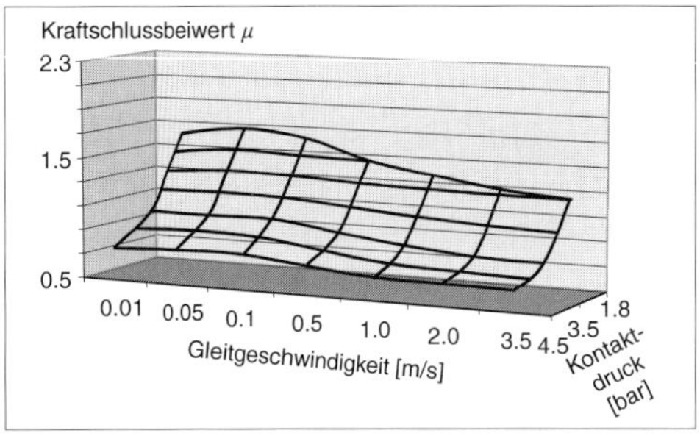

Bild 5-3 Labormessung des Kraftschlussbeiwerts μ abhängig vom Kontaktdruck und der Gleitgeschwindigkeit auf Korund-180 für eine typische Laufstreifenmischung

Reifenmischungen gezielt auf spezielle Betriebsbedingungen hin auslegen. Im Verlauf des Verlustfaktors über der Temperatur für eine Prüffrequenz von 10 Hz (Bild 5-5) lassen sich nach dem Temperatur-Frequenz-Äquivalenzprinzip (WLF-Transformation) verschiedene Temperaturbereiche bestimmten typischen Reifeneigenschaften zuordnen.

Physikalisch unterscheiden sich die in Bild 5-5 gekennzeichneten Bereiche der tan δ-Kurve: Die Bereiche 1 und 2 sind relevant für das Bremsen auf nasser Fahrbahn, Bereich 1 vor allem für den Quasi-Haftbereich mit sehr kleinen Gleitgeschwindigkeiten im vorderen Bereich der Bodenaufstandsfläche, Bereich 2 für die höheren Gleitgeschwindigkeiten im hinteren Teil der Aufstandsfläche oder beim Blockierbremsen. Bereich 3 ist relevant für den Rollwiderstand mit der zyklischen Gummideformation beim Rollen.

Dem Bereich 1 kann physikalisch eine adhäsionsunterstützte nanoskalige Hysteresereibung, Bereich 2 eine mesoskalige Hysteresereibung und Bereich 3 eine impulsförmige Gummideformation zugeordnet werden. Anschaulich: Je kleiner die Rauigkeitsskala im Kontakt Reifen-Straße wird, desto höher ist die zugeordnete Frequenz. Grundsätzlich können also Gummimischungen – bis zu einem beträchtlichen Grade – auf bestimmte, im Wesentlichen durch Frequenz und Temperatur charakterisierte Betriebszustände, entkoppelt optimiert werden. Das ist eine wesentliche Voraussetzung für eine wirkungsvolle Integration des Reifens in Fahrdynamiksysteme.

5.2.2 Wechselwirkung Reifen-Fahrbahn

Bei der Interaktion Gummi-Fahrbahn ist neben den viskoelastischen Eigenschaften des Elastomers der Reibpartner Straße naturgemäß von entscheidender Bedeutung für den erreichbaren Kraftschluss. Die Kenntnis der Wechselwirkung erlaubt eine Charakterisierung von Fahrbahnen im Hinblick auf ihr Kraftschlusspotenzial.

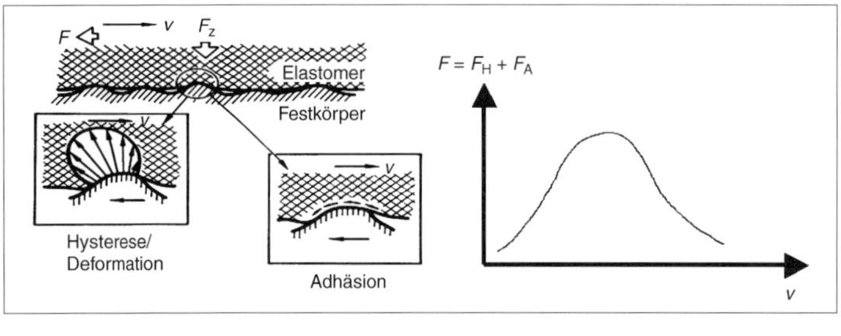

Bild 5-4 Veranschaulichung des Adhäsions- und des Hystereseanteils der Gummi-Fahrbahnreibung

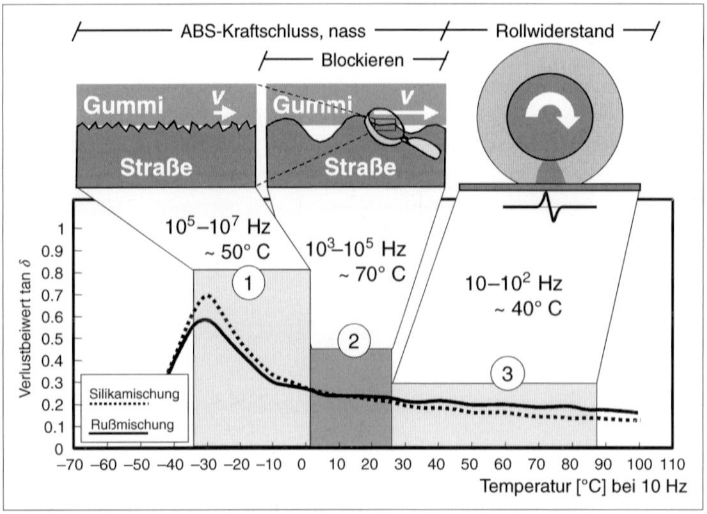

Bild 5-5 Typischer Verlauf des Verlustbeiwertes $\tan\delta$ über der Temperatur mit den relevanten Bereichen für Kraftschluss auf nasser Straße und Rollwiderstand für zwei Reifenmischungen (Proben aus Reifen, Messung bei 10 Hz mit konstanter Kraft)

Traditionelle Fahrbahnkenngrößen in Bezug auf die Makro- und Mikrorauigkeit der Straßenoberfläche (z. B. mittlere Rautiefe, Profilkuppendichte, usw.) sind im Bild 5-6 dargestellt.

Die konventionellen und direkt zugänglichen Rauigkeitsparameter (zum Teil in Normen definiert) zeigen jedoch nur eine eingeschränkte Korrelation zum Reibbeiwert am Reifen beim ABS-nass Bremsen.

Eine elegante und inzwischen bewährte Methode für die Beschreibung rauer Oberflächen bietet die fraktale Geometrie. Solche selbstaffinen Oberflächen besitzen eine spektrale Leistungsdichte der Form

$$S(f) = K \cdot f^{-\beta} \quad \text{für Raumfrequenzen } f_{\max} > f > f_{\min} \tag{5.1}$$

mit dem Exponenten $\beta = 7 - 2D$
und dem Vorfaktor $K = (3 - D)\ \xi_S^2 \xi_P^{(1-\beta)}$,

wobei D die fraktale Dimension der Oberfläche, ξ_S die senkrechte und ξ_P die parallele Korrelationslänge darstellen [8]. Diese drei Oberflächendeskriptoren reichen zur Beschreibung der spektralen Leistungsdichte der Oberfläche aus. Am einfachsten lassen sich die Oberflächendeskriptoren über die Höhendifferenzkorrelation bestimmen, was exemplarisch für ein mit einem Laser ermitteltes Fahrbahnprofil in Bild 5-7 dargestellt ist.

Die Höhendifferenzkorrelation [8]

$$\mathrm{HDK}(\lambda) \equiv \langle (z(x+\lambda) - z(x))^2 \rangle \tag{5.2}$$

lässt sich alternativ zur Autokorrelationsfunktion des Rauigkeitsspektrums verwenden, deren Fouriertransformierte die spektrale Leistungsdichte darstellt. Insgesamt stellt die Höhendifferenzkorrelation der Nadelmessungen ein sehr gutes Maß für den Einfluss

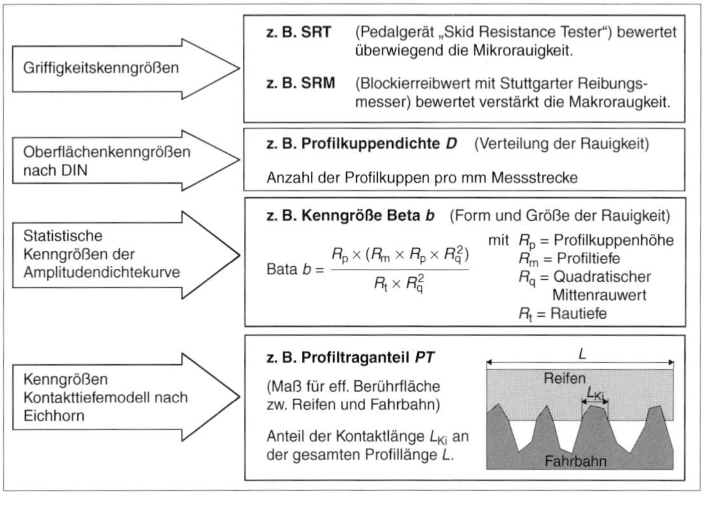

Bild 5-6 Aussagekräftige Oberflächenkenngrößen [7]

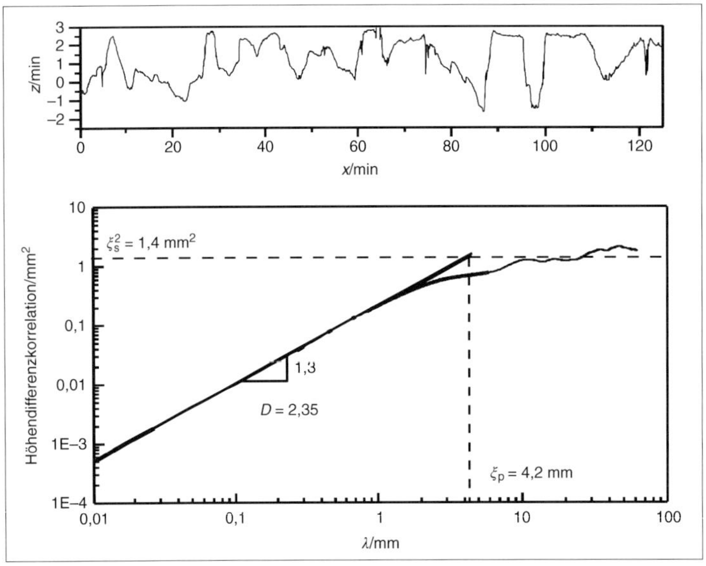

Bild 5-7 a) Beispiel eines über ein Laserabtastgerät ermittelten Oberflächenprofils einer Asphaltstraße;
b) daraus ermittelte Höhendifferenzkorrelation mit eingetragenen Deskriptoren [8]

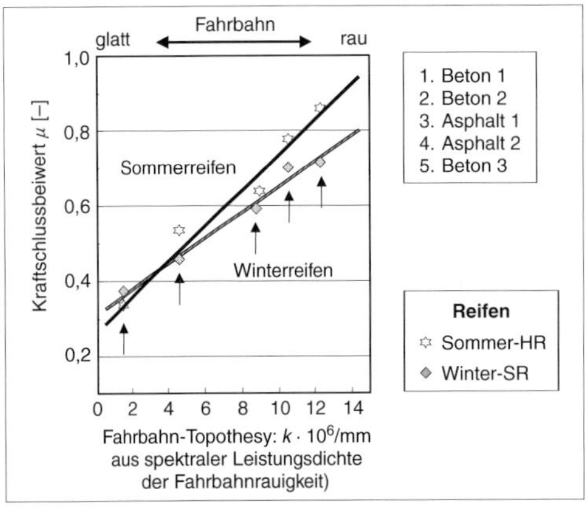

Bild 5-8 Fahrbahn-Topothesy und Kraftschluss [8]

der Rauigkeit auf die absoluten Reibwerte dar, sie korrespondiert mit der Topothesy (Vorfaktor der spektralen Leistungsdichte).
Der realisierbare Kraftschlussbeiwert korreliert für vergleichbare Reifenkonzepte recht gut mit der Fahrbahn-Topothesy (Bild 5-8). Damit wird die Wechselwirkung Fahrbahn – Reifen also recht gut beschrieben. Konzeptionelle Reifenunterschiede, etwa zwischen Winterreifen und Sommerreifen, führen naturgemäß infolge von Profil- und Mischungseinflüssen zu unterschiedlichen Gradienten.

5.2.3 Aufbau Reifenkräfte

5.2.3.1 Bremskräfte/Umfangskräfte

Ein Kraftschluss beim Rollvorgang ist grundsätzlich nur mit einer Relativbewegung mit Umfangsschlupf zwischen Rad und Fahrbahn möglich. Für die optimale Kraftübertragung zwischen Reifen und Fahrbahn ist entsprechend der Physik der Gummireibung ein bestimmter Gleitschlupf eine notwendige Bedingung. Der Umfangschlupf λ ist hier definiert als die auf die Fahrgeschwindigkeit v bezogene Differenz zwischen der Fahrgeschwindigkeit v und der Radumfangsgeschwindigkeit v_U.
Die Radumfangsgeschwindigkeit ergibt sich mit der Kreisfrequenz ω des Rades und dem dynamischen Reifenhalbmesser R_{Dyn} zu

$$v_U = R_{\mathrm{Dyn}} \cdot \omega \,. \tag{5.3}$$

Der dynamische Reifenhalbmesser ist der wirksame Abrollradius des Rades. Er wird indirekt aus der pro Umdrehung zurückgelegten Strecke ermittelt. Der hier zugrunde gelegte Begriff R_{Dyn} bezeichnet den dynamischen Halbmesser am frei rollenden Rad ohne Horizontalkräfte.
Damit ergibt sich die Schlupfdefinition:

$$\lambda = \frac{\Delta v}{v} = \frac{\omega \cdot R_{\mathrm{Dyn}} - v}{v} \,. \tag{5.4}$$

Beim Antriebsschlupf wird der Schlupf auch auf v_U bezogen, um Werte über 100 % zu vermeiden, damit ergeben sich jedoch für gleiche Schlupfgeschwindigkeiten unterschiedliche Schlupfwerte. Im Bereich kleiner Schlupfwerte ist der Unterschied gering.
Der Reifenschlupf setzt sich aus zwei Komponenten zusammen, dem Gleitschlupf und dem Formänderungs- oder Deformationsschlupf. Der Formänderungsschlupf resultiert aus der unter Umfangslast umlaufenden, translatorischen Deformation im Latschbereich, er bestimmt den linearen Anfangs-

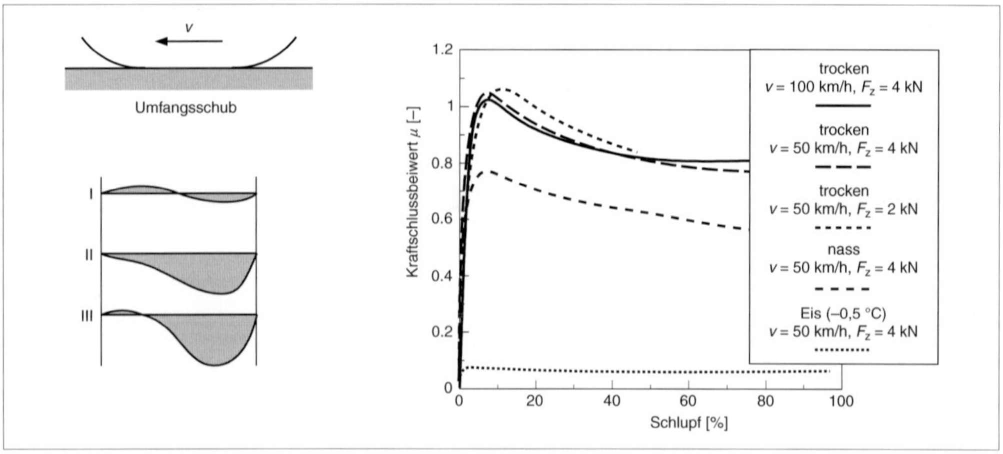

Bild 5-9 Umfangsschubverteilung im Latsch und Kraftschlussbeanspruchung bei Bremsschlupf; I = freies Rollen, II = Bremsschub, III = überlagert (idealisiert)

bereich der μ-Schlupfkurve (Bild 5-9) und nimmt mit zunehmenden Schlupfwerten ab, bei 100 % Bremsschlupf liegt reines Gleiten vor. In Bild 5-9 sind die Schub- und Kraftschlussverhältnisse idealisiert dargestellt. Bei messtechnischer Ermittlung der Kraftschlusskurven erhält man nur ein integrales Ergebnis. Mithilfe der FEM-Analyse können die komplexen Vorgänge in der Aufstandsfläche als Basis für eine gezielte Weiterentwicklung örtlich aufgelöst dargestellt werden [19] (Bild 5-10).

Mit Erhöhen des Bremsschlupfes bilden sich zunehmende Gleitbereiche in der Aufstandsfläche aus (Bild 5-10). Vom Auslauf ausgehend, vergrößert sich mit zunehmendem Schub die Gleitzone in Richtung Einlauf. Kurz vor dem Erreichen des Schlupfmaximums befindet sich fast die gesamte Kontaktzone im Gleitzustand. Der im vorderen Teil der Bodenaufstandsfläche als Haftbereich gekennzeichnete Teil charakterisiert einen Bereich, in dem nur sehr kleine Gleitgeschwindigkeiten auftreten also makroskopisch quasi Haften vorliegt. Bemerkenswert ist, dass die Reifen beim Bremsen mit blockierten Rädern die gesamte kinetische Energie verzehren müssen, beim ABS-Bremsen hingegen wird der größte Anteil von der Bremsanlage „übernommen“.

Der Reifenentwickler gestaltet die μ-Schlupfcharakteristik vor allem durch Laufflächenmischung und -profil. Die konstruktive Auslegung des „Torus“ Reifen muss in der Abplattung eine möglichst gleichmäßige Schub- und Druckverteilung vor allem auch bei den dynamischen Bremsbedingungen ermöglichen.

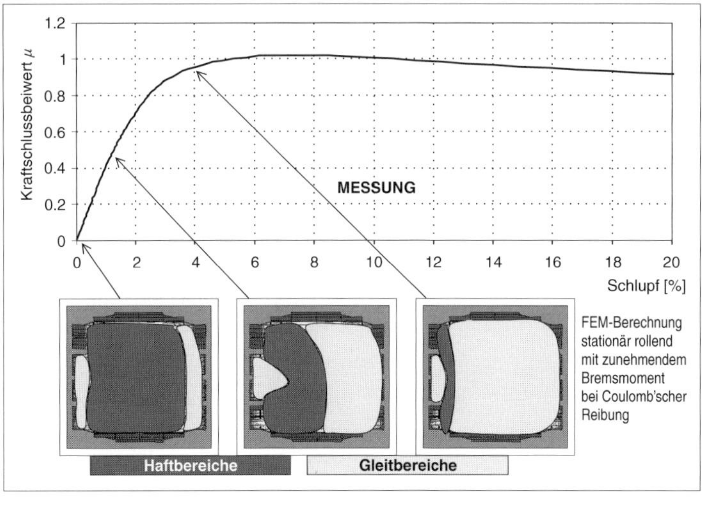

Bild 5-10 Haft- und Gleitzonen in der Bodenaufstandsfläche eines Reifens beim Bremsen bei unterschiedlichem Radschlupf aus FEM Berechnungen (links: Einlauf, rechts: Auslauf)

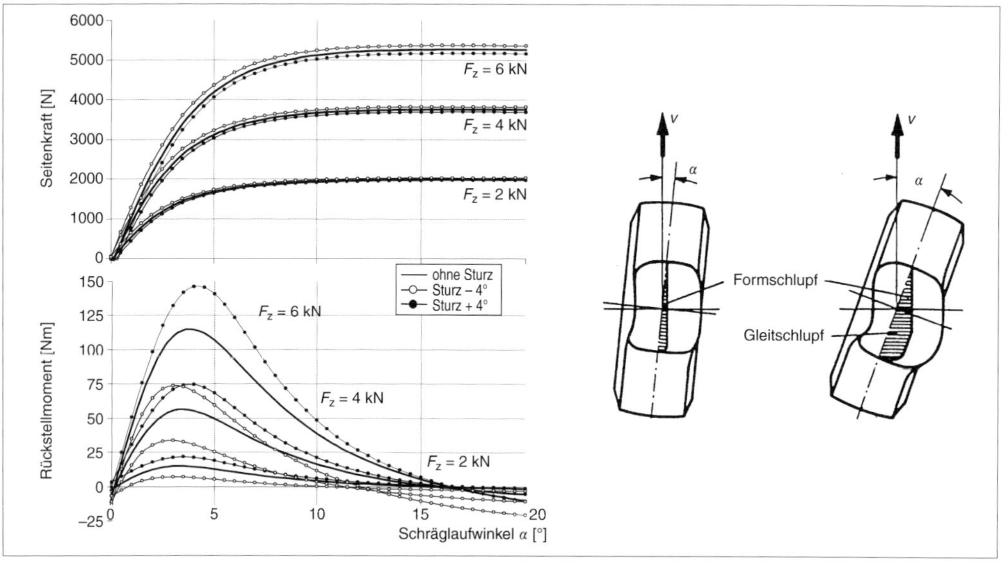

Bild 5-11 Seitenkraft und Rückstellmoment über Schräglaufwinkel für einen typischen Pkw-Reifen bei unterschiedlichen Radlasten

5.2.3.2 Schräglauf; Kräfte und Momente

Für die Fahrdynamik von Kraftfahrzeugen sind Größe und Charakteristik der zu übertragenden Seitenführungskräfte von entscheidender Wichtigkeit. Mit zunehmendem Schräglaufwinkel des Reifens wird die Seitenkraft radlastabhängig bis zu einem Maximalwert im Bereich zwischen 5° und 15° Schräglaufwinkel aufgebaut (Bild 5-11). Durch die Latschverformung in der Kontaktzone zwischen Reifen und Fahrbahn entsteht ein Rückstellmoment.

Das Rückstellmoment versucht, das Rad und damit auch das Lenkrad wieder in die Ausgangsstellung zurückzudrehen. Es erreicht ein Maximum, wenn die Schräglaufkennlinie beginnt, den linearen Anstieg deutlich zu verlassen, und kann bei weiter zunehmendem Schräglaufwinkel negativ werden. Zusätzlich dargestellt ist der Sturzeinfluss des Rades. So erhöht ein negativer Sturz die Seitenkraft bei Kurvenfahrt, vermindert aber gleichzeitig das Rückstellmoment. Ein positiver Sturz wirkt umgekehrt. Eine kompakte Darstellung der Reifenkräfte ermöglicht das so genannte Gough-Diagramm (Bild 5-12) für die Parameter Seitenkraft, Rückstellmoment, Reifennachlauf, Radlast und Schräglaufwinkel. Der Nachlauf ist definiert als der Abstand des Angriffspunkts der resultierenden Seitenkraft im Latsch zur Reifenmitte.

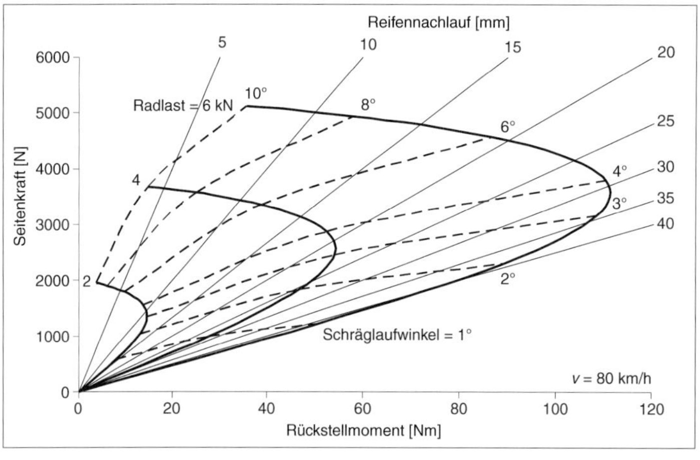

Bild 5-12 Gough-Diagramm für einen typischen Pkw-Reifen

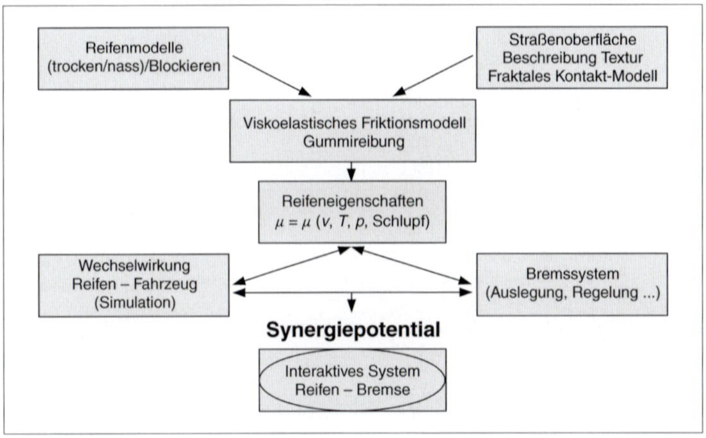

Bild 5-13 Interaktion Fahrbahn/Reifen/Bremse [10]

5.3 Interaktion Reifen-Bremse

Das Verstehen von Reifeneigenschaften ist sehr wichtig für die Entwicklung von Fahrwerk, Lenkung und Bremsen. Der Reifen bietet den Fahrdynamik-Systemen die Basis; sein Kraftschlusspotenzial ist ein Angebot, dass insbesondere die Brems-Systeme intelligent ausreizen sollten (Bild 5-13).
Um den Reifen schon im Entwurfsstadium in die Fahrzeugentwicklung einzubeziehen, müssen Reifenmodelle verfügbar sein, die Reifeneigenschaften darstellbar und vorhersagbar machen. In der Fahrdynamiksimulation werden verschiedene dynamische Reifenmodelle zur Beschreibung des Reifenverhaltens verwendet. Modelle, die vom Reifenaufbau – der Reifenphysik – ausgehen, sind dabei sehr komplex. Einfachste Modelle basieren auf der mathematischen Beschreibung gemessener Reifeneigenschaften.

5.3.1 Reifenmodelle

Reifenmodelle dienen dazu, Reifeneigenschaften qualitativ oder quantitativ darzustellen und vorherzusagen. Sie können je nach Anforderung unterschiedliche Komplexität besitzen, beginnend bei einfachen mathematischen bis hin zu detaillierten dynamischen FEM-Modellen. Die zur Berechnung notwendigen Reifenparameter können über spezielle Messungen oder Berechnungen aus komplexeren Reifenmodellen (zum Beispiel FEM) bestimmt werden. Entsprechende Modelle sind in der Lage, unebene Straße zu überfahren und die entstehenden Kräfte an die Achse und damit an ein angekoppeltes Fahrzeugmodell weiterzugeben. Der Bodenkontakt kann zum Beispiel über so genannte Bürsten abgetastet werden, die entstehenden Kontaktkräfte werden berechnet.
Das Swift-Reifenmodell (Bild 5-14) wurde in einem europäischen Konsortium von Fahrzeugherstellern

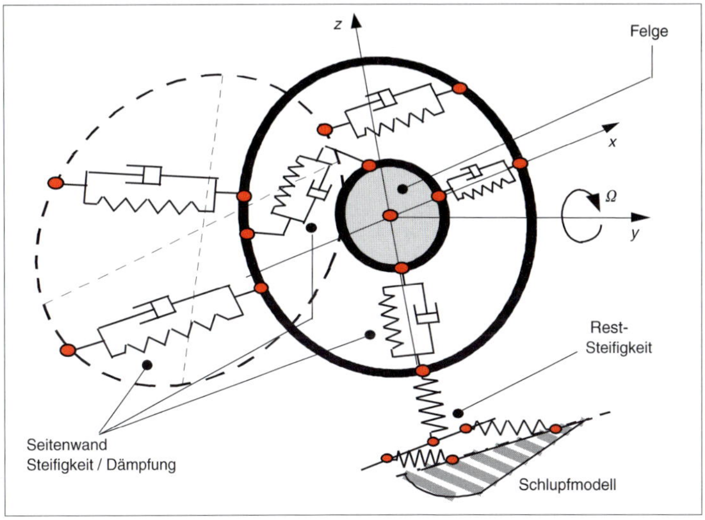

Bild 5-14 Swift-Reifenmodell (Short Wavelength Intermediate Frequency Tire Model) [13]

und Lieferanten erarbeitet. Durch die Standardisierung kann europaweit mit austauschbaren Parametersätzen gearbeitet werden.

5.3.2 Dynamische Umfangskraft-Schlupf-Charakteristik des Reifens beim Bremsen

Alle bisher betrachteten Kräfte und Momente gelten für den stationär rollenden Reifen. Bei transienten Änderungen der Betriebsbedingungen des Reifens wie Brems- oder Antriebskraft, Schräglaufwinkel, Last, Sturz und Felgenquerverschiebung relativ zum Latsch ist eine bestimmte Laufstrecke erforderlich, bis sich der neue stationäre Zustand eingestellt hat. Der Reifen baut die Reaktionskräfte über eine bestimmte Abrollstrecke auf, deren Länge im Wesentlichen von den Betriebszuständen und den Reifenparametern Masse, Dämpfung und Reibung im Latsch abhängt. Die entsprechende Kenngröße ist die Relaxations- oder Einlauflänge; sie ist definiert als die Abrollstrecke, bei der die Kraft $F = F_{\max} \cdot (1 - 1/e)$ erreicht. Für Pkw-Reifen liegen zum Beispiel für den Seitenkraftaufbau typische Einlauflängen zwischen 0.2 und 0.7 Meter.
Grundsätzlich gibt es Einlauflängen für alle Kraftrichtungen; bei periodischen Änderungen der Betriebsbedingungen ergibt sich ein Phasengang. Dazu kommt die dynamische Antwort des schwingungsfähigen Systems im Zeitbereich.
Die in Bild 5-15 dargestellten Ergebnisse zeigen das mit einem komplexen Reifenmodell berechnete Verhalten eines Reifens auf stufenweise Erhöhung des Bremsmomentes bei zwei Fahrgeschwindigkeiten. Durch diese stufenweise Veränderung des Bremsmomentes werden die in-plane Moden des Reifens (in Radebene) angeregt. Frequenz und Dämpfung dieser Torsionsschwingungen werden bestimmt durch die Steifigkeiten und Dämpfung des Reifens und die Trägheitsmomente von Reifen, Felge und Bremsscheibe, an angetriebenen Achsen kommt noch ein Anteil aus dem Antriebsstrang hinzu. Daraus ergibt sich eine charakteristische Antwort des Reifens mit Überschwingern in der Umfangskraft abhängig von der Zeit. Die Dämpfung des Systems wird mit abnehmender Fahrgeschwindigkeit deutlich geringer.
Zu dem hier behandelten Einlaufverhalten kommt überlagernd die Abhängigkeit des verfügbaren Kraftschlusses von den fahrdynamischen Bedingungen beim Bremsen. Eine gute Abstimmung von Fahrwerk, Bremse und Reifen aufeinander ist wichtig für kurze Bremswege.
Beispiel: Auslegung der Reifen unter Beachtung der dynamischen Radlastverlagerung, so dass

- an der Vorderachse mit zunehmender Last die Aufstandsfläche bei gleichmäßiger Pressung überproportional wächst (kleinere Pressung bedeutet einen höheren Kraftschlussbeiwert),
- an der Hinterachse mit abnehmender Last die Seitenführung möglichst hoch bleibt und
- die Umfangskraft-Schlupf-Kurve optimal regelbar ist, dabei sind besonders die Lage des Kraftschlussmaximums, die Breite des Maximums und der Abfall der Kurve nach dem Maximum zu berücksichtigen.

5.3.3 Umfangskräfte beim ABS-Bremsen

Blockierende Räder übertragen keine Seitenführungskräfte; blockieren beide Räder einer Achse verliert das Fahrzeug die Lenkfähigkeit. Antiblockiersysteme erlauben Vollbremsungen ohne blockierende Räder. Im Rahmen physikalischer Grenzen verbessert die ABS-Regelung die Fahreigenschaften Fahrstabilität (Schleudern) und Lenkbarkeit (Ausweichen) durch das Verhindern von blockierenden Rädern. Dabei erfassen die elektronisch geregelten Bremssysteme die Drehzahlen aller vier Räder und stellen durch individuelle Regelung des Radbremsdruckes die optimalen Schlupfverhältnisse ein.

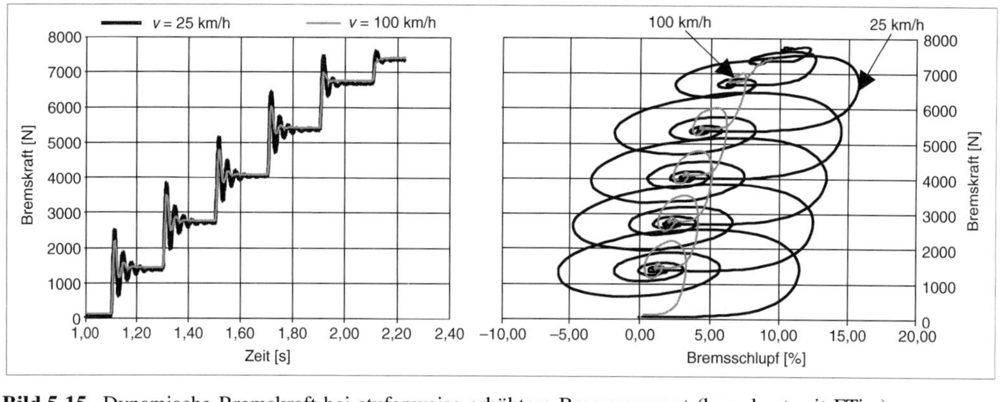

Bild 5-15 Dynamische Bremskraft bei stufenweise erhöhtem Bremsmoment (berechnet mit FTire)

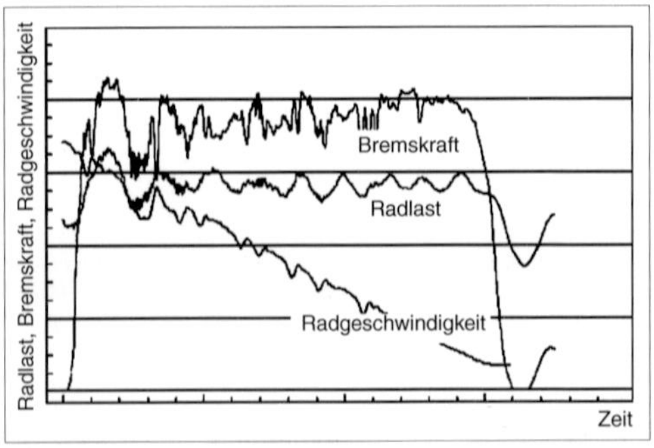

Bild 5-16 Bremskraft, Radlast und Radgeschwindigkeit an einem Rad der Vorderachse während einer ABS-Bremsung

In Bild 5-16 ist eine typische ABS-Bremsung aus $v = 100$ km/h auf trockenem Asphalt dargestellt. Umfangskraft, Radlast und Radgeschwindigkeit an einem Rad der Vorderachse wurden während der Bremsung mit einem Messrad aufgezeichnet.

Die Bremsverzögerung des Fahrzeuges führt zur Radlastverlagerung von der Hinterachse auf die Vorderachse abhängig von Schwerpunkthöhe und Radstand des Fahrzeuges. Die Trägheitskräfte in Verbindung mit Reifen- und Aufbaufederung und -dämpfung führen zu Nickschwingungen des Fahrzeuges und erzwingen Radlastschwankungen mit entsprechenden Schwankungen der übertragbaren Bremskraft. Im Verlauf der Abbremsung in Bild 5-16 ist die Nickschwingung des Fahrzeuges an der Radlastschwankung zu erkennen. Diese Radlastschwankungen führen zu Störungen des Raddrehzahlsignals, das der ABS-Regler zur Einhaltung des optimalen Schlupfbereiches überwacht. Gerät ein Rad in zu kleine Drehgeschwindigkeiten im Vergleich zur Fahrzeuggeschwindigkeit und droht damit zu blockieren, wird der Bremsdruck reduziert, um den Reifen wieder in seinen optimalen Arbeitsbereich nahe dem Maximum der Umfangskraft-Schlupf-Kurve zu bringen.

Die Umfangskräfte/Bremskräfte, die ein Reifen im Verlauf einer ABS-Bremsung zur Verzögerung eines Fahrzeuges aufbringen kann, werden also von

- der Radlastverlagerung beeinflusst durch die Fahrzeuggeometrie und -gewicht,
- der Radlastschwankung beeinflusst durch das Fahrwerk und Dämpfung und
- der Anregung durch den Druckaufbau bzw. Druckabbau im Bremssystem bestimmt.

Bei der Auslegung des Reifens müssen die Umfangskraft-Schlupf-Charakteristik durch eine geeignete Form und das Schwingungsverhalten durch die richtige Wahl von Steifigkeit und Dämpfung optimiert werden.

Einen kurzen Bremsweg erhält man durch optimal aufeinander abgestimmte Komponenten bei Betrachtung des Gesamtsystems Fahrzeug. So muss der Reifen ein Kraftschlusspotenzial liefern, das eine hohe Verzögerung ermöglicht. Gleichzeitig muss das ABS dieses Kraftschlusspotenzial optimal ausnutzen können und das Fahrzeug in seinem Schwingungsverhalten dafür sorgen, dass das Rad möglichst ruhig läuft und somit der Reifen sein Potenzial zur Geltung bringen kann.

Das Potenzial des Gesamtsystems ergibt sich aus der Feinabstimmung der Komponenten aufeinander.

5.3.4 Kombinierte Umfangs- und Seitenkraft, Bremsen bei Seitenkraftbedarf

Mit der Forderung nach Lenkfähigkeit und Fahrstabilität eines Fahrzeuges beim Bremsen kommt dem Kraftschlussverhalten des Reifens unter kombinierter Längs- und Querbelastung im System Fahrbahn-Reifen-Bremse eine besondere Bedeutung zu. In Bild 5-17 sind die Zusammenhänge zwischen den Geschwindigkeitskomponenten aus Umfangs- und Querschlupf dargestellt.

Es gilt bei kombinierter Beanspruchung für den Schlupf:

$$\text{Umfangsschlupf } \lambda = \frac{R_{\text{Dyn}} \cdot \omega - v \cdot \cos\alpha}{v} \quad (5.5)$$

$$\text{Querschlupf } \lambda_S = \frac{v \cdot \sin\alpha}{v} = \sin\alpha \quad (5.6)$$

$$\text{Resultierender Schlupf } \chi = \sqrt{\lambda^2 + \lambda_S^2} \quad (5.7)$$

Der Reifen kann sein maximales Kraftschlusspotenzial jeweils nur in einer Richtung anbieten. Bei kombinierter Beanspruchung teilt sich die Gesamtkraft in die Komponenten Umfangskraft und Seitenführungskraft auf (Bild 5-18).

Vereinfachend kann das Kraftschlussverhalten mit dem Kamm'schen Kreis beschrieben werden (Bild 5-19). Unter dieser Voraussetzung lässt sich idealisiert mit dem Weber'schen Reibungskuchen eine relativ einfache räumliche Darstellung des Reifenkennfeldes für die horizontale Kraftübertragung (F_x/F_y)

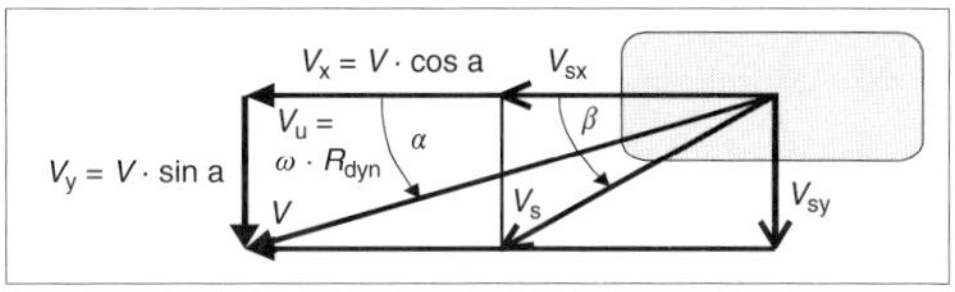

Bild 5-17 Geschwindigkeits- und Schlupfverhältnisse am rollenden Rad unter kombinierter Horizontalbeanspruchung. V_{sx} = Schlupfgeschwindigkeit in Umfangsrichtung, V_{sy} = Schlupfgeschwindigkeit in Querrichtung, V_s = resultierende Schlupfgeschwindigkeit

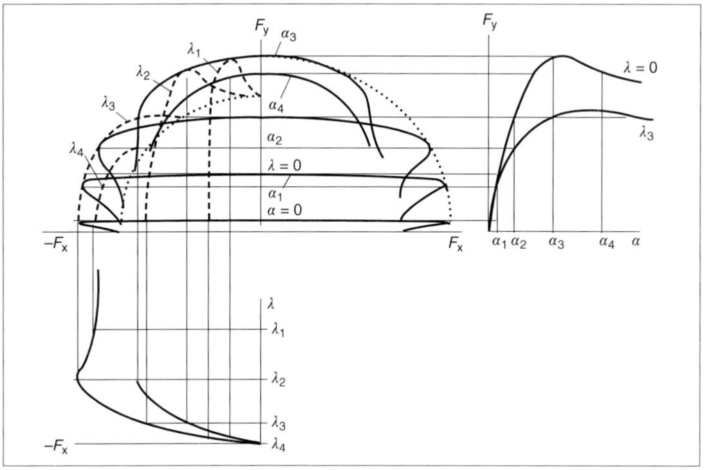

Bild 5-18 Zusammenwirken von Umfangs- und Seitenkräften/Kraftschlussellipse [21]

generieren (Bild 5-20). Dabei wird isotropes Reibungsverhalten vorausgesetzt.

$$F_R = \sqrt{F_x^2 \cdot F_y^2} \tag{5.8}$$

Mit zunehmendem Bremsschlupf geht der Seitenkraftbeiwert stark zurück (Bild 5-21). Bereits bei einem Bremsschlupf von 20 % fällt zum Beispiel die Seitenkraft bei 5° Schräglaufwinkel um circa 50 % gegenüber dem frei rollenden Rad ab. Die Veränderungen der Seitenkraftkennlinie unter Bremskraft hat einen starken Einfluss auf die Lenkbarkeit und Stabilität des Fahrzeuges während einer Bremsung. Der Lenkradwinkelbedarf steigt mit zunehmendem Schlupf, da der Seitenkraftbeiwert an der Vorderachse sinkt. Es werden größere Lenkradwinkel zur Einleitung eines Ausweichmanövers notwendig. Besonderes Augenmerk ist aber auf die Verhältnisse an der Hinterachse eines Fahrzeuges zu lenken, da das Niveau der Schräglaufsteifigkeit die Giereigenfrequenz und Gierdämpfung entscheidend bestimmt. Fällt die Schräglaufsteifigkeit an der Hinterachse zu stark ab, so wird die Grenze der Gierstabilität erreicht und das Fahrzeug schleudert, wenn zum Beispiel ein Ausweichmanöver während einer Bremsung notwendig ist.

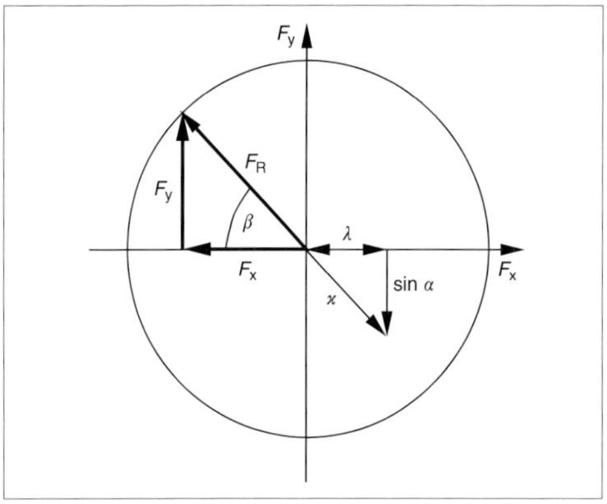

Bild 5-19 Zusammenhang zwischen Kraft- und Schlupfkomponenten; Kamm'scher Kreis.

Im folgenden Bild 5-22 zeigt sich der Einfluss unterschiedlicher Laufstreifenmischungskonzepte auf das Querbeschleunigungsniveau eines Fahrzeuges

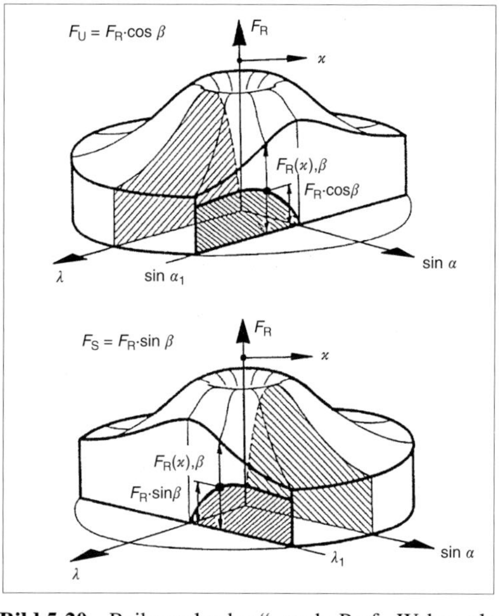

Bild 5-20 „Reibungskuchen" nach Prof. Weber als eine allgemeine Darstellung für die resultierenden Führungskräfte am Reifen ($F_U = F_x$ = Umfangskraft, $F_S = F_y$ = Seitenkraft, F_R = resultierende Horizontalkraft, χ = resultierender Schlupf) [21]

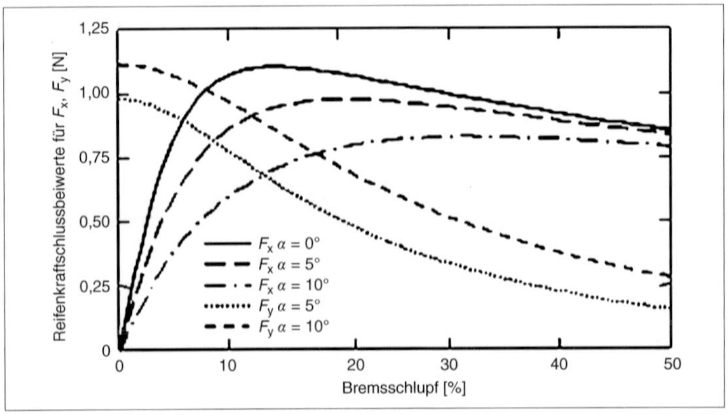

Bild 5-21 Umfangs- und Seitenkraftbeiwerte bei kombiniertem Schlupf über dem Bremsschlupf

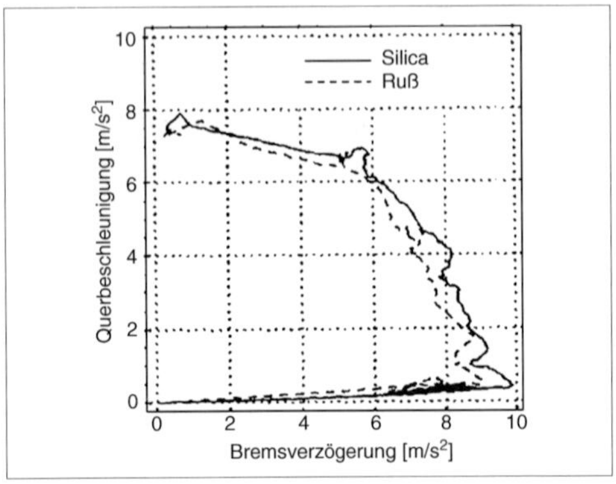

Bild 5-22 ABS-Bremsung entlang dem Kamm'schen Kreis

beim Bremsen im Kreis. Die mit Silica gefüllte Laufstreifenmischung hat auf nasser Fahrbahn ein höheres Kraftschlussniveau als rußgefüllte Laufstreifenmischungen.

5.4 Integration des Reifens in das Gesamtsystem Fahrzeug

Die Weiterentwicklung des Reifens als integrale Komponente von Fahrdynamiksystemen bietet neue Potentiale für Synergien. Das gilt grundsätzlich für alle Komponenten.

Die Entwicklung singulärer Produkte in funktionalen System-Netzwerken führt sowohl zu verbesserter Systemqualität und -funktionalität, als auch zu verbesserten Produkten als echte systembezogene Komponenten.

Der beste Weg zu besseren und erweiterten Funktionalitäten ist die vernetzte Entwicklung im Dialog der Entwickler und der Komponenten. Die Anwendungsparameter der Komponenten werden interaktiv im System definiert und nicht für das singuläre Produkt. Die technologische Entwicklung bei sicherheitsrelevanten Systemen steht im Vordergrund; der Reifen ist dabei von hervorragender Bedeutung. Im Bild 26-8 ist am Beispiel der Bremsregelsysteme der Technologiewandel durch die Vernetzung von Bremse + Fahrwerk + Reifen dargestellt.

Bild 5-23 bezieht sich auf das so genannte 30-Meter-Auto [9], bei dem die Continental AG durch konsequente Vernetzung und Optimierung der relevanten Fahrzeug-Funktionen an einem Technologieträger die Grenzen für eine kompromisslose Verkürzung (20 %) des Anhalteweges dargestellt hat. Besonders wichtig ist die „Achse" Reifen – Bremse.

Zusätzliche Möglichkeiten zur Integration bietet der „intelligente" Reifen. Der Reifen wird zum Datenträger und -geber, der über seine Identität, seinen Zustand, den Fahr- und den Fahrbahnzustand informiert. Ein Beispiel ist ein mit dem Darmstädter Reifensensor [18] ausgerüsteter Reifen, siehe auch Kap. 20.4.5).

Im Folgenden werden am Beispiel einer Produktoptimierung ABS – Winterreifen die Vorteile einer integralen Entwicklung aufgezeigt.

5.4.1 Produktoptimierung Reifen – ABS-Regelung am Beispiel Winterreifen

Eine konsequente Abstimmung zwischen der Charakteristik von Winterreifen und dem ABS-Regler ermöglicht eine deutliche Verbesserung des Bremsens auf Schnee ohne die Einschränkung anderer Eigenschaften.

Die detaillierte Kenntnis der Fahrzeugregelalgorithmen in Verbindung mit dem Know-how zur Kraftschlussphysik des Reifens ermöglicht es, beide Komponenten gezielt aufeinander abzustimmen. Der Reifenentwickler kann durch die Wahl von Laufflächenmischung und Profildesign gezielt Einfluss auf die Form der μ-Schlupf-Kurve nehmen. Die μ-Schlupfcharakteristik beeinflusst entscheidend das Regelverhalten.

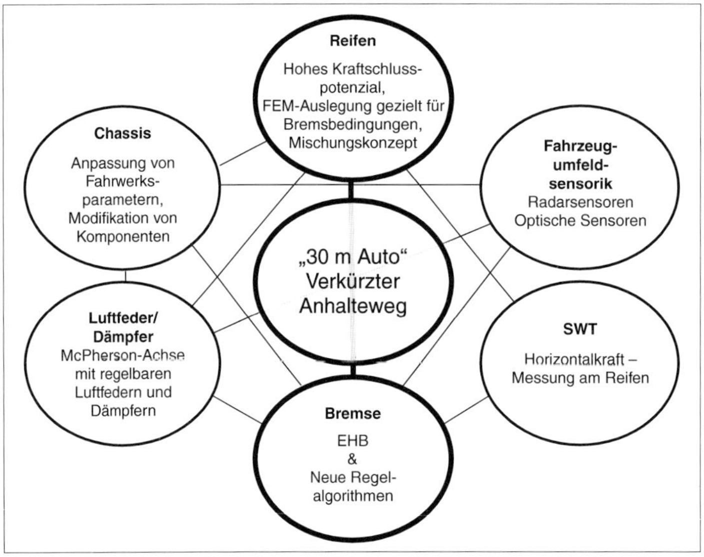

Bild 5-23 Funktionale Vernetzung, Beispiel: Integration des Reifens beim „30 m Auto"; Interaktionen

Speziell für Winterreifen ergeben sich Ansätze, den Zielkonflikt zwischen dem Bremsen auf trockener und schneebedeckter Fahrbahn auf höherem Niveau zu lösen [22].

Im Bild 5-24 ist der Verlauf des Kraftschlussbeiwertes μ für Längs- und Seitenkräfte (bei einem Schräglaufwinkel von 1°) über dem Bremsschlupf des Reifens bei unterschiedlichen Fahrbahnzuständen dargestellt. Auf trockenen und nassen Oberflächen zeigt sich der typische Abfall der Bremskraft nach dem Maximum im Bereich von 10% Schlupf. Eis zeigt ein konstantes Verhalten auf sehr niedrigem Niveau, wohingegen auf Schnee ein nahezu kontinuierliches Ansteigen beobachtet wird.

Standard-Regelalgorithmen regeln auf das Maximum dieser Kurven für trockene und nasse Oberflächen hin und begrenzen den maximal auftretenden Schlupf, um ein ausreichendes Potential an Seitenführung zu gewährleisten. Ein etwaiges Bremspotential auf Schnee bei höheren Schlupfwerten bleibt daher völlig ungenutzt.

Die Kenntnis der Charakteristik der μ-Schlupfkurven ermöglicht eine detaillierte Anpassung der ABS-Regelstrategie an deren Form. Der zunehmend breitere Einsatz von Fahrdynamikregelsystemen wie zum Beispiel ESP stellt die notwendige Sensorik zur Erkennung des Seitenführungsbedarfs (Lenkwinkel-/Querbeschleunigungssensor) zur Verfügung. Dadurch kann im Fall des Geradeausbremsens ein ABS-Hochschlupfregler dargestellt werden, der bei Seitenkraftbedarf automatisch auf den Standardregler zurückgeschaltet wird.

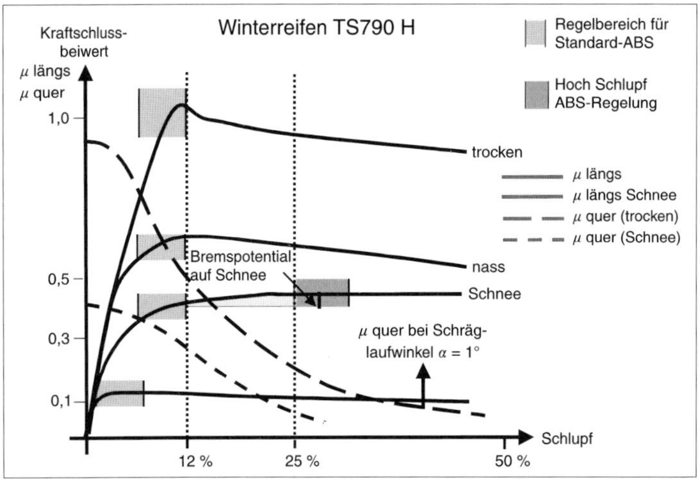

Bild 5-24 μ-Schlupf Verlauf von Winterreifen bei unterschiedlichen Fahrbahnzuständen [22]

Der adaptive Hochschlupfregler gibt den erweiterten Schlupfbereich dann frei, wenn die Beobachtung der Räder ergibt, dass der Gradient des μ-Wertes über den üblichen Regelbereich hinaus positiv bleibt. Das ist speziell auf Schnee der Fall. Nach dem Regelkonzept können die Vorderräder auf einen beliebigen Punkt der μ-Schlupfkurve geregelt werden. Die erzielbare Bremswegverkürzung liegt auf Schnee für Winterreifen im Mittel bei 10 %.

5.5 Ausblick

In der Interaktion Fahrbahn – Reifen – Bremse liegt noch ungenutztes Potenzial. Die Interaktion darf nicht „passieren", sie muss schon im Entwurfsstadium in den ersten virtuellen Ansätzen Basis für die Gestaltung von Straßenbelägen, Reifen und Regelsystemen sein. Die Reifenindustrie wird diesen Weg in engen Entwicklungspartnerschaften oder mit erweiterten Produktportfolios weiter gehen.

Die Bremse der Zukunft wird nicht einfach nur mit jedem Reifen „klarkommen": Mit zunehmendem Verständnis der komplexen Interaktion Fahrbahn – Reifen – Bremse werden weitere Fortschritte in der Bremswegverkürzung auf unterschiedlichen Oberflächen erreicht.

Der Reifen der Zukunft wird über die allgemeine Verbesserung seiner Gebrauchseigenschaften hinaus erweiterte Funktionen anbieten: Als Datenträger und Datengeber wird der „intelligente" Reifen wichtige Informationen für Fahrdynamiksysteme verfügbar machen.

Die Fahrbahn der Zukunft wird im Rahmen wirtschaftlich vertretbarer Ansätze durch gezielt gestaltete Oberflächen ihren Teil zur weiteren Bremswegverkürzung beitragen.

Literatur

[1] *Ammon, D.; Gipser, M.; Rauh, J.; Wimmer, J.*: Effiziente Simulation der Gesamtsystemdynamik Reifen – Achse – Fahrbahn (Fachtagung Reifen Fahrwerk Fahrbahn). VDI-Berichte Nr. 1224, 1995

[2] *Bachmann, Th.*: Literaturrecherche zum Reibwert zwischen Reifen und Fahrbahn, Fortschritt-Berichte VDI Reihe 12: Verkehrstechnik/Fahrzeugtechnik Nr. 286, VDI Düsseldorf

[3] *Braess, H. H.; Seiffert, U.* (Hrsg.), Vieweg Handbuch Kraftfahrzeugtechnik, Braunschweig/Wiesbaden: Vieweg 2001

[4] *Clark, S. K.*: Mechanics of Pneumatic Tires, U.S. Department of Transportation National Traffic Safety, Administration Washington, D.C. DOT HS 805 952, August 1981

[5] *Eichhorn, U.*: Reibwert zwischen Reifen und Fahrbahn – Einfluss und Erkennung, Dissertation TH Darmstadt, Fachgebiet Fahrzeugtechnik. Fortschritt-Berichte VDI Reihe 12 Nr. 222, Düsseldorf: VDI-Verlag, 1994

[6] *Fach, M.*: Lokale Effekte der Reibung zwischen Pkw-Reifen und Fahrbahn. Dissertation TU Darmstadt, 1999, Fortschritt-Berichte VDI Reihe 12 Nr. 411, Düsseldorf: VDI-Verlag 2000

[7] *Fischlein, H.; Gnadler, R.; Unrau, H. J.*: Der Einfluss der Fahrbahnoberflächenstruktur auf das Kraftschlussverhalten von Pkw-Reifen bei trockener und nasser Fahrbahn. In: ATZ Automobiltechnische Zeitschrift 10/2001

[8] *Heinrich, G.; Schramm, J.; Müller, A.; Klüppel, M.; Kendziorra, N.; Kelbch, S.*: Zum Einfluss der Straßenoberflächen auf das Bremsverhalten von Pkw-Reifen beim ABS-nass und ABS-trocken Bremsvorgang (4. Darmstädter Reifenkolloquium). Fortschritt-Berichte VDI Reihe 12 Nr. 511, Düsseldorf: VDI-Verlag 2002

[9] *Huinink, H.; Rieth, P.*: Mehr Verkehrssicherheit durch Global Chassis Control, System Partners 2001, Sonderausgabe von ATZ und MTZ, S. 22–25

[10] *Huinink, H.; Schröder, C.*: Dynamische Interaktion Bremse – Reifen – Straße (XVIII. Internationales μ-Symposium Bremsen-Fachtagung) Fortschritt-Berichte VDI Reihe 12 Nr. 373, Düsseldorf: VDI-Verlag, 1999

[11] *Klüppel, M.; Heinrich, G.*: Rubber Friction on self-affine Roadtracks. In: Rubber Chemestry and Technology 73, 578 (2000)

[12] *Kummer, H. W., Meyer W. E.*: J. Materials, 1 (1966), 667

[13] *Maurice, J. P.; Pacejka, H. B.*: Relaxations Length Behaviour of Tyres, Vehicle System Dynamics Supplement 27 (1997), Swers & Zeitlinger

[14] *Mitschke, M.*: Dynamik der Kraftfahrzeuge, Antrieb und Bremsung, Band A, 3. neubearbeitete Auflage, Berlin: Springer Verlag Berlin 1995

[15] *Persson, B. N. J.*: Sliding Friction: Physical Principals and Applications. In: Springer Verlag 1997

[16] *Pacejka, H. B.; Besselink, I. J. M.*: Magic Formula Tyre Model with Transient Properties. Lisse, the Netherlands, Swets & Zeitlinger B.V., 1997, pp. 234-249

[17] *Reimpell, J.*: Fahrwerktechnik, Reifen und Räder, Vogel Verlag, 1982

[18] *Strothjohann, Th.; Breuer, B.; Dollinger, F.; Köbe, A.; Prenninger, M.*: Potenziale der Oberflächenwellentechnologie für den Darmstädter Reifensensor (3. Darmstädter Reifenkolloquium) Fortschritt-Berichte VDI Reihe 12 Nr. 437, Düsseldorf: VDI-Verlag 2000

[19] *Thiele, K.; Höfer, P.; Kaliske, M.*: Vorhersage von Reifenkennlinien mit FEM Simulation (Fachtagung Reifen Fahrbahn), VDI-Berichte 1632, 2001

[20] *Wang, Y. Q.; Gnadler, R.; Schieschke, R.*: Einlaufverhalten von Automobilreifen. In: ATZ Automobiltechnische Zeitschrift 96/1994

[21] *Weber, R.*: Reifenführungskräfte bei schnellen Änderungen von Schräglauf und Schlupf, Habilitationsschrift, Fakultät Maschinenbau, Universität Karlsruhe, 1981

[22] *Wies, B.; Lauer, P. Mundl, R.*: Kraftschluss-Verbesserung durch Synergien aus Winterreifen-Entwicklung und ABS-Regelsystemen (Fachtagung Reifen Fahrwerk Fahrbahn) VDI-Berichte 1632, 2001

[23] *Ziebart, W.*: Global Chassis Control – Mehr Sicherheit und Komfort durch Systemvernetzung (Fachtagung Reifen Fahrwerk Fahrbahn). VDI-Berichte 1632, 2001

[24] *Zegelaar, P. W. A.*: The dynamic response of tires to brake torque variations and road unevennesses, Dissertation Delft University, 1998

6 Auslegung und Simulation von Pkw-Bremsanlagen

Bremsanlagen haben sich mit dem Fortschritt der Fahrzeuge kontinuierlich weiterentwickelt. Grundanforderungen an die Bedienbarkeit und Modulierbarkeit werden fast ausnahmslos von den im Markt befindlichen Fahrzeugen erfüllt. Die durch den Druck der Motor Sport Presse gesteigerten Anforderungen an das Fading-Verhalten und die Bremsleistung werden heute bei der Auslegung von Bremssystemen speziell im europäischen Raum berücksichtigt. Derzeit verfügt ein hoher Prozentsatz von Fahrzeugen über Regelsysteme zur Unterstützung des Fahrers beim Bremsen (ABS-Systeme) oder zur Verbesserung der Fahrzeugstabilität (ESP-Systeme). Das erste Brake-by-Wire Bremssystem wurde 2001 im SL Roadster von Daimler Chrysler in den Markt eingeführt.
Bei der Auslegung von Bremsanlagen und deren Komponenten werden zusätzlich zu gesetzlichen Vorschriften (z. B. StVZO, ECE 13, EG-Richtlinen, siehe auch Kap. 2.7.), typische Anforderungen der Industrie (z. B. Kundenspezifikationen, Motor Sport Presse Tests, etc.) berücksichtigt.
Grundsätzlich sind verschiedene Fachbegriffe über Bremsanlagen in der DIN ISO 611 [1] zusammengefasst. Sie stellen die Basis für die in den gesetzlichen Richtlinen verwendeten Begriffen dar und sind besonders bei der Zuordnung von gesetzlichen Anforderungen an Bauteile in der Failure-Mode und Effekt Analyse (FMEA) wichtig. Demnach stellen sich die Bestandteile einer Pkw-Bremsanlage wie folgt dar:
Schematischer Aufbau einer Pkw-Bremsanlage:

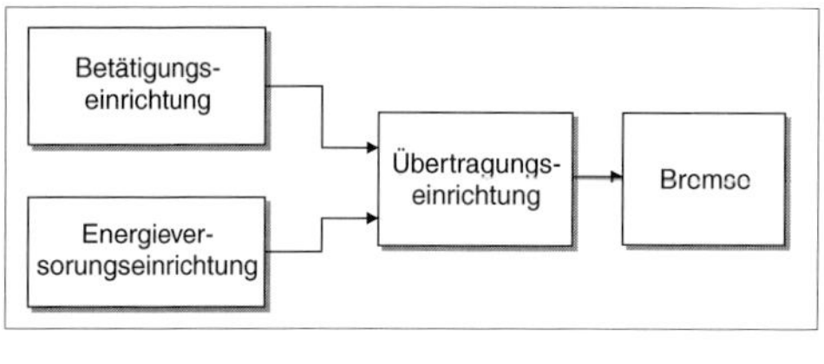

Bild 6-1 Schematischer Aufbau einer PKW-Bremsanlage

Betätigungseinrichtung:

„Teile einer Bremsanlage, welche die Funktion der Bremsanlage in Funktion setzen und die Wirkung dieser Bremsanlage steuern. Sie beginnt bei einem direkten Eingriff des Fahrzeugführers dort, wo sie unmittelbar betätigt wird. Sie endet dort, wo die Energie zur Erzeugung der Bremsen gesteuert oder dort, wo ein Teil dieser Energie zugeteilt wird" [1]. Unter dieser Definition ist das Bremspedal der Anfangspunkt der Betätigungseinrichtung einer typischen PKW-Bremsanlage. Sie endet an der Schnittstelle zum Bremskraftverstärker.

Energieversorgungseinrichtung:

„Als Energieversorgungseinrichtung gelten die Teile der Bremsanlage, welche die zum Bremsen notwendige Energie liefern, regeln und eventuell aufbereiten. Sie endet dort wo die Übertragungseinrichtung beginnt, d. h. dort wo die einzelnen Kreise der Bremsanlage abgesichert sind" [1]. Bei einer konventionellen Bremsanlage fällt der Vakuumverstärker unter diese Definition.

Übertragungseinrichtung:

„Teile einer Bremsanlage durch welche die von der Betätigungseinrichtung gesteuerte Energie übertragen wird. Sie beginnt dort wo die Betätigungseinrichtung oder Energieversorgungseinrichtung endet. Sie endet dort, wo die Bremse beginnt" [1]. Darunter sind die Hauptbremszylinder, Bremsschläuche und Bremsleitungen zu verstehen.

Bremse:

„Teile einer Bremsanlage, in denen die der Bewegung oder der Bewegungstendenz des Fahrzeuges entgegenwirkende Kräfte entstehen" [1].

Betriebsbremsanlage:

„Als Betriebsbremsanlage werden die Bauteile bezeichnet, die in ihrer Wirkung abstufbar sind und es dem Fahrzeugführer ermöglichen, die Geschwindigkeit eines Fahrzeuges während des normalen Betriebs zu verringern oder es zum Stillstand zu bringen, oder im Stillstand zu halten" [1].

Hilfsbremsanlage:

„Als Hilfsbremsanlage werden die Bauteile bezeichnet, die in ihrer Wirkung abstufbar sind und die es dem Fahrzeugführer erlauben, bei einer Störung der Betriebsbremsanlage die Geschwindigkeit direkt oder indirekt zu verringern oder es zum Stillstand zu bringen" [1].

Feststellbremsanlage:

„Gesamtheit der Bauteile die es ermöglichen, ein Fahrzeug auch auf einer geneigten Fahrbahn, und insbesondere in Abwesenheit des Fahrzeugführers, mit mechanischen Mitteln im Stillstand zu halten" [1].

6.1 Grundlagen der Bremsdynamik

Unter Bremsdynamik versteht man die Berechnung und Darstellung der physikalischen Abläufe während des Bremsvorgangs und deren Ergebnisse zur Auslegung von Bremsanlagen. Wesentliches Ergebnis der Bremsdynamik ist die Betrachtung der Bremskräfte an Vorder- und Hinterachse zur Optimierung der Fahrzeugverzögerung unter Berücksichtigung verschiedener Fahrzeugkonfigurationen und Beladungszustände. Die Bremsdynamik betrachtet zuerst die Optimierung der Fahrzeugverzögerung, lässt jedoch Aspekte der Bremsstabilität nicht außer Acht.
Als „bremsstabil" wird ein Fahrzeug betrachtet wenn „als Folge seiner Auslegung ungewollte Fahrzeugbewegungen automatisch begrenzt werden, und zwar sowohl bei (Fehl-) Handlungen des Fahrers als auch unter Einwirkung von Störungen jeglicher Art" [2]. Es ist zulässig, dass ein Fahrzeug bei starker Bremsung lenkunfähig aber stabil geradeaus schiebt. Ein Ausbrechen des Fahrzeughecks ist instabil. Für die Auslegung der Bremsanlage ist hierzu das Überbremsen der Hinterachse und der damit verbundenen Stabilitätsverlust an der Hinterachse auszuschließen.
Für die Kräfte am Fahrzeug, Bild 6-2, gelten folgende Abkürzungen:

G_g	Gesamtgewichtskraft des Fahrzeuges
G_v	Achslast vorn
G_h	Achslast hinten
$F_{B,v}$	Bremskraft der Vorderachse
$F_{B,h}$	Bremskraft der Hinterachse
l	Radstand
l_v	Abstand des Schwerpunktes zur Vorderachse
h_s	Höhe des Schwerpunktes

Hieraus ergeben sich verschiedene abgeleitete Größen. Als Hinterachsanteil wird bezeichnet:

$$\Psi = \frac{G_h}{G_g} = \frac{l_v}{l} \tag{6.1}$$

Unter χ versteht man die auf den Radstand bezogene Schwerpunkthöhe

$$\chi = \frac{h_s}{l} \tag{6.2}$$

Die Abbremsung Z ergibt sich aus Bremskraftanteilen von Vorder- und Hinterachse:

$$Z \cdot G_g = F_{B,v} + F_{B,h} \quad \text{oder} \quad \frac{F_{B,v}}{G_g} + \frac{F_{B,h}}{G_g} = Z \tag{6.3}$$

Für den realen Fall der Abbremsung ist zusätzlich die dynamische Achslastverteilung $\pm\Delta G$ von der Hinterachse auf die Vorderachse zu betrachten. Die Herleitung der folgenden Gleichungen lässt sich aus dem Momentengleichgewicht um den Radaufstandspunkt der Vorder- und Hinterachse ableiten. Eine detaillierte Herleitung mit Beispielen und Diskussion der Einflussparameter befindet sich im Buchband Fahrwerkstechnik: Grundlagen [3]. Weiterhin gilt für die Kraftübertragung zwischen Reifen und Fahrbahn folgende Beziehung:

$$F_B = \mu_{x,B} \cdot F_G \tag{6.4}$$

$$F_{B,v} = \mu_{x,B,v} \cdot F_{G,v} \quad \text{bzw.} \quad F_{B,h} = \mu_{x,B,h} \cdot F_{G,h} \tag{6.5}$$

Somit lassen sich die bezogenen Bremskräfte von Vorder- und Hinterachse mit folgenden Gleichungen beschreiben:

$$\frac{F_{B,v}}{G_g} = \mu_{x,B,v} \cdot \frac{F_{G,v}}{G_g} = \mu_{x,B,v} \cdot (1 - \Psi + Z \cdot \chi) \tag{6.6}$$

$$\frac{F_{B,h}}{G_g} = \mu_{x,B,h} \cdot \frac{F_{G,h}}{G_g} = \mu_{x,B,h} \cdot (\Psi - Z \cdot \chi) \tag{6.7}$$

Für den homogenen Fahrbahnreibwert gilt $\mu_{x,B,v} = \mu_{x,B,h}$ und damit kann das sogenannte Tangentialkraftverteilungs-Diagramm erstellt werden (Bild 6-3).

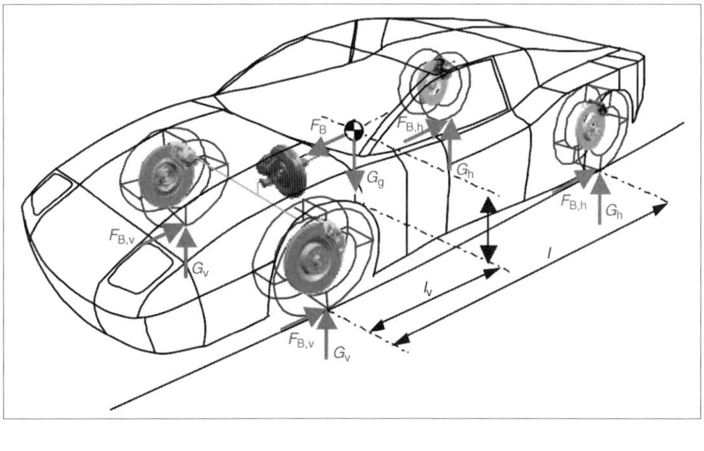

Bild 6-2 Bezeichnungen und Kräfte am Fahrzeug

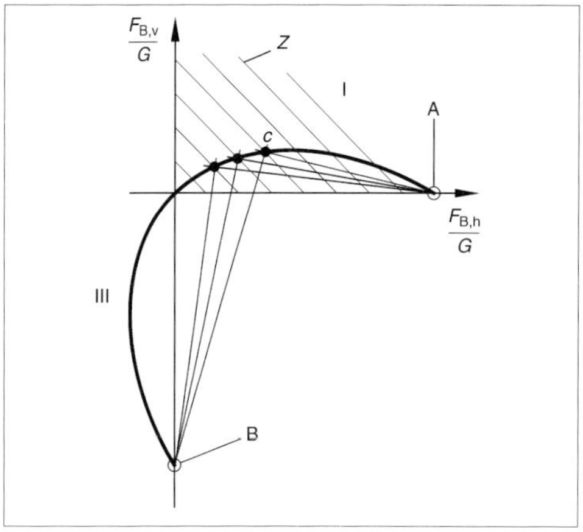

Bild 6-3 Diagramm der Tangentialkraftverteilung

Dieses stellt eine Parabel dar, welche die ideale Längskraftverteilung zwischen Vorder- und Hinterachse beschreibt. Im ersten Quadranten ist die ideale Bremskraftverteilung gezeigt und im dritten Quadranten die ideale Antriebskraftverteilung zur Fahrzeugbeschleunigung dargestellt. Bei Betrieb auf dieser Parabel wird der Kraftschluss zwischen Reifen und Fahrbahn an Vorder- und Hinterachse gleich hoch beansprucht.

Folgende Gleichung beschreibt die Parabel:

$$\frac{F_{B,h}}{G_g} = \sqrt{\frac{(1-\Psi)^2}{4 \cdot \chi^2} + \frac{F_{B,v}}{\chi \cdot G_g}} - \frac{1-\psi}{2 \cdot \chi} - \frac{F_{B,v}}{G_g} \qquad (6.8)$$

Linien gleicher Verzögerung

Die Linien konstanter Abbremsung Z (konstanter Verzögerung) ergeben sich aus Gleichung (6.3) als Summe der bezogenen Bremskraftanteile von Vorderachse und Hinterachse. Damit stellen sie sich bei gleicher Maßstabsdarstellung als Geraden unter 45 Grad dar (vgl. Bild 6-3).

Linien konstanten Kraftschlussbeiwertes zwischen Reifen und Fahrbahn

Da die Bremskraft und Radlast linear über den Kraftschlussbeiwert zwischen Reifen und Fahrbahn gekoppelt sind, lassen sich die Linien konstanten Kraftschlussbeiwertes als Gerade aus zwei Punkten bilden. So müssen Geraden des Haftschlussbeiwertes der Hinterachse durch den Punkt A des Bildes 6-3 gehen. In diesem Punkt geht durch das Abheben der Hinterachse der Kraftschlussbeiwert auf null. Zum anderen muß die Gerade durch den Schnittpunkt der Idealverteilung mit den Linien gleicher Verzögerung gehen (Bild 6-3 Punkt C). Im Punkt B ist der Beschleunigungsanteil der Hinterachse maximal. Dieser Sonderfall zeigt das Abheben der Vorderachse. Die Linienschar Kraftschlussbeiwerte der Vorderachse kann durch Verbinden der Punkte C und B erstellt werden (siehe Bild 6-3).

Bremskraftverteilungsdiagramm

Aus dem ersten Quadranten des Diagramms zur Tangentialkraftverteilung leitet sich das Bremskraftverteilungsdiagramm (Bild 6-4) ab. Es stellt die in Bremssystemauslegung festgelegten Verhältnisse von Hinterachsbremskraft zur Vorderachsbremskraft dar. Die Fläche oberhalb der Parabel der Idealverteilung stellt die Bremskraftverteilungen dar, in welchen die Kraftschlussanstrengung der Hinterachse größer ist als die der Vorderachse. Bei Bremskraftverteilungen in diesem Bereich kann es somit zu einer überbremsten Hinterachse kommen. Im Bereich unterhalb der Parabel übernimmt die Hinterachse weniger Bremskraft als übertragbar wäre.

Bei der Bremssystemauslegung wird eine möglichst gute Annäherung an die Idealverteilung über alle Beladungszustände des Fahrzeugs angestrebt.

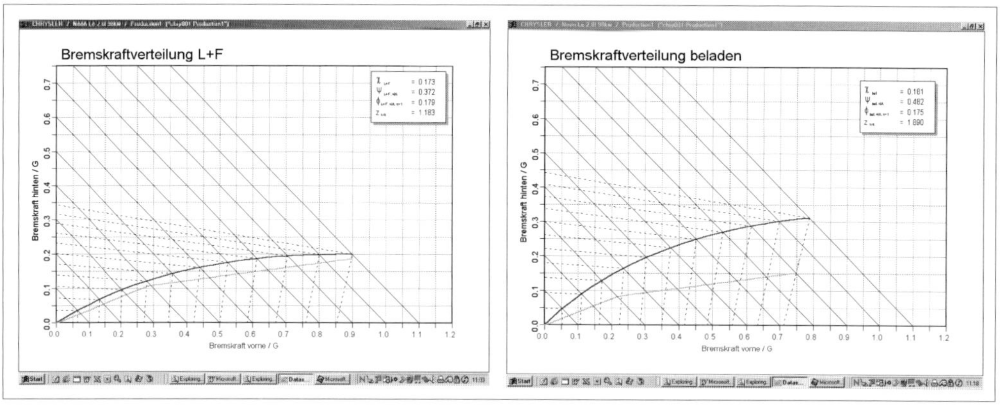

Bild 6-4 Bremskraftverteilungsdiagramm eines Kleinwagen (links: unbeladen mit Fahrer; rechts: beladen)

Bild 6-4 zeigt ein Bremskraftverteilungsdiagramm, in welchem die Idealverteilung und die sogenannte „installierte Bremskraftverteilung“ (abgeknickte Kurve) dargestellt sind. Die installierte Verteilung einer Bremsanlage stellt sich im Verteilungsdiagramm durch eine Gerade dar. Um eine bessere Annäherung an den Kurvenverlauf der Idealverteilung zu erreichen werden Bremskraft-Steuereinrichtungen an der Hinterachse eingesetzt. Die Funktion eines Druckminderers wird in Bild 6-4 durch einen Knick in der installiereten Bremskraftverteilung repäsentiert.
Zur Verbesserung der Haftwertausnutzung werden verschiedenste Bauarten von Bremskraftsteuereinrichtungen eingesetzt. Als Bauformen werden festeingestellte-, lastabhängige- und verzögerungsabhängige Bremsdruckminderer verwendet. Mit dem Einsatz moderner ABS Anlagen wurde die Aufgabe der Druckbegrenzung durch die ABS Anlage übernommen. Die elektronische Bremskraftverteilung basiert auf Erkennung der Annäherung an die Haftgrenze bzw. Idealverteilung durch eine Radschlupfmessung.
Das Bremskraftverteilungsdiagramm stellt verschiedene in der Bremsentechnik wichtige Parameter dar:

Idealverteilung (unbeladen/beladen):

Bild 6-4 stellt im linken Teil die installierte Verteilung eines Kleinfahrzeuges, im unbeladenen Zustand mit Fahrer dar. Bezogen auf die Bremsstabilität ist der unbeladene Fahrzustand der kritischere Fall, bei welchem ein Überbremsen der Hinterachse mit dem damit verbundenen Verlust an Stabilität zu vermeiden ist. In der dargestellten Bremsauslegung ist ein Bremsdruckminderer eingesetzt um ein Überbremsen der Hinterachse im mittleren Verzögerungsbereich zu verhindern.
Im rechten Teil von Bild 6-4 ist das gleiche Fahrzeug im beladenen Zustand dargestellt. Hier wird deutlich, dass beim beladenen Fahrzeug der mögliche Haftwert der Hinterachse durch die installierte Verteilung nicht voll ausgenutzt wird. Die installierte Verteilung bremst unterhalb der idealen Bremskraftverteilung. Fest eingestellte Druckminderer haben prinzipiell im beladenen Zustand eine ungünstige Haftwertausnutzung. Durch den Einsatz eines lastabhängigen Bremsdruckminderers kann die Haftwertausnutzung verbessert werden.

Z-kritisch:

Unter $Z_{krit.}$ versteht man die Verzögerung, bei welcher die installierte Verteilung die Idealverteilung schneidet. Bei größeren Verzögerungen wird die Hinterachse überbremst und das Fahrzeug instabil. Im dargestellten Beispiel liegt $Z_{krit.}$ unbeladen bei 11,5 m/s^2, im beladenen Zustand bei 18,5 m/s^2. Mit dieser Auslegung wurde somit ausgeschlossen, dass es im gesamten Verzögerungsbereich des Fahrzeuges zu einem Überbremsen der Hinterachse kommen kann.

Haftwertausnutzung/Effizienz:

Unter der Haftwertausnutzung versteht man den Grad der Annäherung an die Idealverteilung. So ist man bestrebt bei der Auslegung des unbeladenen Fahrzeuges eine möglichst hohe Haftwertausnutzung darzustellen. Im beladenen Zustand wird in Abhängigkeit von der Zuladung die Haftwertausnutzung schlechter. Dies bedeutet nicht gleichzeitig eine Verschlechterung des Gesamtverzögerungsverhalten des Fahrzeuges, sondern besagt lediglich, dass der Bremskraftanteil der Hinterachse unterhalb der übertragbaren Kräfte liegt.
Eine zu geringe Haftwertausnutzung der Hinterachse ist im Allgemeinen durch die gesetzlichen Anforderungen an die Ausfallkriterien beschränkt. So ist es erforderlich beim Ausfall eines Bremskreises im beladenen Zustand gesetzliche Mindestanforderungen zu erfüllen, was bei zu geringen Haftwertausnutzungen der Hinterachse schwer darstellbar ist. Bei Fahrzeugen mit hoher Zuladung muss deshalb die Haftwertausnutzung durch lastabhängige Druckminderer oder eine elektronische Bremskraftverteilung verbessert werden.

6.2 Grundlagen der Bremsenberechnung

Neben den Rahmenbedingungen gesetzlicher Vorschriften hat sich der Aufbau von Bremsanlagen zunehmend standardisiert, Bild 6-5. Die meistverbreitete Architektur besteht aus einem mit dem Pedalwerk verbundenen Bremspedal, welches auf die Eingangsstange des vakuumunterstützten Bremskraftverstärkers wirkt. Die Bremskraftverstärker und Hauptbremszylinder stellten den hydraulischen Druck bereit, der auf den Bremskolben der Radbremsen wirkt. Die dadurch erzeugte Spannkraft in der Bremse presst den Bremsbelag gegen die Bremsscheibe und erzeugt damit ein Bremsmoment. Der Zusammenhang zwischen Pedalkraft F_{Ped}, Bremsenspannkraft F_{Sp} und Bremsumfangskraft $F_{B,U}$ am Reibradius der Bremse wird durch die Gesamtverstärkung der Bremsanlage i_{ges}, bestehend aus äußerer Verstärkung $i_{\ddot{a}}$ und innerer Verstärkung (Bremsenkennwert) C^* hergestellt.

$$i_{\text{ges}} = i_{\ddot{a}} \cdot C^* \tag{6.9}$$

$$i_{\ddot{a}} = \frac{F_{\text{Sp}}}{F_{\text{Ped}}} = \frac{\text{Spannkraft}}{\text{Pedalkraft}} \tag{6.10}$$

$$C^* = \frac{F_{B,U}}{F_{\text{Sp}}} = \frac{\text{Bremsumfangskraft}}{\text{Spannkraft}} \tag{6.11}$$

Die Berechnungsgrundlagen dieser Übertragungskette einer konventionellen Bremsanlage sollen nachfolgend dargestellt werden.

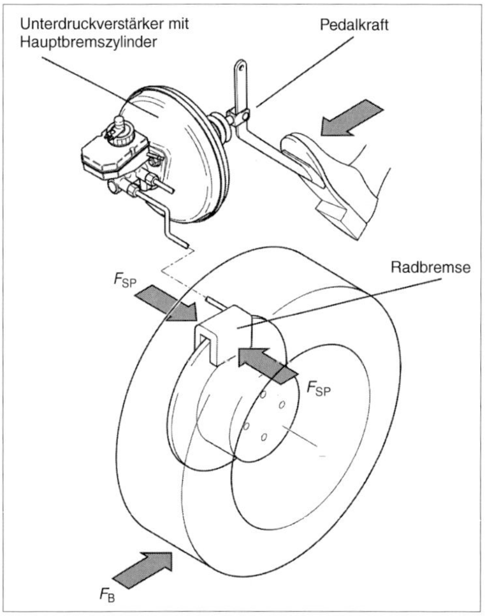

Bild 6-5 Übertragungskette einer konventionellen Bremsanlage

6.2.1 Pedaleinheit

Das Pedalwerk eines Personenkraftwagens stellt eine lineare Übersetzung dar. Somit überträgt sich die Pedalkraft (F_{Ped}) mittels der Pedalübersetzung (i_{Ped}) auf die Eingangsstange des Bremskraftverstärkers (F_E)

$$F_E = F_{\text{Ped}} \cdot i_{\text{Ped}} \tag{6.12}$$

6.2.2 Unterdruckverstärker mit Hauptbremszylinder

Im Unterdruckverstärker, Bild 6-6, betätigt die Eingangsstange das Ventil des Verstärkers und lässt somit Druck in die Arbeitskammer des Verstärkers einströmen. Das lineare Verstärkungsverhältnis eines Unterdruckverstärkers (i_{Vs}) ergibt sich aus den geometrischen Verhältnis von Fühlkolben zu Reaktionsscheibe. Die maximale Unterstützungskraft eines Verstärkers wird im Aussteuerpunkt erreicht, in welchem der gesamte Differenzdruck auf die Membranfläche des Verstärkers wirkt. Bei der Berechnung der Ausgangskraft (F_A) des Verstärkers ist die Rückstellfeder ($F_{F,\text{Vs}}$) des Verstärkers zu berücksichtigen. Somit stellt sich die Ausgangskraft des Bremskraftverstärkers (unterhalb des Aussteuerpunktes) wie folgt dar:

$$F_A = i_{\text{Vs}} \cdot i_{\text{Ped}} \cdot F_{\text{Ped}} - F_{F,\text{Vs}} \tag{6.13}$$

Die Maximalkraft im bzw. oberhalb des Aussteuerpunktes lässt sich als Summe von unterstützenden und hemmenden Kräften wie folgt berechnen:

$$F_A = i_{\text{Ped}} \cdot F_{\text{Ped}} + p_{\text{vac}} \cdot A_{\text{Vs}} - F_{F,\text{Vs}} \tag{6.14}$$

Der hydraulische Druck (p_{hyd}) im Bremssystem errechnet sich aus der Ausgangskraft des Verstärkers (F_A) und der wirksamen Fläche des Hauptbremszylinders (A_{HZ}) zu:

$$p_{\text{hyd}} = \frac{F_A}{A_{\text{HZ}}} = \frac{1}{A_{\text{HZ}}} \cdot (i_{\text{Ped}} \cdot F_{\text{Ped}} + p_{\text{vac}} \cdot A_{\text{Vs}} - F_{F,\text{Vs}}) \tag{6.15}$$

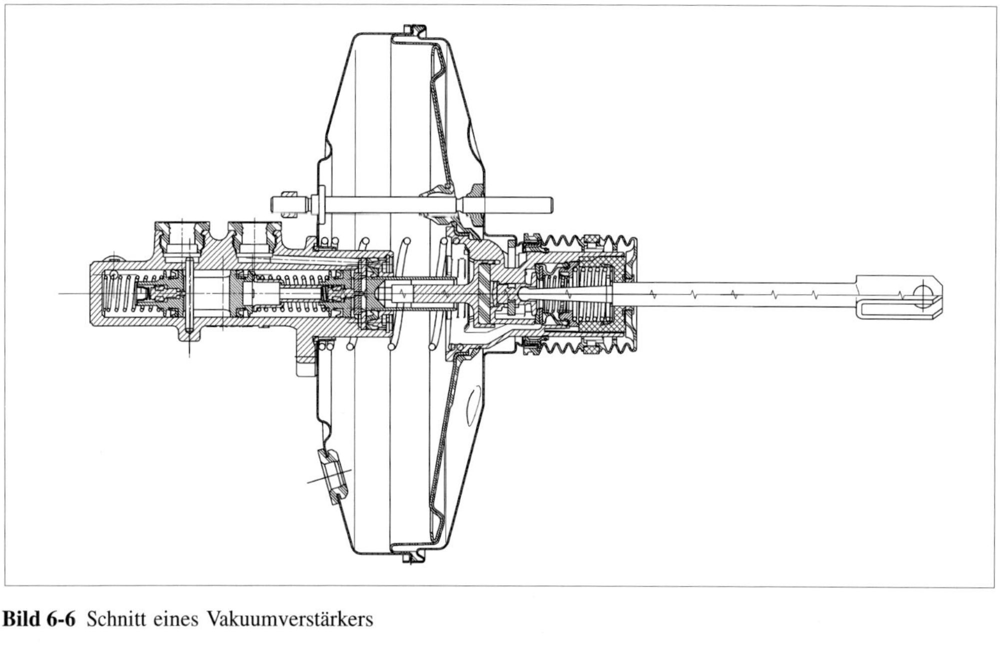

Bild 6-6 Schnitt eines Vakuumverstärkers

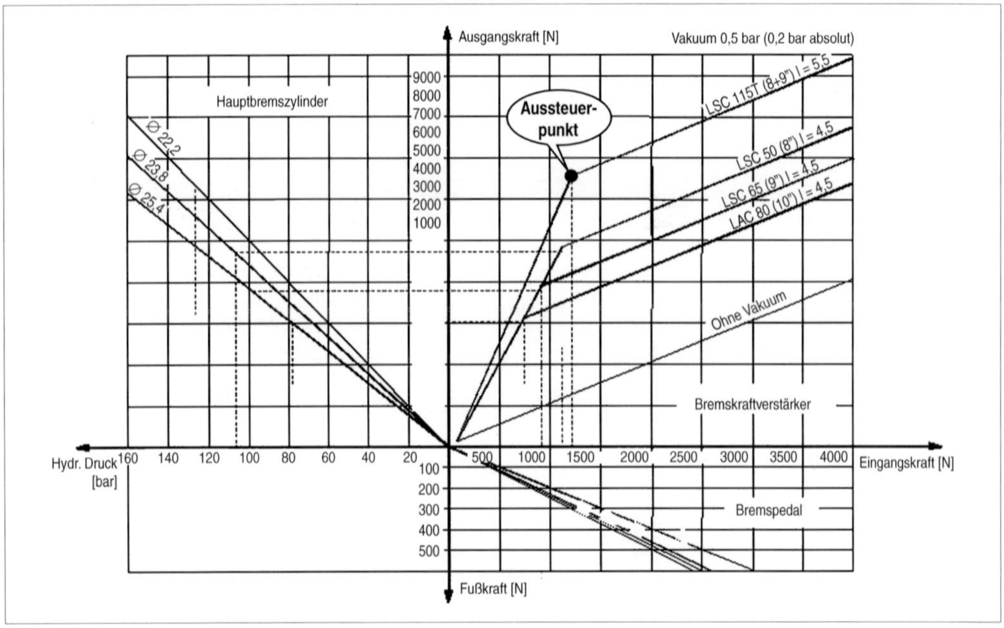

Bild 6-7 Hydromechanische Auslegung eines Bremssystems

Ein Überblick über die Übertragungskette und deren Auswirkung auf den hydraulischen Druck in der Bremsanlage stellt Bild 6-7 dar. Sie stellt drei Verstärkerkonfigurationen in Verbindung mit zwei Hauptbremszylindern dar. Mit Vergrößerung des Bremskraftverstärkers steigt der Aussteuerpunkt des Verstärkers an. Die Auslegung der Bremsanlage stellt sicher, dass der Aussteuerpunkt gegebenenfalls nur bei hoher Fahrzeugverzögerung im beladenen Zustand erreicht wird.

6.2.3 Bremse

Zur standardisierten Berechnung verschiedener Bremsenbauformen und deren Charakteristik (z. B. Scheibenbremsen, Trommelbremsen, Duo-Servo, usw.) wurde der Bremsenkennwert C^* (innere Übersetzung) definiert, der die Ausgangskraft (Bremskraft) im Verhältnis zur Eingangskraft (Spannkraft) darstellt. Dadurch wird eine von der Bauform der Bremse unabhängige Berechnungsgrundlage geschaffen, siehe Gl. 6.11.

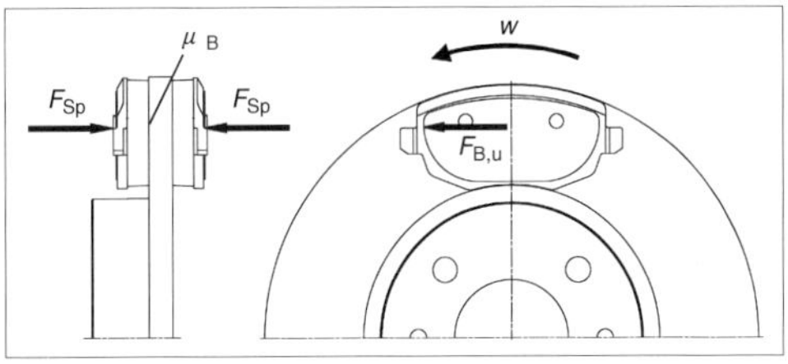

Bild 6-8 Aufbau und C^*- Wert einer Scheibenbremse

Die C^*-Werte verschiedenster Bauformen sind in ISO 611 zusammengefasst. Für die typischsten Bauformen gilt:

6.2.3.1 Scheibenbremse

$$C^* = \frac{F_{B,U,\text{ges}}}{F_{\text{Sp}}} = \frac{F_{B,\text{Backen}(1)} + F_{B,\text{Backen}(2)}}{F_{\text{Sp}}}$$

$$= \frac{F_{\text{Sp}} \cdot \mu_B + F_{\text{Sp}} \cdot \mu_B}{F_{\text{Sp}}}$$

$$C^* = 2 \cdot \mu_B \tag{6.16}$$

6.2.3.2 Trommelbremse

Der Aufbau einer Simplex-Trommelbremse ist in Bild 6-9 dargestellt. Die Simplexbremse ist die als Betriebsbremse am häufigsten verwendete Bauform einer Trommelbremse. Andere Bauformen von Trommelbremsen (z. B. Duo-Servo) werden aufgrund ihres hohen C^*-Wertes zumeist als Feststellbremse eingesetzt. Trommelbremsen erreichen eine höheren C^*-Wert aufgrund der Selbstverstärkung. Die Selbstverstärkung entsteht aus der im Gegensatz zur Scheibenbremse in Drehrichtung wirkenden Spannkraft. Damit kann je nach Bauform ein unterschiedlicher Selbstverstärkungseffekt erreicht werden.

Der Aufbau der Simplex-Trommelbremse besteht aus einem Festlager zur Abstützung der Kräfte und einem Radzylinder zum Aufbau der Spannkraft. Unter der stark vereinfachten Annahme, dass sich die am Bremsbelag wirkenden Kräfte auf einen Punkt

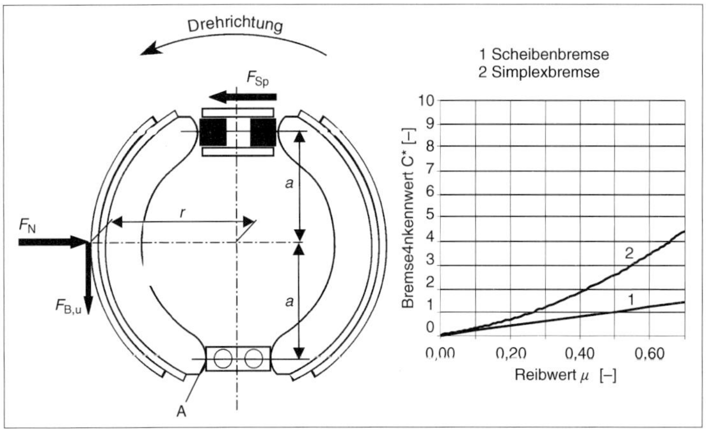

Bild 6-9 Aufbau und C^*-Wert einer Trommelbremse

zusammenfassen lassen kann die Selbstverstärkung der Trommelbremse (bzw. der Verstärkungsmechanismus) vereinfacht berechnet werden. Unter der Beachtung des Momentengleichgewichtes um den Kraftabstützpunkt (vgl. Bild 6-9-Punkt *A*) gilt:

$$F_{\text{Sp}} \cdot 2 \cdot a - F_N \cdot a + F_{B,U} \cdot r = 0 \tag{6.17}$$

ebenso gilt:

$$F_{B,U} = F_N \cdot \mu_B \tag{6.18}$$

eingesetzt

$$F_{\text{Sp}} \cdot 2 \cdot a - \frac{F_{B,U}}{\mu_B} \cdot a + F_B \cdot r = 0$$

$$F_{\text{Sp}} \cdot 2 \cdot a + F_{B,U}\left(r - \frac{a}{\mu_B}\right) = 0$$

Nach Definition von C^* gilt:

$$C^* = \frac{F_{B,U}}{F_{\text{Sp}}}$$

eingesetzt:

$$C^* = \frac{2}{\dfrac{1}{\mu_B} - \dfrac{r}{a}} \tag{6.19}$$

Somit ist bei der Trommelbremse der C^*-Wert eine Funktion des Belagreibwertes. Bild 6-9 stellt den C^*-Wert über dem Reibwert dar.
Somit lässt sich aus dem C^*-Wert der entsprechenden Bremsenbauform durch Multiplikation mit dem Druck (p_{hyd}) und der Bremskolbenfläche (A_{Bk}) die Spannkraft der Bremsanlage errechnen und somit mit dem effektiven Bremsradius (r_{eff}) auch das Bremsmoment.

$$M_B = r_{\text{eff}} \cdot A_{Bk} \cdot p_{\text{hyd}} \cdot C^* \tag{6.20}$$

Die Bremskraft aus einer Achse errechnet sich mit dem dynamischen Reifenhalbmesser (r_{dyn}) zu:

$$F_B = 2 \cdot \frac{p_{\text{hyd}}}{r_{\text{dyn}}} \cdot A_{Bk} \cdot r_{\text{eff}} \cdot C^* \tag{6.21}$$

6.3 Bremssystem-Auslegung

Die Auslegung von Bremssystemen ist heute ein Prozess, der mithilfe von Simulationswerkzeugen (vgl. 6.1.4) die Grundlagen der Bremsdynamik, Ausführung der Radbremsen sowie des gesamten Bremssystems auf theoretischer Basis berechnet und die zu erwartende Leistung der Bremsanlage mit den kundenspezifischen Anforderungen vergleicht. Im Anschluss an die Auslegung werden mit Unterstützung von Kundenspezifikationen die Einzelkomponenten in der Konstruktion detailliert. Bei der Auslegung spielen heute Kosten und die Verwendung von Standardbauteilen über mehrere Fahrzeugplattformen eine wichtige Rolle.
Zur Optimierung des Bremssystems, speziell im Bereich Komfort (Geräusche, Vibrationen), ist auch trotz modernster Methoden die Feinabstimmung im Fahrzeug erforderlich. Hier stellt das Schwingungsverhalten von Fahrwerksteilen (Achsbauteilen) und deren Zusammenspiel mit dem Bremssystem ein Feld für potenzielle Geräuschprobleme dar (siehe Kap. 23). Durch den Einsatz von Geräuschprüfständen mit Standard-Prüfmatrix ist in den letzten Jahren eine Reduzierung von Optimierungsschleifen erreicht worden.

6.3.1 Bremskreisaufteilung

Als eine der wesentlichen gesetzlichen Anforderungen an Pkw-Bremsanlagen ist die Zweikreisigkeit der Bremsanlage für zweiachsige Fahrzeuge vorgeschrieben. Die für Personenkraftwagen möglichen Bremskreisaufteilungen sind in DIN 74000 [4] zusammengefasst. Heute wird fast ausschließlich Diagonalaufteilung oder Vorderachs-, Hinterachs-Aufteilung in Fahrzeugen verwendet. Bild 6-10 stellt möglichen Bremskreisaufteilungen dar.

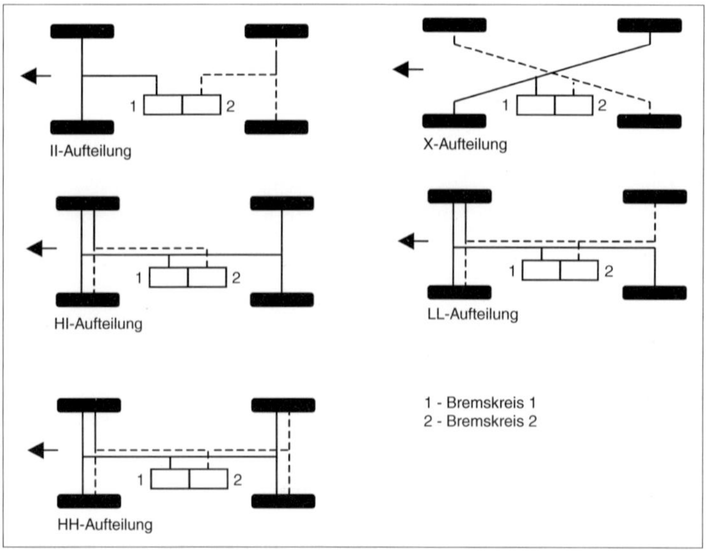

Bild 6-10 Bremskreisaufteilungen nach DIN 74000

Vorderachs-, Hinterachs-Aufteilung (II-Aufteilung):

Bei der Vorderachs-, Hinterachs-Aufteilung wirkt jeder Bremskreis des Hauptbremszylinders auf eine Achse. Die Kreisaufteilung wird auch als Schwarz/Weiß-Aufteilung bezeichnet. Sie findet vor allem bei Fahrzeugen mit hohen Hinterachslasten Anwendung, da beim Ausfall der Vorderachskreises noch ausreichend Bremswirkung an der Hinterachse vorhanden sein muss um die gesetzlichen Vorschriften zu erfüllen.

Diagonalaufteilung (X-Aufteilung):

Bei der Diagonalaufteilung wirkt ein Kreis auf ein Vorderrad und das jeweilige diagonal gegenüberliegende Hinterrad. Die Diagonalverteilung ist die meistverbreitete Bremskreisaufteilung und lässt sich auf nahezu alle Fahrzeugkonstellationen anwenden. Nachteilig ist das beim Ausfall eines Kreises wirkende Giermoment aufgrund des höheren Vorderachsbremskraftanteils.

Sonstige Bremskreisaufteilungen (HI-, LL-, HH-Aufteilung):

Ebenfalls in Bild 6-10 sind die Aufteilungen HI, LL, und HH dargestellt. Die Aufteilungen sind bei Personenkraftwagen weniger gebräuchlich. Sie finden bei leichten bis schweren Nutzfahrzeugen Anwendung. Diese Verteilung machen den Einsatz von Radbremsen mit Doppelkolben und separater Kreisaufteilung pro Kolben erforderlich. Diese Art der Radbremsen werden bei Personenkraftwagen aus Kostengründen nicht eingesetzt.

6.3.2 Auslegungskriterien für Bremssysteme

Die Bremsenauslegung ist ein iterativer Prozess, der unter Zuhilfenahme von Auslegungsprogrammen die Einzelparameter des Bremssystems zuerst grob festlegt, jedoch dann schrittweise diese Parameter variiert um die Auslegung zu optimieren.
Die Auslegungskriterien lassen sich in folgende Bereiche gliedern:

- Anforderungen der Bremsdynamik
- Anforderungen an Betätigungs- und Übertragungseinrichtung
- Thermische Auslegungskriterien
- Gesetzliche Anforderungen (siehe Kap. 27)

Anforderungen der Bremsdynamik:

Hierbei geht es um die Festlegung der installierten Verteilung im Bremskraftverteilungsdiagramm. Unter Verwendung von typischen Belagreibwerten in Verbindung mit den geometrischen Verhältnissen (r_{eff}) lassen sich mögliche Varianten von Kolbendurchmessern und das zugehörige Blockierdruckniveau festlegen. Als Richtwert ist bei $Z = 1$ g ein Blockierdruckniveau der Vorderachse von etwa 100 bar oder geringer anzustreben.
Zur Abstimmung der Verteilung von Hinterachse zu Vorderachse ist die Bremskraftverteilung des unbeladenen Fahrzeuges von besonderer Wichtigkeit. Hier ist die Festlegung von Z_{krit}, bzw. der Einsatz eines Bremsdruckminders oder von elektronischer Verteilung festzulegen.
Die Forderung, dass aus Stabilitätsgründen unter allen Beladungszuständen und Verzögerungen die Vorderachse zuerst blockiert, ist besonders zu prüfen.

Anforderungen an die Betätigungseinheit und die Übertragungseinrichtung:

Bei der Auslegung der Übertragungskette vom Fuß zur Radbremse wird im Allgemeinen auf Standardbauteile zurückgegriffen. So wird die Pedalübersetzung aus dem Vorgängerfahrzeug übernommen und somit reduziert sich der Freiheitsgrad der Auslegung auf die Festlegung der Größe des Bremskraftverstärkers und des Durchmessers des Hauptbremszylinders. Hierbei sind, ähnlich wie in Bild 6-7 dargestellt, verschiedene Kombinationen von Verstärker und Hauptbremszylinder zu betrachten und in Verbindung mit den bereits festgelegten Bremsen ist die Verzögerung im Aussteuerpunkt des beladenen Fahrzeugs festzulegen. Als Richtwert sollte der Aussteuerpunkt bei größer $Z = 0{,}9$ g erreicht werden.

Überprüfung des gewünschten Pedalgefühls:

Im nächsten Schritt ist die Überprüfung des gewünschten Pedalgefühls zu betrachten. Dieses wird im Allgemeinen vom Fahrzeughersteller innerhalb zulässiger Grenzen spezifiziert. Es wird durch die Diagramme des Pedalwegs bzw. der Pedalkraft über der Verzögerung dargestellt.
Zur Erreichung der gewünschten Betätigungskräfte muss genügend Unterstützungsenergie aus dem Bremskraftverstärker zur Verfügung stehen. Für die Wegcharakteristik ist die Steifigkeit der Bremsanlage in Verbindung mit dem gewählten Hauptbremszylinder ausschlaggebend.

Überprüfung gesetzlicher Ausfallkriterien:

Auf die Bauteile der Betätigungs- und Übertragungseinrichtung beziehen sich folgende gesetzliche Anforderungen:

- Ausfall der Energieversorgungseinrichtung (Verstärkerausfall)
- Ausfall von Übertragungseinrichtungskomponenten, wie Schläuchen und Bremsleitungen im sogenannten Kreisausfall.

Hierbei ist in Verbindung mit der gewählten Bremskreisaufteilung der Ausfall eines Bremskreises (Primärkreis oder Sekundärkreis) zu betrachten. In beiden Fällen ist das Bremssystem so auszulegen, dass bei 500 N Pedalkraft eine Mindestverzögerung von >3 m/s^2 erreicht werden kann.

Thermische Auslegung:

Die thermische Auslegung der Bremsanlage spielt für die Stabilität der Bremsleistung eine entscheidende Rolle. Durch steigende Fahrzeuggewichte und die hohen Fahrzeughöchstgeschwindigkeiten, speziell im europäischen Raum, werden hohe Anforderungen an die thermische Auslegung gestellt. Insbesondere wird auch die thermische Stabilität der Bremsanlage (Fading) durch die Automobilpresse geprüft und veröffentlicht. Die bei der Bremsung in Wärme umgewandelte Reibenergie wird aus der Reibfläche in die Bremsscheibe, in die Bremse oder über Konvektion an die Umwelt abgegeben. Bei der Auslegung sind hier entsprechende Belagflächen, Reibbelagmaterialien, sowie thermische Massen und

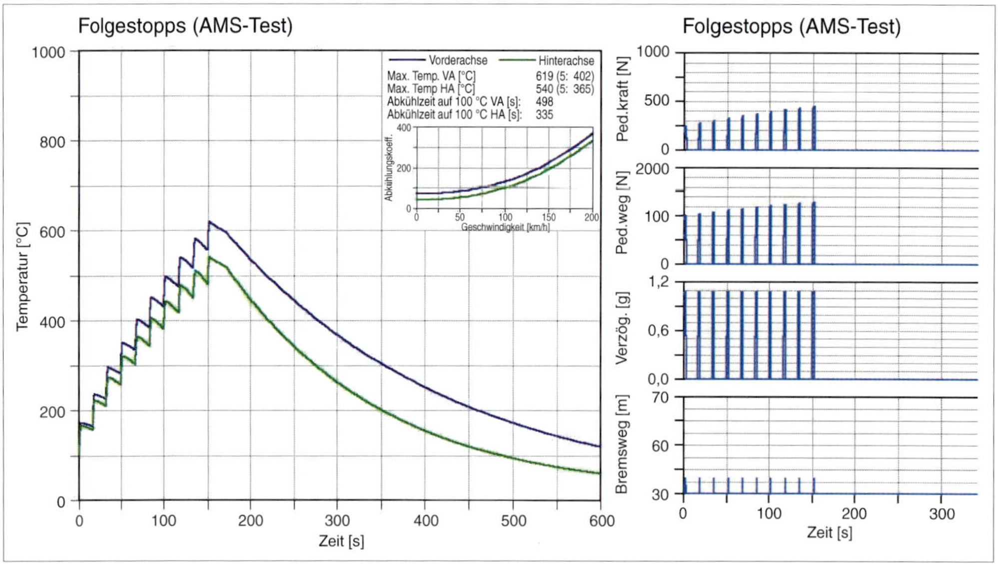

Bild 6-11 Simulation AMS Fading Test in der Auslegungsphase der Bremsanlage

eine ausreichende Kühlung der Bremsscheibe festzulegen.
Die Industrie hat hier eine Vielzahl von thermischen Anforderungskriterien entwickelt, die sich kundenspezifisch unterscheiden. Im Allgemeinen handelt es sich um Bergpassabfahrten (Großglockner, Stilfser Joch, etc.) sowie um Folgebremsungen, sogenannte Fading Tests. Als bekanntester ist der Auto Motor Sport Fading Test mit 10 Folgebremsungen aus 100 km/h zu nennen. Als Beurteilungskriterien dienen Temperaturverlauf, Pedalkraft, Pedalweg und Fahrzeugverzögerung.
Diese thermischen Anforderungen werden bereits in den Auslegungsprogrammen auf theoretischer Basis simuliert (Bild 6-11) und legen die erforderlichen thermischen Massen der Bremsanlage fest.

6.3.3 Auslegung von Radbremsen

Aufgrund der computerunterstützten Berechnungs-Möglichkeiten (CAE) ergeben sich wesentlich kürzere Entwicklungszeiten und weniger Versuchsschleifen. In der Vergangenheit wurde der Hauptentwicklungsaufwand für die Sicherstellung der erforderlichen Leistung und der Bauteilsicherheit eingesetzt, heute entfallen mehr als 80 % des Entwicklungsaufwands auf die Optimierung des Komforts (Vibrationen, Geräusche, Betätigungsgefühl) (Tabelle 6.1).

Hauptkriterien bei der Bremsenauslegung heute:

Bei einem Modellwechsel eines Fahrzeuges ist in der Regel eine Überarbeitung der Bremsanlage erforderlich. Gründe hierfür sind die steigenden Ansprüche an Komfort, Änderungen der Radgrößen und des Räderdesigns. Steigende Fahrzeuggewichte, geänderte Achslastverteilungen und der Einsatz von Regelsystemen haben in den letzten Jahren zu einer deutlich höheren Belastung der Radbremsen geführt.

6.3.3.1 Bremsleistung

Als Leistungskriterien eines Bremssattels werden die in Tabelle 6.2 genannten Betriebswerte herangezogen. Diese werden bei Projektbeginn in Lastenheften genau definiert.
Erreicht werden diese Vorgaben durch die Erweiterung des vorhandenen Bremsenportfolios mit optimierten Bremssätteln bezüglich Systemsteifigkeit und Belagfläche. Die verbesserte Systemsteifigkeit, dargestellt durch stärkere Gehäusebrückenquerschnitte in Höhe und/oder Breite, oder durch den Einsatz speziell für Hochleistungsanforderungen konstruierter Bremssättel, reduziert die Volumenaufnahme und verbessert das Ansprechverhalten. Des weiteren können das Ansprechverhalten und die Reduktion von Leerwegen durch die Optimierung der Belagabstützgeometrie und durch eine entsprechende Befederung erreicht werden. Auch die Art der Sattelführungssysteme hat hier Einfluss.
Eventuell auftretende Führungsgleitkräfte (Verschiebekräfte) können, je nach betrachtetem Bremssattelkonzept, durch gezielte Maßnahmen in den genannten Bereichen reduziert werden. Solche Maßnahmen wirken sich sowohl auf das Ansprech- als auch auf das Löseverhalten positiv aus.

6.3.3.2 Thermische Auslegung

Der Wärmehaushalt der Bremsanlage (Tabelle 6.3) wird hauptsächlich über die Auslegung der Bremsscheiben geregelt. Die durch die Bremsscheibe definierte Wärmespeichermasse beeinflusst wesentlich das thermische Verhalten der Bremssättel. Größere und schwerere Bremsscheiben haben mehr Wärme-

Tabelle 6.1 Vergleich Bremsenentwicklung 1990 und 2003

1990	2003
Grobe Auslegung der Bremssysteme basierend auf Erfahrungswerten und Entwicklung bis zur Vorserie parallel mit mindestens einem Wettbewerber	Nominierung des Lieferanten nach Angebotsabgabe basierend auf der Spezifikation des Lastenhefts
Konzeptausarbeitung mit anschließender Entwicklung von Prototypen	Computergestützte Auslegung (hydraulische Dimensionierung, thermische Auslegung und Lebensdauerauslegung) mit anschließender Entwicklung von Prototypen
Durchschnittlich 5 Baustufen zur Leistungsoptimierung bis zur endgültigen Bremsauslegung. Musterbau zur Definition des Einbauraums.	Zwei Baustufen zur Leistungsoptimierung. Zumeist Einbauraumsimulation im vituellen Bauraum. Vereinzelt auch Musterbau.
Durchschnittlich 3 weitere Baustufen zur Feinabstimmung im Fahrzeug bis zur Serienreife	Komfortoptimierung auf dem Prüfstand und im Fahrzeug mit durchschnittlich 3 Baustufen bis zur Serienreife
Gesamtentwicklungszeit 6–10 Jahre	Gesamtentwicklungszeit 2–4 Jahre

Tabelle 6.2 Leistungskriterien eines Bremssattels

Kriterium	Ziel-Werte 2003
Volumenaufnahme/Systemsteifigkeit	<1,7 ml bei 160 bar pro Bremssattel
Ansprechverhalten	Direktes eher scharfes Bremsgefühl, dosierbar, jedoch ohne Verlustwege
Wärmehaushalt	Gutes Abkühlverhalten, Ausreichende Leistungsreserven ohne Fading Probleme
Belaglebensdauer	Zwischen 30 000 km und 80 000 km je nach Applikation
Belagstandfestigkeit	10 Stops von 100 km/h auf 0 km/h ohne Fading, <38 m Bremsweg
Belagverschleißverhalten	Belagverschleiß <1 % bezogen auf die betrachtete Beläglänge/Höhe, Differenzverschleiß <5 %
Korrosionsbeständigkeit/Bauteillebensdauer	Lebensdauer >300 000 km oder >10 Jahre. Zustand des Aggregates ohne funktionelle Einschränkungen

speicherkapazität und sind damit besser in der Lage, die bei der Bremsung in Wärme umgewandelte kinetische Bewegungsenergie des Fahrzeuges aufzunehmen. So können Fading-Effekte des Belages, die durch Systemüberhitzung entstehen, vermindert werden. Natürlich gehen auch die Masse und das Material des Bremssattels und seiner Komponenten in die thermische Auslegung ein. Speziell auf die Temperatur der Bremsflüssigkeit haben sie einen wesentlichen Einfluss. Selbst die Oberflächengestaltung von Sattel und Scheibe erlaubt dem Konstrukteur das thermische Verhalten positiv zu verändern. Um die Auslegung der Anlage im Vorfeld exakt durchführen zu können, sind Informationen über die Luftströmungsverhältnisse am Unterboden des Fahrzeuges und im Radkasten von großer Bedeutung. In der Regel verfügt der Fahrzeughersteller im Anfangsstadium eines Projektes nicht über alle Daten. In diesem Fall kann man auf Werte von ähnlichen oder Vorgängermodellen zurückgreifen, um erste Berechnungen durchzuführen. Zusätzlich zu den Betrachtungen im Hochleistungsbereich ist auch das thermische Verhalten im normalen Fahrbetrieb zu beachten. Das Abkühlverhalten des Bremssattels nach einer Bremsbetätigung muss sich im üblichen Rahmen bewegen. Die Bremsscheibe sollte generell nach ca. einer halben Stunde im ungebremsten Fahrbetrieb eine Durchschnittstemperatur kleiner als 15 °C über Umgebungstemperatur erreichen, wenn vorher keine „Hochleistungsbeanspruchung“ vorlag. Das durch den Bremssattel erzeugte „Restschleifmoment“, hervorgerufen durch ungebremsten Kontakt zwischen dem Belag und der Scheibe, ist für die geringe Erhöhung gegenüber der Umgebungstemperatur verantwortlich. Hier hat die Konstruktion des Bremssattels mit Führungen, Abstützungen und Federn erheblichen Einfluss.

6.3.3.3 Lebensdauer/Verschleiß

Die übliche Bremssattellebensdauer wird durch ein Lastkollektiv von Bremsbetätigungen festgelegt, das 300 000 km und einem Zeitwert von 10 Jahren ent-

Tabelle 6.3 Maßgebliche Richtgrößen für die thermische Auslegung

Kriterien	**Ziel Werte 2003**
Bremsscheiben-Oberflächen Temperatur	<600 °C
Bremsflüssigkeits-Temperatur Passabfahrt	<180 °C
Bremsflüssigkeits-Temperatur Hochleistungsstops	<180 °C
Belagrückenplatten-Temperatur	<400 °C
Kritische Temperaturen beim Einsatz von Aluminium Legierungen	<180 °C
Kritische Temperaturen für Bremsschläuche	<150 °C

spricht. Die Bauteile sind somit auf ein Lastkollektiv von Betätigungen oder zeitfest, jedoch nicht dauerfest ausgelegt. Diese Vorgehensweise ist notwendig, um alle Zielvorgaben, besonders die der geforderten Gewichte und der Kosten zu erreichen. Mit Einführung der auf drei Jahre verlängerten Garantieleistung wird sich dieser Wert voraussichtlich auf eine Kilometerleistung von 400 000 km und eine Fahrzeuglebensdauer entsprechend von 15 Jahre erhöhen. Betrachtet man die verschiedenen Bremssattelkonzepte, so kann generell gesagt werden, dass die Bremssattelgehäuse üblicherweise auf Steifigkeit optimiert sind, um möglichst wenig Verformung und Bremsflüssigkeits-Volumenaufnahme zu erreichen. Daher haben diese Bauteile in der Regel ein mehrfaches der geforderten Lebensdauer. Dies gilt jedoch nicht für Aluminium-Gehäuse. Bei Aluminium wird jede Temperaturbeanspruchung im Werkstoff als Belastung kumuliert und der Werkstoff verliert über der Zeit und abhängig von Anzahl und Größe der aufgetretenen Belastungen an Festigkeit und damit an Lebensdauer.

Die Bremsträger werden oftmals auch als Halter oder Stator bezeichnet. Sie sind das schwächere Glied in der Kette. Bei den auftretenden starken Umfangskräften (20–40 kN), mit welchen diese Bauteile belastet werden, wird oftmals die Grenze der erforderlichen Lebensdauerwerte erreicht.

Geprüft werden die Bauteile heute, nachdem eine präventive Lebensdauerberechnung (FEM) für den Prototypen durchgeführt wurde, mittels empirisch ermittelten Lastkollektiven auf sogenannten Resonator-Testständen. Nach der Ermittlung der Bruchzonen und der entsprechenden Kennwerte folgen sogenannte Erfolgsläufe auf Dauertestprüfständen, um die erlangten Ergebnisse zu verifizieren.

Zur Lebensdauer einer Bremsanlage gehört auch die Belaglebensdauer. Es gibt unterschiedliche Forderungen vom Fahrzeughersteller und vom Endverbrauchermarkt. Diese reichen von 30 000 km bis 80 000 km Belaglebensdauer. Der Trend geht hier zu steigenden Kilometerleistungen. Beläge dürfen nur in sehr begrenztem Maße tangentialen oder radialen Schrägverschleiß aufweisen oder unterschiedlichen Verschleiß zwischen Außen- und Innen-Belag. Auch diese Anforderungen sind vom Fahrzeughersteller abhängig und reichen von festen Größen im Bereich von Zehntel mm bis zu prozentualen Angaben bezogen auf die eingesetzte Belaggeometrie.

Ein weiterer Gesichtspunkt ist der unterschiedliche Verschleißzeitraum bei Vorderachsbremsen gegenüber Hinterachsbremsen. Mit Einführung von Regelsystemen ist es möglich, die geometrisch und physikalisch gegebenen Grenzwerte, wie beispielsweise die Bremskraftverteilung im Fahrzeug, besser auszunutzen. Damit steigt die Belastung für die Hinterachsbremssättel stark an. Der Verschleißzeitraum der Hinterachsbremsbeläge war in der Vergangenheit etwa doppelt so lang wie der für Vorderachsbremsbeläge. Heute sind die Zeiträume etwa gleich. Dies führt zwangsläufig zum Einsatz größerer und dickerer Bremsbeläge an der Hinterachse und damit zu größeren Bremssätteln und zu mehr Gewicht. Gegenmaßnahmen zur Verbesserung der Verschleißwerte sind z. B. desachsierte Kolben oder Bleche, die durch Druckpunktverlagerung ausgleichend wirken.

Das Belagverschleißverhalten, insbesondere der Tangentialverschleiß, konnte mit Einführung der Gehäusedesachsierung, d. h. der tangentialen Verlagerung der Zylinderachse aus der geometrischen Mitte des Gehäuses heraus, verbessert werden. Die Belagfläche und ein gut dimensionierter Wärmehaushalt gehen direkt in die Belaglebensdauer und Belangstandfestigkeit ein. Dies bedeutet, dass alle Modifikationen, inklusive der verbesserten Korrosionsschutzmaßnahmen, die Leistungsreserven und auch die Lebensdauer des Bremssattels steigern.

6.3.3.4 Komfort

Als nächste wichtige Kenngröße bei der Bremssattelauslegung dient die Komfortbeurteilung.

Wichtigste Merkmale sind hier:

- Klapper-Klackgeräusche
- Bremsen-Quietschen
- Bremsen-Rubbeln
- Klebende Beläge auf der Scheibe
- Bremsen-Knarzen
- Schleifgeräusche
- Dickenabweichungen der Bremsscheibe

Gegen Klappergeräusche wirken beispielsweise genauere Führungen. Die Führungsspiele sollen eng toleriert werden, damit bei Bewegungen keine große Bauteilbeschleunigung aufkommen kann, die bei hohen Beschleunigungen zum Klappern führt.

Gegen Klackgeräusche, die durch das Belagspiel in tangentialer Richtung ermöglicht werden, kann eine entsprechende Belagbefederung eingesetzt werden. Diese dämpft die Belagbewegung und ermöglicht sogar größere, für Korrosion unempfindlichere Belagspiele. Auch Schleifgeräusche und Bremsscheibendickenabweichungen werden durch exaktere Belagführungen reduziert. Die Entkopplung von Belag und Gehäuseführung wirkt sich vorteilhaft im Hinblick auf das Bremsenquietschen aus. Hier ist strikt darauf zu achten, dass stabiles Kontaktverhalten zwischen den betroffenen Bauteilen (Gehäuse, Belag, Halter, Führungselemente) erzeugt wird.

Klebende Beläge, Bremsen-Knarzen und Rubbeln sind Phänomene, deren Ursache in der Reibpaarung zwischen Bremsbelag und Bremsscheibe zu suchen ist. Während der Entwicklung des Projekts werden Belagqualitäten optimiert, um die Reibpartner aufeinander abzustimmen.

Der Ablauf der Komforterprobung wurde in den letzten fünf Jahren deutlich verändert. Standardmäßig werden sogenannte Matrix-Tests mit kompletten Achsaufbauten bestehend aus den Originalfahrzeugteilen während der gesamten Entwicklungszeit begleitend durchgeführt. Diese Versuchsaufbauten sind in der Lage, automatisch alle in der Praxis vorkommenden Bremsbetätigungszustände abzuprüfen. Das Ergebnis solcher komplexer Testabläufe gibt dem Entwickler schon im Vorfeld, ohne ein Fahrzeug bewegt zu haben, Aufschlüsse über das Komfortverhalten (im Hinblick auf Geräusche und Vibrationen) des Achs- und Bremssystem-Konzepts. Im Laufe mehrerer Entwicklungsprojekte hat sich eine Erfahrungskurve herausgebildet, die eine Korrelation zwischen Prüfstandsversuchen und zu erwartender Kundenbeurteilung ermöglicht. So stellt Bild 6-12 das Ergebnis des Prüfstandstests der Basisvariante einer Scheibenbremse ohne Geräuschmaßnahmen (rot), sowie die Ergebnisse von drei Geräuschverbesserungen der Bremse dar. In der Darstellung wird die kumulierte Anzahl von Geräuschereignissen über der entsprechenden Lautstärkeklasse aufgetragen. Als Bewertungsskala wurde die in der Automobilindustrie oft verwendete Bewertungsskala von 1–10 verwendet. So stellt die Bewertung 8 (blaue Linie) einen guten Serienstand dar.

Trotz großer Vorarbeit mittels der oben erwähnten Matrix-Tests, die selbstverständlich von theoretischen Untersuchungen wie Schwingungsberechnungen und Modalanalysen bis hin zur Systemsimulation begleitet werden, kann auf eine endgültige Fahrzeugerprobung zur Verifizierung der Ergebnisse nicht verzichtet werden. So lassen sich durch die Untersuchungen von kompletten Achsen in Verbindung mit dem Bremssystem viele Frequenzbereiche und Geräuschprobleme untersuchen, jedoch lässt sich die Anbindung der Achsbauteile und die Steifigkeit in der Anbindung nur im Fahrzeug vollständig darstellen. Deshalb sind trotz guter Korrelation zwischen Prüfstand und Fahrzeug Felderprobungen im Fahrzeug notwendig.

Die zu Anfang getroffene Aussage, dass mehr als 80 % des Entwicklungsaufwandes heute der Komfortoptimierung dienen, lässt schon erahnen, dass hier nicht nur geprüft wird. So werden mit verschiedensten Untersuchungsmethoden Lösungen für Geräusch- und Vibrationsprobleme erarbeitet, um dem Endverbraucher ein ausgereiftes Produkt zu bieten. Bei allen Maßnahmen zur Geräuschvermeidung handelt es sich um die Vermeidung von Resonanzschwingungen des Gesamtsystems, bis hin zu Schwingungen von Einzelkomponenten. Grundsätzlich werden je nach Situation verschiedene Maßnahmen angewendet:

- Konstruktive Maßnahmen zur Veränderung der Systemsteifigkeit
- Konstruktive Maßnahmen zur Beeinflussung des Kraftflusses
- Massen zur Veränderung von Bauteilschwingen
- Schwingungstilger zur Erzeugung gegenphasiger Schwingungen
- Dämpfungselemente zur Verhinderung von Schwingungsübertragung
- Tribologische Maßnahmen um Reibpaarungen zu optimieren

Ein analytisches Werkzeug, um vor der „Hardware"-Erprobung eine Aussage über die Geräuschempfindlichkeit eines Produkts zu treffen, existiert derzeit noch nicht. Ansatzweise befinden sich solche Werkzeuge in der Entwicklung. Bis zur sicheren Anwendung und Verifizierung werden jedoch noch viele Tests und Verbesserung der Methoden benötigt. Leider gibt es kein generelles „Rezept", um einen Bremssattel unabhängig vom eingesetzten Konzept bereits in der Entwurfphase geräuschfrei zu konzipieren. Jeder Anwendungsfall unterliegt eigenen Gesetzen und Abhängigkeiten und muss daher separat betrachtet werden.

Zum Komfort für den Endverbraucher zählen neben Geräuscharmmut und Vibrationsfreiheit des Bremssattels auch zusätzliche Einrichtungen wie beispiels-

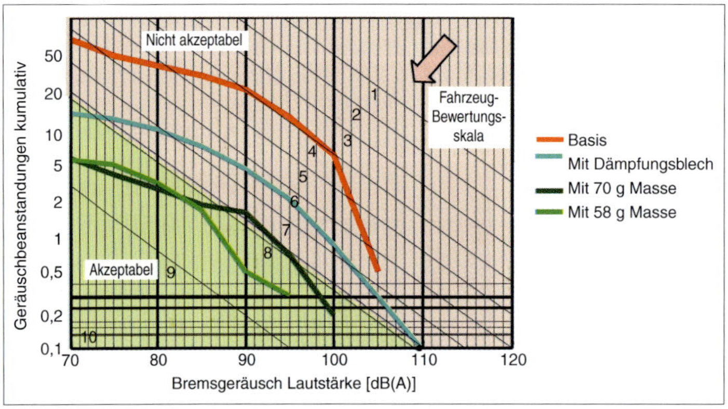

Bild 6-12 Erfahrungskurve zur Geräuschbeurteilung

weise Belagverschleißwarnsysteme, bis hin zur kontinuierlichen Belagwarnung werden verschiedenste Varianten verbaut.

6.3.3.5 Kosten

Die Kosten und damit verbunden der erreichbare Marktpreis eines Bremssattels sind Schlüsselgrößen, um als Bremssystemhersteller erfolgreich zu sein. Es ist daher notwendig das optimale Fertigungskonzept für den jeweiligen Satteltyp zu entwickeln und an ständigen Verbesserungen/Einsparpotenzialen zu arbeiten, um die Produktivität zu steigern. Dies hat selbstverständlich einen erheblichen Einfluss auf die konstruktiven Details eines Bremssattels. Standardisierung, Variantenreduzierung, globale Verwendung von Gleichteilen (Normteile) sind Wege, um das Produkt kostengünstig zu gestalten. Weitere Möglichkeiten sind durch die Standardisierung von Fertigungsprozessen, die Optimierung der Lieferkette und der Logistik gegeben.

6.3.3.6 Gewicht

Die sparsame Verwendung von Rohstoffen stellt das den Funktionsanforderungen entsprechende, optimale Gewicht sicher. CAE-Werkzeuge zur Optimierung der Topologie helfen, die Gewichtsziele zu erreichen. Der Einsatz von alternativen Materialien wie Aluminium für Gehäuse bzw. Kolben oder Kunststoff für Bremskolben reduziert das Gewicht. Sie verändern jedoch gleichzeitig die Produktkosten und den technischen Freigabe- und Prüfaufwand. Für zukünftige Bremssattelgenerationen wird auch die Substitution von Stahl als Belagrückenplattenmaterial durch Aluminiumlegierungen oder Kunststoff untersucht.
Da in den aktuellen Fahrzeugen Bremskonzepte von 14-Zoll-Einbauräumen bis hin zu 18-Zoll-Einbauräumen mit unbelüfteten oder belüfteten Bremsscheiben eingesetzt werden, sind die Systemgewichte stark unterschiedlich. Bremssättel bewegen sich in der Regel zwischen 4,5 kg und 8 kg pro Sattel. Aluminium-Festsättel liegen deutlich unterhalb dieser Gewichte (2,8 kg bis 4 kg). Sie unterliegen jedoch anderen Einschränkungen, die einen Einsatz über eine gesamte Fahrzeugpalette unwirtschaftlich machen. Die Verwendung von Leichtbaumaterialien erfordert spezielle Auslegung von Wandstärken und auch im Hinblick auf die Steifigkeit des Sattels größere Querschnitte, um vergleichbare Funktionswerte zu erreichen. Dies bedeutet Einschränkungen bei der Größe der verwendbaren Bremsscheiben oder der Radgröße.

6.3.4 Auslegung von Bremsregelsystemen

Schlupfregelsysteme haben im europäischen Raum einen sehr hohen Ausrüstungsgrad in Fahrzeugen erreicht. Seit der Einführung von ABS im Jahre 1978, haben sowohl Antriebschlupfregelsysteme (ASR) als auch Stabilitätsregelsysteme wie elektronisches Stabilitäts-Programm (ESP) zur aktiven Fahrsicherheit beigetragen.
Die Optimierung der Kosten dieser Systeme hat dazu geführt, dass sich die Architekturen der einzelnen Hersteller angeglichen haben und heute einen ähnlichen Grundaufbau aufweisen. So hat sich die sogenannte geschlossene Architektur durchgesetzt. Geschlossen deshalb, da mit der Betätigung des Bremspedals ein abgeschlossenes Bremsflüssigkeitsvolumen entsteht, welches während der Druckregelung gegen das Bremspedal zurückgefördert wird und dadurch die Pedalpulsation erzeugt. Bild 6-13 zeigt den hydraulischen Aufbau einer geschlossenen Anlage und dessen Komponenten.
Offene Systeme sahen eine Rückförderung in den Flüssigkeitsbehälter vor, wodurch jedoch zusätzliche Sensoren erforderlich wurden. Typische Vertreter der offenen Architektur sind das Teves MK II und das Teves MK IV. Bild 6-14 zeigt den hydraulischen

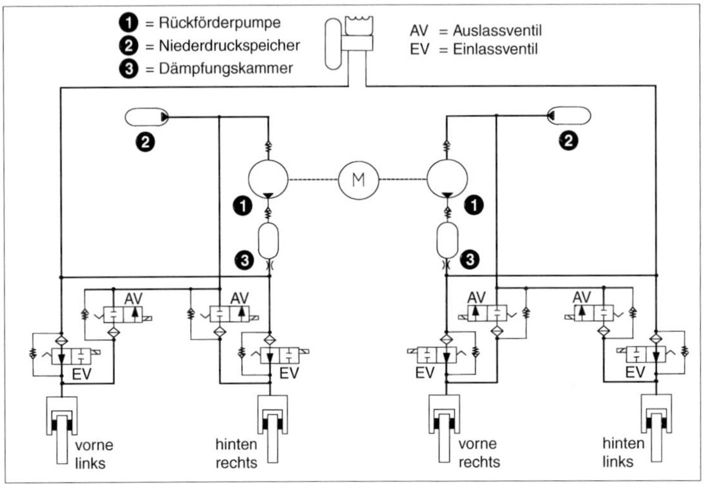

Bild 6-13 Hydraulischer Aufbau eines ABS-Systems mit geschlossener Architektur

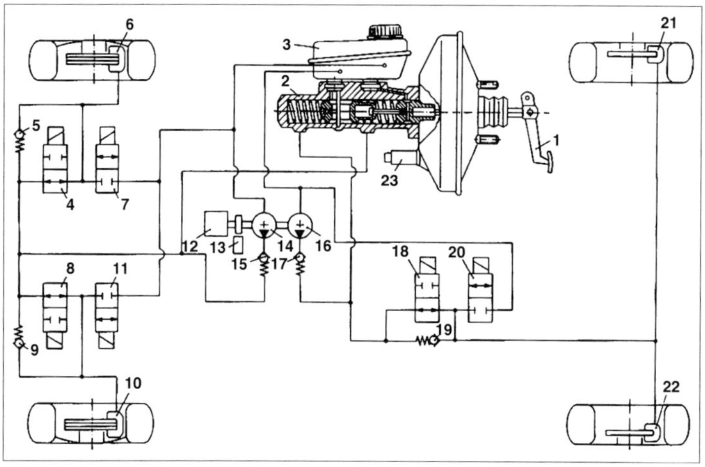

Bild 6-14 Hydraulischer Aufbau einer ABS Anlage mit offener Architektur

Schaltplan einer Teves MK IV Anlage mit der Rückförderung in den Flüssigkeitsbehälter.
Im Einzelnen beinhaltet eine ABS-Anlage (siehe Bild 6-13):

- Einlaß- und Auslaßventil mit Blende zur Steuerung des Raddruckes
- Rückförderpumpe
- Elektromotor
- Niederdruckspeicher
- Dämpferkammer
- Anbausteuergerät
- verschiedene Rückschlagventile

Die Blockiertendenz eines gebremsten Rades wird vom ABS-Steuergerät erkannt und löst das Schließen des Isolationsventils aus, um einer weiteren Erhöhung des Radbremsdrucks entgegenzuwirken. Um das Rad wieder zu beschleunigen, muss der Bremsdruck in der Radbremse verringert werden. Dies erfolgt über das Abbauventil. Es gibt den Weg in den Niederdruckspeicher frei und reduziert den Druck solange, bis das Rad wieder beschleunigt. Die Motorpumpeneinheit fördert die im Niederdruckspeicher zwischengespeicherte Bremsflüssigkeit zum Bremspedal zurück und erzeugt damit die für konventionelle ABS-Anlagen typische Pedalpulsation. Mit der Radbeschleunigung beginnt das System mit der Aufbaupulsreihe um den Fahrbahnhaftwert optimal auszunutzen, bis ein erneuter Radeinbruch das Ende des Kraftschlusspotential aufzeigt und ein erneuter Druckabbauzyklus beginnt. Die ABS-Anlage optimiert individuell den Kraftschluss der beiden Vorderräder und regelt aus Stabilitätsgründen an der Hinterachse nach dem select-low-Prinzip.

6.3.4.1 Auslegungskriterien für ABS-Anlagen

Bei der Applikation eines ABS-Systems werden im Entwicklungsprozess weitgehend standardisierte ABS-Systeme eingesetzt. Verschiedene Elemente eines Regelsystems werden auf die Bremsanlage abgestimmt. Es ist dabei zwischen Parametern zu unterscheiden, die in der Software des Regelsystems angepasst werden und den Parametern, die dem Bereich der Hardware (z. B. Blenden, Pumpen, usw.) zuzuordnen sind. So werden in den folgenden Abschnitten zuerst die Parameter der Hardware und deren Auswirkung bzw. Wechselwirkung mit dem Bremssystem erläutert. Im Anschluss werden Kriterien zu Systembewertung dargestellt, die im Applikationsprozess durch Anpassung von Software-Parametern eingestellt werden können.

Blendenauslegung:

Um eine hohe Regelgüte im Druckaufbau und im Druckabbau eines ABS-Systems zu erreichen, muss sowohl die Einlassblende als auch die Auslassblende an die Bremsengröße angepasst werden. So ist innerhalb der kleinsten Schaltzeit eines Magnetventils eine Druckauflösung zu erreichen, die es erlaubt, in allen Druckbereichen der Bremsanlage den Bremsdruck präzise zu erhöhen oder zu verringern. Die erforderliche Dynamik eines Druckaufbaus liegt oberhalb 750 bar/s. Im Druckabbau sind Werte größer 1000 bar/s erforderlich.

Geringe Bedrosselung des Bremspedalgefühls:

Die ABS-Anlage befindet sich zwischen den Ausgängen des Hauptbremszylinders und den Radbremsen. Beim Bremsen außerhalb der ABS-Regelung hat diese idealerweise keinen Einfluss auf das Pedalgefühl der Bremsanlage. Bei sehr schnellen Betätigungen des Bremspedals kann es zu leichten Bedrosselungen durch die Einlassblende des ABS-Systems kommen. Strömungstechnisch optimierte Magnetventile oder sogenannte Schaltblenden konnten die Bedrosselung des Pedalgefühls nahezu vollständig eliminieren.

Auslegung der Pumpenleistung:

Bei den ersten Generationen von ABS-Systemen war die Anforderung an die Pumpenauslegung das Absinken des Bremspedals gegen die Pedalkraft des Fahrers zu verhindern. Dies führte zu großen Pumpenleistungen und entsprechend lauten Geräuschen. In neueren Generationen spielt die Verbesserung des Pumpengeräusches und die bedarfsorientierte Ansteuerung des Pumpenmotors eine zunehmende Rolle. Als Kriterium für die Pumpenauslegung gilt weiterhin die Anforderung, gegen den Bremsdruck des Fahrers den Niederdruckspeicher leerzupumpen. Zur Erfüllung der Geräuschanforderung wird eine pulsweitenmodulierte Ansteuerung des Motors eingesetzt, welche die Motordrehzahl entsprechend der erforderlichen Förderleistung steuert.

Auslegung des Niederdruckspeichers:

Der Niederdruckspeicher unterstützt den schnellen Druckabbau aus der Radbremse. Von dort wird die Bremsflüssigkeit über die Pumpe gegen das Pedal zurückgefördert. Bei der Auslegung der Größe des Niederdruckspeicher ist die Bremsengröße entscheidend. So muss bei einer Reibwertänderung von Hochreibwert zum Niedrigreibwert die gesamte Bremsflüssigkeit im Niederdruckspeicher zwischengespeichert werden, um ein Blockieren des Rades zu verhindern.

Beurteilungskriterien der Systemleistung:

- Bremswege auf unterschiedlichen Fahrbahnreibwerten
- Spurstabiles Bremsen in der Kurve auf unterschiedlichen Fahrbahnreibwerten
- Stabiles Bremsen auf Fahrbahnen mit unterschiedlichen Reibwerten (μ-Split)
- Lenkbarkeit und Folgeverhalten auf Lenkeingaben
- Regelkomfort
- Pedalvibration
- Regelgeräusch

6.3.4.2 Auslegungskriterien für die Antriebsschlupfregelung

Antriebschlupfregelsysteme (ASR) unterstützen den Fahrer mit einer Radschlupfregelung während des Beschleunigens durch eine Antriebsmomenten-Reduktion und/oder Bremseneingriff am durchdrehenden Rad. Dies führt bei frontgetriebenen Fahrzeugen zu einer besseren Traktion, bei heckgetriebenen Fahrzeugen werden die Traktion und die Stabilität verbessert. Hierzu wird eine Momentenreduktion vom ASR-Steuergerät zum Motorsteuergerät kommuniziert. Durch die Erweiterung der Fähigkeiten der ABS-Hydraulik zum selbstständigen Druckaufbau (ohne Bremskraft des Fahrers) kann ein ASR-System die Traktion und Stabilität des Fahrzeuges verbessern.

Eine ASR-Hydraulik zeichnet sich durch vier zusätzliche Magnetventile aus. Bild 6-15 zeigt den hydraulischen Aufbau eines ASR-Systems. Durch die Verwendung einer selbstansaugenden Pumpe kann über das Saugventil Bremsflüssigkeit vom Hauptbremszylinder angesaugt werden. Durch Schalten des Trennventils wird der Pumpenausgang vom Hauptbremszylinder isoliert und das geförderte Volumen kann Bremsdruck in der Radbremse aufbauen. Der Bremsdruck verringert den Antriebsschlupf des durchdrehenden Rades und leitet damit das Antriebsmoment auf das andere Rad der Antriebsachse über.

Bei der Auslegung einer ASR-Anlage sind folgende Kriterien zu berücksichtigen:

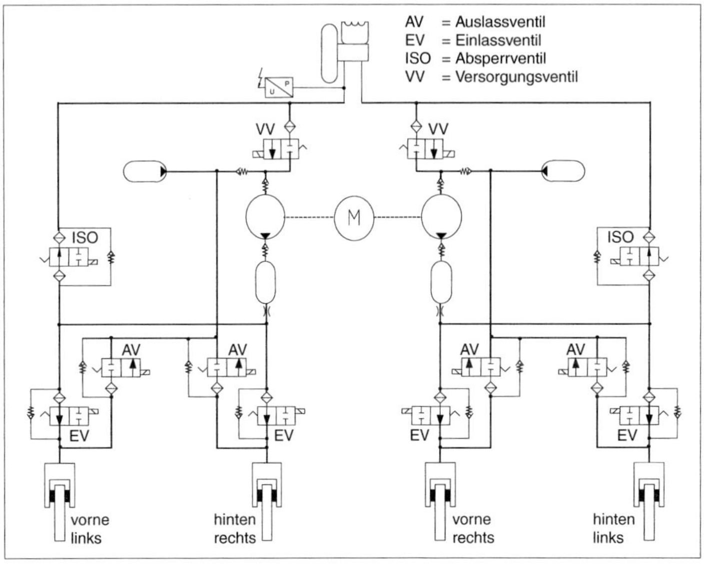

Bild 6-15 Hydraulischer Aufbau eines ASR-Systems

Dynamik des Bremseneingriffs:

Zur Verbesserung der Traktion durch den Bremseneingriff ist ein Druckaufbau im Bereich 0,75–1 s erforderlich. Mit dieser Dynamik kann ein unangenehmes Zurückrollen am Berg vermieden werden. Je nach Bremsenauslegung ist im Allgemeinen lediglich ein mittleres Druckniveau zwischen 30–70 bar erforderlich.

Anforderungen an den Hauptbremszylinder:

Entsprechend den dynamischen Anforderungen zum Druckaufbau, muss der Hauptbremszylinder auf entsprechende Durchflüsse ausgelegt sein. So werden in Verbindung mit ASR-Anlagen Hauptbremszylinder mit Zentralventilen verwendet, die entsprechende Saugquerschnitte und Durchflüsse auch bei niedrigen Temperaturen bereitstellen. Für den Fall des Einbremsens in die ASR-Regelung werden im Hauptbremszylinder spezielle Dichtmanschetten eingesetzt, um Beschädigungen durch einen aus der ASR-Regelung resultierenden Staudruck zu vermeiden.

Momenteneingriff:

In den ersten Jahren der Einführung von ASR-Anlagen wurde der Eingriff in das Motormanagement auf unterschiedlichste Arten durchgeführt. So fanden hier Systeme von der zweiten Drosselklappe, Kabelstretcher sowie Zündausblendung ihre Anwendung. Durch die Einführung von E-Gas in moderneren Motormanagement-Systemen, steht dem ASR-Eingriff eine moderne Schnittstelle mit schneller oder langsamer Momentenreduktion, Motormoment und Motordrehzahl zur Verfügung. Derartige Schnittstellen lassen eine komfortable Regelung des Antriebmomentes zu und führen in Verbindung mit dem Bremseneingriff zu einem dem Fahrbahnreibwert angepassten Traktionsvermögen, mit sehr guten Komforteigenschaften.

Beurteilungskriterien der Systemleistung:

- Beschleunigung auf unterschiedlichen Fahrbahnreibwerten (μ-Split)
- Beschleunigung auf Fahrbahnen mit niedrigem Reibwert
- Steigungsvermögen auf Fahrbahnen mit unterschiedlichen Reibwerten (Split μ-Hügel)
- Regelkomfort
- Regelgeräusch
- Zurückrollen am Berg

6.3.4.3 Auslegungskriterien für die Fahrdynamikregelung

Nachdem ABS und ASR den Fahrer in längsdynamischen Fahrsituationen beim Bremsen und Beschleunigen unterstützen, bietet ESP Fahrerassistenz bei querdynamischen instabilen Fahrmanövern an. Dazu wurde das Bremsschlupfregelsystem um die Sensoren Lenkwinkelsensor, Querbeschleunigungssensor und Gierratensensor erweitert. Durch diese Sensorinformationen lässt sich eine Fahrzeuginstabilität erkennen und durch radselektiven Bremseneingriff ein Gegenmoment zur Unter- bzw. Übersteuer-Bewegung des Fahrzeugs aufbauen. Im Allgemeinen hält der Normalfahrer einen großen Sicherheitsabstand zum Fahrzeuggrenzbereich und ist deshalb mit Fahr-

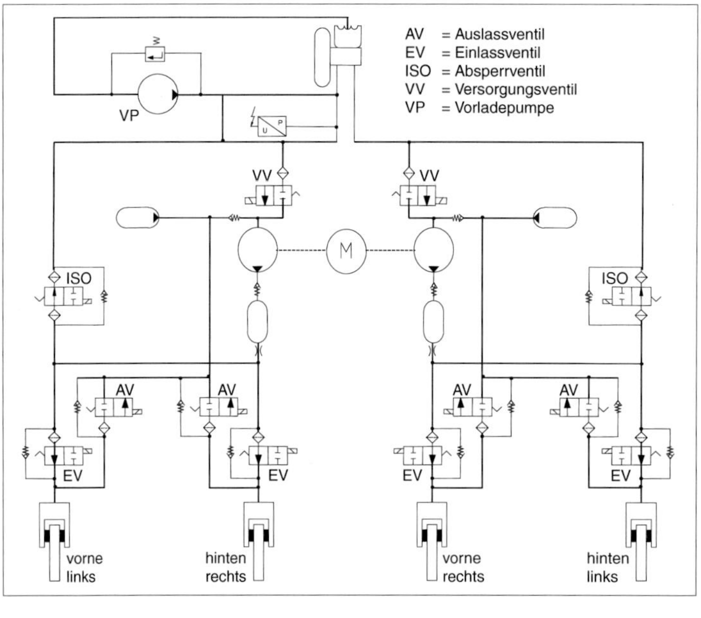

Bild 6-16 Hydraulischer Aufbau einer ESP-Anlage mit seperater Vorladepumpe

zeugreaktionen an der Haftgrenze wenig vertraut. Moderne Schlupfregelsysteme, wie ESP, wirken gefährlichen Fahrzeugreaktionen entgegen und tragen so zur Beherrschbarkeit schwieriger Fahraufgaben bei.

Der hydraulische Aufbau ist, bezogen auf die Komponenten des Druckmodulators, identisch mit der ASR-Hydraulik einer diagonalen Bremskreisaufteilung (siehe Bild 6-15). Die Systemanforderungen, schnell radindividuellen Bremsdruck aufzubauen, stellen gesteigerte Anforderungen an die Dynamik des Druckaufbaus. Um auch bei tiefen Temperaturen die erforderliche Dynamik zu erreichen ist eine Unterstützung der Saugfähigkeit der Pumpe erforderlich. Die sogenannte Vorladung kann durch einen elektronischen (aktiven) Bremskraftverstärker oder eine separate Vorladepumpe dargestellt werden (siehe Bild 6-16). Beide Konfigurationen der Vorladung basieren auf einen in den Hauptbremszylinder eingespeisten Zusatzdruck, welcher das Ansaugen von Bremsflüssigkeit aus dem Hauptbremszylinder unterstützt und damit schnellere Druckaufbaugeschwindigkeiten des Bremsdrucks ermöglicht. Optimierungen der Ansaugeigenschaften der Pumpe und des Strömungsverhaltens des Hauptbremszylinders haben in der zweiten Generation von ESP-Systemen den Entfall der Vorladung bei einem Teil der Fahrzeuge ermöglicht. Großvolumige Bremsen benötigen auch heute noch die Vorladung zur Erreichung der dynamischen Systemanforderungen.

Bei der Auslegung einer ESP-Anlage sind folgende Kriterien zu berücksichtigen:

Dynamik des Bremseneingriffs:

Die Anforderungen zur fahrdynamischen Stabilitätsunterstützung sind im Vergleich zu den Anforderungen des ASR's nochmals erhöht. So sind sowohl die Anforderungen an die Dynamik erhöht, als auch an das zu erreichende Druckniveau. Zur Stabilisierung eines Fahrzeuges auf trockner Straße sollte das Blockierdruckniveau nach etwa 500 ms erreicht sein.

Bei der Verwendung von großvolumigen Bremsen, speziell auch in Verbindung mit tiefen Temperaturen, lässt sich der Einsatz einer Vorladehilfe nicht vermeiden. Bei der Optimierung der Druckaufbaucharakteristik spielen Leitungsquerschnitte und Länge der Saugleitung eine wesentliche Rolle.

Beurteilungskriterien der Systemleistung:

- Einfacher Fahrspurwechsel mit hoher Lenkdynamik auf verschiedensten Fahrbahnreibwerten
- Doppelter Fahrspurwechsel auf verschiedensten Fahrbahnreibwerten
- Lastwechselreaktion
- Kurven mit sich verringerndem Kurvenradius auf verschiedensten Fahrbahnreibwerten
- Stationäre Kreisfahrt
- Verschiedene Handling-Strecken
- Regelkomfort
- Pedalvibration
- Regelgeräusch

6.3.5 Auslegungskriterien von Elektro-Hydraulischen Bremssystemen

Mit zunehmender Funktionalität des Bremsregelsystems von ABS bis ESP wurden zur Darstellung dieser Funktionen kontinuierlich zusätzliche Bauteile notwendig, um Funktion oder Fehlfunktionen auszuschließen. Mitte der 90er Jahre verstärkten sich die Entwicklungen in Richtung Brake-by-Wire-Bremsanlagen und deren Anwendung in Serie. Als erste serienfähige Brake-by-Wire-Bremsanlage setzte sich die Elektro-Hydraulische Bremsanlage (EHB) durch. Sie entwickelte sich nicht lediglich in Richtung einer elektronischen Bremsbetätigung, sondern integrierte die Schlupfregelsysteme und deren Anforderungen in einem Gesamtsystemansatz. Vereinfacht

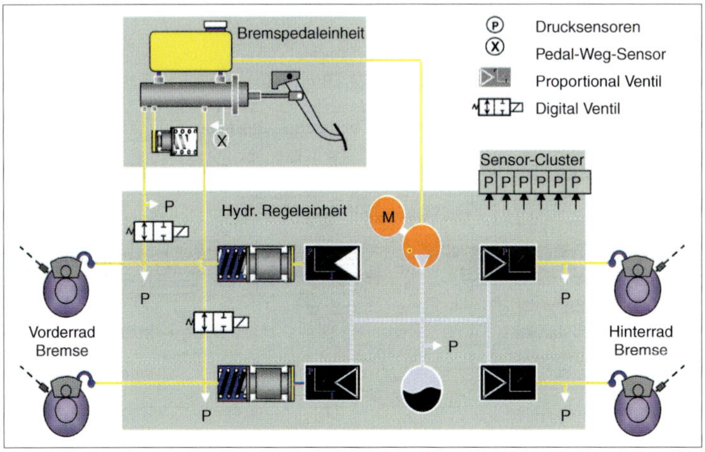

Bild 6-17 Aufbau einer Elektrohydraulischen Bremsanlage (EHB)

beinhaltet eine EHB-Anlage eine Pedaleinheit, einen Modulator mit Druckregelkreisen und eine hydraulische Rückfallebene.
So besteht eine EHB-Anlage aus einer Pedaleinheit (Brake Pedal Unit – BPU) und dem Druckmodulator (Electro-Hydraulic Control Unit – EHCU). Die Sensoren (Lenkwinkel, Giergeschwindigkeit, Querbeschleunigung) werden vom Fahrzeugbus über CAN (Controler Area Network) bereitgestellt.
Die Pedaleinheit basiert auf einem Tandemhauptbremszylinder mit Simulationskammer zur Darstellung des Pedalgefühls, redundante Wegsensoren zur Erfassung des Pedalweges und eines Flüssigkeitsbehälters mit Flüssigkeitsstandsensor. Zwischen Pedaleinheit und Modulatorblock werden entsprechend der Definition einer Brake-by-Wire-Anlage lediglich die Informationen des Fahrerbremswunsches ausgetauscht. Im Modulator werden bei der Bremsbetätigung die Isolationsventile geschaltet und so die Pedaleinheit energetisch vom Modulator entkoppelt. Im Falle eines Systemfehlers steht durch automatisches Öffnen der Isolationsventile (stromlos offen) die hydraulische Rückfallebene zur Verfügung.
Die Bremsenergie wird über eine elektromotorisch angetriebene Hydraulikpumpe erzeugt und im Hochdruckspeicher des Systems gespeichert. Eine EHB-Anlage verfügt über vier individuell ansteuerbare Druckregelkreise, die mit den hydraulischen Bremsen verbunden sind.
Druckaufnehmer messen den aktuellen Raddruck und stellen in Verbindung mit den Regelventilen den gewünschten radindividuellen Bremsdruck ein. Das Einlassventil verbindet den Druckspeicher mit der Radbremse, das Auslassventil gibt den Zugang zur Rückflussleitung an den Flüssigkeitsbehälter frei. Im Modulator werden die Druckinformationen der vier Radbremsen, des Speicherdruckes und der Druck der Simulationskammer eingelesen und an die Elektronik weitergeleitet.
Bei der Auslegung einer EHB-Anlage sind folgende Kriterien zu berücksichtigen:

Auslegung der hydraulischen Rückfallebene:

Die hydraulische Rückfallebene ist so auszulegen, dass bei Ausfall der Unterstützungsenergie die gesetzlichen Anforderungen von >3 m/s^2 bei 500 N Pedalkraft erreicht werden.

Auslegung der Motor-Pumpen-Einheit und des Speichers:

Bei der Auslegung von Motor-Pumpen-Einheit und Speicher ist zum einen der Aspekt der Lebensdauer bzw. Lastwechsel zu betrachten. Zum anderen muss der Volumenstrom der Pumpe Bremsanforderungen, ABS/ESP-Regelsystemanforderungen, entweder aus dem Speicher oder aus dem Fördervolumen der Pumpe decken können. Das Fördervolumen der Pumpe sollte so ausgelegt sein, dass Spitzenanforderungen aus dem Speichervolumen entnommen werden können, hierbei jedoch nie eine völlige Entladung des Druckspeichers möglich ist.

Auslegung des Pedalgefühls:

Bei der Auslegung des Pedalgefühls ist bei einer EHB-Anlage lediglich die vom Kunden gewünschte Kraft-Weg-Charakteristik des Bremspedals in der Simulatoreinheit darzustellen. Die bei konventionellen Systemen erforderliche Abstimmung der Bremsenparameter und deren Auswirkung auf das Pedalgefühl in Bezug auf die Verzögerung über dem Pedalweg oder der Pedalkraft wird beim EHB-System mittels Software eingestellt. So ist es möglich per Software einem Bremspedalweg den gewünschten Bremsdruck bzw. die gewünschte Verzögerung zuzuordnen.

6.4 Simulation von Bremssystemen

Der Einsatz von Simulationstechniken im Produkt-Entwicklungsprozess hilft in vielfacher Weise die Kosten und Entwicklungszeiten zu senken sowie die Produktqualität zu steigern:

- Test der Funktionalität im frühen Entwicklungsstadium
- Einsparung von Prototypen im weiteren Entwicklungsprozess
- Ersatz von zeitaufwendigen Fahrzeugtests durch simulierte Tests
- Sicherstellen der geforderten Funktionalität im gesamten Einsatzbereich (speziell für Fehlerfälle und in Extremsituationen, die real nur schwer zu reproduzieren sind)
- Optimierung der Funktionalität und des Zeitverhaltens (Ansprechverhalten eines Bauteils)
- Analyse von Bauteil-Schwingungen zur Reduzierung von Geräuschen

Auch aus der Entwicklung von Bremssystemen ist der Einsatz von rechnergestützten Verfahren nicht mehr wegzudenken. Dabei werden einerseits für unterschiedliche Fragestellungen unterschiedliche Methoden angewandt, andererseits aber auch Synergieeffekte im Zusammenspiel der Methoden genutzt. Bild 6-18 stellt den System-Entwicklungsprozess und das Zusammenspiel der dabei eingesetzten Simulationsmethoden dar.

6.4.1 Bremssystem-Auslegung

Zunächst erfolgt die grundlegende Dimensionierung des Bremssystems auf Basis der Kundenspezifikationen für das Fahrzeug mittels eines Modells des Gesamtsystems, das aus verhältnismäßig einfachen Beschreibungen der Komponenten zusammengesetzt ist. Im nächsten Schritt erfolgt der konstruktive Ent-

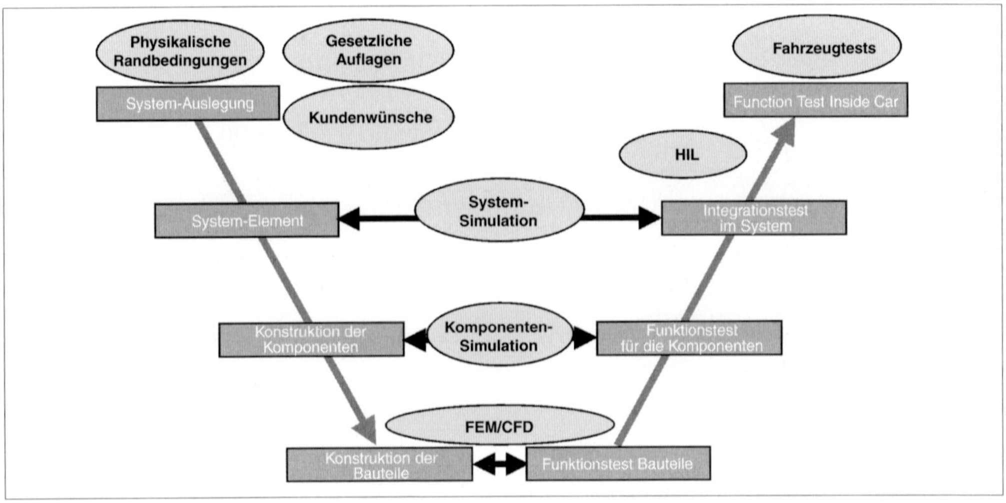

Bild 6-18 Der V-Prozess der Systementwicklung

wurf der Komponenten, sowie deren detaillierte Funktionsanalyse und Optimierung mit dreidimensionalen Modellen. Anschließend lassen sich die Daten aus diesen Analysen für die Entwicklung von hochaufgelösten Komponenten-Modellen zur Simulation komplexerer Probleme verwenden. Für Echtzeit-Simulation müssen die Modelle vereinfacht werden oder sie werden durch eine kombinierte Entwicklungsumgebungen aus Versuchteilen und mathematischen Modellen (Hardware in the Loop – HIL) ersetzt.

Zu den Grundlagen der Bremssystem-Auslegung gehört die Berechnung der Bremskräfte an der Vorder- und Hinterachse (Bremskraftverteilung). Ein standardisiertes Berechnungswerkzeug, welches die grundlegenden Gleichungen beinhaltet, bietet Vorteile durch schnell produzierbare Ergebnisse, einheitliche Tabellen und Diagramme und die leichtere Bewertbarkeit der Ergebnisse. Zudem bleiben alle Ein- und Ausgabewerte für weitere Analysen verfügbar.

Weitere Unterstützung bei einer Bremssystem-Auslegung kann gegeben werden durch:

- Vergleich der Systemwerte mit gesetzlichen Anforderungen (z. B. ECE R13H, FMVSS135)
- Berechnung von Pedalkraft und Pedalweg (Pedalcharakteristik)
- Berechnung von Handbremshebelkraft und -weg
- Berechnung von Belagbelastungen (Energieeintrag, Scherkräfte, etc.)
- Berücksichtigung von Kundenforderungen (Visualisierung von Grenzkurven in Diagrammen)
- Berechnung der Temperaturerhöhung von Belag und Bremse
- Einfluss der Temperaturerhöhung auf verschiedene Diagramme, insbesondere Pedalkräfte und Pedalwege (Folgestops, AMS-Test)

Um ein solches Auslegungstool langfristig sinnvoll einsetzen zu können, müssen folgende Forderungen erfüllt sein:

- leichte Bedienbarkeit (Akzeptanz bei den Benutzern)
- generelle Verfügbarkeit des Tools im Entwicklungsprozess
- zentrale Datenhaltung (und damit generelle Verfügbarkeit der Eingabedaten)
- Datenaustausch mit weiteren Entwicklungs-, Präsentations- und Dokumentationsprogrammen
- Möglichkeit zur Auslegung von kompletten Fahrzeug-Plattformen
- regelmäßiger Vergleich der Berechnungsergebnisse mit aktuellen Fahrzeugtests (Validierung)
- regelmäßige Kommunikation zwischen Entwicklern und Benutzern des Tools (schnelle Berücksichtigung von neuen Bremssystem-Komponenten, Änderung von Kennlinien, etc.)

Speziell für Plattform-Auslegungen kann mithilfe dieses Werkzeuges eine automatische Selektion bzw. Optimierung von Komponenten stattfinden.

6.4.2 Analyse der Bremssystemkomponenten mit der Finite-Elemente-Methode

Dreidimensionale, rechnergestützte Funktionsanalysen (Computer Aided Engineering) finden im Rahmen der Bremsenentwicklung, sowohl in der Entwurfsphase, als auch im weiteren Verlauf der Entwicklung statt. Häufigstes Handwerkszeug ist hier die Finite-Elemente-Methode (FEM) bei festen Körpern und die Methode der Finiten Volumina in der *Strömungsberechnung*.

Bild 6-19 Bremszange, FEM-Analyse von Aufweitung und Materialbeanspruchung

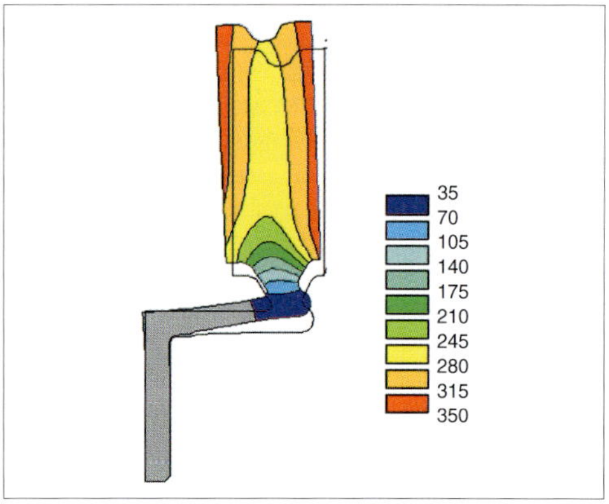

Bild 6-20 Schirmende Scheibe mit Temperaturfeld

Die Funktionen des Bremssystems umfassen die Erbringung der Bremsleistung, das Ertragen der Beanspruchungen, das Funktionieren der Mechanismen, aber auch mit weiter zunehmender Bedeutung das Komfort- und das Schwingungsverhalten.
Frühe Analysen dienen der Überprüfung des konstruktiven Entwurfs zu einem Zeitpunkt, zu dem die Teile und Baugruppen lediglich virtuell beschrieben sind. Idealerweise hält das so entworfene Bremssystem in der späteren Entwicklungsphase allen Absicherungsversuchen stand.
Wesentlicher Bestandteil der virtuellen Beschreibung ist die Geometrie, die mit CAD-Systemen (Computer Aided Design) festgelegt wird. Darüber hinaus müssen aber auch physikalische Eigenschaften der Werkstoffe im Betriebstemperaturbereich bekannt sein.
Treten bei der versuchsseitigen Funktionsprüfung noch Probleme auf, so trägt der Einsatz von rechnergestützten Methoden in dieser Entwicklungsphase zum besseren Verständnis der Vorgänge und zur gezielten und effizienten Problemlösung bei.

Die Art der eingesetzten rechnerischen Methoden lässt sich grob in Verfahren, die allgemein im Maschinen- und Fahrzeugbau zur Anwendung kommen, und in spezielle Ansätze, die auf die in Bremssystemen auftretenden Problemstellungen zugeschnitten sind, gliedern. Ersteres umfasst Festigkeits- und Steifigkeitsberechnungen, ebenso wie die Ermittlung des thermischen Verhaltens der Bauteile und die Untersuchung von Luft- und Hydraulikflüssigkeitsströmungen. Letzteres betrifft besonders die Analyse von Schwingungen im Frequenzbereich von 0 bis 15 000 Hz, der sowohl den niederfrequenten Komfort, als auch die Geräusche umfasst. Die Besonderheit liegt hier im Vorliegen von Selbsterregung durch die Reibungsvorgänge zwischen Belag und Scheibe. Besonders bei hochfrequenten Schwingungen werden die Grenzen der Rechenmodelle erreicht.
Eine der grundlegenden Auslegungsrechnungen ist die statische Analyse der Bremszange (Bild 6-19). Deren Steifigkeit trägt zur Gesamtsteifigkeit des Bremssystems bei und beeinflusst damit das „Pedalgefühl" des Fahrers. Weiterhin erlauben die ermittelten Spannungen Rückschlüsse auf Festigkeit und Lebensdauer des Bauteils.

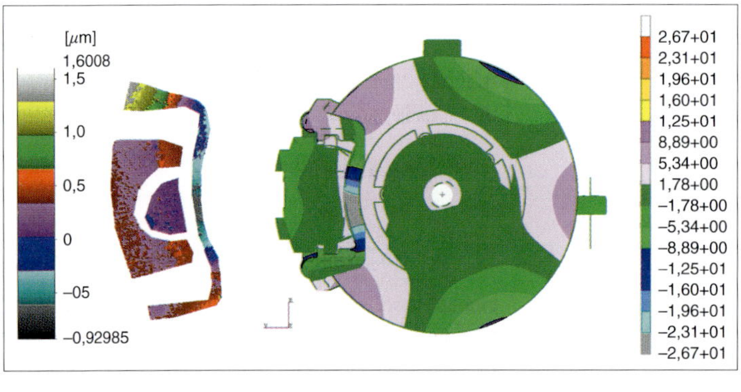

Bild 6-21 Analyse von Bremsgeräuschen: Laser Holographie Messung (links) und Simulation (rechts)

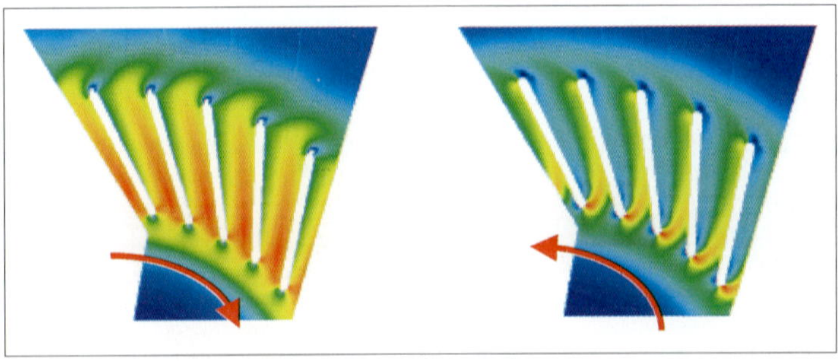

Bild 6-22 Simulation der Kühlluft-Strömung durch eine Bremsscheibe

In der Bremsscheibe entwickelt sich im Betrieb eine inhomogene Temperaturverteilung (Bild 6-20), die zu einer Deformation der Bremsscheibe führt. Die geometrische Gestaltung des Scheibenquerschnitts beeinflusst hierbei die sogenannte „Schirmung", d. h. das Schrägstellen des Reibrings. Die Folge dieses Effektes ist ungleichmäßige Belaganpressung und -Abnutzung sowie verlängerter Pedalweg.
Für die Analyse des Geräuschtyps „Quietschen" (1 000 ... 15 000 Hz) hat sich die „Komplexe Eigenwert-Berechnung" etabliert. Das Coulomb'sche Reibungsgesetz ist Bestandteil des zu lösenden Gleichungssystems und ermöglicht das Auftreten instabiler Schwingungen des Systems. Diese werden durch ihre Frequenzlage und ihre Bewegungsformen gemessenen Geräuschereignissen zugeordnet. Die hierbei verwendeten FE-Modelle von Bremse, Scheibe und Achsbauteilen sind sehr groß. Das Lösen der Gleichungssysteme mit über 300 000 Freiheitsgraden erfordert besonders effiziente mathematische Verfahren.
Die Strömungsberechnung (Computational Fluid Dynamics) befasst, sich neben der Untersuchung von innenbelüfteten Bremsscheiben, u. a. auch mit den Vorgängen in pneumatischen Bremskraftverstärkern und in Ventilen der Bremshydraulik.
Mit der Zunahme von elektrischen und elektronischen Komponenten in Brems- und Radschlupfregelsystemen gewinnt die Untersuchung elektrischer und magnetischer Felder mittels der Methode der Finiten Elemente an Bedeutung.
Im Weiteren finden die Ergebnisse von o. g. Analysen Verwendung bei der Bestimmung von Parametern für die Komponenten- und Systemsimulation im Zeitbereich.

6.4.3 Simulation von Bremssystemkomponenten

Die physikalischen Anwendungsgebiete der Computersimulation umfassen bei Bremssystemen:

- Mechanische Analysen (Bremse, Bremskraftverstärker, Hauptzylinder, Belag etc.)
- Hydraulische Analysen (Leitungen, Ventile, Hauptzylinder)
- Pneumatische Analysen (Vakuum-Bremskraftverstärker)
- Elektro-Magnetische Analysen (Magnetventile etc.)
- Thermische Analysen (Bremse, Belag, Bremsscheibe)
- Untersuchungen des Regelalgorithmus (ECU)

Bei der Beschränkung auf eines dieser Gebiete lassen sich gute Ergebnisse mit spezialisierten Simulationwerkzeugen erzielen. Da eine Komponente auch mehrere dieser Gebiete umfassen kann (z. B Mechanik und Pneumatik bei Bremskraftverstärkern), geht ein Trend hin zur Erweiterung dieser spezialisierten Tools in andere Bereiche.
Bei der Modellierung eines Bauteils können verschiedene Detaillierungsstufen unterschieden werden:

- **Detailliertes Modell:** Es werden möglichst alle Effekte betrachtet und modelliert. Hier ist eine kleine Integrationsschrittweite notwendig. Der Integrationsalgorithmus kann an die Aufgabenstellung angepasst frei gewählt werden. Mit diesen Modellen werden Grundsatzuntersuchungen durchgeführt.
- **Optimierte Modelle:** Es werden alle Effekte vernachlässigt, die für die gewählte Aufgabenstellung keine signifikante Auswirkung haben. Im allgemeinen liefern diese Modelle einen guten Kompromiss zwischen Realitätsnähe und Rechenzeit.
- **Vereinfachte Modelle:** Hier werden alle rechenzeitintensiven Effekte vernachlässigt. Es wird nur berechnet, was unbedingt nötig ist. Das Resultat ist ein Code, der in Hardware-in-the-Loop-Systemen Verwendung findet.
- **Transfer-Funktionen:** Eingabe- und Ausgabegrößen sind durch einfache Funktionen bzw. Kennfelder verbunden, die meist keinen Bezug mehr zu den physikalischen Prozessen haben. Solche Funktionen werden oft in Regelalgorithmen verwendet.

Die Integrationsschrittweiten für Teilmodelle ergeben sich aus den zu simulierenden physikalischen Effekten. Typische Schrittweiten sind:

Tabelle 6.4 Simulationsschrittweiten zur Modellierung verschiedener Simulationsaufgaben

Simulationsmodellaufgabe	Integrationsschrittweite
Fahrzeug mit Radaufhängung	1 ms
Reifen	1 ms
Hydraulikleitungen	100 μs
Hydraulikventile	10 μs
Bremskraftverstärker mit Hauptzylinder	50 μs
Bremse	200 μs

Zur Realisierung einer Simulation haben sich die folgenden prinzipiellen Methoden herausgebildet:

- klassische Mehrkörper-Simulationen: Ursprünglich zur Beschreibung von mechanischen Bauteilen verwendet, entwickeln sich diese Programme auch in andere Bereiche hinein. Die Modell-Erstellung geschieht hier durch die Auswahl und Kombination vorgefertigter Elemente (Körper und Kontakte). Die zugrundeliegenden Modellgleichungen, die die Bewegung der Körper beschreiben, sind nicht oder eher selten offen sichtbar.
- Block-basierte Simulation: Auf einer grafischen Benutzeroberfläche werden Blöcke und verbindende Wirkungslinien so angeordnet, dass sie den numerischen Lösungsprozess abbilden. Ursprünglich zur Beschreibung von Regelsystemen verwendet, haben diese Programme das Potenzial, auch sämtliche anderen Fragestellungen zu bearbeiten. Bestimmte vorgefertigte Module können in eigenen Modellen verwendet werden, es sind aber Anpassungen der Blöcke oder die Erstellung neuer Blöcke möglich.
- C-Code-basierte Simulation: Die allgemeingültigste Form der Modell-Erstellung. Sämtliche Effekte können nachgebildet werden, jedoch muss jeder Zusammenhang explizit formelmäßig dargestellt werden.

6.4.4 Gesamtsystem-Simulation

Die Sicherstellung eines optimalen Fahrzeugverhaltens ist eines der wichtigsten Ziele des Entwicklungsprozesses. Um die Auswirkungen des Bremssystems auf das Fahrzeugverhalten zu bewerten, muss eine Gesamtsystem-Simulation durchgeführt werden, in dem die erprobten Teilmodelle aus der Komponenten-Simulation mit zusätzlichen Modellen kombiniert werden, die das Fahrzeug- und Fahrerverhalten beim Befahren einer vorgegebenen Strecke beschreiben, Bild 6-23.

Eine Gesamtsystem-Simulation ist auch aus den folgenden Gründen nötig:

- Wechselwirkungen von Bauteilen untereinander können untersucht werden, die bei einer reinen Komponenten-Simulation nicht auftreten (insbesondere Ausbildung von schwingungsfähigen Systemen).
- Jede Komponente tritt mit ihrer Umgebung in Interaktion. Bei bestimmten Komponenten wird diese Interaktion so groß, dass es sinnvoller ist, ein weiteres Simulationsmodell, statt vorgegebener Randbedingungen, einzusetzen. Insbesondere bei der Einbindung von Regelalgorithmen (ABS, TC, ESP, etc.) müssen die Sensorwerte (Radgeschwindigkeiten, Beschleunigungen) durch ein Fahrzeugmodell erzeugt werden.
- Gegenüber realen Fahrzeugtests ist bei einer Simulation die exakte Reproduzierbarkeit der Randbedingungen gegeben.

Die verwendeten Modelle sind meist optimierte oder vereinfachte Modelle, da die Rechenzeit nicht mehr vernachlässigt werden kann (insbes. für Hardware in the loop). Je nach Anwendungsfall können zusätzliche Modelle nötig sein: Fahrzeug, Lenkung, Motor, Radaufhängung, Reifen, Straße und Fahrer.

Besondere Aufmerksamkeit muss den Schnittstellen zwischen den Modellen geschenkt werden. Nur durch standardisierte Schnittstellen ist eine Austauschbarkeit von Modellen (z. B. verschiedener Detailierungsgrade) gewährleistet.

Um die Gesamtsystem-Simulation durchzuführen, müssen alle erforderlichen Teilmodule miteinander interagieren, d. h. Daten austauschen. Prinzipiell lassen sich zwei Varianten unterscheiden:

- Alle Teilmodelle sind in einer gemeinsamen Simulationsumgebung eingebunden. Vorteile bieten sich im praktischen Handling und im Datenaustausch während der Simulation. Ein Nachteil ist, dass es oft hohen Aufwand erfordert, verschiedene Teilmodelle einzubinden, die unterschiedliche Schrittweite benötigen und die auf unterschiedliche Art modelliert sind.
- Verschiedene Teilmodelle laufen in ihrer eigenen spezialisierten Simulationsumgebung (Co-Simula-

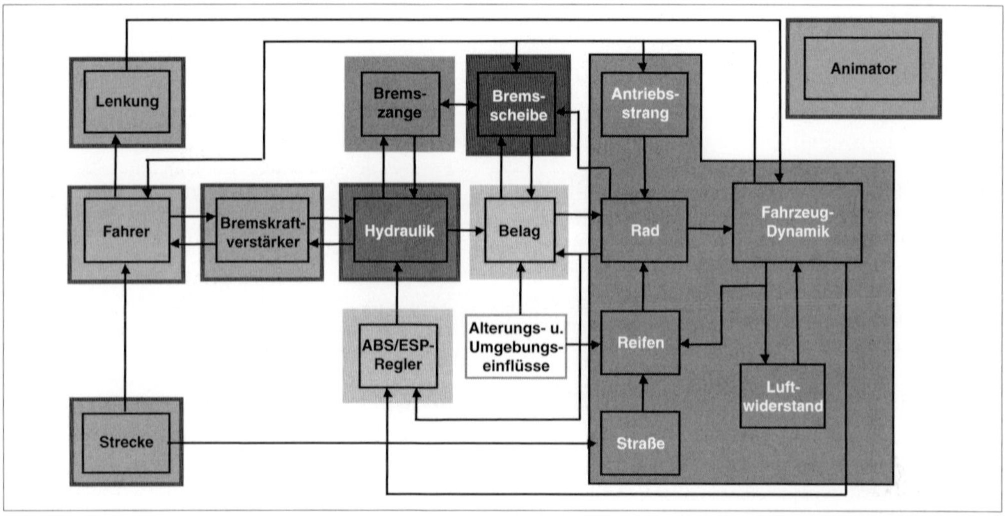

Bild 6-23 Interaktionen der Gesamtsystemsimulation

tion). Die Vorteile sind, dass spezialisierte Integrationsalgorithmen verwendet werden können und wenig Portierungsaufwand notwendig ist. Der Nachteil ist der erhöhte Kommunikationsaufwand zwischen den Teilmodellen. Insbesondere bei starker Wechselwirkung zwischen Teilmodellen und entsprechend häufigem Informationsaustausch kann dies zu langen Rechenzeiten oder auch Konvergenzproblemen führen („steife Differenzialgleichungen“).

Für alle Simulationsanwendungen sind angemessene Möglichkeiten zum Postprocessing absolut notwendig. Sind bei der Komponentensimulation Diagramme schon ausreichend, so ist bei der Gesamtsystem-Simulation eine Animation des Fahrzeugs unverzichtbar.

Die gestiegenen Anforderungen der letzten Jahre haben zu folgenden Spezialanwendungen geführt:

- Hardware-in-the-loop-Systeme: Eine oder mehrere reale Komponenten arbeiten in einer Echtzeit-Simulationsumgebung. Diese Methode wird zum Test in der Endphase der Komponenten-Entwicklung verwendet, entweder als Einzeltest oder als automatisierter Dauertest. Wie bereits oben ausgeführt muss nicht nur schnelle „echtzeitfähige“ Simulationshardware zur Verfügung stehen, sondern auch speziell angepasste Simulationsmodelle. Die Simulationsergebnisse dienen der Qualitätssicherung und müssen daher in die Entwicklungsdokumentation eingebunden werden.
- Software-in-the-loop-Systeme: Die Algorithmen der Fahrzeugregelsysteme werden als Teilmodelle in die Simulation eingebunden. Diese Methode kann im gesamten Entwicklungsprozess der Regelsysteme benutzt werden, um Erweiterungen oder Verbesserungen zu testen und auftretende Fehler zu analysieren bzw. zu korrigieren.
- Passabfahrt- und Folgestop-Simulation: Eine Abfolge von extremen Bremsmanövern wird simuliert. Der Schwerpunkt dieser Simulationen liegt auf der Temperaturberechnung von Bremse, Bremsbelag und Bremsscheiben.

Literatur

[1] *DIN Deutsches Institut für Normung* (Hrsg.): Bremsung von Kraftfahrzeugen und der Anhängerfahrzeuge – Begriffe, DIN ISO 611, 1997-01

[2] *Reimpell, Jörnsen* (Hrsg.); *Burckhardt, Manfred:* Fahrwerktechnik: Bremsdynamik und PKW Bremsanlagen. Würzburg: Vogel, 1991

[3] *Reimpell, Jörnsen* (Hrsg.): Fahrwerktechnik: Grundlagen. Würzburg: Vogel, 1988, 2. Auflage

[4] *DIN Deutsches Institut für Normung* (Hrsg.): Hydraulische Bremsanlagen-Zweikreisbremsanlagen, DIN 74000, Ausgabe 1992

7 Aufbau und Komponenten von Pkw-Bremsanlagen

7.1 Einführung

Die Funktionstüchtigkeit der Bremsen bestimmt maßgeblich die Sicherheit jedes Fahrzeugs und seiner Insassen sowie die Sicherheit anderer Verkehrsteilnehmer. Bremsen zählen daher zu den Sicherheitsteilen und unterliegen strengen gesetzlichen Bestimmungen. Die grundsätzlichen Anforderungen an eine Bremse sind

- Verringern der Geschwindigkeit, gegebenenfalls bis zum Stillstand an bestimmter Stelle (Verzögerungsbremse),
- Verhindern ungewollter Beschleunigung bei Talfahrt (Beharrungsbremse) und
- Verhüten unerwünschter Bewegung des ruhenden Fahrzeugs (Festhaltebremse)

Bei Personenwagen und Motorrädern wird der Begriff „Bremse" immer für Reibungsbremsen verwendet. Dauerbremsen, etwa Retarder oder Wirbelstrombremsen, werden hier nicht behandelt – sie sind nur bei schweren Nutzfahrzeugen verbreitet.

Die Leistungsfähigkeit der Bremse wie auch ihre Funktionssicherheit wurden seit der automobilen Frühzeit Ende des 19. Jahrhunderts stetig verbessert. Darüber hinaus wurde ihr Funktionsumfang deutlich erhöht. Vor allem der Einsatz von Elektronik brachte einen Technologiesprung, der im Verein mit anspruchsvollen hydraulischen Regeleinheiten die Entwicklung folgender Radschlupf-Regelsysteme ermöglichte

- **ABS** (Antiblockiersystem): Erhält bei Vollbremsungen auch bei bestmöglicher Verzögerung Fahrstabilität und Lenkbarkeit
- **EBV** (Elektronische Bremskraftverteilung): Ermöglicht bei Teilbremsungen die Annäherung der radindividuellen Bremskräfte an die ideale Verteilung
- **ASR** (Antriebsschlupfregelung): Verbessert die Fahrstabilität auch durch Bremseneingriff als Mittel zur Erhöhung der Traktion beim Beschleunigen – vor allem bei seitenweise unterschiedlichen Reibbeiwerten
- **ESP** (Elektronisches Stabilitätsprogramm): Erleichtert unabhängig vom Fahrzustand eine möglichst genaue Umsetzung des gewünschten querdynamischen Fahrverhaltens

7.2 Grundlagen

7.2.1 Physikalische Grundlagen

Alle Bewegungsänderungen eines Fahrzeugs sind sichtbares und spürbares Resultat von Kräften. Ob und wie schnell das Fahrzeug sich bewegt, ob es die gewählte Fahrtrichtung ändert oder gar schleudert, bestimmen im wesentlichen die Kräfte, die zwischen Rädern und Fahrbahn übertragen werden (Bild 7-1).

Die (Rad-)**Aufstands-** oder **Normalkraft** ist jener Anteil des Fahrzeuggewichts bzw. der Fahrzeuggewichtskraft, der abhängig von der Lage des Fahrzeugschwerpunktes auf die einzelnen Räder entfällt und senkrecht auf die Fahrbahn wirkt.

Die **Bremskraft** wird von der Fußkraft auf das Bremspedal **(Betätigungskraft)** erzeugt und in der Regel durch einen Bremskraftverstärker unterstützt. Im Hauptbremszylinder wird die Betätigungskraft in hydraulischen Druck umgesetzt, der wiederum auf

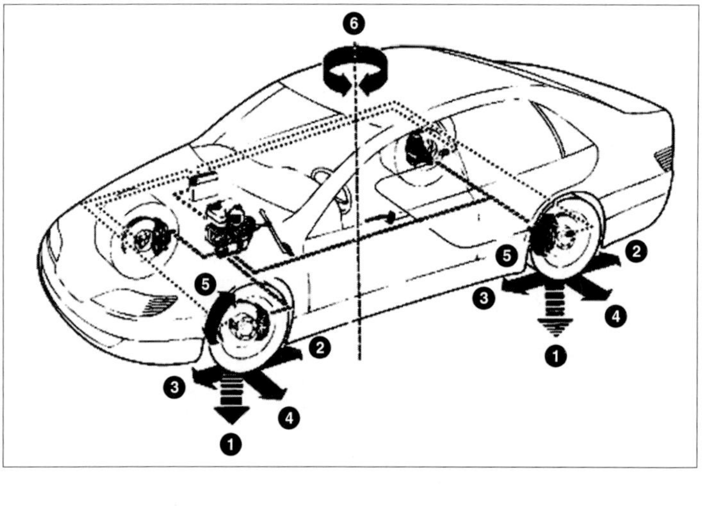

Bild 7-1 Kräfte und Momente am Fahrzeug: 1 Aufstandskraft (Normalkraft), 2 Bremskraft, 3 Antriebskraft, 4 Seitenführungskraft, 5 Trägheitsmoment des Rades, 6 Giermoment und Trägheitsmoment des Fahrzeugs um die Hochachse

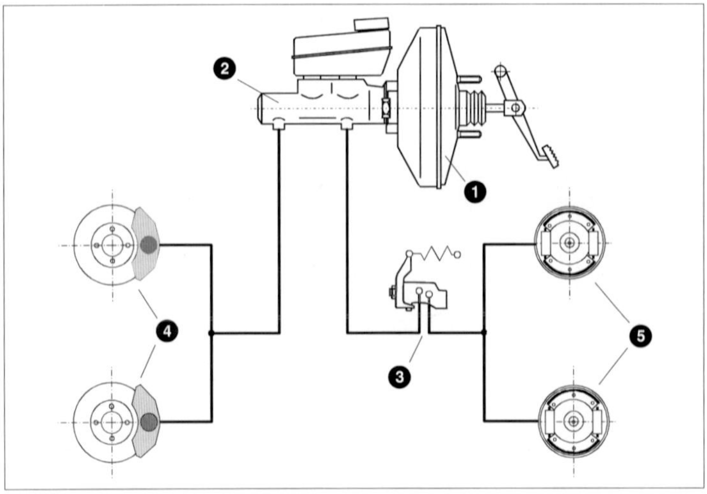

Bild 7-2 Komponenten des ungeregelten Bremssystems: 1 Vakuum-Bremskraftverstärker, 2 Tandem-Hauptbremszylinder mit Ausgleichbehälter, 3 Bremskraftregler für die Hinterachse, 4 Radbremsen vorn (dargestellt als Scheibenbremse), 5 Radbremsen hinten (dargestellt als Trommelbremse)

die Radbremszylinder wirkt. Diese beaufschlagen die Reibflächen der Radbremsen mit Spannkräften, wodurch am Rad ein Bremsmoment erzeugt wird, das als Bremskraft auf die Fahrbahn wirkt.

Die **Seitenführungskraft** bringt das Fahrzeug in die gewünschte Bewegungsrichtung und hält es beim Auftreten äußerer Störkräfte (etwa Querneigung, Seitenwind) in der Spur. Damit bestimmt sie die Fahrstabilität.

Trägheitsmomente werden vom Beharrungsvermögen der Räder hervorgerufen. Nach dem Schwungradprinzip wirken sie jeder Drehzahländerung entgegen.

Das **Giermoment** ist Folge unterschiedlicher Längs- und/oder Seitenkräfte an den Rädern. Es bewirkt eine Drehung des Fahrzeugs um seine Hochachse. Im Extremfall, wenn die Seitenführungskräfte zur Abstützung des Giermomentes nicht ausreichen, kommt das Fahrzeug ins Schleudern.

7.2.2 Arten von Bremsanlagen

Alle Kraftfahrzeuge müssen über mindestens zwei voneinander unabhängige Bremsanlagen verfügen. Man unterscheidet zwischen

- **Betriebsbremsanlage** (BBA): Sie dient hauptsächlich zum Verringern der Geschwindigkeit während des normalen Fahrzeugbetriebes und wird über das Bremspedal betätigt.
- **Hilfsbremsanlage** (HBA): Sie wird bei Ausfall der Betriebsbremsanlage betätigt. In Personenwagen dient in aller Regel der zweite Kreis der BBA als Hilfsbremsanlage, meistens werden die gleichen Bremsflächen wie bei der BBA genutzt. Früher diente die dosierbare Feststellbremsanlage als Hilfsbremsanlage.
- **Feststellbremsanlage** (FBA): Sie soll das unbeabsichtigte Wegrollen des stehenden (verlassenen) Fahrzeugs verhindern und ist in Bremsstellung feststellbar und manuell entriegelbar. Der Fahrer betätigt sie über einen Handhebel („Handbremse“) oder – in einigen Fahrzeugmodellen – über ein separates Pedal.
- **Dauerbremsanlage** (DBA): Sie soll die Betriebsbremse auf längeren Gefällestrecken und bei häufigem Bremsen entlasten. Bei Pkw ist die DBA nicht gebräuchlich

Die Wirkung von Betriebs- und Hilfsbremsanlagen muss stets dosierbar sein. Eine feine Dosierbarkeit ist vor allem bei geringen Betätigungskräften wichtig. Generell müssen Bremsanlagen vom Fahrersitz aus bequem und rasch betätigt werden können und die geforderte Bremswirkung zuverlässig erreichen. Der Zustand ihrer Bauteile muss leicht nachprüfbar sein, die Verschleißteile müssen so dimensioniert sein, dass ein Nachstellen oder ein Wechsel erst nach angemessener Betriebsdauer erforderlich ist.

Ungeregelte Bremssysteme bestehen im Wesentlichen aus folgenden Komponenten (Bild 7-2, s. oben).

7.3 Bremskraftverteilung

(siehe auch Kap. 6.1)

Um im teilgebremsten Zustand auf homogener Fahrbahn ein neutrales Fahrverhalten zu realisieren, ist bei jeder Verzögerung an allen Rädern die gleiche Ausnutzung des verfügbaren Kraftschlusses zwischen Reifen und Fahrbahn ideal. Auf die Achsen bezogen heißt das: Die Bremskraft an den Achsen sollte proportional zu deren Achslasten aufgeteilt sein. Die sogenannten „dynamischen Achslasten“ sind abhängig von den statischen Achslasten, der Schwerpunktlage des Fahrzeugs und der Verzögerung. Beim Bremsen kommt es zu einer

Belastung der Vorderachse und einer Entlastung der Hinterachse (Bild 7-3).

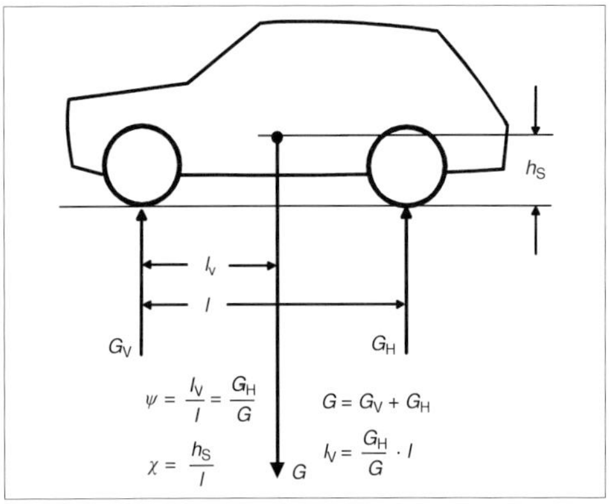

Bild 7-3 Prinzipskizze Schwerpunktlage

$$\frac{F_{BV}}{G} = [(1 - \psi) + a \cdot \chi] \cdot a$$

$$\frac{F_{BH}}{G} = [\psi - a \cdot \chi] \cdot a$$

F_{BV} Ideale Bremskraft der Vorderachse
F_{BH} Ideale Bremskraft der Hinterachse
G Gewichtskraft des Fahrzeugs
ψ Verhältnis der Schwerpunktlage in Längsrichtung zum Radstand
χ Verhältnis der Schwerpunktlage in vertikaler Richtung zum Radstand
a Fahrzeugverzögerung

Mithilfe der dynamischen Achslasten lässt sich das **„Bremskraftverteilungsdiagramm“** erstellen, das für jede Verzögerung die idealen Anteile der erforderlichen Bremskräfte an Vorder- und Hinterachse darstellt. Die Kurve der idealen Bremskraftverteilung ist eine Parabel (siehe Bild 7-4 und Bild 6-3). Die im Fahrzeug installierte Bremskraftverteilung dagegen, die durch die Rad- und Bremsengrößen definiert ist, hat einen linearen Verlauf.

Mit einer solchen Bremskraftverteilung ist es nicht immer möglich, beide Achsen im gesamten Reibwert- und Verzögerungsbereich gleichzeitig blockieren zu lassen. Es muss sichergestellt sein, dass die Vorderachse immer vor der Hinterachse blockiert, da eine blockierende Hinterachse zu einem instabilen, unkontrollierbaren Fahrverhalten führt. Daher wird die installierte Bremskraftverteilung so gewählt, dass sie immer – oft mithilfe von Bremskraftverteilern – unter der idealen Bremskraftverteilung liegt und sie erst oberhalb einer Verzögerung von 1 g schneidet.

Diese Bremskraftverteilung ist bezogen auf Geradeausfahrt. In Kurven verschieben sich wegen der Querbeschleunigung die Radlasten, ähnlich wie es für die Achslasten bei Längsbeschleunigung gilt. Deshalb verteilen sich die idealen Bremskräfte bei Kurvenfahrt ungleich auf die beiden Räder einer Achse. Elektronische Schlupfregelsysteme wie die EBV (elektronische Bremskraftverteilung) gleichen die Bremskraftverteilung auch bei Kurvenfahrt ohne zusätzliche hydraulische Bauteile der idealen Bremskraftverteilung an.

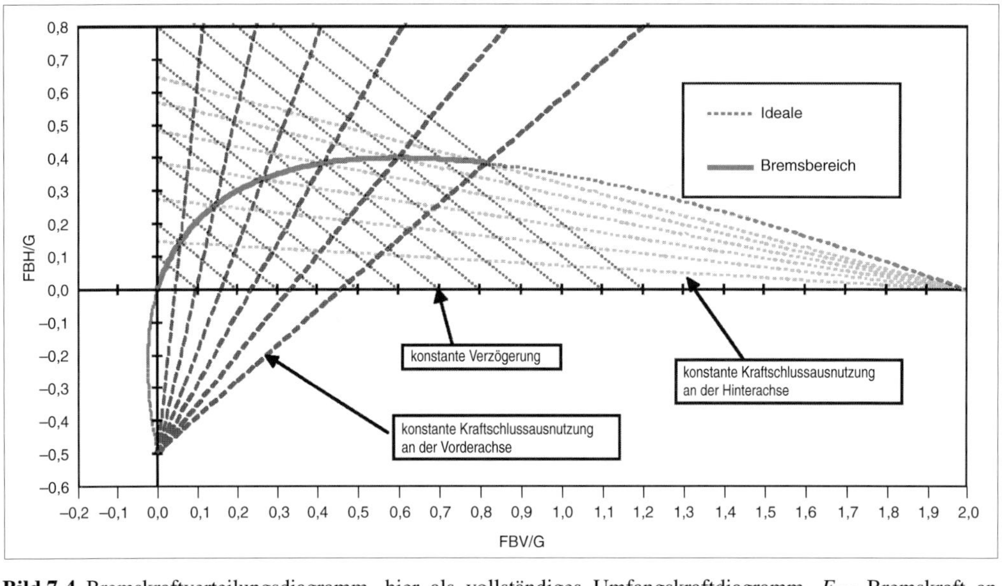

Bild 7-4 Bremskraftverteilungsdiagramm, hier als vollständiges Umfangskraftdiagramm. F_{BV} Bremskraft an der Vorderachse, F_{BH} Bremskraft an der Hinterachse, G Gewichtskraft des Fahrzeugs

7.4 Pedalcharakteristik (Ergonomie)

Wesentliche Schnittstelle zwischen Mensch und Maschine (hier die Bremse) ist das Bremspedal. Die Pedalcharakteristik, das sogenannte „Pedalgefühl", gibt eine Rückmeldung über die Bremsung und den Zustand der Bremsanlage. Durch Maßnahmen an der Bremse und der Betätigung lässt sich die Pedalcharakteristik beeinflussen. Diese Variabilität wird als Teil der marken- und modellspezifischen Ausprägung eines Fahrzeugs genutzt. Das Pedalgefühl prägen folgende wesentliche Parameter (siehe auch Kap. 7.5.3.3)

- Ansprechkraft
- Leerweg
- Springer
- Verstärkung (Verzögerung/Pedalkraft)
- Hysterese
- Pedalweg
- Pedalweg und Pedalkraft im Aussteuerpunkt (entspricht vorzugsweise Vollverzögerung)
- Pedalwegverlängerung und Pedalkrafterhöhung bei Fading
- Ansprechzeit
- Lösezeit

Die Weiterentwicklung der Bremsenbetätigung (Pedalwerk, Bremskraftverstärker und Hauptbremszylinder) zielt auf kurze Leerwege, niedrige Ansprechkräfte und hohe Springer, um ein möglichst direktes Ansprechen der Bremsanlage zu erreichen. Weitere Ziele sind hohe Verstärkungen und kurze Pedalwege zur Verbesserung des Komforts (Bild 7-5).

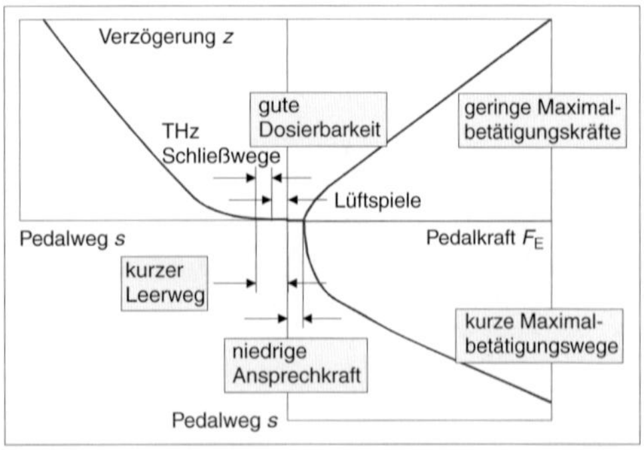

Bild 7-5 Anforderungen Normalbremsfunktion

Verstellbares Pedalwerk

Verstellbare Pedalwerke wurden Ende der neunziger Jahre mit starkem Zuwachs im nordamerikanischen Markt eingeführt. Sie ermöglichen, im Wesentlichen in horizontaler Richtung, eine Justierung der Pedalausgangsposition um 80–100 mm. Neben einer Optimierung des Komforts durch verbesserte Ergonomie und Zugänglichkeit der Bedienelemente bieten sich auch Vorteile bei der Fahrzeugauslegung. Ein wesentlicher Punkt ist der verbesserte Insassenschutz, da für kleine Personen ein Mindestabstand zum Airbag sichergestellt werden kann. Außerdem bieten sich Vorteile bei der Innenraumkonzeption durch den geringeren Sitzverstellweg. Die Ausrüstung mit verstellbaren Pedalwerken erfolgt zurzeit hauptsächlich bei groß dimensionierten Fahrzeugen (zum Beispiel Sport Utility Vehicles, SUVs), da hier die Vorteile für kleingewachsene Personen am deutlichsten zutage treten (siehe Bild 7-6).

Crashkompatibilität

Der Pedalbock hat in seiner den Motorraum und den Fußraum verbindenden Funktion eine besonders hohe Bedeutung bei Crashsituationen. Um die starre Einheit zwischen den im Motorraum befindlichen Bremsenkomponenten und dem Pedal zu entkoppeln, wurde ein Pedalbock entwickelt, bei dessen Verformung eine Knickstütze die für diese Funktion speziell ausgelegte Verbindungsstange zwischen Pedal und Bremskraftverstärker zerstört. Durch diese Ent-

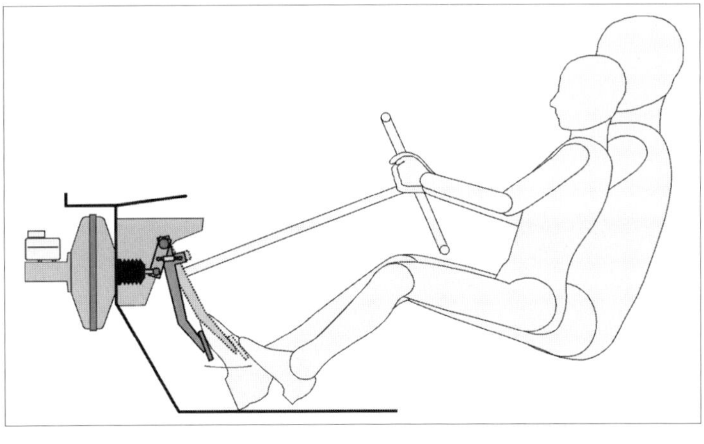

Bild 7-6 Verstellbarer Pedalbock, Prinzipbild

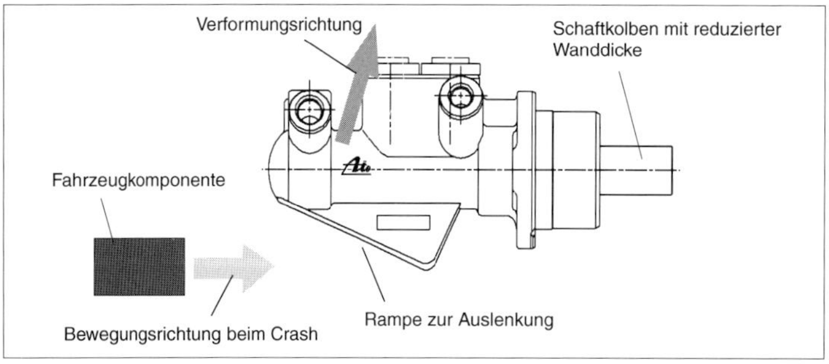

Bild 7-7 Tandemhauptzylinder mit Crashrampe

kopplung wird die Intrusion des Pedals in den Fußraum vermieden. Bei anderen Systemen löst sich bei Verformung des Pedalbockes die Verbindung zum Bremspedal.

Abhängig vom Crashtyp und der Fahrzeugumgebung wurden spezielle Lösungen entwickelt, die eine das Crashverhalten verbessernde Deformation bewirken sollen. Dies geschieht durch seitliche Auslenkung des Tandem-Hauptzylinders durch eine angeformte Rampe oder eine Pendelstütze. Erleichtert wird das Ausknicken durch eine minimierte Wanddicke des Druckstangenkolbens (Bild 7-7).

Die elektromechanische Bremse, die ohne Vakuum-Bremskraftverstärker und ohne starre Verbindung zwischen Bremspedal und Radbremsen operiert, wird den Insassenschutz durch verbesserte Crashkompatibilität weiter erhöhen.

7.5 Betätigung

Die Kombination aus Bremskraftverstärker, Hauptbremszylinder und Ausgleichbehälter wird als „Betätigung" bezeichnet. Die Pedal- oder Betätigungskraft wird durch hydraulischen Druck mit hohem Wirkungsgrad an die Radbremsen übertragen. Unterschiedliche Durchmesser von Hauptzylinder und Radzylindern bzw. Kolben ermöglichen die sogenannte:

$$\text{äußere Übersetzung} = \frac{\text{Pedalweg}}{2 \times \text{Betätigungsweg in einer Bremse}}$$

7.5.1 Tandem-Hauptzylinder

Der Tandem-Hauptzylinder (THz) entspricht zwei hintereinander geschalteten Hauptzylindern in einem Gehäuse und erfüllt damit die gesetzlichen Forderungen an eine Zweikreisigkeit der Bremsanlage. Er ermöglicht den Druckauf- und -abbau in der Bremsanlage und sorgt über die Ausgleichbohrung und den Ausgleichbehälter für einen Volumenausgleich, wenn etwa Temperaturänderungen oder Bremsbelagverschleiß eine Volumenänderung hervorrufen.

Die Kolben begrenzen zwei Kammern, die des auch Druckstangenkreis genannten Primärkreises und die des auch Schwimmkreis genannten Sekundärkreises. Fällt ein Kreis zum Beispiel wegen eines Lecks aus, wird dies über einen verlängerten Pedalweg spürbar, da der jeweilige Kolben bis zum Anschlag vorgeschoben werden muss, bevor sich im anderen, intakten Bremskreis Druck aufbauen kann. Je nach Ausführung der Ventile zur Trennung der Verbindung zum Ausgleichbehälter unterscheidet man zwischen drei Bauarten

- **Schnüffelloch-Tandem-Hauptzylinder** (Bild 7-8): Hier bilden kleine Bohrungen in der Zylinderwandung (sogenannte „Schnüffellöcher") die Verbindungen zum Ausgleichbehälter. Sie werden bei Betätigung des Kolbens von den Dichtungsmanschetten überfahren und unterbrechen dadurch die Verbindungen zwischen den Kammern des Hauptzylinders und des Ausgleichbehälters. Ab dieser Position ist ein Druckaufbau möglich. Beim Lösen der Bremse laufen die Kolben we-

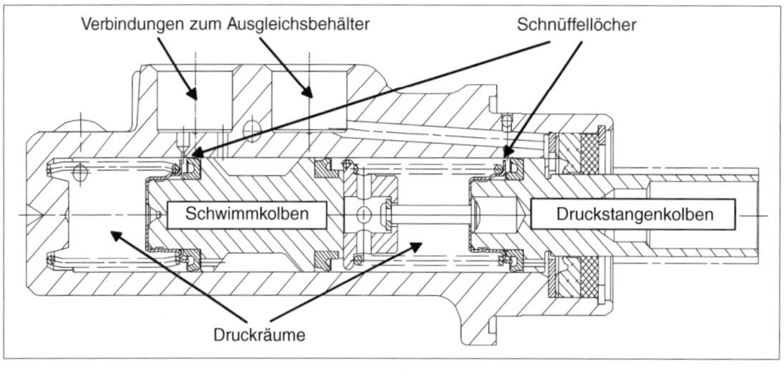

Bild 7-8 Schnüffelloch-Tandem-Hauptzylinder

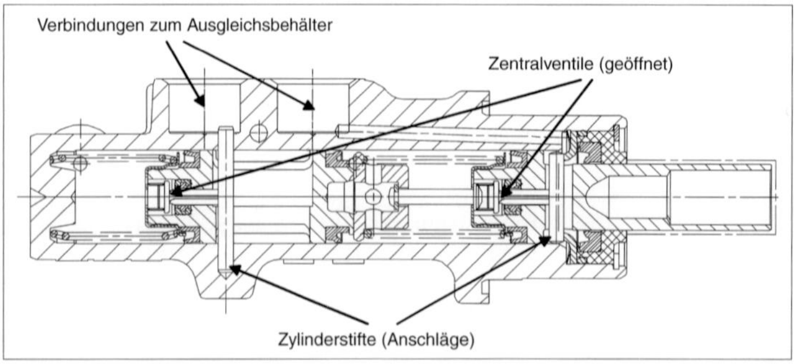

Bild 7-9 Zentralventil-Tandem-Hauptzylinder

gen des hydraulischen Druckes und der Rückstellfederkraft der Hauptzylinderfedern in Ruhestellung zurück und die Bremsflüssigkeit kann aus den Radbremsen wieder in den Hauptbremszylinder fließen. In Verbindung mit ABS, ASR oder ESP können die THz-Kolben bis zur Lösestellung zurückgedrückt werden. Da das Überfahren des Schnüffellochs unter Druck die Manschettendichtung beschädigen könnte, werden bei Schlupfregelsystemen Hauptzylinder mit Zentralventilen oder Hauptzylinder in Plunger-Bauweise eingesetzt. Bei diesen kann die unter Hochdruck stehende Bremsflüssigkeit über Zentralventile in den Ausgleichbehälter abströmen.

- **Zentralventil-Tandem-Hauptzylinder** (Bild 7-9): Hier sind der Ausgleichbehälter und die Kammern über sogenannte „Zentralventile" verbunden. Im unbetätigten Zustand werden sie durch Anschläge (Zylinderstifte) offen gehalten. Bei Betätigung des Bremspedals wird der Druckstangenkolben über die Druckstange des Bremskraftverstärkers vorgefahren. Hierbei erfolgt zumeist auch ein Vorfahren des Schwimmkolbens, der bei noch geöffneten Zentralventilen über eine vorgespannte Feder vom Druckstangenkolben betätigt wird. Diese gefesselte Feder ermöglicht ein nahezu gleichzeitiges Schließen der beiden Zentralventile, wodurch der Gesamtschließweg des THz gegenüber sequentiellem Schließen halbiert werden kann. Dies wirkt sich positiv auf den Leerweg der Bremsanlage aus. Der soll möglichst klein sein, um ein direktes Ansprechen der Bremsanlage zu erzielen. Mit dem Schließen der Zentralventile wird der Rücklauf des Tandem-Hauptzylinders zum Behälter abgesperrt. Das durch weitere Kolbenbewegung verdrängte Volumen fließt über die hydraulische (ABS-)Regeleinheit zu den Radbremsen.
- **Plunger-Tandem-Hauptzylinder** (Bild 7-10): Diese Bauart wird bevorzugt eingesetzt, wenn eine kurze Baulänge der Betätigung gefordert ist. Druckfedern, Dicht- und Führungselemente sind teilweise axial überschneidend angeordnet, was eine geringe Gesamtlänge des THz bewirkt. Der Ventilmechanismus eignet sich für ABS-, ASR- und ESP-Anwendungen. Die Ventilbohrungen im Kolben verbinden in Ausgangsstellung die jeweilige THz-Kammer mit der zugehörigen Behälterkammer. Bei Betätigung durch die Druckstange werden diese Bohrungen, die sich in Betätigungsrichtung gesehen vor den Dichtmanschetten befinden, unter die Dichtlippen der Manschetten geschoben und schließen dadurch die Verbindungen. Bei weiterer Betätigung gibt die Dichtmanschette die Bohrungen kammerseitig wieder frei. Das erfolgt ohne Beschädigung, da in dieser Stellung auf beiden Seiten der Dichtlippe der gleiche hydraulische Druck wirkt. Besonders wichtig ist

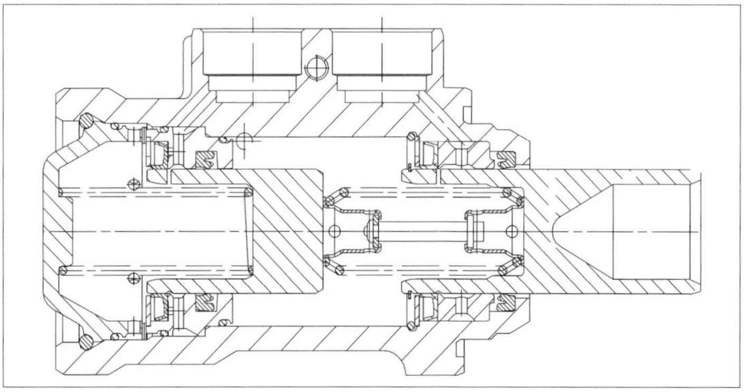

Bild 7-10 Plunger-Tandem-Hauptzylinder

dies beim Lösen, da durch eine mögliche Vorfüllung des Bremssystems – etwa bei ASR- oder ESP-Regelung – in dieser Stellung im Hauptzylinder ein hoher Druck herrschen kann.

7.5.2 Ausgleichbehälter

Der Ausgleichbehälter für die Bremsflüssigkeit ist von oben mittels sogenannter „Behälterstopfen" in den Tandem-Hauptzylinder eingeknüpft. Um höhere Drücke bei der Befüllung am Band zu ermöglichen und bei einem Unfall das Austreten brennbarer Bremsflüssigkeit zu verhindern, ist er üblicherweise durch eine weitere Befestigung mit dem THz verbunden.
Der Ausgleichbehälter

- dient als Speicher für das Verschleißvolumen der Bremsbeläge,
- ermöglicht den Volumenausgleich innerhalb der Bremsanlage unter verschiedenen Umgebungsbedingungen,
- trennt die Hauptzylinderkreise bei sinkendem Flüssigkeitsstand,
- kann als Volumenspeicher für eine hydraulische Kupplung oder für eine ESP-Vorladepumpe dienen und
- bevorratet, wenn erforderlich, die Bremsflüssigkeit, die zum Laden eines Hydrospeichers benötigt wird

Um sicherzustellen, dass die Bremsanlage in Lösestellung drucklos ist, ist der Behälterinnenraum über die Verschraubung mit der Atmosphäre verbunden. Hierzu dient entweder eine Labyrinthdichtung im Behälterdeckel oder eine in den Deckel integrierte geschlitzte Membran. Der Bremsflüssigkeitsstand ist von außen sichtbar, da der Behälter aus transparentem Material gefertigt ist. Bremsflüssigkeitsverlust ist am Unterschreiten der „Min"-Marke erkennbar und wird gegebenenfalls zusätzlich über eine Anzeige im Armaturenbrett signalisiert, die von der Behälterwarneinrichtung ausgelöst wird.

7.5.3 Bremskraftverstärker

Bremskraftverstärker verstärken die am Pedal aufgebrachte Fußkraft durch eine sogenannte „Hilfskraft" und erhöhen so den Bedienkomfort und die Fahrsicherheit. Man unterscheidet zwei Bauarten

- Vakuum-Bremskraftverstärker
- Hydraulik-Bremskraftverstärker

7.5.3.1 Vakuum-Bremskraftverstärker

Der Vakuum-Bremskraftverstärker wird auch Vakuum-Booster genannt. Trotz seiner deutlich größeren Abmessungen hat er sich gegenüber dem Hydraulik-Bremskraftverstärker behaupten können. Wesentliche Gründe hierfür sind seine kostengünstige Bauart und die kostenlose Verfügbarkeit der Vakuumenergie der meisten Otto-Motoren. Die Vakuumkammer ist mit einer Unterdruckleitung an das Saugrohr des Otto-Motors oder an eine separate Vakuumpumpe angeschlossen. Die ist bei Otto-Motoren mit sehr geringem Unterdruck im Saugrohr oder bei Diesel-Motoren erforderlich.
Die Funktionen des Vakuum-Bremskraftverstärkers können vier Stellungen (Bild 7-11) zugeordnet werden:

- **Lösestellung:** In dieser Ruhestellung herrscht auf beiden Seiten des Membrantellers der gleiche Unterdruck. Die Gerätefeder hält den Membranteller gegen den auf den Querschnitt des Steuergehäuses wirkenden Atmosphärendruck in seiner Ausgangsstellung.
- **Teilbremsstellung:** Wirkt eine Fußkraft auf das Bremspedal und die damit verbundene Kolbenstange, schließt das Tellerventil zunächst die Vakuumverbindung der pedalseitigen Arbeitskammer. Im weiteren Verlauf der Bewegung wird der Außenluftkanal geöffnet, wodurch sich vor dem Membranteller atmosphärischer Druck aufbaut. So entsteht zwischen dem vorderen und dem hinteren Raum des Verstärkers ein Druckunterschied, der den Membranteller in Richtung Tandem-Hauptzylinder drückt und dadurch die Fußkraft unterstützt. Die Hilfskraft ist hierbei das Produkt aus Differenzdruck und Membrantellerfläche. Im Tandem-Hauptzylinder baut sich durch die Vorwärtsbewegung der Kolben hydraulischer Druck auf. Bei konstanter Fußkraft kommen die Kolben im Tandem-Hauptzylinder, die Druckstange und der Ventilkolben nach einer von der Höhe der Fußkraft abhängigen Verschiebung zum Stillstand. Jetzt bewirkt die Reaktionsscheibe, dass sich der Ventilkolben auf das Tellerventil setzt und die Zufuhr von Außenluft stoppt. Die damit erreichte Bereitschaftsstellung bewirkt bei jeder Änderung der Pedalkraft eine Vergrößerung bzw. Verkleinerung der Druckdifferenz zwischen beiden Seiten des Membrantellers. Dadurch wird der hydraulische Druck im System analog zur Pedalkraft erhöht bzw. reduziert und damit die entsprechende Verzögerung eingestellt. Das Verhältnis der Querschnittsfläche des Ventilkolbens zu derjenigen der Gummireaktionsscheibe bestimmt hierbei den Verstärkungsfaktor (Verhältnis Ausgangskraft zu Eingangskraft).
- **Vollbremsstellung:** In dieser Stellung ist die Verbindung der pedalseitigen Arbeitskammer zur Vakuumkammer vollständig geschlossen und der Außenluftkanal geöffnet. Der Atmosphärendruck wird dadurch in vollem Umfang auf den Membranteller, die maximale mögliche Hilfskraft ist somit erreicht. Dieser Zustand wird Aussteuerpunkt genannt.
- **Rücklaufstellung:** Bei einer Reduzierung der Fußkraft, gegebenenfalls bis zum vollständigen

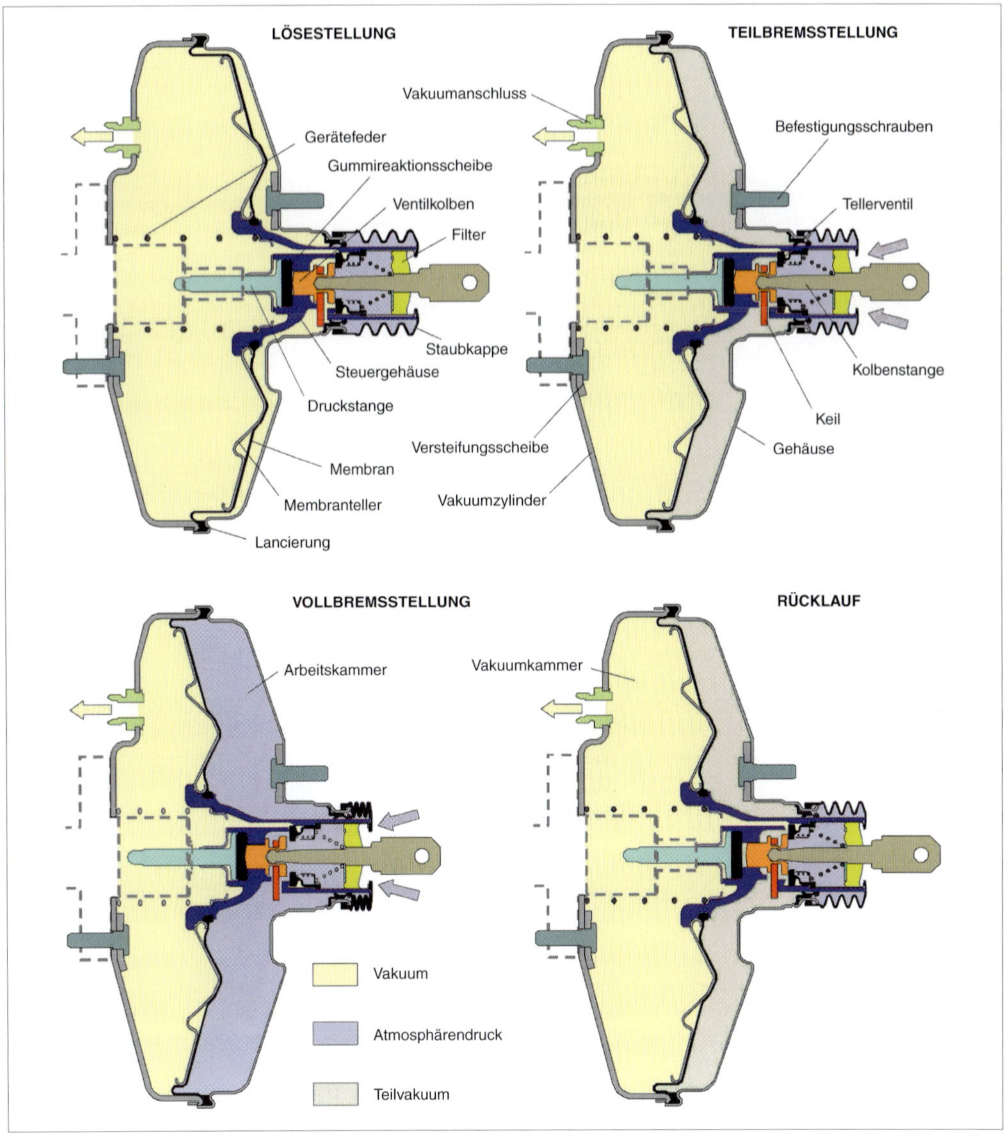

Bild 7-11 Betriebsstellungen eines Einfach-Vakuum-Bremskraftverstärkers

Lösen, wird bei weiterhin geschlossenem Außenluftkanal die Arbeitskammer evakuiert. Haben nun beide Kammern den gleichen Druck (Vakuum), ist keine Hilfskraft mehr vorhanden und die Gerätefeder schiebt den Membranteller in die Lösestellung zurück. Unterstützend wirken hier Druck- und Federkräfte des THz

7.5.3.2 Weitere Bauformen von Vakuum-Bremskraftverstärkern

Neben der oben dargestellten, konventionellen Bauart sind auch Bremskraftverstärker in Zuganker-Bauweise verbreitet. Sie übertragen die bei Betätigung auftretende Zugkraft nicht über die Boosterschalen, sondern über Bolzen (Zuganker), die das Gerät inklusive Membran und Membranteller durchdringen. Diese Bauart erlaubt deutlich dünnwandigere Boosterschalen und spart dadurch Gewicht. Die bei konventioneller Bauart auftretende Gehäuse-Dehnung wird verhindert.

Als Gerätegröße wird üblicherweise der Durchmesser des Verstärkers in Zoll angegeben. Gängige Dimensionen sind 7″, 8″, 9″, 10″ und 11″. Da das Arbeitsvermögen der Einfachgeräte bei sehr schweren

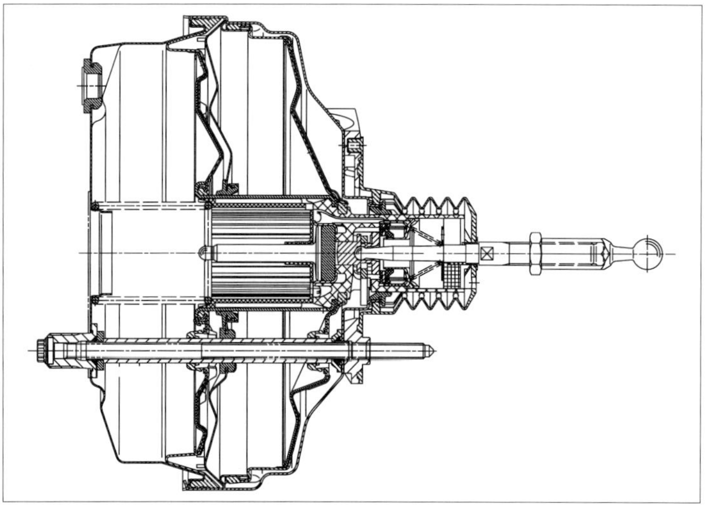

Bild 7-12 Front-bolt Vakuum-Bremskraftverstärker

Fahrzeugen nicht ausreicht, werden hier Tandem-Bremskraftverstärker eingesetzt, die praktisch zwei Einfachgeräte hintereinander in einem Gerät vereinen. Die Baugrößen reichen von 7″/8″ bis 10″/10″.

Gelegentlich ist der Einbau der Bremsgeräte von der Motorraumseite von Vorteil. Für diese Anwendungen wurden sogenannte „Front-bolt-Geräte" entwickelt, deren Zuganker hohl ausgeführt sind. So können die Schrauben zur Befestigung an der Fahrzeugspritzwand von der Motorseite durchgesteckt werden.

Ein Front-bolt-Vakuum-Bremskraftverstärker ist in Bild 7-12 dargestellt.

7.5.3.3 Spezifische Themen und Begriffe rund um den Verstärker

- **Springer:** Zu Beginn einer Betätigung wird die Verstärkungskraft überproportional erhöht. Dadurch werden Reibkräfte im Bremssystem überwunden und sind nicht mehr spürbar. Diese Druckerhöhung wird als Springer bezeichnet. Ohne einen Springer würde die Pedalcharakteristik im Ansprechbereich als „stumpf" empfunden. Die Höhe des Springers ist ein marken- und typspezifisches Ausprägungsmerkmal.
- **Aussteuerpunkt:** Wirkt der Atmosphärendruck in Vollbremsstellung des Bremskraftverstärkers in vollem Umfang auf den Membranteller, ist die maximale mögliche Hilfskraft erreicht. Eine weitere Erhöhung der Kraft auf den Kolben des Tandem-Hauptzylinders ist nur möglich durch eine weitere, gleich hohe Steigerung der Eingangskraft (Pedalübersetzung × Pedalkraft). In aller Regel erfolgt die Dimensionierung des Bremskraftverstärkers derart, dass die maximale Fahrzeugverzögerung unterhalb des Aussteuerpunktes erreicht wird.
- **Ansprechzeit:** Aufgrund von Reibung, Massenträgheit und inneren Strömungswiderständen erfolgt der Aufbau der Hilfskraft gegenüber der Betätigungskraft mit einer gewissen Verzögerung. Diese zeitlich Differenz wird Ansprechzeit genannt.
- **Hysterese:** Als Hysterese wird die Differenz zwischen Eingangskraft beim Betätigen und Rücklaufkraft beim Lösen beim Durchlaufen eines definierten Druckes bezeichnet

7.5.3.4 Vakuumpumpe

Eine kostengünstige Energiequelle zum Betrieb des Vakuum-Bremskraftverstärkers ist die im Ansaugtrakt von Ottomotoren verfügbare Vakuumenergie. Bei direkt einspritzenden Motoren (Diesel- und mittlerweile vermehrt auch Otto-Motoren) werden allerdings Vakuumpumpen erforderlich, da der Unterdruck auf der Ansaugseite zu gering ist. Diese am Motor angeordneten Pumpen sind zumeist Flügelzellen-Pumpen, die von der Nockenwelle angetrieben werden. Der permanente Antrieb dieser Pumpen erhöht jedoch den Kraftstoffverbrauch, so dass bedarfsgerecht angesteuerte Pumpen mit elektrischem Antrieb entwickelt werden.

7.5.3.5 Funktionserweiterte Vakuum-Bremskraftverstärker

Mechanischer Bremsassistent (Mechanischer BA)

Um die Kosten für eine elektronische Ansteuerung zu vermeiden, wurde ein Bremskraftverstärker entwickelt, der vergleichbare Eigenschaften aufweist wie der elektrische Bremsassistent, der die Panikerkennung, die Ventilaktivierung und das Lösen jedoch auf rein mechanische Weise realisiert (Bild 7-13). Hierzu wird die Trägheit des Bremskraftverstärkers genutzt, die bei schneller, panikartiger Betätigung dazu führt, dass das Tellerventil einen bestimmten Öffnungsgrad

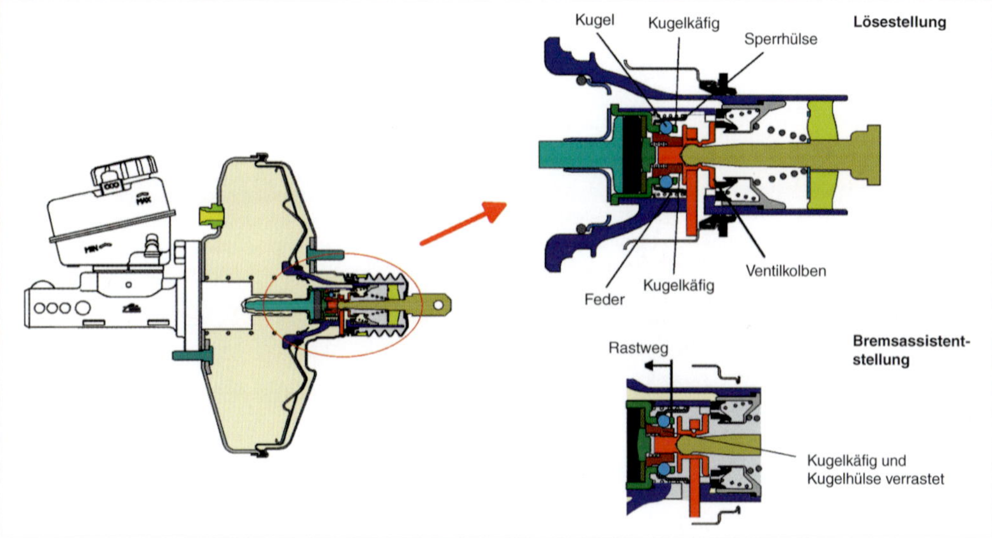

Bild 7-13 Mechanischer Bremsassistent

überschreitet. Mit Überschreiten dieses Öffnungshubs wird das Tellerventil arretiert und bleibt geöffnet, auch wenn die Fußkraft wieder reduziert wird. Anders als beim elektrischen Bremsassistent (siehe unten) kann der Bremsdruck im kraftarmen Bremsassistent-Modus moduliert werden. Der Mechanismus ist vollständig im Booster integriert und hat keine negativen Auswirkungen auf die Eigenschaften des Vakuum-Bremskraftverstärkers.
Vorteile des mechanischen BA sind

- Wechsel der Verstärkung in Abhängigkeit von der Betätigungsgeschwindigkeit,
- starke Unterstützung bei Panikbremsungen (Sprung auf maximale Verstärkungskraft),
- Druckregelung auch während der BA-Funktion über Pedalweg,
- keine Beeinträchtigung der konventionellen Bremsfunktion (gerundeter Springer bei Gummi-Reaktionsscheibe),
- keine Beeinträchtigung der Verstärkungsfunktion bei Kreisausfall,
- hohe Produktionskompatibilität (im Booster integriert, konventioneller THz) und
- geringe Kosten, robuste Konstruktion

Aktiver Bremskraftverstärker (Booster mit elektrischer Ansteuerung)

Elektrisch ansteuerbare, sogenannte „aktive Booster“ (Bild 7-14), werden für viele Funktionserweiterungen moderner Bremssysteme eingesetzt. Zum Beispiel

- in ESP-Systemen als Vorladung der Pumpe, um eine hohe Druckaufbaudynamik insbesondere bei tiefen Temperaturen zu erreichen,
- beim „elektronischen Bremsassistent“ als Vollbremshilfe in Paniksituationen und
- beim Adaptive Cruise Control (ACC) zum Einregeln einer von einer Pedalbetätigung unabhängigen und komfortablen Teilbremsung

Ins Steuergehäuse des aktiven Boosters ist ein elektrisch betätigter Magnetantrieb integriert, durch den mittels einer Schiebehülse das Tellerventil betätigt werden kann. Dies geschieht so, dass zuerst die Strömungsverbindung zwischen Vakuumkammer und Arbeitskammer geschlossen wird; eine weitere Strombeaufschlagung öffnet die Strömungsverbindung der Arbeitskammer zu Außenluft und betätigt den Booster. Zur sicheren Erkennung des Betätigungswunsches dient ein in das Steuergehäuse integrierter „Löseschalter“. Die wesentliche Aufgabe des Löseschalters ist das Erkennen des Pedallösens beim Bremsassistenten und der Pedalbetätigung bei der ESP-Vorladung.
Beim elektronischen Bremsassistenten misst ein Wegsensor den Bremspedalweg indirekt als Membranweg des Boosters. Erreicht die daraus abgeleitete Betätigungsgeschwindigkeit eine definierte, von Pedalweg und Fahrzeuggeschwindigkeit abhängige Schwelle, wird das Magnetventil aktiviert und dadurch die maximale Bremskraftverstärkung eingestellt. Eine Notbremsung kann jederzeit beendet werden. Sobald die Bremspedalkraft zurückgenommen wird, schlägt der Löseschalter am Booster an und das Magnetventil wird abgeschaltet.

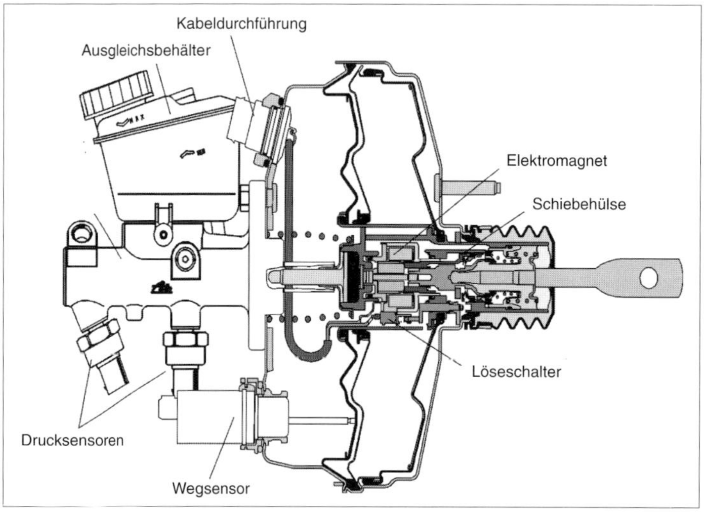

Bild 7-14 Aktiver Bremskraftverstärker (Tandembauweise)

Bremskraftverstärker mit Dual-Ratio-Funktion (veränderbare Verstärkung)

Bremskraftverstärker mit der Funktionserweiterung „Dual Ratio“ weisen im Gegensatz zu konventionellen Boostern eine Kennlinie mit zwei Verstärkungsfaktoren auf. Dabei erfolgt eine Aufteilung der Verstärkungsfunktion in einen Bereich mit niedrigem Verstärkungsfaktor für Bremsungen mit geringer Verzögerung und einen Bereich mit hohem Verstärkungsfaktor für Bremsungen mit hoher Verzögerung. Dies bietet den Vorteil, dass die Bremsungen mit niedriger Verzögerung, die den Hauptanteil darstellen, durch den vergleichsweise kleinen Verstärkungsfaktor gut dosiert werden können. Die Vollbremsung wiederum kann dennoch mit relativ niedriger Pedalkraft erreicht werden.
Die Umschaltung vom niedrigen auf den hohen Verstärkungsfaktor wird durch eine zusätzliche, vorgespannte Feder und einen Ringkolben bewirkt. Bei niedriger Verstärkung wird über die Feder die Pedalkraft zur Reaktionsscheibe weitergeleitet, nach Erreichen einer definierten Kraft gibt die Feder nach und der Ringkolben stützt sich am Steuergehäuse ab. Dadurch wird eine Änderung der Verstärkung bewirkt (siehe Bild 7-15).

Bremskraftverstärker für Optimierte Hydraulische Bremse (OHB)

Bremskraftverstärker für OHB-Systeme werden mit zusätzlicher Sensorik ausgerüstet, die den Aussteuerpunkt des Bremskraftverstärkers erkennt. Zu diesem Zweck wird der Bremskraftverstärker um zwei Vakuumsensoren ergänzt, die den Unterdruck der beiden entsprechenden Kammern im Vergleich zum Atmosphärendruck messen (Bild 7-16).
Die OHB-Funktion besteht darin, dass der hydraulische Druck in den Radbremsen über den Druck im THz hinaus erhöht werden kann. Hierzu werden Trennventile zwischen THz und Hydraulikeinheit geschlossen, die Pumpe angesteuert und der Druck in

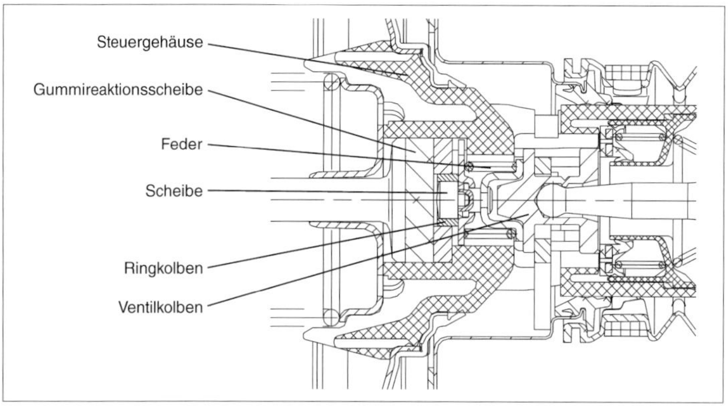

Bild 7-15 Ausschnitt aus Bremskraftverstärker mit Dual-Ratio-Funktion

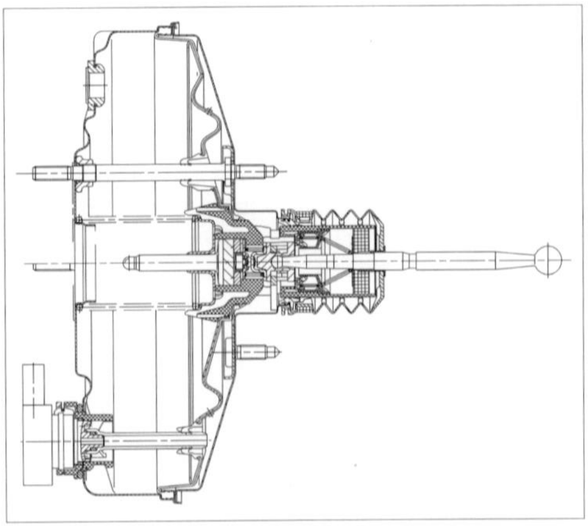

Bild 7-16 Bremskraftverstärker mit zwei Vakuumsensoren

Bild 7-18 Hydraulischer Bremskraftverstärker (hier für gepanzerte Sonderschutzfahrzeuge)

den Radbremskreisen über die jeweiligen Ventile moduliert. Hiermit können folgende Funktionalitäten dargestellt werden (Bild 7-17).

- **Unterstützung bei z. B. Bremsenfading:** Durch die hydraulische Unterstützung wird die Verstärkung über den Aussteuerpunkt des Vakuum-Bremskraftverstärkers hinaus aufrecht erhalten.
- **Hydraulischer Bremsassistent (siehe auch 7.7.9):** Abhängig von der Betätigungsgeschwindigkeit (z. B. Panikbremsung) wird der Bremsdruck über die Kennlinie des Vakuum Bremskraftverstärkers hinaus aktiv erhöht.
- **Unterstützung bei Verstärkerausfall:** Durch Druckaufbau mithilfe der ABS/ESP-Einheit wird der Ausfall des Bremskraftverstärkers kompensiert

Hydraulik-Bremskraftverstärker

Hydraulische Bremskraftverstärker (Bild 7-18) haben gegenüber Vakuum-Geräten den Vorteil eines in der Regel deutlich höheren Aussteuerpunktes sowie kompakterer Abmessungen. Nachteile sind höhere Kosten und – bei den bisherigen Hydraulikverstärkern – das Fehlen einer „Springer"-Funktion, was ein etwas stumpferes Pedalgefühl verursacht. Hydraulische Verstärker werden insbesondere in extrem schweren Pkw (etwa gepanzerte Sonderschutzfahrzeuge) eingesetzt, wo die hohe Verstärkung vorrangig ist gegenüber den genannten Nachteilen.

7.5.4 Bremskraftverteiler

Beim Bremsvorgang bewirkt die dynamische Achslastverteilung eine Entlastung der Hinterräder (Bild 7-20). Diese können dadurch nur einen geringer werdenden Anteil der Bremskraft übertragen. Im gleichen Maße nimmt die dynamische Vorderachslast und demzufolge auch die übertragbare vordere Bremskraft zu (siehe Kapitel 7.3). Zur Realisierung kurzer Bremswege ist es daher wichtig, den Bremskraftanteil der Hinterräder möglichst gut auszunutzen, ohne dass diese früher blockieren als die Vorderräder. Dieser gesetzlichen Forderung wurde zunächst durch kleiner dimensionierte Hinterradbremsen Rechnung getragen. Ausreichend ist diese Maßnahme wegen der nichtlinearen idealen Bremskraftverteilungs-Kennlinien in der Regel nicht, so dass sogenannte „Bremskraftverteiler" eingesetzt wurden, die seit Mitte der neunziger Jahre zuneh-

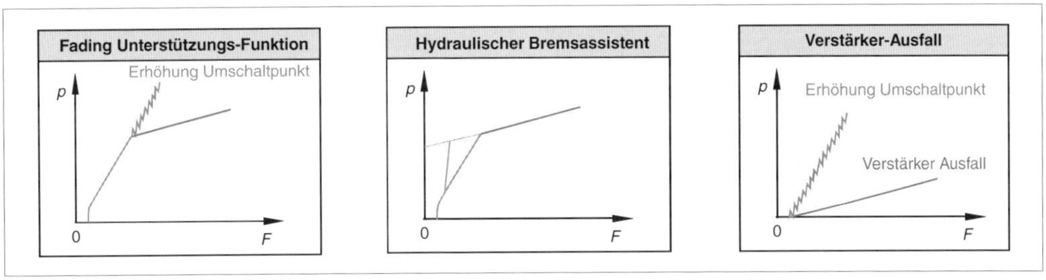

Bild 7-17 Funktionalitäten der Optimierten Hydraulischen Bremse (OHB)

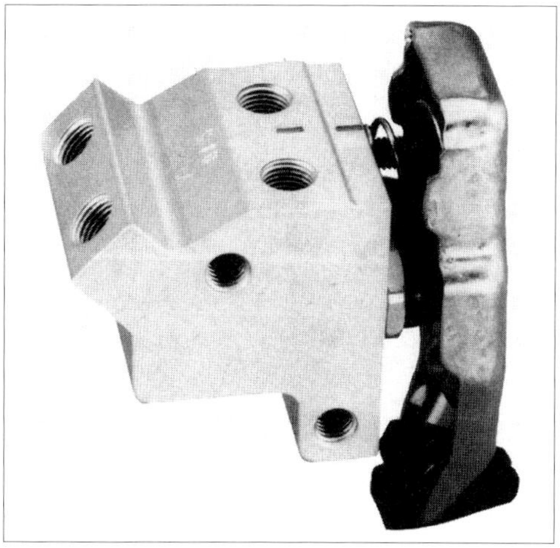

Bild 7-19 Lastabhängiger Druckminderer

mend von der elektronischen Bremskraftverteilung EBV abgelöst wurden (siehe Kapitel 7.7.6).
Man unterscheidet drei Bauformen:

- **Bremsdruckbegrenzer** limitieren den ausgangsseitigen Druck zu den Radbremsen auf einen konstruktiv festgelegten Abschaltdruck.
- **Druckabhängige (festeingestellte) Druckminderer** werden in Fahrzeugen eingesetzt, bei denen nur geringe Achslaständerungen zu erwarten sind. Die auch Bremskraftregler genannten Minderer haben einen fest eingestellten Umschaltpunkt, ab dem der Hinterachsdruck in einem festen Verhältnis zum Vorderachsdruck abgeregelt wird.
- **Lastabhängige Druckminderer** (Bild 7-19) werden vor allem in Fahrzeugen verbaut, bei denen die Achslasten durch hohe Zuladung stark variieren können. Auch bei Kleinwagen mit hohem Schwerpunkt und kurzem Radstand und damit stark verzögerungsabhängiger Achslastverteilung sind lastabhängige Druckminderer sinnvoll. Die Zuladung wird hierbei indirekt über die Einfederung des Fahrzeugs ermittelt, wobei der beim Einfedern verringerte Abstand zwischen Karosserie und Hinterachse zu einer Erhöhung der Federkraft und damit zu einer Erhöhung des Umschaltpunktes führt.

7.5.5 Übertragungseinrichtungen (hydraulische Verbindungen)

Zur Verbindung der hydraulischen Komponenten eines Bremssystems werden hochdruckfeste Bremsrohr-, Bremsschlauch- und Flexleitungen verwendet.

- **Bremsrohrleitungen** stellen die hydraulische Verbindung zwischen unbeweglichen Anschlusspunkten dar. Sie bestehen aus doppelt gewickelten, hartgelöteten Stahlrohren. Zum Schutz gegen Umgebungseinflüsse, denen die Leitungen ausgesetzt sind, wird die Rohroberfläche verzinkt und mit einem Kunststoffüberzug versehen.
- **Bremsschlauchleitungen** finden sich an den Übergängen zu beweglichen, dynamisch stark beanspruchten Teilen wie Achsschenkel oder Bremssattel. Sie stellen die einwandfreie Weiterleitung des Flüssigkeitsdrucks zu den Bremsen auch unter extremen Bedingungen sicher. Wesentliche Anforderungen an diese Leitungen sind

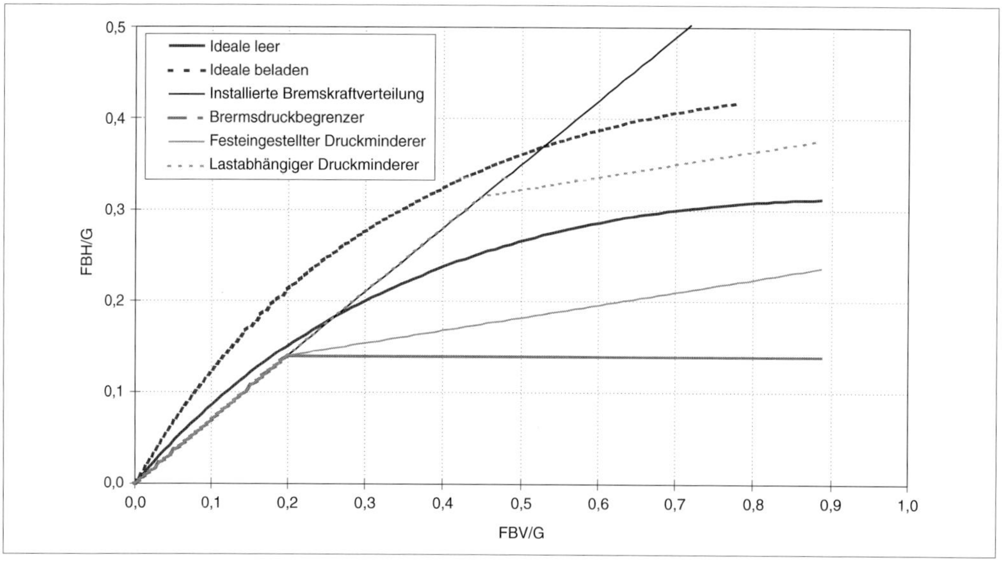

Bild 7-20 Kennlinien von Bremskraftverteilern

Druckfestigkeit, mechanische Belastbarkeit, geringe Volumenaufnahme, chemische Beständigkeit zum Beispiel gegen Öl, Kraftstoffe und Salzwasser sowie thermische Unempfindlichkeit. Bremsschlauchleitungen bestehen aus einem Innenschlauch, einem zweilagigen Geflecht als Druckträger und einer äußeren Gummischicht zum Schutz des Druckträgers vor äußeren Einflüssen.

- **Flexleitungen** werden ähnlich wie Bremsschlauchleitungen an den Übergängen zu dynamisch beanspruchten Teilen verbaut. Sie bestehen aus Poly-Tetrafluor-Ethylen (PTFE)-Leitungen mit Edelstahlgeflecht als Druckträger und gegebenenfalls einem anderen thermoplastischen Elastomer als äußere Schutzschicht. Dadurch ergibt sich eine gewisse Flexibilität, so dass Flexleitungen nur für Verbindungen mit geringer Bewegung genutzt werden, wie sie zum Beispiel durch Belagverschleiß an den Bremssätteln auftreten. Flexleitungen dämpfen die Körperschallübertragung und werden deshalb auch zur Verbesserung des akustischen Komforts, zum Beispiel zwischen THz und Hydraulikeinheit eingebaut.

7.6 Radbremse

Radbremsen sind Reibungsbremsen. Die Radbremsen erzeugen während der Bremsung (Dreh-)Momente und setzen kinetische Energie in Wärme um. Die kennzeichnende Größe von Bremsen ist das Verhältnis von erzeugter Umfangskraft an Trommel oder Scheibe zur eingeleiteten Spannkraft, der sogenannte „*C*-Stern Wert" (C^*). Bauart, Geometrie und Bremsbelagreibwert bestimmen diesen C^*-Wert. Da Trommelbremsen bei gleicher Zuspannkraft höhere Bremskräfte erzeugen können, ist ihr C^*-Wert um ein Vielfaches höher als der von Scheibenbremsen. Die unvermeidlichen Bremsbelagsreibwertschwankungen wirken sich daher allerdings bei Trommelbremsen viel stärker auf die Bremsmomente aus als bei Scheibenbremsen.

Die deutlich geringere Kennlinienveränderung bei Reibwertschwankungen (Bild 7-21) und ihre hohe thermische Belastbarkeit sprechen für die Scheibenbremse. Bis etwa 1960 hatten alle Pkw Trommelbremsen, heute finden sie sich bei einigen Modellen nur noch an der Hinterachse.

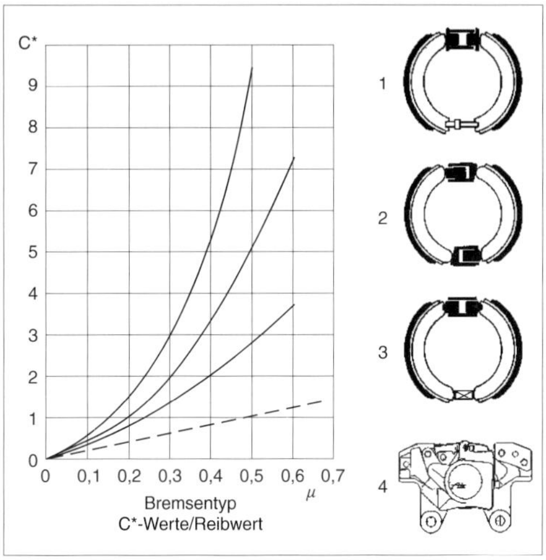

Bild 7-21 C^*-Kennwerte von 1 Duo-Servo-Trommelbremse, 2 Duplex-Trommelbremse, 3 Simplex-Trommelbremse, 4 Scheibenbremse

7.6.1 Trommelbremsen

Trommelbremsen sind Radialbremsen. Sie haben zwei Bremsbacken, die in aller Regel durch hydraulische Radzylinderbetätigung beim Bremsen nach außen gegen die Reibfläche der Trommel gedrückt werden. Bei Beendigung der Bremsung ziehen Federn die Bremsbacken wieder nach innen, so dass zwischen Trommelreibfläche und Bremsbelägen ein „Lüftspiel" entsteht.

7.6.1.1 Bauarten

Simplex-Trommelbremse

Bei Personenwagen bis etwa 170 km/h Höchstgeschwindigkeit hat sich diese Bauart an der Hinterachse durchgesetzt. Das erzeugte Bremsmoment ist nur wenig von Reibwertschwankungen abhängig ($C^* = 2{,}0$ bis 2,3), so dass die Bremskraftverteilung und damit das Fahrverhalten während der Bremsung ausreichend stabil ist.

Die in Fahrtrichtung vorn liegende Bremsbacke, die Primärbacke, erzeugt rund 65 % des Bremsmomentes, die hinten liegende Sekundärbacke nur etwa 35 %. Der Primärbelag wird daher zum Verschleißausgleich dicker ausgeführt, oder der Umfangswinkel beider Backen wird unterschiedlich groß gewählt. Der Umfangswinkel ist der Winkel in Umfangsrichtung, über den der Belag Kontakt mit der Trommel hat (siehe Bild 7-22 a).

Duplex-Trommelbremse

Bei der Duplex-Trommelbremse sind beide Backen gleich ausgeführt. Jede Backe stützt sich an einem eigenen Festpunkt am Bremsträger ab und wird über einen einfach wirkenden Sackloch-Radzylinder gegen die Trommel gedrückt. Hierbei sind beide Bremsbacken Primärbacken mit hoher Selbstverstärkung. Der C^*-Wert liegt bei etwa 2,5 bis 3,5 und erschwert die Dosierung. Die Integration einer Feststellbremseinrichtung ist überdies aufwändig, so dass diese Bauart nur geringe Bedeutung hat (Bild 7-22 b).

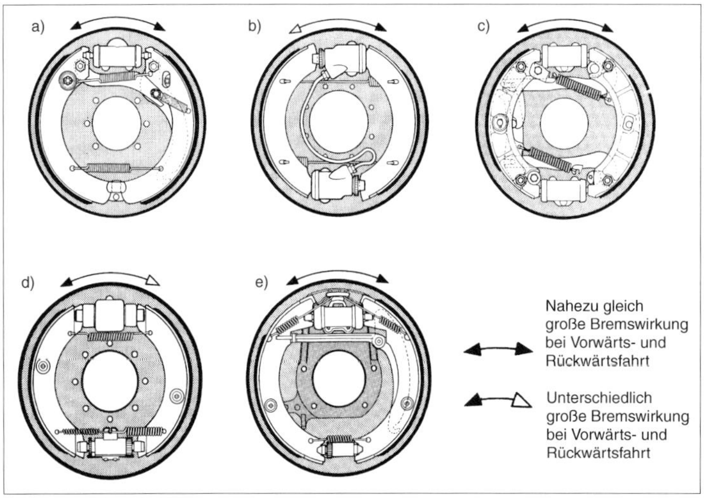

Bild 7-22 a) Simplex-Trommelbremse, b) Duplex-Trommelbremse, c) Duo-Duplex-Trommelbremse, d) Servo-Trommelbremse, e) Duo-Servo-Trommelbremse

Duo-Servo-Trommelbremse

Diese Bremse (Bild 7-22 e) erzeugt ein sehr hohes Bremsmoment, da das Nacheinanderschalten der beiden Bremsbacken eine besonders wirksame Selbstverstärkung erzeugt ($C^* = 3{,}5$ bis 6,5). Duo-Servo-Trommelbremsen werden daher häufig in Fahrzeugen mit hoher Nutzlast, etwa kleinen bis mittleren Lkw, verbaut. In der Regel ist ein automatischer Verschleißausgleich eingebaut, bei den über einen Seilzug ein Nachstellhebel betätigt wird, der durch das Verdrehen einer Ritzelmutter indirekt eine nicht verdrehbare Spindelschraube herausbewegt.

Durch Befestigung eines Hebels an der Sekundärbacke und einer Druckstange zur Übertragung einer Reaktionskraft auf die Primärbacke lässt sich eine Feststelleinrichtung leicht integrieren. Sehr zweckmäßig ist der Einsatz der Duo-Servo-Trommelbremse in Kombination mit einer Scheibenbremse („drum-in-hat“). Die nur mechanisch betätigte Trommelbremse übernimmt hierbei die Funktion der Feststellbremse und die Scheibenbremse den Betriebsbremsanteil der Hinterachse. Ein Vorteil dieser Kombination ist, dass die Beläge für Feststell- und Betriebsbremse unabhängig voneinander optimal ausgelegt werden können (siehe Bild 7-23).

7.6.1.2 Bremstrommeln

Aufgrund der preisgünstigen Herstellung sind Bremstrommeln (Bild 7-24) aus Grauguss (1) heute allgemein verbreitet. Für besondere Anwendungen gibt es gewichtsoptimierte Lösungen. Trommel 2 ist zweiteilig in Verbundguss hergestellt. Der äußere Bereich besteht aus einer Aluminiumlegierung, innen ist wegen der geeigneteren Reibpaarung ein Graugussring eingesetzt. Bei Trommel 3 ist das Aluminium in eine Matrix aus Keramik bzw. Aluminiumoxid eingegossen.

Bremstrommeln aus Aluminium sind anspruchsvoll in der Herstellung und haben wegen des niedrigen Schmelzpunktes einen eingeschränkten Leistungsbereich. Am besten eignen sie sich daher für Hinterachsbremsen besonders leichter Fahrzeuge.

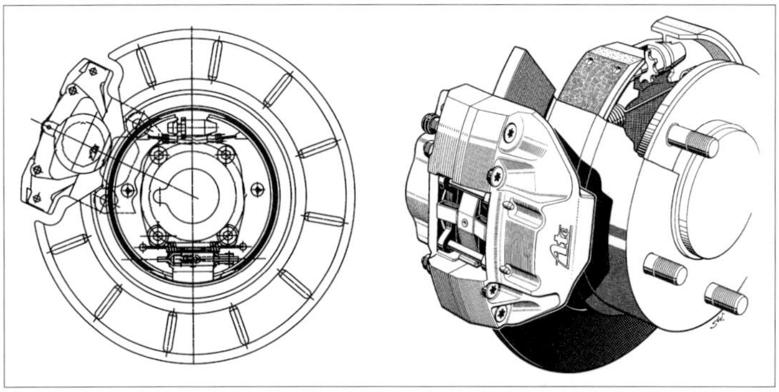

Bild 7-23 Kombination aus Scheiben- und Duo-Servo-Trommelbremse (Topf-Bremse)

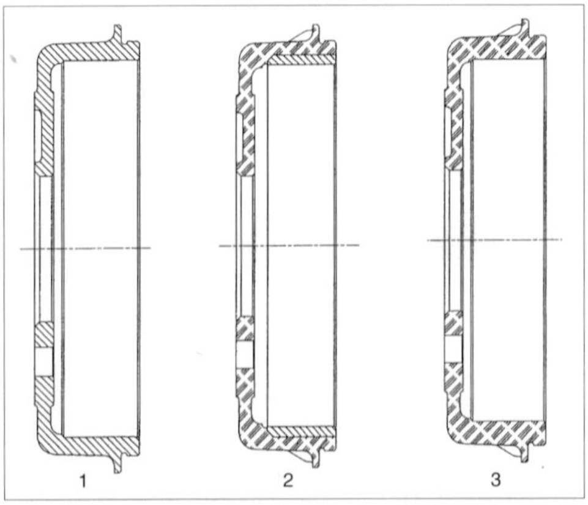

Bild 7-24 Bremstrommel: 1 Grauguss, 2 zweiteiliger Verbundguss, 3 Aluminium/Keramik-Verbundguss

7.6.1.3 Nachstellung

Reibbelagverschleiß bei Trommelbremsen kann durch manuelle Nachstellung mit einfachen Werkzeugen ausgeglichen werden (Bild 7-25). Da die Wartungsintervalle moderner Fahrzeuge aber immer länger werden und sich dadurch bis zur Nachstellung unerwünschter Bremspedalhub einstellen würde, werden automatische Nachstelleinrichtungen verbaut.

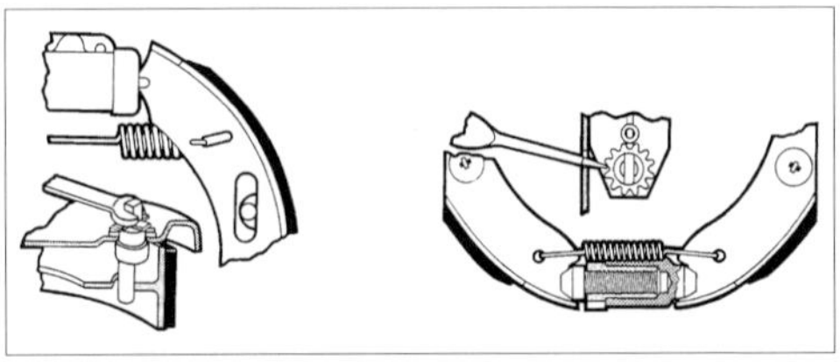

Bild 7-25 Manueller Reibbelagverschleißausgleich von Trommelbremsen durch Exzenter- (li.) und Zahnradnachstellung (re.)

7.6.1.4 Feststellbremsen

Mit einer Trommelbremse ist die Feststellbremsfunktion leicht zu realisieren. Die Betätigungskraft wird über Seilzüge (Bowdenzüge) von der Betätigungseinrichtung auf die Hebel der Trommelbremse übertragen. Heute sind fast ausschließlich Systeme mit rein mechanischer Betätigung über Hand- oder Fußhebel in Gebrauch (Bild 7-26). Sie werden zurzeit schon in ersten Anwendungen von einer elektromotorischen Betätigung, der sogenannten „elektrischen Parkbremse“ (EPB) ersetzt (siehe Kapitel 18.4).

7.6.2 Scheibenbremsen

Scheibenbremsen sind Axialbremsen. Standard im Personenwagen sind Teilscheibenbremsen, bei denen die Bremsbelagflächen jeweils einen Teil einer ebenen Ringfläche bedecken. Vollscheibenbremsen (siehe Kapitel 1.6), bei denen eine ringförmige Belagfläche die gesamte Scheibe bedeckt, sind im Pkw-Bau nicht üblich.
Praktisch alle Vorderradbremsen sind Scheibenbremsen; bei vielen leistungsstärkeren Fahrzeugen werden sie auch an der Hinterachse verbaut. Im Gegensatz zu Trommelbremsen steigt bei Scheibenbremsen der C^*-Wert proportional (und nicht überproportional) zu dem Belagreibwert an (siehe Bild 7-21). Ihre wesentlichen Vorteile sind

- höhere thermische Belastbarkeit,
- geringere Empfindlichkeit gegenüber Reibwertschwankungen (siehe oben),
- reproduzierbar gleichmäßiges Ansprechen,
- gleichmäßiger Belagverschleiß,
- einfache, weil automatische Nachstellung und
- einfacher Belagwechsel

7.6.2.1 Sattelbauarten

Festsättel (Bild 7-28) und Faustsättel (Bild 7-30) haben sich als Bauarten von Scheibenbremsen weitgehend durchgesetzt. Axial angeordnete hydraulische Zylinder bringen die Zuspannkräfte des

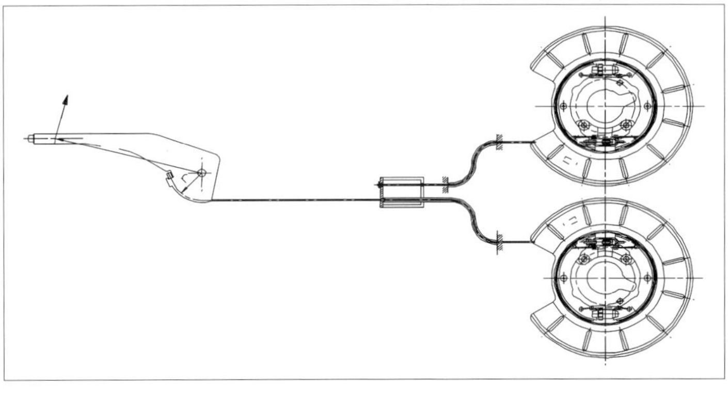

Bild 7-26 Betätigungsmechanismus Feststellbremse (hier „Handbremse“)

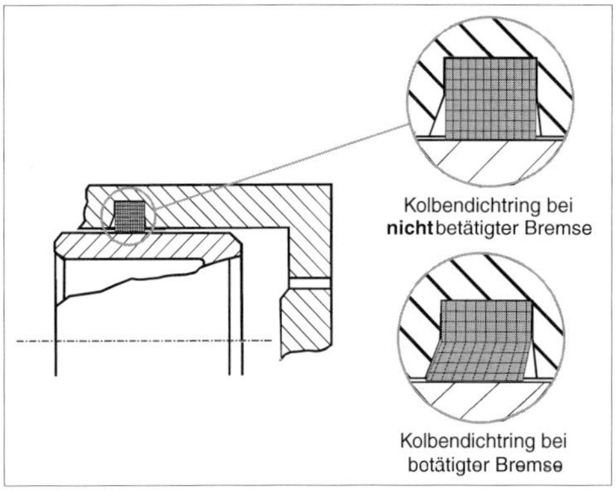

Bild 7-27 Verformung des Kolbendichtrings (Vierkantring)

Bremssattels auf die Bremsbeläge auf, die beidseitig auf die planen Reibflächen der Bremsscheibe wirken. Kolben und Beläge sind in einem Gehäuse untergebracht, das sattelartig über den Außendurchmesser der Scheiben greift. Die Beläge stützen sich in Drehrichtung der Bremsscheibe (auch Rotor genannt) an einem Bauteil ab, das statisch am Achsschenkel befestigt ist.
Kolbendichtringe mit quadratischem Querschnitt übernehmen in einer profilierten Gehäusenut die Abdichtung der Kolben (Bild 7-27). Diese Art von Kolbendichtringen hat sich bewährt für folgende Vorgänge

- Zurückziehen des Kolbens zum Lüften der Beläge nach einem Bremsvorgang (Roll Back) und
- Wieder-Vorziehen des Kolbens, nachdem ihn starke axiale Verformungen und Verschiebungen der Bremsscheibe zurückgedrückt haben (Knock Back)

Den Bereich zwischen Kolben und Gehäusebohrung sichert eine Schutzkappe gegen Schmutz und Feuchtigkeit. Zur Überbrückung von Belag- und Scheibenreibflächenverschleiß sowie axialer Toleranzen ist sie als Faltenbalg ausgeführt. Zur Entlüftung der Bremse ist an der höchsten Stelle eine Entlüfterschraube angebracht.

Festsattel

An der Vorderachse schwerer Pkw mit Heckantrieb sind Festsättel weit verbreitet, da diese Fahrzeuge ausreichenden Einbauraum bieten. Zudem haben sie meist einen deutlich positiven Lenkrollradius, so dass der Sattel nicht so tief in die Radschüssel verlegt werden muss.
Beidseitig der Scheibenreibflächen angeordnete Bremszylinder und ein feststehendes Gehäuse kennzeichnen den Festsattel. Zwei axial miteinander verschraubte Hälften bilden das Gehäuse, Kanalbohrungen in den Gehäusehälften verbinden die auf beiden Scheibenseiten befindlichen Zylinder hydraulisch. Gummidichtungen an den Kontaktflächen dichten die Bohrungen nach außen ab. Der Übergang dieser Bohrungen über den Scheibenaußendurchmesser ist thermisch sensibel. Infolge extremer Temperatur könnte es hier zu Dampfblasenbildung und damit zu Bremsenausfall durch zu hohe Bremsflüssigkeitsaufnahme (Pedal am Boden) kommen. Dies wird verhindert durch besonders effiziente Kühlluftführung und durch eine gute Bemessung der Scheibe. Die Beläge stützen sich tangential an Anschlagführungen seitlich der Kolben ab.

Rahmensattel

Um die Vorteile des negativen Lenkrollradius (siehe Kapitel 1.6) optimal nutzen zu können, wurde die Bremsscheibe axial tiefer in die Felgenschüssel verlagert. Der Einbauraum verkleinerte sich dadurch. Eine erste Lösung waren zunächst Schwimmrahmensättel (Bild 7-29). Sie arbeiten mit nur einem, auf der Scheibeninnenseite angeordneten Bremszylinder,

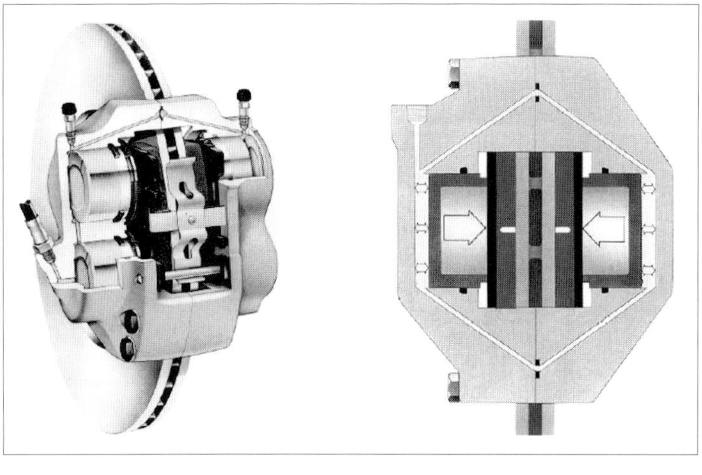

Bild 7-28 Festsattel

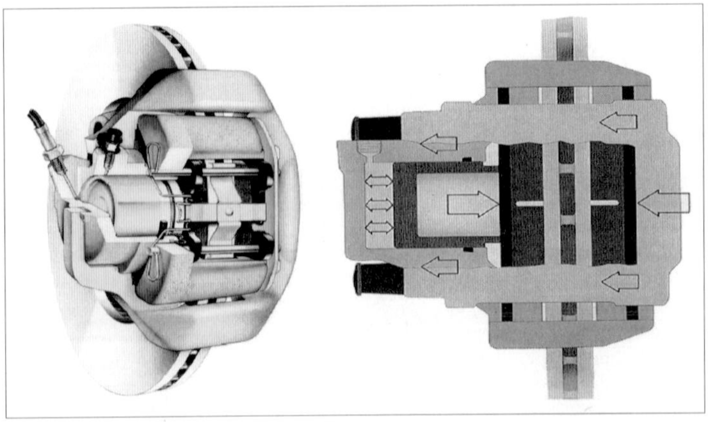

Bild 7-29 Schwimmrahmensattel

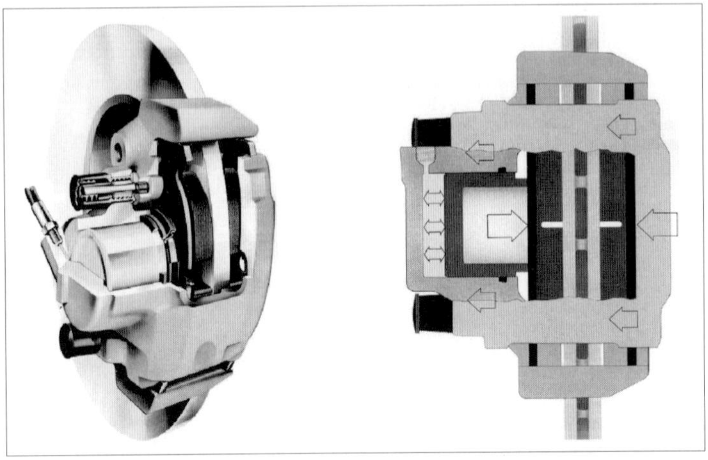

Bild 7-30 Faustsattel **(Bauart Teves FN)**

dessen Reaktionskraft ein Rahmen über die Scheibe auf den felgenseitigen Belag überträgt. Das Zylindergehäuse ist im Rahmen eingeknöpft. Beide Beläge stützen ihre jeweiligen tangentialen Bremsumfangskräfte direkt auf zwei Arme des Halters ab, der mit der Radnabe bzw. dem Achsschenkel fest verschraubt ist. Der große, offene Belagschacht erlaubt der Kühlluft ungehinderten Zugang zu den Belägen. Die dadurch erreichbare niedrige Temperatur der Bremsflüssigkeit ist ein wichtiger Vorteil des Rahmensattels.

Faustsattel

Auch beim Faustsattel (siehe Bild 7-30) liegt der Kolben auf der Seite zur Fahrzeugmitte. Radseitig wird daher nur wenig Bauraum benötigt, so dass der Faustsattel ebenfalls einen negativen Lenkrollradius ermöglicht.
Seine kompakte Bauweise erlaubt sogar die Kombination von Vorderradantrieb (meist mit diagonaler Kreisaufteilung) und negativem Lenkrollradius. Wesentliche Vorteile des Faustsattels sind

- große Belagflächen,
- optimale Belagform,
- geringes Gewicht und
- kleine Einbaugröße

Das Gehäuse ist meist einteilig und gleitet auf zwei Armen eines festgeschraubten Halters oder des Achsschenkels. Die Halterarme können felgenseitig mit einer angegossenen Brücke verbunden sein oder – wie beim **Teves FN-Prinzip**, über hakenförmige Enden der Belagplatte. Diese Ausführung erlaubt es, die Beläge beim Bremsvorgang zumindest teilweise als gezogene Beläge auszuführen (Push-Pull-Prinzip, Bild 7-31).

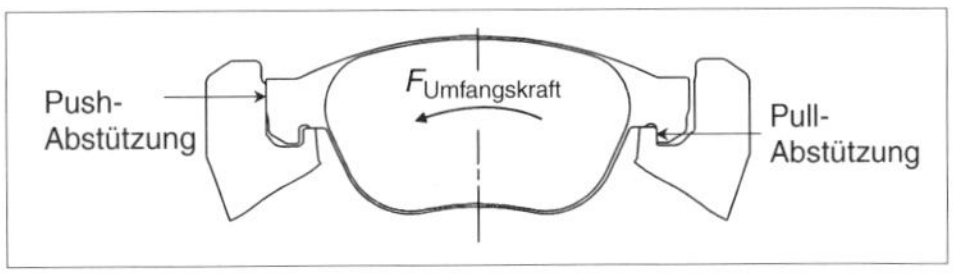

Bild 7-31 Gezogene Beläge (Push-Pull-Prinzip)

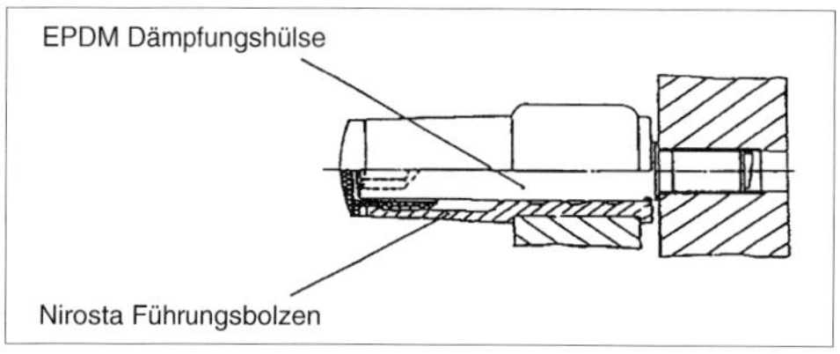

Bild 7-32 EPDM Dämpfungshülse (Bushing)

Die axialen Reibungskräfte in den Halterführungen (siehe Bild 7-32) liegen auf der Scheibeneinlaufseite und führen dadurch zu zwei wesentlichen Funktionsvorteilen: Zum einen ist der Belagverschleiß wie gewünscht parallel, da sich die Beläge gleichmäßig an die Scheibenreibfläche „schmiegen“.
Zum anderen werden Geräusche, speziell das Quietschen, deutlich reduziert. Zum Belagwechsel werden die beiden Bolzen gelöst und die Gehäusefeder ausgehängt, um das komplette Gehäuse anschließend radial anzuheben.
Noch größere Scheibendurchmesser sind bei der **FNR-Bremse** realisierbar (Bild 7-39). Bei dieser Bauart wird die Gehäusebrücke auch nach außen um die Haltearme herumgeführt und auf der Felgenseite mit der mittleren Gehäusepratze zu einem einzigen Gussstück fest verbunden.

Optimierte Faustsattel-Konstruktionen

Das Bestreben, die Wirkung der Radbremsen bei vorgegebenen Felgendurchmessern über eine Vergrößerung der Bremsscheibe zu verbessern, führte zu Lösungen wie der **innenumgreifenden Scheibenbremse**. Diese aufwändige und teure Lösung wurde durch Weiterentwicklungen der konventionellen Bauarten verdrängt.

Innenumgreifende Scheibenbremse

Die Sattellösung nach Bild 7-33 ermöglicht eine sehr große Bremsscheibe im Rad. Sie ist daher für Fahrzeuge hoher Leistung und Geschwindigkeit gut geeignet. Aus Korrosionsgründen ist es erforderlich, den Scheibentopf, der mittels eingezogenem Ring mit dem belüfteten Reibring verschweißt ist, aus nichtrostendem Edelstahl herzustellen.

Kombinierter Faustsattel

Bei der kombinierten Faustsattel-Bremse (siehe Bild 7-34) ist die Feststellbrems-Funktion in den Scheibenbremssattel integriert. Betriebs- und Feststellbremse nutzen dieselben Beläge, die Feststellbremse wird zum Beispiel über einen Handhebel betätigt.
Da der C^*-Wert nur dem einer Scheibenbremse mit $C^* = 2\mu$ entspricht, muss für die Feststellbremse eine erhöhte Kraft auf den Kolben erzeugt werden.
Die Verschleißnachstellung der hydraulisch betätigten Scheibenbremse erfolgt dadurch, dass der Kolben im Dichtring verschoben wird. Da die Feststellbremse mechanisch betätigt wird, benötigt sie eine ebenfalls mechanische, aber wesentlich aufwändigere Nachstellvorrichtung (siehe Bild 7-35).

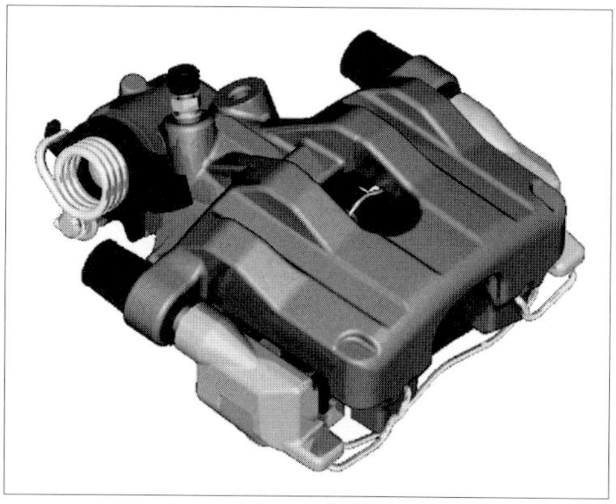

Bild 7-34 Kombi-Faustsattel FNc

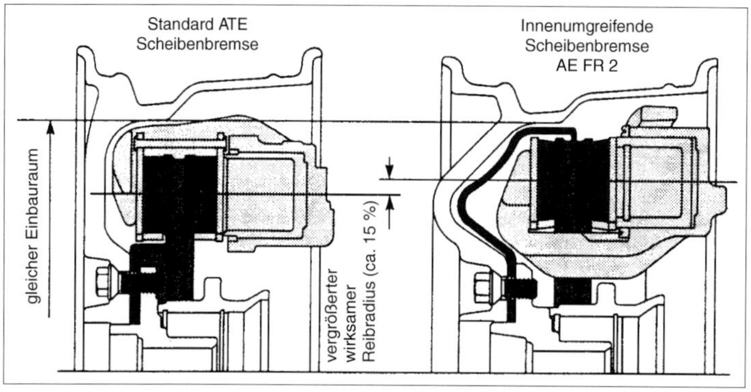

Bild 7-33 Innenumgreifende Scheibenbremse

Nachstellvorgang Feststellbremse

Tritt während einer Bremsung zusätzlich zu Belagkompression und Verformungen des Gehäuses noch Verschleiß auf, kann dieser Verschleiß-Weg durch Gehäuseentlastung bzw. durch die Rückstellfähigkeit des Dichtrings nicht vollständig kompensiert werden. Es erfolgt eine Verschleißnachstellung.

Die Spindel (2) wird dann durch die Kraft der Rückstellfeder (4) wieder zur Anlage am Druckstück (5) gebracht. Da die Rückstellfederkraft etwa der dreifachen Antriebsfederkraft entspricht, wird die Nachstellmutter (1) von der Spindel (2) mitgenommen und der Reibkonus öffnet sich. Die Nachstellmutter wird nun durch die Wirkung der Antriebsfeder zur Drehung veranlasst und schließt den Reibkonus wieder. Damit ist ein axialer Längenausgleich (Nachstellung) erfolgt.

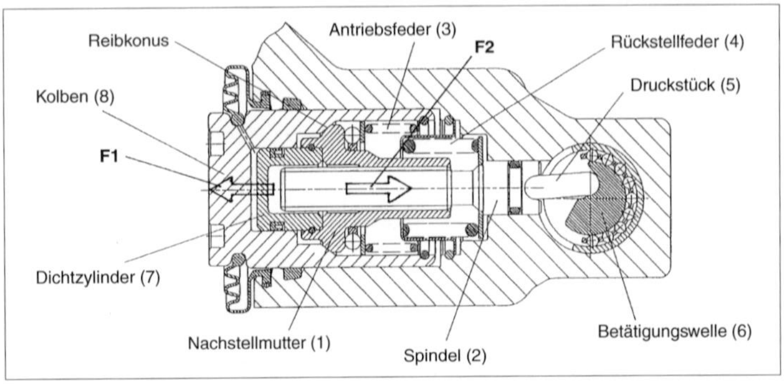

Bild 7-35 Nachstellung

7.6.2.2 Bremsscheiben

Vollscheibe/belüftete Scheibe

Beim Bremsen wird kinetische Energie in Wärme umgewandelt. Etwa 90 % dieser Energie dringt zunächst in die Scheibe ein, die sie wiederum an die Umgebungsluft weitergibt. Bei Bergabfahrten zum Beispiel erreicht der Reibring Temperaturen von bis zu 700 °C (Rotglut). Daher werden zur besseren Kühlung – vor allem an den Vorderrädern – verstärkt innenbelüftete Bremsscheiben eingesetzt. Eine bessere Kühlwirkung und darüber hinaus eine verringerte Wasserempfindlichkeit lässt sich ebenfalls realisieren, wenn eine gelochte oder genutete Bremsscheibe verbaut wird. Höhere Kosten und unter Umständen eine stärkere Geräuschbildung sind jedoch Nachteile dieser Bauarten.

Bild 7-36 Massive Bremsscheibe (links), ATE „Power Disc" (rechts)

Die ATE „Power Disc" (Bild 7-36) vermeidet diese Nachteile durch eine in die Ringflächen eingearbeitete Endlosnut. Diese Multifunktionsnut hat darüber hinaus weitere Vorzüge wie eine optische Erkennung der Verschleißgrenze, verbessertes Nassbremsverhalten, verringertes Fading und ein riefenfreies Verschleißbild von Belag und Scheibe.
Generell neigt der Reibring bei Erwärmung zur Schirmung, das heißt: Die Reibflächen gehen von Planflächen in Kegelflächen über. Ursache hierfür ist der aus Gründen des Einbaus einseitige Befestigungsflansch. Die Schirmung kann durch punktuelle Anlage der Belagreibflächen auf dem Reibring zu ungleichmäßigem Belagverschleiß und damit zu einer unangenehmen Geräuschentwicklung führen. Konstruktive Maßnahmen, wie in Bild 7-37 dargestellt, können die Schirmung begrenzen. Eine begrenzte Schirmung wird angestrebt um eine wellige Verformung der Bremsscheibe zu vermeiden, die zu Vibrationen während der Bremsung (Rubbeln) führen könnte.
Zum Erreichen einer guten Bremsenqualität ist es sehr wichtig, dass die Bremsscheiben mit hoher Genauigkeit hergestellt werden. Der Fahrzeughersteller muss dabei entsprechende Laufgenauigkeit der Scheibenanflanschfläche und optimiertes Lagerspiel sicherstellen.

C/SiC-Bremsscheibe

Üblicherweise sind Bremsscheiben aus perlitischem Grauguss in den Qualitäten GG15 bis GG 25 gefertigt. Legieren mit Chrom und Molybdän erhöht die Verschleißfestigkeit und verbessert das Wärmeriss-

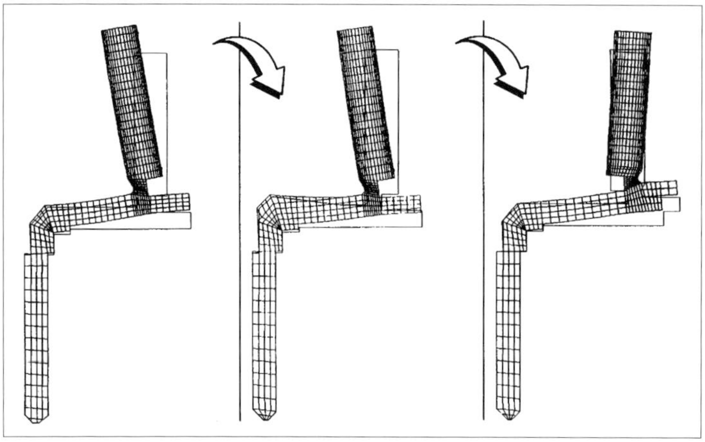

Bild 7-37 Finite Elemente (FE)-Analyse der Bremsscheibe zur Reduzierung der Schirmung

verhalten des Werkstoffs. Ein hoher Kohlenstoff-Gehalt verbessert die Wärmeaufnahmegeschwindigkeit. Gegenüber der konventionellen Grauguss-Bremsscheibe hat die neu entwickelte C/SiC-Bremsscheibe folgende Vorteile

- Lebensdauer von circa 300 000 Kilometer durch höhere Verschleißfestigkeit,
- Gewichtsersparnis von etwa 2/3 und damit Verringerung der reifengefederten Massen und
- Korrosionsbeständigkeit und damit Entfall negativer Randerscheinungen konventioneller Bremsscheiben wie Kontakthaftung oder festrostende Bremsbeläge

Die C/SIC-Scheibe (Bild 7-38) besteht aus mit Kohlefaser (C) verstärkter Keramik mit Siliziumkarbid-haltiger Matrix (SiC). Diese Bremsscheibe ist sehr aufwändig zu fertigen, die Herstellungskosten sind erheblich höher als bei heutigen Bremsscheiben. Die C/SiC-Scheibe wurde speziell für Hochleistungs-Sportwagen entwickelt und wird in den kommenden Jahren auch in Oberklasse-Fahrzeugen eingesetzt werden.

Bild 7-38 Belüftete C/SiC-Bremsscheibe

7.6.3 Sattel-Werkstoffe

In der Regel bestehen die Faustsattel-Gehäuse aus Kugelgraphitguss der Qualitäten GGG50 bis GGG60. Um Gewicht zu reduzieren, wurde der sogenannte Composite Faustrahmensattel entwickelt. Die Gehäusepratze, die über die Scheibe auf den Bremsbelag der Felgenseite führt, ist hierbei aus hochwertigem Kugelgraphitguss, die Zylinderseite des verschraubten Gehäuses besteht aus hochfestem Aluminiumguss. Gelegentlich ist das gesamte Gehäuse als ein Teil aus Aluminium gegossen (Bild 7-39).
Die Steifigkeit eines Bremssattels wird indirekt über seine Fluidaufnahme in Abhängigkeit vom hydraulischen Druck im Zylinder definiert. Diese sogenannte Volumenaufnahme wird mittels 3D-Computermodellen zwischen 5 und 160 bar berechnet und durch Versuchsmessungen überprüft. Die Spannungsverteilung über ein Bauteil kann ermittelt und farblich dargestellt werden (Bild 7-40). Da Gestalteinflüsse jedoch noch nicht einwandfrei am Computer erfasst werden können, erfolgt eine Erprobung im praktischen Versuch mit definierten Parametern. Hydraulische Druckbeaufschlagung mit pulsierenden Belastungen von 0 bis 100 bar über 500 000 Lastspiele stellt die Zeitfestigkeit des Faustsattels sicher.
Die im Sattel eingesetzten Bremskolben können aus a) Grauguss, b) Stahl, c) Aluminium-Legierungen und d) Kunststoffen (Duroplaste) hergestellt werden (Bild 7-41). Bei Stahlkolben, die üblicherweise durch Tiefziehen oder Fließpressen hergestellt werden, ist ein Schleifen des Außendurchmessers unver-

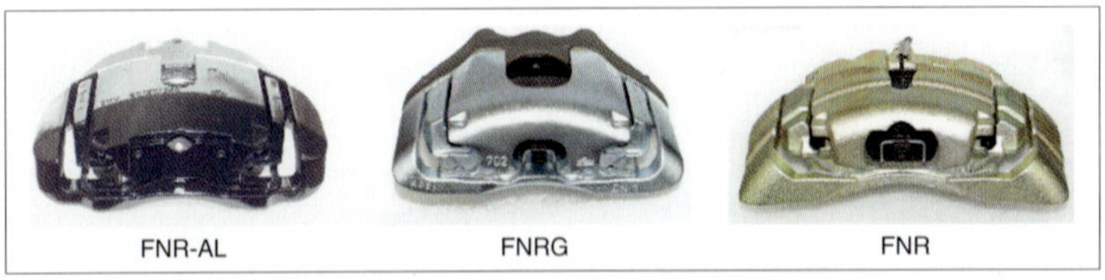

Bild 7-39 Faustrahmensättel: FNR-AL: Aluminium, FNRG: Composite, d. h. Halter Aluminium, Brücke und Sattel aus Grauguss, FNR: Grauguss

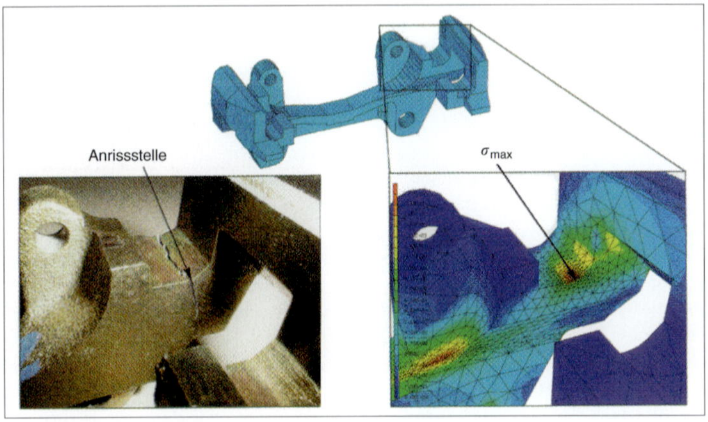

Bild 7-40 Spannungsverteilung in der Simulation

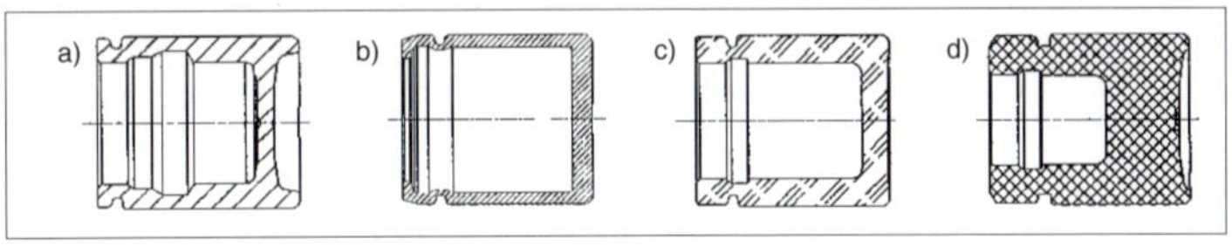

Bild 7-41 Bremskolben aus verschiedenen Werkstoffen

zichtbar, um die gewünschte Oberflächengüte und Durchmessertoleranz zu erreichen.

7.6.4 Spezifische Themen und Begriffe rund um die Scheibenbremse

Fading

Hohe Temperaturen beeinflussen den Reibwert von Bremsbelägen. Innerhalb der normalen Betriebstemperaturen – dazu gehören auch starke Belastungen wie eine Bremsung aus Höchstgeschwindigkeit und Passabfahrten – sind diese Reibwertänderungen gering. Werden die Bremsen thermisch übermäßig beansprucht, kann es zum sogenannten „Fading“ kommen. Der Belagreibwert nimmt dann deutlich ab, die gewünschte Fahrzeugverzögerung kann nur noch mit entsprechend stark erhöhter Pedalkraft erreicht werden. Ursache für Fading ist unter anderem das sogenannte „Ausgasen“. Das heißt: Bestimmte Bestandteile des Belagmaterials verdampfen und bilden ein Gaspolster zwischen Belag und Reibfläche. Die Neigung zum Fading kann reduziert werden durch eine Wärmebehandlung der Beläge am Ende des Produktionsprozesses. Ein vollständiges Ausgasen ist allerdings nicht sinnvoll, da andere wertvolle Eigenschaften des Belages verloren gehen.

Für extreme Einsatzgebiete gibt es spezielle Bremsbelagmischungen (sogenannte „Rennbeläge“), die erst bei hoher Betriebstemperatur ihren maximalen Reibwert entwickeln.

Rubbeln

Unter Rubbeln wird das periodische Auftreten von Bremskraftschwankungen trotz konstanter Betätigungskraft verstanden. Rubbeln ist in Form von Bremspedalpulsieren und/oder Lenkrad- oder Karosserieschwingungen wahrnehmbar. Es handelt sich um niederfrequente Schwingungen, die körperlich wahrnehmbar sind im Gegensatz zu Geräuschen, bei denen es sich um hochfrequente Schwingungen handelt, die akustisch wahrnehmbar sind. Ursache für das Rubbeln sind Dickenschwankungen der Bremsscheibe (DTV, siehe unten) im 1/1000 mm-Bereich oder Verwerfungen der Scheibe auf Grund von thermischer Überlastung (Hot Spots, siehe unten).

Hot Spots

„Hot Spots“ sind durch thermische Überlast verursachte, fleckenhafte Veränderungen (entweder

Gefügeveränderungen in der Scheibe oder Reibbelagauftrag auf der Scheibe), die gleichmäßig an der Bremsscheibenoberfläche verteilt sind. Hot Spots verursachen Rubbeln.

Lüftspiel

Damit beim normalen, ungebremsten Fahrbetrieb keine Bremskraft wirkt, dürfen die Reibbeläge die Bremsscheibe nicht berühren. Das heißt: Sie müssen einen bestimmten Abstand zur Bremsscheibe einhalten. Dieser Abstand wird Lüftspiel genannt. Zu großes Lüftspiel führt zu langen Bremspedalwegen, zu kleines Lüftspiel zu DTV (siehe unten) und Restmomenten mit erhöhtem Kraftstoffverbrauch.

Roll Back

Der Dichtring zwischen Bremskolben und Bremssattel soll neben der Dichtfunktion den Kolben nach dem Bremsvorgang um einen bestimmten Weg zurückziehen, um ein Lüftspiel bereitzustellen, das sogenannte „Roll Back“. Dieses **statische Lüftspiel** wird konstruktiv eingestellt (siehe auch Kapitel 7.6.2.1). Es wird im Wesentlichen beeinflusst durch die Geometrie der Dichtringnut und die Oberflächenbeschaffenheit von Kolben und Dichtring. Das **dynamische Lüftspiel** ergibt sich infolge von Bewegungen zwischen Bremsscheibe und Bremssattel. So werden zum Beispiel bei hoher Querbeschleunigung die Reibbeläge weit zurückgeschoben, da die Bremsscheibe infolge von Radlagerspiel und Elastizitäten ihre Winkellage verändert und „kippt“.

Knock Back

Die Rückstellfunktion des Kolbens im Bremssattel nach Verschieben entgegen der Betätigungsrichtung wird „Knock Back“ genannt. Die Wirkungsweise ist vergleichbar dem zuvor beschriebenen „Roll Back“ (siehe auch Kapitel 7.6.2.1).

Schrägverschleiß

Ungleichmäßiger Reibbelagverschleiß über die Belagfläche wird Schrägverschleiß genannt. Er kann sowohl in radialer (außen/innen) als auch in tangentialer (Einlauf/Auslauf) Richtung auftreten. Der unterschiedliche Verschleiß zwischen zwei Belägen in einem Bremssattel wird als Differenzverschleiß bezeichnet.

Scheibenschlag

Unter Scheibenschlag wird die axiale Bewegung pro Umdrehung der Bremsscheibe aufgrund von Fertigungstoleranzen, Lagerspielen und Steifigkeiten verstanden. Bei übermäßigem Scheibenschlag berührt die Bremsscheibe immer wieder die Beläge und es entsteht DTV (siehe unten).

Disc Thickness Variation (DTV)

Als DTV wird die unterschiedliche Dicke des Reibrings einer Bremsscheibe bezeichnet. DTV wird verursacht zum Beispiel durch den periodischen Kontakt des Reibbelags mit der Scheibe im ungebremsten Zustand. Dadurch verschleißt die Scheibe an diese Stelle stärker und ist damit dünner. DTV führt zu Bremskraftschwankungen und je nach Empfindlichkeit des Fahrzeugs zum Rubbeln.

7.7 Elektronische Regelsysteme

7.7.1 Allgemeines

Das heute im Automobilbau erreichte Maß an Komfort und aktiver Sicherheit wäre ohne elektronische Regelsysteme nicht möglich. Sie werden auch künftig eine umwälzende Erweiterung der individuellen Mobilität ermöglichen. Um Sicherheit und Zuverlässigkeit der Bremsanlage trotz zunehmender Komplexität zu gewährleisten, beinhalten elektronische Regelsysteme aufwändige Sicherheitsschaltungen und modular aufgebaute Sicherheitsalgorithmen. Zum Beispiel werden bei Ausfall eines Teilsystems die noch verbleibenden Restfunktionen der jeweils niedrigeren Ebene bis hinunter zur mechanisch/hydraulischen aufrecht erhalten. Die konventionelle Bremsbetätigung bleibt auch dann gesichert, wenn die Funktion des Regelsystems vollständig ausfällt, zum Beispiel durch eine gestörte Spannungsversorgung.

7.7.2 Physikalische Grundlagen

Die Gesetzmäßigkeiten, die für den Kraftschluss zwischen Reifen und Fahrbahn gelten, sind komplizierter als die der Reibung zwischen zwei festen Körpern in der klassischen Physik. Der Grund dafür liegt in der Elastizität des Gummireifens (siehe auch Kapitel 5).
Um weitgehend unabhängig von Gewicht und Beladungszustand eine charakteristische Größe für das Bremsvermögen eines Fahrzeugs zu erhalten, wird der sogenannte Kraftschlussbeiwert oder auch Bremskraftbeiwert μ_B definiert.

$$\mu_B = \frac{F_B}{F_A}$$

μ_B = Bremskraftbeiwert
F_B = Bremskraft
F_A = Radaufstandskraft (Normalkraft)

Bremskraftbeiwert

Der ansteigende Bereich der μ-Schlupf-Kurve (Bremskraftbeiwert-Kurve, Bild 7-42) wird als stabiler Bereich bezeichnet. Wird dieser Schlupf nicht überschritten, so ist die Fahrzeugverzögerung etwa proportional der Fußkraft. Das Fahrzeug bleibt weitestgehend lenkbar und stabil.

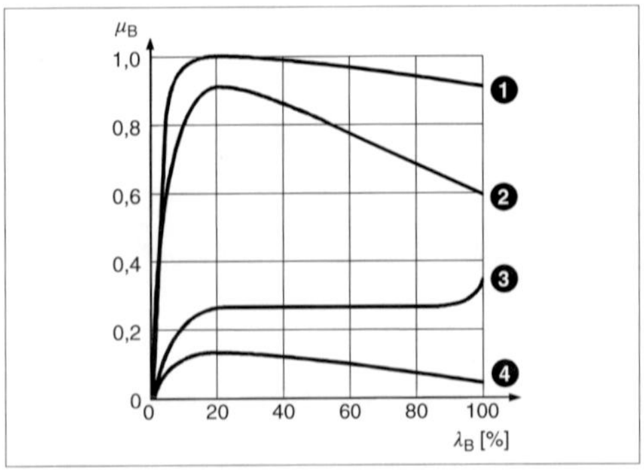

Bild 7-42 Bremskraftbeiwertverläufe. λ_B Bremsschlupf, μ_B Bremskraftbeiwert, 1 trockener Asphalt, 2 nasser Asphalt, 3 Neuschnee, 4 Eis

Jenseits des kritischen Schlupfes beginnt der instabile Bereich. Wird der Bremsdruck in diesem Schlupfbereich nicht schnell genug reduziert, kommt es innerhalb kurzer Zeit zum Blockieren des Rades.
Die geometrische Summe der Seitenkraftkomponenten (Längs- und Querrichtung) kann nicht größer werden als die vom Reifen übertragbare Gesamtkraft (siehe Bild 5-19). Dies verdeutlichen zwei Beispiele aus der Praxis

- Bei extremer Kurvenfahrt ist die übertragbare Bremskraft erheblich kleiner als bei Geradeausfahrt.
- Bei einer starken Verzögerung ist die Lenkbarkeit gegenüber dem ungebremsten Zustand eingeschränkt

Der Extremfall, eine Vollbremsung mit blockierten Rädern, führt zum vollständigen Verlust der Seitenführungskräfte und damit zum Verlust der Lenkbarkeit und der Stabilität.

7.7.3 Sensoren für elektronische Brems-Regelsysteme

Erst der Einsatz einer Vielzahl spezieller Sensoren ermöglicht die zuverlässige Funktion der elektronisch geregelten Systemfunktionen.

7.7.3.1 Raddrehzahlsensoren

Der Raddrehzahlsensor (auch Drehzahlfühler genannt) erfasst die aktuelle Drehzahl eines Rades. Ein Sensor und ein Impulsrad bilden eine Sensoreinheit. Der Sensor ist am Achsschenkel befestigt, das Impulsrad dreht sich mit dem Rad (Bild 7-44).
Bei Fahrzeugen mit Hinterachsantrieb lassen sich die Raddrehzahlen der Hinterachse auch mit nur einem Sensor erfassen. Er sitzt antriebsseitig im Differenzial. Das Sensorsignal entspricht in diesem Fall dem arithmetischen Mittel beider Hinterraddrehzahlen.
Je nach Einbauverhältnissen und Ausführung des Impulsrades wird der Sensor axial oder radial angeordnet. Es werden zwei Sensor-Bauarten (passiv oder aktiv) unterschieden:

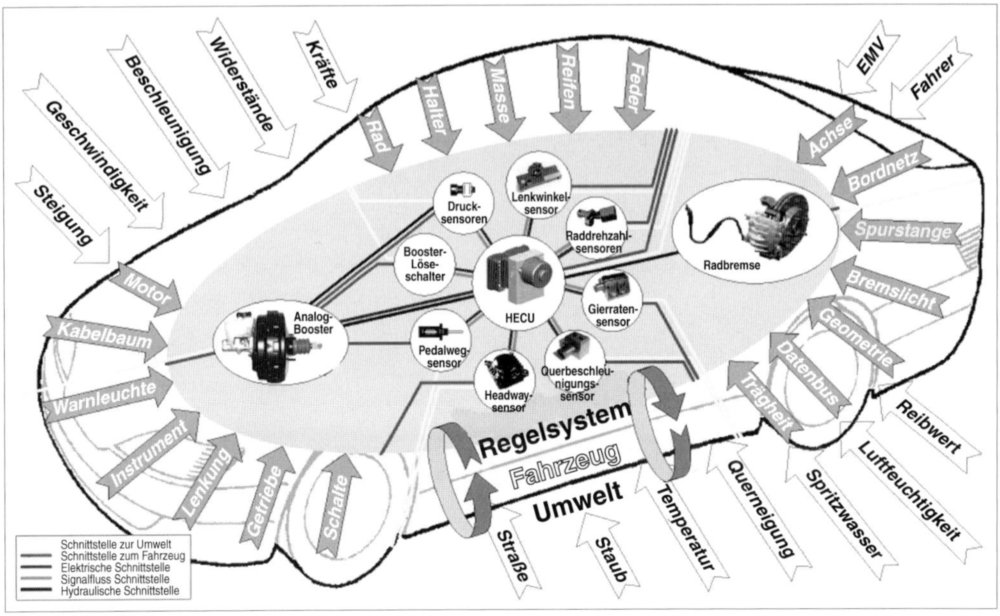

Bild 7-43 Regelsystem-Schnittstellen

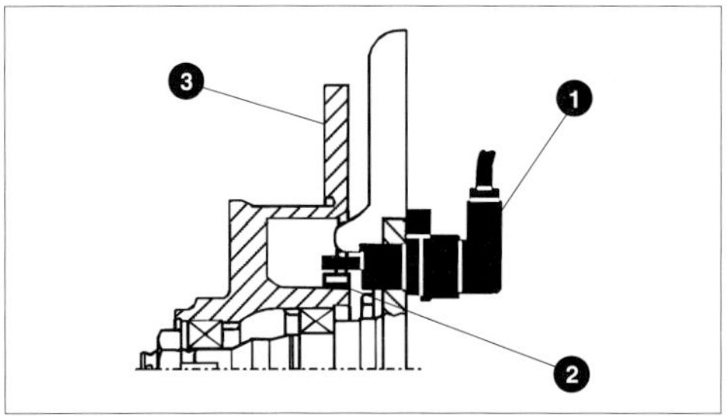

Bild 7-44 Radial angeordneter Raddrehzahlsensor: 1 Sensor, 2 Impulsrad, 3 Bremsscheibe

Induktive (passive) Raddrehzahlsensoren

Passive Raddrehzahlsensoren arbeiten nach dem Induktionsprinzip. Im Sensorkopf befindet sich – wasserdicht in Kunststoff eingespritzt – ein Dauermagnet, eine Spule und eine Kabelverbindung (Bild 7-45).

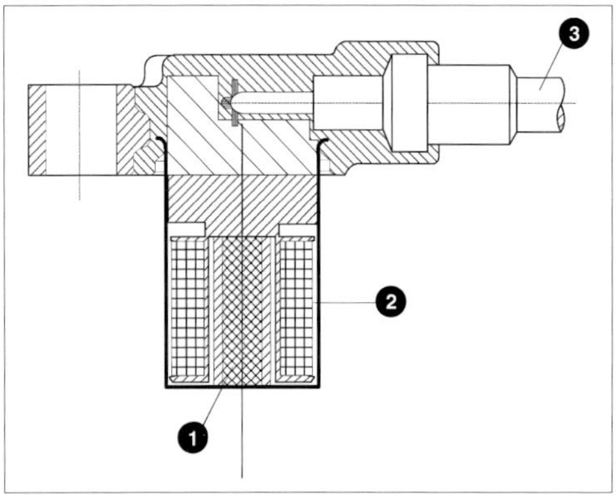

Bild 7-45 Induktiver Raddrehzahlsensor: 1 Permanentmagnet, 2 Spule, 3 Kabelverbindung

Die vorbeilaufenden Zähne des Impulsrades aus ferromagnetischem Material beeinflussen den magnetischen Fluss durch magnetische Induktion. Dadurch entsteht eine Wechselspannung, deren Frequenz proportional der Raddrehzahl ist (Bild 7-46). Diese Wechselspannung kann der elektronische Regler nur dann auswerten, wenn die Amplitude innerhalb eines vorgegebenen Spannungsbereiches liegt. Zur Sicherstellung dieses Spannungsbereiches muss ein eng tolerierter Luftspalt eingehalten werden.

Magnetoresistive (aktive) Raddrehzahlsensoren

Die Sensorbaugruppe (siehe Bild 7-47) besteht aus der Kombination einer Brückenanordnung dünner magnetoresistiver Metallschichten (Elementarsensoren) mit einer elektronischen Folgeschaltung zur Signalaufbereitung. Das Wirkprinzip des Elementarsensors beruht darauf, dass sich der elektrische Widerstand der magnetoresistiven Schichten ändert, sobald sich ein parallel durch diese Schichten verlaufendes Magnetfeld ändert.
Es gibt zwei Varianten aktiver Raddrehzahlsensoren. Bei der ersten wird dem Elementarsensor zur Erzeugung des Magnetfeldes ein Permanentmagnet hinterlegt. Die Änderung der Feldstärke im Substrat ergibt sich durch ein ferromagnetisches Impulsrad, das zum Beispiel als Zahnrad ausgeführt sein kann. Bei der zweiten Variante rotiert ein magnetischer Encoder vor dem Sensor, der das Sensorelement und einen kleinen Stützmagneten enthält. Das erzeugte Stützfeld verhindert einen Frequenzverdoppelungseffekt im Sensorelement bei kleinen Luftspalten. Eine Folge gleichartiger, einander abwechselnder Nord- und Südpol-Areale bildet die Encoderspur des magnetischen Encoders. Zwei aufeinander folgende Nord-/Südpole bilden ein Inkrement und entsprechen einem Zahn bei einem ferromagnetischen Impulsrad. Der elektronische Regler versorgt die Sensoren im

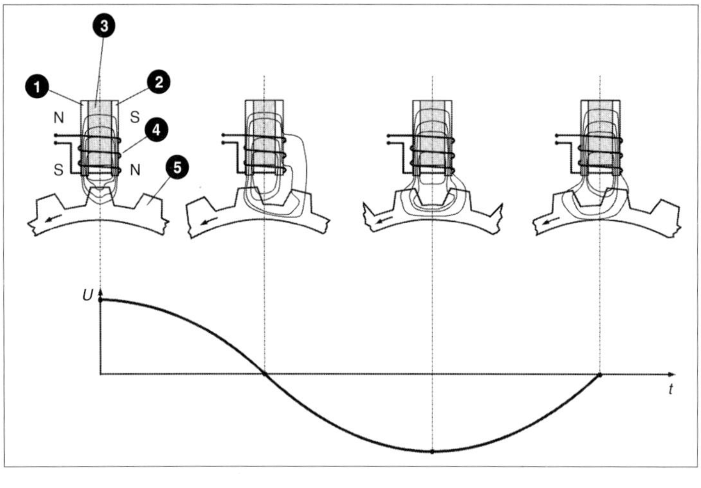

Bild 7-46 Induktiver Raddrehzahlsensor, Funktionsweise: *U* Spannung, *t* Zeit, N Nordpol, S Südpol, 1 und 2 Permanentmagnete, 3 Weicheisenkern, 4 Spule, 5 Impulsrad

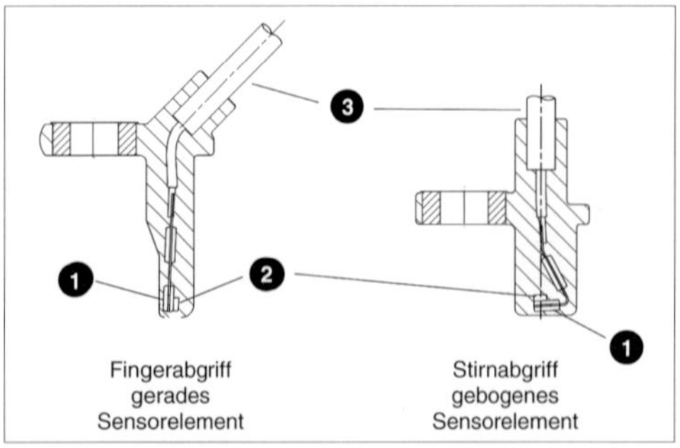

Bild 7-47 Magnetoresistiver Raddrehzahlsensor im Schnitt: 1 Sensorelement, 2 Stützmagnet, 3 Kabelverbindung

Betrieb mit elektrischer Energie. Die Sensoren formen daraus einen rechteckförmigen Signalstrom, dessen Frequenz proportional der Drehgeschwindigkeit der Räder ist.
Die Vorteile von magnetoresistiven Raddrehzahlsensoren gegenüber induktiven sind unter anderem

- die Sensierung beliebig niedriger Drehzahlen (bis $v = 0$ km/h),
- die Verbesserung der Signalqualität (digitales Signal mit hoher Auflösung ermöglicht großen Luftspalt),
- die weitgehende Unempfindlichkeit des Signals gegenüber Temperaturschwankungen und Vibrationen und
- die Reduzierung von Gewicht und Bauraum

7.7.3.2 Wegsensor in der Betätigung

Der Wegsensor wird im Bremsassistent eingesetzt. Dort stellt er ein elektrisches Signal zur Verfügung, aus dem der elektronische Regler die Position des Bremspedals und die Betätigungsgeschwindigkeit ableitet. Der Stößel des Wegsensors ist mit einem beweglichen Schleifer im Wegsensor verbunden, der eine Widerstandsbahn mit linearer Kennung überfährt. In Abhängigkeit von der Schleiferposition wird dem Regler durch die Beschaltung als Spannungsteiler eine definierte Spannung zur Auswertung geliefert.

7.7.3.3 Beschleunigungsschalter/ Beschleunigungssensor

Der Beschleunigungsschalter/-sensor liefert Daten über die Längsdynamik des Fahrzeugs (Verzögerung/ Beschleunigung). Fahrzeuge mit nur zwei Raddrehzahlsensoren und Fahrzeuge mit Vierradantrieb und starrem Durchtrieb zwischen den Achsen benötigen diese Information zusätzlich zu den gemessenen Raddrehzahlen zur optimalen ABS-Regelung.
Der Beschleunigungsschalter enthält Schaltelemente wie etwa Pendel oder Quecksilberschalter. Sie sind entsprechend den geforderten Beschleunigungsschwellen in definierten Neigungswinkeln eingebaut. Quecksilberschalter werden heute aus Umweltgründen nicht mehr verbaut; mechanische Pendelelemente haben sie abgelöst. Sie arbeiten ähnlich, das heißt: Die Pendelbewegung öffnet oder schließt einen elektrischen Kontakt.
Moderne Bremsregelsysteme haben häufig anstelle des Beschleunigungsschalters einen Längsbeschleunigungssensor. Er entspricht in Aufbau und Wirkweise dem Querbeschleunigungssensor, wird jedoch um 90° gedreht eingebaut (siehe Kapitel 7.7.3.5).

7.7.3.4 Lenkradwinkelsensor

Der Lenkradwinkelsensor übermittelt dem ESP-Steuergerät Informationen über den aktuellen Lenkwinkel und damit über die gewünschte Fahrtrichtung. Der Lenkradwinkel wird durch eine geeignete Anordnung mehrerer Fotozellen und Lichtschranken optisch gemessen und in Datenworte übersetzt. Aus Sicherheitsgründen erfolgt die Übersetzung in zwei Mikroprozessoren. Über einen CAN-Datenbus gelangen die Datenworte an den elektronischen Regler. Vom Lenkradwinkelsensor werden neben hoher Winkelauflösung, Sicherheit und Zuverlässigkeit auch möglichst geringe Abmessungen gefordert, da im Lenksäulenbereich nur wenig Einbauraum zur Verfügung steht.

7.7.3.5 Querbeschleunigungssensor

Dieser Sensor (Bild 7-48) erzeugt ein Signal, das proportional zur Querbeschleunigung des Fahrzeugs ist. Gemeinsam mit dem Gierratensensor liefert er die für die Giermomentenregelung des ESP benötigten Informationen über den querdynamischen Zustand des Fahrzeugs. Der Sensor besteht aus einem kleinen Biegebalken, der unter dem Einfluss von

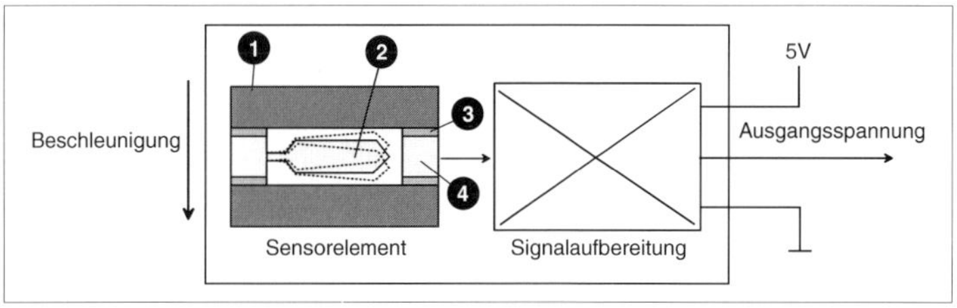

Bild 7-48 (Quer-)Beschleunigungssensor: 1 Außenelektrode, 2 Biegebalken (seismische Masse), 3 Isolator und Verbindungselement für die Elektroden, 4 Mittelelektrode

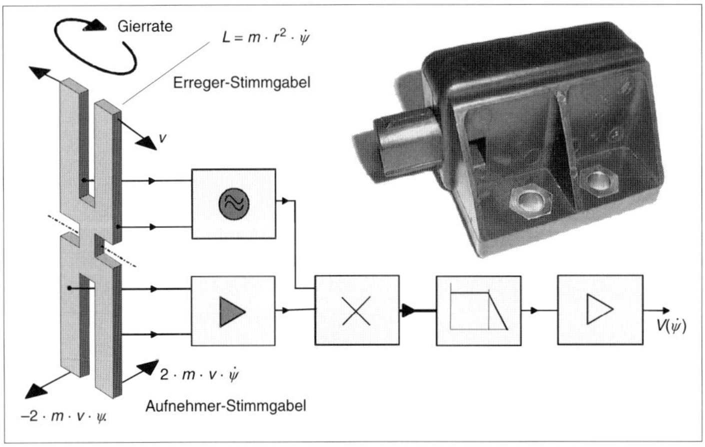

Bild 7-49 Gierratensensor

Querbeschleunigung seine Lage und damit die Kapazität einer Kondensatoranordnung ändert. Die Kapazitätsänderung wird elektronisch ausgewertet, das Signal wird – in der Regel über CAN-Bus – an den elektronischen Regler weiter geleitet.

7.7.3.6 Gierratensensor

Der Gierratensensor misst die Drehwinkelgeschwindigkeit eines Fahrzeugs um seine Hochachse, die sogenannte Gierrate. Dazu erzeugt er ein der Gierrate proportionales Signal und liefert damit – gemeinsam mit dem Querbeschleunigungssensor – die für die Giermomentenregelung des ESP benötigten Informationen über den Fahrzustand.
Zwei miteinander verbundene, parallel zur Fahrzeughochachse angeordnete Quarz-Stimmgabeln bilden das Sensorelement (Bild 7-49). Eine elektronische Schaltung regt die obere Stimmgabel zu sinusförmigen Schwingungen an. Beim Gieren des Fahrzeugs wirkt auf die Zinken der Stimmgabel eine von der Drehrate abhängige Corioliskraft. Diese wird auf die untere Stimmgabel übertragen, wo sie eine sinusförmige Schwingung erzeugt, die über eine Verstärkerschaltung in ein der Drehrate proportionales Signal umgewandelt wird. Das Schaltungskonzept beinhaltet außer der Schwingungserzeugung für die obere Stimmgabel die Signalverarbeitung und Sicherheitselemente zur Erkennung interner Sensorfehler.
Der Gierratensensor befindet sich im Fahrgastraum des Fahrzeugs, zum Beispiel unter einem Sitz oder in der Mittelkonsole. Die Kombination des Gierratensensors mit dem Querbeschleunigungssensor in einem gemeinsamen Gehäuse mit einem Stecker wird als „Cluster" bezeichnet.

7.7.3.7 Drucksensor

Der Drucksensor misst den über das Bremspedal eingesteuerten Bremsdruck. Bei einer Giermomentenregelung muss das ESP-Steuergerät den Bremsdruck radindividuell und unabhängig von einer Pedalbetätigung einstellen können. Daher wird der THz von der Bremsanlage abgekoppelt. Wird das Bremspedal betätigt, berücksichtigt der Regler den dem gemessenen Hauptzylinderdruck zuzuordnenden „Verzögerungsbefehl" bei der Berechnung der Solldruckvorgaben für die einzelnen Radbremsen. Das ESP arbeitet aus Sicherheitsgründen mit zwei Drucksensoren am THz (Redundanz), wobei intelligente Sicherheitsalgorithmen den zweiten Sensor künftig entbehrlich machen sollen.
Das Sensorelement besteht aus einer Keramikanordnung und verändert seine Kapazität bei Druckbeaufschlagung. Das keramische Messelement ist zusammen mit einer elektronischen Auswerteschaltung in einem Metallgehäuse untergebracht.

7.7.4 Hydraulisch/elektronische Regeleinheit für das elektronische (Brems-)Regelsystem

Die hydraulisch/elektronische Regeleinheit heutiger ABS/ASR/ESP-Anlagen (z. B. TEVES MK 60,

Bild 7-50 ABS-Anlage mit angeflanschtem Motor 1, Hydraulikblock 2 und Spulenträger mit Elektronik 3

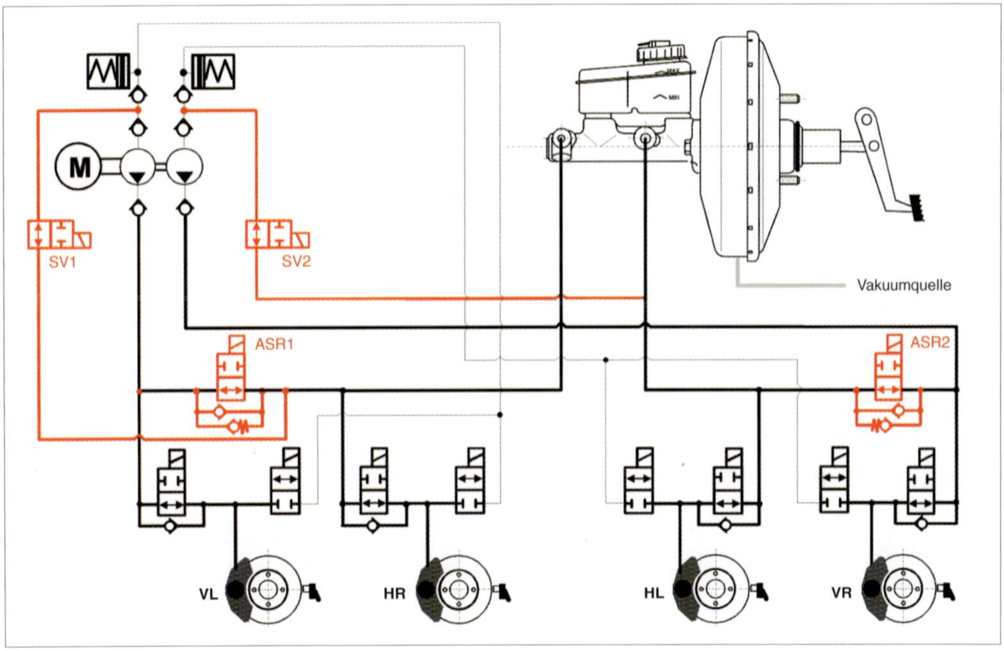

Bild 7-51 ABS-Hydraulikschaltbild (schwarz) mit Zusatzkomponenten für ASR (rot). PKW mit Frontantrieb und diagonaler Bremskreisaufteilung

Bild 7-50) besteht aus einem zentralen Hydraulikblock mit Ventilen, einer integrierten Pumpe mit einem angeflanschten Elektromotor (HCU = hydraulic control unit) und einem Spulenträger einschließlich der darin enthaltenen Elektronik (ECU = electronic control unit). Der Spulenträger wird mittels eines sogenannten „magnetischen Steckers" (siehe unten) aufgesetzt.

Die hydraulisch/elektronische Regeleinheit ist durch zwei Hydraulikleitungen mit den Bremskreisen des THz verbunden, von der HCU führen Bremsleitungen zu den Radbremsen (Bild 7-51). Die hydraulisch/elektronische Regeleinheit kann an nahezu jeder Stelle im Fahrzeug montiert sein.

Ventile

Die elektromagnetischen Ein- und Auslassventile sind im Hydraulikblock zusammengefasst. Sie ermöglichen die Modulation der Radbremsdrücke. Jedem geregelten Bremskreis sind ein Einlassventil mit parallel geschaltetem Rückschlagventil sowie ein Auslassventil zugeordnet. Wie in Bild 7-52 gezeigt, ist das Einlassventil stromlos offen (SO), das Auslassventil stromlos geschlossen (SG).

Magnetisches Steckerkonzept

Die Magnetventile der HCU haben jeweils einen in den Ventilblock eingepressten hydraulisch/mechanischen Teil und eine Ventilspule, die im Gehäuse der ECU enthalten ist. Mit dem Aufstecken der ECU auf die HCU werden die Magnetspulen über die Ventildome geführt (Bild 7-53). Damit wird der magnetische Stecker zusammengefügt und die Magnetventile sind funktionsfähig.

Pumpe

Die in die HCU integrierte zweikreisige Kolbenpumpe fördert Bremsfluid aus dem Niederdruckspeicher zurück in die jeweiligen Bremskreise des THz. Damit ersetzt sie das durch die ABS-Regelung entnommene Volumen. Während aktiver Regelvorgänge der ASR oder des ESP, die ohne Pedalbetätigung ablaufen, stellt die Pumpeneinheit das in der Druckauf-

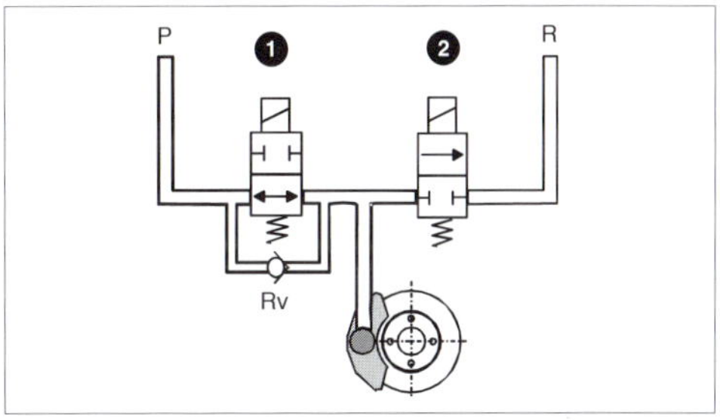

Bild 7-52 ABS Ventilkonfiguration: 1 Einlassventil (SO), 2 Auslassventil (SG), P Anschluss zur Betätigung, R Rücklauf, Rv Rückschlagventil

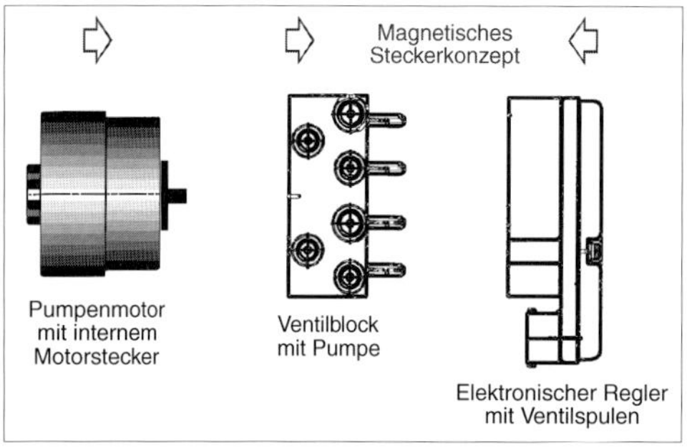

Bild 7-53 Magnetisches Steckerkonzept

bauphase benötigte Flüssigkeitsvolumen zur Verfügung.

Elektronische Regeleinheit für (Brems-)Regelsysteme

Auf Basis der gemessenen Informationen (Raddrehzahlen, Gierrate, Lenkradwinkel, etc.) berechnet der elektronische Regler (ECU) in einer komplexen Regellogik die Steuerung der Stellglieder für den Bremsen- und Motoreingriff. Ziel dieser Eingriffe ist, dass sich die Räder mit dem für den jeweiligen Zustand optimalen Schlupf drehen. Weitere wichtige Aufgaben des Reglers sind

- die Pegelanpassung und Wandlung der Ein- und Ausgangssignale,
- die Sicherheitsüberwachung des elektronischen Regelsystems und
- die Fehlerdiagnose

Der Regler ist als Mikroprozessorsystem ausgeführt. Eingangsgrößen sind zum Beispiel

- Raddrehzahlsensorsignale,
- weitere Sensorsignale (Lenkradwinkelsensor, Gierratensensor, etc.),
- Signale von Schaltern (zum Beispiel Bremslichtschalter),
- Informationen vom Verbrennungsmotor für die in das Motormanagement eingreifenden Regelsysteme
- Drehzahl des Pumpenmotors zur Überwachung und zur Drehzahlregelung (Komfortsteigerung) und
- die Betriebsspannung

Ausgangsgrößen sind zum Beispiel

- Schaltsignale der Magnetventile
- Schaltsignal für den Pumpenmotor der HCU,
- Signale zur Anpassung des Schlepp- oder des Antriebsmoments des Verbrennungsmotors,
- Signale zur Überwachung sicherheitsrelevanter Baugruppen,
- Schaltsignale für Warn- und Funktionsleuchten sowie
- Informationen über Fehlerzustände

Die in der Regellogik realisierte Struktur lässt sich als Regler mit adaptivem Verhalten bezeichnen. Das heißt: Der Arbeitspunkt wird durch Suchverfahren kontinuierlich an das jeweilige Optimum der Regelstrecke angepasst. Die Regellogik beinhaltet

- vom jeweiligen Fahrzeug unabhängige grundlegende Algorithmen,
- Algorithmen, die durch geeignete Einstellung von Parametern auf verschiedene Fahrzeugmodelle angepasst werden, und
- Maßnahmen, die speziell für einen Fahrzeughersteller oder ein Modell entwickelt wurden

Die Algorithmen werden in der Programmierhochsprache „C" erstellt und sind in zahlreiche Module aufgeteilt. Das erlaubt eine schnelle Anpassung der Software, die Wartbarkeit der Software bei vertretbarer Komplexität und die Kombinierbarkeit verschiedener Module wie z. B. ABS, ASR und GMR.

7.7.5 Bremsen mit Antiblockiersystem (ABS)

7.7.5.1 ABS-Funktionalität

Zu starkes Bremsen ohne ABS verursacht je nach Fahrbahnzustand oder Fahrsituation ungünstig große Radschlupfwerte oder gar Blockieren der Räder. Ausbrechen des Fahrzeugs aus der Spur und eine Beeinträchtigung der Lenkbarkeit sind mögliche Folgen. Abgesehen von wenigen Ausnahmefällen verlängert sich auch der Bremsweg. ABS erlaubt Vollbremsungen ohne blockierende Räder und ohne die daraus resultierenden Gefahren. Selbst überdurchschnittlich geübten Autofahrern gelingt dies vor allem bei schwierigen Fahrbahnverhältnissen oder in gefährlichen Situationen nicht. Mithilfe des Bremspedals ist die erforderliche individuelle Dosierung der optimalen Bremskraft an jedem Rad nicht möglich. Besonders deutlich wird dies auf unterschiedlich griffigem Untergrund, weil der optimale Bremsdruck an den einzelnen Rädern dann unterschiedlich groß ist.
ABS verbessert

- die **Fahrstabilität**, indem es das Blockieren der Räder verhindert, wenn bei einer Vollbremsung der Bremsdruck bis zur Blockiergrenze und darüber hinaus steigt. Eine Drehung des Fahrzeugs um die Fahrzeughochachse (Schleudern) bei Verlust der Seitenführungskräfte an der Hinterachse wird zum Beispiel verhindert.
- die **Lenkbarkeit** bei Vollbremsungen auch bei den unterschiedlichsten Fahrbahnzuständen. Trotz voll betätigter Bremse kann das Fahrzeug durch eine Kurve gelenkt werden oder einem Hindernis ausweichen.
- den **Bremsweg**, da es den jeweils verfügbaren Reibwert zwischen Reifen und Fahrbahn bestmög-

lich ausnutzt. Insbesondere reagiert es adaptiv auf Veränderungen der Fahrbahngriffigkeit, etwa von trockenem auf nassen Asphalt. Der Bremsweg mit ABS ist kürzer als bei einer Bremsung ohne ABS

Außerdem verhindert ABS das Entstehen von Flachstellen auf der Lauffläche der Reifen (Bremsplatten) und entlastet die Fahrerin/den Fahrer bei ganz extremen Bremsvorgängen: So kann die ganze Konzentration auf die Bewältigung des Verkehrsgeschehens gelenkt werden, da die Sorge um die optimale Dosierung der Bremsleistung entfällt.

Grenzen des ABS

Sonderfälle wie Neuschnee oder Kies, der bei blockierenden Rädern einen bremsenden Keil vor den Rädern bildet, sind im Alltag kaum relevante, physikalisch bedingte Ausnahmen. Hier ist die Verbesserung von Lenkbarkeit und Fahrstabilität durch ABS wichtiger als der kürzest mögliche Bremsweg bei blockierten Rädern. ABS kann die physikalischen Gesetzmäßigkeiten nicht außer Kraft setzen. Auf glatter Fahrbahn ist der Bremsweg trotz ABS-Regelung länger als auf trockener, griffiger Straße, denn die höchstmögliche Bremskraft bestimmt stets der Reibwert zwischen Reifen und Fahrbahn. Und Bremsen – auch mit ABS – kann bei zu hohen Kurvengeschwindigkeiten die Seitenführungskraft nicht vergrößern. Das Fahrzeug kann daher trotz ABS aus der Kurve getragen werden.

7.7.5.2 Arbeitsbereich des ABS

Der optimale Schlupf und damit die beste Bremswirkung wird nicht durch maximalen, sondern durch genau dosierten Bremsdruck erreicht (Bild 7-54). Das heißt: Der kritische Schlupf darf nicht überschritten werden. Der optimale Schlupfwert wird dabei von den jeweiligen Bedingungen zwischen Reifen und Fahrbahn bestimmt. Der Arbeitsbereich der ABS-Regelung wird stets so gewählt, dass zugleich bestmögliche Fahrstabilität und Lenkbarkeit gegeben sind. Wird ein Rad so abgebremst, dass es den Bereich optimalen Schlupfes überschreitet, beginnt die ABS-Regelung.

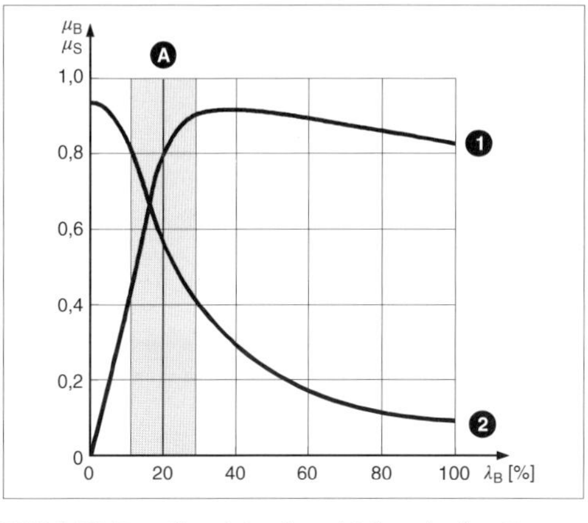

Bild 7-54 Regelbereich des ABS mit λ_B Bremsschlupf, μ_B Bremskraftbeiwert (Verlauf 1), μ_S Seitenkraftbeiwert (Verlauf 2), A ABS-Regelbereich

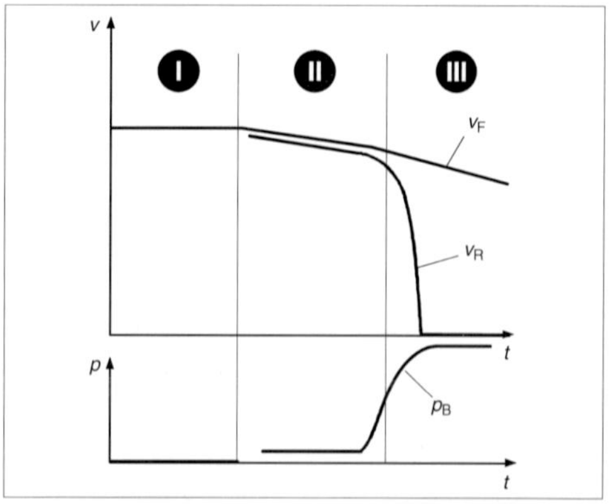

Bild 7-55 Bremsung ohne ABS (ein Rad): t Zeit, v Geschwindigkeit, p Druck, I ungebremste Fahrt, II Teilbremsung, III Vollbremsung ohne ABS, v_F Fahrzeuggeschwindigkeit, v_R Radumfangsgeschwindigkeit, p_B Betätigungsdruck

Bild 7-55 zeigt einen Bremsvorgang ohne ABS-Regelung. Bereich I entspricht der ungebremsten Fahrt. Die Radumfangsgeschwindigkeit gleicht der (konstanten) Fahrzeuggeschwindigkeit, es liegt kein Schlupf vor. Im Bereich II ist die Bremse leicht betätigt, es liegt ein geringer Bremsdruck an. Daher ist die Radumfangsgeschwindigkeit um einen bestimmten Anteil geringer als die Fahrzeuggeschwindigkeit, die stetig abnimmt. Der Schlupf liegt im stabilen Bereich. Bereich III entspricht einer Vollbremsung, bei der der Radbremsdruck über die Blockiergrenze steigt. Die Radumfangsgeschwindigkeit verringert sich zunehmend bis zum Stillstand des Rades. Die Fahrzeuggeschwindigkeit wird ebenfalls geringer, wobei der Blockierreibwert die Verzögerung bestimmt.

Die sehr rasche Drehzahlverringerung eines Rades ist charakteristisch für eine Blockierneigung, da die Radverzögerung größer ist als die maximale mögliche Fahrzeugverzögerung. Erkennt der elektronische Regler diesen rapiden Abfall der Raddrehzahl, gibt er entsprechende Befehle zur Bremsdruckmodulation an die Magnetventile. Jeweils zwei Ventile pro Regelkreis – das in stromlosem Zustand offene Einlassventil und das stromlos geschlossene Auslassventil (siehe Bild 7-52) – führen diese Modulation durch.

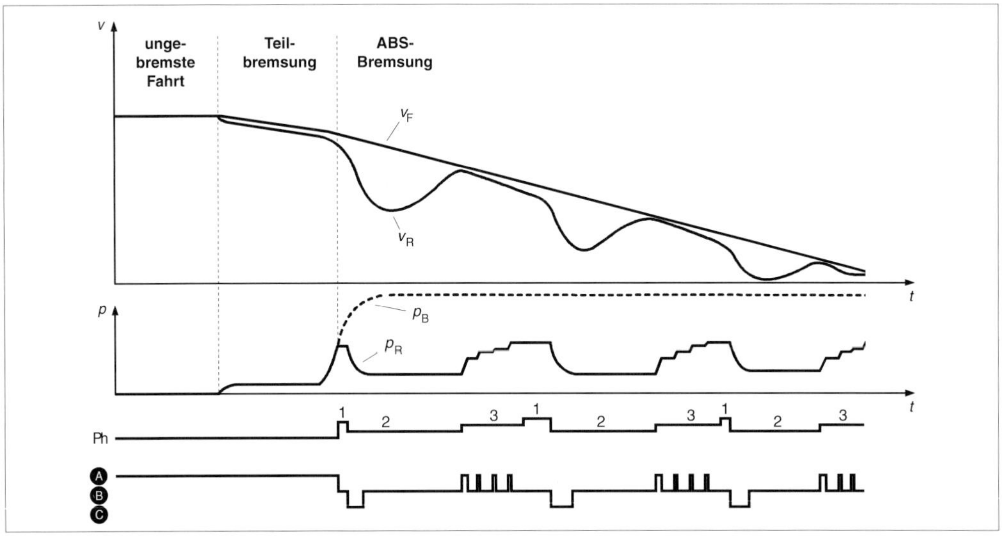

Bild 7-56 Ablauf einer ABS-Regelung (ein Rad). *t* Zeit, *p* Druck, *v* Geschwindigkeit, *Ph* Phase, v_F Fahrzeuggeschwindigkeit, p_B Betätigungsdruck, v_R Radumfangsgeschwindigkeit, p_R Radbremsdruck, *A* Druckaufbau, *B* Druckhalten, *C* Druckabbau

Regelungsphasen

Der ABS-Regelungszyklus läuft prinzipiell in drei Phasen ab (Bild 7-56).

Druck halten (Phase 1)

Bei Pedalbetätigung steigt der Radbremsdruck an und die Radumfangsgeschwindigkeit verringert sich progressiv. Zeigt die Radumfangsgeschwindigkeit eine Blockierneigung, wird das Einlassventil geschlossen. Selbst bei Erhöhung des Betätigungsdrucks kann der Radbremsdruck nicht weiter ansteigen.

Druckabbau (Phase 2)

Nimmt die Radumfangsgeschwindigkeit trotz konstanten Bremsdrucks weiter ab, sodass der Radschlupf zunimmt, reduziert der Regler den Bremsdruck an diesem Rad. Dazu hält er das Einlassventil geschlossen und öffnet für kurze Zeit das Auslassventil. Daraus folgt ein vermindertes Bremsmoment an der Radbremse. Mit Hilfe der Radverzögerung lässt sich abschätzen, wie lang dieser Druckabbaupuls sein muss, damit das Rad in einer gewissen Zeit wieder beschleunigt (sogenannte „prädiktive Regelung"). Verhält sich das Rad nach Ablauf dieser Zeit nicht wie erwartet, kann der Regler einen weiteren Bremsdruckabbau einsteuern. In extremen Fällen wie etwa einem Reibwertsprung von Asphalt auf Eis dauert dieser Abbau so lange, bis das Rad die gewünschte Wiederbeschleunigung aufweist.

Druckaufbau (Phase 3)

Erhöht sich die Radumfangsgeschwindigkeit so weit, dass sie den Bereich des optimalen Schlupfes unterschreitet, baut der Regler wieder stufenweise Bremsdruck auf. Hierzu bleibt das Auslassventil geschlossen, während das Einlassventil mehrfach kurz geöffnet wird.
Dieser Drei-Phasen-Regelzyklus mit den Phasen Druck halten, Druck abbauen und Druck aufbauen wiederholt sich mehrmals – in der Regel pro Rad drei bis vier Mal in der Sekunde. Die Reihenfolge der drei Phasen kann durchaus anders sein als hier beschrieben.

Besondere Bedingungen

Durch die permanente Auswertung der Radsensorsignale kann der elektronische Regler stets mit einer der Situation angemessenen Regelstrategie reagieren. Normalerweise werden bei Pkw die Vorderräder individuell geregelt. An den Hinterrädern kommt das „Select-low"-Prinzip zum Einsatz, das heißt: Das Hinterrad mit der stärkeren Blockiertendenz bestimmt die Druckmodulation für beide Hinterräder. So wird die Bremskraftausnutzung an der Hinterachse etwas vermindert, was zu höherer Seitenkraft und damit zu erhöhter Fahrstabilität führt. Besonderen Fahrbahn- und Fahrzustands-Bedingungen wird der ABS-Regler durch speziell hierfür entwickelte Algorithmen gerecht. Zu nennen sind hier etwa Eis-Fahrbahnen, seitenweise unterschiedlich griffige Fahrbahnen (sogenanntes „μ-split"), Kurvenfahrt,

Schleudervorgänge, Einsatz von Noträdern und vieles mehr.

7.7.6 Elektronische Bremskraftverteilung (EBV)

Die elektronische Bremskraftverteilung EBV ist ein zusätzlicher Softwarealgorithmus zur ABS-Software. Dieser Algorithmus ermöglicht im Teilbremsbereich eine optimierte Bremskraftverteilung zwischen Vorder- und Hinterachse. Damit wird die Kraftschlussausnutzung an der Hinterachse optimiert bei gleichzeitigem Erhalt der Fahrstabilität.
Hierzu zieht der EBV-Algorithmus die jeweilige Fahrzeugverzögerung und die Querbeschleunigung heran. Beide Größen werden aus den vier gemessenen Radgeschwindigkeiten errechnet. Erkennt der elektronische Regler eine entsprechende Überbremsung der Hinterachse, schließt er das Einlassventil und verhindert so einen weiteren Druckaufbau. Bei weiterer Überbremsung kann durch Öffnen des Auslassventils Druck abgebaut werden. Zur bestmöglichen Ausschöpfung des Kraftschlusspotenzials führt EBV den Druck der hinteren Radbremsen bei Unterbremsung wieder pulsweise an das Druckniveau im Hauptzylinder heran. Mit EBV ausgerüstete Fahrzeuge brauchen keinen hydraulischen Bremskraftverteiler (siehe 7.7.5.4). Die EBV-Funktion benötigt keine zusätzlichen Bauteile, sie nutzt die beim ABS vorhandenen Komponenten. Die Integration in das ABS-Sicherheitskonzept sorgt für die Überwachung der Wirksamkeit der elektronisch geregelten Bremskraftverteilung.

7.7.7 Erweitertes Stabilitäts-Bremssystem

Eine Erweiterung des ABS-Regelalgorithmus ist als ABSplus oder CBC (Cornering Brake Control) bekannt. Ohne Gierraten- oder Querbeschleunigungssensor erkennt dieses System die Fahrsituation – insbesondere Kurvenfahrt – allein aus den Verläufen der Raddrehzahlen. ABSplus optimiert den (Brems-)Schlupf und damit die Bremskraftverteilung, zugleich bewirkt es eine Gierratenkompensation. Dazu baut ABSplus durch gezielt unterschiedliches Einstellen von Bremskräften an beiden Fahrzeugseiten ein korrigierendes Giermoment auf, dass das Fahrzeug stabilisiert und die Lenkbarkeit verbessert. Besonders wirkungsvoll ist ABSplus bei dynamischen Fahrmanövern wie Kurvenfahrten im Grenzbereich und Spurwechseln. Dies gilt bei Vollbremsungen (aktive ABS-Regelung) und insbesondere bei Teilbremsungen.

7.7.8 Antriebsschlupfregelung (ASR)

Die Antriebsschlupfregelung basiert sowohl hardwareseitig (Hydraulik, Sensorik) als auch softwareseitig auf ABS. Zum aktiven Druckaufbau ist eine Erweiterung der HCU um sogenannte Trenn- und Saugventile erforderlich (siehe Bild 7-51).

7.7.8.1 ASR-Funktionalität

ASR verhindert unnötiges Durchdrehen der Antriebsräder durch einen gezielten Bremseneingriff (BASR) und/oder durch einen Eingriff in das Motormanagement (MASR).

Die Antriebsschlupfregelung

- sichert die Fahrstabilität heckgetriebener bzw. die Lenkbarkeit frontgetriebener Fahrzeuge,
- wirkt als Sperrdifferenzial,
- erhöht die Vortriebskräfte,
- warnt durch eine Informationsleuchte vor Erreichen der physikalischen Stabilitätsgrenze (etwa bei Glätte) und
- verringert den Reifenverschleiß

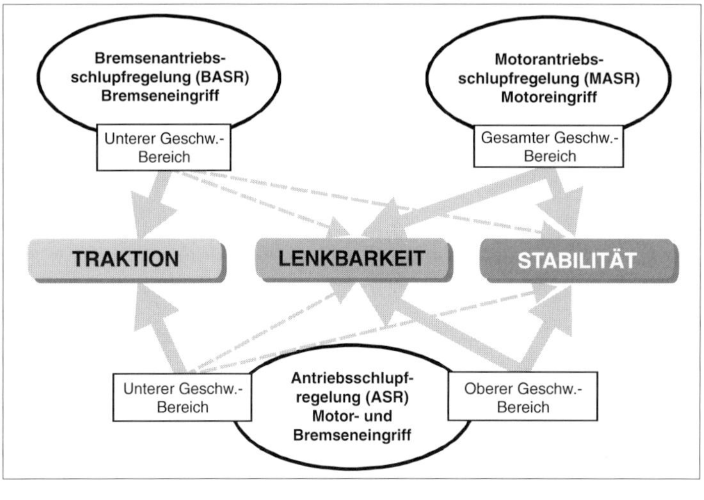

Bild 7-57 Konzepte der Antriebsschlupfregelung

7.7.8.2 Bremsenregelung der ASR (BASR)

Auf unterschiedlich griffiger Fahrbahn (μ-split) kann die auf der griffigen Fahrbahnseite mögliche Vortriebskraft nicht ausgenutzt werden. Die Ursache hierfür liegt im Differenzialgetriebe zwischen den Rädern der angetriebenen Achse, bei dem die Seite mit dem geringeren Kraftschlusspotenzial das Moment auf der gegenüber liegenden Seite begrenzt. Mithilfe der Raddrehzahlsensoren erkennt BASR das Überschreiten der Kraftschlussgrenze an einem Rad und verringert dieses Durchdrehen mittels eines entsprechenden, aktiven Bremseneingriffs. Das dadurch aufgebrachte Bremsmoment wirkt als zusätzliche Abstützung auf das Differenzial und steht somit am gegenüber liegenden Rad als Antriebsmoment zur Verfügung.
Bremsen-ASR regelt im Wesentlichen den Anfahrbereich. Es kann nicht beliebig lange auf die Radbremsen zugreifen, da dies zu einer gefährlichen Überhitzung führen könnte. Der elektronische Regler begrenzt mithilfe eines auf die Bremsanlage angepassten Temperaturmodells die BASR-Eingriffsdauer.

7.7.8.3 Motorregelung der ASR (MASR)

Zur Entlastung der Bremsen drosselt ASR bei niedrigen Geschwindigkeiten zusätzlich zur Bremsenregelung das Motordrehmoment so weit, dass auch ohne beidseitigen Bremseneingriff an beiden Rädern die bestmögliche Haftwertausnutzung für den Vortrieb erreicht wird. Im oberen Geschwindigkeitsbereich, ab etwa 40 km/h, kommt es kaum noch zu Bremseneingriffen, da die Motorregelung frühzeitig das Antriebsmoment reduziert, um die Fahrstabilität zu erhöhen.

7.7.8.4 Motor-Schleppmomenten-Regelung (MSR)

Hohes Motorschleppmoment, zum Beispiel Herunterschalten bei hohen Motordrehzahlen, erzeugt Bremsmomente an den angetriebenen Rädern, ohne dass die Bremse betätigt wird. Insbesondere bei niedrigen Reibwerten wird dadurch deutlicher Schlupf an den Antriebsrädern hervorgerufen. Vor allem bei heckangetriebenen Fahrzeugen kann es dadurch zu instabilem Fahrverhalten kommen. Die MSR reduziert durch dosiertes, aktives „Gasgeben" den durch das Motorschleppmoment generierten Schlupf. Der Eingriff ins Motormanagement erfolgt in aller Regel über CAN-Bus.

7.7.9 Elektronisches Stabilitätsprogramm (ESP)

Die elektronische Fahrstabilitätsregelung ESP kombiniert die Funktionen der Radschlupfregelungen (ABS, EBV, ASR) mit der Giermomentenregelung (GMR). Die Giermomentenregelung ist eine elektronische Regelung zur Verbesserung des querdynamischen Fahrverhaltens. Unabhängig von einer Pedalbetätigung stabilisiert sie das quer- und längsdynamische Fahrverhalten durch Bremsen- und Motoreingriff.
Mithilfe von Modellbildung errechnet ESP aus den Radgeschwindigkeiten, dem Lenkradwinkel und dem Hauptzylinderdruck das gewünschte Fahrverhalten. Das tatsächliche Fahrverhalten erfasst ESP mithilfe der Gierrate und der Querbeschleunigung.
Vor allem bei sehr schnellen Lenkbewegungen kann ein Fahrzeug den Lenkradeinschlag nicht mehr in die erwartete Richtungsänderung umsetzen. Es kommt entweder zum Untersteuern oder zum Übersteuern, im Extremfall bis zum „Schleudern". Die Giermomentenregelung erkennt die Abweichung des realen vom angestrebten Fahrverhalten und greift aktiv unterstützend und stabilisierend ein.
Untersteuern korrigiert GMR primär durch Einbremsen des kurveninneren Hinterrades, Übersteuern durch Einbremsen des kurvenäußeren Vorderrades. Dieses selektive, aktive Bremsen baut einseitig wirkende Längskräfte und dadurch das gewünschte Giermoment auf. Eine unterstützende Wirkung entsteht durch die gezielte Reduzierung von Seitenführungskräften infolge der über Bremsmomente aufgebauten Längskräfte. Zu hohes Antriebsmoment reduziert ESP -wenn erforderlich- durch Eingriff ins Motormanagement.
Die erweiterte ABS/ASR-Hydraulik mit dem integrierten elektronischen Regler ist Kernstück des ESP. Diese Hydraulik ermöglicht den selektiven, aktiven Aufbau von Bremsdruck an jedem Rad unabhängig von einer Betätigung des Bremspedals.
Bei extremer Kälte kann unter Umständen die ABS-Pumpe allein nicht ausreichend Bremsflüssigkeit ansaugen. Daher gibt es verschiedene Vorladeeinrichtungen, um in solchen Situationen die notwendige Fördermenge der Pumpe zu erreichen. Der On/Off-Booster (auch: aktiver Booster genannt) kann extern angesteuert werden und stellt so die bei extremer Kälte benötigte Vorladung für die Hydraulikpumpe sicher. Eine zweite Lösung ist die elektrische Vorladepumpe, die Bremsflüssigkeit aus dem Behälter ansaugt und in den THz einspeist. Durch eine Blende im THz bildet sich ein Staudruck, der als Vorladedruck vor der Hydraulikpumpe anliegt und somit die erforderliche Fördermenge sicherstellt.
Die Fähigkeit der ESP-Hydraulik, unabhängig von der Pedalbetätigung Druck in den Radbremsen aufzubauen, wird für eine weitere Zusatzfunktion genutzt, den sogenannten **„hydraulischen Bremsassistent" (HBA)**. Der HBA nutzt auch die vorhandene Sensorik.
Drucksensorsignale dienen dem Bremsen-Regler zur Erkennung einer panikartigen Betätigung des Bremspedals. Wird ein parametrierbarer kritischer Druckgradient überschritten, schließt der Regler die ASR-

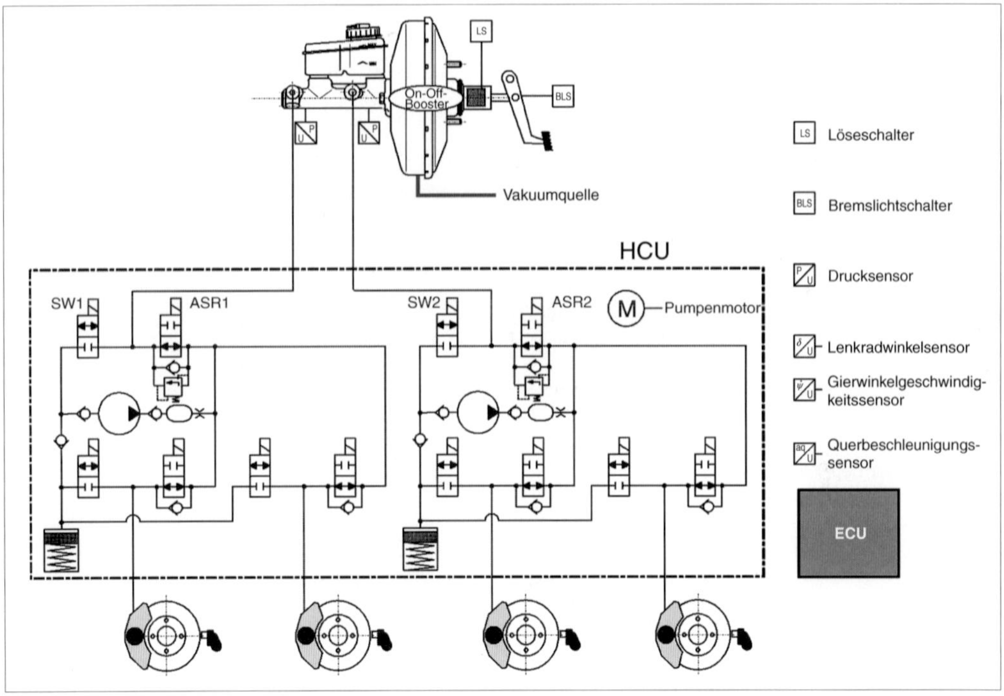

Bild 7-58 Elektronisches Stabilitätsprogramm, Systemschaltbild: SV1/SV2 Saugventile, ASR1/ASR2 Trennventile

Trennventile, öffnet die elektrischen Saugventile und aktiviert die Pumpe. Die Pumpe steigert den über das Pedal eingebrachten Druck nun auf Blockierdruckniveau. Bei dieser Druckregelung folgt der Druck in den Radbremsen dem des THz, was eine Modulation der Radbremsdrücke innerhalb des HBA-Modus ermöglicht. Bei Unterschreiten eines Mindestdrucks schaltet sich die HBA-Funktion wieder ab.

Der hydraulische Bremsassistent ist ein Beispiel für Systeme, bei denen die hydraulische Regeleinheit (HCU) die Funktion des Vakuum-Bremskraftverstärkers unterstützt (siehe auch OHB, Kap. 7.5.3.5).

Literatur

[1] *Bosch (Hrsg.):* Fahrsicherheitssysteme. Wiesbaden: Vieweg, 1998

[2] *Braess, H.-H., Seiffert, U. (Hrsg.):* Vieweg Handbuch der Kraftfahrzeugtechnik 2. Auflage. Wiesbaden: Vieweg, 2001

[3] *Verlag Moderne Industrie (Hrsg.):* Bremsbeläge für Straßenfahrzeuge. Landsberg/Lech, 1990

[4] *Bartsch Verlag (Hrsg.):* Bremsen Handbuch. Ottobrunn: 1986

[5] *Autohaus-Verlag (Hrsg.):* Bremsen Handbuch Elektronische Brems-Systeme. Ottobrunn, 1995

[6] *Breuer, B.:* Skripten zur Vorlesung Kraftfahrzeuge I, Kraftfahrzeuge II. Darmstadt: 1997, 1992

[7] *Burckhardt, M.:* Bremsdynamik und Pkw-Bremsanlagen. Würzburg: Vogel, 1991

[8] *Burckhardt, M.:* Fahrwerkstechnik: Radschlupf-Regelsysteme. Würzburg: Vogel, 1993

[9] *Buschmann, H, Koeßler, P.:* Handbuch der Kraftfahrzeugtechnik. München: Wilhelm Heyne, 1993

[10] *Limpert, R.:* Brake Design and Safety. Warrendale: SAE, 1999

[11] *Strien, H.:* Auslegung und Berechnung von Pkw-Bremsanlagen. Frankfurt: Alfred Teves GmbH, 1980

[12] *Wallentowitz, H.:* Längsdynamik von Kraftfahrzeugen, Vorlesungsumdruck Kraftfahrzeuge I, 1998; Vertikal-/Querdynamik von Kraftfahrzeugen, Vorlesungsumdruck Kraftfahrzeuge II, 1997; Aufbau von Kraftfahrzeugen, Vorlesungsumdruck Kraftfahrzeuge III, 1998. Aachen: Forschungsgesellschaft Kraftfahrwesen Aachen (fka)

[13] *Zomotor, A.:* Fahrwerkstechnik: Fahrverhalten. Würzburg: Vogel, 1993

8 Bremssysteme und Bremsverhalten von Nutzfahrzeugen und Zügen

8.1 Auslegung einer Bremsanlage

8.1.1 Fahrzeugstabilität beim Bremsen

Wesentlichstes Kriterium ist die Richtungsstabilität beim Bremsen. Während des Bremsvorganges eines beispielhaft angenommenen zweiachsigen Fahrzeugs ohne elektronische Schlupfregelsysteme können drei verschiedene fahrdynamische Zustände auftreten [1, 2]:

- **Blockieren der Vorderachse**
  Dieser Zustand wird als „stabiles Bremsverhalten" bezeichnet.
  Bei blockierter Vorderachse geht die Lenkfähigkeit des Fahrzeuges verloren, weil ein blockiertes Rad keine nennenswerten Seitenführungskräfte übertragen kann. Die Seitenführungskräfte der Hinterachse verhindern ein Ausbrechen des Fahrzeuges.
- **Blockieren der Hinterachse**
  Dieser Zustand wird als „instabiles Bremsverhalten" bezeichnet. Das Fahrzeug gerät in einen labilen Fahrzustand und bricht über die Hinterachse unkontrollierbar aus.
- **Blockieren aller Achsen**
  Blockieren alle Achsen, so bewegt sich das Fahrzeug bei fehlender Störkraft zunächst geradeaus weiter. Treten Störkräfte auf, so dreht sich das Fahrzeug noch zusätzlich.

Ein Fahrzeug mit blockierter Vorderachse befindet sich in einem stabilen Fahrzustand, da eine durch Störkräfte hervorgerufene Gierreaktion des Fahrzeugs durch das rückdrehende Moment der Seitenkräfte an der Hinterachse kompensiert wird (Bild 8-1). Beim Blockieren der Hinterachse wird die Gierreaktion um die Fahrzeughochachse durch das Moment der Seitenkräfte an der Vorderachse verstärkt, da die Hinterachse aufgrund der blockierten Räder keine Seitenführung mehr aufbauen kann. Das Fahrzeug beginnt zu schleudern.

8.1.2 Verteilung der Bremskräfte auf die Achsen

Um die Güte einer Bremskraftverteilung und ihren Einfluss auf das Bremsverhalten eines Fahrzeugs beurteilen zu können, wird weltweit das sogenannte „Bremskraftverteilungsdiagramm" benutzt.

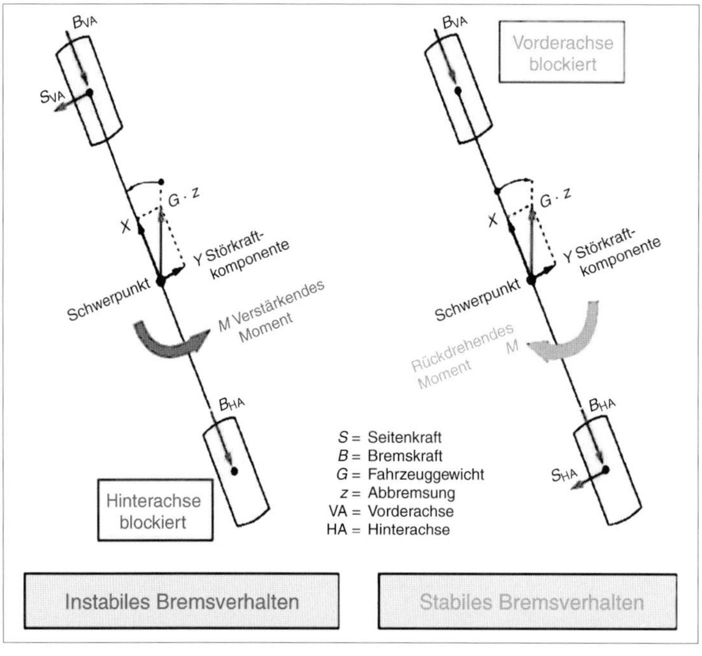

Bild 8-1 Zur Definition des instabilen und stabilen Bremsverhaltens eines Fahrzeugs

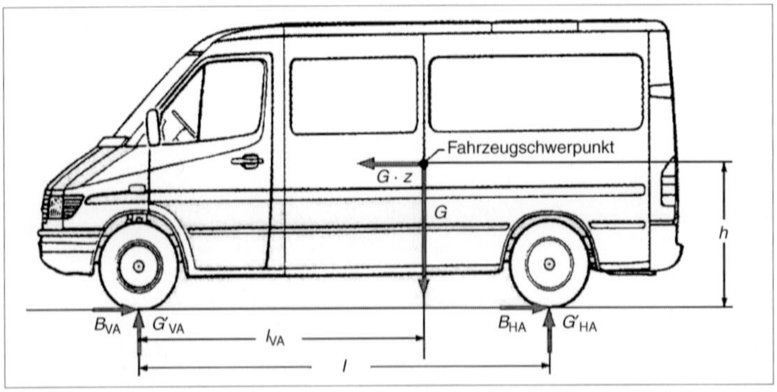

Bild 8-2 Modell eines gebremsten zweiachsigen Fahrzeugs

Zunächst soll vorausgesetzt werden, dass die Bremskräfte an der Vorderachse und Hinterachse in einem festen Verhältnis zueinander stehen. Man spricht in diesem Falle von einer „Festabstimmung" [1].
Die Ausgangsbeziehungen für die Darstellung des Bremsverhaltens eines Fahrzeugs im Bremskraftverteilungsdiagramm können anhand eines einfachen Fahrzeugersatzmodells (Bild 8-2) abgeleitet werden. Die dynamischen Achslasten sind:

$$G'_{\mathrm{VA}} = G \cdot \left(\frac{l - l_{\mathrm{VA}}}{l} + z \cdot \frac{h}{l}\right) \tag{8.1}$$

$$G'_{\mathrm{HA}} = G \cdot \left(\frac{l_{\mathrm{VA}}}{l} - z \cdot \frac{h}{l}\right) \tag{8.2}$$

mit der Abbremsung $z = |a/g|$. Dabei ist z die auf die Erdbeschleunigung bezogene Verzögerung des Fahrzeugs. Die Bremskräfte können allgemein mit der Formel

$$\frac{B_i}{G} = k \cdot \frac{G'_i}{G} \tag{8.3}$$

beschrieben werden.
Mithilfe der Substitutionsgrößen „radstandbezogene Schwerpunkthöhe χ" und „Hinterachslastanteil ψ"

$$\chi = \frac{h}{l} \tag{8.4}$$

und

$$\psi = \frac{G'_{\mathrm{HA}}}{G} = \frac{l_{\mathrm{VA}}}{l} \tag{8.5}$$

und mit k als dem Kraftschlussbeiwert zwischen Reifen und Fahrbahn sind die ausnutzbaren Bremskräfte an der Vorderachse und Hinterachse:

$$\frac{B_{\mathrm{VA}}}{G} = k \cdot (1 - \psi + z \cdot \chi) \tag{8.6}$$

und

$$\frac{B_{\mathrm{HA}}}{G} = k \cdot (\psi - z \cdot \chi) \tag{8.7}$$

Diese Gleichungen gelten unter der Voraussetzung, dass an Vorderachse und Hinterachse der gleiche Kraftschlussbeiwert vorherrscht. Mithilfe der Abbremsung

$$z = \frac{B_{\mathrm{VA}}}{G} + \frac{B_{\mathrm{HA}}}{G} \tag{8.8}$$

das ist das Kräftegleichgewicht in horizontaler Richtung, lässt sich zeigen, dass die maximal mögliche Abbremsung dem Kraftschlussbeiwert entspricht, wenn keine zusätzlichen externen Kräfte auftreten.
Die dynamische Bremskraftverteilung (in der Literatur auch oft „Ideale Bremskraftverteilung" genannt) lautet:

$$\frac{B_{\mathrm{VA}}}{G} = z \cdot (1 - \psi + z \cdot \chi) \tag{8.9}$$

und

$$\frac{B_{\mathrm{HA}}}{G} = z \cdot (\psi - z \cdot \chi) \tag{8.10}$$

Diese Parameterdarstellung entspricht der in Bild 8-3 gezeigten Parabel der dynamischen Bremskraftverteilung. Auf dieser Parabel ist die maximal erreichbare Abbremsung gleich dem vorhandenen Kraftschlussbeiwert, d. h. auf dieser Parabel wird der jeweils vorhandene Kraftschlussbeiwert zwischen Reifen und Fahrbahn immer voll ausgenutzt. Zur weiteren Beschreibung des Bremskraftverteilungsdiagramms gehören die Beziehungen für die vom Ingenieur installierte Bremskraftverteilung, die Linien konstanter Abbremsung und die Linien konstanten Kraftschlussbeiwerts an Vorder- und Hinterachse.
Die im Fahrzeug installierte Bremskraftverteilung kann bei einer festen Verteilung der Bremskräfte auf Vorder- und Hinterachse mit

$$\frac{B_{\mathrm{HA}}}{G} = DB \cdot \left(\frac{B_{\mathrm{VA}}}{G}\right) \tag{8.11}$$

beschrieben werden. Dabei ist DB der Bremskraftverteilungskoeffizient:

$$DB = \frac{B_{\mathrm{HA}}}{B_{\mathrm{VA}}} = \frac{F_{\mathrm{HA}} \cdot r_{\mathrm{HA}} \cdot C^*_{\mathrm{HA}}}{F_{\mathrm{VA}} \cdot r_{\mathrm{VA}} \cdot C^*_{\mathrm{VA}}} \tag{8.12}$$

mit Radbremszylinderfläche F, Bremsenkennwert C^* und wirksamem Bremsradius r.
Der Hinterachsbremskraftanteil Φ ist:

$$\Phi = \frac{B_{\text{HA}}}{B_{\text{VA}} + B_{\text{HA}}} = \frac{DB}{1 + DB} \tag{8.13}$$

Die erzielbare Abbremsung ist die Summe der Bremskräfte an allen Achsen:

$$z = \frac{B_{\text{VA}}}{G} + \frac{B_{\text{HA}}}{G} \tag{8.14}$$

Dieser Ausdruck beschreibt im Bremskraftverteilungsdiagramm (siehe Bild 8-3) Geraden unter einem Winkel von $-45°$.
Der Schnittpunkt der vom Ingenieur installierten Bremskraftverteilung mit der dynamischen Bremskraftverteilung ist der sogenannte „Kritische Punkt". Der kritische Punkt unterteilt das Bremskraftverteilungsdiagramm in einen stabilen und einen instabilen Bereich. Der stabile Bereich liegt unter, der instabile Bereich oberhalb der Parabel. Mit den drei Parametern „radstandbezogene Schwerpunkthöhe χ", „Hinterachslastanteil ψ" und „Hinterachsbremskraftanteil Φ" kann der kritische Punkt beschrieben werden:

$$z_{\text{krit}} = \frac{\psi - \varphi}{\chi} \tag{8.15}$$

Um ein praktisches Arbeiten mit dem Bremskraftverteilungsdiagramm zu ermöglichen, ist es notwendig, den jeweils zwischen Reifen und Fahrbahn vorherrschenden Kraftschlussbeiwert k in das Diagramm zu projizieren. Bei den Linien konstanten Kraftschlussbeiwerts an Vorder- und Hinterachse(n) handelt es sich um Geraden (siehe Bild 8-3):

$$\frac{B_{\text{HA}}}{G} = \left[\frac{(\psi - k \cdot \chi) \cdot k \cdot \chi + (1 - \psi)}{k \cdot \chi \cdot (1 - \psi + k \cdot \chi)}\right] \cdot \frac{B_{\text{VA}}}{G} - \frac{1 - \psi}{\chi} \tag{8.16}$$

und

$$\frac{B_{\text{HA}}}{G} = \frac{k \cdot (\psi - k \cdot \chi) \cdot \left[\frac{B_{\text{VA}}}{G} - \frac{\psi}{\chi}\right]}{k \cdot (1 - \psi + k \cdot \chi) - \frac{\psi}{\chi}} \tag{8.17}$$

Zur weiteren Diskussion des Bremsverhaltens muss untersucht werden, ob die installierte Bremskraftverteilung zuerst die Kurve konstanten Kraftschlusses der Vorderachse oder zuerst die der Hinterachse schneidet (siehe Bild 8-3). Wird zuerst die Linie konstanten Kraftschlusses der Vorderachse geschnitten, dann blockiert die Vorderachse. Im anderen Fall blockiert die Hinterachse.
Die erzielbare Abbremsung im Bereich $0 \leq z \leq z_{\text{krit}}$ bis zum Blockieren der Vorderachse ist

$$z = \frac{k \cdot (1 - \psi)}{1 - k \cdot \chi - \Phi} \tag{8.18}$$

Im Bereich $z \geq z_{\text{krit}}$ ist die erzielbare Abbremsung bis zur blockierenden Hinterachse:

$$z = \frac{k \cdot \psi}{k \cdot \chi + \Phi} \tag{8.19}$$

Der für die entsprechende Abbremsung aufzubringende Bremsdruck ist:

$$p = z \cdot KV \cdot (1 - \Phi) \tag{8.20}$$

mit

$$KV = \frac{G \cdot r_{\text{dyn}}}{2 \cdot F_{\text{VA}} \cdot r_{\text{VA}} \cdot C^*_{\text{VA}}} \tag{8.21}$$

(„dynamischer Reifenhalbmesser r_{dyn}")

Der Bremsweg s kann mit folgender Gleichung überschlägig bestimmt werden:

$$s = \frac{v_0 \cdot (v_0 + 2 \cdot z \cdot t_u \cdot g)}{2 \cdot z \cdot g} \tag{8.22}$$

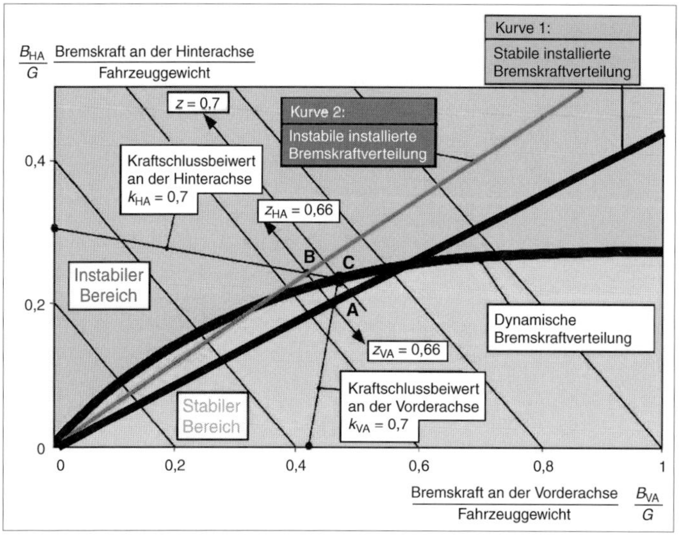

Bild 8-3 Bremskraftverteilung mit Festabstimmung

Dabei ist t_u die sogenannte Verlustzeit, d. h. die Zeit, die vom Beginn der Bremspedalbetätigung bis zur Hälfte der maximalen Fahrzeugverzögerung vergeht. Für eine intakte, konventionelle pneumatische Bremsanlage wird die Verlustzeit mit 0,2 bis 0,4 Sekunden angesetzt. Bei Ausfall eines Bremskreises kann sich die Verlustzeit bis auf 0,7 Sekunden erhöhen.

Da der Bremsdruck – im Gegensatz zu konventionellen Bremsanlagen, wo der Bremsdruck im Speicher erst „abgeholt" werden muss – bei elektronischen Bremsanlagen direkt in den Ventilen vor der Radbremse steht, vermindert sich hier die Verlustzeit auf ca. 0,1 Sekunden.

8.1.3 Der Bremsvorgang im Bremskraftverteilungsdiagramm

Im Bremskraftverteilungsdiagramm sollen eine stabile und eine instabile Bremskraftverteilung diskutiert werden, die durch die Kurven 1 und 2 in Bild 8-4 repräsentiert werden.

Kurve 1: „Stabile Bremskraftverteilung". Für eine Bremsung bei einem hier beispielhaft angenommenen Kraftschlussbeiwert zwischen Reifen und Fahrbahn von $k = 0{,}7$ (trockene Straße) blockiert in Punkt A die Vorderachse. Die Räder der Vorderachse blockieren bei einer Abbremsung von $z_{\mathrm{VA}} = 0{,}66$, das Fahrzeug bleibt aber richtungsstabil. Tritt der Fahrer bei blockierender Vorderachse noch stärker auf das Bremspedal, dann bewegt sich die Bremskraftverteilung entlang der Linie konstanten Kraftschlussbeiwerts der Vorderachse. Wenn die Parabel der dynamischen Bremskraftverteilung in Punkt C erreicht wird, blockiert auch die Hinterachse. In diesem Punkt wird die physikalisch maximal mögliche Abbremsung – also 70 % Abbremsung analog dem Kraftschlussbeiwert $k = 0{,}7$ – erreicht.

Kurve 2: „Instabile Bremskraftverteilung". Bei gleichen Betriebsbedingungen bremst das Fahrzeug bis zum Erreichen des vorhandenen Kraftschlussbeiwertes in Punkt B zunächst ohne größere Probleme, wobei sich allerdings bis zum Erreichen dieses Punktes bereits ein Giermoment aufgrund des hohen Schlupfes an den Rädern der Hinterachse aufbaut. In Punkt B blockiert bei einer Abbremsung von $z_{\mathrm{HA}} = 0{,}66$ die Hinterachse; das Fahrzeug beginnt zu schleudern [1].

8.1.4 Bremskraftsteuerungen (ALB)

Bremskraftsteuerventile in mittleren und schweren NFZ arbeiten aufgrund der meist großen Unterschiede zwischen den Beladungssituationen „Leer mit Fahrer" und „Beladen" fast generell in Abhängigkeit von der jeweiligen Achslast. Es gibt Bremskraftbegrenzer und Bremskraftminderer. Die Wirkung dieser Bremskraftsteuerventile im Bremskraftverteilungsdiagramm zeigt Bild 8-5 mit den typischen Charakteristiken von sogenannten „abgeknickten Bremskraftverteilungen" [3, 4].

8.1.4.1 Bremskraftbegrenzer

Ein Bremskraftbegrenzer bewirkt, dass die Bremskraft an einer Achse von einem bestimmten Punkt an – trotz Pedalkrafterhöhung – nicht mehr gesteigert werden kann. Diesen Punkt nennt man den „Umschaltpunkt". Die Gleichung der installierten Bremskraftverteilung im Bereich unterhalb des Umschaltpunktes entspricht der der Festabstimmung. Im

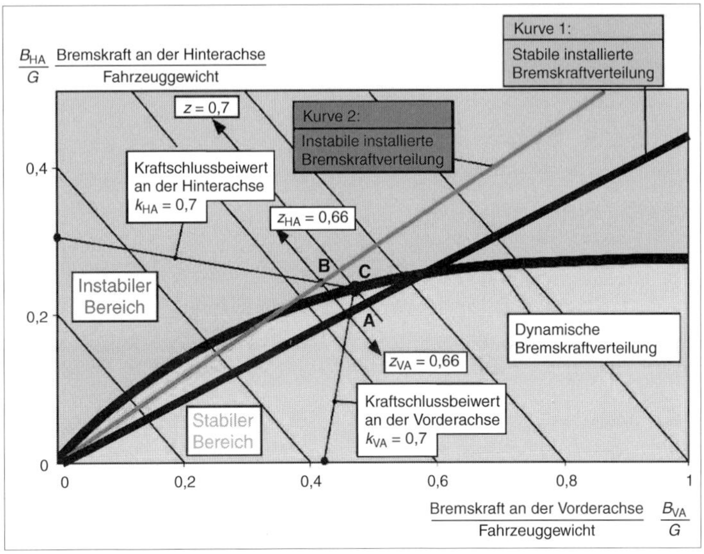

Bild 8-4 Arbeiten mit dem Bremskraftverteilungsdiagramm

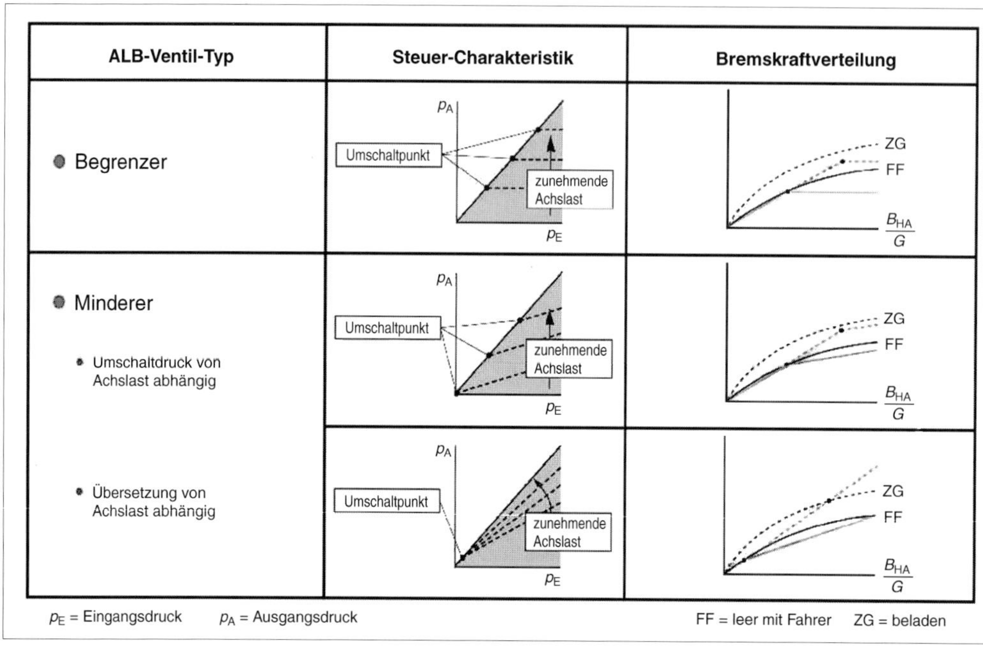

Bild 8-5 Lastabhängige Bremskraftventile (ALB) und ihre Wirkungsweise

Bereich oberhalb des Umschaltpunktes gilt:

$$\frac{B_{HA}}{G} = DB \cdot \frac{p_S}{KV} \tag{8.23}$$

Der Umschaltdruck p_S ist eine Funktion der Achslast. Mit diesem Bremsdruck p_S kann eine entsprechende Abbremsung z_S erreicht werden, ab der die Bremskraft z. B. an der Hinterachse nicht mehr gesteigert werden kann. Bis zum Umschaltpunkt gelten für die Abbremsung und den dafür notwendigen Bremsdruck die bereits vorher definierten Gleichungen. Wird der Umschaltpunkt überschritten, dann kann im Bereich $z_S \leq z \leq z_{krit}$ folgende Abbremsung erzielt werden:

$$z = \frac{k \cdot (1 - \psi) + \dfrac{DB \cdot p_S}{KV}}{1 - k\chi} \tag{8.24}$$

Der für diese Abbremsung notwendige Bremsdruck ist:

$$p = \frac{k \cdot \left(1 - \psi + \dfrac{DB \cdot p_S}{KV} \cdot \chi\right) \cdot KV}{1 - k\chi} \tag{8.25}$$

8.1.4.2 Bremskraftminderer

Im Bereich bis zum Umschaltpunkt gilt die Festabstimmung. Nach Überschreiten des Umschaltpunktes gilt für die installierte Bremskraftverteilung:

$$\frac{B_{HA}}{G} = i_V \cdot DB \cdot \frac{B_{VA}}{G} + DB \cdot (1 - i_V) \cdot \frac{p_S}{KV} \tag{8.26}$$

Dabei ist i_V die hydraulische Übersetzung des Bremskraftminderers. Der Umschaltdruck p_S ist von der jeweiligen Achslast abhängig.
Im Bereich $z \leq z_{krit}$ kann die erreichbare Abbremsung nach Überschreiten des Umschaltpunktes mit

$$z = \frac{p_S \cdot \dfrac{DB}{KV} \cdot (1 - i_V) \cdot \left[1 + \dfrac{1 - k \cdot \chi}{k \cdot \chi}\right] + \left[\dfrac{1 - \psi}{\chi}\right] \cdot (1 + DB \cdot i_V)}{\dfrac{1 - k \cdot \chi}{k\chi} - DB \cdot i_V} \tag{8.27}$$

bestimmt werden. Der dazu notwendige Bremsdruck ist:

$$p = \frac{\left[p_S \cdot \dfrac{DB}{KV} \cdot (1 - i_V) + \dfrac{1 - \psi}{\chi}\right] \cdot KV}{\dfrac{1 - k \cdot \chi}{k \cdot \chi} - DB \cdot i_V} \tag{8.28}$$

8.1.5 Einfluss von Motorbremsmomenten, Massenträgheitsmomenten und Bremsmomenten von Dauerbremsanlagen

Für die praxisrelevante Auslegung der Bremsanlage müssen – zumindest überschlägig – die Einflüsse der Massenträgheitsmomente und der Bremskräfte, die über den Antriebsstrang auf die Räder übertragen werden, berücksichtigt werden. Sehr oft genügt auf nasser oder eisiger Fahrbahn bereits das Motor-

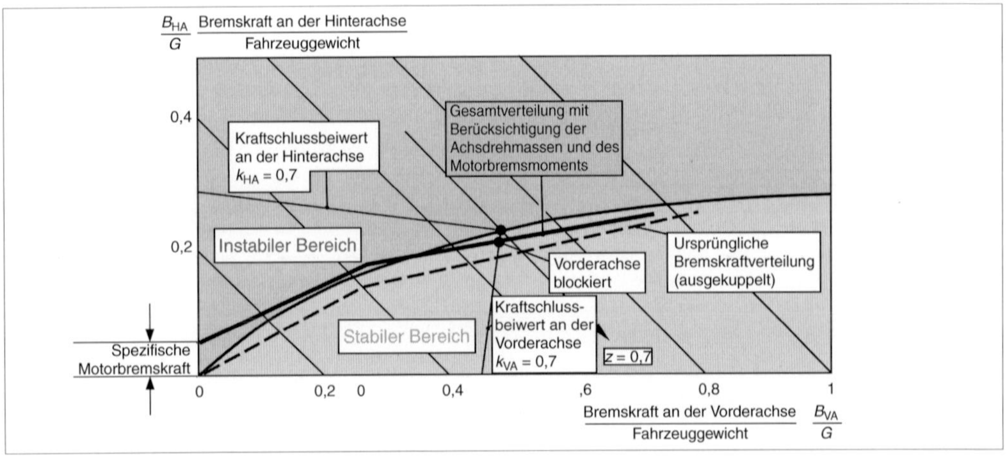

Bild 8-6 Bremskraftverteilung bei Heckantrieb durch Einwirkung von Massenträgheits- und Motorbremsmomenten

schleppmoment, um die Räder der Antriebsachse in hohen Schlupf zu bringen. Wird das Bremsmoment an der Hinterachse zu groß, dann kann daraus eine Instabilität des Fahrzeugs – vor allem bei niedrigem Kraftschluss – entstehen (Bild 8-6). Bei höheren Abbremsungen wird der Einfluß dieser zusätzlichen Bremsmomente durch die trägen Massen im Antriebsstrang reduziert. Die Auswirkungen der Bremskräfte des Antriebstranges für ein frontangetriebenes Fahrzeug zeigt Bild 8-7. Hier besteht die Gefahr der Lenkunfähigkeit der Vorderachse bei kleinen Kraftschlussbeiwerten, sofern nicht ausgekuppelt wird [1, 10].

Die veränderte Bremskraftverteilung bei Überlagerung der vom Ingenieur installierten Bremskraftverteilung durch Massenträgheitsmomente und zusätzliche Bremsmomente im Antriebsstrang kann bei Hinterachsantrieb mit

$$\frac{B_{\mathrm{HA}}}{G} = \left[i_V \cdot \frac{B_{\mathrm{VA}}}{G} + (1 - i_V)\,\frac{p_S}{KV}\right] \cdot DB^* + B_M \tag{8.29}$$

und bei Vorderachsantrieb mit

$$\frac{B_{\mathrm{HA}}}{G} = \left[i_V \cdot \frac{B_{\mathrm{VA}}}{G} + (1 - i_V)\,\frac{p_S}{KV} - B_M\right] \cdot DB^* \tag{8.30}$$

angegeben werden.
Dabei sind

$$DB^* = \frac{DB - \Theta^*_{\mathrm{HA}} \cdot (1 - DB)}{1 - \Theta^*_{\mathrm{VA}} \cdot (1 + DB)} \tag{8.31}$$

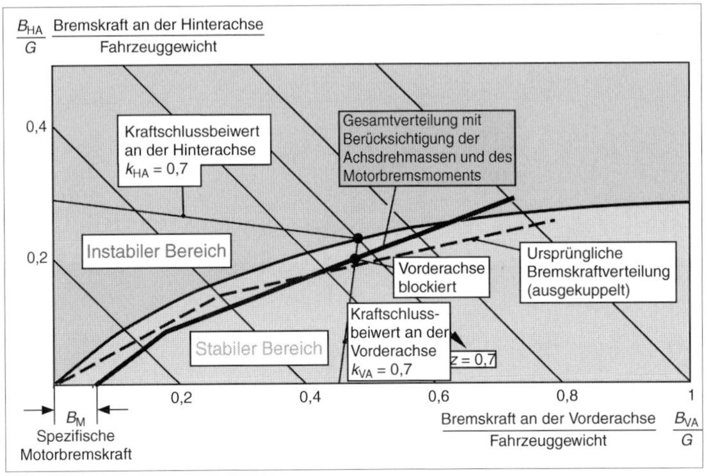

Bild 8-7 Bremskraftverteilung bei Frontantrieb durch Einwirkung von Massenträgheits- und Motorbremsmomenten

mit

$$DB = \frac{F_{HA} \cdot r_{HA} \cdot |C^*_{HA}| \pm \%}{F_{VA} \cdot r_{VA} \cdot |C^*_{VA}| \pm \%} \tag{8.32}$$

$$\Theta_i^* = \frac{\Theta_i \cdot g}{G \cdot r^2_{dyn}} \tag{8.33}$$

und

$$B_M = \frac{N_S \cdot i_G}{n \cdot G \cdot r_{dyn}} \tag{8.34}$$

Die in den Gleichungen verwendeten Kenngrößen sind:

N_S = Maximale Schleppleistung bei entsprechender Drehzahl n,

i_G = Gesamtübersetzung von Motor bis Antriebsachse,

Θ_i = Massenträgheitsmoment des Antriebs an der jeweiligen Achse und

C^* = Toleranzband des Bremsenkennwertes, wie in 8.1.6 ermittelt.

8.1.6 Ermittlung von Kennwertschwankungen und ihr Einfluss auf die Bremskraftverteilung

Die Untersuchung der Kennwert-Charakteristiken und hier insbesondere die Untersuchung des Einflusses der Hauptparameter „Temperatur", „Bremsdruck" und „Geschwindigkeit" auf die Höhe des Bremsenkennwertes und damit auf die Bremskraftverteilung ist unumgänglich, um sicherzustellen, daß das Fahrzeug auch den im Lastenheft festgelegten bremsdynamischen Anforderungen entspricht.

Die Bewertung der Leistungsfähigkeit einer Radbremse erfolgt über den sogenannten Bremsenkennwert C^*; das ist das Verhältnis von Bremskraft zur notwendigen Aktivierungskraft der Radbremse. Die Zuordnung des Bremsenkennwertes unterschiedlicher Bremsenbauarten zum leichter zu beurteilenden Reibwert zeigt Bild 8-8.

Die Beziehung zwischen Kennwert und Reibwert ist nur bei einer Scheibenbremse, die ohne Selbstverstärkung arbeitet, linear. Der Kennwert der Trommelbremsen beinhaltet auch die Selbstverstärkung der Bremse.

Um die Einflüsse der Kennwertschwankungen der Bremsen auf die rechnerisch ausgelegte Bremskraftverteilung analysieren zu können ist eine Erfassung und Optimierung des Bremskraftverteilungsstreubandes unumgänglich [5, 6].

Um das Kennwertverhalten und damit die Leistung einer bestimmten Bremsenkombination direkt messen zu können, benutzt man Simulationsprüfstände (Bild 8-9). Solche Prüfstände gestatten es, die Verhältnisse im Fahrzeug mithilfe einer Computersimulation exakt nachzuahmen.

Bild 8-10 zeigt das Ergebnis von Prüfstandsuntersuchungen mit akzeptablen Bremsbelägen. Die gemessenen Kurven schmiegen sich dicht an die der Rechnung zugrunde gelegte Kurve der berechneten installierten Bremskraftverteilung an.

Bild 8-11 zeigt das Ergebnis, wenn die geforderten Bedingungen des Lastenheftes nicht eingehalten werden [6].

8.1.7 Bremskreisaufteilungen und Bremskreisausfall

Die Betriebssicherheit eines Kraftfahrzeugs hängt stark von der einwandfreien Funktion der Bremsanlage ab. Bremsanlagen müssen daher eine große technische Zuverlässigkeit aufweisen, da durch einen möglichen Ausfall der Bremsanlage Menschenleben gefährdet werden können. Damit Teilausfälle des Bremssystems keinen Ausfall der Gesamtbremsanlage zur Folge haben, muss eine sinnvolle Aufteilung des Bremssystems in redundante Baugruppen erfol-

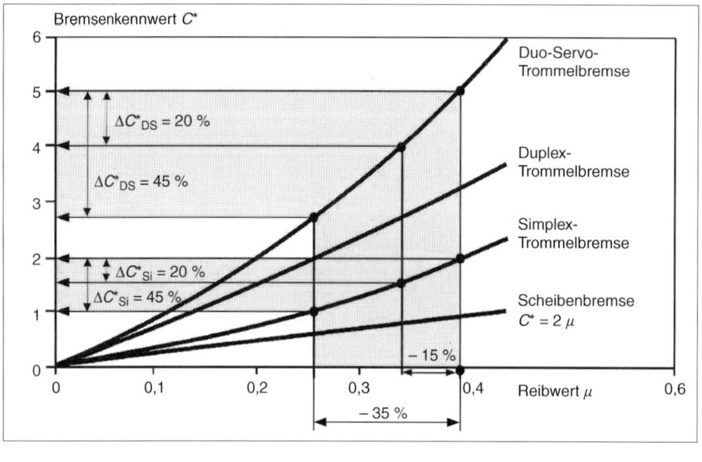

Bild 8-8 Zusammenhang zwischen Bremsenkennwert und Reibwert

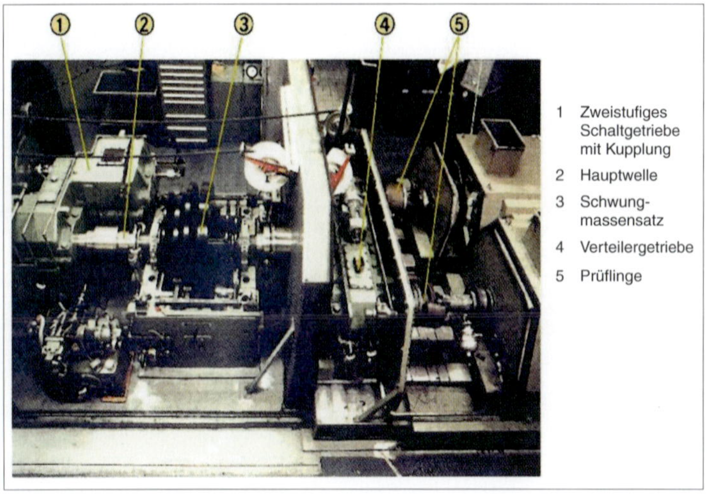

Bild 8-9 Mehrwellen-Schwungmassen-Bremsenprüfstand

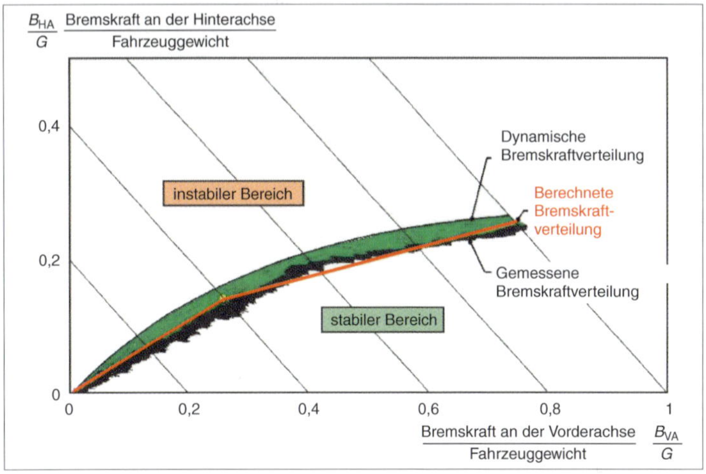

Bild 8-10 Untersuchung einer akzeptablen Bremskraftverteilung auf dem Schwungmassen-Bremsenprüfstand

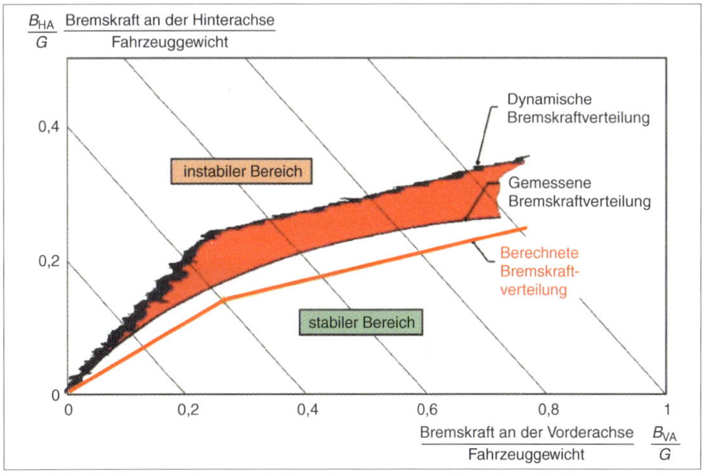

Bild 8-11 Untersuchung einer nicht akzeptablen Bremskraftverteilung auf dem Schwungmassen-Bremsenprüfstand

Kurzzeichen	Art der Kraftaufteilung (← Fahrtrichtung)	Bemerkungen
TT	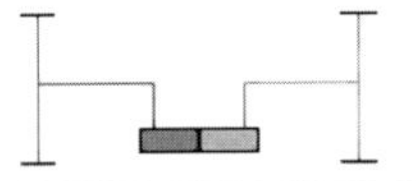	**Vorderachs-/Hinterachsaufteilung** In jedem Kreis wird eine Achse gebremst.
K	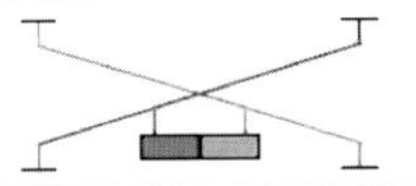	**Diagonal-Aufteilung** In jedem Kreis wird ein Vorderrad und das diagonal gegenüberliegende Hinterrad gebremst.
HT	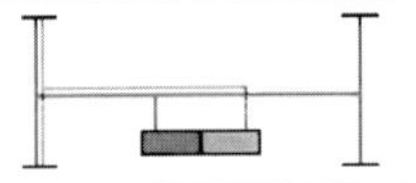	**Vorder- und Hinterachs-/Vorderachs-Aufteilung** Ein Kreis wirkt auf die Vorder- und Hinterachse und ein Kreis wirkt nur auf die Vorderachse.
LL	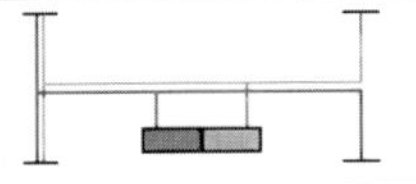	**Vorderachs- und Hinterrad-/ Vorderachs- und Hinterrad-Aufteilung** Jeder Kreis wirkt auf die Vorderachse und ein Hinterrad.

Bild 8-12 Zweikreis-Bremsanlagen (Definition nach ISO)

gen, die entweder die Funktion allein oder zumindest eine Teilfunktion der Gesamtbremsanlage ausüben können. So wurden getrennte Bremskreise eingeführt, damit bei mechanischem Ausfall des einen Bremskreises mit dem anderen Bremskreis noch eine ausreichende „Hilfsbremswirkung“ erzielt werden kann. Deshalb wurden unterschiedliche Bremskreisaufteilungen konzipiert, wobei sich die im Bild 8-12 gezeigten Bremskreisaufteilungen in Gesetzgebung und ISO-Normung durchgesetzt haben. Bei mittleren und schweren Nutzfahrzeugen hat sich die TT-Aufteilung als zweckmäßig erwiesen [7].

8.2 Bremsanlagen für mittlere und schwere Nutzfahrzeuge

Das Bremssystem besteht aus:

- **Betriebsbremsanlage,**
- **Hilfsbremsanlage,**
- **Feststellbremsanlage,**
- **Motorbremsanlage und**
- **Retarderbremsanlage.**

Die internationale Normung nach ISO 611 teilt das Bremssystem ein in:

- **Energieversorgung,**
- **Betätigungseinrichtung,**
- **Übertragungseinrichtung,**
- **Verzögerungseinrichtung und**
- **Zusatzeinrichtung im Zugfahrzeug für die Bremsung eines Anhängefahrzeugs.**

Bei mittelschweren und schweren Nutzfahrzeugen ist es nicht möglich, allein mit der Fußkraft des Fahrers eine für den praktischen Betrieb ausreichende Abbremsung zu erzielen. Deshalb haben Nutzfahrzeuge über ca. 6 t Gesamtgewicht fast generell eine Fremdkraftbremsanlage, bei der gespeicherte Energie zum Bremsen eingesetzt wird. Als Arbeitsmittel dient Luft, die von einem Kompressor vorgespannt und in Druckluftbehältern gespeichert wird. Die Zuspannkräfte der Radbremsen werden von Membranzylindern erzeugt (Bild 8-17).

8.2.1 Bremsanlagenaufbau

Es gibt Bremsanlagen, bei denen Druckluft als Energieträger verwendet wird, wegen hydraulisch betätigter Radbremsen aber der Luftdruck über Vorspannzylinder in hydraulischen Druck umgewandelt wird. Man spricht dann von sogenannten „Air-over-Hydraulic“-Bremssystemen (Bild 8-13).

Zum Zugbetrieb gehört die EU-übliche Zweileitungsbremsanlage für Anhängefahrzeuge (Bild 8-14).

Mithilfe eines zweikreisigen Anhängersteuerventils und des Vierkreisschutzventils ist es möglich, selbst bei Ausfall eines Kreises der zweikreisigen Betriebsbremsanlage des Zugfahrzeugs das Anhängefahrzeug weiterhin mit Druckluft zu versorgen und die volle Bremswirkung des Anhängefahrzeugs zu erzielen.

Die beiden genormten Kupplungsköpfe für „Vorrat“ und „Bremse“ sind mit einem automatischen Schließglied ausgerüstet, das beim Kupplungsvorgang geöffnet wird.

Bild 8-15 zeigt eine Druckluft-Bremsanlage für schwere Nutzfahrzeuge. Die wesentlichen Baugruppen bzw. Bestandteile dieser Bremsanlage sind: die **Energieversorgung**, bestehend aus Kompressor und Druckregler. Dazu können fallweise kommen: Frostschutz, automatische Entwässerung, Luftfilter, Lufttrockner, Zwischenspeicher usw.

Die Energieversorgung hat die Aufgabe, an die Übertragungseinrichtung verdichtete, gereinigte und entwässerte Druckluft zur Verfügung zu stellen. Da es eine Vielzahl von luft-verbrauchenden Einrichtungen in Zug- und Anhängefahrzeugen – zusätzlich zur Bremsanlage – gibt, ist es erforderlich, wesentlich

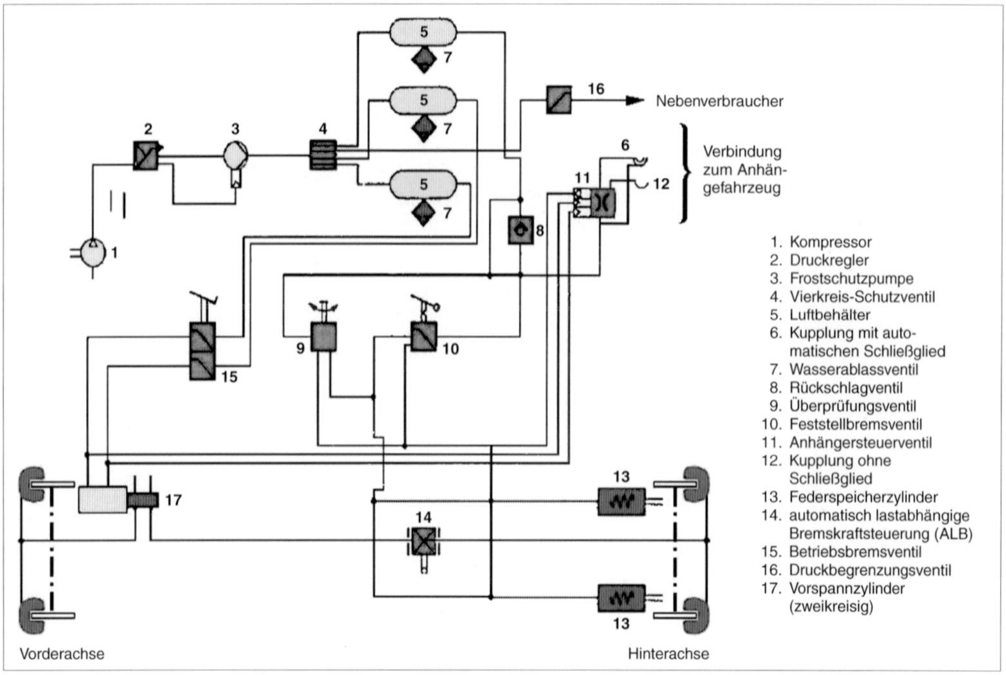

Bild 8-13 „Air-Over-Hydraulic-" Fremdkraftbremsanlage

stärkere Kompressoren zu installieren als von der Gesetzgebung für die Bremsanlage gefordert werden.

Das Herz einer Druckluftbremsanlage an der Nahtstelle zwischen Energieversorgung und Vorrat ist das Vierkreis-Schutzventil. Folgende Funktionen werden vom Vierkreis-Schutzventil ausgeübt:

- Sicherung der Bremskreise der Betriebsbremsanlage bei Defekt der Energieversorgung,
- Absicherung und Weiterversorgung der Bremskreise der Betriebsbremsanlage gegeneinander,
- Weiterversorgung der Betriebsbremsanlage des Anhängefahrzeugs bei Defekt in einem Bremskreis der Betriebsbremsanlage des Zugfahrzeugs,
- Absicherung und Weiterversorgung der zwei Betriebsbremskreise des Zugfahrzeugs bei einem Bruch der Vorratsleitung zum Anhängefahrzeug,
- Absicherung der zwei Bremskreise der Betriebsbremsanlage bei einem Defekt der Energieversorgung und

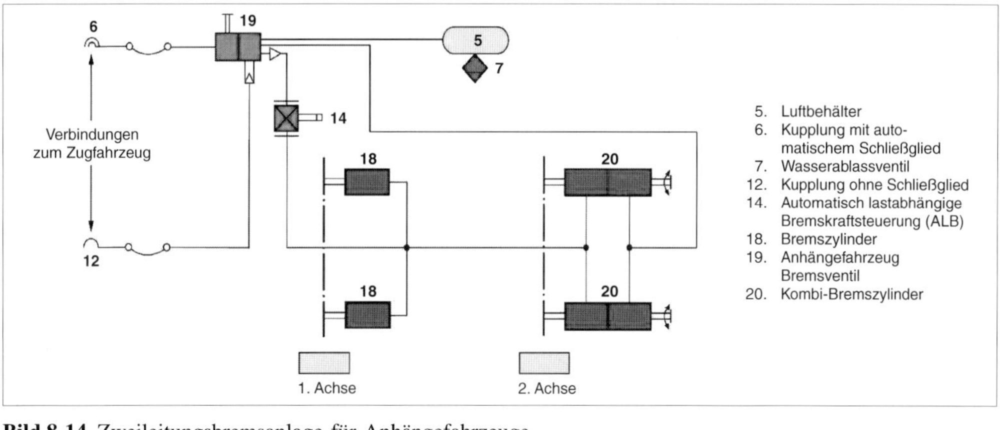

Bild 8-14 Zweileitungsbremsanlage für Anhängefahrzeuge

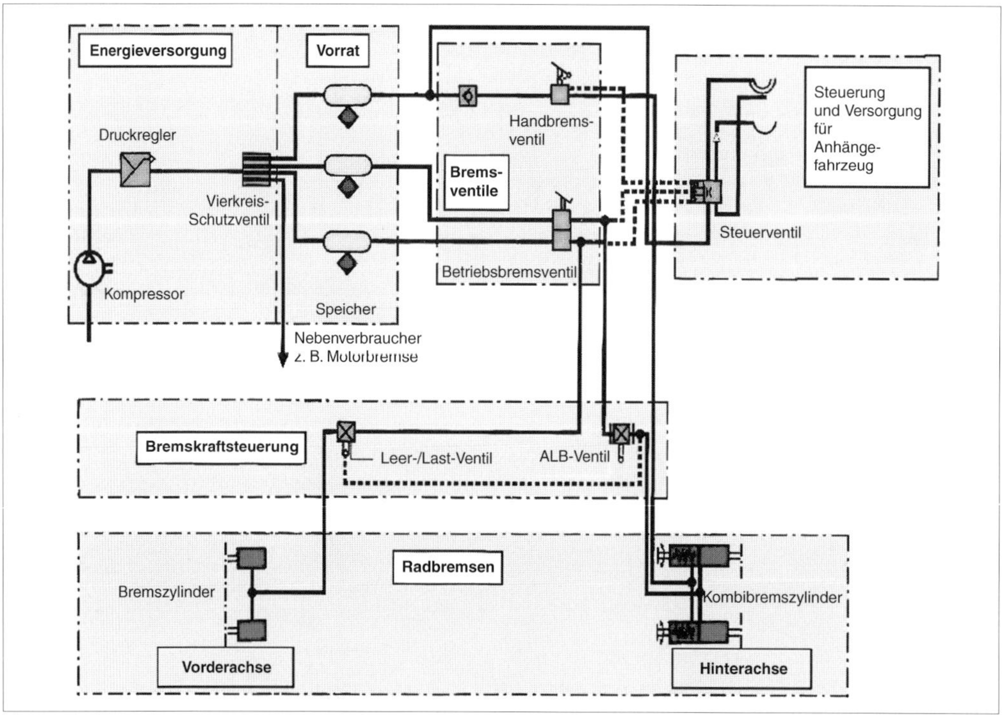

Bild 8-15 Vereinfachtes Funktionsschema einer Druckluft-Fremdkraftbremsanlage

- Weiterversorgung wichtiger Nebenverbraucher, wie z. B. Schalthilfe oder Kupplungsverstärker, bei einem Defekt der Betriebsbremsanlage.

Die Betätigungseinrichtung im Bereich **„Bremsventile“** beginnt am Bremspedal und endet an den mechanisch betätigten Bauteilen des Zweikreis-Bremsventils.
Eine bei Nutzfahrzeugen nahezu unentbehrliche Einrichtung in der Übertragungseinrichtung der Betriebsbremsanlage ist die **„Automatisch lastabhängige Bremskraftsteuerung“ (ALB)**. Mit ihrer Hilfe kann eine Anpassung der Bremskräfte an die Achslasten hergestellt werden. Reicht der Arbeitsbereich der ALB nicht mehr aus, um eine sinnvolle Bremskraftverteilung darstellen zu können, kann über ein sogenanntes „Leer/Lastventil“ der Variationsbereich der Bremskraftverteilung noch vergrößert werden.

8.2.2 Radbremsen und Betätigungskomponenten

Die grundsätzlichen Anforderungen an **Radbremsen** sind: hoher Wirkungsgrad, kleine Hysterese, gleichmäßiges Kennwertverhalten mit geringem Fading, gutes Ansprechverhalten, ausreichende Belaglebensdauer, geringe Wartungszeiten beim Belagwechsel, geringes Gewicht, kleine Abmessungen und gutes Nutzen/Kosten-Verhältnis.

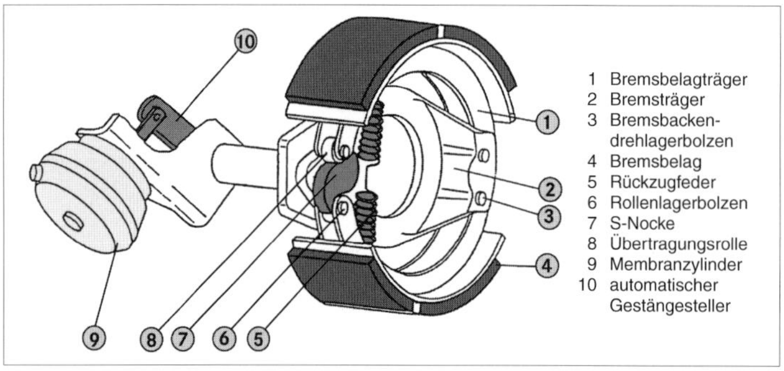

Bild 8-16 Prinzipieller Aufbau einer Druckluft-betätigten Simplex-Trommelbremse mit S-Nocken-Zuspannung

Die weltweit bei schweren Nutzfahrzeugen gebräuchlichsten Radbremsen sind über S-Nocken mit Druckluft betätigte Simplex-Trommelbremsen mit fester Zuspannung (Bild 8-16).

Diese Bremsen haben folgende Vorteile [8]:

- geringe Änderung des Bremsenkennwertes C^*,
- gleicher Belagverschleiß an Auflauf- und Ablaufbacke, erzwungen durch die feste Zuspannung und daraus resultierend
- hohe Belaglebensdauer bei ausreichender Dimensionierung von Belagdicke und Belagbreite,
- einfacher, zuverlässiger und thermisch unempfindlicher Zuspannmechanismus mit Membranzylinder, automatischem Gestängesteller, Bremswelle und S-Nocken sowie
- einfache Darstellung der Feststellbremsanlage durch Federspeicher.

Als Nachteile der S-Nocken-Bremsenbauart sind zu werten:

- hohe innere Kräfte und damit relativ schwer bauend sowie
- relativ niedriger Bremsenkennwert, was entsprechend viel Zuspannarbeit beim Bremsen bedeutet.

Ein wesentlicher Baustein bei der Bremskraftaktivierung ist die automatische Nachstellung der Radbremsen, die der Bremsanlage hohe Betriebssicherheit gibt. Sie ist in Nutzfahrzeugen Standard und sorgt z. B. bei S-Nocken-Trommelbremsen dafür, dass die Bremsbacken immer im korrekten Lüftspiel-Abstand zur Trommel stehen, indem sie die Wege, die durch Belagverschleiß, thermische Aufheizung oder Elastizitäten in der Radbremse entstehen, kompensiert.

Aktiviert werden die Radbremsen über Membranzylinder, die an der Hinterachse als Kombinationsbremszylinder konzipiert sind, um mithilfe eines Federspeicherzylinders auch die Feststellbremswirkung sicherstellen zu können (Bild 8-17). In Lösestellung sind die Vorratsbehälter der Betriebsbremsanlage über das Vierkreis-Schutzventil und das Handbremsventil mit dem Federkompressionsraum verbunden, wodurch die Feder gespannt gehalten wird. Durch Betätigen des Handbremsventils wird der Druck im Kompressionsraum abgesenkt und damit die Radbremse „festgestellt“.

In einem Quervergleich zwischen Trommel- und Scheibenbremsen sollen die Vor- und Nachteile beider Radbremssysteme beschrieben werden. Dazu wird eine Simplex-Trommelbremse (Bild 8-16) in ihrer Leistungsfähigkeit mit einer NFZ-Scheibenbremse (Bild 8-18) verglichen. Die Scheibenbremse wird mit einer Drehbewegung über den Bremshebel 9 aktiviert. Die automatische Nachstellung ist im Zuspannkolben 6 integriert.

Werden die Ausgangsbedingungen auf „Temperatur = 300 °C“ und „Geschwindigkeit = 100 km/h“ vor Bremsbeginn geändert, dann ergibt sich eine Differenz zwischen den beiden Radbremssystemen im spezifischen Bremsmoment von ca. 30 % zugunsten der Scheibenbremse. Mit zunehmender Aufheizung der Trommelbremse nimmt diese Differenz dramatisch zu.

Ergebnisse des Quervergleichs „Scheibenbremsen/Trommelbremsen“ [9]:

- Scheibenbremsen erreichen unter gleichen Bedingungen höhere Temperaturen als Trommelbremsen. Dichtungen, Manschetten, etc. der Scheiben-

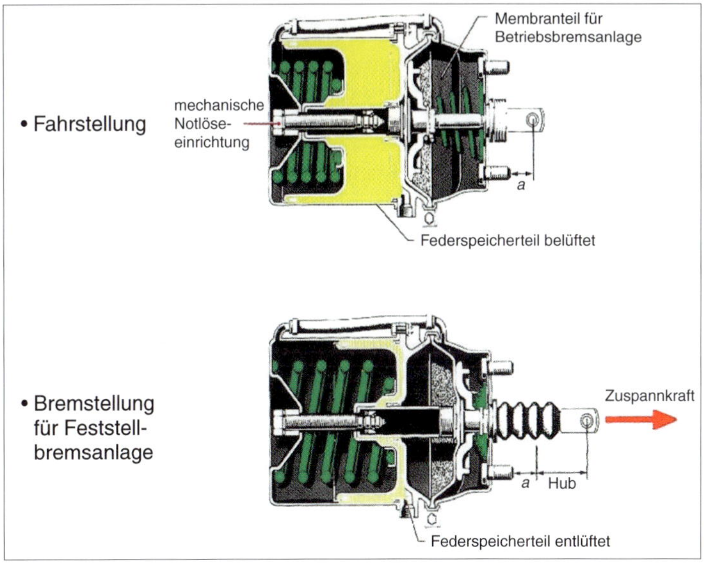

Bild 8-17 Membran-Federspeicher-Kombinationszylinder für Feststellbremsen

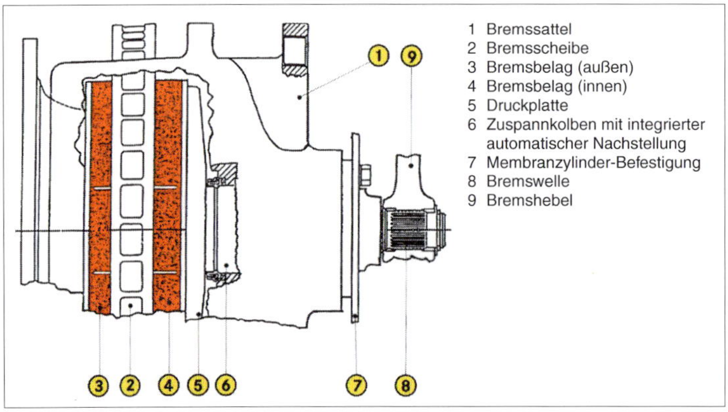

Bild 8-18 Prinzipieller Aufbau einer Druckluft-betätigten Scheibenbremse

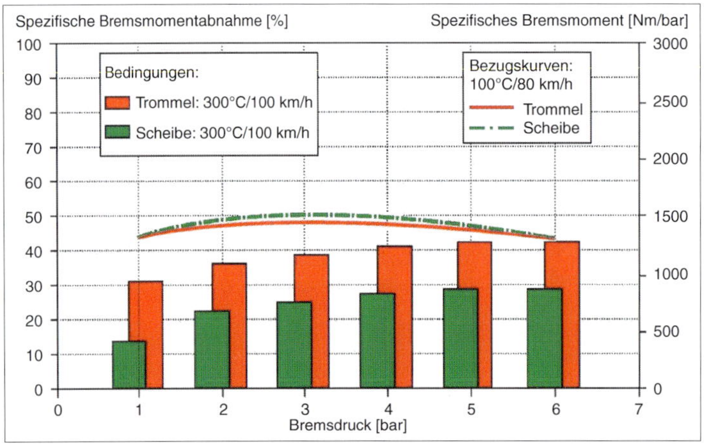

Bild 8-19 Vergleich Trommel-/Scheibenbremsen – Bremsmomentabnahme durch Aufheizung

bremsen müssen für diese höheren Temperaturen geeignet sein.

- Es ist kein Unterschied zwischen beiden Bremsenbauarten in der Bremswirkung bei niedrigen Bremsentemperaturen zu erkennen.
- Scheibenbremsen sind gegenüber Verschleiß empfindlich.
- Wirkungsgrad und Hysterese heutiger Scheibenbremsen sind gegenüber den Werten der Trommelbremsen günstiger und
- Scheibenbremsen zeigen gute Bremseigenschaften bei hoher thermischer Belastung.

8.3 Dauerbremsanlagen

Die in Nutzfahrzeugen verwendeten Radbremsen sind nicht für einen Dauereinsatz ausgelegt. Bei längerer, permanenter Benutzung der Radbremsen können Überhitzungserscheinungen auftreten, die ein Absinken der Bremsfähigkeit bewirken. Im Extremfall versagt dabei die Bremsanlage völlig. Bei mittleren und schweren Nutzfahrzeugen und Zügen mit hohen Gesamtgewichten werden deshalb für die Dauerbeanspruchung bei Gefällefahrt und für Anpassungsbremsungen sehr oft von den Radbremsen unabhängige, verschleißfreie Dauerbremsanlagen eingebaut. Es gibt zwei Arten von Dauerbremsanlagen: Motorbremssysteme und Retarder [10].

Die Domänen dieser verschleißfreien Dauerbremssysteme, die man in Primär- und Sekundärretarder einteilen kann, können Bild 8-20 entnommen werden. Primärretarder werden vor dem Getriebe eingebaut. Die dadurch entstehende Zugkraftunterbrechung bei Kupplungseinsatz kann mit Lastschaltgetrieben sinnvoll kompensiert werden. Sekundärretarder werden hinter dem Getriebe in den Antriebstrang eingebaut.

8.3.1 Motorbremssysteme

Bei konventionellen Motorbremssystemen führt eine Auspuffdrossel (oder eine Verstellung der Steuerzeiten) zur Verzögerung des Fahrzeugs durch den geschleppten Motor. Bild 8-21 zeigt ein „Auspuffklappen-Bremssystem", wie es seit vielen Jahren millionenfach in aller Welt eingesetzt wird. Es nutzt die im 4. Arbeitstakt erzeugte Energie zum Bremsen, indem gegen den geschlossenen Auslass Druck aufgebaut wird. Das System kann mit einem Fußschal-

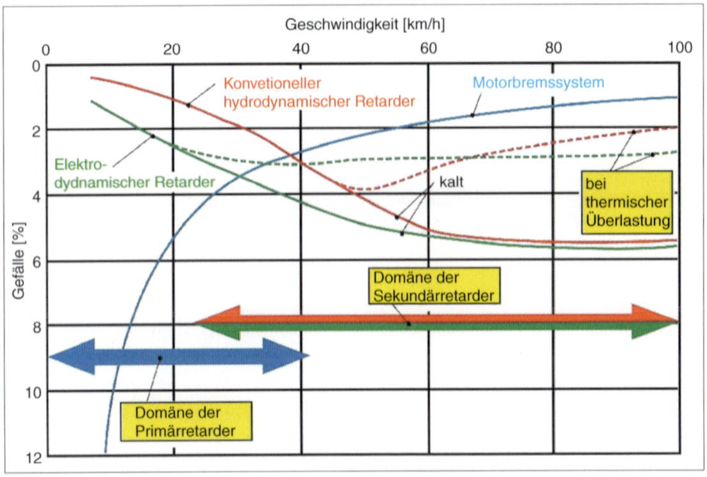

Bild 8-20 Arbeitsbereiche von Motorbremssystemen und Retardern in einem 40-t-Lastzug

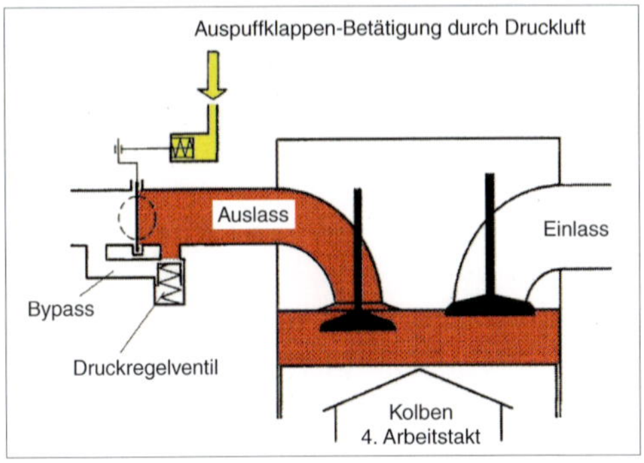

Bild 8-21 Motorbremssystem mit Auspuffklappe

ter betätigt werden oder direkt in die Betriebsbremsanlage integriert werden. Ein Regelventil vermeidet Motorbeschädigungen durch Überdrücke.

Eine andere Art von Motorbremssystemen sind z. B. die Dekompressionsbremssysteme. Ein typisches Beispiel eines solchen Dekompressionsbremssystems ist die „Konstantdrossel" (Bild 8-22).

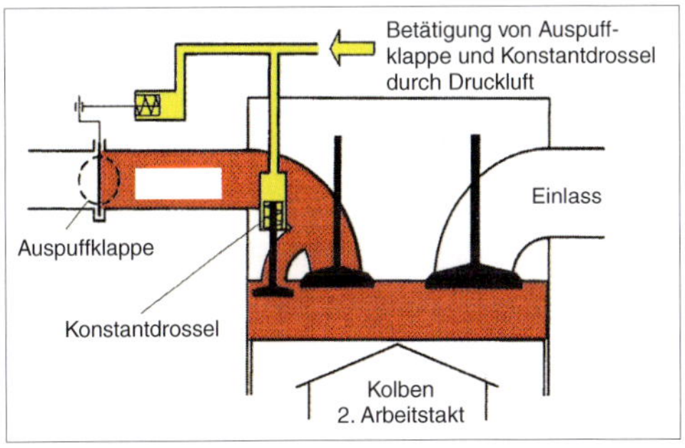

Bild 8-22 Motorbremssystem mit Auspuffklappe und Konstantdrossel

Durch (konstantes) Öffnen des Drosselventils im 2. Arbeitstakt – also beim Kompressionstakt – wird zusätzlich an Bremsleistung gegenüber dem Auspuffklappen-Bremssystem gewonnen.

In zukünftigen Fahrzeuggenerationen werden Primärretarder (z. B. über die Kurbelwelle angetriebene Wasserpumpe mit integriertem Retarder, am Abgasturbolader integrierter Retarder etc.), die neben hohen Bremsleistungen (ca. 500 kW) auch noch große Gewichtsvorteile bringen, den Sekundärretardern erheblich Konkurrenz machen.

8.3.2 Retarder

Sekundärretarder gliedern sich in hydrodynamische und elektrodynamische Retarder.

Beim hydrodynamischen Retarder wird die mechanische Energie der Antriebswelle über einen Rotor in kinetische Energie einer Flüssigkeit umgewandelt. Diese kinetische Energie wird von einem Stator in Wärme umgesetzt. Dazu ist eine Kühlung der Betriebsflüssigkeit z. B. über einen Wärmetauscher mit dem Motorkühlungssystem notwendig. Die Bremsleistung des Retarders kann über die Flüssigkeitsmenge im Arbeitsraum gesteuert werden, die mit Druckluft in diesen Arbeitsraum gepreßt wird. Diese Art von Retarder bringt vor allem bei hohem Gelenkwellendrehzahlen große Bremsmomente.

Bild 8-23 zeigt einen sogenannten „Hochtriebretarder".

Mithilfe eines Stirnradantriebes und einer Übersetzung von maximal ca. 1 : 2 ist das Bremsmoment auch bei kleinen Gelenkwellendrehzahlen bereits erheblich (Bild 8-24). Das maximale Bremsmoment kann allerdings nicht permanent aufrecht erhalten werden, da die Kühlleistung eines modernen Nutzfahrzeugmotors mit etwa 300 kW einen solchen Dauereinsatz nicht zuläßt. Eine integrierte thermische Regelung nimmt die Bremsleistung des Re-

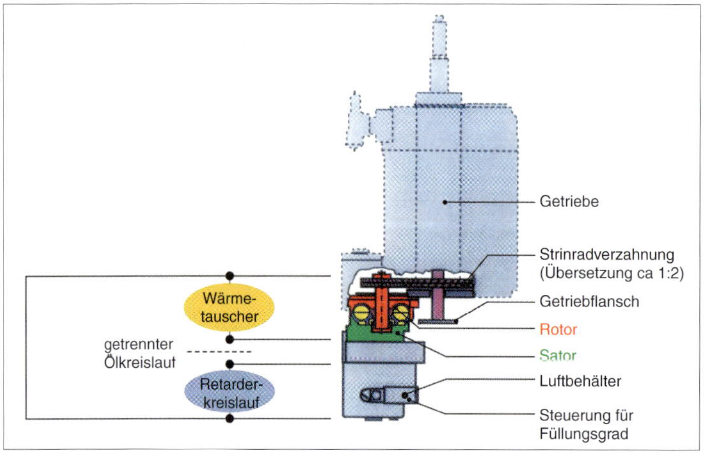

Bild 8-23 Prinzipieller Aufbau eines Hochtriebretarders

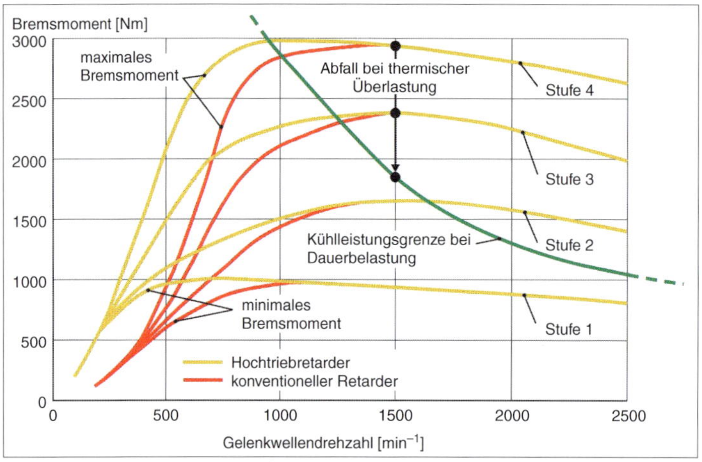

Bild 8-24 Arbeitsbereich hydrodynamischer Sekundärretarder

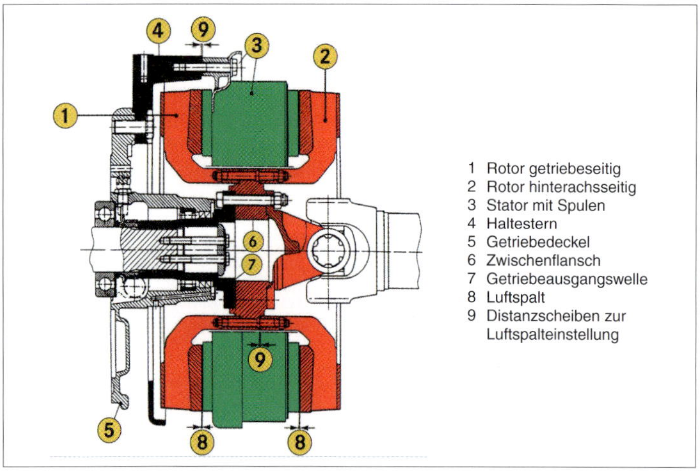

Bild 8-25 Prinzipieller Aufbau eines elektrodynamischen Retarders

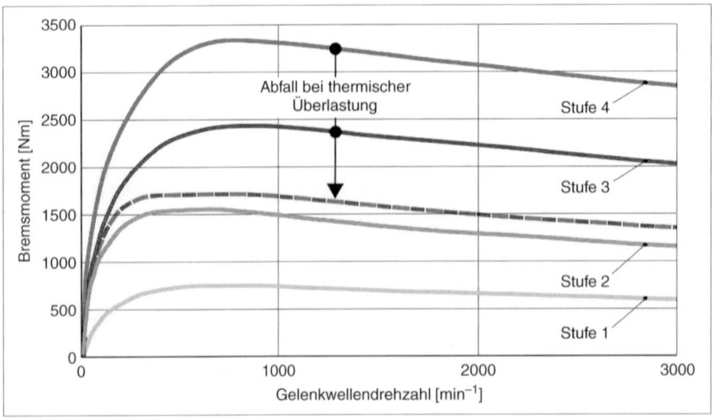

Bild 8-26 Arbeitsbereich elektrodynamischer Sekundärretarder

tarders bei zu hoher thermischer Belastung des Motorkühlkreislaufs zurück. Im Extremfall kann nur noch ca. 40 % der ursprünglichen Bremsleistung aufgebracht werden.
Die Wirkungsweise eines elektrodynamischen Retarders, auch „Wirbelstrombremse" genannt, (Bild 8-25): an einer als Stator ausgebildeten Scheibe sind Erregerspulen befestigt. Auf der durchgehenden Antriebswelle ist beiderseits des Stators je ein Rotor angeordnet, der zur besseren Wärmeabfuhr verrippt ist. Zum Bremsen werden die Erregerspulen mit Strom gespeist und erzeugen so ein magnetisches Feld.
Rotieren die Bremsscheiben durch dieses Feld, so werden in ihnen Wirbelströme induziert, die zu einem Bremsmoment führen, dessen Größe von der Erregung der Statorspulen und der Drehzahl der Rotoren abhängig ist.
Die Leistungscharakteristik einer Wirbelstrombremse zeigt Bild 8-26. Bei hoher thermischer Belastung muß die Bremsleistung durch Abschalten der Erregerspulen zurückgenommen werden. Es steht dann nur noch etwa das halbe Bremsmoment zur Verfügung [10].

8.4 Brems- und Antriebsschlupf-Regelsysteme

8.4.1 Antiblockiersysteme

Die Aufgabe eines Antiblockiersystems (ABS) ist es, auch für ungeübte Fahrer auf allen Fahrbahnoberflächen Fahrstabilität und Lenkfähigkeit beim Bremsen zu erhalten und gleichzeitig die Kraftübertragung zwischen Reifen und Fahrbahn optimal für die Verzögerung zu nutzen. Das ABS-System besteht aus induktiven Stabsensoren, verzahnten Polrädern, einer elektronischen Steuereinheit sowie Magnetregelventilen für Druckabbau, Druckaufbau und Druckhalten.
Eine Sicherheitsschaltung überprüft permanent die Anlage, d. h., Sensoren, Regelventile, Elektronik und Verkabelung. Sie signalisiert dem Fahrer gegebenenfalls auftretende Fehler durch rote Kontrollleuchten – je eine für Zug- und Anhängefahrzeug – und schaltet im Fehlerfalle die Anlage oder Teile der Anlage ab. Das konventionelle Bremssystem oder zumindest wesentliche Teile dieses Bremssystems bleiben dabei voll funktionsfähig.
Aus den vielen Schaltungsmöglichkeiten und Systemvarianten bei der Auslegung von Antiblockiersystemen hat sich für mittlere und schwere Nutzfahrzeuge das Vierkanal-Regelsystem mit „Modifizierter Individualregelung an der Vorderachse (MIR)" und „Individualregelung an der Hinterachse (IR)" als bester Kompromiss herausgestellt. Bei Fahrzeugen mit 3 Achsen werden z. B. die linken bzw. rechten Räder der 2. und 3. Achse jeweils durch ein Regelventil gemeinsam geregelt. Man spricht dann von einer „Folgeregelung (FR)". Möglichkeiten zur Ausrüstung von mehrachsigen Fahrzeugen mit den Regelphilosophien MIR, IR und FR zeigt Bild 8-27. Auf die Antriebsräder wirkende Dauerbremsanlagen werden vom ABS erfasst und entsprechend ihrer technischen Möglichkeiten in die Regelung einbezogen [11].
Das ABS arbeitet mit Verzögerungs-, Schlupf- und Beschleunigungssignalen, die durch die Sensoren an den Rädern gewonnen werden. Durch eine Verknüpfung dieser Regelsignale auf elektronischem Wege wird ein Regelverhalten mit hoher Güte bei allen Fahrbahnbedingungen (selbst auf nassem Eis mit Kraftschlussbeiwerten unter $k = 0{,}1$) erreicht. Der Arbeitsbereich der Regelung reicht von etwa Schrittgeschwindigkeit bis zur Höchstgeschwindigkeit des Fahrzeugs. Bei Blockierneigung eines Rades spricht die Regelung an und senkt durch schnelles elektrisches Ansteuern des jeweiligen Regelventils den vom Fahrer vorgegebene Bremsdruck auf einen niedrigeren Druck rasch ab, hält ihn und erhöht ihn wieder stufenweise. Dabei wird der Bremsdruck 3- bis 5mal pro Sekunde den Erfordernissen angepasst.

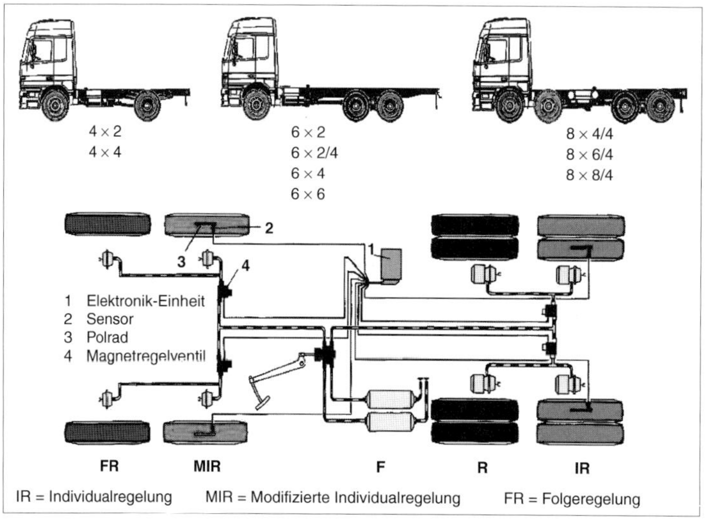

Bild 8-27 ABS – Schaltungsmöglichkeiten (Baukastenprinzip)

Besondere Beachtung verdient das Leistungsvermögen eines ABS auf sogenannten „μ-split -Fahrbahnen", d. h. bei großen Kraftschlussunterschieden zwischen rechten und linken Rädern. Hier kann durch eine modifizierte Individualregelung (MIR) an den Vorderrädern – d. h. Begrenzung der möglichen Bremskraftdifferenz zwischen linkem und rechtem Rad auf einen bestimmten Wert bei Beginn der Bremsung – und eine individuelle Regelung der Hinterräder (IR) ein Optimum zwischen maximaler Verzögerung, Lenkfähigkeit und Richtungsstabilität erreicht werden. Zusätzlich zum Geschwindigkeits- und Druckauf- sowie Druckabbauverhalten der Räder wird in Bild 8-28 auch die Wirkung der modifizierten Individualregelung (MIR) gezeigt.

Hier wird bis ca. 1 Sekunde nach Bremsbeginn an allen Rädern der Vorderachse nach dem Prinzip „Select Low" gearbeitet, d. h. es wird so getan, als ob beide Vorderräder auf kleinem Kraftschlussbeiwert bremsen. Dadurch wird dem Fahrer eine Reaktion gegenüber der entstehenden Lenkmomentdifferenz am Lenkrad ermöglicht. Nach ca. 1 Sekunde setzt die individuelle Regelung auch an der Vorderachse ein [12, 13].

8.4.2 Traktionsregelungen

Da die Übertragungskriterien für Tangentialkräfte zwischen Reifen und Fahrbahn nicht nur Bremskräfte, sondern auch Antriebskräfte betreffen, war die

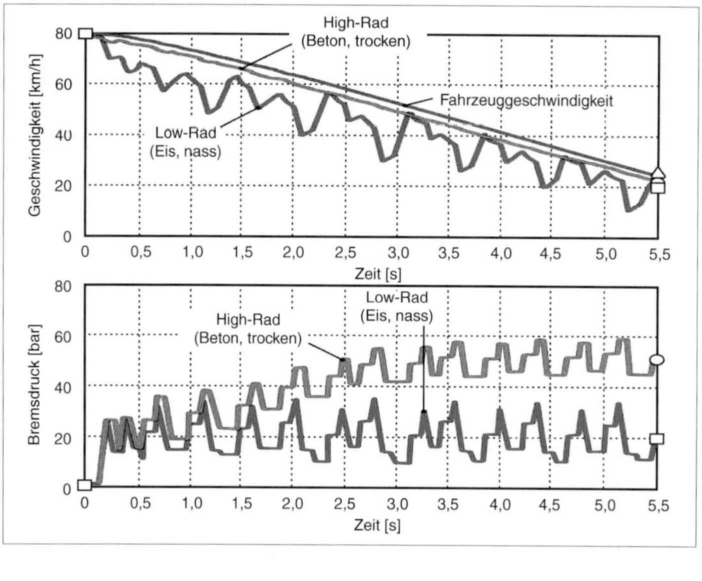

Bild 8-28 ABS-Regelungsphilosophie (MIR) am Beispiel der Vorderachsräder bei Bremsung auf μ-split-Fahrbahn

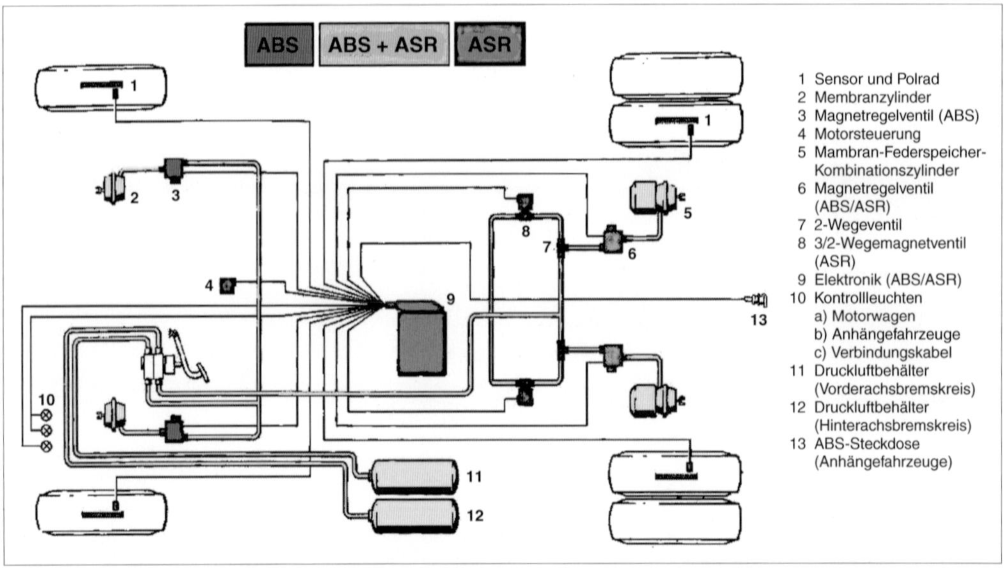

Bild 8-29 Antiblockiersystem (ABS) und Antriebsschlupfregelung (ASR) für ein konventionell gebremstes Nutzfahrzeug

Weiterentwicklung des ABS in Richtung Antriebsschlupfregelung (ASR) konsequent, da ein Großteil der ABS-Komponenten mit verwendet werden konnten (Bild 8-29).

Bei ASR-Betrieb gibt es zwei Regelungsmöglichkeiten: Motorregelung und Differentialbremsregelung.

Wenn beide Räder einer Achse durchdrehen, wird der Motor über die Steuerelektronik so geregelt, dass die durchdrehenden Räder wieder in niedrigen Schlupf kommen, um optimale Antriebskräfte übertragen zu können (Bild 8-30).

Die Wirkungsweise der Differentialbremsregelung zeigt Bild 8-31. Bei einseitig durchdrehendem Rad wird dieses Rad durch Bremsdruckaufbau wieder in den optimalen Antriebsschlupfbereich zurückgebracht.

8.5 Elektronisches Bremsenmanagement

Das Basisbremssystem besteht aus einer zweikreisig aufgebauten, ECE R13-konformen Betriebsbremsanlage, der eine elektronische Aktivierung der Bremskräfte überlagert ist. Den Radbremsen an Vorder- und Hinterachsen werden Druckregelkreise zugeordnet, mit denen die im Steuergerät ermittelten Drucksollwerte in reale Bremsdrücke umgesetzt werden. ABS und ASR sowie alle anderen Fahrerassistenzsysteme sind keine „Stand-alone-Systeme“ wie

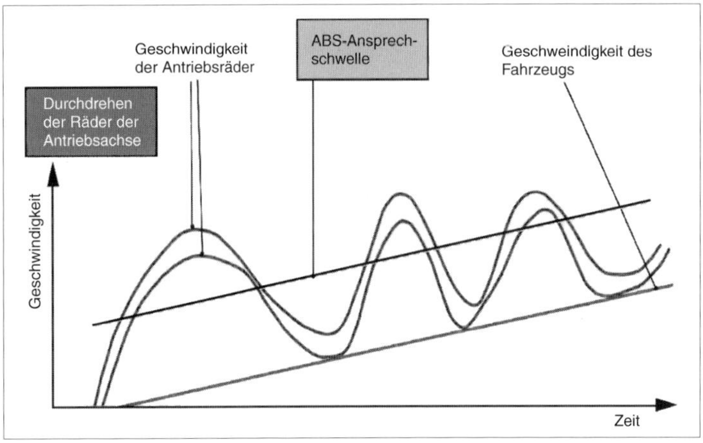

Bild 8-30 Antriebsschlupfregelung (ASR) – Motorregelung auf vereister Fahrbahn

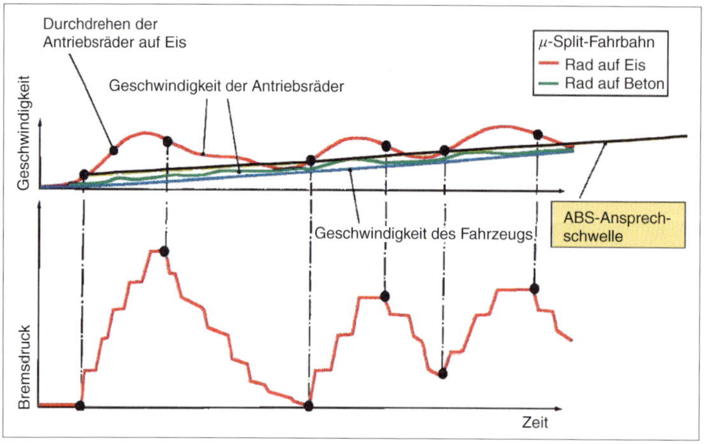

Bild 8-31 Antriebsschlupfregelung (ASR) – Differentialbremsregelung

bei konventionellen Bremsanlagen, sondern sind direkt in die Bremssystemlogik integriert. Mithilfe einer intelligenten Differenzschlupfregelung wird sichergestellt, dass immer die optimale Bremskraftverteilung für den jeweiligen Beladungszustand vorhanden ist. Dadurch können hohe Fahrstabilität, gute Lenkfähigkeit und hohe Verzögerungen sichergestellt werden. Durch das gegenüber der konventionellen Bremsanlage schnellere Ansprechen der Radbremsen sind Bremswegverkürzungen realisierbar.

Bild 8-32 zeigt beispielhaft die Konfiguration eines elektronischen Basisbremssystems in einem zweiachsigen LKW.

Gegenüber der konventionellen Betriebsbremsanlage werden das konventionelle Betriebsbremsventil, das automatisch-lastabhängige Bremskraftsteuerventil (ALB) und die Ventile des ABS und ASR durch die Komponenten des elektronischen Basisbremssystems ersetzt. Der Bremswunsch des Fahrers wird über das Bremspedal und einen elektrischen Bremswertgeber an die Elektronik übertragen. Die Raddrehzahlen werden durch die ABS-Sensoren erfasst.

Mithilfe der Differenzschlupfregelung werden über die elektronischen Drucksteuermodule die Bremsdrücke an den Radbremsen der Vorder- und Hinterachse(n) des Fahrzeugs – entsprechend der jeweiligen Fahrsituation – eingeregelt und dadurch eine optimale Bremskraftverteilung erreicht.

Nach Erkennen einer Überbremsungstendenz an einer Achse erfolgt eine Umverteilung der Bremsdrücke an Vorder- und Hinterachse(n), um die Differenzdrehzahlen der Räder an den einzelnen Achsen zu minimieren und den Kraftschluss zwischen Fahrzeug und Fahrbahn wieder optimal zu nutzen. Zur Erzielung einer guten Stufbarkeit der Bremswirkung ist eine Verzögerungsregelung im Gesamtsystem implementiert. Dadurch entspricht ein bestimmter Pedalweg immer einer bestimmten Verzögerung, unab-

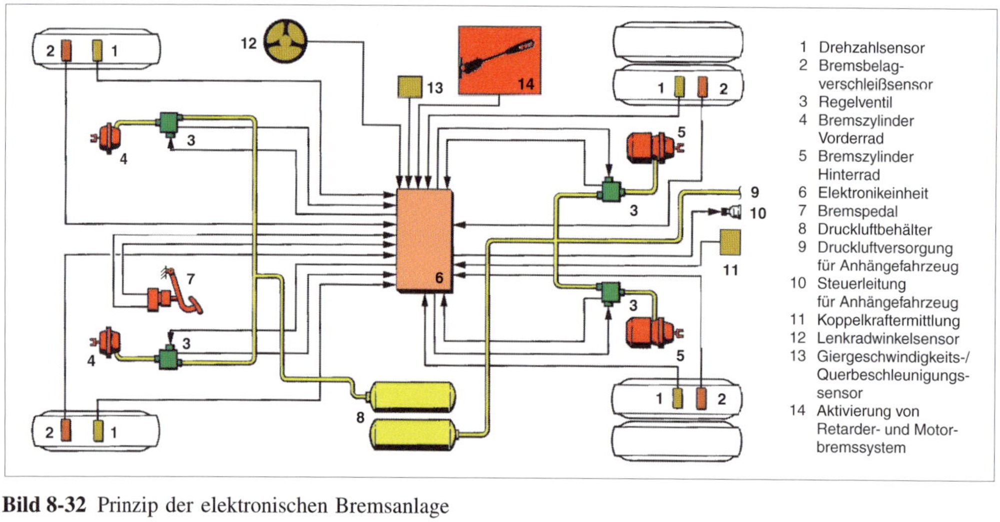

Bild 8-32 Prinzip der elektronischen Bremsanlage

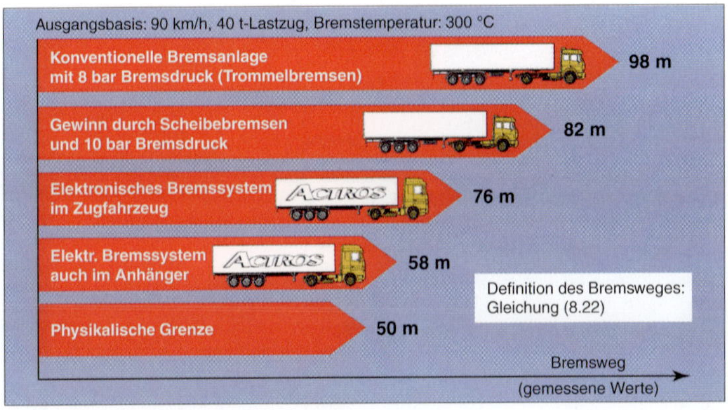

Bild 8-33 Optimierungsschritte zur Bremswegverkürzung

hängig von der Beladung oder der Fahrbahnneigung. Mit einem solchen Basisbremssystem können die Vorteile des elektronischen Bremsenmanagements durch die Implemention von Fahrerassistenzsystemen voll ausgeschöpft werden [14–16]:

- **schneller Bremsdruckaufbau,**
- **optimale, lastabhängige Bremskraftverteilung,**
- **Bremsbelag-Verschleißregelung,**
- **integrierte Motorbrems- und Retarderregelung**
- **Koppelkraftregelung zwischen Zug- und Anhängefahrzeug**
- **Anfahrhilfe am Berg**,
- **Bremsassistent** und
- **Stabilitätsregelung** mit Überschlagverhinderung.

Die Ende des letzten Jahrhunderts durchgeführte Entwicklungen zum Thema „Optimierung der Bremsdynamik von Nutzfahrzeugen", wie z. B. moderne Scheibenbremsen, höherer Arbeitsdruck des Betriebsbremssystems und umfangreiche elektronische Intelligenz hatten positiven Einfluss auf die Bremsfähigkeit einer Fahrzeugkombination (Bild 8-33).

8.5.1 Integration von Dauerbremsanlagen

Die zusätzlichen Bremskräfte an der Hinterachse verändern die installierte Bremskraftverteilung. Sie haben vor allem Einfluss auf die Bremsstabilität des Fahrzeugs bei Regen, Schnee und Eis.
Deswegen muss das Zusammenwirken von Dauerbremsanlagen und Betriebsbremsanlage vom elektronischen Bremsenmanagement überwacht und optimal geregelt werden. Gegebenenfalls nimmt das elektronische Basisbremssystem nur Anteile der Bremswirkung der Betriebsbremsanlage auf (sog. „Blending", Bild 8-34).

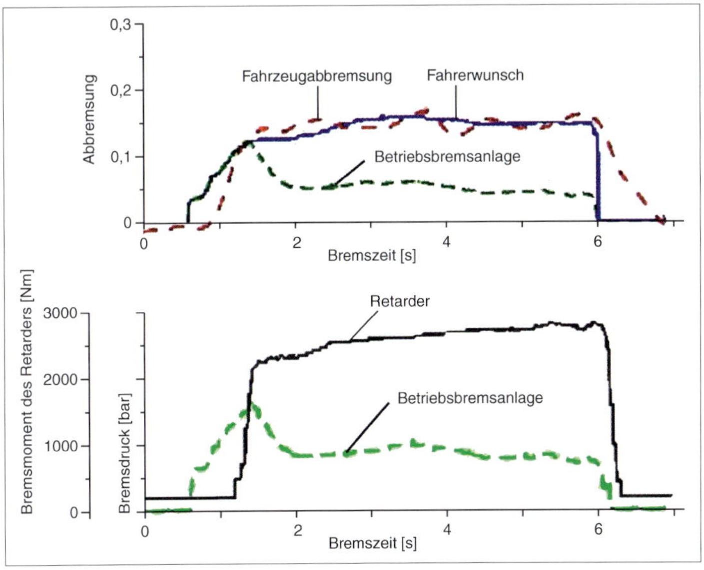

Bild 8-34 Integration von Dauerbremsanlagen in die Betriebsbremsanlage

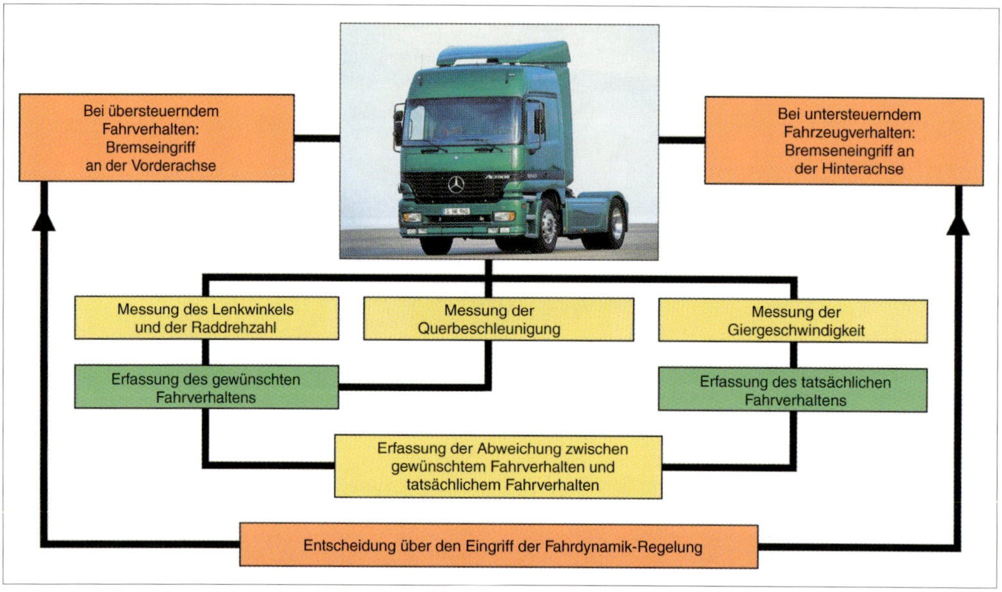

Bild 8-35 Stabilitätsregelung (oft auch Fahrdynamikregelung genannt)

8.5.2 Stabilitätsregelung mit integrierter Überschlagverhinderung

Die Stabilitätsregelung ist als ein Subsystem in das elektronische Basisbremssystem integriert. Zur Erfassung des gewünschten Fahrverhaltens durch den Fahrer werden Lenkradwinkel, Raddrehzahlen und Querbeschleunigung gemessen (Bild 8-35). Die Erfassung des tatsächlichen Fahrverhaltens erfolgt über die zusätzliche Messung der Giergeschwindigkeit. Abweichungen beim Quervergleich „Gewünschtes Fahrverhalten zu tatsächlichem Fahrverhalten“ haben einen sofortigen Eingriff der Stabilitätsregelung zur Folge. Bei untersteuerndem Fahrzeugverhalten ist ein Bremseneingriff an der Hinterachse notwendig, bei übersteuerndem Fahrverhalten ein Bremseneingriff an der Vorderachse.

Bild 8-36 zeigt diese Eingriffsmöglichkeiten der Bremsanlage an den Vorderachs- und Hinterachsbremsen. Das elektronische Basisbremssystem steuert nach Erfassung der momentanen Radlast die jeweils relevante Radbremse individuell an.

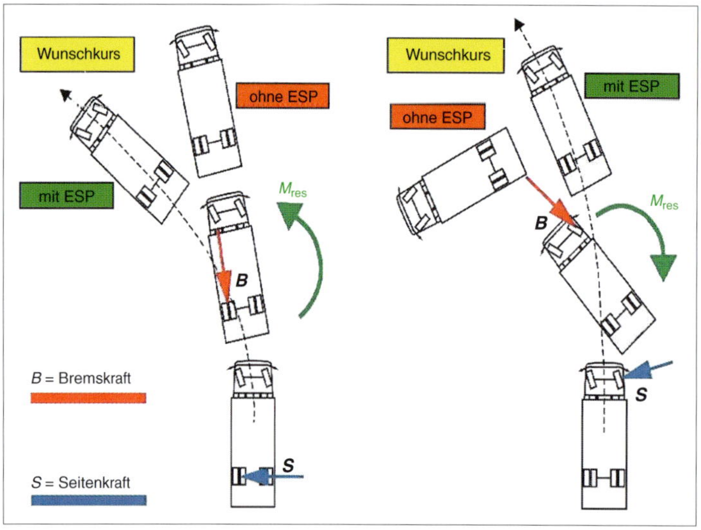

Bild 8-36 Wirkungsweise der Fahrdynamikregelung am Beispiel der „Kurvenfahrt“

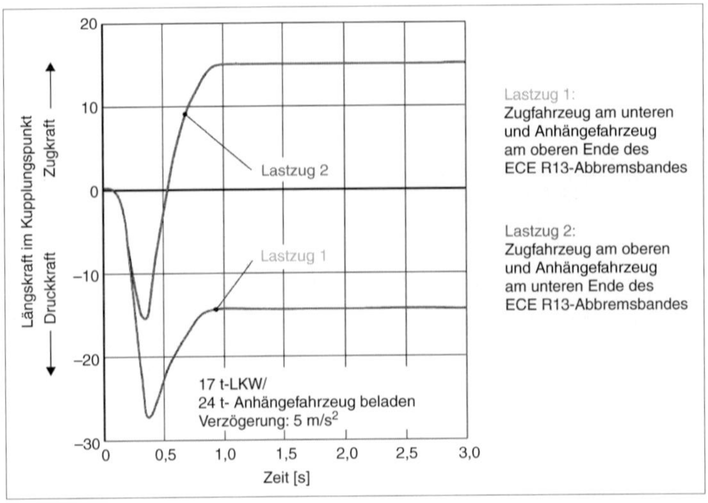

Bild 8-37 Zeitlicher Verlauf von Koppelkräften zwischen Zug- und Anhängefahrzeug

Eine weitere sicherheitsrelevante Leistung der Stabilitätsregelung ist die Vermeidung eines Kippvorganges in Kurven beim Fahren mit hoher Querbeschleunigung auf trockener Fahrbahn. Mithilfe des Subsystems „Roll-over-Protection" wird z. B. oberhalb einer bestimmten Querbeschleunigung jedes Rad durch einen entsprechenden kurzzeitigen Bremsdruckaufbau überprüft, ob es wegen Abhebens vom Boden in hohen Schlupf gerät. Ist dies so, dann wird durch sofortige Aktivierung des Bremssystems der Kippvorgang verhindert.

8.5.3 Optimierung der Kompatibilität zwischen Zug- und Anhängefahrzeug

Die Abstimmung der Bremswirkung der einzelnen Zugteile aufeinander, insbesondere bei häufig wechselnden Fahrzeugkombinationen, kann mit konventionellen Hilfsmitteln nicht zufriedenstellend gelöst werden. Bild 8-37 zeigt die inkompatiblen Kräfte zwischen Zug- und Anhängefahrzeug beim Bremsen. Um diese zu minimieren, wird mithilfe elektronischer Intelligenz Kompatibilität durch eine richtige Abstimmung der Bremskräfte zwischen Zug- und Anhängefahrzeug erreicht, indem eine angemessene Beteiligung des Anhängefahrzeugs an der Bremsarbeit des Zugs sichergestellt wird. Soweit die durch die Gesetzgebung definierten Grenzen dies erlauben, werden Koppelkräfte zwischen Zug- und Anhängefahrzeugen entweder mithilfe einer intelligenten Anhängefahrzeugsteuerung oder mit einer in die elektronische Basisbremsanlage integrierten Kompatibilitätsregelung eliminiert oder zumindest so geregelt, dass eine negative Beeinflussung der Stabilität des Zuges ausgeschlossen werden kann. Der Bremsdruck wird im Anhängefahrzeug entsprechend nachgeführt (Bild 8-38), ohne jedoch die gesetzlich festgelegten Grenzen zu verletzen [17].

8.5.4 Bremsassistent

Das elektronische Basisbremssystem bietet den Vorteil, dass ein sogenannter „Bremsassistent", der ein eventuelles Fahrerfehlverhalten im Fall einer notwendigen Vollbremsung kompensiert, durch reine Software-Integration dargestellt werden kann. Die Erkennung der Situation „Panikbremsung" erfolgt durch Sensierung der Bremspedal-Betätigungsgeschwindigkeit. Die notwendige schnelle Bremsdruckerhöhung erfolgt durch Aktivierung des maximalen Speicherdrucks (Bild 8-39). Der Fahrer kann durch Rücknahme des Bremspedals die Dauer des Bremsassistent-Einsatzes selbst bestimmen.

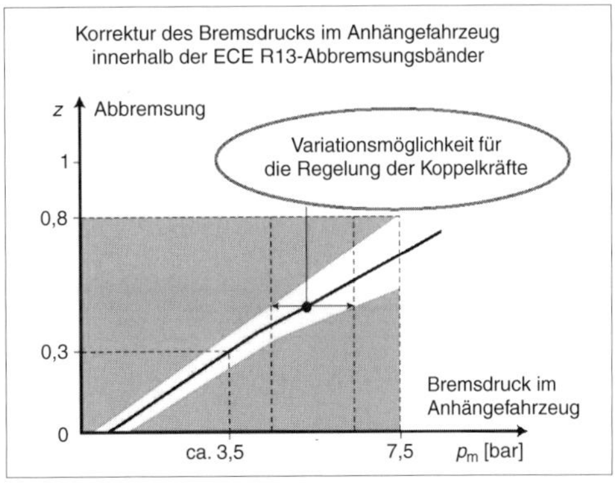

Bild 8-38 Koppelkraftregelung zwischen Zug- und Anhängefahrzeug

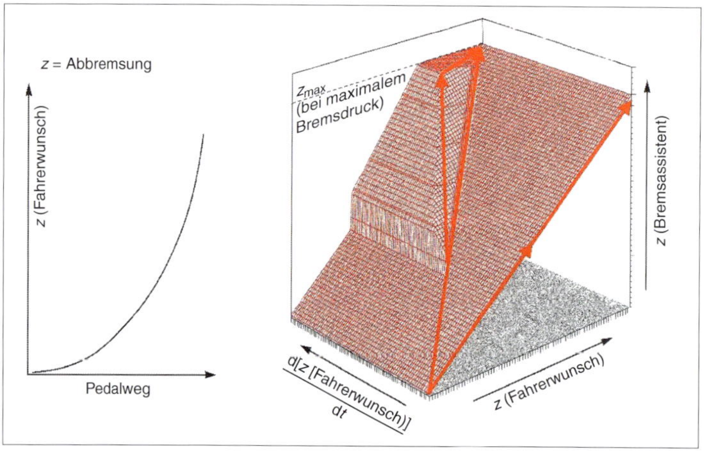

Bild 8-39 Arbeitsprinzip des Bremsassistent

8.5.5 Rückrollsperre

Die Zielsetzung einer Rückrollsperre ist die Entlastung des ungeübten Fahrers beim Anfahren am Berg. Dabei werden die Radbremsen der Hinterachse durch „Einsperren eines entsprechenden Bremsdrucks“ über die ABS-Ventile aktiviert. Der Abbau des Bremsdrucks wird durch den Einkuppelvorgang ausgelöst. Der Komfort bei der Aktivierung des Systems kann mithilfe einer vorhandenen Neigungs-, sowie Vorwärts- und Rückwärtsgangerkennung durch entsprechend gestuften Bremsdruckabbau noch erheblich verbessert werden.

8.5.6 Bremsbelagverschleißregelung

Es wird ein gleichmäßiger Bremsbelagverschleiß an allen Achsen erreicht, indem man bei kleinen Abbremsungen nur die Radbremsen aktiviert, die noch die größte Bremsbelagreserve haben. Muss eine Vollbremsung eingeleitet werden, dann werden wieder alle Räder gleichmäßig gebremst. Durch diese Bremsbelagverschleißregelung ist es möglich – unter Beibehaltung aller aktiven Sicherheitsaspekte – die Servicekosten des Fahrzeugs zu minimieren.

Bild 8-40 zeigt die Harmonisierung des Bremsbelagverschleißes im Zugfahrzeug bei konventionell gebremstem Anhängefahrzeug. Wenn das Anhängefahrzeug auch mit einer elektronischen Bremsanlage ausgerüstet ist, ist nochmals eine Steigerung der Gesamtwirtschaftlichkeit möglich. Dadurch ergeben sich gleiche Service- und Belagwechselzeitpunkte für den gesamten Zug.

Die elektronische Bremsanlage gibt dem Fahrer zusätzlich die Möglichkeit, permanent über den Zustand der Bremsanlage und der Radbremsen informiert zu sein.

8.5.7 Abstandsregeltempomat

Mithilfe eines Radarsensors, der den Abstand und die Geschwindigkeit des vorausfahrenden Fahrzeugs bestimmt, kann ein vom Fahrer eingestellter Abstand mithilfe einer entsprechenden Regelalgorithmik konstant eingehalten werden.

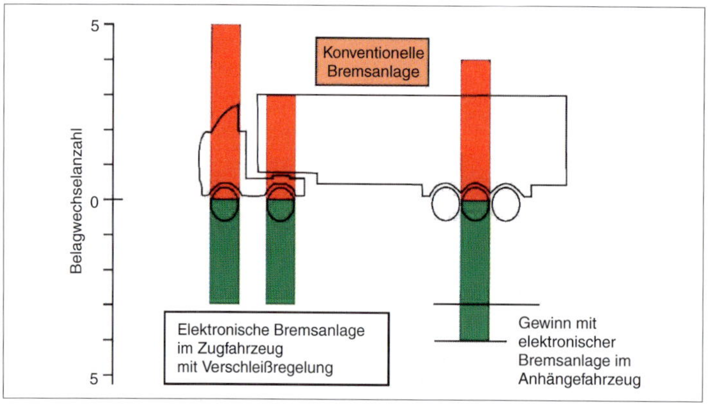

Bild 8-40 Harmonisierung des Bremsbelagverschleißes

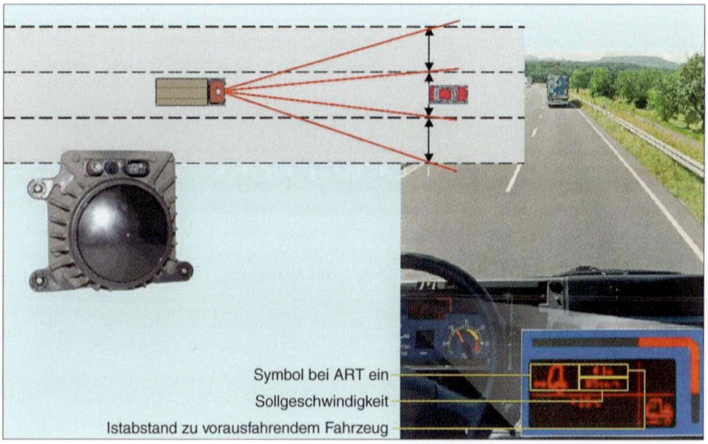

Bild 8-41 Abstandsregeltempomat ART

Wird aus irgendeinem Grunde der Abstand zu gering, dann greift die Elektronik in die Geschwindigkeitsregelung ein, indem sie entweder in die Motorbremsregelung, den Retarder oder gegebenenfalls auch die Betriebsbremsanlage für kleinere Abbremsungen aktiviert. Bei eventuell notwendigen höheren Verzögerungen wird der Fahrer aufgefordert, das Bremssystem entsprechend zu betätigen. Der gesetzlich geforderte Abstand, der für NFZ bei bestimmten Fahrsituationen mit 50 m vorgeschrieben ist, kann eingehalten werden, ohne dass der Fahrer permanent korrigieren muss.

Der „Abstandsregeltempomat" benutzt die Beschleunigung, die Geschwindigkeit, den Abstand, sowie das Dauerbremsmoment und den Bremsdruck als Regelungsbasis. Der Radarsensor arbeitet im Bereich von ca. 77 Giga Hz und beeinflusst über die elektronische Regelung Antriebstrang und Bremsanlage. Das Radarmodul sendet alle 20–60 ms 3 Radarsignale mit einem Austrittswinkel von ca. jeweils 3° ab und erfasst mobile Objekte und stationäre Hindernisse in einer Entfernung bis ca. 120 m (Bild 8-41).

Der Abstandsregeltempomat arbeitet im Geschwindigkeitsbereich von 35 bis ca. 120 km/h. Schlechte Witterung beeinflusst die Funktion nicht.

8.5.8 Systeme zur automatischen Fahrzeugführung

Systeme zur automatischen Fahrzeugführung werden derzeit in mehreren Stufen entwickelt. Mithilfe von Videobildern wird ein Autopilot angesteuert, der Fahrzeuge, Fahrbahnmarkierungen und Verkehrszeichen erkennen kann (Bild 8-42). Dabei entlasten die Subsysteme „Fahrspureinhaltung", „Abstandsregeltempomat", „Einschlafwarner" und „Stop-and-go-Automatisierung" den Fahrer im täglichen Betrieb erheblich [18].

Eine weitere Einsatzmöglichkeit der automatischen Fahrzeugführung ist die sogenannte „Elektronische Deichsel" (Platooning), bei der zwei oder mehrere Nutzfahrzeuge hintereinander in Kolonne elektronisch miteinander verbunden mit einem einzigen Fahrer fahren. Hier erlaubt ein aktives Bildverarbei-

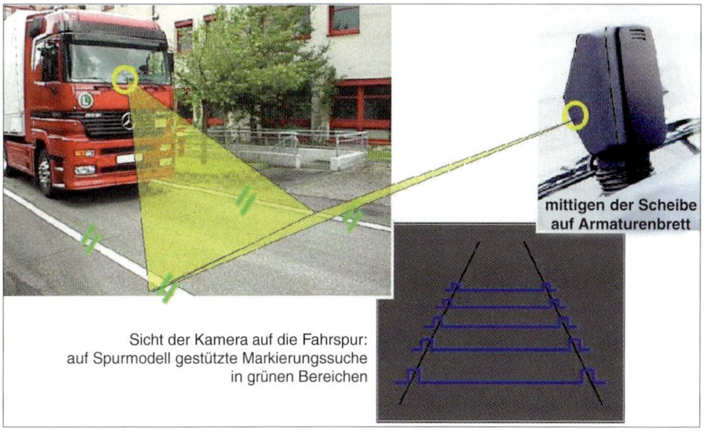

Bild 8-42 Fahrspureinhaltung

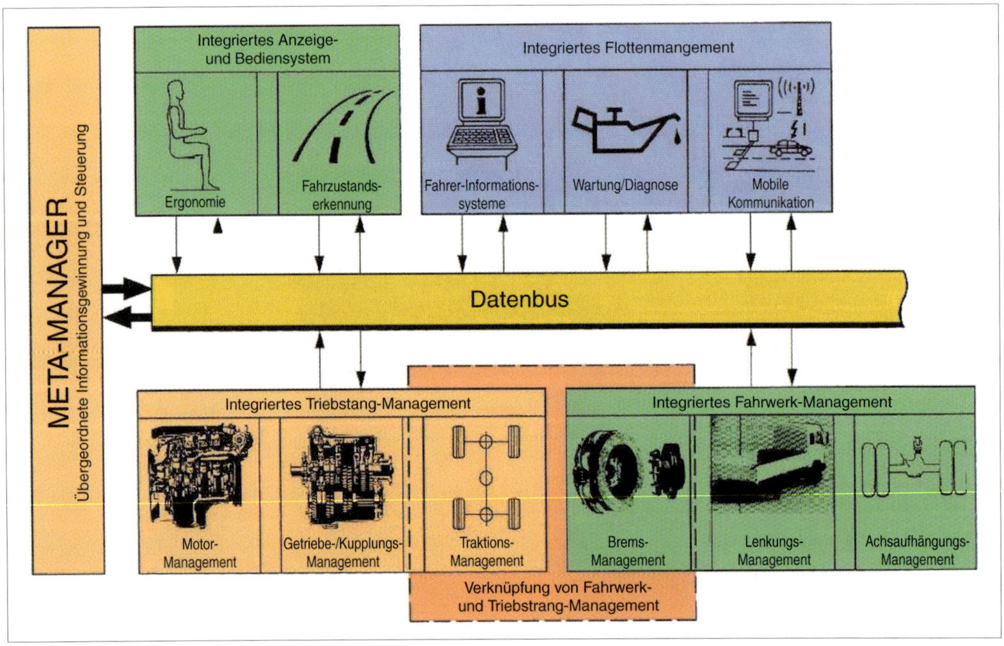

Bild 8-43 Elektronische Fahrzeug-Systemvernetzung

tungssystem, selbst kleinste Abstands- und Richtungsänderungen zu erkennen und entsprechend zu reagieren. Der Zugriff auf Lenkung und Bremsanlage wird elektronisch sichergestellt (z. B. mit Steer- und Brake-by-Wire-Systemen). Ein zusätzlicher Vorteil dieses Systems ist – neben dem platzsparenden Fahren – eine Verringerung des Luftwiderstandes der Zugformationen und damit eine Verringerung des Kraftstoffverbrauchs.

8.6 Systemintegration und elektronische Vernetzung

In zukünftigen Fahrzeuggenerationen werden alle elektronischen Systeme untereinander vernetzt sein. Basis für eine solche Vernetzung ist ein leistungsfähiges und sicherheitsrelevantes Rechner-Kommunikationssystem, das alle Fahrzeugsysteme intelligent überwacht.

Dieses Netzwerk muss mit standardisierter Systemarchitektur arbeiten und muss eine störungsfreie Übertragung von sicherheitsrelevanten Informationen bezüglich Bremsen, Lenkung, Fahrwerk und Triebstrang sicherstellen. Die Vernetzung der Systeme erfolgt über Highspeed- und Lowspeed-CAN-Busse. Die korrekte Zusammenarbeit der Einzelsysteme untereinander wird von einem Mastersystem überwacht. Dieses Mastersystem regelt die einzelnen Subsysteme mit hoher künstlicher Intelligenz (Bild 8-43).

8.7 Zusammenfassende Betrachtung von X-by-wire-Systemen

Die Entwicklung der elektronischen Intelligenz und die immer intensivere Kenntnis der fahrdynamischen Zusammenhänge erlauben es bereits heute, intelligente Fahrzeugsysteme zu konzipieren und in die Serie einzuführen, die die aktive Sicherheit von Nutzfahrzeugen deutlich steigern können. Durch die Hinzunahme weiterer Subsysteme, die als Software-Packages dem elektronischen Basisbremssystem zugeschaltet werden, ergeben sich immer mehr Möglichkeiten, Assistenzsysteme einzuführen, die den Fahrer in kritischen Situationen helfen und ihn entlasten.

Die Einführung vernetzter elektronischer Systeme mit hoher künstlicher Intelligenz wird in Zukunft die Arbeit des Fahrers erheblich erleichtern und ihm mehr Möglichkeiten für die Beobachtung des Umfelds eröffnen. Der Fahrer wird von allen Aufgaben, die ihn ablenken oder stark belasten können, entlastet. Dadurch wird die aktive Sicherheit von Nutzfahrzeugen in hohem Maße gesteigert.

Literatur

[1] *von Glasner, E. C.:* Beitrag zur Auslegung von Kraftfahrzeugbremsanlagen, – Dissertation, Universität Stuttgart, 1973

[2] *Göhring, E.; von Glasner, E. C.; Pflug, H. C.:* Contribution to the Force-Transmission Behavior of Commercial Vehicle Tires, SAE-Paper Nr. 912692

[3] *Burckhardt, M.; von Glasner, E. C.:* Evaluation of the Braking Performance of Passenger Cars with Fixed and „Kinked“ Braking-Force Distribution, (IMechE-Konferenz, Loughborough, 1976)

[4] *von Glasner, E. C.; Povel, R.; Wüst, K.:* Influence of the Braking Force Distributionon the Directional Stability of Commercial Vehicles, Truck and Commercial Vehicle International, 1996

[5] *Burg, H.; von Glasner, E. C.:* Kennwertschwankungen in Bremsen und ihr Einfluss auf die Bremskraftverteilung, (JUMV-Konferenz, Bled, 1979)

[6] *von Glasner, E. C.:* Einbeziehung von Prüfstandsergebnissen in die Simulation des Fahrverhaltens von Nutzfahrzeugen, – Habilitation, Universität Stuttgart, 1987

[7] *von Glasner, E. C.:* Consequences for Two-Wheel Dual Braking Systems due to Intensification on Safety Regulations in USA, (SAE-Congress, Detroit, 1972)

[8] *Todorovic, J.; von Glasner, E. C.:* Evaluation of the Efficiency of Heavy-Duty Drum Brakes and their Influence on the Braking Performance, (FISITA, Belgrad, 1986)

[9] *Martens, E.; von Glasner, E. C.; Quinger, C.:* Drum Brakes/Disc Brakes – A Comparison, (JUMV-Konferenz, Belgrad, 1989)

[10] *von Glasner, E. C.:* Continuous Braking Systems and their Influence on the Braking Behaviour of Commercial Vehicles, (IMechE-Konferenz, London, 1993)

[11] *Göhring E.; von Glasner, E. C.; Bremer, C.:* The Impact of Different ABS-Philosophies on the Directional Behavior of Commercial Vehicles, SAE-Paper Nr. 892500

[12] *Essers, U.; von Glasner, E. C.:* The Braking Performance of Commercial Vehicles while Cornering with and without an Anti-Lock System, SAE-Paper Nr. 88 1823

[13] *Göhring, E.; von Glasner, E. C.:* Tractor/Semitrailer Anti-Lock Performance and Compatibility as seen by the Commercial Vehicle Manufacturer, (IMechE-Konferenz, London, 1985)

[14] *Göhring, E.; von Glasner, E. C.:* Fundamental Remarks on the Present Status and on further Development of Braking Systems of Modern European Commercial Vehicles, JSAE-Paper Nr. 911011

[15] *Povel, R.; von Glasner, E. C.; Wüst, K.:* Electronic Systems Designed to Improve the Active Safety of Commercial Vehicles, (SAE do Brazil-Konferenz, São Paulo, 1998)

[16] *Povel, R.; von Glasner, E. C.:* Advanced Control Systems for Commercial Vehicles, (AVEC'98, Nagoya, 1998)

[17] *Pflug, H. C.; von Glasner, E. C.; Povel, R.; Wüst, K.:* The Compatibility of Tractor/Trailer-Combinations during Braking Maneuvers, SAE-Paper Nr. 97 32 82

[18] *von Glasner, E. C.:* Intelligent Braking System Management for Commercial Vehicles, Konferenz Braking 2002, Leeds, 2002

9 Nutzfahrzeugbremsen

In Westeuropa hat die Druckluft betätigte Scheibenbremse in schweren Lkw und Omnibussen die Trommenbremse weitgehend verdrängt. Auch bei Anhängefahrzeugen besteht eine zunehmende Tendenz zur Anwendung der Scheibenbremse. Für spezielle Anwendungen im Lkw und in Anhängefahrzeugen werden noch S-Nocken-Trommelbremsen benutzt. Andere Trommenbremsbauarten wie die Spreizkeil-betätigten Simplex- und Duplex-Bremsen kommen bei Neufahrzeugen nur noch in geringem Umfang zur Anwendung, (Bild 9-1).

9.1 Bauarten von druckluftbetätigten NfZ-Bremsen

9.1.1 Trommelbremsen

Trommelbremsen weisen je nach Bauart eine unterschiedlich starke Selbstverstärkung auf, die im Bremsenkennwert C^* zum Ausdruck kommt. Der Bremsenkennwert gibt das Verhältnis von Bremskraft zu Spannkraft der Bremse an und er wird durch den Reibbeiwert und die innere Übersetzung der Bremse bestimmt, siehe auch Kap. 7.6.1.5 (bzw. 6.1.2). Da der Reibbeiwert mit Geschwindigkeit, Bremskraft und Bremsentemperatur veränderlich ist, werden auch diese Streuungen bei selbstverstärkenden Bremsen zusätzlich verstärkt. Dies ist ein prinzipieller Nachteil der Trommelbremsen.
Die automatische Verschleißnachstellung wird bei S-Nocken-Trommelbremsen durch den in den Bremshebel integrierten Gestängesteller bewirkt. Bei Spreizkeilbremsen ist die Nachstellervorrichtung im Spreizkeilmechanismus enthalten.

9.1.2 Scheibenbremsen

Typische Bauarten von Nfz-Scheibenbremsen zeigen die (Bilder 9-2 und 9-3).
Diese Bauarten fanden Anwendung in schweren Lkw und Omnibussen sowie Sonderfahrzeugen und wurden in den letzten Jahren weitgehend abgelöst durch die in (Bild 9-4) dargestellte Bauart mit innen liegendem Bremshebel, integrierter Nachstellvorrichtung und direkt angebautem Bremszylinder.
Druckluftbetätigte Scheibenbremsen weisen gegenüber Trommelbremsen eine Reihe prinzipbedingter Vorteile auf, welche zu ihrer verbreiteten Anwendung geführt haben, nachdem bei neueren Entwicklungen auch die Herstellkosten und Verschleißlebensdauer derjenigen von Trommelbremsen zumindest ebenbürtig sind.

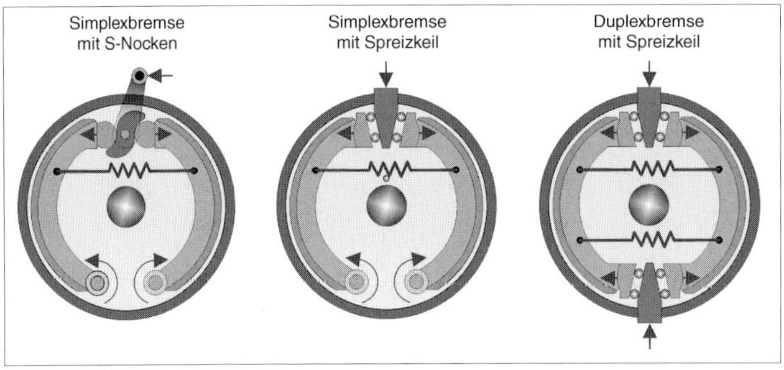

Bild 9-1 Beispiele für Trommelbremsen-Bauarten

Bild 9-2 Hydraulisch betätigte Scheibenbremse in Schwenksattel- und Festsattelbauart Betätigung über Druckluft-Vorspannzylinder

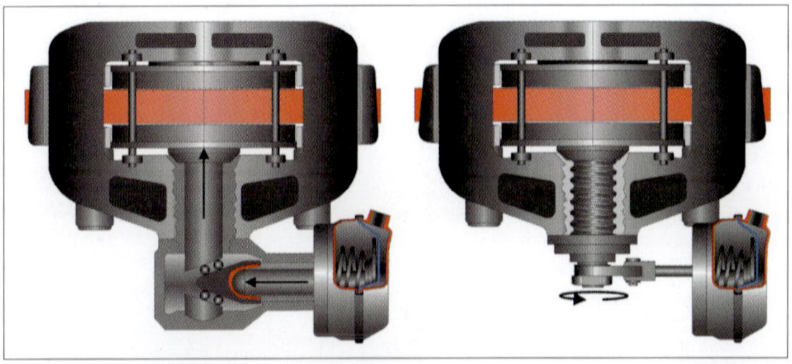

Bild 9-3 Druckluft-betätigte Spreizkeil-Scheibenbremse und Scheibenbremse mit Drehbetätigung und außen liegendem Bremshebel. Bei der letzteren Bauart kann als Kraftübersetzungsmechanismus eine Spindel in Kombination mit einem Gestängesteller angewendet werden oder ein Kugel-Rampen-System mit integriertem Nachstellmechanismus

Vorteile der druckluftbetätigten Scheibenbremse:

- *Geringe Selbstverstärkung*
  geringe Verstärkung von Reibwertunterschieden
- *Geringes Fading*
  Auch bei Erwärmung und radialer Ausdehnung der Bremsscheibe bleibt der ebene Kontakt in den Reibflächen erhalten
- *Hohe thermische Belastbarkeit*
  Innenbelüftete Bremsscheiben verfügen über eine effiziente Wärmeabfuhr. Es können hohe Dauerbremsleistungen erbracht werden.
- *Gute Abstufbarkeit*
  Der hohe Wirkungsgrad des Betätigungsmechanismus vermeidet Hystereseerscheinungen, wodurch eine sensible Wirkung der Bremse erzielt werden kann.
- *Servicefreundlichkeit*
  Im Vergleich zu Trommelbremsen erfordern Scheibenbremsen nur einen Bruchteil der Servicezeit zum Bremsbelagwechsel.

Nachteile der druckluftbetätigten Scheibenbremse:

- Infolge der Kompaktbauweise mit integriertem Bremszylinder ist im Vergleich zu S-Nocken-Trommelbremsen eine geringere Einbauflexibilität gegeben.

9.2 Aufbau und Wirkungsweise der druckluftbetätigten Schiebesattel-Scheibenbremse

Der Aufbau und die Wirkungsweise werden nachfolgend anhand einer typischen Bauart mit innenliegender Hebelübersetzung und koaxial angebautem Bremszylinder beschrieben (Bild 9-4).

9.2.1 Betätigungssystem

Das Betätigungssystem besteht aus dem direkt an die Bremse angeschraubten Bremszylinder sowie den im Inneren der Bremse angeordneten Bremshebel und Druckkolben. Der Bremshebel dient zur Verstärkung der vom Bremszylinder erzeugten Betätigungskraft. Die üblichen Übersetzungsverhältnisse liegen im Bereich von 10:1 bis 18:1. Zur Vermeidung von Reibungsverlusten und Hystereseerscheinungen ist der Bremshebel an der Rückwand des Bremssattels mit Wälzlagern abgestützt.

9.2.1.1 Betriebsbremse

Bei Belüften des Bremszylinders (16) wird durch dessen Kolbenstange der exzentrisch gelagerte Hebel (6) betätigt. Die Bremszylinderkraft wird entsprechend der Hebelübersetzung auf die Kolbenkraft verstärkt und über die Brücke (7) und die eingeschraubten Gewindespindeln mit Stempel (9) auf den Bremsbelag (4) übertragen. Dabei stützt sich der Bremsbelag (4) an der Bremsscheibe (3) ab.
Die jetzt am Bremssattel entstehende Reaktionskraft wird auf den gegenüberliegenden Bremsbelag 4′ übertragen, so dass dieser mit gleicher Kraftwirkung an die Bremsscheibe angepresst wird. Die erzeugte Bremsbetätigungskraft ist abhängig von dem am

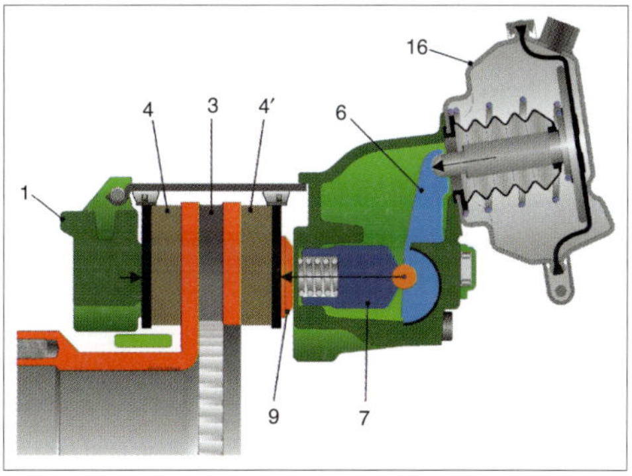

Bild 9-4 Wirkungsweise Betriebsbremse

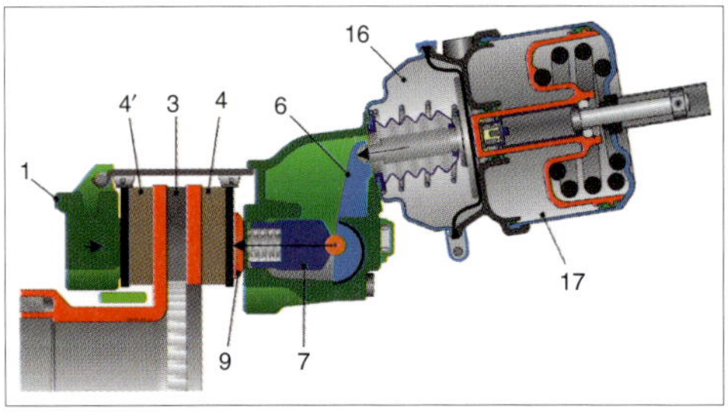

Bild 9-5 Wirkungsweise Feststellbremse

Bremszylinder (16) eingesteuerten Bremsdruck, von der Bremszylindergröße und vom Übersetzungsverhältnis am Bremshebel (6).

9.2.1.2 Feststell- und Hilfsbremse

Beim Entlüften des Federspeicher-Zylinders (17) (Bild 9-5), wird die Kraft der Vorspannfeder freigegeben und diese bewegt über den Federspeicherkolben den Kolben und Stößel des Betriebsbremszylinders (16) zur Betätigung des Bremshebels (6).
Zur Feststellbremsbetätigung wird der Druck im Federspeicherzylinder vollständig abgebaut und damit auch die Kraft der Vorspannfeder zur Erzielung einer maximalen Bremswirkung vollständig freigegeben.
Im Falle der Hilfsbremse kann der Federspeicherzylinder über das Handbremsventil abgestuft entlüftet werden, so dass die Kraft der Vorspannfeder nur zur Erzielung der gewünschten Bremswirkung freigegeben wird.

9.2.2 Automatisches Verschleißnachstellsystem

Druckluftbetätigte Scheibenbremsen sind üblicherweise mit integrierten automatischen Verschleißnachstellsystemen ausgerüstet, (Bild 9-6). Trotz unterschiedlicher Bauarten ist die grundsätzliche Wirkungsweise der marktüblichen Nachstellvorrichtungen gleich. Ein Nachstellvorgang erfolgt nur beim Betätigen der Bremse im Bereich des Leerhubes derselben. Sobald die Gewindespindeln (9) über die Stempel eine Betätigungskraft auf den Bremsbelag (4) übertragen wird jede Nachstellbewegung gestoppt. Die Nachstellung ist von der Bremskraft und dem Betätigungsweg des Bremszylinders unabhängig.
Der Betrag des Lüftspieles wird dadurch bestimmt, dass bei Beginn jeder Bremsbetätigung ein vorgegebener Bremshebelweg ausgeführt wird ohne dass dabei ein Antrieb der Nachstellvorrichtung erfolgt. Das Nachsteller-Antriebselement des Bremshebels wirkt erst nach diesem vorgegebenen Leerweg antreibend auf die Nachstellvorrichtung ein. Der während dieses Leerweges ausgeführte Kolbenhub wird als das

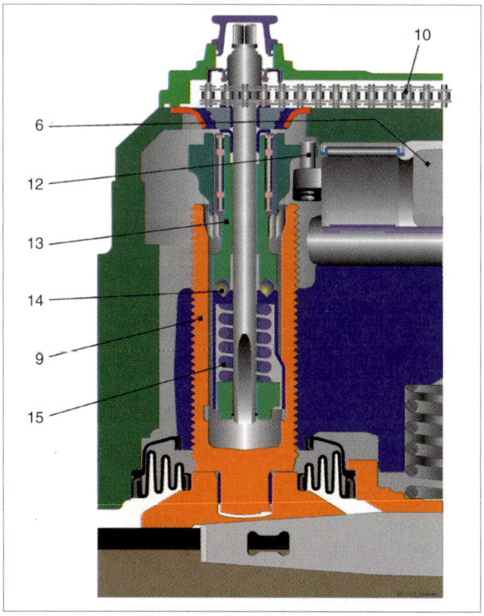

Bild 9-6 automatischer Verschleißnachsteller (siehe auch Bild 9-8 Gesamtschnitt der Bremse)

„konstruktive Lüftspiel" bezeichnet und ist durch exakte geometrische Größen im Nachsteller-Antriebsmechanismus vorgegeben.
Die automatische Nachstellvorrichtung selbst besteht im Wesentlichen aus zwei Kupplungssystemen:
Einer Einwegkupplung (Freilauf) welche üblicherweise direkt vom Schwenkhub des Hebels angetrieben wird und diese Antriebs-Drehbewegung im Betätigungshub der Bremse über ihre einsinnige Sperrwirkung auf eine Drehachse überträgt.
Beim Rückhub der Bremse ist die Sperrwirkung des Freilaufes aufgehoben und es erfolgt keine Bewegungsübertragung.
Einer Überlastkupplung, welche in der Drehachse des Freilaufes diesem nachgeschaltet angeordnet ist und die vom Freilauf weitergeleitete Drehbewegung nur bis zu einem vorgegebenen Grenzdrehmoment auf die Gewindespindeln überträgt. Die Wirkungsweise der Nachstellvorrichtung wird nachfolgend anhand einer typischen, ausgeführten Konstruktion erläutert (Bild 9-6).
Der automatische Verschleißnachsteller befindet sich in einer der beiden, mit der Synchronisationskette (10) verbundenen rohrförmigen Gewindespindeln (9). Bei jeder Bremsung wird vom Hebel (6) über die Schaltgabel (12) eine Antriebs-Drehbewegung auf die Nachstellvorrichtung ausgeübt. Die hier erzeugte Drehbewegung wird auf die Innenhülse (13) des Freilaufs und über die Kugelrampenkupplung (14) auf die Gewindespindeln (9) übertragen. Durch Verdrehen dieser Spindeln wird ein zu großes

Wir machen die Zukunft sicherer.
Auf dem höchsten Stand der technischen Entwicklung unserer pneumatisch zugespannten Scheibenbremse bieten wir Ihnen:
• volle Leistungsfähigkeit unter hoher thermischer Belastung
• kompakte Bauform für alle Achsen vorn und hinten – 17,5" – 19,5" – 22,5"
• gleichmäßige Bremsleistung bei höchstem Wirkungsgrad
• höhere Belagstandzeiten u. a. durch gleichmäßiges Verschleißverhalten
• automatische Verschleißnachstellung
• Verschleißanzeige durch integrierten Sensor
• servicefreundlich
KNORR-BREMSE
Systeme für Nutzfahrzeuge GmbH
Moosacher Straße 80 • 80809 München • Deutschland
Telefon: +49 89 3547-0 • Telefax: +49 89 3547-2767
www.knorr-bremse.com • www.knorr-bremsesfn.com
F-LI-3131-DE 07.2003

Lüftspiel verringert. Bei korrektem Lüftspiel werden die Gewindespindeln bereits mit Zuspannkraft beaufschlagt bevor ein Verdrehen über die Schaltgabel (12) erfolgt. Die durch den Hebel (6) an der Innenhülse des Freilaufs (13) erzeugte Drehbewegung wird nun durch die Kugelrampen-Überlastkupplung aufgenommen. Bei der hier dargestellten zweistempeligen Bremsenbauart wird durch die Kette (10) eine synchrone Nachstellung beider Gewindespindeln und damit ein gleichmäßiger Belagverschleiß bewirkt.

9.2.3 Nachstellverhalten

Eine Nachstellbewegung erfolgt nur im Leerhub der Bremse und erst wenn der Hebel einen dem konstruktiven Lüftspiel entsprechenden Schwenkhub ausgeführt hat. D. h. bei jeder Betätigung der Bremse wird eine Nachstellbewegung ausgeführt, die dem Differenzbetrag Leerhub – konstruktives Lüftspiel proportional ist. Dieser Differenzbetrag wird als Überhub bezeichnet.

$$h_N = f_N(H_L - L)$$

h_N = ausgeführter Nachstellweg
f_N = Nachstellfaktor der Bremse
H_L = Leerhub der Bremse
L = konstruktives Lüftspiel
= Sollwert des Lüftspieles
$(H_L - L)$ = Überhub

Bei marktüblichen Scheibenbremsen liegt dieser Nachstellfaktor zwischen 0,12 und 0,2. Sein Betrag ist ein Maß für die Geschwindigkeit, mit der ein vergrößertes Lüftspiel korrigiert werden kann und damit ein wichtiges Qualitätsmerkmal der Bremse.

9.2.4 Bedeutung des Lüftspieles

Um ein ständiges Schleifen der Bremse bei freier Fahrt zu vermeiden ist ein Mindestabstand zwischen

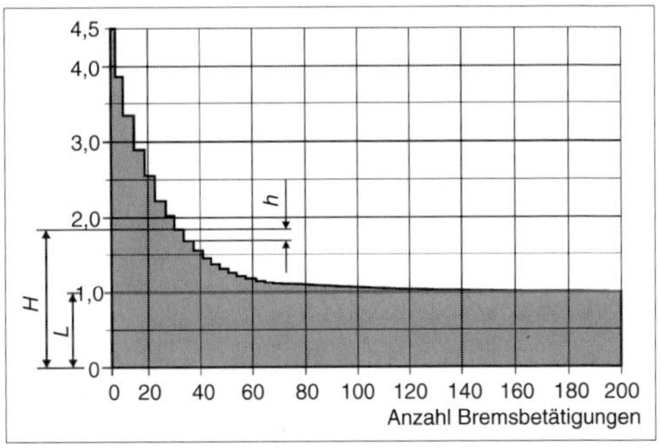

Bild 9-7 zeigt einen Messschrieb des Nachstellverhaltens einer druckluftbetätigten Scheibenbremse. Der Nachstellfaktor dieser Bremse beträgt 0,2 mm/mm Überhub

den Reibflächen von Bremsbelag und Bremsscheibe erforderlich. Dieses Lüftspiel muss so groß bemessen sein, dass auch ein leichter Taumelschlag der Bremsscheibe nicht zu ungleicher Abnutzung derselben mit der möglichen Folge von Bremsmomentschwankungen führen kann. Insbesondere muss das Lüftspiel jedoch so groß bemessen sein, dass ein als Folge der Erwärmung der Bremse auftretendes Dickenwachstum von Bremsscheibe und Bremsbelägen nicht zu einem vollständigen Verzehr des Lüftspieles führen kann. Da die Gewindespindeln des mechanischen Verschleißnachstellsystems nicht wie die Betätigungskolben einer hydraulischen Scheibenbremse vor dem sich ausdehnenden Bremsbelag zurückweichen können führt ein Dickenwachstum von Bremsbelägen und Bremsscheibe welches größer ist als das Lüftspiel zum ständigen Schleifen und ggf. Heißlaufen der Bremse.
Das Betriebslüftspiel muss deshalb so bemessen sein, daß alle möglichen Betriebsbedingungen von Fahrzeug und Bremse, die ein Wachsen von Bremsbelägen und Bremsscheibe zur Folge haben können, abgesichert sind.
Üblich sind bei druckluftbetätigten Scheibenbremsen Lüftspiele von 0,5 mm bis 1,1 mm bei kalter Bremse.
Andererseits ist die thermische Formstabilität der Bremsbeläge ein Auswahlkriterium, da der notwendige Betrag des Lüftspieles das Ansprechverhalten der Bremse, den Bauraumbedarf der Betätigungszylinder und den Druckluftverbrauch der Bremsanlage maßgeblich beeinflusst.

Die Schiebesattelbremse:

Zur Übertragung der Reaktionskraft sowie des Verschleißausgleiches auf die der Bremsbetätigung abgewandte Seite der Bremsscheibe ist bei Bremsen der Bauart mit einseitiger Betätigung und fest an die Radnabe montierter Bremsscheibe eine Ausgleichsbewegung des Bremssattels erforderlich.
Aus Bauraumgründen ist bei Druckluftbetätigung nur eine einseitige Betätigung möglich. Ebenso hat sich zur Erzielung der Ausgleichsbewegung das Schiebesattelprinzip bei druckluftbetätigten Bremsen als die ausschließlich verwendete Bauart durchgesetzt.
Die Schiebesattelbremsen (Bild 9-8) bestehen aus zwei wesentlichen Komponentengruppen:
Dem Bremssattel (1), der das Betätigungssystem und die Nachstelleinrichtung aufnimmt, den Bremszylinder (16) trägt (siehe Bild 9-4 und Bild 9-5) und die Zuspannkraft auf die Bremsbeläge (4, 4′) beiderseits der Bremsscheibe (3) einleitet.
Dem Bremsrahmen (2), der fest mit dem Achskörper verbunden ist, den Bremssattel (1) über die Schiebeführungen (5) axial verschieblich trägt, die Bremsbeläge (4, 4′) aufnimmt, die auf diese wirkenden

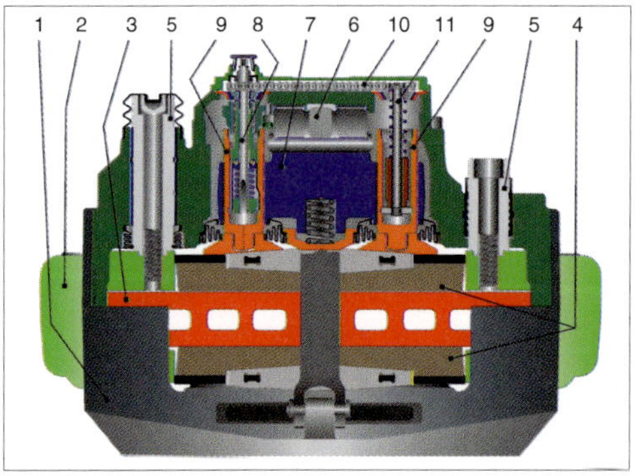

Bild 9-8 Schiebesattelprinzip

Umfangskräfte abstützt und auf den Bremsrahmen (2) und damit auf den Achskörper ableitet.
Bei jeder Bremsbetätigung wird der Bremssattel (1) durch die auf der Betätigungsseite wirksam werdende Reaktionskraft so weit verschoben, dass auf der der Betätigung abgewandten Seite der Bremsscheibe das Lüftspiel überwunden wird und die als Folge der Zuspannkraft entstehenden elastischen Verformungen von Bremssattel (1) und Bremsbelag (4′) ausgeglichen werden. Nach Beendigung der Bremsung nimmt der Bremssattel (1) wieder seine kraftfreie Ausgangsposition ein.
Beim Auftreten von Verschleiß verschiebt der Bremssattel (1) unter Einwirkung des Verschleißnachstellsystems allmählich seine Ausgangsposition so, dass auf der der Betätigung abgewandten Seite stets ein gleichmäßiges und geringes Lüftspiel zwischen Bremsbelag (4′) und Bremsscheibe (3) vorliegt.

Arten der Verschleißsensierung:

Für druckluftbetätigte Scheibenbremsen sind die nachfolgend beschriebenen Arten von Verschleißindikatoren gebräuchlich:

Visuelle Verschleißanzeige:

Muss ohne Raddemontage bei visueller Begutachtung der Bremse eine Beurteilung des Verschleißzustandes ermöglichen. Ist gesetzlich vorgeschrieben und auch erforderlich wenn elektrische Verschleißsensoren eingesetzt werden. Wird in der Regel auf einfachste Weise durch die Verschiebeposition von Bauteilen des Bremssattels zu Bauteilen des achsfesten Bremsträgers realisiert.

Elektrische Endverschleißanzeige:

Gibt ein elektrisches Warnsignal wenn sich die Bremsbeläge dem Endverschleißmaß nähern. Durch das Warnsignal wird eine Warnanzeige zur Fahrerinformation geschaltet.

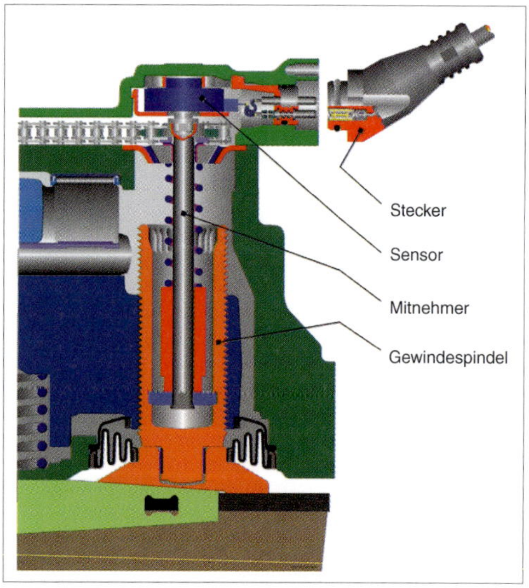

Bild 9-9 Kontinuierliche Verschleißsensierung

Kontinuierliche Verschleißsensierung:

Gibt zu jedem Zeitpunkt eine genaue Information über den aktuellen Verschleißzustand der Bremse. Diese Information wird im elektronischen Bremssystem (EBS) und in bordintegrierten Service-Informationssystemen ausgewertet. Anwendungen sind z. B. die elektronische Verschleißangleichung von Vorder- und Hinterachse sowie die Vorausplanung von Serviceintervallen.
Ein typischer Aufbau der kontinuierlichen Verschleißanzeige ist in Bild 9-9 dargestellt. Im Inneren der Bremse ist ein Sensor installiert der den von den Nachstellspindeln zurückgelegten Hub überwacht. Der Sensor ist mit dem EBS -System verbunden wo die Signalauswertung erfolgt und die Verschleißinformation an andere Bordsysteme, wie z. B. das Servicesystem weitergeleitet wird.

9.3 Leistungs- und Lebensdauerverhalten

9.3.1 Auslegungsdaten

Bei der Dimensionierung einer Nfz-Radbremse wird eine Optimierung folgender Anforderungen angestrebt:

- erzielbares Bremsmoment
- Dauerhaltbarkeit
- erzielbare Dauerbremsleistung
- Wirtschaftlichkeit
- verfügbarer Einbauraum

Die Abhängigkeit des Bremsmomentes von den bestimmenden Einflußgrößen ist in Gleichung (9.5)

Tabelle 9.1 Festigkeitsprüfprogamm mit Moment am Prüfstand

Reihe	Anzahl	Zylinderdruck (bar)	Bremsmoment	Summe	Bemerkung
1	18	2,5	6000	18	
2	1	3,5	8000	19	
3	1	5,0	11000	20	
4				1600	80 mal wiederholen von Reihe 1–3
5	2	9,0	20000	1602	
6	14	2,5	6000 (R)	1616	
7	1	3,5	8000 (R)	1617	
8	1	5,0	11000	1618	
9				80900	50 mal wiederholen von Reihe 1–8
10	1	9,0	20000 (R)	90901	
11				1618020	20 mal wiederholen von Reihe 1–10

dargestellt.

$M_{B\max}$ = max. erzielbares Bremsmoment
$F_{K\max}$ = max. Kolbenkraft

$$F_{K\max} = F_{Z\max} \cdot i \cdot \eta_m \qquad (9.1)$$

$F_{Z\max}$ = max. Bremszylinderkraft

$$F_{Z\max} = A_{z\max} \cdot p_{\max} \qquad (9.2)$$

I = Hebelübersetzungsverhältnis der Bremse
η_m = Wirkungsgrad der inneren Bremsmechanik
A_Z = max. Wirkfläche des Bremszylinders
$P_{\max}$ = max. Bremsdruck (Überdruck)
C^* = Bremsenkennwert von Scheibenbremsen

$$C^* = 2 \cdot \mu \qquad (9.3)$$

μ = Reibwert Bremsbelag/Bremsscheibe
r_{eff} = wirksamer Reibradius

$$M_{B\max} = F_{k\max} \cdot C^* \cdot r_{\mathrm{eff}} \qquad (9.4)$$

mit (9.1), (9.2) und (9.4) folgt:

$$M_{B\max} = A_Z \cdot P_{\max} \cdot i \cdot \eta_m \cdot C^* \cdot r_{\mathrm{eff}} \qquad (9.5)$$

Die Anpassung der Bremsenauslegung zur Erzielung des erforderlichen Bremsmomentes erfolgt über die Bremszylindergröße (Wirkfläche A_Z), da die weiteren Parameter nur in relativ engen Grenzen variabel sind.

9.3.1.1 Dauerhaltbarkeit

Das maximal zu erreichende Bremsmoment $M_{B\max}$ sowie die hierzu erforderliche Kolbenkraft $F_{K\max}$ bestimmen die Anforderungen an die Strukturfestigkeit der Bremsenbauteile.

Ein typisches Prüfstands- Erprobungs- Lastkollektiv für eine Druckluft-Scheibenbremse für 22,5 Zoll Räder in der Lkw-Anwendung ist in Tabelle 9.1 gegeben.
Die Maximalbeanspruchung des Bremssattels wird im Lastüberlagerungstest (Bild 9-10) durch Addition der max. Betätigungskräfte von Betriebs- und Feststellbremse erzeugt.

9.3.1.2 Dauerbremsleistung

Die dauerhafte Beanspruchbarkeit der Reibungsbremsen z. B. bei langandauernden oder in kurzen Zeitabständen wiederholten Gefällefahrten ist ein wesentliches Qualitätskriterium für Nutzfahrzeugbremsen.
Durch derartige dauerhafte Beanspruchung darf kein übermäßiges Nachlassen der Bremswirkung eintreten. In der Praxis ist bei Nutzfahrzeugscheibenbremsen die nutzbare Dauerbremsleistung dadurch begrenzt, dass infolge dauerhaft hoher Bremsentemperaturen hoher Bremsverschleiß eintritt und temperaturemp-

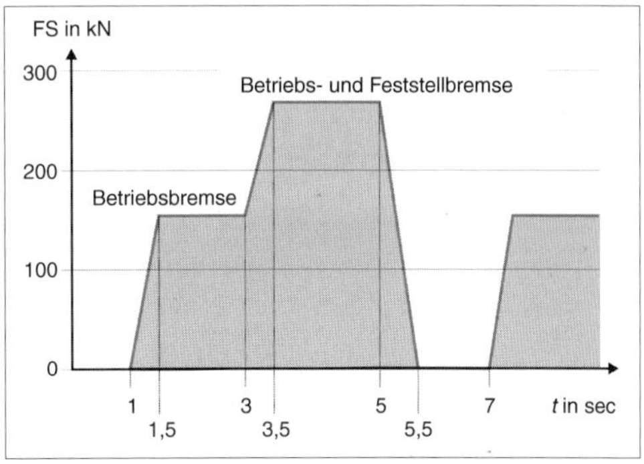

Bild 9-10 Lastdiagramm

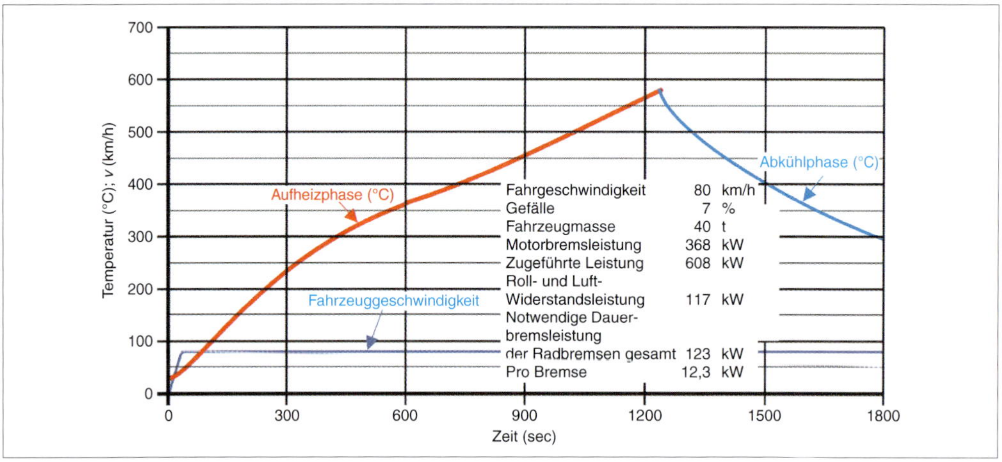

Bild 9-11 Bremsentemperaturen bei Gefällefahrt

findliche Bauteile der Bremse, wie z. B. Dichtmanschetten, geschädigt werden können.

D. h., es gibt eine Grenze für die wirtschaftlich sinnvolle Nutzung der Druckluft-Scheibenbremse als Dauerbremse.

Im Vergleich zu Trommelbremsen bieten druckluftbetätigte Scheibenbremsen jedoch ein weitaus höheres Dauerbremspotential, da Scheibenbremsen über eine effiziente Wärmeabfuhr verfügen und die Druckluftbetätigung temperaturunempfindlich ist.

Bild 9-11 zeigt den Temperaturverlauf der Bremsscheiben eines mit 10 Scheibenbremsen bestückten 40 t Lastzuges bei einer Gefällefahrt.

Nach 900 s Bremsdauer d. h. nach einer Fahrstrecke von 20 km wird eine Bremsscheibentemperatur von 450 °C erreicht. Diese Beanspruchung der Radbremsen ist unbedenklich. Bei wiederholten, derartigen Beanspruchungen muss jedoch die notwendige Abkühlzeit der Bremsen berücksichtigt werden, sowie der bei Temperaturen oberhalb 200 °C drastisch ansteigende Bremsbelagverschleiß und die mögliche thermische Alterung von Dichtelementen der Bremse.

9.4 Reibkörper

9.4.1 Bremsbeläge

Neben dem Reib- und Verschleißverhalten sind auch eine Reihe weiterer Eigenschaften der Bremsbeläge (Bild 9-12) für die Funktion der Bremse von Bedeutung.

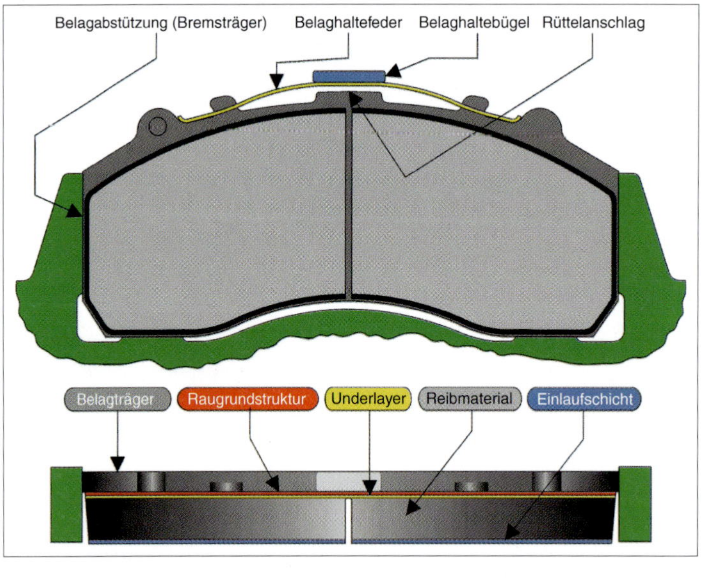

Bild 9-12 Aufbau eines Nutzfahrzeug – Bremsbelages

Kompressibilität

Hohe Kompressibilität (= niedriger E-Modul) bewirkt gleichmäßige Druckverteilung. Erhöht den notwendigen Arbeitshub der Bremszylinder. Dämpft Bremsenschwingungen.

Wärmedurchgang:

Gute Wärmeleitung kann die Bremsscheibe thermisch entlasten, führt jedoch zu hohen Temperaturen der Bremsenbauteile.

Wärmeausdehnung:

Bestimmt das notwendige Mindestlüftspiel der Bremse. Hat damit Auswirkungen auf das Ansprechverhalten und den Hubbedarf der Bremse.

Rückverformung:

Soll auch nach langer Druckbeaufschlagung der Bremse (Parkbremse) elastisch sein. Ein langsames Zurückkriechen der Beläge auf die ursprüngliche Dicke (Memory-Effekt) kann zu unzulässiger Lüftspielverkleinerung führen, da die Nachstellvorrichtung zwischenzeitlich bei Bremsbetätigungen aktiviert wird.

9.4.2 Bremsscheibe

Bauarten von Bremsscheiben

Die Bremsscheibe hat die Aufgabe zusammen mit den Bremsbelägen ein Bremsmoment zu erzeugen. Dieses Bremsmoment überträgt die Bremsscheibe auf die Radnabe und von dort auf die Felge. Die Gestaltung der Befestigung der Bremsscheibe auf der Radnabe, Bild 9-13, kann abweichend von der aus dem Pkw bekannten Lösung der Topfbremsscheibe, auch einen radial nach außen ragenden Flanschbereich aufweisen, der über eigene Schrauben mit der Radnabe verbunden ist, oder direkt mit den Radbolzen befestigt ist. Neue Bremsscheibenkonstruktionen haben zur Reduzierung von Wärmerissen ein radial nach innen verlaufendes Zahnprofil zur Übertragung des Bremsmomentes.

Bei der Erzeugung des Bremsmoments erfolgt die Umwandlung von kinetischer Energie in Wärme. Nur ein geringer Teil der Wärme soll, zum Schutz der Bremse, von den schlecht wärmeleitenden Bremsbelägen aufgenommen werden. Der weitaus größte Teil der erzeugten Wärme wird von der Bremsscheibe aufgenommen und zwischengespeichert. Die Fähigkeit der Bremsscheibe Wärme aufzunehmen ist begrenzt, sie hat deshalb zusätzlich die Aufgabe, die Wärme als Wärmetauscher schnell an die Umgebungsluft abzugeben und sich somit selbst zu schützen. Massive Bremsscheiben können die Wärme nur langsam abgeben, weshalb sie im Nfz nur in Ausnahmefällen verwendet werden. Eine wesentlich größere zum Wärmeaustausch beteiligte Oberfläche haben belüftete Bremsscheiben. Bei diesen Bremsscheiben sind zwei Reibringe über Stege, die als Rippen oder Noppen ausgebildet sind, verbunden. Durch die Rotation der Bremsscheibe entsteht wie bei einem Lüfter eine Ventilationswirkung vom Inneren der Bremsscheibe durch den Lüftungskanal radial nach außen. Der größte Wärmeübergang entsteht, wenn möglichst viele Luftteilchen mit der Bremsscheibenoberfläche in Berührung kommen. Dies ist bei einer Lüftkanalgeometrie mit Noppen, bei der die Noppen quasi im Luftstrom stehen, der Fall, Bild 9-14.

Bremsscheibenmaterial:

Das Bremsscheibenmaterial im Nfz muss einerseits den mechanischen Belastungen aus Druckkräften von bis zu 14 N/mm^2 (140 bar), den Zugkräften beim Bremsen und den Fliehkräften bei hohen Drehzahlen standhalten. Andererseits muss das Material in der Lage sein, den in der Kontaktfläche zwischen Bremsscheibe und Bremsbelag auftretenden hohen Temperaturen zu widerstehen und die Wärme möglichst schnell in den Lüftkanal der Bremsscheibe zu transportieren. Diesen Anforderungen wird unter Berücksichtigung der Wirtschaftlichkeit Grauguss mit einem bis zur Sättigungsgrenze gesteigerten Anteil an Kohlenstoff zur Maximierung der Wärmeleit-

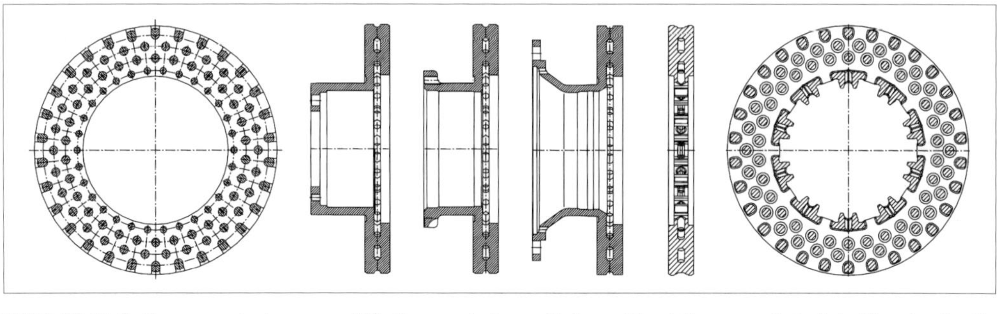

Bild 9-13 Befestigungsvarianten von Nfz-Bremsscheiben (äußere Darstellungen sind Schnitte durch die Lüftkanäle)

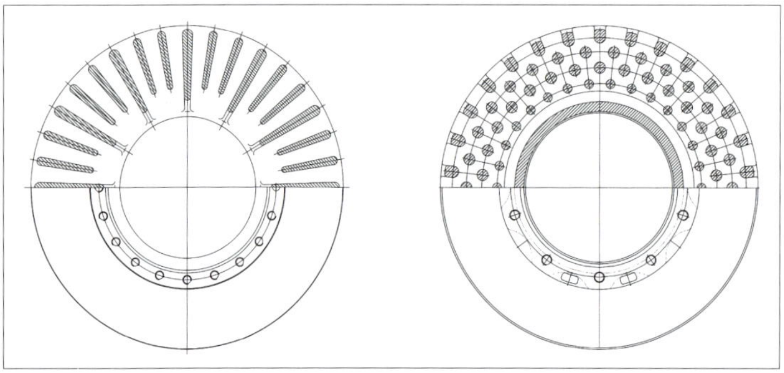

Bild 9-14 Lüftkanalstege als Rippen oder Noppen

fähigkeit am besten gerecht. Die Verschleißfestigkeit lässt sich durch besondere hartstoffbildende Legierungszusätze steigern. Für Nfz werden auch faserverstärkte Verbundwerkstoffe wie Si/C untersucht. Diese besonders leichten Materialien sind für Belastungen bis über 1000 °C verwendbar. Der äußerst geringe Verschleiß bei Belastungen bis zu 600 °C ist besonders für das Nfz interessant. Der aufwendige Herstellprozess der zu einem mehrfach höheren Bauteilpreis im Vergleich zu Grauguss führt, und das spontane Bauteilversagen bei Überlastung, stehen einem Einsatz im Nfz jedoch noch entgegen.

Entstehungsursachen von Wärmerissen:

Die beim Bremsen entstehende Wärme führt zu einer Ausdehnung des Bremsscheibenmaterials. Der Bremsscheibenhals bleibt im Vergleich zu den Reibflächen wesentlich kühler und wirkt der radialen Ausdehnung der Reibringe entgegen. Dies führt zu Spannungen in der Bremsscheibe und konusförmigen Verformungen in Richtung des Bremsscheibenhalses. Dieser Vorgang wird als Schirmen bezeichnet. Zusätzlich wird die Bremsscheibe wellig, Bild 9-15.

Die Druckverteilung in den Bremsbelägen wird ungleichmäßig und es kommt zu einer ungleichmäßigen Temperaturverteilung auf der Bremsscheibenoberfläche. Es bilden sich lokale Hotspots aus. In diesen Hotspots kann es zu plastischen Verformungen mit Überschreitung der Fließgrenze kommen. Beim Wiederabkühlen des Materials kommt es dann an diesen Stellen zu Rissen. Symmetrische Bremsscheiben die nicht fest mit der Radnabe verbunden sind und sich dadurch bei Erwärmung frei ausdehnen können, neigen wesentlich weniger zu Wärmerissen.

Entstehungsursachen von Bremsenschwingungen:

Bremsenschwingungen, die auch als Rubbeln bekannt sind, können zwei unterschiedliche Ursachen haben.

Beim Kaltrubbeln kommen, ohne dass gebremst wird, die Bremsbeläge während der Fahrt aufgrund von Erschütterungen, geometrischen Unebenheiten der Bremsscheibe oder einem Spiel in der Radlagerung immer wieder mit der Bremsscheibe in Berührung und verursachen Dickenschwankungen (DTV)

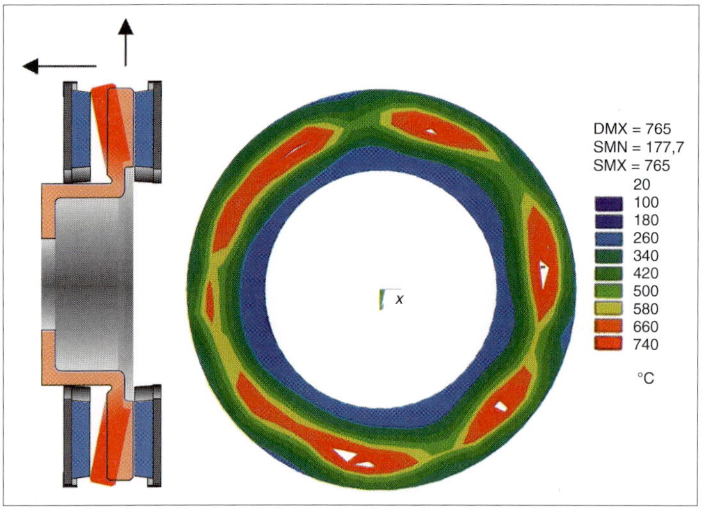

Bild 9-15 Schirmen und Hotspotbildung bei Wärmeeinwirkung in die Bremsscheibe

durch punktuellen Verschleiß, auch Auswaschungen genannt, auf der Bremsscheibe. Diese Auswaschungen führen dann beim Bremsen zu einer ungleichmäßigen pulsierenden Bremswirkung, die der Fahrer als Rubbeln wahrnimmt.
Beim Warmrubbeln kommt es aufgrund der Hotspotbildung zu Materialveränderungen in der Bremsscheibenoberfläche. Die Hotspots führen zu lokalen Materialaufhärtungen und Volumenzunahmen mit der Folge, dass diese Stellen weniger verschleißen und sich dadurch Unebenheiten einstellen. Diese Unebenheiten begünstigen wiederum die Hotspotbildung und die Unebenheiten werden immer größer. Dadurch verstärkt sich das Rubbeln.

Dimensionierung der Reibkörper:

Für die Auswahl oder Dimensionierung einer Bremse sind Kennzahlen, welche die Bremsleistung und die Radlast auf die wirksamen Reibflächen von Bremsbelag und Bremsscheiben beziehen, geeignete Hilfsmittel.

Die spezifische Bremsleistung:

Bei der Ermittlung der spezifischen Bremsleistung wird die maximale Bremsleistung, die sich bei einer Vollverzögerung aus Höchstgeschwindigkeit pro Bremse ergibt, auf die Bremsbelag Reibfläche bzw. die überstrichene Bremsscheibenfäche bezogen. Dies ergibt Kennwerte, für die in den Reibkörpern erzeugte Leistungsdichte und damit auch Indikatoren für die thermomechanische und verschleißmäßige Belastung dieser Bauteile.
Die Ermittlung der spezifischen Leistungen von Bremsbelag und Bremsscheibe zeigen die Gleichungen (9.6)–(9.8)

$$n_{\text{Belag}} = N_{\max\text{Rad}}/2 \cdot A_{\text{Belag}} \quad [\text{KW/cm}^2] \tag{9.6}$$

$$n_{\text{Scheibe}} = N_{\max\text{Rad}}/A_{\text{Scheibe}} \quad [\text{KW/cm}^2] \tag{9.7}$$

$$N_{\max\text{Rad}} = G_{\text{Rad}} \cdot z \cdot g \cdot v/100 \quad [\text{KW}] \tag{9.8}$$

$N_{\max\text{Rad}}$ = max. Bremsleistung pro Rad [KW]
G_{Rad} = anteilige dynamische Achslast pro Rad [t]
z = max. Abbremsung [%]
g = 9,81 = Erdbeschleunigung [m/s^2]
v = max. Fahrgeschwindigkeit [m/s]
A_{Belag} = Bremsbelag Reibfläche [cm^2]
A_{Scheibe} = überstrichene Bremsscheibenfläche [cm^2]
M_{Rad} = statische Radmasse [kg]

Die von marktüblichen druckluftbetätigten Scheibenbremsen erreichten spezifischen Bremsleistungen betragen:

$$n_{\text{Belag}} = 2{,}40 \div 2{,}65 \text{ KW/cm}^2$$

$$n_{\text{Scheibe}} = 0{,}45 \div 0{,}60 \text{ KW/cm}^2$$

Der Verschleißgrad [VG]:

Für die Beurteilung des zu erwartenden Verschleißverhaltens ist die spezifische Bremsleistung nur bedingt geeignet, da hochdynamische Bremsungen sehr selten auftreten und der Bremsenverschleiß überwiegend bei den vielen leichten Anpassungsbremsungen entsteht. Der im normalen Fahrbetrieb auftretende Bremsenverschleiß ist damit im Wesentlichen durch die umgesetzte Bremsenergie bestimmt, die wiederum von der abzubremsenden Masse abhängig ist, wenn vorgegebene Einsatzprofile vorausgesetzt werden. Zur Ermittlung des Verschleißgrades wird die pro Rad anteilig abzubremsende Fahrzeugmasse auf die Bremsbelag-Reibfläche und die überstrichene Bremsscheibenfläche bezogen

$$VG_{\text{Belag}} = M_{\text{Rad}}/2 \times A_{\text{Belag}} \quad [\text{kg/cm}^2]$$

$$VG_{\text{Scheibe}} = M_{\text{Rad}}/A_{\text{Scheibe}} \quad [\text{kg/cm}^2]$$

Der Verschleißgrad beträgt bei marktüblichen druckluftbetätigten Scheibenbremsen

$$VG_{\text{Belag}} = 11 \div 14 \text{ kg/cm}^2$$

$$VG_{\text{Scheibe}} = 2{,}3 \div 3{,}3 \text{ kg/cm}^2$$

Wirtschaftlichkeit:

Reibungsbremsen sind mit Verschleiß behaftet, der Folgekosten durch die notwendige Wartung der Bremsen nach sich zieht.
Tabelle 9.2 zeigt für Lkw und Omnibusse in unterschiedlichen Einsatzfällen die Häufigkeit von notwendigen Servicemaßnahmen innerhalb der ersten 5 Betriebsjahre (Mittelwerte).
Die Gesamtservicekosten der Bremsen bestehend aus Arbeits- und Materialkosten sowie Kosten der Ausfallzeit des Fahrzeuges können bei einem Stadtomnibus die Größenordnung 1000 €/Jahr erreichen. Bei Fahrzeugen im Fernverkehrseinsatz liegen diese Kosten um einen Faktor 2 ÷ 3 niedriger. Durch Nutzung effizienter Dauerbremseinrichtungen sowie durch voraus-schauende Fahrweise können die Servicekosten weiter reduziert werden.

Verschleißlebensdauer:

Bild 9-16 zeigt die Lebensdauerverteilung der Bremsbeläge von 46 Anhänger-Fahrzeugen. Durch die unterschiedlichen Einsatz- und Fahrbedingungen ergibt sich für gleichartige Fahrzeuge mit identischer Bremsausrüstung zwischen maximaler und minimaler Lebensdauer ein Verhältnis von ca. 10 : 1.
Eine bessere Aussage über das Verschleißverhalten der Reibkörper ergibt sich, wenn der eingetretene Gewichtsverlust von Bremsbelägen und Bremsscheibe auf die umgesetzte Bremsenergie bezogen wird. Bild 9-17 zeigt diese auf dem Schwungmassen-Reibungsprüfstand ermittelten Werte des „spezi-

Tabelle 9.2 Serviceintervalle

	Durchschnittliche Laufleistung in 5 Jahren (Tsd km)	Serviceintervalle			
		Trommelbremse		Scheibenbremse	
		Beläge + Ausdrehen Trommel	Beläge + Trommel-wechsel	Beläge	Beläge + Scheiben-wechsel
Stadtbus	500	2	2	3	1
Verteiler Lkw	400	1	1	2	–
Reisebus/ Fern-Lkw	1000	1	1	1	1

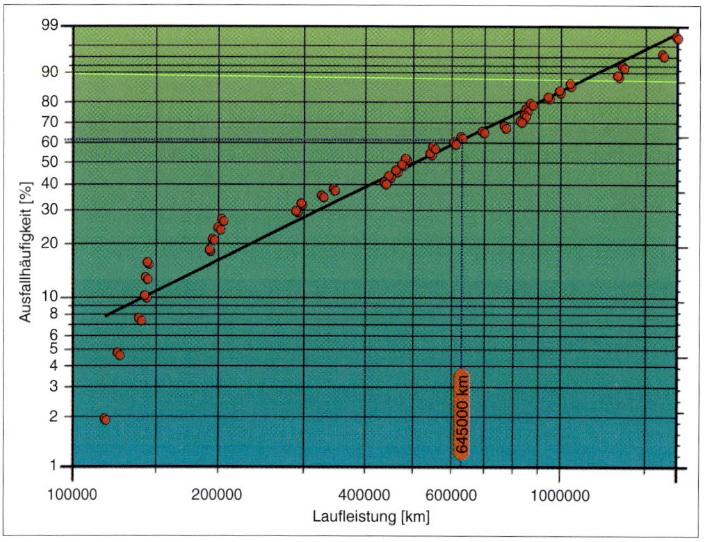

Bild 9-16 Lebensdauerverteilung der Bremsbeläge in Anhängerfahrzeugen

fischen Verschleißes" von Bremsbelägen und Bremsscheibe für eine im Serieneinsatz befindliche Reibpaarung. Die spezifischen Verschleißwerte wurden in einem Hitzerisstest mit Spitzentemperaturen bis 650 °C, sowie in einem dem praktischen Einsatz entsprechenden Verschleißprogramm mit Spitzentemperaturen von max. 250 °C, ermittelt.

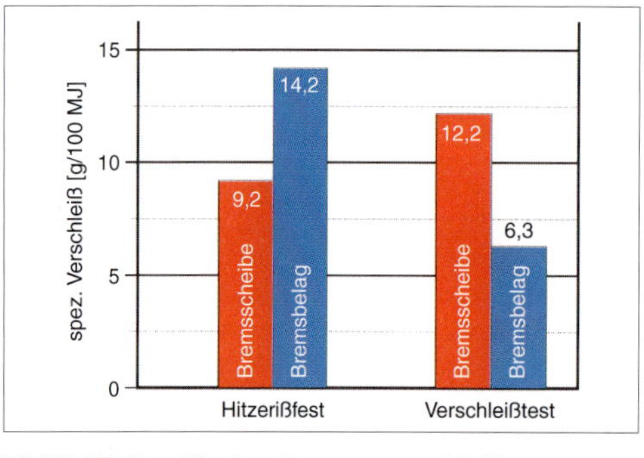

Bild 9-17 Spezifischer Bremsenverschleiß

Die Darstellung Bild 9-17 zeigt, dass der Belagverschleiß bei gleicher umgesetzter Bremsenergie im Hitzerißtest aufgrund der hohen Temperaturen um mehr als einen Faktor 2 höher ist als im Verschleißprogramm. Die Bremsscheibe zeigt eine gegenläufige Tendenz. Bei den höheren Temperaturen ist der Bremsscheibenverschleiß geringer, da die bei höheren Temperaturen erweichenden Bremsbeläge einen geringeren Scheibenangriff verursachen.

9.5 Entwicklung und Erprobung von Bremse und Reibkörpern

Druckluftbetätigte Scheibenbremsen sind, abgesehen vom Druckluft-Bremszylinder, rein mechanisch wirkende Systeme, die bei Betätigung hohe Kraftwirkungen entfalten. Ein Schwerpunkt der Entwicklung

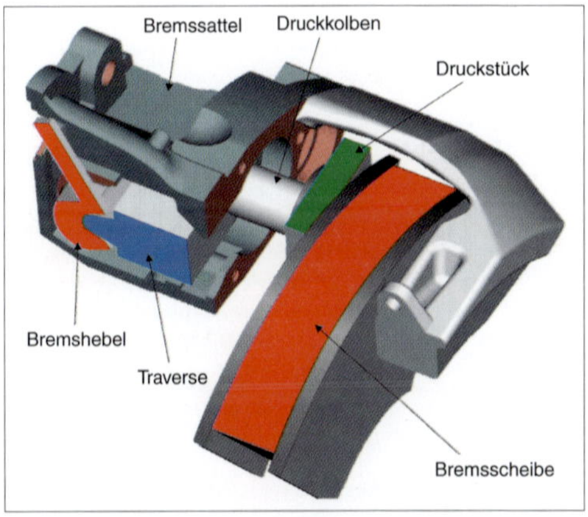

Bild 9-18 FEM-Modell des Bremssattels

ist daher die Struktur-Optimierung der Kraft aufnehmenden Bauteile wie z. B. des Bremssattels.
Der Bremssattel soll unter Einhaltung einer durch Fahrzeugrad und Achse vorgegebenen Hüllkontur Raum für möglichst große Abmessungen von Bremsscheibe und Bremsbelägen schaffen, dabei die vorgegebenen Dauerfestigkeitsanforderungen bei minimalen Deformationen erfüllen und einfach und kostengünstig herstellbar sein.
Die Erfüllung dieser widerstrebenden Anforderungen erfordert den intensiven Einsatz von FEM-Simulationen des Strukturverhaltens dieser Bauteile.
Um realistische Aussagen zu erhalten, ist der Aufbau eines FEM-Rechenmodelles erforderlich, welches alle Kraft führenden Bauteile der Bremse mit ihren relevanten physikalischen Eigenschaften beinhaltet (Bild 9-18).

Berechnungsannahmen:

Zuspannkraft:	$F_3 = F_z$	$= 245{,}0$ kN
Bremszylinderkraft:	$F_1 = B$	$= 14{,}8$ kN
Lagerkraft:	$F_2 = F$	$= 230{,}5$ kN
Übersetzung:	i	$= 15{,}3$
Lastwechselzahl:	L_W	$= 30\,000$
Spannungsverhältnis:	R	$= 0{,}0$ schwellend
Anriss:		= kein Anriss
Überlebens-wahrscheinlichkeit:	$P_ü$	$= 99{,}0\,\%$
erford. Sicherheit:	S_{erf}	$= 1{,}1$

Die Lastannahme berücksichtigt 30000 Lastwechsel mit der Addition der maximalen Kräfte von Betriebsbrems- und Federspeicherzylinder. In der Praxis ist dieser Betriebszustand nur mit einer Häufigkeit von deutlich unter 1000 LW zu erwarten, so dass die erforderlichen Sicherheiten bereits in der Lastannahme gegeben sind.
Im Bild 9-19 sind die Deformationen des Bremssattels in dem beschriebenen Überlastfall dargestellt und in Bild 9-20 die zugehörigen Bauteilspannungen.
Die Dimensionierung des Bremssattels für diesen Überlastfall erfolgt im Zeitfestigkeitsbereich. D. h. der Sattel muss diese Beanspruchung mit einer vorgegebenen Sicherheit für eine begrenzte Lastwechselzahl ertragen.

Erprobung:

Eine Übersicht über das zur Freigabe eines Bremsentyps durchzuführende Erprobungsprogramm ist in Tabelle 9.3 gegeben.
Bestimmte unveränderliche Merkmale werden für eine Typreihe von Bremsen gemeinsam einer Freiga-

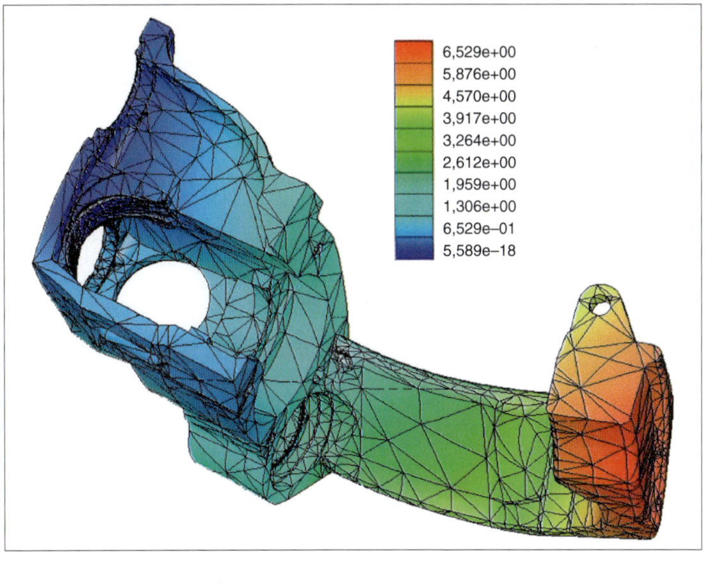

Bild 9-19 Verformung

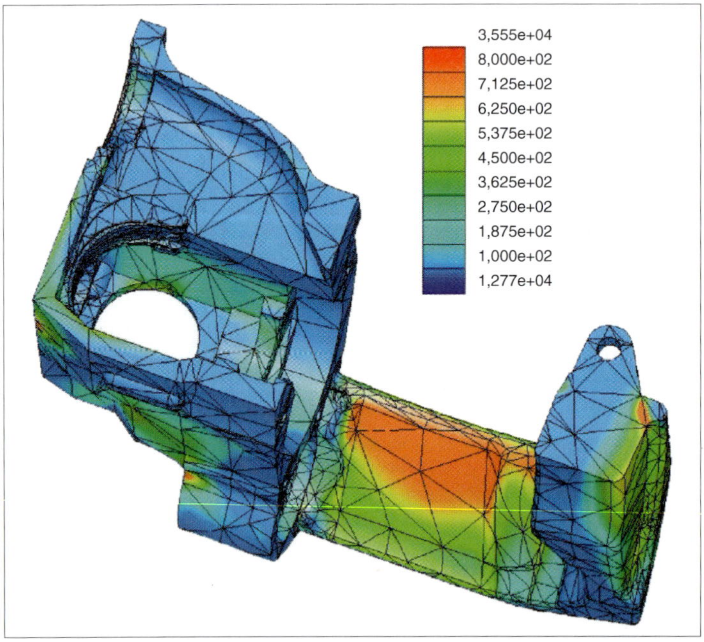

Bild 9-20 Bauteilspannungen

Tabelle 9.3 Testprogramm

Erprobungskonzept: Bremse | Reibmaterial (Belag und Bremsscheibe)

Testkonzept	Typenversuch		
Test Verschleißnachsteller	Prüfstand und Labor	Dynamometertest	Fahrzeugtests
Funktionsverhalten	Dauertest	Leistungstest	Leistungstest
Korrosiontest	Ermüdungstest	Hitzerisstest	Alpentest
Schmutzwassertest	Festigkeitstest	Verschleißtest - Belagverschleiß - Scheibenverschleiß - Verschleißverhalten	Handbremstest
Heisswassertest	Stat. Dauertest mit Belagverschleißsimulation		Dauertest
Unterwassertest	Rütteltest		Feldtest
Sattelführungstest - statisch -dynamisch	Deformationstest	Kaltverschleißtest	Rütteltest
Dyn. Verhalten	Kenndaten		Steinschutztest
Temperaturwechseltest	Wartungstest		Belagverformungstest

beerprobung unterzogen (concept testing), während für unterschiedliche Ausführungsvarianten veränderliche Merkmale für jede Typvariante einer besonderen Freigabeprüfung bedürfen (types approval). Mit Ausnahme der Schlechtwegerprobung im Fahrzeug (vibration test) und der Felderprobung (field test), die in der Regel in der Verantwortung des Fahrzeugherstellers durchgeführt werden, ist der Bremsenhersteller für die Durchführung des gesamten Erprobungsprogrammes verantwortlich.

10 Bremsverhalten und Bremsen von Einspurfahrzeugen

10.1 Fahrdynamik von Einspurfahrzeugen

Auf die Fahrdynamik von Einspurfahrzeugen soll hier nur soweit eingegangen werden, wie sie zur Erläuterung deren Bremsverhaltens wichtig ist.

Stationäre Geradeausfahrt und Stabilität

Grundsätzlich ist das labile Gleichgewicht eines Zweirads systembedingt.
Es werden klassischerweise drei Bereiche unterschieden:

bis ca. 20 km/h:

Die Selbststabilisierungsmechanismen, vor allem hervorgerufen durch die Kreiselkräfte der Räder, sind noch gering. Der Fahrer muss versuchen das Kippmoment durch Lenken und Gewichtsverlagerung klein zu halten. Die Größe dieses Kippmoments hängt von der Fahrzeugmasse und dem Abstand des Schwerpunktes zur Radaufstandslinie ab.

von ca. 20–40 km/h:

Übergangsphase mit Einsetzen der Selbststabilisierungsmechanismen.

über ca. 40 km/h:

Die Kreisel- und Fliehkräfte dominieren. Lenkbewegungen und Gewichtsverlagerung werden nur eingesetzt, um die Fahrlinie zu ändern.
Die Übergänge zwischen diesen Bereichen sind fließend. Die angegebenen Geschwindigkeiten hängen stark von der Gesamtmasse, der Schwerpunktslage, den rotierenden Einzelmassen und der geometrischen Grundauslegung des Motorrads ab.
Blockiert das Vorderrad, so reduziert sich durch den schlagartigen Verlust der Kreiselkräfte auch die Fahrstabilität.

Stationäre Kurvenfahrt

Schon bei stationärer Kurvenfahrt überlagern sich Lenkwinkel, Rollwinkel und Schräglaufwinkel.
An einem vereinfachten Zweiradmodell sollen die geometrischen Zusammenhänge stufenweise veranschaulicht werden, Bild 10-1.
Geht man von einem kippstabilen Einspurmodell aus („halbierter" Pkw), so ergibt sich bei schräglauffreier, stationärer Fahrt die dargestellte Zuordnung der Stellung der Fahrzeugräder zum Kurvenmittelpunkt (durchgezogene Linien, Fahrt um Punkt M mit Kurvenradius R). Für den sogenannten Ackermann-Winkel gilt dabei:

$$\delta = \arctan l/R \tag{10.1}$$

Da die Resultierende aus Fliehkraft und Gewichtskraft beim Zweirad durch den Radaufstandspunkt gehen muss, entsteht eine systembedingt notwendige Schräglage beim Befahren von Kurven. Aus dieser resultiert eine Verlagerung des Kurvenmittelpunkts unter die Straßenoberfläche, da der Radienstrahl im Radaufstandspunkt senkrecht auf der Raddrehebene des zur Schräglagen- und Radiendefinition herangezogenen Hinterrads steht (bei ideal schmalem Reifen). Dieser hier M'' genannte Punkt ergibt, projiziert auf die Fahrbahnoberfläche, den wahren Kurvenmittelpunkt M' als Momentanpol der Fahrzeuggierdrehung in der $x-y$-Ebene, Bild 10-1.
Bedingt durch die Reifenbreite wandert der Reifenaufstandspunkt um den Betrag m aus der Reifensymmetrieebene in Richtung Kurvenzentrum Bild 10-2. Zur Erreichung der stationären Kurvenfahrt ist das Einstellen eines reifenbreitenbedingten Zusatzrollwinkels λ' erforderlich.

$$\lambda' = \arcsin \frac{r \cdot \sin \lambda_{\text{th}}}{h_S - r} \tag{10.2}$$

$$\lambda_{\text{ges}} = \lambda_{\text{th}} + \lambda' \tag{10.3}$$

mit: λ_{ges} = geometrischer Gesamtrollwinkel zur Fahrbahn; λ_{th} = physikalisch wirksamer Rollwinkel

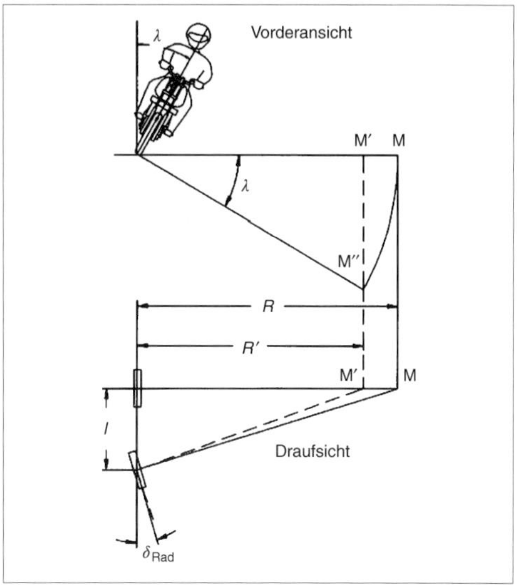

Bild 10-1 Schräglauffreie, stationäre Kurvenfahrt (Bayer, 1985)

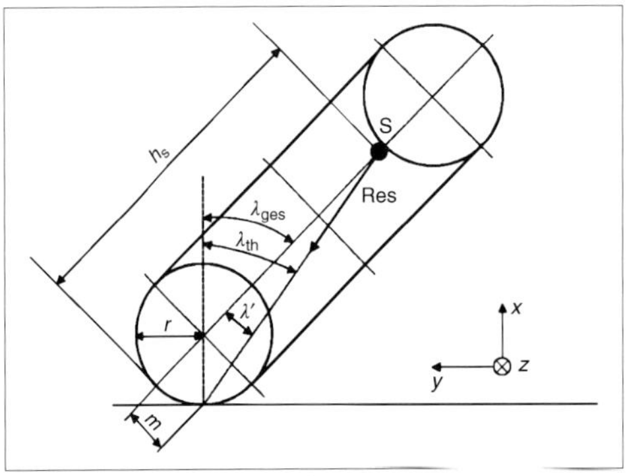

Bild 10-2 Einfluss der Reifenbreite (Weidele, 1989)

Der Zusatzrollwinkel λ' eines Kraftrads richtet sich also maßgeblich nach

- dem physikalisch wirksamen Rollwinkel,
- der Schwerpunkthöhe,
- der Reifenbreite, den Reifendaten (z. B. Reifenkontur)
- und der Querbeschleunigung.

Kräftegleichgewicht und Rollwinkel

Die stationäre Kurvenfahrt zeichnet sich dadurch aus, dass die Resultierende aller im Schwerpunkt angreifenden Kräfte in der Ebene liegt, die vom Schwerpunkt und der Radaufstandslinie aufgespannt wird. Diese Ebene weicht aufgrund der Radaufstandspunktwanderung bei Kurvenfahrt von der Fahrzeugsymmetrieebene ab. Kreiselkräfte werden in dieser Betrachtung vernachlässigt. Bei den im Schwerpunkt angreifenden Kräften handelt es sich um Gewichtskraft, Fliehkraft und Brems- oder Beschleunigungsmassenkraft. Bei der geringsten Störung dieses Gleichgewichts in y-Richtung kippt das Motorrad um die Verbindungslinie zwischen vorderem und hinterem Kraftmittelpunkt im Reifenlatsch, Bild 10-3. Es gilt (unter Vernachlässigung von Kreiselkräften):

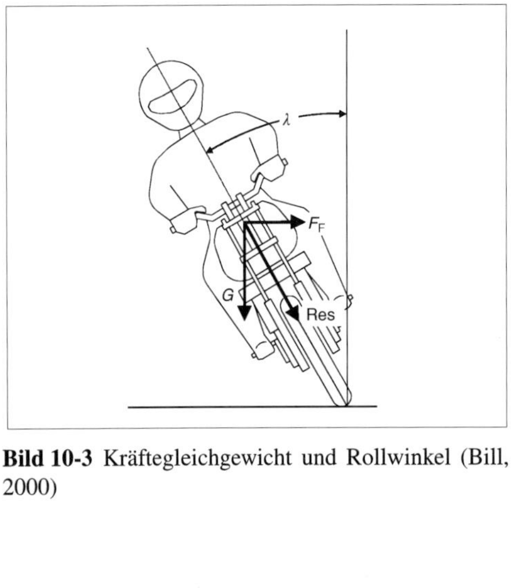

Bild 10-3 Kräftegleichgewicht und Rollwinkel (Bill, 2000)

$$\tan \lambda = \frac{F_F}{G} = \frac{v^2}{R \cdot g} \tag{10.3}$$

$$\lambda = \arctan \frac{v^2}{R \cdot g} \tag{10.4}$$

10.2 Bremsverhalten von Einspurfahrzeugen

Fahrdynamische Grundlagen des Bremsvorganges:

Anders als beim Pkw wird bei vielen Motorrädern die Bremskraftverteilung vom Fahrer vorgenommen. So ist eine reine Vorder- oder Hinterradbremsung sowie eine kombinierte Bremsung möglich. Moderne Regelsysteme nehmen dem Fahrer diese oft knifflige Aufgabe ab und erzielen sehr sicher hohe Verzögerungswerte. Die physikalischen und geometrischen Grundlagen gelten aber für geregelte und ungeregelte Bremssysteme gleichermaßen.

Die maximale Bremskraft wird durch die statische Radlastverteilung, den Radstand, die Schwerpunktshöhe sowie den Reibbeiwert zwischen Reifen und Fahrbahn bestimmt.

Die statischen Radlasten F_n errechnen sich aus der Schwerpunktslage in Längsrichtung und der Fahrbahnneigung.

Die dynamische Radlastverlagerung ΔF bzw. die Radbremskraft F_B dagegen aus der Schwerpunktshöhe S, dem Radstand l und der Massenträgheitskraft F_a, die der negativen Bremskraft entspricht, bzw. dem Reibbeiwert μ:

$$F_B = (F_n \pm \Delta F) \cdot \mu \tag{10.5}$$

Die an den Radaufstandspunkten wirkenden Bremskräfte F_{Bv} und F_{Bh} bilden zusammen mit der dynamischen Radlastverlagerung ΔG_{Rv} und ΔG_{Rh}, und der im Schwerpunkt angreifenden Massenträgheitskraft F_a ein Kräftegleichgewicht. Die Voraussetzung für dieses Kräftegleichgewicht ist, dass sich die Wirkungslinien der Resultierenden in einem Punkt schneiden. Dieser Punkt wird als Bremsmittelpunkt bezeichnet.

Beim Motorrad kann grundsätzlich jeder Bremsfall auch einzeln auftreten. Umfassender beschrieben wird nachfolgend jedoch nur der Bremsfall der kombinierten Bremsung.

Kombiniertes Bremsen vorne und hinten:

Die kombinierte Bremsung, Bild 10-4, stellt den Standardbremsvorgang dar. Bei hohen Verzögerungswerten verschiebt sich dieser Bremsvorgang in Richtung reine Vorderradbremsung. Bei reibbeiwertbedingten niedrigen Verzögerungswerten wandert die Bremskraftverteilung mehr Richtung Hinterrad. Der Grenzfall ist hier das Blockieren eines der beiden Räder.

Der horizontale Abstand des Bremsmittelpunktes zum Vorderrad verhält sich proportional zur Bremskraftverteilung, und liegt auf Höhe des Schwerpunktes.

Bremsen am Berg:

Bei steiler Bergabfahrt verschiebt sich die statische Radlast deutlich nach vorne. Für den Bremsvorgang bedeutet dies, dass sich die mögliche Bremskraft hinten nochmals reduziert. Zusätzlich wirkt auch noch die Hangabtriebskraft gegen die Bremskraft.
Bei der steilen Bergauffahrt kehrt sich das Bremsverhalten nahezu um. Die Hangabtriebskraft wirkt in Richtung der Bremskraft. Durch die höhere statische Hinterradlast steigt auch die hinten mögliche Bremskraft.
Wird am Berg angehalten, so kann das Fahrzeug oft nur mit der Hinterradbremse gehalten werden. Bei ausschließlicher Bremsung vorne würde das Vorderrad abrutschen.
Dieser Fall tritt ein, wenn die Hangabtriebskraft größer ist als die übertragbare vordere Bremskraft und ist vor allem bei niedrigen Reibbeiwerten z. B. im Geländebetrieb zu beobachten.

Einfluss der Reibpaarung Reifen/Fahrbahn

Der Reibbeiwert μ ist für die maximal übertragbare Kraft zwischen Reifen und Fahrbahn entscheidend und errechnet sich aus der Formel:

$$F_{\max} = \mu \cdot F_{\mathrm{N}} \qquad (10.6)$$

Im normalen Fahrbetrieb überlagern sich Längs- und Seitenkräfte. Die arithmetische Summe dieser maximal übertragbaren Einzelkräfte liegt dabei höher als deren vektorielle Summe. Sie können mittels des sogenannten „Kamm'schen Kreises“ ermittelt werden, Bild 10-5.
Der Reifen hat am Radaufstandspunkt einen mehr oder weniger großen Latsch. Die Größe und die Form dieses Latsches sind abhängig von Radlast, Reifenbreite, Karkassensteifigkeit und Luftdruck. Rollt der Reifen ab, ist aufgrund dieses Latsches der momentane Abrollradius kleiner als der aus dem unbelasteten Reifenumfang errechnete Radius. Um dies auszugleichen, muss sich der Reifen im Latsch verzwängen bzw. gleiten, was allgemein als Schlupf bezeichnet wird.
Muss der Reifen zusätzlich Seitenkraft übertragen, dann weicht das Rad aufgrund dieses Schlupfes aus und läuft „schräg“. Die sich einstellende Ausweichrichtung wird als Schräglaufwinkel α bezeichnet.
Seitenkräfte können sowohl durch Schräglauf (Schräglaufseitenkraft) als auch durch Sturz des Reifens zur Fahrbahn (Sturzseitenkraft) hervorgerufen werden, Bild 10-6.

Ideale und reale Bremskraftverteilung

Als ideale Bremskraftverteilung bezeichnet man die optimale Ausnutzung des Bremsvermögens eines Fahrzeugs in Abhängigkeit vom Reibbeiwert μ. Bei

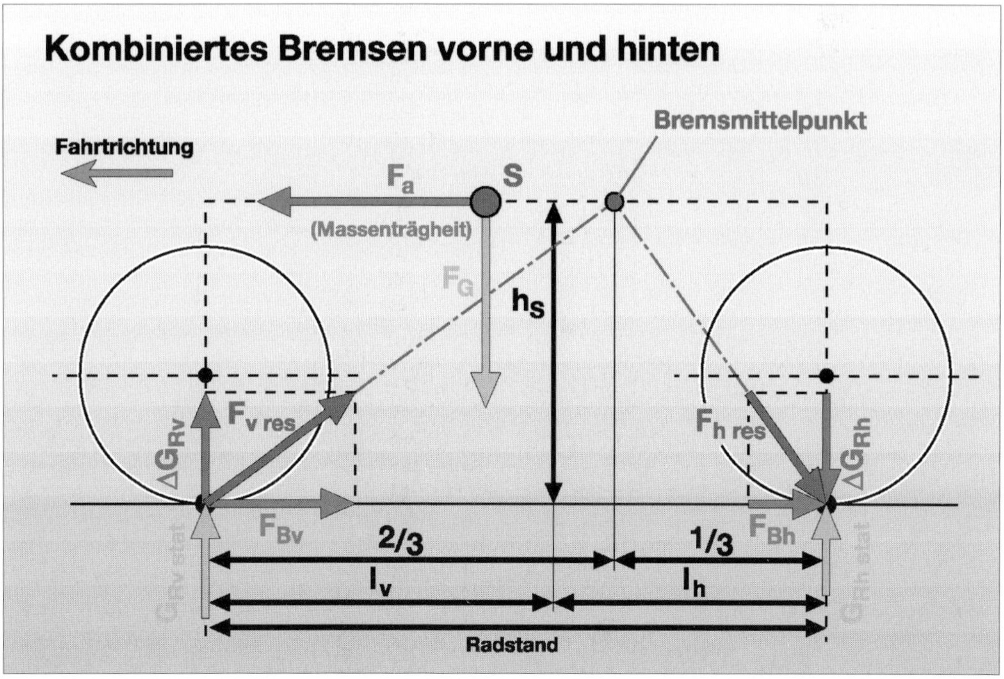

Bild 10-4 Bremsen vorne und hinten

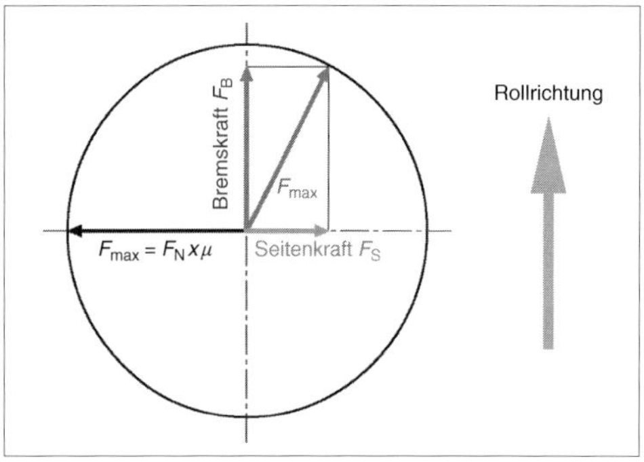

Bild 10-5 Kamm'scher Kreis

hohem Reibbeiwert mit dem Grenzfall Hinterradabheben ist die ideale Bremskraftverteilung v/h 100/0 [%].

Einfluss der Fahrwerksgeometrie

Die fahrdynamischen Grundlagen des Bremsvorgangs sind allgemeingültig und nicht vom gewählten Fahrwerkskonzept abhängig. Die Aufgabe der Fahrwerksauslegung ist es, die auftretenden Kräfte möglichst gezielt in die Struktur einzuleiten. Ein Auslegungskriterium ist hierbei der Bremsnickausgleich.

Bremsnickausgleich

Um den Anforderungen bzgl. Fahrsicherheit und Fahrkomfort gerecht zu werden, haben fast alle Motorräder Radfederungssysteme. Nachdem beim Bremsen eine Radlaständerung auftritt, wird das Fahrzeug in Abhängigkeit von der jeweiligen Radfederrate vorne eintauchen und hinten ausfedern.
Dieser Vorgang wird im Allgemeinen als Bremsnicken bezeichnet. Durch dieses Bremsnicken treten folgende unerwünschte Effekte auf:

- Der Federweg wird aufgebraucht und steht damit für Fahrbahnenebenheiten nur mehr begrenzt zur Verfügung.

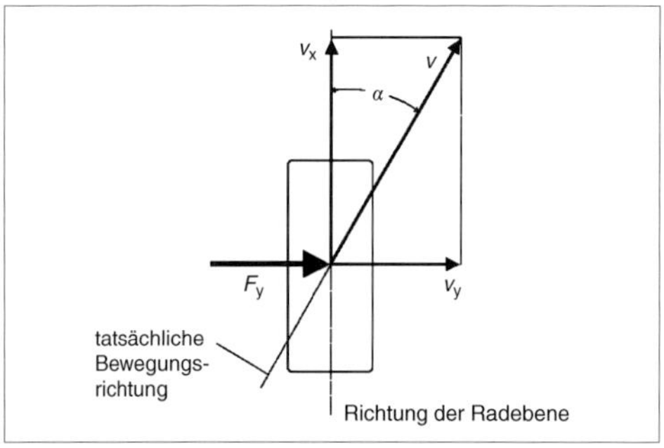

Bild 10-6 Seitenkraft durch Schräglauf (Bill, 2000)

- Es entstehen dynamische Kraftspitzen durch die Beschleunigungen der Aufbaumasse.
- Nachlaufstrecke, Lenkkopfwinkel und Radstand ändern sich.
- Die dynamische Radlastverlagerung setzt verzögert ein; deshalb besteht größere Gefahr, das Vorderrad zu überbremsen.

Das Bremsnicken zu verhindern bzw. zu reduzieren wird allgemein als Bremsnickausgleich bezeichnet.
Grundsätzlich gibt es zwei verschiedene technische Ansätze, Bremsnickausgleich darzustellen. Der erste beruht darauf, dem Nicken eine Kraft im Federungssystem entgegenzusetzen. Diese Ausführung war vor allem Anfang der 80er-Jahre häufiger anzutreffen, konnte sich aber wohl aufgrund der deutlichen Einschränkung bei der Federungsabstimmung (Verhärtung, Komfortverlust, eingeschränkte Fahrsicherheit) nicht durchsetzen.
Der zweite Ansatz folgt dem Prinzip, dass die Resultierende aus Bremskraft und dynamischer Radlaständerung einen möglichst kleinen effektiven Hebelarm zum Längspol erhält, und damit die Rückwirkung auf das Federungssystem sehr gering ist. Der Längspol wird durch eine entsprechende Kinematikauslegung definiert.
Diese Ausführung stellt den derzeitigen Stand der Technik dar, und soll deshalb eingehender behandelt werden, Bilder 10-7 und 10-8.
Bei der Grundauslegung des Bremsnickausgleiches ist die Lage des Längspoles einer Radführung entscheidend. Der Längspol wird durch radträgersteuernde Bauteile (Lenker) definiert. Vorder- und Hinterradführung sind separat zu betrachten und haben jeweils einen eigenen Längspol.
Die Verbindungslinie zwischen Längspol und Radaufstandspunkt wird als reale Bremsabstützgerade bezeichnet.
Der Schnittpunkt der beiden realen Bremsabstützgeraden ist der sogenannte Nickpol, um den sich der Aufbau momentan beim Bremsen dreht. Der Nickpol ist nur kinematikabhängig, wird also nicht durch die Bremskraftverteilung beeinflusst. Ändert sich die Fahrgeometrie durch Einfederzustände, ergeben sich zur neuen Fahrlage auch neue reale Bremsabstützgeraden, bzw. es verändert sich der nicht ausgeglichene Hebelarm der Bremskraft.
Der Nickausgleich wird in seinem Betrag in % angegeben (kein Ausgleich = 0 %; vollkommen ausgeglichen = 100 %). Es kann aber auch der Winkel der realen Abstützgerade zur idealen Abstützgerade als Bewertungsmaßstab verwendet werden.
Sind die realen Bremsabstützgeraden mit den idealen Bremsabstützgeraden deckungsgleich, ist der Aufbau vollkommen nickausgeglichen. Liegt bei Vorder- oder Hinterradführung der Längspol auf Höhe der Fahrbahn, so ist kein Nickausgleich vorhanden und die Kinematik hat auf das Nickverhalten

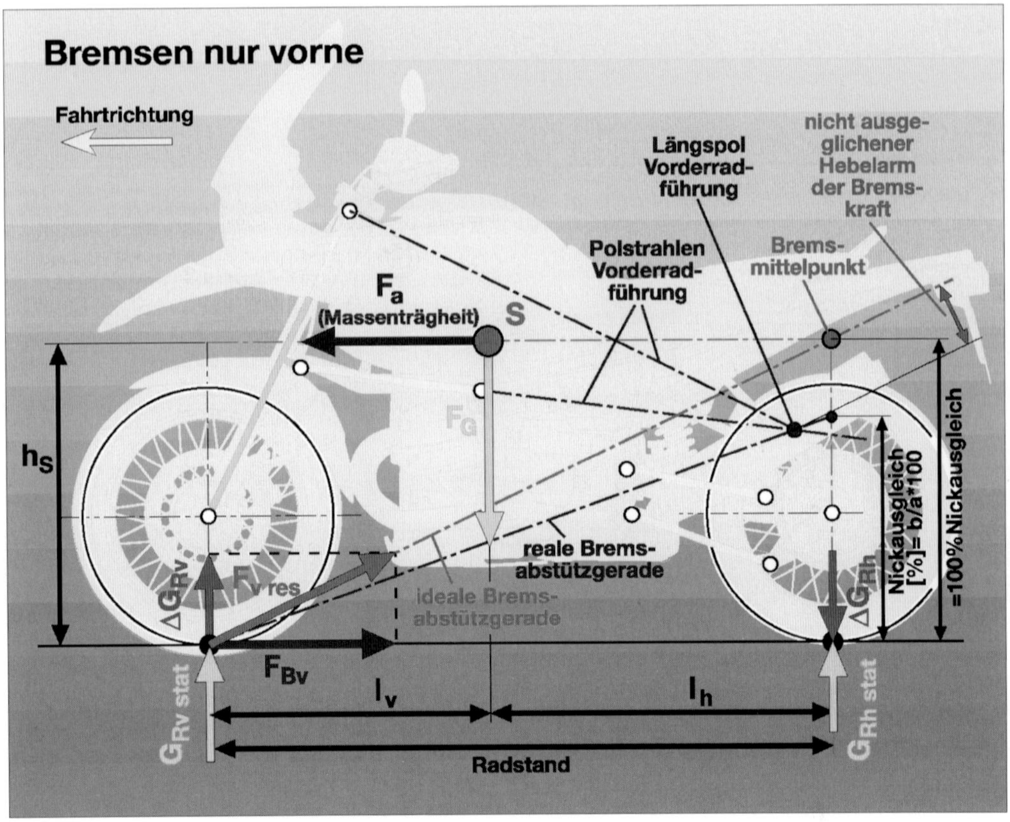

Bild 10-7 Bremsnickbeeinflussung, Bremsen nur vorne

keinen Einfluss. Liegt der Längspol unter der Fahrbahn, so ist der Nickausgleich negativ, und das Nicken wird durch die Kinematik verstärkt.

Ein anschauliches Beispiel hierfür ist die Telegabel. Sind die Standrohre parallel zum Lenkkopfwinkel, so ist die Senkrechte auf das Standrohr durch den Radaufstandspunkt die reale Abstützgerade. Da es sich um eine Linearführung handelt, liegt der Pol im Unendlichen auf einem Vektor der unter die Fahrbahn zeigt. Der Nickausgleich ist damit negativ.

Steht das Standrohr senkrecht, so liegt der Pol auf der Fahrbahn im Unendlichen, und somit ist kein Nickausgleich vorhanden. Eine aus Bauraum- und Komfortgesichtspunkten nur schwer vorstellbare Variante ist ein nach vorne geneigtes Standrohr. Wenn das Standrohr senkrecht auf der idealen Abstützgeraden steht, so ist auch mit einer Telegabel ein Nickausgleich von 100 % darstellbar.

Allgemein ist festzuhalten, dass an einem Rad, welches keine Bremskraft überträgt, keine Möglichkeit besteht, einen kinematischen Bremsnickausgleich darzustellen. So wird das Hinterrad bei ausschließlicher Vorderradbremsung entsprechend der momentanen dynamischen Radlaständerung und der spezifischen Radfederrate ungehindert ausfedern.

Der Bremsnickausgleich kann sich über dem Einfederweg stark verändern. Wünschenswert wäre ein über dem Federweg progressiver Bremsnickausgleich, bei dem die Wirkung mit zunehmender Bremskraft überproportional ansteigt. Dies ist aber aufgrund anderer Randbedingungen der Fahrwerksauslegung nicht immer einfach darstellbar. Eine progressive Auslegung hat zwar keinen direkten physikalischen Vorteil, erleichtert dem Fahrer aber, die momentane Verzögerung einzuschätzen.

Bremsen bei Kurvenfahrt

Alle bisher aufgeführten Grundlagen des Bremsvorgangs sind auch für die Kurvenbremsung gültig.

Zusätzlich muss allerdings zum rein ebenen Bremsvorgang eine räumliche Auswanderung des Rades bzw. Radaufstandpunktes aus der Symmetrieebene des Fahrzeugs berücksichtigt werden.

Ähnlich wie beim Rollwinkel ist auch bei der Betrachtung des Bremsvorgangs die Reifenbreite und

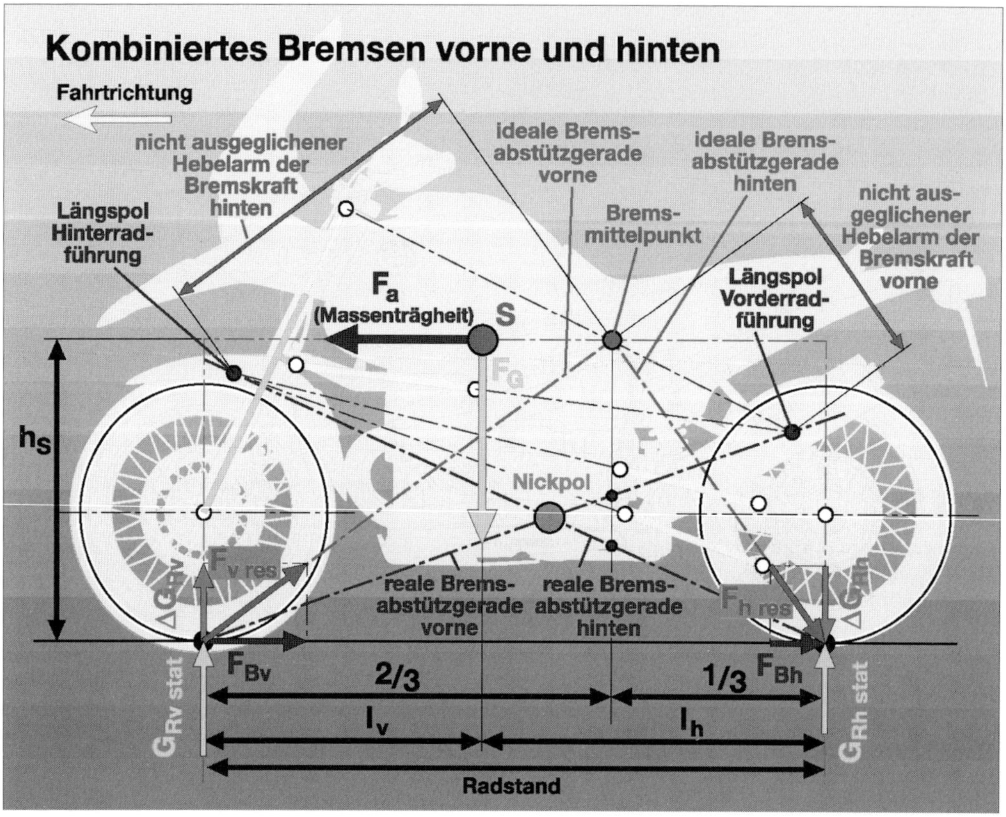

Bild 10-8 Bremsnickbeeinflussung, kombiniertes Bremsen vorne und hinten

-form von großer Bedeutung. Durch die Verlagerung des Radaufstandspunktes zur Kurvenmitte hin entsteht für die Krafteinleitung ein Hebelarm *m*, der multipliziert mit dem Betrag der Kraft ein Moment auf das Fahrzeug ausübt, Bild 10-9.

Dieses Moment tritt sowohl an Vorder- und Hinterrad auf, hat aber unterschiedliche Auswirkungen auf das Fahrverhalten:

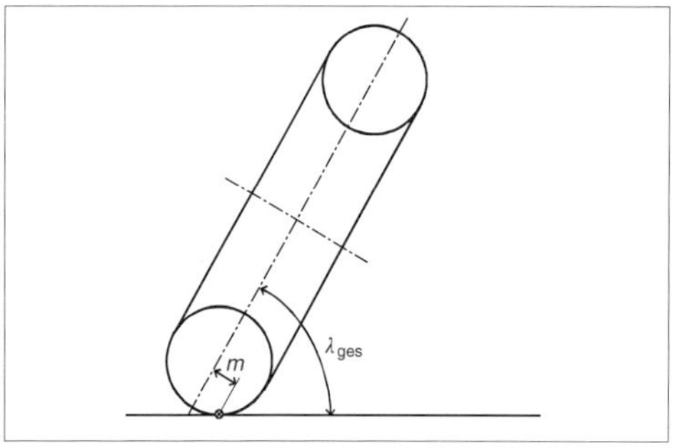

Bild 10-9 Hebelarm der Bremskraft zur Fahrzeugssymmetrieebene

Vorderradbremsung bei Kurvenfahrt

Das Rad dreht sich beim Lenkvorgang um die Lenkdrehachse. Der Radaufstandspunkt hat zur Lenkdrehachse eine aus fahrdynamischen Erfordernissen festgelegte Nachlaufstrecke. Die Größe der Nachlaufstrecke definiert die seitliche Auswanderung des Radaufstandspunktes pro Grad Lenkeinschlag.

Bei langsamer Kurvenfahrt mit geringer Schräglage und großem Lenkeinschlagwinkel wandert der vordere Radaufstandspunkt aus der Fahrzeugmittelebene nach aussen. Wird nun vorne gebremst, stellt sich ein rückdrehendes Lenkmoment aus Bremskraft und Hebelarm zur Lenkdrehachse ein. Wird dieses Rückstellmoment nicht vom Fahrer am Lenker abgestützt, dann wird der Lenkwinkel kleiner, und das Fahrzeug wird zum Kurvenmittelpunkt kippen.

Ein anderes Kurvenverhalten stellt sich bei großer Schräglage, großem Schräglaufwinkel und damit verbundenem geringem Lenkwinkel ein. Hierbei wandert der Radaufstandspunkt durch die Schräglage des Fahrzeugs nach Kurveninnen. Wird vorne gebremst, wird ein zusätzliches eindrehendes Lenkmoment eingeleitet. Führt dieses zusätzliche Lenkmo-

ment zu einer Lenkwinkeländerung, dann wird der effektiv gefahrene Kurvenradius kleiner, die Zentrifugalkraft wird damit größer, und das Fahrzeug stellt sich auf. Hält der Fahrer am Lenker entgegen, reduziert sich die sogenannte Aufstellneigung. Bei torsionsweichen Vorderradführungen kann es aber trotzdem zu einem zusätzlichen Lenkwinkel kommen, da sich das Rad gegenüber dem Lenker verdrehen kann.
Der Fahrer muss dann eingreifen, indem er entweder den Lenkeinschlagwinkel zurücknimmt oder durch Gewichtsverlagerung die größere Zentrifugalkraft ausgleicht („Drücken" des Fahrzeugs).

Hinterradbremsung bei Kurvenfahrt

Die Hinterradbremsung während der Kurvenfahrt ist gegenüber der Geradeausbremsung deutlich kritischer. Hier kann es durch die überlagerte Seitenführungskraft, bei gleichzeitiger dynamischer Radlastreduzierung, zur Überschreitung der möglichen Übertragungsfähigkeit des Reifens (Kamm'scher Kreis) kommen. Ein gefährliches Wegrutschen des Hinterrades ist die Folge.
Zusätzlich zur reinen Verzögerungsfunktion kann mit gezieltem Einsatz der Hinterradbremse das Einlenkverhalten z. B. in enge Kehren beeinflusst bzw. erleichtert werden.
Durch die Verzögerung in Schräglage hat die Bremskraft den Hebelarm m zum Schwerpunkt des Fahrzeugs. Das daraus resultierende Moment wirkt kurveneindrehend. Zusätzlich verringert sich die Fahrgeschwindigkeit und damit auch die momentane Zentrifugalkraft. Um das Kräftegleichgewicht wieder herzustellen, muss der Fahrer den Rollwinkel vergrößern. Damit wird der effektiv gefahrene Kurvenradius kleiner.
Ein weiterer positiver Effekt des Hinterradbremsens kann beim Durchfahren von engen Kurven beobachtet werden. Enge Kurven werden oft mit kleinen Gängen und nahezu konstanter Geschwindigkeit durchfahren. Hierbei können relativ hohe Zugkraftschwankungen mit Wechsel von Zug- in Schubbetrieb auftreten. Die daraus resultierenden Geschwindigkeitsschwankungen müssen vom Fahrer mittels Lenkwinkelkorrektur oder Gewichtsverlagerung korrigiert werden, stören aber die Kurvenfahrt. Diesem Verhalten kann man entgegenwirken, indem man durch leichtes Hinterradbremsen die Kurve immer mit etwas Zugkraft und damit mit konstanter Geschwindigkeit durchfährt.

10.3 Typische Fahrfehler beim Bremsen

Überbremsen

Beim Bremsen des Vorder- oder Hinterrades kann jeweils nur eine bestimmte Kraft übertragen werden. Diese Kraft ermittelt sich aus der momentan vorhandenen Radlast und dem Reibbeiwert zwischen Reifen und Fahrbahn. Wird diese Kraft überschritten kommt es zum Überbremsen. Die max. mögliche Verzögerung verringert sich bei Kurvenfahrt durch die zusätzlich aufzubringende Seitenkraft. Die übertragbare Bremskraft bei vorgegebener Seitenkraft ermittelt sich aus dem Kamm'schen Kreis.

Fehler bei Gefahrbremsungen

- Mangelnde Ausnutzung der verfügbaren Bremsleistung:

  Ein sehr häufiger Fehler speziell in plötzlich auftretenden Gefahrensituationen ist eine zu zaghafte Betätigung der Bremsen, was sich besonders bei der Vorderradbremse folgenschwer auswirken kann. Hier wird oft bei weitem nicht die zur Verfügung stehende Bremsleistung ausgenutzt, die häufigsten Gründe dafür sind die Angst des Fahrers, speziell das Vorderrad zu blockieren und/oder mangelnde Übung oder Erfahrung mit Bremsungen in der Nähe des Blockierbereichs.
  Sehr oft ist auch zu beobachten, dass in einer Gefahrensituation nur die hintere Bremse betätigt und auch überbremst wird, ohne die Vorderradbremse zu benutzen.
  Abhilfe für diese Fehler kann zum einen durch gezieltes Training der Bremsvorgänge bis hin zum Blockierbereich mit richtiger Bremskraftverteilung geschaffen werden oder noch besser durch den Einsatz eines ABS-Systems mit gleichzeitigem Heranführen des Fahrers an die Leistungsfähigkeit des Systems. Fahrerlehrgänge haben oft gezeigt, dass viele Fahrer die Möglichkeiten eines ABS-Systems speziell in Notsituationen nicht ausnutzen.
- Blockiertes Vorderrad durch noch nicht aufgebaute Radlast:

  Die übertragbare Bremskraft am Vorderrad ist in Bild 10-7 als „quasistatischer" Zustand dargestellt, der davon ausgeht, dass bereits die volle dynamische Radlastverteilung aufgebaut ist.
  Der Aufbau der dynamischen Radlastverlagerung und damit die Zunahme der übertragbaren Bremskraft geschieht jedoch mit einem Zeitverzug, bedingt durch das Einfedern der Vorderradfederung. Das heißt, dass im ersten Moment einer Schreckbremsung mit sehr schnellem Druckaufbaugradienten noch nicht die Bremskraft am Vorderreifen übertragen werden kann wie nach Erreichen der Einfederung, die sich entsprechend der Verzögerung einstellt.
  Deswegen ist in einer solchen Situation die Gefahr, das Vorderrad zu überbremsen, entsprechend größer.
  Im Vorteil sind auch hier wieder Fahrer von ABS-Motorrädern. Weiterhin haben Motorräder, deren Vorderradführungssysteme einen kinemati-

schen Nickausgleich besitzen (z. B. Telelever), einen Vorteil, weil hier die Zeitverzögerung bis zum Erreichen der Brems-Einfederungslage geringer ist und damit auch die maximale Bremskraft am Radaufstandspunkt deutlich schneller aufgebracht werden kann.

10.4 Bremssysteme von Einspurfahrzeugen

Höhere Motorleistungen und Spitzengeschwindigkeiten erfordern immer leistungsfähigere Bremsen. Dieser Herausforderung war die hydraulisch betätigte Scheibenbremse stets gewachsen, so dass man sie als Standard betrachten kann. Dennoch besitzt sie immer noch Potenziale.
Die Trommelbremse hingegen wurde im Laufe der letzten 30 Jahre nahezu vollständig in die Nische der Bremsen für Scooter, Kleinmotorräder für Schwellenländer und Hinterradbremsen für „Einsteigerfahrzeuge" verdrängt.
Deswegen wird hier ausschließlich die hydraulisch betätigte Scheibenbremse betrachtet.

Das Prinzip der hydraulisch betätigten Scheibenbremse

Die Bremse hat die Aufgabe das Fahrzeug zu verzögern, indem dessen kinetische Energie durch Reibung in Wärme umgewandelt wird.
Grundsätzlich handelt es sich bei der Scheibenbremse um eine Kombination aus mechanisch und hydraulisch übersetztem Kraftverstärker, der aus der relativ geringen Handkraft oder Fußkraft von ca. 200 N die zur maximal möglichen Verzögerung benötigte Bremskraft als Spannkraft im Bremssattel erzeugt. Die Reibpaarung Bremsbelag/Bremsscheibe erzeugt daraus ein Reibmoment, welches das Rad in dem Maße verzögern kann, wie der Vorderreifen den Kraftschluss zur Fahrbahn sicherstellt. Darüber hinaus kommt es zum Blockieren des Rades oder zum Abheben des Hinterrades und im Extremfall zum Überschlagen des Motorrades.
Die Verstärkung der Handkraft (Übersetzung I_{ges}) ergibt sich aus dem Produkt der mechanischen Übersetzung des Handhebels oder Fußhebels i_{mech} und der hydraulischen Übersetzung i_{hydr} (Quotient der Kolbenflächen)

$$I_{ges} = i_{mech} \cdot i_{hydr} \tag{10.8}$$

Je größer die Übersetzung I_{ges}, desto niedriger ist der Handkraftbedarf; stets unter Berücksichtigung des verfügbaren Hebelweges und des Spannenergiebedarfs der Radbremsen. Zusätzlich ist zu berücksichtigen, dass zwischen Bremse und Radaufstandpunkt eine Untersetzung erfolgt, da die Bremsscheibe stets kleiner als der Reifen ist (siehe auch Kap. 10.5 Auslegung des Bremssystems).

10.4.1 Der Bremssattel

Es gibt verschiedene Bauarten von Bremssätteln, die je nach Verwendung spezifische Vor- und Nachteile besitzen (siehe Bild 10-11). Grundsätzlich werden die etwas teureren Festsättel für thermisch höher belastete Bremsanlagen verwendet. Allen gemeinsam ist die Herstellung aus Kokillenguß in den üblichen Al Si Legierungen mit einem Siliziumanteil zwischen 5 und 12 %, Bild 10-10.

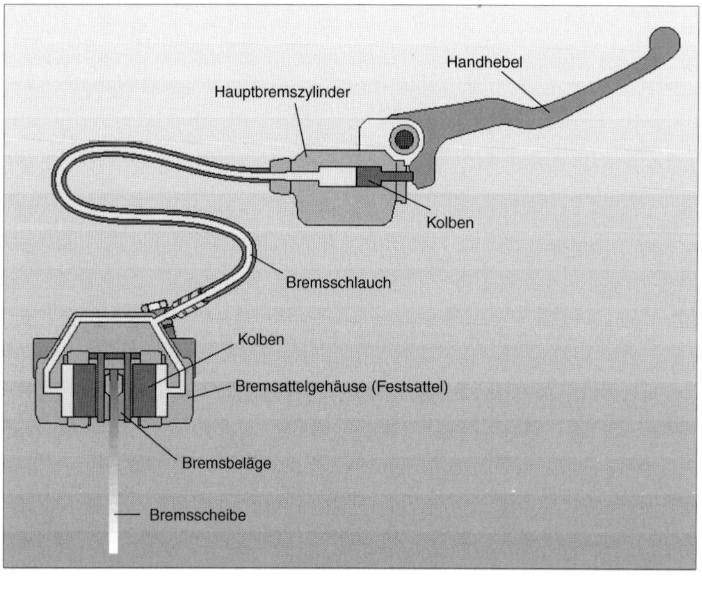

Bild 10-10 Vorderradbremse (Brembo/BMW)

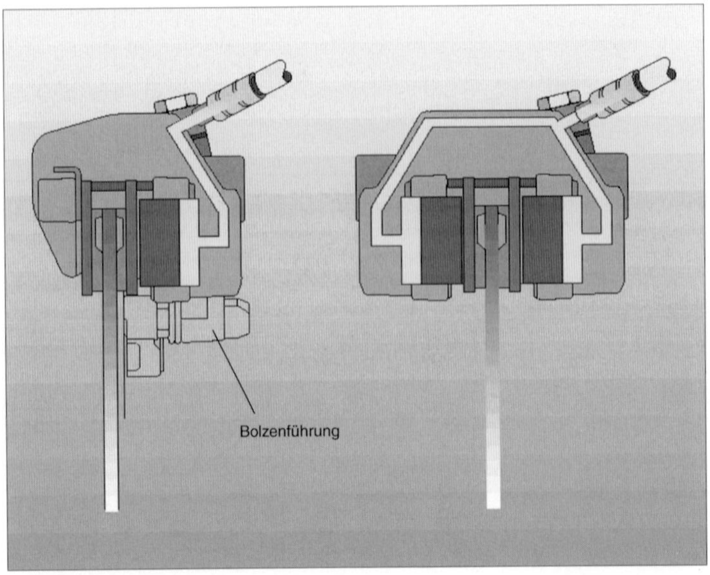

Bild 10-11 Schwimmsattel (links) Festsattel (rechts) (Brembo/BMW)

Unterschiede zwischen Schwimmsattel und Festsattel:

Beim Schwimmsattel Bild 10-11 (links) liegen alle Kolben auf einer, meist auf der radabgewandten Seite. Der Schwimmsattel besitzt gegenüber dem Festsattel nur die jeweils halbe Kolbenzahl, da die Reaktionsseite vom Schwimmrahmen abgestützt wird. Wegen des geringen Bauraumanspruchs ist der Schwimmsattel besonders gut für Drahtspeichenräder geeignet.
Das Gehäuse ist in diesem Rahmen schwimmend gelagert, was meist über dauergeschmierte Linearführungen in Form von Bolzen und Buchsen realisiert wird.
Beim Festsattel Bild 10-11 (rechts) hingegen liegen sich die Kolben paarweise gegenüber in einem festen Gehäuse, wodurch die Baubreite größer wird als beim Schwimmsattel. Der Festsattel ist wesentlich steifer, da beim Schwimmsattel die Bolzenführungen als Spielpassungen ausgeführt werden müssen.

Vor- und Nachteile der gängigsten Bauarten, Schwimmsattel und Festsattel im Vergleich:

Generell steigt der erforderliche Aufwand des Bremssattels mit der kinetischen Energie, die in Wärme umgewandelt werden muss.
Zum Teil entscheiden jedoch auch die Produktphilosophien, der Baukasten der Bremsenlieferanten über die Bauart und Anzahl der Kolben und, ob das System mit einem Antiblockierschutz ausgerüstet ist, und mit welchem System. So zum Beispiel verwendet Honda wegen der Verbundbremsfunktion für das Dual CBS einzigartige 3-Kolben-Schwimmsättel, die jeweils sowohl vom Handhebel als auch von der Fußbremse angesteuert werden können. (Siehe auch Bild 10-38 Honda CBS ABS)
Bei sportlichen oder hubraumstarken Motorrädern ist am häufigsten der 4-Kolben-Festsattel anzutreffen, der ein relatives Optimum darstellt (siehe Tabelle 10.1)
6-Kolben-Festsättel bieten neben der beeindruckenden Optik auch handfeste Vorteile:
Bei gegebenem Bauraum ermöglichen sie durch die relativ kleinen Kolben den größten mittleren Reibradius und zusätzlich die größtmögliche Bremsscheibe. Letzteres wird oft nicht genutzt.
Letztlich überwiegen die Vorteile der Sechskolbenzangen in puncto Marketing.
8-Kolben-Festsättel sind im Motorradbau nur bei Spezialmotorrädern oder auf dem Zubehörmarkt zu finden und bieten gegenüber 6-Kolben Sätteln kaum weitere Vorteile.

Zwei-Kolben-Schwimmsattel

Für Motorräder bis ca. 200 kg und 37 kW Motorleistung stellt der 2-Kolben-Schwimmsattel einen guten Kompromiss dar. Der abgebildete Sattel von Fa. Brembo für den BMW C1 besitzt durch unterschiedlich große Kolben einen Schrägverschleißausgleich (kleinerer Kolben auf der einlaufenden Seite, großer Kolben auf der Seite, wo die Scheibe den Bremssattel verlässt) und kann auch die Anforderungen eines ABS erfüllen, Bild 10-13.

Drei-Kolben-Schwimmsattel

Um die Verbundbremsfunktion zu realisieren verwendet HONDA bei dem DUAL CBS (Combined Brake System) diese Schwimmsattel-Variante mit drei Kolben.

	Schwimmsattel (2 Kolben)	Festsattel (4 Kolben)	Festsattel (6 Kolben)
		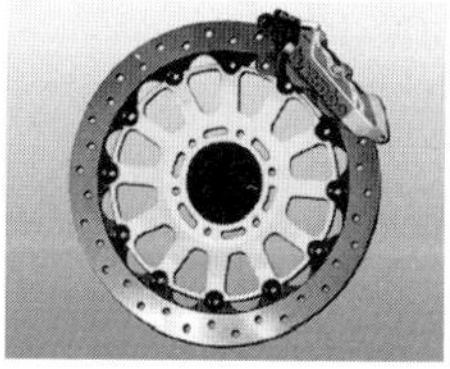	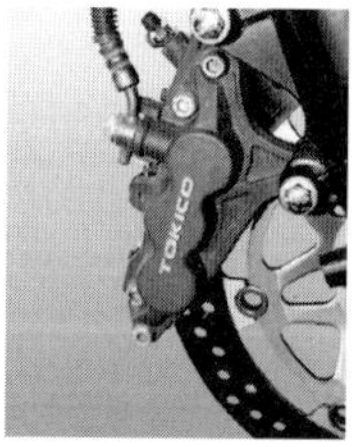
Gewicht	++	+	–
Steifigkeit	0	+	++
Akustik/Geräuschverhalten	+	+	+
Bauraumbedarf im Vorderrad	++	0	+
Design/optische Wertigkeit	0	+	++
Thermische Stabilität (Fading)	+	++	++
Wärmeaufnahme/Isolation	++	+	+
Bremsbelagverschleiß, gleichmäßig	–	++	++
Kosten	++	+	–
Langzeitqualität/Wartung	0	++	+

Bild 10-12 Tabelle Schwimmsattel und Festsattel

Dieses System kann auch mit einem Antiblockiersystem kombiniert werden, Bild 10-14.
So werden die beiden äußeren Kolben bei beiden vorderen Bremssätteln von der Handarmatur betätigt und der mittlere Kolben vom Fußbremszylinder.
Andersherum wird am Hinterrad der mittlere Kolben vom zusätzlichen vorderen Hauptbremszylinder betätigt (siehe auch Bild 10-38)

Vier-Kolben-Festsattel

Die inzwischen gängigste Bauart für mittlere und große Motorräder und das relative Optimum aus Bremsleistung, Gewicht und Kosten ist der Vier-Kolben-Festsattel. Um die Steifigkeit zu optimieren sind die vier Schrauben, welche die Sattelhälften verbinden, so nah wie möglich an die Scheibe gerückt worden, Bild 10-15. Dank Aluminiumkolben wiegt der Sattel mit Sinterbremsbelägen nur 1100 g.

Sechs-Kolben-Festsattel

Der Sechs-Kolbensattel kennzeichnet supersportliche Motorräder der Marken KAWASAKI und SUZUKI. Obwohl er schwerer und teurer als der Vier-Kolben-Festsattel ist, bietet er Vorteile:

Tabelle 10.1 Tabelle Kolben–Schwimmsattel/-Festsattel

Bauart	Anwendung	Bemerkung
1-Kolben-Schwimmsattel	Scooter, Motorräder bis 125 ccm	
2-Kolben-Schwimmsattel	Vorderradbremse, Hinterradbremse	Zunehmend für leichtere Motorräder
3-Kolben-Schwimmsattel	Vorderradbremse, Hinterradbremse	Honda Dual CBS (wegen der Funktion Verbundbremse)
2-Kolben-Festsattel	Vorderradbremse, Hinterradbremse	Motorräder mit mittlerer Motorleistung
4-Kolben-Festsattel	Vorderradbremse	Häufigste Bauart für Vorderradbremse
6-Kolben-Festsattel	Vorderradbremse	Supersport Motorräder Kawasaki, Suzuki
8-Kolben-Festsattel	Vorderradbremse	Zubehörmarkt

Bild 10-13 Zwei-Kolben-Schwimmsattel (Foto: BMW)

Die Kolben sind kleiner, beanspruchen weniger Platz auf der Scheibe, Bild 10-16. Somit kann der Reibring schmaler ausgelegt werden und der mittlere Reibradius wächst. Meistens wird auch die Fläche des Reibbe-

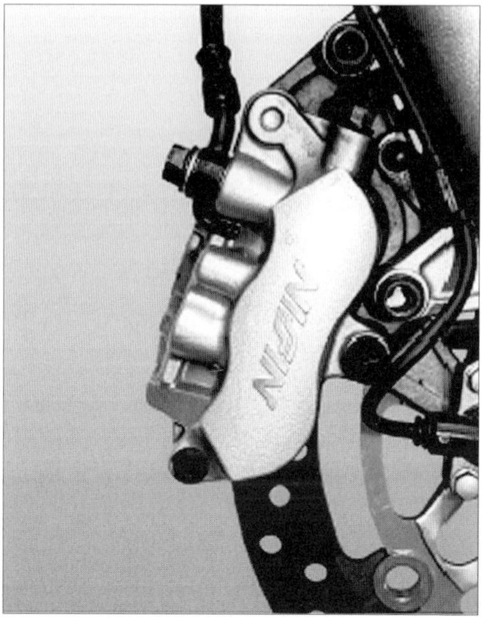

Bild 10-14 Drei-Kolben-Schwimmsattel (Foto: BMW)

Bild 10-15 Vier-Kolben-Festsattel (Foto: BMW)

lags größer, womit die Flächenpressung des Belags auf der Scheibe sinkt. Damit verändert sich das Reibverhalten und das Bremsgefühl für den Fahrer.

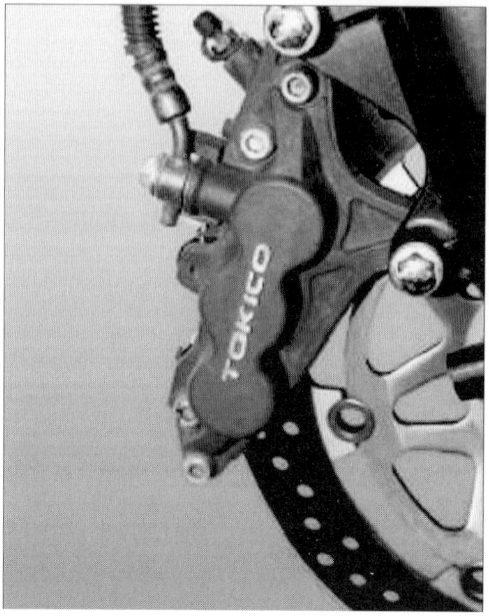

Bild 10-16 Sechs-Kolben-Festsattel (Foto: BMW)

10.4.2 Bremsscheiben

Bremsscheibe direkt starr mit dem Rad verschraubt

Die einfachste und somit preiswerteste Art der Bremsscheibenbefestigung ist die Verschraubung direkt an das Rad bzw. an die Nabe des Speichenrades, Bild 10-17. Tangentialstege gewährleisten aufgrund ihrer Elastizität in radialer Richtung die Ebenheit der Bremsscheibe auch bei den hohen Temperaturen einer Einscheibenbremse. (500 °C und mehr)

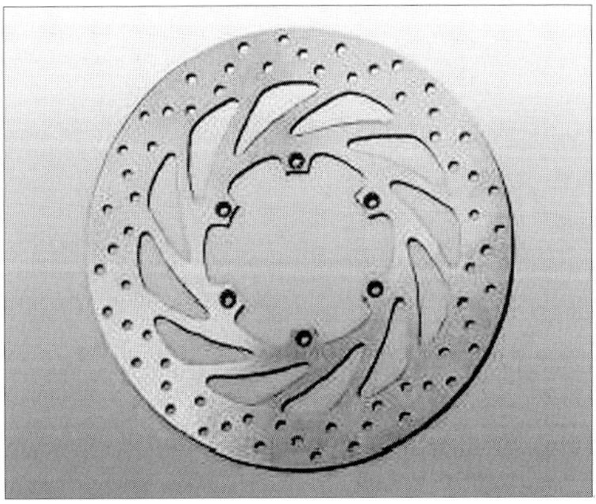

Bild 10-17 Bremsscheiben mit Tangentialstegen (Foto: Brembo)

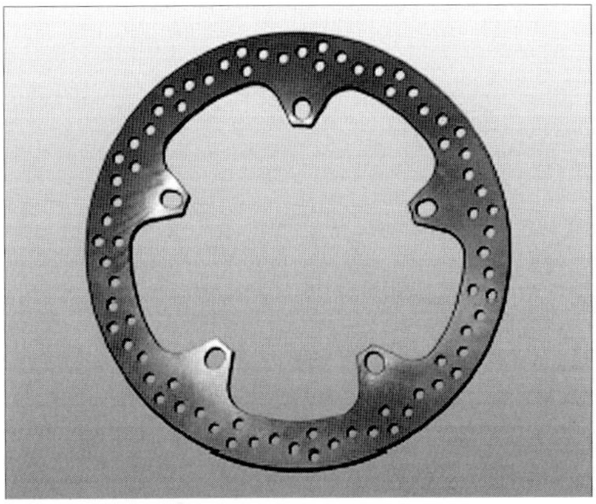

Bild 10-18 Bremsscheibe direkt schwimmend mit dem Rad verschraubt (Foto: BMW)

Die Zentrierung erfolgt über die Radnabe am Innenradius der sechs Verschraubungspunkte.
Der überwiegende Teil der Bremsscheiben dieses Typs ist heute in Enduros mit Einscheibenbremse oder in preiswerten Tourern zu finden.

Nachteile:

Durch fehlende Dämpfungselemente zwischen Scheibe und Rad neigt dieser Scheibentyp insbesondere bei Verwendung von Sinterbelägen mitunter zu Bremsgeräuschen, die durch Korrosion zwischen der Scheibe und der blank bearbeiteten Radnabe begünstigt werden. Bisweilen werden zur Minderung von Geräuschen Papierscheiben an den Verschraubungspunkten beigelegt um die Scheibe akustisch vom Rad zu entkoppeln und Kontaktkorrosion, die ebenfalls das akustische Übertragungsverhalten begünstigt, zu vermeiden.
In der Regel wird eine starre Bremsscheibe nur in Kombination mit einem Schwimmsattel verbaut.

Bremsscheibe direkt schwimmend mit dem Rad verschraubt

Diese Bauart ermöglicht eine hohe thermische Belastbarkeit bei niedrigen Kosten.
Die Bremsscheibe besteht lediglich aus einem Bremsring mit angeformten Haltelaschen und einer präzisen Befestigung zum Rad.
Die Zentrierung erfolgt über 5 Rollen, die mit dem Rad verschraubt werden.
Die Bremsscheibe wird über weiche Wellscheiben elastisch gegen das Rad gedrückt. Dadurch soll der erforderliche Planlauf der Bremsscheibe sichergestellt werden, Bild 10-18 und Bild 10-19.

Nachteile:

Dieses Prinzip erfordert eine sehr hohe Fertigungsgenauigkeit des Rades im Bereich der Bremsscheibenbefestigung. Die Schwingungsdämpfung gegen Bremsgeräusche ist aufgrund der weichen Wellscheibe in Verbindung mit der relativ kleinen Auflagefläche vergleichsweise schwach.

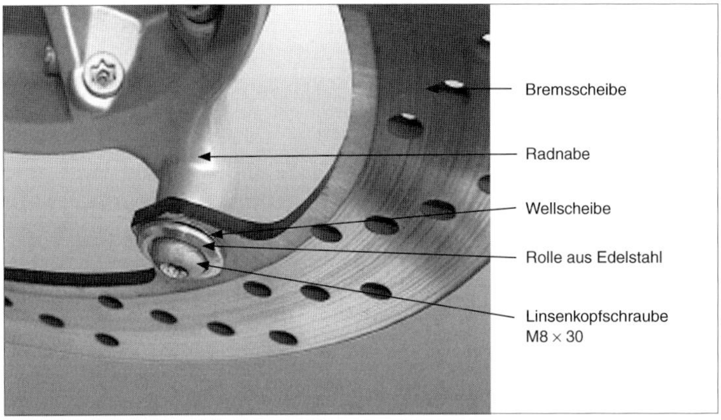

Bild 10-19 Bremsscheibe direkt schwimmend mit dem Rad verschraubt (Foto: BMW)

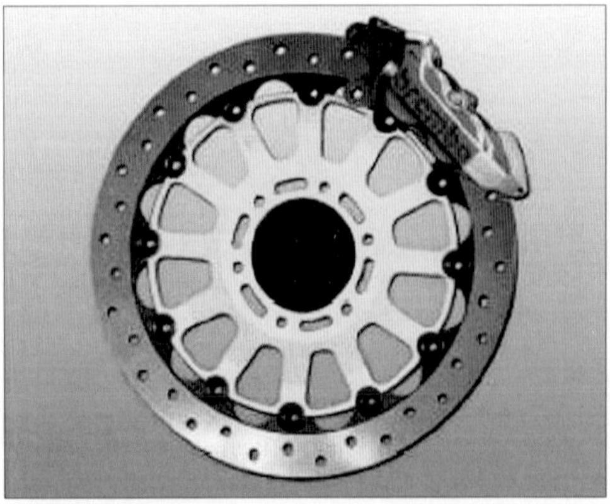

Bild 10-20 Bremsscheibe mit Bremsscheibenträger lose über Rollen verbunden (Foto: Brembo)

Bild 10-21 Bremsscheibe vorn HONDA VTR 1000 SP-1 (Foto: BMW)

Bremsscheibe mit Bremsscheibenträger lose („schwimmend") über Rollen verbunden

Dieses Bauprinzip wurde im Rennsport geboren, und dominiert dort, wo in der Regel die höchsten Temperaturen (ca. 600 °C) auftreten.
Die Zentrierung des Bremsringes erfolgt über 7 bis 12 hartanodisierte Aluminiumrollen, die lose zwischen Reibring und Bremsscheibenträger sitzen, Bild 10-20. Der Bremsscheibenträger wird tiefgezogen oder ist ein Dreh- und Frästeil.

Nachteile:

Starke Klappergeräusche bei niedrigen Geschwindigkeiten auf schlechter Straße und Kopfsteinpflaster. Hohe Kosten durch die hohe Anzahl von Aluminiumrollen. Nur für Wettbewerbszwecke sinnvoll.

Bremsscheibe („semi-schwimmend") über Tellerfedern mit dem Bremsscheibenträger vernietet

Bei über 90% der japanischen Motorräder über 400 ccm wird diese Bremsscheibenbauart eingesetzt, Bild 10-21.
Um optimalen Planlauf zu gewährleisten, wird der Bremsscheibenträger aus einer Aluminium-Magnesium-Legierung nach dem Vernieten der Edelstahlrollen an der Planfläche zum Vorderrad überdreht. Diese Bremsscheibe bietet im Zusammenbau mit dem Vorderrad die besten Planlaufwerte und ist damit für moderne Sportmotorradbremsanlagen mit geringem Roll-Back geeignet.

Nachteile:

Diese Bremsscheibe ist sehr teuer in der Fertigung und geeignet für Bremsscheibentemperaturen bis ca. 400 °C, darüber kann es zu bleibenden Verformungen wie Schirmung oder Planlaufabweichungen mit nachfolgendem Rubbeln kommen. Nicht für Rennbetrieb geeignet.

Fertigung von Bremsscheiben (ohne Bremsscheibenträger):

Die Bremsscheibe besteht aus einem speziellen, meist patentierten Edelstahlwerkstoff. Graugussscheiben sind zunehmend nur noch auf dem Zubehörmarkt anzutreffen. Die starke Korrosion von Graugussscheiben wird von einem Großteil der Kunden abgelehnt und kann darüber hinaus zu Bremsenrubbeln führen.
Auch im Rennsport werden Graugussscheiben durch die zunehmende Dominanz von Sintermetallbelägen verdrängt. Die Reibpaarung Sinterbelag und Graugussscheibe verträgt sich nicht, weil die Scheibe extrem schnell verschleißt und zum Rubbeln neigt.
Der Bremsring wird in mehreren Arbeitsfolgen aus kleinen Blechtafeln 340 × 340 mm geschnitten und nach dem induktiven Vergüten und Abschrecken mit einem wassergekühlten Stahlstempel in zwei Stufen beidseitig geschliffen und auf Planlauf geprüft.
Zur Vermeidung von Ausschuss kann bei überschrittener Planlauftoleranz ein drittes Mal überschliffen werden, ohne dass die Mindestdicke unterschritten wird.

Kohlefaser Bremsscheibe für Rennmotorräder

Eine Ausnahme stellen Kohlefaser-Bremsscheiben für Rennmotorräder dar, die ähnlich schwimmend, d. h. mit Spiel kulissenartig gelagert sind, damit bei Wärmedehnung keine Spannungen aufgebaut werden, Bild 10-22.
Die Reibpaarung ist CFK/CFK, d. h. die Bremsbeläge sind ebenfalls aus Kohlefasermaterial.
Diese Bremsscheiben sind sehr leicht und sie entfalten ihre volle Bremswirkung erst mit zunehmender Scheibentemperatur.

Nachteile:

Extrem hohe Kosten, nur für den Rennbetrieb sinnvoll geeignet.

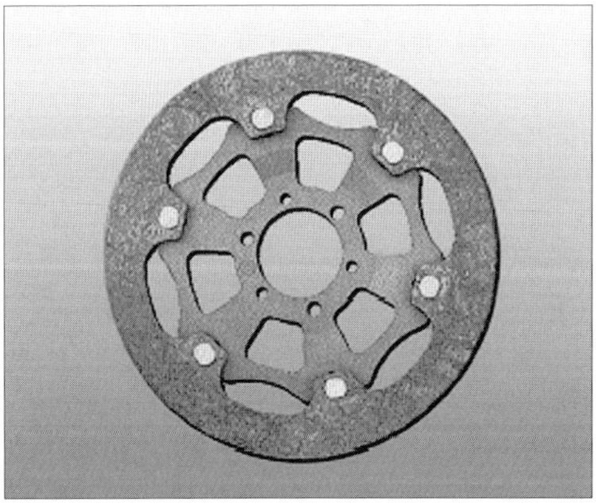

Bild 10-22 Kohlefaser-Bremsscheibe für Rennmotorräder (Foto: Brembo)

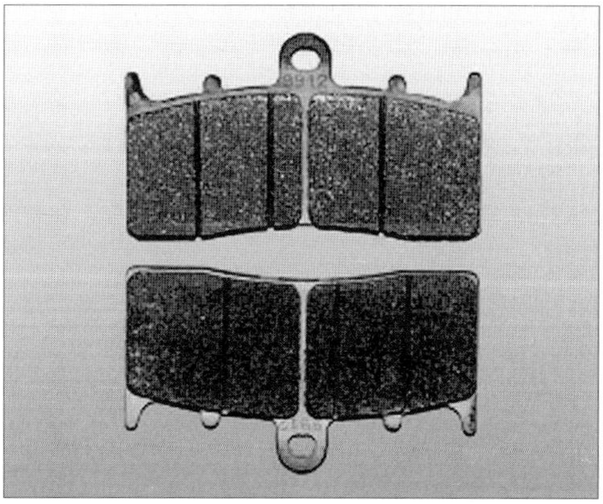

Bild 10-23 Sinterbeläge (Foto: BMW)

10.4.3 Bremsbeläge

Bremsbeläge für Motorräder bestehen grundsätzlich aus einer Rückenplatte aus Feinkornstahl auf die ein Reibmaterial aufgebracht wurde. Dabei muss das Reibmaterial zahlreiche Bedingungen gleichzeitig erfüllen. Es gilt konstante Reibverhältnisse unter den verschiedensten Betriebsbedingungen sicherzustellen und hohe Anforderungen hinsichtlich subjektivem Druckpunktgefühl, Geräuschentwicklung, Korrosion und Verschleißverhalten zu erfüllen.

Im Gegensatz zur Automobiltechnik mit Graugussbremsscheiben haben sich in der Motorradtechnik inzwischen Sintermetallbeläge mehrheitlich etablieren können, da sie mit hervorragenden Eigenschaften in der Reibpaarung mit Edelstahlbremsscheiben aufwarten können.

Bremsbeläge aus Sinterwerkstoffen

Seit 1978 haben sich Sinterbeläge wegen ihres hohen Reibwertes auf Edelstahlscheiben und der etwa doppelten Lebensdauer gegenüber organischen Belägen immer stärker durchsetzen können.

Bis zu 10 verschiedene Pulver, meist Metalle wie Kupfer (~40 %), Nickel, Zinn und anderen werden mit Graphit gemischt und unter hohem Druck gepresst.

Bei 850 bis 870 °C werden die Sinterlinge in gasbefeuerten Öfen „gebacken“, wobei ein 2 %iger Anteil Zinn im Pulver die Bindung zur Belagrückenplatte sicherstellt.

Nach dem Abkühlen sind die Beläge durch den Bimetalleffekt stark verzogen. Beim Prägen der Rückenplatte mit Herstellerdaten wird jede Rückenplatte einzeln plangerichtet und die Belagoberfläche anschließend überschliffen oder überfräst. Die Reibwerte liegen im Bereich 20–50 % über denen von organischen Belägen. Sinterbeläge erkennt man an der verkupferten Belagrückenplatte, Bild 10-23.

Nachteile:

Sinterbeläge sind schwerer und teurer als organische Bremsbeläge und können mitunter Bremsgeräusche verursachen, die es mit organischen Belägen nicht gibt. Durch die gute Wärmeleitfähigkeit wird die Bremsflüssigkeit stärker aufgeheizt, was meist zusätzliche Isoliermaßnahmen erfordert (z. B. keramische Beschichtung der Rückenplatte).

Bremsbeläge aus organischen Werkstoffen

Organische Bremsbeläge bestehen im Gegensatz zu Sinterbelägen nur zu sehr geringem Anteil aus Metall (Messing und Aluminium). Das früher verwendete Asbest wurde inzwischen gegen Aramidfasern (z. B. Kevlar) ausgetauscht, Bild 10-24.

Seit den 30er Jahren halten Phenolharze dieses Gemisch auch bei hohen Belagtemperaturen zusammen. Der Belag wird mit einem Spezialkleber auf die Rückenplatte geklebt.

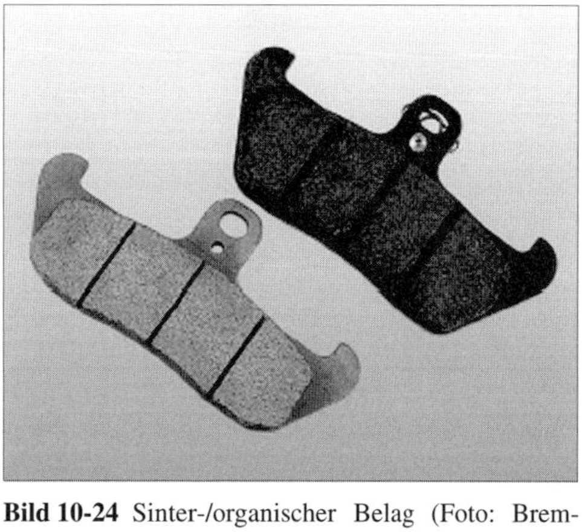

Bild 10-24 Sinter-/organischer Belag (Foto: Brembo)

Billige Zubehörbeläge enthalten manchmal stark toxische Blei- und Antimonverbindungen.

Nachteile:

Relativ niedriger Reibwert, geringe Laufleistung vor allem bei Nässe. Relativ lange Ansprechzeit bei Nässe. Man erkennt organische Beläge an der lackierten Rückenplatte.

10.5 Auslegung des Bremssystems

Bremsleistung

Unter Bremsleistung wird allgemein das Verhältnis der Betätigungskraft zur erzielten Bremskraft am Rad verstanden.
Bei der Auslegung gelten folgende Zusammenhänge: Wie aus Bild 10-25 hervorgeht, ergibt sich ein Momentengleichgewicht am Vorderrad:

$$M_{d\,\text{Rad}} = M_{d\,\text{Bremse}} \tag{10.9}$$

$$F_U \cdot R_{\text{Rad}} = F_B \cdot R_{\text{Bremse}} \tag{10.10}$$

Die das Bremsmoment erzeugende Bremskraft F_B ist von folgenden Größen abhängig (hier am Beispiel eines Zwei-Kolben-Festsattels gezeigt) Bild 10-26:
Spannkraft

$$S = p \cdot A_{KS} \tag{10.11}$$

mit hydr. Druck p und Bremskolbenfläche A_{KS}

Reibungskraft

$$F_R = \mu_R \cdot S \tag{10.12}$$

Bremskraft

$$F_B = 2 \cdot F_R = 2 \cdot \mu_R \cdot S \tag{10.13}$$

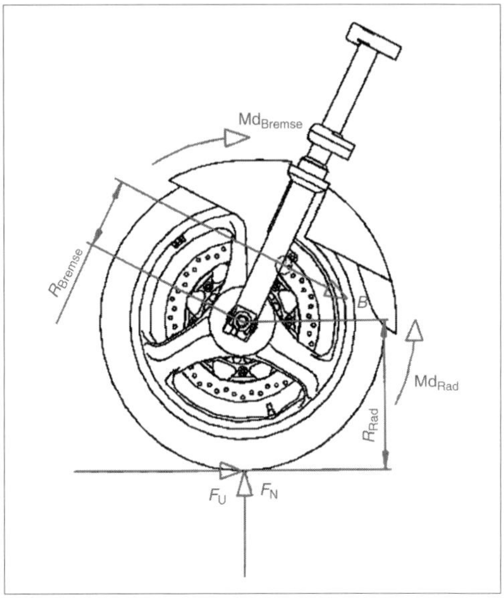

Bild 10-25 Kräfte am gebremsten Vorderrad (BMW)

Des weiteren sind die Übersetzungsverhältnisse an der Betätigungsvorrichtung maßgebend (hier exemplarisch an einer Handbremsarmatur dargestellt) Bild 10-27:

mechanisches Übersetzungsverhältnis $i_{\text{mech}} = \dfrac{L_H}{L_{Hbz}}$

mit Handhebelarm L_H und Betätigungshebelarm Hauptbremszylinder L_{Hbz}, Bild 10-27

Kolbenkraft

$$F_K = i_{\text{mech}} \cdot F_H \tag{10.14}$$

mit Handkraft F_H

Systemdruck

$$p = \frac{F_K}{A_{KH}} = \frac{i_{\text{mech}} \cdot F_H}{A_{KH}} \tag{10.15}$$

mit Kolbenfläche des Hauptbremszylinders A_{KH}

Betrachtet man das Gesamtsystem, ergibt sich folgender Zusammenhang zwischen eingesteuerter Betätigungskraft F_H und daraus resultierender Bremskraft F_B:

Gesamtbremskraft

$$F_{B\,\text{ges}} = F_R \cdot z \cdot 2 = \mu \cdot S \cdot z \cdot 2 \tag{10.16}$$

$z =$ Anzahl der Bremsscheiben pro Rad

Spannkraft

$$S = p \cdot A_{KS} = \frac{i_{\text{mech}} \cdot F_H \cdot A_{KS}}{A_{KH}} \tag{10.17}$$

daraus folgt

$$F_{B\,\text{ges}} = \frac{A_{KS}}{A_{KH}} \cdot F_H \cdot i_{\text{mech}} \cdot \mu \cdot z \cdot 2 \tag{10.18}$$

Hydraulische Übersetzung

$$i_{\text{hydr}} = \frac{A_{KS} \cdot z \cdot 2}{A_{KH}} \tag{10.19}$$

Gesamtübersetzung

$$i_{\text{ges}} = i_{\text{mech}} \cdot i_{\text{hydr}} \tag{10.20}$$

daraus folgt

$$F_{B\,\text{ges}} = F_H \cdot i_{\text{ges}} \cdot \mu \tag{10.21}$$

Bremsmoment

$$M_{d\,\text{Bremse}} = F_{B\,\text{ges}} \cdot r_{\text{Bremse}} = F_H \cdot i_{\text{ges}} \cdot \mu \cdot \cdot r_{\text{Bremse}} \tag{10.22}$$

Damit ergibt sich unter Vernachlässigung der Übertragungsverluste die Abhängigkeit der Bremskraft am Rad von der eingesteuerten Betätigungskraft folgendermaßen:

Bremskraft am Rad

$$\boxed{F_U = \frac{F_{B\,\text{ges}} \cdot r_{\text{Bremse}}}{r_{\text{Rad}}} = \frac{F_H \cdot i_{\text{ges}} \cdot \mu \cdot r_{\text{Bremse}}}{r_{\text{Rad}}}} \tag{10.23}$$

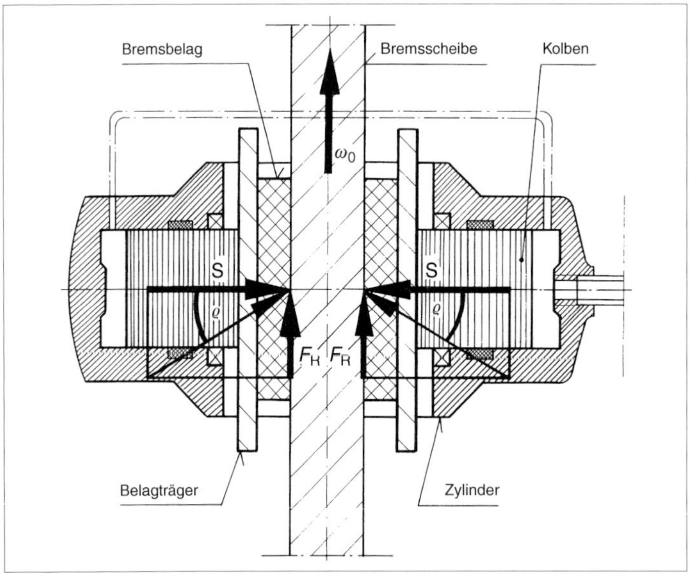

Bild 10-26 Kräfte an der Bremsscheibe (Ungerer/BMW)

bzw.

$$F_U = \frac{F_H \cdot \frac{A_{KS} \cdot z \cdot 2}{A_{KH}} \cdot \frac{L_H}{L_{Hbz}} \cdot \mu \cdot r_{\text{Bremse}}}{r_{\text{Rad}}} \tag{10.24}$$

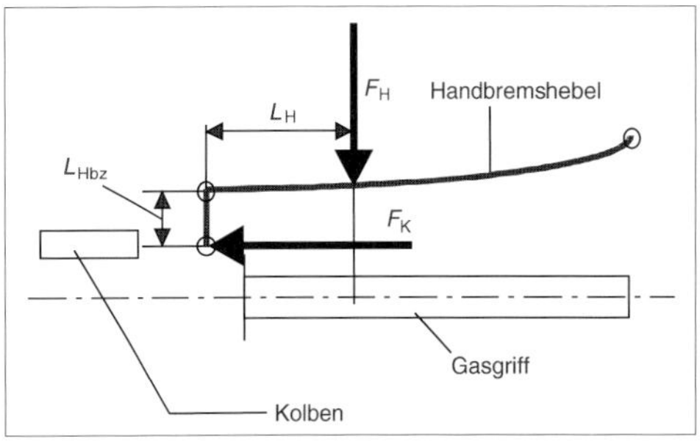

Bild 10-27 Betätigungskraft und deren Wirkgrößen (BMW)

Die Darstellung der Bremsleistung kann z. B. in sogenannten „Kraftkennbildern" erfolgen, siehe Bild 10-28, in denen die Verzögerung über der entsprechenden Betätigungskraft angetragen ist:

Thermische Stabilität

Eine der wichtigsten Anforderungen an die Bremsanlage ist die thermische Stabilität unter möglichst allen auftretenden Belastungen. Darunter sind vor allem folgende Punkte zu verstehen:

- Fading

  Unter diesem Begriff wird allgemein das Nachlassen der Bremswirkung bei hohen Temperaturen verstanden. Im Motorradbereich ist hier vor allem das sogenannte „Initialfading" vorhanden. Es tritt besonders bei organischen Bremsbelägen auf, die noch relativ neu sind und/oder eine bestimmte Temperatur noch nicht überschritten haben. Wird bei stärkerer Bremsenbelastung, z. B.

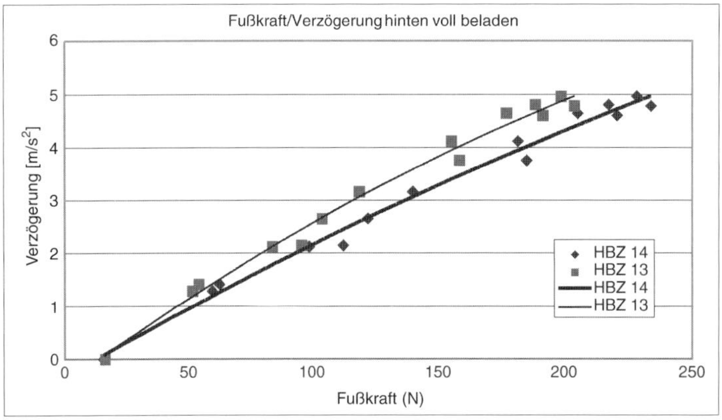

Bild 10-28 Beispiel eines Kraftkennbildes, hier wird die Leistung einer Fußbremse mit 2 verschiedenen Hauptbremszylindern dargestellt (BMW)

einer Passabfahrt, eine bestimmte Grenztemperatur des Belages überschritten, kann es zum Ausgasen der Bindemittel der Belagbestandteile kommen. Dieses hat zur Folge, dass sich ein „Gaspolster“ zwischen Belagoberfläche und Bremsscheibe bildet, welches dazu führt, dass nur noch eine sehr geringe Verzögerung vorhanden ist, obwohl der Fahrer noch einen Druckpunkt spürt. Dieser Zustand hält nur kurzzeitig an, und zwar solange, bis die Bindemittel verdampft sind. Danach ist wieder die volle Leistungsfähigkeit des Systems vorhanden und das Initialfading wird im Leben dieser Bremsbeläge nicht mehr auftreten. Dieses Verhalten ist natürlich bei verschiedenen Belägen mehr oder weniger ausgeprägt, je nach Zusammensetzung und Herstellungsverfahren.

- Dampfblasenbildung

  Eine äußerst gefährliche Erscheinung bei heißer Bremse ist die sogenannte Dampfblasenbildung, weil sie je nach Situation zu einem plötzlichen Totalausfall der Bremse führen kann.
  Ursächlich ist das Erreichen des Siedepunktes der Bremsflüssigkeit an der heißesten Stelle im Bremssattel. Die Temperatur der heißen Bremsscheibe wird über die Bremsbeläge und die Kolben des Sattels an die Bremsflüssigkeit weitergeleitet, wodurch sich diese im Verlauf z. B. einer Passabfahrt ständig weiter erhitzt. Der Siedepunkt der Bremsflüssigkeit wird vor allem durch deren Alter und damit deren Wassergehalt bestimmt.
  Überschreitet die Temperatur im Bremssattel den Siedepunkt, fängt die Flüssigkeit an zu „kochen“ und das dadurch entstehende Gaspolster kann durch das nur begrenzt zur Verfügung stehende Fördervolumen im Hauptbremszylinder nicht mehr komprimiert werden, die Bremse fällt aus.
  Besonders heimtückisch kann dieses sein, wenn der Fahrer kurz vor Erreichen des Siedepunktes auf halber Strecke eine kurze Pause macht und dann weiter fährt. In dieser Pause heizt die heiße Bremsscheibe im Stand die Flüssigkeit schneller auf, weil die Kühlung durch den Fahrtwind fehlt. Durch diese „Nachheizphase“ Bild 10-29 kann der Siedepunkt schnell überschritten werden und der Fahrer wird nach Fortsetzung seiner Fahrt vor der ersten Kurve durch den Ausfall seiner Bremse völlig überrascht.

- Bremsscheibenschirmung

  Ein weiteres Problem mangelnder thermischer Stabilität kann ein geometrischer Fehler der Bremsscheiben unter starker Temperatureinwirkung sein, was oft als „Bremsscheibenschirmung“ bezeichnet wird. Ursache ist meist die fehlende Möglichkeit der heißen Bremsscheibe, sich entsprechend ausdehnen zu können, ohne große Materialspannungen aufkommen zu lassen, denn diese führen zu der Verformung. Die Folge einer solchen Verformung wäre ein mehr oder

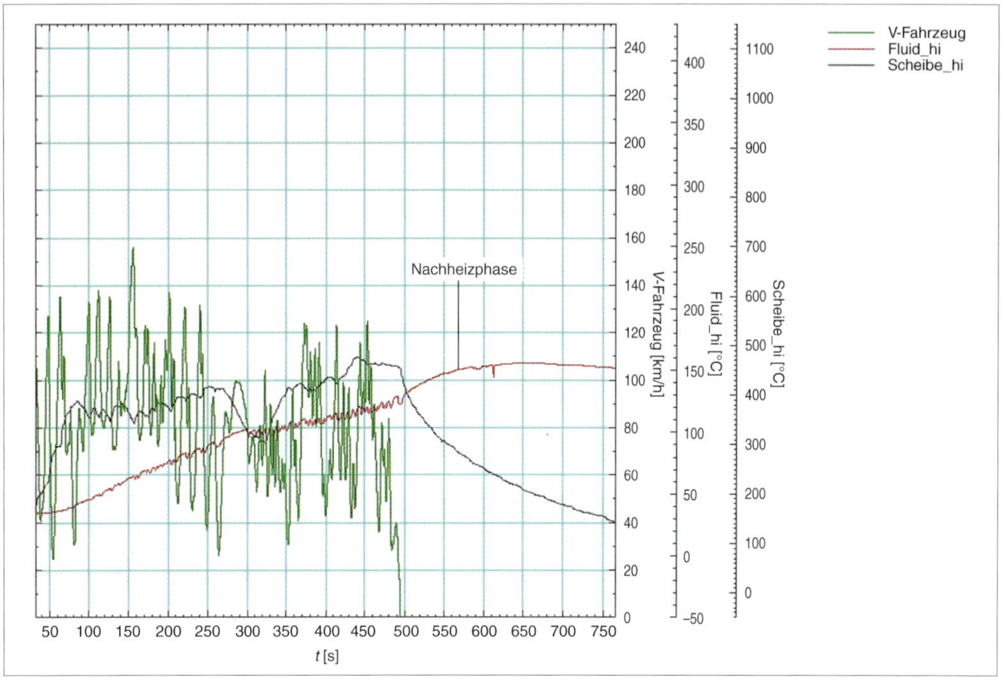

Bild 10-29 Temperaturverlauf Hinterradbremse bei einer Passabfahrt (BMW)

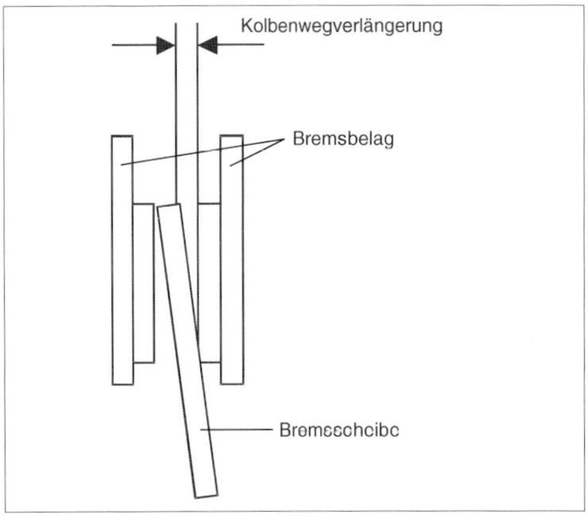

Bild 10-30 Volumenzunahme durch geschirmte Bremsscheibe (BMW)

weniger starker Verlust am Druckpunkt bzw. Hebelweg des Bremshebels, da die Kolben im Bremssattel ein größeres Volumen bis zum Druckaufbau verbrauchen, sie müssen erst einmal die Scheibe „geradebiegen".
Dieser Erscheinung kann durch eine entsprechende Gestaltung der Bremsscheibenbefestigung entgegengewirkt werden, indem eine schwimmende oder semischwimmende Lagerung der Bremsscheibe gewählt wird oder ein geschicktes Bremsscheibendesign angewandt wird. Beide Methoden können durch entsprechende Berechnung in der Konzeptphase und anschließende ausgiebige Erprobung eine einwandfreie Funktion der Bremsscheibe gewährleisten, Bild 10-30.

Bremsgeräusche

Ein Verhalten, das sich in der Konzeptphase noch sehr schlecht durch Berechnungsmethoden vorhersagen lässt (Ausnahme: Berechnung der Eigenfrequenz einzelner Komponenten), ist das Geräuschverhalten der Bremsanlage. Dieses Gebiet ist sehr komplex und es müssen viele Randbaugruppen der Bremsanlage mitberücksichtigt werden (Räder, Radführungssysteme), da sie das Schwingungsverhalten des Systems entscheidend mit beeinflussen können. Es wird zwischen Körperschall- und Luftschallübertragung unterschieden. Das Geräusch selbst wird dabei in verschiedene Arten untergliedert (z. B. Knarzen, Quietschen, Schaben ...). Die Schwingungen werden grundsätzlich in der Reibfläche zwischen Bremsbelag und Bremsscheibe durch einen Stick-Slip-Effekt angeregt und übertragen sich auf die benachbarten Teile, die dann wiederum zu Schwingungen angeregt werden. Wenn nun eines oder mehrere der betroffenen Teile in Resonanz gerät, können Geräusche der unterschiedlichsten Ausprägung und Lautstärke entstehen.

Ziel der Untersuchungen und Maßnahmen muss es dann sein, dieses Schwingungssystem so zu verstimmen, dass unter den verschiedenen Betriebsbedingungen kein Teil in einen geräuschkritischen Schwingungszustand gerät. Entscheidend ist die möglichst frühzeitige Untersuchung des Systems auf sein Geräuschverhalten hin, wobei möglichst alle Bauteile, die das Schwingungsverhalten beeinflussen können, in der richtigen Ausführung verbaut sein sollten.
Neben den bauteilspezifischen Eigenschaften (z. B. Dämpfung und Geometrie des Belags, Temperaturabhängigkeit von Haft- und Gleitreibwert der Beläge usw.) haben folgende Faktoren einen großen Einfluss auf das Geräuschverhalten:

- Fahrgeschwindigkeit
- Bremsdruck
- Witterungsbedingungen, Luftfeuchtigkeit
- Fahrweise des Fahrers, dadurch stellt sich eine individuelle Oberflächen-Mikrostruktur der Belag- und Bremsscheibenoberfläche ein
- Verschleißzustand der Bremsanlage
- Temperatur aller relevanten Bauteile (Durchwärmung, Eigenspannungen)

10.6 Integralbremssysteme und Bremsregelsysteme

10.6.1 Antiblockiersysteme (ABS)

Die Aufgabe eines ABS besteht darin, das Blockieren der Räder und den damit verbundenen Seitenkraftverlust der Räder zu verhindern. Bei einem Zweirad geht nicht nur die Seitenkraft verloren, sondern auch der stabilisierende Drehimpuls. Hierbei übernimmt das Vorderrad einen dominanten Teil der Fahrzeugstabilisierung.

10.6.2 Bestandteile des ABS

Analog zu den 2-Spurfahrzeugen besteht das ABS aus zwei Hauptkomponenten, der Geschwindigkeitssensorik und der Bremskraftmodulation.
Die Hauptaufgabe der Radgeschwindigkeitssensoren besteht darin, Fahrzustände mit sehr großem Radschlupf bzw. im Extremfall blockierende Räder zu erkennen, damit von einer Regeleinheit stabilisierende Maßnahmen eingeleitet werden können. Bei den Geschwindigkeitssensoren haben sich inzwischen induktive oder Hall-Sensoren durchgesetzt, die an der Vorderradgabel oder der Hinterradschwinge, dem Bremsanker oder Bremssattel befestigt sind und zu einem am Rad befestigten Zahnkranz oder Lochring gerichtet sind. Je größer die Zähnezahl bezogen auf den Raddurchmesser ist, um so kleinere Geschwindigkeiten können noch geregelt werden. Dies ist bei schweren Einspurfahrzeugen und auf weniger griffigen Fahrbahnen bedeutend. Die minimale Geschwin-

digkeit, bis zu der die ABS-Reglung aufrechterhalten werden kann, ist von diesem Verhältnis abhängig. Es muss permanent entschieden werden, ob das Rad blockiert oder das signallose Zeitintervall einer kontinuierlichen Drehfrequenz der aktuellen Fahrzeuggeschwindigkeit entspricht. Von dem Moment, wo die Radgeschwindigkeit nicht mehr aufgelöst werden kann, wird die ABS-Regelung beendet und der Fahrer muss das Fahrzeug mit den blockierenden Rädern durch Balancieren oder Abstützen mit den Füßen im Gleichgewicht halten.

Der Modulator regelt die Bremskräfte derart, dass ein Blockieren der Räder verhindert wird.

Einige Systeme bedienen sich Druck-, Kraft- oder Wegsensoren um die Regelung zu unterstützen und somit mehr Bremsleistung, -komfort oder -stabilität zu schaffen. Die Systeme werden in Kapitel 10.6.4 genauer beschrieben.

10.6.3 Der ABS-Regelvorgang

Das erste Axiom der Eigenschaften von Kraftfahrzeugreifen besagt, dass eine Kraftübertragung nur mit Radschlupf möglich ist. Wird ein Rad gebremst, kann der Reifen nur Kraft übertragen, wenn Bremsschlupf entsteht. Bremskraft und Radschlupf nehmen auf festem Untergrund bis zur maximalen Umfangskraft zu. Von diesem Moment an verringert sich die Bremskraft mit zunehmendem Radschlupf bis das Rad blockiert und definitionsgemäß 100 % Radschlupf besitzt. Überschreitet die Radbremskraft diesen fahrbahn- und reifenspezifischen Wert verzögert das Rad je nach Reibwertniveau und Überschussmoment der Radbremse mit bis zu 10 g und mehr. Raddrehzahlverlauf und Schlupfniveau lassen auf die jeweiligen Fahrbahneigenschaften (Niedrigreibwert Fahrbahnbeläge, Schlechtweg ...) schließen.

Loser Schnee, Schotter oder Geröll haben eine andere Bremskraft – Bremsschlupf-Charakteristik. Zu Beginn sieht der Verlauf gleich aus wie auf festem Untergrund. Die Bremskraft fällt nach dem steilen Anstieg jedoch nicht mehr ab, sondern wächst mit deutlich flacherem Gradienten weiter bis zum Blockieren des Rades an. Vor dem blockierenden Rad baut sich ein Keil auf bzw. das Rad gräbt sich ein und kann dann mit zunehmendem Bremsschlupf die Bremskraft immer weiter bis zum Blockieren des Rads steigern. Dieser Sachverhalt begründet, dass bei einigen geländetauglichen Motorrädern das ABS abschaltbar ist, um „off road"-Freunden den gewohnten Fahrspaß und Fahrgewohnheiten zu erhalten.

Wird aufgrund der Radbedingungen „zu großer Radschlupf" oder „unplausible hohe Radverzögerung", das Überschreiten der maximal möglichen Bremskraft für die Fahrbahn am Radsensor registriert, muss das Bremsmoment der Radbremse zur Erhaltung der Fahrstabilität und Verbesserung der Bremsleistung wieder reduziert werden. Diese Regelung erfolgt durch den Modulator. Für die Modulation gibt es unterschiedliche Arbeitsprinzipien, die auch von den am Fahrzeug verbauten Bremsenbetätigungsvorrichtungen (Hydraulik, Bremsgestänge oder Seilzug) abhängig sind.

Beispielhaft ist im Bild 10-31 die Messung einer ABS-Regelung dargestellt. Das Fahrzeug verfügt über eine hydraulische Bremsanlage mit einem ABS-Modulator mit integriertem Bremskraftverstärker. Im Bild sind die Radgeschwindigkeiten, eine errechnete Fahrzeugreferenzgeschwindigkeit und die Bremsdrücke an Vorder- und Hinterradbremse dargestellt. In diesem Fall wird der vordere Bremsdruck langsam aufgebaut. Der Blockierdruck der Hinterradbremse fällt bis ca. zur Sekunde 3 entsprechend der Radlastverteilung kontinuierlich ab. (Hüllkurve der maximalen Bremsdrücke am Hinterrad vor einem Druckabbau.) Bei Sekunde ca. 1,5 wird von der Software durch die Schwingungen des vorderen Ge-

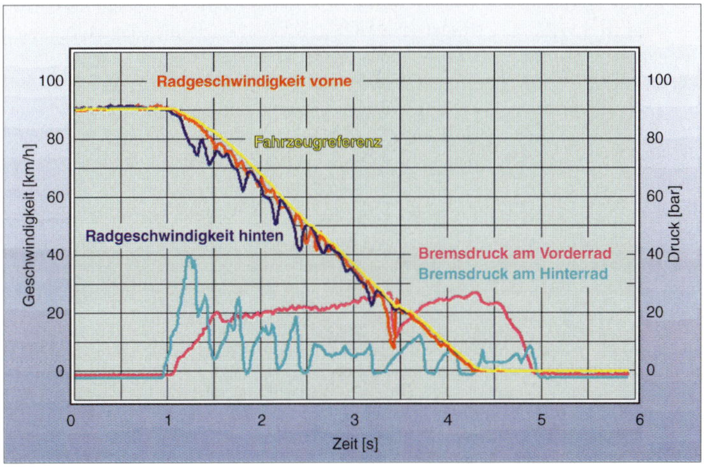

Bild 10-31 ABS Regelung trocken

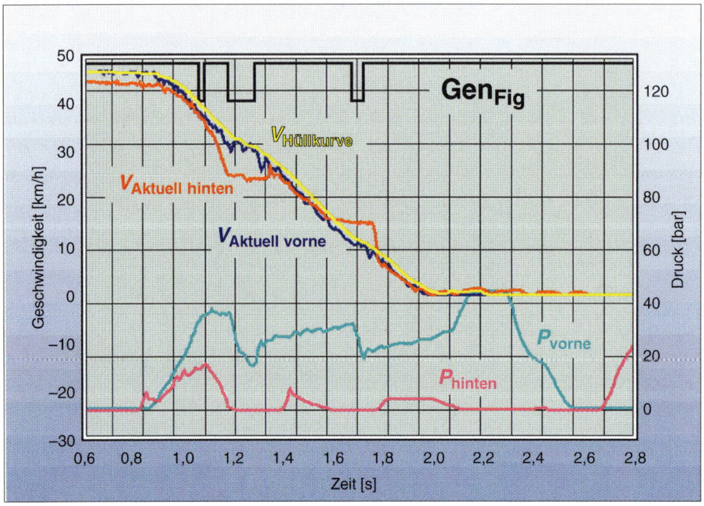

Bild 10-32 indirekte Rückschlüsse auf ein abhebendes Hinterrad

schwindigkeitssignals der Bereich der maximalen Bremskraftübertragung erkannt. Dann erfolgt ein langsamer Druckaufbau am Vorderrad um diesen Betriebspunkt möglichst lange zu halten. Damit bleibt das Fahrzeug ruhig, ohne starke Verzögerungsschwankungen und die Bremsleistung wird auf hohem Niveau gehalten, da jeder Abbauzyklus mit kurzzeitigen Verzögerungsverlusten verbunden ist. Ca. in Sekunde 3,5 wird der Blockierdruck am Vorderrad überschritten und das Rad muss durch einen Druckabbau wieder abgefangen werden. Dadurch wird die Radlast am Hinterrad wieder erhöht und der Blockierdruck steigt für diesen einen Zyklus am Hinterrad etwas an (ca. Sekunde 3,75).

Zweiräder haben ein ungünstigeres Verhältnis zwischen Schwerpunktshöhe und Radstand als Autos, die zu größeren Radlaständerungen an Vorder- und Hinterrad beim Verzögern führen. Im Extremfall überschreitet die Radlaständerung die statische Radlast am Hinterrad, was zum Abheben des Hinterrades bis hin zum Überschlag führen kann. Beim Abheben eines Hinterrades gibt es zwei typische Radgeschwindigkeitsverläufe. Diese sind im Bild 10-32 dargestellt und werden im Anschluss erläutert:

Bei Sekunde 1,15 (horizontale Zeitachse) beginnt das Hinterrad (Geschwindigkeitssignal rote Kurve) abzuheben. Da gleichzeitig Bremsdruck an der Hinterradbremse anliegt, beginnt das Hinterrad zu blockieren. Dies ist erkennbar an der Geschwindigkeitsdifferenz zu der intern errechneten Fahrzeuggeschwindigkeit (gelbe Kurve) und der Vorderradgeschwindigkeit (blaue Kurve). Das ABS versucht dem Blockieren des Hinterrades entgegenzuwirken, indem der Bremsdruck hinten abgebaut wird (ca. sec 1,18). Nachdem der Bremsdruck auf Null abgebaut wurde, die Hinterradgeschwindigkeit sich nicht an die Referenzgeschwindigkeit des Fahrzeugs annähert und die aus der Referenzgeschwindigkeit abgeleitete Verzögerung eine Mindestschwelle überschritten hat, wird ein Eingriff am Vorderrad vorgenommen. Dieser Druckabbau am Vorderrad ist an der hellblauen Kurve ersichtlich. Zum Zeitpunkt ca. 1,4 Sekunden berührt das Hinterrad wieder den Boden, womit ein Überschlag erfolgreich verhindert wurde. Zum Zeitpunkt 1,8 Sekunden kommt es erneut zum Abheben des Hinterrades. Diesmal ist kein Druck in der Hinterradbremse. Das Hinterrad dreht, nur durch seine Lagerungsreibung gebremst, frei weiter und ist jetzt schneller als die Referenzgeschwindigkeit. Die ABS Software erkennt auch diesen Fall und reagiert mit einem Druckabbau am Vorderrad zum Zeitpunkt ca. 2,0 Sekunden, das Hinterrad setzt ca. 0,1 Sekunden später wieder auf der Fahrbahn auf und verhindert somit einen Überschlag des Motorrades.

Das abhebende Hinterrad kann nur bei diesen beiden charakteristischen Radverläufen erkannt werden, da das Messverfahren indirekt arbeitet. Durch Interpretation der Radgeschwindigkeiten wird auf das Abheben zurückgeschlossen. Wird die Hinterradgeschwindigkeit durch Störungen, wie z. B. Motorschwingungen bei nicht vollständig gezogener Kupplung oder sehr unebene Fahrbahnen, in ihrem Verlauf so beeinflusst, dass sie nicht mehr in obige Schemen zu klassieren ist, kann das Abheben nicht erkannt und folglich auch nicht ausgeregelt werden. Diese Thematik ist mit sehr griffigen Reifen und/bzw. auf sehr rauem Asphalt relevant.

10.6.4 Arbeitsprinzipien

Es gibt verschiedene Arbeitsprinzipien die Bremskraft am Rad zu regeln. Bei Bremsen, die über Seilzug oder Bremsgestänge betätigt werden, kann weggesteuert in die Bremsbetätigung eingegriffen werden. Dies ist im Abschnitt a) erläutert. Für hydraulische Bremsanlagen gibt es deutlich vielfältigere konstruktive Ausführungen. Diese sind in den Abschnitten b)–d) erläutert.

a) Elektro-Mechanisches Planetengetriebe

Auf dem japanischen Markt war im Modelljahr '98 ein 50er Roller von Honda mit dem Namen DIO erhältlich.

Die Regeleinheit bestand aus einem Elektromotor, einer elektromagnetischen Bremse und zwei Planetenträgern, Bilder 10-33 und 10-34. Der Planetenträger des vorderen Planetensatzes war über ein Zahnsegment mit dem Hauptbremszylinder der vorderen Scheibenbremse verbunden. Der Planetenträger des hinteren befand sich ebenso mit einem Zahnsegment in Eingriff. Der Seilzug für die hintere Trommelbremse war an einem drehbar gelagerten Betätigungshebel angebracht, der vom Seilzug des linken Bremshebels angesteuert wurde. Dieser Hebel konnte mit einem Mitnehmer vom Zahnsegment bewegt werden. Die Bewegung wurde über den am Betätigungshebel angebrachten Winkelsensor erfasst. Dieser konnte sowohl die Auslenkung als auch die Auslenkungsgeschwindigkeit erkennen. Die Mitnehmerkonstruktion ermöglichte es, über das Zahnsegment die hintere Bremse zu entlasten. Die Bremskraft konnte jedoch nicht erhöht werden. Die Planetensätze waren über ein gemeinsames Hohlrad fest miteinander verbunden. Das Sonnenrad des vorderen Planetensatzes war fest mit dem Elektromotor verbunden, das Sonnenrad des hinteren Planetensatzes war mit einer elektromagnetischen Bremse kombiniert. Die Regeleinheit war ab einer bestimmten Verzögerung bei Betätigung des linken Bremshebels für die Integralbremswirkung auf das Vorderrad als auch für die ABS-Regelung beider Räder zuständig.

Das Bremsmoment konnte immer nur an beiden Rädern gleichzeitig geregelt werden (1-Kanal-ABS) und stellt lediglich eine Unterstützung der Bremskraftverteilung auf Vorder- und Hinterrad bei gleichzeitiger Sturzverhinderung mit einer auf Stabilität und nicht auf Bremsleistung optimierten ABS-Funktion dar. Dies war wahrscheinlich auch auf die prinzipbedingten, eingeschränkten Möglichkeiten zurückzuführen. Alleine die über ein Gestänge betätigte Trommelbremse zeigt ein sehr schwieriges Kraft-Betätigungsweg-Verzögerungsverhalten und ist deshalb nicht einfach zu regeln.

Damit die Hebelbewegungen bei einer Regelung des Modulators nicht so heftig auf die Betätigungshebel wirken, wurden Seilzugdämpfer in die Seilzüge zwischen Betätigungseinrichtung und Modulator eingebaut.

b) Ventilsysteme

Ventilsysteme sind die meist verbreiteten Druckmodulatoren. Sie sind in Automobilen mit hydraulischer und pneumatischer Bremsanlage verbaut.

Der Druckmodulator wird zwischen die Betätigungseinrichtung und den Nehmerzylinder geschaltet. Die beiden in sich geschlossenen Bremskreise besitzen zwei elektrisch betätigte 2/2 Wegeventile, das sogenannte Einlassventil EV und das Auslassventil AV, sowie ein Reservoir und eine Hydraulikpumpe (siehe Bild 10-35). Die Hydraulikpumpen beider Regelkreise werden in der Regel über denselben Elektromotor angetrieben. Außerdem befinden sich im System noch Drosseln/Blenden sowie diverse Rückschlagventile, die eine eindeutige Strömungsrichtung der Bremsflüssigkeit beim Ausfall bestimmter Systemkomponenten bzw. die Beendigung des Bremsvorganges innerhalb einer Regelbremsung zulassen.

Die hydraulischen Komponenten, die Bremsanlage und die Schaltdauer in der Regelsoftware müssen

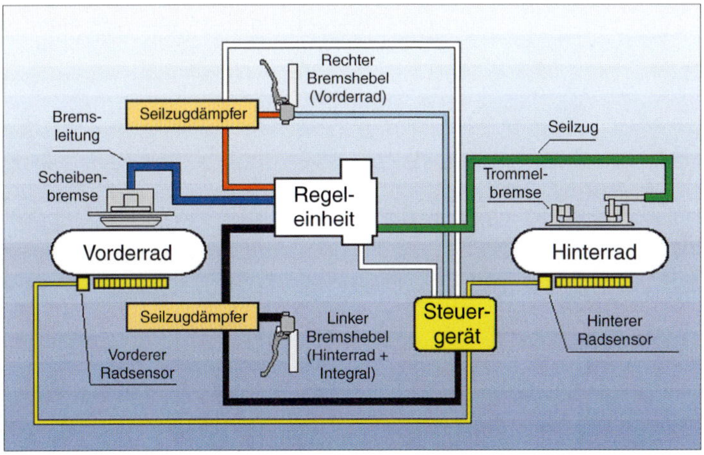

Bild 10-33 Aufbau der Honda DIO Bremse

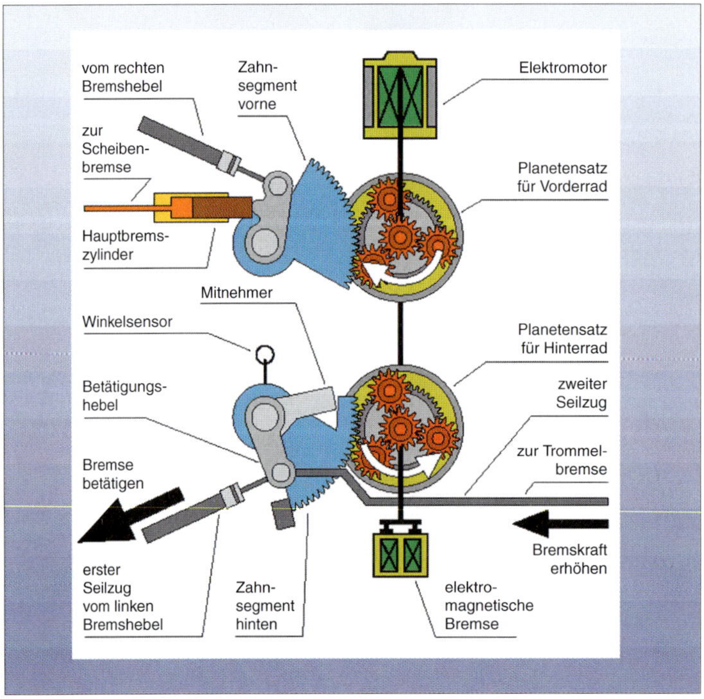

Bild 10-34 schematischer Aufbau des elektro-mechanischen ABS-Integralbrems-Modulators

fahrzeugspezifisch aufeinander abgestimmt werden, um optimale Regelungen zu erzielen.
Bei einer normalen (ungeregelten) Bremsung wird der Bremsdruck vom Bremszylinder kommend über den Anschluss M/C und das stromlos geöffnete EV zum Bremssattel geleitet. Der Weg zum Reservoir ist über Rückschlagventile und das stromlos geschlossene AV versperrt. Dadurch kann der Bremsdruck im Radzylinder direkt vom Hauptbremszylinder gesteuert werden. Zeigt nun ein Rad während einer Bremsung instabiles Verhalten, welches mit den Radsensoren gemessen wird, geht das ABS in

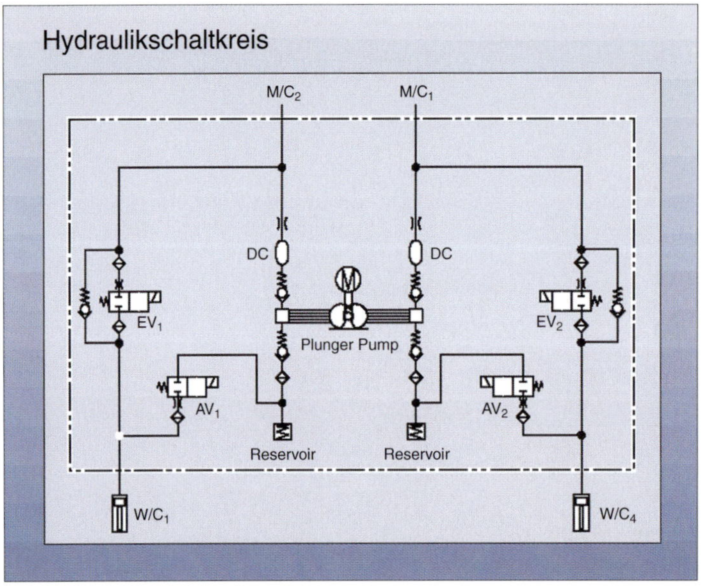

Bild 10-35 hydraulisches Schaubild eines Zwei-Kreis-Ventilsystems ABS 5M von Bosch

die Regelung des Raddruckes über.
Innerhalb der ABS-Bremsung werden 3 Regelzustände unterschieden:

I. Druckhaltephase: EV und AV geschlossen
II. Druckabbauphase: EV geschlossen und AV geöffnet
III. Druckaufbauphase: EV geöffnet und AV geschlossen

Damit der Druckauf und -abbau in von der Software beherrschbaren Zeiten durchgeführt werden kann, sind in den Ventilen Blenden zur Drosselung des Flüssigkeitsstromes integriert. Alternativ können auch hubgeregelte Proportionalventile verwendet werden.
Da beim Beginn der Regelbremsung die Förderleistung der Pumpe einer gewissen Trägheit und Anlaufdauer unterworfen ist, kann der erste Druckabbau bei Bedarf in das Reservoir erfolgen. Das Reservoir wird von der Pumpe, wenn die ausreichende Förderleistung erreicht ist, mit der Federunterstützung des Reservoirs wieder entleert.
Damit während der Druckhalte oder -abbauphase die Fahrzeugverzögerung vom Fahrer reduziert oder beendet werden kann, ist dem EV ein Rückschlagventil parallel geschaltet.
ABS-Regelvorgänge mit einem Ventilsystem sind immer mit Hebelpulsationen verbunden. Das beim Druckabbau dem Bremskreis zwischen Modulator und Bremssattel entnommene Flüssigkeitsvolumen wird in den Kreis zwischen Betätigungseinrichtung und Modulator gepumpt. Dadurch wird der Bremshebel um den daraus resultierenden Weg der Betätigungsrichtung entgegen bewegt.
Mitte der 80er Jahre konnte mit diesen Systemen der Bremsdruck noch nicht ausreichend schnell moduliert werden bzw. nicht schnell genug auf 0 bar abgebaut werden. Dies ist auf Fahrbahnen mit geringerem Reibwert μ für Einspurfahrzeuge ein wichtiges Kriterium. Außerdem wird der Bremshebel gegen die Betätigungskraft des Fahrers beim Druckabbau bewegt, was vereinzelt als unkomfortabel angesehen wird.
Mit einem Ventilsystem dieser Bauart können nur Drucksprünge durch Öffnen und Schließen der Ventile erzeugt werden. Mit Proportionalventilen oder einer regelbaren Pumpendrehzahl sind harmonischere Druckübergänge zu realisieren.

c) Plunger-System

Beim Plungersystem befindet sich ein beweglicher Kolben (Plunger) im Bypass des Bremssystems, Bild 10-36. Erkennen die Radsensoren ein instabiles Radverhalten wird mit dem Kolben ein Ausgleichsvolumen zum Druckabbau zur Verfügung gestellt. Bei dieser Bewegung verschließt sich ein Kugelventil,

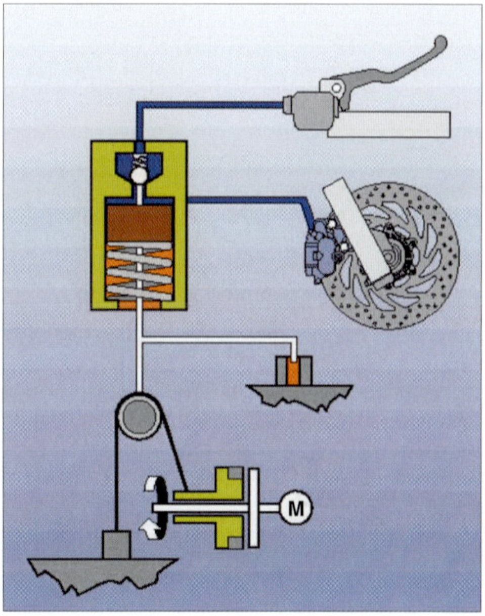

Bild 10-36 Schaltbild eines hydraulischen Plunger-Systems

das durch einen Stift in der Grundstellung des Kolbens offen gehalten wurde und einen normalen Bremsvorgang ermöglichte. Ist während der Regelung das Kugelventil geschlossen, bleibt der Bremshebel konstant stehen, bis das Rad mit dem eingesteuerten Bremsdruck stabil wird. Dann erreicht der Kolben wieder seine Grundstellung, das Kugelventil öffnet sich und mit dem Bremshebel kann der Bremsdruck bis zum nächsten instabilen Radverhalten weiter gesteigert werden. Das System wird auf die Volumenaufnahme und das Blockierdruckniveau der Bremsanlage abgestimmt. Im Kugelventil ist gleichzeitig ein Rückschlagventil untergebracht, das beim Lösen des Bremshebels jederzeit den Bremsdruck im Bremssattel unabhängig von der Plungerstellung abbauen kann.
Der Kolben kann auf unterschiedliche Weise angesteuert werden. Im Beispiel des Bilds 10-36 wird der Kolben mit einer Feder in seiner Grundstellung (außerhalb der Regelung) gehalten. Deren Federvorspannung muss groß genug sein, dass innerhalb der möglichen Bremsdrücke keine Bewegung des Kolbens vorkommen kann, die das Kugelventil schließen würde. Mittels einer Kette, elektro-magnetischer Reibkupplung und eines Elektromotors wird der Kolben bewegt. Ein Wegsensor ermöglicht es Arbeitspunkte gezielt anzufahren bzw. möglichst lange zu halten, wie beispielsweise im Bild 10-31 dargestellt und in Kapitel 10.6.2 erläutert.

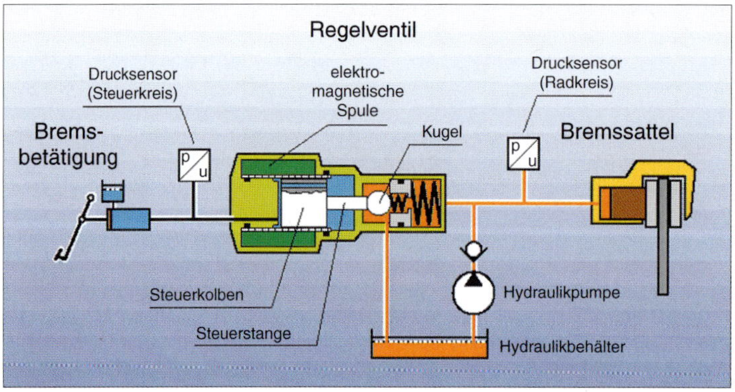

Bild 10-37 Schaltbild eines elektro-hydraulischen Bremssystems mit integriertem Bremskraftverstärker und ABS

Eine andere Möglichkeit besteht darin, über einen Kurbeltrieb und einen elektrischen Stellmotor den Kolben zu bewegen. Auch hier hält eine Feder mit gleichen Anforderungen den Kolben in seiner Grundstellung. Ein Drehgeber, der die Lage des Kolbens erfasst, ermöglicht eine komfortable Regelung des Stellmotors.

d) Staudrucksystem mit Bremskraftverstärkung

Beim Staudrucksystem wie in Bild 10-37 dargestellt setzt sich jeder Bremskreis aus einem Steuerkreis zwischen Hauptbremszylinder und Druckmodulator sowie einem Radkreis zwischen Druckmodulator und Bremssattel zusammen. Die elektromagnetische Spule und der Steuerkolben mit eingepresster Steuerstange werden als Regelventil bezeichnet.
Das System wird durch die elektrische Spannungsversorgung beim Einschalten der Zündung in seine normale Bremsfunktion versetzt. Bei Betätigung des Hauptbremszylinders wird der Motor der Hydraulikpumpe gestartet und das Regelventil hydraulisch angesteuert. Die Steuerstange drückt die Kugel an ihren Sitz. Der sich im Radkreis bildende Staudruck wirkt über die Sitzfläche der Kugel auf die Steuerstange zurück und es herrscht ein Kräftegleichgewicht. Wenn beispielsweise bei einem blockierenden Rad eine Druckreduktion notwendig wird, kann die Ansteuerkraft mit der Kraft der elektromagnetischen Spule nahezu proportional zum eingesteuerten Strom verringert werden. Im Radkreis wird dann der Druck entsprechend sinken.
Das Flächenverhältnis zwischen Steuerstange und Kugelsitz ergibt den Verstärkungsfaktor des Bremskreises. Die Hydraulikpumpe stellt das, infolge von Elastizität benötigte Bremsvolumen, in der Bremsanlage zur Verfügung. D. h. in der normalen, verstärkten Bremsfunktion reduzieren sich die Betätigungskraft und der Betätigungsweg gegenüber einer konventionellen Bremsanlage.
Dadurch dass die Hydraulikpumpe den Volumenbedarf der Bremsanlage aufbringt, ist analog eines Bremsassistenten ein schnellerer Druckaufbau als bei einer konventionellen Bremsanlage möglich.
Die zu bewegenden Massen des Regelventils sind deutlich geringer als bei einem Plunger-System. Dadurch wird eine geringere Aktivierungsenergie für die Einleitung der ABS-Regelung benötigt. Die Druckabbaukennung ist im Gegensatz zu einem Ventilsystem unabhängig von den aktuellen Drücken am Hauptbremszylinder. All dies ermöglicht deutlich schneller auf ein instabiles Rad mit einem Bremsdruckabbau und auf Fahrbahnveränderungen mit schnellerem Druckaufbau zu reagieren.
Sollte im Fehlerfall der Pumpenmotor nicht anlaufen oder die Pumpe nicht fördern, so wird über die Steuerstange der Ventilsitz geschlossen und die Steuerstange verschoben (dadurch wird der Restbremskolben bewegt), so dass im Bremskreis Druck aufgebaut werden kann. Das Rückschlagventil verhindert in diesem Fall Leckagen über die Pumpe.
In der Restbremsfunktion gibt das Verhältnis zwischen der Stößel- und Restbremskolbenfläche die Untersetzung an. Da die Hydraulikpumpen in der Restbremsfunktion nicht betrieben werden, muss gegenüber einer konventionellen Bremsanlage mit erhöhtem Betätigungsweg und erhöhter Betätigungskraft verzögert werden.

10.7 Integralbremssysteme

Trotz der physio-motorischen Komplexität die physikalischen Randbedingungen des Zweiradbremsvorgangs besitzen Zweiräder gegenüber den Zweispurfahrzeugen in den meisten Fällen 2 Bremshebel, die jeweils auf ein unterschiedliches Rad wirken. Die Bremskraft muss vom Fahrer auf Vorderrad und Hinterrad entsprechend der idealen Bremskraftverteilung, für den aktuellen Beladungszustand des Fahrzeuges selbst vorgenommen werden. Außerdem kann mit dem Hinterrad alleine weniger als 50 % der maximalen Bremskraft der jeweiligen Fahrbahn erzielt werden. Das Vorderrad kann auf Asphalt jedoch 80–100 % der maximalen Bremsleistung umsetzen.

Der Fahrer steht in einem großen Konflikt, er muss die Bremskräfte verteilen und gleichzeitig darauf achten, die Stabilität durch Blockieren eines Rades nicht zu verlieren!

Seit den 30er-Jahren als Lederbremsbeläge aus den Bremsenkonstruktionen wichen, wurde nach Möglichkeiten gesucht neben der Erhöhung der Bremsleistung die Bremsen von Vorder- und Hinterrad beim Motorrad zu kombinieren.

Ein ABS bietet zumindest bei einer Vollbremsung mit maximaler Fahrbahnreibwertausnutzung die Möglichkeit, dass sich das Vorder- und Hinterrad automatisch entsprechend der idealen Verteilung einregeln. Dies muss aber durch Fahrwerksunruhen innerhalb der ABS-Regelung erkauft werden. In der Kurvenfahrt ist es doppelt schwierig. Hier kommt zur Unsicherheit des Fahrbahnreibwertes noch eine Minderung der möglichen Bremskräfte am Reifen durch notwendige Seitenkräfte hinzu. Dies ist dem Kamm'schen Kreis für die übertragbaren Reifenkräfte zu entnehmen. Je nachdem wie weit man sich am Limit der übertragbaren Seitenkräfte befindet, kommt das Risiko eines seitlich abschmierenden Rades oder sehr hohen Lenkmomenten bei einer ABS-Regelung in Schräglage hinzu. Werden die Bremskräfte gemäß der Idealverteilung auf Vorder- und Hinterradbremse dosiert, bleibt die Bremsstabilität so lange wie möglich bis zum Einsetzen eines blockierenden Rades bzw. wenn vorhanden einer ABS-Regelung erhalten.

Verknüpfung eines Vorderradbremssattels mit dem Fußbremshebel von Moto Guzzi

Moto Guzzi entwickelte mit der Firma Brembo das erste hydraulische Integralbremssystem für Motorräder in Großserienproduktion. Dieses System kam 1973 erstmals zum Einsatz. Hierbei wurde der Fußbremshauptzylinder mit einer Vorderrad- und der Hinterradbremsscheibe verbunden. Die Bremskraftverteilung war fest vorgegeben mit ca. 70 % am Vorderrad und 30 % am Hinterrad. Der Handbremshebel wirkte auf die zweite Bremsscheibe am Vorderrad. Die Moto Guzzi Modelle hatten von Haus aus einen recht langen Radstand und deshalb fiel die Radlaständerung geringer aus als bei kurzen Motorrädern. Aus diesem Grund konnte bis zu relativ hohen Verzögerungen ohne blockierendes Hinterrad gebremst werden.

Der Nachteil des Systems war, dass die Bremskraftverteilung in einem festen Verhältnis zwischen Vorderrad- und Hinterradbremse erfolgte und nicht an die fahrzeugspezifische Idealverteilung angenähert werden konnte. Beim Überschreiten einer bestimmten Verzögerung blockierte dann das Hinterrad, während am Vorderrad der Bremsdruck über den Fußhebel bis zum Blockieren noch weiter gesteigert werden konnte. Um die maximale Fahrzeugverzögerung zu erreichen wurde sehr viel Sachverstand bzw. Erfahrung vom Fahrer gefordert. Außerdem wurde die Gabel durch die unterschiedlichen Bremsmomente an den vorderen Bremsscheiben torsionsbelastet.

Combined Brake System von Honda

Honda brachte 1983 ebenfalls ein Integralbremssystem auf den Markt. Das System in der Gold Wing kombinierte beide Räder mit beiden Bremshebeln. Zusätzlich wurde ein Druckbegrenzungs- und -abbauventil (Pressure control valve, PCV) in Hinterradkreis installiert, um eine angenäherte ideale Bremskraftverteilung auf Vorder- und Hinterradbremse zu erzielen. Das System ist im Bild 10-38 schematisch dargestellt. Damit der Volumenhaushalt der Bremsanlage bei akzeptablem Betätigungskraftbedarf sichergestellt werden konnte, wurde der linke Bremssattel gegen einen hydraulischen Betätigungszylinder an dem Gabeltauchrohr abgestützt. Der Bremsdruck wurde über ein PCV zum Hinterradbremssattel geleitet. Dies war, insbesondere bei dem

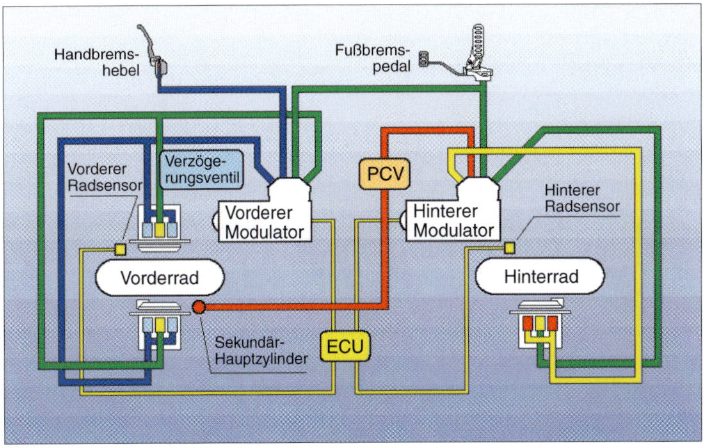

Bild 10-38 1 Honda CBS ABS der Pan European

Handbremshebel, sehr wichtig, weil er die größere Kolbenfläche an den vorderen Bremssätteln bedienen musste und somit eine sehr weiche Bremshebelcharakteristik erhalten hätte.

Die Bremskraftverteilung war so ausgelegt, dass bei Betätigung über den Fußbremshebel das Hinterrad und bei Betätigung über den Handhebel das Vorderrad zuerst blockierte.

Beim Betätigen beider Bremshebel gleichzeitig entstand ein indifferentes Verhalten. Das System wurde über die Jahre weiterentwickelt und 1996 erstmals mit einem ABS, das nach dem Plunger-Prinzip arbeitete, kombiniert. Dies war die erste Integralbremse mit ABS für Motorräder.

In der Rennsaison '98 verwendete Aaron Slight mit der Werks-RC45 eine über den Handhebel angesteuerte Integralbremse, die einen Bremsdruck am Hinterrad in der Anbremsphase erzeugte. Sein Teamkollege fuhr mit einem konventionellen Bremssystem.

Eine weitere Variante ist das „single CBS“, bei dem der Handhebel ähnlich dem Moto-Guzzi-System ausschließlich auf die Vorderradbremse wirkt, während der Fußhebel beide Räder bremst. Zusätzlich wird das „Dual CBS“ angeboten, bei dem beide Bremshebel auf beide Räder wirken.

Der hydraulische Aufwand bei diesem Integral-System insbesondere Integral ABS ist beträchtlich. Es werden Bremssättel mit zwei hydraulisch getrennten Kreisen benötigt, um die gesetzlichen Forderungen für Motorräder nach zwei getrennten Bremskreisen zu erfüllen. Es sind in Kombination bis zu 2 PCVs, ein Servo-Betätigungszylinder, ein Verzögerungsventil für die rechte vordere Bremsscheibe und gegebenenfalls zwei getrennte ABS-Modulatoren für jedes Rad mit entspechend vielen Bremsleitungen und -schläuchen verbaut.

Integralbremssystem von BMW

Im Jahr 2000 zur InterMot in München wurde das Integral ABS von BMW präsentiert. Die Steuerelektronik ist in der Lage, durch Vergleich der Blockierdrücke an Vorder- und Hinterradbremse den Beladungszustand zu erkennen und die der Beladung entsprechende, fahrzeugspezifische Bremskraftverteilungskurve zu adaptieren. Durch den geringen Kolbendurchmesser und den geringen Arbeitshub des Kugelventils wird der Hebelweg dabei nicht spürbar verlängert. Die Adaption vom leeren zum vollbeladenen Fahrzeug und umgekehrt benötigt nur ca. 1–3 Sekunden. Das System ist ein Staudrucksystem mit Bremskraftverstärker. Eine Verbindungsbohrung ermöglicht einem Integralkolben auf den Steuerkolben und damit auf das Kugelventil des anderen Kreises eine Kraft auszuüben. Siehe Bild 10-39. Werden beide Radpumpen bei der Betätigung eines Bremslichtschalters aktiviert, ist eine Integralfunktion möglich. Die Anpassung des Hinterraddruckes an die ideale Bremskraftverteilung erfolgt über die von der Steuerelektronik geregelte elektro-magnetische Spule, mit der auch die ABS-Regelung durchgeführt wird. Je nach Anordnung der Integralkolben und Ansteuerbohrungen ist jede beliebige Kombination der Bremshebel mit den Radbremsen möglich. Bei ausgeschalteter Zündung, d. h. ohne Unterstützung der Hydraulikpumpe wird die Integralfunktion außer Kraft gesetzt und es entsteht ein konventionelles

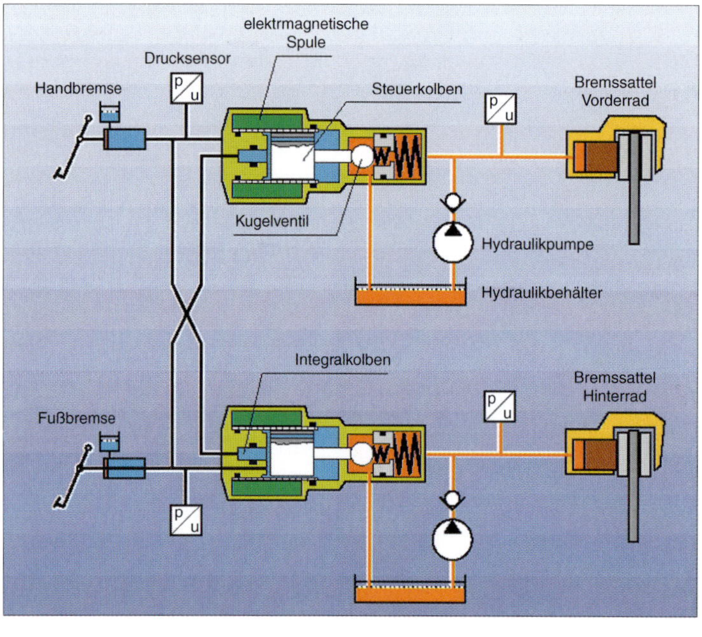

Bild 10-39 BMW Integral ABS in der Variante Vollintegral

Bremssystem ohne Verknüpfung der Vorder- und Hinterradbremse. Von BMW werden zwei Kombinationsvarianten angeboten, das sogenannte Teilintegral, bei dem der Fußbremshebel nur auf die Hinterradbremse wirkt, während der Handhebel beide Radbremsen betätigt, und das Vollintegral, bei dem beide Bremshebel jeweils auf beide Radbremsen wirken.

Mit dem Teilintegral ist ein Strecken des Motorrades bzw. ein Kontrollieren des Motordrehmomentes mit kleinen Drosselklappenwinkeln kurz vor dem Schubbetrieb möglich. Dadurch können Fahrwerksreaktionen durch den Lastwechsel vermieden werden. Dies wird besonders von sportlich orientierten Fahrern gefordert und wird deshalb in den entsprechenden Modellen verbaut.

Das Vollintegral ermöglicht mit dem Fußbremshebel die maximal mögliche Verzögerung des Fahrzeuges durch die Einbeziehung des bremsleistungsstärkeren Vorderrades zu erzielen. Dieser Anforderung wird in den Reisetourern und Cruisern Rechnung getragen.

Wegen der komplexen Verknüpfung für die Bestimmung der idealen Bremskraftverteilung von Vorder- und Hinterrad, sind bei allen Integralbremsen Veränderungen an der Bremsanlage in Verbindung mit Integralbremsen nicht zulässig und können zu Fehlfunktionen führen. Der Verlauf der Verteilungskurve ist neben Radstand, -durchmesser und Schwerpunktlage des Fahrzeugs, von den Bremsenkenndaten: Bremskolben, -scheibendurchmesser und -belagreibwert abhängig.

10.8 Brake-by-Wire

Der Weg hin zu elektrisch betätigten Bremsen orientiert sich an den bei Pkw verfolgten Ansätzen. Es wird eine Bordspannung von 42 V und ein zweiter redundanter Stromkreis als Sicherheitsebene benötigt. Die Bremsen werden dann nur mittels eines Kabels ohne hydraulische Anbindung angesteuert. Sowohl die Spannungsversorgung als auch die zur Zeit noch gewichtigen Bremsaktuatoren bringen gegenüber einer konventionellen, hydraulischen Bremsanlage für Motorräder einige Nachteile mit sich. Viele Motorräder werden in den kalten Monaten des Jahres konserviert und die Batterie ausgebaut. In dieser Zeit wäre das Fahrzeug nur erschwert rangierfähig. Die Zweiradelektrik befindet sich immer im Spritzwasser oder Feuchtbereich und ist gleichzeitig höheren Motorvibrationen ausgesetzt. Die Oxidationsbelastung ist deutlich höher als im Innenraum eines Pkw.

Die gegenüber einem hydraulischen Bremssattel schwereren Aktuatoren erhöhen die reifengefederte Masse der Radführung und verschlechtern das Fahrverhalten.

Die Produktionsstückzahlen sind deutlich geringer, während die Systemstandzeiten und die damit verbundene Systemanfälligkeit deutlich höher sind als bei Pkw's. Dies schmälert das Entwicklungsbudget der Motorradhersteller und die Bereitschaft der Zulieferer hier zu investieren.

All diese Argumente lassen erwarten, dass in den nächsten Jahren kein elektromechanisches Brake-by-wire-System auf dem Motorradmarkt anzutreffen sein wird.

Ein Integralbremssystem nach dem Staudrucksystem, wie das BMW Integral ABS, mit 4 internen Druckaufnehmern ermöglicht eine sehr schnelle radindividuelle Regelung der Radbremsdrücke und kommt unter Einbeziehung der motorradspezifischen Randbedingungen der brake-by-wire-Philosophie, die Bremskraft mit geringen Verzugszeiten radindividuell zu erzeugen, bereits sehr nahe.

Formelzeichen

Zeichen	Einheit	Erklärung
a	m/s^2	Beschleunigung
F	N	Kraft
F_a	N	Beschleunigungskraft
F_B	N	Bremskraft
F_F	N	Fliehkraft
F_N	N	Normalkraft
$F_{W,\mathrm{St}}$	N	Steigungswiderstand
G	N	Gewichtskraft
G_R	N	Radlast
g	m/s^2	Erdbeschleunigung
h	mm	Höhe
l_v	mm	Schwerpunktsabstand zur Vorderachse
l_h	mm	Schwerpunktsabstand zur Hinterachse
M	Nm	Drehmoment
m	m	Auswanderung des Reifenaufstandspunkts durch Reifenbreite bei Radsturz, senkrecht zur Fahrzeugsymmetrieebene gemessen
m	kg	Masse
n	mm	Nachlauf
R	m	Kurvenradius
R_dyn	mm	Dynamischer Reifenhalbmesser
r	mm	Halbmesser
$\ddot{y}$	m/s^2	Querbeschleunigung
α_S	grd	Schräglaufwinkel
α_St	grd	Steigungswinkel
β	grd	Schwimmwinkel
δ	grd	Lenkwinkel
μ	–	Reibbeiwert
ω	s^{-1}	Winkelgeschwindigkeit
λ	grd	Rollwinkel
λ'	grd	Reifengeometriebedingter Zusatzrollwinkel
λ''	grd	aus Kreiselkräften resultierender Zusatzrollwinkel
τ	grd	Lenkkopfwinkel
S	–	Schwerpunkt

Indizes

B	Bremsen
dyn	dynamisch
eff	effektiv
Fzg	Fahrzeug
ges	gesamt
h	hinten
hydr	hydraulisch
krit	kritisch
max	maximal
mech	mechanisch
min	minimal
R	Rad, Reifen
res	resultierend
rot	rotatorisch
S	Schwerpunkt
st	statisch
th	theoretisch
trans	translatorisch
v	vorne

Literatur

Bill, K. H.: Einführung in die Kraftfahrzeugtechnik, Skriptum zur Vorlesung Kraftfahrzeugtechnik, FHTW-Berlin, 2000

Bayer, B.: Ein Modellansatz zur Beschreibung des Lenkverhaltens von Krafträdern bei stationärer Kreisfahrt. In: ZS Automobil-Industrie, 30. Jahrgang, Heft 1, 1985

Weidele, A.: Untersuchung zur Kurvenbremsung von Motorrädern – Gedanken zur Bremssicherheit (3. Fachtagung Motorrad). VDI-Berichte 779, S. 303–330, Düsseldorf 1989

Weidele, A.; Breuer, B.: Untersuchungen zum Bremsverhalten von Krafträdern mit und ohne ABS, In: VDI Reports No 657, 1987

Ecker, H.; Fischer, A.: Bremsbeherrschung von Motorradfahrern-Ergebnisse aus einem Großversuch, In Sicherheit, Umwelt, Zukunft III Institut für Zweiradsicherheit, 2000

Braunsperger, M.; Beulich, S.; Wagner, H.-A.: Das neue Integral ABS von BMW Motorrad, In: ATZ 103 (2001), Heft 3

Braunsperger, M.; Beulich, S.; Wagner, H.-A.; Heyl, G.: Das Integral ABS von BMW Motorrad im Praxistest, (XXI Internationales μ-Symposium). In: Fortschritt-Berichte VDI, Reihe 12 Nr. 474

Honda (Hrsg.), Produktinformation „Motor actuated conbined antilock brake system“ Japan Firmenschrift

Honda (Hrsg.), Produktinformation „Fortschrittliche Bremssysteme von Honda (CBS/Dual-CBS/CBS-ABS) Honda Motor Europe (North) GmbH

Stoffregen, J.: Motorradtechnik, Wiesbaden: Verlag Vieweg, 2001

11 Auflaufbremsanlagen

11.1 Einleitung

Auflaufbremsanlagen müssen den Anforderungen gemäss der EG-Richtlinie 71/320/EWG einschließlich der Richtlinie 98/12EG ein selbstständiges Abbremsen von ein- und mehrachsigen Anhängern, im Gewichtsbereich von 750 kg bis 3500 kg, durch deren Auflaufkraft auf das abbremsende Zugfahrzeug gewährleisten. Sie bestehen aus der Auflaufeinrichtung, der Übertragungseinrichtung und den Radbremsen und werden z. B. bei Boots-, Pferde, Wohn- und Transportanhängern aller Art eingesetzt.

Das System hat eine Reihe von Anforderungen zu erfüllen:

Die Freigabe der Bremswirkung bei der Rückwärtsfahrt (Rückfahrautomatik), ein weiches und komfortables Ansprechen und eine, im vom Zugfahrzeug abgekoppelten Zustand, wirksame Feststellbremse. Durch ständige Weiterentwicklung stellt sich das System heute als sehr zuverlässig, sicher und ausgereift dar.

Die große Popularität dieses Bremssystems für Anhänger begründet sich demzufolge auf wesentliche Vorteile gegenüber anderen Bremssystemen:

- Die auflaufgebremsten Anhänger können mit fast allen Zugfahrzeugen verbunden werden, die für den Anhängerbetrieb geeignet sind, ohne dass an diesen Veränderungen vorgenommen werden müssen.
- Die Auflaufbremsanlage wirkt selbsttätig und lastabhängig (geschlossener Regelkreis).
- Die Auflaufbremsanlage funktioniert unabhängig vom Bremssystem des Zugfahrzeuges [3].

11.2 Aufbau und Wirkung der Bremsanlage

Neben den Auflaufbremsanlagen mit mechanischer Kraftübertragung und mechanisch betätigten Radbremsen findet man auch Auflaufbremsanlagen mit jeweils hydraulischer Betätigung, Übertragungseinrichtung und hydraulischen Radbremsen. Mit hydraulischen Auflaufbremsanlagen werden ein sanfteres Bremsverhalten, kürzere Auflaufwege und verringerte Auflaufkräfte erreicht. Dies führt zu komfortablerem und verbessertem Bremsverhalten des gesamten Gespanns. Alle heute gängigen Auflaufbremsanlagen verfügen über eine wegabhängige Rückfahrautomatik (siehe 11.2.1.3). Zu Beginn der Einführung der Rückfahrautomatik für Auflaufbremsanlagen (ca. 1970) gab es am Markt bezüglich der Rückfahrautomatik noch „kraftabhängige„ Systeme, die sich aber in der Praxis nicht durchgesetzt haben. Deshalb soll auf diese hier nicht mehr besonders eingegangen werden.

Der Bremsvorgang, bei einem aus Zugfahrzeug und auflaufgebremstem Anhänger bestehenden Gespann, stellt sich wie folgt dar:

Das Zugfahrzeug bremst ab. Dadurch entsteht durch die Massenträgheit des Anhängers zwischen Zugfahrzeug und Anhänger eine Deichselkraft D, die gegen die Auflaufbewegung des Anhängers gerichtet ist und den Zugstangeneinschub an der Auflaufeinrichtung zur Betätigung der Auflaufbremsanlage bewirkt. Die so erzeugte Deichselkraft D ist hauptsächlich von der Abbremsung des Zugfahrzeuges und vom Beladungszustand des Anhängers abhängig [3].

Durch die direkte Abhängigkeit von Auflaufkraft und Bremswirkung wirkt die Anhängerbremse lastabhängig. Die Deichselkraft an der Zugstange wird über den Übersetzungshebel mit einem bestimmten Übersetzungsverhältnis verstärkt.

Über die Übertragungseinrichtung wird die resultierende Ausgangskraft der Auflaufeinrichtung nahezu verlustfrei als Betätigungskraft an die Radbremsen weitergegeben. Die Bremsbacken werden über das Spreizschloss oder den Radzylinder, nach Überwindung der Federrückstellkräfte, gegen die rotierende Bremstrommel gedrückt. Es entsteht ein Bremsmoment bzw. eine Bremskraft an den Rädern des Anhängers.

In den anschließenden Unterkapiteln wird genauer auf die einzelnen Bauteile und Funktionen eingegangen.

11.2.1 Komponenten

11.2.1.1 Auflaufeinrichtung

Die Auflaufeinrichtung besteht im Wesentlichen aus Stahl- oder Gussgehäuse, Zugstange, Übersetzungs-

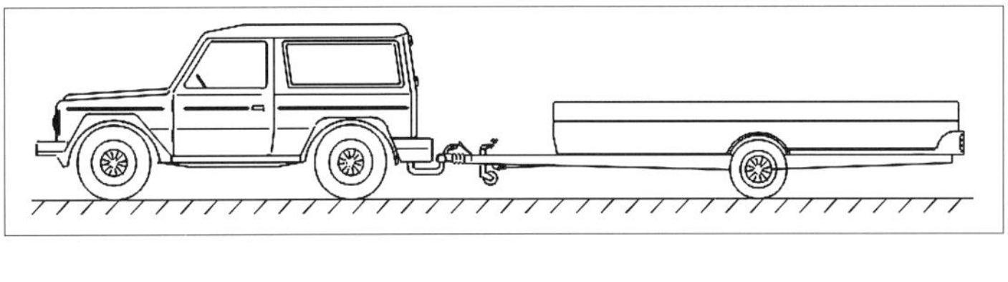

Bild 11-1 Gespann mit auflaufgebremstem Anhänger

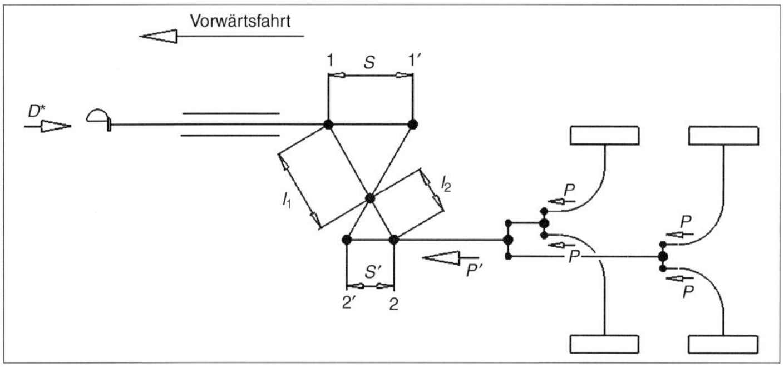

Bild 11-2 Schematische Darstellung einer mechanischen Auflaufbremsanlage

hebel, Stoßdämpfer und Zugkugelkupplung bzw. Zugöse. Die Zugstange ist reibungsarm axial verschiebbar in Kunststoff- oder Gussbuchsen gelagert. In der Zugstange, die als Rohr ausgebildet ist, ist ein hydraulischer Stoßdämpfer montiert, der zum einen mit der Zugstange und zum anderen mit dem Gehäuse als festen Abstützpunkt verbunden ist. Er unterdrückt Längsschwingungen und definiert eine Ansprechschwelle, um zu verhindern, dass bereits ein Wegnehmen des Gases oder ein Gangwechsel am Zugfahrzeug zu einer Bremsbetätigung am Anhänger führt. Stoßdämpfer arbeiten geschwindigkeitsabhängig und entschärfen damit auch dynamische Kraftspitzen. Bei den Stoßdämpfern für Auflaufeinrichtungen handelt es sich typischerweise um gasdruckbelastete Einrohrdämpfer, die konstruktiv speziell für die waagrechte Einbaulage ausgelegt sind. Durch ihre Gasausfahrkraft sind diese des Weiteren in der Lage, die Zugstange selbstständig wieder auszuschieben. Am hinteren Ende der Zugstange ist eine Anschlagscheibe aufgeschweißt, die zum einen alle auftretenden Zugkräfte zum Gehäuse hin übertragen muss, zum anderen eine definierte Betätigungsfläche für den Umlenkhebel bietet. Der Umlenkhebel hat die Aufgabe Betätigungsweg und -kraft zur Übertragungseinrichtung, meist einem Bremsgestänge oder dem Hauptzylinder, entsprechend des gewählten Hebelverhältnisses i_{H0} des Übersetzungshebels, weiterzugeben.

Hydraulische Auflaufeinrichtungen sind im Wesentlichen baugleich mit der mechanischen Ausführung. Hier ist jedoch an der Auflaufeinrichtung ein hydraulischer Hauptzylinder angeflanscht, der über eine Druckstange betätigt wird. Diese ist gelenkig mit dem Übersetzungshebel verbunden. Das vom Hauptzylinder verdrängte Volumen stellt den Volumenbedarf der Radzylinder sicher, welches zur Einhaltung des Mindestzuspannweges an den Radbremsen erforderlich ist [3].

Die Feststelleinrichtung, bei einer Auflaufbremsanlage mit wegabhängiger Rückfahrautomatik besteht aus einem Handbremshebel, zwingend kombiniert mit einem Federspeicher (siehe 11.2.2.3).

Wenn der Anhänger auf das Zugfahrzeug aufläuft wirkt die Deichselkraft D auf die Zugkupplung. Dabei muss zuerst die Ansprechschwelle K_A überwunden werden, um eine Reaktion am Ausgang der Auflaufeinrichtung hervorzurufen. Die Ansprechschwelle K_A muss in Abhängigkeit vom Anhängergewicht G_A folgende Bedingung erfüllen:

$$0{,}02 \cdot G_A \leq K_A \leq 0{,}04 \cdot G_A \tag{11.1}$$

Nach Überwindung der Ansprechschwelle K_A wird die Zugstange um einen bestimmten Auflaufweg

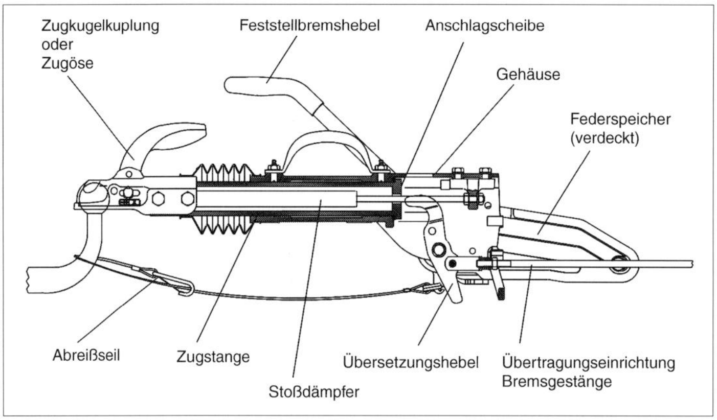

Bild 11-3a Mechanische Auflaufeinrichtung

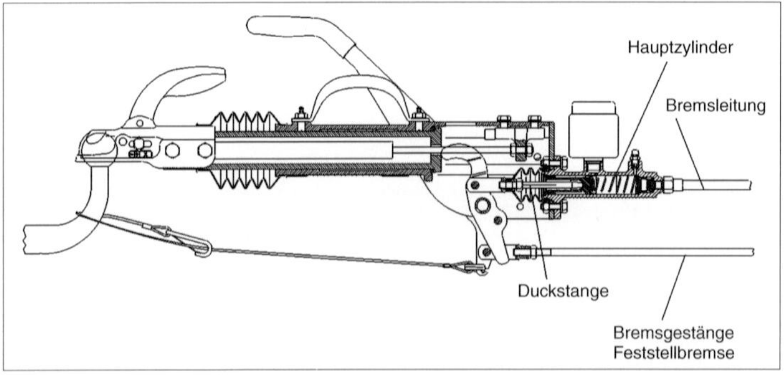

Bild 11-3b Hydraulische Auflaufeinrichtung

(siehe Bild 11-2) eingeschoben und entsprechend dem Hebelverhältnis des Umlenkhebels i_{H0} der Auflaufeinrichtung untersetzt. Neben der gewählten Übersetzung von i_{H0} ist der Wirkungsgrad η_{H0} der Auflaufeinrichtung, der sich aus dem Verhältnis der Eingangskraft am Kupplungskopf zu der Ausgangskraft am Anschlusspunkt der Übertragungseinrichtung ergibt, zu beachten.
Daneben muss die wirksame Kraftübersetzung der Auflaufbremsanlage i_K beachtet werden. Diese setzt sich aus dem Verhältnis von Anhängerbremskraft B_A und Kupplungslängskraft D_X zusammen.

$$i_K = \frac{B_A}{D_X} \tag{11.2}$$

Aus den Vorgaben der EG-Richtlinie 71/320/EWG resultiert eine mindest wirksame Kraftübersetzung $i_K = 5$. Deutlich überhöhte Kraftübersetzungen führen zum Blockieren und zu geringe zu ungenügender Bremskraft. Der Wert i_K ist in erster Linie von den Reibungskräften der Zugstange in der Auflaufeinrichtung abhängig. Steigen diese, sinkt i_K entsprechend.
In der Praxis muss noch die Zusatzkraft K berücksichtigt werden. Diese setzt sich aus Grundreibungskräften (Passung und Schmierung von gleitenden Teilen) und Kräften der Zusatzteile, wie z. B. Federkräften zusammen. Dabei gilt, nach der EG-Richtlinie 71/320 EWG, für die an der Zugkupplung gemessene Druckkraft folgendes:

$$D_1 = D_x \tag{11.3}$$

$$D^* = 0,1 \cdot G_A \cdot g \tag{11.4}$$

Die eingeschobene Zugstange wird, wenn das Zugfahrzeug aufhört zu bremsen oder wieder beschleunigt, herausgezogen. Dabei muss analog dazu die gemessene Zugkraft

$$D_2 = -D_x \tag{11.5}$$

in den Bereichen gemäß nachstehender Formel liegen:

$$0,1 \cdot G_A \leq D_2 \leq 0,5 \cdot G_A \tag{11.6}$$

Ein auflaufgebremster Anhänger stellt auch ein Schwingungssystem dar – „i_K entspricht dabei der Regelkenngröße k_p“ [4] und muss auch als solches betrachtet werden. Ein in dieser Weise schwingungsfähiges System, das gleichzeitig Regelsystem ist, reagiert naturgemäß auch auf Störanregungen, die einen unruhigen Bremsablauf hervorrufen können, was u. U. bis zum unangenehmen stoßweisen Bremsen des Anhängers führt [2]. Die notwendige Stabilität des Systems erfordert daher in jedem Fall eine dämpfende Wirkung, die durch die gegebene Reibung in der Auflauf- und Übertragungseinrichtung, sowie durch den speziellen Stoßdämpfer gewährleistet wird.
Ein hydraulischer Dämpfer mit unterschiedlicher Druck- und Zugstufe hemmt die Einschub- und Ausziehbewegung der Zugstange.
„Dies bedeutet, ist keine oder zu wenig Reibung in den Lagern der Zugstange vorhanden, wird ein ‚Überschwingen‘ und damit eine zu hohe Anhängerbremskraft B_A erst bei großen Dämpferkonstanten verhindert“ [1]. Es entstehen kurzzeitig große Kraftübersetzungen i_K, die die Räder zum Blockieren bringen. Hinzu kommt, dass eine bestimmte Dämpferkonstante nicht überschritten werden darf, da i_K sonst zu klein wird und der Anhänger nicht mehr stark genug abbremst. Ab einer gewissen Reibung in der Lagerung, wird ein Überschwingen auch schon bei geringen Dämpferkonstanten verhindert.
Zusammengefasst heißt das: i_K ist von den Reibungskräften in der Zugstange und der Dämpferkonstanten abhängig. Bei kleinen Reibungskräften und kleinen Dämpferkonstanten wird die Kraftübersetzung i_K und die daraus resultierende Bremskraft B_A zu groß. Bei großen Lagerreibwerten und großer Einschubdämpferkonstante wird dagegen B_A und i_K zu klein. Beide Fälle sind unerwünscht, weil in Fall 1 die Räder blockieren können und in Fall 2 ist die Bremskraft zu gering [1].

11.2.1.2 Übertragungseinrichtung

Die Übertragungseinrichtung ist unmittelbar an den Übersetzungshebel angeschlossen. Zum Beispiel wird bei der mechanischen Übertragungseinrichtung das Bremsgestänge, bei höhenverstellbarer Zugdeichsel eventuell ein zusätzlicher Bowdenzug, bzw. beim hydraulischen Bremssystem die Druckstange des Hauptzylinders über einen Gabelkopf gelenkig angebunden.

Die Übertragungseinrichtung hat die Aufgabe Ausgangskraft bzw. -druck sowie Betätigungsweg bzw. -volumen der Auflaufeinrichtung an die Radbremsen weiterzuleiten. In der Übertragungseinrichtung (Bremsgestänge) ist bei mechanischen Bremsanlagen immer ein Bremsausgleich integriert. Dieser gewährleistet, dass die Betätigungskraft gleichmäßig auf die Radbremsen verteilt wird. Bei hydraulischen Bremsanlagen werden die Radzylinder der Radbremse durch den hydraulischen Druckausgleich gleichmäßig beaufschlagt.

Während bei einer reinen Gestängeübertragung ohne Zwischenübersetzung der Wirkungsgrad η_{H1} üblicherweise mit 1,0 angenommen wird, ist bei zusätzlich in der Übertragungseinrichtung integrierten Bowdenzügen, je nach Verlegung, ein entsprechender Wirkungsgrad zu berücksichtigen. Bei den heute verwendeten Bowdenzügen mit Kunststoffauskleidung der Flachdrahtspirale werden bei einer typischen Verlegung im „S-Schlag" Wirkungsgrade im Bereich von ca. 90 % erreicht [6].

Es müssen die Auswirkungen auf den Gesamtwirkungsgrad η_H berücksichtigt werden, der sich aus dem Wirkungsgrad der Auflaufeinrichtung η_{H0} und dem Wirkungsgrad der Übertragungseinrichtung η_{H1} zusammensetzt

$$\eta_H = \eta_{H0} \cdot \eta_{H1} \tag{11.7}$$

Neben der Übersetzung i_{H0}, die der Auflaufeinrichtung zugeschrieben wird, kann eventuell noch eine Zwischenübersetzung i_{H1} in der Übertragungseinrichtung existieren. Beides zusammen wird als Wegübersetzung der Auflaufeinrichtung i_H, d. h. der Weg vom Kupplungskopf bis zum Bremshebel, bezeichnet.

$$i_H = i_{H0} \cdot i_{H1} \tag{11.8}$$

Bei hydraulischen Übertragungseinrichtungen ergibt sich aus der Reibung im Hauptzylinder ein typischer Wirkungsgrad von

$$\eta_{H0} = 0,95 \tag{11.9}$$

11.2.1.3 Radbremse

Die in heute gängigen mechanischen Auflaufbremsanlagen verwendeten Radbremsen sind vom Konstruktionsprinzip ähnlich aufgebaut. Es handelt sich meist um Trommelbremsen in Simplex-Bauweise. Bei der mechanischen Ausführung werden Bremsen mit einer Spreizhebelbetätigung und bei der hydraulischen Variante Radzylinder verwendet. In beiden Fällen verfügt die Radbremse zusätzlich über eine wegabhängige Rückfahrautomatik. Die Rückfahr-

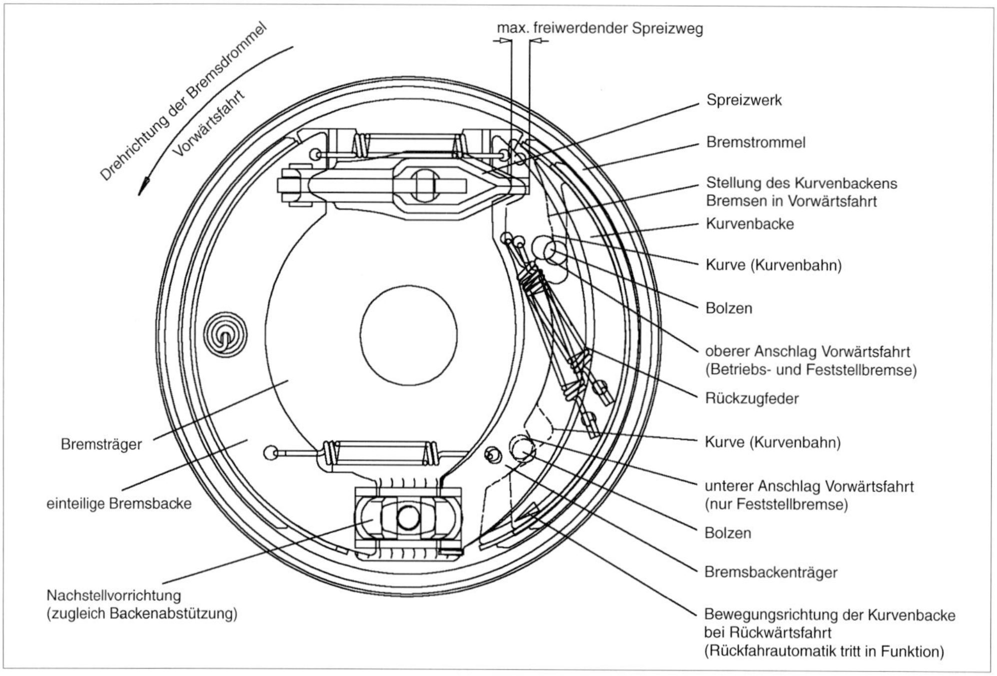

Bild 11-4 mechanische Radbremse mit Rückfahrautomatik

automatik wird durch verschiedene Konstruktionen gelöst:

a) Bremse mit einer zweiteiligen Sekundärbacke
b) federbelasteter Kipphebel an der Backenabstützung des Sekundärbackens

Es soll hier insbesondere das zuerst genannte System der Rückfahrautomatik (a) beschrieben werden, wobei die anderen Systeme mit dem Kipphebel im Prinzip die gleiche Funktion in Bezug auf die Rückfahrautomatik ausführen.
Die Bremse ist mit einer einteiligen und einer zweiteiligen Bremsbacke ausgestattet. Die geteilte Bremsbacke besteht aus einem Bremsbackenträger mit zwei Bolzen. Auf diesen Bremsbackenträger ist eine Kurvenbacke aufgesteckt, an der stirnseitig am Stegblech zwei Kurven angeordneten sind. Über zwei seitlich montierte Rückzugfedern werden Bremsbackenträger und Kurvenbacke zusammengehalten. Diese ist gegen die Federkraft radial beweglich, wobei sie mit den Kurven auf den beiden Bolzen im Bremsbackenträger gleitet. Die Kurven sind so gestaltet, dass die radiale Bewegungsmöglichkeit durch die beiden Bolzen nach beiden Seiten begrenzt ist. Durch die Zugfedern wird die Kurvenbacke mit dem Anschlag der einen Kurve in Richtung Spreizwerk bzw. Radzylinder gegen den Bolzen im Bremsbackenträger gezogen. Damit ist ein fester Abstützpunkt beim Bremsvorgang in Vorwärtsfahrt gegeben [5].

11.2.2 Funktionen

11.2.2.1 Betriebsbremse Vorwärtsfahrt

Beim Abbremsen des Zugfahrzeuges in Vorwärtsfahrt läuft der Anhänger aufgrund seiner Massenträgheit auf das Zugfahrzeug auf. Dabei wird an der Auflaufeinrichtung die Zugstange eingeschoben und an der Betätigungseinheit der Bremsen (Spreizschloss oder Radzylinder) Betätigungskraft und -weg erzeugt. Die Bremsbacken werden gegen die Bremsfläche der Bremstrommel gedrückt und über die Reibung zwischen Bremsbelag und Bremstrommel entsteht eine Bremskraft, so dass der Anhänger abgebremst wird.

11.2.2.2 Rückfahrautomatik Rückwärtsfahrt

Die Auflaufeinrichtung kann prinzipiell nicht zwischen einem Auflaufen oder Zurücksetzen des Anhängers unterscheiden. Bei Anhängern ohne Rückfahrautomatik werden beim Zurückstoßen die eingeleiteten Betätigungskräfte so groß, dass die Räder blockieren. Die Radbremse mit Rückfahrautomatik reagiert dagegen auf den Drehrichtungswechsel der Trommel von Vorwärts- in Rückwärtsfahrt. Beim Zurückstoßen des Anhängers wird, ebenfalls wie beim Auflaufen bei Vorwärtsfahrt-Bremsung, die Auflaufeinrichtung aktiviert. Die Bremsbacken legen sich an die Bremsfläche der Trommel an und erzeugen eine Reibkraft. Durch diese Reibkraft und den Wechsel der Drehrichtung der Trommel in Rückwärtsfahrt wird die Kurvenbacke radial in Richtung Nachstellvorrichtung (Backenabstützung) verschoben. Die „Wegabhängigkeit" des Systems stellt sich wie folgt dar:
Die Kurven am Stegblech der Kurvenbacke sind so ausgebildet, dass sie bei der radialen Verschiebung in Rückwärtsfahrt über den Bremsbackenträger Spreizweg an der Spreizeinrichtung und damit Auflaufweg an der Auflaufeinrichtung freigeben. Dies ist so bemessen, dass die Zugstange an der Auflaufvorrichtung bis zum Anschlag eingeschoben werden kann. Ab diesem Zustand ist dann keine Betätigungskraft mehr vorhanden. Die Bremskraft wäre theoretisch auf den Wert 0 reduziert, wenn nicht die beiden Federn, die versuchen den Belagträger in Drehrichtung Vorwärtsfahrt zu ziehen, über die Kurven eine kleine Restspreizkraft erzeugen würden. Daraus resultiert ein geringes Restbremsmoment in Rückwärtsfahrt. Der Anhänger kann damit ohne Schwierigkeiten zurückgestoßen werden (max. zul. Bremswirkung 8% GA n. 71/320/EWG).
Beim Übergang vom Rückwärtsstoßen des Anhängers in Vorwärtsfahrt wird die Zugstange der Auflaufeinrichtung ausgezogen, die Bremse gelöst und damit kann die Kurvenbacke wieder in ihre ursprüngliche Lage – Bremsstellung Vorwärtsfahrt – zurückgezogen werden. Die Bremse ist nun als Auflaufbremse in Vorwärtsfahrt wieder voll wirksam.
Die Rückfahrautomatik der Bremse erfüllt aber noch eine weitere wichtige Funktion und zwar das Strecken des Gespanns nach dem Wechsel vom Zurückstoßen des Anhängers am Hang in die Vorwärtsfahrt. Über die besonders ausgebildete Kurvenform an der Backe wird beim Drehrichtungswechsel der Bremstrommel in Vorwärtsfahrt die Kurvenbacke radial in Richtung Abstützpunkt „Vorwärtsfahrt" mitgenommen, weil permanent ein Anpressdruck der Bremsbacken gegen die Bremstrommel und damit eine Reibkraft gegeben ist. Dadurch wirkt eine Gegenkraft auf die Betätigungseinheit der Bremse bis die Kurvenbacke wieder am Abstützpunkt „Vorwärtsfahrt" anliegt. Die Zugstange an der Auflaufeinrichtung wird wieder ausgeschoben. Das Gespann hat sich gestreckt.
Die Funktion der Betriebsbremse in Vorwärtsfahrt hangabwärts ist also nach dem Rückwärtsschieben des Anhängers gegen eine Steigung wieder voll vorhanden.

11.2.2.3 Feststellbremse

Die Feststellbremse muss gemäß gesetzlicher Vorgabe unabhängig von der Auflaufeinrichtung und rein mechanisch wirken. Bei Betätigung des Handbremshebels erfolgt die Kraftübertragung mittels

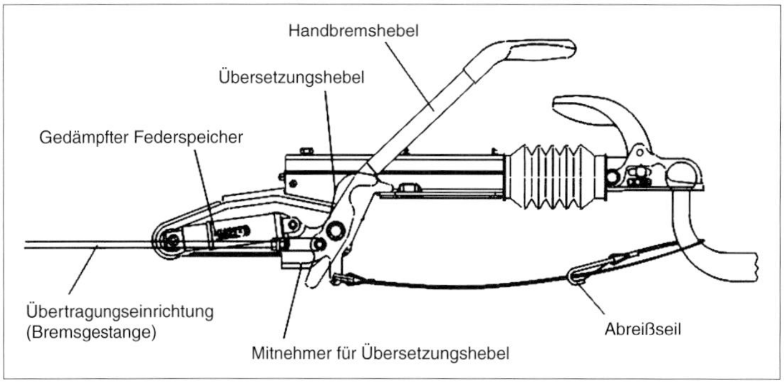

Bild 11-5 Totpunkt Feststellhebel mit ölgedämpftem Federspeicher

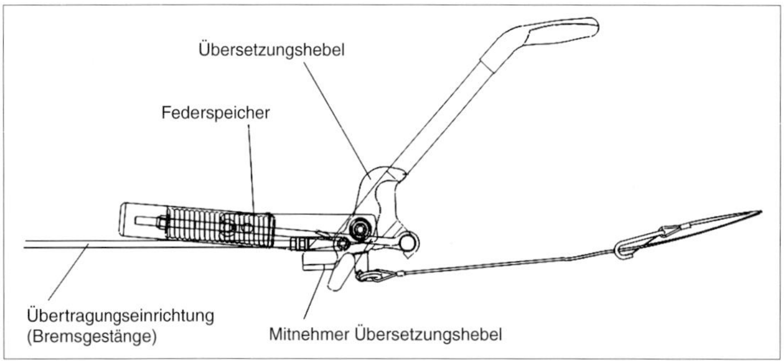

Bild 11-6 Totpunkt Feststellhebel mit Federspeicher (ohne Auflaufeinrichtung)

Bremsgestänge und Seilzug auf die Radbremse. Ein Federspeicher am Handbremshebel sorgt bei der mechanischen Variante der Radbremse dafür, dass bei eingelegter Handbremse kein selbstständiges Lösen erfolgt, auch dann nicht, wenn an den Radbremsen eine Drehrichtungsumkehr von Vorwärts- in Rückwärtsfahrt erfolgt. Der Federspeicher gleicht die durch die Rückfahrautomatik erzeugte Wegfreigabe voll aus aus, so dass eine ausreichende Bremswirkung sowohl für die Vorwärts- und insbesondere auch für die Rückwärtsfahrtrichtung erhalten bleibt. Der Betätigungsweg des Federspeichers ist so bemessen, dass sich in Rückwärtsfahrt die Kurvenbacken bis auf den Anschlag des zweiten Bolzens in Richtung Bremsbackenabstützung (Nachstellvorrichtung) verschiebt und dann dort abstützt. Damit kann dann in Rückwärtsfahrt das der Betätigungskraft entsprechende Bremsmoment voll aufgebaut werden (Mindest-Bremswirkung: 18% Gefälle oder Steigung). Beispiele von verschiedenen Ausführungen von Federspeichern siehe Bild 11-5 bis 11-7. Wie bereits oben angesprochen, muss gemäß gesetzlicher Vorschrift, bei hydraulischem Bremssystem der Feststellmechanismus ebenfalls rein mechanisch wirken. Über einen Hebelmechanismus in der Bremse zwischen den beiden Bremsbacken werden diese gespreizt. Hierauf hat aber insbesondere die Rückfahrautomatik keinen Einfluss.

Für die Feststellbremse stehen zwei Ausführungen für den Handbremshebel zur Verfügung. Der Zahnsegmenthebel und der Totpunkthebel mit und ohne ölgedämpftem Federspeicher. In der Version mit ei-

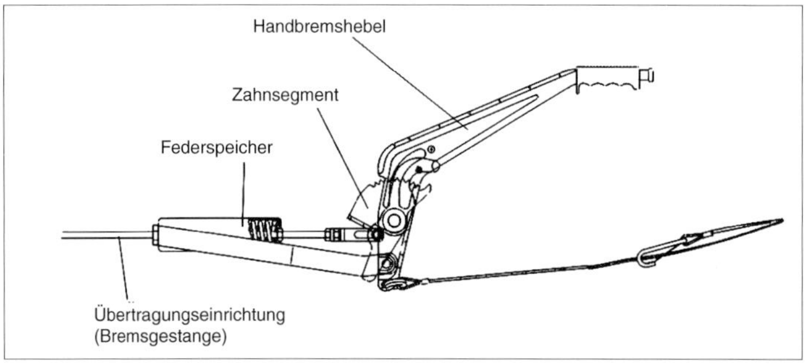

Bild 11-7 Zahnsegment Feststellhebel mit Federspeicher (ohne Auflaufeinrichtung)

nem Totpunkthebel (Bild 11-5 u. 11-6) erhält der Handbremshebel in der Ruhelage automatisch eine Schließ- und Rückhaltekraft gegen ein selbsttätiges Lösen. Erst beim Betätigen des Handbremshebels wird der Totpunkt (Wirkungslinie über dem Drehpunkt des Handbremshebels) überschritten und damit die Wirkung der Federkraft zur Betätigung der Bremsanlage freigeben. Bei der Zahnsegment-Ausführung (Bild 11-7) ist besonders darauf zu achten, dass der Handbremshebel bis zum letzten Zahn angezogen wird, damit das Federspeicherpaket bezüglich Kraft und Weg maximal vorgespannt wird.
Der Handbremshebel mit dem Federspeicher kann entweder indirekt über einen Mitnehmer auf den Übersetzungshebel oder direkt auf die Übertragungseinrichtung wirken und damit die Bremsen betätigen.

11.2.2.4 Abreißbremse

Die Abreißbremse ist mit der Feststellbremse kombiniert. Das Abreißseil mit Karabiner und Abreißring mit definierter Abreißkraft ist einerseits am Handbremshebel und andererseits am Zugfahrzeug befestigt. Im Fall einer unbeabsichtigten Trennung des Anhängers vom Zugfahrzeug wird der Handbremshebel durch die Zugwirkung des Abreißseiles gespannt, bzw. über den Totpunkt gezogen. Die Feststellbremse wird betätigt und am Anhänger wird eine Notbremsung ausgelöst. Dies verhindert, dass der Anhänger nach der Trennung ungebremst weiterrollt.

11.3 Auslegung der Bremsanlage

11.3.1 Zuordnungsberechnung gemäß Richtlinie 71/320/EWG

Ausschlaggebend für die Auslegung der Bremsanlage ist immer die Zuordnungsberechnung. Mit ihr wird nachgewiesen, dass Auflaufeinrichtung und Radbremsen, die zunächst getrennt voneinander geprüft worden sind zusammen funktionieren und den gesetzlichen Vorgaben nach den EG-Richtlinien entsprechen. In diese Berechnung gehen Faktoren wie Kraft-, Weg- und Rückfahrbedingungen ein.
Wie bereits vorher in Abschnitt 11.2.1.1 zu sehen war, besteht eine gesetzliche Forderung nach einer Mindestkraftübersetzung $i_K \geq 5$.
Folgende Bedingungen müssen erfüllt sein, dass eine Zuordnung nach Vorschrift gewährleistet ist:

Kraftübersetzung Hebelübersetzung Wegübersetzung

$$i_{Hk} \leq i_H \leq i_{HW}$$

Für die mechanische Auflaufeinrichtung gilt:

$$\frac{\frac{B \cdot R_{\max}}{\varrho} + n \cdot P_0}{(D^* - K)} \cdot \frac{1}{\eta_{H0} \cdot \eta_{H1}} \leq i_{H0} \cdot i_{H1} \leq \frac{s'}{i_g \cdot s_{B^*}} \qquad (11.10)$$

Kraftübersetzung i_{Hk}

$$i_{HK} = \frac{\frac{B \cdot R_{\max}}{\varrho} + n \cdot P_0}{(D^* - K)} \cdot \frac{1}{\eta_{H0} \cdot \eta_{H1}} \qquad (11.11)$$

Hebelübersetzung i_H

$$i_H = i_{H0} \cdot i_{H1} \qquad (11.8)$$

siehe 11.2.1.2

Wegübersetzung i_{HW}

$$i_{HW} = \frac{s'}{i_g \cdot s_{B^*}} \qquad (11.12)$$

11.3.2 Kraftschlussausnutzung

Zusätzlich zur Zuordnungsberechnung sollte in speziellen Fällen die Kraftschlussbeanspruchung an den Achsen des Anhängers geprüft werden. Diese soll ermitteln bei welcher maximalen Abbremsung die Blockiergrenze erreicht wird. Dabei ist auch die Abbremsung des ganzen Zuges zu beachten. „Das Kraftschlussverhalten wird umso besser, je näher die möglichen Gleitgrenzen beieinander liegen" [2]. Damit ist die Abbremsung der einzelnen Achsen von Zugfahrzeug und Anhänger gemeint. In der Praxis blockieren die Räder in einer bestimmten Reihenfolge und fangen somit zu gleiten an. Dabei ist darauf zu achten, dass zuerst die Vorderräder des Zugfahrzeugs, dann die Räder des Anhängers und zuletzt die Hinterräder des Zugfahrzeugs blockieren. Damit wird verhindert, dass der Zug beim Fahren einknickt oder der Anhänger ausbricht.
Bei Betrachtung der dynamischen Stützlast P_S, die sich aus anschließender Formel (11–20) ergibt, zeigt sich, dass diese außer von der Fahrzeuglängsbeschleunigung und der Schwerpunkthöhe auch über die Deichsellänge zwischen Kupplung und Radaufstandspunkt beeinflusst wird. Daraus ist erkennbar, dass auflaufgebremste Anhänger zweckmäßigerweise einen niedrigen Schwerpunkt und eine lange Deichsel haben sollten, um die das Regelverhalten der Auflaufeinrichtung störenden Reibungskräfte zu minimieren.
Für die Kräfteverteilung am Zugfahrzeug und Anhänger ergibt sich nach Bild 11-8 Folgendes.
Pkw

Gewichtskräfte: $G_K = m_K \cdot g = P_{Vo} + P_{H0}$ (11.13)

Bremskräfte: $B_K = z_K \cdot G_k$ (11.14)

Anhänger

Gewichtskräfte: $G_A = m_A \cdot g = P_{S0} + P_{A0}$ (11.15)

Bremskräfte: $B_A = z_A \cdot G_A$ (11.16)

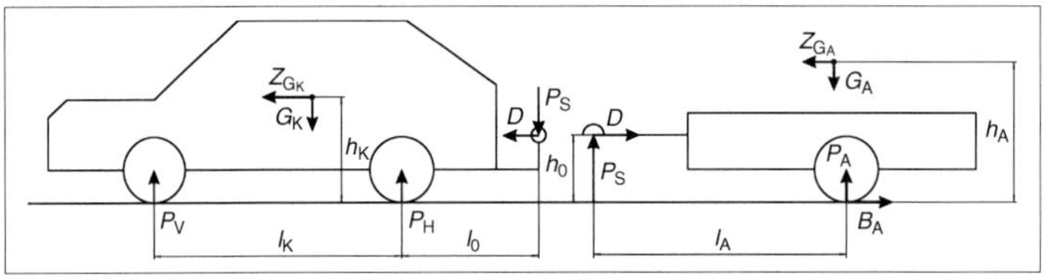

Bild 11-8 schematische Darstellung des Gespanns

Pkw + Anhänger

Achslastsumme:

$$P_K = P_V + P_H \tag{11.17}$$

Bremskonstante:

$$c_B = \frac{D}{z \cdot G_A} \tag{11.18}$$

dyn. Achslast des Anhängers:

$$P_A = P_{A0} - z \cdot G_A \cdot \left(\frac{h_A - c_B \cdot h_0}{l_A}\right) \tag{11.19}$$

dyn. Stützlast:

$$P_S = P_{S0} + z \cdot G_A \cdot \left(\frac{h_A - c_B \cdot h_0}{l_A}\right) \tag{11.20}$$

dyn. Achslasten des Pkw:

$$P_V = P_{V0} - \frac{l_u}{l_K} \cdot P_{S0} + z \times \left[\frac{h_K G_K + h_0 \cdot c_B G_A}{l_K} - \frac{l_0}{l_K}\,\frac{(h_A - c_B h_0) \cdot G_A}{l_A}\right] \tag{11.21}$$

$$P_H = P_{H0} + \left(1 + \frac{l_u}{l_K}\right) \cdot P_{S0} - z \times \left[\frac{h_K G_K + h_0 \cdot c_B G_A}{l_K} - \left(1 + \frac{l_u}{l_K}\right) \times \frac{(h_A - c_B h_D) \cdot G_A}{l_A}\right] \tag{11.22}$$

[2]

Daraus ist ersichtlich, dass sich die Bremskraftverteilung z. B. bei einem Pkw durch die dynamische Stützlast des auflaufgebremsten Anhängers verändert. Bei einem beladenen Pkw ohne Anhänger liegt die Bremskraftverteilung zwischen Vorder- und Hinterachse etwa bei 65:35. Mit einem gebremsten Anhänger sollte diese etwa bei 50:50 liegen, was allerdings nicht der Fall ist. „Da die Bremskraftverteilung des PKW auf das alleinfahrende Fahrzeug abgestimmt sein muss, weil sonst die nach EG oder ECE vorgeschriebenen Reibungskurven nicht eingehalten werden können, ist entweder der erforderliche Kraftschlussbedarf beim Mitführen eines Anhängers unbefriedigend hoch oder die erzielbare Abbremsung im Zug unbefriedigend niedrig. Abhilfe könnte nur ein auf die dynamischen Laständerungen der Pkw-Hinterachse reagierender Bremskraftregler (ALB) bringen, zusammen mit einer – für den allein fahrenden PKW nicht nutzbaren – Erhöhung der möglichen Bremskräfte an den Hinterrädern“ [2].

11.3.3 ABS-Verträglichkeit

Fast allgemein werden Pkw's mit einem Anti-Blockier-System (ABS) ausgestattet. Daraus folgt, dass immer mehr auflaufgebremste Anhänger mit ABS-gebremsten Zugfahrzeugen verbunden werden.
Maßgeblich für die Bremsstabilität bzw. Kurshaltung beim Bremsen ist das Blockierverhalten der einzelnen Achsen des Zuges. Beim Anhängergespann ohne ABS blockiert in der Regel die Vorderachse des Pkw's zuerst, da sie durch die auftretende dynamische Stützlast entlastet wird. Später blockiert die Achse des Anhängers und zuletzt die Hinterachse des Pkw's.
Ist das Zugfahrzeug mit ABS ausgerüstet, bringt dies wesentliche Vorteile für das gesamte Gespann mit sich. Das ABS versucht den Kraftschluss an beiden Achsen des Zugfahrzeugs voll auszunutzen, sofern die installierte Bremskraftverteilung dazu ausreicht.
Damit nun die Anhängerräder nicht vor der ABS-Regelung blockieren, muss die wirksame Kraftübersetzung der Auflaufbremsanlage $i_k \leq 6$ sein. Andernfalls blockieren die Räder des Anhängers vor der ABS-Regelung und der Anhänger kann seitlich ausbrechen. Unter der Vorraussetzung, dass die Kraftschlussausnutzung des Zugfahrzeuges über der des Anhängers liegt, muss das ABS des Zugfahrzeuges voll regeln bevor der Anhänger seine Kraftschlussgrenze erreicht hat. Dann ist sichergestellt, dass der Anhänger dem Zugfahrzeug folgt und nicht seitlich ausbricht.

11.4 Wartung – Pflege

Zu den weiteren Vorteilen der Auflaufeinrichtung gehören, durch die generell einfache Konstruktion des Systems bedingt, lange Wartungsintervalle.
Generell sind die Bedienungs- und Wartungsanleitungen der jeweiligen Hersteller zu beachten.

11.4.1 Wartung

Die Auflaufeinrichtung muss einmal im Jahr oder alle 5000 km überprüft und nachgeschmiert werden. Die Gleitlager der Zugstange werden durch

2 Schmiernippel oben am Gehäuse nachgeschmiert und ebenso sind alle Lagerstellen und Gleitflächen an der Auflaufeinrichtung, aber auch der Zugkugelkupplung nachzuschmieren. Zusätzlich muss die Ansprechschwelle überprüft werden. Dazu muss die Zugstange voll in die Auflaufeinrichtung eingeschoben werden. Dies erfordert etwas Kraftaufwand. Die Zugstange muss danach durch das Gaspolster im hydraulischen Dämpfer wieder selbsttätig in die Ausgangsstellung ausfahren. Bei hydraulischen Auflaufeinrichtungen ist einmal im Monat oder alle 1500 km der Stand der Bremsflüssigkeit im Ausgleichsbehälter am Hauptzylinder zu kontrollieren. Alle 1 bis 2 Jahre oder alle 30 000 bis 40 000 km ist die Bremsflüssigkeit zu erneuern. Alle 1 bis 2 Jahre oder alle 15 000 km sind sämtliche flexiblen Bremsschläuche und alle Bremsleitungen auf Verschleiß, Korrosion bzw. auf Beschädigungen und die Verschraubungen auf Dichtheit zu kontrollieren. Verschlissene oder beschädigte Teile sind unbedingt zu erneuern.
Bei Kugelkupplungen mit Spurstabilisierungen sind besonders die Wartungs- und Pflegeanleitungen der jeweiligen Hersteller zu beachten.
Einmal im Jahr oder alle 5000 km muss der Bremsbelagverschleiß kontrolliert werden. Dieses Wartungsintervall ist eine Empfehlung. Je nach Einsatz (ständige Bergfahrten oder Dauereinsatz in Spedition) muss dieses ggf. verkürzt werden. Bei einer Restbelagstärke von weniger als 1,5 mm sind die Bremsbacken und ggf. auch die Backenrückzugsfedern zu erneuern.
Der Belagverschleiß vergrößert den Auflaufweg an der Zugstange der Auflaufeinrichtung. Wenn sich der Auflaufweg auf mehr als zwei Drittel des Gesamtauflaufweges vergrößert hat, müssen die Radbremsen nachgestellt werden.
Bei hydraulischen Radbremsen ist insbesondere die Dichtheit des Haupt- bzw. der Radzylinder zu kontrollieren. Der Kolben des Radzylinders, der dem Bremsbackenträger zugeordnet ist, ist wegen der Wegfreigabe in Rückwärtsfahrt für einen größeren Kolbenhub ausgelegt. Hier muss darauf geachtet werden, dass die Radzylinder bzw. Kolben nach Überprüfung bzw. Austausch entsprechend montiert werden.
Des Weiteren muss darauf geachtet werden, dass die gesamte hydr. Bremsanlage jeweils einwandfrei entlüftet ist bzw. wird.
Bei jedem Service sind die Seilzüge auf Leichtgängigkeit zu prüfen. Schadhafte bzw. schwer-gängige Seilzüge sind auszutauschen.
Wartungs- und Reparaturarbeiten an der gesamten Bremsanlage dürfen nur von Fachwerkstätten mit entsprechend geschultem Personal durchgeführt werden. Bei Wartungs- oder Reparaturarbeiten dürfen nur Original-Ersatzteile verwendet werden [5].
Wird am Gestänge gearbeitet, muss immer die Sicherung der Feststellbremse angebracht werden. Der Federspeicher erzeugt so große Kräfte, dass schwere Verletzungen die Folge sein können.

11.4.2 Nachstellung

Die Nachstellung der Bremsbeläge dient dazu, den gegebenen Belagverschleiß auszugleichen und somit die Betätigungswege an den Radbremsen und damit auch an der Auflaufeinrichtung zu minimieren und möglichst konstant zu halten. Bei der Auflaufbremsanlage ist das sehr wichtig, um die Wegübersetzung der Auflaufeinrichtung i_H konstant zu halten.
Die Nachstellung der Bremsanlage erfolgt keinesfalls am Gestänge der Auflaufbremsanlage, sondern immer an den Radbremsen. Beim Nachstellen ist darauf zu achten, dass die Zugstange der Auflaufeinrichtung voll ausgefahren ist. Erst wenn die Bremsen eingestellt sind, kann gegebenenfalls das Bremsgestänge in der Länge nachjustiert werden.
Die Nachstellung bei den Radbremsen der verschiedenen Hersteller ist unterschiedlich. Hier ist jeweils die Bedienungsanleitung der jeweiligen Hersteller zu beachten.

11.5 Neue Entwicklungen

Zu den wichtigsten Kundenwünschen gehört die Wartungsarmut. Um auch bei hoher Kilometerleistung die Wartungsintervalle zu verlängern, soll zukünftig auch bei auflaufgebremsten Anhängern im Gewichtsbereich von 750 kg bis 3500 kg in die Radbremsen mit Rückfahrautomatik eine automatische Nachstellung eingebaut werden.
Im Hinblick auf die heutigen, modernen Bremsanlagen in Zugfahrzeugen allgemein bzw. in Pkw's speziell, wäre eine Weiterentwicklung, z. B. elektronische Steuerung, bei Auflaufbremsanlagen sinnvoll, um auch beim Fahren eines Gespanns die Verkehrssicherheit weiter zu erhöhen.

Verwendete Einheiten und Formelzeichen

Verwendete Einheiten:

Massen:	kg
Kräfte:	N
Kräftepaare und Momente:	Nm
Oberflächen:	cm^2
Drücke:	bar
Längen:	Angabe der Maßeinheit nach Einzelfall

Für alle Bauarten von Bremsanlagen geltende Zeichen

G_A: technisch zulässige Gesamtmasse des Anhängers nach Angabe des Herstellers

G'_A: „Gesamtmasse“ des Anhängers, die von der Auflaufeinrichtung abgebremst werden kann, nach Angabe des Herstellers

G_B: „Gesamtmasse" des Anhängers, die von allen Bremsen des Anhängers gemeinsam abgebremst werden kann: $G_B = n \cdot G_{B0}$

G_{B0}: der Teil der zulässigen „Gesamtmasse" des Anhängers, die von einer Bremse abbremsbar ist, nach Angabe des Herstellers

B^*: erforderliche Bremskraft

B: Bremskraft unter Berücksichtigung des Rollwiderstandes (üblicherweise 1 %)

D^*: zul. Deichselkraft

D: Deichselkraft

P': Kraft am Ende der Auflaufeinrichtung

K: Zusatzkraft in der Auflaufeinrichtung; konventionell ermittelt entspricht diese der Kraft D im Schnittpunkt der extrapolierten Kennlinie P' als Funktion von D, ermittelt bei halbem Auflaufweg

K_A: Ansprechschwelle der Auflaufeinrichtung; diese ist die maximale, kurzzeitig auf den Kupplungskopf wirkende Schubkraft, die am Anschluss der Auflaufeinrichtung keinerlei Wirkung hervorruft; üblicherweise wird mit K_A die Kraft bezeichnet, die zu Beginn des Einschiebens des Kupplungskopfes mit einer Geschwindigkeit von 10 bis 15 mm/s bei abgekuppelter Übertragungseinrichtung gemessen wird.

$D1$: größte Druckkraft am Kupplungskopf beim Einschieben desselben mit der Geschwindigkeit von s in mm/s $\pm$ 10 % gemessen bei abgekuppelter Übertragungseinrichtung

$D2$: größte Zugkraft beim Herausziehen des Kupplungskopfes mit einer Geschwindigkeit von s in mm/s $\pm$ 10 % gemessen bei abgekuppelter Übertragungseinrichtung

η_H: Gesamtwirkungsgrad der Auflaufeinrichtung und der Übertragungseinrichtung

η_{H0}: Wirkungsgrad der Auflaufeinrichtung

η_{H1}: Wirkungsgrad der Übertragungseinrichtung

s: Auflaufweg in Millimeter

s': nutzbarer Auflaufweg in Millimeter

S'': Leerweg im Hauptzylinder, gemessen in Millimetern am Kupplungskopf

$2s_B$: Zuspannweg der Bremsbacken, gemessen auf dem Durchmesser, der parallel zur Spannvorrichtung verläuft, ohne Nachstellen der Bremsbacken (in Millimetern)

i_K: Kraftübersetzung der Auflaufeinrichtung

D_x: Kupplungslängskraft

i_{HK}: Kraftübersetzung Auflaufeinrichtung

i_{HW}: Wegübersetzung Auflaufeinrichtung

P_S: Stützlast

$2s_B{}^*$: minimaler Zuspannweg der Bremsbacken (in Millimetern)

a) für Trommelbremsen gilt:

$$2s_B{}^* = 2{,}4 + \frac{4}{1000} \cdot 2r \qquad (11.11a)$$

Hierbei ist $2r$ der Durchmesser der Bremstrommel in Millimetern

b) für Scheibenbremsen mit hydraulischer Übertragungseinrichtung gilt:

$$2s_B{}^* = 1{,}1\,\frac{10 \cdot V_{60}}{F_{RZ}} + \frac{1}{1000} \cdot 2r_A \qquad (11.11b)$$

wobei:

V_{60} = Flüssigkeitsvolumenaufnahme einer Radbremse bei einem Druck, der einer Bremskraft von $1{,}2B^* = 0{,}6 \cdot G_{B0}$ und einem höchsten Reifendurchmesser entspricht.

$2r_A$ = äußerer Durchmesser der Bremsscheibe (V_{60} in cm^3; F_{RZ} in cm^2 und r_A in mm)

M: Bremsmoment

R: dynamischer Reifenhalbmesser in Meter, auf 1 Zentimeter gerundet

n: Anzahl der Radbremsen

r: Trommelradius in Meter

z: Verzögerung

g: Erdbeschleunigung

k_p: Regelgröße

G: Gewichtskraft

m: Masse

P: Achslast

c_B: Bremskonstante

h: Schwerpunkthöhe

l_A: Deichsellänge

P_s: Stützlast

Zeichen für Auflaufbremsanlagen mit mechanischer Übertragungseinrichtung

i_H: Wegübersetzung der Auflaufeinrichtung vom Kupplungskopf bis zum Bremshebel

$$i_H = i_{H0} \cdot i_{H1} \qquad (11.8)$$

i_{H0}: Wegübersetzung zwischen dem Auflaufweg am Kupplungskopf und dem Weg des Hebels am Ende der Auflaufeinrichtung

i_{H1} Übersetzung zwischen dem Weg des Hebels am Ende der Auflaufeinrichtung und dem Bremshebelweg (Wegübersetzung der Auflaufeinrichtung)

n: Anzahl der Radbremsen

P: Kraft am Bremshebel

P_0: Rückstellkraft der Bremse; im Diagramm $M = f(P)$ ist das der Wert P der Kraft im Schnittpunkt der verlängerten Kennlinie mit der Abszisse

ϱ: Kenngröße der Bremse aus folgender Formel

$$\varrho = \frac{M}{P - P_0} \qquad (11.12a)$$

Zeichen für Auflaufbremsanlagen mit hydraulischer Übertragungseinrichtung

i_h: Übersetzungsverhältnis zwischen dem Auflaufweg am Zuggabelkopf und dem Kolbenweg des Hauptzylinders

i_g: Übersetzungsverhältnis zwischen dem Angriffspunkt der Radzylinder und dem Zuspannweg in der Mitte einer Bremsbacke

F_{RZ}: Kolbenfläche eines Radzylinders bei Trommelbremsen; bei Scheibenbremsen Gesamtfläche des (der) Sattelkolben(s) auf einer Seite der Scheibe

F_{HZ}: Kolbenfläche des Hauptzylinders

p: Flüssigkeitsdruck im Radzylinder

p_0: Rückstelldruck im Radzylinder; im Diagramm $M = f(p)$ der Wert des Druckes p im Schnittpunkt der verlängerten Kennlinie mit der Abszisse

ϱ': Kenngröße der Bremse aus der folgenden Formel

$$\varrho' = \frac{M}{p - p_0} \tag{11.12b}$$

Indizes

A: Anhänger
K: Zugfahrzeug
o: statisch

Literaturverzeichnis

[1] *Mitschke, M.; Sagan, E.:* Theoretische Untersuchungen an Auflaufbremsanlagen für Pkw-Anhänger. Dtsch. Kraftfahrzeugforschung und Straßenverkehrstechnik H. 290, Düsseldorf: VDI-Verlag 1984

[2] *Merz, H.:* Vortragsmanuskript zum Thema: Bremsen an Wohnanhängern TÜV-Rheinland, 03. 12. 83

[3] *Gimpl, G.:* Manuskript zu Programmpunkt 4 der Veranstaltung Nr. 5123Z901031 zum Thema: Leichte Fahrzeuganhänger, TÜV-Akademie Bayern/Hessen 1991

[4] *Strasser, Josef:* Messtechnische Analyse und konstruktive Bewertung einer Radbremse für Auflaufbremsanlagen, Diplomarbeit, Fachhochschule Rosenheim 29. 9. 1995

[5] *Loipl, H.:* Knott GmbH Montage- Wartungsanleitung für Hydraulische Auflaufbremsanlagen, 2. Aufl., 1998

[6] *Donath, E.:* Bestimmung des Wirkungsgrades von Bremsseilzügen unter Berücksichtigung der verschiedenen Bauarten und Einbauvarianten. Forschungsbericht der Vereinigung der Technischen Überwachungs-Vereine e. V. Nr. 243

[7] *Burckhardt, M.:* Fahrwerktechnik: Bremsdynamik und Pkw-Bremsanlagen, 1. Aufl. Würzburg Vogel Verlag 1991

12 Bremsen von Off-Road Radfahrzeugen

12.1 Historische Entwicklung der Bremsen in Off-Road Fahrzeugen

Die Entwicklung der Bremsen für Off-Road Fahrzeuge war in der Vergangenheit immer eng gekoppelt an die Bremsentwicklung von Eisenbahnen und Kraftfahrzeugen. Die ersten mechanischen Hebelbremsen stammen aus der 2. Hälfte des 19. Jahrhunderts. In der weiteren Folge wurden diese dann weiterentwickelt und perfektioniert. (siehe auch Kapitel 1)
Eine wesentliche Änderung bei den Bremskonzepten trat erst um 1970 durch die Entwicklung einer in Öl laufenden und speziell auf die schweren Einsatzbedingungen im Off-Road Bereich abgestimmten Scheibenbremse ein. Ab Mitte der 80er-Jahre wurde diese Variante durch eine Mehrscheibenausführung, die sogenannte „Nasse Lamellenbremse" durch die Firma ZF serienreif gemacht.

12.2 Überblick über nationale und internationale Rechtsvorschriften für Bremsanlagen

Jedes im Verkehr befindliche Fahrzeug muss jederzeit den Bedingungen der nationalen und internationalen Verkehrsgesetze entsprechen. Selbstverständlich sind stets die neuesten Vorschriften zu beachten, wie sie seitens der Gesetzgeber in amtlichen Organen, z. B. im „Verkehrsblatt" (VkB) des Bundesministers für Verkehr, veröffentlicht werden [1].

Bild 12-1 Hebelbremse an einem ZF-A12 Schleppergetriebe

Da die unterschiedlichen Richtlinien und Normen eine mangelnde Konformität aufweisen, ist es für die Fahrzeughersteller und Zulieferer im Zeitalter der Globalisierung sehr schwierig, den länderspezifischen Anforderungen gerecht zu werden.
Die in diesem Beitrag abgedruckten Auszüge aus Richtlinien und Rechtsvorschriften sind weder amtliche Texte, noch ist die vorgenommene Kommentierung amtlich autorisiert.

12.2.1 Verkehrsgesetze in der Bundesrepublik Deutschland (StVZO)

Der national gültige Gesetzestext für den ordnungsgemäßen Zustand von Bremsanlagen in Off-Road-Radfahrzeugen ist die Straßenverkehrs-Zulassungs-Ordnung-StVZO [2]. Sie regelt die Zulassung von Personen und Fahrzeugen zum Straßenverkehr und enthält Bestimmungen über den Bau und Betrieb von Fahrzeugen in der Bundesrepublik Deutschland. Die Vorschriften gelten ursprünglich nur für den öffentlichen Verkehr. Gewisse Verordnungen der StVZO, darunter insbesondere auch die Bremsvorschriften, müssen jedoch entsprechend den Unfallverhütungsvorschriften der landwirtschaftlichen Berufsgenossenschaften auch abseits der Straßen eingehalten werden.
Die Off-Road-Fahrzeuge werden zulassungsrechtlich entweder als Zugmaschinen (Land- oder Forstwirtschaft) oder selbstfahrende Arbeitsmaschinen eingestuft. Im Sinne des §18 Abs. 6 der StVZO sind Zugmaschinen ausschließlich oder überwiegend zum Ziehen von Anhängern gebaute Kraftfahrzeuge. Der etwa vorhandene Laderaum ist gegenüber der Zugleistung nur von geringer wirtschaftlicher Bedeutung. Zu den selbstfahrenden Arbeitsmaschinen gehören zum Beispiel Bagger oder Radlader. Bremsanlagen werden im **§ 41** behandelt. Die darin enthaltenen gesetzlichen Vorschriften über die geforderte Bremswirkung sind in erster Linie Bauartvorschriften. Zusätzlich hat der Gesetzgeber im § 41 Richtlinien (Rili) veröffentlicht. Sie beinhalten unter anderem Bestimmungen über Bauart, Wirkungsweise, Prüfung und Instandhaltung der Fahrzeugbremsen. Unterschieden wird prinzipiell nach Fahrzeugen, welche bauartbedingt langsamer bzw. schneller als 25 km/h fahren können.
Eine spezielle Rili definiert in **§ 41 Abschnitt 6** die Bremsanlagen für Fahrzeuge mit hydrostatischem Antrieb. Hier hat der Gesetzgeber bereits im Vorgriff auf die Anpassung des § 41 Abs. 15 an die internationalen Vorschriften Anforderungen angelehnt an die Rili 71/320/EWG festgeschrieben.

12.2.2 Richtlinien der Europäischen Gemeinschaften (EG)

Die von den Europäischen Gemeinschaften erarbeiteten Richtlinien für den Bau von Straßenfahrzeugen sollen die Harmonisierung der entsprechenden nationalen Vorschriften bewirken. Um dies zu erreichen, muss die Substanz einer EG-Richtlinie in das nationale Recht innerhalb einer bestimmten Frist aufgenommen werden. Nach Ablauf dieser, für die Aufnahme der EG-Bestimmungen in das nationale Recht vereinbarten Frist kann Fahrzeugen, welche den EG-Richtlinien entsprechen, die Zulassung seitens der EG oder national nicht mehr verweigert werden. Es ist allerdings parallel zur EG-Zulassung stets auch möglich, nach nationalem Recht zuzulassen, u. U. aber mit der Konsequenz, dass eine solche Zulassung von den EG-Partnern nicht anerkannt wird.
Der Gesetzestext der Europäischen Wirtschaftsgemeinschaften kennt folgende Begriffe für Typen von Off-Road-Fahrzeugen:

- **Land- oder forstwirtschaftliche Zugmaschine: 76/432/EWG [3]**

  Als Zugmaschine (land- oder forstwirtschaftliche Zugmaschine) gelten alle Kraftfahrzeuge auf Rädern oder Raupenketten mit wenigstens zwei Achsen, deren Funktion im Wesentlichen in der Zugleistung besteht und die eigens zum Ziehen, Schieben, Tragen oder zur Betätigung bestimmter Geräte, Maschinen oder Anhänger eingerichtet sind, die zur Verwendung in land- oder forstwirtschaftlichen Betrieben bestimmt sind. Sie kann zum Transport einer Last und von Beifahrern ausgerüstet sein. Die Richtlinie gilt nur für die im obigen Absatz definierten Zugmaschinen mit Luftbereifung und mindestens zwei Achsen und einer bauartbestimmten Höchstgeschwindigkeit zwischen 6 km/h und 40 km/h.
- **Kraftfahrzeuge und Anhänger: 71/320/EWG [4] bzw. 98/12/EG**

  Unter diese Vorschrift fallen alle **Fahrzeuge** mit Ausnahme von Schienenfahrzeugen, land- und forstwirtschaftlichen Zug- und Arbeitsmaschinen sowie alle anderen Arbeitsmachinen, alle zur Teilnahme am Straßenverkehr bestimmten vollständigen oder unvollständigen Kraftfahrzeuge, mit mindestens 4 Rädern und einer bauartbedingten Höchstgeschwindigkeit von mehr als 25 km/h, sowie ihre Anhänger. Die exakte Zuordnung der Fahrzeugklassen ist in der Richtlinie 70/156/EWG, Anhang II definiert. Die Richtlinie 98/12/EG ist die konsolidierte Fassung der Grundrichtlinie 71/320/EWG.
- **Erdbaumaschinen: EN ISO 3450 [5]**

  Diese internationale Norm legt die Mindestanforderungen und Prüfbedingungen für Bremsanlagen fest, um eine einheitliche Beurteilung des Bremsvermögens von Erdbaumaschinen, die auf Baustellen oder öffentlichen Straßen fahren, zu ermöglichen. Diese internationale Norm erfasst Betriebs-, Hilfs- und Feststellbremsanlagen und Retarder (Dauerbremsanlagen). Diese internationale Norm gilt für selbstfahrende, gummibereifte Lader, Planiermaschinen, Grader, Baggerlader, Scraper, Bagger und Muldenfahrzeuge, wie in ISO 6165 definiert.

12.2.3 Regelungen der Economic Commission for Europe (ECE)

Die ECE ist eine Organisation der UNO mit Sitz in Genf, die den Freihandel in Europa fördern soll. Sie hat daher ein Interesse, nationale Vorschriften zu harmonisieren und in anerkannte internationale Vereinbarungen zu überführen. Die von Expertenkommissionen erarbeiteten Vorschläge können auf freiwilliger Basis von den internationalen Staaten übernommen werden. Wenden mindestens zwei Mitgliedsstaaten der ECE eine vorgeschlagene Regelung an, so wird diese durch Ratifizierung bei der UNO eine ECE-Regelung. Die Entscheidung zum Beitritt kann jedoch jeder Mitgliedsstaat der ECE nach eigenem Gutdünken treffen, sie kann nicht erzwungen werden.
Die Regelung **ECE-R 13** [6] ist in Englisch abgefasst, aber sinngemäß gleichlautend mit der Bremsenrichtlinie 71/320/EWG.

12.2.4 Normen der Society of Automotive Engineers (SAE)

Off-Road-Radfahrzeuge, welche in die Vereinigten Staaten exportiert werden, müssen den Bestimmungen der Society of Automotive Engineers (SAE) genügen. Die SAE mit Sitz in Warrendale trägt zur Qualitätssicherung auf dem amerikanischen Markt bei.
Die Norm J 1150 definiert den „Agricultural Tractor" als Zugmaschine, die sich aus eigener Kraft antreibt und angehängte oder mitgeschleppte Arbeitsgeräte mit Energie versorgt. Die Anforderungen an die Bremsanlage für land- und forstwirtschaftliche Fahrzeuge sind in der **ISO 5697** [7] (früher SAE J 1041) definiert.
Die Norm J 1473 wurde ersetzt durch die **SAE J/ISO 3450**, und definiert die Bremsanlagen für Erdbaumaschinen „Earthmoving Machinery". Diese Norm ist identisch mit der EN ISO 3450 [5].

12.3 Technische Ausführungen und Dimensionierung

Für Bremsanlagen in Fahrzeugachsen im Off-Road Bereich gibt es je nach Typ und Funktion unter-

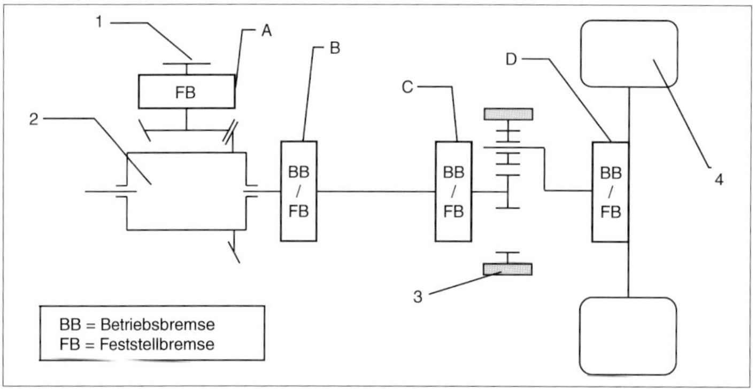

Bild 12-2 Einbaukonzepte von Bremsen in Planetenachsen
1 Antriebsflansch, 2 Differential, 3 Planetentrieb, 4 Rad
A Flanschbremse, B Innenliegende Bremse schnelllaufend (Inboard), C Außenliegende Bremse schnelllaufend (Outboard), D Außenliegende Bremse langsamlaufend

schiedliche Möglichkeiten der Positionierung in einer Achse. Einen Überblick über die Möglichkeiten nach heutigem Stand der Technik zeigt Bild 12-2.
Wird die Bremse am Antriebsflansch der Achse positioniert, so spricht man von einer sogenannten „Flanschbremse" (A). Diese Position wird aber nur für Feststellbremsen in Fahrzeugen bis etwa 6 Tonnen Gesamtgewicht verwendet. Es handelt sich um eine kostengünstige Lösung, da nur eine Bremse benötigt wird. Sie kann als Trommel-, Scheiben-, oder Lamellenbremse ausgeführt sein.
Alle anderen Bremskonzepte arbeiten jeweils mit zwei symmetrisch angeordneten Bremsen und sind sowohl als Betriebsbremse, Feststellbremse oder auch als kombinierte Bremse darstellbar. Trommel- und Scheibenbremsen können normalerweise nur als außenliegende Bremsen (D) aufgebaut werden und bieten den Vorteil, dass eine Bremsenwartung nach Entfernen des Rades relativ einfach durchgeführt werden kann. Allerdings besteht gleichzeitig die Gefahr der Verschmutzung im Schleuderbereich der Räder.
Eine in Öl laufende Lamellenbremse kann aber auch innerhalb der Achse an den Positionen (B) und (C) eingebaut werden. Es handelt sich hier um sogenannte „schnelllaufende Bremsen", welche direkt am Differential (Inboard) oder im Radteil (Outboard) angeordnet werden können. Eine Inboard-Bremse (B) ermöglicht z. B. eine kompakte Bauweise, hat aber den Nachteil, dass die Aufheizung des Differentials erhöht wird. Eine Alternative ist die „Outboard-Bremse" (C), welche aber nur bei Starrachsen Verwendung findet.
Ein Nachteil der Bremsanordnung (B) und (C) ist die Wirkungsgradverschlechterung durch die Scherreibungsverluste zwischen Öl und Bremslamellen. Dieser Effekt wird durch die Anordnung außerhalb des Planetentriebes (D) deutlich reduziert, allerdings benötigt man hier größere Lamellendurchmesser und damit mehr hydraulisches Betätigungsvolumen.
In Off-Road Radfahrzeugen hat sich in den letzten 30 Jahren das Bremskonzept der „Nassen Lamellenbremse" durchgesetzt, da dieser Typ verschleiß- und somit auch wartungsarm funktioniert. Im folgenden Kapitel ist daher dieses Konzept intensiver beschrieben. Einzelheiten zu dem Aufbau von Trommel- und Scheibenbremsen können auch dem Kapitel 9.1 entnommen werden.

12.3.1 Trommelbremse

Die Trommelbremse (Bild 12-3) hat geringe Betätigungskräfte im Verhältnis zur Bremskraft, größere Wartungsintervalle und in der Regel eine längere Standzeit der Beläge.

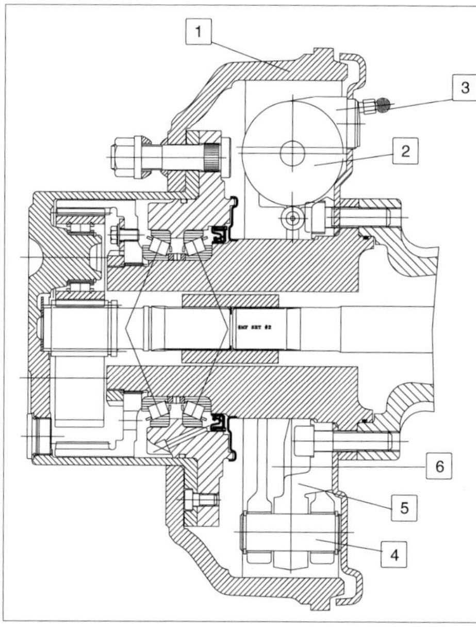

Bild 12-3 Prinzip einer hydraulisch betätigten Trommelbremse für Off-Road Fahrzeuge
1 Bremstrommel; 2 Bremszylinder; 3 Druckölanschluss; 4 Bremsbackenlager; 5 Ankerplatte; 6 Bremsbacke

In einer mit dem Rad verbundenen Trommel aus Gusseisen oder Stahl werden zwei sichelförmige Bremsbacken durch einen Spreizmechanismus nach außen bewegt. Mit ihren Belägen sorgen sie für Reibung an der Innenseite der Trommel. Da die Beläge über die Ankerplatte mit der Radaufhängung verbunden sind, wird die Trommel und damit das Rad abgebremst. Die Spreizung erfolgt bei der Handbremse über Seilzüge und Hebelgestänge, bei der hydraulischen Fußbremse über Bremsflüssigkeit auf kleine Kolben und Zylinder und bei der pneumatischen Bremse über außenliegende Membran- oder Kolbenzylinder, die einen S-Nocken oder einen Spreizkeil betätigen. Je nach Kraftansatz und Fahrtrichtung entsteht an einem oder an beiden Belägen eine Keilwirkung, wodurch sich die Anpresskraft erhöht (Selbstverstärkung).
Zurzeit ist die Verbreitung der Trommelbremse wegen der schlechten Fading-Eigenschaften und der ungleichen Bremskraftverteilung fast überall rückläufig

12.3.2 Scheibenbremse

Die Vorteile einer Scheibenbremse (Bild 12-4) sind: Dem Nachlassen der Bremswirkung durch Überhitzung wird entgegengewirkt, Schiefziehen an den Rädern einer Achse wird vermieden, die Abfuhr von Bremsbelagstaub verbessert und die Montage erleichtert.
Auf eine mit dem Rad verbundene Scheibe meist aus Gusseisen oder seltener aus Stahl drückt beim Bremsen je ein Bremsbelag von innen und außen. Da der Zangenmechanismus mit der Radaufhängung verbunden ist, werden Bremsscheibe und Rad abgebremst. Die Betätigung erfolgt bei der Handbremse meist über Seilzüge und Hebelgestänge, bei der hydraulischen Fußbremse über Bremsflüssigkeitsdruck auf einen oder mehrere Kolben und Zylinder und bei der pneumatischen Bremse über außenliegende Membran- oder Kolbenzylinder. Hier ist auch eine von innen um die Bremsscheibe greifende Bremszange möglich, um einen größeren Durchmesser der Reibfläche zu erhalten. Bei der Scheibenbremse gibt es keine Selbstverstärkung. Deshalb sind z. B. die Kolben und damit die Betätigungskräfte höher, aber die Neigung zum Schiefziehen der Räder einer Achse ist geringer. Durch die offene Bauweise kann die Wärme besser abgeführt werden. Durch die Innenbelüftung der Bremsscheibe wird dieser Effekt gesteigert.

12.3.3 Lamellenbremse

Im Off-Road-Bereich ist ein deutlicher Trend von trockenen Reibungsbremsen zu „nassen“, d. h. im Ölbad laufenden Konzepten festzustellen, da diese anwendungs- und betriebstechnische Vorteile haben. Die wichtigsten sind [9]

- sehr geringer Verschleiß
- nahezu wartungsfrei
- kein Wärme-Fading
- keine Abdichtung gegen nasse Bauräume
- gemeinsamer Ölhaushalt (Getriebe, Achse, Endtrieb)
- kompakte Bauweise
- hohe Betriebssicherheit
- hohe Lebensdauer

Aufgrund dieser Vorteile gegenüber trockenen Bremsen werden sie manchmal auch als „Lebensdauerbremsen“ bezeichnet.

12.3.3.1 Aufbau einer Lamellenbremse

Bei einer Lamellenbremse handelt es sich um eine Reibungskupplung, d. h. Reibscheiben, sogenannte Innen- und Außenlamellen, werden axial zusammengepresst und erzeugen eine Reibungskraft, die über einen Hebelarm ein Reibmoment übertragen kann [8]. Bild 12-5 zeigt den prinzipiellen Aufbau einer Lamellenbremse.

12.3.3.2 Berechnung des Bremsmoments

Für die Bremsenberechnung gilt das Coulomb'sche Gesetz:

$$F_R = \mu \cdot F_N \tag{12.1}$$

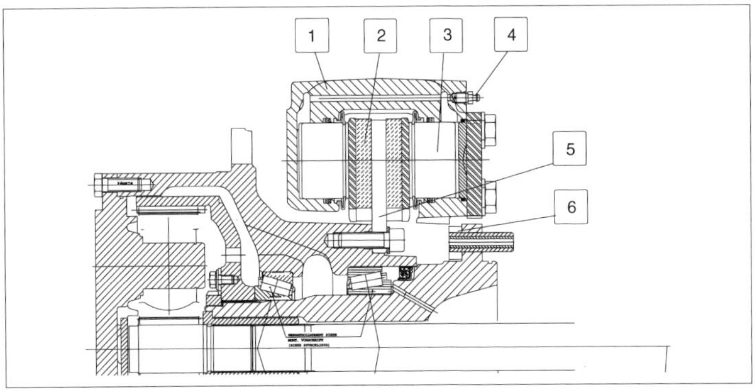

Bild 12-4 Prinzip einer hydraulisch betätigten Scheibenbremse für Off-Road Fahrzeuge

1 Bremssattel
2 Bremsbelag
3 Bremszylinder
4 Druckölzufuhr
5 Bremsscheibe
6 Bremsträger

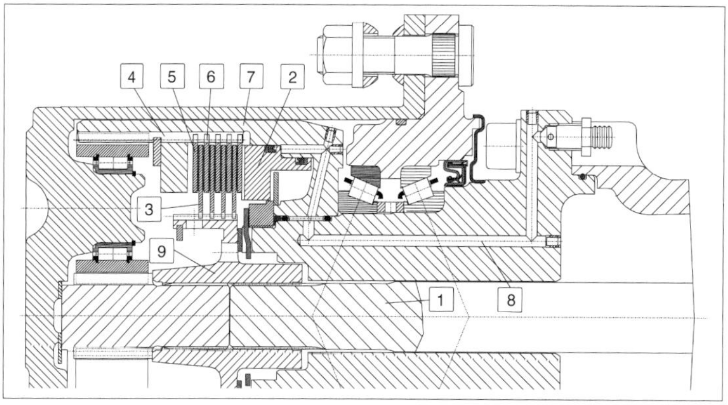

Bild 12-5 Prinzip einer schnellaufenden Lamellenbremse im Radkopf

1 Steckwelle
2 Ringkolben
3 Innenlamelle
4 Nut im Hohlradträger
5 Außenlamelle
6 Nocken (Mitnehmer) der Außenlamelle
7 Hohlrad/ Hohlradträger
8 Druckölzufluss
9 Lamellenträger

mit der Reibungskraft F_R, der Anpresskraft F_N und dem Reibungskoeffizient μ, auch Reibwert genannt. Für die Anpresskraft kann man auch einsetzten:

$$F_N = p_R \cdot A_R \tag{12.2}$$

worin p_R die spezifische Flächenpressung in N/mm^2 und A_R die Reibfläche in mm^2 sind.
Wirkt die Reibungskraft auf einen Hebelarm r', so entsteht ein Reibmoment:

$$T_{R'} = F_R \cdot r' = \mu \cdot F_N \cdot r' = \mu \cdot p_R \cdot A_R \cdot r' \tag{12.3}$$

Betrachtet man diese Verhältnisse an einem Flächenelement einer Kreisringfläche, so ergibt sich für das Reibmoment

$$T_R = \mu \cdot \int p_R \cdot \mathrm{d}A \cdot r' \tag{12.4}$$

Das Flächenelement $\mathrm{d}A_R$ lässt sich nun ausdrücken durch r', $\mathrm{d}\varphi$ und $\mathrm{d}r$:

$$\mathrm{d}A_R = r' \cdot \mathrm{d}\varphi \cdot \mathrm{d}r \tag{12.5}$$

Eingesetzt in Gleichung (12.4) und über die Kreisringfläche integriert ergibt sich

$$T_R = \mu \cdot p_R \cdot \int_{ri}^{ra} \int_{0}^{2\pi} (r')^2 \cdot \mathrm{d}\varphi \cdot \mathrm{d}r \tag{12.6}$$

und daraus

$$T_R = \frac{2}{3} \mu \cdot p_R \cdot \pi \cdot (r_a^3 - r_i^3) \tag{12.7}$$

und mit $p_R = \dfrac{F_N}{A_R}$ und $A_R = \pi(r_a^2 - r_i^2)$

$$T_R = \mu \cdot F_N \cdot \frac{2}{3} \frac{r_a^3 - r_i^3}{r_a^2 - r_i^2} \tag{12.8}$$

Setzt man $r_m = \dfrac{2}{3} \cdot \dfrac{(r_a^3 - r_i^3)}{(r_a^2 - r_i^2)}$ als Schwerpunktshalbmesser einer Kreisfläche ein, so ergibt sich für z_R Reibflächen das übertragbare Reibmoment einer Lamellenbremse zu

$$\boxed{T_R = \mu \cdot F_N \cdot r_m \cdot z_R} \tag{12.9}$$

oder

$$\boxed{T_R = \mu \cdot p_R \cdot A_R \cdot r_m \cdot z_R} \tag{12.10}$$

Bei großer Reibflächenzahl, $z_R > 16$, erfahren die letzten Reibflächen wegen axialer Reibung an den Mitnahmeverzahnungen u. U. nicht mehr die volle Reibflächenpressung, wodurch, je nach Reibflächenzahl nur noch 80–95 % des rechnerisch übertragbaren Momentes von der Bremse übertragen werden können. Das tatsächliche Bremsmoment ergibt sich dann zu:

$$\boxed{T_B = \mu \cdot p_R \cdot A_R \cdot r_m \cdot z_R \cdot \eta} \tag{12.11}$$

Hierin sind:

T_B: Bremsmoment
T_R: übertragbares Moment
μ: Reibungskoeffizient
η: Wirkungsgrad
F_N: axiale Anpresskraft der Lamellen
p_R: spezifische Flächenpressung an der Reibfläche
A_R: Reibfläche

$$A_R = \frac{\pi}{4}(D_a^2 - D_i^2) \cdot 10^4 = \pi(r_a^2 - r_i^2) \cdot 10^4 \tag{12.12}$$

D_a: Reibflächen-Außendurchmesser
D_i: Reibflächen-Innendurchmesser
r_a: Reibflächen-Außenradius
r_i: Reibflächen-Innenradius
r_m: Mittlerer Reibradius

$$r_m = \frac{1}{3} \cdot \frac{(D_a^3 - D_i^3)}{(D_a^2 - D_i^2)} = \frac{2}{3} \cdot \frac{(r_a^3 - r_i^3)}{(r_a^2 - r_i^2)} \tag{12.13}$$

z_R: Reibflächenzahl

12.3.3.3 Reibeigenschaften

Ursprünglich kannte man als Reibpaarung nur Stahl gegen Stahl, wobei bei höheren Belastungen Ölschmierung unerläßlich war, um das gefürchtete Fressen der Lamellen zu verhindern. Für Trockenlauf war diese Reibpaarung nur bedingt einsetzbar [8].

Tabelle 12.1 Vergleich der verschiedenen Belagmaterialen

	Sinter – Stahl	Papier – Stahl	Carbon – Stahl
dynamischer Reibwert μ_{dyn}	–	+	–
statischer Reibwert μ_{stat}	+	○	○
Geräuschverhalten μ_{dyn}/μ_{stat}	–	+	–
Reibwertkonstanz über Lebensdauer	–	+	○
thermische Beständigkeit	o	o	++
Hot-Spot Beständigkeit	–	+	○
mechanische Festigkeit	++	○	+
Verschleißfestigkeit	++	○	+
Öl-Kompatibilität	–	○	+
Kosten	○	+	○ bis – *)

*) je nach Fertigungsverfahren

Die Entwicklung führte deshalb dazu, dass entweder die Innen- oder Außenlamellen mit einem Reibwerkstoff beschichtet wurden. Anfangs waren dies Sinterwerkstoffe, später organische Papier- und in jüngerer Zeit auch Carbon-Beläge. Anforderungen an eine nasse Lamellenbremse sind:

- hohe dynamische Reibungskoeffizienten
- konstanter, lastunabhängiger Reibwert über die gesamte Lebensdauer
- Geräusch- und Schwingungsfreiheit
- hohe Temperaturbeständigkeit
- hohe Lebensdauer mit geringem Verschleiß
- Überlastungsfähigkeit
- geringes Schleppmoment
- Kompatibilität mit verschiedenen Ölqualitäten

Die positive oder negative Auswirkung der verschiedenen Reibpaarungen auf diese Anforderungen zeigt qualitativ Tabelle 12.1.

Da auch das Öl, als vollwertiger Reibpartner Einfluss auf die Anforderungen nimmt, sind die verschiedenen, in Bremsen verwendeten Ölsorten in Tabelle 12.2 ebenfalls bewertet.

12.3.3.4 Verlustleistung und Wirkungsgrad

Durch die Schleppmomente im geöffneten Zustand werden im Antriebsstrang zusätzliche Verluste verursacht, die sich besonders bei Transportfahrten stark bemerkbar machen. Sie entstehen durch das Abscheren des Öls zwischen den gelüfteten Reibflächen. Solange die Drehzahl eine bestimmte Grenze nicht übersteigt, können die Schleppmomente mit dem Modell der stationären Scherströmung zumindest annähernd berechnet werden.
Aus dem grundsätzlichen Verlauf des Schermomentes über der Drehzahl, wie er in Bild 12-6 zu sehen ist, wird deutlich, dass ab einer bestimmten, von verschiedenen Einflussfaktoren abhängigen Grenzdreh-

Tabelle 12.2 Vergleich der verschiedenen Ölsorten

	Getriebeöl SAE 90	Bioöl (Synthetic Esther)	TOU, UTTO, STOU (Schlepperöle)	ATF-Öl (Automatic Transmission Fluid)	Motorenöl
dynamischer Reibwert μ_{dyn}	–	○	○	+	–
statischer Reibwert μ_{stat}	–	++	–	○	+
Geräuschverhalten, μ_{dyn}/μ_{stat}	++	–	+	○	–
Reibwertkonstanz über LD	○	++	○	+	–
thermische Beständigkeit	○	++	○	+	○
Verschleißverhalten	+	+	+	○	○
Kosten	+	–	+	○	+

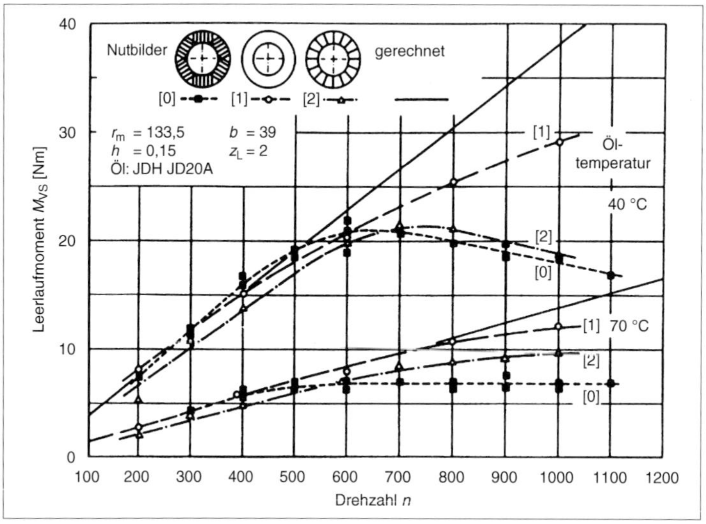

Bild 12-6 Einfluss der Drehzahl auf das Leerlaufmoment für 3 Scheiben mit unterschiedlichen Nutbildern [9]

zahl das Moment stark abfällt. Die Bremse „schleudert sich frei", so dass sich im Lüftspalt ein Öl-Luft-Gemisch mit stark reduzierter Viskosität ausbildet. Dies ist gleichbedeutend mit einer Abnahme des Ölanteils im Spalt. In diesem Betriebszustand und auch später, wenn das Schleppmoment mit zunehmender Drehzahl wieder leicht zunimmt, ist eine theoretische Erfassung des Schermomentes sehr schwierig, ja unmöglich. Die genaueste Methode in diesem Fall ist die Messung der Schleppmomente durch entsprechende Laborversuche [9].

Möglichkeiten zur Reduzierung des Leerlaufmomentes sind [9]:

- **Lüftspalt:** Der Lüftspalt sollte im zulässigen Rahmen für den Betätigungsweg des Bremspedals so groß wie möglich gemacht werden. Bei Spaltweiten unter 0,1 mm steigen die Leerlaufmomente extrem an. Ferner sollte dafür gesorgt werden, dass immer das voreingestellte Gesamtlüftspiel der Bremse erreicht wird.
- **Schmierstoff:** Im Hinblick auf niedrige Leerlaufverluste sollte das Öl möglichst dünnflüssig, sein. Da jedoch häufig ein gemeinsamer Ölhaushalt mit dem Getriebe und teilweise auch mit der Hydraulik vorliegt, sind die Spielräume für diesen Parameter meist sehr klein.
- **Füllungsgrad des Lüftspalts mit Öl:** Wenn der Ölspiegel stark abgesenkt wird, gehen die Leerlaufverluste deutlich zurück. Bei Betätigung muss aber Schmier- und Kühlstrom für die Bremse sichergestellt sein. Deswegen wird z. B. bereits bei manchen nassen Lamellenkupplungen die Ölzufuhr im geöffneten Zustand unterbrochen bzw. reduziert.

  Bei hohen Drehzahlen schleudert sich die Bremse frei, so dass die Lüftspalte nicht mehr vollständig mit Öl gefüllt sind. Die Leerlaufmomente fallen ab und steigen mit zunehmender Drehzahl nur noch wenig an.
- **Anzahl der Bremslamellen und Geometrie der Reibflächen:** Mit der Anzahl der Lamellen steigen die Leerlaufmomente im unteren Drehzahlbereich (bis ca. 600 U/min) etwa linear an. Auf gleichen Geometriefaktor bezogen werden die Momente mit zunehmenden Radienverhältnis kleiner. Für ein niedriges Leerlaufmoment sollte deshalb eine nasse Bremse mit möglichst wenigen Bremslamellen, die zusätzlich ein großzügiges Radienverhältnis aufweisen, auskommen. Breite Ringflächen sind bezüglich des Leerlaufverlustverhaltens günstiger als schmale. Andererseits verursachen große Lamellen mit wenigen Reibflächen deutlich höhere Leerlaufmomente als kleinere mit mehr Reibflächen (gleiche Gesamtreibfläche vorausgesetzt), weil die Lamellengröße bzw. der mittlere Reibradius r_m in der 3. Potenz ins Verlustmoment eingeht, die Reibflächenzahl z_R aber nur linear.
- **Belaggestaltung:** Die Beläge werden in der Regel genutet ausgeführt, damit die Bremse auch in geschlossenem Zustand mit Öl durchflutet und gekühlt werden kann. Nutform wie auch Nutherstellverfahren beeinflussen das Schleppmoment sehr stark, siehe auch Bild 12-6. Als besonders günstig bezüglich niedrigem Schleppmoment haben sich geprägte Waffel- und Sunburstnuten erwiesen.
- Wellung der Lamellen: Im unteren Drehzahlbereich, in dem Betriebsbremsen vorwiegend betrieben werden, wirken sich gewellte Lamellen positiv auf die Schleppmomente aus. Da eine Wellung mit hohen Wellkräften bei der Bremsung zu ungleichmäßiger Pressungsverteilung

und somit zu partiell hoher Beanspruchung führt, wird empfohlen die biegeweichere Lamelle zu wellen; meist ist dies die Belaglamelle, deren Träger üblicherweise dünner als die Stahllamelle ist.

12.4 Bremsprüfung und Bremswirkung

12.4.1 Prüfungen im Laborbereich

12.4.1.1 Nachweis der Einhaltung von gesetzlichen Vorschriften

Natürlich will der Bremsenhersteller bereits vor einer Fahrzeugprüfung wissen, ob die Bremsanlage einer späteren Abnahme im Fahrzeug Rechnung tragen wird. Daher werden die gesetzlich geforderten Daten auf einem Schwungmassenprüfstand (siehe auch Kapitel 25.5) im Labor simuliert, Bild 12-7.

12.4.1.2 Lebensdauer- und Verschleißprüfungen

Zusätzlich zu den vom Gesetzgeber geforderten Bremsleistungen gibt es eine Vielzahl von Testroutinen, welche den Verschleiß und die Wärmeentwicklung simulieren und daher als Lebensdauertests bezeichnet werden.
Es handelt sich dabei um Fahrzyklen, welche applikationsspezifisch sind und unterschiedliche Anforderungen an die Bremse stellen. Sie basieren entweder auf Erfahrungen aus dem Feldeinsatz und/oder Messungen auf Teststrecken der Fahrzeughersteller.
Aufgrund der Vielzahl dieser Programme wird hier nicht im Detail auf derartige Prüfungen eingegangen.

12.4.2 Prüfungen im Fahrzeug

12.4.2.1 Abbremsung bei kalter Bremse (Typ 0)

Der Begriff „Kalte Bremse“ ist ein Ausdruck zur Bestimmung eines Bremszustandes unter folgenden Bedingungen:

- Die Bremse wurde innerhalb der letzten Stunden nicht mehr betätigt, ausgenommen einem etwaigen „Einschleifen“ der Bremse, oder
- Die Bremse wurde auf 100 °C oder darunter abgekühlt, gemessen an der Bremsscheibe oder am Außenring der Bremstrommel, oder
- Bei geschlossenen Bremssystemen, einschließlich Ölbad-Scheibenbremsen, liegt die außen am Gehäuse gemessene Temperatur unter 50 °C oder entspricht den Herstellervorschriften. Der Messpunkt sollte unmittelbar im Bereich der Bremsanlage liegen.

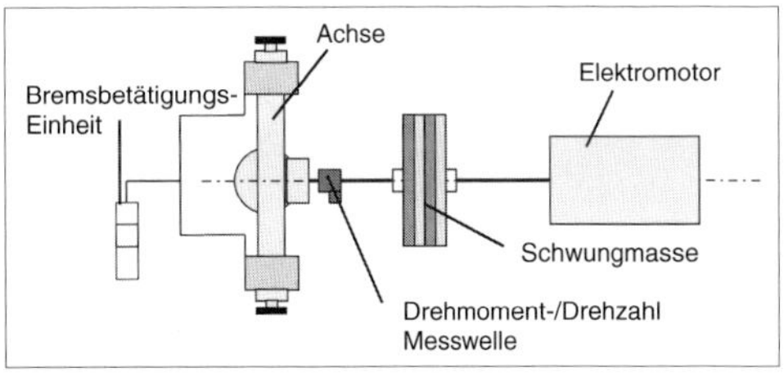

Bild 12-7 Schematische Darstellung eines Schwungmassenprüfstandes für Komplettachsen

Dieser Test wird zur Prüfung der maximalen Bremskraft eines Fahrzeuges verwendet. Bei allen Prüfspezifikationen wird mit einer vorgegebenen maximalen Betätigungskraft eine Stoppbremsung durchgeführt, wobei darauf zu achten ist, dass die Räder nicht blockieren. Die Ausgangsgeschwindigkeiten bei der Einleitung der Bremsung sind vorschriftenspezifisch und liegen zwischen $v_{\max}$ und 80% von $v_{\max}$. Gemessen wird jeweils der Bremsweg bis zum Stillstand des Fahrzeuges oder die mittlere Vollverzögerung. Diese ergibt sich nach der Definition der in Abs. 1.1.2 des Anh II der Rili 71/320/EWG [4].
Alternativ kann die mittlere Vollverzögerung d_m auch nach folgender Formel bestimmt werden:

$$d_m = \frac{v_1^2}{25{,}92 \cdot s_1} \qquad (12.14)$$

d_m: Mittlere Vollverzögerung in m/s^2
v_1: Fahrgeschwindigkeit, in km/h, die sich – ausgehend von der Geschwindigkeit v – nach 0,6 s Betätigungsdauer einstellt.
s_1: Bremsweg in m, den das Fahrzeug ab der Geschwindigkeit v_1 bis zum Stillstand zurücklegt

Die Beurteilung des Bremsvermögens von Fahrzeugen kann auch mithilfe der „Abbremsung a“ durchgeführt werden. Sie ist seit der Entwicklung der Rollenprüfstände immer mehr in den Vordergrund getreten. Anstelle der Weg- und Zeitmessung werden die Bremskräfte am Radumfang aufgenommen. Unter Berücksichtigung des Fahrzeuggewichts läßt sich daraus die Abbremsung a in Prozent errechnen, und zwar ist

$$a = \frac{\text{Summe der Kräfte am Radumfang} \times 100}{\text{Fahrzeuggewicht}} \qquad (12.15)$$

12.4.2.2 Abbremsung bei heißer Bremse (Wärmefading)

Wärmefading ist eine Erscheinung, die bei anhaltender Bremsbetätigung auftreten kann. Die Bremse kann die entstehende Bremswärme nicht mehr vollständig abführen und lässt in ihrer Wirkung nach. Diese Erscheinung wird in den Bremsprüfungen berücksichtigt. Allen Vorschriften ist gemeinsam, den Bremsen beim Heißfahren eine bestimmte Bremsarbeit zuzuführen und anschließend die Bremswirkung für eine Stoppbremsung zu ermitteln.

Tabelle 12.3 Haltefähigkeit der Feststellbremse

		alternativ:
§ 41 StVZO	25 % Gefälle	20 % Abbremsung in der Ebene
71/320/EWG	18 % Gefälle	$d_m = 1{,}5$ m/s^2 bei $v = 30$ km/h
ISO 3450	15–25 % Gefälle	—
76/432/EWG	18 % Gefälle	—

Das Zuführen der Wärmemenge kann entweder kontinuierlich durch Betätigen der Bremse mit konstanter Kraft und konstanter Geschwindigkeit über eine gewisse Fahrstrecke erfolgen, wie z. B. in StVZO § 41/EWG 71/320, Typ II oder EWG 76/432 oder aber durch eine wiederholte Anzahl von Bremsungen hintereinander (EWG 71/320, Typ I oder ISO 3450).
Unmittelbar nach diesem Heißfahren wird eine Stoppbremsung gemäß 12.4.2.1 durchgeführt und wiederum der Bremsweg bzw. die Verzögerung gemessen.
Die erforderliche Restbremswirkung ist vorschriftenabhängig, liegt aber ungefähr bei 80 % der vorgeschriebenen Abbremsung bei kalter Bremse bzw. bei 60 % der effektiv erreichten Abbremsung gemäß Typ 0 Abnahme.

12.4.2.3 Vergleich der Vorschriften

Eine Neuzulassung sollte nach Möglichkeit natürlich so erfolgen, dass sowohl nationale als auch internationale Vorschriften abgedeckt werden. In den folgenden Tabellen und Bildern sind die Anforderungen der für Off-Road-Fahrzeuge gültigen Vorschriften jeweils im Vergleich dargestellt.

- **Haltefähigkeit der Feststellbremse** Tabelle 12.3
- **Maximale Betätigungskräfte** Tabelle 12.4

Die vom Gesetzgeber geforderten Mindestabbremsungen für Bremsanlagen beziehen sich immer auf die höchstzulässige Betätigungskraft. Bevor die Kraftkennbilder verschiedener Bremssysteme dargestellt und diskutiert werden, müssen die dazugehörigen höchst zulässigen Betätigungskräfte aus den Vorschriften erarbeitet werden. Die Kriterien für die Höhe der Grenzkräfte sind unterschiedlich nach Art der Betätigung.
Der Fahrer kann mit dem Arm nur einen Teil der Fußkraft aufbringen. Somit werden bei handbetätigten Bedienungseinrichtungen die maximal zulässigen Bremskräfte niedriger angesetzt als bei Fußbremsen.

- **Kaltbremsung (Typ 0)**

Die maximal zulässigen Bremswege für die Betriebsbremsen in Abhängigkeit von der Ausgangsgeschwindigkeit v zeigt Tabelle 12.5.

Wie man aus Bild 12-8 entnehmen kann, werden in der Richtlinie 71/320/EWG bzw. in der StVZO § 41

Tabelle 12.4 Maximal zulässige Betätigungskräfte

	fußbetätigt	handbetätigt
§ 41 StVZO	800 N	400 N
71/320/EWG	700 N	600 N
ISO 3450	700 N	400 N
76/432/EWG	600 N	400 N

Tabelle 12.5 Vergleich der maximal zulässigen Bremswege für die Betriebsbremse

	Bremsweg s	Mittlere Vollverzögerung d_m
§ 41 StVZO	$s = 0{,}15 \cdot v + \frac{v^2}{130} \quad (v > 25\,\mathrm{km/h})$	5,0 m/s^2
	$s = 0{,}15 \cdot v + \frac{v^2}{91} \quad (v < 25\,\mathrm{km/h})$	3,5 m/s^2
71/320/EWG	$s = 0{,}15 \cdot v + \frac{v^2}{130}$	5,0 m/s^2
ISO 3450	$s = 0{,}2 \cdot (v + 5) + \frac{v^2}{150}$	—
76/432/EWG	$s = 0{,}15 \cdot v + \frac{v^2}{116}$	4,5 m/s^2

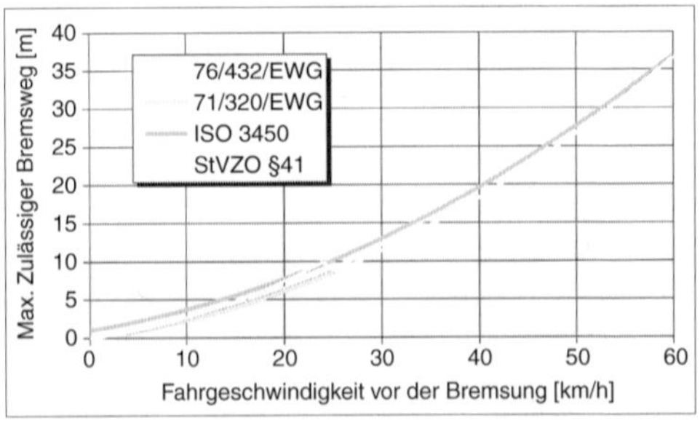

Bild 12-8 Vergleich der maximal zulässigen Bremswege für die Betriebsbremse

für Fahrzeuge mit $v > 25$ km/h die kürzesten Bremswege gefordert, das heißt eine Prüfung nach dieser Vorschrift deckt technisch gesehen die anderen Vorschriften ab.

- **Warmbremsung (Typ I oder II)**

  Ein ähnliches Bild ergibt sich für die Beurteilung der Warmbremsungen. Auch hier ist die strengste Anforderung in der Richtlinie 71/320/EWG mit einer 6 %-igen Gefällefahrt mit 30 km/h über 6 km definiert, Tabelle 12.6.

12.5 Ausblicke und Tendenzen

12.5.1 Die Radbremse im Zusammenspiel mit anderen Bremssystemen im Fahrzeug (Bremsenmanagement)

Die Entwicklung bei Bremssystemen in Off-Road-Radfahrzeugen geht heute wie auch schon bei On-Road-Fahrzeugen verstärkt in Richtung eines elektronischen Bremsenmanagements. Dabei wird nicht nur die im Fahrzeug vorhandene Betriebsbremsanlage optimal ausgenutzt, sondern auch andere Bremsanlagen, wie zum Beispiel die Motorbremswirkung oder ein Getrieberetarder in die Regelung einbezogen.

Tabelle 12.6 Vergleich der Vorschriften bei warmer Bremse

	Warmfahrvorschrift	Erforderliche Bremswirkung nach Erwärmen gemäß Typ 0
§ 41 StVZO	$v > 25$ km/h: $v = 40$ km/h $F_{\text{Bet}} = \text{const.}$ (ermittelt aus: $a = 6,0 + 0,1\,N/G\ (\%)$) $l = 1700$ m $v < 25$ km/h: dto., jedoch $l = 1000$ m	min. 80 % des vorgeschriebenen Typ 0-Wertes und 60 % des erreichten Typ 0-Wertes
	F_{Bet}: Betätigungskraft, N: Motorleistung (PS), G: Fahrzeugmasse (t), l: Bremsstrecke	
71/320/EWG Typ I	$v_1 = 80\,\%\ v_{\text{max}}$ $v_2 = 1/2 v_1$ $\Delta t = 60$ s (>3,5 t) $n = 20$ (>3,5 t) $d_m = 3$ m/s^2 Motor eingekuppelt	min. 80 % des vorgeschriebenen Typ 0-Wertes und 60 % des erreichten Typ 0 -Wertes
	v_1: Geschwindigkeit bei Einleitung der Bremsung, v_2: Geschwindigkeit bei Abbruch der Bremsung, Δt: Dauer der Bremsung, n: Anzahl der Bremsungen, d_m: mittlere Verzögerung während der Bremsung	
71/320/EWG Typ II	$v = 30$ km/h $F_{\text{Bet}} = \text{const.}$ (ermittelt aus $a = \text{const.}$ bei Gefällefahrt mit 6 %)	$s = 0,15 \cdot v + \dfrac{1,33 \cdot v^2}{115}$ oder: 3,3 m/s^2
ISO 3450	4 × Typ 0 Bremsung hintereinander	Bremsweg s bei 5. Bremsung $\leq 125\,\%$
76/432/EWG	$v_1 = 80\,\%\ v_{\text{Typ0-Bremsung}}$ $F_{\text{Bet}} = \text{const.}$ (ermittelt aus $a = \text{const.}$ bei Gefällefahrt mit 10 %) $l = 1000$ m Motor ausgekuppelt	min. 75 % des vorgeschriebenen Typ 0-Wertes und 60 % des erreichten Typ 0-Wertes

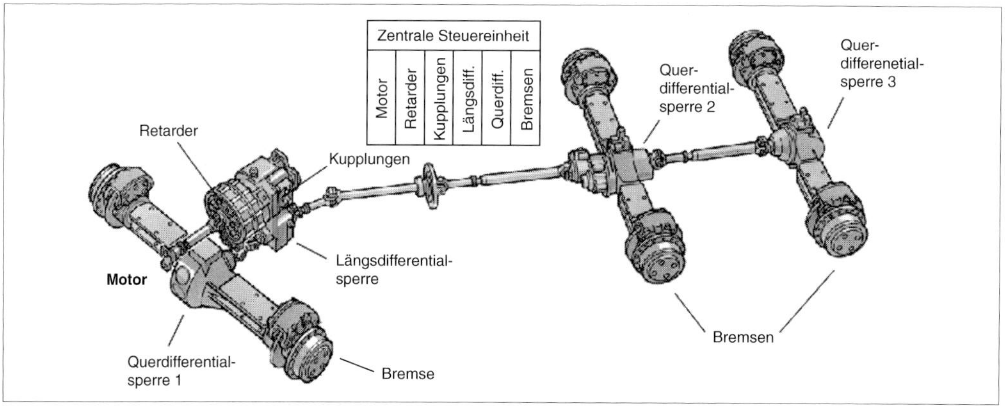

Bild 12-9 Beispiel für ein Drivelinemanagement an einem Dumper mit Differentialsperren

Einige Beispiele für die Einbindung des Getriebes zum Bremsen:

- Retarder bzw. Motorbremse schaltet zu, wenn der Fahrer auf das Bremspedal tritt. So wird die Betriebsbremse entlastet. Retarder schaltet wieder aus, sobald der Fahrer den Fuß vom Pedal nimmt.
- Hochschaltsperre am Getriebe bei Schub bzw. Leerlaufstellung des Gaspedals.
- Automatische Retarder/Motorbremse: Der Retarder schaltet im Schubbetrieb bzw. wenn das Gaspedal auf Leerlauf steht automatisch ein, wenn die Motordrehzahl ca. 2000 U/min überschreitet, ca. 150 U/min darunter schaltet er wieder aus. So wird eine relativ konstante Geschwindigkeit automatisiert eingestellt.
- Notretarder: Wenn die Motordrehzahl ein bestimmtes Limit erreicht (egal ob das Gaspedal auf Leerlauf steht oder nicht) wird der Retarder zugeschaltet, um den Motor vor Überdrehzahl zu schützen.

Wie die Kraftschlussgrenzen bei Fahrzeugen mit mehreren angetriebenen Achsen optimal ausgenutzt und auf die einzelnen Achsen über die Driveline übertragen wird, zeigt das folgende Beispiel. Eine ausgedehnte Sensorik ermöglicht eine intelligente Ansteuerung der Differentialsperren und damit die Übertragung des Bremsmomentes zu anderen Achsen, Retarder oder Motorbremse.

12.5.2 Umweltschutz durch neue Bremskonzepte

Die Berücksichtigung von Umwelt-Gesichtspunkten bei der Entwicklung von Fahrzeugbremsen ist keine Zukunftsvision, sondern wird schon seit vielen Jahren konsequent umgesetzt und verbessert. So wurden z. B. in den 80er-Jahren die asbesthaltigen Bremsbeläge verboten und nicht zuletzt damit die Entwicklung von asbestfreien Belägen beschleunigt. Parallel hierzu versucht man die Standzeit der Beläge zu erhöhen und somit weniger Abriebmaterial in die Umwelt einzubringen. Ein weiterer Quantensprung bei den Off-Road-Fahrzeugen stellt die Einführung der in Öl laufenden Lamellenbremse dar. Durch die absolute Kapselung und Kühlung mit Öl wird einerseits nur ein minimaler Abrieb erzeugt, andererseits der Abrieb im Öl gebunden, so dass er zentral entsorgt werden kann.
Zur Zeit arbeitet man auch intensiv an der Entwicklung von bioölfähigen Reibbelägen oder wie schon im vorangegangenen Kapitel dargestellt, an der Einbindung von reibungsfreien Bremsen in das Gesamtkonzept.

Literatur

[1] *Krautwurm, K.:* Untersuchung der verkehrsrechtlichen Grenzen für den Bau und Betrieb von Brems- und Lenkanlagen in Ackerschleppern, Diplomarbeit. FH Regensburg, 1991
[2] *Kraftfahrt-Bundesamt:* StVZO Straßenverkehrs-Zulassungs-Ordnung, Grundwerk mit 27. Ergänzungslieferung. Bonn: Kirschbaum Verlag, 2000
[3] *Rat der europäischen Gemeinschaften:* 76/432/EWG Richtlinie des Rates vom 6. April 1976, 35. Ergänzungslieferung, 1998
[4] *Rat der europäischen Gemeinschaften:* Fahrzeugtechnik EWG/ECE, Grundwerk mit 42. Ergänzungslieferung. Bonn: Kirschbaum Verlag, 2001
[5] *International Organisation for Standardisation:* EN ISO 3450 Earthmoving Machinery – Braking Systems of Rubber-tired Machines – Systems and Performance Requirements and Test Procedures, British Standards Institution, 1998
[6] *Wabco:* Handbuch gesetzliche Vorschriften 1998, 20. überarbeitete Auflage, 1998
[7] *International Organization for Standardization:* ISO 5697 Agricultural and forestry vehicles – Determination of braking performance, Schweiz, 1982
[8] *Gemeinholzer, G.:* Ölgekühlte Lamellenkupplungen, Sonderdruck aus Werkstatt und Betrieb (2/4/7/1971). München: Hanser 1986
[9] *Reiter, H.:* Verluste und Wirkungsgrade bei Traktorgetrieben, Fortschrittsberichte VDI Reihe 14 Nr. 46. Düsseldorf: VDI-Verlag 1990

13 Bremsen für Kettenfahrzeuge

13.1 Einleitung

Die Bremsanlagen von Kettenfahrzeugen dienen wie die Bremsen von Radfahrzeugen dazu, die Fahrzeuggeschwindigkeit zu verringern und die dabei freigesetzte Energie abzuführen. Die physikalischen Grundlagen und Regeln gelten für beide Fahrzeugtypen und sollen hier nicht weiter beschrieben werden. Im Folgenden werden die Besonderheiten von Kettenfahrzeugbremsanlagen dargestellt. Arbeitsgeräte mit Gleisketten wie Bagger oder Lader werden hierbei nicht betrachtet, da aufgrund der geringen Fahrzeuggeschwindigkeiten die Bremsen kaum belastet werden. Darüber hinaus kann der meist hydrostatische Antrieb durch Umsteuerung auch zum Verzögern verwendet werden. Die mechanische Bremse dient in solchen Fahrzeugen zum Sichern gegen Wegrollen. Der folgende Artikel soll sich auf militärische Kettenfahrzeuge konzentrieren, da die hier vorliegende Kombination von hoher Fahrzeuggeschwindigkeit mit hohem Fahrzeuggewicht und kleinem Bauraum zu extrem hohen Belastungen der Bremsanlage führt. Um diesen Anforderungen gerecht zu werden, mussten spezielle Lösungen gefunden werden. Bei modernen Fahrzeugen ist die Bremse vollständig im Getriebe – und damit im Triebwerk – integriert, d. h. sie ist keine eigenständige Einheit und es ist die gesamte Antriebsanlage zu betrachten (Bild 13-1).

13.2 Besondere Anforderungen an Kettenfahrzeugbremsen

Für militärische Fahrzeuge gelten weltweit stark unterschiedliche Anforderungen. In Deutschland galten bisher für Neuzulassungen die Werte für schwere Lkw über 12 t (Klasse N3) der StVZO. Europaweit wird begonnen, Kettenfahrzeuge nach den EG-Richtlinien (74/132/ EWG und Anpassungen) auszulegen bzw. zu validieren, wobei die Klassen durchaus unterschiedlich festgelegt werden. Grundsätzlich gilt, dass es keine gesetzliche Grundlage für die Konstruktion und Abnahme von Kettenfahrzeugbremsen gibt. Entsprechende Forderungen werden vom Auftraggeber bzw. vom Nutzer definiert und sind angepasst an die unterschiedlichen Umgebungsbedingungen bzw. Einsatzbedingungen. Die Forderungen an ein Kettenfahrzeugbremssystem sind dabei im Einzelfall auch höher (selten geringer) als diejenigen, die für schwere Lkw gelten.
Wesentliche typische Forderungen für Bremssysteme von Kettenfahrzeuggetrieben

mittlere maximale Verzögerung:	>5 m/s^2
Anzahl der hydraulischen Betriebsbremskreise	2
mittlere maximale Verzögerung bei Stillstand des Antriebsmotors	2,2 m/s^2
gesetzliche Dauerbremsforderung	7% Hang, 30 km/h, 6 km Distanz
wiederholte Bremsungen	20 mal von 80% v_{max} auf 40% v_{max} mit Maximalverzögerung zeitlicher Abstand zwischen den Bremsungen: 1 min
Feststellbremse (Parkbremse)	60% Hang
Art der Feststellbremsbetätigung	Durch Feder eingelegt, hydraulisch gelöst mit zusätzlicher Notlöseeinrichtung

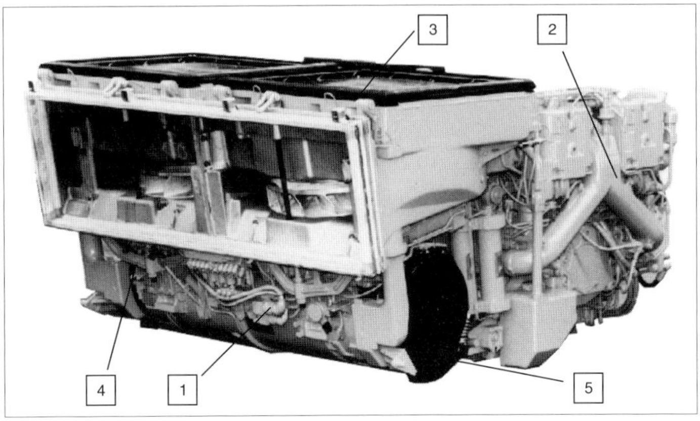

Bild 13-1 1200 kW Euro-Powerpack für schwere Kettenfahrzeuge über 60 t (Quelle: Fa Renk AG), 1 Getriebe mit Sekundärretarder und Bremshydraulik, 2 Dieselmotor, 3 Kühlanlage, 4 Abtrieb und mechanische Bremse links, 5 Abtrieb und mechanische Bremse rechts

Bild 13-2 Leopard 2 Demo 2 mit 1200 kW Euro-Powerpack bei Vollbremsung (Quelle: Fa. Krauss-Maffei Wegmann GmbH & Co. KG), 1 Antriebskettenrad/ Seitenvorgelege, 2 Umlenkrolle

Kombiniert man diese Forderungen mit den allgemeinen technischen Daten militärischer Kettenfahrzeuge, so werden die Bremsanlagen an ihre physikalischen Leistungsgrenzen gebracht:
Das Fahrzeuggewicht eines Kampfpanzers (KPz) beträgt heute über 60 t. Die maximale Fahrgeschwindigkeit eines militärischen Kettenfahrzeuges beträgt zurzeit etwa 70 km/h. Zieht man den Rollwiderstand mit 0,04 ab, so ergibt sich eine Eckleistung, d. h. eine Leistung zu Beginn einer Vollbremsung von ca. 7000 kW und eine Bremsenergie von ca. 12,8 MJ (Bild 13-2).
Anders als beim Radfahrzeug stehen beim Kettenfahrzeug nur zwei Antriebe zur Verfügung, d. h. auch nur zwei Stellen, an denen mechanische Bremsen sinnvoll untergebracht werden können. (Bild 13-3) Die Laufrollen eignen sich nicht zum Bremsen, da hier keine formschlüssige Verbindung zur Kette besteht und der Reibungskoeffizient aufgrund von Verschmutzung nicht sehr hoch ist. Die nicht angetriebene Umlenkrolle, die zum Spannen der Kette in Längsrichtung verschiebbar sein muss, könnte theoretisch mit einer Bremse versehen werden, jedoch sprechen der Verlust an Nutzraum und die Erhöhung der Komplexität dagegen.
Obwohl Kettenfahrzeuggewichte in der Vergangenheit ständig angewachsen sind, stehen Komponenten im Fahrzeug, die nicht zum ballistischen Schutz beitragen, unter dem Zwang, Gewicht und vor allem Volumen zu reduzieren. Dies steht im Widerspruch zur Forderung nach hoher Leistungs- und Energieaufnahme.

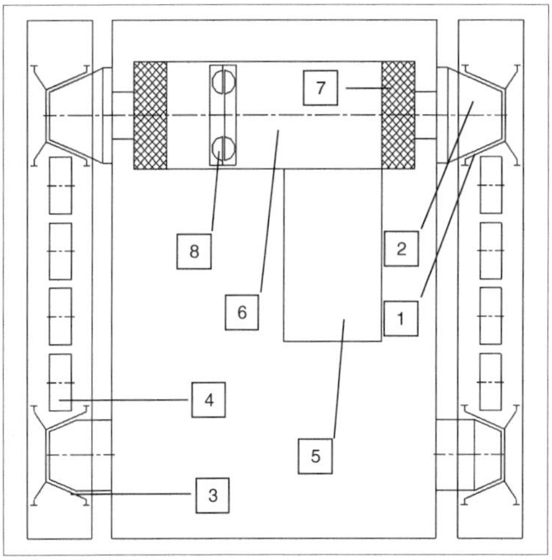

Bild 13-3 Anordnungsbeispiel einer in das Getriebe integrierten Bremsanlage für Kettenfahrzeuge, 1 Antriebskettenrad, 2 Seitenvorgelege, 3 Umlenkrolle, 4 Laufrolle, 5 Antriebsmotor, 6 Getriebe, 7 mechanische Scheibenbremse, 8 Strömungsbremse/Retarder

13.3 Mechanische Bremsen für Kettenfahrzeuge

Die Bremsanlage eines militärischen Kettenfahrzeuggetriebes ist – ob am Fahrzeug oder am Getriebe angeordnet – innerhalb der Wanne angebracht. Aus Gründen des Schutzes ist die Wanne geschlossen, in vielen Fällen sogar wasserdicht. Die Aufgabe des Systems ist es, bei einer Umgebungstemperatur von ca. 120 °C zuverlässig zu arbeiten und die auftretenden Bremsenergien abzuführen.
Es gibt eine ganze Reihe unterschiedlicher Lösungen für Kettenfahrzeugbremsen, die jeweils an die speziellen Anforderungen angepasst sind und deren wesentliche Elemente und Besonderheiten hier dargestellt werden.

13.3.1 Mechanische Reibungsbremsen

Alle Bremsanlagen von heute im Einsatz befindlichen militärischen Kettenfahrzeugen enthalten mechanische Bremsen, in der Regel in einer Kombination mit anderen Bremseinrichtungen. Dies ist erforderlich um auch dann noch kontrolliert bremsen zu können, wenn jegliche Energieversorgung ausgefallen ist bzw. wenn der Antriebsmotor steht. Um den Aufwand gering zu halten, kann auf separate Systeme für die Verzögerungsbremsung (dynamisch) und die Haltebremsung (statisch) verzichtet werden. Bei den mechanischen Reibungsbremsen findet man zwei unterschiedliche Ausführungen, mit jeweils Vor- und Nachteilen, die nasslaufende (Lamellen-) Bremse und die trockenlaufende Scheibenbremse. Andere Systeme wie Bandbremsen oder Trommelbremsen haben in modernen Fahrzeugen aufgrund des hohen Leistungsvolumens keine Bedeutung.

13.3.2 Nasslaufende Lamellenbremsen

Ähnlich den Schaltelementen in Lastschaltgetrieben werden hier Außenlamellen und Innenlamellen, die jeweils abwechselnd geschichtet sind, zusammengepresst und erzeugen so ein Bremsmoment. (Bild 13-4). Dabei ist eine Lamellensorte mit einem Belag, z. B. Sinter oder Carbon versehen, die Gegenlamelle ist Stahl. Das Lamellenpaket wird von innen mit Schmier- und Kühlöl versorgt, um die Bremsenergie und auch eventuellen Abrieb abzuführen. Zu diesem Zweck ist eine Nutung erforderlich, die genau auf den erforderlichen Öldurchsatz abgestimmt ist. Anders als beim Lastschaltgetriebe ist nicht nur die Synchronisationsarbeit zu leisten, sondern die Bremsarbeit, was zu einer sehr hohen Temperaturbelastung des Öles führt. Die Grenzen der Oberflächentemperatur werden durch die Beständigkeit des Öles mit ca. 180 °C erreicht. Deshalb ändert auch der Einsatz anderer Reibmaterialien kaum etwas an der Leistungsfähigkeit einer solchen Anlage, sondern der zur Verfügung stehende Kühlflüssigkeitsstrom v. a. bei niedriger Motordrehzahl. Dies beeinflusst wesentlich die Konstruktion des Getriebes, sodass eine Lamellenbremse dann sinnvoll zum Einsatz kommt, wenn die Forderung nach wiederholter Bremsung geringer als nach EG-Richtlinie (71/320/EWG und Anpassungen) ist. Bei exakt gleichen Anforderungen baut die nasslaufende Lamellenbremse nicht kleiner und nicht leichter als eine trockenlaufende Scheibenbremse.

Vorteile des Systems:	Bremse innerhalb eines geschlossenen Gehäuses (Getriebe), deshalb ist das System unkritisch gegen Schmutz von außen (z. B. beim Tauchen). Einfache Abdichtung zwischen Getriebe und Seitenvorgelege. Keine Verschmutzung der Betätigungseinrichtung. Direkte Wärmeabfuhr an das Getriebeöl und über den Getriebeölwärmetauscher an die Fahrzeugkühlanlage.
Nachteile des Systems:	Sehr hoher Kühlölbedarf, daher hoher Aufwand im hydraulischen System (Pumpen) Bei Abnützung der Bremse bei hoher Last wird das Getriebesystem mit Abrieb belastet, was die Lebensdauer von Getriebebauteilen einschränken kann. Bei Überlastung wird nicht nur die Bremse verschlissen, sondern die Notwendigkeit einer Getriebereparatur ist gegeben. Zum Lamellentausch muss das Getriebe geöffnet werden.

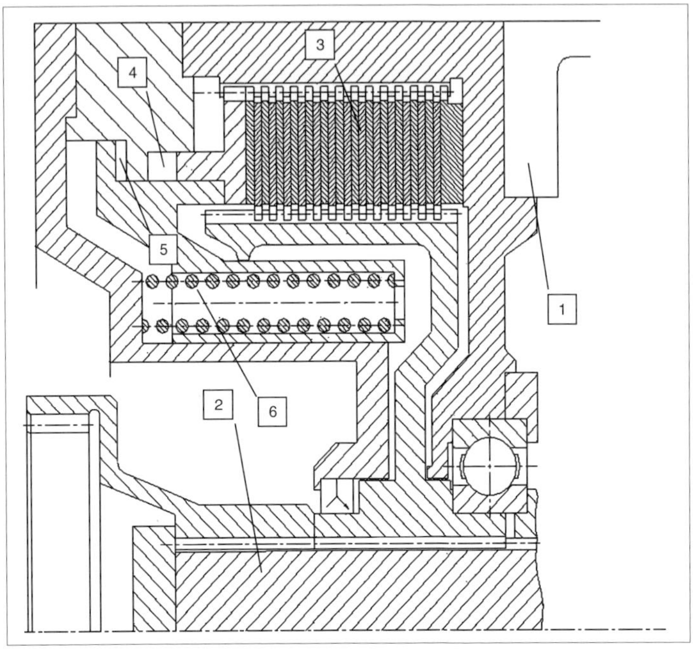

Bild 13-4 Nasslaufende Lamellenbremse für schwere Kettenfahrzeuge (Quelle: Fa SESM), 1 Getriebegehäuse, 2 Getriebeabtriebswelle, 3 Bremslamellen, 4 Kolbenraum Betriebsbremse, 5 Kolbenraum Lösedruck Feststellbremse, 6 Betätigungsfeder Feststellbremse

13.3.3 Trockenlaufende Ein- und Mehrscheibenbremsen

Bei den trockenlaufenden Ein- und Mehrscheibenbremsen werden eine oder mehrere Scheiben auf der Getriebeabtriebswelle oder auf die Seitenvorgelegeeingangswelle gesetzt. Über eine Einrichtung werden Anpressscheiben von beiden Seiten auf die Bremsscheibe(n) gedrückt.

Vorteile des Systems:	Bremse außen angebaut, damit leicht zugänglich Einfacher Bremsbelagtausch Bei Überlast erhöhter Verschleiß, nur bei extremer Überlast Beschädigung der Bremse Bei Überlast keine Verschmutzung bzw. Beschädigung des Getriebes
Nachteile des Systems:	Notwendigkeit einer Triebwerksraum-Luftkühlung Empfindlich gegen starke Verschmutzung, besonders beim Tauchen Schwierige Abdichtung der Betätigungseinrichtung

Grundsätzlich kann man mit nur einer Bremse auf einer zentralen Welle auskommen, jedoch wird der Redundanz, die durch die Lenkstabilisierung erreicht wird, der Vorzug gegeben. Das bedeutet, ein Kettenfahrzeug kann auch mit nur einer funktionierenden Bremse auf einer Seite abgebremst werden. Über die Lenkanlage wird ein festes Drehzahlverhältnis zwischen rechter und linker Kette eingestellt, dies gilt auch für die Geradeausfahrt, bei der dieses Verhältnis 1 ist. Dadurch verteilt sich das auf einer Seite eingebrachte Bremsmoment auf beide Seiten, d. h. die Lenkanlage transferiert das halbe Bremsmoment auf die Seite der nicht arbeitenden Bremse.

Ausführungsbeispiele für mechanische Bremsanlagen:

Bremse des HSWL 354 (Bild 13-5): Einscheibenbremse mit Sinter-Bremsbelägen auf der Bremsscheibe aufgenietet und ölgekühlten Anpressscheiben, findet im Leopard 2 und seinen Ableitungen Verwendung. Die Parkbremse ist in dieser Bremse nicht enthalten, sondern wird über die an das Seitenvorgelege geschraubte Einheitsbremse dargestellt.

Bremse des HSWL 106 (Bild 13-6): Doppelscheibenbremse mit Sinter-Bremsbelägen in den Trägern. Die Stahlscheiben sind luftgekühlt. Findet Verwendung in Schützenpanzern und in abgewandelter Form als Einscheibenbremsen auch in Kampfpanzern und in der PzH2000.

Bremse des französischen Kampfpanzers Leclerc (Bild 13-7): In die Wanne eingebaute Scheibenbremse mit einseitig angepressten, luftgekühlten Brems-

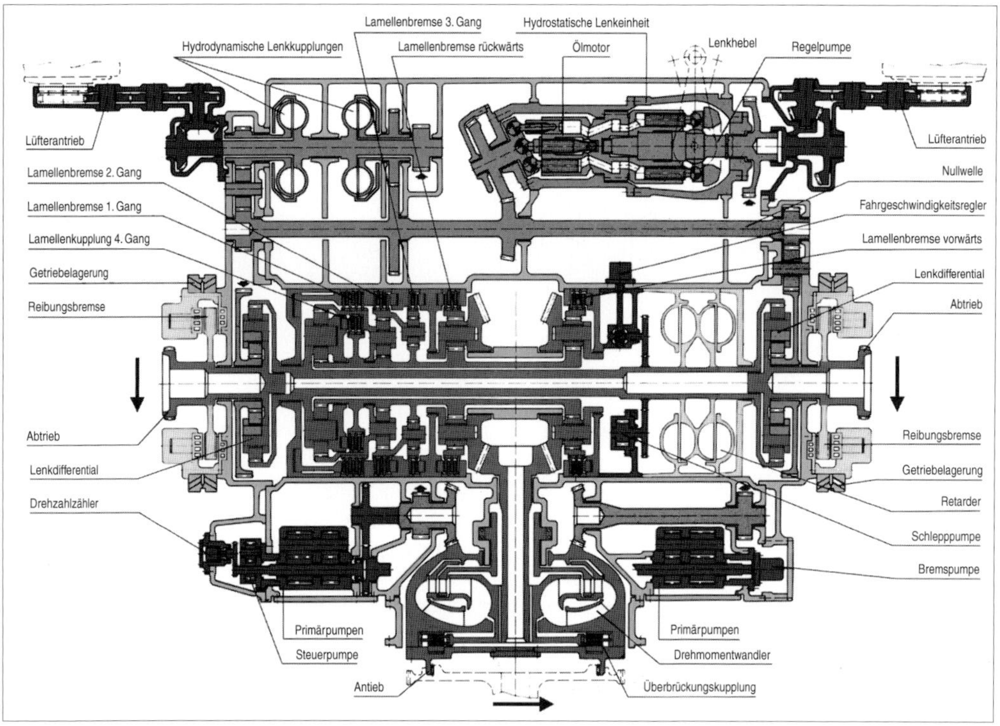

Bild 13-5 Schema des 1100 kW Getriebes HSWL 354 für schwere Kettenfahrzeuge über 60 t (Quelle: Fa. Renk AG)

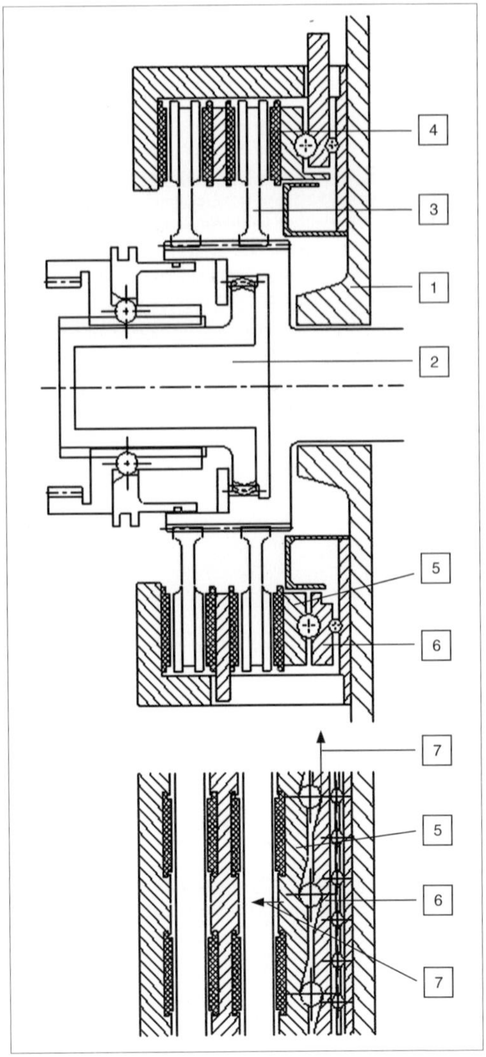

Bild 13-6 Trockenlaufende Zweischeibenbremse mit Anstellmechanismus (Quelle: Fa. RENK AG), 1 Getriebegehäuse, 2 Getriebeabtriebswelle mit Ausrückmechanismus, 3 Bremsscheibe, 4 Bremsbelag, 5 feststehender Ring mit Schrägkugelbahnen, 6 verdrehbarer Ring mit Schrägkugelbahnen, 7 Bewegungsrichtung bei Betätigung

scheiben und innenliegendem Spreizmechanismus. Die Reibpartner sind insgesamt (je Fahrzeugseite) 4 genietete Carbonscheiben.

Die Bremsscheibentemperatur beträgt bei Sinterbelägen beim Heißbremstest bis zu 550 °C, bei den Carbon Reibpartnern werden 800 °C erreicht. Diese Temperatur ist nicht aufgrund des Werkstoffes Carbon – der bis zu 2000 °C belastet werden kann – begrenzt, sondern aufgrund der geschlossenen Umgebung und der An-

Bild 13-7 Mechanische Reibungsbremse mit Carbon-Carbon Reibbelägen für schwere Kettenfahrzeuge (Quelle: Fa. SESM), 1 Betätigungszylinder, 2 Anstellmechanismus, 3 Stahl-Stützscheibe, 4 Carbon-Scheiben

stelleinrichtung. Zwischen der Carbonscheibe und dem Grundmaterial sorgt eine Keramikschicht für die notwendige Isolierung zu den Stahlteilen.

Allen gezeigten mechanischen Bremsen für Kettenfahrzeuge gemeinsam ist die Tatsache, dass der ganze Umfang als Bremsbelag genutzt wird. Nur so ist es möglich, die erforderliche Kontaktfläche zur Erzeugung und Aufnahme der hohen Bremsenergie sicherzustellen. Bei der trockenlaufenden Scheibenbremse ist auch genügend Speichermaterial erforderlich, um die Energie einer Bremsung innerhalb von wenigen Sekunden zu speichern und dann langsam an die Luft oder – wenn vorhanden – an das Kühlöl abzugeben. Das Speichermedium ist zunächst der Stahl der Bremsscheibe oder der Anpressscheiben. Es ist also mit starken thermischen Bauteilbelastungen zu rechnen. Als Konsequenz muss die Lüftung einer Kettenfahrzeugbremse wesentlich größer sein, als für PKW/Nutzfahrzeuge was wiederum Konsequenzen für die Ansteuereinrichtung hat.

13.3.4 Die Ansteuerung von mechanischen Bremsen

Mechanische Scheibenbremsen für Kettenfahrzeuge zeichnen sich durch eine sehr hohe Leistungsdichte aus. Um möglichst klein zu bauen, wird die Scheibenoberfläche weitgehend oder vollständig für die Reibung genutzt. Es ist daher erforderlich, dass die Betätigungseinrichtung dafür sorgt, dass die Scheiben gleichmäßig am ganzen Umfang angepresst werden. Die hierfür ausgeführten Lösungen sind:

- Ein großer axial wirkender Hydraulikkolben.
- Mehrere direkt wirkende axiale Kolben wie bei der Betriebsbremse des Leopard 2 (Bild 13-5).

Das Prinzip solcher Kolben ist vergleichbar mit denen von Pkw –Scheibenbremsen.

- Eine Einrichtung, bei der durch Verdrehen eines Ringes über eine Anzahl Kugeln in Schrägkugelbahnen die axiale Anpressung erfolgt. (Bild 13-6) Die Verdrehung dieses Ringes erfolgt über Federspeicherbremszylinder mit integrierter Ein- oder Zweikreisbetriebsbremse (Bild 13-8), der federbetätigten, hydraulisch gelösten Feststellbremse und einer vom Fahrerplatz betätigbaren Notlöseeinrichtung für die Feststellbremse. Letztere Forderung kommt aus der militärischen Anwendung, da das Fahrzeug unter Panzerschutz abgeschleppt werden soll. Zwischen dem Federspeicherbremszylinder und dem Verdrehring ist ein Gestängesteller eingebaut wie er auch vom Nutzfahrzeug bekannt ist.

Auch wenn die Grundlagen solcher Bremsenansteuerungen denen von Nutzfahrzeugen gleichen, gibt es doch prinzipielle Unterschiede
Die Lüftung muss relativ groß sein (0,6 bis 0,8 mm je Reibfläche). Dadurch ergibt sich für die Betätigung ein hoher Energiebedarf bzw. eine hohe hydraulische Leistung, da eine Verlängerung der Ansprechzeit nicht zulässig ist. Alle Bauelemente sind eng an den gegebenen geringen Bauraum angepasst

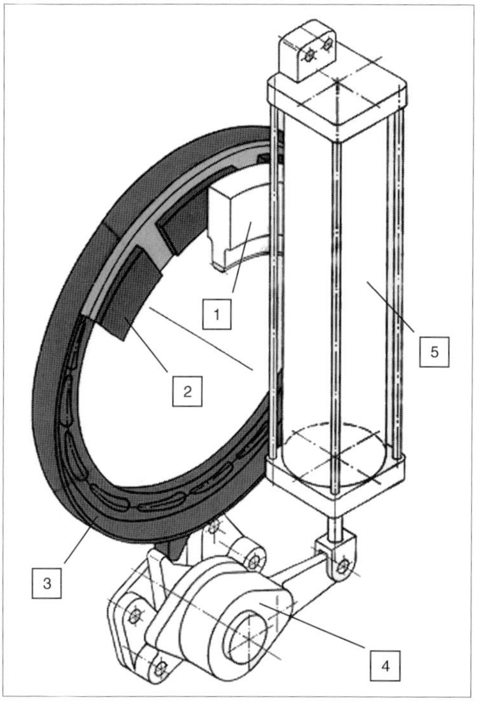

Bild 13-8 Betätigung einer mechanischen Scheibenbremse für Kettenfahrzeuge (Quelle: Fa. Renk AG), 1 Bremsscheibe, 2 Bremsbelag, 3 Verdrehring der Anstellung, 4 Gestängesteller, 5 Federspeicherbremszylinder

und müssen bei den extremen Umgebungsbedingungen eines geschlossenen Triebwerksraumes zuverlässig arbeiten. Eine direkte Übernahme von Nutzfahrzeugkomponenten ist damit bis auf wenige Einzelfälle ausgeschlossen.

13.4 Kombinationsbremssysteme

Die hohe thermische Belastung von mechanischen Bremsen im Kettenfahrzeug, sowie der geschlossene Bauraum, der die Luftkühlung erschwert, machen Lösungen notwendig, bei der zumindest ein Teil der Bremsenergie direkt an ein flüssiges Kühlmedium abgegeben wird. Dieses transportiert die Wärme dann zur Fahrzeugkühlanlage.

13.4.1 Kombination mit Primärretarder

Bis zu einem Fahrzeuggewicht von ca. 30 t macht es Sinn, die Betriebsbremse als rein mechanische Bremse auszuführen. Die Auslegungsgrundlage ist hier der Heißbremstest nach EG-Richtlinie (71/320/EWG und Anpassungen: Bremsprüfung Typ 1 mit wiederholten Bremsungen). Liegen geringere Anforderungen vor, so können auch schwerere Fahrzeuge mit einer rein mechanischen Betriebsbremse betrieben werden. Für längere Gefällefahrten ist jedoch eine verschleißfreie Bremse unbedingt erforderlich. Es bietet sich ein in das Getriebe eingebauter hydrodynamischer Primärretarder an, der das Getriebeöl direkt aufheizt. Die Wärmeabfuhr erfolgt über den Getriebeölwärmetauscher und das Triebwerkskühlsystem.
Der Primärretarder ist wie der Name schon sagt primärseitig, d. h. zwischen dem Antriebsmotor und dem Schaltgetriebe angeordnet. Dadurch ergibt sich eine von der jeweiligen Schaltstellung abhängige Bremswirkung. In Abbildung (Bild 13-9) ist eine solche Bremskurve dargestellt. Für ein militärisches Kettenfahrzeug ist es wichtig, auch im extremen Gelände und unter erschwerten Bedingungen, z. B. beim Schleppen eines zweiten Fahrzeuges, noch ausreichende Dauerbremswirkung zu erfüllen, um die Betriebsbremse zu entlasten. Die Vorschrift der EG

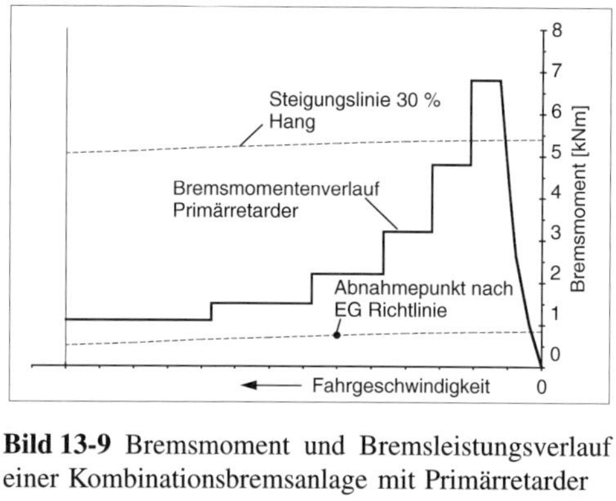

Bild 13-9 Bremsmoment und Bremsleistungsverlauf einer Kombinationsbremsanlage mit Primärretarder

Richtlinie (71/320/EWG: Bremsprüfung Typ IIa) für Nutzfahrzeuge wird deshalb weit übererfüllt.
Typische Zusatzforderungen an die Dauerbremswirkung von militärischen Kettenfahrzeugen sind:

- 10% Gefälle mit zweitem, gleich schwerem Fahrzeug im Schlepp
- 30% Gefälle mit einer Geschwindigkeit von 15 km/h

Die Dauer einer solchen Bremsung ist natürlich geländebedingt nicht unbeschränkt, jedoch hat das für die Auslegung keine Bedeutung, da bei den hohen auftretenden Wärmemengen eine konstante Kühlung gewährleistet sein muss.
Zum Vergleich:
Eine Stoppbremsung aus 70 km/h mit einem 30 t Fahrzeug erzeugt 6,4 MJ. Beim standardisierten Heißbremstest sind es etwa 3,1 MJ. Die Konstantfahrt mit demselben Fahrzeug an einem 30% Gefälle mit 15 km/h, 60 Sekunden lang erzeugt über 18 MJ.
Die Anforderungen an das Bremssystem sind damit völlig unterschiedlich. Die Energie muss bei der Stoppbremsung mit hoher Leistung in kurzer Zeit absorbiert und dann mit relativ geringer Leistung abgeführt werden. Die Grenzen des Systems werden durch die Aufnahmeleistung gesetzt. Bei der Dauerbremse wird die Grenze durch die Abgabe- bzw. Kühlleistung gesetzt.

13.4.2 Kombination mit Hochleistungssekundärretarder

Bei einem Fahrzeuggewicht von über 30 t musste eine Lösung gefunden werden, bei der hohe Bremsleistungen auf kleinstem Raum beherrscht werden können. Die bauraumgünstigste Lösung ist eine Kombination eines Hochleistungssekundärretarders mit mechanischen Scheibenbremsen. Der Sekundärretarder ist zwischen dem mechanischen Schaltgetriebe und dem Abtrieb angeordnet, seine Drehzahl ist somit proportional zur Fahrzeuggeschwindigkeit. Da das Bremsmoment einer hydrodynamischen Bremse quadratisch mit der Drehzahl ansteigt, kann der Retarder im hohen Geschwindigkeitsbereich alleine die erforderliche Bremswirkung aufbringen. In ausgeführten Fahrzeugen ist der Retarder so ausgelegt, dass von einer Maximalgeschwindigkeit von 70 km/h bis etwa 30 km/h nur der Sekundärretarder bremst. Unterhalb einer Geschwindigkeiten von 30 km/h reicht die Wirkung des Sekundärretarders nicht mehr aus und

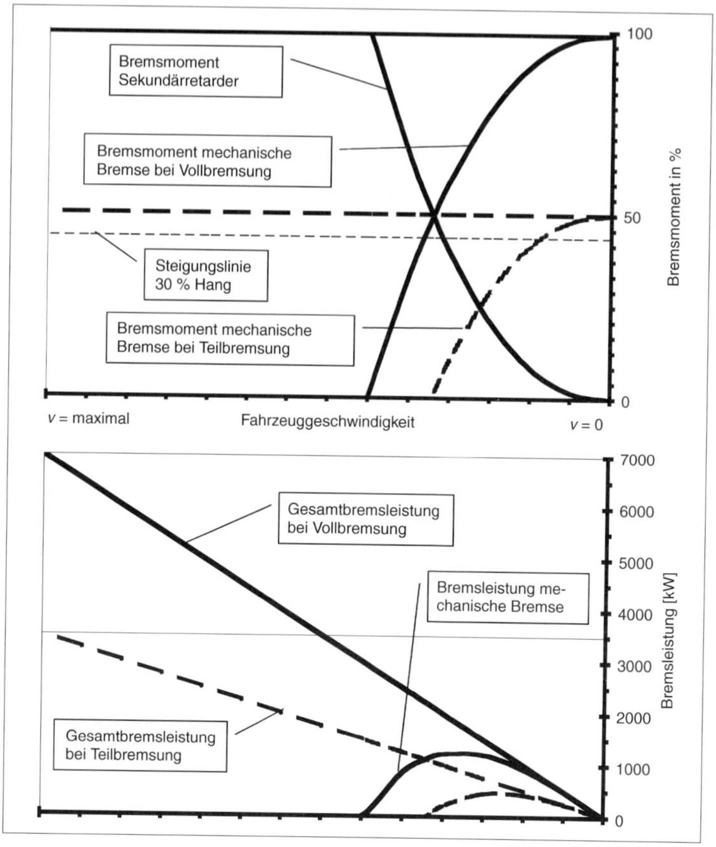

Bild 13-10 Bremsmoment und Bremsleistungsverlauf einer Kombinationsbremsanlage mit Sekundärretarder

es wird automatisch, d. h. der Fahrer bedient keinen weiteren Bremshebel, die mechanische Bremse derart beaufschlagt, dass die Summe der Bremswirkungen dem Vorgabewert des Fahrers entspricht.
In Bild 13-10 ist eine Vollbremsung mit 5 m/s^2 und eine Teilbremsung mit 2,5 m/s^2 dargestellt. Die Vorteile des Systems zeigen sich deutlicher bei Betrachtung des entsprechenden Leistungsdiagramms. Es werden 94 % der Energie hydrodynamisch, d. h. verschleißfrei absorbiert, bei einer Teilbremsung mit 2,5 m/s^2 sind es sogar über 98 %. Da die Kühlanlage für eine solche Leistung (Eckleistung über 7000 kW) aus Bauraumgründen nicht ausgelegt werden kann, wird die Bremsenergie im Getriebeöl und damit in den Bauteilen des Getriebes zwischengespeichert und dann bis zur nächsten Bremsung an das Fahrzeugkühlsystem abgeführt.

13.4.3 Andere Kombinationen

Die Vielzahl von Fahrzeugkonzepten bezüglich Antrieb und bezüglich anderer Funktionen ermöglicht auch eine Vielzahl von Lösungen und Kombinationsmöglichkeiten für die Bremsanlage. Die folgende Auflistung zeigt einige davon auf.

- Nutzung des auf Maximaldrehzahl geregelten Kühllüfterantriebes als Dauerbremse.
- Nutzung des Drehmomentwandlers als Dauerbremse durch Festhalten oder durch Gegenrotation des Leitrades.
- Nutzung von Lenkhydrodynamiken als Dauerbremse. In einigen Kettenfahrzeuggetrieben wird die Lenkhydrostatik durch hydrodynamische Kupplungen unterstützt, jeweils eine für die Rechts- und eine in anderer Drehrichtung für die Linkskurve. Werden beide Kupplungen gleichzeitig mit Öl gefüllt, so wirken sie gegeneinander und erzeugen so eine Bremswirkung.
- Nutzung von bestimmten, dafür ausgelegten, lastschaltfähigen Schaltelementen zur Bremsunterstützung oder auch als alleinige Betriebsbremse.
- Nutzung eines hydrostatischen oder eines elektrischen Fahrantriebes durch entsprechende Ansteuerung als Teil der Betriebsbremse. Vor allem beim elektrischem Antrieb könnte hier, zusammen mit einem geeigneten Speicher, auch eine Bremsenergierückgewinnung stattfinden.
- Erhöhung der Bremswirkung eines Sekundärretarders im unteren Geschwindigkeitsbereich durch eine zusätzliche Schaltmöglichkeit und damit Erhöhung der Differenzgeschwindigkeit Stator/Rotor.

13.5 Abnahme von Kettenfahrzeugbremsen

Da es für die Bremsanlage (wie auch für andere fahrzeugtechnischen Aspekte) von militärischen Kettenfahrzeugen keine gesetzlichen Vorschriften gibt, gibt es auch keine standardisierte Abnahme. Das vom Kunden vorgegebene Lastenheft orientiert sich zunächst an den Vorschriften für Nutzfahrzeuge, z. B. Klasse N3 oder Klasse M3. Diese Vorschriften werden modifiziert und ergänzt durch die speziellen Vorschriften für den Einsatz. Die Abnahme erfolgt durch einen Vertreter des Nutzers nach Lastenheft und bezogen auf die zu erbringenden Nachweise in Anlehnung an die gesetzlichen Vorschriften. In Deutschland erfolgt die Abnahme eines neuen Bremssystems für militärische Kettenfahrzeuge durch einen Amtlich Anerkannten Sachverständigen (AAS).
Die Abnahme erfolgt zunächst auf dem Getriebeprüfstand und später im Fahrzeug. Bei der Abnahme auf den Getriebeprüfstand werden neben dem Nachweis von Leistungsdaten auch alle denkbaren Fehler simuliert. So müssen bei einer Kombinationsbremsanlage bei Ausfall des Retarders die mechanischen Reibungsbremsen alleine in der Lage sein, das Fahrzeug sicher anzuhalten.

13.6 Zusammenfassung und Ausblick

Bremssysteme für militärische Kettenfahrzeuge werden aufgrund des stark eingeschränkten Bauraumes und der besonderen Einsatzbedingungen bis an die physikalischen Grenzen belastet und stellen äußerst hohe Ansprüche an den Maschinenbauer bezüglich Entwicklung, Versuch und Serienfertigung. Es gibt eine breite Palette von Lösungen, die an den jeweiligen Einsatzfall angepasst sind. Ein weiterer technologischer Sprung ist hier nicht zu erwarten, da die grundsätzlichen Probleme, nämlich die Speicherung von Energie eine gewisse Masse und der Transport von Energie einen gewissen hydraulischen Volumenstrom erforderlich macht. Damit sind physikalische Grenzen gesetzt. Durch geschickte Anordnung der Baugruppen und Bauteile, durch Kombination von Systemen und deren kombinierte Ansteuerung, durch Auswahl geeigneter Werkstoffe und Beschichtungen und durch damit möglicher höherer Temperatur bei der Aufnahme und beim Transport von Bremsenergie ist aber eine weitere Optimierung von Bauraum und Gewicht durchaus möglich. Diese Optimierung ist für neue Fahrzeugkonzepte mit den immer weiter ansteigenden Forderungen nach Panzerschutz und damit Gewicht sowohl für die Bremsanlage, als auch für alle anderen Komponenten des Triebwerks und des Fahrzeuges unbedingt erforderlich.

Bildquellen

Krauss-Maffei Wegmann GmbH & Co. KG, Krauss-Maffei Straße 11, 80997 München Deutschland
SESM, Société d'Equipment, Systèmes et Mécanismes, 67, rue d'Epluches, 95310 Saint-Ouen-l'Aumône, Frankreich
RENK Aktiengesellschaft, Postfach 102307, 86013 Augsburg, Deutschland

14 Flugzeugbremsen

14.1 Allgemeine Beschreibung eines Flugzeugbremssystems

Die ersten Fluggeräte mit Fahrwerken waren nicht mit Radbremsen ausgerüstet. Stattdessen nutzten anfangs einige Flugzeuge zur Verzögerung einen schlichten Bremssporn, Bild 14-1. Erst 20 Jahre nach dem erfolgreichen Motorflug der Gebrüder Wright (1903) setzten sich dann Bremsen an den Rädern langsam durch. Bis dahin wurden viele Flugzeuge im Wesentlichen nur aufgrund von Roll- bzw. Gleitreibung abgebremst. Höher werdende Geschwindigkeiten jedoch steigerten den Wunsch nach gut funktionierenden Radbremsen. So entwickelte sich die Flugzeugbremse vom einfachen Hilfsmittel über die Trommelbremse zur Hochleistungsmehrscheibenbremse.

Die Auslegungskriterien für ein Bremssystem können je nach Einsatzspektrum des entsprechenden Luftfahrzeuges sehr unterschiedlich sein. Große Verkehrsflugzeuge, das sind Flugzeuge mit mehr als 100 Passagier-Sitzen, unterliegen mit einer Vielzahl von gebremsten Rädern bei der Konzeption wesentlich komplexeren Anforderungen hinsichtlich Redundanz, Energiebedarf, Wartbarkeit, Zuverlässigkeit, elektromagnetischer Abschirmung und Systemintegration, als beispielsweise Sportflugzeuge, Helikopter und Kampfflugzeuge. Allen Flugzeugen ist jedoch die klassische Grundanforderung an ein Bremssystem gemeinsam, auf Start- und Landebahnen verschiedener Längen und Oberflächenbeschaffenheiten, zuverlässig die gewünschten Verzögerungsraten zu erreichen. Grundsätzlich ist das Radbremssystem eines Luftfahrzeuges immer als integrierter Bestandteil eines Gesamtverzögerungssystems zu verstehen. Bei Verkehrsflugzeugen setzt sich in der Regel die Bremswirkung aus den Anteilen der Radbremsen, des aerodynamischen Widerstandes der Bremsklappen (Spoiler), der Schubumkehr und der Rollreibung zusammen. Die Bremsklappen befinden sich auf der Oberseite der Tragflächen oder am Rumpfheck. Sie werden nach der Landung ausgefahren und erzeugen dann einen Luftwiderstand, der bei hohen Geschwindigkeiten eine große Wirkung hat, aber schließlich im Bereich geringer Geschwindigkeiten nahezu wirkungslos ist.

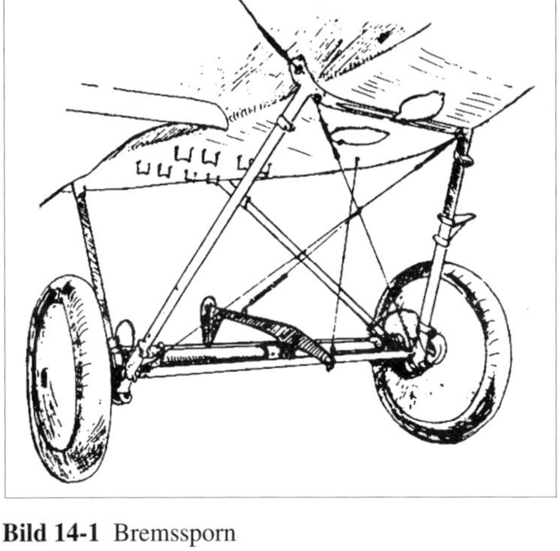

Bild 14-1 Bremssporn

Das Prinzip der Schubumkehr wird von zahlreichen Flugzeugmustern sowohl mit Propeller als auch mit Düsentriebwerk benutzt. Die Verzögerung erfolgt beim Propellertriebwerk mittels Blattverstellung und beim Strahltriebwerk werden Klappen, Gitter und ähnliches so in den Luftstrahl gestellt, dass der Triebwerksschub etwas mehr als 90° umgelenkt wird. Der Schub wird also nicht ganz umgelenkt, sondern bläst schräg vom Triebwerk weg und erzeugt somit die Bremswirkung. Große Bremswirkung ergibt sich auch hier nur bei hohen Geschwindigkeiten.

Betrachtet man nun alle Teile des Flugzeug-Gesamtverzögerungssystems gemeinsam, so kann sich beispielsweise bei einer „normalen" Landung ohne extreme Einflüsse die Bremsenergie folgendermaßen verteilen:

- Radbremsen (40 %)
- Aerodynamische Bremswirkung (30 %)
- Schubumkehr (20 %)
- Rollreibung (10 %)

Entsprechend der Zulassungsvorschriften, müssen jedoch die Radbremsen allein und ohne Unterstützung durch Schubumkehr und Bremsklappen in der Lage sein, auch in extremen Notfällen wie dem Startabbruch bei hoher Geschwindigkeit die erforderliche Gesamtverzögerung des Flugzeugs zu erbringen.

Kampfflugzeuge verfügen im Vergleich zu Verkehrs- und Kleinflugzeugen oftmals auch noch über Bremshilfen in Form von Bremsfallschirmen oder Fanghaken. Auch Raumgleiter (Space Shuttle) sind außer mit Hochleistungsbremsen noch zusätzlich mit Bremsfallschirmen ausgerüstet.

Das wesentliche Element des Verzögerungssystems ist schließlich die Radbremse selbst, sie nimmt die meiste kinetische Energie des Flugzeugs auf. In der Regel ist dies eine Mehrscheibenbremse. Einfache Scheibenbremsen und andere, frühere Bauformen sind auch heute noch bei kleineren oder älteren Flugzeugmustern im Einsatz.

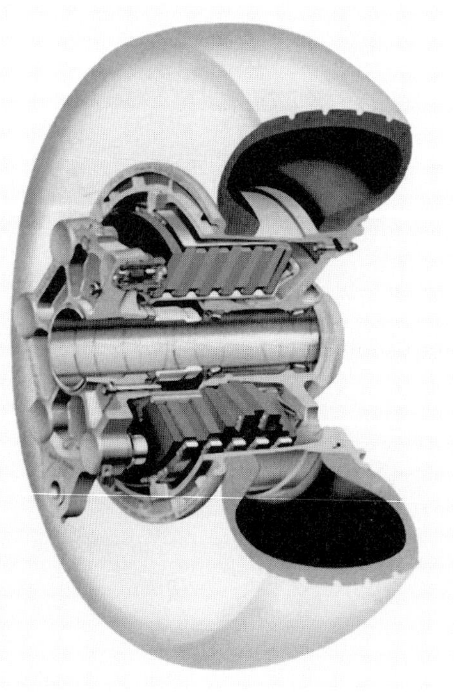

Bild 14-2 Schnitt durch Achse, Bremse, Rad und Reifen

Bei Flugzeugen ist es üblich, dass nur die Räder des Hauptfahrwerks mit Bremsen ausgerüstet sind, Bild 14-2. Die Räder von Bugfahrwerken und zusätzlichen Stütz-fahrwerken werden bis auf wenige Ausnahmen nicht gebremst.

Im Gegensatz zu den bei Straßenfahrzeugen üblichen Bremssystemen, ist bei einem Luftfahrzeug das Spektrum aufgrund der Bandbreite seiner Aufgaben umfangreicher. Im Einzelnen müssen folgende Funktionen gewährleistet sein:

- Abbremsen nach der Landung (mit oder ohne Unterstützung von Schubumkehr)
- Bremsen beim Startabbruch (Rejected Take-off, kurz: RTO)
- Unterstützung beim Lenken durch einseitige Bremsbetätigung (Differential braking)
- Halten des Flugzeugs während des Hochlaufs der Triebwerke
- Halten des Flugzeugs im geparkten Zustand
- Geschwindigkeitskontrolle während des Rollens am Boden („Taxi-in" und „Taxi-out")
- Abbremsen der Räder während des Einziehvorgangs der Fahrwerke
- Optional: Automatisches Abbremsen (Auto braking) des Luftfahrzeugs mit vorprogrammierter Verzögerungsrate

Flugzeugbremsen werden in der Regel hydraulisch betätigt. Die Versorgung erfolgt dabei aus dem zentralen Bordhydrauliksystem mit einem häufig verwendeten nominalen Druck von 206 bar (3000 psi). Bei großen Verkehrsflugzeugen ist es üblich von den normalerweise drei getrennt arbeitenden Hydraulikkreisen, zwei für die Versorgung des Bremssystems zu nutzen. Einer dieser Kreise wird zusätzlich durch in Akkumulatoren gespeicherte hydraulische Energie ergänzt, die im Bedarfsfall sofort zur Verfügung steht. Alle Geräte und Komponenten des Bremssystems sind redundant ausgelegt bzw. doppelt vorhanden. Somit stehen zwei vollständig voneinander getrennte Bremssysteme zur Verfügung, von denen aber immer nur eines aktiv ist. Erst im Fehlerfall (z. B. der Ausfall eines Hydrauliksystems) wird von dem Standard-Bremssystem (Normal braking) auf das Alternativ-Bremssystem (Alternate braking) umgeschaltet. Die Umschaltung vom Normalbetrieb auf das alternative System erfolgt entweder manuell oder automatisch. Wurde während einer Bremsung aufgrund eines Fehlers im Standardsystem das Alternativsystem automatisch aktiviert, so wird dieses aufgezeichnet und dem Wartungspersonal zur Fehlerbeseitigung vor dem nächsten Start angezeigt. Diese Information wird bei vielen Verkehrsflugzeugen auf einem Bildschirm im Cockpit dargestellt und auch zum Zwecke der Fehlerdiagnose verwendet. Bei Flugzeugen mit einfachen Diagnosesystemen erfolgt eine evtl. Fehlermeldung über Warnlampen.

Die Aktivierung des automatischen Bremssystems als auch der Parkbremse wird manuell durch den Piloten durchgeführt. Dagegen erfolgt das Abbremsen der Räder beim Einfahrvorgang des Fahrwerks automatisch. Dies geschieht entweder hydraulisch durch Verkopplung der Hydraulikleitungen des Einfahrsystems oder elektronisch durch Integration dieser Funktion im Steuergerät (Brake control unit) des Bremssystems. Die automatische Druckbeaufschlagung der Radbremsen erfolgt erst, wenn der Einfederungshub der Fahrwerke gegen null geht (d. h. Flugzeug ist in der Luft). Ein System von Sensoren meldet diese Erkennung und leitet die Bremsung ein. Danach werden die Bremsen wieder gelöst und eine erneute Aktivierung kann erst während der darauffolgenden Landung, nach Erreichung eines bestimmten Einfederwegs (Weight on wheels) und/oder Drehzahl der Räder (Wheel spin-up), erfolgen. Eine Landung mit gebremsten Rädern ist somit bei den meisten Flugzeugen ausgeschlossen.

Bei der hydraulischen Versorgung der Radbremszylinder sind zwei verschiedene Prinzipien üblich:

a) sowohl das Standardbremssystem (Normal Braking) als auch das Alternativbremssystem (Alternate Braking) haben jeweils einen eigenen, von einander räumlich getrennten Satz Bremskolben, der separat hydraulisch versorgt wird.

b) sowohl das Standardbremssystem als auch das Alternativbremssystem haben einen gemeinsamen Satz Bremskolben. Die Versorgungsleitungen der beiden Hydraulikkreise sind aber dann durch ein Umschaltventil (Shuttle Valve) getrennt.

Ohne zunächst zukünftig mögliche, weiterentwickelte Bremssysteme zu berücksichtigen (z. B. elektrisch betätigte Bremskolben) sollen in den folgenden Absätzen die beiden heute üblichen, hydraulisch betriebenen Bremssysteme kurz beschrieben werden. Es handelt sich dabei um zwei verschiedene Systeme, wie sie häufig bei den gegenwärtig im Einsatz befindlichen Flugzeugen anzutreffen sind. Der wesentliche Unterschied liegt dabei in der Ansteuerung der Bremsventile.

14.1.1 Mechanische Ansteuerung

Der Pilot betätigt zur Aktivierung der Bremsen zwei Pedale, Bild 14-3, entweder parallel oder wechselseitig (im letzteren Fall kann er wie schon erwähnt durch asymmetrisches Bremsen die Richtung des Flugzeugs beeinflussen, z. B. Unterstützung der Bugradlenkung). Zur hydraulischen Betätigung der Bremsen mittels Pedal sind zwei Arten gebräuchlich. Entweder die beiden Pedale betätigen indirekt ein Bremsventil (Metering valve) oder es wird wie bei Kleinflugzeugen direkt mit der Pedalkraft des Piloten der gewünschte Hydraulikdruck für die Bremsbetätigung erzeugt. Im ersten Fall wird von einer Pumpe geregelter Druck oder aus einem Speicher (Brake accumulator) vorhandener Druck an die Bremse geleitet und somit das Bremsmoment erzeugt.

Die Baugruppe der Bremsventile ist mit der zentralen Hydraulikversorgung des Flugzeugs verbunden. Jede der links- bzw. rechtsseitigen Bremsen wird proportional zur Pedalstellung mit dem gewünschten Bremsdruck beaufschlagt. Erhält das ebenfalls mit dem Ventilblock verbundene jeweilige Antiblockierventil (Anti-skid valve) von der elektronischen Regeleinheit ein Signal, so wird der Arbeitsdruck der Bremse entsprechend reguliert.

14.1.2 Elektronische Ansteuerung (Brake-by-wire)

Die elektronische Ansteuerung der Bremsventile (Brake control valve) Bild 14-4, gewinnt im Flug-

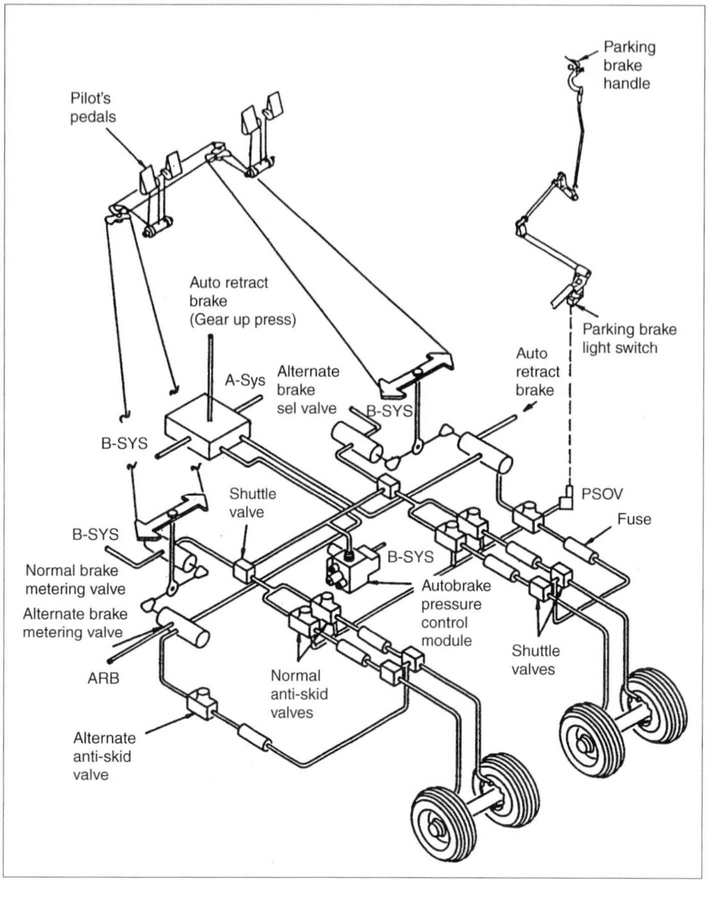

Bild 14-3 Mechanisch angesteuertes Bremssystem

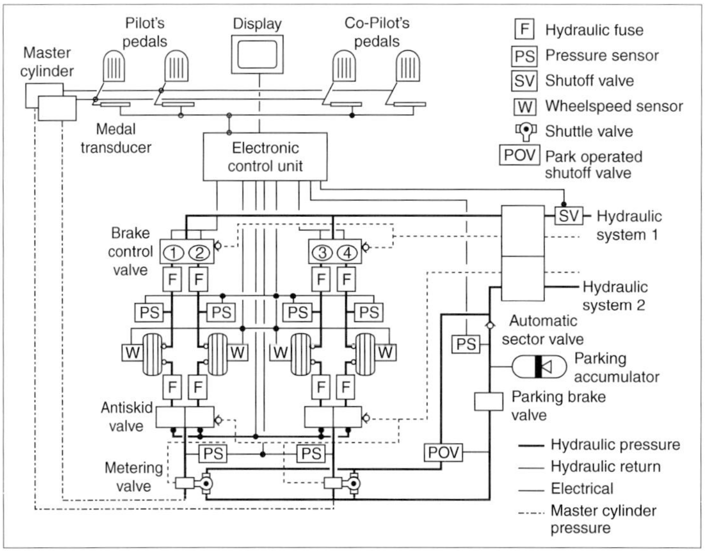

Bild 14-4 Elektronisch angesteuertes Bremssystem mit hydro-mechanischem „Back-up“

zeugbau zunehmend an Bedeutung und hat sich bereits bei verschiedenen Flugzeugen durchgesetzt.
Das Überschallverkehrsflugzeug Concorde, 1969, verfügte über eine der ersten Anwendungen dieser Bauart.
Elektronisch angesteuerte Bremsventile dieser sogenannten „Brake-by-wire“, kurz: BBW, Systeme beinhalten im Vergleich zu mechanisch betätigten Ventilen oftmals sowohl die „Bremsdruckregelfunktion“ als auch die „Antiblockierfunktion“ in einem Gerät.
Im Gegensatz zu der direkten hydraulischen bzw. mechanischen Betätigung der Bremsventile sind hier die beiden Bremspedale mit elektrischen Signalaufnehmern (Transmitter unit) verbunden.
Die hier als analoge Spannungsgrößen erzeugten Sollwerte werden in einem Bremssteuergerät nach genau definierten Gesetzmäßigkeiten verarbeitet und als Stellgröße weiter an die Bremsventile übertragen. Die Bremsventile wiederum regeln nun entsprechend des Eingangswertes den vom Piloten gewählten Bremsdruck. Außerdem reduzieren sie im Falle einer Überbremsung (Blockieren der Räder), genau wie bei dem hydro-mechanisch betätigten System, die Druckversorgung der Bremse entsprechend. Die Auslegung eines BBW-Systems weist gegenüber herkömmlichen Bremssystemen speziell für den Flugzeugbau eine Reihe von Vorteilen auf, wie beispielsweise:

- keine Hydraulik im Cockpit
- vereinfachte Systemoptimierung durch „Software“-Anpassung
- geringes Gewicht, geringere Anzahl von Geräten
- einfache Systemdiagnostik
- optimales Antiblockierverhalten durch digitale Verarbeitung hoher Abtastraten der Raddrehzahl

Das BBW-System verfügt neben einer Redundanz bei der Hydraulikversorgung und der Duplizität des Bremssteuergerätes zusätzlich über eine weitere, unabhängige Betätigungseinrichtung. Dieses System wird bei einem Totalausfall des Bremssteuergerätes aktiv. Bei älteren BBW-Systemen wird eine direkte hydro-mechanische (hydro-mechanical back-up) oder bei neueren Typen eine elektrische Verbindung mittels separaten Analogsteuergerätes (electrical back-up) zur Betätigung der Bremsventile des Alternativ-Bremssystems genutzt.
Bei der hydro-mechanischen Variante, werden die Pedale direkt mit sogenannten Geberzylindern (Master cylinder) verbunden, so dass durch Vorwärtskippen der Pedale ein hydraulischer Druck in dem entsprechenden Zylinder aufgebaut wird. Dieser Druck wirkt dann auf ein ihm zugeordnetes Bremsventil (in der Regel ist das ein mechanisches „Metering Valve“). Die Antiblockierfunktion steht in diesen Fällen nicht zur Verfügung. Die Geberzylinder üben bei der Pedalbetätigung einen künstlichen Widerstand (artificial feeling) aus, der durch den Einbau eines entsprechenden Federpaketes entsteht.

14.1.3 Untersysteme des Bremssystems (Subsystems)

14.1.3.1 Antiblockiersystem (Anti-skid system)

Ein Antiblockiersystem wurde im Flugzeugbau erstmals 1948 (Dunlop-Maxaret) eingesetzt. Dieses damals rein mechanisch arbeitende System glich in seiner Wirkungsweise einer schnellen „Stotter“-Bremsung. Heute kann dagegen durch Einsatz moderner, digitaler Elektronik und Sensorik sowie präziser Servo-Hydraulik, Bild 14-5, eine Bremsung

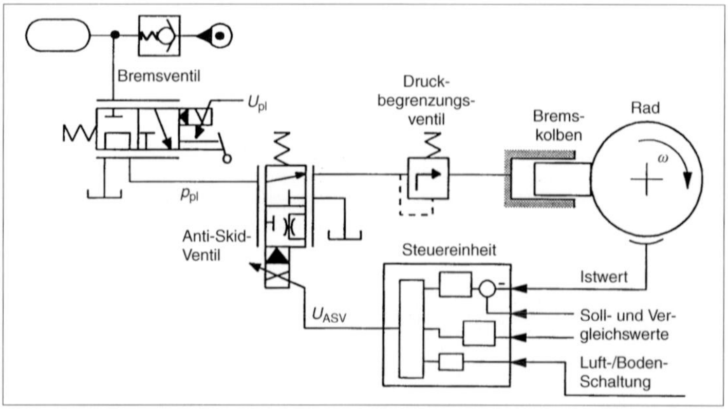

Bild 14-5 Elektro-hydraulisches Antiblockiersystem

durchgeführt werden, die in ihrem Verlauf nahezu der optimalen Schlupf-Kurve entspricht. Auch dieses System ist bei Verkehrsflugzeugen redundant aufgebaut. Es existieren daher zwei vollwertige Bremssteuerungs- und Überwachungskreise.
Das Antiblockiersystem definiert sich aus einer Gruppe hydraulisch und elektrisch vernetzter Komponenten, die während der Phase der Bremsbetätigung (ohne Einfluss des Piloten) Funktionsabläufe derart steuern, dass ein Blockieren der Räder, bei maximaler Ausnutzung vorhandener Reibungswerte zwischen Reifen und Rollbahnoberfläche, verhindert wird. Dieser Regelvorgang trägt sowohl zu optimaler Bremsstreckenreduzierung als auch zur Vermeidung von Reifenschäden bei. Eine ca. 30 m lange Strecke mit blockiertem Reifen, maximalen Auflagedrücken und hohen Geschwindigkeiten zurückgelegt, führt in der Regel zum Zerplatzen des Reifens.
Das Antiblockiersystem als Untersystem zum Gesamtbremssystem besteht im Wesentlichen aus einem elektronischen Regelkreis mit Steuergerät und Tachogenerator sowie einem Antiblockier- und Bremsventil.
Bei den meisten Flugzeugen werden alle gebremsten Räder individuell geregelt. Der Wirkungsgrad (d. h. die Ausnutzung des Reibwertes Reifen/Fahrbahn) heutiger Antiblockiersysteme bewegt sich sowohl bei trockenen als auch bei nassen Flugplatzoberflächen im Bereich von:

$$\eta = 95\,\%$$

Dagegen liegen manuell erzielbare Werte unter schwierigen Bedingungen im Bereich zwischen:

$$\eta = 30 \ldots 50\,\%$$

14.1.3.2 Automatisches Bremskontrollsystem (Auto-braking system)

Zur Entlastung des Piloten bei Routinelandungen, zur Steigerung des Passagierkomforts und aus Gründen der Sicherheit werden moderne Verkehrsflugzeuge zusätzlich mit einer automatischen Bremsfunktion ausgerüstet. Dieses System erlaubt meist die Auswahl von drei bis fünf unterschiedlich starken Verzögerungsraten.
Der gewünschte Verzögerungswert wird vor der Landung von Piloten manuell ausgewählt. Diese konstante Verzögerung kann jeder Zeit durch die Betätigung der Bremspedale deaktiviert werden. Ein zusätzlicher Vorteil ergibt sich aus der ergonomischen Entlastung des Piloten bei Landungen mit starkem Seitenwind. Denn in diesem Fall müsste er die auf der gleichen Welle sitzenden Pedale gleichzeitig kippen und schieben.

14.1.3.3 Parkbremssystem (Parking brake system)

Das Parkbremssystem wird aus dem Alternativbremssystem hydraulisch versorgt. Mittels eines Schalters (on/off) im Cockpit wird die Bremse aktiviert. Die Parkbremse wird zum Halten des Flugzeugs, beim Hochlauf der Triebwerke vor dem Start und zum Halten des Flugzeugs im geparkten Zustand benutzt.

14.1.3.4 Notbremssystem (Emergency braking system)

Die allgemeine Vorschrift für die Sicherheit von Flugzeugsystemen besagt, dass der Ausfall eines einzelnen Systems keine katastrophalen Folgen für das Flugzeug, seine Insassen und die Umwelt haben darf. Aus diesem Grunde werden Bremssysteme so ausgelegt, dass bei Ausfall des Standardsystems, das Alternativsystem die gesamte Funktionalität mit gleicher Leistung übernimmt. Darüber hinaus haben große Verkehrsflugzeuge häufig noch ein sogenanntes Notbremssystem, das die Energie aus Akkumulatoren bezieht und die Räder ohne Unterstützung eines Antiblockiersystems betätigen kann. Man unterscheidet hierbei hydraulische und pneumatische Systeme. Zur Betätigung wird in der Regel die Energie der bordeigenen Batterie genutzt.

Bei Kampfflugzeugen wird aus Gewichtsgründen auf solche Systeme verzichtet. Stattdessen befinden sich auf militärischen Flugplätzen Fanganlagen am Ende der jeweiligen Start- und Landebahn.

14.1.3.5 Bremsenkühlungssystem (Brake cooling system)

Das Bremsenkühlungssystem ist besonders wichtig für Flugzeuge mit kurzen Bodenzeiten (Turn-around time). Die Hauptkomponenten des Kühlungssystems für Bremsen sind ein Temperatursensor und ein elektrisch angetriebener Ventilator (Brake cooling fan). Dieser erzeugt einen Luftstrom, der die Abkühlung der Bremsen erheblich beschleunigt.

14.1.3.6 Anzeige- und Überwachungssystem (Indicating and monitoring system)

Das redundant aufgebaute Bremssystem wird aus Sicherheitsgründen von zahlreichen Anzeigegeräten und Sensoren überwacht. Die meisten dieser Signale werden von einem elektronischen Überwachungssystem (Electronic Centralised Aircraft Monitoring, kurz: ECAM) erfasst und im Cockpit zur Anzeige gebracht. Zu den wichtigsten Signalen zählen die Temperatur und der Hydraulikdruck. Der Verschleiß der Bremsscheiben wird nicht elektronisch, sondern mittels mechanischer Indikatoren (wear pins) direkt an der Bremse angezeigt.

14.2 Auslegungskriterien für militärische und zivile Flugzeuge

In den Geräte- bzw. Systemspezifikationen des Luftfahrzeugherstellers wird das Anforderungsprofil der entsprechenden Komponenten oder Baugruppen als Vertragsbestandteil mit dem jeweiligen Geräteliefe-ranten verbindlich festgelegt. Die Komplexität des Qualifikationsverfahrens für die einzelnen Geräte und Baugruppen aus denen sich die Systemkonfiguration ergibt ist sehr umfangreich und wird deshalb in diesem Beitrag nicht komplett beschrieben. Aber die wesentlichen Kerninformationen, die für ein ausreichendes Grundverständnis der Erfordernisse für Flugsicherheit und Zuverlässigkeit von Flugzeugsystemen nötig sind, werden hier aufgeführt.

14.2.1 Qualifikationsrichtlinien

Die Erfüllung der zahlreichen Qualifikationsbestimmungen für zivile und militärische Luftfahrzeuge, ist die Voraussetzung für die Erteilung eines Zulassungszertifikates. Für sämtliche Komponenten eines Bremssystems, müssen eine Vielzahl von individuellen, zwingend vorgeschriebenen Testreihen auf entsprechenden Prüfständen durchgeführt werden. Danach werden alle Komponenten zu einem Gesamtsystem auf einem Systemprüfstand (Iron bird) verkoppelt und später für weitere Testreihen in das erste Produktions-Versuchsflugzeug integriert. Dort muss dann der Flugtauglichkeitsnachweis erbracht werden. Da einige Geräte sehr langwierigen Tests unterzogen werden müssen (z. B. Bremsen, Computer, usw.) werden die Flugzulassungen in der Regel in zwei Stufen erteilt, erst die vorläufige und dann die abschließende Zulassung.

14.2.1.2 Zivile Luftfahrtbestimmungen

Für zivile Verkehrsflugzeuge mit mehr als 19 Sitzen und einem Gewicht größer als 8618 kg gelten die Zulassungsvorschriften nach JAR 25 (Europa) bzw. FAR 25 (USA). Für kleinere Flugzeuge kommen die JAR/FAR 23 zur Anwendung. Darüber hinaus gibt es spezielle Vorschriften für Hubschrauber, Segelflugzeuge, Ultra-leicht Flugzeuge, usw. Die Normen der JAR und FAR sind heute weitestgehend harmonisiert. Der genaue Wortlaut der JAR's kann im Internet unter: „www.jaa.nl/section1/jarsec1.html" nachgelesen werden.

In verschiedenen Paragraphen dieser Vorschrift findet man Hinweise auf das Bremssystem. Der Paragraph JAR bzw. FAR 25.735 ist jedoch speziell den Radbremsen gewidmet. Die wichtigsten Punkte darin sind:

- Alle Bremsen müssen von anerkannter Bauart sein
- Die Bremsanlage muss so gestaltet und gebaut sein, dass beim Versagen irgendeines Verbindungs- oder Übertragungsgliedes (mit Ausnahme der Pedale oder des Handgriffes) oder wenn irgendeine Einzelquelle der hydraulischen oder einer anderen Energieversorgung für die Bremsbetätigung versagt, möglich ist, das Flugzeug unter festgelegten Bedingungen (§ 25.75) zum Stillstand zu bringen, und zwar mit einer mittleren Verzögerung während des Rollens nach einer Landung von wenigstens 50 Prozent derjenigen, die erhalten wird, wenn die Landestrecke gemäß den Vorschriften (§ 25.125) ermittelt wird.
- Bremsbetätigungen dürfen keine übermäßige Betätigungskraft für ihren Betrieb erfordern.
- Flugzeuge müssen eine Parkbremse haben, die in der Lage ist, das Flugzeug bei maximalem Schub auf ebener Piste zu halten.
- Antiblockiersysteme müssen so bemessen sein, dass kein wahrscheinliches Einzelversagen zu einem gefährlichen Verlust von Bremsfähigkeit oder Richtungskontrolle führt.
- Die Energie-Aufnahmefähigkeit jeder einzelnen Bremse, darf nicht unter der kinetischen Energie liegen, die nach einem der folgenden Verfahren ermittelt wird:
  1. Realistische Analyse des gesamten Landevorgangs unter Verwendung von konservativen (sicheren) Werten für: Geschwindigkeit, Reibungskoeffizienten, aerodynamischen Wider-

stand, Propellerwiderstand oder Triebwerksbremsschub und (falls kritischer) das ungünstigste, fehlerhafte Arbeiten eines einzelnen Motors.

2. Vereinfachte Annahme, dass sich die Bremsenergie gleichmäßig auf alle Räder verteilt unter Verwendung der Formel:

$$E_{\text{Kin}_{\text{Rad}}} = \frac{1/2 \times m_{\text{MLW}} \times v^2}{n_{\text{Bremsen}}} \quad (14.1)$$

Die gleichen Berechnungen gelten auch für den Startabbruch (RTO), nur dass statt des maximalen Landegewichtes (Max. Landing Weight, kurz: MLW) das maximale Startgewicht eingesetzt wird.

Eine weitere wichtige Vorschrift ist mit der Eingrenzung von Brandschäden befasst. Darin wird der Startabbruch bei extremen Verhältnissen und die damit verbundene hohe Temperaturentwicklung der Bremsscheiben beschrieben.
Aufgrund dieser hohen Temperaturen sprechen die Schmelzsicherungen der Räder an und lassen Druck ab, um dadurch die Gefahr des Zerplatzens der Reifen zu vermindern. Außerdem schmelzen in der Hitze oftmals die Dichtungen der Bremskolben und die dann auf die glühenden Bremsscheiben ausströmende Bremsflüssigkeit verursacht unweigerlich lokale Brände.
Die Zulassungsbehörden verlangen nun eine Demonstration, bei der das Flugzeug diese Wärmeentwicklung mindestens 5 Minuten erträgt, damit die Maschine noch von der Start- und Landebahn rollen kann und alle Insassen sicher evakuiert werden können. Erst dann darf die Feuerwehr eingreifen.

14.2.1.3 Militärische Luftfahrtbestimmungen

Die Komponenten eines Bremssystems erhalten nach erfolgter Qualifikation ein Flugtauglichkeitszertifikat (Declaration of Design and Performance, kurz: DDP). Für alle Komponenten gelten die Vorschriften der MIL-STD-810, die in den Testprogrammen je nach Geräte-Status (mechanisch, hydraulisch, elektrisch, pneumatisch, usw.) berücksichtigt werden müssen. Bei allen elektrischen/elektronischen Baugruppen, müssen Leitungen und Steckersysteme in besonderem Maße die flugzeugspezifischen EMV (Elektro-Magnetische Verträglichkeit) Bestimmungen erfüllen. Die Qualifikation der Baugruppe Bremse/Rad/Reifen unterliegt zusätzlich zu den allgemeinen Testrichtlinien, den leistungsspezifischen Anforderungen des jeweiligen Luftfahrzeugprojektes. Die beiden wichtigsten Qualifikationsrichtlinien für Bremsen und Räder sowie für das Bremssystem lauten:

a) MIL-W-5013 „Military Specification Wheel and Brake Assemblies, Aircraft General Specification for“
b) MIL-B-8075 „Brake Control Systems, Antiskid, Aircraft Wheels, General Specification for“

Aus der Reihe diesbezüglicher SAE-Richtlinien sind insbesondere die Dokumente AIR 5372 „Brake-by-Wire (BBW), Brake Control Systems und AIR 1739 „Information on Antiskid Systems“ zu nennen.
Hervorzuheben sind auch die besonderen Anforderungen an die Energieaufnahmekapazität einer Flugzeugbremse im Falle eines Startabbruchs (Rejected take-off/RTO). Diese Situation wird auf einem Dynamometer nachgewiesen. Bei Passagierflugzeugen wird im Gegensatz dazu der RTO-Fall unter realistischen Bedingungen mit einem Flugzeug durchgeführt, für welches die Bremsen konzipiert worden sind, d. h. maximales Startgewicht und Vollbremsung bei einer Rollgeschwindigkeit kurz vor dem Abheben des Bugfahrwerkes. Dabei können ohne weiteres Bremsenergien auftreten, die eine Größenordnungen von 1,2 Mio Joule pro kg des Bremspaketes erreichen. Diese wiederum können zu thermischen Abstrahlungen in der Größenordnung von weit über 1200 °C führen.

14.2.2 Simulationsverfahren

Zur Identifikation von Systemschwachstellen in der Frühphase eines Flugzeugprojektes ist die Durchführung einer realistischen Systemsimulation von hohem Nutzen. Kostspielige Änderungsverfahren in der Flugerprobungsphase lassen sich dadurch weitest gehend eliminieren.
Für den Aufbau eines Simulationsprogramms sind folgende Bedingungen wichtig:

- Berücksichtigung aller Schnittstellen zu mechanischen, hydraulischen und elektrischen Bordsystemen
- Implementierung eines realistischen mathematischen Flugzeugmodells unter Einbeziehung von Fahrwerksparametern (Elastizitäten, Stoßdämpferkriterien, Reifendaten, usw.) sowie der flugzeugspezifischen Daten wie Schwerpunktsspektrum, Trägheitsmomente, Gewichte, Rollgeschwindigkeiten, Fahrwerksgeometrie, Auftriebsverteilung während der Rollphase
- Verwendung der Daten (Bremsmomentspektrum), die während der Bremsenqualifikation auf einem Dynamometer (Roll-/Bremsprüfstand) in Abhängigkeit vom spezifizierten Werkstoff für die Bremsscheiben ermittelt wurden.

Folgende Simulationsverfahren sind heute gängige Praxis und werden als Teil des Qualifikationsprozesses von den ausgewählten Systemherstellern durchgeführt:

- Computerechtzeitsimulation mit validierten und verifizierten mathematischen Modellen aller Systemkomponenten und einem mit dem Flugzeughersteller abgestimmten Flugzeug-Simulations-Modell.

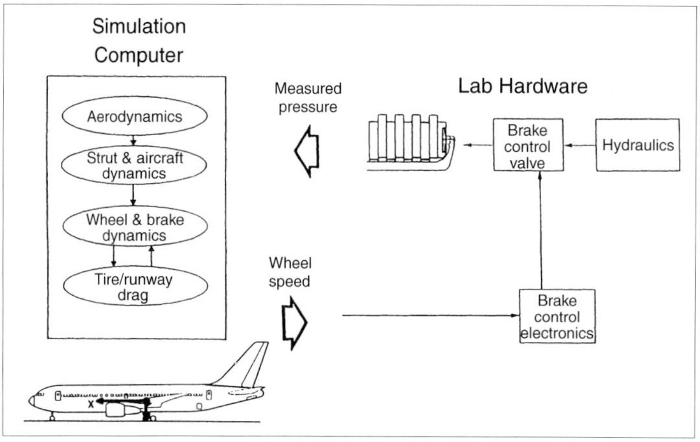

Bild 14-6 Hardware-in-the-loop Testing

- Computersimulation mit „Hardware in the loop", Bild 14-6, wobei original elektrische und hydraulische Komponenten und Geräte des Systems, sowie geometrisch genaue Rohrnetze und Verkabelungen und einer dem Original entsprechenden Bremse als statischer Hydraulikverbraucher mit dem Simulationscomputer verkoppelt werden.

Die folgenden, jeweils zu einem Themenbereich zusammengefassten, variablen Parameter werden bei der Simulation eines Flugzeugbremssystems verwendet:

- Fahrwerkseigenschaften:
  - Feder/Dämpferverhalten
  - Federbeinelastizitäten
  - Eigenfrequenzen
  - Kräfte
- Flugzeugdynamik:
  - Schwerpunktlagen
  - Trägheitsmomente
  - Nickschwingungen
  - aerodynamisches Verhalten
- Reifen:
  - Lastverlauf
  - Geschwindigkeitsverlauf
  - Reibungsverhältnisse (Flugplatzoberfläche: nass, trocken oder Pfützen)
  - Kontaktflächen
  - Reifentyp (Radial oder Diagonal)
  - Feder/Dämpferverhalten
- Bremsen:
  - Bremsmomentverläufe (in Abhängigkeit von Bremsdruck und Temperatur)
  - Material, Reibwerkstoff
  - Momenten-Verläufe implementiert aus Dynamometermessungen an der Originalbremse

14.3 Aufbau und Komponenten eines Bremssystems

Die Konzeption eines modernen „Brake-by-wire" Systems nutzt zur Betätigung der Radbremsen elektrische Signale statt mechanischer Verbindungen. Die Kraft zur Erzeugung des Bremsmoments selber wird aber, wie auch beim konventionellen System, hydraulisch aufgebracht. Die Antiblockierfunktion und oftmals auch die automatische Bremsfunktion sind hierbei integrale Bestandteile eines Gesamtsystems. Die Hauptkomponenten eines typischen BBW-Systems beinhalten die Pedalbaugruppe mit Potentiometern, elektrisch betätigte Bremsventile, Tachogeneratoren, Drucksensoren, Sicherheitsventile, das Bremssteuergerät und die Radbremsen.

14.3.1 Pedalbaugruppe (Pedal assembly)

Jedem Piloten steht ein linkes und ein rechtes Bremspedal zur Verfügung, die auf einem zentral gelagerten Seitenrudergestänge kippbar gelagert sind (Betätigungswinkel = 10° bis 15°).

Die Pedalbaugruppe umfasst jeweils ein linkes und ein rechtes Pedal für den Piloten und Copiloten, das sowohl für die Seitenrudersteuerung als auch für die Bremsbetätigung benutzt wird. Diese Doppelfunktion in Form einer translatorischen und rotatorischen Betätigung der Pedale erfordert eine sorgfältige ergonomische Schulung der Cockpitbesatzung.
Mit dem Pedalgestänge sind elektrische Signalgeber verbunden, die redundant entweder als Rotations- oder als Linearpotentiometer ausgeführt werden.
Durch das Kippen der Pedale wird ein Signal zu dem Steuergerät des Bremssystems gesendet. Dieses dort ausgewertete und umgewandelte Signal steuert dann die Bremsventile, die ihrerseits einen daraus resultierenden Arbeitsdruck für die Bremsen freigeben, Bild 14-7.
Durch Schieben des gleichen Pedals wird über ein dediziertes Potentiometer die Steuerung des Seitenruders aktiviert. Um durch die mögliche Überlagerung der Pedalbewegungen keine Doppelfunktion auszulösen, wird über eine entsprechende Relation des Pedalwinkels zur Bremssignalauslösung eine Leerlaufphase implementiert (dead band).

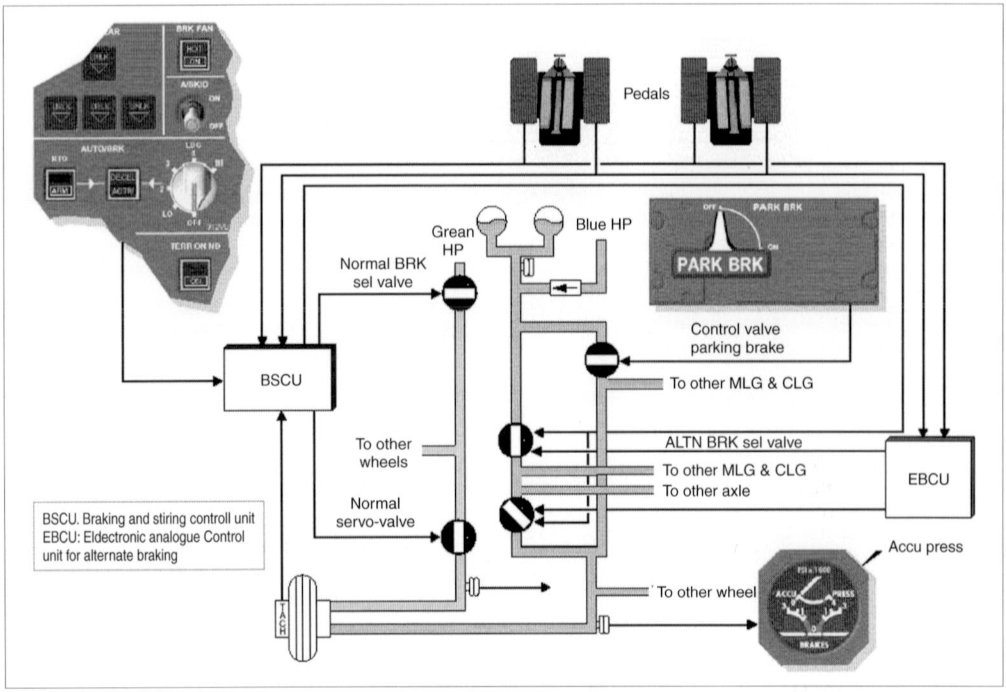

Bild 14-7 Bedienelemente des elektronisch angesteuerten Bremssystems

Als Bremssignalgeber (Pedal position transducer) können verschiedene elektromechanische, elektronische oder optische Vorrichtungen je nach Spezifikationsanforderung eingesetzt werden, um die Pedaleingaben des Piloten oder Copiloten in ein elektrisches Signal, proportional zum gewünschten Bremsdruck zu erzeugen. Hierzu gehören LVDT's (Linear Variable Differential Transducer) bzw. RVDT's (Rotary Variable Differential Transducer). Um eine optimale Betriebssicherheit zu gewährleisten, werden Signalgeber grundsätzlich mit zwei getrennten Kanälen ausgelegt (Duplexsystem). Hierzu gehören demzufolge zwei getrennte Kabelausgänge und Stecker. Je nach spezifizierten ergonomischen Anforderungen werden zur Erzeugung eines künstlichen Gefühls Federpakete mit linearen oder abgestuften Kennlinien in das Gebergehäuse implementiert. Um die Transferfunktion der Piloteneingabe proportional zur Bremsoperation und folglich der Verzögerung des Flugzeugs von äußeren elektromagnetischen Störfällen zu schützen, kommen die für den Flugzeugbau strengen Abschirmvorschriften zum Tragen.

Wegen der bekannten Nichtlinearitäten zwischen Druck, Bremsmoment und Verzögerungsverhältnis, basiert eine Optimierung des Pedalgesetzes in der Regel auf Erfahrungs- und Simulationswerten, da das Bremsmoment in Abhängigkeit vom Reibungsmaterial der Bremse und deren Betriebstemperatur bei gleicher Pedaleingabe sehr stark variieren kann.

Ein typisches Fußkraftspektrum zur Pedalbetätigung liegt zwischen 75 und 100 (N) als Losbrechkraft, zwischen 250 und 300 (N) für maximale Landeoperationen und bei ca. 450 (N) für unterbrochene Startabbruch-Bremsmanöver. Im Flugbetrieb wird immer nur von dem Pilotensitz aus gebremst, von dem aus der Start bzw. die Landung durchgeführt wird. Die Betätigung der Bremsen erfolgt daher in der Regel immer nur von einem Pedalpaar.

Ein typisches Spektrum für den Verlauf des Bremsdruckes über der Pedal-Position ist im folgenden Bild ersichtlich:

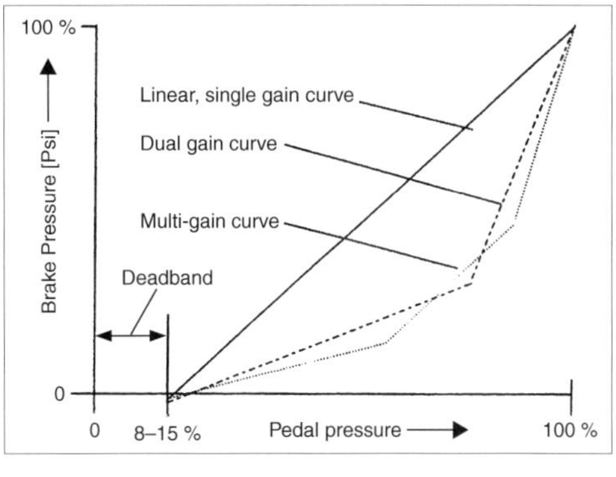

Bild 14-8 Pedal Kraft-Weg Gesetz

14.3.2 Bremssteuergerät (Brake Control Unit, BCU)

Das Bremssteuergerät ist redundant aufgebaut und beinhaltet in der Regel auch die Funktionen für Antiblockierregelung und automatische Verzögerung. In manchen Fällen ist sogar die Bugradlenkung integriert.
Dieses Steuergerät kann den jeweiligen Anforderungen des Flugzeugherstellers entsprechend, entweder als Einzelkomponente oder als integrierter Bestandteil einer komplexen System-Plattform (z. B. Fahrwerkscomputer) ausgelegt sein. Vereinfacht ausgedrückt, besteht die Grundfunktion des Bremssteuergerätes darin, analoge Pedalsignale zu digitalisieren und entsprechend den Informationen aus der „Software" und der Systemperipherie (Raddrehzahl, Fahrwerksstatus, Bremsmomente, Bremsdrücke, usw.) zu verarbeiten. Die Ergebnisse werden dann in analoge elektrische Ventilstellgrößen (Valve current) umgerechnet, um den jeweils optimalen Bremsdruck zu erzielen.
Eine weitere Funktion des Bremssteuergerätes ist ein kontinuierlicher Selbsttestablauf (Built-In Test, kurz: BIT) und die Erzeugung von Warn- bzw. Fehlersignalen im Falle eines Systemausfalls. Außerdem wird durch eine Positionslogik der Fahrwerke das Landen mit gebremsten Rädern verhindert und die Einleitung des Bremsvorganges der Räder während des Einziehens der Fahrwerke gesteuert. Der Regelablauf des Brems- bzw. Antiblockiervorganges spielt sich dabei optimal in einem Bereich von 15 bis 20 % Schlupf ab. Sogenannte „Valve driver circuits" sind wichtige Bestandteile im Regelprozess, um die geringen Transistorströme der Berechnungsschaltungen auf eine Größenordnung zu transformieren, die dem jeweiligen Steuerstrombedarf der Servoventile gerecht wird und schnelle Ansprechzeiten der Ventile gewährleistet. Sämtliche Zu- und Ableitungen zur BCU müssen ausreichend gegen elektromagnetische Einflüsse abgeschirmt sein (Richtwert $\geq$20 V/m, moderne Flugzeuge erreichen sogar Werte von $\geq$200 V/m). Die Stromversorgung aller elektrischen Verbraucher des Systems wird in der Regel über einen duplizierten Bordbus mit jeweils 28 VDC gewährleistet.

14.3.3 Ventile (Valves)

14.3.3.1 Bremsventil (Brake control valve)

Bei den meisten Bremssystemen steht ein separates Bremsventil (Brake control valve) für jedes gebremste Rad zur Steuerung des Bremsdruckes und zur Regelung des Antiblockierverhaltens der jeweiligen Bremse zur Verfügung. Der alternative Bremskreis wird über eigene (zusätzliche) Bremsventile geregelt, wobei in der Regel bei Flugzeugen mit vielen gebremsten Rädern, die Bremsen paarweise angesteuert werden. Das bedeutet es werden für den alternativen Kreis nur halb so viele Ventile eingesetzt, was zu einem etwas geringen Wirkungsgrad führt.
Die vom Mikroprozessor des Steuergerätes generierten Ströme zur Aktivierung dieser Bremsventile regeln sowohl den vom Piloten gewünschten Hydraulikdruck für die Bremsbetätigung, als auch das Antiblockierverhalten der Radbremsen. Ein häufig benutzter Ventiltyp ist ein Dreiwege-Servoventil (Flapper/Nozzle 3-way) mit schnellen Ansprechzeiten und minimaler Hysteresis.

14.3.3.2 Absperrventile (Shut off valves)

Absperrventile schalten automatisch jeden der Bremskreise ab, sobald das Flugzeug keinen Bodenkontakt mehr hat bzw. die Fahrwerke in den Einfahrverriegelungen eingerastet sind.

14.3.3.3 Sicherheitsventile (Hydraulic fuses)

Sicherheitsventile sind in jede Bremsleitung zwischen Bremsventilen und Bremsen eingebaut. Im Falle einer Leckage wird die Bremsleitung abgesperrt und somit eine Entleerung des entsprechenden Hydraulikkreises verhindert. Dieses geschieht z. B. bei Durchflüssen >11 l/min und 206 bar Systemdruck.

14.3.4 Sensoren

14.3.4.1 Wärmesensor (Thermocouple)

Wärmesensoren sind in der Wandung des Torsionsrohres (dieses überträgt das Bremsmoment auf das Fahrwerksbein) der Bremse integriert und messen die im Zentrum des Bremspaketes (Heat sink) auftretenden Temperaturen. Sie leiten in der Regel die gemessenen Temperaturen mit elektrischer Rückführung der Daten auf das Informationsdisplay des Fahrwerkssystems. Bei einigen Flugzeugen mit integrierten Kühlgebläsen werden die Informationen der Wärmesensoren über die „BCU-Software" für entsprechende Ein- bzw. Abschaltsignale des Gebläses genutzt.

14.3.4.2 Bremsmomentsensor (Brake torque transducer)

Bremsmomentsensoren werden zur Optimierung des Regelungsprozesses für neuere Bremssysteme häufig eingesetzt. Hierdurch werden aggressive Nickmomente bei Flugzeugen (vor allem bei solchen mit kurzem Radstand) verhindert und somit erhöhte dynamische Bugfahrwerksreaktionen limitiert. Der Abgriff der Bremsmomente erfolgt je nach Fahrwerkskonfiguration entweder direkt am Bremsgehäuse oder am Bremsmomentgestänge des Achsträgers (Bogie beam).

14.3.4.3 Tachogenerator (Wheel speed sensor)

Jedem gebremsten Rad eines Flugzeugs ist ein Tachogenerator zugeordnet, der in der Achse des jeweiligen Rades gelagert ist. Die Generatorachse ist über eine elastische Kupplung mit einer Radkappe verbunden. Der Generator erzeugt eine Wechselspannung deren Frequenz proportional zur Radgeschwindigkeit ist. Diese variable Frequenz wird über zwei abgeschirmte Kabelverbindungen in die Bremsregeleinheit eingespeist. Diese Information wird von einem Mikroprozessor in ein Steuersignal für das entsprechende Brems-/Antiblockierservoventil transformiert. Die früher üblichen Gleichstromgeneratoren mit Bürstenabgriff werden bei neueren Projekten nicht mehr benutzt, da sie als Störquelle (Elektro-Magnetische Interferenz, kurz: EMI) für die empfindliche Elektronik nicht mehr akzeptabel sind.

14.3.5 Radbremsen (Wheel brakes)

Radbremsen gibt es in verschiedenen Ausführungen. Die beiden wesentlichen Prinzipien sind Trommel- und Scheibenbremsen. Trommelbremsen sind relativ schwer und kühlen langsamer ab als Scheibenbremsen und werden daher auch nur noch bei Kleinflugzeugen verwendet. Am häufigsten werden sogenannte Mehrscheibenbremsen (Multi disc brake) eingesetzt, Bild 14-9. Dieser Typ zeichnet sich besonders durch eine kompakte Bauweise und die Fähigkeit sehr hohe Bremsmomente zu erzeugen aus. Wegen der mehrfach höheren Energiespeicherkapazität von Carbon-Material und der außerordentlichen Gewichtsvorteile gegenüber Stahl (z. B. Concorde ca. 600 kg und Boeing B747 ca. 1200 kg Gewichtsreduzierung) kommen Bremspakete (Heat sink) aus Carbon im modernen Flugzeugbau immer häufiger zum Einsatz, Bild 14-10.

Während bei einer Carbonbremse Statoren und Rotoren in direktem Kontakt die Bremsenergie in Wärme umwandeln, tragen die Statoren einer Stahlbremse ein bzw. beidseitig aufgenietete Bremsbeläge aus gesintertem Material. Die rotierenden Scheiben einer Stahlbremse sind beweglich segmentiert, um Verwerfungen zu vermeiden.

Unabhängig von der Materialauswahl des Bremspaketes ist die Konzeption der Hydraulikkolben und der Nachstellmechanismen in Abhängigkeit vom jeweiligen Bremsenhersteller sehr ähnlich. Der Nachstellmechanismus bewirkt gleichbleibenden Kolbenhub unabhängig vom Verschleiß des Bremspaketes.

Um den Verschleiß der Bremsscheiben auf einfache Weise schnell und zuverlässig messen zu können, wird ein Mess-Stab mit einer Druckplatte verbunden, der das jeweilige Tiefenmaß direkt ablesbar macht. Um die Temperatur des Hydrauliköls in den vorgeschriebenen Grenzen zu halten (max. 120 °C) sind die Stirnseiten der Hydraulikkolben mit Isoliermaterial belegt. Das Hydraulikgehäuse der Bremse (Aluminium) ist mit einem Torsionsohr (Stahl/Titan) verbunden, auf dem die Statoren in Längsrichtung verschoben werden. Der Antrieb der Rotoren durch die Fahrwerksräder erfolgt über am Rad-Innenumfang angeordnete Mitnehmerstege. Das erzeugte Bremsmoment wird entweder direkt über einen Flansch auf Fahrwerk und Flugzeug übertragen oder bei einem mehrrädrigen Fahrwerk über das „Momentengestänge" des Achsträgers.

Die thermische Abstrahlung der Bremse auf das Rad und den Reifen wird durch einen umlaufenden Hitzeschild aus laminierten Stahl- oder Titanblech auf

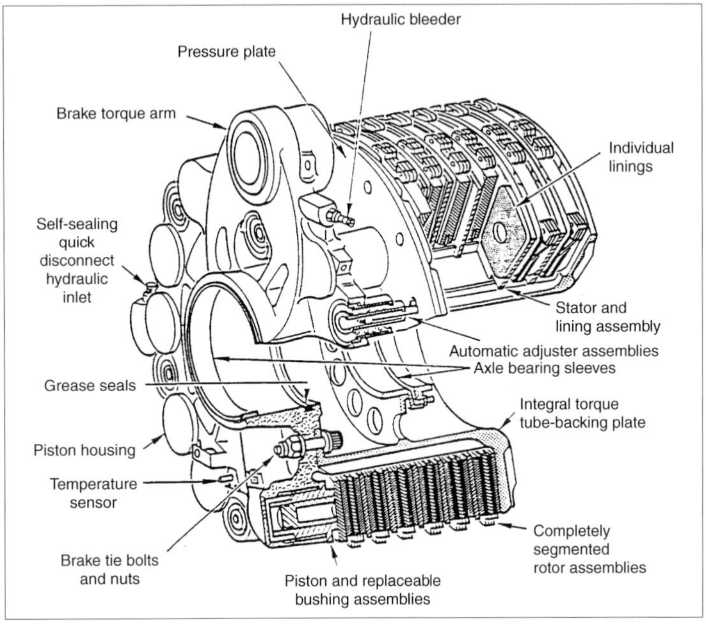

Bild 14-9 Stahlbremse

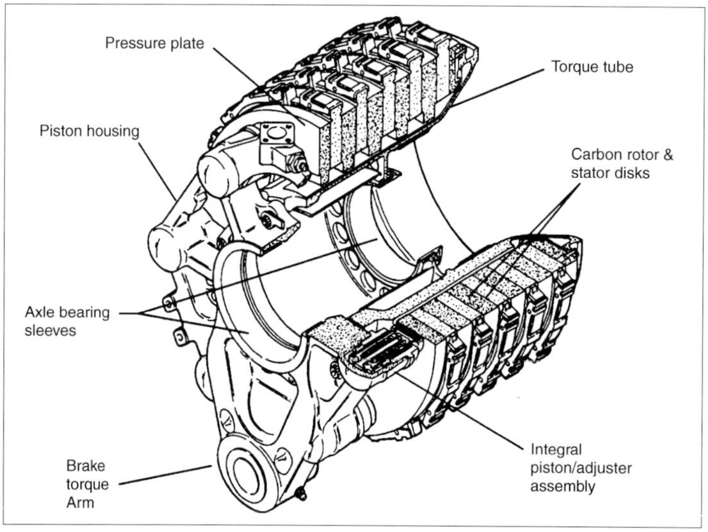

Bild 14-10 Carbonbremse

der Rad-Innenfelge soweit abgeschirmt, dass die im Felgenbett integrierten Schmelzsicherungen nur bei extremen Temperaturen ($T \geq 200\,°C$) abblasen, um ein Platzen der Reifen zu verhindern.

14.4 Reibwerkstoffe

Die am Ende der Regelkette stehende Bremse ist zwar unabhängig von der Bremssystemkonzeption, jedoch hat die Auswahl des Reibmaterials ganz erheblichen Einfluss auf die Brems-Eigenschaften des Flugzeugs. Beispielsweise unterscheiden sich Stahlbremsen in ihren Bremsmomentverläufen und ihrem Verschleißverhalten ganz erheblich von Kohlefaserbremsen, Bild 14-11.
Als Reibwerkstoff werden bei Flugzeugbremsen in der Regel Stahl oder Carbon verwendet. Seit der Indienststellung des Überschallverkehrsflugzeugs Concorde, werden bei neueren Flugzeugen verstärkt Bremsscheiben aus Carbon (Carbon Fibre Reinforced Plastic/CFRP) eingesetzt. Bei diesem Bremsscheibenwerkstoff macht sich besonders die enorme Gewichtseinsparung bemerkbar. Dies ist besonders für Flugzeuge interessant, die auf Langstrecken eingesetzt werden. Darüber hinaus sind auch die hohe Hitzebeständigkeit und die längere Lebensdauer gegenüber Stahl von Vorteil.

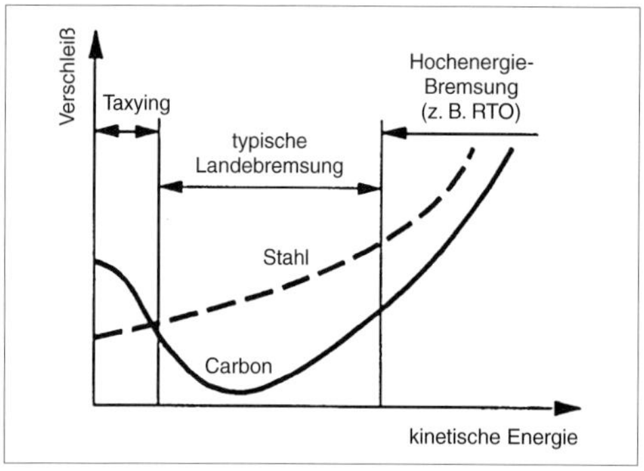

Bild 14-11 Verschleißcharakteristik Stahl – Carbon

Allerdings gibt es auch die Nachteile wie: größerer Einbauraum, Streubereich der Bremsmomente bei gleichem Pedaldruck und höhere Ersatzteilkosten.
Besonders bemerkenswert ist die Verschleißcharakteristik von Carbon, das im Gegensatz zu Stahl nicht mit zunehmender Energie gleichmäßig verschleißt, sondern sich bei geringer Energie relativ stark abnutzt und bei höheren Anforderungen sehr wenig Verschleiß aufweist.
Weitere Werkstoffe spielen derzeit eine eher untergeordnete Rolle. Die früher neben Stahl auch angewandten Werkstoffe für Bremsscheiben wie Beryllium (Bildung toxischer Gase) und Kupfer (hohes Gewicht) werden heute nicht mehr genutzt. Beispielsweise ist bei dem militärischen Transportflugzeug Transall C-160 für die Bremsscheiben Kupfer im Einsatz. Der Bremsenwerkstoff Beryllium wurde unter anderen bei der Lockheed C-5A verwendet.
Tabelle 14.1 zeigt die physikalischen Eigenschaften der Reibwerkstoffe Stahl, Carbon und Beryllium.
Die Reibbeiwerte der Bremse sind infolge der stark nichtlinearen Abhängigkeiten von Temperatur, Gleitgeschwindigkeit, Flächenpressung, usw. gewissen Schwankungen unterworfen. Als ungefähre Richtwerte können folgende Wertebereiche für mittlere Reibwerte von Scheiben und Lamellenbremsen dienen:

- Stahl: $\mu_B \approx 0{,}11 \ldots 0{,}35$
- Carbon: $\mu_B \approx 0{,}16 \ldots 0{,}25$

Die größeren Werte treten bei Geschwindigkeiten auf, die gegen null gehen.

Größe	Einheit	Stahl	Carbon GY 3000	Beryllium	Erwünschte Eigenschaft
Dichte	$\left[\frac{kg}{m^3}\right]$	7850	1690	1830	
Spezif. Wäreme-kapazität c_F (260°)	$\left[\frac{kJ}{kgK}\right]$	55	130	236	hoch
Wärmeübertragung α (bei 260 °C)	$\left[\frac{kW}{m^2K}\right]$	13,7	57	42,8	hoch
Wärmeausdehnung λ (bei 260 °C)	$\left[\frac{\mu m}{mK}\right]$	15,1	2,7	11,5	gering
max. zulässige Betriebstemperatur	[°C]	1150	2200	930	hoch
Zulässige Thermo-schockverhältnis	$[10^5]$	5500	141	2700	hoch

Tabelle 14.1 Werkstoffeigenschaften

14.5 Kühlung und Temperaturüberwachung

14.5.1 Thermische Belastungen

Infolge von Walkarbeit des Reifen und Abwärme der Bremse entstehen in der Felge thermische Belastungen. Die bei der Walkarbeit auftretende Wärme liegt in der Regel unter 50 °C und ist daher nicht weiter kritisch. Jedoch die Bremse selbst erreicht unter extremen Bedingungen (z. B. beim Startabbruch) Temperaturen, die von 600 °C (Stahlbremsscheiben) bis über 1000 °C (Carbon-Bremsscheiben) reichen. Um die Felge und den Reifen vor diesen hohen Temperaturen zu schützen, werden zwischen Bremse und Felge sogenannte Hitzeschilde eingerüstet. Sollte die Temperatur trotzdem einen definierten Grenzwert überschreiten, sorgen Schmelzsicherungen in den Felgen für eine Freigabe des Luftdruckes im Reifen um eine Explosion zu verhindern.

Der Reifen ist aus Sicherheitsgründen nicht mit Luft, sondern mit Stickstoff befüllt. Der Druckbereich liegt zwischen 10 und 28 bar. Aufgrund des hohen Druckes ist ein überhitztes Rad bzw. ein in Brand geratener Reifen, der noch nicht abgeblasen hat, eine große Gefahr.

Auch der Werkstoff des Rades (meist eine Al-Legierung) kann trotz Hitzeschild überhitzt werden. Dabei kann eine Gefügeumwandlung auftreten, die die Radstruktur in bestimmten Bereichen erweicht oder verspannt und somit unbrauchbar macht.

Der Betrieb von Flugzeugen auf kurzen Start- und Landebahnen sowie die Forderung nach immer kürzeren Umlaufzeiten (Turn-around time) führt zu einem Anstieg der Temperatur bei den Bremsen. Vor dem Start eines Flugzeuges ist es jedoch wichtig, dass diese Temperatur unter einem definierten Grenzwert liegt, damit im Falle eines Startabbruchs genügend Energieaufnahmekapazität der Bremsanlage vorhanden ist. Außerdem kommt es oft vor, dass Verkehrsflugzeuge infolge hohen Verkehrsaufkommens große Rolldistanzen in einer Warteschlange mit häufigen Zwischenstopps (Stop & Go), bis zur Startbahn zurück legen müssen.

Da die Bremsen hierbei weiter erwärmt werden, ist diese thermische Belastung für die Auslegung besonders zu berücksichtigen.

14.5.2 Kühlung

Vor dem Start eines Flugzeugs dürfen die Bremsen eine Temperatur von ca. 180 °C (Stahl) bzw. ca. 300 °C (Carbon) nicht überschreiten, da dies wie schon gesagt zu einer nicht ausreichenden Energieaufnahmekapazität im Falle eines Startabbruchs und einer unzulässig hohen Aufheizung der Fahrwerksschächte (Landing gear bay) führen würde.

Zu Beginn der 50er-Jahre wurden in den USA Entwicklungsarbeiten für flüssigkeitsgekühlte Bremsen durchgeführt. Diese Bremsen wurden an verschiedenen Flugzeugen getestet und schließlich für eine Boeing B-727 zugelassen. Dieses Konzept war zwar eine technisch gute Lösung, aber ein wirtschaftlicher Erfolg ließ sich damit nicht erzielen. Ein Grund dafür mag wohl das etwas höhere Gewicht gewesen sein. Nähere Informationen zum diesem Thema befinden sich im SAE Dokument: AIR 5388.

Seit Mitte der 60er-Jahre ist es üblich Flugzeugbremsen zum Zwecke der schnelleren Kühlung mit Lüftern (Brake cooling fans) auszustatten, Bild 14-12. Die

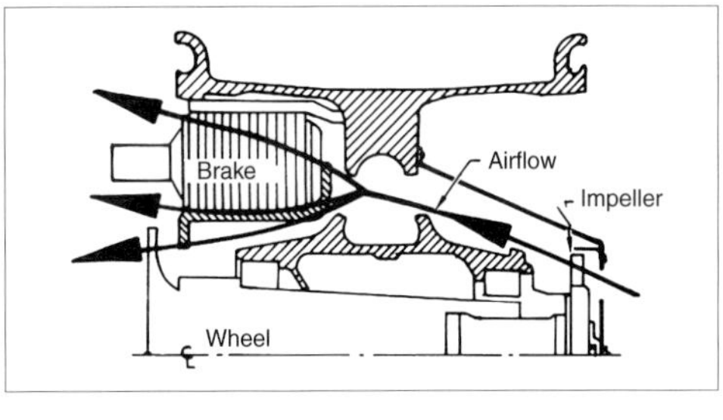

Bild 14-12 Ventilator zur Bremsenkühlung

Firmen BF Goodrich und Dunlop haben zuerst diese Geräte für die damaligen Verkehrsflugzeuge wie B-727, VC-10, BAe 111 u. a. entwickelt. Heute gehört der Lüfter zur Standardausstattung vieler Kurzstreckenflugzeuge.
Ein in der Radachse befindlicher Ventilator bläst hierbei durch die Schlitze des Rades die kühlere Umgebungsluft direkt auf das Bremsscheibenpaket. Dieser Lüfter wird vom bordeigenen elektrischen Versorgungssystem mit 115 V AC betrieben.

14.5.3 Temperaturüberwachung

Die Überwachung der Temperatur von Bremsen wird mithilfe von Thermoelementen, die an jeder Bremse angebracht sind durchgeführt. Die hiermit gemessenen Werte werden über entsprechende elektronische Geräte (Brake Temperature Monitoring Unit, kurz: BTMU) im Cockpit zur Anzeige gebracht. Wird ein vorher definierter Grenzwert überschritten, so wird dies in der Temperaturanzeige besonders deutlich gemacht.
Als Temperatur-Sensor werden der Typ „Chrome-alumel" mit einen Übertragungsbereich von 95–760 °C und der „Platinum ceramic" – Typ mit einem Einsatzspektrum von 70–1090 °C verwendet.

14.6 Ausblick, Perspektiven

Der derzeitige Entwicklungstrend sowohl im militärischen als auch im zivilen Flugzeugbau wird ganz offensichtlich von der wirtschaftlichen These „The affordable aircraft" diktiert. Von allen Bordsystemen werden erhöhte Zuverlässigkeit, steigende Effizienz und minimales Gewicht bei minimalen Einbauraum und reduzierten Kosten erwartet. Voraussehbare Weiterentwicklungen werden auf folgenden Gebieten erwartet:

- Bremssysteme mit optischer Signalübertragung („Brake-by-light"), um die EMV (elektro-magnetische Verträglichkeit) Problematik weitesgehend auszuschalten.
- Einsatz von hocheffizienten Materialien mit langer Lebensdauer um die Kosten („Life cycle cost") zu optimieren, z. B. Bremsscheiben aus Keramikwerkstoffen
- Nutzung von Bremsscheiben aus Hybridwerkstoffen, die bei reduziertem Einbauvolumen wesentlich höhere Energien aufnehmen können
- Verwendung von elektromotorisch betätigten Bremsen, die ein potentielles Entflammbarkeitsrisikos eliminieren
- Einsatz von robusten und nahezu wartungsfreien Komponenten und Geräten
- Integrierte elektronische Avionik-Module (standardisierte „Hardware") statt separater, funktionsbezogener Steuergeräte
- Anwendung von „Hardware"-unabhängiger „Software"

Literatur

Currey, Norman S. (Hrsg.): Aircraft Landing Gear. Washington, D.C.: AIAA, 1988

Conway, H. G. (Hrsg.): Landing Gear Design. London: Chapman & Hall, 1958

Beck, G. (Redaktion): Grundlagen der Flugzeugtechnik. Köln: Verlag TÜV Rheinland, 1980

15 Bremssysteme für Rennwagen

15.1 Einführung

In diesem Kapitel werden Bremsanlagen für Rennwagen beschrieben, die aufgrund ihrer besonderen Eigenschaften mehr auf einen leistungsorientierten Einsatz ausgerichtet sind, als auf Komfort und Wirtschaftlichkeit. Die Leistungsanforderungen an diese Bremsanlagen werden veranschaulicht, einhergehend mit Funktionsdiagrammen und einer Betrachtung jeder Einzelkomponente. Das Kapitel stellt schließlich die im Rennsport gebräuchlichen Reibungsmaterialien dar, wobei auf Karbonkomponenten detailliert eingegangen wird.

15.2 Leistungsfähigkeit eines Bremssystems für Rennwagen

Aus der Analyse der Telemetriedaten eines Formel 1 Rennwagens (Bild 15-1) kann man die Leistungen erkennen, die von einem solchen Bremssystem während einer typischen Bremsphase abverlangt werden. Insbesondere wurde im Folgenden für eine Reihe von Anwendungen für verkleidete und unverkleidete Räder typisches und nicht besonders aggressives Bremsen gewählt.

Die Diagramme 15-2 und 15-3 zeigen entsprechende Messungen von Längsbeschleunigung, Querbeschleunigung, sowie den Drücken in den Hauptzylindern für Vorderachse (VA) und Hinterachse (HA).

Aus den Diagrammen kann man erkennen, dass der Fahrer 85 m vor dem Einlenken des Wagens in die Kurve zu bremsen beginnt (das Einlenken wird genau durch den Wendepunkt der Querbeschleunigung gekennzeichnet). Infolgedessen geht die Geschwindigkeitsänderung von 300 km/h auf 100 km/h in 1,3 Sekunden mit einer Verzögerung von über 4 g einher. Um das zu erreichen, muss die Bremsanlage einen Druckgradienten von über 280 bar/s erzeugen, wobei die üblichen Betriebsdrücke gewöhnlich über 50 Bar liegen.

Durch die Berechnung des Bremsmomentes und der Belaganpresskräfte gegen die Scheibe erhält man einen Eindruck von den Kräften, die während dieser Bremsung wirken (Bild 15-4). In diesem Fall wird ein maximales Bremsmoment von 1650 Nm erreicht, korrespondierend mit einer Belaganpresskraft auf die Scheibe von 28 200 N.

In dieser kurzen Zeitspanne muss der Fahrer den Druck auf das Bremspedal modulieren, um die

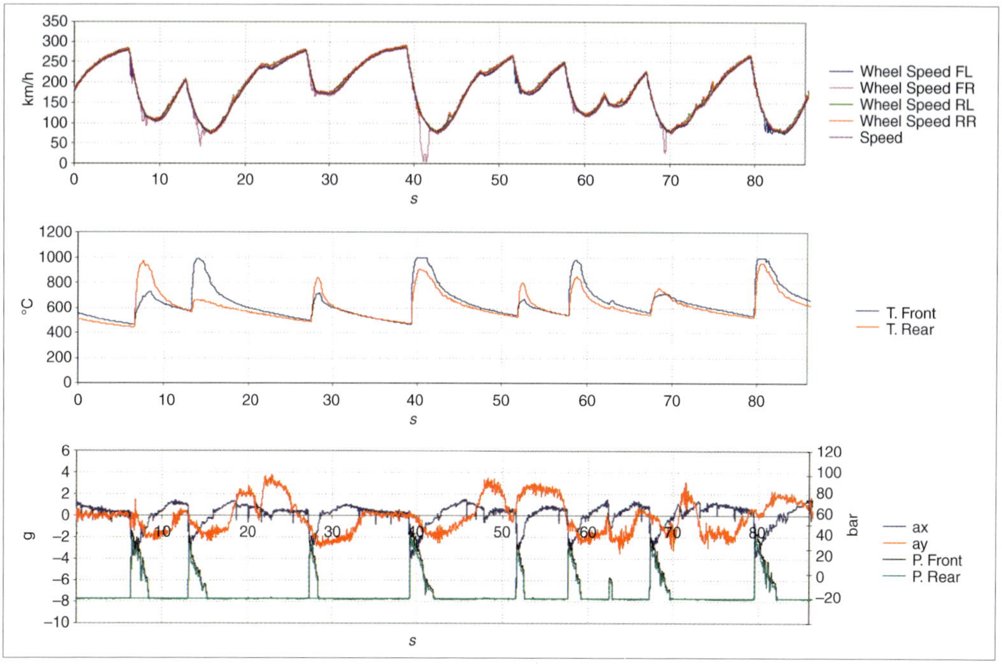

Bild 15-1 Telemetriedaten eines Rennwagens

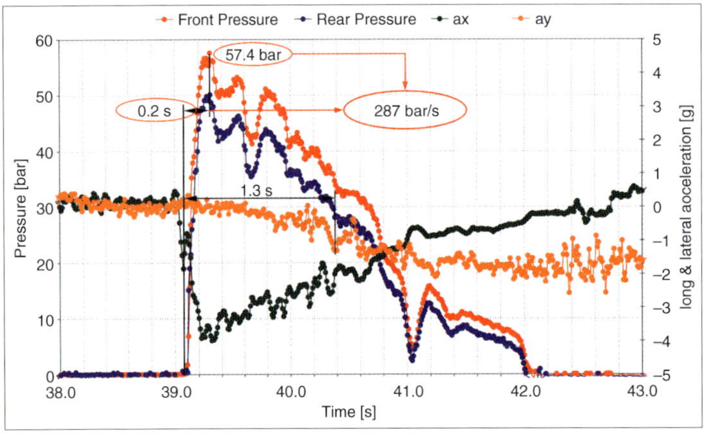

Bild 15-2 Typischer Bremsverlauf über der Zeit

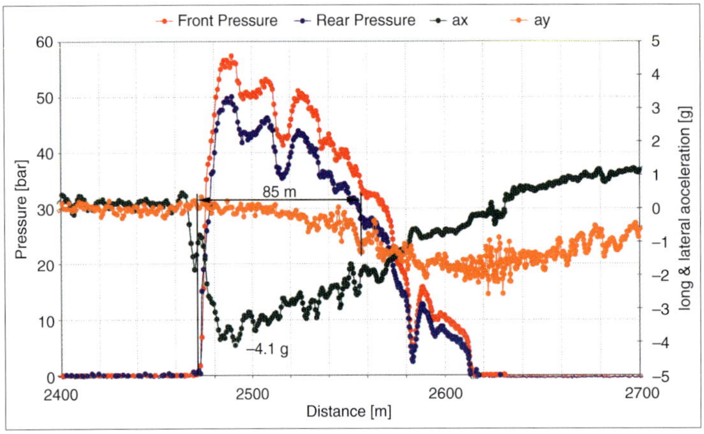

Bild 15-3 Druck und Beschleunigung über dem Weg

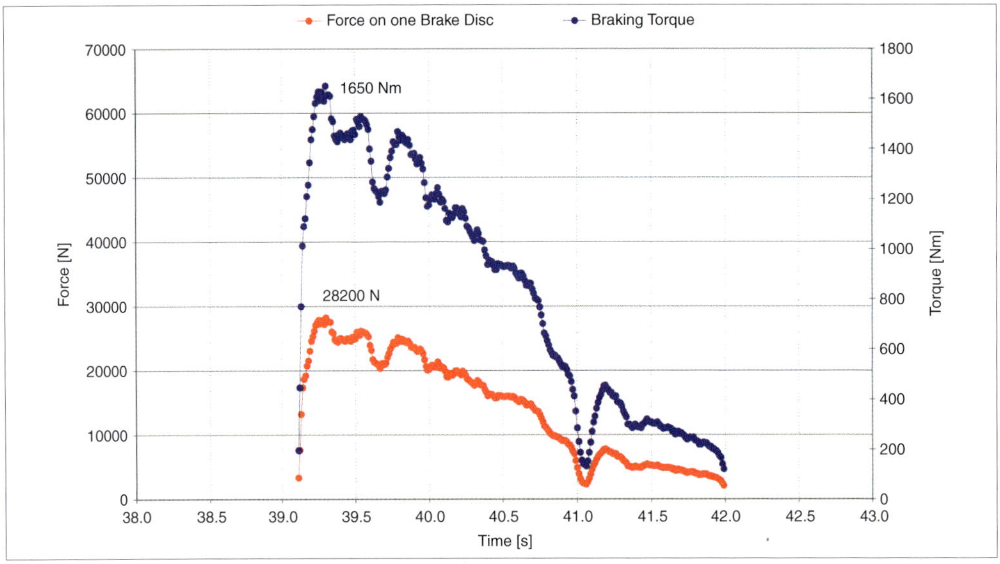

Bild 15-4 Bremsmoment und Axialkraft an einer Bremsscheibe

Bremskraft mit abnehmender Abtriebskraft zu verringern. Da er ein System bedient, welches beträchtliche Kräfte erzeugen kann, muss er versuchen, die Balance des Autos nicht zu abrupt zu ändern, um eine Destabilisierung zu vermeiden.
Folglich muss eine Rennbremsanlage schnell ansprechen, reaktionsfreudig und leicht anzupassen sein sowie eine hohe Stufe der Reproduzierbarkeit aufweisen. Dies erlaubt es dem Fahrer, die Reaktion des Bremssystems vorherzusehen und somit immer am selben Punkt den Bremsvorgang zu starten.

15.3 Bremsanlage

Nun soll verständlich gemacht werden, aus welchen Einzelkomponenten eine Rennbremsanlage besteht (Bild 15-5). Der Fahrer betätigt das Bremspedal und damit den VA-Hauptzylinder und den HA-Hauptzylinder, welche den Hydraulikdruck im System erzeugen. In den meisten Fällen erlaubt es das Rennreglement nicht, Ausstattungen wie Bremskraftverstärker oder ABS einzusetzen, wie sie zum Beispiel in Hochleistungssportwagen aus serienmäßiger Herstellung verwendet werden (z. B. Ferrari Challenge). Somit hat der Fahrer nur über die aufgebrachte Pedalkraft Einfluss auf den Bremsvorgang.
In der obigen Abbildung sind die zwei Hauptzylinder durch ein kinematisches Element miteinander verbunden, welches auch als „Bremsbalanceverstellung“ bezeichnet wird. Diese kann die vom Bremspedal aufgebrachte Kraft auf die Druckstangen der beiden Hauptzylinder aufteilen. Das Bremspedal funktioniert als ein Hebel, der die vom Fahrer aufgebrachte Betätigungskraft verstärkt. Das Hebelverhältnis, welches gewöhnlich zwischen 3 : 1 und 6 : 1 liegt und die Auswahl der Hauptzylinderdurchmesser beeinflussen zwangsläufig die Sensibilität des Fahrers für das System und in Folge dessen auch die Rückmeldung des Systems in Bezug auf die aufgewendete Pedalkraft und den Pedalweg.
In den meisten Fällen werden die Hauptzylinder von zwei separaten Ausgleichsbehältern versorgt.
Die Hydraulikleitungen, die in Strömungsrichtung an den Hauptzylindern beginnen, sind jeweils einer Achse zugeordnet und bestehen aus teils starren und teils flexiblen Bremsleitungen, die zwei bis drei Millimeter Innendurchmesser haben. Diese enden an den Bremszangen.
Die Bremszange spielt natürlich eine entscheidende Rolle im Bremssystem. Da sie die reifengefederten Massen erhöht, sollte sie leicht sein. Sie muss steif sein, damit das vom Hauptzylinder unter Druck gesetzte und geförderte Volumen der Bremsflüssigkeit im System fast ausschließlich für die Erzeugung der Bremskraft benutzt wird und nicht für die Verformung der Bremszange verschwendet wird. Sie sollte auch die Bremsflüssigkeit vor den hohen Temperaturen schützen, die durch die Reibung zwischen den Bremsbelägen und der Bremsscheibe entstehen. Schließlich muss sie durch einfache Entlüftbarkeit ein hohes Sicherheitsniveau garantieren.
Die Bremsscheibe für den Renneinsatz ist in der Regel nicht einteilig, wie bei normalen Autos, sondern besteht aus dem Reibring und einer Glocke, welche die Bremskräfte überträgt.
Im vorherigen Abschnitt wurde erläutert, wie schnell die Druck- und Zustandsänderungen vonstatten gehen, welchen das Bremssystem eines Rennwagens unterworfen ist. Bedingt durch solche Konstruktionseinschränkungen ist es zwingend notwendig, die Verzögerungen und Zeitabstände im Ansprechverhalten des hinteren und vorderen Hydraulikkreislaufs zu kennen und zu untersuchen. Die Optimierung der Bremsleitungen und der Bremsanschlüsse führt dazu, dass die Volumenverluste auf ein Minimum reduziert und somit kontrolliert werden können, um ein adäquates Ansprechverhalten des Bremssystems an beiden Achsen zu garantieren.
Die hydraulische Auslegung der Bremskreise geschieht nicht nur auf der Basis spezieller statischer und dynamischer Versuchsreihen, sondern auch unter Einbindung mathematischer Simulationsmodelle, die auch die Systemkomponenten, Hauptzylinder und Bremszangen beinhalten. Diese Berechnungen wer-

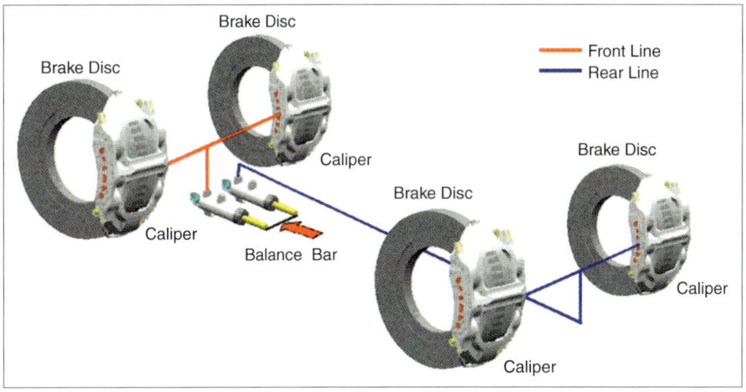

Bild 15-5 Typische Konfiguration eines Bremssystems

den mit Simulationswerkzeugen wie Matlab® und Simulink® durchgeführt.

15.3.1 Bremszange

Bremszangen für Rennwagen sind immer sehr steif ausgelegt, so dass es Aufgabe der Baugruppe Bremsscheibe/Glocke ist, die notwendige Bewegung zur Erzielung des Luftspiels zwischen Bremsbelägen und Bremszange auszuführen.
Zwei grundlegende technische Anforderungen sind in den Rennbremszangen vereinigt. Sie müssen erstens steif ausgelegt sein, um noch kürzere Pedalwege zu erreichen. Zweitens müssen sie leicht sein. Dies ist eine wichtige Eigenschaft, da bei Rennwagen die Massenverteilung einen entscheidenden Einfluss auf die Leistungsfähigkeit hat. Diese zwei Aspekte hängen auch vom Rennreglement ab, da dort oft Grenzen für Bremsanlagen in Bezug auf Konstruktion und eingesetzte Werkstoffe festgelegt werden. In der Formel 1 Meisterschaft zum Beispiel muss das Material für die Bremszangen ein Elastizitätsmodul von weniger als $0{,}8 \cdot 10^5$ N/mm^2 haben. Dies erfordert Legierungen, deren Steifigkeit möglichst dicht an das vorgeschriebene Limit geht und die auf der anderen Seite das geringst mögliche spezifische Gewicht haben.
Eine Bremszange besteht aus folgenden Bauteilen:

- Das Bremszangengehäuse: Dieses kann ein einteiliges Gehäuse sein, welches entweder gegossen oder geschmiedet wird, oder ein mehrteiliges Gehäuse, welches normalerweise aus Leichtmetallguss hergestellt wird (Bild 15-6). Um die Oberflächenhärte des Werkstoffs zu erhöhen, wird das Gehäuse harteloxiert oder vernickelt. Dies ist nötig, um es widerstandsfähig gegenüber Beschädigungen zu machen, die z. B. bei eventuellen Kollisionen mit der Radfelge während eines Reifenwechsels entstehen können oder die durch Fremdkörper auf der Strecke (Steine, Trümmer, etc.) verursacht werden können.
- Bremskolben: Diese bestehen aus eloxiertem Aluminium mit einem zusätzlichen Titaneinsatz, um sie von der Hitze zu isolieren, die von den Bremsbelägen kommt.
- Verbindungsrohr: Es besteht normalerweise aus rostfreiem Stahl und erlaubt es der Bremsflüssigkeit, die dem Druckanschluss gegenüberliegende Seite zu erreichen.
- Dichtringe: Diese sind sehr wichtig, nicht nur um die Dichtheit des Hydrauliksystems auch unter hohen Temperaturen zu gewährleisten, sondern auch um das Lüftspiel der Kolben zu beeinflussen (roll-back). Wenn der Dichtring es dem Kolben nicht ermöglicht in das Lüftspiel zurückzugleiten, dann kann ein Restbremsmoment zwischen den Bremsbelägen und der Bremsscheibe entstehen. Auf der anderen Seite wird der Fahrer eine Verlängerung des Bremspedalwegs bemerken, wenn der Kolben in ein zu großes Lüftspiel zurückfahren würde.
- Entlüftungsschrauben: Mit diesen Schrauben kann man das Bremssystem entlüften und alle Luftblasen aus der Bremszange entweichen lassen.

15.3.2 Hauptzylinder

Ein Hauptzylinder besteht aus folgenden Grundkomponenten (Bild 15-7 (a)):

- Der Hauptzylinder besteht aus form- oder druckgegossenem Aluminium oder er wird manchmal aus Vollmaterial hergestellt (Gehäuse, 1). Das Gehäuse besitzt eine Drucköffnung (2), um die Bremsflüssigkeit an den Bremskreis weiterzuleiten. Zwei kleinere Öffnungen (Nachlaufbohrung, 3; Ausgleichsbohrung, 4) sind mit dem Ausgleichsbehälter verbunden. Das gesamte Gehäuse ist harteloxiert. Die Kolbenbohrung, in welcher der Kolben (5) gleitet, ist dem Verschleiß unterworfen, so dass sie sehr genau gefertigt werden muss (Bohren, Reiben, Läppen).
- Der Druckkolben (5) besteht aus gedrehtem Aluminium mit Absätzen für die primäre und die sekundäre Manschette (6 und 7). Neben der Kalotte für die Aufnahme des Kugelkopfes der Druckstange (8) muss auch die Kolbenfläche vor Verschleiß geschützt werden, so dass die Oberfläche harteloxiert und geläppt werden muss.
- Die Druckstange (8) ist ein notwendiges Element, um die Kraft vom Bremspedal auf den

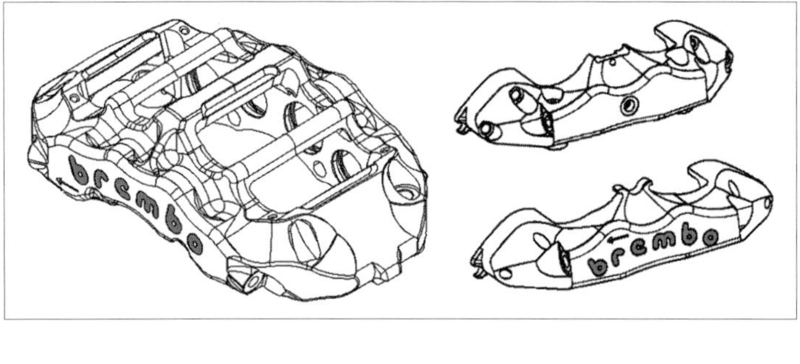

Bild 15-6 Einteilige und zweiteilige Bremszange

Druckkolben weiterzuleiten. Die Druckstange ist an ihrer Kontaktstelle zum Druckkolben kugelförmig gedreht und erlaubt somit einen Winkelausgleich zwischen diesen beiden Bauteilen. Dies ist notwendig, um den Teilkreisbogen auszugleichen, den das Bremspedal während der Betätigung beschreibt.
- Die Druckfeder (9) bringt den Druckkolben nach der Betätigung zurück in die Ruhestellung.

Auf andere Komponenten wird später eingegangen.
Die in Bild 15-7 (a) gezeigte Konstruktion ist nicht die einzig mögliche für Hauptzylinder. Eine neuere Konstruktion (Bild 15-7 (b)) vermeidet den Drehfreiheitsgrad zwischen Druckstange und Druckkolben. Während der Winkelausgleich in Zeichnung (a) durch die kugelförmige Kontaktfläche hergestellt wird, gleicht in Zeichnung (b) der gesamte Hauptzylinder den durch das Bremspedal erzeugten Teilkreisbogen aus.
Der Vorteil der zweiten Konstruktion ist, dass die durch das Bremspedal aufgebrachte Druckkraft vollständig an den Bremskolben weitergeleitet wird. In der ersten Konstruktion ist die aus der Druckkraft F resultierende Kraft je nach Umlenkwinkel mehr oder weniger verlustbehaftet (vgl. kinematische Modelle).
Der folgende Abschnitt bezieht sich ausschließlich auf die herkömmliche Konstruktion (a) in Bild 15-7.
Ein Hauptzylinder für eine Rennbremsanlage funktioniert folgendermaßen:
Der Druckkolben ist in seiner Ruheposition, wenn auf die Druckstange keine Kraft ausgeübt wird. In diesem Zustand ist der Zylinderabschnitt zwischen Bremsleitungsanschluss und der primären Manschette (Druckkammer, 10), welcher auch die Druckfeder enthält, mit Bremsflüssigkeit gefüllt und mit dem Ausgleichsbehälter über die Nachlaufbohrung verbunden. Die Flüssigkeit steht sowohl im Ausgleichsbehälter als auch in der Druckkammer unter atmosphärischem Druck.

Wenn sich der Druckkolben in seiner Ruhestellung befindet, ist zwischen der linken Lippe der primären Manschette (6) und der Nachlaufbohrung ein definierter Abstand. Dieser wird auch als Leerweg oder Spiel bezeichnet und stellt sicher, dass die Druckkammer unter diesen Bedingungen ständig mit dem Ausgleichsbehälter verbunden ist. Dieses Spiel kann mit dem Gewindering (11) eingestellt werden, der sich nahe an der kugelförmigen Kontaktfläche zwischen Druckstange und Druckkolben befindet. Durch das Verdrehen des Gewinderings wird die gesamte Baugruppe innerhalb des Gehäuses axial verschoben und erlaubt somit die Einstellung des Spiels zwischen der primären Manschette und der Nachlaufbohrung.
Wenn auf die Druckstange über die Bremspedalkraft Druck ausgeübt wird, gleitet der Druckkolben in der zylindrischen Bohrung des Hauptzylindergehäuses. Das dient hauptsächlich dazu, um das Spiel zwischen primärer Manschette und Nachlaufbohrung zu überwinden (in dieser Phase herrscht immer noch atmosphärischer Druck im System und etwas Bremsflüssigkeit fließt von der Druckkammer zurück in den Ausgleichsbehälter). Die primäre Manschette verschließt dann die Nachlaufbohrung und presst die Flüssigkeit in den Bremskreislauf, wobei die unvermeidlichen Luftspiele zwischen Bremskolben und Bremsbelägen und zwischen Bremsbelägen und Bremsscheiben ausgeglichen werden. Ab diesem Zeitpunkt wird durch die auf den Kolben wirkende Kraft der Druck in der Druckkammer und damit im Bremskreis erhöht.
Der Druckkolben weist in dem Bereich zwischen den beiden Manschetten eine Durchmesserverjüngung auf und formt damit die Ausgleichskammer (12) aus, die über die Ausgleichsbohrung während des gesamten Kolbenwegs mit dem Ausgleichsbehälter verbunden ist. Die in dieser Kammer befindliche Bremsflüssigkeit steht immer unter atmosphärischem Druck.

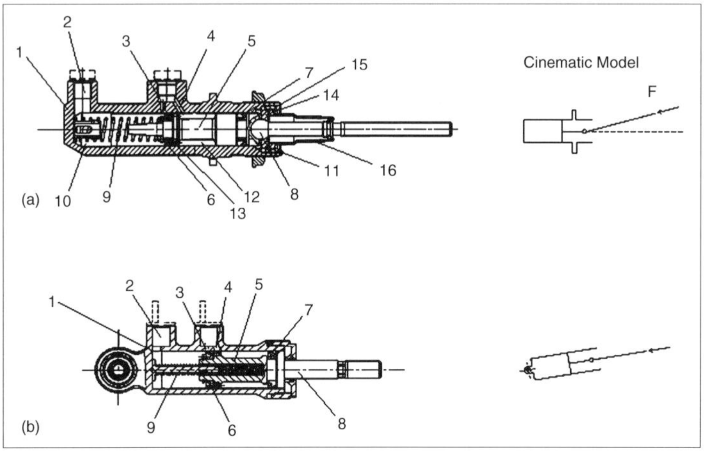

Bild 15-7 Hauptzylinder

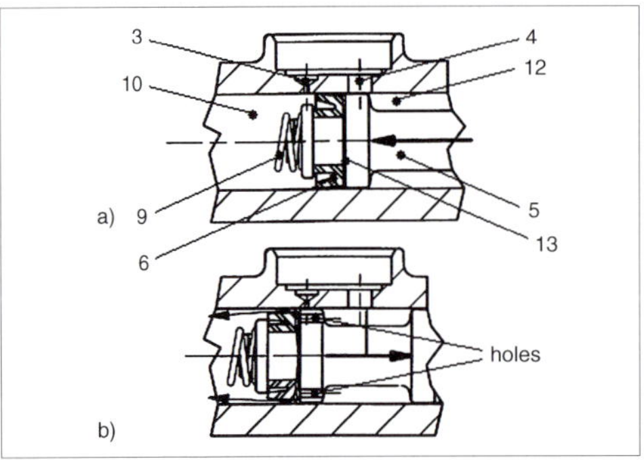

Bild 15-8 Primäre Manschette

Wenn auf den Druckkolben keine Kraft mehr wirkt, wird er durch die Druckfeder in die Ruhestellung zurückgeschoben und der Flüssigkeitsdruck in der Druckkammer fällt wieder auf atmosphärischen Druck zurück. Wie zuvor erwähnt, muss der Druckkolben wieder soweit zurückgleiten, dass die Druckkammer und der Ausgleichsbehälter über die Nachlaufbohrung verbunden sind, um die durch Temperaturänderungen oder Abnutzung enstandenen Volumenänderungen der Bremsflüssigkeit im Bremskreislauf auszugleichen. Die primäre Manschette ist so eingebaut, dass sie nur in der Richtung wirkt, in der auch die Bremsflüssigkeit in die Druckkammer fließt (Bild 15-8). Die andere Seite liegt an dem Bund mit dem maximalen Kolbendurchmesser an. Dieser Bund besitzt mehrere kleine koaxiale Durchgangsbohrungen. Zwischen der primären Manschette und dem Druckkolben befindet sich eine Füllscheibe (13). Sobald nun der Druckkolben zurückgleitet, kann sich die äußere Lippe der primären Manschette deformieren und über die vorher erwähnten koaxialen Bohrungen im Druckkolben die Druckkammer mit der Ausgleichskammer verbinden. Dadurch fließt die Bremsflüssigkeit von der Ausgleichskammer in die Druckkammer, um den zusätzlichen Volumenbedarf an Bremsflüssigkeit durch Temperaturänderungen und Abnutzung der Bremsbeläge und Bremsscheiben auszugleichen. Die sekundäre Manschette, die ebenfalls nur in eine Richtung wirkt, verhindert das Austreten von Bremsflüssigkeit aus der Ausgleichskammer nach außen sowie das Eindringen von Staub und Luft in das Bremssystem.

Das kugelförmige Druckstangenende wird über eine Lochscheibe (14), den Gewindering (11) und einen Sicherungsring (15) in dem Druckkolben positioniert. Die gesamte Einheit ist gegen das Eindringen von Staub und Fremdkörpern mit einer Gummikappe (16) geschützt. Kleine Löcher in der Gummikappe dienen zur Ventilation und verhindern, dass während der Betätigung ein Überdruck unter der Gummikappe entsteht und somit Luft an der Lippe der sekundär Manschette vorbei strömt.

15.4 Kühlung der Bremsanlage

Eine Rennwagenbremsanlage wird ausschließlich über die am Wagen angebrachten Luftkanäle gekühlt.

Eine typische Konstruktion für eine solche Baugruppe ist anschaulich in Bild 15-9 dargestellt. Der Luftkanal leitet den Luftstrom auf die Radnabe, um die Radlagerung zu kühlen. Danach wird der Luftstrom teils in die Bremsscheibe, teils auf die Reibungsoberflächen geleitet (Oberflächenkühlung), wobei ein Teil des Luftstroms im Luftkanal direkt auf die Bremszange gerichtet ist. Bild 15-9 zeigt die Radaufhängung eines Formel 1 Rennwagens mit den Luftführungselementen und deren Durchströmungsrichtung.

Da die Bremsscheibe hauptsächlich durch den inneren Luftstrom gekühlt wird, ist es nicht überraschend, dass das Hauptaugenmerk bei der Entwicklung dieses Bauteils auf die Erforschung der Scheibenkühlung mithilfe von dynamischen Temperaturverlaufsanalysen gerichtet ist. Dies gilt gleichermaßen für eine Bremsscheibe mit integriertem Kühlgitter, mit integrierten schaufelförmigen Kühlkanälen, wie auch für eine Bremsscheibe aus Karbon.

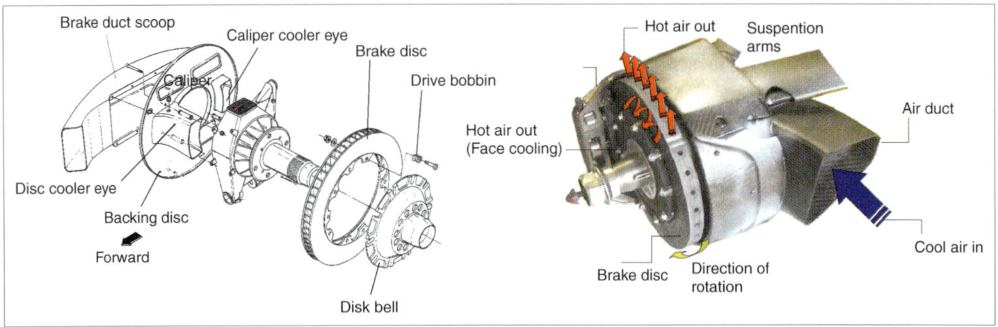

Bild 15-9 Typische Rennwagenradnabe mit angebauter Luftzuführungsbaugruppe

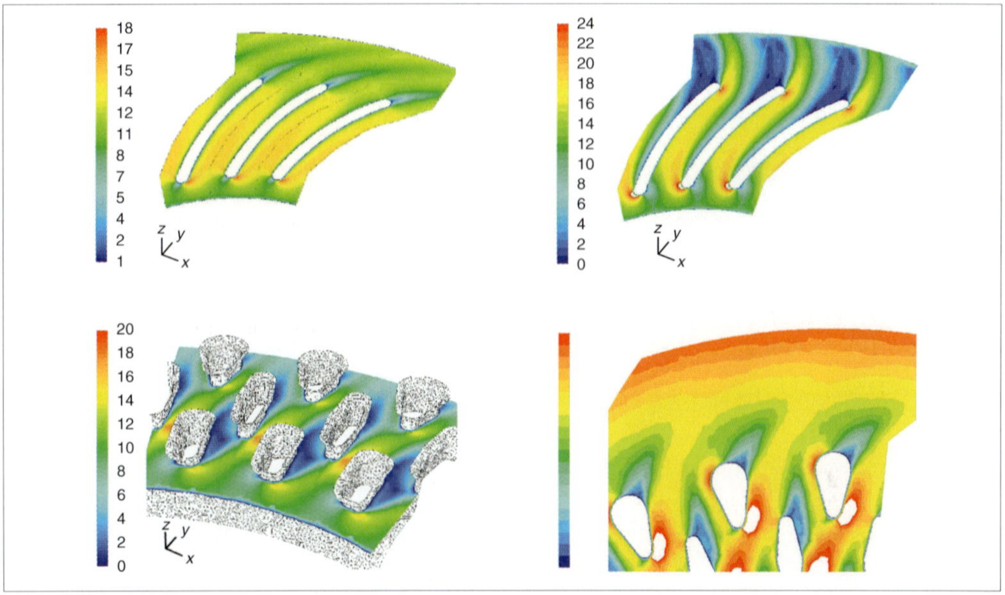

Bild 15-10 Dynamische Temperaturverlaufssimulation

Bild 15-10 zeigt zwei Beispiele für eine dynamische Temperaturverteilungssimulation einer Bremsscheibe mit integrierten schaufelförmigen Kühlkanälen und einem mit integrierten Kühlgitter. Im Allgemeinen garantiert die erste Bauart einen besseren Luftfluss innerhalb der Bremsscheibe, während das zweite Design einen besseren Wärmeaustausch vorzuweisen hat.

Da die Temperaturgradienten insbesondere für Gussbremsscheiben sehr hoch sind, sollte ein gutes Bremsscheibendesign die Aufteilung in „kühle Bereiche" und „heiße Bereiche" berücksichtigen, um thermische Deformierungen und Spannungen, die auf die Bremsscheibe wirken, zu minimieren. Dies sind Grundaspekte bei der Konstruktion der Bremsscheibe, der Glocke und der Verbindung der Baugruppe miteinander. Durch eine passende Konstruktion kann man die thermisch bedingten Verformungen einer Bremsscheibe unter Kontrolle halten, ohne dass dabei die Leistungsfähigkeit beeinträchtigt wird. Insbesondere werden dadurch Verformungen vermieden, die zu Vibrationen (Bremsenrubbeln), oder zu einer Verlängerung des Bremspedalwegs führen können.

15.5 Reibungsmaterialien

Die Reibungsmaterialien sind in zwei große Gruppen eingeteilt: organische oder halbgesinterte Bremsbeläge, die mit Gussbremsscheiben eingesetzt werden, sowie Karbonbremsbeläge. Diese Bremsbeläge werden ausschließlich in Verbindung mit Karbonbremsscheiben verwendet.

Karbon hat gegenüber dem „traditionellen" Reibungsmaterial bedeutsame Vorteile:

- Gewicht: Die Dichte des Karbons beträgt nur ein Fünftel der Dichte von Stahl oder Gusseisen.
- Thermische Leitfähigkeit: Da Karbon ein Verbundwerkstoff ist, kann man die Wärmeleitung durch die Ausrichtung der Karbonfasern in vorherbestimmte Richtungen beeinflussen.
- Temperaturbeständigkeit: Diese führt zu einem geringeren Fading, wenn die Temperatur ansteigt und ermöglicht somit eine bessere Kontrolle und Reproduzierbarkeit des Bremsvorgangs.
- Sehr gutes Ansprechverhalten bereits zu Beginn des Bremsvorgangs.

Der Preis eines Satzes von Karbonbremsscheiben und Karbonbremsbelägen liegt jedoch bis zu zehnmal über dem von Gusseisenbremsscheiben und organischen Bremsbelägen.

Das Bild 15-11 zeigt den Reibwert eines organischen Bremsbelags und eines Karbonbremsbelags über der Fahrzeuggeschwindigkeit.

Man kann erkennen, dass ein Karbonbremsbelag viel mehr „Biss" (Leistung in der ersten Bremsphase) zeigt, als ein organischer Bremsbelag. Um das Fahrzeug scharf abzubremsen, ist eine hohe Bremsleistung zu Beginn einer Bremsphase notwendig. Je mehr sich das Fahrzeug verlangsamt, desto höher wird bei den organischen Belägen der Reibungskoeffizient. Die Karbonbeläge sind auf der anderen Seite in ihrer Wirkung viel konstanter und erlauben dem Fahrer eine bessere Modulation des Bremsvorgangs

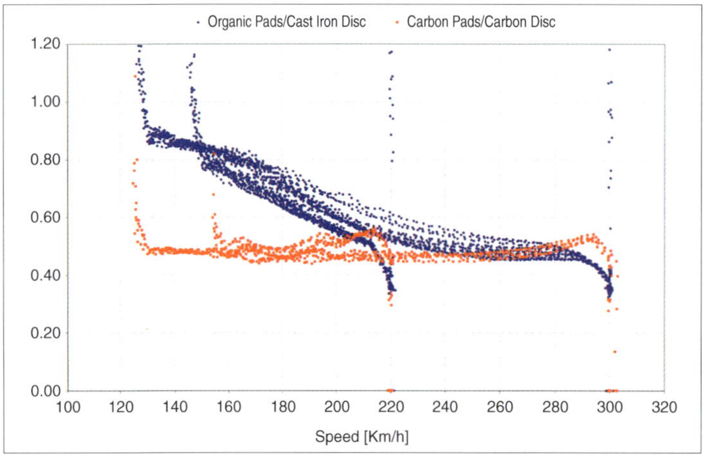

Bild 15-11 Reibungskoeffizient (μ) bezogen auf die Geschwindigkeit

und eine bessere Kontrolle über das Fahrzeug, wenn sich die Lastverteilung während der Bremsung ändert. Dieser Unterschied liegt darin begründet, dass Karbon eine bessere Temperaturstabilität aufweist als organisches Material. Denn es ist eine Tatsache, dass mit stärkerer Geschwindigkeitsreduktion die Hitzeentwicklung zwischen den Bremsscheiben und den Belägen durch die Reibung immer größer wird.

15.5.1 Herstellung von Karbon

Das Karbon, das für das Herstellen von Bremsscheiben und Bremsbelägen verwendet wird, ist ein aus Pulvern und Fasern zusammengesetztes Material. Die Faseranordnung beeinflusst die thermische Leitfähigkeit und deren bevorzugte Wirkungsrichtung. Karbon Verbundwerkstoffe haben gegenüber dem „traditionellen“ Reibungsmaterial bedeutsame Vorteile, wie aus Bild 15-12 hervorgeht.

Eine schematische Darstellung des Herstellungsprozesses für eine Karbonbremsscheibe ist in Bild 15-13 dargestellt. Das Verfahren ist für die Karbonbremsbeläge identisch, da diese aus speziellen Karbonscheiben herausgeschnitten werden.

Der Prozess besteht aus den folgenden Einzelphasen:

	Cast Iron	CCR
Thermal conductivity (w/m K)	50	60
Thermal expansion (20–300 °C) 10^{-6} 1/K	18	2.6
Thermal capacity (kJ/kgK)	0.65	1.2
Layout max working temp. (°C)	600	1000
Density (g/cm³)	7.1	1.7
Friction coefficient μ	0.45	0.55

Bild 15-12 Werkstoffeigenschaften von Gusseisen und Karbon

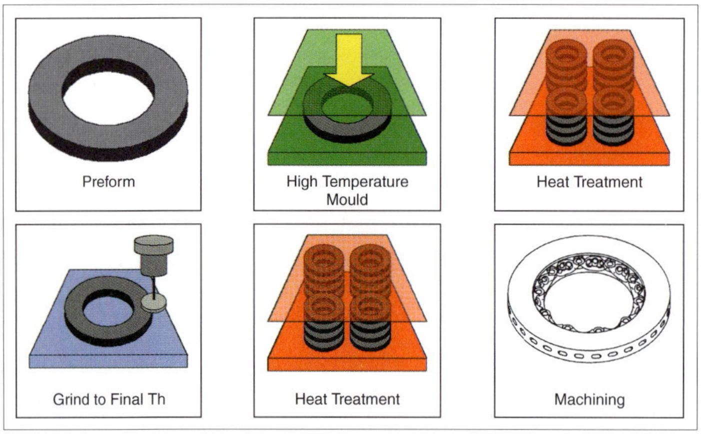

Bild 15-13 Herstellung von Karbonbremsscheiben

1. *Vorformen:* Die Fasern und das Pulver sind in einer speziellen Form mit Harzen vermischt, um den späteren Zusammenhalt zu garantieren.
2. *Hochtemperaturpressen:* Das Material in der Form wird unter hohem Druck und mit hoher Temperatur verpresst, um die Fasern und das Harz zu verdichten.
3. *Wärmebehandlung:* Die aus der vorherigen Phase erhaltenen „Scheiben" haben eine schwammige Konsistenz und werden in einer modifizierten Atmosphäre mit hohem Kohlenstoffgehalt (dies wird gewöhnlich durch Einblasen von Methangas erreicht) bei Temperaturen bis zu 1100 °C thermisch behandelt. Dieser Prozess umfasst die Kohlenstoffbindung und Harzverflüchtigung wobei durch die Kohlenstoffbindungen der Materialzusammenhalt gewährleistet ist.
4. *Auf Maß schleifen:* Nach der Wärmebehandlung haben die Scheiben die typische Konsistenz des fertigen Produkts. Sie werden dann bis zu der erforderlichen Dicke geschliffen oder abgefräst.
5. *Wärmebehandlung:* Diese weitere Wärmebehandlung verbessert die Eigenschaften des Materials, um es z. B. gegen Verschleiß widerstandsfähiger zu machen.
6. *Maschinelle Bearbeitung:* Die Bremsscheibe wird maschinell weiterbearbeitet, um alle erforderlichen Luftöffnungen und Befestigungsaufnahmen anzubringen.

16 Grundlagen elektrisch betätigter Pkw-Bremssysteme

16.1 Einleitung

Die Zielsetzung bei der Gestaltung moderner Bremssysteme ist über die ursprüngliche Funktion einer durch den Fahrer ausgelösten Fahrzeugabbremsung mittlerweile weit hinausgewachsen. Der Fahrer kann von modernen Bremsanlagen bei der Abbremsung auf schlechten Fahrbahnuntergründen und kurvenreichen Strecken, beim Beschleunigen auf μ-split oder Fahrbahnen mit Niedrigreibwert und in fahrdynamisch kritischen Situationen unterstützt werden.

Darüber hinaus stellt die Bremsanlage die Grundlage für Fahrerassistenzsysteme dar, welche auf fahrzeuginternen Signalen – z. B. Abstandsregler – oder externen Signalen (Satelliten, Funk, etc.) basieren können. Jedoch ist weiterhin noch ein großes Optimierungspotenzial vorhanden, welches mit konventionellen Technologien nicht ausgeschöpft werden kann, Tabelle 16.1. Hierzu zählt die optimale Nutzung der physikalischen Möglichkeiten, die Bereitstellung zusätzlicher Sicherheitsfunktionen, eine leichte und umweltverträgliche Wartbarkeit der Bremsanlage sowie eine verbesserte ergonomische Fahreranbindung.

Mit der Einführung von Antriebschlupfregelsystemen wurde die nicht fahrerinitiierte radselektive Abbremsung in die Funktionspalette der Bremsanlage einbezogen und stellt die Grundlage für Fahrdynamikregelsysteme bei konventionellen hydraulischen Bremsanlagen dar.

Tabelle 16.1 Ausgewählte Anforderungen an zukünftige Bremssysteme

aktive Systemsicherheit	Schlupfregel-, Geschwindigkeitsregel-, Fahrstabilitäts- und Fahrerassistenzsysteme
	Radselektiver Bremseneingriff (gezielt und dosierbar)
	Hohe Systemdynamik (Verminderung von Verzugszeiten) zur Verkürzung von Bremswegen und zur Fahrzeugstabilisierung (Spannen und Lösen!!!)
	Leichtbau: Reifengefederte Massen; Reduktion der Fahrzeuggesamtmasse
	Optimierte und situationsgerecht konfigurierbare Charakteristik der Betätigungseinrichtung (Fahrerankopplung)
passive Sicherheit	Erhöhung des Insassenschutzes (Crashkompatibilität)
	Begrenzung des kritischen Raumbedarfs
Signale	Möglichkeiten für externe Systemeingriffe
	Parallel arbeitende Befehlsquellen (Fahrersignal, Fahrzeugreglersignale)
	transparenter Informationsfluss (Vernetzung)
	sichere und kontinuierlich arbeitende Fehlerdiagnose
Energie	Niedriger Energiebedarf der Bremsanlage
	Minimale Restbremsmomente
	Rekuperationsfähigkeit
Material, Umwelt, Kosten	Vermeidung von Problemstoffen, Recyclingfreundlichkeit
	Erhöhung der mech. und thermischen Zuverlässigkeit und der Langzeitqualität
	Montage-, Service- und Reparaturfreundlichkeit; wartungsfreie/-arme Komponenten
	Kosten, Montage, Wartung, Wirtschaftlichkeit

Während der Fahrer bei einer Antriebschlupfregelung das Bremspedal in aller Regel nicht betätigt, ist eine ‚Mehrfachbetätigung' bei einer aktiven Fahrdynamikregelung durch den Fahrer und den Fahrdynamikregler sehr wahrscheinlich.
Im konventionellen hydraulischen Bremssystem ist die vom Fahrer genutzte Betätigungseinrichtung, bestehend aus Bremskraftverstärker und Hauptbremszylinder, energetisch mit der Übertragungseinrichtung verbunden. Ein gemeinsamer Bremssystemzugriff eines externen Reglers (z. B. Fahrdynamikregler, Abstandsregelsystem) und des Fahrers führt zwangsläufig zum Konflikt. Dieser lässt sich nur lösen, wenn eine direkte energetische Kopplung der Befehlsquellen mit der Übertragungseinrichtung vermieden werden kann.
Eine energetische Entkopplung der Betätigungseinrichtung von der Übertragungseinrichtung kann bislang nicht gekannte Freiheitsgrade bei der Gestaltung der Mensch-Maschine-Schnittstelle bieten. So ist eine Verunsicherung bzw. Irritation des Fahrers beim Bremseneingriff der Assistenzsysteme vermeidbar und eine gezielte haptische Informationen möglich (z. B. Pedalvibrationen bei ABS). Ebenso ist der Einsatz alternativer Bedienelemente (z. B. Sidestick) leicht realisierbar und eine crashkompatible Bauweise der Betätigungseinrichtung erreichbar.
Tabelle 16.1 weist insbesondere auf einen systembedingt stark rechnergestützten Betrieb der Bremsanlage hin. Hiermit verbunden ist ein leichter Umgang mit Datenströmen, Möglichkeiten zur optimierten dynamischen Radbremsenansteuerung, eine hohe Systemdynamik, Montagevorteile bei der Fahrzeugproduktion und gegebenenfalls der vollständige Verzicht auf Bremsflüssigkeit. Die Vermeidung von hygroskopischen hydraulischen Energieträgern ermöglicht eine umweltverträgliche thermisch hoch belastbare und mit Ausnahme von Reibbelägen wartungsfreie Bremsanlage. Weiterhin kann die Erhöhung der Radbremsendynamik und eine Verminderung unerwünschter Restbremsmomente durch eine aktive Lüftspieleinstellung erreicht werden:

- Vermindertes Lüftspiel zur Reduzierung der Betätigungszeit bei der Erkennung des unmittelbaren Bremswunsches des Fahrers (z. B. Umsetzverhalten des rechten Fußes) oder eines fremdeingriffsberechtigten Systems bzw. zeitlich begrenzte Lüftspielverminderung direkt nach einer Bremsung zur Verkürzung einer direkt nachfolgenden Abbremsung.
- „Trockenbremsen" der Bremsscheiben bei Regen.
- Vergrößerung des Belaglüftspiels zur Reduzierung von Restbremsmomenten und Bremsscheibenauswaschungen.

Die technische Lösung der genannten Anforderungen an zukünftig noch bessere Bremssysteme ist der Ansatz Brake-by-wire.

16.2 Definition von ‚Brake-by-wire'

Die Entkopplung von Betätigungs- und Übertragungseinrichtung deckt prinzipbedingt eine Vielzahl der in Tabelle 16.1 aufgeführten Anforderungen ab (insbesondere im Bereich der Systemsicherheit und Signalführung). Bild 16-1 zeigt die Gegenüberstellung der Signal- und Energiekopplung bei einer konventionellen Hilfskraftbremsanlage mit zusätzlicher elektronischer Unterstützung und einem Brake-by-wire System. Für die Definition des Brake-by-wire-Systems ist die **ausschließlich elektrische Ankopplung der Betätigungseinrichtung** an das restliche Bremssystem entscheidend.

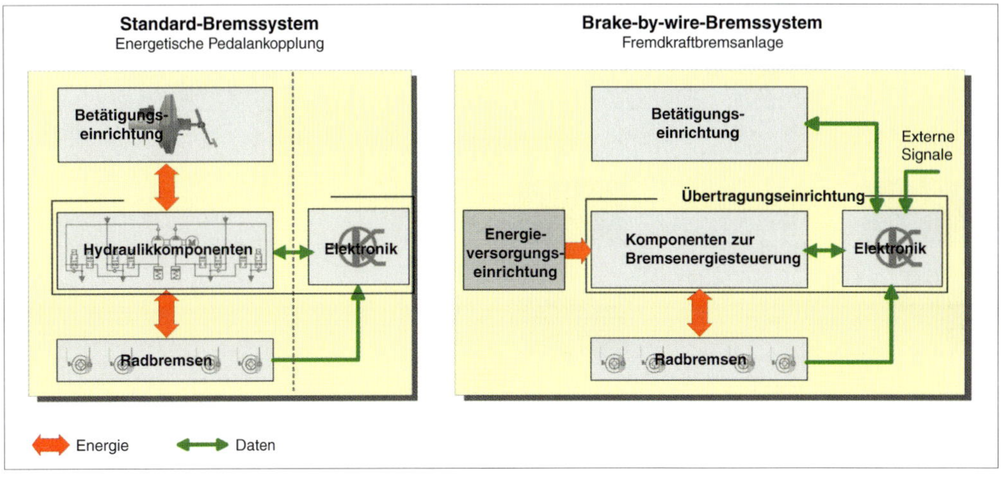

Bild 16-1 Bremssystemvergleich – Daten- und Energiefluss

Im Gegensatz zu konventionellen hydraulischen Bremssystemen, welche auch ohne Elektronikunterstützung voll funktionsfähig sind, ist die Brake-by-wire-Betriebsbremsanlage systembedingt auf die Unterstützung einer regelnden Elektronik angewiesen. Dadurch steht jedoch auch automatisch eine geeignete Plattform für die bislang bei konventionellen Bremssystemen stets mit hydromechanischem und elektronischem Zusatzaufwand verbundenen Regelfunktionen zur Verfügung. Funktionale Erweiterungen des Bremssystems sind bei Brake-by-wire-Anlagen alleine durch die Software darstellbar und in aller Regel ohne hydraulische oder mechanische Zusatzkomponenten möglich. Das Brake-by-wire-System besitzt somit eine universelle modular strukturierbare Funktionalität.

Es wird deutlich, dass der Verzicht auf eine energetische Kopplung von Betätigungs- und Übertragungseinrichtung zwangsläufig zur Fremdkraftbremsanlage führt. Da der Fahrer keine Betätigungsenergie in das Bremssystem speisen kann, muss durch geeignete Mechanismen ein Ausfall der Fremdenergie sichergestellt werden bzw. eine im Fehlerfall wirksame Rückfallebene mit einer energetischen Kopplung der Betätigungseinrichtung vorhanden sein. Die Form des Energieflusses zwischen Energieversorgung, Übertragungseinrichtung und Radbremse ist beim Brake-by-wire-System nicht festgelegt und kann somit durch alle denkbaren Energieträger realisiert werden. Im Bereich der Personenkraftwagen kommt eine hydraulische oder elektrische Energieübertragung in Frage. Bei Brake-by-wire-Anlagen in Nutzfahrzeugen wird die Bremsenspannenergie pneumatisch übertragen.

16.3 Strukturierung elektrisch betätigter Bremssysteme

Bei der Strukturierung elektrischer Bremssysteme ist die klassische Systematik nach Betätigungseinrichtung, Übertragungseinrichtung und Radbremse nicht immer zweckmäßig. Einen besseren Überblick über die Systemstrukturen erhält man bei der Betrachtung der Energieübertragungsmedien in den einzelnen Bremssystembereichen [1]. Bild 16-2 zeigt ausgehend von der Standard-Hilfskraftbremsanlage über elektrohydraulische Bremssysteme bis hin zur elektromechanischen Bremsanlage den zunehmenden Anteil elektrischer Energieträger im System.

Die an der Radbremse erforderliche Leistung wird nur kurzzeitig benötigt. So lässt sich folgern, dass mit abnehmendem hydraulischen Aufwand die elektrische Leistung der Aggregate erhöht werden muss, da die mit relativ niedriger elektrischer Leistung rea-

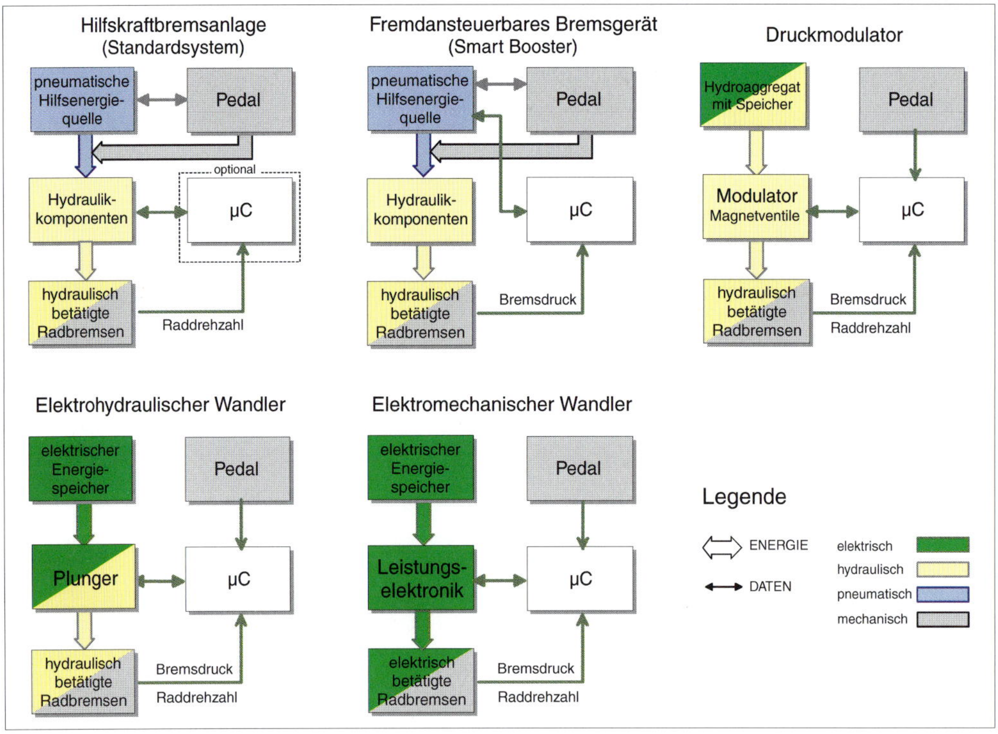

Bild 16-2 Bremssystemstrukturen

lisierbare Speicherung hydraulischer Energieträger entfällt.
Die Verwendung eines fremdansteuerbaren Unterdruck-Bremskraftverstärkers ‚Smart Booster' stellt einen Sonderfall dar und schlägt eine Brücke vom konventionellen System zur Brake-by-wire-Anlage [2]. Aufgrund der sehr begrenzten pneumatischen Energie im Pkw ist dieses System eher für überlagerte Bremssystemeingriffe (z. B. Abstandsregelanlage) geeignet; eine reine Fremdbetätigung mit energetisch entkoppeltem Bremspedal ist jedoch grundsätzlich nicht ausgeschlossen. Die gezeigte Struktur des fremdansteuerbaren Bremsgerätes ist per Definition keine Brake-by-wire-Anlage, da hier das Bremspedal nicht mechanisch von der Übertragungseinrichtung entkoppelt ist. Jedoch ist auch hier eine überlagerte Bremsenbetätigung von Fahrer und externer Quelle möglich. Der Fremdeingriff durch einen Smart Booster verläuft nicht pedalrückwirkungsfrei und wirkt zentral auf alle Radbremsen gleichzeitig.
Die dargestellte Art der Spannkraftdosierung mittels Druckmodulator und elektrohydraulischem Wandler zeigt die Struktur elektrohydraulischer Brake-by-wire-Systeme (EHB) sowohl mit hydraulischem als auch mit elektrischem Bremsenergiespeicher. Elektromechanische Bremssysteme (EMB) sind stets mit einer direkten elektromechanischen Betätigung an der Radbremse ausgerüstet. Die Systeme mit Druckmodulator, elektrohydraulischem Wandler oder elektromechanischer Betätigung arbeiten grundsätzlich radselektiv (4-Kanalanlage).

16.4 Gestaltung der Betätigungseinrichtung

Während die Bremspedalcharakteristik bei konventionellen hydraulischen Anlagen die Dämpfungen und Steifigkeiten der hydraulischen Komponenten (Radbremsen, Schläuche, Ventile, etc.) und die Charakteristik des Bremskraftverstärkers abbildet, somit also direkt vom jeweiligen Bremssystem festgelegt wird, bestehen bei der Gestaltung der Betätigungseinrichtung in Brake-by-wire-Systemen völlig neue Möglichkeiten zur optimalen Einbindung des Fahrers in den Fahrzeugregelkreis. Die Betätigungseinrichtung kann theoretisch individuell und dynamisch an die Kombination Fahrer-Fahrzeug-Fahrsituation angepasst werden.

16.4.1 Stellglied

Die konventionelle Betätigung mittels Bremspedal stellt hier nur eine Möglichkeit dar. Bei neuartigen Fahrzeugführungskonzepten (z. B. Sidestick) unter Berücksichtigung crash- oder einbaugünstiger Randbedingungen sowie behindertengerecht ausgerüsteten Fahrzeugen (z. B. Betätigung im Lenkradbereich) kann so flexibel auf die Bremsanlage zugegriffen werden.

16.4.2 Basiseigenschaften

Bei der konkreten Auslegung der Betätigungseinrichtung muss zur optimalen Fahrerunterstützung die aktuelle Bremssituation berücksichtigt werden, [3]. Bild 16-3 zeigt gewünschte situationsangepasste Eigenschaften der Betätigungseinrichtung in Abhängigkeit vom Bremsmanöver.

Kraft/Weg-Charakteristik

Zur feinfühligen und gezielten Dosierung der Bremsanlage benötigt der Fahrer eine sinnvolle Kraft/Weg-Charakteristik an der Betätigungseinrichtung. Niedrige Stellkräfte entlasten den Fahrer. Jedoch müssen die Stellkräfte mindestens so groß gewählt werden, dass keine unbeabsichtigte Betätigung erfolgt, da die wirksame Fahrzeugverzögerung zusätzliche Massenkräfte auf die an der Bremsenbetätigung beteiligten Extremitäten ausübt.
Die Gestaltung des Stellweges kann flexibel an die Bauraumbedingungen im Fahrzeug angepasst werden. Wegfreie Betätigungseinrichtungen sind jedoch

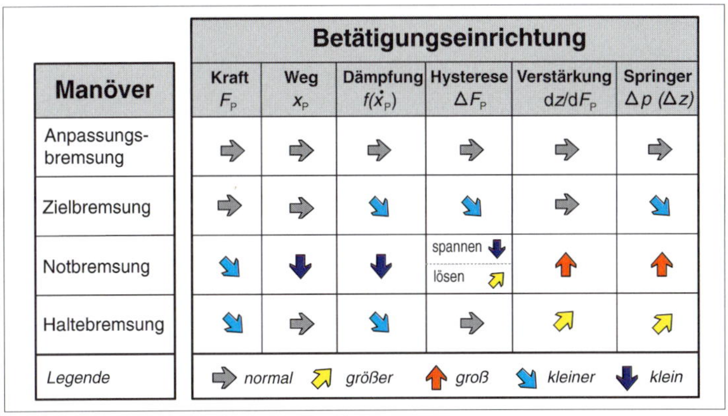

Bild 16-3 Gewünschte situationsangepasste Eigenschaften der Betätigungseinrichtung [3]

nicht sinnvoll, da nur über den Stellweg eine Bedämpfung möglich ist.

Bedämpfung und Hysterese der Betätigungseinrichtung

Im direkten Zusammenhang mit der ‚Bremspedalverstärkung' steht die sinnvolle Bedämpfung der Betätigungseinrichtung. Während zur dosierten fahrstabilen Abbremsung eine Bedämpfung erforderlich ist, um eine Destabilisierung der Abbremsung infolge von Kraft/Weg-Störungen z. B. durch Vibrationen oder Fahrbahnunebenheiten etc. zu vermeiden, ist diese bei Panikbremsungen zum schnellen Aufbau des Bremssignals unerwünscht.

Verstärkungsverhältnis zwischen Brems- und Betätigungskraft

Das Verstärkungsverhältnis zwischen Brems- und Stellkraft an der Betätigungseinrichtung lässt sich nach ergonomischen Randbedingungen fahrerindividuell und situationsabhängig einstellen. Hier ist jedoch zu beachten, dass die Stabilität des geschlossenen Regelkreises Fahrer-Fahrzeug-Umwelt nicht verletzt werden darf (Betätigungskraft – Massenkraft).

Springer

Der bei konventionellen Bremsanlagen durch den Unterdruckbremskraftverstärker realisierte Springer zur schnellen Überwindung des Lüftspiels in Form eines automatisch erzeugten Drucksprungs zu Beginn der Bremsenbetätigung kann bei Brake-by-wire-Systemen sehr flexibel realisiert werden. Der Springer vermittelt dem Fahrer bei richtiger Dosierung eine hohe Bremssystemdynamik und damit eine positive Rückmeldung. In Notbremssituationen kann dieser Drucksprung bei Brake-by-wire theoretisch bis zur Blockiergrenze gesteigert werden; beim Parkieren hingegen ist der Springer nicht nützlich.

16.4.3 Informationsrückmeldung

Informationsrückmeldungen sind bei konventionellen Bremssystemen z. B. als systembedingte Pedalvibrationen während der ABS-Bremsung bekannt. Die vom Stellglied ausgehende haptische Rückmeldung kann einerseits zur Irritation oder zur Information des Fahrers führen. Brake-by-wire-Systeme bieten grundsätzlich die Möglichkeit eines am Stellglied rückwirkungsfreien Bremssystemeingriffs, wodurch Fahrerirritationen vermieden werden. Zur gezielten Fahrerinformation sind jedoch auch alle denkbaren Informationsmechanismen (je nach Stellglied, Gewohnheit und Schulungsgrad des Fahrers) möglich.

16.5 Elektrohydraulische Bremssysteme

Das elektrohydraulische Bremssystem (EHB) basiert in weiten Bereichen auf bekannten Komponenten und Technologien. Dieser Systemaufbau nutzt insbesondere den Vorteil der energetischen Bremspedalentkopplung; das Anlagenkonzept baut jedoch auf konventionellen hydraulisch betätigten Radbremsen auf. Wie Bild 16-2 zeigte, lassen sich grundsätzlich zwei unterschiedliche Typen elektrohydraulischer Bremssysteme ableiten.

16.5.1 EHB-Systeme mit Druckmodulator und Druckspeicher

EHB-Systeme mit hydraulischem Bremsenergiespeicher haben den höchsten Hydraulikanteil, jedoch ist das System überwiegend mit bekannten Komponenten der elektronisch gestützten Standardbremsanlage zu realisieren. EHB-Systeme werden seit 2001 in Serie produziert [4]. Bild 16-4 zeigt den prinzipiellen Aufbau eines elektrohydraulischen Bremssystems. Die Betätigungseinrichtung verfügt definitionsgemäß über eine elektrische Signalankopplung hin zur Übertragungseinrichtung.
Zur Abbildung einer sinnvollen Charakteristik der Betätigungseinrichtung muss das Stellglied (hier das Bremspedal) auf einen gedämpften Federmechanismus wirken. Analog zu Bild 16-1 können interne und externe Signale ohne eine störende Rückwirkung am Bremspedal dem Fahrerwunsch überlagert werden, was eine leichte Adaption von beliebigen Bremssystemassistenzfunktionen ermöglicht. Das elektrohydraulische Bremssystem bietet somit alle Möglichkeiten der systembedingten energetischen Entkopplung von Betätigungs- und Übertragungseinrichtung einer Brake-by-wire-Anlage.
Die Übertragungseinrichtung ist mit einer gepufferten hydraulischen Energieversorgung verbunden und beherbergt die radselektiven Druckmodulatoren, welche von einer (nicht notwendigerweise ausfallsicheren) Elektronik angesteuert werden. Die radselektiven Druckregelkreise werden durch die Rückführung der jeweiligen Bremsdrücke geschlossen.
Durch den Einsatz konventioneller Radbremsen kann das hohe Entwicklungspotential moderner Radbremsen genutzt werden; eine Neuentwicklung von Radbremsen ist nicht erforderlich. Ebenso ist eine bei Ausfall der Elektronik bzw. der elektrischen Energieversorgung leicht zu realisierende Rückfallebene mit Hilfsbremswirkung möglich (Schutzventile in Bild 16-4). Der Entwicklungsschwerpunkt elektrohydraulischer Bremssysteme liegt bei den Druckregeleinheiten, welche einen zum Fahrerwunsch proportionalen Bremsdruck feinfühlig und komfortabel bereitstellen müssen. Infolge des weitgehend hydraulischen Aufbaus der Anlage können jedoch nicht alle positiven Eigenschaften einer elektrischen Fahrzeugbremsanlage genutzt werden.
Durch Drosselverluste im Leitungssystem, an den Regelventilen und in den Radbremsen ist ein nur mit konventionellen Bremssystemen vergleichbares

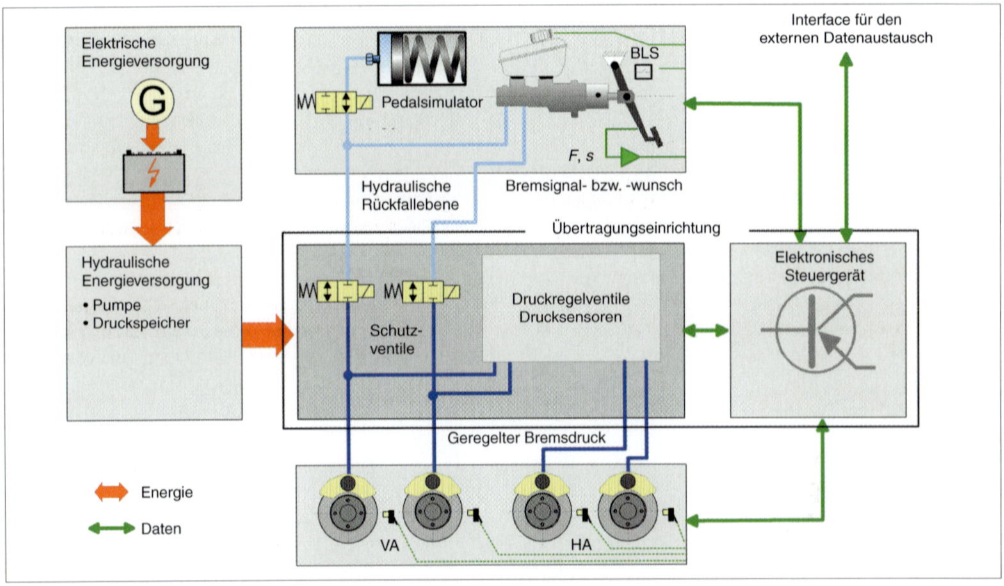

Bild 16-4 Elektrohydraulisches Ventilsystem (betriebsbereite Stellung der Schutzventile)

Löseverhalten der Bremsen möglich. Umwelt-, Montage- und Wartungsvorteile (siehe auch Tabelle 16.1) können durch den Einsatz von Bremsflüssigkeit nicht genutzt werden. Die Feststellbremse muss konventionell (in der Regel mit einer mech. Übertragungseinrichtung) ausgeführt werden. Eine hydraulische Verriegelung der Spannkraft ist nicht zulässig.

Normalbetrieb

Bei intakter Bremsanlage (Betriebsbremsanlage) wird der Bremswunsch des Fahrers sensorisch erfasst und dem elektronischen Steuergerät zur Weiterverarbeitung bereitgestellt. Die vom Fahrer eingesetzte Betätigungsenergie wird im Gegensatz zum konventionellen Bremssystem definitionsgemäß nicht genutzt (Fremdkraftbremsanlage). Zur Darstellung einer sinnvollen Bremspedalcharakteristik kann, wie in Bild 16-4 exemplarisch gezeigt, ein hydraulisch betriebenes Feder/Dämpfer-System dienen.
Diese einfache Art der Generierung einer Kraft/Weg-Kennlinie ermöglicht jedoch keine aktive Pedalbeeinflussung. Zur Sicherstellung des Normalbetriebs muss die Elektronik den hydraulischen Fluss vom Hauptbremszylinder zum Pedalsimulator öffnen und die beiden Schutzventile der Vorderachse schließen. Die an der Betätigungseinrichtung wirkende Kraft und/oder der Stellweg dienen/dient zur Darstellung des Fahrerwunsches und wird im elektronischen Bremskraft- bzw. Bremsdruckregler als Führungsgröße zur Generierung der Bremskräfte bzw. der Bremsdrücke genutzt.

Rückfallebene

Beim Ausfall der elektrischen oder hydraulischen Energieversorgung bzw. bei einer Fehlfunktion der Elektronik wird das EHB System in den Zustand einer Muskelkraftanlage geschaltet. Der Pedalsimulator wird hydraulisch durch das SG-Ventil getrennt und die Vorderachse über die beiden SO-Ventile mit dem Hauptbremszylinder verbunden. Infolge der dynamischen Achslastverlagerung kann die gesetzlich geforderte Hilfsbremswirkungen in der Regel alleine durch die Vorderachse erbracht werden, so dass zugunsten eines geringen Volumenverbrauchs am Hauptbremszylinder (Pedalweg) nur die Vorderachsbremsen gegen Ausfall gesichert werden müssen.

16.5.2 EHB-Systeme mit elektrohydraulischem Wandler

Diese mit elektrohydraulischem Wandler aufgebauten Systeme verwenden keinen Druckspeicher und verfügen grundsätzlich über eine hydraulische Übertragungseinrichtung. Der Wandler muss für die maximal erforderliche Leistung der Radbremsenbetätigung (Spitzenleistung) elektrisch und hydraulisch ausgelegt werden. Bild 16-5 zeigt den prinzipiellen Aufbau eines EHB-Systems mit elektrohydraulischen Wandlern in Form von radselektiv arbeitenden elektromotorisch getriebenen Plungern.
Im Vergleich zum EHB-System mit Druckmodulator (siehe Kap. 16.5.1) übernimmt der elektrohydraulische Wandler hier die Aufgaben der dort verwen-

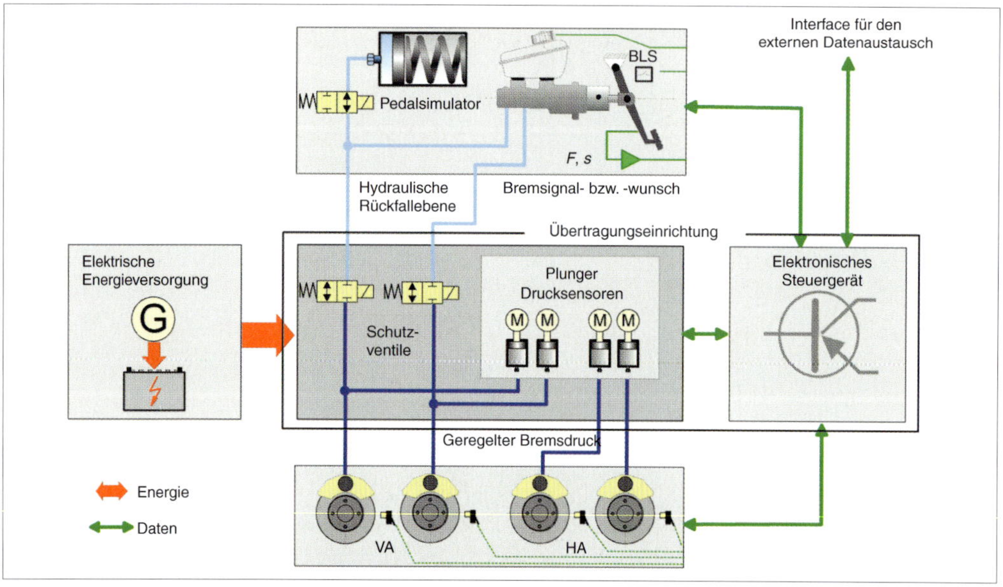

Bild 16-5 Elektrohydraulisches Plungersystem (betriebsbereite Stellung der Schutzventile)

deten hydraulischen Energieversorgung und ventilbasierten Bremsdruckregelung.
Der konkrete Systemaufbau gleicht in weiten Teilen (insbesondere bei der Betätigungseinrichtung und den Radbremsen) der in Bild 16-4 dargestellten Anlage. Die Rückfallebene bei Energieausfall oder eine Fehlfunktion der Elektronik kann ebenso wie bei einem EHB-System mit Druckmodulator und Druckspeicher mittels elektromagnetischer SO-Ventile realisiert werden, so dass das elektronische Bremsensteuergerät nicht ausfallsicher konzipiert sein muss. Falls der elektrohydraulische Wandler direkt an der Radbremse adaptiert ist (elektrische Übertragungseinrichtung), muss die Hydraulik als reine Getriebekomponente elektromechanisch betätigter Radbremsen betrachtet werden; es handelt sich dann um ein elektromechanisches Bremssystem.

16.6 Elektromechanische Bremssysteme

Elektromechanische Bremssysteme (EMB) verzichten vollständig auf den Einsatz pneumatischer oder hydraulischer Energieträger im Bremssystem. Die Radbremsen werden ausschließlich mit elektrischer Energie versorgt. Bei diesen Systemen wird der Schritt zur vollständigen Elektrifizierung der Bremsenbetätigung vollzogen. Der Einsatz elektrisch betätigter Radbremsen ist nicht vollständig neu. Die Patentanmeldung Nr. 121043 des Jahres 1899 „Elektrische Bremse für Motorwagen“ beim Deutschen Kaiserlichen Patentamt zeigte bereits eine elektrisch betätigte Fahrzeugbremse.

Schienenfahrzeuge sind mit diversitär redundanten Bremssystemen ausgerüstet, bei denen auch elektrische und elektrisch betätigte Bremsen verwendet werden. Aber auch bei Luftfahrzeugen, Konzeptfahrzeugen, straßengebundenen Elektrofahrzeugen und bei Lastkraftwagen und Anhängern sind entsprechende Realisierungsansätze bekannt. Insbesondere für den Einsatz an Nutzfahrzeuganhängern waren elektrisch betätigte Trommelbremsen am Markt verfügbar. Selbst bei mehreren Harley-Davidson Motorrädern wurden in den Jahren 1936–1940 elektrisch betätigte Radbremsen kurzzeitig serienmäßig eingesetzt (siehe hierzu auch [1]).
Elektromechanische Bremssysteme nutzen alle Vorteile der elektrischen Signal- und Energieführung im Bereich der Betätigungs- und Übertragungseinrichtung. Für den modernen Fahrzeugbau stehen jedoch keine seriengeeigneten Radbremsen zur Verfügung, so dass hier ein erheblicher Entwicklungsaufwand geleistet werden muss.
Die Anwendungen elektrisch betätigter Radbremsen bei straßengebundenen Serienfahrzeugen konzentrieren sich auf die Jahre 1926–1940. Die Bremssysteme und Radbremsen sind wegen ihrer Servowirkung hauptsächlich als Konkurrenzprodukte zu pneumatischen Bremssystemen für die damals immer schwerer werdenden Fahrzeuge zu sehen. Wegen des unbefriedigenden Betriebsverhaltens der Radbremsen und des Fehlens leistungsfähiger Elektronikkomponenten zur sinnvollen Regelung der Bremsanlage konnte sich diese Technologie jedoch nicht etablieren. Analogiebetrachtungen hin zu elektrisch betätigten Bremsen für allgemeine Maschinenbauanwendungen

sind sehr schwierig, da das auf vielfältige Betriebszustände zugeschnittene Anforderungsprofil eines Personenkraftwagens (z. B. Stoppbremsung, Dauerbremsung am Berg, klimatische Einflüsse, etc.) mit derartigen Komponenten in aller Regel nicht abgedeckt werden kann.

Gestaltung elektrisch betätigter Radbremsen

Die Gestaltung geeigneter Radbremsen muss sich an der Leistungsfähigkeit heutiger Radbremsentechnologie orientieren. Im Vorfeld sind Fragen nach dem Wirkmechanismus zur Erzeugung der Bremskraft und dem Montageort der Bremsen zu beleuchten:

- Der Wirkmechanismus der Radbremse sollte insbesondere im Hinblick auf die reifengefederten Massen des Fahrzeugs am Leichtbau ausgerichtet werden, also ein möglichst hohes Verhältnis von Bremskraft/Eigenmasse besitzen. Konzeptionell stehen bei elektrischen bzw. elektrisch betätigten Bremsen elektrodynamische Magnetfeld- und Reibungsbremsen zur Diskussion. Ein Vergleich existierender Bremsen untereinander zeigt deutlich, dass mit Reibungsbremsen die deutlich günstigeren massebezogenen Bremskräfte erzeugt werden können (Faktor 10 und besser [1]). Darüber hinaus können mit elektrodynamischen Bremsen keine Haltemomente ohne kontinuierlichen elektrischen Energieverbrauch erzeugt werden (Halten am Berg).
- Für den Einbauort der Fahrzeugbremse ist die Montage direkt am Rad oder eine chassisfeste radentfernte Montage in Verbindung mit geeigneten Bremswellen möglich. Verbindungen über Ketten, lösbare Kupplungen und Getriebe sind für die Betriebsbremse eines Fahrzeugs nicht zulässig [5].
- Bei einer radfernen Bremsenmontage müssen alle Räder mit Bremswellen ausgerüstet werden. Dies ermöglicht die Verringerung der reifengefederten Massen, trägt jedoch keinesfalls zur Reduktion der Fahrzeuggesamtmasse bei. Da das maximale Bremsmoment auf Hochreibwert überschlägig Faktor 3 über dem maximalen Antriebsmoment eines ‚normal' motorisierten Pkw liegt, müssen die Radantriebswellen der angetriebenen Achse entsprechend stark dimensioniert werden.

16.6.1 Elektrisch betätigte Fahrzeugbremsen

Bild 16-6 zeigt den allgemeinen Aufbau einer elektrischen Fahrzeugbremse (zunächst nicht zwangsläufig eine Reibungsbremse) mit einer definierten elektrischen Schnittstelle hin zur Übertragungseinrichtung und einer mechanischen Schnittstelle hin zum Rad. Grundsätzlich ist eine Bremsenergierückführung

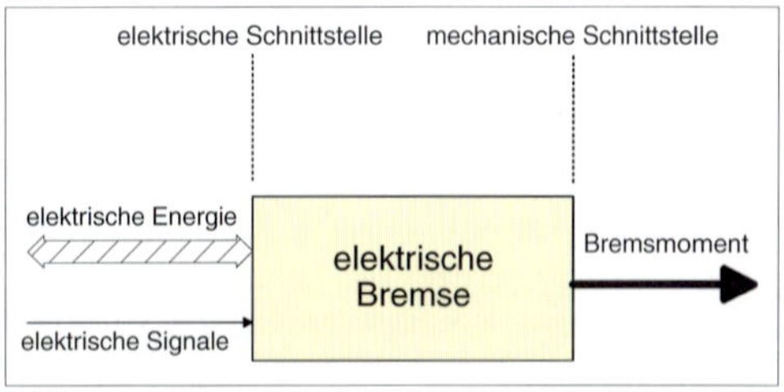

Bild 16-6 Black-Box

möglich, so dass der elektrische Energiefluss bidirektional verläuft.

Auf der Basis der vorangegangenen Überlegungen können aus heutiger technologischer Sicht die Betrachtungen auf radnah montierte elektrisch betätigte Reibungsbremsen konzentriert werden. Durch die Nutzung von Reibungsbremsen ist eine Rekuperation an derartigen Bremsen dann ausgeschlossen. Eine Bremsenergierückführung ist natürlich mit einer zusätzlichen dynamischen Magnetfeldbremse denkbar und möglich.

Bremsen für EMB-Systeme stellen daher elektrisch betätigte Reibungsbremsen dar. Die Reibbeläge werden mithilfe eines elektromechanischen Wandlers betätigt. Bild 16-7 zeigt die systematische Strukturierung einer elektrisch betätigten Reibungsbremse in ihre Hauptkomponenten: elektromechanischer Wandler, Getriebe, Reibungsbremse.

Je nach Wandlertyp (translatorisch/rotatorisch) muss die Reibungsbremse durch ein geeignetes Getriebe

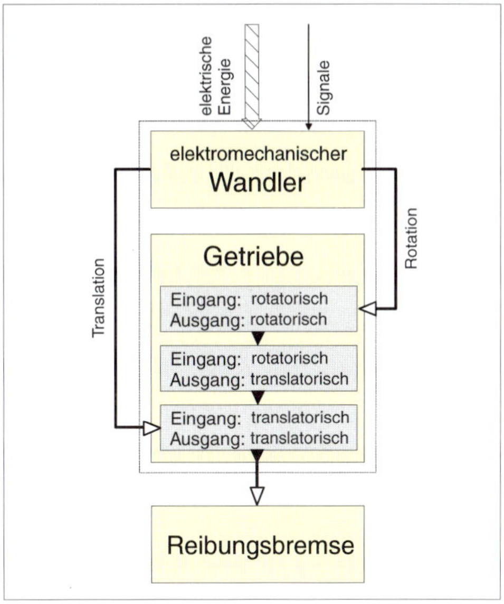

Bild 16-7 Schematischer mechanischer Aufbau elektrisch betätigter Radbremsen

kompatibel angekoppelt werden, da an den Reibbelägen letztlich eine translatorische Zustellbewegung notwendig ist. Die Kombination aus elektromechanischem Wandler und Getriebe stellt den Bremsenantrieb dar.
Die einzelnen Komponenten besitzen sehr starke Funktionsabhängigkeiten und müssen daher beim Bremsenkonzept stets gemeinschaftlich betrachtet werden. Die Leistungsfähigkeit und Art des elektromechanischen Wandlers bestimmt jedoch entscheidend das Bremsengesamtkonzept bzw. schließt andere Konzepte aus. Hierdurch wird sowohl das benötigte Getriebekonzept als auch die Größe der inneren Verstärkung C^* der Reibungsbremse bestimmt.

16.6.1.1 Komponenten

Elektromechanische Wandler

Als Antrieb für elektromechanisch betätigte Radbremsen sind zusammen mit einem angepassten Getriebemechanismus prinzipiell alle Systeme, die den Spannenergiebedarf der Bremse abdecken können und die z. T. sehr harten Einsatzbedingungen (thermisch, chemisch und mechanisch) im Umfeld einer Radbremse ertragen, geeignet. Da die Bremsbelagverschiebung zur Reibfläche hin eine Translation darstellt, bieten sich theoretisch zunächst auch translatorisch arbeitende Wandler besonders an (elektrothermisch, -chemisch, -magnetisch, magnetostriktiv, piezostriktiv).
Die Einsatzmöglichkeiten von translatorisch wirkenden elektromechanischen Wandlern werden maßgeblich vom mechanischen Arbeitsbedarf bestimmt[1]). Durch den häufig sehr stark eingeschränkten maximal möglichen Stellweg bei einem festgelegten Kraftniveau ist deren Arbeitsvermögen im Gegensatz zu rotatorischen Wandlern systembedingt begrenzt. Insbesondere bei piezo- und magnetostriktiven Wandlern steht die maximale Kraft nur verformungsfrei zur Verfügung und nimmt bei der maximal möglichen Längenänderung bis auf Null ab, so dass speziell diese Wandler zum Spannen von Bremsen nicht gut geeignet sind. Hinzu kommt speziell bei kurzhubigen Translatoren, dass sich die von der Reibungsbremse auf den Wandler rückwirkenden thermischen Einflüsse den elektrischen Effekten überlagern, hier also eine zusätzliche Kühlung erforderlich werden kann.
Freizügiger kann der Energiebedarf der Bremsenbetätigung beim Einsatz kontinuierlich arbeitender rotatorischer Wandler ausgelegt werden. Der Vorteil besteht hier in einem sehr großen realisierbaren Stellweg und dem hieraus resultierenden Arbeitsvermögen. Besonders bieten sich permanenterregte Gleichspannungsmaschinen an. Die Motoren sollten eine hohe Regeldynamik und -genauigkeit (kleine elektrische und mechanische Zeitkonstante) aufweisen, kurzzeitig überlastbar und wartungsfrei (elektronisch kommutiert) sein. Diese Eigenschaften werden besonders von Torque-Motoren erfüllt, welche zur Erzeugung hoher Drehmomente bei geringer Drehzahl und im Stillstand ausgelegt sind.

[1]) Dies beinhaltet keine Aktoren (Wandler und Getriebe) wie z. B. Wurmmotoren etc., sondern nur diejenigen Komponenten, in welchen der elektrische Effekt umgesetzt wird.

Getriebe

Das Getriebesystem stellt die mechanische Kompatibilität zwischen Wandler und Reibungsbremse dar und kann aus bis zu drei Wandlungsstufen bestehen, Bild 16-7. Bei hydraulischen Getriebesystemen muss zur Unterscheidung von elektrohydraulischen Wandlersystemen die lokale Nähe der Bremsenbetätigungskomponenten sichergestellt sein. Neben der kompatiblen Wandleranbindung an die Reibungsbremse bestimmen der Getriebewirkungsgrad, die Steifigkeit und der Bauraum die Eignung eines speziellen Getriebetyps. Wirkungsgrad und Steifigkeit beeinflussen direkt die Regelbarkeit der Bremse und die erforderliche Leistung des Wandlers. Bei der Verwendung mehrerer Getriebeblöcke lässt sich die Gesamtsteifigkeit durch die Wandlung hoher Kräfte bzw. Momente in der letzten Getriebestufe gezielt erhöhen.
Eine optimale Wandleranpassung bei gleichzeitig bauraum- und masseoptimierter Bremse ist mit einem einstufigen Getriebesystem nicht zu erreichen (siehe Kapitel 16.6.1.2). Hier kann die Bremsendynamik durch zweistufige automatisch schaltende oder extern geschaltete Getriebe gesteigert werden. Getriebe mit nichtlinearen Übersetzungsverhältnissen gestatten ebenso eine bessere Anpassung des Wandlers an die Reibungsbremse, jedoch müssen dann verschleißbedingte Änderungen automatisch korrigiert werden. Da man davon ausgehen kann, dass die Gebrauchsdauer elektrisch betätigter Radbremsen auf die Fahrzeuggesamtlebensdauer ausgelegt werden muss, sind entsprechend langlebige Schmierstoffe erforderlich, welche die z. T. extremen Betriebstemperaturunterschiede einer Radbremse dauerhaft ertragen.

Reibungsbremse

Bei der Wahl der Reibungsbremse muss in Abhängigkeit von der verfügbaren Aktorleistung vorrangig geprüft werden, mit welchem Bremsenkennwert C^* die Reibungsbremse ausgelegt werden muss. Grundsätzlich können alle bekannten fahrzeugtauglichen Reibungsbremsen als Basis für eine elektromechanisch betätigte Radbremse genutzt werden.

16.6.1.2 Betriebsarten – Interaktion der Komponenten

Die Hauptaufgaben einer Fahrzeugbremse lassen sich in 3 Betriebsarten gliedern, welche hinsichtlich

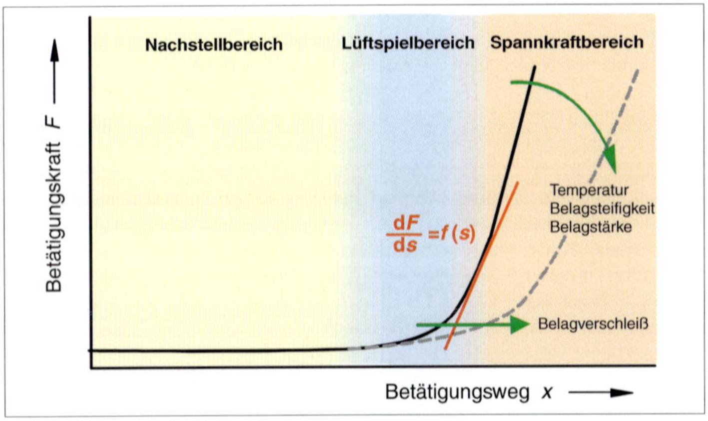

Bild 16-8 Qualitativer Kraft/Weg-Zusammenhang am Bremsbelag

der benötigten Kräfte und Verschiebungen am Bremsbelag sehr unterschiedliche Anforderungen stellen, siehe Bild 16-8:

- Überwinden von Spielen (Lüftspiel u. a.)
- Spannkraft aufbauen, dosieren und abbauen
- Bremsbelagverschleiß nachstellen.

Tabelle 16-2 fasst die Kraft/Weg-Anforderungen der einzelnen Betriebsarten zusammen und zeigt Einflussmöglichkeiten auf deren Kraft- und Wegbedarf. Während sich der Lüftweg nur in engen Grenzen variieren lässt, kann der elastizitätsbedingte Spannweg durch konstruktive Maßnahmen beeinflusst werden.

Einen besonders großen Einfluss kann durch die Art der Verschleißnachstellung auf die vom elektromechanischen Wandler aufzubringende Verschiebung genommen werden. Bei Verwendung einer automatischen Verschleißnachstellung kann die Wandlerverschiebung auf die Überbrückung des Spann- und Lüftweges begrenzt werden. Die Verschleißnachstellung kann hier sowohl konventionell mechanisch oder durch einen elektronisch geregelten elektromechanischen Sekundärwandler realisiert werden.

Mit Blick auf eine hohe Bremsendynamik bei gleichzeitig geringer Masse muss die Leistungsfähigkeit von elektromechanischem Wandler und Getriebe möglichst gut an die Kraft/Weg-Anforderungen des Bremsbelags angepasst werden. Die Spannkrafterzeugung (hohes Kraftniveau) hat bei der Auslegung zunächst Vorrang, damit das Fahrzeug ausreichend stark verzögert werden kann. Hierdurch wird die getriebetechnische Anpassung von Wandler und Bremsbelag bestimmt.

Verfügt die Bremse nur über einen elektromechanischen Antrieb, dann sind die verbleibenden Betriebszustände (Lüftspiel, Verschleiß) jedoch fehlan-

Tabelle 16.2 Kraft/Weg-Anforderungen der Bremsenbetriebsarten

	Betriebsart		
	Bremse spannen/lösen	Lüftspiel überwinden	Verschleiß nachstellen
Kraft	groß	klein	klein
Weg	klein	mittel – groß	nachstellen: klein
			gesamt: sehr groß
Einfluss-möglichkeit	WEG: Steifigkeit des Gesamtsystems verändern: – Getriebe – Bremsbelag – Sattel bzw. weitere Betätigungsmechanismen	Wegen eines Mindestlüftweges sind hier nur geringe Variationsmöglichkeiten vorhanden	automatische mechanische Nachstellung
	KRAFT: – Selbstverstärkung – Reibradius		Nachstellung durch einen zusätzlichen elektrischen Antrieb

gepasst, was sich negativ auf die Bremsendynamik auswirkt. Zur optimalen Auslegung wird eine zu jedem Betriebsmodus bestmögliche dynamische Antriebsanpassung benötigt. Aus mechanischer Sicht besteht die Möglichkeit, die unterschiedlichen Betriebszustände mit einem elektromechanischen Antrieb zu realisieren, was jedoch zu einem sehr aufwändigen Bremsenantrieb führt.

Die Verschleißnachstellung und die Lüftspielüberwindung arbeiten mit einem vergleichbaren Kraftniveau (Verschleiß kann ebenso als vergrößertes Lüftspiel aufgefasst werden) und lassen sich zusammenfassen, sofern der große Bremsbelagverschleißweg vom Antrieb zur Verfügung gestellt wird oder eine automatischen Verschleißwegnachstellung zur Verfügung steht.

Eine weitere Vereinfachung des Bremsenantriebs kann durch den Einsatz eines kraftgesteuert selbstschaltenden oder fremdgeschalteten zweistufigen Getriebes erreicht werden, (siehe auch [6]). Bei selbstgeschalteten Getrieben ist eine Wegsteuerung nicht sinnvoll, da der Umschaltpunkt am Ende des Lüftspiels von Verschleiß und Temperatur (Ausdehnung, Belagkompressibilität) abhängt. Tabelle 16.3 fasst die Wandler/Getriebe-Kombinationen zusammen.

Die höchste Systemdynamik ist mit der Antriebsvariante A zu erreichen und nimmt zunehmend bis zur Variante G ab. Zur aktiven Lüftspieleinstellung, für einen schnellstmöglichen Abbau der Bremskraft – was einen entscheidenden Vorteil gegenüber hydraulisch betätigten Bremsen konventioneller und elektrohydraulischer Bremssysteme darstellt – und zur Vermeidung von Selbstblockaden beim Einsatz von begrenzt selbstverstärkenden Bremsen ist es erforderlich, dass Bremsbelag und Aktor derart gekoppelt sind, dass die Bremse auch mit voller Energie gelöst werden kann, wodurch sich eine bislang nicht verfügbare Regeldynamik auf sehr niedrigem Fahrbahnreibwert realisieren lässt.

16.6.2 Energiebedarf

Bei Kenntnis des Getriebesystems und der Reibungsbremse kann die am elektromechanischen Wandler erforderliche mechanische Arbeit als Funktion der im Reifenlatsch wirkenden Bremskraft bestimmt werden. Bild 16-9 zeigt die der zur Bestimmung der Wandlerarbeit zugrunde liegende Struktur. Alle Systemsteifigkeiten werden durch die Bremsengesamtsteifigkeit $c_{B,\text{ges}}$ abgebildet.

Tabelle 16.3 Zuordnung von Betriebsart und Bremsenantriebsvariante

<table>
<tr><td rowspan="2" colspan="2"></td><td colspan="6">Betriebsart</td><td rowspan="2">Beschreibung</td></tr>
<tr><td colspan="2">Spannkraft</td><td colspan="2">Lüftspiel</td><td colspan="2">Verschleiß</td></tr>
<tr><td rowspan="7">Antriebsvariante</td><td>A</td><td>Wandler
Getriebe (1 Stufe)</td><td>F↑
s↓</td><td>Wandler
Getriebe (1 Stufe)</td><td>F↓
s→</td><td>Wandler
Getriebe (1 Stufe)</td><td>F↓
s↑</td><td>Jede Betriebsart hat einen eigenständigen Antrieb, bestehend aus elektromechanischem Wandler und einstufigem Getriebe.</td></tr>
<tr><td>B</td><td>Wandler
Getriebe (1 Stufe)</td><td>F↑
s↓</td><td>Wandler
Getriebe (1 Stufe)</td><td>F↓
s→</td><td colspan="2">mechanische Nachstellung</td><td>Der Belagverschleiß wird durch eine automatische mechanische Nachstellung realisiert.</td></tr>
<tr><td>C</td><td>Wandler
Getriebe (1 Stufe)</td><td>F↑
s↓</td><td colspan="3">Wandler
Getriebe (1 Stufe)</td><td>F↓
s↑</td><td>Lüftspiel- und Verschleißnachstellung werden mit einem Antrieb (mit großem Stellweg) realisiert.</td></tr>
<tr><td>D</td><td colspan="3">Wandler
Getriebe (2 Stufen oder variable Übersetzung)</td><td>F↑
s→</td><td colspan="2">mechanische Nachstellung</td><td>Automatische mech. Verschleißnachstellung. Ein einstufiges Getriebe ermöglicht eine schnelle Lüftspielüberwindung u. hohe Spannkräfte. Getriebe mit inkonstanter Übersetzung sind auch möglich.</td></tr>
<tr><td>E</td><td colspan="5">Wandler
Getriebe (2 Stufen)</td><td>F↑
s↑</td><td>Zweistufiges Getriebe ermöglicht schnelle Lüftspielüberwindung und hohe Spannkräfte. Verschleiß muss rechnergesteuert ausgeglichen werden.</td></tr>
<tr><td>F</td><td colspan="3">Wandler
Getriebe (1 Stufe)</td><td>F↑
s→</td><td colspan="2">mechanische Nachstellung</td><td>Das einstufige Getriebe verhindert eine optimale Dynamik bei der Überwindung des Lüftspiels.</td></tr>
<tr><td>G</td><td colspan="5">Wandler
Getriebe (1 Stufe)</td><td>F↑
s↑</td><td>Einstufige Getriebe verhindern eine optimale Dynamik bei der Lüftspielüberwindung. Der Antrieb muss den gesamten Verschleißweg überbrücken.</td></tr>
</table>

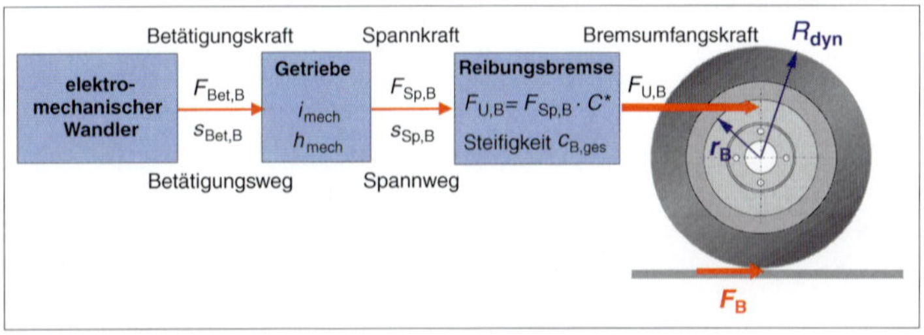

Bild 16-9 Idealisiertes mechanisches Bremsenmodell

Für den Wandler stellt sich das System als eine Feder mit der Steifigkeit $c_{B,\text{ges}}$ dar.

$$F_{\text{sp},B} = c_{\text{ges}} \cdot s_{\text{sp}} \tag{16.1}$$

Eine Eigendämpfung wird bei der überschlägigen Berechnung nicht berücksichtigt. Anhand der geleisteten Federarbeit lässt sich somit die vom Wandler zur Bremsenbetätigung erforderliche Arbeit berechnen:

$$W_{\text{Bet},B} = \int_s F_{\text{Bet},B}\, \mathrm{d}s_{\text{Bet},B} \tag{16.2}$$

Die am Bremspedal wirkende Bremsenspannkraft $F_{\text{sp},B}$ hängt von der Betätigungskraft F_{Bet} des Wandlers, dem Wirkungsgrad η_{mech} und der aktuellen Getriebeübersetzung i_{mech} ab. Die Betätigungs- und Spannarbeit sind über den Getriebewirkungsgrad miteinander verknüpft:

$$\eta_G = \frac{W_{\text{sp},B}}{W_{\text{Bet},B}} = \frac{F_{\text{sp},B} \cdot s_{\text{sp},B}}{F_{\text{Bet},B} \cdot s_{\text{Bet},B}} \tag{16.3}$$

Der Zusammenhang der Verschiebungen wird durch die als linear vorausgesetzte Getriebeübersetzung beschrieben:

$$i_{\text{mech}} = \frac{s_{\text{Bet},B}}{s_{\text{sp},B}} \Rightarrow \frac{ds_{\text{Bet},B}}{ds_{\text{sp},B}} = i_{\text{mech}} \tag{16.4}$$

Aus den Gleichungen (16.3) und (16.4) folgt unter Berücksichtigung der Bremsensteifigkeit:

$$F_{\text{Bet},B} = \frac{F_{\text{sp},B}}{\eta_{\text{mech}} \cdot i_{\text{mech}}} = \frac{c_{\text{ges}} \cdot s_{\text{sp},B}}{\eta_{\text{mech}} \cdot i_{\text{mech}}} \tag{16.5}$$

Für die Betätigungsarbeit nach Gleichung (16.2) gilt nun:

$$W_{\text{Bet},B} = \int_s \frac{c_{\text{ges}} \cdot s_{\text{sp},B}}{\eta_{\text{mech}}}\, \mathrm{d}s_{\text{sp},B} = \left.\frac{c_{\text{ges}} \cdot s_{\text{sp},B}^2}{2 \cdot \eta_{\text{mech}}}\right|_{s_{\text{sp},B}}$$

$$= \left.\frac{F_{\text{sp},B} \cdot s_{\text{sp},B}}{2 \cdot \eta_{\text{mech}}}\right|_{s_{\text{sp},B}} \tag{16.6}$$

Die am Reibradius wirkende Bremsumfangskraft berechnet sich aus dem Bremsenkennwert und der Spannkraft. Über die wirksamen Radien R_{dyn} und r_B lässt sich der Zusammenhang zur Bremskraft im Reifenlatsch herstellen:

$$F_{U,B} = F_{\text{sp},B} \cdot C^* \tag{16.7}$$

$$F_B = \frac{r_B}{R_{\text{dyn}}} \cdot F_{U,B} = \frac{r_B}{R_{\text{dyn}}} \cdot F_{\text{sp},B} \cdot C^* \tag{16.8}$$

$$\Rightarrow F_{\text{sp},B} = \frac{F_B \cdot R_{\text{dyn}}}{r_B \cdot C^*} = \frac{F_B}{C^*} \cdot \frac{R_{\text{dyn}}}{r_B} \tag{16.9}$$

Mit Gleichung (16.6) und (16.9) kann die Betätigungsarbeit als Funktion der Bremskraft im Reifenlatsch darstellt werden:

$$W_{\text{Bet},B} = \left.\frac{F_B \cdot s_{\text{sp},B}}{2 \cdot \eta_{\text{mech}} \cdot C^*} \cdot \frac{R_{\text{dyn}}}{r_B}\right|_{s_{\text{sp},B}} \tag{16.10}$$

Die Gleichungen ermöglichen einerseits die Bestimmung der Betätigungsarbeit am Wandler, zeigen andererseits aber auch die Abhängigkeiten und somit die bei der Bremsenauslegung nutzbaren Größen zur Reduzierung der benötigten mechanischen Wandlerenergie.

Es stehen folgende Auslegungsparameter zur Verfügung:

- Spannweg $s_{\text{sp},B}$ der Reibungsbremse
- Bremsenkennwert C^*
- Quotient aus dynamischen Reifenhalbmesser und Bremsenreibradius R_{dyn}/r_B
- mechanischer Wirkungsgrad η_G.

Beispiel: Bestimmung der Spannarbeit $W_{\text{Bet},B}$ und der mittleren Aktorleistung $P_{\text{Bet},B}$

Fahrzeugmasse $m_{\text{fzg}} = 2000$ kg;
Abbremsung $z = 100\,\%$
Dynamischer Radhalbmesser $R_{\text{dyn}} = 0{,}3$ m; Bremsenreibradius $r_B = 0{,}15$ m;
Bremsengesamtsteifigkeit $c_{\text{ges}} = 20\,000$ N/mm;
Mindestbremsenkennwert $C^* = 0{,}5$;
Bremsenschwellzeit $\Delta t = 50$ ms
Mechanischer Wirkungsgrad der Bremsenbetätigung $\gamma_{\text{mech}} = 70\,\%$
Bremskraftverteilung 66,6 % VA–33,4 % HA

Mit Gl. (16.8) folgt eine Bremsenspannkraft $F_{sp,B}$ für eine VA-Bremse:

$$F_{sp,B} = \frac{F_B \cdot R_{dyn}}{r_B \cdot C^*} = \frac{(m_{fzg} \cdot g \cdot \frac{z}{100} \cdot 0{,}333) \cdot R_{dyn}}{r_B \cdot C^*_{min}}$$

$$= \frac{\left(2000 \cdot 9{,}81 \cdot \frac{100}{100} \cdot 0{,}333\right) \cdot 0{,}3}{0{,}15 \cdot 0{,}5}$$

$$= 26\,133{,}84\ \text{N}$$

Mit Gl. (16.6) wird die benötigte Spannarbeit des elektromechanischen Wandlers bestimmt:

$$W_{Bet,B} = \left.\frac{F_{sp,B} \cdot s_{sp,B}}{2 \cdot \eta_{mech}}\right|_{s_{sp,B}} = \frac{F^2_{sp,B}}{2 \cdot \eta_{mech} \cdot c_{ges}}$$

$$= \frac{26\,133{,}84^2}{2 \cdot 0{,}7 \cdot 20\,000} = 24\,392\ \text{Nmm} = 24{,}392\ \text{Nm}$$

Für die mittlere Aktorleistung gilt:

$$\overline{P_{Bet,B}} = \frac{W_{Bet,B}}{t} = \frac{24{,}392}{0{,}05} = 487{,}84\ \text{W}$$

16.6.3 Betrieb elektrisch betätigter Radbremsen

Der Betrieb elektrisch betätigter Radbremsen erfordert in der Regel weitaus mehr als nur die Komponenten Wandler, Getriebe und Reibungsbremse. Zur sinnvollen Funktion, für die Sicherheitsüberwachung und zur Gestaltung einer für das Bremssystem nutzbaren elektrischen Schnittstelle benötigt die Radbremse eine ‚lokale Intelligenz' und eine zum gewählten Antriebskonzept der Bremse passende Sensorik. Nur bei sehr einfachen, für einen Betrieb in modernen Pkw ungeeigneten elektromagnetisch betätigten Radbremsen kann die Bremskraft direkt über die Stromstärke am Wandler betrieben werden (siehe hierzu z. B. [1], [7]).

Bremsenansteuerung

Unter der Berücksichtigung einer kontrollierbaren Positionierbarkeit des Bremsbelages ist eine Lageregelung erforderlich, wodurch ebenso interne Krafthysteresen (Getriebewirkungsgrade) beherrscht werden können. Die Reibungsbremse stellt hierbei aus der Sicht des Wandlers ein Federsystem dar. Es ist somit mindestens eine Lagerückführung notwendig, z. B. mittels eines Drehwinkelgebers am elektromechanischen Wandler. Hierauf können überlagerte Spannkraft- oder Bremskraftregelkreise aufgesetzt werden, sofern die benötigten Rückführungen (Spannkraft, Bremsmoment) verfügbar sind oder geschätzt werden können [9].

Eine besondere und für den Bremsenbetrieb sehr wichtige Funktion einer lagegeregelten elektrisch betätigten Radbremse ist die Möglichkeit der sehr flexiblen situationsabhängigen Lüftspieleinstellung. Tabelle 16.4 fasst die benötigten Rückführungsgrößen des in Bild 16-10 gezeigten schematischen Aufbaus einer Radbremsenregelung zusammen.

Tabelle 16.4 Rückführungsgrößen

Rückführungsgröße	Quelle
Aktorstrom	Sensor
Encoder am Wandler	Sensor
Spannkraft	Sensor oder Schätzung
Bremskraft	Sensor oder Schätzung
Raddrehzahl	Sensor

Die Funktionsüberwachung der Radbremse und die Kommunikation mit der Übertragungseinrichtung kann von einem ‚intelligenten' Interface übernommen werden. Diese Daten- und Energieschnittstelle muss einen direkten Zugriff auf den Bremskraft- und den Lageregler haben, so dass normale Abbremsungen (Bremskraftregler) und Serviceaufgaben (Bremsbelag definiert positionieren – z. B. Bremsbelagwechsel) sowohl autark als auch nach Vorgabe der Übertragungseinrichtung durchgeführt werden können.

Die Stromregelung sollte möglichst in direkter Nähe zum elektromechanischen Wandler erfolgen, damit bei den benötigten Spitzenleistungen von ca. 300–1000 W (siehe Kap. 16.6.2) keine EMV-Probleme z. B. durch pulsweitenmodulierte Signale auftreten. Hieraus folgt, dass mindestens die notwendige Leistungselektronik ebenso Bestandteil einer elektrisch betätigten Bremse ist. Darüber hinaus ist die lokale Integration aller am reinen Bremsenbetrieb beteiligten Komponenten innerhalb des Radbremsenmoduls sinnvoll. Die Radbremse wird durch ihre ‚lokale Intelligenz' und eine eigenständige Funktionsüberwachung zu einem Subsystem innerhalb der Fahrzeugbremsanlage. Die Übertragungseinrichtung ist nun nicht mehr an dem Transfer dosierter Bremsenbetätigungsenergie beteiligt, sondern übernimmt die radselektive Koordination der vom Fahrer und den Fahrzeugregelsystemen ausgehenden Bremskraft- oder Serviceanforderungen.

Lüftspielerkennung

Die Funktionstüchtigkeit, Sicherheit und Betriebsdynamik einer elektromechanisch betätigten Radbremse hängen von der Einschalt- Überwachungs- und Betriebsstrategie ab. Die Bremse ist auf eine sensorische Unterstützung angewiesen, so dass nur eine automatische Initialisierung und Kalibrierung einen störungsfreien Langzeitbetrieb gewährleisten können.

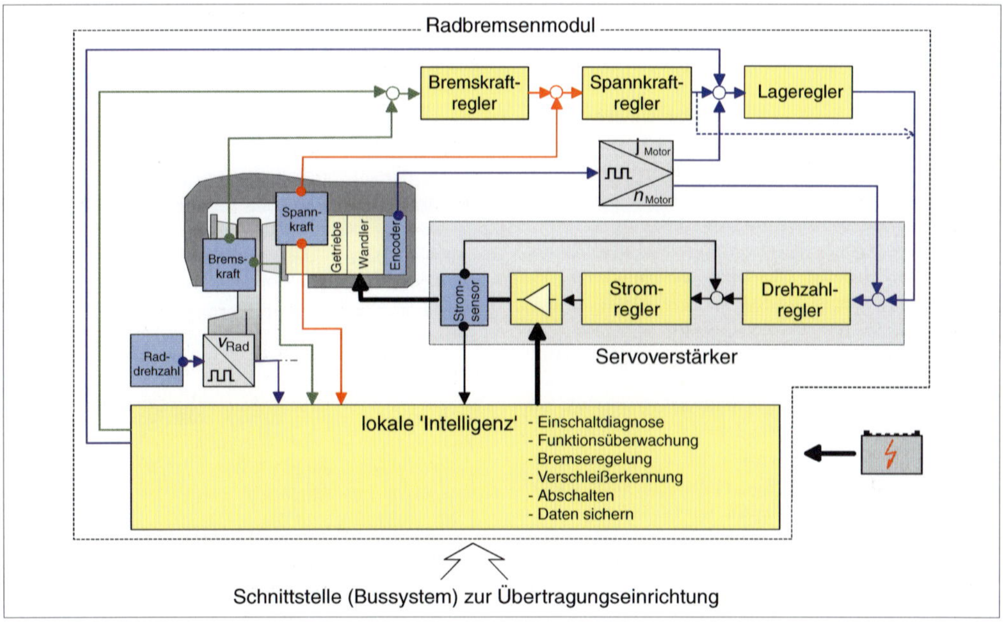

Bild 16-10 Schematischer Aufbau einer Radbremsenregelung

Eine besondere grundsätzliche Bedeutung kommt hierbei einer sicheren Erkennung der aktuellen Reibbelagposition beim Einschalten der Radbremse zu, da einerseits das Lüftspiel eine entscheidende Größe für den Bremsenbetrieb darstellt und außerdem zur Kalibrierung eventuell vorhandener Kraftsensoren (z. B. Spannkraft) die Bremse nicht gespannt sein darf. Beim Einschalten der Bremse ist zunächst das aktuelle Lüftspiel unbekannt und selbst bei Kenntnis des letzten Wertes (z. B. im Speicher der Bremsenelektronik) des vorangegangenen Betriebszyklus unsicher:

- Eine lagegeregelte elektrisch betätigte Radbremse kann das Lüftspiel prinzipiell in Abhängigkeit von der aktuellen Betriebssituation variabel einstellen, so dass nicht von einem vorangegangenen Bremsenbetrieb auf das bestehende Lüftspiel rückgeschlossen werden kann.
- Die Bremsbeläge wurden gewechselt.
- Der letzte Bremsenbetrieb wurde fehlerhaft beendet.
- Die Bremse wurde in einem sehr heißen Zustand außer Betrieb genommen, so dass thermische Einflüsse das Lüftspiel verändert haben.

Tabelle 16.5 Beispiele zur Erstinitialisierung des Lüftspiels

Sensor				Strategie
Kontakt	Spannkraft	Aktorlage	Strom	
		×	×	Bremsbelag in Richtung der Bremsscheibe mit geringem Moment (Strom) verfahren. Strom und Bewegung (Beschleunigung) des Antriebs beobachten: Der Aktorstrom und die Beschleunigung sind Indikatoren für die Berührung des Bremsbelages mit der Bremsscheibe.
	×	×	×	Der Spannkraftsensor detektiert den Kontakt von Belag und Scheibe. Falls der Kraftsensor bei der Initialisierung noch nicht kalibriert ist, muss das Kraftsensorsignal und die Aktorbewegung beobachtet werden.
×		×	×	Der Kontakt detektiert den Kontakt von Belag und Scheibe

Zur Lageregelung mit unterlagerter Stromregelung ist der Bremsenantrieb mit einem Weg- oder Positionssensor (siehe Bild 16-10; Encoder) und einem Stromsensor ausgerüstet.
Der Lagesensor kann während der Einschaltphase der Bremse jedoch nur eine Wegänderung anzeigen; nicht jedoch eine absolute – für die Erkennung des Lüftspiels geeignete – Größe. Zur Festlegung der absoluten Position des Lüftspiels ist eine Kalibrierung erforderlich; z. B. die Berührung von Bremsbelag und Scheibe. Es müssen während der Bremseninitialisierungsphase hierfür somit weitere Signale zur Verfügung stehen oder geeignete Prozeduren zum Erhalt der gewünschten Information herangezogen werden. Tabelle 16.5 zeigt in Anlehnung an Bild 16-10 beispielhaft Möglichkeiten zur Erstinitialisierung des Lüftspiels.
Ein Strom und ein Lagesensor ist zur Funktion der Bremse grundsätzlich erforderlich. Ein vorhandener Spannkraftsensor kann hierbei ebenso Informationen liefern. Darüber hinaus sind zusätzliche Sensoren zur Kontaktdetektion von Belag und Scheibe möglich. Eine erfolgreich durchgeführte Lüftspielerkennung kann im anschließenden Bremsenbetrieb (bis zum Abschalten der Bremse) kontinuierlich überprüft und falls notwendig korrigiert werden.

Bremsumfangskraft

Für das Bremsverhalten eines Fahrzeugs ist die im Reifenlatsch wirksame Bremskraft entscheidend. Die von der Übertragungseinrichtung an die Radbremse übermittelte Führungsgröße muss daher die Bremsumfangskraft bzw. das Bremsmoment sein und von der Radbremse mit hoher Qualität ausgeregelt werden (z. B. Schiefziehen). Selbst bei einer Detektion der Bremsenspannkraft mittels eines integrierten Spannkraftsensors oder einer geeigneten Kraftschätzung kann infolge der üblichen z. T. erheblichen Reibwertschwankungen des Bremsbelages nur mit starken Einschränkungen auf die Bremsumfangskraft geschlossen werden. Neben einer direkten Umfangskraftmessung am Bremssattel sind Sensorreifen (z. B. Seitenwandtorsionssensor (SWT) [10]) oder auch reifengestützte Sensoren (z. B. [11]) denkbar.
Umgekehrt ist zu berücksichtigen, dass – bezogen auf eine Spannkraftregelung der Bremse – bei einem stillstehenden Fahrzeug in der Ebene kein Zusammenhang mehr zwischen wirkender (messbarer) Bremskraft und Spannkraft besteht, weshalb das in modernen Fahrzeugen übliche Raddrehzahlsignal zusätzlich benötigt wird. Unter Zuhilfenahme der Reifenlängssteife (insbesondere Deformationsschlupf), der dynamischen Radaufstandskraft, der Massenträgheitsverhältnisse am rotierenden Rad und der Bremsenspannkraft lassen sich Modelle zur Bremskraftschätzung konstruieren [9]. Bei angetriebenen Achsen kann der Schätzaufwand jedoch erheblich werden, da hier bei einem Schlupfansatz auch noch die antriebsseitigen Randbedingungen (aktuelle Gangwahl, Kupplung, Motormoment) berücksichtigt werden müssen.

Betätigungsdynamik

Die Bremssystemdynamik spielt im Zusammenhang mit dem Anhalteweg und der Güte geregelter Bremsungen auf Niedrigreibwert eine große Rolle. Da man bei EMB-Systemen von einer quasi verzugsfreien Übertragungseinrichtung ausgehen kann, liegen die dynamischen Anforderungen alleine bei den Bremsen. Bei zukünftigen Bremsenkonzepten wird man sicherlich bei der Betätigungsdynamik keine Abstriche gegenüber hydraulisch betätigten Radbremsen machen. Beim dynamischen Verhalten der Radbremsen ist das Zuspann- und Löseverhalten gleichermaßen wichtig. Das Zuspannverhalten insbesondere mit Blick auf kurze Schwellzeiten, das Löseverhalten unter Berücksichtigung eines spontanen Bremskraftabbaues zur Vermeidung von Radblockaden während geregelter Bremsungen (z. B. ABS) auf Niedrigreibwert (nasses Eis).

Spannverhalten

Vergleicht man in einer ersten groben Abschätzung zunächst den mechanischen Aufwand und die hiermit verbundenen bewegten Massen bei der Bremsenbetätigung so wird deutlich, dass hydraulisch betätigte Radbremsen mit geringen bewegten Massen auskommen (Kolben Fluid, Bremsbeläge), während elektromechanisch betätigte Bremsen – bei gleichem Kennwert - durch den erforderlichen Anteil von Eisen für den elektromechanischen Wandler größere bewegte Massen erfordern. Eine zur konventionell betätigten Bremse vergleichbare Betätigungsdynamik hängt somit von der Bereitstellung ausreichender elektromechanischer Energie ab.

Löseverhalten

Das Löseverhalten elektromechanisch betätigter Radbremsen kann – insbesondere wenn der Bremsbelag vom Aktor aktiv gelöst werden kann – die Fähigkeiten konventionell betätigter Bremsen weit übertreffen (siehe auch in [8], S. 331, Bild 3). Eine aktiv lösende elektromechanische Bremse wird beim Bremskraftabbau durch die maximal mögliche Aktorenergie und die von der gespannten Bremse ausgehende Federkraft getrieben. Der Bremskraftabbau hydraulisch betätigter Bremsen hängt von der Bremsdruckabbaugeschwindigkeit ab. Da die Fluidströmung von der treibenden Druckdifferenz bestimmt wird, sinkt mit abnehmender Druckdifferenz (Bremsdruck – Umgebungsdruck) der Druckabbaugradient und damit auch die Bremskraftabbaugeschwindigkeit. Der Druckabbau hängt vom Ausgangsdruckniveau p_0 und einer durch die Dimensionierung der Bremssystemhydraulik beeinflussbaren Druckabbaukonstanten K_p exponentiell ab:

$$p_{\text{hyd}} = p_0 \cdot e^{-K_p \cdot t} \tag{16.11}$$

Betrachtet man eine Druckänderung von $p_{\text{hyd(1)}}$ nach $p_{\text{hyd(2)}}$ so gilt:

$$\frac{p_{\text{hyd(1)}}}{p_{\text{hyd(2)}}} = e^{K_p \cdot (t_{(2)} - t_{(1)})} = e^{K_p \cdot \Delta t} \tag{16.12}$$

$$\Rightarrow \Delta t = \frac{1}{K_p} \cdot \ln\left(\frac{p_{\text{hyd(1)}}}{p_{\text{hyd(2)}}}\right) \tag{16.13}$$

Es wird deutlich, dass mit abnehmender Druckdifferenz zwischen dem Bremsdruck und dem Umgebungsdruck die Druckabbauzeiten überproportional zunehmen. Elektromechanisch betätigte Bremsen mit der Möglichkeit zum aktiven Lösen (hier ist eine auf Zug belastbare mechanische Kopplung zwischen Bremsbelag und Aktor erforderlich) sind daher auf Niedrigreibwert konventionellen Bremsen – somit auch EHB-Systemen – deutlich überlegen.

Bremseneigenmasse

Der elektromechanische Wandler ist ein Bestandteil der Radbremse. Hydraulisch betätigte Radbremsen mit gleichem Betätigungsenergiebedarf bauen leichter, da diese über eine externe hydraulische Energieversorgung verfügen. Bei vergleichbarer Betätigungsdynamik beim Spannen der Bremse muss zudem ein stärkerer elektromechanischer Wandler zur Kompensation der größeren bewegten Massen installiert werden.

Diese Zunahme an Eigenmasse ist der Fahrsicherheit abträglich (reifengefederte Massen). Eine Verringerung der Bremsenmasse kann z. B. in der Wahl alternativer Werkstoffe gesucht werden, oder auch durch eine Verringerung der Bremsenspannkräfte mit dem Effekt kleinerer mechanischer und elektromechanischer Komponenten erreicht werden.

Die Reduktion der inneren Bremsenkräfte erfordert bei gleicher Bremsleistung einen höheren Bremsenkennwert. Aus der Vergangenheit weiß man, dass die mit steigendem Bremsenkennwert ebenso steigende Reibwertempfindlichkeit ($dC^*/d\mu$) bei konventionellen Bremsen aus Fahrsicherheits- und Komfortgründen nicht mehr akzeptiert werden kann. Der ‚intelligente' mechatronische Eingriff z. B. durch einen Eingriff in die innere Bremsenübersetzung [12] oder durch eine konstruktiv fest vorgegebene Bremsenselbstverstärkung mit einer starren Kopplung von Bremsbelag und Aktor [11] ermöglicht hier neuartige Ansätze zu kleinen, leichten und leistungsfähigen elektrisch betätigten Radbremsen.

16.6.4 Bremssystemaufbau

Bild 16-11 zeigt den prinzipiellen Aufbau eines elektromechanischen Bremssystems. Die Betätigungseinrichtung verfügt definitionsgemäß über eine rein elektrische Signalankopplung hin zur Übertragungseinrichtung. Zur Abbildung einer sinnvollen

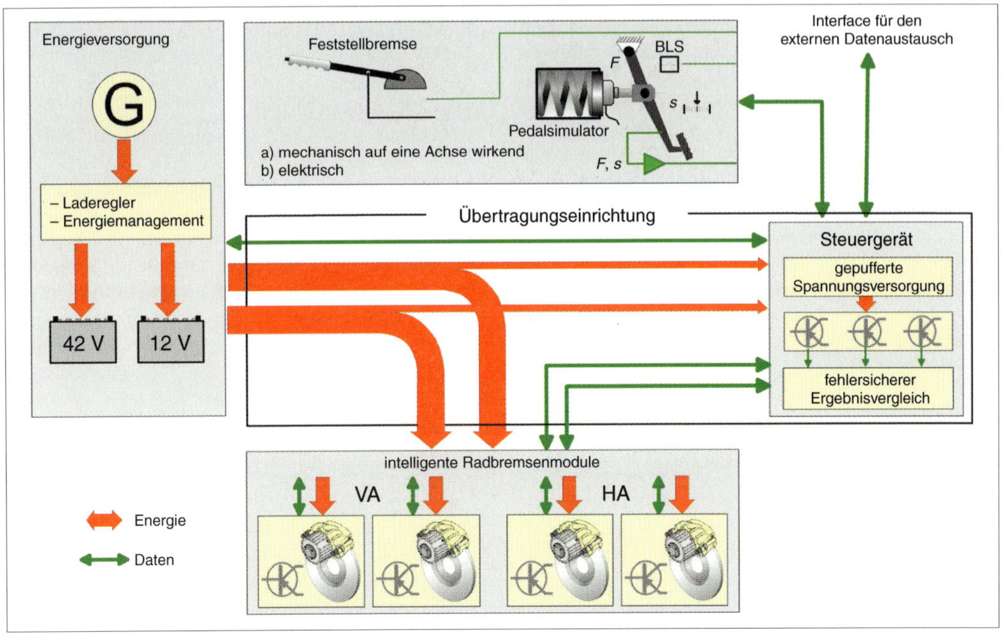

Bild 16-11 Elektromechanisches Bremssystem

Charakteristik der Betätigungseinrichtung wirkt das Stellglied (hier das Bremspedal) auf einen gedämpften Federmechanismus.

Das EMB-System bietet die Möglichkeit einer direkten Integration der Feststellbremse, sofern die elektromechanische Bremsenbetätigung ein stromloses mechanisches Halten der Spannkraft unterstützt – was insbesondere bei elektromotorisch gespannten Radbremsen in aller Regel erfüllt werden kann. Natürlich kann die Übertragungseinrichtung der Feststellbremse auch konventionell mechanisch ausgeführt werden.

Interne und externe Signale können analog zu Bild 16-1 ohne störende Rückwirkung am Bremspedal dem Fahrerwunsch überlagert werden. Eine leichte Adaption von beliebigen Bremssystemassistenzfunktionen ist so möglich. Das elektromechanische Bremssystem bietet alle Möglichkeiten der systembedingten energetischen Entkopplung von Betätigungs- und Übertragungseinrichtung.

Die Übertragungseinrichtung besteht hier nur noch aus dem Steuergerät zur Koordination der radselektiven Bremsenfunktion und dem Bussystem für die Daten- und Energieversorgung der einzelnen Module. Das Steuergerät übernimmt die kontinuierliche Überwachung der Bremsanlage und initiiert eine erforderliche Fehleranzeige bzw. eine angepasste Systemreaktion. Der Bus muss redundant ausgeführt sein, um einer mechanischen oder elektrischen Beschädigung der Daten- und Energieversorgung z. B. durch Fremdeinwirkung vorzubeugen.

Bei einer homogen redundanten Auslegung der Bremsanlage (was bei EMB-Systemen sicherlich anzustreben ist) muss die Energieversorgung redundant ausgeführt sein. Dies entspricht analog zu pneumatischen Fremdkraftbremsanlagen bei Nutzfahrzeugen den üblichen Anforderungen. Für die Energieerzeugung (Generator) wird keine Redundanz gefordert. Die elektrische Belastung des Bordnetzes kann für ein Mittelklassefahrzeug beim Einsatz elektrisch betätigter Teilbelagscheibenbremsen mit ca. 1,5 kW abgeschätzt werden (siehe Beispiel in Kap. 16.6.2).

Die Radbremsmodule mit integrierter Leistungselektronik setzen den vom zentralen Steuergerät geforderten radselektiven Bremskraftwunsch um. Die Radbremsen stellen autarke Subsysteme in der Bremsanlage dar (integrierte Funktionsüberwachung). Die Kommunikation läuft zentral über das Steuergerät der Bremsanlage. Bei der Realisierung von EMB-Systemen stellen die Radbremsen und die zur Funktion benötigte Sensorik den Forschungs- und Entwicklungsschwerpunkt dar. Die restlichen Komponenten der Betätigungs- und Übertragungseinrichtung sind verfügbar. Im Gegensatz zum elektrohydraulischen und konventionellen Bremssystem werden keine hydraulischen, hydromechanischen oder elektrohydraulischen Komponenten benötigt. Die Übertragungseinrichtung besteht nunmehr nur noch aus elektrischen und elektronischen Komponenten. Trotz des notwendigen zweiten elektrischen Energiespeichers und größerer Massen der Radbremsen kann die Gesamtmasse der Bremsanlage reduziert werden, da auf alle elektrohydraulischen Komponenten verzichtet werden kann.

16.6.5 Fail-safe-Konzept

Das Fail-safe-Konzept und der Systemaufbau sind sehr stark miteinander verknüpft, da die Art der gewählten Redundanz die im Fehlerfall erforderlichen Maßnahmen bestimmt. Da die Radbremsen definitionsgemäß mit elektromechanischen Wandlern ausgerüstet sind, lassen sich ohne erheblichen Zusatzaufwand in Form zusätzlicher Aktoren an den Bremsen (z. B. hydromechanische Wandler) keine diversitär redundanten Mechanismen in die Bremsanlage integrieren.

Die Betriebsbremse von Brake-by-wire arbeitet grundsätzlich als Fremdkraftbremsanlage. Während bei elektrohydraulischen Systemen beim Ausfall der Energie oder bei Fehlfunktionen der Elektronik mit der vorhandenen homogenen Redundanz auf eine muskelkraftbetriebene Bremsanlage zurückgeschaltet werden kann, ist dies bei einem vollständig elektrifizierten System nicht möglich. Eine Ausnahme hiervon bildet die Betätigung der Feststellbremsanlage, welche als diversitär redundantes System angesehen werden kann, sofern die geforderte Hilfsbremswirkung (dynamische Achslastverlagerung) hierdurch erbracht werden kann. Ein besonderer Vorteil von EMB-Systemen ist jedoch gerade die Möglichkeit einer elektrischen Feststellbremsbetätigung, so dass diese Art des Fail-safe-Konzepts eine eher theoretische Möglichkeit darstellt.

Geht man von einer homogenen Redundanz bei EMB-Systemen aus, so lassen sich zahlreiche Analogien zu pneumatischen Bremssystemen von Nutzfahrzeugen erkennen. In Abhängigkeit von einem konkreten Bremssystemaufbau können geeignete fail-safe-Konzepte als auch gesetzliche Rahmenbedingungen für den Betrieb von Brake-by-wire-Systemen abgeleitet werden.

Die Radbremsen selbst müssen nicht gegen Ausfall gesichert werden, da an einem Pkw in aller Regel vier Bremsen vorhanden sind. Es ist jedoch sicherzustellen, dass die Radbremse im Fehlerfall nicht blockiert (mech. Wirkungsgrad des Getriebes, Motorrastmomente). Bei Ausfall der Regelung im Radbremsenmodul (z. B. Sensordefekt) ist eine reine Bremsensteuerung als Rückfallebene möglich. Wenn – wie üblich – für die Betriebs- und Hilfsbremsanlage nur eine Betätigungseinrichtung zur Verfügung steht, so muss sichergestellt sein, dass diese ausfallsicher gestaltet wird. Verfügt die Bremsanlage über jeweils eine eigene Betätigungseinrichtung für die

Betriebs- und Hilfsbremsanlage, so ist zu beachten, dass sich die beiden Betätigungseinrichtungen nicht gegenseitig mechanisch oder elektronisch blockieren können (Fuß- und Handbetätigung).
Die für den Betrieb bzw. die Betriebskoordination der Radbremsen verantwortliche Elektronik der Übertragungseinrichtung muss ausfallsicher gestaltet werden, was z. B. durch einen fehlersicheren Ergebnisvergleich bei der Verwendung von drei Logikeinheiten möglich ist (siehe z. B. auch [1], S. 23, Bild 2.2). Ebenso muss die Energieversorgung ausfallsicher ausgelegt werden, was durch zwei unabhängige Energiespeicher (Batterien) möglich ist. Diese Bedingung wird angesichts mittelfristig verfügbarer Sekundärnetze für Hochstromverbraucher im Pkw in Verbindung mit der konventionellen 12 V Versorgung leicht zu erfüllen sein.

16.7 Konzeptvergleich

Trotz der Bezeichnung ‚Brake-by-wire' sind EHB und EMB-Systeme sehr unterschiedlich. Gemeinsam ist beiden Konzepten in erster Linie die flexible und rückwirkungsfreie Ankopplung des Fahrers. Bei der Konzeptauswahl eines Bremssystems gibt es ein weites Spektrum an technischen, wirtschaftlichen und ‚emotionalen' Kriterien.
Tabelle 16.6 fasst die im Rahmen der vorangegangenen Grundlagenbetrachtung angeführten technischen Bremssystemeigenschaften vergleichend zusammen.
Es wird deutlich, dass EMB Systeme nach dem Stand der Technik im Vergleich zu EHB Systemen derzeit noch wenig für den Serieneinsatz geeignet erscheinen. Zum Teil sind einzelne Vor- oder Nachteile eines Systems nicht allgemeingültig quantifizierbar, da oftmals nur die einer konkreten Umsetzung zu Grunde liegenden Randbedingungen hierüber Aufschluss geben können. Nicht für einen direkten Vergleich geeignet, aber bei der Konzeptwahl ebenso wichtig, sind folgende bei der Realisierung elektrisch betätigter Reibungsbremsen zu lösende Probleme:

- Entwicklung angepasster bzw. geeigneter Getriebesysteme
- Schmierung der bewegten Teile
- Optimierung des mechanischen Wirkungsgrades der Bremsenbetätigung.

Tabelle 16.6 Vergleich technischer Eigenschaften von EHB und EMB-Systemen

Eigenschaft		EHB	EMB
Bremspedal	Charakteristik	+	+
	Rückwirkungen	+	+
Bremsenschwellzeit	spannen	+	–
	lösen	–	+
Gefahr des Schiefziehens (ohne erhöhten sensorischen Aufwand)		+	–
Aktive Lüftspieleinstellung		0	+
Elektrischer Leistungsbedarf der Bremsanlage		+	–
EMV Probleme		+	–
Reifengefederte Massen		+	–
Sicherheitskonzept		+	–
Bremsflüssigkeit - Wartungsaufwand		–	+
Verfügbarkeit von Radbremsen		+	–
Aktuell absehbare Kostensituation		0	–
Gesamtmasse der Bremsanlage		0	+
Legende: + positiv zu bewerten bzw. eher vorteilhaft 0 keine Aussage, neutral bzw. bedingt möglich – negativ zu bewerten bzw. eher schwierig			

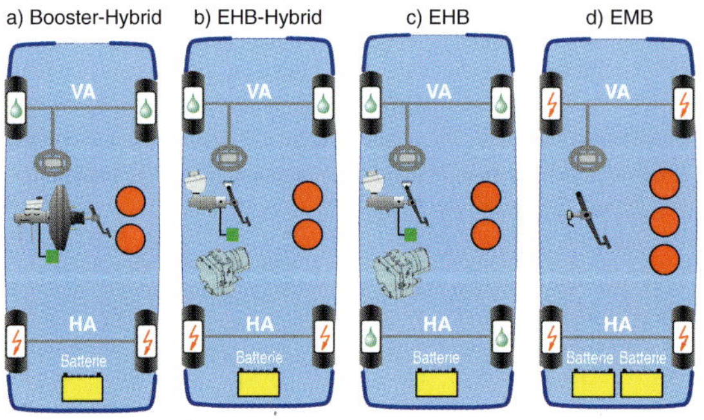

μP	2	2	2	3
Batterie	1	1	1	2
Hydraulik	ja	ja	ja	nein
Kanäle VA/HA	2/2	2/2	2/2	2/2
Ausrüstung	Booster / EMB	EHB	EHB / EMB	EMB

Stichpunkte: Schiefziehen, Systemausfall, Redundanz, Energieversorgung, Feststellbremse

Bild 16-12 Systemvergleich – hybrides Bremssystem

16.8 Hybride elektrische Bremssysteme

EHB-Systeme sind in Serienfahrzeugen wiederzufinden, jedoch kann nicht das gesamte Spektrum an Vorteilen elektrischer Bremssysteme ausgeschöpft werden. Dies betrifft insbesondere:

- Verzicht auf Bremsflüssigkeit
- Aktives Lösen der Bremse
- Integration der Feststellbremse

Hiervon betroffen ist z. B. die gegenüber einer elektrischen Verdrahtung kostenaufwändigere Verrohrung der Radbremsen, notwendiger Wartungsaufwand der hydromechanisch betätigten Radbremsen infolge hygroskopischer Bremsflüssigkeiten oder etwa Zusatzaufwand bei der Adaption elektrisch betätigter Feststellbremsen. Dafür ist der elektronische Aufwand für den sicheren Anlagenbetrieb leicht handhabbar. Bei EMB Systemen können die genannten Probleme elektrohydraulischer Bremsanlagen gelöst werden, jedoch bestehen hier andere Defizite:

- Anlagensicherheit
- Verfügbarkeit leistungsfähiger Radbremsen
- Bordnetzarchitektur

Es muss ein erheblicher Aufwand zum Aufbau einer ausfallsicheren Fremdkraftanlage mit homogener Redundanz getrieben werden und Hochleistungsradbremsen – insbesondere für die Vorderachse von größeren Pkw – sind infolge der notwendigen großen elektromechanischen Wandler beim derzeitigen technischen Stand noch relativ groß und schwer. Auch sind derzeit noch keine elektrischen Hochleistungsbordnetze in Pkw üblich.
Die sinnvolle Kombination aus beiden Technologien führt zu einem hybriden Aufbau, welcher einerseits die Sicherheit von EHB Systemen ermöglicht, gleichwohl aber auch eine Fahrzeugausrüstung mit einer elektrischen Feststellbremse erlaubt und den hydraulischen Aufwand auf eine Achse beschränkt, Bild 16-12. Da bei einem Hybridsystem die elektrische Betriebsbremsanlage ausfallen darf (als Rückfallebene existiert wie bei EHB die Muskelkraftbremse auf eine Achse) ist auch nur der bei EHB-Systemen übliche Sicherheitsaufwand zu leisten. Es entfällt somit die Notwendigkeit einer zweiten Batterie. Mit Rücksicht auf die dynamische Achslastverlagerung beim Bremsen ist es sinnvoll, die hydraulische Bremsenbetätigung auf die Vorderachse und die Elektromechanik auf die Hinterachse wirken zu lassen. Diese Auslegung ermöglicht eine Integration der elektrischen Feststellbremse an der Hinterachse, sofern die gesetzlich geforderte Bremswirkung der Feststellbremse an der Hinterachse erreicht werden kann.
Für die Vorderachse sind hydraulisch betätigte Hochleistungsbremsen verfügbar. An der Hinterachse werden nur relativ geringe Spitzenbremsmomente benötigt, welche mit vertretbarem Aufwand durch elektromechanisch betätigte Radbremsen erbracht werden können. Die Integration elektrischer Parkbremsen in elektrisch betätigte Radbremsen bietet sich zudem geradezu an.
Das Konzept eines Hybridsystems kann ebenso mit radselektiven zweikreisigen konventionellen Bremsenkomponenten realisiert werden. Hierbei wird auf den EHB-Systemanteil verzichtet und stattdessen ein konventioneller Bremskraftverstärker mit einer zweikanaligen (zweikreisigen) Bremsenausrüstung für eine Fahrzeugachse genutzt (Bild 16-12a).

16.9 Perspektiven

Die Zeit der Brake-by-wire-Systeme hat mit der serienmäßigen Einführung erster elektrohydraulischer Bremssysteme bei modernen Personenkraftwagen begonnen [4]. Der Aufbau elektrohydraulischer Bremssysteme stellt aus technischer Sicht keine besonderen Probleme dar. Zur Umsetzung von EMB-Systemen in der Fahrzeugserienentwicklung bedarf es jedoch noch erheblicher Anstrengungen. Zwar ist die Betätigungs- und die Übertragungseinrichtung mit aktueller Technologie leicht realisierbar; die kostengünstige und serientaugliche Gestaltung geeigneter Radbremsen – insbesondere für sehr hohe Spitzenbremsmomente – wird dagegen noch einige Forschungs- und Entwicklungsarbeit in Anspruch nehmen. Als eine besondere Herausforderung kann hier die Lösung des Konfliktes von Bremseneigenmasse und Betätigungsdynamik bei elektrisch betätigten Radbremsen angesehen werden. Eine Möglichkeit besteht z. B. in einer besonders steifen Ausführung der Radbremse und der Bremsbeläge, wodurch die benötigte Bremsenspannenergie gezielt reduziert werden kann (siehe Kap. 16.6.2).

Eine weitere, jedoch noch mit einem erheblichen Forschungsaufwand verbundene Lösungsstrategie stellt der geregelte Eingriff in die Bremsenselbstverstärkung mit mechatronischen Mitteln dar. Hierbei wird mit elektromechanischen Stellgliedern in die innere Kraftführung der Radbremse eingegriffen. Die Bremsenselbstverstärkung wird gezielt dynamisch beeinflusst, indem die Rückkopplung der Bremsenumfangskraft ($F_{U,B}$) – als Resultat der umgesetzten Bremsenergie (ausgekoppelte Fahrzeugenergie) – auf die Normalkraft des Reibbelages ($F_{N,B}$) dem gewünschten Bremsenkennwert C^* angepasst wird, Bild 16-13.

Möglichkeiten für einen mechatronischen Kennwerteingriff bei Trommelbremsen sind insbesondere [12] zu entnehmen. Der Einsatz von Bremsenselbstverstärkung wird besonders durch eine auch auf Zug wirksame Kopplung von Bremsenantrieb und Bremsbelag möglich. Bei dieser Gestaltung kann verhindert werden, dass durch Reibwertschwankungen am Bremsbelag die Bremse zur Selbstblockade neigt, indem der Aktor aktiv gegen den auflaufenden Belag

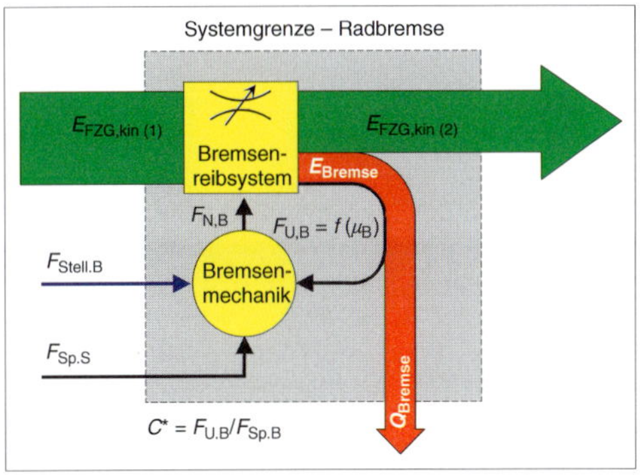

Bild 16-13 Eingriff die den Bremsenkennwert

wirken kann (siehe hierzu [11]). Eine weitere interessante Variante elektrischer Pkw-Bremssysteme ist der Aufbau von hybriden Anlagen. Hier können die Vorteile von EMB mit integrierter Feststellbremse und die hohe Betriebssicherheit der EHB-Systeme bzw. konventioneller hydraulischer Komponenten sehr vorteilhaft kombiniert werden.

Formelzeichen und Indizes

Formelzeichen

c	[N/m]	Steifigkeit
C^*	[–]	Bremsenkennwert
F	[N]	Kraft
i	[–]	Übersetzung
K	[–]	Konstante
P	[W]	Leistung
p	[Pa]	Druck
Q	[J]	Wärme
r, R	[m]	Radius
s	[m]	Weg
t	[s]	Zeit
W	[J]	Arbeit
z	[%]	Abbremsung
γ	[–]	Wirkungsgrad
μ	[–]	Reibwert

Indizes

B	Bremse
Bet	Betätigung
dyn	dynamisch
FZG	Fahrzeug
ges	gesamt
G	Getriebe
HA	Hinterachse
hyd	hydraulisch
kin	kinetisch
mech	mechanisch
N	normal
p	Druck
Sp	spann
stell	stellen
U	Umfang
VA	Vorderachse

Literatur

[1] *Bill, K.:* Grundsatzuntersuchungen zum Einsatz elektrischer Radbremsen in Personenkraftfahrzeugen, Fortschritt-Berichte VDI Reihe 12 Nr. 166, Düsseldorf, VDI-Verlag, 1992

[2] *Bill, K.; Balz, J.; Böhm, J.; Semsch, M.; Rieth, P.:* Smart Booster – New Key Element for Brake Systems with Enhanced Function Potential, 1995 SAE International Congress and Exposition, Detroit, Advancements in ABS/TCS and Brake Technology SP-1075, SAE-Paper 950760

[3] *Bill, K.:* Forschungsansätze zur experimentellen Untersuchung von ‚Bremspedalgefühl' mit Blick auf kommende Brake-by-Wire-Systeme, XVIII. μ-Symposium, 23. Oktober 1998, Bad Neuenahr, in Fortschritt-Berichte VDI, VDI-Verlag, Reihe 12, Nr. 373, ISBN 3-18-337312-2, Düsseldorf, S. 1–20

[4] *Achenbach, W.; Stoll, U.*: Weltneuheit bei den Bremsen: Die Sensotronic Brake Control (SBC); Der neue Mercedes SL, Sonderausgabe von ATZ und MTZ, 10/2001

[5] StVZO § 41, § 41b, Loseblattausgabe, Bonn-Bad Godesberg: Kirschbaum Verlag, Stand 2000

[6] *Bill, K.; Semsch, M.*: „Translationsgetriebe für elektrisch betätigte Fahrzeugbremsen“, Automobiltechnische Zeitschrift ATZ, 100. Jahrgang Nr. 1, 1998, S. 36–41

[7] Warner Electric Brake System, Produktkatalog elektrische Trommelbremsen, Warner Electric Brake and Clutch Company, Illinois, P-628 Rev. 9/82

[8] *Balz, J.; Bill, K.; Böhm, J.; Scheerer, P.; Semsch, M.*: Konzept für eine elektromechanische Fahrzeugbremse, Automobiltechnische Zeitschrift ATZ, 98. Jahrgang Nr. 6, 1996, S. 328–333

[9] *Schwarz, R.*: Rekonstruktion der Bremskraft bei Fahrzeugen mit elektromechnaisch betätigten Radbremsen, VDI Fortschritt-Berichte, Reihe 12, Nr. 393, ISBN 3-18-339312-3, VDI-Verlag Düsseldorf, 1999

[10] *Beller H. A.; Rieth, P.*: Mit ‚Total Chassis Management‘ auf dem Weg zum intelligenten Fahrwerk, in: XX Internationales μ-Symposium, Bremsen Fachtagung, VDI Fortschritt-Berichte, Reihe 12, Nr. 440, ISBN 3-18-344012-1, VDI Verlag, Düsseldorf, 2000, S. 48 ff.

[11] *Breuer, B.; Barz, M.; Bill, K.; Gruber, S.; Semsch, M.; Strothjohann, T.; Xie, Ch.*: The Mechatronic Vehicle Corner of Darmstadt University of Technology – Interaction and Cooperation of a Sensor Tire, New Low-Energy Disc Brake and Smart Wheel Suspension, Seoul 2000 FISITA World Automotive Congress June 12–15, 2000, Seoul, Korea, Paper F2000G281

[12] *Leber, M.*: Radbremse mit mechatronischer Kennwertregelung – Untersuchung von Betriebsverhalten und Fahreranbindungsproblematik hinsichtlich Brake-by-Wire-Systemen, VDI Fortschritt-Berichte, Reihe 12, Nr. 358, ISBN 3-18-335812-3, VDI-Verlag, Düsseldorf, 1998

17 Elektrohydraulisch betätigte Bremsen

Die im Folgenden näher beschriebene elektrohydraulisch betätigte Bremse ist eine Fremdkraftbremse, bei der die Betätigungsenergie aus einem hydraulischen Druckspeicher kommt, der von einer Pumpe aufgeladen wird. Sie verfügt über eine hydraulische Rückfallebene, die eine Hilfsbremswirkung per Muskelkraft des Fahrers im Falle einer elektrischen Störung oder eines Ausfalls der elektrischen Versorgung des Systems gewährleistet (s. auch Kap. 16.5).

Im Unterschied zu einer konventionellen Bremse, bei der die Betätigungsenergie aus der Fahrfußkraft gewonnen und i. d. R. per Unterdruck verstärkt wird, bietet die EHB erstmals Möglichkeiten, die klassischen Zielkonflikte und Einschränkungen dieser konventionellen Bremsen zu vermeiden.

17.1 Zielkonflikte und Einschränkungen konventioneller Bremsanlagen

Durch die permanente Kopplung der Bremsenbetätigung an die Radbremse bei einer konventionellen Bremse sind zwangsweise alle Eigenschaften beider Teilsysteme miteinander verknüpft.

Das Pedalgefühl wird maßgeblich von der Volumenaufnahme und der Lüftspielauslegung der Radbremse bestimmt. Um Kaltverschleiß der Bremsscheibe im ungebremsten Betrieb und damit bremserregte Lenkunruhe zu vermeiden, sollte das Lüftverhalten des Bremssattels so ausgelegt sein, dass möglichst wenig Streichelverschleiß auftritt. Dies bedeutet aber eine erhöhte Anfangs-Volumenaufnahme und steht damit einem guten Pedalgefühl entgegen. Somit kann die diesbezügliche Auslegung einer Bremse nur einen Kompromiss darstellen.

Auch die Steifigkeit der Bremssättel und damit ihre Volumenaufnahme lässt sich in gegebenen Bauräumen, insbesondere bei Verwendung von Aluminium-Sätteln, nicht beliebig optimieren. Die Auslegung des Bremsgerätes muss bzgl. Volumenhaushalt des Hauptbremszylinders den Volumenverbrauch der Radbremse decken und gleichzeitig den Kraft-Weg-Bedarf nicht zu groß werden lassen, um z. B. gesetzliche Anforderungen noch erfüllen zu können. In jedem Fall existiert eine Volumenbegrenzung durch das geschlossene Hydraulik-System zwischen Bremsgerät und Radbremse.

Sowohl Pedalgefühl wie auch Leistungsfähigkeit der konventionellen Bremse hängen bei Unterdruck-Bremsgeräten von dem zur Verfügung stehenden Unterdruck ab. Je nach Motorenbauart sind dem Saugrohr-Unterdruck als übliche Energiequelle Grenzen gesetzt, die teilweise durch Unterdruckpumpen aufgehoben werden müssen.

Eine maßgebliche Einschränkung konventioneller Bremsen besteht in der starren installierten Bremskraftverteilung. Da diese durch die Dimensionierung der Radbremsen konstruktiv vorgegeben ist, ist sie den unterschiedlichen Anforderungen z. B. an der Verschleißverteilung im Stadtverkehr oder der Verteilung der thermischen Last auf Vorder- und Hinterachse bei Passabfahrten nicht adaptierbar. Sie wird vorwiegend unter Stabilitätsgesichtspunkten festgelegt. Eine Annäherung an die ideale Bremskraftverteilung ist hierbei nur sehr eingeschränkt und mit hohem Aufwand z. B. mittels EBV darstellbar.

Die für den Anhalteweg wichtige Systemdynamik zu Beginn der Bremsung hat bei konventionellen Bremsen Grenzen. Die natürliche pneumatische wie hydraulische Bedrosselung des Systems muss entweder vom Fahrer per Fußkraft überwunden werden oder durch Bremsassistenz-Systeme unterstützt werden, wobei auch diese von der Dynamik des Bremsgerätes abhängig sind, sofern sie mit aktiven Bremsgeräten dargestellt werden.

Die Kopplung der Bremsbetätigung an die Hydraulikeinheit bedeutet beispielsweise im Falle einer ABS-Regelung, dass der Fahrer eine deutliche Pedalrückwirkung in Form einer Pulsation spürt, die in vielen Fällen zu einer Irritation des Fahrers und damit zu verlängerten Bremswegen führt.

Assistenzsysteme, die auf Bremseneingriffe angewiesen sind, lassen sich nur mit Rückwirkungen auf das Pedalgefühl darstellen. Die Betätigung der Bremse ohne Fahrereingriff z. B. bei Längsreglereingriffen eines Abstandsregeltempomaten über aktive Bremsgeräte bedeutet ein Mitziehen des Bremspedals. Bei Darstellung solcher Eingriffe über die Hydraulikeinheit kommt es beim Einbremsen des Fahrers zu einem kurzzeitig verhärteten Pedal.

Diese Einschränkungen heutiger konventioneller Bremsen bilden eine maßgebliche Motivation für die Einführung einer Fremdkraftbremse, auch wenn sich konventionelle Bremsanlagen weiterentwickeln werden. Fast alle oben erwähnten Zielkonflikte und Einschränkungen lassen sich mit einer Fremdkraftbremse leichter umgehen, wobei derzeit die elektrohydraulisch betätigte Bremse die einzig serientaugliche Ausprägung ist.

17.2 Konzeptvergleich verschiedener Bremssysteme

In vorangegangenen Kapiteln wurden bereits die grundlegenden Eigenschaften von elektrohydraulisch (EHB) und elektromechanisch betätigten Bremsen (EMB) beschrieben. Bild 17-1 und Bild 17-2 zeigen

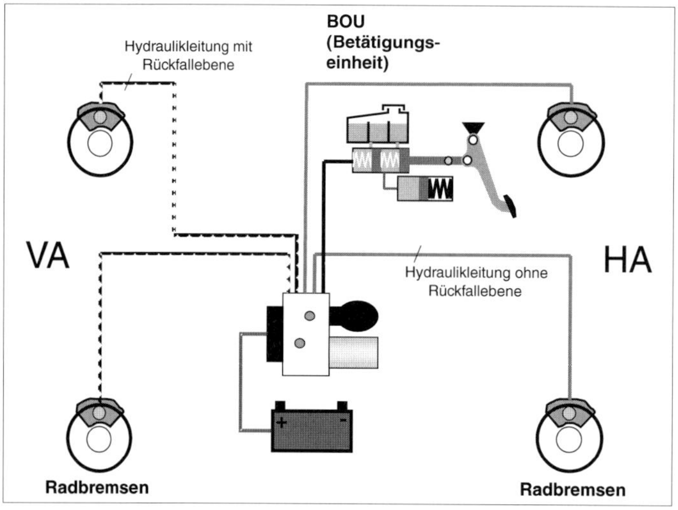

Bild 17-1 Prinzipschaubild der elektrohydraulisch betätigten Bremse

noch einmal die Funktionsprinzipien beider Systeme auf.

In beiden Systemen wird mit der Betätigungseinheit die Erfassung des Verzögerungswunsches des Fahrers sowie die Simulation eines für den Fahrer gewohnten Pedalgefühls bewerkstelligt, wobei EHB die Möglichkeit bietet, den Pedalgefühlsimulator hydraulisch/mechanisch auszuführen. Bei EHB ist im Normalbremsfall die Betätigungseinheit hydraulisch von der Radbremse getrennt. Insofern gibt es für beide Systeme keine Kopplung des Pedalgefühls an die Radbremse oder Hydraulikeinheit.

Weiterhin entscheidend für den Konzeptvergleich ist die Tatsache, dass bei der EHB im Falle einer elektrischen Störung des Systems, die so gravierend ist, dass alle elektrisch unterstützten Funktionen abgeschaltet werden müssen, eine hydraulische Rückfallebene zur Verfügung steht. Diese wirkt zwar ohne Verstärkung der Fahrerfußkraft, aber unabhängig vom elektrischen Bordnetz. Die elektromechanisch betätigte Bremse verfügt nicht mehr über eine solche hydraulische Rückfallebene. Hier muss das Bordnetz, das aus Gründen des Energiebedarfs ein 42 Volt-Bordnetz sein muss, die nötige Ausfallsicherheit bereitstellen.

Die Energie zum Betätigen der Bremse kommt bei EHB aus einer zentralen Hydraulikeinheit, in der eine Pumpe einen hydraulischen Druckspeicher lädt. Die Zuordnung der Bremsdrücke zu den einzelnen Radbremsen ist radindividuell möglich. Bei EMB sitzt die Aktuatorik in Form von Elektromotoren direkt an den Bremssätteln, was die gleiche radindividuelle Abbremsung ermöglicht. Die Bremsenergie kommt hier allerdings aus dem elektrischen Bordnetz.

Der in Bild 17-3 dargestellte Konzeptvergleich zwischen einer konventionellen Bremse sowie EHB und

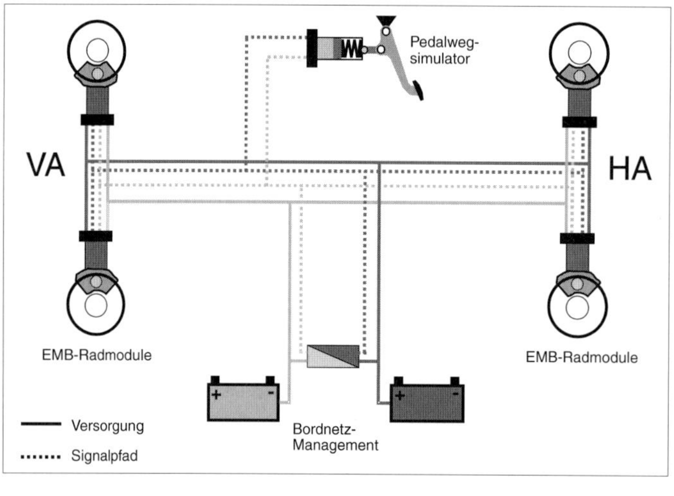

Bild 17-2 Prinzipschaubild der elektromechanisch betätigten Bremse

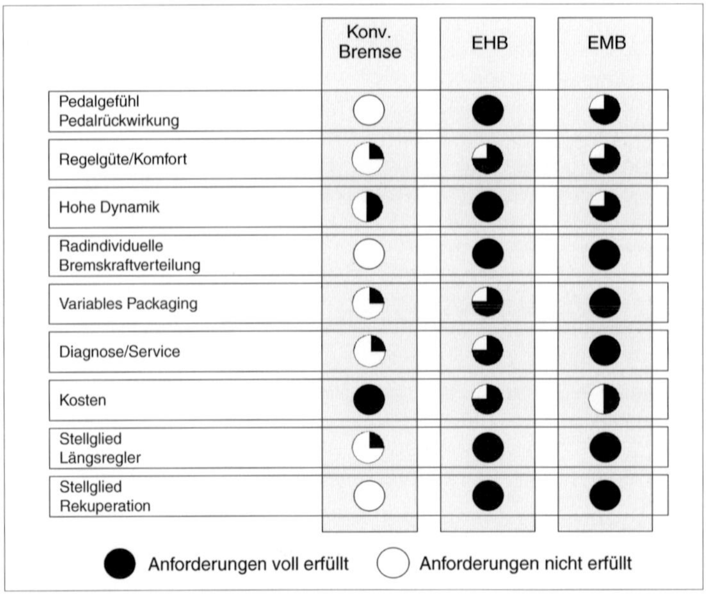

Bild 17-3 Konzeptvergleich der konventionellen Bremse mit EHB und EMB

EMB zeigt, dass die Fremdkraftbremse der konventionellen Bremse in allen Belangen überlegen ist. Die Entkopplung der Betätigungseinheit vom Rest des Systems erlaubt die Auflösung der Zielkonflikte und Einschränkungen einer konventionellen Bremse bzgl. des Pedalgefühls. Unabhängig von der Auslegung der Radbremse lässt sich das Pedalgefühl ohne Rückwirkung im ABS-Regelfall des Systems simulieren. Theoretisch ist das Pedalgefühl auch unabhängig von Veränderungen der Radbremse wie z. B. Fading darstellbar, wobei zu disktuieren ist, ob das im Sinne einer guten Rückmeldung an den Fahrer über den Zustand der Bremse wünschenswert ist.
Die mögliche Bremsdruck- bzw. Bremsmomentaufbaudynamik ist mit einer EHB am größten, da keinerlei pneumatische oder hydraulische Drosseln wie bei konventionellen Systemen zu überwinden sind. Die verwendeten elektrischen Stellmotoren einer EMB erreichen diese hohe Dynamik nicht ganz.
Ein entscheidender Vorteil der Fremdkraftbremse, auf den später noch ausführlicher eingegangen wird, besteht in der Möglichkeit, radindividuell Drücke und Momente ohne Input des Fahrers über das Bremspedal aufbauen zu können. Dies ermöglicht eine Abkehr von der starren hin zu einer fahrsituationsabhängigen Bremskraftverteilung. Außerdem werden besondere Features wie z. B. Anfahrhilfen, die der Kunde als unmittelbaren Mehrwert wahrnimmt, erst hierdurch möglich.
Durch den Entfall des Bremskraftverstärkers und einiger Hydraulikleitungen werden je nach Systemausprägung besondere Packaging-Freiheitsgrade erschlossen, die dem Kunden z. B. durch eine hiermit optimierte Crash-Performance zugute kommen. Bei einer EMB besteht für die Fahrzeug-Montagewerke noch der besondere Reiz, dass keinerlei Hydraulikflüssigkeiten mehr verwendet werden müssen, was besonders in den Befüll- und Entlüftungsprozeduren eine erhebliche Entlastung darstellen kann.
Die Fähigkeit zur Eigendiagnose ist durch die hohe Anzahl von interner Sensorik bei den Fremdkraftbremssystemen besonders gegeben, wobei eine EMB zusätzlich über Informationen über den Zustand der Radbremse verfügt, was bei einer EHB nicht der Fall ist.
Diese Vorteile einer EHB wie EMB sind durch entsprechende Mehrpreise gegenüber einer konventionellen Bremse belegt. Dies hat seine Ursachen natürlich in den Mehrfunktionen, die durch technische Mehrinhalte ermöglicht werden. Aber auch die erhöhten Kosten bei der Einführung von Innovationen mit anfänglich geringen Stückzahlen spielen hier eine Rolle.
In Summe gibt es also besonders funktionale Gründe, die für die Einführung einer Fremdkraftbremse sprechen. Die Auflösung der oben beschriebenen Zielkonflikte bzgl. z. B. dem Pedalgefühl und der Auslegung der Radbremse, aber auch die fahrdynamischen Vorteile durch mehr Freiheitsgrade in der Bremskraftverteilung sind die Motivation für den Entwickler. Noch gewichtiger aber sind die für den Kunden mit einer Fremdkraftbremse darstellbaren Mehrwert-Features, auf die später eingegangen wird.
Die Frage, ob eine EHB oder EMB das richtige System ist, wird dabei maßgeblich vom Reifegrad der technischen Voraussetzungen, die die Systeme benötigen, bestimmt. Diese sind in Bild 17-4 in den Ampelfarben dargestellt.

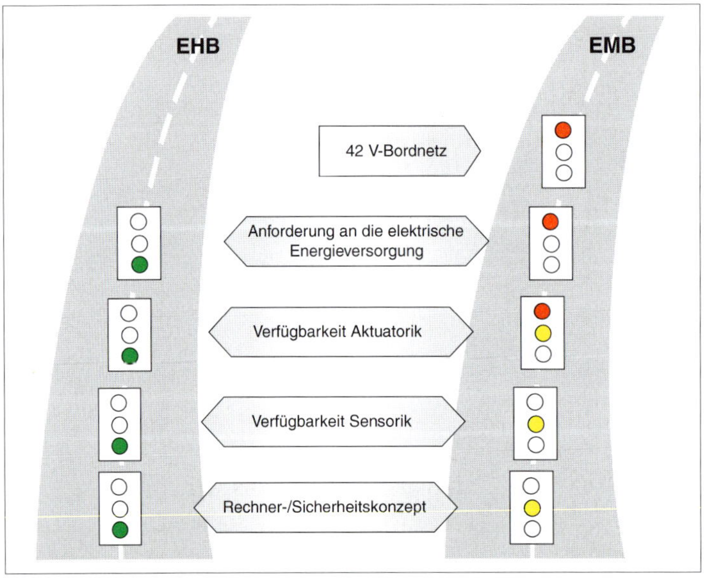

Bild 17-4 Reife technischer Voraussetzungen für EHB und EMB

Für eine EHB sind alle technischen Voraussetzungen vorhanden, was letztendlich dazu führt, dass ein solches System bereits in Großserie zum Einsatz kommt (SL- und E-Klasse von Mercedes).

Der Reifegrad der Rechner- und Sicherheitskonzepte für eine EMB, die Verfügbarkeit der entsprechenden Sensorik sowie die Verfügbarkeit ausreichend leistungsfähiger Aktuatorik sind noch nicht zufriedenstellend. Besonders aber die noch nicht erfüllten Anforderungen an ein sicheres 42V-Bordnetz sind ursächlich dafür, dass eine EMB noch nicht in einer Serienanwendung zu finden ist.

17.3 Merkmale elektrohydraulisch betätigter Bremsanlagen

Wie bereits in vorhergehenden Kapiteln erläutert, gehört die elektrohydraulisch betätigte Bremse zu den Fremdkraftbremsen. Hier kommt die eigentliche Energie für die Bremsung nicht aus der Fahrerfußkraft, sondern aus einem unabhängigen Energiespeicher.

Im Falle einer EHB gibt der Fahrer über den Bremspedalweg lediglich seinen Verzögerungswunsch vor. Dieses elektrische Signal wird in Steuergeräten so aufbereitet, dass die Hydraulikeinheit (HE), die über ein Pumpe-Speicher-System verfügt, den hydraulischen Bremsdruck je nach Fahrzustand an die Radbremsen verteilt. Dabei ist der Fahrerfuß hydraulisch von der HE entkoppelt. Der Speicherdruck wird von der Pumpe aufgeladen und immer im notwendigen Betriebsbereich gehalten.

Einen hydraulischen Durchgriff von der Betätigungseinheit zu den Radbremsen gibt es nur für den Fall einer Störung des Systems, die zu einer Abschaltung der elektrischen Funktion führt. In diesem sog. Backup-Fall oder auch Rückfallebene hat der Fahrer die Möglichkeit, ohne Verstärkung die Radbremsen rein per Muskelkraft zu betätigen. Dieser Backup-Fall hat in einem Ausfall des Bremskraftverstärkers, der Unterdruckversorgung oder eines Bremskreises seine Analogie.

Grundsätzlich verfügt eine EHB aufgrund der Möglichkeit der Eigendiagnose über mehrere, in der Auswirkung hierarchisch gestufte Rückfallebenen, je nachdem welche Störungen aufgetreten sind. Hier besteht ein entscheidender Vorteil einer EHB, die nur betroffene Systemfunktionen im Fehlerfalle abschalten und so lange wie möglich die Grundbremse intakt halten kann.

Die Verbindung von der HE zu den Radbremsen unterscheidet sich nicht von konventionellen Bremsanlagen, außer dass die Auslegung der Bremssättel in Kriterien wie z. B. Lüftverhalten, Betriebsfestigkeit, aber auch Kolbendimensionierung den Anforderungen einer EHB angepaßt werden muss bzw. kann.

Wie eingangs beschrieben besteht bei einer EHB erstmals die Möglichkeit, die Bremssättel mit größeren Lüftspielen zu betreiben, weil das Pedalgefühl hiervon unbeeinflußt bleibt. Bei der Auslegung dieses Kriteriums ist zu berücksichtigen, dass eine EHB ggf. höhere Drücke beim Systemcheck in die Radbremse einspeist, wodurch der Lüftzustand des Bremssattels nicht negativ im Sinne von Restbremsmomenten verändert werden darf.

Die Möglichkeit einer EHB, die Bremskraftverteilung unabhängig von der Kolbendimensionierung der Bremssättel einzustellen, erlaubt hier ebenfalls mehr Freiheitsgrade, wobei die Ausprägung der hydraulischen Rückfallebene und die dort zu erfüllen-

den Stabilitätskriterien zu berücksichtigen sind. Diese Freiheitsgrade können z. B. für die Hinterachsbremssättel zur Senkung des Druckniveaus und damit zur positiven Beeinflussung der Betriebsfestigkeit der Bremssättel verwendet werden.
Diese grundlegenden Merkmale einer EHB können sich in verschiedenen konstruktiven Umsetzungen wiederfinden, die von den Randbedingungen des Fahrzeugs, aber auch vom Fortschritt der Technologie für Teillösungen abhängen. Im Folgenden wird das System EHB wie aktuell im Markt befindlich beschrieben, wobei ein Ausblick auf zukünftige Optimierungen gegeben wird.

17.4 System- und Komponentenbeschreibung

Bild 17-5 zeigt die Anordnung der Komponenten im Fahrzeug, Bild 17-6 die Komponenten der Sensotronic Brake Control SBC, wie EHB in Serienanwendung bei Mercedes heißt, sowie Bild 17-7 den Systemaufbau in detaillierter Darstellung.

17.4.1 Betätigungseinheit

Angebunden an das Bremspedal liegt die sog. Betätigungseinheit, die einerseits das für den Fahrer zur Bedienung notwendige Pedalgefühl simuliert und andererseits über redundante Wegsensorik den Pedalweg und damit den Verzögerungswunsch des Fahrers erfasst. Aus dem Bremsflüssigkeitsbehälter, der wie auf einem konventionellen Hauptbremszylinder angeordnet ist, wird das Pumpe-Speicher-System der Hydraulikeinheit HE gespeist.
Die Betätigungseinheit besteht statt einer Unterdruckdose wie bei einem Bremskraftverstärker aus einem Kunststoffgehäuse mit angeflanschtem Hauptbremszylinder. Das Gehäuse trägt den redundanten Wegsensor auf Hall-Basis und dient gleichzeitig als Schmutzschutz für die Übertragungsbauteile. Der Hauptbremszylinder ist zweikreisig analog eines konventionellen Bauteils ausgeführt. Der Primärkreis ist im Normalbremsbetrieb mit einem Simulator verbunden, der über einen weiteren Kolben hydraulisch betätigt verschiedene Federn zur Nachbildung einer Pedalkennlinie vorspannt. Im Normalbremsbetrieb sind wie bereits beschrieben die Trennventile geschlossen, so dass sich der Primärkolben bewegt und Volumen in den Simulator verschiebt. Der Sekundärkolben bewegt sich nicht. Diese Entkopplung des Bremspedals von der HE hat die positive Konsequenz, dass im Falle einer ABS-Regelung keine für den Fahrer irritierenden Pedalpulsationen auftreten.
Sollte es zu einer Störung des SBC mit der Folge der Systemabschaltung kommen, sind die Trennventile geöffnet. Jetzt werden Primär- und Sekundärkolben verschoben und fördern Volumen in die beiden Vorderachsbremsen und bauen dort Bremsdruck auf. Die Verschiebung des Sekundärkolbens bewirkt in diesem Fall durch Verschließen eines Bypasses per

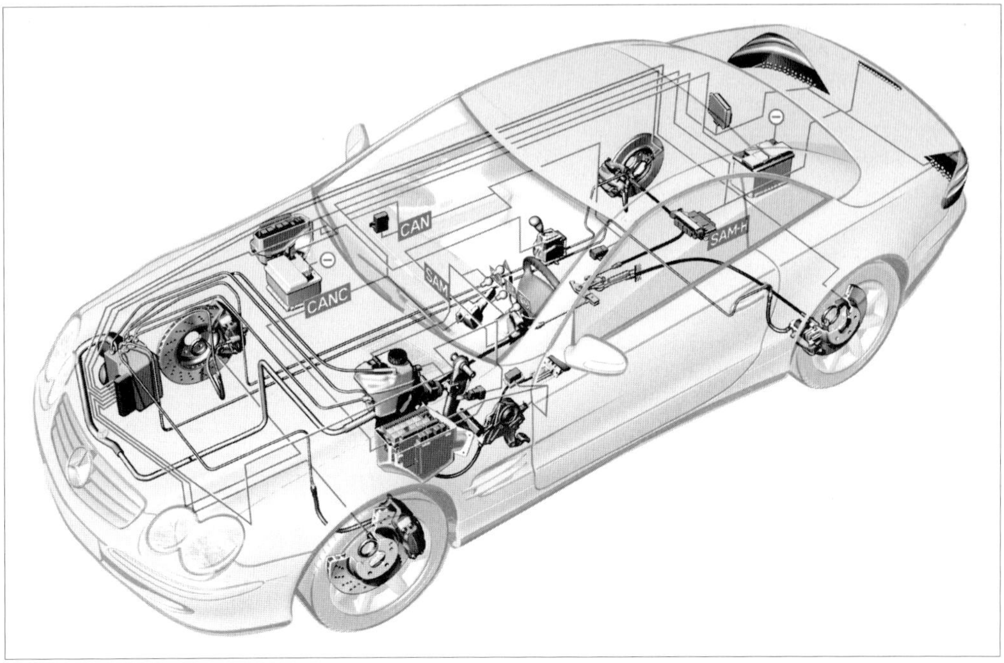

Bild 17-5 Anordnung der SBC-Komponenten im Mercedes SL

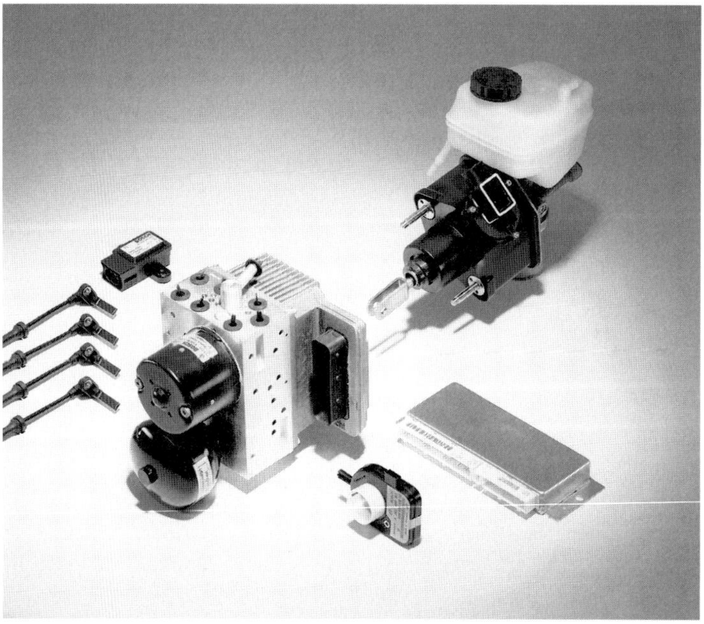

Bild 17-6 Komponenten der SBC (EHB in Mercedes SL- und E-Klasse)

O-Ring eine hydraulische Abtrennung des Simulators, um kein Verlustvolumen durch Füllen des Simulators in der Rückfallebene zu erzeugen.

17.4.2 Hydraulikeinheit

Die Hydraulikeinheit, die im vorderen Kotflügelbereich angeordnet ist, beinhaltet die Hydraulikventile und entsprechende Drucksensoren zur Versorgung der Radbremsen, die Pumpe mit dem Speicher und dem zugehörigem Drucksensor, die Trennventile zur Entkopplung der Betätigungseinheit von den Vorderachsbremsen im Normalbremsfall, die Trennkolben zur hydraulischen Kreistrennung zwischen den Bremssätteln und der HE sowie das Anbausteuergerät mit der Elektronik und der entsprechenden Software zur Ansteuerung der HE, zur Druckregelung etc. Ein weiterer Drucksensor erfasst den Vordruck in der Betätigungseinheit zur Stützung der sicheren Verzögerungswunscherfassung.
Der hydraulische Speicher fasst das Bremsflüssigkeitsvolumen für mehrere Bremsungen. Der mit Stickstoff gefüllte Gasmembranspeicher ist auf 140 bis 160 bar vorgespannt. Die Einkolben-Pumpe zum Laden des Speichers wird von einem Elektromotor angetrieben, sobald der Speicherdruck unter einen bestimmten Grenzwert gefallen ist.
Im Bremsfall werden die Radbremsen unabhängig voneinander über die Raddruckmodulatoren mit Druck aus dem Speicher beaufschlagt. Jeder Modulator verfügt über ein Ein- und Auslassventil, die über die stromgeregelten Endstufen des Anbausteuergerätes angesteuert werden. Entsprechende Drucksensoren überwachen alle vier Radkreise sowie den Speicher.
Wichtiger Bestandteil der HE sind die Trennkolben. Diese sind an den HE-Ausgängen zu den Vorderachs-Raddruckkreisen angeordnet und trennen diese hydraulisch von den Radbremsen. Sie bewirken, dass selbst bei einer hydraulischen Störung wie z. B. Lufteintritt in einen Kreis der HE die Rückfallebene hiervon getrennt voll funktionsfähig bleibt.

17.4.3 Steuergeräte und Sensorik

Ein Fahrzeugsteuergerät in Wegbauweise, das in einer Elektronik-Box nahe der Betätigungseinheit im Aggregatetrennraum sitzt, beinhaltet die Regelsystemfunktionen wie ESP mit ABS und ASR und kommuniziert mit dem Anbausteuergerät der HE. Die Anbindung an den CAN-Bus findet über dieses Fahrzeugsteuergerät statt.
Das Anbausteuergerät ist fest mit der Hydraulikeinheit verbunden. Neben dem Power- und Signalhybrid sind die Spulen zur Betätigung der Magnetventile sowie die Drucksensoren hier integriert. Die Ventile sind analogisierte Schaltventile, die einen höheren Regelkomfort und bessere Regelgüte garantieren.
Notwendige Sensoren für Raddrehzahlen, Gierrate und Lenkwinkel sind als bekannte Bestandteile konventioneller ESP-Systeme auch bei SBC vorhanden.

17.5 Funktionale Systemeigenschaften

Wie oben erläutert, sind die entscheidenden Vorteile der SBC die Entkopplung der Bremsbetätigung von

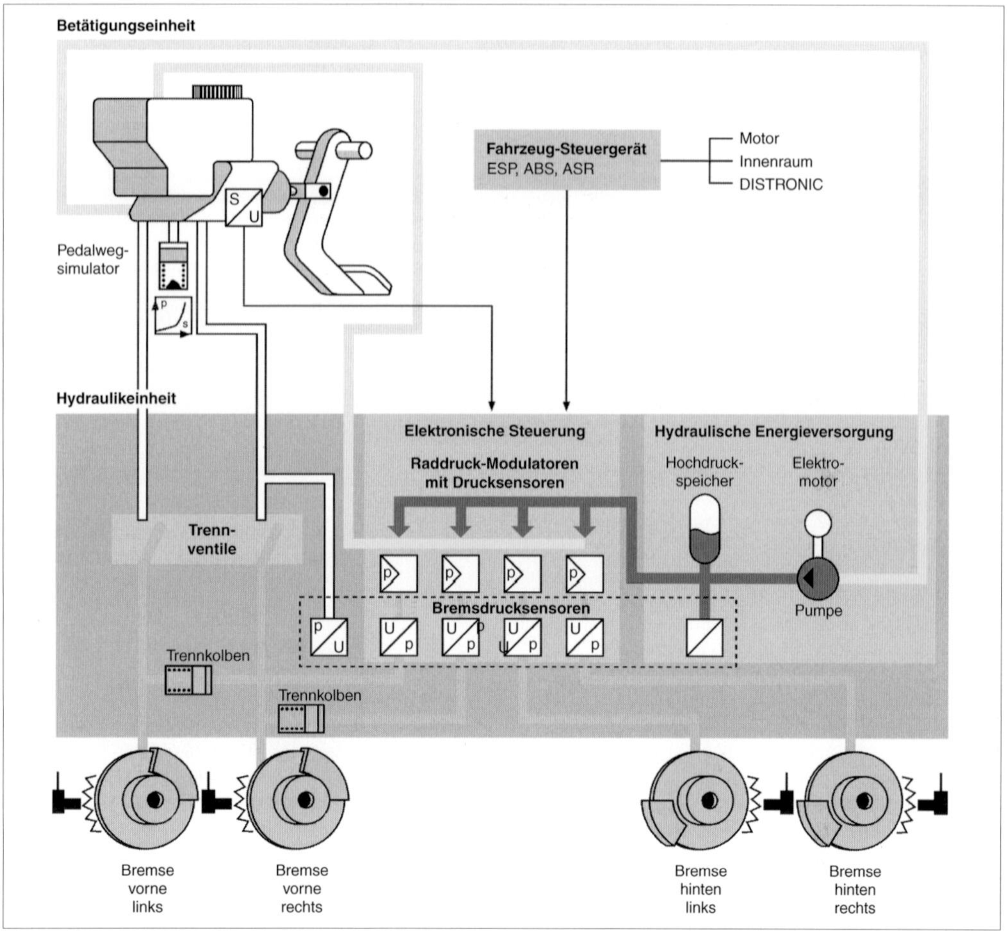

Bild 17-7 Systemschaubild SBC

der Hydraulikeinheit sowie die Möglichkeit, radselektiv Bremsdrücke einzusteuern. Für den Kunden bedeutet das Vorteile im Pedalgefühl und z. B. ein besseres Kurvenbremsverhalten. Die möglichen hohen Druckanstiegsgradienten sowie die verbesserte Regelbarkeit der Ventile bringen Vorteile im Anhalteweg, wobei auch der verbesserte Bremsassistent und das Vorfüllen der Bremssättel hier einen großen Beitrag für den Normalfahrer bieten. Die Entkopplung vom Bremspedal ermöglicht auch weitere Mehrwert-Funktionen wie z. B. das Trockenbremsen, oder die Anfahr- und Stauassistentfunktionen.

17.5.1 Pedalgefühl

Die Abstimmung der Schließwege und der Befederung der Betätigungseinheit BOU in Verbindung mit den hydraulischen Übersetzungen erzeugt in Summe die in Bild 17-8 dargestellte Kraft-Weg-Charakteristik (s. Kap. 3.3.2, 4.3, 4.4, 7.4, 16.4). Neu bei SBC ist, dass die zugehörige Verzögerungs-Weg-Charakteristik per Software erzeugt wird und damit nahezu beliebig veränderbar ist.
Die Abstimmung des Pedalgefühls der SBC ist allerdings sehr viel aufwändiger als diese beiden quasistatischen Kennlinien vermuten lassen, weil es sich darüber hinaus auch aus Hysteresen und Dämpfungen zusammensetzt, die in einem konventionellen System per Hydraulik gegeben sind. Bei einer SBC müssen diese Eigenschaften ebenfalls teilweise per Software nachgebildet werden. Weil die Akzeptanz einer Bremsanlage bei Normalkunden maßgeblich von einem Pedalgefühl abhängt, mit dem der Fahrer problemlos zurechtkommt, ist auf diese Abstimmung umso größeres Augenmerk zu legen.

17.5.2 Anhalteweg

Wie bereits erwähnt, ergeben sich mit einer SBC mehrere Vorteile im Falle einer Notbremsung. Zwi-

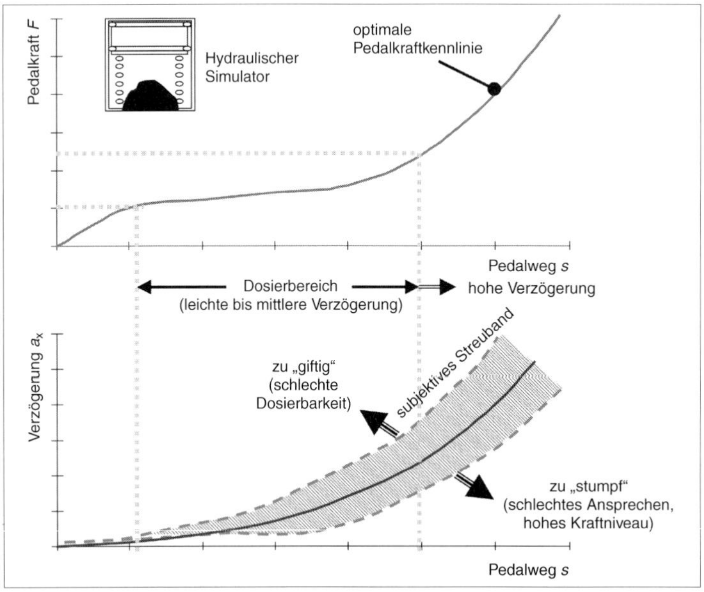

Bild 17-8 Pedalkennlinie der SBC

schen Erkennen der Notsituation und dem Bremsbeginn vergeht bei einem konventionellen System die Reaktionszeit, ohne dass Bremsdruck aufgebaut wird, Bild 17-9. Bei SBC wird die schnelle Gaswegnahme am Fahrpedal als möglicher Beginn einer Notbremsung erkannt und bereits ein geringer Druck in dem Bremssätteln aufgebaut, bevor der Fahrer überhaupt die Bremse betätigt. Mit diesem sog. Vorfüllen werden alle Leerwege und Lüftspiele im System überwunden und die Totzeiten zu Beginn des Druckanstiegs minimiert. Bei regennasser Fahrbahn sorgt eine weitere SBC-Funktion dafür, dass der Bremsmomentenaufbau immer schnellstmöglich funktioniert. In Abhängigkeit von der Aktivität des Scheibenwischers wird in regelmäßigen Abständen ähnlich wie beim Vorfüllen ein geringer Bremsdruck aufgebaut und so die Bremsscheibe trockengebremst, um ein verzögertes Ansprechen der Bremse durch einen Wasserfilm auf der Bremsscheibe zu vermeiden.

Nach Bremsbeginn bietet SBC die Möglichkeit einer kontinuierlichen Bremsassistenz-Funktion. Im Unterschied zu einem konventionellen ESP-System, bei dem der Bremsassistent BAS digital bei Überschreiten einer Schwelle für die Bremspedalgeschwindigkeit aktiviert wird, wird mit SBC in Abhängigkeit von der Fahr- und Bremspedalgeschwindigkeit die Verstärkung der Bremse, die ja wie beschrieben per Software realisiert ist, kontinuierlich variiert.

Auch ist aufgrund der fehlenden pneumatischen Bedrosselung des SBC der Energiebedarf zum Druckaufbau durch den Fahrer wesentlich geringer als bei einem konventionellen System mit Unterdruck-Bremskraftverstärker. Insofern ist auch unabhängig

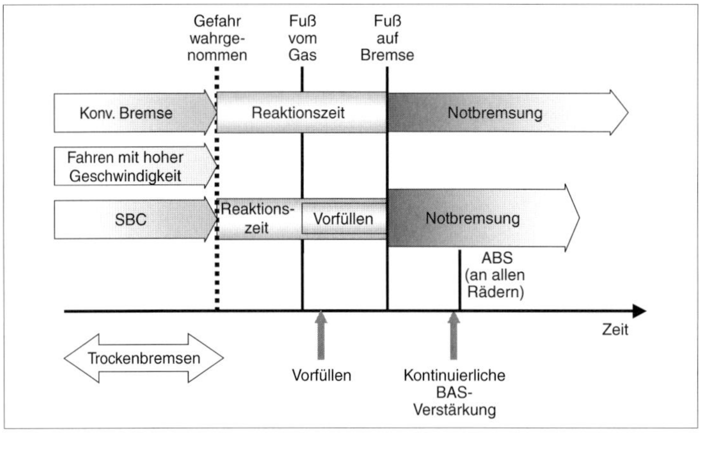

Bild 17-9 Vergleich einer Notbremsung und des Anhalteweges mit und ohne SBC

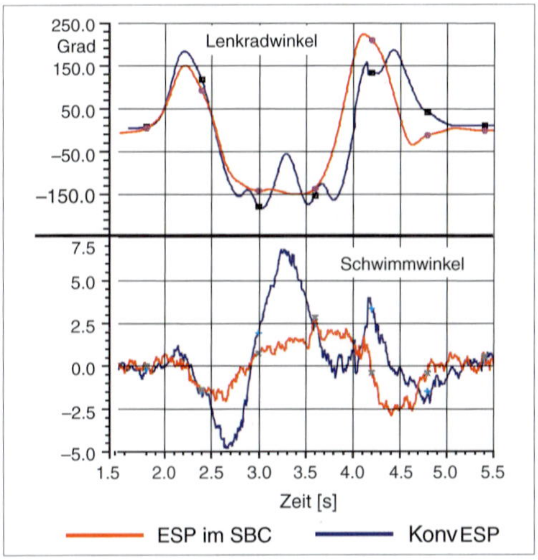

Bild 17-10 Fahrspurwechsel mit und ohne SBC

von der kontinuierlichen BAS-Funktion der Normalfahrer besser in der Lage, alle vier Räder in eine ABS-Regelung zu bringen.

Darüber hinaus bietet SBC Vorteile im Anhalteweg, weil prinzipiell höhere Druckanstiegsgradienten möglich sind. Hier sind allerdings Grenzen in der Umsetzung aus Komfortgründen gegeben. Zu hohe Gradienten erzeugen durch den ruckartigen Bremsmomentenaufbau ggf. unkomfortable Bremsungen durch z. B. Achsschlagen.

Wie bereits erwähnt, trägt die höhere Regelgüte der analogisierten Schaltventile zu einer verbesserten ABS-Regelung bei, was wiederum in höheren mittleren Vollverzögerungen wiederzufinden ist.

17.5.3 Fahrstabilität

In Bild 17-10 ist dargestellt, dass bei einem doppelten Fahrspurwechsel sowohl der Lenkaufwand wie auch der Schwimmwinkel des Fahrzeugs mit SBC geringer sind. Es sind damit wesentlich weniger Lenkkorrekturen beim Ausführen des Manövers notwendig. Dies ist auf die feinfühligeren ESP-Eingriffe der SBC zurückzuführen.

Bild 17-11 und 17-12 zeigen ein Kurvenbremsmanöver mit und ohne SBC. Die Tatsache, dass mit SBC eine im Fahrzeug links und rechts unterschiedliche Bremskraftverteilung auf die Vorder- und Hinterachse möglich ist, ermöglicht eine kurvenideale Bremskraftverteilung. Dadurch kommt es bei einer Kurvenbremsung zu wesentlich geringeren Gierreaktionen des Fahrzeugs. Wie in Bild 17-12 gezeigt, kommt ein Fahrzeug mit SBC möglicherweise noch ohne ESP-Eingriff aus, wogegen ein konventionelles Fahrzeug bereits einen stabilisierenden Eingriff braucht.

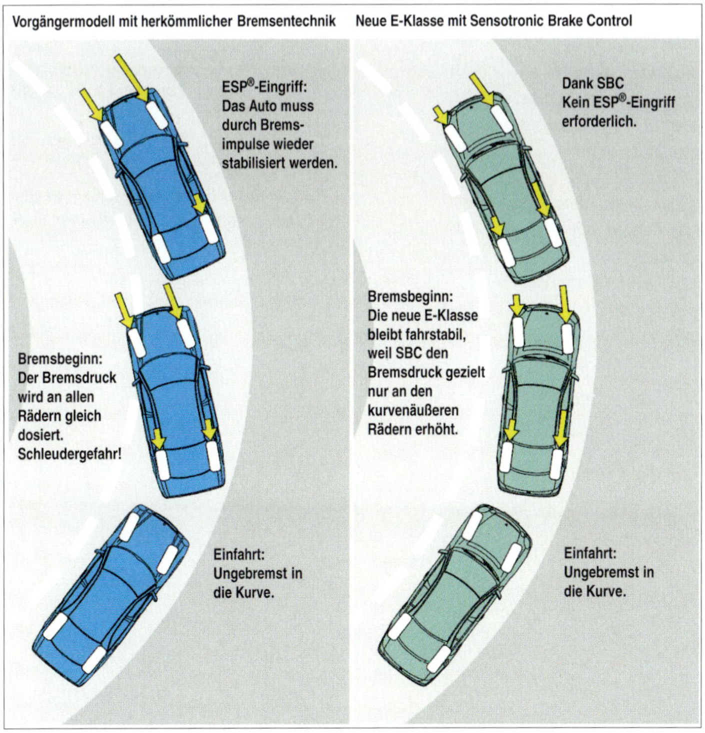

Bild 17-11 Kurvenbremsen mit und ohne SBC

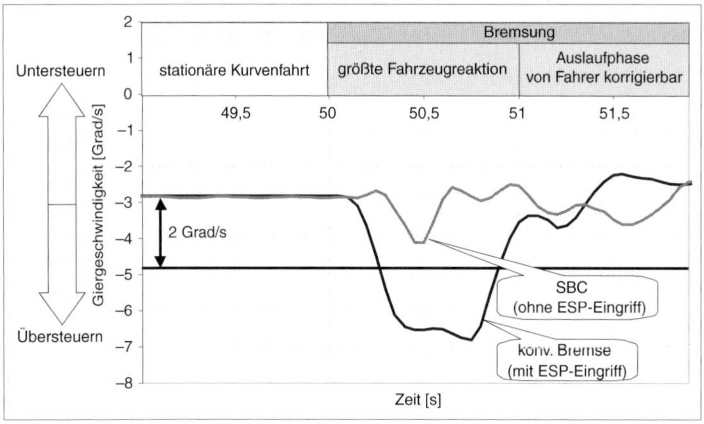

Bild 17-12 Gierreaktionen bei Kurvenbremsen mit und ohne SBC

Auch bei Rückwärtsfahrt wird mit SBC von der Möglichkeit einer hierfür idealen Bremskraftverteilung Gebrauch gemacht. Besonders auf Niedrigreibwert kann eine Rückwärtsbremsung mit einem konventionellen System aufgrund der dann überbremsten Vorderachse und des Verlusts an Seitenführung kritisch sein. Mit SBC wird die Drehrichtungsumkehr der Räder erkannt und die Bremskraftverteilung so verändert, dass die Vorderachse nicht mehr überbremst werden kann.

17.5.4 Mehrwert-Funktionen

Die bisher beschriebenen SBC-Funktionalitäten wie Vorfüllen und Trockenbremsen sind vom Kunden in der Regel nur indirekt wahrnehmbar. Besonders attraktiv sind sicherlich die von ihm direkt erlebbaren Mehrwert-Funktionen. SBC als Fremdkraftbremse bietet die Möglichkeit, das Fahrzeug unabhängig von der Fahrerfußkraft festzubremsen. Dies kann z. B. als Anfahrunterstützung am Berg genutzt werden. Hier bremst der Fahrer durch leichtes Überdrücken des Bremspedals das Fahrzeug fest. Beim Wiederanfahren löst sich die Bremse automatisch. So wird besonders bei Schaltgetriebefahrzeugen das Zurückrollen am Berg verhindert.

Darüber hinaus können auch andere Signale zur Verzögerung des Fahrzeugs genutzt werden. In einer Stauassistenz-Funktion wird das Lösen des Fahrpedals als Verzögerungswunsch erkannt. Bei eingeschalteter Funktion kann das Fahrzeug im Stau also ausschließlich über das Fahrpedal gefahren und gebremst werden, so dass ein Umsetzen des rechten Fußes entfällt.

Literatur

[1] *Schunck, E., Stoll, U.*: Das Sicherheitskonzept einer Elektrohydraulischen Bremse. VDA-Vortrag, 1999

[2] DaimlerChrysler AG: Die intelligente Bremse. In: HIGHTECH Report (1999), S. 52–53

[3] *Jonner, W.-D., Winner, H., Dreilich, L., Schunck, E.*: Electrohydraulic Brake System – The First Approach to Brake-by-Wire Technology; SAE Technical Paper Series, No. 960991, 1996

[4] *Eglmeier, P.*: Untersuchung des Zusammenhangs Pedalkraft/weg und Fahrzeugverzögerung auf der Basis von Feldversuchen; Dipl.-Arbeit; Daimler-Benz AG, 1997

[5] *Stellner, U.*: Messsystem- und Verfahrensentwicklung zur messtechnischen Beurteilung des Bedienkomforts einer Fahrzeugbremse; Dipl.-Arbeit, Daimler-Benz AG, 1995

[6] *Kuhn, F., Greiner, M., Grezlikowski, H.*: Alternative ABS-Rückmeldung; Untersuchung im Daimler-Benz Fahrsimulator, Berlin, 1997

[7] *Faulhaber, A., Grezlikowski, H.*: Einfluss der ABS-Rückwirkung am Bremspedal auf das Bremsverhalten von Normalfahrern; Untersuchung im Daimler-Benz Fahrsimulator, Berlin, 1993

[8] *Achenbach, W., Stoll, U.*: Weltneuheit bei den Bremsen: Die Sensotronic Brake Control (SBC); Der neue Mercedes SL. In: Sonderausgabe von ATZ und MTZ, 10/2001

18 Elektromechanisch betätigte Bremsen

18.1 Zielsetzung

Ein bedeutender Schritt in der Weiterentwicklung von Bremssystemen ist die elektromechanische Bremse (EMB). Da sie frei von Bremsflüssigkeit ist, wird sie auch „trockenes brake by wire“ genannt. Ihre wesentlichen Vorteile gegenüber konventionellen Bremssystemen sind:

- Potenzial für optimales Pedalgefühl
- keine Pedalvibrationen im ABS-Modus
- individuell verstellbares Pedal-Modul
- bei günstigerer Position des Bremspedals (möglich durch Simulator und Sensorik statt THz und Unterdruckverstärker), geringerer Zeitbedarf zum Umsetzen des Fußes; dadurch kürzerer Anhalteweg
- optimales Brems- und Stabilitätsverhalten
- absolut geräuscharmer Betrieb
- Entfall brennbarer Flüssigkeiten und dadurch
  - erhöhte Umweltverträglichkeit sowie
  - verringerte Brandgefahr nach Unfällen und
- besseres Crashverhalten durch entkoppeltes Pedal.

Vorteile für den Fahrzeughersteller sind:

- geringster Packaging- und Montageaufwand (plug’n play statt fill and bleed)
- energetische Entkopplung des Fahrers vom Bremsaktor
- keine Abhängigkeit von Unterdruck, daher optimale Eignung für saugverlustoptimierte Verbrennungsmotoren
- Bereitstellung einer offenen Schnittstelle für alle zukünftigen Fahrerassistenz- und Verkehrsleitsysteme
- aktives Einstellen des Lüftspiels (Kraftstoffverbrauch, Umweltbilanz) und
- Vereinfachung der Bremsausrüstung eines Fahrzeuges, Reduzierung der Komplexität und der Anzahl der Komponenten

EMB übernimmt sämtliche Funktionen einer Bremsanlage: Betriebsbremsanlage (BBA), Hilfsbremsanlage (HBA) und Feststellbremsanlage (FBA) (s. Kapitel 7.2.2).
Während bei einem Kombisattel die Zuspannarbeit für das Feststellen der Bremsanlage von neuem zu erbringen ist, da hydraulisch gelöst und dann wieder mechanisch zugespannt wird, kann EMB durch Verlagerung des Bremskraftanteils der Vorderachse auf die bereits zugespannte Hinterachse das Feststellen der Bremse energetisch günstiger darstellen.

18.2 Systemaufbau – Zusammenwirken der Komponenten

Wie bei der Elektro-Hydraulischen Bremse (EHB) besteht das Grundprinzip der EMB in der rückwirkungsfreien Kopplung des Pedals (Sollwertvorgabe) mit den Bremsen. Anders als bei der EHB exsistiert jedoch bei der EMB keine hydraulische, mit Muskelkraft betätigbare Rückfallebene. Um die Bremsbarkeit des Fahrzeuges gewährleisten zu können, benötigt die EMB ein redundantes Signal- und Energienetz mit einem ausgefeilten Energiemanagement zur Sicherstellung der Bremsbarkeit auch bei Ausfall der primären Energieversorgung. Im Gegensatz zur EHB erzeugt die EMB die Betätigungskräfte direkt an den Rädern über rein elektromechanisch betriebene Radbremsen anstelle der konventionellen hydraulisch betätigten Bremssättel. Die Bremsbeläge werden von einem Elektromotor über ein Getriebesystem an die Bremsscheibe gepresst.

18.2.1 Betätigungseinrichtung

Die Betätigung besteht in einem ersten Schritt aus einem „elektronischen“ Bremspedal (denkbar sind auch andere Arten von Betätigungen z. B. „Joystick“). Dieses kann Bestandteil eines verstellbaren Pedalmoduls sein, das neben dem Brems- auch das Fahrpedal und die zentrale ECU (Electronic Controler Unit = elektronische Regeleinheit) enthält, (Bild 18.1). Das elektronische Bremspedal setzt sich zusammen aus dem Pedalgefühlsimulator und Sensoren zur Fahrerwunscherfassung. Die Pedalweg- bzw. Pedalkraft-Signale werden von der zentralen ECU mit weiteren, den

Bild 18-1 Betätigungseinrichtung der EMB

Fahrzustand und Fremdbremseingriffe beschreibenden externen Signalen (zum Beispiel Raddrehzahlen, Gierrate, Querbeschleunigung) verarbeitet und in hinsichtlich Bremsverhalten und Fahrstabilität optimale radindividuelle Bremsenzuspannkräfte umgerechnet. Die entsprechenden elektrischen Informationen werden über ein zweikreisiges Bussystem (by wire) an die Radbremsmodule übertragen.

Die **Pedalcharakteristik** (Zusammenhang zwischen Pedalkraft, Pedalweg und Fahrzeugverzögerung) spielt neben den nicht bremssystemspezifischen Gegebenheiten wie z. B. Stellung des Pedals (Neigung) und relative Position zum Sitz (Ergonomie) die wesentliche Rolle für das sich ergebende „Pedalgefühl". Das Empfinden, wie Betätigungs-Kraft und -Weg sowohl statisch als auch dynamisch miteinander und in Relation zur Verzögerung harmonieren ist entscheidend für die sichere, effiziente und komfortable Bedienbarkeit der Bremse. Bei EMB lässt sich das Pedalgefühl weitestgehend einstellen. Erweiterungen zu einer aktiven oder veränderlichen (adaptiven) Pedalcharakteristik (z. B. vom Beladungszustand unabhängige Pedalkräfte) sind mit relativ geringem Aufwand durch Software darstellbar.

18.2.2 Elektromechanische Radbremse

18.2.2.1 Aktor

Jedes der Radbremsmodule besteht aus den Grundkomponenten Reibungsbremse, elektromechanischer Aktor und Leistungselektronik (Radbremsen-ECU) (Bild 18.2). Die Reibungsbremse wird in ihrer Grundfunktion als bekannt und ausgereift vorausgesetzt und als Standardkomponente von der hydraulischen Radbremse übernommen. Der Bremskolben wird durch den elektromechanischen Aktor ersetzt. Die Dosierung bei Bremsvorgängen sowie die Bremsmomentvariation bei Radschlupf-Regelungsvorgängen (z. B. durch ABS, ASR, ESP) erfolgt ähnlich wie bei der elektrohydraulischen Bremse in der Zentral-ECU, von der aus die entsprechenden Anforderungen an die Radbremsen-ECUs weitergeleitet werden.

Die Feststellbremse kann in Form einer in den Aktor integrierten Arretiervorrichtung realisiert sein (elektromechanischer Kombisattel). Die Aktivierung kann durch einen manuell bedienten Taster mit rein elektrischer Signalankopplung erfolgen, oder durch Ansteuerung der Radbremsen-ECU von der Zentral-ECU aufgrund dort ablaufender übergeordneter Zusatzfunktionen.

An den **elektromechanischen Aktor** der EMB werden besondere Anforderungen gestellt. Er muss durch die Abstimmung seiner Komponenten – Arbeitsquelle und Getriebesysteme – sicherstellen, dass der physikalisch gewünschte Effekt, Aufbau und Modulation einer Spannkraft, in den geforderten Zeiten realisiert werden kann. Die Auslegung des Aktors muss die Verknüpfung der Eigenschaften der einzelnen Komponenten berücksichtigen, so beeinflusst z. B. die Gesamtübersetzung der Getriebesysteme nicht nur die maximal erreichbare Spannkraft sondern auch die Kraftaufbaugeschwindigkeit.

An die **Arbeitsquelle** der EMB werden unterschiedliche Anforderungen gestellt. Zum einen muss in Verbindung mit den nachgeschalteten Getriebesystemen die maximale Spannkraft sicher erreicht werden (statische Forderung), zum anderen müssen der Kraftaufbau und die Kraftmodulation mit einer hinreichenden Dynamik erfolgen (dynamische Forderungen). Als sinnvoller elektromechanischer Wandler hat sich aufgrund der sehr hohen Leistungsdichte der bürstenlose, permanenterregte Gleichstrommotor heraus kristallisiert. Der Abstimmung der Motorkennlinie und der geometrischen Auslegung (Trägheitsmomente) ist aufgrund der statischen und dynamischen Forderungen besondere Aufmerksamkeit zu widmen.

18.2.2.2 Getriebesysteme

Die von dem elektromechanischen Wandler zur Verfügung gestellte Leistungscharakteristik (z. B. Drehmoment/Drehzahl-Kennlinie) wird über Getriebesysteme an die Verbraucherkennlinie der Reibungsbremse (z. B. Spannkraft/Weg-Kennlinie) angepasst. Als Einzelstufen der Getriebesysteme kommen grundsätzlich alle Möglichkeiten der drei Hauptgruppen Rot/Rot (Eingang und Ausgang rotatorisch), Rot/Trans (Eingang rotatorisch/Ausgang translatorisch) und Trans/Trans (Eingang und Ausgang translatorisch) in Betracht. Eine kostengünstige EMB mit nur einstufigem Getriebe konnte bislang aufgrund der divergierenden statischen und dynamischen Anforderungen und der begrenzten Leistungsdichte des Motors noch nicht realisiert werden. Als praktikable Lösung hat sich eine Kombination aus Planetengetriebe (Rot/Rot) und Gewindetrieb (Rot/Trans) durchgesetzt. Beide stellen eine gute Kombination aus Leistungsdichte und Wirkungsgrad dar. Die Auslegung der Getriebesysteme beeinflusst maßgeblich die erreichbare Zuspannkraft, die Bremsendynamik, die Baugröße und somit auch die Kosten der EMB.

18.2.2.3 Sensorik

Zuzüglich zur ESP-Sensorik (s. Kapitel 7.7.3) empfiehlt es sich, radindividuelle Zuspannkraftsensoren zu verwenden. Aus heutiger Sicht bietet diese Konstellation die bestmögliche Funktionalität und das bestmögliche Regelungskonzept. Allerdings sind auch kraftsensorlose Strategien mit einer Rekonstruktion des Bremsmomentes resp. der Zuspannkraft möglich. Als zusätzliche Sensorik gegenüber den hydraulischen Bremssystemen ist noch in jedem Aktor eine Motorlagesensorik enthalten. Dadurch können bei entsprechender konstruktiver Auslegung

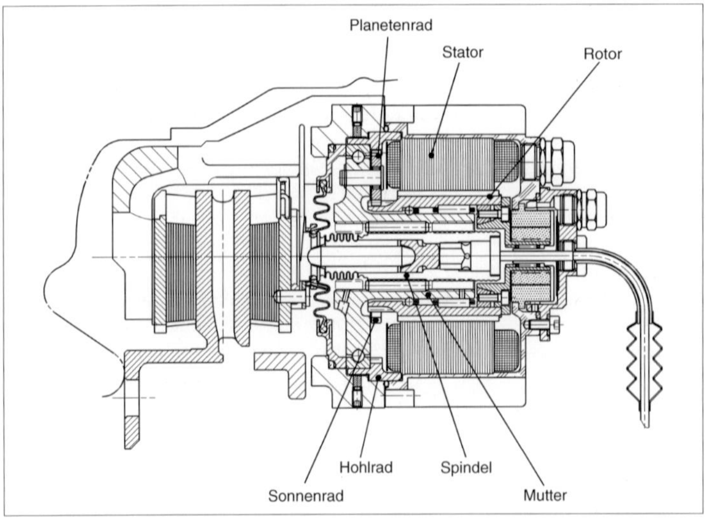

Bild 18-2 Schnittbild der EMB mit Planetengetriebe: Sonnenrad, Planetenrädern und Hohlrad; Elektromotor: Stator und Rotor

nicht nur die Motorkommutierung, sondern auch eine genaue Belagpositionierung (für Belagverschleißerfassung, Lüftspieleinstellung, etc.) realisiert werden.

18.2.3 Regelkonzepte

Die EMB realisiert alle denkbaren Bremseingriffe und Stabilitätsfunktionen (zum Beispiel ABS, EBV, ASR, ESP, BA, ART). *(ABS: Anti Blockier System, EBV: Elektronische Bremskraftverteilung, ASR: Antriebs-Schlupf-Regelung, ESP: Elektronisches-Stabilitäts-Programm, BA: Bremsassistent, ART: Abstands-Regel-Tempomat)*
Darüber hinaus kann die elektrische Parkbremse mit minimalem Aufwand ergänzt werden.
Die EMB kann die Beläge aktiv zurückstellen (lüften). Bei hydraulischen Bremsen wird diese Aufgabe durch die Kolbendichtringe wahrgenommen. Das aktive Zurückstellen gewährleistet schnelles, exakt dosiertes Lüften der Bremsbeläge von der Scheibe. Dadurch werden Restbremsmomente vermieden (zero drag) und damit der Kraftstoffverbrauch vermindert, Auswaschungen an den Bremsscheiben verhindert sowie bei ABS-Reglung auf niedrigsten Reibwerten das Wiederbeschleunigen erleichtert.
Die EMB sensiert den aktuellen Belagzustand, insbesondere den Belagverschleiß. Mit dieser Information kann eine rechtzeitige Aufforderung zum Belagwechsel generiert werden. Darüber hinaus ist es möglich, den Belagverschleiß innerhalb gewisser Grenzen stärker auf die bislang schwächer abgenutzten, meist hinteren Beläge zu konzentrieren. Dies geschieht durch eine Verschiebung der Bremskraftanteile auf die Bremsen mit dem geringeren Verschleiß.

18.2.4 Energieversorgung

Grundsätzlich ist der Generator die Energiequelle zum Betrieb der EMB. Die beiden Batterien (möglichst von unterschiedlicher physikalischer Bauart) müssen vom Ladezustand her überwacht werden und stellen neben einem Puffer für kurzzeitige Spitzen im Leistungsbedarf nur die Backup-Lösung für den Notfall dar.
Aus heutiger Sicht kann ein EMB-System der obigen Ausprägung mit einem 14 V Bordnetz nicht betrieben werden. Die zum Erreichen der erforderlichen Dynamik benötigte hohe Leistungsaufnahme führt zu inakzeptablen Spitzenströmen. Bereits jetzt ist absehbar, dass das für EMB und andere sicherheitsrelevante Systeme (z. B. elektrische Lenkung) erforderliche, höchst zuverlässige 42 V Bordnetz nicht zuletzt wegen der hohen Kosten ein zentrales Entwicklungsthema der gesamten Automobilindustrie ist. Durch Einsatz von im Antriebsstrang integrierten Kurbelwellen-Starter-Generatoren und ihre Rekuperationseigenschaften können die Betriebsbremsen in bestimmten Betriebszuständen nicht nur entlastet werden, sondern auch als Verbraucher für in der Rekuperation erzeugte Energie eingesetzt werden.

18.3 Aspekte der passiven Sicherheit

Die Betätigungseinheit baut deutlich kleiner als diejenige der Elektro-Hydraulischen Bremse (EHB), da die Betätigungseinheit keine hydraulischen Bauteile beinhaltet. Der Pedalweg kann deutlich kürzer ausfallen, da er keinerlei mechanischen (hydraulischen) Beitrag zur Bremswirkung leistet und demzufolge auch keine Hubreserve vorgehalten werden muss. Dadurch steht mehr Bauraum für die Knautschzone zur Verfügung.

18.4 Elektrische Parkbremse (EPB) und Aktive Parkbremse (APB)

Zur stetigen Erhöhung der aktiven Sicherheit und des Bedienkomforts werden weitere Assistenzsysteme entwickelt. In einem ersten Schritt wird bei konventionellen hydraulischen Systemen und auch bei EHB-Systemen die mechanische Handbremse (resp. das zusätzliche Pedal) durch ein elektromechanisches System ersetzt, welches zum einen den bisher durch diese Betätigungseinrichtung beanspruchten Einbauraum freigibt und zum anderen weitergehende Funktionen ermöglicht.
Die elektrische Parkbremse (EPB) ersetzt die konventionelle mechanische Feststellbremse (Handbremse) durch einen Schalter im Fahrgastraum, ein elektronisches Steuergerät sowie Radbremsaktoren (Elektromotor mit Getriebe), (Bild 18.4). Es werden Aktoren verwendet, die die als Duo-Servo oder Kombisattel ausgeführte Hinterradbremse direkt oder über einen Bowdenzug betätigen. Die bremsenden Teile der Feststellbremse werden alleine durch mechanische Selbsthemmung in der Bremsstellung festgehalten.
Bei Seilzug-Systemen besteht der Aktor aus Elektromotor, Keilwelle, Sensor zur Lüftspielerkennung (Kraft- oder Wegsensor), Notentriegelung und elektronischer Steuerung, die alle in einem gemeinsamen Gehäuse integriert sind, (Bild 18.3). Von der Elektronik angesteuert, treibt die Elektromotor/Getriebe-Einheit die Keilwelle an. Diese arbeitet nach dem Mutter/Spindel-Prinzip und öffnet bzw. löst die Feststellbremse gemäß der entsprechenden Drehrichtung. Über die angeschlossenen Bremszüge werden die Bremsen der Hinterachse betätigt. Der Zwei-Seil-Aktor arbeitet nach dem Reaktionsprinzip, so dass auf die Bremszüge gleiche Kräfte wirken und das Gehäuse annähernd kräftefrei bleibt. Der integrierte Sensor zur Ermittlung der Seilkraft gibt eine Rückmeldung über die eingesteuerten Spannkräfte an die Elektronik und ermöglicht so die Regelung der Bremskräfte. Zur Absicherung gegen Überlast verfügt das Getriebe über eine Rutschkupplung.

Der elektronische Regler beinhaltet folgende Algorithmen:

- Steuerung der Zuspannkräfte
- Ansteuerung der Warn- und Kontroll-Leuchte im Armaturenbrett
- Sicherheitslogik
- Diagnose-Funktionen
- gegebenenfalls Belagverschleißerkennung und
- Alarmfunktion (nur optional).

Neben der Zündschloss-Stellung erfasst der elektronische Regler über einen Wipptaster den Wunsch zu Parken sowie über eine Schnittstelle zum übergeordneten ABS/ESP-Regler den Fahrzustand.
Die Grundfunktion der EPB ist das Betätigen bzw. das Lösen der Parkbremse bei Stillstand des Fahrzeuges. Auf Tastendruck erfolgt ein zeitlich und bezüglich der Maximalkraft definiertes Zuspannen und Lösen (On/Off-Funktion) der Feststellbremse.
Wird das Bedienelement während der Fahrt anhaltend betätigt, führt die EPB eine geregelte dynamische Bremsung durch. Das Einbringen einer Antiblockierfunktion bei einer derartigen Betätigung bedeutet die Integration einer Betriebsbremsfunktion in die Feststellbremsfunktion und geht damit in die Richtung der übergeordneten Funktionalitäten einer aktiven Parkbremse (APB). Das Funktionsspektrum reicht ausgehend von der einfachen Feststellung oder Wegrollsperre über eine dosierte Anfahrhilfe am Berg (sogenannte Hill Holder-Funktion) bis zur Einparkunterstützung in Verbindung mit Abstandssensorik und eventuell zur Diebstahlssperre.
Ein Notentriegelungszug ermöglicht das Lösen der elektrischen Parkbremse auch bei Ausfall der Spannungsversorgung. Bei Systemen mit unmittelbar am Sattel angebrachtem Betätigungsmotor besteht für den Notfall die Möglichkeit, diesen abzuschrauben oder ihn mit einem speziellen Gerät extern anzusteuern und damit die Bremse zu lösen.

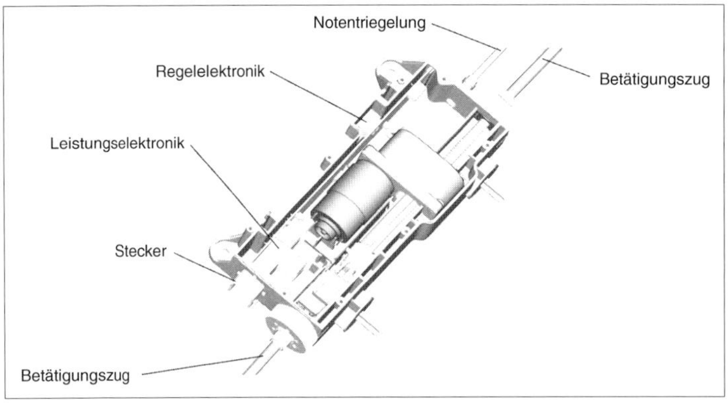

Bild 18-3 Zentralaktor EPB

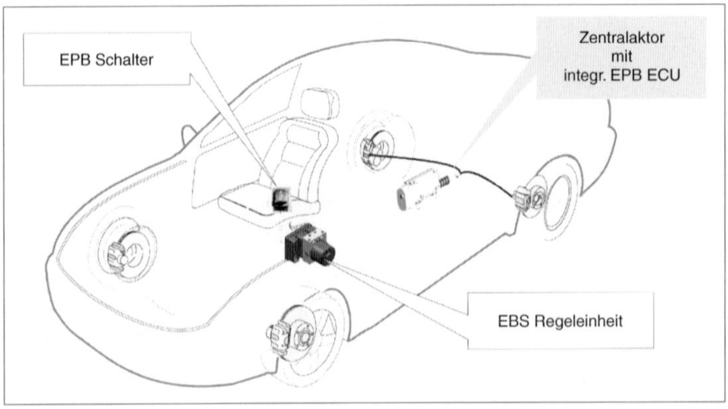

Bild 18-4 Systemlayout der elektrischen Parkbremse

18.5 Ausblick, Perspektiven

Eine angedachte Funktionalität der EMB ist die Unterstützung der Fahrzeuglenkung. Durch einseitig aufgebrachte Bremsmomente (ähnlich wie es bei ESP der Fall ist) kann ein unterstützendes Moment um die Fahrzeughochachse erzeugt werden. Die Lenkreaktionszeiten können dadurch verringert werden, die Handlichkeit nimmt zu. Die sich bei schnellem Einlenken daraus zwangsläufig ergebende Fahrzeugverzögerung ist so kurzzeitig und geringfügig, dass sie nicht als störend empfunden wird.

Literatur

[1] *Bill, K.; Balz, J.; Böhm, J.; Rieth, P.; Semsch, M.*: Smart Booster – New Key Element for Brake Systems with Enhanced Function Potential, 1995 SAE International Congress and Exposition Detroit, Advancements in ABS/TCS and Brake Technology SP-1075, Detroit: SAE-Paper 950760

[2] *Balz, J.; Bill, K.; Böhm, J.; Scheerer, P.; Semsch, M.*: Konzept für eine elektromechanische Fahrzeugbremse. In: Automobiltechnische Zeitschrift ATZ, 98. Jahrgang Nr.6, 1996, S. 328–333

[3] *Barz, M.; Bill, K., Breuer, B.; Gruber, S.; Semsch, M.; Strothjohann, T.; Xie, Ch.*: The Mechatronic Vehicle Corner of Darmstadt University of Technology – Interaction and Cooperation of a Sensor Tire, New Low-Energy Disc Brake and Smart Wheel Suspension, Seoul 2000 FISITA World Automotive Congress June 12–15, 2000, Seoul (Korea): Paper F2000G281

[4] *Bill, K.*: Grundsatzuntersuchungen zum Einsatz elektrischer Radbremsen in Personenkraftfahrzeugen, Dissertation TU Darmstadt, VDI Fortschritt-Berichte Reihe 12 Nr. 166, Düsseldorf: VDI-Verlag, 1992

[5] *Bill, K.; Semsch, M.*: Translationsgetriebe für elektrisch betätigte Fahrzeugbremsen, In: Automobiltechnische Zeitschrift ATZ, 100. Jahrgang Nr.1, 1998; S. 36-41

[6] *Böhm, J.; Isermann, R.; Nell, J.; Rieth, P.; Schwarz, R.*: Modeling and Control of an Electromechanical Disc Brake, 1998 SAE International Congress and Exposition, Detroit: SAE980600

[7] *Isermann, R.; Nell, J.; Rieth, P.; Stölzl, S.*: Methodik zur Erarbeitung eines Sicherheitskonzepts und Überwachungsverfahren für sicherheitskritische Systeme in modernen Kraftfahrzeugen, 8. Internationale Fachtagung „Elektronik im Kraftfahrzeug“, Baden-Baden: 1998

[8] *Leber, M.*: Radbremse mit mechatronischer Kennwertregelung – Untersuchung von Betriebsverhalten und Fahreranbindungsproblematik hinsichtlich Brake-by-Wire-Systemen, Dissertation TU Darmstadt, VDI Fortschritt-Berichte Reihe 12 Nr. 358, Düsseldorf: VDI-Verlag, 1998

[9] *Schwarz, R.*: Rekonstruktion der Bremskraft bei Fahrzeugen mit elektromechanisch betätigten Radbremsen, Dissertation TU Darmstadt, VDI Fortschritt-Berichte Reihe 12 Nr. 393, Düsseldorf: VDI-Verlag, 1999

19 Die Bremsanlage in Fahrerassistenzsystemen

19.1 Übersicht, Funktion und Anforderungen an die Fahrerassistenzsysteme für Pkw

Aktive Fahrsicherheitssysteme sind Regelsysteme im Fahrzeug, die der Unfallvermeidung dienen. Passive Fahrsicherheitssysteme dienen der Reduzierung von Unfallfolgen. In diesem Kapitel geht es um aktive Fahrsicherheitssysteme, welche auf die Bremse einwirken. Solche Systeme sind das Antiblockiersystem (ABS), die Antriebsschlupfregelung (ASR) und das Elektronische Stabilitätsprogramm (ESP). Kennzeichnend für die Leistungsfähigkeit dieser Systeme ist die Geschwindigkeit, mit der große Bremskräfte und Bremskraftänderungen erreicht werden können. Bei ABS und ASR wird primär die Raddrehung geregelt, während bei ESP primär die Fahrbewegung geregelt wird. ESP enthält jedoch auch einen Regelkreis zur Regelung der Raddrehung. Es benutzt aber die Regelung der Raddrehung, um in jeder Situation die erforderlichen Längs- und Querkräfte an den Rädern, und damit auch die am Fahrzeug, einzustellen. Liefert das blockierte und das durchdrehende Rad keine Möglichkeit, die Kraftvektoren zwischen Rad und Fahrbahn über die Lenkung zu beeinflussen, so kann durch die Radregelsysteme das Blockieren und das Durchdrehen der Räder vermieden werden. Damit kann ein gewisses Niveau an Fahrstabilität und Lenkbarkeit erhalten bleiben. Im Folgenden werden einige Fahrerassistenzfunktionen, welche auf der elektronischen Regelung der Bremsen beruhen kurz beschrieben und die Anforderungen genannt.

19.1.1 Antiblockiersystem ABS

Wird ein Rad gebremst, so dreht es sich langsamer als wenn es nicht gebremst würde [1]. Die Differenz in der Raddrehung zwischen gebremst und ungebremst wird die Schlupfgeschwindigkeit genannt. Bezieht man die Schlupfgeschwindigkeit auf die ungebremste Geschwindigkeit, so entsteht eine dimensionslose Größe, die Reifenschlupf genannt wird. Bild 19-1 zeigt den Sachverhalt bei einem gebremsten Rad.

Wird das Rad mit dem Bremsmoment M_{BR} abgebremst so entsteht eine Bremskraft F_B. Vor der Bremsung dreht sich das Rad mit der Geschwindigkeit $\omega_{R0} = v_F/R$, wobei v_F die Fahrgeschwindigkeit, und R der Radrollradius ist. Während der Bremsung dreht sich das Rad mit der Geschwindigkeit ω_R. Der Radschlupf ist nun wie oben beschrieben definiert als $\lambda = (\omega_{R0} - \omega_R)/\omega_{R0}$. Meistens wird jedoch der prozentuale Wert verwendet.

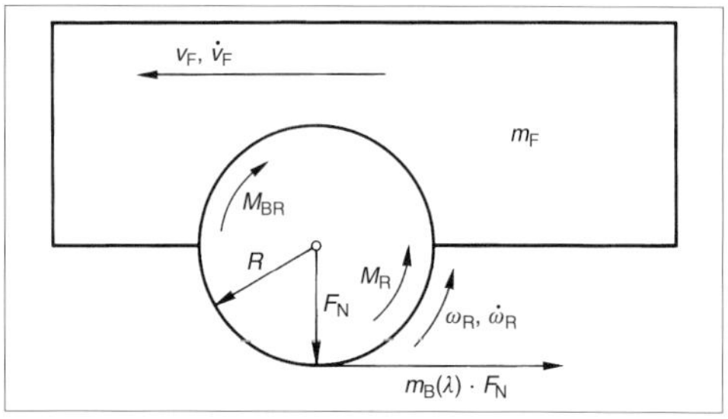

Bild 19-1 Bremsung eines Rades

Zwischen dem Radschlupf und der Bremskraft bzw. Bremsreibwert, besteht ein nichtlinearer Zusammenhang, der die Reifenschlupfkurve genannt wird (Bild 19-2).

Der Bremsreibwert μ_B ist das Verhältnis zwischen Bremskraft und Aufstandskraft $\mu_B = F_B/F_N$. Bei steigendem Schlupf steigt zunächst auch der Bremsreibwert. Nach dem Maximum nimmt der Bremsreibwert wieder ab. Dieser Schlupfbereich wird der instabile Bereich der Schlupfkurve genannt. Aus historischen Gründen wird der maximale Bremsreibwert der Haftreibwert μ_H genannt.

Bei einer auf das rollende Rad ausgeübten Seitenkraft F_S entsteht ein Schräglaufwinkel α. Der Schräglaufwinkel ist der Winkel zwischen dem Geschwindigkeitsvektor des Rades und der Radmittelebene. Wird ein Rad gebremst, dann wird die Seitenkraft, bzw. der Seitenreibwert $(\mu_S = F_S/F_N)$ kleiner. Ebenso wird der Bremsreibwert durch Seitenkräfte reduziert. Der Zusammenhang zwischen

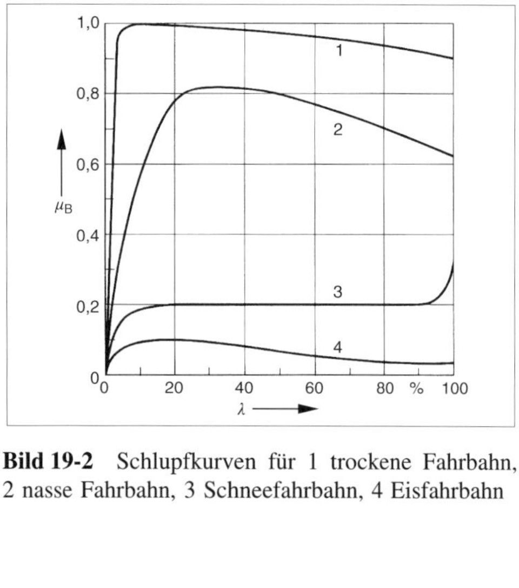

Bild 19-2 Schlupfkurven für 1 trockene Fahrbahn, 2 nasse Fahrbahn, 3 Schneefahrbahn, 4 Eisfahrbahn

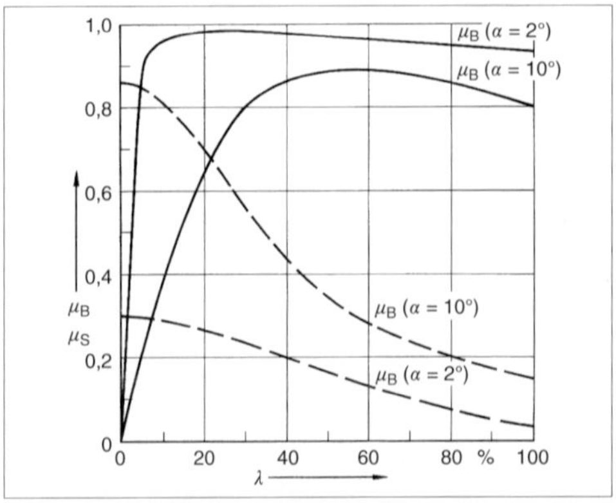

Bild 19-3 Schlupfkurve bei verschiedenen Schräglaufwinkel und Abhängigkeit des Seitenreibwerts vom Schlupf

dem Seitenreibwert und dem Reifenschlupf ist in Bild 19-3 dargestellt.
Wird durch die Radregelung der Schlupfwert begrenzt, dann wird auch die Reduzierung des Seitenreibwerts begrenzt. Somit erzielt die Radregelung die Stabilität und die Lenkbarkeit des Fahrzeugs.
Die Anforderungen an das ABS sind nun wie folgt [1]:

- Die Bremsregelung soll Stabilität und Lenkbarkeit bei allen Fahrbahnbeschaffenheiten sicherstellen.
- Das ABS soll den Haftreibwert zwischen den Reifen und der Fahrbahn beim Bremsen maximal ausnutzen.
- Die Bremsregelung muss im gesamten Fahrgeschwindigkeitsbereich bis zum Stillstand funktionieren.
- Die Bremsregelung muss sich Änderungen in der Fahrbahngriffigkeit schnell anpassen und muss tolerant sein bzgl. Änderungen am Fahrzeug und in der Umwelt.
- ABS muss im gesamten Temperaturbereich von -20 °C bis $+120$ °C voll leistungsfähig sein und darf unterhalb von -20 °C nicht ausfallen.
- Beim Bremsen auf ungleichen Fahrbahnoberflächen unter den Reifen sollen die dabei auftretenden Giermomente so langsam ansteigen, dass sie der Normalfahrer über die Lenkung mühelos ausgleichen kann.
- In Kurven muss das Fahrzeug beim Bremsen stabil und lenkbar bleiben und einen möglichst kurzen Bremsweg aufweisen.
- Prioritäten für ABS bei Geradeausbremsungen und hohen Fahrgeschwindigkeiten:
  1. Bremsweg
  2. Fahrzeugstabilität
  3. Komfort (Geräusch, Pedalpulsieren)
- Prioritäten für ABS bei Fahrverhalten bei hohen Fahrgeschwindigkeiten:
  1. Fahrzeugstabilität
  2. Bremsweg
  3. Komfort (Geräusch, Pedalpulsieren)
- Prioritäten für ABS bei μ-Split Bremsung
  1. Bremsweg
  2. Fahrzeugstabilität
  3. Fahrzeuglenkfähigkeit (Lenkradwinkelgeschwindigkeit $<90°$)
  4. Fahrzeugquerverschiebung ($<0{,}5$ m relativ zur Fahrspurmitte)
  5. Komfort (Geräusch, Pedalpulsieren)
- Auch auf welligen Fahrbahnen gilt bei beliebig starker Bremsung die Forderung nach Stabilität, Lenkbarkeit und bestmöglicher Abbremsung.
- Die Bremsregelung muss Aquaplaning erkennen und darauf geeignet reagieren. Stabilität und Geradeauslauf des Fahrzeugs müssen dabei erhalten bleiben.
- ABS muss tolerant sein bzgl. Reifentypen und Reifenverschleiß.
- Die Einflüsse des Motors, wenn eingekuppelt gebremst wird, müssen möglichst gering gehalten werden.
- Ein Aufschaukeln des Fahrzeugs durch Schwingungen muss vermieden werden.
- Beim ABS-Bremspedalpulsieren darf keine signifikante Änderung in der Bremspedalposition auftreten.
- Eine Überwachungsschaltung muss ständig die einwandfreie Funktion des ABS kontrollieren. Wenn diese einen Fehler erkennt, der das Bremsverhalten beeinträchtigen könnte, schaltet das ABS ab. Eine Informationslampe zeigt dem Fahrer an, dass nur noch die Basisbremsanlage – ohne die ABS-Funktion – zur Verfügung steht.

Wie bereits beschrieben, muss die ABS-Regelung dazu den Schlupf begrenzen. Aus wirtschaftlichen Gründen wird die Fahrzeuggeschwindigkeit nicht gemessen, so dass die ungebremste Radgeschwindigkeit, und damit der Schlupf, nicht berechnet werden kann. Aus diesem Grund kann das Regelkonzept nicht auf einer Schlupfregelung basieren. Statt dessen beruht das Regelkonzept auf einer Beschleunigungsregelung, wobei die Beschleunigungssollwerte so gewählt werden, dass der Schlupf in der Nähe vom Optimum der Schlupfkurve bleibt.
Zur Beschreibung der Regelfunktion ist in Bild 19-4 der Anfang einer ABS-Bremsung vereinfacht dargestellt [1].
In der Phase 1 wird der Bremsdruckanstieg gezeigt, so wie er vom Fahrer über das Bremspedal vorgegeben wird. Das Rad verzögert unter dem Einfluss des Bremsmoments. Wenn die Radumfangsbeschleunigung den Wert $-a$ erreicht hat, wird die weitere Erhöhung des Bremsdrucks in der Radbremse unter-

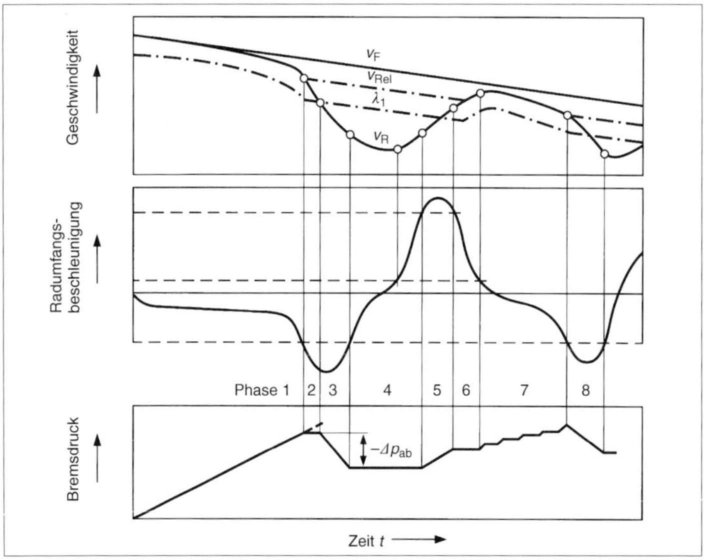

Bild 19-4 Regelkonzept am Anfang einer ABS-Regelung

bunden und der Bremsdruck konstant gehalten. Der Bremsdruck wird noch nicht reduziert, da durch Achsbewegungen, die vor allem am Anfang der Bremsung groß sind, eine Scheinverzögerung vorgetäuscht wird, die noch nichts mit dem Erreichen des Maximums der Schlupfkurve zu tun hat. Der Druck wird erst dann abgebaut, wenn die Radgeschwindigkeit v_R deutlich kleiner geworden ist ($v_R = R \cdot \omega_R$). Dazu wird eine Referenzgeschwindigkeit v_{Ref} gebildet. Diese folgt am Anfang der Bremsung der Radgeschwindigkeit, bis die Beschleunigungsschwelle $-a$ erreicht wird. Danach wird die Referenzgeschwindigkeit mit einer bestimmten Steigung extrapoliert (am Anfang −0,3 g). Sobald die Differenz zwischen Radgeschwindigkeit und Referenzgeschwindigkeit eine bestimmte Schwelle λ_1 überschreitet, wird der Bremsdruck abgebaut. Mit der Referenzgeschwindigkeit soll die Radgeschwindigkeit nachgebildet werden, bei der die Schlupfkurve ihr Maximum hat.

Der Bremsdruck wird in der Phase 3 so lange abgebaut, bis die Radverzögerung wieder kleiner als $-a$ geworden ist. Danach wird in der Phase 4 der Bremsdruck konstant gehalten, und eine positive Beschleunigung entsteht. In der Phase 5 überschreitet die Beschleunigung den sehr großen Wert $+A$, die Druckhaltephase wird deshalb abgebrochen und der Bremsdruck solange aufgebaut, bis diese Schwelle wieder unterschritten wird. Danach wird die Druckhaltephase weiter fortgesetzt. In der Phase 6 wird der Druck so lange konstant gehalten, bis die Beschleunigung unterhalb des Werts $+a$ abgefallen ist: der Schlupf hat dann fast einen Punkt auf dem stabilen Ast der Schlupfkurve erreicht. Der Bremsdruck wird wieder, nun gepulst und langsam, um lange in der Nähe vom Maximum der Schlupfkurve zu bleiben, erhöht, und der Zyklus wiederholt sich. Der erste Druckpuls ist variabel und kann vom Regler vergrößert werden, um den Schlupf schnell in die Nähe des Maximums zu bewegen. Man spricht bei der ABS-Regelung von Logik wegen ihres logischen Charakters mit den vielen Schwellenabfragen.

Da das Radverhalten um das Maximum der Schlupfkurve herum prinzipiell unabhängig von dem Reibwert der Fahrbahn ist, ist das ABS selbsteinstellend bzgl. sich ändernden Reibwerten und Reifenschlupfkurven. Dasselbe gilt für Änderungen in der Bremse, z. B. Bremsfading und Bremsbelagverschleiß. Durch die Wahl der Druckgradienten (Aufbau und Abbau) kann der mittlere Schlupf und damit der Kompromiss zwischen Bremskraft und Seitenkraft in begrenztem Umfang verändert werden. Wichtig ist aber, dass der Fahrer stark genug auf die Bremse tritt, denn ABS kann nur den Bremsdruck in den Radbremsen gegenüber den Druck im Hauptbremszylinder absenken und nicht erhöhen.

Oft ist der Fahrbahnreibwert nicht konstant und kann unterschiedliche Werte unter den Reifen haben. Durch die selbsteinstellende Eigenschaft des ABS entstehen unterschiedliche Bremskräfte an den Reifen, die Giermomente auf das Fahrzeug hervorrufen (Bild 19-5). Bei großen Kraftunterschieden können sehr schnell sehr große Giermomente entstehen, die der Fahrer nicht schnell genug über die Lenkung kompensieren kann. Deshalb muss ABS bei der Kompensation helfen, und es tut dies, in dem die Bremsdruckunterschiede zwischen den linken und rechten Rädern verlangsamt aufgebaut werden. Dieses Merkmal wird „Giermoment-Aufbauverzögerung" (GMA) genannt. In Bild 19-5 sind an der

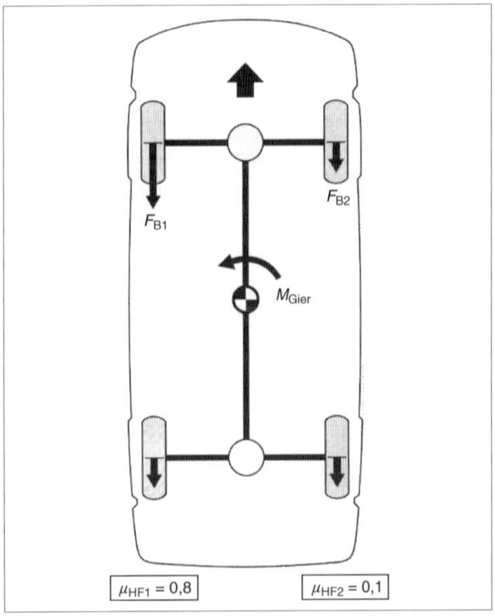

Bild 19-5 Giermoment durch asymmetrische Bremskräfte bei einer ABS-Bremsung auf μ-Split

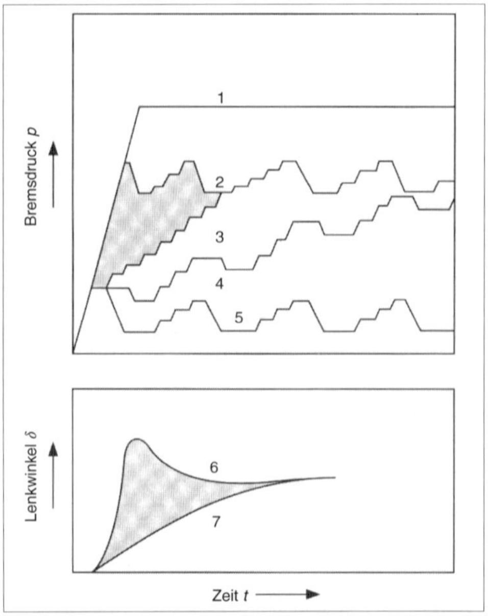

Bild 19-6 Verschiedene Ausgestaltungen der GMA die den Lenkaufwand reduzieren

Hinterachse die Bremskräfte gleich. Dies wird erreicht, in dem der Bremsdruck auf der linken Fahrzeugseite dem der rechten Fahrzeugseite nachgeführt wird. Man nennt dies eine „Select Low" Regelung der Hinterachse. Damit wirkt die GMA nur an der Vorderachse.

Es gibt verschiedene Möglichkeiten, den Bremsdruckunterschied verlangsamt aufzubauen (Bild 19-6). Dabei ist zu berücksichtigen, dass durch diese GMA der Bremsweg zugunsten einer verbesserten Stabilität zwangsläufig verlängert wird. Es sei mit 1 der Druck im Hauptbremszylinder vorgegeben. Mit 5 ist der Druckverlauf der ABS-Regelung an dem rechten Vorderrad dargestellt. Mit 2 ist der Druckverlauf an dem linken Vorderrad angegeben, wenn die GMA nicht aktiv ist. Dies erfordert einen hohen Lenkaufwand (Kurve 6). Die Verläufe 3 und 4 stellen mögliche GMA-Ausprägungen für den Bremsdruck am linken Rad dar. Der Druckunterschied zwischen den Verläufen 4 und 5 steigt dabei langsamer an als der bei den Verläufen 3 und 5. Jedoch ist der Lenkaufwand für den Fahrer bereits deutlich geringer, wenn das linke Rad entsprechend dem Verlauf 3 geregelt wird (Kurve 7).

Man hat leider bei der Ausgestaltung der GMA nicht beliebig freie Wahl. Probleme können bei Kurvenbremsungen auftreten, wenn die GMA die Bremskraft in dem kurvenäußeren Rad zu langsam ansteigen lässt. Die Folge ist nämlich, dass das kurvenäußere Vorderrad dann eine sehr hohe Seitenkraft erreicht, und dass das Fahrzeug übersteuernd werden kann. Die GMA ist also ein Kompromiss zwischen Beherrschbarkeit bei einer μ-Split- und bei einer Kurvenbremsung.

19.1.2 Antriebsschlupfregelung ASR

Auch bei durchdrehenden Rädern geht die Führungsfähigkeit des Reifens, wie bei blockierten Rädern, verloren. ASR, die Antriebsschlupfregelung, soll deshalb das Durchdrehen der Räder, durch Reduktion des Motormoments und, falls erforderlich, durch Bremsung der angetriebenen Räder, verhindern. Dabei gelten dieselben Zusammenhänge zwischen Reifenschlupf und den Reifenkräften, wie bei ABS beschrieben.

Die Anforderungen an ASR sind nun folgende [1]:

- Verhinderung des Durchdrehens der angetriebenen Räder bei μ-Split und bei glatter Fahrbahn
- Verhinderung des Durchdrehens beim Ausfahren aus vereisten Parkplätzen und Haltebuchten
- Verhinderung des Durchdrehens beim Beschleunigen in der Kurve
- Verhinderung des Durchdrehens beim Anfahren am Berg
- Erhöhung der Kurvenstabilität
- Prioritäten im Fahrverhalten bei ASR
  - bei hohen Fahrgeschwindigkeiten
    1. Fahrzeugstabilität
    2. Komfort (Geräusch, Fahrzeugschaukeln)
    3. Traktion

– bei kleinen Fahrgeschwindigkeiten
  1. Fahrzeugstabilität
  2. Traktion
  3. Komfort (Geräusch, Fahrzeugruckeln)
- Prioritäten bei Geradeausbeschleunigung aus niedrigen Fahrgeschwindigkeiten
  1. Traktion
  2. Fahrzeugstabilität
  3. Komfort (Geräusch, Fahrzeugruckeln)
- Prioritäten beim Anfahren und Fahren auf μ-Split
  1. Traktion
  2. Fahrzeugstabilität
  3. Komfort (Geräusch, Fahrzeugruckeln)
- Reduzierung des Reifenverschleißes
- Reduzierung der Belastung des Differentials
- Warnung des Fahrers beim Eingreifen der Regelung
- Es gelten weiter dieselben Anforderungen wie bei ABS.

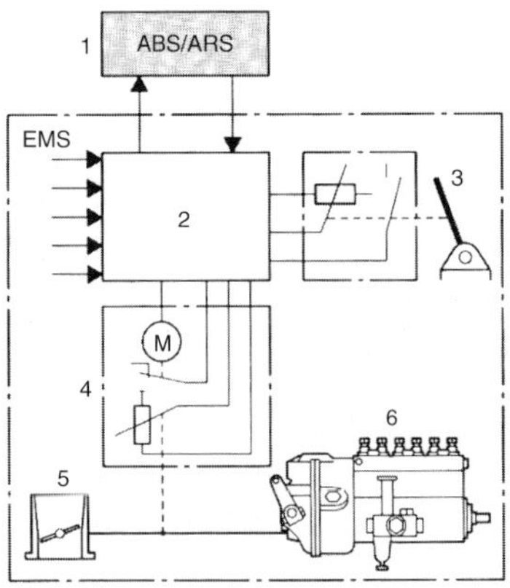

Bild 19-7 Beeinflussung der Motorleistung durch ASR beim elektronischen Gaspedal

ASR kann das Regelkonzept von ABS (Regelung der Radbeschleunigung) nicht übernehmen. Der Grund ist einerseits, dass durch die große Trägheit der angetriebenen Räder beim eingekuppelten Motor, vor allem in den niedrigen Gängen, das Radverhalten im stabilen und im instabilen Bereich der Schlupfkurve sehr ähnlich ist. Andererseits ist das Antriebsmoment im Gegensatz zum Bremsmoment sehr von der Geschwindigkeit der Raddrehung abhängig. Deshalb muss für ASR ein anderes Regelkonzept gefunden werden. Glücklicherweise ist beim ASR eine Schlupfregelung wohl möglich, denn es können die Geschwindigkeiten der nicht angetriebenen Rädern zur Messung der Fahrgeschwindigkeit herangezogen werden. Für Allradfahrzeuge entfällt diese Möglichkeit. Für diese Fahrzeuge musste deshalb auf den Motoreingriff verzichtet werden. Erst bei der Einführung des ESP wurde ein vollwertiges ASR für diese Fahrzeuge möglich.

Bei ASR kann man grundsätzlich zwischen der Schlupfregelung auf homogener und auf inhomogener Fahrbahn unterscheiden. Bei der homogenen Fahrbahn ist der Reibwert der Fahrbahn an den angetriebenen Rädern gleich. Übersteigt das Motormoment das auf der Fahrbahn übertragbare Moment, so drehen beide Antriebsräder durch. ASR verhindert das Durchdrehen durch Reduzierung des Motormoments. Dies geschieht bei Benzinmotoren durch Reduktion des Drosselklappenwinkels 5 und bei Dieselmotoren durch Zurücknahme des Verstellhebelwegs der Dieseleinspritzpumpe 6 (Bild 19-7).

Die Motorleistungssteuerung 2 (EMS) sendet dem ASR ständig das aktuelle Motormoment. Muss nun das Motormoment reduziert werden, so schickt ASR ein Sollmoment zur EMS. Daraufhin wird im EMS das Fahrervorgabemoment 3 in der Priorität heruntergestuft und das vom ASR geforderte Moment eingestellt. Mit einem Stellmotor 4 wird der Drosselklappenwinkel 5 bzw. die Verstellhebelposition 6 angepasst. Das ASR kann dabei das Motormoment gegenüber dem Fahrervorgabemoment 3 nur reduzieren und nicht erhöhen.

Bei inhomogener Fahrbahn dreht zunächst nur das Rad auf dem niedrigen Reibwert (μ_l) durch (Bild 19-8). Die Antriebskräfte am linken und rechten Rad sind entsprechend dem niedrigen Reibwert beide gleich klein (F_l). Damit das Rad auf dem hohen Reibwert (μ_h) größere Antriebskräfte übertragen kann (F_h), wird das Rad auf dem niedrigen Reibwert abgebremst, zunächst ohne dass das Motormoment vom ASR reduziert wird. Dabei wird der Bremsdruck so geregelt, dass sich das durchdrehende Rad nur wenig schneller dreht als das andere angetriebene Rad. Erst wenn das Rad auf dem hohen Reibwert auch durchzudrehen beginnt, wird ASR das Motormoment reduzieren.

Durch die Differenzgeschwindigkeit unter hoher Last wird das Differenzial stark belastet. Die ASR-Regelung muss feinfühlig genug geschehen, um Beschädigungen am Differenzial zu vermeiden.

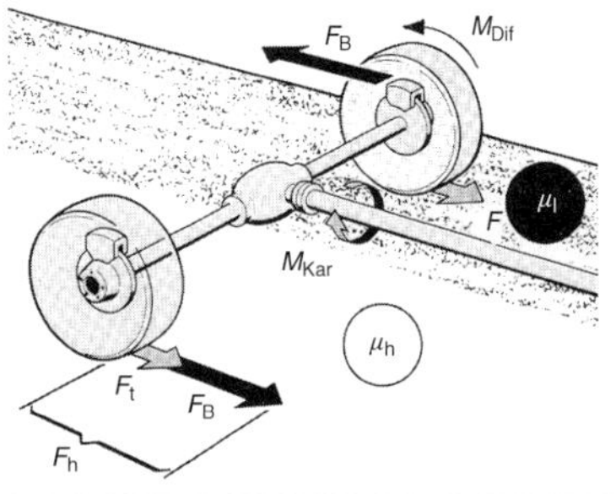

Bild 19-8 ASR-Traktionsregelung auf inhomogener Fahrbahn

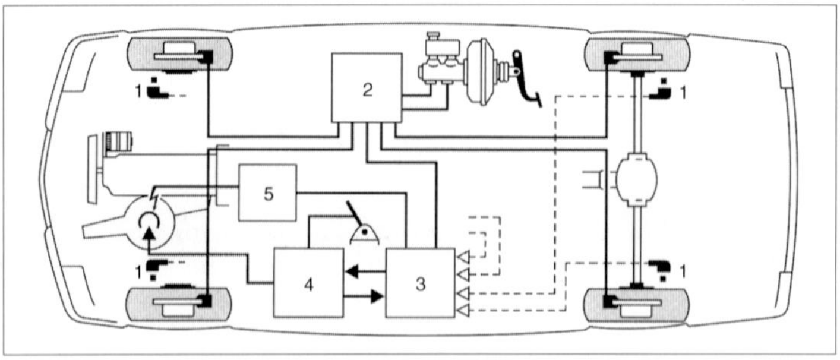

Bild 19-9 ASR Systemblockschaltbild mit Hydroaggregat 2, ASR-Steuergerät 3, Motorleistungssteuerung 4 und Zündwinkelverstellung 5

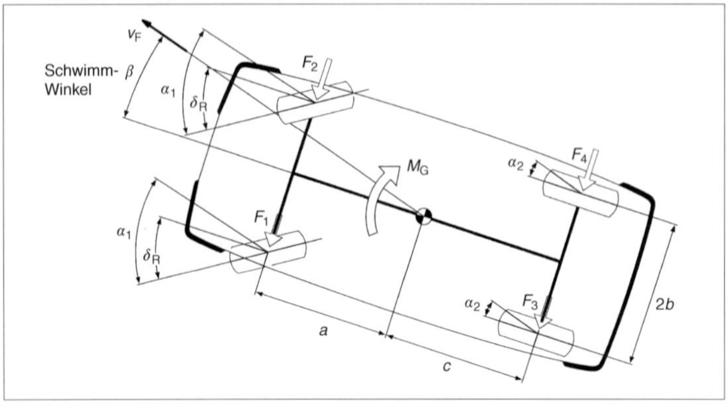

Bild 19-10 Definition des Schwimmwinkels

Bei Benzinmotoren kann über die Drosselklappensteuerung das Motormoment manchmal nicht schnell genug reduziert werden, um ein Durchdrehen eines Antriebsrades zu verhindern. In dem Fall wird vom ASR über die Motorsteuerung eine Reduzierung des Zündwinkels angefordert, und es werden beide Antriebsräder gleichzeitig abgebremst (Bild 19-9). Diese Eingriffe werden zurückgenommen wenn der Drosselklappeneingriff zur Wirkung kommt.

Durch die Möglichkeit, auf die Motorleistung Einfluss zu nehmen hat das ASR auch die Möglichkeit geliefert, den Bremsbereich um einen zusätzlichen Eingriff zu erweitern. Es geht hier um die so genannte Motor-Schleppmomentregelung (MSR). Wird das Gaspedal losgelassen, so bremsen die angetriebenen Rädern das Fahrzeug durch das Motorschleppmoment ab (Motorbremse). Auf glatten Fahrbahnen kann dadurch der Schlupf an den angetriebenen Rädern sehr groß werden, wodurch die Seitenführung größtenteils verloren gehen kann. Die MSR greift dann ein und erhöht das Motormoment, so dass der Schlupf klein gehalten wird. Aus Sicherheitsgründen wird die Motormomenterhöhung durch eine maximale Drosselklappenöffnung von ca. 15° begrenzt.

19.1.3 Elektronisches Stabilitätsprogramm ESP

ABS und ASR halten die Räder am Rollen, und sichern damit ein Standardniveau an Lenkfähigkeit und Stabilität des Fahrzeugs. In kritischen querdynamischen Fahrzuständen reichen die erzielbaren Seitenkräfte der Reifen jedoch nicht aus, das Fahrzeug lenkfähig und stabil zu halten. Dies wird in Bild 19-10 und Bild 19-11 verdeutlicht.

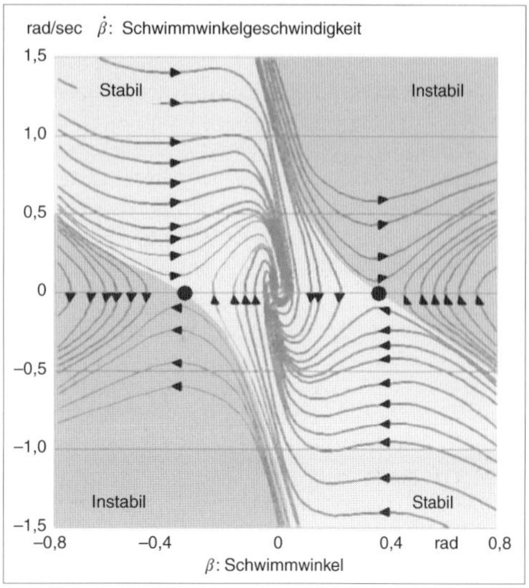

Bild 19-11 Stabilitäts- und Instabilitätsbereiche des Fahrzeugs im Phasendiagramm des Schwimmwinkels [3]

Bild 19-11 zeigt für ein frei rollendes Fahrzeug (d. h. nicht gebremst und nicht angetrieben), dass es Fahrzustandsbereiche gibt, in denen das Fahrzeug instabil ist [3]. Im steady state Zustand ist das Fahrzeug für Schwimmwinkel größer als 0,4 rad oder kleiner −0,4 rad instabil. Auch bei kleinen Schwimmwinkeln kann das Fahrzeug, bei entsprechend großer Schwimmwinkelgeschwindigkeit, instabil sein. ABS und ASR, die hier nicht eingreifen, können die Fahrstabilität nicht verbessern. Ebenso gibt es auch im ABS- und ASR-Betrieb noch Fahrzustände mit Instabilitätsbereichen. Die Untersuchungen zur Stabilisierung des Fahrzeugs in allen diesen instabilen Bereichen mithilfe der ABS- und ASR-Komponenten führte zur Entwicklung des **E**lektronischen **S**tabilitäts-**P**rogramms (ESP) [1], [2].

Bereits am Anfang des Kapitels wurde erläutert, dass sowohl der Bremsreibwert als auch der Seitenreibwert vom Schlupf abhängen. Durch Regelung der Reifenschlupfwerte können damit die Kräfte sowohl in Längs- als auch in Querrichtung und das Giermoment auf das Fahrzeug verändert und der Fahrsituation angepasst werden. Aus diesem Grund wurde beim ESP der Schlupf als fahrdynamische Regelgröße gewählt. Die Wirkung einer Schlupfänderung an einem Rad wird in Bild 19-12 verdeutlicht.

Gezeigt wird das Fahrzeug bei einer Kurvenfahrt im Grenzbereich. Zur Vereinfachung ist es in einer frei rollenden Situation dargestellt, (keine Bremskräfte, keine Antriebskräfte) in der ESP an dem linken Vorderrad eingreift. Vor dem Eingriff wirkt nur eine Seitenkraft von der Größe $F_R\,(\lambda = 0)$ auf das Rad. Wird das Rad gebremst, so dass ein Schlupf $\lambda = \lambda_0$ entsteht, so entsteht auch eine entsprechende Bremskraft $F_B(\lambda_0)$, während die Seitenkraft durch den Schlupf zu $F_S(\lambda_0)$ reduziert wird. Die vektorielle Summe dieser Kräfte ist $F_R(\lambda_0)$. Der Betrag dieses Kraftvektors gleicht in etwa dem der anfänglichen Seitenkraft $F_R\,(\lambda = 0)$, da die physikalische Grenze der Haftung zwischen Reifen und Fahrbahn erreicht ist. Durch die Schlupfänderung wird der Kraftvektor also gedreht, und das Giermoment verändert, wobei die Drehung mit dem Schlupf zunimmt, bis das Rad blockiert ($F_R\,(\lambda = 1)$).

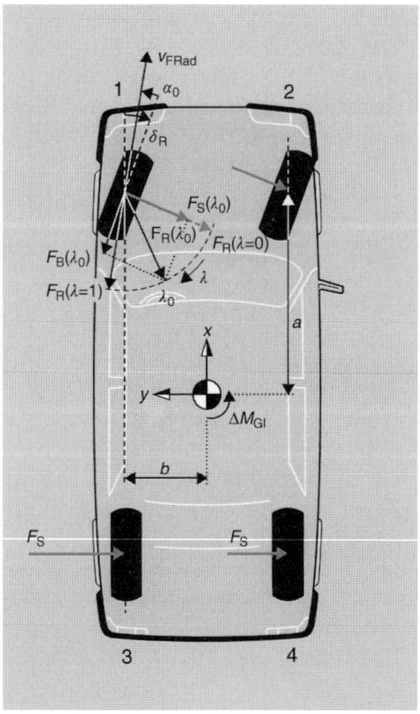

Bild 19-12 Prinzip der Kraftdrehung am Reifen des frei rollenden Fahrzeugs durch Schlupfänderung

Zur Erfassung des Fahrzustands werden kostengünstige, fahrzeugtaugliche Sensoren eingesetzt. Dies sind ein Drehratensensor zur Erfassung die Giergeschwindigkeit, und ein Beschleunigungssensor zur Erfassung der Querbeschleunigung. Zur Prüfung, ob der Fahrzustand zum Fahrerwunsch passt, werden bei ESP ein Winkelsensor, zur Erfassung des Lenkradwinkels, und ein Drucksensor zur Erfassung des Bremsdrucks im Hauptbremszylinder eingesetzt. Weiter werden die für ABS und ASR üblichen Radsensoren zur Erfassung der Drehgeschwindigkeiten der Räder verwendet. Ebenso wird ein für ESP-Belange erweitertes ASR-Hydroaggregat zur Schlupfregelung eingesetzt (Bild 19-13).

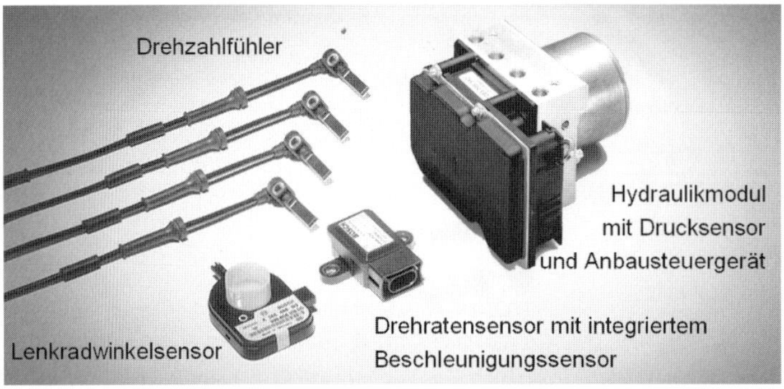

Bild 19-13 ESP Komponenten

Die Anforderungen an ESP beziehen sich auf das Fahrverhalten im querdynamischen Grenzbereich. Das Fahrverhalten wird von Experten subjektiv beurteilt, und die ESP-Abstimmung ist damit personen- und firmenabhängig. Eine Korrelation zu einer objektiven Beurteilung gibt es kaum. Im Grenzbereich können die Reifenkräfte nicht mehr erhöht werden, so dass z. B. bei einer Vollbremsung ein Kompromiss zwischen den Wünschen nach maximalen Längskräften für den kürzesten Bremsweg und maximalen Querkräften für die Spurstabilität eingegangen werden muss. Bei einem frei rollenden Fahrzeug muss ein Kompromiss eingegangen werden zwischen Lenkfähigkeit und Stabilität einerseits und unerwünschter Fahrzeugverzögerung andererseits.
Die Anforderungen an ABS und ASR gelten auch für ESP. Weitergehende Anforderungen an ESP sind, wie oben erläutert, eher beschreibender Natur, und beziehen sich auch auf diese Kompromisse:

- ESP muss den Fahrer in allen Fahrsituationen unterstützen (beim Bremsen und Beschleunigen, bei Konstantfahrt, ...).
- ESP muss den Lenkaufwand des Fahrers reduzieren.
- Der Fahrer muss sich bzgl. dem Verhalten des Fahrzeugs immer sicher fühlen.
- Der Fahrer darf nicht den Eindruck haben, dass er mit ESP langsamer ist als ohne ESP.
- Die Fahrervorgaben dürfen nicht zur Instabilität des ESP führen.
- Das Fahrzeug muss prompt auf die Lenkvorgabe des Fahrers reagieren.
- ESP muss sofort die Rückkehr zu einer stabilen Fahrsituation erkennen.
- ESP muss die kinematischen Bedingungen und Toleranzen im Lenkstrang berücksichtigen.
- ESP darf in Steilkurven auf öffentlichen Straßen nicht unnötigerweise eingreifen (Fahrbahnquerneigung $<20°$).
- ESP darf die Fahrsituation unter keinen Umständen verschlechtern (defekte Stoßdämpfer, Anhänger, Reifenplatzen, ...).
- ESP muss im Gebirge bis zu einer Höhe von 2500 m ü. M. voll leistungsfähig sein.
- Prioritäten für Vollbremsung (ABS) bei Fahrverhalten bei hohen Fahrgeschwindigkeiten:
  1. Fahrzeugstabilität (Schwimmwinkel $<5°$)
  2. Bremsweg: Der Bremsweg darf durch die Stabilisierung nicht größer werden.
  3. Komfort (Geräusch, Pedalpulsieren)
- Bei open loop Lenkwinkelsprüngen bei Vollbremsung (ABS) darf der Schwimmwinkel in den ersten 3 Sekunden den Wert von $6°$ nicht überschreiten.
- Teilbremsung
  1. Die Fahrzeugverzögerung muss dem Hauptbremszylinderdruck folgen.
  2. Die Bremskraftverteilung muss so geregelt werden, dass sich ein Minimum an ESP-Regeleingriffen ergibt.
- Prioritäten im Fahrverhalten bei Antrieb (ASR) bei hohen Fahrgeschwindigkeiten
  1. Fahrzeugstabilität
  2. Der Schwimmwinkel darf den Wert von $6°$ nicht überschreiten.
  3. Komfort (Geräusch, Fahrzeugschaukeln)
  4. Traktion
- Bei open-loop-Kurvenfahrt darf die Querverschiebung des Fahrzeugs 0,5 m nicht überschreiten (relativ zur Fahrspurmitte)
- Closed-loop-Spurwechsel bei Konstantfahrt
  1. Schwimmwinkel $<5°$
  2. Lenkradwinkelgeschwindigkeit:
     - auf niedrig μ: <300 °/s
     - auf hoch μ: <400 °/s
- Der Elch-Test (VDA Test) muss erfolgreich abgeschlossen werden.

Kennzeichnend für ESP ist die so genannte Fahrdynamikregelung, welche die Fahrzeugbewegung regelt (Bild 19-14). Wichtiger Bestandteil des Fahrdynamikreglers ist ein Beobachter, in dem die Fahrzeugbewegung analysiert und geschätzt wird. Ein weiterer wichtiger Bestandteil ist die Sollwertbestimmung, aus den Fahrervorgaben – Lenkradwinkel, Bremsdruck und Gaspedalstellung – unter anderem die Sollgiergeschwindigkeit. Auch die Verteilung der Schlupfwerte auf die Räder zur optimalen Einstellung des Giermoments ist ein wesentlicher Bestandteil des Fahrdynamikreglers. Die Einstellung der Schlupfwerte geschieht mit Hilfe von Schlupfreglern (Bild 19-15, Bild 19-18). Somit ist das ESP, mit einem überlagerten Fahrdynamikregler, der in jeder Fahrsituation und für jeden Fahrzustand die Sollschlupfwerte für jedes Rad individuell vorgibt, und mit unterlagerten Reglern, welche die Sollschlupfwerte einstellen, streng hierarchisch gegliedert.

19.1.3.1 Fahrdynamikregler

Aufgabe des Fahrdynamikreglers ist es, Instabilitäten im querdynamischen Grenzbereich zu vermeiden und das Fahrverhalten dem Verhalten im Erfahrungsbereich des Fahrers bestmöglich anzugleichen. Dazu kann der Regler, wie bereits dargestellt, durch Sollschlupfänderungen die von den unterlagerten Brems- und Antriebsschlupfreglern eingestellt werden müssen, Längskräfte und damit auch indirekt die Seitenkräfte an jedem Rad ändern. Die Eingriffe erfolgen nur in dem Maß, wie es die Aufrechterhaltung des vom Automobilhersteller beabsichtigten Fahrverhaltens und die Sicherstellung der Beherrschbarkeit im fahrdynamischen Grenzbereich erfordert. Bild 19-14 zeigt die Struktur des ESP mit den Ein- und Ausgangsgrößen und mit dem Signalfluss in einem vereinfachten Blockschaltbild.

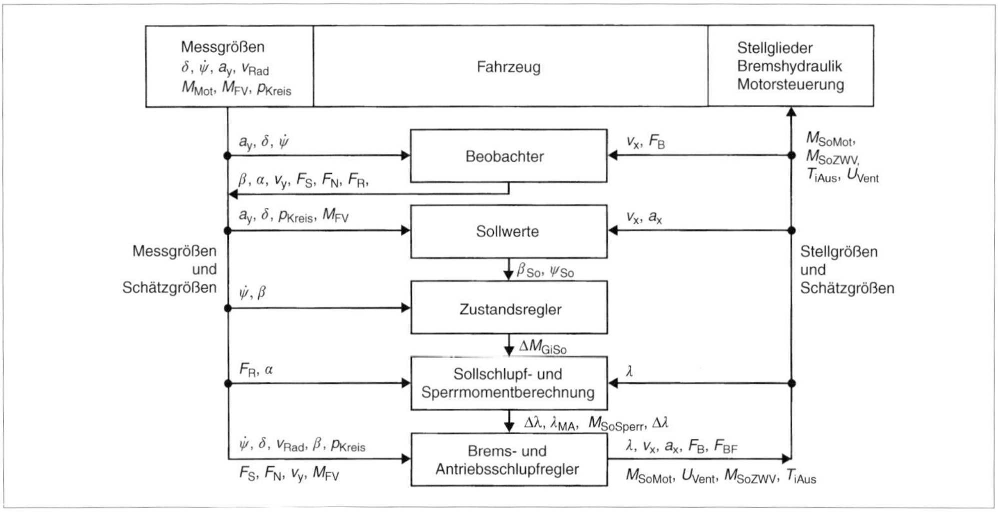

Bild 19-14 Vereinfachtes Blockschaltbild des ESP mit Ein- und Ausgangsgrößen

Im Beobachter werden modellgestützt aus den Messgrößen Giergeschwindigkeit, Lenkradwinkel und Querbeschleunigung sowie aus den Schätzgrößen Fahrgeschwindigkeit und Brems- bzw. Antriebskräften, die Schräglaufwinkel der Räder, der Schwimmwinkel und die Fahrzeugquergeschwindigkeit geschätzt. Weiter werden noch die Seiten- und Normalkräfte geschätzt und die resultierenden Kräfte der Räder berechnet. Dazu wird ein Zweispurmodell verwendet (Bild 19-12), bei dem das Übertragungsverhalten des Automobils sowie Sondersituationen, wie geneigte Fahrbahn oder μ-Split, berücksichtigt ist.

Im ungebremsten Zustand und bei horizontaler, homogener Fahrbahn gilt folgende Differentialgleichung für den Schwimmwinkel:

$$\dot{\beta} = -\dot{\psi} + \frac{1}{v_F}\,(a_y \cdot \cos\beta - a_x \cdot \sin\beta)\,. \tag{19.1}$$

Für kleine Werte für die Verzögerung und den Schwimmwinkel gilt:

$$\dot{\beta} = \frac{a_y}{v_F} - \dot{\psi}\,, \qquad \beta(t) = \beta_0 + \int\limits_{t=0}^{t} \left(\frac{a_y}{v_F} - \dot{\psi}\right) \mathrm{d}t\,. \tag{19.2}$$

Da die gemessenen Werte für die Querbeschleunigung und die Giergeschwindigkeit und die geschätzte Fahrgeschwindigkeit fehlerbehaftet sind, führt die Integration schnell zu großen Fehlern, so dass das Vertrauen in den so gewonnenen Schwimmwinkelwert gering ist.

Für große Werte der Verzögerung wird ein Kalman Filter als Beobachter für die Querdynamik verwendet. Ausgangsgleichungen für das Kalman Filter sind die Differentialgleichungen der Quer- und Giergeschwindigkeit des Zweispurmodells (19.3) und (19.4) (siehe [4] für Einzelheiten). Als Messgröße für das Kalman Filter wird die Giergeschwindigkeit verwendet. Da das Kalman Filter robust gegen Sensorfehler und Störungen ist, ist das Vertrauen in den so gewonnenen Schwimmwinkelwert größer als in den nach Formel 19.2 berechneten Wert.

$$\begin{aligned} m_F \cdot (\dot{v}_y + v_x \cdot \dot{\psi}) = &-(F_{S1} + F_{S2}) \cdot \cos\delta_R \\ &-(F_{B1} + F_{B2}) \cdot \sin\delta_R \\ &-F_{S3} - F_{S4}\,, \end{aligned} \tag{19.3}$$

$$\begin{aligned} J_F \cdot \ddot{\psi} = &-[(F_{S1} + F_{S2}) \cdot a \cdot \cos\delta_R \\ &+(F_{S1} - F_{S2}) \cdot b \cdot \sin\delta_R] + (F_{S3} + F_{S4}) \cdot c \\ &-(F_{B1} + F_{B2}) \cdot a \cdot \sin\delta_R \\ &+(F_{B1} - F_{B2}) \cdot b \cdot \cos\delta_R + (F_{B3} - F_{B4}) \cdot b\,. \end{aligned} \tag{19.4}$$

Zur Bestimmung der Sollwerte für den Schwimmwinkel und für die Giergeschwindigkeit wird ein lineares Einspurmodell verwendet, bei dem die Reifenseitenkräfte proportional zu den Schräglaufwinkeln sind. Im steady state Zustand ist die Sollgiergeschwindigkeit proportional zum Lenkwinkel

$$\dot{\psi}_{\mathrm{So}} = \frac{v_x \cdot \delta_R}{(a + c) \cdot \left(1 + \dfrac{v_x^2}{v_{\mathrm{CH}}^2}\right)}\,. \tag{19.5}$$

Die charakteristische Geschwindigkeit beschreibt das Eigenlenkverhalten des Fahrzeugs und ist von den Schräglaufsteifigkeiten, von den Fahrzeugparameter und von der Fahrzeugmasse abhängig

$$v_{\mathrm{CH}}^2 = \frac{(a+c)^2}{m_F} \cdot \left(\frac{C_{\alpha,v} \cdot C_{\alpha,h}}{c \cdot C_{\alpha,h} - a \cdot C_{\alpha,v}}\right). \qquad (19.6)$$

Aus der Überlegung, dass die Querbeschleunigung durch den Reibwert der Fahrbahn begrenzt wird, folgt eine Begrenzung der Sollgiergeschwindigkeit.

$$|a_y| = \left|\frac{v_x^2}{R_K}\right| = |\dot{\psi}_{\mathrm{So}} \cdot v_x| \leq \mu\,, \qquad |\dot{\psi}_{\mathrm{So}}| \leq \left|\frac{\mu}{v_x}\right|. \qquad (19.7)$$

Der steady state Schwimmwinkel des linearen Einspurmodells ist:

$$\beta_{\mathrm{So}} = \frac{1}{R_K} \cdot \left\{c - \frac{a \cdot m_F \cdot v_x^2}{(a+c) \cdot C_{\alpha,h}}\right\}, \qquad (19.8)$$

wobei dieser Sollwert durch die Werte in der Anforderungsliste begrenzt wird. Um bei hohen Geschwindigkeiten eine stärkere Unterstützung des Fahrers bei der Stabilisierung seines Fahrzeugs zu leisten, wird der Sollwert über die Geschwindigkeit nochmals reduziert.

Die Sollwerte für die Giergeschwindigkeit und den Schwimmwinkel gelten in jeder Fahrsituation, d. h. auch beim Bremsen und beim Antrieb.

Weicht der berechnete Schwimmwinkel oder die gemessene Giergeschwindigkeit von den jeweiligen Sollwerten ab, so greift der Zustandsregler (PID-Regler) ein. Ausgang des Zustandsreglers ist das erforderliche Giermoment. Wegen den möglichen Fehlern in den berechneten Werten werden kleine Abweichungen jedoch erlaubt, ohne dass eingegriffen wird.

Unter Berücksichtigung der Anforderungen an das ESP werden die Sollschlupfwerte für die Drehung der resultierenden Kraftvektoren an den Rädern bestimmt. Bei der Berechnung der erforderlichen Schlupfwerte wird die Reibungsellipse zugrunde gelegt. Es folgt:

$$F_B = \lambda \cdot \frac{F_R}{\sqrt{\lambda^2 + \left(\frac{C_\alpha}{C_\lambda}\right)^2 \cdot \alpha^2}}\,,$$

$$F_S = \alpha \cdot \left(\frac{C_\alpha}{C_\lambda}\right) \cdot \frac{F_R}{\sqrt{\lambda^2 + \left(\frac{C_\alpha}{C_\lambda}\right)^2 \cdot \alpha^2}}$$

$$\Rightarrow F_S = \frac{C_\alpha \cdot \alpha}{C_\lambda \cdot \lambda} \cdot F_B\,, \qquad (19.9)$$

wobei die Bremskraft vom Bremsschlupfregler geschätzt wird (Gleichung 19.12).

Die Sollschlupfänderungen werden durch die unterlagerten Brems- bzw. Antriebsschlupfregler realisiert. Im ungebremsten Fall oder wenn der Fahrervordruck nicht ausreicht, um den gewünschten Sollschlupf einzustellen (Teilbremsbereich), wird aktiv der Druck in den Bremskreisen des Hydroaggregats erhöht.

Bei der Antriebsschlupfregelung übergibt der Fahrdynamikregler neben einem mittleren absoluten Antriebsschlupfwert auch ein Schlupftoleranzband. Je schmäler das Toleranzband, desto größer ist die Verschränkung der Antriebsachse bei unterschiedlich absetzbaren Antriebskräften zwischen den angetriebenen Rädern und der Fahrbahn. Mit größer werdender Verschränkung nimmt das Giermoment auf das Fahrzeug zu. Ist dieses Giermoment zu groß, so reduziert der Fahrdynamikregler die Verschränkung durch Vorgabe eines reduzierten Sperrmoments.

19.1.3.2 Bremsschlupfregler

Bild 19-15 zeigt in einem vereinfachten Blockschaltbild die Struktur des unterlagerten Bremsschlupfreg-

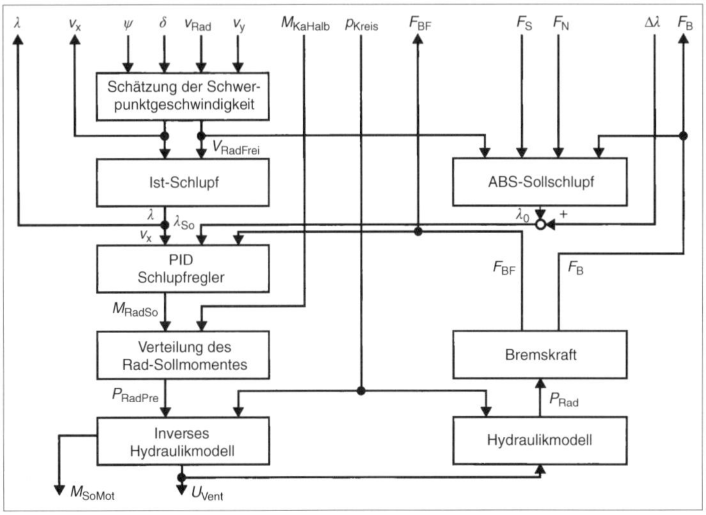

Bild 19-15 Blockschaltbild des Bremsschlupfreglers mit den wichtigsten Modulen und ihren Ein- und Ausgangsgrößen

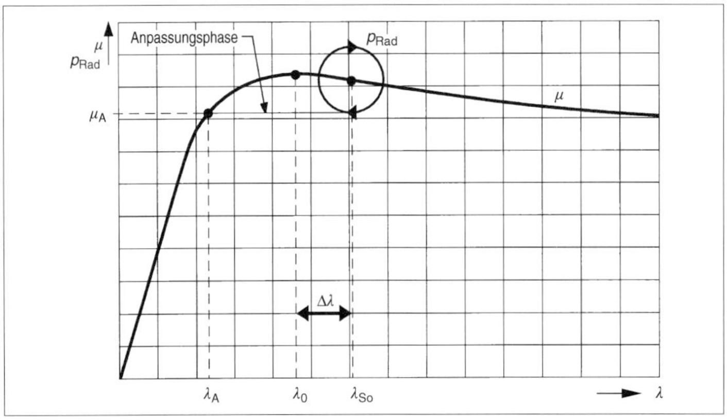

Bild 19-16 Anpassungsphase während einer Bremsschlupfregelung zur Bestimmung der frei rollenden Radgeschwindigkeit

lers, der bei einer Vollbremsung auch ABS-Regler genannt wird.
Für die Regelung des Radschlupfes auf einen vorgegebenen Sollwert muss der Schlupf hinreichend bekannt sein. Da die Längsgeschwindigkeit des Automobils nicht gemessen wird, wird diese aus den Radgeschwindigkeiten bestimmt. Dazu werden während einer ABS-Regelung einzelne Räder kurz „unterbremst", das heißt, die Schlupfregelung wird unterbrochen und das aktuelle Radbremsmoment definiert abgesenkt und kurze Zeit konstant gehalten (Anpassungsphase, Bild 19-16). Unter der Annahme, dass das Rad gegen Ende dieser Zeit stabil läuft (Punkt λ_A, μ_A), kann aus der momentanen Bremskraft und der Reifensteifigkeit die frei rollende Radgeschwindigkeit bestimmt werden.

$$\mu_A = \frac{F_{B,A}}{F_N} = C_\lambda \cdot \lambda_A = C_\lambda \cdot \frac{v_{\text{Rad Frei}} - v_{\text{Rad},A}}{v_{\text{Rad Frei}}},$$
$$\Rightarrow v_{\text{Rad Frei}} = v_{\text{Rad},A} \cdot \frac{C_\lambda}{C_\lambda - \dfrac{F_{B,A}}{F_N}} \tag{19.10}$$

Die im Radkoordinatensystem bestimmte freirollende Radgeschwindigkeit wird über die Giergeschwindigkeit, den Lenkwinkel, die Quergeschwindigkeit und die Fahrzeuggeometrie in den Schwerpunkt transformiert und generiert die Schwerpunktsgeschwindigkeit in Längsrichtung. Anschließend wird sie auf die vier Radmittelpunkte zurücktransformiert, um die freirollenden Radgeschwindigkeiten aller vier Räder zu erhalten. Somit kann auch für die verbleibenden drei geregelten Rädern der Schlupf berechnet werden.
Diese Schwerpunktsgeschwindigkeitswerte werden mit einem Kalman Filter gefiltert. Als Filtergleichung wird die Differentialgleichung der Längsgeschwindigkeit verwendet.

$$\dot{v}_x = \frac{1}{m_F} \cdot \{(F_{S1} + F_{S2}) \cdot \sin\delta_R - (F_{B1} + F_{B2}) \cdot \cos\delta_R - (F_{B3} + F_{B4}) - c_w \cdot A \cdot v_x^2\} - \dot{v}_{x,\text{off}}, \tag{19.11}$$

wobei der letzte Term einen Schätzwert für die Fahrbahnsteigung liefert und die Bremskraft direkt aus dem Bremsdruck berechnet wird:

$$F_B = C_p \cdot \frac{p_{\text{Rad}}}{R} - \frac{M_{\text{Ka Halb}}}{R} + \frac{J_{\text{Rad}}}{R^2} \cdot \dot{v}_{\text{Rad}} \tag{19.12}$$

Die Seitenkraft wird aus der Reibungsellipse abgeleitet (Gleichung 19.9).
Ausgehend von der stationären Bremskraft wird entsprechend der Schlupfregelabweichung über ein PID-Regelgesetz das Sollmoment am Rad gebildet

$$M_{\text{Rad So}} = F_{BF} \cdot R + K_p \cdot (\lambda_{\text{So}} - \lambda) \cdot R + K_d \times (\dot{v}_{\text{Rad}} - \dot{v}_{\text{Rad Frei}}) \cdot \frac{J_{\text{Rad}}}{R} + K_i \cdot C_p \times \text{SUM}\{(\lambda_{\text{So}} - \lambda) \cdot D_T\} \tag{19.13}$$

Für die angetriebenen Räder kann das Radsollmoment teilweise oder im ungebremsten Fall vollständig vom Motor eingestellt werden, um eine Motorschleppmomentregelung zu realisieren. Das Antriebsrad mit dem kleineren Radsollmoment wird in den erlaubten Grenzen mit dem Motoreingriff geregelt.

$$M_{\text{SoMot}} = -\frac{2 \cdot m}{\ddot{U}_{\text{Ge}}} + \frac{J_{\text{Mot}} \cdot \ddot{U}_{\text{Ge}}}{R} \cdot \dot{v}_x, \tag{19.14}$$

wobei

$$m = \text{MIN}(M_{\text{Rad 3So}}, M_{\text{Rad 4So}}) \quad \text{bei Heckantrieb} \tag{19.15}$$

Das Motorsollmoment ist bei negativen Werten durch das maximale Motorschleppmoment begrenzt und im Antriebsfall (positive Werte) auf das vom Hersteller erlaubte, maximale aktive Antriebsmoment. Für ein positives Radsollmoment muss das eventuell verbleibende Bremsmoment durch den Bremsdruck eingestellt werden

$$p_{\text{Rad Pre}} = \frac{M_{\text{Rad So}} + M_{\text{Ka Halb}}}{C_p} \tag{19.16}$$

Der vom Regler geforderte Solldruck in den Radbremszylindern wird über die Bremshydraulik und die zugehörige Ventilansteuerzeit eingestellt. Mit einem inversen Hydraulikmodell, dessen Parameter vorab bestimmt und im Regler abgelegt werden, wird die gewünschte Ventilansteuerzeit berechnet. Im Wesentlichen besteht das Modell aus dem Bernoulli-Ansatz für inkompressible Medien und einer Druckvolumenkennlinie der Radbremse. Vereinfacht dargestellt:

$$\begin{aligned} U_{\text{Vent}} &= \frac{p_{\text{Rad Pre}} - p_{\text{Rad}}}{(x_1 + x_2 \cdot p_{\text{Rad}}) \cdot \sqrt{|p_{\text{Kreis}} - p_{\text{Rad}}|}} \\ U_{\text{Vent}} &> 0 \quad \text{Druckaufbau} \\ U_{\text{Vent}} &= 0 \quad \text{Druckhalten} \\ U_{\text{Vent}} &< 0 \quad \text{Druckabbau} \end{aligned} \tag{19.17}$$

Da die Ventilansteuerzeit beschränkt und quantisiert wird, muss über das Hydraulikmodell der tatsächlich eingestellte Druck berechnet werden. Durch das Momentgleichgewicht am Rad kann dann bei bekanntem Radbremsdruck und den gemessenen Radgeschwindigkeiten die aktuelle und die stationäre Bremskraft bestimmt werden (Gleichung 19.12). Die gefilterte Bremskraft dient nun als Bezugsgröße des PID-Reglers.

$$T_1 \cdot \dot{F}_{BF} + F_{BF} = F_B \tag{19.18}$$

Der Arbeitspunkt für den Schlupfregler (für den ABS-Regelbetrieb) wird abhängig vom resultierenden Haftreibwert der Fahrbahn berechnet. In Bild 19-17 ist der Ansatz zur Berechnung des Arbeitspunktes vereinfacht dargestellt. Zwischen dem Maximum der Schlupfkurve auf einer Fahrbahn mit hohem Haftreibwert und dem einer Fahrbahn mit niedrigem Haftreibwert wird eine Gerade gezogen. Es wird nun unterstellt, dass die Maxima der Schlupfkurven für beliebige Haftreibwerte auf der Geraden liegen.

$$\begin{aligned} \lambda_0 &= A_0 \cdot \mu_{\text{Res}} + \frac{A_1}{v_{\text{Rad Frei}}} + A_2 \\ \mu_{\text{Res}} &= \frac{\sqrt{F_B^2 + F_S^2}}{F_N} \end{aligned} \tag{19.19}$$

Der zweite Term in der Gleichung für den Arbeitspunkt λ_0 verhindert, dass bei kleinen Fahrgeschwindigkeiten, der Schlupf des Arbeitspunkts zu klein wird. Aus dem Arbeitspunkt und der vom Fahrdynamikregler vorgegebenen Schlupfänderung errechnet der Schlupfregler den einzustellenden Sollschlupf

$$\lambda_{\text{So}} = \lambda_0 - \lambda \tag{19.20}$$

19.1.3.3 Antriebsschlupfregler

Der Antriebsschlupfregler wird nur zur Schlupfregelung der angetriebenen Rädern im Antriebsfall eingesetzt. Aktiveingriffe an den anderen Rädern werden über den Bremsschlupfregler direkt angesteuert. Abweichend vom Bremsschlupfregler erhält der Antriebsschlupfregler als Führungsgröße vom Fahrdynamikregler den Sollwert für den Absolutschlupf-Mittelwert der beiden Antriebsräder, sowie ein Sollsperrmoment zur direkten Beeinflussung des Giermoments. Der Sollwert für die Differenzgeschwindigkeit der beiden Antriebsräder ist die Differenz ihrer frei rollenden Radgeschwindigkeiten, wobei der Fahrdynamikregler zusätzlich noch ein Schlupftoleranzband für die Differenz der beiden Antriebsschlupfwerte vorgibt, welche eine tote Zone für die Regelabweichung ist, damit das Sollbremssperrmoment aufgebaut werden kann.

Der Antriebsschlupfregler berechnet die Sollbremsmomente für die beiden Antriebsräder, das Sollmotormoment für den Drosselklappeneingriff, den Sollwert für die Motormomentreduzierung durch die Zündwinkelverstellung sowie optional die Anzahl der Zylinder und Zeitdauer für welche die Kraftstoffeinspritzung ausgeblendet werden soll.

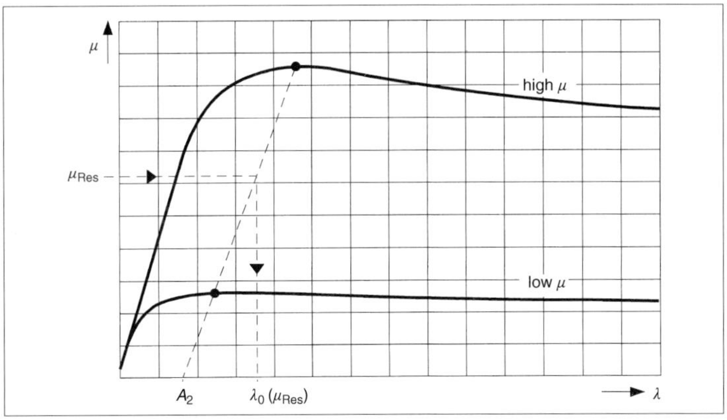

Bild 19-17 Bestimmung des Arbeitspunktes in Abhängigkeit vom Haftreibwert der Fahrbahn

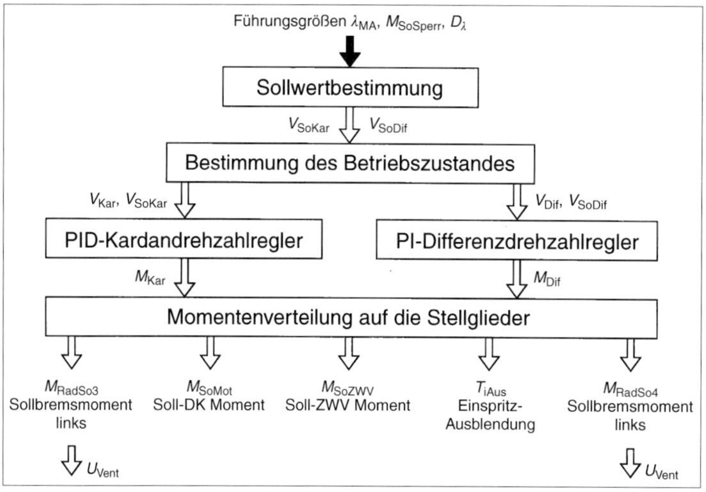

Bild 19-18 Blockschaltbild des Antriebsschlupfreglers (ASR) mit den wichtigsten Modulen und ihren Ein- und Ausgangsgrößen

Bild 19-18 zeigt die Reglerstruktur im Blockschaltbild. Die Sollwerte für die Kardanwellen- und Raddifferenzdrehzahl werden aus den Sollschlupfwerten mit den frei rollenden Radgeschwindigkeiten gebildet. Die Regelgrößen Kardangeschwindigkeit und Differenzgeschwindigkeit der Antriebsräder werden aus den Radgeschwindigkeiten der angetriebenen Räder ermittelt:

$$\begin{aligned} v_{Kar} &= \tfrac{1}{2}\left(v_{Rad3} + v_{Rad4}\right) \\ v_{Dif} &= v_{Rad3} - v_{Rad4} \end{aligned} \quad \text{bei Heckantrieb} \qquad (19\text{-}21)$$

Die Dynamik hängt von den sehr unterschiedlichen Betriebszuständen der Regelstrecke ab. Deshalb wird der Betriebszustand ermittelt, um die Reglerparameter an Streckendynamik und Nichtlinearitäten anpassen zu können. Auf die Kardanwellendrehzahl wirkt das Trägheitsmoment des gesamten Antriebsstranges (Motor, Getriebe, Kardanwelle und Antriebsräder). Die Kardanwellendrehzahl wird deshalb durch eine relativ große Zeitkonstante (geringe Dynamik) beschrieben. Dagegen ist die Zeitkonstante der Raddifferenzdrehzahl relativ klein, weil die Dynamik fast ausschließlich durch die Trägheitsmomente der beiden Räder bestimmt wird. Außerdem wird die Differenzgeschwindigkeit im Gegensatz zur Kardangeschwindigkeit nicht direkt vom Motor beeinflusst. Die Kardan- und die Differenzgeschwindigkeit werden deshalb als Regelgrößen verwendet, weil sie eine geschickte Zerlegung des gekoppelten Zweigrößensystems der Geschwindigkeiten der angetriebenen Räder in zwei Teilsysteme mit unterschiedlicher Dynamik und unterschiedlich starken Motoreinflüssen zulassen. Die Motoreingriffe und der „symmetrische" Anteil des Bremseingriffs sind die Stellgrößen des Kardanwellendrehzahlreglers. Der „asymmetrische" Anteil des Bremseneingriffs ist das Stellsignal des Differenzdrehzahlreglers.

Die Kardanwellendrehzahl wird durch einen nichtlinearen PID-Regler geregelt, wobei insbesondere die Verstärkung des I-Anteils, vom Betriebszustand abhängig, in einem weiten Bereich variiert. Der I-Anteil ist stationär ein Maß für das auf die Fahrbahn übertragbare Moment. Reglerausgang ist das Sollkardanwellenmoment.

Zur Regelung der Raddifferenzdrehzahlgeschwindigkeit dient ein nichtlinearer PI-Regler. Die Reglerparameter sind von Fahrstufe und Motoreinflüssen unabhängig. Aus dem vom Fahrdynamikregler vorgegebenen Toleranzband für den Differenzschlupf der Antriebsräder wird eine tote Zone für die Regelabweichung berechnet. Der Fahrdynamikregler gibt bei μ-Split zur Sicherstellung der Traktion eine relativ schmale tote Zone vor und erhöht dadurch die Empfindlichkeit des Differenzdrehzahlreglers. Bei einem Sperrmomenteingriff oder bei optionaler Select Low Regelung gibt der Fahrdynamikregler ein breiteres Toleranzband vor und der Differenzdrehzahlregler lässt dadurch größere Drehzahlunterschiede an den angetriebenen Rädern zu. Reglerausgang ist das Solldifferenzmoment.

Die Sollwerte für das Kardanmoment und das Differenzmoment werden auf die Stellglieder verteilt. Das Solldifferenzmoment wird durch den Bremsmomentunterschied zwischen linkem und rechtem Antriebsrad über eine entsprechende Ventilansteuerung im Hydroaggregat eingestellt. Das Sollkardanwellenmoment wird sowohl durch die Motoreingriffe, als auch durch einen symmetrischen Bremseneingriff, aufgebracht. Der Drosselklappeneingriff ist nur mit relativ großer Verzögerung (Totzeit und Übergangsverhalten des Motors) wirksam. Als schneller Motoreingriff wird eine Zündwinkelspätverstellung und optional eine zusätzliche Einspritzausblendung eingesetzt. Der symmetrische Bremseneingriff dient dabei zur kurzfristigen Unterstützung der Motormomentreduzierung. Der Antriebsschlupfregler kann in diesem Modul relativ einfach an die verschiedenen Motoreingriffsarten angepasst werden.

19.1.4 Elektronische Bremskraftverteilung EBV

Bei einer installierten Bremskraftverteilung mit festem Verhältnis zwischen Bremskraft an der Vorderachse zu Bremskraft an der Hinterachse muss das Verhältnis so gewählt werden, dass die Vorderachse vor der Hinterachse blockiert. Nach der ECE13 Richtlinie ist dies bis zu einer Verzögerung von 0,85 g zu gewährleisten. Dadurch ist, bis zu dieser Verzögerung, der in Anspruch genommene Reibwert an der Hinterachse geringer als der an der Vorderachse. Ideal wird eine Bremskraftverteilung zwischen den Rädern an der Vorderachse und denen an der Hinterachse genannt, wenn der Reibwert an der Vorderachse gleich der an der Hinterachse ist. Mit dem festen Verhältnis zwischen den Bremsmomenten an der Vorderachse zu denen an der Hinterachse ist man von dieser idealen Verteilung weit entfernt. Mechanische Systeme, welche den Bremsdruck an der Hinterachse in Abhängigkeit von dem Bremsdruck an der Vorderachse beeinflussen, um der idealen Verteilung näher zu kommen, bringen hier eine Verbesserung. Zum Teil werden aufwändige Komponenten eingesetzt um dem Ideal so nah wie möglich zu kommen. Durch Alterung, Korrosion und anderen Einflüssen auf die Funktion der Komponenten lässt aber die Güte der Bremskraftverteilung im Laufe des Fahrzeugalters nach.
Abhilfe schafft die elektronische Bremskraftverteilung. Das ABS wird benutzt, um die Raddrehung an der Hinterachse bei einer Geradeausbremsung der Raddrehung an der Vorderachse anzugleichen. Dabei sollen die Hinterräder nicht langsamer drehen als die Vorderräder. Bei gleicher Drehgeschwindigkeit der Räder ist der Kraftschlussbeiwert annähernd gleich. Unterschreitet die Drehzahl der Räder an der Hinterachse die an der Vorderachse um einen bestimmten geschwindigkeitsabhängigen ersten Betrag, so wird der Druck an der Hinterachse nicht mehr weiter erhöht. Überschreitet die Drehzahldifferenz einen zweiten, größeren Betrag, so wird der Druck an der Hinterachse sogar reduziert, und zwar so lange, bis die Drehzahldifferenz wieder kleiner als der zweite Betrag ist. Nimmt die Drehzahldifferenz weiter ab, dann wird beim Unterschreiten des ersten Betrags, der Druck an der Hinterachse wieder stufenweise aufgebaut.

19.1.5 Electronically Controlled Deceleration ECD

Systeme wie ACC (Adaptive Cruise Control) beruhen auf einer Verzögerungsregelung, um den Abstand zum Vorderwagen einzuhalten. Reicht das Motorschleppmoment nicht aus um die vom ACC vorgegebene Verzögerung einzustellen, dann muss das Fahrzeug über die Betriebsbremse zusätzlich abgebremst werden. Dazu kann das ASR- oder das ESP- Hydroaggregat verwendet werden.
Um eine komfortable Bremsung zu erreichen, wird der Bremsdruck an den Rädern von der Rückförderpumpe erzeugt, ohne dass die Regelventile 9 und 10 verwendet werden (Bild 19-22). Dazu werden die Ventile 4 geschlossen, die Ventile 3 geöffnet und der Rückförderpumpenmotor 6 angesteuert. Die Pumpe fördert die Bremsflüssigkeit direkt durch die geöffneten Einlassventile 9 in die Radbremszylinder. Die Ansteuerung geschieht getaktet, um eine langsame Drehung des Motors und damit eine geringe Förderleistung der Pumpe zu erzielen. Hierdurch steigert sich die Bremsverzögerung nur allmählich, so dass eine kontinuierlich steigende, komfortable, nicht störende Fahrzeugverzögerung erreicht wird. Ist die vom ACC vorgegebene Fahrzeugverzögerung erreicht, so wird der Bremsdruck konstant gehalten, in dem der Pumpenmotor nicht mehr angesteuert wird. Dabei sollen die Bremslichter ab einer bestimmten Größe des Bremsdrucks angesteuert werden. Für ACC ist die maximale Fahrzeugverzögerung 2,5 m/s^2. Unterhalb einer Fahrgeschwindigkeit von ca. 30 km/h ist die ECD nicht aktiv.
Eine spezielle Situation tritt ein, wenn der Haftreibwert so niedrig ist, dass ein Blockieren der Räder droht. In diesem Fall wird die ABS-Funktion des ESP aktiv. Nun wirkt bei einer vom Fahrer ausgelösten Vollbremsung der Hauptbremszylinder als Hochdruckspeicher für den geregelten Druckaufbau. Diese Hochdruckspeicherwirkung ermöglicht einen präzisen Druckaufbau. Da der Fahrer bei der ECD aber nicht auf dem Bremspedal steht, fehlt die Hochdruckspeicherwirkung des Hauptbremszylinders. Der geregelte Bremsdruckaufbau wird dadurch unpräziser und ruppiger. Es bleiben jedoch alle ESP-Funktionen während der ECD-Regelung verfügbar.

19.1.6 Hilldescent HDC

Geländefahrzeuge mit zugeschaltetem Untersetzungsgetriebe können mit dem Motorschleppmoment steile Hänge ohne Betätigung der Betriebsbremse herunterfahren, ohne dass das Fahrzeug zu schnell wird. Bei Fahrzeugen ohne dieses Getriebe wird die Wirkung durch eine automatische Bremsung der Räder erreicht [5]. Dazu wird das Prinzip der ECD verwendet.
HDC lässt sich am Armaturenbrett über eine Taste aktivieren und deaktivieren. Bei aktivierter HDC ist die Regelung erst betriebsbereit, wenn die Fahrgeschwindigkeit nicht zu groß ist ($<$35 km/h), wenn wenig Gas gegeben wird (Gaspedalstellung $<$20 %), und wenn Gefälle erkannt wird. Der geschätzte Off-

setwert in Gleichung (19.11) wird als Fahrbahnsteigung verwendet. Geregelt wird auf einen konstanten Geschwindigkeitssollwert von 8 km/h. Betätigt der Fahrer das Gaspedal, so kann die Geschwindigkeit auf einen höheren Wert bis maximal 35 km/h geregelt werden. Umgekehrt, betätigt der Fahrer das Bremspedal, so kann die Geschwindigkeit auf 6 km/h herunter geregelt werden. Auch bei der HDC werden, wie bei der ECD, die Bremsleuchten im Regelbetrieb angesteuert.
Überschreitet bei aktivierter Funktion die Geschwindigkeit die Schwelle 35 km/h, so wird die Regelung abgebrochen und erst dann wieder aufgenommen, wenn die Geschwindigkeit die Schwelle wieder unterschreitet. Die Funktion wird automatisch deaktiviert, wenn die Geschwindigkeit 60 km/h überschreitet.
Hohe Temperaturen an der Radbremse schränken den HDC-Betrieb ein. Sind die Temperaturen beider Räder einer Achse höher als 600 °C, so wird die Bremswirkung langsam zurückgenommen. Ist die Temperatur unterhalb 500 °C gesunken, so wird die Bremsregelung wieder zugeschaltet. Anhand eines Modells der Bremse wird die Temperatur geschätzt. In diesem Modell gehen nicht nur die Aufheizzeiten sondern auch die Abkühlphasen ein. Die eingehende thermische Energie wird direkt aus dem geschätzten Bremsmoment abgeleitet.
Vor allem bei unebenem Gelände kann durch Abheben der Räder durch die HDC Bremsung eine Bremsschlupfregelung häufig notwendig werden. Durch die asymmetrischen Bremskräfte können dabei, wie bei einer μ-Split Bremsung, Giermomente auf das Fahrzeug ausgeübt werden, die der Fahrer über die Lenkung ausregeln muss. Um die Geschwindigkeit des Fahrzeugs beizubehalten, müssen dann die anderen Rädern stärker abgebremst werden, was dort auch zu einer Schlupfregelung führen kann. Hierdurch ist der Fahrer bei der Führung seines Fahrzeugs sehr belastet. Er kann sich aber voll auf seine Lenkungsaufgabe konzentrieren, da die Bremsaufgabe von der HDC übernommen wird.

19.1.7 Bremsassistent BA

Untersuchungen am Fahrsimulator von Mercedes-Benz haben ergeben, dass Normalfahrer in Schrecksituationen nur zögernd bremsen (Bild 19-19). Die volle Betätigung der Bremse durch den Fahrer geschieht zeitversetzt. Da ein Verlust an Bremswirkung vor allem am Anfang einer Bremsung, wo die Geschwindigkeit am höchsten ist, den größten Einfluss auf den Bremsweg hat, ist die anfänglich zögerliche Bremsbetätigung besonders gravierend. Abhilfe schafft der Bremsassistent, der durch Erkennung einer Gefahrensituation den Bremsdruck sofort, evtl. bis zur Schlupfregelung, über das vom Fahrer vorgegebene Maß erhöht.

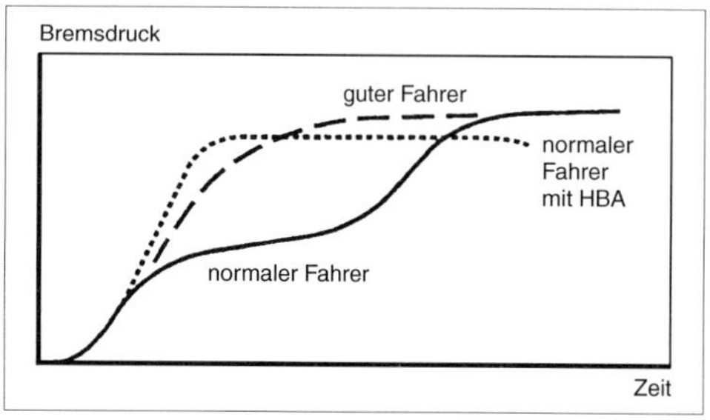

Bild 19-19 Unterstützung des Fahrers in der Anbremsphase durch den Bremsassistent (HBA)

Die wichtigsten funktionalen Anforderungen an den BA sind folgende [1], [6]:

- Unterstützung des Fahrers in Not-Bremssituationen, Verkürzung des Bremswegs auf solche Werte, wie sie sonst nur von gut trainierten Fahrern erreicht werden können
- Abschaltung der Vollbremsung, sobald der Fahrer die Fußkraft deutlich reduziert
- Beibehaltung der konventionellen Bremskraftverstärkerfunktion. Pedalgefühl und Komfort sollen bei Normalbremsungen dem bisher gewohnten Standard entsprechen.
- Aktivierung des Systems nur in wirklichen Notsituationen, so dass sich beim Fahrer kein Gewöhnungseffekt einstellt.
- keine Beeinträchtigung der konventionellen Bremse bei BA-Ausfall.

Kernaufgabe ist die Bildung eines Auslösekriteriums auf der Basis der Fahreraktionen. Dieses Kriterium hängt von der Ausgestaltung des BA ab. Davon gibt es drei unterschiedliche Konzepte:

- Der pneumatisch, mechanische Bremsassistent (Emergency Valve Assistant, EVA)
- Der pneumatisch elektronische Bremsassistent (Pneumatischer Bremsassistent, PBA)
- Der hydraulisch elektronische Bremsassistent (Hydraulischer Bremsassistent, HBA).

Beim Emergency Valve Assistant (EVA) wird durch konstruktive Maßnahmen der Bremskraftverstärker so modifiziert, dass er abhängig von der Antrittsgeschwindigkeit des Bremspedals auf eine höhere Verstärkung umschaltet, was dann bei gleicher Pedalkraft zu höheren Bremsdrücken und damit höherer Fahrzeugverzögerung führt.
Beim pneumatischen Bremsassistent (PBA) wird der Bremskraftverstärker mit einem digital schaltenden Magnetventil zwischen Umgebungsdruck und der Arbeitskammer versehen, dessen Aktivierung den Bremskraftverstärker voll aussteuert. Es wird der Membranweg des Bremskraftverstärkers gemessen und die Membranweggeschwindigkeit (Geschwindig-

Tabelle 19.1 Erkennung der Notbremssituation

Situation	Erkennungslogik
Phase 1 (Bild 19-24) Notsituation Panikbremsung	Bremspedal betätigt *und* HZ- Druckgradient über Einschaltschwelle *und* HZ- Druck über Einschaltschwelle *und* Fahrgeschwindigkeit über Einschaltschwelle
Phase 2 (Bild 19-24) Reduzierte Bremsanforderung	Pedalkraft (aus HZ- Druck abgeleitet) unter Umschaltschwelle
Wiederauslösung	HZ- Druckgradient über Einschaltschwelle
Standard-Bremsung	Bremspedal nicht betätigt *oder* HZ- Druck unter Ausschaltschwelle *oder* Fahrgeschwindigkeit unter Ausschaltschwelle *oder* Pedalkraft genügend hoch

keit mit welcher der Fahrer das Bremspedal betätigt) als Auslösekriterium verwendet. Der BA wird ausgelöst, wenn die Membranweggeschwindigkeit eine berechnete Schwelle überschreitet

$$\text{Schwelle} = \text{GS} \cdot K_S \cdot K_V \cdot K_L \qquad (19.22)$$

Hierin ist GS eine Grundschwelle, die abhängig vom Bremskraftverstärker, von der Bremsanlage und vom Fahrzeugtyp gewählt wird, K_S ist ein Faktor, der abhängig von dem Bremspedalweg ist, K_V ist ein Faktor der abhängig von der Fahrgeschwindigkeit ist, und K_L ist ein Faktor, welcher von einem Lernalgorithmus bestimmt wird, mit dem der momentane Zustand der Bremsanlage berücksichtigt wird (z. B. Entlüftungszustand der Bremsanlage) und welcher einen Maximalwert von 1,3 hat. Zur BA-Abschaltung wird ein Löseschalter im Bremskraftverstärker verwendet, der bei Zurücknahme der Pedalkraft (<20 N) schaltet.

Der hydraulische Bremsassistent (HBA) nützt das vorhandene ESP-Hydroaggregat, um den Bremsdruck aktiv zu erhöhen. Mit dem eingebauten Drucksensor wird die Bremspedalbetätigung durch den Fahrer zur Situationserkennung analysiert. Die Erkennung der Notbremssituation geschieht durch die Auswertung des Hauptbremszylinder-Drucksignals bzw. dessen Gradient (Tabelle 19.1). Durch applizierbare Schwellen für Druck und Druckgradient lässt sich der HBA an die jeweiligen Gegebenheiten des Fahrzeugs und der Bremsanlage leicht anpassen. Dabei passen sich die Schwellen dynamisch der momentanen Situation unter Berücksichtigung von Fahrzeuggeschwindigkeit, Hauptbremszylinderdruck, Zustandsgrößen der Raddruckregelung und einer

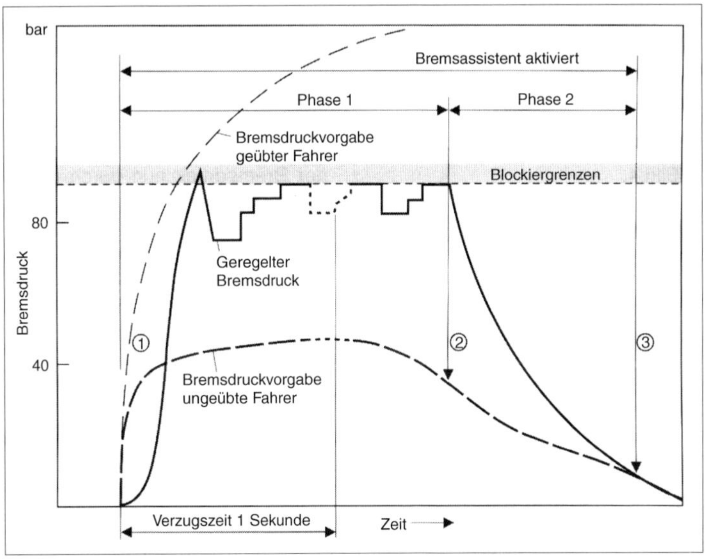

Bild 19-20 Konzept des hydraulischen Bremsassistenten

Bremsverlaufsanalyse an. Das Überschreiten einer Mindestgeschwindigkeit gehört ebenso zur Auslösebedingung.

Auf den hydraulischen Bremsassistent wird nun näher eingegangen. Sobald die Auslösungsbedingung erfüllt ist, wird der Bremsassistent aktiv (Nummer 1 in Phase 1, Bild 19-20). Nun erhöht der Bremsassistent den Druck über das vom Fahrer vorgegebene Niveau an allen vier Rädern bis zur Blockiergrenze. Die aktive Bremsdruckerhöhung und die Bremsdruckregelung geschieht in gleicher Weise wie bei Bremseneingriffen der Fahrdynamikregelung ESP. Überschreitet der Bremsdruck die Blockiergrenze, so übernimmt der unterlagerte Bremsschlupfregler die Aufgabe, den Radschlupf zu regeln und die Bremskraft optimal auszunutzen.

Ist durch Entlastung des Bremspedals der gemessene Druck kleiner als ein bestimmter Wert (Nummer 2), so erkennt das System den Fahrerwunsch und kann damit die Bremskraft reduzieren (Bild 19-20, Phase 2). Zu diesem Zeitpunkt ändert sich die Regelstrategie. Ziel ist nun, dem Signal des gemessenen Druckes zu folgen und dem Fahrer einen komfortablen Übergang in die Standardbremsung zu ermöglichen. Der Bremsassistent wird abgeschaltet, sobald der erhöhte Bremsdruck den vorgegebenen Wert erreicht oder das Drucksignal einen vorgegebenen Wert (Nummer 3) unterschreitet. Der Fahrer kann nun ohne zusätzliche Unterstützung weiterbremsen.

19.2 Funktion der Bremsanlage in Fahrerassistenzsystemen

Bei ABS muss der Bremsdruck gegenüber der Fahrervorgabe reduziert werden. ABS wirkt somit wie eine automatische Bremsdruckreduzierung. Bei ASR geht man zunächst davon aus, dass der Fahrer nicht auf der Bremse steht. ASR wirkt somit wie eine automatische Bremsbetätigung. Steht der Fahrer sowohl auf dem Gaspedal als auch auf dem Bremspedal („Zweifußfahrer"), so hat der Bremswunsch eine höhere Priorität und die ASR wird abgebrochen. Für ESP gilt zunächst dasselbe wie für ASR. Allerdings kann es bei ESP vorkommen, dass während einer Teilbremsung (keine ABS-Regelung) der Bremsdruck an einem Rad gegenüber der Fahrervorgabe erhöht werden muss. ESP wirkt somit in beide Richtungen wie eine automatische Bremsdruckreduzierung und eine automatische Bremsdruckerhöhung.

Bei der automatischen Bremsdruckreduzierung wird die Bremsflüssigkeit aus dem Radbremszylinder abgelassen. Folgt auf den Druckabbau wieder ein Druckaufbau, dann wandert das Bremspedal vor, eventuell bis die Bremsflüssigkeitsmenge im Hauptbremszylinder erschöpft ist. Eine Druckerhöhung ist dann nicht mehr möglich. Aus diesem Grund muss die abgelassene Bremsflüssigkeit wieder in den Hauptbremszylinder zurück gefördert werden. Solche Systeme werden Rückfördersysteme genannt. Sie sind Stand der Technik. Durch die Rückförderung bewegt sich das Bremspedal zurück, während das Bremspedal sich bei Druckaufbauten vor bewegt. Beide Bewegungen können vom Fahrer deutlich wahrgenommen werden. Beim Druckhalten kann der Fahrer durch Druckerhöhungen den Radbremsdruck nicht beeinflussen. Wird in allen Rädern der Druck gehalten, so spürt der Fahrer ein hartes Pedal, welches sich auch durch Pedalkrafterhöhung nicht mehr bewegen lässt.

Bei der automatischen Bremsdruckerzeugung bei ASR und ESP muss Bremsflüssigkeit unter Druck in den Radbremszylindern eingeführt werden. Wird diese Flüssigkeit dem Bremsflüssigkeitsbehälter entnommen und in den Bremskreis eingebracht, erhöht sich das Bremsflüssigkeitsvolumen in dem Bremskreis. Bremst der Fahrer während dies geschieht, so ist der Bremspedalweg kürzer, und der Fahrer merkt dies an dem kurzen Pedalweg. Folgt eine ABS-Regelung, so kann das Bremspedal weit zurückgeschoben werden. Ist die Fahrbahn sehr glatt, dann kann es sogar vorkommen, dass das Bremspedal ganz zurückgeschoben wird, und die Zentralventile im Hauptbremszylinder öffnen, während der Fahrer noch bremst. Bei diesem Entspannen der Bremsflüssigkeit unter hohem Druck zurück in den Bremsflüssigkeitsbehälter werden die Zentralventile besonders belastet. Aus diesem Grund sind bei ASR und ESP entsprechende hochdruckfeste Zentralventile erforderlich. Bei Hauptbremszylinderkolben ohne Zentralventile werden die Manschetten durch dieses Entspannen über das Schnüffelloch unter hohem Druck zerstört.

19.3 Anforderungen der Fahrerassistenzsysteme an die Bremsanlage

Bei der Anpassung von ABS und ASR an die Fahrzeuge (Applikation von ABS und ASR) werden die Druckauf- und Druckabbaustufen so gewählt, dass eine optimale Regelung im Sinne der Anforderungen entsteht. Sind die Stufen großer oder kleiner, so ist die Regelung nicht mehr optimal. So kann z. B. Luft in der Bremsanlage dazu führen, dass die Stufen zu klein sind.

Bei ESP sind die Einflüsse der Bremse auf die Regelgüte direkt in den Gleichungen zu finden. Die Druckvolumenkennlinie beeinflusst die Druckschätzung (Gleichung 19.17), während die Bremsmomentübersetzung die Bremskraftschätzung (Gleichung 19.12) und damit auch die Seitenkraft (Gleichung 19.9) beeinflusst. Somit beeinflusst die Bremse auch die Schätzung der zulässigen Giergeschwindigkeit (Gleichung 19.7), der Fahrzeuglängsgeschwindigkeit (Gleichung 19.11) und der frei

rollenden Radgeschwindigkeit (Gleichung 19.10), des Schwimmwinkels (Gleichungen 19.3 und 19.4), des Arbeitspunkts für ABS (Gleichung 19.19), und somit den Bremsweg.
Sowohl für ABS als auch für ASR und ESP ist somit die funktionelle Reproduzierbarkeit der Bremsanlage von größter Bedeutung.
Die Anforderungen von den Regelsystemen an die Bremse sind folgende:

- Reproduzierbarkeit der Druckvolumenkennlinien: bei den gleichen Ventilansteuerzeiten sind die gleichen Druckänderungen zu gewährleisten.
- Reproduzierbarkeit der Bremsmomentänderungen: bei den gleichen Bremsdruckänderungen sind die gleichen Bremsmomentänderungen zu gewährleisten.
- Die Reproduzierbarkeit bzgl. Bremsmomentänderungen ist unabhängig oder wenigstens vorhersagbar abhängig von der Fahrzeuggeschwindigkeit, Raddrehgeschwindigkeit und von der Bremsentemperatur.
- Die Reproduzierbarkeit ist unabhängig von den Umgebungsbedingungen einzuhalten.
- Die Reproduzierbarkeit ist unabhängig von Verschleiß und Alterung der Bremsenteile, inkl. Bremsbeläge.
- Die Bremsflüssigkeit soll auch bei tiefen Temperaturen eine geringe Viskosität aufweisen, so dass auch dort eine schnelle Bremsdruckerzeugung möglich ist.
- Die Bremse muss wegen den o. a. Reproduzierbarkeiten gut entlüftet sein.
- Die Bremsflüssigkeit muss wegen Verstopfungsgefahr der engen Drosseln im Hydroaggregat sauber sein. Da auch Eiskristalle die Drosseln verstopfen können, soll die Bremsflüssigkeit wenig Wasser enthalten.
- Die Bremsflüssigkeit soll beim Entspannen, z. B. über eine Drossel, keine Luftblasenbildung verursachen.

19.4 Ausführungen der Bremsanlage für die Fahrerassistenzsysteme

Die erforderlichen Änderungen der Bremsdrücke bei ABS werden mit Hilfe eines ABS-Hydroaggregats realisiert (Bild 19-21) [1]. Oben rechts im Bild ist das Bremspedal mit dem Unterdruckbremskraftverstärker, Hauptbremszylinder und Bremsflüssigkeitsbehälter skizziert. In dem strichpunktierten Kasten 2 ist das Wirkschaltbild des ABS-Hydroaggregats enthalten. Das Wirkschaltbild stellt den Ruhezustand (nicht angesteuerten Zustand) des Hydroaggregats (HA) dar. Die Einlassventile 7 sind offen, und die Auslassventile 8 sind geschlossen. Beim normalen Bremsen fließt Bremsflüssigkeit vom Hauptbremszylinder durch die geöffneten Einlassventile zu den Radbremszylindern, wo der Bremsdruck aufgebaut wird. Wird ABS aktiv, dann kann der Druck am Rad konstant gehalten werden, in dem das zugehörige Einlassventil elektrisch angesteuert wird und schließt. Muss der Bremsdruck am Rad abgebaut werden, dann wird bei geschlossenem Einlassventil das Auslassventil durch elektrische Ansteuerung geöffnet. Beim Druckabbau fließt Bremsflüssigkeit aus dem Radbremszylinder in die Speicherkammer 6. Das Volumen der Speicherkammer wird dabei so klein gewählt, dass bei Leckage eines Auslassventils der Bremskreis nicht ganz ausfällt.
Eine Rückförderpumpe 4 fördert die Bremsflüssigkeit aus der Speicherkammer zurück in den Haupt-

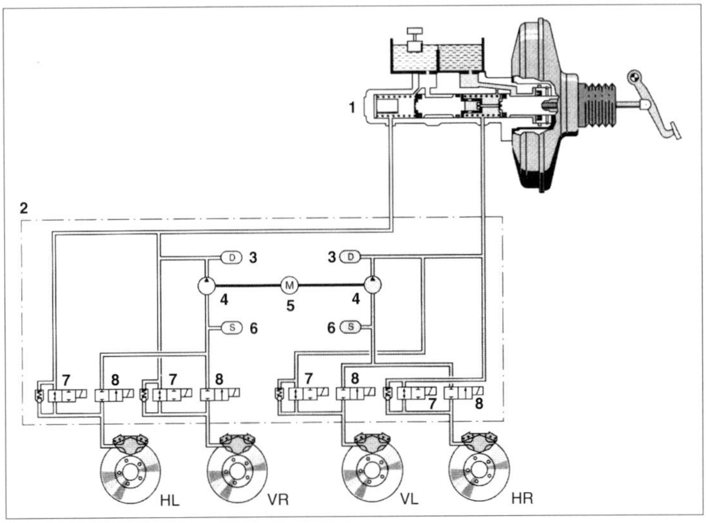

Bild 19-21 ABS-Hydroaggregat

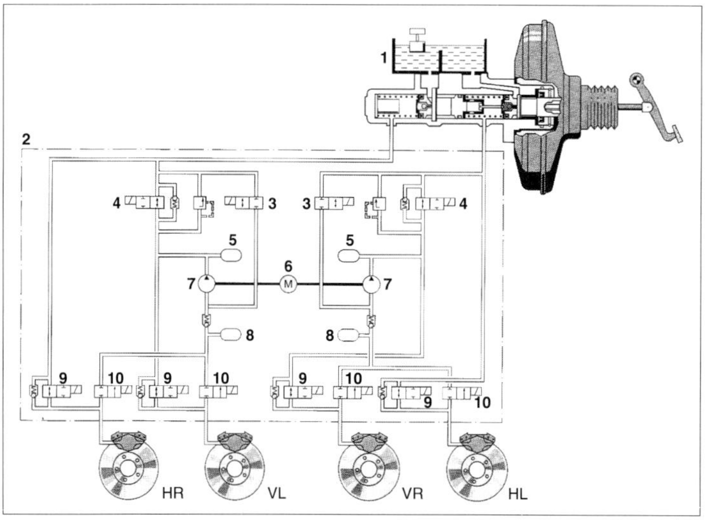

Bild 19-22 ASR Hydroaggregat für einen Fronttriebler mit diagonaler Bremskreisaufteilung

bremszylinder. Der Fahrer merkt dies, in dem das Bremspedal zurückgeschoben wird. Die Rückförderpumpe ist eine Kolbenpumpe, die Druckpulsationen in der Bremsflüssigkeitssäule zum Hauptbremszylinder verursacht. Um das damit verbundene Geräusch zu reduzieren sind sogenannte Dämpferkammern 3 vorgesehen, deren Abfluss zum Hauptbremszylinder gedrosselt ist (nicht eingezeichnet). Die Kreistrennung bleibt auch im Hydroaggregat aufrecht erhalten. Löst der Fahrer die Bremse, so darf in keinem Rad der Druck größer sein als das vom Fahrer vorgegebene Druckniveau. Eine schnelle Entlastung der Radbremszylinder trotz noch angesteuerter Einlassventile ist durch die eingebaute Rückschlagventilfunktion der Einlassventile möglich.

Zur aktiven Bremsung des durchdrehenden Rades bei ASR, muss ein spezielles Hydroaggregat verwendet werden [1]. Dieses baut auf dem Hydroaggregat des ABS auf, ist aber um einiges erweitert (Bild 19-22). Für den aktiven Druckaufbau wurde die Rückförderpumpe als selbstsaugende Pumpe ausgelegt. Zusätzlich wurden die Ansaugventile 3 und die Umschaltventile 4 eingeführt. Muss an einem Rad, z. B. vorne links (VL) aktiv gebremst werden, so wird der Pumpenmotor 6 elektrisch angesteuert. Gleichzeitig wird das linke Ansaugventil 3 geöffnet und das linke Umschaltventil 4 geschlossen. Nun saugt die linke Pumpe Bremsflüssigkeit durch das geöffnete Zentralventil im Schwimmkolben aus dem Bremsflüssigkeitsbehälter an. Die Pumpe fördert die angesaugte Bremsflüssigkeit durch das geöffnete Einlassventil 9 des Rades VL in den Radbremszylinder. Wenn der erforderliche Bremsdruck erreicht ist, so werden das Einlassventil 9 VL und das linke Ansaugventil 3 geschlossen.

Eingebaut in das Umschaltventil ist eine Rückschlagventilfunktion die den sofortigen Durchgriff des Fahrers beim Bremsen während einer ASR erlaubt. Das Umschaltventil hat auch eine Druckbegrenzungsfunktion die verhindert, dass der Bremsdruck im Hydroaggregat zu hoch werden kann, z. B. wenn beide Einlassventile in einem Kreis geschlossen sind.

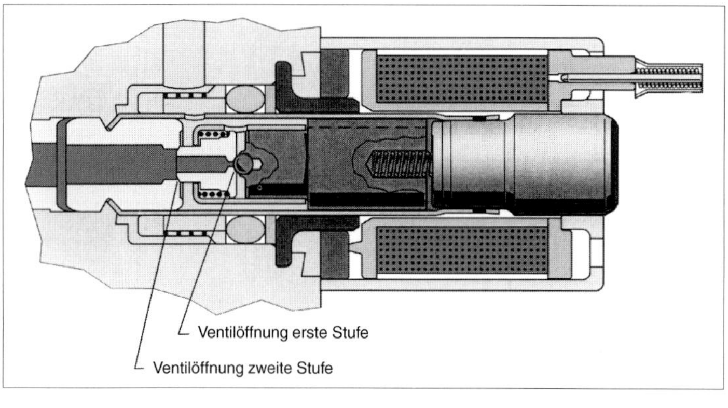

Bild 19-23 Zweistufiges Ansaugventil (HSV)

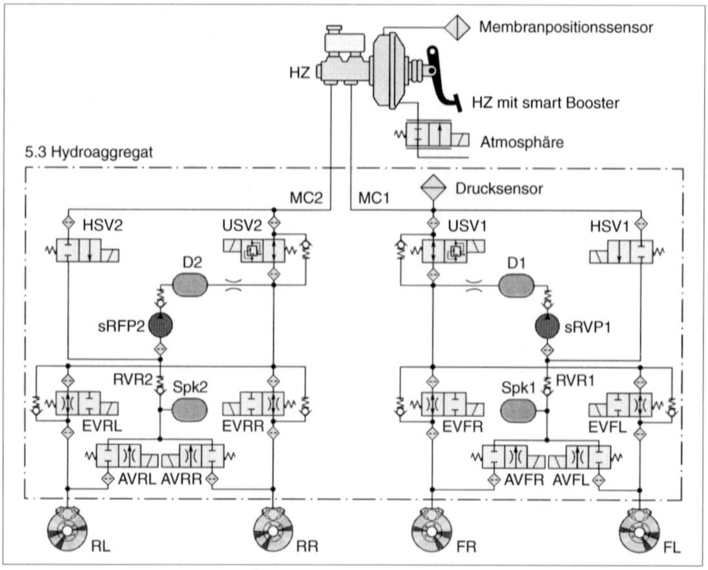

Bild 19-24 Druckbeaufschlagung der Rückförderpumpensaugseite mittels Smart Booster

Wenn das Ansaugventil bei angesteuertem Pumpenmotor geschlossen ist, entsteht ein großer Unterdruck auf der Pumpeneinlassseite. Damit sich dieser Unterdruck nicht bis zu den Radbremszylindern fortpflanzen und die Radbremskolben zurückziehen kann, ist ein Rückschlagventil zwischen Pumpe 7 und Speicherkammer 8 eingebaut, dessen Feder vorgespannt ist.

Wichtig für eine einwandfreie Regelung der Fahrdynamik bei ESP ist ein ausreichend schneller Druckanstieg in den Radbremsen. Problematisch sind in diesem Zusammenhang die niedrigen Kfz-typischen Temperaturen, bei denen die Viskosität der Bremsflüssigkeit drastisch zunimmt. Um auch bei tiefen Temperaturen schnell den Druck aufbauen zu können, hat das Ansaugventil 3 des ASR-Hydroaggregats (Bild 19-22) eine große Durchlassöffnung. Bremst der Fahrer aber, dann reicht die elektromagnetische Ventilkraft nicht, das Ansaugventil zu öffnen. Für ESP wurde deshalb das Ventil 3 durch ein neues Ventil ersetzt (Hochdruck-Saug-Ventil, HSV), welches sowohl bei kleinen als auch bei hohen Gegendrücken (bei der Bremsung) eine große Durchlassöffnung frei machen kann.

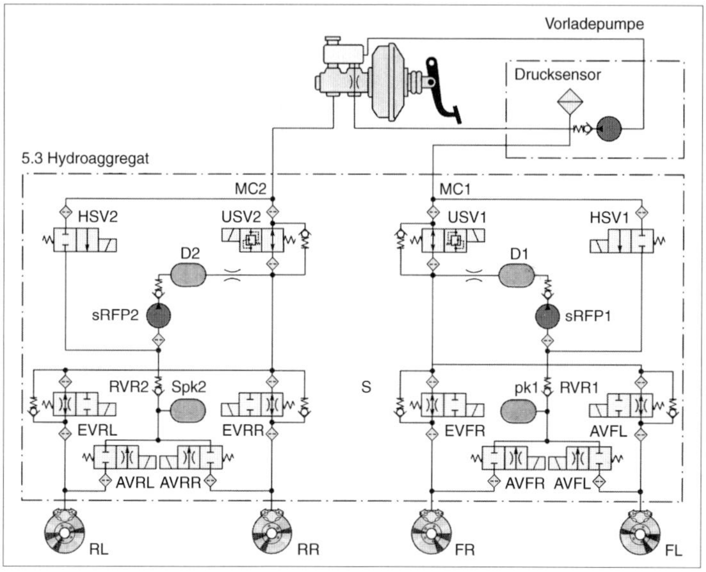

Bild 19-25 Druckbeaufschlagung der Rückförderpumpensaugseite mittels Vorladepumpe

Das neue Ventil, HSV, ist ein zweistufiges Ventil, welches bei hohen Gegendrücken in der ersten Stufe eine kleine Öffnung frei macht (Bild 19-23). Bei hohen Drücken reicht dies aus, um einen schnellen Druckaufbau zu erzielen. Fällt durch die Öffnung der ersten Stufe die Druckdifferenz über das Ventil ab, dann öffnet sich auch die zweite Stufe mit dem großen Querschnitt. Ist der Druck von vornherein klein, dann öffnet sich sofort die zweite Stufe mit der großen Öffnung. Mit diesem zweistufigen Ansaugventil ist das ASR-Hydroaggregat für ESP geeignet.
Reicht die Druckaufbaudynamik nicht aus (z. B. bei großvolumigen Radbremszylindern), dann kann durch Zusatzmaßnahmen die Saugseite der Rückförderpumpe mit Druck beaufschlagt werden. Dazu gibt es zwei Lösungsansätze. Erstens kann ein so genannter intelligenter Bremskraftverstärker (Smart Booster) verwendet werden (Bild 19-24). Bei einer aktiven Druckanforderung wird der Verstärker über ein elektrisch steuerbares Proportionalventil belüftet, so dass der Stangenkolben und damit auch der Schwimmkolben bewegt wird, und ein Bremsdruck im Hauptbremszylinder, der auf ca. 15 bar geregelt wird, entsteht.
Zweitens kann eine Vorladepumpe mit Kaskadenanordnung zur Rückförderpumpe verwendet werden (Bild 19-25). Die Vorladepumpe saugt aus dem Bremsflüssigkeitsbehälter und fördert in den Stangenkreis. Zum Bremsflüssigkeitsbehälter ist im Hauptbremszylinder eine Drossel eingebaut, so dass im Hauptbremszylinder und im Stangenkreis ein Staudruck von ca. 15 bar entsteht, welche die Saugseite der Rückförderpumpe im Stangenkreis beaufschlagt. Über den Schwimmkolben findet ein Druckausgleich statt, so dass auch in dem Schwimmkolbenkreis der Druck auf ca. 15 bar ansteigt. Nun wird auch die Saugseite der Rückförderpumpe im Schwimmkolbenkreis mit Druck beaufschlagt.

19.5 Überwachung der Bremsanlage in Fahrerassistenzsystemen

Die Hydroaggregate der Fahrerassistenzsysteme sind fail-safe konzipiert [1]. Dies bedeutet, dass bei Ausfall der Regelsysteme, das Hydroaggregat in den Ruhezustand zurückfällt, wie in den Bildern der Hydroaggregate dargestellt. Fail-safe heißt hier, dass eine ungeregelte Bremsung im vollen Funktionsumfang möglich ist. Weiter sind die Hydroaggregate auf extreme Zuverlässigkeit konstruiert, so dass Ausfälle höchst selten sind.
Bei Fahrzeugstart wird der Rückförderpumpenmotor geprüft. Dazu wird der Motor kurz angesteuert. Eventuell vorhandene Bremsflüssigkeit wird dabei aus den Speicherkammern in den Kreisen zurückgefördert. Nach Ablauf der Ansteuerung wird durch den Motornachlauf eine Generatorspannung induziert, die gemessen wird. Ist die Generatorspannung Null, hat sich der Motor nicht gedreht und ABS wird nicht aktiviert. Die gelbe ABS-Lampe im Display wird angesteuert.
Bei ESP mit Vorladung über eine Vorladepumpe wird bei Fahrzeugstart auch der Vorladepumpenmotor angesteuert. Zeigt der Drucksensor daraufhin keinen Bremsdruck an, ist entweder die Vorladepumpe oder der Bremsdrucksensor defekt. Einen ähnlichen Zusammenhang gibt es bei der Vorladung über den intelligenten Bremskraftverstärker: wird der Bremskraftverstärker belüftet, so muss der Drucksensor einen Druck anzeigen.

19.6 Ausblick und Perspektiven

Mit ESP hat die aktive Fahrsicherheit mittels Einsatz der Bremsen vorerst einen Höhepunkt erreicht. Die Verwendung der Bremsen zur allgemeinen Verbesserung der Fahrdynamik ist ausgeschlossen, da die Betätigung der Bremsen unerwünschte Randerscheinungen mit sich bringen (ungewollte Fahrzeugverzögerung, Bremsenverschleiß, Komforteinbußen). Erweitert werden kann ESP in zwei Richtungen. Erstens Verbesserung der Fahrsicherheit und zweitens Verbesserung auf dem Gebiet der Bremsung.
Da bereits an der Beeinflussung der Fahrzeugführung mithilfe des Lenksystems entwickelt wird, kann über die Fahrzeugführung mittels Einsatz der Bremsen in sicherheitsrelevanten Verkehrssituationen nachgedacht werden. Als Beispiel, die Bremsen könnten benutzt werden, wenn detektiert wird, dass das Fahrzeug beim ungewollten Überschreiten der Spurmarkierungen auf der Straße die Fahrspur verlässt. Mittels ESP könnte das Fahrzeug wieder in die Fahrspur zurückgebracht werden. Ein beherzter Bremseneingriff könnte dann für den unaufmerksamen Fahrer sogar vorteilhaft sein. Bei Fahruntüchtigkeit (z. B. durch plötzliche Herzbeschwerden) könnte dieses System erweitert werden zu einem geregelten Fahrspurwechsel bis zur Standspur und bis zum Fahrzeugstillstand.
Bei den Verbesserungen auf dem Gebiet der Bremsung ist die fahrsituationsabhängige Bremskraftverteilung bereits bei der Elektrohydraulischen Bremse (EHB) eingeführt. Weiter kann das ACC in Richtung „Stop and Go“ als Stauassistent oder als Vollbremsassistent weiterentwickelt werden. Wichtig ist die Weiterentwicklung auf dem Gebiet der Anhaltewegverkürzung. Hier könnten, bei Erkennung einer kommenden Vollbremsung, durch eine leichte aktive Bremsung, die Bremsbeläge bereits an die Bremsscheibe angelegt werden, bevor der Fahrer das Bremspedal betätigt. Da am Anfang einer Bremsung die Fahrgeschwindigkeit am höchsten ist, wirkt sich dieser frühe Bremseingriff besonders vorteilhaft aus.

Tabelle 19.2 Formelzeichen

A	Fahrzeugspantfläche
$+A, +a, -a$	Radbeschleunigungsschwellen des ABS-Reglers
a, b	Abstände des linken Vorderrades vom Schwerpunkt
b, c	Abstände des linken Hinterrades vom Schwerpunkt
a_x	Geschätzte Fahrzeuglängsbeschleunigung
a_y	Fahrzeugquerbeschleunigung
C_p	Bremsmomentübersetzung
C_w	Windwiderstandsbeiwert
C_α	Reifensteifigkeit in Seitenrichtung
C_λ	Reifensteifigkeit in Längsrichtung
$C_{\alpha,v}$	Summe der Reifensteifigkeiten in Seitenrichtung an der Vorderachse
$C_{\alpha,h}$	Summe der Reifensteifigkeiten in Seitenrichtung an der Hinterachse
D_T	Reglerzykluszeit
D_λ	Antriebsschlupftoleranzband zwischen den Antriebsrädern
F_B	Reifenbremskraft
$F_{B1}, F_{B2}, F_{B3}, F_{B4}$	Reifenbremskraft vorne links bzw. vorne rechts, hinten links, hinten rechts
$F_{B,A}$	Bremskraft am Ende der Anpassungsphase
F_{BF}	Stationäre (gefilterte) Reifenbremskraft
F_L	Längskraft
F_N	Reifenaufstandskraft
F_R	Resultierende Reifenkraft
F_S	Reifenseitenkraft
J_F	Fahrzeugträgheitsmoment um die Hochachse
J_{Mot}	Motorträgheitsmoment
J_{Rad}	Radträgheitsmoment
K_p, K_d, K_i	Reglerverstärkungsfaktoren für P-, D- und I-Anteil
m_F	Fahrzeugmasse
m_{BR}	Bremsmoment von der Bremse auf das Rad
M_{dif}	Solldifferenzmoment der Antriebsräder
M_{FV}	Fahrervorgabemoment
$M_{\text{Gi}}\ M_{\text{Gier}}$	Fahrzeuggiermoment
$\Delta M_{\text{Gi So}}$	Kleine Änderung des Fahrzeugsollgiermoments
$M_{\text{Gi So}}$	Fahrzeugsollgiermoment

$M_{\text{Ka Halb}}$	Halbes Kardanwellenmoment
M_{Kar}	Kardanwellenmoment
M_{Mot}	Motoristmoment
M_R	Bremsmoment von der Fahrbahn auf das Rad
$M_{\text{Rad So}}$	Sollbremsmoment
$M_{\text{So Mot}}$	Motorsollmoment
$M_{\text{So Sperr}}$	Sollbremssperrmoment an den Antriebsrädern
$M_{\text{So ZWV}}$	Sollmoment, das über Zündwinkelverstellung eingestellt werden soll
p_{Kreis}	Kreisdruck, der durch den Fahrer eingestellt wird
p, p_{Rad}	Radbremszylinderdruck
$p_{\text{Rad Pre}}$	Radbremszylindersolldruck
R	Radradius
R_K	Kurvenradius
SUM	Ereignisgesteuerte Integration
T_1	Filterkonstante
$T_{i\text{aus}}$	Einspritzausblendungszeit
$\ddot{U}_{\text{Ge}}$	Getriebeübersetzung
U_{Vent}	Ventilansteuermodus
v_{CH}	Charakteristische Geschwindigkeit des Fahrzeugs
v_{dif}	Raddifferenzdrehzahl
v_F	Fahrzeuggeschwindigkeit
$v_{F\ \text{Rad}}$	Fahrzeuggeschwindigkeit am Radmittelpunkt
v_{Kar}	Kardanwellendrehzahl
v_R, v_{Rad}	Gemessene Radumfangsgeschwindigkeit
$V_{\text{Rad},A}$	Gemessene Radumfangsgeschwindigkeit am Ende der Anpassungsphase
v_{Rad3}, v_{Rad4}	Gemessene Radumfangsgeschwindigkeit hinten links, bzw. hinten rechts
$v_{\text{Rad Frei}}$	Berechnete freirollende Radumfangsgeschwindigkeit
v_{Ref}	Referenzgeschwindigkeit
$v_{\text{So Dif}}$	Sollwert für die Raddifferenzdrehzahl
$v_{\text{So Kar}}$	Kardanwellensollgeschwindigkeit
v_x	Fahrzeuglängsgeschwindigkeit
v_y	Fahrzeugquergeschwindigkeit
x_1, x_2	Parameter des Hydraulikmodells
ZWV	Zündwinkelverstellung

α	Reifenschräglaufwinkel
β	Fahrzeugschwimmwinkel
β_{So}	Fahrzeugsollschwimmwinkel
δ	Lenkradwinkel
δ_R	Lenkwinkel
λ	Reifenschlupf
λ_0	Arbeitspunkt des Bremsschlupfreglers
λ_1	Schlupfschwelle
λ_A	Reifenschlupf am Ende der Anpassungsphase
λ_{So}	Reifensollschlupf
λ_{MA}	Mittlerer Antriebsschlupfsollwert der Antriebsräder
$\Delta\lambda$	Schlupfabweichung vom Arbeitspunkt des Bremsschlupfreglers
ω_R	Raddrehgeschwindigkeit
μ	Reibwert zwischen Reifen und Fahrbahn
μ_A	Bremsreibwert zwischen Reifen und Fahrbahn am Ende der Anpassungsphase
μ_B	Bremsreibwert zwischen Reifen und Fahrbahn
μ_H	Haftreibwert zwischen Reifen und Fahrbahn
μ_{Res}	Resultierender Haftreibwert aus den Radkraftschätzungen
μ_l, μ_h	Kleiner bzw. großer Haftreibwert
μ_S	Seitenreibwert zwischen Reifen und Fahrbahn
$\dot{\psi}$	Giergeschwindigkeit
$\dot{\psi}_{\text{So}}$	Sollgiergeschwindigkeit

Literatur

[1] *Robert Bosch GmbH (Hrsg.):* Fahrsicherheitssysteme. Wiesbaden: Vieweg, 1998

[2] *van Zanten, A.; Erhardt, R.; Pfaff, G.:* FDR – Die Fahrdynamikregelung von Bosch. In: ATZ (1994) 11, S. 674–689

[3] *Inagaki, S.; Ksihiro, I,; Yamamoto, M.:* Analysis on Vehicle Stability in Critical Cornering Using Phase Plane Method. In: AVEC'94 (1994), S. 287–292

[4] *van Zanten, A.; Erhardt, R.; Pfaff, G.; Kost, F.; Hartmann, U.; Ehret, T.:* Control Aspects of the Bosch VDC. In: AVEC'96 (1996), S. 576–607

[5] *Fischer, G.; Müller, R.:* Das elektronische Bremsenmanagement des BMW X5. In: ATZ 102 (2000) 9, S. 764–773

[6] *Kiesewetter, W.; Klinkner, W.; Reichelt, W.; Steiner, M.:* Der neue Brake Assist von Mercedes – Benz. In: ATZ 99 (1997) 6, S. 330–339

20 Die Bremse im mechatronischen Fahrwerk

20.1 Einführung in die Mechatronik

Der Kunstbegriff „Mechatronik“ drückt die Verbindung von mechanischen und elektronischen Elementen in einer gemeinsamen Funktionseinheit aus. Die Mechatronik als Ingenieurswissenschaft verbindet die Bereiche Maschinenbau, Elektrotechnik und Informationstechnik[1]). Trotz oftmals unterschiedlicher Begriffsverwendung ist allen mechatronischen Systemen gemeinsam der Grundaufbau mit Sensor, Aktor[2]) und Reglereinheit gemäß Bild 20-1.[3]) Die Sensorik, oftmals auch mechatronische Subsysteme (z. B. sog. mikromechanische Sensoren), wandelt die für die auszuführende Funktion notwendigen physikalischen Größen in elektrische Signale, die in der nachfolgenden Reglereinheit (meistens ein Mikrorechner) bewertet und verarbeitet werden. Das Ergebnis dieser Verarbeitung sind Stellbefehle an die Aktoren, die den Energiefluss des technischen Prozesses verändern. Als Folge dieser Energieflussmodulation erhält man geänderte Systemdaten und damit neue Sensorwerte. Frühe Beispiele von mechatronischen Systemen im Automobilbereich sind das Anti-Blockiersystem ABS und die elektronische Motorsteuerung.

Oftmals ersetzen mechatronische Systeme vormalige mechanische Systeme und erweitern die Funktionalität erheblich. Andererseits werden manche Funktionen erst durch Mechatronik möglich. Dies gilt insbesondere dann, wenn der Informationsbedarf für die Ausführung dieser Funktion sehr hoch ist (z. B. die Fahrdynamikregelung ESP) oder die elektronische Regelung Instabilitäten kompensieren muss (z. B. bei einer magnetischen Lagerung).

Für diese funktionale Überlegenheit mechatronischer Systeme gegenüber mechanischen Lösungen benötigt man zusätzliche elektronische Komponenten, die wiederum zusätzliche elektrische Energie verbrauchen. Oft kann dieser Nachteil durch eine die Energiebilanz verbessernde Funktion kompensiert werden, er führt aber auf jeden Fall zu höheren Anforderungen an die Energiebereitstellung. Weiterhin ist mit den elektronischen Komponenten ein geändertes Ausfallverhalten verbunden. Sie verschleißen zwar nicht, aber sie können auch nicht wie mechanische Komponenten durch Überdimensionierung zuverlässiger gemacht werden. Die Folge ist eine Sicherheitslogik, die oft aufwändiger ist als die Logik für die Funktion an sich. Bei sehr komplexen mechatronischen Systemen ist die Software schon derart umfangreich, dass die Fehlerfreiheit der Software nicht mehr gesichert werden kann.

Die frühen mechatronischen Systeme im Kraftfahrzeug waren zunächst noch „Einzelkämpfer“, d. h. sie erfüllten ihre Aufgaben unabhängig von der Funktionsfähigkeit anderer Systeme. Seit Anfang der neunziger Jahre hielt die Informationsvernetzung Einzug in das Automobil, Bild 20-2. Mit dem CAN-Bus[4]) können seitdem auch im Kfz digitale Informationen ausgetauscht und Funktionen verteilt werden. So wurde es möglich, dass dieselben Sensoren oder Aktoren für mehrere Funktionen genutzt werden. Diese Vernetzung führte zu Kostensenkungen und weiteren Funktionsoptimierungen, aber auch zu erheblich höherer Systemkomplexität. Die heutige Systemarchitektur orientiert sich noch an den Hauptfunktionen, wie z. B. eines Motor- oder Bremsenmanagementsystems, an deren Steuergeräte die Sensoren oder Aktoren noch direkt angebunden sind. Zunehmend häufiger werden aber sog. intelligente

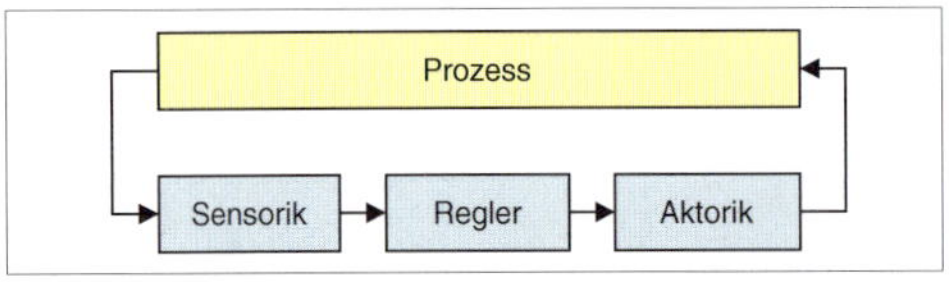

Bild 20-1 Grundelemente eines mechatronischen Systems

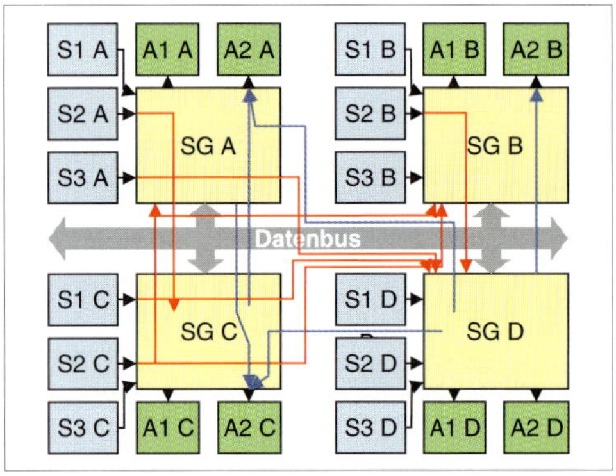

Bild 20-2 Vernetzte mechatronische Systeme (S1...3 Sensoren, A1...2 Aktoren, SG Steuergerät, rot Sensordatenfluss, blau Aktordatenfluss)

[1]) Über Geschichte und Definition des Begriffs Mechatronik informieren u. a. die Internetseiten www.mechatronik-portal.de und www.mzh.uni-hannover.de.

[2]) Oft wird auch der dem englischen *actuator* nachempfundene Begriff *Aktuator* verwendet.

[3]) Für eine tiefer gehende Betrachtung der Mechatronik sei hier auf die Literatur verwiesen, z. B. [5].

[4]) **C**ontroller **A**rea **N**etwork

Sensoren bzw. Aktoren zu finden sein, die direkt mit dem Datenbus kommunizieren und im System als unabhängige Dienstleister für verschiedene Funktionen fungieren.

20.2 Darstellung einer mechanischen Fahrzeugecke

20.2.1 Funktionsstruktur und Schnittstellen von Radaufhängungen

Das Gewicht des Kraftfahrzeugs, aber auch die für die Bewegung notwendigen Kräfte des Kraftfahrzeugs werden nahezu ausschließlich auf nur vier etwa Handteller große Flächen[5]) abgestützt. Die Kraftübertragung in der Ebene erfolgt dabei kraftschlüssig über die Reifen, wobei die maximal übertragbaren Längs- und Querkräfte voneinander abhängen. Der Reifen seinerseits wird auf der Felge geführt und erhält über diese die fahrzeugbezogenen Richtungsvorgaben und die Antriebs- bzw. Bremsmomente. Die Radnabe ihrerseits wird über Lenker im Allgemeinen kombiniert kinematisch und elastokinematisch geführt. Elastische und dämpfende Elemente sorgen für eine Kraft- und Bewegungsaufnahme. Die Kräfte werden dabei am Aufbau abgestützt. Dieser sorgt für eine Wechselwirkung zwischen den Kräften und Bewegungen der vier Räder. In Bild 20-3 ist die Kraftflusskette des Fahrwerks dargestellt, an der allein sich ablesen lässt, wie stark die einzelnen Elemente des Fahrwerks miteinander vernetzt sind. Hinzu kommen noch kinematische und elastokinematische Koppelungen.

Bei einer solch starken Vernetzung der Größen untereinander verwundert es nicht, dass es viele Zielkonflikte bei der Auslegung der Radaufhängung gibt.

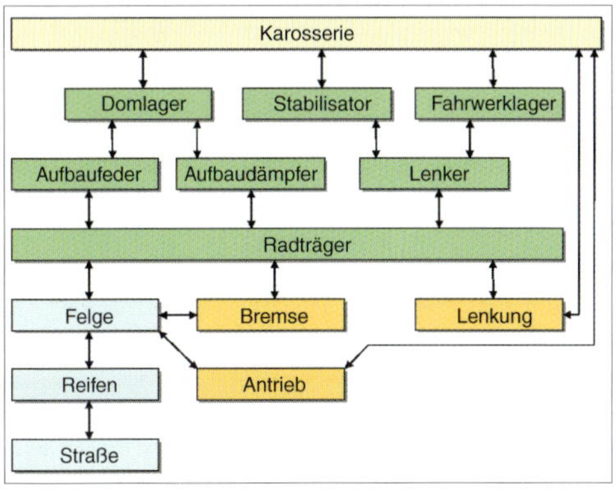

Bild 20-3 Kraftflusskette eines Fahrwerks

[5]) Die Betrachtung ist für Pkw beschrieben, gilt aber entsprechend auch für Lkw.

20.2.2 Wechselwirkungen zwischen Bremse und Fahrwerk

Eine typische Pkw-Einzelradaufhängung besitzt im Wesentlichen einen vertikalen Freiheitsgrad bezogen auf die Karosserie, der durch die Aufbaufederung und den Aufbaudämpfer abgestützt wird. Zusätzlich realisiert die Elastokinematik Fahrwerk-Nachgiebigkeiten auch in Fahrzeuglängs- und querrichtung. Bei Krafteinwirkung auf die Radaufhängung, zum Beispiel durch Antriebs- und Bremskräfte oder Zentrifugalkraftabstützung bei Kurvenfahrt, erfolgen (bedingt durch die resultierenden Einfedervorgänge) Verschiebungen der Radaufhängungskomponenten gegeneinander sowie relativ zum Aufbau, wodurch sich im Allgemeinen die Radstellungsparameter (Definitionen siehe DIN 70020) ändern. Diese Mechanismen werden aufgrund ihrer Wirkung auf das Fahrzeug auch als Wank-, Längskraft- und Seitenkraftlenken bezeichnet. Von besonderem Interesse sind dabei die Änderungen der Spur- und Sturzwinkel, da sie unmittelbaren Einfluss auf das Fahrverhalten haben. Die unter theoretischen Überlegungen für unterschiedliche Fahrsituationen jeweils optimalen Bahnkurven der einzelnen Radaufhängungen weisen mitunter Widersprüche auf, so dass die reale konstruktive Auslegung nur einen Kompromiss darstellen kann.

Bei Kurvenfahrt kann durch Gaswegnahme bzw. Bremsen eine Lastwechselreaktion des Fahrzeugs erfolgen: Dabei verursacht die im Fahrzeugschwerpunkt angreifende Reaktionskraft (bedingt durch Motorbremsmoment und Bremskräfte) eine Erhöhung der Vorderachslast und eine gleichzeitige Verminderung der Hinterachslast. So ändert sich bei zunächst gleichem Schräglaufwinkel die Querkraftaufteilung zwischen Vorder- und Hinterachse, d. h. die Arbeitspunkte im Kamm'schen Kreis werden verschoben. Durch die nun höhere Seitenkraft an der Vorderachse und niedrigere Seitenkraft an der Hinterachse wird ein Giermoment erzeugt, welches das Fahrzeug in die Kurve eindrehen lässt und somit übersteuernd wirkt.

Bei sehr starkem Bremsen kann der Kraftschluss zwischen Reifen und Fahrbahn auch überbeansprucht werden, was in einem Verlust der Seitenführungskraft an Vorder- und/oder Hinterachse resultieren kann mit der Folge eines Unter- bzw. Übersteuerns des Fahrzeugs.

20.2.3 Darstellung von Fahrwerksparametern

Die Auslegung eines Fahrwerks kann im Wesentlichen durch die Kinematik der radführenden Radaufhängungsparameter sowie durch die Größe der Einzelparameter von Steifigkeiten, Dämpfungen und Massen vorgenommen werden. Deren Zusammenwirken definiert das Gesamtsystemverhalten, wodurch schließlich verschiedene Abstimmungsphilosophien darstellbar sind. Nachfolgend sind wichtige Fahrwerksparameter aufgestellt:

- Achssystem (Mehrlenkerausführung, Verbundlenker, McPherson, etc.)
- Aufbaufederung (Steifigkeit, lineare bzw. nichtlineare Kennlinie, etc.)
- Aufbaudämpfung (Dämpfungsmaß, Reibung, Kennlinienform, etc.)
- Stabilisator (Anzahl, Kennlinie)
- Reifen (Steifigkeiten, Trägheiten, Mischung, Profilgeometrie, Dimension, etc.)
- Massen, Trägheiten (Beträge, Aufteilung).

Die Variationen der einzelnen Parameter haben Einflüsse auf das Fahrverhalten, den Fahrkomfort sowie die Fahrsicherheit. Das vertikale Schwingverhalten des Fahrzeugaufbaus wird maßgeblich durch die Steifigkeit der Aufbaufederung bestimmt. Diese ist bei gegebener Aufbaumasse über die Größe der gewünschten Aufbaueigenfrequenz weitgehend vorgegeben. Bei tendenziell sportlicher ausgelegten Fahrzeugen ist die Aufbaueigenfrequenz höher als bei komfortablen Abstimmungen. Ähnliche Tendenzaussagen lassen sich zur Ausführung der Aufbaudämpfung sagen. Mit zunehmender Vergrößerung der Dämpfung reduziert sich der vertikale Schwingkomfort. Eine wichtige Beurteilungskenngröße des Fahrkomforts für Insassen stellt der Effektivwert der Aufbaubeschleunigung dar. Die Aufbaudämpfung ist jedoch darüber hinaus für die Bedämpfung der Radlastschwankungen zuständig, was eine wichtige Fahrsicherheitsbeeinflussung darstellt. Die Tendenzaussage, dass mit zunehmender Dämpfung die Schwankung der Radlast sinkt, ist in den meisten Fahrsituationen gegeben. Eine gängige Entschärfung der Problematik zwischen hoher Dämpfung aus Fahrsicherheits- und geringer aus Komfortgründen wird zur Zeit durch eine im Vergleich zur Druckstufe um ca. den Faktor zwei größere Zugstufendämpfung dargestellt. Grundsätzlich kann jedoch die Aufbaudämpfung wie auch die Federung nur in recht engen Grenzen variiert werden, sofern diese Parameter nicht dynamisch variiert werden können.
Durch den Einsatz von Torsionsstabilisatoren kann zum einen das Wank- sowie andererseits das Eigenlenkverhalten abgestimmt werden. Hohe Steifigkeiten der Stabilisatoren bewirken, meist bei sportlichen Fahrzeugen, eine dort gewünschte geringe Wankneigung. Durch die vorhandene Kopplung zwischen linker und rechter Fahrzeugseite an einer Achse nimmt jedoch meist die Empfindlichkeit auf einseitiges, fahrbahnbedingtes Einfedern zu. Da die Aufbaufederung ebenfalls in die Definition des Wankverhaltens eingeht, müssen die beiden Komponenten aufeinander abgestimmt werden.

Durch Auswahl der Bereifung wird unter anderem das vertikale Schwingverhalten abgestimmt. Steifere Auslegungen bewirken einerseits eine Erhöhung der Radträgereigenfrequenzen und zweitens eine Vergrößerung der Radlast-Schwankungsamplituden. Der Vorteil von hohen Reifensteifigkeiten ist in der Regel ein dynamischeres Ansprechverhalten des Reifens auf Last- oder Bewegungsrichtungsänderungen. Beides tritt bei Komfortfahrzeugen im Vergleich zum gewünschten hohen Abrollkomfort tendenziell in den Hintergrund. In gewissen Grenzen lässt sich das Steifigkeitsverhalten eines Luftreifens über den Innendruck variieren.
Einen weiteren wichtigen Einfluss stellen die nicht durch Aufbaufederung und -dämpfung von der Straße isolierten Massen dar. Diese reifengefederten Massen (auch ungefederte Massen genannt) stützen sich nur über die Reifenfeder auf der Fahrbahn ab. Vertikalanregungen führen zu Radlastschwankungen, die insbesondere auf unebenen Fahrbahnen erheblich sein können. Wird das System zu Schwingungen angeregt, kann der Bodenkontakt im Extremfall ganz verloren gehen. Aber auch geringere Radlastschwankungen führen bedingt durch nichtlineares Reifenverhalten und Zeitverzüge beim Kraftaufbau des Reifens zur Verringerung der übertragbaren Kräfte für Spurführung, Bremsen und Antreiben. Dies verlängert z. B. den Bremsweg bei Notbremsungen und verschlechtert die Regelgüte von ABS-Systemen. Für eine optimale Bodenhaftung sollen die reifengefederten Massen also möglichst klein sein.
Zu den reifengefederten Massen zählen im Wesentlichen:

- Reifen
- Felgen
- Bremsscheiben, Bremssättel mit Belägen
- Bremstrommeln, Belagträger mit Belägen
- Radnaben.

Zu einem Teil gerechnet werden die Bauteile, die sich sowohl an diesen „straßennahen" Teilen als auch am Fahrzeug selbst abstützen. Dazu gehören:

- Fahrwerkslenker, Achsen
- Spurstangen
- Antriebswellen
- aber auch die Federn und Dämpfer selbst.

Für alle möglichen Kombinationen der Parameter muss ein passives, mechanisches Fahrwerk bestmöglich abgestimmt werden. Dies bedarf der Lösung einer Vielzahl von Zielkonflikten. Der nachfolgende Abschnitt beschreibt zum einen bremsenspezifische, zum anderen aber auch auf die gesamte Fahrzeugecke bezogene Grenzen in der Auslegung solcher Systeme.

20.3 Grenzen mechanischer Systeme

20.3.1 Einschränkungen konventioneller hydraulischer Radbremsen

Aufgrund der vielfältigen Anforderungen und der damit einhergehenden Zielkonflikte muss bei der Entwicklung konventioneller hydraulisch betätigter Radbremsen eine Reihe von Kompromissen eingegangen werden (vgl. Kap. 7, Kap. 22). Als Beispiel sei der Konflikt zwischen dem Wunsch nach einem großen Lüftspiel, um z. B. Restbremsmomente zu vermeiden, und der hydraulischen Volumenaufnahme genannt. Weiterhin spielen im Zusammenhang der Bremspedalcharakteristik die Sattelsteifigkeit und die Belagkompressibilität eine große Rolle, die auch auf die Übertragung von Schwingungen und Geräuschen (wie Quietschen oder Bremsenrubbeln) einen großen Einfluss haben. Hier würde man sich im Sinne eines kurzen Pedalweges eine hohe Steifigkeit, im Sinne einer geringeren Schwingungsübertragung eine niedrige Steifigkeit wünschen. Das rein passive System kann hier nur auf einen bestimmten Arbeitsbereich ausgelegt werden, in dem ein optimales Verhalten erzielt wird. Veränderungen der Systemparameter z. B. durch Verschleiß oder Alterung führen zwangsläufig zu einem nicht mehr optimalen Systemverhalten.

20.3.2 Dynamik

Hinsichtlich der Dynamikgrenzen mechanischer Radaufhängungen muss zunächst unterschieden werden zwischen der von der Bremse realisierbaren Systemdynamik und dem, was im Rahmen der im realen Fahrbetrieb auftretenden Lastfälle und Lebensdaueranforderungen den anderen Fahrwerkkomponenten und dem Fahrer zugemutet werden kann.

Nach Einleitung eines Bremsvorgangs sind in dem mechanischen Gesamtsystem an verschiedenen Stellen elastizitätsbedingte Wege zu überwinden, bevor die vom Fahrer am Bremspedal eingeleitete Kraft (nach entsprechender Verstärkung) das Fahrzeug verzögert. Als Beispiele seien hier der Druckaufbau im Bremshydrauliksystem, die Überwindung von Lüftspiel zwischen Belag und Scheibe, die Fahrwerk-Elastizitäten und die Nachgiebigkeit der Reifen genannt. In Summe kann daher der Bremskraftaufbau zwischen linker und rechter Fahrzeugseite aufgrund von Fertigungstoleranzen etc. zeitlich leicht asymmetrisch erfolgen, so dass ein plötzlicher lenkähnlichen Effekt auftreten kann. Je größer dabei die Bremsdynamik ist, desto stärker wirkt sich der Lenkeffekt aus und desto schwieriger wird die Kompensation für den Fahrer.

Darüber hinaus steigen bei Dynamikoptimierungen der Einzelkomponenten bei kritischen Bremsmanövern die Aufbaugeschwindigkeiten der Kräfte an, welche auf die im Kraftfluss stehenden Bauteile wirken. Dies wirkt sich negativ auf die Dauerhaltbarkeit dieser Komponenten aus. Exemplarisch seien hier die elastokinematischen Fahrwerkkomponenten (Gummi-Metall-Elemente und Hydrobuchsen) genannt. Somit besteht ein Zielkonflikt zwischen der Dynamikoptimierung eines Bremssystems und der Lebenserwartung (und damit der Zuverlässigkeit) eines mechanischen Brems- bzw. Fahrwerksystems.

20.3.3 Bremskomfort

Auf die einzelnen Schwingungserscheinungen, die während des Bremsvorganges den Komfort beeinträchtigen können, wird im Kapitel 22 „Schwingungen und Geräusche“ ausführlich eingegangen. Bedingt durch die Grenzen mechanischer Systeme kann die Beseitigung von Komfort mindernden Erscheinungen in der Regel nur symptomatisch erfolgen. So wird zur Vermeidung des Auftretens der bremserregten Lenkunruhe aufgrund von Schwankungen der Scheibendicke in Umfangsrichtung versucht, die Eigenfrequenzlagen der am Radträger angebundenen Lenker so zu verschieben, dass sie durch das an einem Kraftfahrzeug auftretende Schwingungskollektiv nicht angeregt werden. Auch die Entkopplung von Freiheitsgraden kann die Übertragung von Schwingungen von der Radaufhängung in die Lenkung unterbinden. Im Allgemeinen reduzieren jedoch diese Maßnahmen den Gestaltungsfreiraum bei der Fahrwerksauslegung. Es ließen sich weitere Beispiele finden, die zeigen, dass die in einem System verwirklichten Sollfunktionen nicht nur Nebeneffekte haben können, sondern auch, dass aufgrund der Komfortanforderungen eine Vielzahl von Kompromissen eingegangen werden muss. Hier werden zusätzliche Maßnahmen nötig, wie zum Beispiel der Einsatz von Dämpfungsblechen auf den Belagrückenplatten, um Bremsgeräusche zu bedämpfen.

20.3.4 Konflikt zwischen Sicherheit und Komfort

Bei der Betrachtung und Diskussion der Grenzen von mechanischen Systemen fällt insbesondere der Zielkonflikt zwischen Sicherheit und Komfort stark ins Auge. Die Auflösung ist beim ausschließlichen Einsatz von passiven, mechanischen Systemen nicht möglich.

Für ein möglichst gutes Bremsverhalten muss die vertikaldynamische Abstimmung des Fahrwerks vor allem hinsichtlich der Fahrsicherheit und weniger des Fahrkomforts vorgenommen werden. Nachfolgend werden daher am Beispiel der vertikal- und längsdynamisch relevanten Federungen und Dämpfungen die möglichen Diskrepanzen zwischen Komfort und Sicherheit diskutiert. Die für jede Bremskraftübertragung benötigte Radlast kann als die

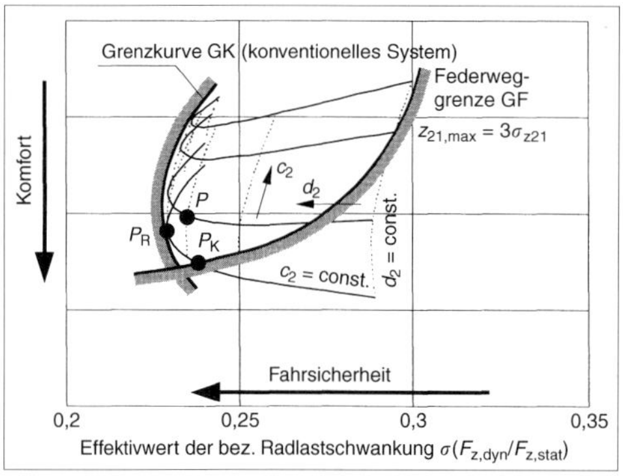

Bild 20-4 Konfliktschaubild Komfort Fahrsicherheit als Funktion der Parameter Federung und Dämpfung [3]

stellvertretende Bewertungsgröße für Fahrsicherheitsaspekte angesehen werden. Eine objektive und weithin bekannte Größe für deren Bewertung stellt der sog. Effektivwert der bezogenen Radlastschwankung dar. Ein Ziel einer Fahrwerkabstimmung kann z. B. deren Minimierung sein, was durch eine geeignete Auslegung der Parameter Aufbaudämpfung, Aufbaufedersteifigkeit u. a. erreicht werden kann. Die in der Regel zwangsläufige Folge dieser Auslegungsphilosophie ist allerdings eine deutliche Verschlechterung des Fahrkomforts, sofern die beiden genannten Parameter im Fahrzeug nicht variierbar sind. Bild 20-4 veranschaulicht die genannten Zielkonflikte bei der Abstimmung eines Fahrwerks mit nichtvariablen Fahrwerksparametern.

Dem Schaubild sind die Grenzen eines passiven, mechanischen Fahrwerkes z. B. in der Abstimmung der für die Bremskraftübertragung wichtigen Größe Radlastschwankung zu entnehmen. Direkt abzuleiten ist damit der Wunsch nach fahrsituationsadaptiver Variabilität des Fahrwerkverhaltens, die sich durch einen mechatronischen Ansatz erreichen lässt.

20.4 Lösungspotenzial durch Mechatronik

Um in Kapitel 20.2 und 20.3 genannte Probleme und Zielkonflikte zu entschärfen, bietet sich der Einsatz mechatronischer Fahrwerk(regel)systeme an. Als Aktoren kommen daher Komponenten in Frage, die an der Kraftübertragung zwischen Fahrzeugaufbau und Fahrbahn beteiligt sind. In Bild 20-3 ist eine Übersicht der am Kraftfluss beteiligten Elemente dargestellt, die in konventionellen Fahrwerken passiv ausgeführt sind. Für fast alle Komponenten gab bzw. gibt es Forschungsansätze, die zum Ziel haben, die Fahrdynamik und/oder den Fahrkomfort eines Fahrzeuges mittels geeigneter Aktorik an die momentanen Randbedingungen anzupassen und so diesen klassischen Zielkonflikt bei der Fahrwerkauslegung zu lösen. Im Folgenden sind einige Systeme genannt, die bereits in Serienfahrzeuge implementiert sind. Aufgrund der mit der Systemkomplexität ansteigenden Herstellungskosten und dem mitunter beträchtlichen Leistungsbedarf sind mechatronische Fahrwerksysteme bisher praktisch ausschließlich in Oberklasse-Fahrzeugen zu finden.

20.4.1 Übersicht über mechatronische Fahrwerksysteme

Mechatronische Fahrwerke ersetzen in einigen aktuellen Serienfahrzeugen bereits klassische passive Standardkomponenten wie Schwingungsdämpfer, Aufbaufederung oder Stabilisatoren. Hinsichtlich der Regelsysteme ABS und ESP sowie EHB und Verstelldämpfer wird auf die entsprechenden Kapitel dieses Buches verwiesen. Nachfolgend sollen einige weitere Seriensysteme kurz erwähnt werden.

Zur Verbesserung des querdynamischen Verhaltens sind mitlenkende Hinterachssysteme nahe liegend: Diese schlagen die Hinterräder bei niedrigen Geschwindigkeiten gegensinnig zu den Vorderrädern ein, um Rangier- und Parkiersituationen durch einen verringerten Fahrzeugwendekreis zu unterstützen. Bei höheren Geschwindigkeiten lenkt die Hinterachse jedoch gleichsinnig zur Lenkbewegung an der Vorderachse mit, um bei kleinerem Lenkradwinkel eine schnellere und präzisere Fahrzeugreaktion hervorzurufen.

Über Eingriffe in das Wankverhalten lässt sich ebenfalls die Fahrzeugquerdynamik beeinflussen. So wurden zum Beispiel aktive Stabilisatoren entwickelt, bei denen Hydraulikaktoren, so genannte Schwenkmotoren, hydraulischen Druck in ein Torsionsmoment umsetzen und über die Karosserieanbindung Wankstabilisierungsmomente erzeugen. Auf diese Weise können Wankbewegungen des Fahrzeugaufbaus bei Kurvenfahrt minimiert bzw. komplett beseitigt werden mit dem Resultat einer hohen Fahrzeugagilität über den gesamten Geschwindigkeitsbereich und einem gutmütigen Lastwechselverhalten.

Andere Systeme bieten neben quer- auch vertikaldynamische Vorteile: Um einen höheren Federungskomfort gegenüber konventionellen Stahlfedern zu erreichen, werden Luftfedersysteme eingesetzt: Volltragende Luftfedern an Vorder- und Hinterachse können durch ihre variable Steifigkeit die Fahrzeughöhe über der Fahrbahn beladungsunabhängig konstant halten (Niveauregulierung). Eine Variation der Bodenfreiheit ist über Luftmassenregelung ebenfalls möglich. So kann der Fahrzeugschwerpunkt zugunsten sportlicher Fahrweise abgesenkt bzw. die Aerodynamik und damit der Kraftstoffverbrauch bei hohen Geschwindigkeiten optimiert werden. Ähnliche Funktionalität bieten aktive Systeme, bei denen die Federfußpunkte von konventionellen Stahl-Auf-

baufedern mittels hydraulischer Plunger-Zylinder verstellt und so die Federvorspannungen/-betriebspunkte variiert werden.
Für zukünftige mechatronische Fahrwerksysteme seien exemplarisch die Überlagerungslenkung und aktive Sturzverstellung genannt, die jeweils zum Ziel haben, die Fahrdynamik und Agilität zu steigern. Während die meisten der genannten mechatronischen Systeme schon in Serie sind, sind die nachfolgend beschriebenen Systeme im Forschungsstadium und geben einen Ausblick auf zukünftige mechatronische Fahrwerke.

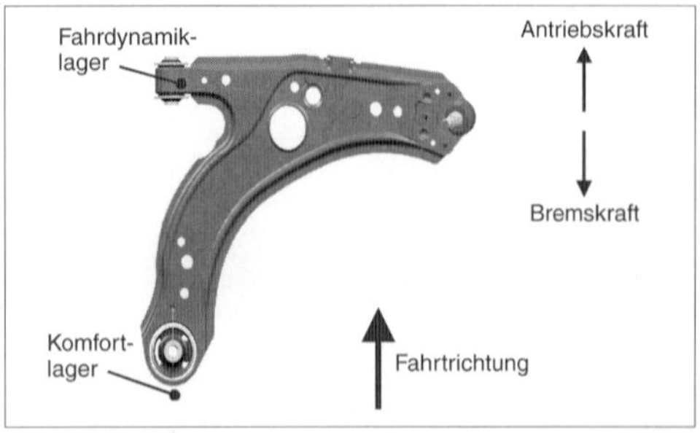

Bild 20-5 Typischer Querlenker einer McPherson-Vorderradaufhängung mit vorderem Fahrdynamik- und hinterem Komfortlager

20.4.2 Adaptive Fahrwerklagerung

In Kapitel 20.3.4 wurden bereits Zielkonflikte bei der konstruktiven Auslegung einer Fahrwerkelastokinematik angesprochen, wobei komfort-technische Aspekte bisher außer Acht gelassen wurden. Um auch diesen genügen zu können, werden heute ausschließlich passive Gummi-Metall-Elemente bzw. Hydrobuchsen zur Realisierung von Fahrwerknachgiebigkeiten und Schwingungsisolation zwischen Fahrwerk und Karosserie eingesetzt. Aus Bild 20-5 wird die Funktionstrennung zwischen Fahrdynamiklagern und Komfortlagern ersichtlich:
Seitenkräfte werden primär durch das relativ steife vordere Lager abgestützt, während das hintere durch seine größere Nachgiebigkeit eine Längsfederung des Rades (Drehpol ist hierbei das vordere Lager) ermöglicht und somit den Abrollkomfort maßgeblich erhöht.
In Bild 20-6 ist der Aufbau einer Hydrobuchse dargestellt. Im Gegensatz zum einfachen Elastomerlager in Standardbauweise besitzt sie zwei mit Fluid (im Allgemeinen Wasser-Glykol-Mischungen) gefüllte Hohlkammern. Bei einer Lageranregung, d. h. einer Relativverschiebung zwischen Innen- und Außenring, wird das Fluid von einer Kammer durch einen Kanal in die andere gepumpt, wobei hydrodynamische Dämpfung auftritt. Zusätzlich wirkt die durch den Kanal bewegte Fluidmasse mit der Blähsteifigkeit der Kammern als mechanischer Tilger. Ziel dieses Mechanismus ist im Allgemeinen die Dämpfung der Radeigenfrequenz bei breitbandiger Fahrwerkanregung. Bei impulsartiger Anregung wird ein entsprechend höheres Druckgefälle zwischen beiden Kammern erzeugt. Zum Abfangen dieser Stöße werden Druckspitzen zusätzlich mittels einer Überlastlippe abgebaut.
Elastomerlager besitzen eine nichtlineare statische Federkennlinie, d. h. die Federkraft steigt bei zunehmender Lagerauslenkung stark progressiv an. Dies tritt zum Beispiel bei starken Bremsvorgängen auf, wobei durch das Spannen der Fahrwerkelastokinematik die Verzögerung der Karosserie zeitversetzt erfolgt.
Die dynamischen Übertragungseigenschaften der Lager werden durch die dynamische Steifigkeit und den Verlustwinkel der verwendeten Gummiwerkstoffe beschrieben. Bedingt durch den langkettigen molekularen Aufbau von Elastomeren verhärtet sich dieser Werkstoff bei höherfrequenter Anregung, d. h. die dynamische Steifigkeit nimmt mit steigender Frequenz zu, so dass sich die Schwingungsisolation vermindert. Wünschenswert wäre ein gerade gegenteiliges Bauteilverhalten: Bei fahrdynamik-relevanter niederfrequenter bzw. quasistatischer Anregung sollte sich die Fahrwerklagerung zu Gunsten des fahrdynamischen Ansprechverhaltens sehr steif, bei komfort-relevanten höherfrequenten Schwingungen im Hinblick auf die Isolationseigenschaften eher weich verhalten.
Der Verlustwinkel ist ein Maß für die Dämpfungswirkung eines Hydrolagers und weist über der Anre-

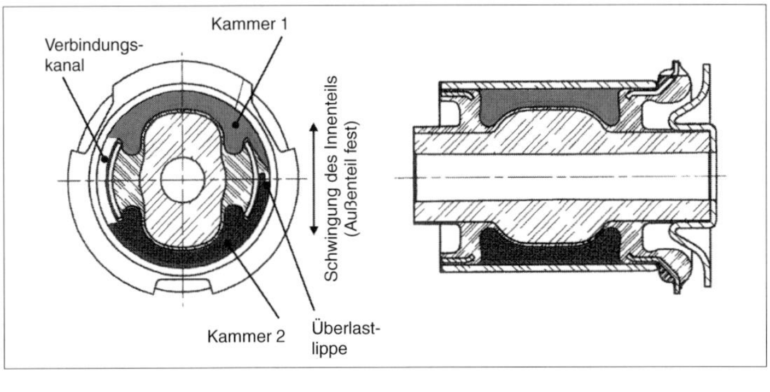

Bild 20-6 Schematischer Aufbau einer Hydrobuchse [5]

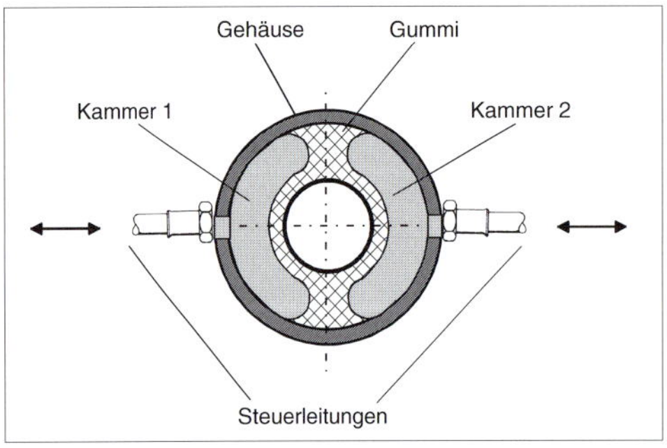

Bild 20-7 Prototyp eines aktiven Fahrwerklager-Aktors: Über die hydraulischen Steuerleitungen können beide Kammern voneinander unabhängig mit Druck beaufschlagt werden, was zu einer Verschiebung des Arbeitspunktes führt und so Kinematikeingriffe im Fahrwerk erlaubt

gungsfrequenz im Allgemeinen ein charakteristisches Maximum auf, welches durch die konstruktive Auslegung der Lager- und Kanalgeometrie in den Bereich der Radeigenfrequenz gelegt wird. Ein Elastomerlager verhält sich wie bereits erwähnt bei quasistatischer Auslenkung stark nichtlinear, d. h. seine Federsteifigkeit ist nicht konstant. Die Radaufhängung besitzt als schwingungsfähiges System Eigenfrequenzen, in deren Berechnung neben Masse und Dämpfung auch die nicht-konstanten Federsteifigkeiten eingehen. Es lässt sich leicht nachvollziehen, dass daher auch die Radeigenfrequenzen nicht konstant bleiben, sondern sich bei zum Beispiel durch Bremskrafteinwirkung hervorgerufenen Lagerauslenkungen und den daraus resultierenden höheren Lagersteifigkeiten ebenfalls zu höheren Frequenzen verschieben. Der beschriebene konventionelle auslegungsabhängige Dämpfungsmechanismus einer Hydrobuchse funktioniert dann nicht mehr, zumal sich außerdem durch Deformation des Gummikörpers die Geometriedaten des Kanals verändern können.

Ersetzt man die beschriebenen passiven Fahrwerklager durch adaptive oder aktive Bauelemente (siehe Bild 20-7), können die statischen und dynamischen Kennlinien der Elastokinematik eines Fahrzeugs beeinflusst werden, um genannte Zielkonflikte zu entschärfen. Derartige Fahrwerklager befinden sich derzeit im Forschungsstadium (siehe z. B. Sonderforschungsbereich 241 an der TU Darmstadt, Teilprojekt „Radaufhängung mit integriertem System zur selbsttätigen Optimierung von Radwiderstand, Fahrsicherheit und Fahrkomfort“ am Fachgebiet Fahrzeugtechnik in [10]).

20.4.3 Verstelldämpfer

Neben den oben beschriebenen Eingriffen in die Horizontaldynamik von Fahrwerken bietet sich darüber hinaus die Möglichkeit, den mechatronischen Ansatz in die vertikaldynamische Anbindung radführender Elemente an den Fahrzeugaufbau zu verfolgen.

Die in heutigen Fahrzeugen verfügbaren Fahrwerkregelsysteme zeichnen sich in der Regel durch eine Variabilität ihres charakteristischen Systemverhaltens aus. Bekannt sind die bereits oben beschriebenen Luftfedersysteme, die durch eine Aktivierung oder Deaktivierung von Zusatzluftvolumina ihre Steifigkeit variieren können, oder vor allem auch Verstelldämpfersysteme, die je nach Komplexität ihrer Ausführungsart ihre Dämpfungseigenschaften fahrsituationsadaptiv entweder gestuft oder zunehmend auch stufenlos verstellen können. Eine wichtige Motivation für den Serieneinsatz dieser Systeme ist die damit darstellbare Entschärfung des in Kapitel 20.3.4 beschriebenen Zielkonflikts zwischen Fahrsicherheit und Fahrkomfort in der Auslegung und Abstimmung von Fahrwerken. Infolge der im Vergleich zu passiven Komponenten deutlich höheren Kosten von Verstellsystemen sind diese heute meist noch Fahrzeugen der Oberklasse, zunehmend aber auch der oberen Mittelklasse vorbehalten. Die Entwicklungsschwerpunkte sowie der Systemaufbau heutiger Serienlösungen zeigen, dass diese vor allem der Komfortsteigerung dienen sollen, wobei eine gleichzeitige Beibehaltung der Fahrsicherheit im Vergleich zu passiven Systemen erreicht werden kann.

In Ergänzung zur bisher betonten Komfortoptimierung ist ein Forschungsziel der Autoren die Untersuchung der Einwirkungen eines stufenlos verstellbaren Dämpfersystems auf das ABS-Bremsverhalten von Personenwagen. Verstelldämpfer zeichnen sich durch eine variable Dämpfung aus. Die Dämpfungsverstellung wird dabei durch den Einsatz z. B. von Proportionalventilen (wahlweise intern oder extern am Dämpfer angeordnet) realisiert. Das in Bild 20-8 dargestellte System mit externem Ventilsystem erlaubt eine hochdynamische Dämpfungsverstellung in einem Zeitbereich zwischen 15 ms und 50 ms.

Eine mögliche Einbindung des Verstelldämpfers in ein mechatronisches Fahrwerk zeigt anhand der nachfolgenden Funktionsstruktur Bild 20-9. Die Dämpferregelung bezieht ihre Sollwerte je nach Konzept z. B. von einem übergeordneten Fahrzeugregler oder von einem Radmodulregler. Die Erfassung von Istwerten kann mittels Sensorik direkt innerhalb der mechatronischen Fahrzeugecke erfolgen. Durch eine hochdynamische Schaltung der Verstell-

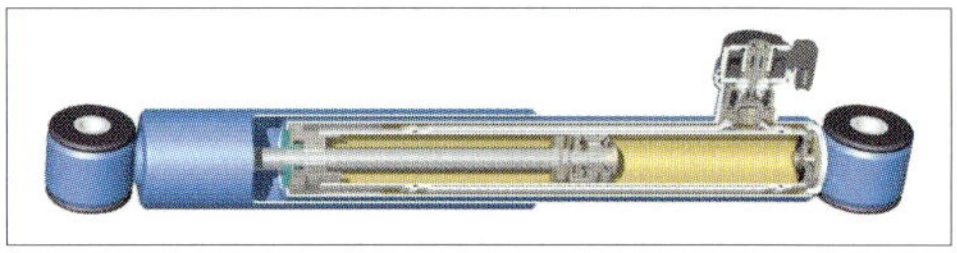

Bild 20-8 Verstelldämpfer mit externem Proportionalventil (Quelle: ZF Sachs AG)

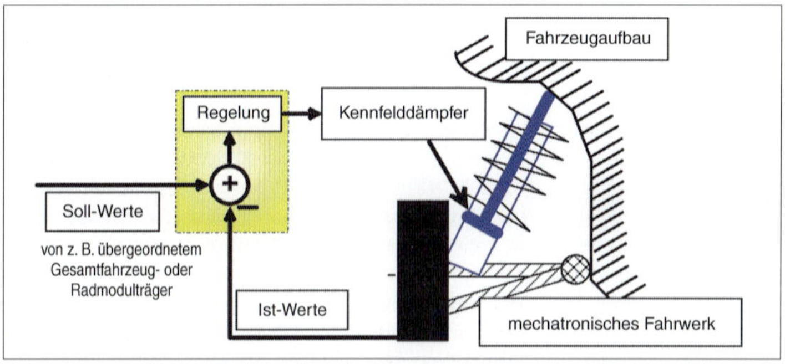

Bild 20-9 Einbindung des Verstelldämpfers in einen mechatronischen Fahrwerkverbund

ventile der Kennfelddämpfer lässt sich damit die Vertikaldynamik beeinflussen.
Alle im Reifenlatsch übertragbaren Längs- und Seitenkräfte sind über die Kraftschluss-Schlupf-Kurve direkt von der jeweiligen, aktuellen Radlast abhängig, so dass deren Optimierung mittels dynamisch verstellbarer Dämpfer erheblich zur Fahrsicherheit beitragen kann. Verschiedene ausgeführte und im Fahrversuch eingesetzte Fahrsicherheits-Regelungen für Verstelldämpfer erreichen eine positive Glättung der dynamischen Radlastschwankungen. In Bild 20-10 sind Radlast- und Bremsmomentverläufe für unterschiedliche Dämpferansteuerungsphilosophien dargestellt. Die Möglichkeiten einer Einflussnahme auf das Bremsverhalten durch eine fahrsituationsadaptive Regelung von Verstelldämpfungssystemen werden deutlich.
Erreicht wird dies durch den Übergang vom klassischen, konstanten Systemverhalten hin zu einer fahrsituationsadaptiven Einstellbarkeit, die durch die erheblich gestiegenen Möglichkeiten der Signalverarbeitung im Fahrzeug erreicht wird.
Mechatronik im Fahrwerk bietet ferner die Möglichkeiten der gegenseitigen Kommunikation vieler Subsysteme miteinander sowie mit übergeordneten Gesamtfahrzeug-Regelungen. Um das System Verstelldämpfer in eine mechatronische Fahrzeugecke einzubinden, ist ein tiefes Verständnis der komplexen und vielschichtigen Wechselwirkungen im Fahrwerk nötig. So zeigen von den Autoren durchgeführte Untersuchungen unter anderem auf, dass infolge der Kopplungseffekte in Radaufhängungen das vertikale und horizontale Schwingungsverhalten das Regelverhalten eines ABS und damit die Bremskraftübertragung beeinflussen können. Ein abgestimmtes dynamisches Verhalten der einzelnen Subsysteme im Fahrwerk bietet durch den Übergang in die Mechatronik viele Chancen in der Optimierung des Gesamtsystemverhaltens (siehe Kapitel 20.4.7).

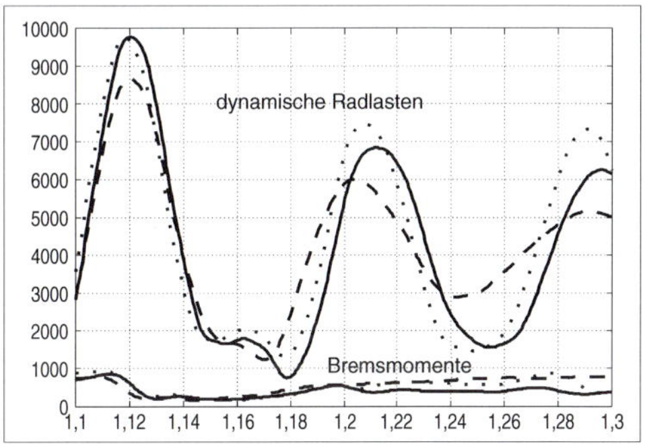

Bild 20-10 Dynamische Radlast und Bremsmoment bei unterschiedlichen Dämpferansteuerungen, gemessen während bzw. nach einer Bodenwellenüberfahrt mit 70 km/h (Kosinus-Profil, Höhe 40 mm) unter vollem Bremsdruck und ABS-Eingriff

20.4.4 Elektromechanisch betätigte Teilbelagscheibenbremse mit Selbstverstärkung

Im Gegensatz zu konventionellen Betriebsbremsanlagen, bei denen die Hilfsenergie durch zusätzliche Komponenten (Vakuumbremskraftverstärker, Pumpen, ...) im Motorraum in hydraulische Energie gewandelt und zur Radbremse übertragen wird, muss die elektromechanische Radbremse die Hilfs- bzw. Fremdenergie am Einbauort Schwenklager in mechanische Spannenergie wandeln. Da prinzipbedingt die Energie- und Leistungsdichte der Hydraulik höher ist als die der Elektromechanik, liegen der Bauraumbedarf und das Gewicht der bisherigen Prototypen noch über denen konventioneller hydraulisch betätigter Radbremsen. Weiterhin sind die Kosten bekannter Prototypen durch Verwendung sehr hochwertiger Komponenten für einen späteren Serieneinsatz nicht akzeptabel.
An dieser Stelle liegt die Idee nahe, die im Fahrzeug gespeicherte kinetische Energie zum Spannen der Radbremse zu nutzen. Der Wunsch, die kinetische Fahrzeugenergie zu nutzen und mit der Teilbelagscheibenbremse zu kombinieren, ist nicht neu. Viele Patente aus den fünfziger und sechziger Jahren beschäftigen sich mit diesem Thema. Diese Art von selbstverstärkenden hydraulisch betätigten Radbrem-

sen hat sich für Pkw jedoch nicht durchgesetzt. Ein Grund hierfür ist insbesondere die stark progressive Kennung solcher Bremsen in Bezug auf den Reibwert. Reibwertschwankungen (Störungen) werden prinzipbedingt verstärkt und führen aufgrund der Reibwertempfindlichkeit zu hohen Bremsmomentenschwankungen. Auch unterliegt der Wirkungsgrad solcher Bremsen bedingt durch die aufwändigere Mechanik in Verbindung mit den rauen Umgebungsbedingungen größeren Schwankungen im Betrieb. Dies führt ebenfalls zu Bremsmomentenschwankungen und damit häufig zu ungleichen Bremskräften an einer Achse. Das daraus resultierende Giermoment muss vom Fahrer durch Lenkbewegungen kompensiert werden und ist somit störend. Bei größeren Reibwertschwankungen, die besonders in der nasskalten Jahreszeit durch Korrosion auftreten, muss ein solches Verhalten als sicherheitskritisch und somit gefährlich eingestuft werden. Ziel ist es, einerseits die Vorteile der Selbstverstärkung zu nutzen, und andererseits deren Nachteile mittels eines mechatronischen System-Ansatzes zu eliminieren.

Grundsätzlich stehen die zwei mechanischen Prinzipien Hebel und Keil zum Einsatz der Selbstverstärkung in der Radbremse zur Verfügung. Um die Selbstverstärkung beurteilen und vergleichen zu können, bedient man sich einer dimensionslosen Kenngröße, dem so genannten Bremsenkennwert C^*:

$$C^* = \frac{F_{u,\,\mathrm{ges}}}{F_{\mathrm{sp}}} \tag{20.1}$$

$F_{u,\,\mathrm{ges}}$: An beiden Bremsscheibenseiten wirkende Umfangskraft.

F_{sp}: Spannkraft, welche von der Motor/Getriebeeinheit bereitgestellt wird.

Am Beispiel der Trommelbremse wird zunächst das Hebelprinzip näher erläutert. Trommelbremsen nutzen die kinetische Fahrzeugenergie per Konstruktionsprinzip zum Spannen. Je nach Bauart liegen die C^*-Faktoren solcher Bremsen zwischen 1,5 und 20. In Bild 20-11 ist die Analogie zwischen dem Trommelbremsprinzip und einem Hebelsystem für eine Teilbelagscheibenbremse aufgezeigt. Die resultierende Reibkraft der Trommelbremse greift im Abstand a am Belag tangential zur Drehbewegung der Trommel an. Mit dem Hebelarm r zum Backenabstützpunkt ergibt sich der Keilwinkel (α) aus dem Verhältnis a/r. Der C^*-Wert für den Bremsbelag einer solchen Hebelbremse berechnet sich wie folgt:

$$C^* = \frac{1}{\frac{1}{\mu} - \frac{r}{a}} \tag{20.2}$$

Das bedeutet für die vollständige Bremse mit zwei Belägen, dass sich dieser Wert verdoppelt. Um die beiden Prinzipien miteinander vergleichen zu können, genügt es jedoch, nur eine Seite zu betrachten. Bei einer hydraulischen Pkw-Teilbelagscheibenbremse findet sich dieser Winkel an dem Abstützhebel wieder. Bei heutigen modernen Scheibenbremsen beträgt der Winkel $\alpha = 90^\circ$ und entkoppelt damit die Spannkraft von der Abstützkraft. Es entsteht bei diesen Bremsen keine selbstverstärkende Wirkung.

Schwierigkeiten bereiten solchen Hebelkonstruktionen insbesondere der Belagverschleiß und dessen Nachstellung. Das oben gezeigte Hebelsystem ändert mit dem Verschleiß seinen Keilwinkel und damit die Kennung. Hebel-Systeme sind damit nur sehr schwierig zu beherrschen.

Eine diesbezügliche Verbesserung ist mit einem Keilsystem, wie in Bild 20-12 gezeigt, zu erzielen.

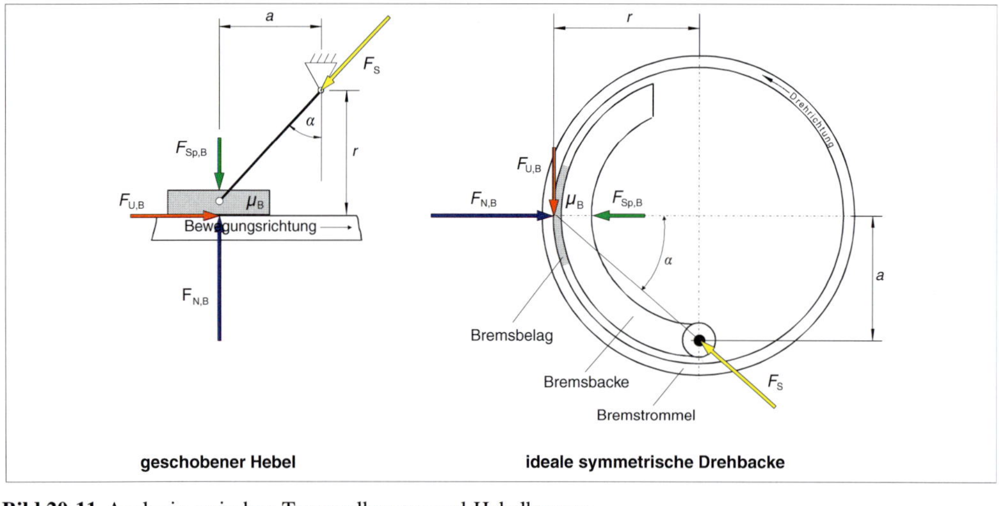

Bild 20-11 Analogie zwischen Trommelbremse und Hebelbremse

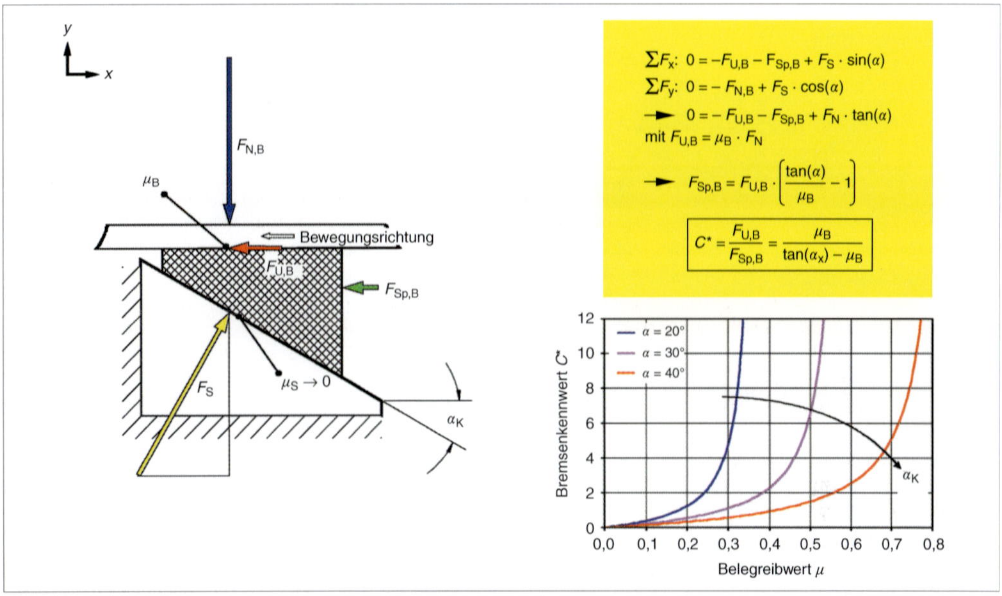

Bild 20-12 Keilbremse

Bei einem solchen System bleibt der Keilwinkel unabhängig vom Belag- und Scheibenverschleiß konstant. Dies bietet eine wesentliche konstruktive Voraussetzung, die kinetische Fahrzeugenergie zu nutzen. Bei genauer Betrachtung lassen sich Hebel- und Keilsystem ineinander überführen. Der Unterschied besteht lediglich in der Lage des Momentanpols. Beim Hebelsystem liegt er im Drehpunkt des Hebels, beim Keilsystem im Unendlichen.

Der mathematische Zusammenhang von C^*, beim Prinzip ‚Hebel' und Prinzip ‚Keil', entsprechen sich über folgende Analogie:

$$\frac{1}{\tan \alpha} = \frac{r}{a} \tag{20.3}$$

Dies bedeutet, dass bei geeigneter Wahl der Hebelarmlängen r und a, über obige Formel, ein identischer Selbstverstärkungswert C^* zu erzielen ist.

Diese Vorüberlegungen führten dazu, ein solches System näher zu beleuchten und eine entsprechende Prototypenbremse zu Versuchszwecken aufzubauen. Insbesondere die Möglichkeit, mit moderner Mikrocontrollertechnik in wenigen Millisekunden Zykluszeit die Bremse auf das Bremsmoment – oder wahlweise eine andere geeignete Größe – zu regeln, in Verbindung mit der Möglichkeit, den selbstverstärkenden Belag mittels des Aktors aktiv zurückziehen zu können, eröffnet völlig neue Wege die im Fahrzeug gespeicherte kinetische Energie zur Bremsenbetätigung zu nutzen.

Im Folgenden wird der allgemeine Aufbau elektromechanischer Radbremsen kurz erläutert. Im weitesten Sinne stellt eine elektrisch betätigte Fahrzeugbremse einen elektromechanischen Wandler mit zeitvarianter Länge und Steifigkeit (durch Belagverschleiß bedingt) dar. Eingangsgrößen sind die elektrische Energie und der Datenfluss zur Steuerung des Systems; Ausgangsgröße ist ein gewünschtes Bremsmoment. Die Radbremse lässt sich grundsätzlich in drei Teilsysteme untergliedern, die sich je nach Prinzip und Ausführung bei den bekannten Prototypen unterscheiden.

- Aktor: Wandlung der elektrischen Energie in mechanische Energie
- Getriebe: Herstellung der Kompatibilität zwischen dem Aktor und dem Bremsenmechanismus
- Bremse: Die Bremse stellt den Reibbremsenmechanismus dar. Hier wird die Spannkraft bereitgestellt, die Bremskraft erzeugt, das Bremsmoment an der rotierenden Reibfläche eingeleitet und die kinetische Fahrzeugenergie in Wärme gewandelt und abgeführt.

In Bild 20-13 ist die Prinzipskizze der realisierten Radbremse zu sehen. Die Hauptbaugruppen Motor, Getriebe und Reibbremse wurden modular aufgebaut. Dem Elektromotor ist eine erste rotatorisch/rotatorische Übersetzungsstufe nachgeschaltet. Diese wirkt dann auf einen Spindeltrieb. Die Spindel leitet eine translatorische Bewegung und Betätigungskraft in den Reibteil der selbstverstärkenden Teilbelagscheibenbremse ein. Der Reibteil besteht aus einem aktiven und einem passiven Belag, die in einem Schwimmrahmen angeordnet sind. Die Spindel ist

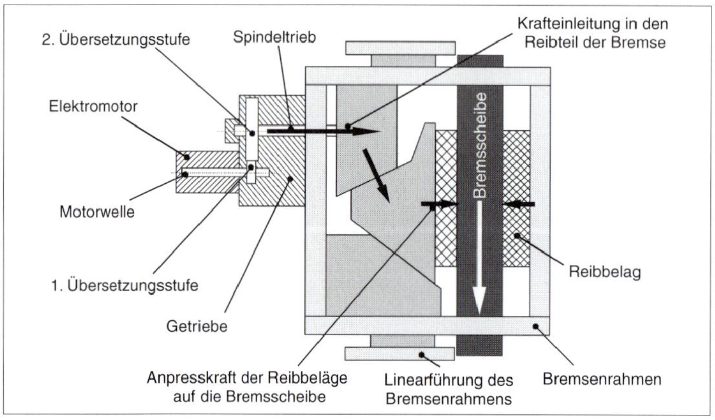

Bild 20-13 Prinzipskizze der realisierten Radbremse

an dem Krafteinleitungskeil angebunden. Dieser Keil übernimmt die Aufgabe eines translatorisch/translatorischen Getriebes und leitet die Kraft auf den aktiven Belag weiter. Der selbstverstärkende Belag stützt sich unter dem Keilwinkel α an einem Stützbock ab. Dieser Winkel ist nach oben gezeigter Beziehung für die Selbstverstärkung entscheidend. Die am aktiven Belag entstehende Spannkraft stützt sich am Schwimmrahmen ab und erzeugt nach dem Prinzip „actio = reactio" die gleiche Spannkraft am passiven Belag, ähnlich heutigen hydraulischen Faustsätteln.

Durch den Keilmechanismus würde sich die Bremse jedoch bereits bei schwacher Betätigung selbstständig zuspannen. Um dies zu verhindern, sind alle Bauteilführungen sowohl Zug- als auch Druck-belastbar, wodurch der Elektromotor auf entsprechende Regleranweisungen den Bremsbelag auch aktiv von der

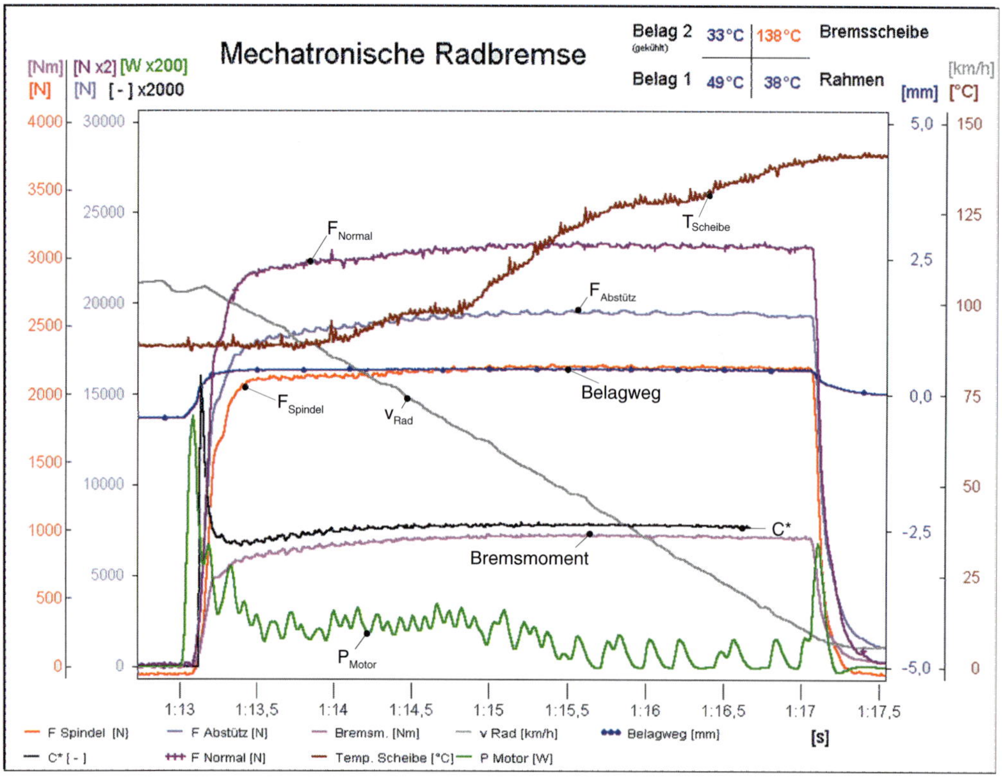

Bild 20-14 Stoppbremsung mit 1000 Nm Bremsmoment

Bremsscheibe zurückziehen kann und das Bremsmoment damit unter Kontrolle hält. So konnte durch den mechatronischen Verbund von Aktor und Regler der Selbstverstärkungsmechanismus erst nutzbar gemacht werden.
Die Radbremse wurde als Prototyp gebaut und in einem Viertelfahrzeug auf einem Rollenprüfstand erprobt. Bild 20-14 zeigt exemplarisch eine Stoppbremsung aus 100 km/h. Bei diesem Versuch wurde die Spindelnormalkraft als Rückführung für die Regelung benutzt. Sie betrug bei der gezeigten Bremsung ungefähr 2200 N. Die daraus resultierende Belagnormalkraft lag bei ca. 12 kN. Das bedeutet eine Entlastung des Axiallagers und der Spindel um etwa den Faktor 5 gegenüber einer direkten Belagbetätigung mit der Spindel. Weiterhin kann der elektrische Antrieb ebenfalls um diesen Faktor kleiner ausfallen. Die elektrische Leistung betrug während dieser Bremsung im Mittel etwa 15 Watt. Die Spitzenleistung, die zur dynamischen Überwindung des Lüftspiels benötigt wurde, lag bei 70 Watt. Das Bremsmoment betrug ungefähr 1000 Nm. Die Bremsscheibentemperatur lag zu Beginn der Bremsung bei ca. 100 °C und betrug bei Stillstand ca. 140 °C. Man kann in diesem Beispiel sehen, dass zwar Bremsmoment und Belagnormalkraft schwanken, die geregelte Spindelkraft aber über die Dauer der Bremsung konstant gehalten wird. Im Experiment konnte gezeigt werden, dass Gleiches für die Belagnormalkraft oder für das Bremsmoment gilt, wenn diese als Regelgröße benutzt werden.
Brake-by-Wire Bremssysteme vereinfachen den radselektiven Bremseneingriff und gewinnen daher bei künftigen Fahrzeugkonzepten an Bedeutung. Die wirtschaftliche Realisierung solcher Bremssysteme mit elektromechanisch betätigten Radbremsen wird maßgeblich von deren Eigenschaften hinsichtlich Dynamikverhalten, Energie- und Leistungsbedarf, Bauraum, Masse, Zuverlässigkeit und Kosten abhängen. Besonders die Kopplung von Aktor und Reibungsbremse durch ein geeignetes, an die Erfordernisse einer Fahrzeugbremse angepasstes Getriebesystem stellt ein bisher noch nicht befriedigend gelöstes Problem dar.
Forschungsarbeiten hierzu werden z. B. am Fachgebiet Fahrzeugtechnik der Technischen Universität Darmstadt durchgeführt. Neben der Verbesserung der Wirkungsgrade einzelner Komponenten wird die Nutzung der im fahrenden Fahrzeug gespeicherten kinetischen Energie zur Bremsenbetätigung näher untersucht. Hierbei zeigt sich einerseits Potenzial zur Energie- und Leistungsreduzierung bei der Betätigung elektromechanischer Radbremsen, andererseits aber auch die Beherrschbarkeit solcher selbstverstärkenden Systeme mit Hilfe der Mechatronik.

20.4.5 Intelligenter Reifen

Der Reifen stellt mit seiner Kontaktfläche zur Fahrbahn die einzige Verbindung des Fahrzeugs zur Straße dar. Er ist damit ein wichtiges Sicherheitsbauteil, über das alle für das Fahren eines Kraftfahrzeuges erforderlichen Kräfte in den drei Raumrichtungen übertragen werden.
Diese Kräfte führen am Reifen zu Verformungen von Profilelementen, Karkasse und Seitenwand, wodurch prinzipiell eine Nutzung des Reifens als Sensor möglich ist. Dabei kann man zwischen Messprinzipien unterscheiden, die Verformungen aufgrund der global am Reifen insgesamt wirkenden Kräfte ermitteln wie der Seitenwandtorsionssensor (SWT) und solchen, welche die lokal am einzelnen Profilelement herrschenden Kräfte und Bedingungen aufzeigen wie der Darmstädter Reifensensor (wobei zusätzlich eine Übertragung von den lokalen auf die globalen Bedingungen möglich ist).
Beim SWT (Bild 20-15) wird eine magnetisierbare Seitenwandmischung verwendet, der mithilfe von Elektromagneten ein magnetisches Muster mit 96 Polwechseln pro Umdrehung aufgeprägt wurde. Zwei magnetoresistive Sensoren am Radträger erfassen die Polwechsel auf unterschiedlichen Radien des Reifens. Zeitdifferenz und Amplitude der Signale sind ein Maß für Torsion und seitliche Verschiebung der Seitenwand, aus denen mithilfe vorher erfolgter Kalibriermessungen die vorliegenden Längs- und Seitenkräfte ermittelt werden [1].

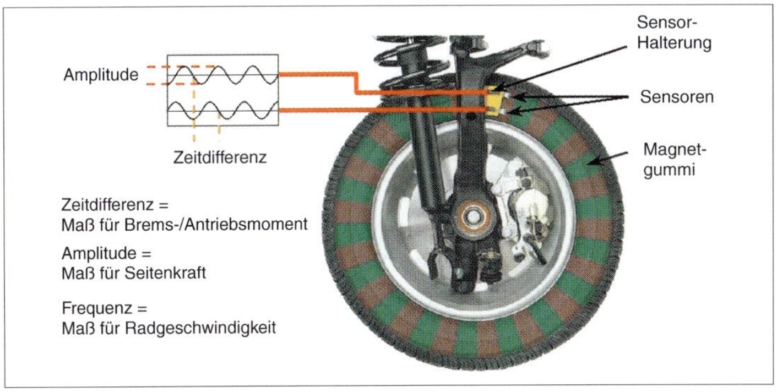

Bild 20-15 Seitenwandtorsionssensor (SWT)

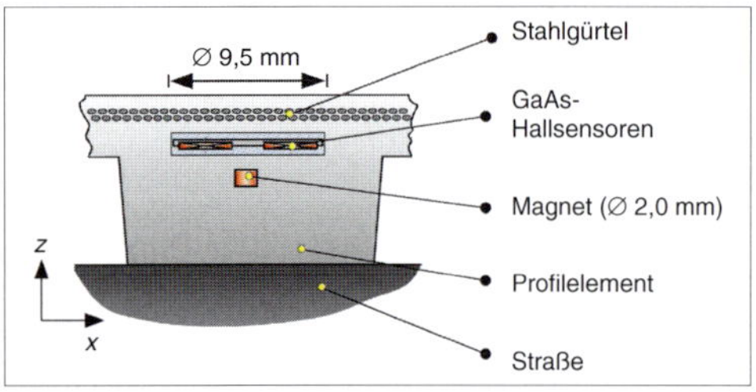

Bild 20-16 Darmstädter Reifensensor (4. Generation)

Das Prinzip der Messung der lokal am einzelnen Profilelement herrschenden Kräfte und Bedingungen wird beim Darmstädter Reifensensor (Entwicklung am Fachgebiet Fahrzeugtechnik der TU Darmstadt) angewandt. Die Messung der Verformungsverläufe einzelner Profilelemente während des Durchlaufs durch den Reifenlatsch ermöglicht einen tiefen Einblick in die Abläufe der Kraftübertragung wie z. B. Messungen zum lokalen Gleiten (Aufteilung in Deformations- und Gleitschlupf) [4] oder die Untersuchung hochfrequenter Profilelementschwingungen beim ABS-Bremsen [9] gezeigt haben. Am einzelnen Profilelement werden frühzeitig Grenzen der Kraftübertragungsmöglichkeiten und herrschende Umgebungsbedingungen deutlich, die am Reifen als Ganzes noch nicht sichtbar sind. Dies ermöglicht z. B. Rückschlüsse auf das Reibwertniveau und beginnendes Aquaplaning schon am freirollenden Reifen.

Gleichzeitig lassen sich mit Kenntnis der Übertragungsfunktionen aus den lokalen Verformungsverläufen im Reifenlatsch auch die global herrschenden Kräfte und Bedingungen ermitteln. Hierfür wurden Verfahren zur Kennwertbildung und Autokalibrierung untersucht und die Grundlagen für eine Anwendung im Serienfahrzeug gelegt [2].

Die Bewegungen und Verformungen eines Profilelementes in den drei Raumrichtungen x, y und z werden vom Darmstädter Reifensensor als Lageänderungen eines Magneten relativ zu vier kreuzförmig angeordneten und entsprechend verschalteten Hallsensoren erfasst (Bild 20-16). Kinematisch bedingt verformt sich das Profilelement zunächst gegen, dann in Drehrichtung des Reifens, wobei sich die neutrale Position etwa in der Mitte des Reifenlatsches einstellt.

Die Auswertung der Sensorsignale liefert Informationen z. B. über den aktuellen Reibwert [8] (Bild 20-17), die Reibwertausnutzung (und damit über die vorhandenen Reserven), Aquaplaninggefahr, den beladungsabhängig erforderlichen Reifenluftdruck, Radlasten, Antriebs-, Brems- (Bild 20-18) und Seitenkräfte sowie Größe und Lage des Reifenlatsches.

Obwohl der momentan maximal mögliche Kraftschlussbeiwert und damit (in Verbindung mit der momentanen Radlast) die zur Verfügung stehenden Kraftschlussreserven für laufende und beabsichtigte Fahrmanöver eine essenzielle Bedeutung für die Fahrdynamik und die Fahrsicherheit haben, sind sie bis jetzt weder dem Fahrer noch modernen Fahrzeugregelsystemen bekannt. Erst das Überschreiten der Grenzen, d. h. die Überbeanspruchung der möglichen Kraftschlussreserven, wird mittelbar aus den beginnenden Instabilitäten des Fahrzeuges (Fahrzeugreaktionen wie z. B. Änderungen von Rad- und Gierwinkelgeschwindigkeiten) berechnet.

Mit der Kenntnis des maximal möglichen Reibwertes (zusammen mit ebenfalls vom Darmstädter Reifensensor lieferbaren Informationen wie Reifenkräften, Aquaplaninggefahr und Reifenluftdruck) könnte die Annäherung an kritische Grenzen schon vor dem Auftreten von Fahrzeugreaktionen erkannt und somit in vielen Fällen bereits das Entstehen kritischer Fahrsituationen vermieden werden. Zukünftige Steer-by-wire-Systeme können dann schon frühzeitig dem Fahrer mittels haptischer Rückmeldung die Annäherung an die fahrdynamischen Grenzen anzeigen. Die optimale Eingriffsstrategie von Fahrzeugregelsystemen (ESP) könnte sicherer bestimmt werden.

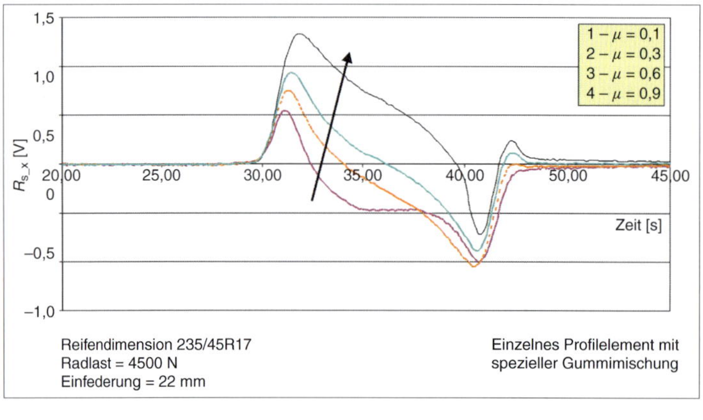

Bild 20-17 Reibwerterkennung mit dem Darmstädter Reifensensor

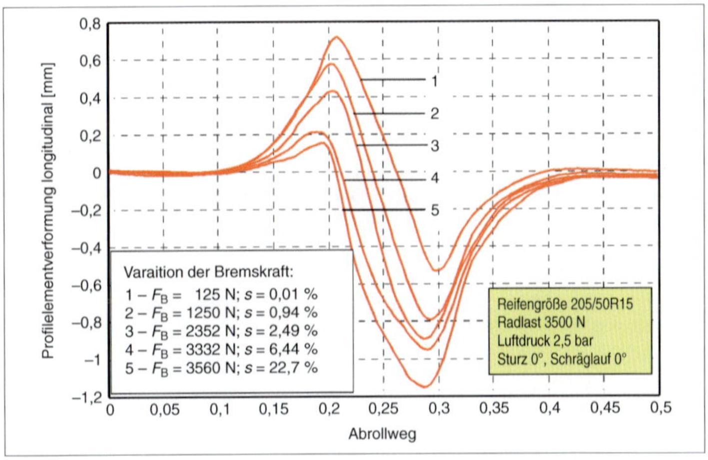

Bild 20-18 Reifensensor x-Signal bei Variation der Bremskraft (2. Generation) [2]

Werden ungünstige Streckenzustände (niedriger Reibwert, μ-split Bedingungen, Aquaplaninggefahr) erkannt, können der Fahrer und (über direkte Fahrzeugkommunikation oder Verkehrsleitsysteme) andere Verkehrsteilnehmer gewarnt werden.

Die Funktion des Sicherheitsbauteils „Reifen" hängt u. a. vom „richtigen" Reifenluftdruck (angepasst an Beladung und Einsatzbedingungen) und passenden Betriebstemperaturen ab. Insbesondere zu niedriger Luftdruck und zu hohe Betriebstemperaturen sind gefährlich. Mit dem Darmstädter Reifensensor ist die Erkennung der Latschlänge möglich und somit das Verhältnis von Reifendruck zu Radlast. Damit ist direkt eine radlastbezogene Reifendruckkontrolle möglich. Im Gegensatz dazu können die seit einigen Jahren zur Luftdruck- und Temperaturüberwachung angebotenen Systeme, die in bzw. an der Felge montiert werden, prinzipbedingt nur eine Absolutmessung dieser Größen durchführen.

Bisher ist der Reifen ein im Wesentlichen passives Bauteil, dessen Eigenschaften nicht kurzfristig gewollt verändert werden können. Zieht man aber die Systemgrenze weiter, so dass die Kraftübertragung von der Straße auf den Reifen über die Felge und von dort über die Fahrwerksteile auf das Fahrzeug enthalten sind, dann sind Veränderungen denkbar:

Luftdruckregelsysteme ermöglichen die Anpassung an sich mittelfristig ändernde Fahrerwünsche und Betriebsbedingungen (Komfort/Sport-Programm, Fahrgeschwindigkeit, Fahrbahnuntergrund). Zusätzlich ergibt sich eine Verbesserung der Sicherheit bei schleichendem Druckverlust durch Verlängerung der Vorwarnzeit.

Die Kombination eines stark asymmetrisch aufgebauten Reifens (z. B. nach Profil, Mischung, Reifenkontur) mit einer Sturzverstellung ermöglicht den Kontakt unterschiedlicher Funktionsbereiche des Reifens mit der Straße je nach Fahrsituation [7]. Dadurch wird z. B. ein rollwiderstands- und verschleißarmer Betrieb bei Geradesausfahrt mit geringem Kraftübertragungsbedarf und eine hohe Haftung bei Notbremsungen, schneller Kurvenfahrt, Nässe oder Aquaplaninggefahr möglich. Darüberhinaus ergeben sich bei ausreichend hoher Verstellgeschwindigkeit auch Eingriffsmöglichkeiten für Fahrzeugregelsysteme (ESP, Lenkeingriff).

20.5 Ausblick

Die bisher vorgestellten mechatronischen Fahrwerkkomponenten ermöglichen in ihrem eigenen Einsatzbereich eine Verbesserung gegenüber heute üblichen Systemen. Die Funktionalität und Leistungsfähigkeit lässt sich weiter steigern, wenn diese Teilsysteme zu einem übergeordneten Gesamtsystem zusammengefasst werden. In einer ersten, schon etablierten Stufe stellen sich die Teilsysteme auf die Arbeit der anderen Systeme ein. So wird der Verstelldämpfer auf „hart" gestellt, wenn die Bremse betätigt wird. Deutlich weiter gehen die Ansätze, in der die Regelkreise des einen Systems schon auf die Informationen und Ausgangsgrößen der anderen Systeme eingehen. Ein Beispiel von vielen Möglichkeiten der Interaktion sei hier aufgeführt, die für eine Notbremsung vorteilhaft wäre:

Die Reifensensorik liefert schon vor dem Manöver permanent die Information über die mittlere (= statische) Radlast und den aktuellen Reibwert. Ausgelöst wird dieses Notbremsmanöver durch die Erkennung des Fahrerwunsches „Notbremsung" ähnlich heutiger Bremsassistenten (vgl. Kap. 1, 7 und 19) durch die Brake-by-Wire Betätigungseinheit. Auf Basis der Vorinformationen statische Radlast und Reibwert wird ein Initialwert für die individuellen Radmomente berechnet, der auch schon die dynamische Radlastveränderung berücksichtigt (bei Kurvenfahrt mit Unterschieden links/rechts). Simultan zum schnellen Bremsmomentaufbau wird die Absicht dazu an die Radaufhängungsmodule kommuniziert.

Der Verstelldämpfer wird gemäß der zu erwartenden dynamischen Radlastverteilung auf einen neuen Arbeitspunkt eingestellt. Den Aufbau der Radlastverteilung verkürzt eine prädiktive Nickkompensation durch aktive Federn und/oder eine gezielte Dämpfereinstellung. Die Fahrwerklager werden vorgespannt, um den Lenkeinfluss des erwarteten Bremsrucks zu verringern und können ggf. sogar eine weiter stabilisierende Vorspur einstellen. Die Verstelldämpferregelung mindert innerhalb der physikalischen Grenzen des Stellers die Radlastschwankungen und gibt die Information über die aktuelle Radlast an das Bremssystem weiter. Dieses berücksichtigt den Verlauf der Schwankungen bei der ABS-Regelung. So wird bei einer Erhöhung der Radlast das Bremsmoment weniger oder später reduziert als bei einer Radlastsenkung. Bei einem Reibwertsprung (z. B. in Folge einer Wasserpfütze) informiert der Reifensensor unmittelbar die Bremsregelung und initiiert noch vor der Blockierneigung eine Bremsmomentreduktion, vor allem aber einen erheblich schnelleren Bremsmomentaufbau bei plötzlich ansteigendem Reibwert (Übergang Pfütze – trockene Fahrbahn). Die beim Bremsvorgang auftretenden Giermomente werden über die Längskraftbeanspruchung der Räder in der Reifensensorik oder in den Lagern ermittelt und dem Lenksystem zur Verfügung gestellt, das ihrerseits einen Giermoment kompensierenden Überlagerungseingriff vornimmt. Das Resultat dieser koordinierten Notbremsung ist ein kürzestmöglicher Bremsweg und optimale Fahrstabilität für die gegebene Reifen und Fahrbahnkombination[6]).

Allein dieses Beispiel eines reinen Längsmanövers zeigt schon die Vielzahl der Interaktionsmöglichkeiten zwischen den mechatronischen Fahrwerksystemen. Weitere Möglichkeiten zur Fahrverhaltensbeeinflussung bieten sich durch dynamische Einstellung der Federn, Dämpfer und adaptiven Fahrwerklagern an, mit denen man gezielt Wank-, Querkraft- oder Längskraftlenken einstellt.

Die Möglichkeiten der funktionalen Vernetzung spiegeln letztlich die komplexe mechanische Vernetzung des Automobils wider, bei dem alle für die Bewegung nötigen Kräfte allein an den Rädern des Autos abgestützt werden.

Aber auch für diesen Fortschritt ist ein Preis zu bezahlen: die extrem hohe Systemkomplexität, die wiederum einen hohen Informations- und Abstimmungsbedarf der technischen Systeme wie auch der Entwickler erfordert. Der Informationsaustausch zwischen den Teilsystemen wird die verfügbare Bandbreite heutiger Bussysteme sprengen.

Eine alternative Systemarchitektur, welche die radnahen Komponenten zu einem Radmodul vereinigt, kann dieses Problem reduzieren. Dieses Radmodul ist einerseits ein autarkes System, das ein, bezogen auf seine Möglichkeiten, optimales Radverhalten einstellt, andererseits ein intelligenter Aktor für übergeordnete Funktionen. Allerdings ist noch offen, ob eine solche Architektur die Anforderungen an die Sicherheit und Zuverlässigkeit noch zu kostengünstigen Bedingungen erfüllen kann.

Literatur

[1] *Becker, A.; Folchert, U.; Kluge, S.; Schröder, C.; Volk, H.; Eckert, A.; Schmittner, B.*: Integration von Fahrzeugkomponenten am Beispiel des verkürzten Anhaltewegs. Reifen, Fahrwerk, Fahrbahn. Tagung 18./19. Oktober 2001. VDI- Berichte Nr. 1632, VDI-Verlag Düsseldorf 2001

[2] *Bachmann, V.*: Untersuchungen zum Einsatz von Reifensensoren im Pkw-Reifen. Dissertation TU Darmstadt 1998, Fortschritt-Berichte VDI Reihe 12 Nr. 381, VDI-Verlag Düsseldorf 1999

[3] *Braess, H.; Seiffert, U.*: Handbuch Kraftfahrzeugtechnik. Braunschweig/Wiesbaden: Vieweg Verlag, 2000

[4] *Fach, M.*: Lokale Effekte der Reibung zwischen Pkw-Reifen und Fahrbahn. Dissertation TU Darmstadt 1999, Fortschritt-Berichte VDI Reihe 12 Nr. 411, VDI-Verlag Düsseldorf 2000

[5] *Fecht, N.*: Komponenten für Fahrwerk und Lenkung. Landsberg/Lech: Verlag Moderne Industrie, 1997

[6] *Isermann, R.*: Mechatronische Systeme. Berlin: Springer Verlag 2002

[7] *Mäckle, G.; Schirle, T.*: Active Tire Tilt Control: Ein Reifen-Fahrwerksystem zur verbesserten Kraftübertragung zwischen Reifen und Straße. 4. Darmstädter Reifenkolloquium. Fortschritt-Berichte VDI Reihe 12 Nr. 511, VDI-Verlag Düsseldorf 2002

[8] *Strothjohann, T.; Winner, H.*: Reibwerterkennung mit dem Darmstädter Reifensensor. 4. Darmstädter Reifenkolloquium. Fortschritt-Berichte VDI Reihe 12 Nr. 511, VDI-Verlag Düsseldorf 2002

[9] *Xie, C.*: Experimentelle Untersuchungen zur Interaktion zwischen Pkw-Reifen und Fahrbahn beim Bremsen. Dissertation TU Darmstadt, Fortschritt-Berichte VDI Reihe 12 Nr. 486, VDI-Verlag Düsseldorf 2002

[10] *Isermann, R.; Breuer, B.; Hartnagel, H. (Hrsg.)*: Mechatronische Systeme für den Maschinenbau. Ergebnisse aus dem Sonderforschungsbereich 241. Wiley-VCH Verlag Weinheim 2002.

[6]) Trotz der Vorzüge darf nicht vergessen werden, dass die Reifen- und Fahrbahneigenschaften im Vergleich zum Potenzial der übergeordneten Bremsstrategie erheblich größere Streuungen der Bremswege bedingen.

21 Eigenschaften der Reibpaarungen im Bremsprozess

21.1 Einführung

Reibpaarungen in trockenlaufenden Bremsen und Kupplungen sind zuverlässige Maschinenelemente, denn sie antworten auf eine äußere Belastung gesetzmäßig. Die organisch gebundenen Reibwerkstoffe zeigen im Reibprozess trotz ihrer Artenvielfalt Gemeinsamkeiten, die sich auf gleiche Wirkmechanismen gründen. Über die in der Kontaktfläche wirkenden physikalisch-chemischen Prozesse ist allerdings noch wenig bekannt, denn der Reibkontakt lässt sich nicht in situ beobachten. Deswegen müssen in der Forschung Erkenntnisse darüber durch Rückschlüsse aus gesetzmäßig auftretenden globalen und lokalen Reibungs-, Verschleiß- und Temperaturveränderungen gewonnen werden. Es ist das Ziel dieses Kapitels:

- Vorgehensweisen und Beurteilungskriterien zur breiten und tiefen Untersuchung der Reibungs- und Verschleißeigenschaften von Reibpaarungen aufzuzeigen.
- Anhand ausgesuchter Forschungsergebnisse Gesetzmäßigkeiten in den Antworten der Reibpaarungen auf eine äußere Belastung sichtbar zu machen, und damit das Verständnis für deren Verhalten im Reibprozess zu fördern.
- Hinweise zur Gestaltung von Reibpaarungen unterschiedlicher Bremssysteme zu geben und durch verschiedene Bilddiagramme Belastungskennwerte für die überschlägige Dimensionierung mitzuteilen.

21.2 Prüfmöglichkeiten, Belastungskenngrößen und Beurteilungskriterien

Zur feinfühligen Untersuchung der Reibungs- und Verschleißeigenschaften der Reibsysteme hat sich u. a. der Präzessionsschwungmassenprüfstand nach Bild 21-1 bewährt. Darin bremst das zu untersuchende Reibsystem 4 eine rotierende Masse J in kg m^2 in der Bremszeit t_a in s von einer genau einstellbaren Drehgeschwindigkeit ω_1 in s^{-1} auf ω_2, i. Allg. aber bis zum Stillstand, ab.

Belastungskenngrößen: Als „thermische Belastung" eines Reibflächenelements des Belags kann das Zusammenwirken der mittleren flächenbezogenen Reibarbeit q in J/cm^2, der mittleren flächenbezogenen Reibleistung zu Beginn der Bremsung $\dot{q}$ in W/cm^2 und der lokalen Reibflächentemperatur ϑ in °C definiert werden (s. auch Abschnitt 21.6)

$$q = \frac{1}{2} \cdot \frac{J \cdot (\omega_1^2 - \omega_2^2)}{A_R} \tag{21.1}$$

$$\dot{q} = \frac{J \cdot \omega_1^2}{A_R \cdot t_a} \tag{21.2}$$

Mit der auf die nutzbare Reibbelagfläche A_R in cm^2 wirkenden Normalkraft F_N in N ergibt sich als weitere Belastungskenngröße die mittlere Flächenpressung p in N/cm^2.

$$p = \frac{F_N}{A_R} \tag{21.3}$$

Mit dem mittleren Reibradius r_m in m (Bild 21-1) ist die Reibgeschwindigkeit v_1 in m/s zu Beginn der Bremsung:

$$v_1 = \omega_1 \cdot r_m \tag{21.4}$$

Mit p, v_1 und der mittleren Reibungszahl μ_m einer Bremsung lässt sich die flächenbezogene Reibleistung zu Beginn der Bremsung auch auf andere Weise als nach Gl. 21.2 bestimmen:

$$\dot{q} = p \cdot v_1 \cdot \mu_m \tag{21.5}$$

Beurteilungskriterien: Zur Untersuchung der Reibungs- und Verschleißeigenschaften einer Reibpaarung in großer Breite und Tiefe empfiehlt sich die nach Bild 21-2 vorgestellte Vorgehensweise. Das Versuchsprogramm wird in einzelne Messreihen unterteilt. Jede Messreihe besteht aus einer definierten Zahl z_B unter gleicher Belastung und in gleichen zeitlichen Abständen (Spielzeit t_s) gefahrener Bremsungen. Sie wird vorteilhaft von Raumtemperatur aus gestartet und solange ausgedehnt, bis die Reibflächengrundtemperatur ϑ_{G1} die Beharrungstemperatur erreicht hat (ϑ_G siehe Bild 21-3).

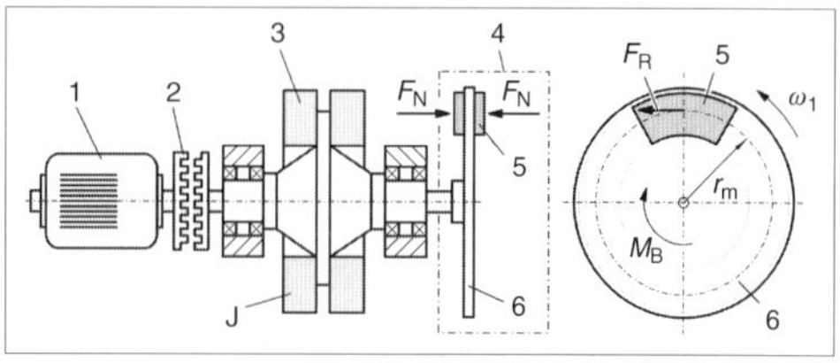

Bild 21-1 Schwungmassenprüfstand mit spielfrei gelagerter steifer Welle. 1 Antriebsmotor, 2 Zahnkupplung, 3 Schwungmasse, 4 Bremssystem, 5 Reibbelag, 6 Bremsscheibe

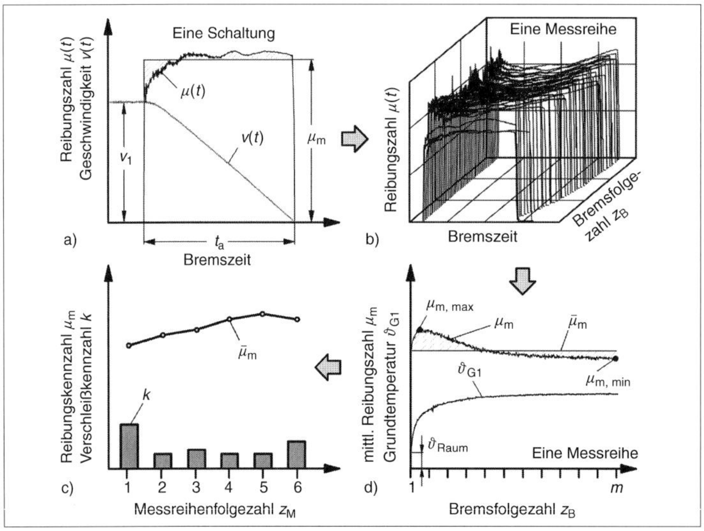

Bild 21-2 Vorgehensweise und Beurteilungskriterien für das Reibungs- und Verschleißverhalten. a) Reibungszahl $\mu(t)$ und Geschwindigkeit $v(t)$ als Funktion der Bremszeit t_a, b) Veränderung der Reibungszahl $\mu(t)$ innerhalb einer Messreihe, d) Veränderung der mittleren Reibungszahl μ_m und der Reibflächengrundtemperatur ϑ_G innerhalb der Messreihe nach b), c) Veränderung der Reibungskennzahl $\bar{\mu}_m$und der Verschleißkennzahl k in aufeinanderfolgenden Messreihen bei unterschiedlich großer thermischer Belastung

Gemessen werden bei jeder Bremsung der zeitliche Verlauf der Normalkraft $F_N(t)$, der globalen Reibkraft $F_R(t)$ in N, der Drehgeschwindigkeit $\omega(t)$ und der Reibflächentemperatur $\vartheta(t)$ in °C. Die über die Reibzeit veränderliche, augenblicklich wirksame Reibungszahl $\mu(t)$ und die daraus bestimmte mittlere Reibungszahl μ_m sind:

$$\mu(t) = \frac{F_R(t)}{F_N(t)} \tag{21.6}$$

$$\mu_m = \frac{1}{n} \sum_{i=1}^{n} \mu(t_i) \tag{21.7}$$

Die Form der $\mu(t)$-Kurve, aufgetragen über der Bremszeit t_a (Bild 21-2a), deren Veränderung im Laufe einer Messreihe (Bild 21-2b) sowie die Größe der mittleren Reibungszahl μ_m (Bild 21-2a) sind wichtige Beurteilungskriterien für die Reibeigenschaften.

Der Einfluss der Reibflächentemperatur auf die Form und Größe von $\mu(t)$ und auf die Größe von μ_m lassen sich bei sonst gleichen Bedingungen verfolgen, wenn alle innerhalb einer Messreihe gewonnenen Reibungszahlverläufe $\mu(t)$ in dreidimensionaler Darstellung aneinander gereiht (Bild 21-2b) und gleichzeitig in einem getrennten Diagramm die zugehörigen mittleren Reibungszahlen μ_m zusammen mit der Reibflächengrundtemperatur ϑ_{G1} über der Bremsfolgezahl z_B aufgetragen werden (Bild 21-2d).

Die Reibungskennzahl $\bar{\mu}_m$ ist der arithmetische Mittelwert von aller (1 bis m) innerhalb einer Messreihe gewonnenen mittleren Reibungszahlen μ_m. Zusammen mit der Verschleißkennzahl k über der Messreihenfolgezahl z_M aufgetragen, lässt sich der Einfluss der unterschiedlich hohen thermischen Belastung auf diese beiden Größen erkennen (Bild 21-2c), wenn die Last von Messreihe zu Messreihe verändert wird. Die Verschleißkennzahl k ist das innerhalb einer Messreihe unter einer definierten Belastung ermittelte Verschleißvolumen ΔV der Beläge bzw. des Reibpartners, bezogen auf die eingebrachte Reibarbeit.

$$k = \frac{2 \cdot \Delta V}{J \cdot (\omega_1^2 - \omega_2^2) \cdot z_B} \cdot 3{,}6 \cdot 10^6 \quad [\mathrm{cm^3/kWh}] \tag{21.8}$$

Reibflächentemperatur $\vartheta(t)$: Während des Bremsvorgangs entwickelt sich in einem Reibflächenelement der Scheibe oder Trommel der in Bild 21-3 dargestellte Temperaturverlauf $\vartheta(t)$. Da sich die Reibintensität in den einzelnen Flächenelementen und damit die Größe der maximalen Temperatur ϑ_{max} trotz gleicher äußerer Belastung ständig verändert (s. Abschnitt 21.4), empfiehlt sich, für vergleichende Untersuchungen als reproduzierbare Temperaturgröße die sog. Reibflächengrundtemperatur ϑ_{G1} zu verwenden. ϑ_{G1} ist die Temperatur zu Beginn des Bremsvorgangs, die dicht unterhalb der Reibfläche mittels Thermoelemente gemessen wird.

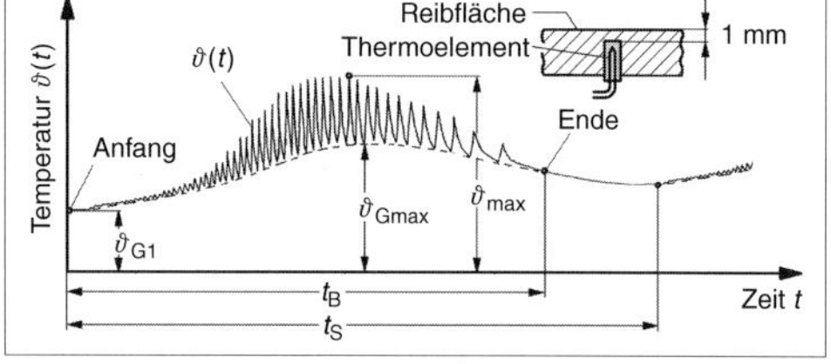

Bild 21-3 Temperaturverlauf $\vartheta(t)$ während einer Bremsung. ϑ_{G1} Reibflächengrundtemperatur bei Bremsbeginn, ϑ_{Gmax} bzw. ϑ_{max} maximale Grundtemperatur bzw. maximale Spitzentemperatur, t_a Bremszeit, t_s Spielzeit

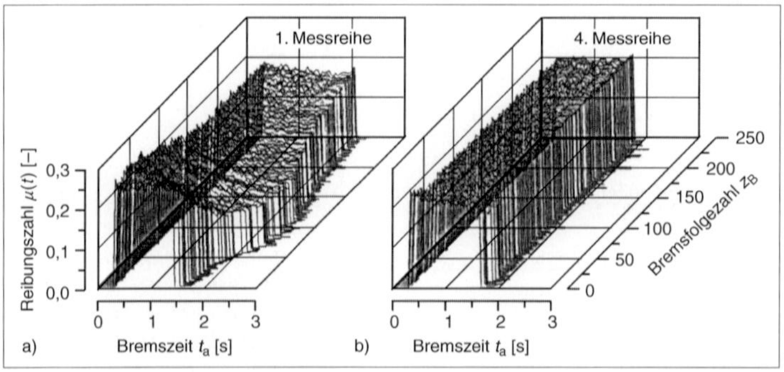

Bild 21-4 Veränderung der Reibungszahlkurven $\mu(t)$ während des Einlaufs [nach Kleinjan]. Trommelbremse $d = 630$ mm mit organisch gebundenem Reibbelag. $A_R = 2 \times 810\ \text{cm}^2$, $p = 23$ N/cm, $v = 29{,}7$ m/s, $t_s = 30$ s; $q = 207\ \text{J/cm}^2$, $\dot{q} = 136\ \text{W/cm}^2$, ϑ_{G1} (1. Bremsung) = 25 °C, ϑ_{G1} (250. Bremsung) = 190 °C

21.3 Der Einlaufprozess

Während des Einlaufs fabrikneuer Reibbeläge bildet sich auf deren Kontaktfläche die nur wenige Mikrometer dicke so genannte Reibschicht. Sie bestimmt maßgebend die Reibungs- und Verschleißeigenschaften von Reibbelag und Scheibe. Sie schützt ferner den darunter liegenden Grundwerkstoff vor thermischer Überlastung. Deswegen sollten Reibpaarungen erst nach Vorhandensein der Reibschicht die volle Belastung erfahren.

Die Ursache für die Veränderung der Reibeigenschaften während des Einlaufs sind neben physikalisch-chemischen Umwandlungen im reibflächennahen Bereich kleinste Metallpartikel, die aus dem metallischen Reibpartner in die Reibschicht einwandern [1]. Erst, wenn das Gleichgewicht zwischen den eingewanderten und den durch Verschleiß abgetragenen Partikeln erreicht ist, ist der Einlaufprozess abgeschlossen. Danach arbeitet die Reibpaarung, solange sich die Reibbelastung nicht ändert, in einem quasistationären Zustand, in dem die mittlere Reibungszahl μ_m und die Verschleißkennzahl k annähernd konstante Werte annehmen. Bild 21-4 zeigt beispielhaft einen Einlaufvorgang an einem fabrikneuen Reibbelag. Während sich in der ersten Messreihe die Form der $\mu(t)$-Kurven, die Bremszeit t_a und damit die mittlere Reibungszahl relativ stark verändern (Bild 21-4a), sind diese Größen nach dem Einlauf in der 4. Messreihe (Bild 21-4b) relativ konstant. Die Form beider Diagramme ist belagspezifisch. Deshalb eignet sich die dreidimensionale Darstellungsart gut, um im Rahmen vergleichender Untersuchungen die Eigenschaften unterschiedlicher Belagsqualitäten differenziert offen legen zu können. Der Anteil der Metallpartikel in der Reibschicht, und demzufolge die Reibungszahl, sind um so größer, je kleiner die thermische Belastung ist. Dies erklärt z. B. das Auftreten hochfrequenter Reibgeräusche in zartbelasteten Pkw-Bremsen. In Bremsen von Industrieanlagen kann es bei zarter Belastung durch die hohe Sättigung mit Metallpartikeln zur Bildung großflächiger Metallnester im Reibbelag kommen (Fischchenbildung), die ihrerseits wieder die Reibfläche des metallischen Partners zerstören [2]. Diese Gefahr besteht z. B. bei elektrisch gebremsten Antrieben, wo die mechanische Bremse nur noch eine kleine Restenergie aufzunehmen hat, aber doch so groß dimensioniert sein muss, um im Notfall die gesamte Bremsenergie aufnehmen zu können wie z. B. in Kranhubwerken [3].

Während der Reibschichtbildung verändern sich auch die Eigenschaften der Reibpaarung im Übergangsgebiet Haften/Gleiten. Dies lässt sich sichtbar machen, wenn in dem Messsystem nach Bild 21-5 die Reibbelagprobe (1) (40 × 40 mm) gegen eine geschliffene metallische Schiene (2) gedrückt wird. Diese sitzt auf einem leicht verschiebbaren Schlitten (3). Sein Antrieb erfolgt über eine Kugelspindel und eine Feder (4), um die Reibkraft F_R langsam und störungsfrei aufbringen zu können. Sie wird direkt mittels eines Quarzsensors 6 gemessen.

Bild 21-6 gibt den bei gleicher Anpresskraft in einer Vielzahl aufeinanderfolgender Gleitversuche gemessenen typischen Verlauf der Reibkraft F_R wieder. Diese steigt zunächst mit der Messzeit an. Erst nach Überschreiten der Haftgrenze gleitet der Belag auf der Reibschiene. Die jungfräuliche Paarung bringt die kleinste Reibkraft und den sanftesten Übergang aus dem Haftgebiet in das Gleitgebiet. Mit zunehmender Zahl der Reibversuche steigt die Reibungszahl an. Gleichzeitig bildet sich eine zunehmend größer werdende Spitze im Übergangsgebiet zwischen Haften und Gleiten, deren Entstehung durch Reibgeräusche begleitet werden kann [1].

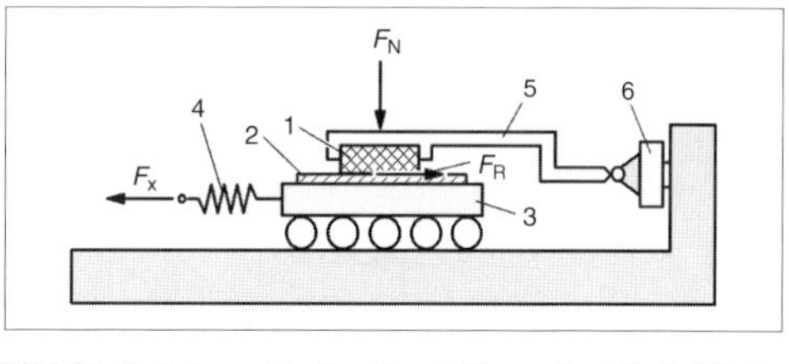

Bild 21-5 Schematische Darstellung des Haft-/Gleitprüfstandes. 1 Reibbelag, 2 Gleitschiene, 3 Schlitten, 4 Zugfeder, 5 Reibbelagaufnahme, 6 Reibkraftsensor

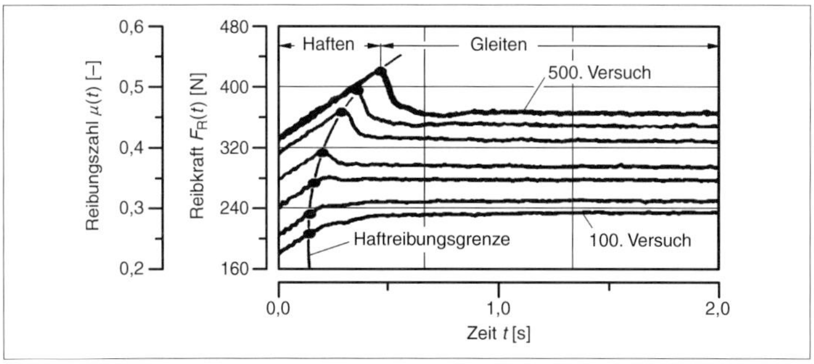

Bild 21-6 Veränderungen der Reibeigenschaften im Übergangsgebiet Haften/Gleiten in einer fabrikneuen Reibpaarung mit organisch gebundenem Belag. Messsystem nach Bild 21-5 [nach Musiol]. $A_R = 16\ \text{cm}^2$, $p = 50\ \text{N/cm}^2$, $v = 0{,}04$ m/s, $\vartheta_{\text{Raum}} = 20\ °\text{C}$

21.4 Funktionsmechanismus in der Kontaktfläche

Auch im stationären Reibprozess, d. h. bei nach außen hin konstant erscheinenden Reibeigenschaften, verteilt sich die Reibkraft nicht gleichmäßig über die Reibflächenbreite. Selbst in Paarungen mit planparallelen Reibflächen liegen ringsegmentförmige Reibflächenbereiche mit augenblicklich hoher thermischer Belastung neben solchen mit niedriger Belastung. Sie tauschen im Laufe der Betriebszeit periodisch ihre Lage, wie die periodisch sich ändernden Temperaturen in den einzelnen Reibflächenbereichen zeigen. Die Ursache für diesen systemimmanenten Mechanismus ist die Regenerationsfähigkeit der Reibwerkstoffe (s. Abschnitt 21.5). Denn sobald ein Ringflächensegment des Belages thermisch überfordert ist, entzieht es sich der Reibkraftübertragung. Benachbarte im Augenblick weniger stark belastete Segmente werden nun stärker gefordert. Wenn auch sie nach einer gewissen Betriebsdauer überlastet sind, tragen in einer funktionsfähigen Paarung die eingangs überlasteten Ringsegmente wieder mit, nachdem sie sich zwischenzeitlich erholt (regeneriert) haben.
Diese Regenerationsfähigkeit der Reibwerkstoffe ist eine unabdingbare Voraussetzung für die zufriedenstellende Funktion einer Reibpaarung. Sie ist nicht mehr gegeben, wenn die Reibschicht ganzflächig thermisch geschädigt ist. Die Temperaturkurven in den einzelnen Flächenbereichen glätten sich dann bei gleichzeitigem Abfall der mittleren Reibungszahl μ_m und starkem Anstieg der Verschleißkennzahl k. Die folgenden Bilder machen diesen Mechanismus sichtbar. Sie fördern das Verständnis der Vorgänge in der Kontaktzone.
Bild 21-7 zeigt die zeitlich veränderlichen Zustände in ausgesuchten Orten der Reibfläche einer 630 mm Bremstrommel, gemessen während 200 nacheinander unter gleicher Belastung und in gleichen zeitlichen Abständen gefahrener Bremsungen. Die Temperaturen in den Seitenbereichen der Trommelreibfläche (Bild 21-7b) schwingen mit einer Schwingungsdauer von über 30 min entgegengesetzt zu denen im Innenbereich (Bild 21-7c). Im gleichen Rhythmus verändern sich infolge der Wärmedehnung die zugehörigen Trommelringdurchmesser (Bild 21-7a), so dass sich die Trommelreibfläche quer zur Reibrichtung abwechselnd konvex und konkav wölbt. Selbst die mittlere Reibungszahl μ_m schwingt (Bild 21-7b und c). Sie ist immer dann am kleinsten, wenn die Temperaturen in der Trommelmitte ihr Maximum haben (Bild 21-7c), denn diese sind hier größer als die maximalen Temperaturen an den Trommelrändern (Bild 21-7b).

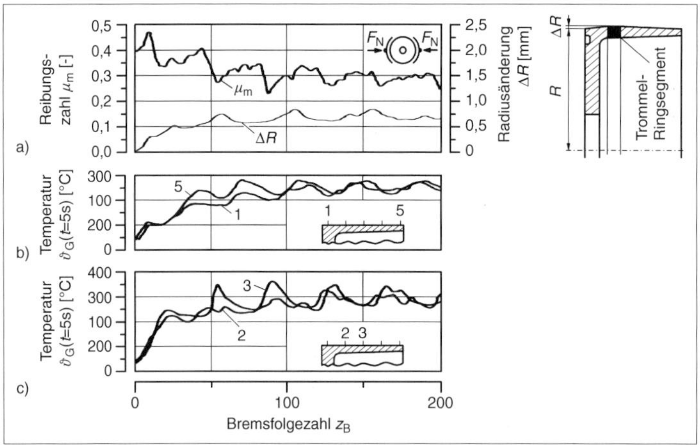

Bild 21-7 Schwingende Temperaturen ϑ_G $(t = 5\text{s})$ in einer Trommelreibfläche, aufgezeichnet jeweils 5 s nach Bremsende, a) davon abhängig die periodische Veränderung des Radius R eines Trommelringsegments und der mittleren Reibungszahl μ_m [nach Lührsen]. Org. gebundener Reibbelag, $d = 630$ mm; $A_R = 2 \times 810\ \text{cm}^2$; $p = 23\ \text{N/cm}^2$; $v = 29{,}6$ m/s; $q = 248\ \text{J/cm}^2$; $\dot{q} = 205\ \text{W/cm}^2$, $t_s = 44$ s

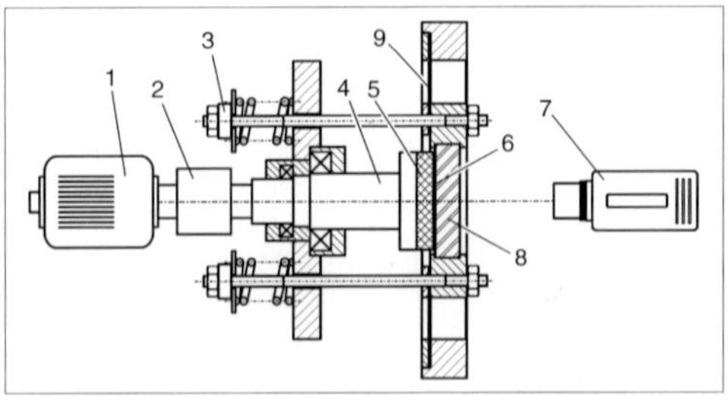

Bild 21-8 Belastungseinheit und Messsystem zur quasidirekten Beobachtung der Temperaturverteilung in der Kontaktzone. 1 Antriebsmotor, 2 Drehmomentenmesswelle, 3 Kraftsensor (F_N), 4 Hauptwelle, 5 Reibbelag, 6 dünner scheibenförmiger metallischer Reibpartner, 7 Thermokamera, 8 infrarot-durchlässiger Kristall, 9 Membraneaufhängung

Den hier wirksamen Mechanismus macht das Messsystem nach Bild 21-8 noch deutlicher. Der ringförmige Reibbelag 5 rotiert kontinuierlich gegen eine dünne metallische Reibscheibe 6, die von einer infrarotlichtdurchlässigen Kristallscheibe 8 gestützt wird. Eine Thermokamera 7 misst die Temperaturverteilung an der Rückseite der Reibscheibe. Wegen deren kleiner Dicke von nur 0,2 mm entspricht die gemessene nahezu der wirklichen Temperaturverteilung in der Reibfläche.

Ein damit gewonnenes Messergebnis liefert Bild 21-9. Es verfolgt die Temperaturveränderungen in ausgesuchten Orten der Kontaktfläche im vielstündigen kontinuierlichen Reibbetrieb bei stufenweise gesteigerter Reibgeschwindigkeit v. Die Temperaturen beginnen erst nach einer bestimmten Betriebsdauer zu schwingen. Immer wenn die Temperaturen im Außenbereich (Messstellen 1 und 2) ihr Maximum erreichen, zeigen die im Innenbereich (Messstellen 3 und 4) ihre kleinsten Werte und umgekehrt. Die Maximaltemperaturen im Außenbereich sind trotz der größeren Reibgeschwindigkeit wegen der günstigeren Wärmeabfuhr kleiner als im Innenbereich der Reibfläche, ähnlich wie in einer Kupplung (s. Bild 21-11). Der glatte Temperaturverlauf während der Einlaufphase in Bild 21-9 ist ein Zeichen dafür, dass der hier wirksame Mechanismus an das Vorhandensein einer Reibschicht gebunden ist und andererseits, dass sich diese erst während der Einlaufphase bildet.

Die Art der Ausbildung der schwingenden Temperaturkurven und deren Schwingungsdauer sind durch den Reibwerkstoff bestimmt. Beispielsweise schwingen die Temperaturen in Bild 21-10 bei gleicher Belastung im Belag D gegenüber denen im Belag C harmonischer, mit erheblich kleinerer Amplitude und mit größerer Frequenz.

Das gleiche unterschiedliche Verhalten zeigen diese beiden Werkstoffe, wenn sie im praktischen Einsatz in einer Reibkupplung bei wesentlich höherer Belas-

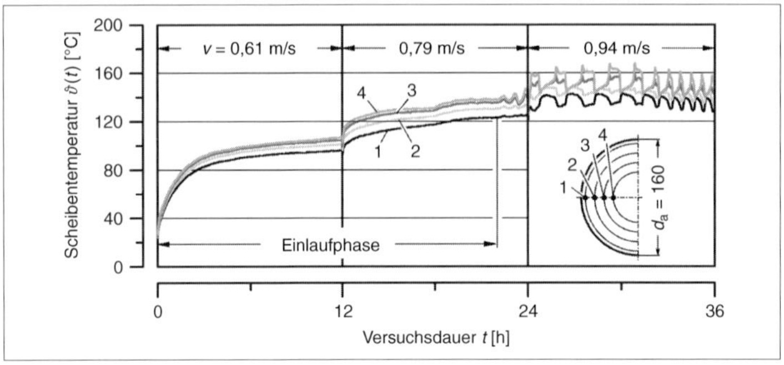

Bild 21-9 Temperaturverlauf an vier Orten der Reibfläche, gemessen im kontinuierlichen Reibbetrieb auf der Belastungseinheit nach Bild 21-8. Fabrikneuer organisch gebundener Reibbelag C gegen Stahlscheibe aus C15 (ähnlich reagiert der Reibbelag gegen Gusseisenwerkstoffe). $A_R = 159$ cm^2, $p = 2{,}5$ N/cm^2

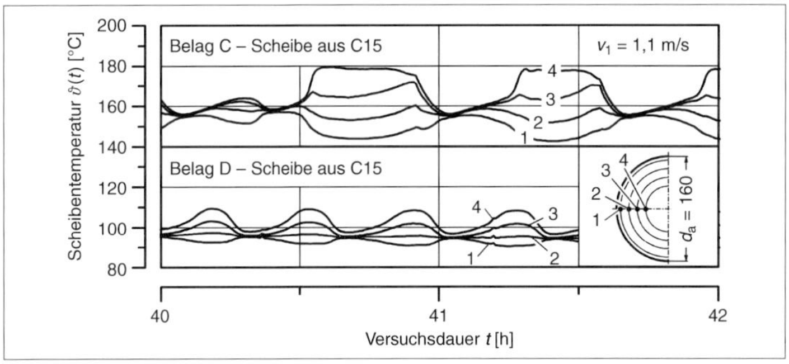

Bild 21-10 Mit unterschiedlicher Amplitude und Frequenz schwingende Temperaturen im kontinuierlichen Reibbetrieb, gemessen bei gleicher Belastung, aber mit verschiedenen org. geb. Reibbelagfabrikaten auf der Belastungseinheit nach Bild 21-8. $A_R = 159$ cm^2, $p = 2{,}5$ N/cm^2

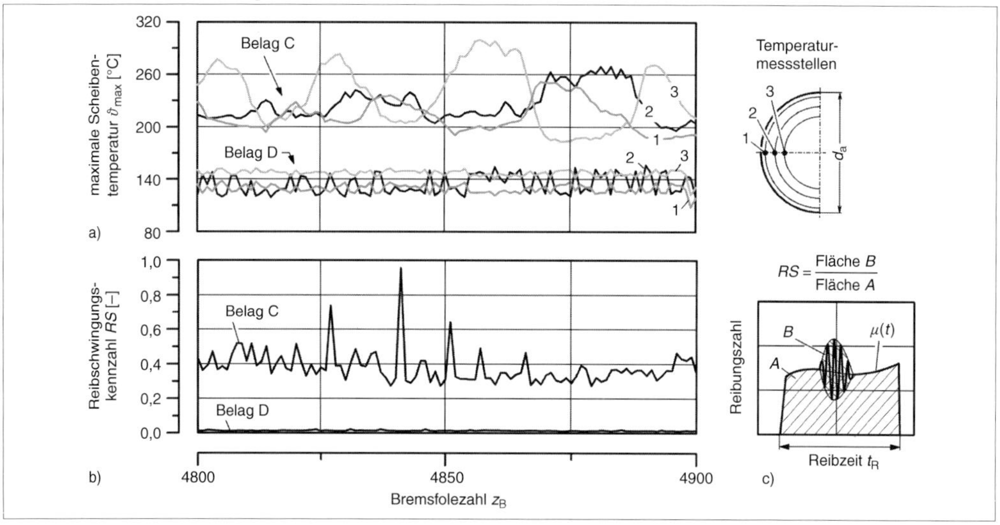

Bild 21-11 Verhalten der Reibbeläge nach Bild 21-10 in einer Schaltkupplung mit organisch gebundenen Belägen gegen Scheiben aus C15. a) Schwingende Temperaturen in einer Vielzahl nacheinander gefahrener Bremsungen, b) die gleichzeitig aufgezeichnete Reibschwingungskennzahl RS, c) zur Erklärung von RS. $A_R = 2 \times 184$ cm^2,$p = 100$ N/cm^2, $v_1 = 14{,}5$ m/s, $t_s = 52$ s, $q = 93$ J/cm^2, $\dot{q} = 435$ W/cm^2

tung in einer Vielzahl in gleichen zeitlichen Abständen gefahrenen Bremsungen arbeiten (Bild 21-11a). Weiterhin ist bemerkenswert, dass der im kontinuierlichen Reibbetrieb (Bild 21-10) harmonischer schwingende Belag D im Vergleich mit Belag C in der Kupplung einen wesentlich kleineren Verschleiß bringt und im Gegensatz zu Belag C keine Reibschwingungen anregt (Bild 21-11b). Als Maß für die Reibschwingungsneigung ist in Bild 21-11b für beide Beläge die Reibschwingungskennzahl RS über der Bremsfolgezahl z_B aufgetragen, die nach Bild 21-11c für jeden einzelnen Bremsvorgang als Quotient aus den Flächen A und B bestimmt wird. Die Fläche B wird begrenzt durch die Einhüllenden der schwingenden Anteile der $\mu(t)$-Funktion, während A der Flächenanteil unter der geglätteten $\mu(t)$-Funktion ist.

Die Überlegung, dass sich im Rhythmus der schwingenden Temperaturen auch der lokale Verschleiß verändern müsste, bestätigt Bild 21-12. Dort ist für einen Versuchszeitraum von vier Stunden das an einer ortsfesten Stelle A gemessene zeitlich veränderliche sog. lokale äquivalente Verschleißvolumen für die beiden Reibwerkstoffe C und D gegenübergestellt. Das lokale äquivalente Verschleißvolumen, errechnet aus Partikelanzahl und -größe, wurde mithilfe eines Laser-Aerosol-Partikel-Spektrometers (LAP) am äußeren Rand des Reibbelags direkt unter dem Scheibenauslauf gemessen (s. Skizze in Bild 21-12). Der Belag C, der in Bild 21-10 und in Bild 21-11 mit größerer Temperaturamplitude und mit kleinerer -frequenz schwingt als der Belag D, zeigt in Bild 21-12 gegenüber dem Belag D einen relativ großen lokalen Verschleiß und ein unregelmäßigeres Schwingen der Verschleißkurve bei wesentlich größerer Amplitude und kleinerer Grundfrequenz. Der Belag D, der sich im kontinuierlichen Reibbetrieb und im Kupplungsbetrieb als günstiger er-

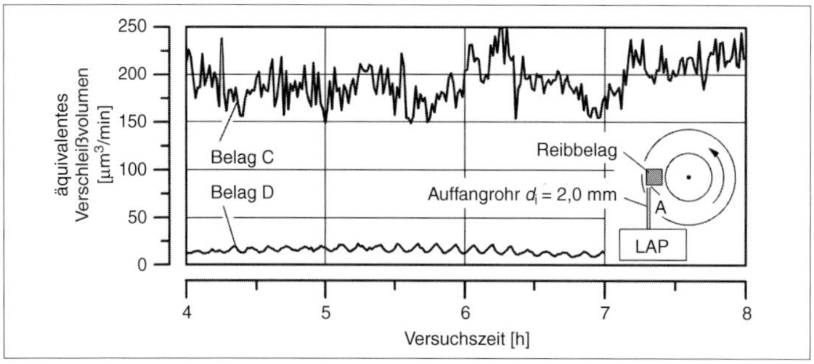

Bild 21-12 Vergleich der schwingenden Verschleißkurven zweier organisch gebundener Reibbeläge bei gleicher Belastung im kontinuierlichen Reibbetrieb. $d = 300$ mm, $A_R = 16$ cm^2, $v = 3{,}8$ m/s, $p = 20$ N/cm^2

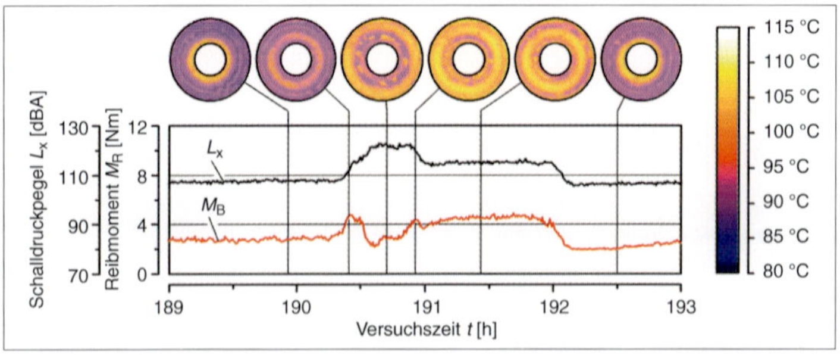

Bild 21-13 Periodische Veränderung der Reibringtemperaturen im vielstündigen kontinuierlichen Reibbetrieb auf der Belastungseinheit nach Bild 21-8, mit davon abhängiger Veränderung des Reibmoments M_R und des Schalldruckpegels L_x. Org. Reibbelag C. $d = 160$ mm, $A_R = 159$ cm^2, $p = 1{,}0$ N/cm^2, $v = 1{,}1$ m/s

wiesen hat, zeigt in Bild 21-12 einen relativ kleinen Verschleiß, der sich während der Reibzeit harmonischer und mit kleinerer Amplitude verändert. Das hier gemessene Verschleißverhältnis beider Beläge spiegelt ihr Verschleißverhalten im realen Kupplungsbetrieb wider (s. Bild 21-21b).

Dass die Temperaturen in den einzelnen Reibringsegmenten jeweils ungefähr gleich groß sind, von Reibring zu Reibring allerdings unterschiedlich groß sind und sich periodisch verlagern, bezeugt Bild 21-13. Dort sind in der oberen Zeile die auf dem Prüfstand nach Bild 21-8 mit der Thermokamera gemessenen Temperaturverteilungen in der Reibfläche zu unterschiedlichen Zeiten des kontinuierlichen Reibbetriebs in Fehlfarben dargestellt. Mit einer Periodendauer von ca. vier Stunden wechselt der Ort maximaler Reibringbelastung von innen nach außen und wieder zurück. Bild 21-13 vermittelt ferner, dass ein Zusammenhang besteht zwischen der Temperaturverlagerung in der Kontaktfläche, dem Reibmoment und dem Reibgeräusch, wie dies auch in Reibpaarungen der Praxis, z. B. in Bild 21-11b zu beobachten ist. Die Schwingungsdauer der Reibringtemperaturen ist dort wegen der größeren thermischen Belastung wesentlich kürzer als im kontinuierlichen Reibbetrieb in Bild 21-13.

Der hier beobachtete Mechanismus wirkt, mehr oder weniger ausgeprägt, in allen funktionstüchtigen Reibpaarungen der Praxis. Ein weiteres Beispiel liefert die 630 mm Scheibenbremse in Bild 21-14. Die drei Diagramme zeigen die Temperaturverteilung über der Reibflächenbreite (x-Achse) und der Scheibenumdrehungen (y-Achse) jeweils während eines Bremsvorgangs, und zwar von drei unterschiedlichen Bremsungen innerhalb einer Messreihe [2]. Die Temperaturmesswerte sind über die einzelnen gedachten Reibringe der Scheibe gemittelte Werte.

Während der ersten Bremsung (Bild 21-14a) überträgt der Reibbelag die Reibkraft nur in zwei eng begrenzten ringsegmentförmigen Flächenbereichen an den beiden Rändern. Im Laufe der unter gleichen Belastungen und gleichen zeitlichen Abständen gefahrenen Bremsungen beteiligen sich weitere Flächenbereiche. Es bilden sich über der Reibflächenbreite ausgeprägte Temperaturberge und -täler (Bild 21-14b), die sich im Laufe der weiteren Bremsungen vergleichmäßigen (Bild 21-14c) und dabei ständig ihre Lage verändern. Je größer die Härte des Reibbelags, umso höher sind die lokalen maximalen Temperaturen. Dort, wo in der Reibfläche augenblicklich die größten Temperaturen herrschen, ist auch der Belagverschleiß am größten. Um dies

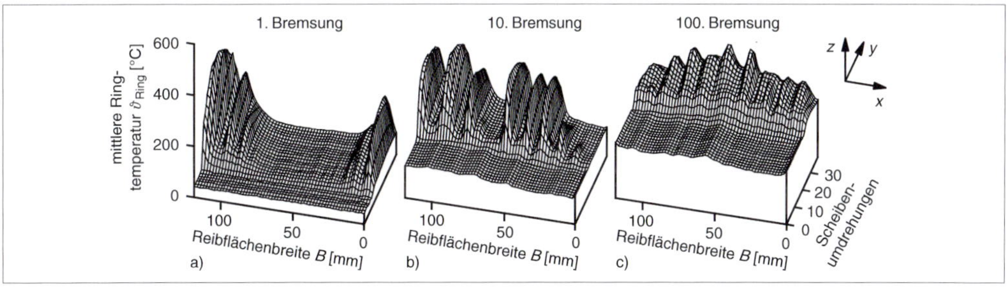

Bild 21-14 Veränderung der lokalen Reibflächentemperaturverteilung in einer Scheibenbremse $d = 630$ mm aus St 52-3 im Laufe einer Messreihe mit einem organisch gebundenen Reibbelag [nach 2]. $A_R = 2 \times 319$ cm^2, $p = 65$ N/cm^2, $v = 32{,}2$ m/s, $t_s = 240$ s, $q = 1190$ J/cm^2, $\dot{q} = 670$ W/cm^2

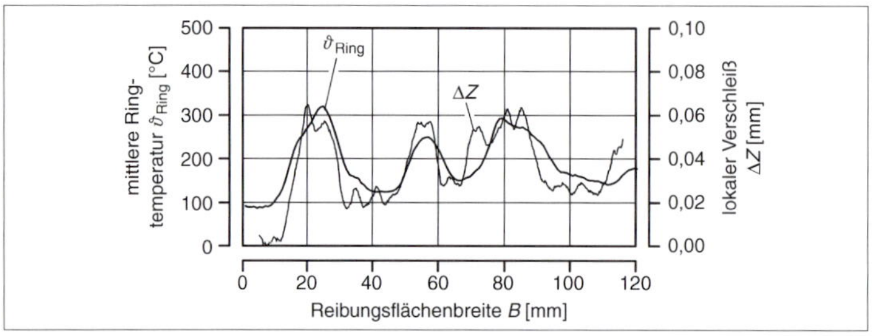

Bild 21-15 Gleichklang von lokaler Temperatur und lokalem Verschleiß innerhalb einer Bremsung [nach 2]. Scheibenbremse mit org. gebundenem Reibbelag. $d = 630$ mm, $A_R = 2 \times 319$ cm^2, $p = 70$ N/cm^2, $v = 40{,}2$ m/s, $q = 1860$ J/cm^2, $\dot{q} = 900$ W/cm^2

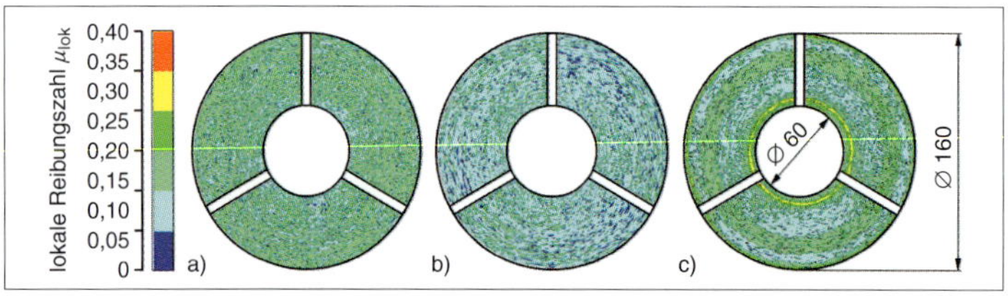

Bild 21-16 Augenblickliche Verteilung der lokalen Reibungszahl μ_{lok} in Fehlfarbendarstellung über der Reibfläche eines dreifach genuteten organisch gebundenen Reibbelags. a) Jungfräulicher Reibbelag, b) während des Einlaufs, $p = 1{,}0$ N/cm^2, $v = 1{,}1$ m/s, c) nach abgeschlossenem Einlauf bei periodisch sich ändernden Reibringtemperaturen, $p = 2{,}5$ N/cm^2, $v = 1{,}1$ m/s

sichtbar zu machen, stellt Bild 21-15 die während einer Bremsung über die Reibflächenbreite erzeugte und mit einer besonderen Einrichtung gemessene lokale Belagverschleißhöhe ΔZ den in dieser Bremsung gemessenen maximalen Ringtemperaturen ϑ_{Ring} gegenüber.

Die ungleich verteilte thermische Belastung über der Reibfläche bewirkt ferner, dass auch die lokalen Reibungszahlen in den einzelnen Flächenbereichen der Paarung unterschiedlich groß sind (Bild 21-16c). Sie verändern sich ungefähr im Gleichklang mit den lokalen Reibflächentemperaturen. Bei der fabrikneuen Reibfläche dagegen (Bild 21-16a) sind die lokalen Reibungszahlen ungefähr gleich groß. Die Bilder 21-16a–c sind durch das zeilenweise Abtasten der vorher auf dem System nach Bild 21-8 belasteten Reibflächen mittels eines Miniaturreibkraftsensors entstanden. Der Zeilenabstand betrug 0,2 mm.

21.5 Modell zur Erklärung der Vorgänge in der Kontaktzone

Das folgende Gedankenmodell nach Bild 21-17 gilt für eine funktionstüchtige Paarung und beruht auf den im Abschnitt 21.4 gewonnenen Erkenntnissen sowie auf den dort eingangs vorweg genommenen Überlegungen. Es verfolgt das Schicksal eines Reibflächenelements des Belages im langfristigen Bremsbetrieb. Dieses Flächenelement beteiligt sich ab dem Zeitpunkt A mit wachsender Intensität an der Reibkraftübertragung. Dadurch steigen die Reibschubspannung τ_R und die lokale Reibflächentemperatur ϑ mit der Belastungsdauer an, während gleichzeitig die temperaturabhängige Grenzschubspannung τ_{Grenz} sinkt. Nachdem $\tau_R = \tau_{\text{Grenz}}$ erreicht ist (Punkt B), wird das Flächenelement während der kurzen Schädigungsphase abgetragen. Der darunter liegende Reibwerkstoff wird auf diese Weise entlastet. In der darauf folgenden Regenerationsphase bildet sich dort allmählich eine neue Reibschicht, die sich nach einer bestimmten Zeit wieder aktiv an der Reibkraftübertragung beteiligt. Die Reibintensität in einem Reibringsegment des Belages und die Größe der Temperatur

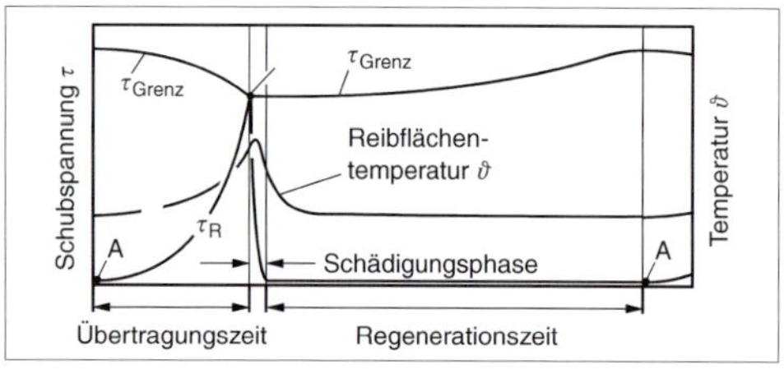

Bild 21-17 Gedankenmodell zur Funktion technischer Reibpaarungen, aufbauend aus den unter Abschnitt 21.4 gewonnenen Erkenntnissen und nach [1]

in dem zugehörigen Reibring der Scheibe sind in ihrem Anstieg und Abfall miteinander gekoppelt.

21.6 Einflussgrößen auf Reibung und Verschleiß

Thermische Belastung: Sie ist entsprechend der Definition in Abschnitt 21.2 gekennzeichnet durch das Zusammenwirken von Reibleistung $\dot{q}$, Reibenergie q und Reibflächentemperatur ϑ. Deswegen ist es im praktischen Betrieb nicht möglich, den Einfluss der einen Größe isoliert von den anderen beiden zu beurteilen. Ein Beispiel dafür liefert Bild 21-18. Es zeigt, wie sich in der Reibpaarung einer U-Bahnbremse die mittlere Reibungszahl μ_m innerhalb einer Messreihe mit der Temperatur und ferner, wie sich in unterschiedlichen Messreihen bei stufenweise gesteigerter Anfangsgeschwindigkeit v_1 die Temperatur und die mittlere Reibungszahl verändern. Die Geschwindigkeitserhöhung bewirkt eine gleichzeitige Vergrößerung der Reibleistung, der Reibenergie und der Reibflächentemperatur ϑ. Der starke μ_m-Abfall in der oberen Geschwindigkeitsstufe ($v = 10{,}0$ m/s) deutet auf eine Überlastung der Reibpaarung in dieser Belastungsstufe hin. Eine zu große Anfangsgeschwindigkeit, und als Folge davon eine mögliche Unterschreitung der in der Berechnung angesetzten mittleren Reibungszahl, kann besonders in solchen Antriebssystemen zu kritischen Betriebszuständen führen, in denen die abzubremsende Energie mit zunehmendem Bremsweg wächst, wie z. B. bei bergab fahrenden Verkehrsmitteln sowie im Notstoppbetrieb von Kranhubwerken und Windkraftanlagen.

Reibleistung $\dot{q}$: Sie ist die einflussreichste der drei Belastungsgrößen. Bei konstanter Bremsenergie q und konstanter Reibflächentemperatur ϑ verkleinert sich die mittlere Reibungszahl μ_m und vergrößert sich der Verschleiß mit ansteigender Reibleistung bzw. mit ansteigender Reibgeschwindigkeit überproportional. Diese Erfahrung ist besonders bei der Dimensionierung schnelllaufender Bremssysteme in Industrieanlagen zu beachten, so für Trommelbremsen ab $v_1 = 25$ m/s und Scheibenbremsen ab $v_1 = 40$ m/s. Die diesbezüglichen Verhältnisse an einer Trommelbremse macht Bild 21-19 deutlich. Dort wurde zur stufenweisen Vergrößerung der Reibleistung die Reibgeschwindigkeit entsprechend Gl. 21.2 erhöht, während gleichzeitig die rotierende Masse J verkleinert wurde, um gemäß Gl. 21.1 die Bremsarbeit q konstant zu halten.

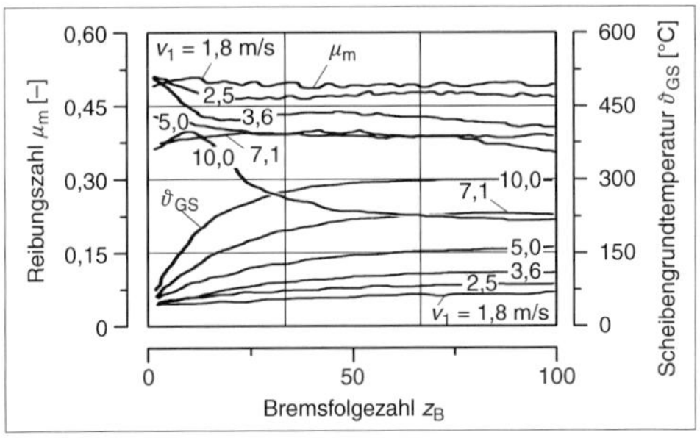

Bild 21-18 Veränderung der mittleren Reibungszahl μ_m bei von Messreihe zu Messreihe stufenweise gesteigerter thermischer Belastung [nach Lührsen]. Scheibenbremse $d = 650$ mm mit organisch gebundenem Reibbelag. $A_R = 2 \times 400$ cm², $p = 90$ N/cm², $t_s = 90$ s, $J = 1387$ kg m²

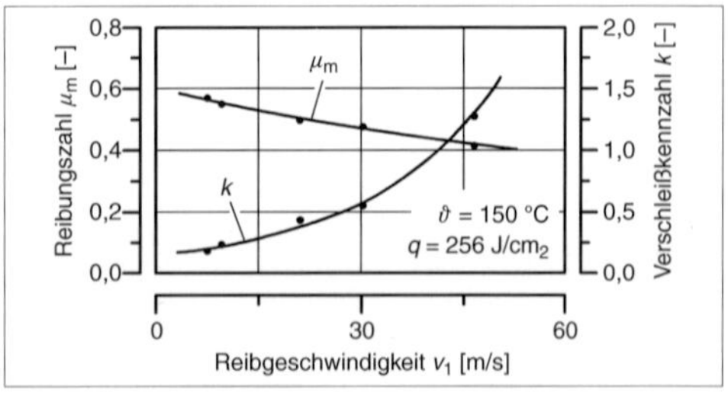

Bild 21-19 Einfluss der Reibgeschwindigkeit v_1 bzw. der Reibleistung auf die Reibungszahl und den Verschleiß bei sonst gleicher Belastung [nach 1]. Trommelbremse mit organisch gebundenem Reibbelag gegen GS 45, $d = 630$ mm, $A_R = 2 \times 810$ cm², $p = 23$ N/cm²

Reibenergie q: Sie bestimmt gemeinsam mit der auf die Zeiteinheit bezogene Anzahl der Bremsungen (h^{-1}) die Reibflächengrundtemperatur $\vartheta_{G\,max}$. Erst wenn infolge einer zu großen Reibenergie die durch den Reibbelag vorgegebene Grenztemperatur überschritten wird, sinkt die Reibungszahl mit zunehmender Reibenergie merkbar (z. B. Bild 21-18, $v = 10{,}0$ m/s), und der Verschleiß steigt deutlich an.

Reibflächentemperatur ϑ: Bei der Dimensionierung der Bremssysteme ist davon auszugehen, dass die maximale Reibflächengrundtemperatur ϑ_{Gmax} die durch den Reibbelag bestimmte Grenztemperatur nicht überschreitet, obwohl die lokalen kurzzeitigen

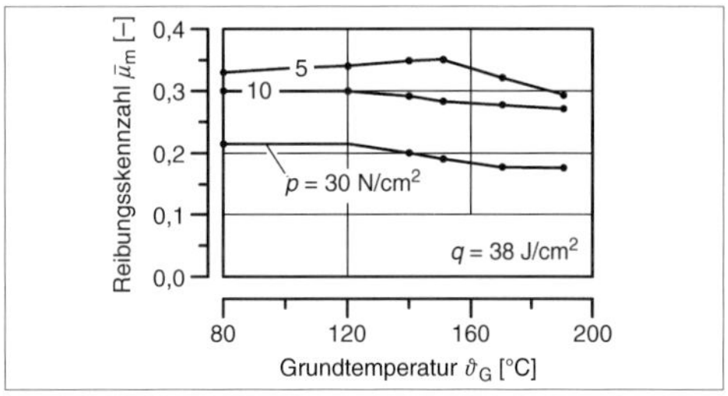

Bild 21-20 Einfluss der Pressung p auf die Reibungskennzahl bei sonst gleicher Belastung [nach 4]. Kupplung mit organisch gebundenem Reibbelag, $d = 252$ mm, $A_R = 2 \times 184$ cm², $v_1 = 10{,}0$ m/s

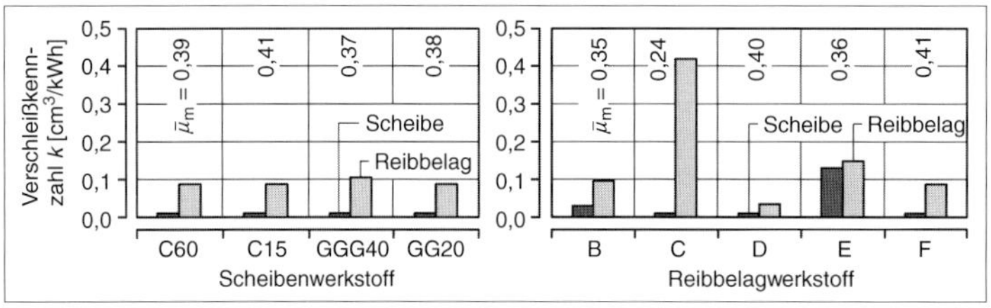

Bild 21-21 Reibungs- und Verschleißeigenschaften unter gleicher Belastung. a) bei gleichem Reibbelag (F), aber bei verschiedenen Scheibenwerkstoffen und b) bei gleichem Scheibenwerkstoff (C15), aber verschiedenen Reibbelagfabrikaten. Kupplung mit organisch gebundenen Reibbelägen, $d = 252$ mm, $A_R = \times 184\ \text{cm}^2$, $p = 100\ \text{N/cm}^2$, $q = 93\ \text{J/cm}^2$, $\dot{q} = 435\ \text{W/cm}^2$

Spitzentemperaturen während des Reibkontakts ein Vielfaches davon betragen können (Bild 21-3). Eine gelegentliche Temperaturüberschreitung ist unter Inkaufnahme einer kleineren mittleren Reibungszahl und eines erhöhten Verschleißes möglich, solange die Reibschicht dabei nicht übermäßig geschädigt wird. Eine ganzflächig geschädigte Reibschicht regeneriert erst nach einer Vielzahl von unter ertragbarer Belastung gefahrener Bremsungen.

Flächenpressung p: Eine höhere Flächenpressung vergrößert nach Gl. 21.5 bei sonst gleichen Belastungsbedingungen die Reibleistung $\dot{q}$ und hat daher eine ähnliche Wirkung auf die Reibungs- und Verschleißeigenschaften wie eine höhere Reibgeschwindigkeit. Zum Beispiel macht Bild 21-20 deutlich, wie die Reibungskennzahl $\bar{\mu}_m$ bei sonst gleichen Bedingungen in einer Kupplung mit steigender Flächenpressung abnimmt. Bei jeweils konstanter Pressung verändert sich $\bar{\mu}_m$ in dem zulässigen Temperaturbereich von 150 °C dagegen nur wenig.

Reibwerkstoff und metallischer Gegenwerkstoff: Der Reibwerkstoff des Belages bestimmt die Eigenschaften einer Paarung wesentlich stärker als der Werkstoff des metallischen Partners. Wenn der gleiche Reibwerkstoff unter gleichen Bedingungen gegen Scheiben aus unterschiedlichen metallischen Werkstoffen bremst (Bild 21-21a), sind die Reibungskennzahl und die Verschleißkennzahl k für Belag und Scheibe jeweils ungefähr gleich groß. Dagegen unterscheiden sich diese Kennwerte stark, wenn Beläge aus verschiedenartigen Reibwerkstofffabrikaten mit Scheiben aus dem gleichen Werkstoff zusammenarbeiten (Bild 21-21b).

Wie stark sich für den gleichen Einsatzfall angebotene Reibbelagfabrikate in ihren Eigenschaften voneinander unterscheiden können, vermittelt Bild 21-22. In vergleichenden Untersuchungen versagt dort der Belag C bereits in der dritten Laststufe, zu erkennen an der abfallenden Reibungskennzahl $\bar{\mu}_m$ (Bild 21-22a) und dem starken Anstieg der Verschleißkennzahl k (Bild 21-22b). In der Paarung mit Belag D ist dagegen der Abfall von $\bar{\mu}_m$ ebenso wie der Anstieg von k bis zur höchsten Laststufe relativ klein. Reibpaarungen mit größeren Reibungszahlen bringen unter gleichen Bedingungen also nicht zwangsläufig einen größeren Verschleiß.

Oberflächenrauhigkeit: Die durch die Herstellung mitgegebene Oberflächenrauheit des metallischen

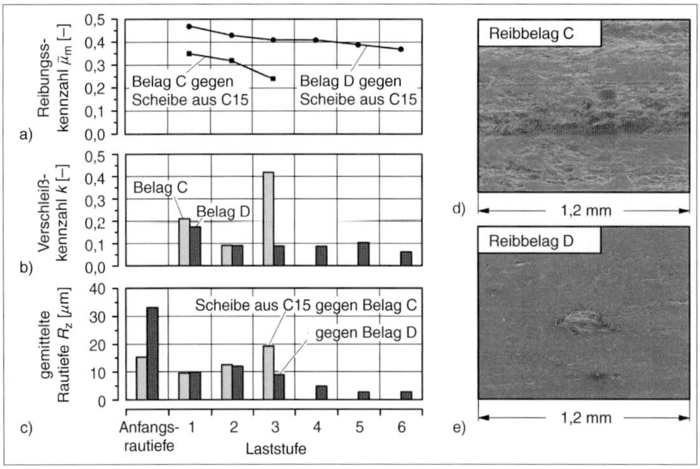

Bild 21-22 Unterschiedliche Wirkung zweier Reibwerkstoffe C und D bei jeweils gleicher Belastung. a) Reibungskennzahl $\bar{\mu}_m$, b) Belagverschleiß k, c) gemittelte Scheibenrautiefe R_z, d) Oberflächenbeschaffenheit des Belags C nach der dritten und e) des Belags D nach der sechsten Laststufe. Kupplung mit org. geb. Reibbelägen, Scheibenwerkstoff C15, $d = 252$ mm, $A_R = 2 \times 184\ \text{cm}^2$, $p = 100\ \text{N/cm}^2$, $J = 3{,}9\ \text{kg m}^2$

Reibkörpers hat nur einen geringen Einfluss auf den Verschleiß beider Partner, denn sie verändert sich im Reibbetrieb relativ schnell und wird nach Erreichen eines stationären Zustands durch die Größe der thermischen Belastung, vor allem aber durch die Werkstoffe der Reibpartner bestimmt. Dem Reibbelag fällt dabei die entscheidende Rolle zu. Während z. B. bei Einsatz des Reibwerkstoffs C, der bereits in Bild 21-22a und b wesentlich ungünstigere Eigenschaften zeigte, die gemittelte Rautiefe R_Z der Scheibe mit der thermischen Belastung wächst (Bild 21-22c), glättet sich die gleiche Scheibe beim Bremsen gegen den Belag D, und dies noch in der höchsten Laststufe. Entsprechend unterscheiden sich auch die Strukturen der beiden Reibbelagoberflächen unter dem REM (Bild 21-22d und e) nach Belastung in der jeweils letzten Laststufe. Auch relativ kleine thermische Belastungen können zu einer starken Aufrauung der Scheibenreibfläche führen und die Scheibenreibfläche sogar schädigen. Die Ursache dafür ist in Abschnitt 21.3 beschrieben.

Größeneinfluss: An Proben kleiner Abmessungen gewonnene Kennwerte lassen sich, entgegen der oft geübten Praxis, nicht auf großflächige Reibpaarungen übertragen. Bei rechnerisch gleicher Flächenbelastung können deren Reibungszahlen um den Faktor zwei kleiner sein und deren Verschleißwerte um mehr als das doppelte größer sein. Die wesentlichen Gründe dafür sind neben dem unterschiedlichen Überdeckungsgrad die unterschiedliche ungleiche Verteilung der thermischen Last über der Reibfläche und die stark unterschiedlichen Wärmeabfuhrbedingungen während des Bremsprozesses in beiden Reibsystemen.

Umwelteinflüsse: Durch eine höhere Luftfeuchtigkeit vergrößert sich die mittlere Reibungszahl bei den ersten Bremsungen aus Raumtemperatur infolge zusätzlich wirkender Adhäsionskräfte, sofern die organisch gebundenen Reibbeläge porös sind und Wasser aufnehmen können (Bild 21-23, Belag D). I. Allg. sind die Beläge dicht gepresst. Dann verringern sich die Reibungszahlen mit steigender Luftfeuchtigkeit, allerdings nur geringfügig (Bild 21-23, Beläge C, E, F).

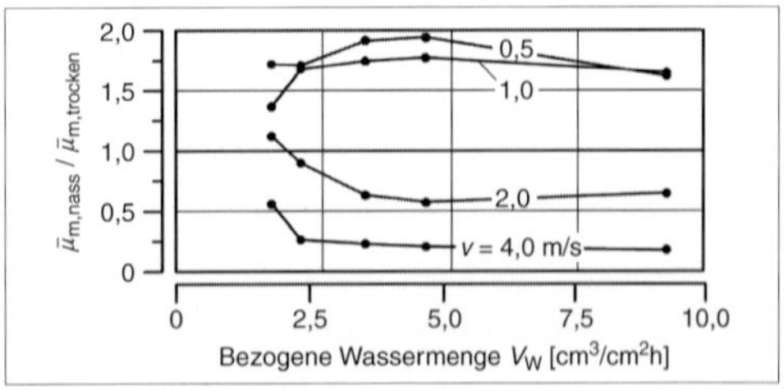

Bild 21-24 Einfluss der Wassermenge und der Geschwindigkeit auf die Reibungskennzahl in benässter Reibpaarung mit organisch gebundenem Reibbelag [nach 5]. Scheibenbremse: $d = 900$ mm, $A_R = 16\ \text{cm}^2$, $p = 100$ N/cm, $J = 725\ \text{kg m}^2$, $T_U = 30\ °\text{C}$

Bei permanenter Benässung steigen die Reibungszahlen, wenn die Reibgeschwindigkeit relativ klein ist. Bei großen Reibgeschwindigkeiten können sie infolge der dann wirksamen hydrodynamischen Schmierwirkung, abhängig von der bezogenen Wassermenge V_W (cm^3 Wasser/cm^2 h), stark abfallen (Bild 21-24).

Raureif- und dünne Eisschichten haften relativ fest auf den Reibflächen [5]. Sie können die Reibungszahl dauerhaft auf Werte oft weit unter $\mu_m = 0{,}1$ verkleinern, wenn der organisch gebundene Reibbelag stets auf einer jungfräulichen Schicht gleitet, z. B. auf der Schiene eines Verkehrsmittels. In mit Raureif oder dünnen Eisschichten belegten Scheibenbrems- und Kupplungspaarungen steigt die zunächst kleine Reibungszahl innerhalb weniger Bremsungen auf den bei trockener Reibung erreichten Wert (Bild 21-25), und zwar um so schneller, je größer die eingebrachte Energie pro Bremsung und je kleiner das Wärmespeichervermögen der Reibpaarung sind. Die relativ kleinen Reibungszahlen zu Be-

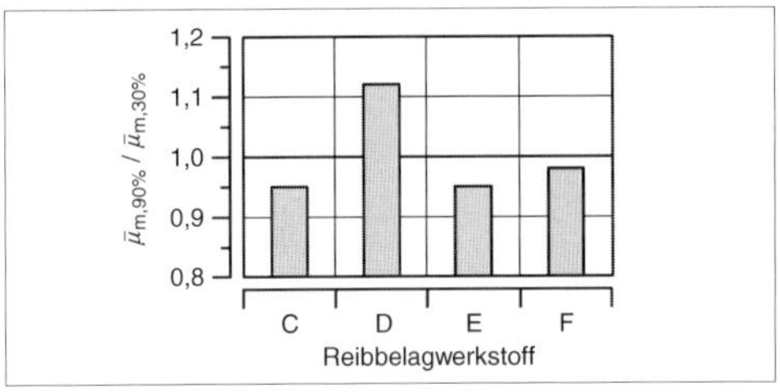

Bild 21-23 Einfluss der von 30 auf 90 % gesteigerten relativen Luftfeuchtigkeit auf die Reibungskennzahl in einer Reibpaarung mit unterschiedlichen organisch gebundenen Reibbelägen. Kupplung: $d = 252$ mm, $A_R = 2 \times 184\ \text{cm}^2$, $p = 100\ \text{N/cm}^2$, $q = 46$ J/cm, $\dot{q} = 307\ \text{W/cm}^2$, $T_U = 25\ °\text{C}$

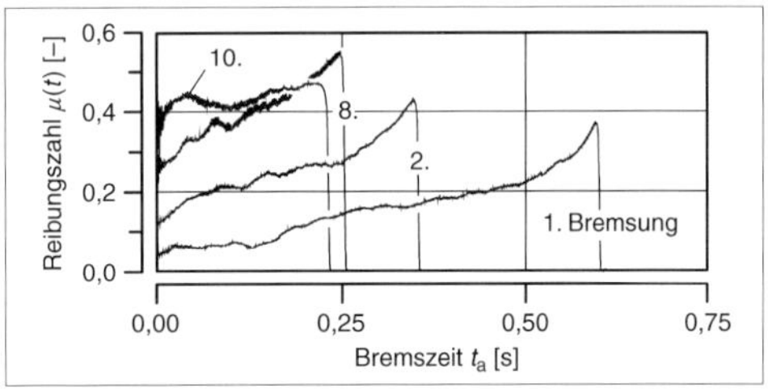

Bild 21-25 Entwicklung der Reibungszahlkurven in den ersten Bremsungen einer Paarung mit eisbedeckten Reibflächen. Kupplung $d = 252$ mm mit organisch gebundenem Reibbelag gegen Scheibe aus C15, $A_R = 2 \times 184\ \text{cm}^2$, $p = 100\ \text{N/cm}^2$, $v_1 = 10{,}2$ m/s, $q = 46\ \text{J/cm}^2$, $\dot{q} = 307\ \text{W/cm}^2$, $T_U = -10\ °\text{C}$

ginn und die relativ große zum Ende der ersten Bremsungen in Bild 21-25 weisen darauf hin, dass die Eisschicht während der einen Bremsung schmilzt, und die geschmolzene Schicht zu Beginn der nächsten Bremsung wieder gefroren ist. Relativ dicke Eisschichten (0,4 mm und größer) haften weniger fest und lösen sich durch mechanische Schädigung in größeren Stücken von der Reibfläche, dies um so mehr, je härter und scharfkantiger die Ränder der Reibbeläge sind.
Im Ölnebel arbeitende Reibbeläge bringen mittlere Reibungszahlen um $\mu_m = 0{,}1$. In einem sich anschließenden Trockenlauf steigt die Reibungszahl innerhalb einer Vielzahl von Bremsungen nur allmählich wieder auf den bei trockener Reibung gemessenen Wert an. Grundsätzlich sind unter extremen Umweltbedingungen Sinter-Reibbeläge den organisch gebundenen Belägen überlegen.

21.7 Zur Auswahl und Dimensionierung von Reibsystemen

Die in den Abschnitten 21.3 und 21.6 gegebenen Hinweise über besondere Eigenschaften der Reibpaarungen, die bei ihrer Konstruktion berücksichtigt werden sollten, werden nachfolgend ergänzt:
Aus den unter Kap. 21-6, Abschnitt „Größeneinfluss" genannten Gründen lassen sich die Reibungs- und Verschleißeigenschaften so wie die Belastungsgrenze der Reibpaarungen nur durch Prüfung am Originalbremssystem unter den im späteren Betrieb herrschenden Belastungsbedingungen feststellen. Trotzdem bieten die in einzelnen Bildern und Bildunterschriften angegebenen Belastungskennwerte eine gute Grundlage für die Vordimensionierung von Bremssystemen.
Jeder Reibwerkstoff besitzt einen optimalen Arbeitsbereich (p, v, ϑ) bezüglich seiner Verschleiß- und Reibeigenschaften aber auch in Hinsicht auf einen reibschwingungsarmen Betrieb. Deswegen kann sich ein Reibwerkstoff in einem bestimmten Einsatzfall bewähren, während er in einem anders gearteten Einsatzfall unbefriedigend arbeitet, z. B. Reibgeräusche anregt.
Es kann bei organisch gebundenen Belägen nicht damit gerechnet werden, dass die Haftreibungszahl größer ist als die Gleitreibungszahl.
Bremstrommeln besitzen gegenüber Scheiben ein wesentlich größeres Massenträgheitsmoment und wegen der gekrümmten Reibfläche in Verbindung mit deren Verwölbung im Reibbetrieb ungünstigere Reibkraftübertragungseigenschaften [3]. Deswegen empfehlen sich bei großen Reibgeschwindigkeiten und großer thermischer Belastung die Scheibenbremsen. Sie ermöglichen größere Pressungen, größere Bremsenergie- und Leistungsdichten allerdings bei höherem Verschleiß der Reibpaarung.
Massive Scheiben in Bremsen und Kupplungen sind hinsichtlich der gleichmäßigeren Reibkraftübertagung günstiger als selbstbelüftende Scheiben. Bei gleicher Dicke besitzen sie ein größeres Wärmespeichervermögen, was dann von Bedeutung ist, wenn in kurzer Zeit eine große Reibenergie aufzunehmen ist wie z. B. im Notstoppbetrieb von Industrieanlagen. Selbstbelüftende Scheiben sind teurer und rissanfälliger als massive Scheiben [7]. Sie sind nur dann sinnvoll, wenn infolge häufiger Energiezufuhr und ungünstiger Wärmeabfuhr damit zu rechnen ist, dass die Reibflächentemperatur in der massiven Scheibe das zulässige Maß überschreiten würde.

Literatur

[1] *Severin, D.; Musiol, F.:* Der Reibprozeß in trockenlaufenden mechanischen Bremsen und Kupplungen. Konstruktion 47 (1995), 59–68
[2] *Severin, D.; Dörsch, S.:* Friction mechanism in industrial brakes. Wear 8966 (2001), 1–9
[3] *Severin, D.; Kleinjan, O.:* Sicherheit von Kranbremsen. dhf 7/8 (1996), 49–56
[4] *Gauger, D.:* Wirkmechanismen und Belastungsgrenzen von Reibpaarungen trockenlaufender Kupplungen. VDI-Fortschrittsberichte, Reihe 1, Nr. 301
[5] *Marquardt, A.:* Das Reibverhalten mechanischer Bremsen mit reif- oder eisbedeckten Reibflächen. Dissertation TU Berlin, 1992
[6] *Severin, D.; Lührsen, B.:* Vergleich von Trommel- und Scheibenbremsen für Kranhubwerke. Stahl und Eisen 103, Nr. 19 (1983), 95–99
[7] *Severin, D. u. a.:* Steigerung der Lebensdauer von Bremsscheiben durch beanspruchungskonforme Werkstoffentwicklung und werkstoffgerechte Prüfung. In: ATZ 12 (2002)

22 Schwingungen und Geräusche

22.1 Definition

Schwingungen und Geräusche beim Bremsen sind komfortmindernde Erscheinungen während des Bremsvorganges. Sie treten häufig in Fahrsituationen auf, bei denen der Fahrzeuggesamtgeräuschpegel besonders niedrig ist, wie etwa beim Abbremsen kurz vor dem Stillstand des Fahrzeuges. Sie entstehen in der Radbremse und äußern sich in Form von verschiedenen Geräuschen und Schwingungen im Fahrzeug. Für die Automobilhersteller ist dies von großer Bedeutung, da Schwingungen und Geräusche häufig Ursachen für Garantiefälle liefern und darüber hinaus die Zufriedenheit der Kunden mit ihrem Fahrzeug wesentlich beeinflussen. Ihre Vermeidung ist ein Beitrag zum emissionsarmen Kraftfahrzeug.

22.2 Erscheinungsformen

Bremsgeräusche und -schwingungen können in einem Frequenzbereich von wenigen Hz bis einigen zehn kHz vorkommen. Für ihre Kennzeichnung findet man in der Literatur zum Teil unterschiedliche Bezeichnungen. Eine heute übliche Einteilung und Begriffsbildung ist in Bild 22-1 dargestellt und wird nachfolgend erläutert.

22.2.1 Niederfrequente Schwingungen und Geräusche

Niederfrequente Störerscheinungen umfassen den Frequenzbereich von 10 Hz bis 3 kHz. Sie werden durch die Begriffe **Rubbeln**, **Knarzen und Muhen**, **Heulen** und **Niederfrequentes Quietschen** beschrieben. Diesen verschiedenen Schwingungen und Geräuschen liegen unterschiedliche Entstehungsmechanismen zugrunde.

Rubbeln ist eine typische niederfrequente Störerscheinung und tritt im Frequenzbereich unter 100 Hz auf. Es handelt sich um eine Bremsmomentschwankung, die ihren Ursprung in einer periodischen

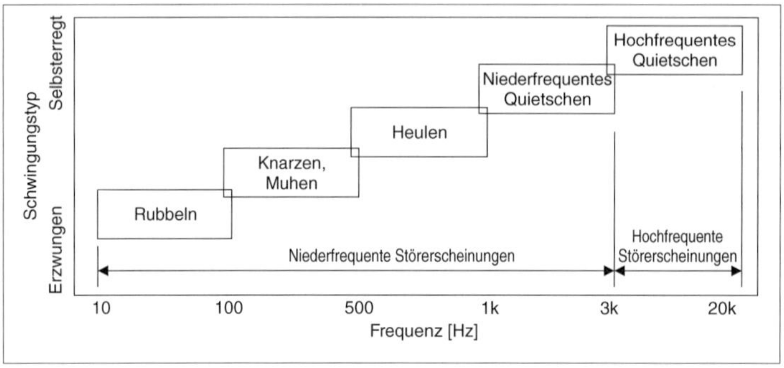

Bild 22-1 Einteilung der Schwingungen und Geräusche beim Bremsen nach [8]

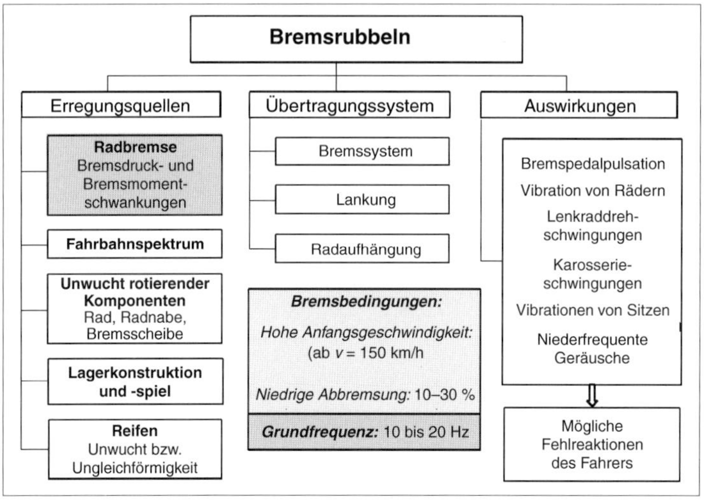

Bild 22-2 Entstehung und Auswirkungen des Bremsrubbelns nach [10]

Schwankung der Reibkraft hat. Diese wird durch Bremsscheibendickenänderungen (DTV; engl. *disk thickness variation*) hervorgerufen [1].
Beispielhaft zeigt Bild 22-2 für dieses Phänomen eine Darstellung von den Erregungsquellen bis zu den Auswirkungen.
Knarzen und Muhen treten im Frequenzbereich von 100 Hz bis 500 Hz auf und stellen das Ergebnis einer Schwingung auf Grund einer dynamischen Instabilität des Systems Radbremse dar. Die Schwingung wird im Frequenzbereich durch eine oder mehrere tonale Komponenten charakterisiert. Die dabei auftretenden Frequenzen sind im allgemeinen unabhängig von der Umfangsgeschwindigkeit des Rades, von Temperatur und Bremsdruck [8].
Heulen tritt im Frequenzbereich von 500 Hz bis 1000 Hz auf. Dabei handelt es sich um die gleiche Schwingungsart wie bei **Knarzen und Muhen,** jedoch wird mit ihr ein höherer Frequenzbereich verbunden [8].
Niederfrequentes Quietschen tritt von 1 kHz bis 3 kHz auf und stellt das Ergebnis einer selbsterregten Schwingung der Radbremse dar. Die auftretenden Quietschfrequenzen stehen eng mit den Resonanzen der Bremsenkomponenten in Verbindung [8].

22.2.2 Hochfrequente Geräusche

Hochfrequentes Quietschen tritt im Frequenzbereich von 3 kHz bis 20 kHz auf. Darüber hinaus gelten die gleichen Aussagen wie beim niederfrequenten Quietschen [8].
Für hochfrequente Geräusche werden zuweilen auch die Begriffe **Pfeifen** und **Zirpen** verwendet.

22.3 Erregungsquellen

22.3.1 Ursachen niederfrequenter Geräusche und Schwingungen

Ursache der niederfrequenten Störerscheinungen ist vor allem eine Scheibendickenschwankung (DTV) durch Herstellungsungenauigkeiten, Verschleiß oder thermischer Ausdehnung. Die Schwingfrequenz ist dabei proportional zur Umfangsgeschwindigkeit des Rades [8]. Die DTV kann vom partiellen Kontakt der Scheibe mit dem Belag im ungebremsten Zustand herrühren, sogenanntes „Kaltrubbeln", siehe Bild 22-3 oder von ungleicher thermischer Ausdehnung der Bremsscheibe bei höherer Belastung, sogenanntes „Heissrubbeln", verursacht werden [1].
Obwohl [4] und [11] als Erregungsquellen auch das Fahrbahnspektrum, die Unwucht rotierender Komponenten, die Lagerkonstruktion und das Lagerspiel sowie die Reifen mit ihrer Unwucht und Ungleichförmigkeit nennen, sind die in der Bremse entstehenden Bremsdruck- und Bremsmomentenschwankungen die Haupterregungsquelle [2].
Die wichtigsten Einflussfaktoren auf die Druck- und Momentenschwankungen beim Bremsen sind:

an der Bremsscheibe:

- die Dickenschwankungen in Umfangsrichtung (**DTV**)
- der axiale Schlag (***RO, Run-Out***)
- der Reibbeiwert (***μ***)
- physikalische und chemische Prozesse in der Reibzone

an den Bremsbelägen:

- die Kompressibilität
- die Dämpfung

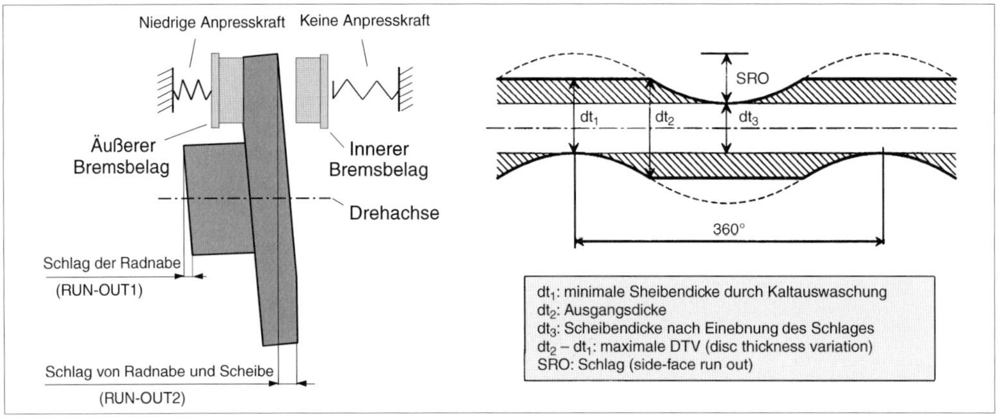

Bild 22-3 Entstehung scheibenschlagbedingter Auswaschungen auf der Bremsscheibenoberfläche bei „Off-Brake"-Fahrt durch Kaltauswaschung nach [10] und [11]

- der Reibbeiwert (μ)
- die Neigung des Werkstoffes zur Bildung von Belagauftrag

am Bremssattel:

- die Steifigkeit in Längsrichtung
- die konstruktive Gestaltung des Führungssystems
- die Reib- und Koppelbedingungen im Sattel [3].

Der partielle Kontakt zwischen Bremsbelag und Bremsscheibe gilt als Ursache für das Kaltrubbeln: Während der ungebremsten Fahrt kann der Scheibenschlag zu einem periodischen Kontakt zwischen Scheibe und Belag führen. Es kommt zum Verschleiß in der Kontaktregion, der sich in einer einseitigen Dickenabweichung (falls nur ein Belag die Scheibe berührt) oder einer beidseitigen Dickenabweichung (beide Beläge haben Kontakt) über den Umfang niederschlägt.

22.3.2 Entstehungsmechanismen hochfrequenter Geräusche

Bis heute existiert noch keine einheitliche Theorie für die Erklärung des Bremsenquietschens.
Anerkannt ist, dass es sich dabei um eine durch Trockenreibung zwischen Bremsbelag und Bremsscheibe hervorgerufene Schwingung in der Radbremse handelt.
Nach [5] sind die Ursachen für das Quietschen Instabilitäten im System Radbremse und können in drei Gruppen unterteilt werden (Bild 22-4):

Physikalische Instabilität

Aufgrund der physikalischen Eigenschaften des Reibmaterials (Elastizität, Scherfestigkeit, Rauhigkeit) kann eine periodische Schwingung im Bremssystem verursacht werden. Ist der Haftreibwert von Bremsscheibe und -belag größer als der Gleitreibwert, wird eine sogenannte Stick-Slip Schwingung in der Bremse erzeugt [5].

Geometrische Instabilität

Hierunter versteht man die Entstehung von Quietschgeräuschen durch eine kinematische Kopplung infolge einer bestimmten Bremsengeometrie. Nach dieser so genannten Hemmkeil-Theorie liegt die Resultierende aus Reib- und Normalkraft im Reibungswinkel und verhindert dadurch die Bewegung. Zerstörung und Wiederaufbau der Hemmung führen dann zur Schwingung.

Dynamische Instabilität

Unter dieser Instabilität versteht man die Entstehung von Resonanzschwingungen im dynamischen System Radbremse, die dann zu Quietschgeräuschen führen. Versuchsergebnisse zeigen, dass die Grundschwingung durch einen Stick-Slip-Effekt verursacht wird. Die Oberschwingungen werden durch geometrische und dynamische Kopplung vergrößert.

22.4 Auswirkungen

22.4.1 Schwingungen

Die Auswirkungen von Bremsdruck- und Bremsmomentenschwankungen können als Lenkraddrehschwingung (10 bis 20 Hz) mit maximalen tangentialen Beschleunigungen am Lenkrad $>15\ \text{m/s}^2$, Pedalpulsation (10 bis 20 Hz), Karosserieschwingung oder – im Extremfall – als Schwingung des Gesamtfahrzeuges in Fahrtrichtung beobachtet werden [1]. Besonders störend und deshalb in der Literatur ausgiebig behandelt ist die Lenkunruhe [11].

22.4.2 Akustische Auswirkungen

Die akustischen Auswirkungen sind verschiedene nieder- und hochfrequente Geräusche, wobei die hochfrequenten (>3 kHz) besonders unangenehm sind, da sie im empfindlichen Bereich des menschlichen Ohres liegen.

22.5 Prüf- und Beurteilungsmethoden

Ein gutes Verständnis der Ursachen von Komfortproblemen im Bereich Reibmaterial und Bremssystem schafft erst die Voraussetzungen, optimale Bremssysteme zu entwickeln.
Traditionell wurden vor allem die Reibmaterialien empirisch entwickelt, d. h. die Auswahl erfolgte im Zuge einer Serie von Tests auf Schwungmassenprüfständen, um Leistungs- und Verschleißverhalten der

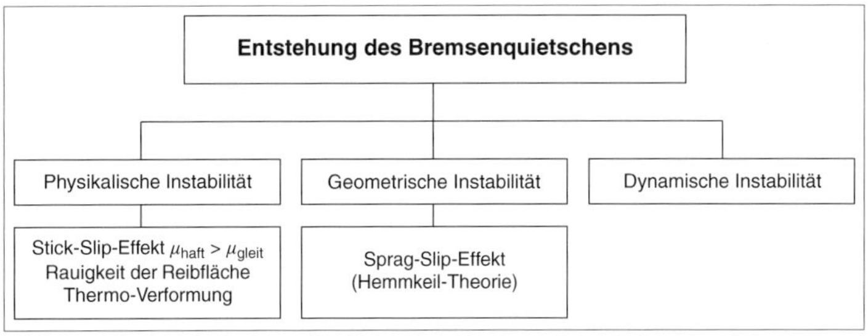

Bild 22-4 Mechanismen der Quietschentstehung nach [5]

Reibpartner zu untersuchen. Hinzu kamen Fahrzeuguntersuchungen, die eine Geräusch- und Rubbelbeurteilung ermöglichten.
Wachsender Zeit- und Kostendruck bei der Entwicklung von Reibmaterialien mit verbessertem Komfort-, Leistungs- und Verschleißverhalten, eine möglichst geringe Zahl notwendiger Fahrversuche und die Forderung der Fahrzeughersteller nach „fertig vorentwickelten" Materialien haben vielfältige Änderungen in der Vorentwicklung in Gang gesetzt [1].

22.5.1 Simulation

Bei der Analyse mechanischer Syteme zur Entwicklung technischer Produkte spielt die numerische Simulation eine wesentliche Rolle, da Experimente oftmals mit immensen Kosten verbunden oder aber technisch nicht möglich sind. Um entsprechende Experimente ergänzen oder sogar komplett ersetzen zu können, muss die Simulation eine hinreichend genaue Wiedergabe bestimmter Eigenschaften des Systems leisten. Da die Anforderungen an die Ressourcen, d. h. Rechenzeit und Speicherbedarf, möglichst gering gehalten werden sollen, hat das bei der Simulation eingesetzte mechanische und mathematische Modell einen entscheidenden Einfluß auf die Güte der Ergebnisse sowie die Kosten der Untersuchung. Daher ist es besonders wichtig, eine geeignete Modellierung zu finden, welche das Verhalten des zu untersuchenden mechanischen Systems genügend genau abbildet. Hierbei kann im wesentlichen zwischen der **Methode der Mehrkörpersysteme (MKS), Randelementmethode (BEM), Finite-Elemente Methode (FEM)** und **Modellierung durch kontinuierliche Systeme** unterschieden werden [8].
In der Vergangenheit wurden viele Versuche unternommen, um an Hand einfacher **Starrkörpermodelle** den Instabilitätsmechanismus beim Bremsen, der zu Schwingungen und Geräuschen führt, zu analysieren sowie Konstruktionsregeln davon abzuleiten. Dazu wurde das dynamische Verhalten von Mehrkörpersystemen, bestehend aus Massen, Federn und Dämpfern, mit einem oder mehreren Freiheitsgraden untersucht. Als das einfachste Modell einer Scheibenbremse kann der Ein-Massen-Schwinger mit einem Freiheitsgrad angesehen werden. Dabei gleitet die mit einer Feder und einem Dämpfer gehaltene Masse auf einem sich bewegenden Förderband.
Bei ihren Berechnungen zeigen Schiffner und Rinsdorf [12], dass die Differenz zwischen dem Haft- und Gleitreibungsbeiwert eine wichtige Rolle bei den Systemeigenschaften des Modells spielt.
Shi [13] führt aus, dass die Neigung zur Anfachung von Schwingungen mit dieser Differenz wächst. Wird die Masse zusätzlich durch eine externe harmonische Kraft angeregt, so beobachten Popp und Stelter [14] chaotische Bewegungen des Schwingers.
Shields [15] berichtet, dass ein bei ansteigender Relativgeschwindigkeit abfallender Reibkoeffizient zu instabilem Verhalten führt. Ein Modell mit drei Freiheitsgraden stellt Brommundt [16] vor. Damit wird bewiesen, dass ein System auch dann selbsterregt schwingen kann, wenn die Reibkennlinie monoton mit der Relativgeschwindigkeit steigt.
Ein Beispiel für ein einfaches Mehr-Körper-Simulationsmodell, das hinreichend genaue Ergebnisse lieferte, ist in Bild 22-5 dargestellt.
Ein Modell, das dem Aufbau der Scheibenbremse wesentlich näher kommt, stammt von Lang und Smales [17]. Es besteht aus mehreren starren Körpern, die über Federn und Dämpfer miteinander gekoppelt sind und stellvertretend für Scheibe, Belag und Sattel stehen. Damit zeigen sie, dass es auch bei

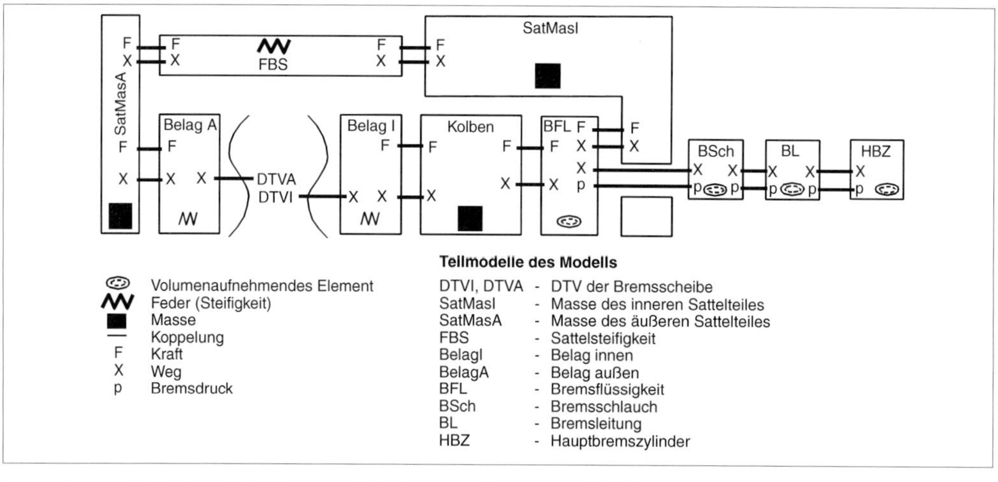

Bild 22-5 Beispiel eines Modells einer Schwimmsattelbremse nach [10]

konstantem Reibkoeffizienten zu selbsterregten Schwingungen kommen kann.
Ein von Ishihara, Noshiwaki und Shimizu [18] aufgestelltes Starrkörpermodell dient zur Analyse des niederfrequenten Bremsenquietschens. Aus ihren Berechnungen folgern sie, dass durch Änderung der Reibkoeffizienten, der Belagsteifigkeit in Normalrichtung, der Kontaktposition zwischen Scheibe und Belag sowie der Steifigkeits-, Massen- und Trägheitseigenschaften von Sattel und Scheibe, die Quietschanfälligkeit reduziert werden kann [8].
Ist man an den Ergebnissen einer tiefergehenderen Analyse der Vorgänge, insbesondere in der Kontaktzone interessiert, die darüber hinaus qualitativ und quantitativ mit den experimentellen Ergebnissen der Scheibenbremse vergleichbar sein sollen, muss auf Ersatzmodelle, bestehend aus **Finiten Elementen**, zurückgegriffen werden. Somit sind je nach der Anforderung an die Ergebnisse unterschiedliche Modellierungsansätze zur Untersuchung des Bremsenquietschens anzuwenden.

22.5.2 Prüfstandsuntersuchungen

Die Vorentwicklung stellt heute eine Auswahl von Reibmaterialien zur Verfügung, die nach einer Reihe von Tests bezüglich Leistung, Verschleiß und Komfort bereits verlässliche Basiseigenschaften aufweisen. Auf diese Weise können Materialien für spezielle Anwendungsfälle bereits mit einem sehr hohen Vertrauensniveau ausgewählt und benutzt werden.
Um ein Verständnis dafür zu entwickeln, welche Kompromisse im Design des Materials möglich sind, sind reproduzierbare Tests unumgängliche Voraussetzung.
Das Konzept der Bremsenprüfung auf dem klassischen Schwungmassen-Bremsenprüfstand liefert nur sehr unvollständige Aussagen zum Schwingungsverhalten der im Fahrzeug installierten Bremse, da nicht nur die Schwingungserreger (Reibbelag und Bremsscheibe), sondern auch alle daran gekoppelten Körper (mindestens die Fahrzeugachse) untersucht werden sollten. Deshalb wurden in der Vergangenheit konventionelle Schwungmassen-Bremsenprüfstände mechanisch und elektrisch soweit aufgerüstet, dass komplette Achsmodule als Prüfling montiert und Geräusch-Suchprogramme automatisiert gefahren werden konnten. Zur Erfassung und Auswertung der auftretenden Schwingungen und Geräusche wurde spezielle Messtechnik mit schneller FFT-Analyse entwickelt [9].
Schwungmassenprüfstände haben den Vorteil, dass sich die Testbedingungen exakt reproduzieren lassen.

Der „DTV-Test“

Die bisher verwendete Methode zur Erzeugung und Bewertung von DTV im ungebremsten Zustand beschränkte sich auf die Einstellung eines definierten Scheibenschlages auf einem Prüfstand. Problematisch dabei war die notwendige starke Vereinfachung des Systems im Vergleich zum Fahrversuch.
Eine bessere (patentierte) Testvorrichtung entwickelte die Firma *Federal-Mogul*, welche es erlaubt, die Höhe der DTV einzuschätzen, die bei einer Reibpaarung während eines Autobahnfahrzyklus erzeugt wird. Dabei wird die Gleichmäßigkeit des Scheibe/Belag-Kontaktes während des gesamten Testlaufs ständig kontrolliert. Während eines sehr langen Tests vermindert sich dieser Kontakt auf Grund einer Vielzahl von Faktoren, wie z. B. Belagverschleiß und Kolbenrückbewegung. In einem Fahrzeug dagegen wird der Kontakt während der Fahrt von Zeit zu Zeit durch die Bremsbetätigung wieder aufgefrischt.
Mit der o. g. Testvorrichtung ist es möglich, die meisten Bremseneinflüsse zu eliminieren, indem der Bremsbelag in periodischem Niederdruckkontakt mit der Scheibe gehalten wird und somit die gewünschte DTV und den gewünschten Verschleiß erzeugt [1].
Weiterhin gibt es je nach Firmenphilosophie und -anforderungen die unterschiedlichsten Prüfstandsprogramme zur Bestimmung und Verminderung des Geräusch- und Schwingungsverhaltens, wie z. B. den „Geräuschmatrixtest“, den „Knarztest“ und das Prüfprogramm des Arbeitskreises „Geräusche“.

22.5.3 Fahrversuche

Obwohl eher relevant als die Prüfstandstests, sind viele der aus Fahrversuchen gewonnenen Messdaten meistens nicht reproduzierbar genug für eine strukturierte Materialentwicklung. Die Ursachen dafür sind vielfältig und liegen z. B. in den Straßen- und Verkehrsbedingungen sowie unterschiedlichen Fahrstilen.
Darüber hinaus sind Fahrzeugtests zeit- und kostenintensiver als Prüfstandstests.
Andererseits sollte eine abschließende Beurteilung des Geräusch- und Schwingungsverhaltens der Bremse jedoch am Gesamtfahrzeug erfolgen, da die Anbindung der Bremse weder am Prüfstand noch von der Simulation in völliger Übereinstimmung abgebildet werden kann.

22.6 Maßnahmen zur Reduzierung bzw. Vermeidung

Zur Reduzierung bzw. Vermeidung von Schwingungen und Geräuschen beim Bremsen gibt es immer zwei Lösungsansätze: Einerseits ist es möglich, die Ursache zu beseitigen, andererseits kann aber auch versucht werden, die Folgen zu bekämpfen. Das heißt, man kann entweder bei der Eliminierung der Anregungseffekte oder bei der Reduzierung der Auswirkungen ansetzen.

22.6.1 Maßnahmen an der Erregungsquelle

Minderung des Betrages der Schwingungserregungsgröße (DTV) der Bremsscheibe durch:

- Minderung der Fertigungstoleranzen bei der Bremsscheibenherstellung
- Erhöhung der Bearbeitungsgenauigkeit der Radnabe
- gezielte Montage der Bremsscheibe (möglichst geringer axialer Schlag)
- thermische Behandlung der Gußrohlinge bzw. Bremsscheiben vor der Endbearbeitung [10]
- Minimierung der DTV – Generierung (bei „on- bzw. off-brake" – Fahrt) durch Auswahl geeigneter Scheiben- und Belagmaterialien [2].

Senkung der Steifigkeiten der Bremsenkomponenten durch:

- Herabsetzung der Steifigkeiten der Bremsbeläge (Zielkonflikt mit Volumenhaushalt der Bremsanlage und Pedalgefühl)
- Verringerung der Sattelsteifigkeit (problematisch, da dies zur Veränderung der Sattelgeometrie mit dem Effekt der Sattelaufweitung mit erhöhtem Belagschrägverschleiß führen kann und die heutige Entwicklungstendenz eher in Richtung Minimierung der Volumenaufnahme, d. h. erhöhter Sattelsteifigkeit, zielt).

Einsatz von Bremsbelägen mit verbesserten reibungsspezifischen Eigenschaften durch:

- Optimierung der Abhängigkeit des Reibbeiwertes von Bremsdruck und Temperatur [10],
- Realisierung einer möglichst kleinen Differenz zwischen Haft- und Gleitreibwert der Reibpaarung, um Stip-Slick-Schwingung zu beseitigen [5]
- Vermeidung großer auftretender Schwankungen der Reibkraft beim Quietschen (Verwendung von Bremsbelägen mit möglichst geringen Verformungen und von Belagmaterial, das bei zunehmendem Normaldruck einen abnehmenden Reibkoeffizienten aufweist) [8].

Gleichförmigkeit der Reifen (Masse, Steifigkeit, Dämpfung, Geometrie)

22.6.2 Maßnahmen an den Übertragungsstrecken

- Optimierung der Übertragungsstrecke, d. h. entsprechende konstruktive Auslegung von Radaufhängung und Lenkung (Desensibilisierung gegenüber DTV)
- Vermeidung von Frequenzübereinstimmungen von verschiedenen Bauteilen und von Grund- und Oberschwingungen im Bremssystem [5]
- Entkopplung des Bremspedals von der Bremsanlage (Brake-by-Wire-Bremsanlagen).

Das Potenzial derartiger Maßnahmen für die Auswirkung „Lenkraddrehschwingung" ist beispielhaft in Bild 22-6 dargestellt.

22.6.3 Einsatz von Sekundärmaßnahmen

- Anschrägen der Kanten des Bremsbelages
- Einkerben der Bremsbacken bei Trommelbremsen

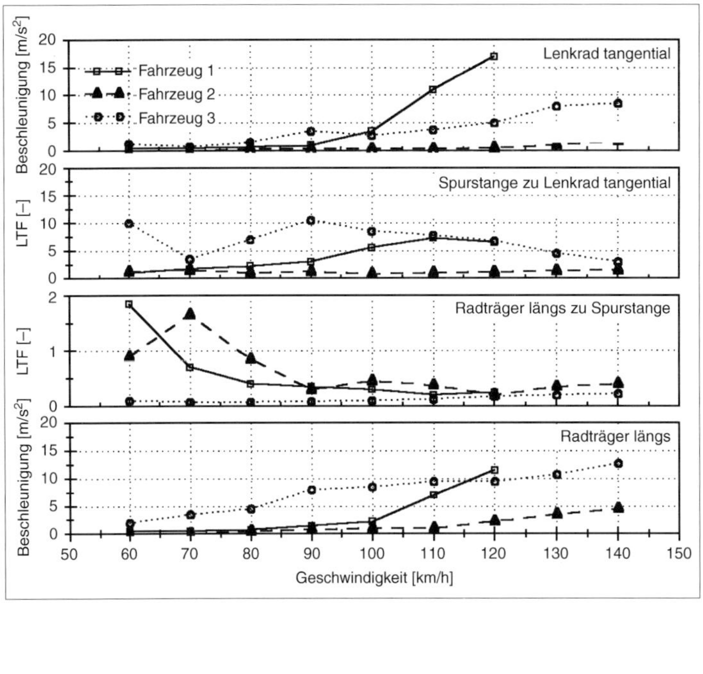

Bild 22-6 Amplituden der Beschleunigungen an Radträger und Lenkrad tangential sowie der lokalen Übertragungsfunktion LTF2 und LTF3 der 1. Ordnung der Raddrehzahl für Bremsmomentenanregung an einem Vorderrad, Fahrzeug 1, 2 und 3 [11]

- Aufkleben von mehrschichtigen Dämpfungsblechen (bestehend aus einem mehrschichtigen Verbund von dünnen Blechen und hochdämpfendem Polymerwerkstoff) auf die Bremsbelagträgerplatte zur Minimierung der Amplituden der Biegeschwingungen des Bremsbelages
- Einsatz von in tangentialer Richtung zwischen Bremsbelag und Bremssattel montierten Dämpfungsclips
- gewellte Blechbänder zur Fügestellendämpfung an Bremsscheiben, die in einer auf dem Umfang der Bremsscheibe eingebrachten Nut eingepresst werden.

Allen angeführten Sekundärdämpfungsmaßnahmen ist gemeinsam, dass die Schwingform erhalten bleibt, die Amplituden der Schwingung jedoch soweit reduziert werden, dass kein Schall mehr abgestrahlt werden kann [8].

Insgesamt kann gesagt werden, dass bei auftetenden Problemen mit Bremsgeräuschen bzw. -schwingungen immer das Gesamtsystem zu betrachten ist. Ob Maßnahmen an der Erregungsquelle oder an der Übertragungsstrecke oder Sekundärmaßnahmen eingesetzt werden, muss im Einzelfall unter Beachtung des Zeit- und Kostenfaktors entschieden werden.

Wichtig ist, dass bei der Entwicklung geräuscharmer Fahrzeuge den Problemen der Bremsengeräusche und -schwingungen von Anfang an Beachtung geschenkt wird. Hier besteht noch die Möglichkeit durch Beseitigung der Ursachen teure Reklamationen bzw. Um- und Nachrüstaktionen zu vermeiden.

22.7 Ausblick, Perspektiven

Wie im vorliegenden Kapitel gezeigt, scheitert die Anwendung möglicher Abhilfemaßnahmen häufig an Zielkonflikten.

Für den Bereich der heute üblichen Bremsen- und Fahrwerksbauteile ist zu erwarten, dass durch den technischen Fortschritt (z. B. verbesserte Simulationsmodelle, verbesserte Reibpaarungen) die erwähnten Zielkonflikte verringert werden können.

Neue Möglichkeiten ergeben sich bei den in Entwicklung befindlichen, zukünftigen elektrohydraulischen oder elektromechanischen Bremsanlagen (Brake by Wire). Bei diesen Bremsanlagen sind Bremspedal und Betätigung der Radbremse entkoppelt, so dass viele Zielkonflikte nicht mehr auftreten. Ebenso ergeben sich dadurch größere Freiheiten bei der Auslegung bzw. Betätigung der Bremse (z. B. gezielt und vom Fahrer unabhängig). Sollten die neuen Systeme eine Bremsmomentregelung im Frequenzbereich des Bremsrubbelns ermöglichen, so wäre z. B. dieses Problem damit lösbar.

Weit mehr Möglichkeiten eröffnen sich aus Entwicklungen an intelligenten passiven bzw. aktiven Fahrwerken, bei denen dann Zielkonflikte nicht mehr durch Kompromisse gelöst werden müssen.

Literatur

[1] *Hodges, T.; Dlugosch, F. J.:* Entwicklung einer Methode zur Untersuchung von Bremsen-Kaltrubbeln. In: ATZ 103 (2001), S. 70–72

[2] *Augsburg, K.; Brunner, H.; Grochowicz, J.:* Untersuchungen zum Rubbelverhalten von Pkw-Schwimmsattelbremsen. In: ATZ 101 (1999), S. 22–30

[3] *Augsburg, K.; Grochowicz, J. et al.:* Systematische Untersuchungen zu Bremsdruck- und Bremsmomentschwankungen an Scheibenbremsen. XVI. μ-Symposium, Oktober 1996, Bad Neuenahr

[4] *Haigh, M. J.; Smales, H.; Abe, M.:* Vehicle judder under dynamic braking becaused by disc thickness variation. ImechE, C444/022, S. 247–258

[5] *Mitschke, M.; Shi, X.:* Entstehungsmechanismus des Bremsenquietschens. In: ATZ 99 (1997), S. 666–673

[6] *Verfürth, G.:* Systematik für das geräuschfreie Fahren. In: ATZ 103 (2001), S. 136–139

[7] *Felske, A.; Happe, A.:* Quietschen von Scheibenbremsen – Holografische Schwingungsanalyse und Abhilfemaßnahmen. In: ATZ 79 (1979), S. 281–288

[8] *Allgeier, R.:* Experimentelle und numerische Untersuchungen zum Bremsenquietschen. VDI-Fortschritt-Berichte, Reihe 12, Nr. 481, Düsseldorf 2002

[9] *Weiss, D.:* Aktuelle Trends der Prüftechnik für Geräusch- und Schwingungsuntersuchungen an Fahrzeugbremsen. VDI-Fortschritt-Berichte, Reihe 12, Nr. 373, „XVII Internationales μ-Symposium, Bremsen-Fachtagung, 23./24. 10. 1998", S. 67–75

[10] *Grochowicz, J.:* „Experimentelle und theoretische Untersuchungen zu Bremsdruck- und Bremsmomentenschwankungen an Pkw-Scheibenbremsen" Dissertation, TU Dresden, 1996

[11] *Engel, H.-G.:* „Systemansatz zur Untersuchung von Wahrnehmung, Übertragung und Anregung bremserregter Lenkunruhe in Personenkraftwagen". VDI-Fortschritt-Berichte, Reihe 12, Nr. 354, Dissertation, TU Darmstadt 1998

[12] *Schiffner, K.; Rinsdorf, A.:* Practical Evaluation and FEM-Modelling of a Squealing Disc Brake. SAE 933071 (1993), S. 1–11

[13] *Shi, X.:* „Entstehung des Bremsenquietschens". Dissertation, Braunschweig, Technische Universität Braunschweig, 1997

[14] *Popp, K.; Stelter, P.:* Stick-slip vibrations and chaos. Phil. Trans. R. Soc. Lond. A332 (1990), S. 89–105

[15] *Shields, R. T.; Anderson, C. A.:* Some least work principles for elastic bodies. Z. angew. Phys. 17 (1966), S. 663–676

[16] *Brommundt, E.:* Ein Reibschwinger mit Selbsterregung ohne fallende Reibkennung. Z. angew. Math. Mech. 75 (1995), S. 811–820

[17] *Lang, A. M.; Smales, H.:* An approach to the solution of disc brake vibration problems. Braking of Road Vehicles. ImechE, 1983, S. 223–231

[18] *Ishihara, N.; Nishiwaki, M.; Shimizu, H.:* Experimental Analysis of Low Frequency Brake Squeal Noise. SAE 962128 (1996), S. 1–6

23 Reibbeläge

23.1 Einführung

Reibbeläge, umgangssprachlich Bremsbeläge genannt, sind Funktionsteile in einer Bremse und gehen daher in die Berechnung der Bremsleistung mit ihrem Reibwert μ ein.
Ohne Reibung würde kein Körper in seiner Ruhelage verharren und kein Fahrzeug zum Stehen kommen.
Die bei der Reibung verrichtete Arbeit wird im Verlauf des Bremsprozesses in Wärme umgewandelt. Dabei werden die Atome bzw. Moleküle im Reibbelag durch die zugeführte thermische Energie deformiert bzw. gespalten, was nicht zuletzt zur Bildung von Verschleißteilchen führt. Mikroskopisch können Spitzentemperaturen auftreten, die den Schmelzpunkt einzelner Reibmaterialbestandteile erreichen. Makroskopisch jedoch werden dabei deutlich geringere Spitzentemperaturen gemessen.
Reibbeläge sind also Verschleißteile, für die folgende Verschleißmechanismen [1, 2] diskutiert werden:

- Abrasiver Verschleiß
  Verschleiß durch Schneid-, Furchungs- und Reißprozesse
- Adhäsiver Verschleiß
  Bildung und Trennung von atomaren Bindungen (Mikroverschweißungen) zwischen Bremsbelag und Gegenmaterial (Bremsscheibe oder Bremstrommel)
- Oxidativer Verschleiß
  Bildung von Metalloxiden als Schmierfilm
- Ablation
  Thermischer Abbau der Polymere (Bindungsmittel).

Die Tribologie als Wissenschaft aufeinander einwirkender Oberflächen in Relativbewegung umfasst die Teilgebiete Schmierung, Reibung und Verschleiß. Da Reibung und Verschleiß wesentliche Kriterien der Reibbelagentwicklung sind, stellt der Reibbelag im Zusammenwirken mit der Bremsscheibe ein tribologisches System dar.
Während bei den Metallpaarungen (z. B. Lager) geringe Reibwerte bei geringem Verschleiß gefordert werden, was durch optimierte Schmierfilme erreicht wird, werden bei Reibbelägen möglichst hohe Reibwerte bei niedrigem Verschleiß angestrebt. Auch in diesem Fall spielt die Schmierung eine erhebliche Rolle, wenn auch nicht zur generellen Reibwertminimierung, sondern eher zu einer Erhöhung der Lebensdauer durch Senkung des Eigenverschleißes und des Gegenmaterialangriffs.
Da die reibtechnisch wirksamen Grenzschichten zwischen Reibbelag und Gegenmaterial sich in Abhängigkeit von den vielen, unterschiedlichen Betriebszuständen in einem Fahrzeug immer wieder neu konditionieren, kann nicht von einer konstanten oder gleichbleibenden Reibpaarung gesprochen werden.
Damit der Reibbelag unter diesen, sich immer verändernden Betriebszuständen funktionieren kann, ist er von seiner Zusammensetzung her ein komplex aufgebauter Kompositwerkstoff, der unter allen Umständen nur eins nicht darf: versagen!
Um Reibbeläge besser verstehen zu lernen, wird auf die Themenkreise Anforderungsprofil, Materialkonzepte, Ökologie, Rohstoffe und ihre Eigenschaften, sowie Fertigungsverfahren näher eingegangen.

23.2 Anforderung an Reibbeläge

Das Anforderungsprofil an Reibbeläge ist fast unerschöpflich, wobei sicherheitsrelevante Aspekte besonderes Augenmerk verdienen. Schließlich muss ein Fahrzeug unter allen denkbaren Bedingungen beherrschbar und vor allem bremsbar sein.
Daneben gibt es eine Vielzahl von Anforderungen vor allem im Komfortbereich, die gewünscht werden, aber nicht sicherheitsrelevant sind.
Alle Anforderungen kann man grob in drei Kategorien einteilen, Tabelle 23.1:

- Physikalische/chemische Eigenschaften
- Reibtechnisches Verhalten
- Komfort

Beispiele **für physikalische/chemische Eigenschaften** sind Kompressibilität (kalt und heiß), Scherwerte, innere Scherfestigkeit, Biegefestigkeit, Druckfestigkeit, E-Modul, Dämpfung, Dichte, Porosität, Dehnen, Wachsen, Wärmeleitfähigkeit und Korrosionsverhalten.
Zu den **reibtechnischen Eigenschaften** zählt der Reibwert in Abhängigkeit von Temperatur, Druck, Geschwindigkeit und Fading (Folgebremsungen). Hier gibt es eine Vielzahl von Prüfungen an Schwungmassenprüfständen, die sowohl fahrzeug-, als auch bremsenspezifisch gefahren werden. Ergänzend kommen **AMS-Tests** (**A**uto-**M**otor-**S**port Test zur Ermittlung kurzer Bremswege), Verschleißprogramme, Dauerlaufsimulationen als Funktion von spezifischen Lastkollektiven, DTV-Bildung und Regeneration, Nassreibwert, Kaltreibwert sowie eine Vielzahl von Spezialprogrammen zur Anwendung.
In **Komfortuntersuchungen** werden unter verschiedenen Betriebsbedingungen Geräusche wie das klassische Quietschen (konstante Frequenz; schmalban-

TMD
FRICTION
Bremsbeläge
für die Welt.
TEXTAR
MINTEX
Don
PAGID
Ihre Sicherheit ist unser Anliegen.
TMD Friction GmbH • Schlebuscher Str. 99 • 51381 Leverkusen
www.tmdfriction.de

Tabelle 23.1 Anforderungsprofil an Reibbeläge (Auswahl)

Reibtechnische Anforderungen und Lebensdauer	Komfort	Physikalisch-chemische Anforderungen
Reibwerthöhe	Geräusche allg.	Kompressibilität (kalt, heiss)
Reibwertstabilität (T, P, v, n)	Quietschen	Dämpfung
Dickendifferenz (DTV)	Lenkraddrehschwingungen	Abscherfestigkeit
DTV-Regeneration	Brummen	E-Modul
Initialfading	Knautschen	Korrosion (Haft-, Material-)
Kaltreibwert/Nassreibwert	Knarzen	Wachsen/Dehnung/Schrumpfen
Hill Hold Eigenschaften	Rubbeln	Porosität
Kurze Bremswege (AMS)	Muhen	Festigkeit (Biegung-, Druck-)
Momentenverläufe	Grunzen	Innere Scherfestigkeit
Ansprechverhalten		Wärmeleitfähigkeit, -durchgang
Bergabfahrten		Ökologie
Belagverschleiß		
Scheibenverschleiß		

dig; >1500 Hz), aber auch andere Geräuschphänomene wie Knarzen (Geräusch bei Automatikfahrzeugen beim langsamen Loslassen der Bremse; veränderliche Frequenz; breitbandig; 20–150 Hz), Muhen (konstante Frequenz, schmalbandig; 300–800 Hz), Knautschen (veränderliche Frequenz; breitbandig; 50–2000 Hz) und Brummen (veränderliche Frequenz, schmalbandig; 200–600 Hz) untersucht. Die einzelnen Geräuschphänomene unterscheiden sich, wie an den Beispielen zu sehen ist, durch den Frequenzbereich, in dem sie auftreten, wobei es hier durchaus Überschneidungen gibt.

Zum Komfortverhalten zählen ebenfalls „mechanische" Auswirkungen, die ein Fahrer spüren kann, wie Lenkraddrehschwingungen, Pedalgefühl und das Rubbeln.

Rubbeln ist ein Sammelbegriff für tieffrequente, überwiegend fremderregte Vibrationen zwischen Belag und Scheibe, die sich in Geräuschen oder fühlbaren Schwingungen äußern kann.

Die physikalischen Prüfungen werden an Probekörpern, die aus gefertigten Reibbelägen präpariert werden, oder an ganzen Belägen durchgeführt.

Reibtechnische Prüfungen und Komfortuntersuchungen finden sowohl an Schwungmassenprüfständen unter konstanten Witterungseinfluss als auch auf speziellen Teststrecken im Fahrzeug statt. Daneben werden in einigen Anwendungsfällen Teilbelagprüfungen durchgeführt.

Während in den 70er-Jahren das Quietschen beim Bremsen im Straßengeschehen durchaus öfter zu hören war, sind mit jeder neuen Fahrzeuggeneration die Anforderungen an den Komfort immer weiter gestiegen. Parallel dazu haben die reibtechnischen Erfordernisse ebenfalls zugenommen, geprägt dadurch, dass die Fahrzeuge immer schwerer wurden, die Motorleistung immer weiter zugenommen hat und auch die Höchstgeschwindigkeit der Fahrzeuge kontinuierlich nach oben getrieben wurde. Hochleistungsfahrzeuge moderner Bauart erreichen dabei ohne Probleme 250 km/h. Dabei wird diese „Höchstgeschwindigkeit" oft elektronisch begrenzt; die wahre Endgeschwindigkeit ohne Regelung läge oftmals noch deutlich höher.

Ein Fahrzeughersteller fordert z. B. für seine Fahrzeuge, dass die Bremsbeläge 5 Blockadebremsungen aus $v_{\max} = 250$ km/h (ohne ABS-Regelung) überstehen müssen und der Bremsweg dabei bestimmte Sollvorgaben bei der 5. Bremsung nicht überschreiten darf. Natürlich darf ein solches Fahrzeug unter diesen Bedingungen nicht durch Rubbeln in seinen Komforteigenschaften als Folge der thermischen Belastung der Reibbeläge beeinträchtigt sein.

Ein Reibmaterial zu finden, dass allen diesen Ansprüchen genügt, ist die Herausforderung, der sich die Entwicklungs- und Anwendungsingenieure bei jedem Fahrzeug immer wieder aufs Neue stellen müssen.

Es wird für einen Anwendungsfall immer der beste Kompromiss zwischen wünschenswerten und wirklich erreichbaren Eigenschaften angestrebt, wobei sich die zahlreichen Anforderungen aus den Bereichen Reibtechnik, physikalischen Eigenschaften und Komfort auch widersprechen können. In Zusammenarbeit zwischen dem Reibbelaghersteller, dem Bremsenhersteller, der oftmals auch Systemverantwortlicher ist, und dem Fahrzeughersteller wird ein Reibmaterial schließlich zur Serienreife geführt.

23.3 Materialkonzepte

Da in sehr vielen Ländern Asbest in Reibbelägen mittlerweile nicht mehr eingesetzt wird, soll diese Reibmaterialfamilie hier nicht weiter diskutiert werden. Die folgenden Überlegungen gelten außerdem nur für Scheibenbremsbeläge straßengebundener Fahrzeuge, Tabelle 23.2.

Als die Ablösung von Asbest anstand, wurde zunächst nach einem Werkstoff gesucht, der wie Asbest thermisch stabil ist und im Verlauf des Bremsprozesses keine chemische Veränderung oder kristalline Umwandlung erfährt.
Man glaubte zunächst in Stahlwolle bzw. Eisenpulver diesen Werkstoff gefunden zu haben und hat im ersten Schritt Asbest durch diese Rohstoffe substituiert. Damit war die Familie der **semimetallischen Reibbeläge** geboren. Wie der Name schon sagt, bestanden diese Rezepturen zu mehr als 50 % aus Metallen, wobei eigentlich nur Eisen gemeint war.
In Ländern ohne Geschwindigkeitsbeschränkung auf den Straßen fand man schnell heraus, dass die semimetallischen Beläge als Folge der hohen Energieumsätze, die beim Bremsen aus hohen Geschwindigkeiten auftreten, bezogen auf den Verschleiß nicht den Anforderungen des Marktes genügten. Im Gegensatz zu Asbest ist die thermische Stabilität der Stahlwolle bzw. des Eisenpulvers nämlich deutlich geringer. Da dadurch die Temperatur in der Bremse stark ansteigt, nimmt der ablative Verschleiß, nämlich der thermische Abbau des Bindemittelgerüstes ebenfalls überproportional zu.
In Anwendungen mit hohen Fahrzeuggewichten wird das gleiche Phänomen beobachtet. Auch hier steigen die Temperaturen in der Bremse und damit der Verschleiß in Abhängigkeit von der Masse deutlich an. Damit ist der Einsatz dieser Materialfamilie in Nutzkraftfahrzeugen nur eingeschränkt möglich. Die Grenze ist hier bei einem Fahrzeuggewicht von ca. 6 t zulässigem Gesamtgewicht zu ziehen.
Der „Semimetallic“ hat aber in Märkten mit Geschwindigkeitsbegrenzung wie z. B. den USA überlebt, während er in Europa schon lange nicht mehr zum Einsatz kommt. Gerade jetzt erlebt er in den USA sogar so etwas wie eine Renaissance.
Bei Anwendungen mit moderater Fahrzeugmasse und geringen Geschwindigkeiten ist das Verschleißverhalten des Semimets oftmals unerreichbar. Unter diesen Bedingungen wird gleichzeitig immer ein sehr gutes Komfortverhalten in Bezug auf Geräusche gefunden.
Semimets gehören in die Reibwertklasse $\mu \leq 0{,}4$. Auch unter diesem Gesichtspunkt sind sie für High Performance Anwendungen nicht geeignet, wo für Vorderachsanwendungen Reibwerte im Bereich $\mu \geq 0{,}45$ gefordert werden. In den USA genügen diese relativ niedrigen Reibwerte jedoch völlig. Niedrige Reibwerte stehen dort für niedrigen Verschleiß und sehr gutes Komfortverhalten. Um die schweren Fahrzeuge dort trotzdem unter den zugelassenen Bedingungen abbremsen zu können, sind die Bremsanlagen entsprechend groß dimensioniert. Verglichen mit europäischen Anwendungen sind die Belagfläche und der wirksame Reibradius deutlich größer.
Ein anderer Vorteil der Semimets liegt in ihrer geringen DTV Erzeugung. DTV steht dabei für Dickendifferenzbildung (**D**isc **T**hickness **V**ariation). Darunter versteht man das Auswaschen der Scheibe im ungebremsten Zustand. Auch im ungebremsten Zustand kommt es aufgrund dessen, dass die Scheibe nicht planparallel zum Reibbelag steht und aufgrund von Fertigungstoleranzen in der Achse zu einem permanenten Touchieren des Belags an die Scheibe. Dabei können in Abhängigkeit von der Reibmaterialkomposition regelrecht „Löcher“ bzw. „Dellen“ in die Scheibe gegraben werden. In Abhängigkeit von dem Sensitivitätslevel des Fahrzeugs führen diese Eingrabungen zu verschiedenen Folgeproblemen. Dies kann im einfachsten Fall ein Rubbeln sein, womit das unterschiedliche Bremsverhalten in den „Tälern“ und auf den „Höhen“ der Scheibe gemeint ist. Im Extremfall treten Lenkraddrehschwingungen auf, die ein Fahrzeug für den Normalfahrer unbeherrschbar machen.
Semimets waschen die Scheibe unter den für sie günstigen Betriebsbedingungen nicht aus und bieten damit in Märkten, in denen lange Strecken ohne gebremste Anteile zurückgelegt werden, wie z. B. in den USA auf den Highways zwischen den Ballungszentren, erhebliche Vorteile.
Ein weiterer Meilenstein auf dem Weg der Asbestsubstitution waren die **„faserhaltigen Reibbeläge“**. Hierbei wurde versucht, durch einen Cocktail organischer und anorganischer Fasern die Eigenschaften von Asbest im Reibbelag nachzubilden. Da diese „Ersatzfasern“ aber nicht in gleicher Menge eingesetzt werden konnten, wurde durch additiven Einsatz von Abrasivstoffen, Schmiermitteln und Metallen ein weites Feld für neue Reibmaterialfamilien eröffnet. Diese Entwicklung hält bis zum heutigen Tag an. Strenggenommen gehören auch die heute im europäischen Markt verwendeten Reibmaterialien dieser Familie an, wobei der Anteil der Fasern immer weiter minimiert wurde. Dies geschah und geschieht natürlich auch aus ökologischen Gesichtspunkten, da eine Vielzahl der Fasern im Verdacht steht, möglicherweise karzinogen zu wirken.
Die heute im Markt etablierten, europäischen Materialien, die für jeden Anwendungsfall quasi neu entwickelt oder zumindest optimiert werden, werden zur Differenzierung zu den anderen Produktfamilien auch als **„Corrective Liners“** bezeichnet. Darunter versteht man Materialkonzepte, die zwar in ungebremsten Zustand durchaus DTV aufbauen können, in den gebremsten Zuständen aber das Potential haben, die in die Scheibe eingegrabene DTV wieder regenerieren zu können. Dies wird durch eine höhere Gewichtung spezieller Abrasivstoffe erreicht. Der Preis dafür ist ein höherer Scheibenangriff (Verschleiß). Da der Eisenmetallgehalt gegenüber den Semimets reduziert wurde, werden diese Materialien oftmals auch als **Low Steel** bezeichnet.
Parallel zu dieser Entwicklung mit den Semimets in Europa hat in Japan die Entwicklung der **NAO-Be-**

Tabelle 23.2 Eigenschaften von Reibbelägen

Reibmaterialfamilie	Wesentliche Eigenschaften
Semimet	Niedriger Scheibenangriff Hohe Lebensdauer (abhängig von Masse, Energieeintrag, wenig Bremsungen) Belagverschleiß (abhängig von Masse, Energieeintrag, Geschwindigkeit) Geringe DTV-Erzeugung Keine DTV Regeneration Haftkorrosion kritisch $\mu \leq 0{,}4$ guter Komfort
NAO	Niedriger Scheibenangriff Geringer Belagverschleiß μ-Performance (abnehmend über Energieeintrag, Masse, Geschwindigkeit) Geringe DTV-Erzeugung (über Laufstrecke kumulierend) Keine DTV-Regeneration Reibwert 0,30–0,40 Guter Komfort Gutes Knarzverhalten Neigung zur Fischbildung Hoher Scheibenauftrag aus Belagmaterial über T Geringe, mechanische Festigkeit
Low Steel	Scheibenangriff höher als bei Semimet und NAO Belagverschleiß höher als bei Semimet und NAO Lebensdauer geringer als bei Semimet und NAO DTV-Erzeugung höher (abhängig vom Reibmaterial; Sattelkonstruktion) DTV-Regeneration (Corrective Liner) abhängig von Materialfamilie Reibwert 0,35–0,5 Hohe Fadingstabilität Systemabhängige Komforteigenschaften

läge den Ausstieg aus der Asbestära eingeläutet. NAO steht für „**N**on **A**sbestos **O**rganics" und meint nach japanischer Reibbelagphilosophie ein organisch gebundenes Material, das keine Stahlwolle enthält. Stahlwolle gilt bei führenden Automobilherstellern in Japan ursächlich als Verursacher der DTV. Dies steht im Widerspruch zu den Erfahrungen mit den Semimets und Materialien nach europäischer Philosophie. Gleichzeitig sind Abrasivstoffe mit höherer Härte ebenfalls unerwünscht. Die Reibwertklasse dieser Materialkonzepte ist daher recht niedrig ($\mu = 0{,}30 - 0{,}40$). Aufgrund des weitestgehenden Verzichtes auf abrasive Bestandteile sind diese Materialien nicht in der Lage, einmal aufgetretende DTV zu regenerieren. Daher wird über der Laufstrecke auch oftmals ein permanentes Ansteigen der DTV beobachtet. Da der japanische Markt nur Erstkundenorientiert ist, werden Anforderungen definiert, die DTV-Erzeugung schleichend nur über sehr lange Laufstrecken zuzulassen (ca. 100 000 km), um Reklamationen des Erstbesitzers eines Fahrzeugs auszuschließen.

Auch in Japan fasst das Modell der „Corrective Liners" langsam Fuß. Da die meisten Automobilhersteller in Japan auch exportorientiert sind bzw. ihre Fahrzeuge zunehmend in Fertigungsstätten in Europa fertigen, werden in neuen Projekten immer mehr Materialien nach europäischer Philosophie akzeptiert.

Echte NAO's zeichnen sich durch ein sehr gutes Komfortverhalten bei niedrigen Reibwert- und gutem Verschleißverhalten aus. Für High Performance Anwendungen europäischer Automobilhersteller, also Fahrzeugen mit hohem Gewicht, hoher Motorleistung und Anwendungsgebieten ohne Geschwindigkeitsbegrenzungen sind diese Materialien jedoch ungeeignet. Oftmals werden sie allerdings für Lösungen im Nischenbereich, in denen sie Vorteile haben, eingesetzt. Dabei wird dann das geringere reibtechnische Leistungsprofil als Kompromiss durchaus akzeptiert.

Als weiteres grundsätzliches Materialkonzept sind die **metallfreien Beläge** zu nennen, die im Gegensatz zu den NAO's auch keine Buntmetalle wie Kupfer, Bronze oder Messing mehr enthalten.

Diese Materialklasse ist jedoch für Scheibenbremsbeläge praktisch ohne Bedeutung, da durch das Fehlen der Metalle erhebliche Probleme bezüglich der

Wärmeleitfähigkeit und damit für das thermische Verhalten des Gesamtsystems vorhersehbar sind. Dies manifestiert sich unter anderem in dem Aufheizen der Bremsscheibe, was zumindest für Vorderachsanwendungen einen negativen Faktor darstellt. Im Extremfall kann die Scheibe reißen und somit zu einem echten Sicherheitsrisiko werden. Auch Sattelbauteile können durch den Wärmestau geschädigt werden.

Neben den thermischen Problemen wird als weiteres Handicap die reduzierte, mechanische Festigkeit beobachtet, die bei den anderen Werkstoffen eben durch die Metallfasern und deren „Verkrallung" im Belag positiv beeinflusst wird. Daher sind die Anwendungen mit metallfreien Belägen eher gering und beschränken sich auf Hinterachsen, die sowohl thermisch als auch mechanisch geringer belastet sind.

Nachdem nun gängige Materialkonzepte für Reibwerkstoffe beschrieben worden sind, soll zur Vollständigkeit kurz auf den Komplex **„Zwischenschichten"** eingegangen werden.

Wenn ein Reibbelag im Querschnitt betrachtet wird, so wird ein sandwichartiger Aufbau sichtbar (Bild 23-1). Oberhalb der Belagträgerrückenplatte sind normalerweise zwei farblich unterscheidbare Schichten erkennbar. Die dunklere, obere Schicht ist das beschriebene Reibmaterial. Zwischen Trägerplatte und Reibmaterial ist eine oftmals hellere, manchmal auch rot eingefärbte, ca. 2 bis 4 mm dicke Schicht, die sogenannte Zwischenschicht, auch Underlayer genannt, zu erkennen. Dem genauen Betrachter fällt schließlich noch eine wenige µm dicke Schicht zwischen Underlayer und Trägerplatte auf. Hierbei handelt es sich um einen **Kleber**, der die Bindung zwischen dem Stahl der Trägerplatte und den Kompositwerkstoffen Zwischenschicht/Reibmaterial sicherstellen soll. Federn und Sekundärmaßnahmen (Dämmfolien, Dämpfungsbleche, Dämpfungslacke) zur Geräuschoptimierung auf der dem Reibmaterial gegenüberliegenden Seite der Trägerplatte werden hier nicht näher betrachtet.

Die Zwischenschicht, die von ihrer Zusammensetzung her eine eigene Rezeptur darstellt, hat in erster Linie die Aufgabe der **Haftvermittlung** zwischen Reibmaterial und Kleber. Diese Haftvermittlung ist notwendig, da das Reibmaterial gerade soviel Bindemittel enthält, um alle Bestandteile des Reibmaterials gefügetechnisch einzubinden. Aufgrund von reibtechnischen Anforderungen ist dieser Anteil jedoch auf das Notwendigste minimiert. Organische Bestandteile führen nämlich zur Temperaturabhängigkeit des Reibwertes, vor allem im Fading (Folgebremsungen). Auch andere temperaturabhängigen Eigenschaften, wie z. B. der Bremsweg (AMS-Test) werden negativ beeinflusst.

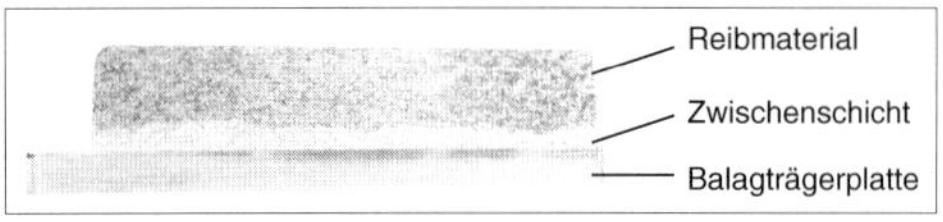

Bild 23-1 Querschnitt eines Reibbelages

Die Bindung zwischen Reibmaterial und Kleber reicht von der Festigkeit normalerweise so nicht aus. Daher werden Zwischenschichten eingesetzt, die von ihrer Zusammensetzung mehr Bindemittel enthalten, um so die geforderten Scherwerte einzuhalten.

Natürlich ist die Zwischenschicht auch so aufgebaut, dass mit ihr noch sicher gebremst werden kann, da es durchaus Fahrer gibt, die das volle Verschleißvolumen des Belages, bestehend aus Reibmaterial und Zwischenschicht, ausnutzen. Jedoch dürfen hierbei nicht die hohen Komfort- und Verschleißerwartungen wie an das Reibmaterial gestellt werden.

Neben der Haftvermittlung erfüllen moderne Zwischenschichten auch weitere Funktionalitäten. Zu nennen sind hier vor allem die gezielte Beeinflussung von Kompressibilität und Dämpfung, zwei wichtigen Bausteinen in der Komfortoptimierung moderner Anwendungen.

Der Vollständigkeit halber sollen die im Markt etablierten **mechanischen Verankerungen** (mechanical fix) als Alternative zur Zwischenschicht oder als additive Maßnahme zur Erhöhung der mechanischen Anbindung zur Trägerplatte zumindest genannt werden. Es handelt sich hierbei um Streckmetall, Sinterrauhgrund, die sogenannte gekämmte Platte und Stiftverankerungen.

23.4 Ökologie

Die Betrachtung von Reibmaterialien unter ökologischen Gesichtspunkten, Tabellen 23.3 und 23.4, hat praktisch mit der Substitution des Asbestes begonnen. Diese Substitution war notwendig, weil hier zum ersten Mal einer Substanz das Prädikat „mit Sicherheit krebserzeugend beim Menschen" attestiert wurde, die in Form von Asbeststaub durch den Verschleiß der Reibbeläge beim Bremsen in die Umwelt gelangte.

Aber auch andere Substanzen bzw. Substanzklassen sind über die Jahre in Misskredit gekommen.

Im Besonderen sind das wieder die anorganischen und organischen **Fasern**, die als Substitut für Asbest verwendet wurden. Hierbei spielt die Lungengängigkeit und die Löslichkeit der Fasern im Lungenmilieu eine wesentliche Rolle. Da in der medizinischen Fachwelt unterschiedliche Testmethoden zur Beurteilung dieser Fasereigenschaften teils kontrovers diskutiert werden, soll an dieser Stelle nur auf zwei Aspekte eingegangen werden:

1. Die Definition nach **WHO** (**W**orld **H**ealth **O**rganisation) berücksichtigt lediglich das Längen-/Dickenverhältnis der Fasern, sowie die Dicke (d)

Tabelle 23.3 Ökologische Klassifizierung von Reibmaterialien

Ökologische Stufe	Reibmaterial frei von
1	Blei und Bleiverbindungen (Restbleigehalt <1000 ppm) Cadmium ≤2 ppm
2	Blei und Bleiverbindungen (Restbleigehalt <1000 ppm) Cadmium ≤2 ppm Antimon und Antimonverbindungen
3	Blei und Bleiverbindungen (Restbleigehalt <1000 ppm) Cadmium ≤2 ppm Antimon und Antimonverbindungen Toxikologisch bedenkliche Fasern
4	Blei und Bleiverbindungen (Restbleigehalt <1000 ppm) Cadmium ≤2 ppm Antimon und Antimonverbindungen Toxikologisch bedenkliche Fasern Kupfer und Kupferlegierungen

und Länge (l) der Faserstängeln an sich. Andere Fasereigenschaften bleiben unberücksichtigt. Es gelten als kritisch:

$l : d > 3 : 1 \qquad d < 3\,\mu m \qquad l > 5\,\mu m$

Asbest hat dieser Klassifizierung genügt.
Da es gleichzeitig im Lungenmilieu unlöslich ist, kann es über lange Zeiträume durch mechanische Reizung des Gewebes Krebs verursachen.

2. Heute werden neben den WHO-Regeln auch verschiedene andere Klassifizierungsverfahren angewandt.
   Eine ist die Beurteilung der Löslichkeit der Fasern im Lungenmilieu **(Biolöslichkeit)**. Auch wenn biolösliche Fasern durchaus in die Lunge eindringen können, kann deren Zusammensetzung chemisch so eingestellt sein, dass sie sich in dem dort herrschenden, wässrigen Milieu lösen, damit abbauen und somit keine Langzeitreizung verursachen können.

Solche biolöslichen Fasern werden heute in Reibbelägen vielfach eingesetzt und gelten nach heutigem Kenntnisstand als unbedenklich.
Nicht biolösliche Fasern im klassischen Sinn sind die anorganischen Mineralfasern, zu denen Basaltfasern, Stein- und Schlackenwollen zählen, verdüste Keramikfasern, aber auch Whisker (einkristalline Mineralfaser) wie die Kaliumtitanatfaser. Diese werden in Neuentwicklungen in Europa nicht mehr eingesetzt. Letztlich entscheidend für die Einstufung als biolösliche Faser waren bisher Ergebnisse aus Tierexperimenten.
Eine andere ökologische Herausforderung betrifft die **Schwermetalle**.

Schon lange in der Diskussion sind Blei und Bleiverbindungen. Als Bleiverbindung ist Bleisulfid zu nennen, welches als Hochtemperaturschmierstoff Anwendung findet. Gleichzeitig ist Bleisulfid in der Lage, Reibwerte in Abhängigkeit von der Temperatur auf hohem Niveau zu stabilisieren. Wegen ihrer Toxizität finden diese Substanzen in Neuentwicklungen keine Anwendung mehr.
An nächster Stelle ist **Cadmium** zu nennen. Cadmium bzw. Cadmiumverbindungen werden als originäre Rohstoffe nicht eingesetzt. Sie sind aber in sehr geringer Konzentrationen als Verunreinigungen von Rohstoffen natürlicher Ressourcen analytisch nachweisbar. Als erstes wurde in den 90er-Jahren für Anwendungen in Schweden ein Grenzwert für Cadmium von maximal 2 ppm definiert.
Ein weiteres chemisches Element, das in die Diskussion geraten ist, ist **Antimon**. In Reibmaterialien wird elementares Antimon, Antimontri- oder pentasulfid eingesetzt. Antimonsulfide sind wie Bleisulfide Hochtemperaturschmierstoffe, die ebenfalls gleichzeitig in der Lage sind, Reibwerte in Abhängigkeit von der Temperatur auf hohem Niveau zu stabilisieren. Antimonsulfide gelten nach heutigem Kenntnisstand als unbedenklich. Es existiert lediglich ein MAK-Wert (maximale Arbeitsplatzkonzentration), um die Belastung der Produktionsmitarbeiter auf definiertem, niedrigen Niveau zu halten.
Die Antimonverbindung, die eindeutig krebserzeugend ist, ist Antimontrioxid. Auch wenn von verantwortungsbewussten Unternehmen diese Verbindung in Reibmaterialien nicht eingesetzt wird, ist unter bestimmten Bedingungen die Bildung des Trioxids aus eingesetztem Antimon durch Oxidation grundsätzlich nicht auszuschließen.

Antimon wird in manchen Quellen als Ersatzstoff für Asbest genannt. Unter diesem Aspekt wurde es jedoch in der Reibmaterialindustrie nie eingesetzt.

Aus dem bisher diskutierten wurde eine Ökoklassifizierung für Reibmaterialien entwickelt, die in dieser oder leicht abgewandelter Form in der Reibbelagbranche und im Kundenumfeld in Europa akzeptiert ist.

In dieser Darstellung ist als weitere ökologische Herausforderung die Reduzierung von **Kupfer** und seiner **Legierungen** (Messing und Bronze) genannt. Die Kupferdiskussion wurde erstmals in den USA geführt, einem wichtigen Exportmarkt europäischer Automobilhersteller, die dort bis auf wenige Ausnahmen die Materialkonzepte europäischer Prägung einsetzen. Diese enthalten praktisch alle diese Stoffklasse. Kupfer kann in ionischer, also gelöster Form Mikroorganismen schädigen und damit die Nahrungskette beeinflussen. Als Hauptverursacher für die Verbreitung von Kupfer in der Umwelt galt in den USA der Reibbelag, der mittlerweile aber wieder aus der Diskussion verschwunden ist. Bei genauer Recherche konnten andere Industriezweige und deren Produkte hauptsächlich für die Kupferbelastung verantwortlich gemacht werden.

Diese Diskussion hat aber bewirkt, dass vor allem in Schweden der Anteil von Kupfer in Reibbelägen weiter diskutiert wird und zunehmend in schärferen, ökologischen Anforderungen zum Design von Reibmaterialzusammensetzungen mündet.

In der **EU-Altautoverordnung** ist seit dem 27. 06. 2002 ein Grenzwert für Blei, welches auch als Verunreinigung verschiedener natürlicher oder metallischer Rohstoffe in den Belag eingeschleust wird, definiert. Als Grenzwert wurden 1000 ppm (0,1 %) festgesetzt. In der EU-Altautoverordnung sind ebenfalls Grenzwerte für Verunreinigungen durch Chrom (Cr^{6+}), Quecksilber und Cadmium definiert.

Es ist zu erwarten, dass die ökologischen Anforderungen im Allgemeinen zukünftig weiter ansteigen werden.

23.5 Rohstoffe und ihre Eigenschaften in Reibbelägen

Als Rohstoff kann im Prinzip alles eingesetzt werden, was toxikologisch unbedenklich, verfügbar und vor allem auch bezahlbar ist.

Da sich die Rohstoffkosten oftmals auch an den Börsennotierungen von Basischemikalien, wie z. B. bei Kupfer oder Phenol orientieren, sind vor allem die unvorhersehbaren Sprünge an der Börse für die Reibbelagunternehmen oft schmerzhaft.

Auch hochreine Materialien synthetischen Ursprungs scheiden aus Kostengründen meistens aus.

Deshalb werden gerade im breiten Feld der Füllstoffe, Abrasivstoffe und Schmierstoffe vorwiegend Materialien natürlicher Ressourcen eingesetzt. Die in der Literatur unter dem Begriff Füllstoffe, im englischen Filler einsortierten Materialien sind aber nicht, wie der Begriff vermuten ließe, inerte, volumenbringende Füllmittel, sondern ganz im Gegenteil oftmals Funktionsträger für eine Vielzahl unterschiedlicher Eigenschaften im Reibmaterial. Daher sollte diese Klasse eher als Funktionsstoffe bezeichnet werden. Rohstoffe ohne jeglichen reibtechnischen, verschleißbeeinflussenden oder komfortrelevanten Einfluss gibt es nicht.

Die im Reibbelag verwendeten Rohstoffe lassen sich in folgende Hauptklassen einteilen, Tabelle 23.4:

- Kautschuk
- Bindemittel
- Faser
- Funktionsstoffe (inklusive Abrasivstoffe und Schmiermittel)
- Metalle
- Hilfsstoffe (Lösungsmittel, Kautschukvernetzer, Flussmittel)

Tabelle 23.4 Zusammensetzung von Reibmaterialien (in Gew.-%)

Rohstoff	Semimet	NAO	Low Steel
Stahlwolle	60,0		20,0
Kupfer		21,6	16,0
Aluminiumoxid	3,0	0,6	1,2
Zirkonsilikat		2,5	
Glimmer		3,0	6,5
Schwerspat	15,0	16,0	9,5
Calziumhydroxid	5,0	4,0	
Eisenoxid			10,0
Zinksulfid		5,2	6,0
Graphit	10,0	4,0	4,0
Petrolkoks		14,0	16,0
Kaliumtitanat		15,0	
Faser (z. B. PAC)		6,0	1,4
Kautschuk	2,0	1,6	4,0
Harz	5,0	6,5	5,4

Kautschuke finden entweder als Ballen oder als Krümelware (Pulver) Anwendung. Die Verarbeitung der Kautschukballen erfordert eine spezielle Fertigungstechnologie, auf die noch eingegangen werden soll.

Aus chemischer Sicht kommen vor allem Silikon-, Styrol-Butadien, Chlorbutadien- und NBR-Kautschuke zur Anwendung.

In speziellen Aggregaten werden diese Ballen mit anderen Rostoffen wie z. B. Metallen, Fasern, Funktionsstoffen und Vernetzungshilfen verarbeitet. Je nach Art der „Füllung" können so unterschiedliche Eigenschaften in den Kautschuk eingebracht werden. Diese reichen vom Komforteinfluss bis zur Beeinflussung der Reibwerthöhe und der Reibwertstabilität.

Obwohl eine solche Kautschukvormischung, wie sie im Sprachgebrauch auch genannt wird, selbst aus einer Vielzahl von Rohstoffen aufgebaut ist, wird sie bei der Erstellung einer Reibmaterialrezeptur wie ein Rohstoff behandelt.

Kautschukpulver dagegen werden direkt in eine Reibmaterialrezeptur eingesetzt, meistens ebenfalls mit Vernetzungshilfen und dienen der Optimierung des Komfortverhaltens.

Als **Bindemittel** finden überwiegend **Harze** von Typ Novolak oder Resol Anwendung. Da es sich hierbei um organische Grundkörper auf Phenolbasis handelt, spricht man auch von organisch gebundenen Belägen.

Diese phenolischen Grundkörper können organisch und anorganisch modifiziert sein und dann neben der rein bindenden Funktion auch Komfort, Reibtechnik und physikalische Eigenschaften der Reibmaterialien beeinflussen.

Dabei führt eine organische Modifikation mehr zu einer Komfortverbesserung, während die anorganische Modifikation meist reibtechnische Auswirkungen hat.

Im Fertigungsprozess werden die Harze vom Typ Novolak durch Polykondensation dreidimensional vernetzt und binden so die Bestandteile in der Reibmaterialmatrix. Je nach Fertigungstechnologie wird ein Harz mit passenden Vernetzungseigenschaften gewählt. Diese werden durch die Eigenschaften Fliessstrecke und B-Zeit definiert. Die Bindemittelreaktion ist strenggenommen der einzige chemische Prozess, dem ein Reibbelag bei seiner Herstellung unterliegt. Die Novolakreaktion wird durch eine entweder schon ins Harz eingemischte oder während des Mischens der gesamten Reibmaterialmasse zugegebene Substanz, dem Hexamethylentetramin (oftmals auch in Kurzform als „Hexa" bezeichnet) gestartet. Bei der Polykondensation werden Wasser (wegen der Fertigungstemperaturen als Dampf) aus dem Novolak und Ammoniak (NH_3) aus dem Zerfall des, bezogen auf die Harzmenge im stöchiometrischen Überschuss eingesetzten „Hexas" frei. Diese Reaktionsgase sind es, denen durch geeignete Wahl des Press-/Lüftzyklus die Möglichkeit gegeben werden muss, entweichen zu können. Abdeckelung, verdeckte, eingepresste Blasen, Risse und Schichtentrennungen können die Folge eines falsch gewählten Presszyklusses sein. Diese mechanischen Fehlstellen im Belag können dann zu erheblichen Folgeproblemen führen und sind daher als sicherheitsrelevant einzuordnen. Den typischen Ammoniakgeruch, der in den Porenvolumen als Gas eingeschlossen ist, behalten die fertigen Reibbeläge noch sehr lange.

Bindemittel vom Typ Resol sind selbstvernetzend; sie benötigen auch keine andere Verbindung zum Reaktionsstart. Dieser Selbstvernetzungsmechanismus und die daraus resultierende kurze Lagerstabilität haben dazu geführt, dass diese Bindemittel nur eine begrenzte Verbreitung in Reibmaterialien gefunden haben.

Unter **Funktionsstoffen** werden alle anorganischen und nichtmetallischen Rohstoffe zusammengefasst inklusive des anorganischen Kohlenstoffs in Form des Graphits bzw. Kokses. Auch wenn es inerte Füllstoffe eigentlich nicht gibt, werden in der Literatur Kreide ($CaCO_3$: Calciumcarbonat) für Trommelbremsbeläge und Baryt ($BaSO_4$: Schwerspat, Bariumsulfat) für Scheibenbremsbeläge oftmals so verstanden. Aber gerade das Beispiel Baryt zeigt, wie falsch man liegen kann. Schwerspat aus natürlichen Ressourcen kann geringe Anteile Quarz enthalten. Da Quarz (SiO_2: Sand, Siliziumdioxid) auf Grund seiner Härte zu den Abrasivstoffen zählt, werden durch ein so verunreinigtes Produkt die Reibtechnik und der Verschleiß mitbeeinflusst.

Unter **Abrasivstoffen** versteht man Werkstoffe mit hoher Härte (z. B. nach Mohs), die den Reibwert bestimmen. Die Wirkung wird dabei auch von der Kornform und der Teilchengröße bestimmt. Als Vertreter sind hier Zirkonsilikat, Zirkonoxid, Aluminiumoxid, Siliziumcarbid und natürlich der Quarz zu nennen.

Reibmaterialformulierungen enthalten meistens nicht nur ein Reibkorn, sondern einen regelrechten Cocktail, um unter den unterschiedlichsten Betriebsbedingungen den gewünschten Reibwert bzw. die geforderte Reibwertstabilität zu haben. So kann man den Kaltreibwert z. B. durch eine spezielle Modifikation von Aluminiumoxid in gewissen Bereichen einstellen.

Mit der Wirkung der Abrasivstoffe geht natürlich der Verschleiß des Reibbelages und des Gegenmaterials, der Bremsscheibe oder Bremstrommel einher, woraus die sogenannte Lebensdauer resultiert.

Um der Abrasivwirkung entgegenzuwirken werden **Schmiermittel** eingesetzt. Das Zusammenspiel von Reibung und Schmierung in den verschiedenen Betriebszuständen gewährleistet die gewünschte Performance mit einer für den Kunden akzeptablen Lebensdauerprognose von Belag und Scheibe oder Trommel.

Als Schmierstoffe werden Graphite und Metallsulfide eingesetzt. Je nach Auswahl der Schmierstoffe kommen reibwertstabilisierende Effekte im Fading, darunter versteht man den Reibwertverlust bei Folgebremsungen durch hohe Temperaturen, hinzu. Graphite werden in Form von Flocken oder als vermahltes Pulver eingesetzt. Bleisulfid und Antimotrisulfid verlieren durch die Ökodiskussion immer mehr an Bedeutung. Molybdändisulfid, Zink- und Zinnsulfid, aber auch Eisen-, Kupfer- und Bismutsulfid finden dagegen in neuen Materialkonzepten Anwendung.

Tabelle 23.5 Rohstoffklassen und ihre Haupteigenschaften im Reibmaterial

Rohmaterialklasse	Eigenschaft
Kautschuk	Komfort, Dämpfung
Harze	Festigkeit, Komfort, Kompressibilität, Reibtechnik
Funktionsstoffe	
Abrasivstoffe	Reibtechnik, Kaltreibwert, Verschleiß, Lebensdauer
Schmierstoffe	Verschleiß, Lebensdauer, Komfort
Graphit/Koks	Verschleiß, Komfort, Reibtechnik, Wärmedurchgang
Faser	Prozesshilfe, Entmischen, Komfort
Metalle	Festigkeit, Wärmeleitfähigkeit, Wärmedurchgang, Verschleiß, Reibtechnik, Komfort

Beliebt ist auch der Einsatz eines Schmierstoffcompounds auf Graphitbasis. Diese Compounds bestehen überwiegend aus Graphit als Träger und einem Mix sulfidischer Komponenten. Diese Variante findet vor allem dort Anwendung, wo die Sulfide auf Grund geringer Verfügbarkeit und damit hoher Kosten in reiner Form nur bedingt eingesetzt werden können, ihre Wirkung aber bereits auch mit geringer Konzentration erreicht werden kann.

Auch das Komfortverhalten schließlich wird durch die Schmiermittel positiv beeinflusst, da Schwingungen im System minimiert werden.

Im Bereich **Fasern** kommen organische und anorganische Produkte zum Einsatz.

Organische Fasern, wie z. B. Aramid und Polyacrylnitrilfasern (PAN), die je nach technischer Aufbereitung durch Fibrillierung (Verästelung) in der Lage sind, pulverförmige Bestandteile (Füllstoffe, Bindemittel) mechanisch zu binden, können so einerseits das Staubungsverhalten von Reibmaterialmischungen reduzieren, andererseits tragen sie zur Stabilisierung der Mischungen gegen Entmischung beim Transport (innerbetrieblich und zwischen den Fertigungsstätten) bei.

Organische Fasern haben aber immer den Nachteil der thermischen Instabilität. Die meisten dieser Fasern zersetzen sich bereits unterhalb von 200 °C. Nur Aramid ist bis ca. 400 °C stabil. An diesem thermischen Nachteil scheiterte auch bisher der Versuch des Einsatzes nachwachsender Rohstoffe (Flachs, Hanf, Baumwolle usw.). Gerade in den thermisch hochbelasteten High Performance Anwendungen wurden hier schnell technische Grenzen erreicht.

Biolösliche, anorganische Fasern sind auf Grund ihrer chemischen Zusammensetzung Abrasivstoffe, die nicht nur das Reibverhalten, sondern auch den Verschleiß beeinflussen. Daher ist die Einsatzmenge in einer Rezeptur von vornherein begrenzt.

Beiden Fasergruppen ist gemein, dass sie auch die mechanische Festigkeit der Reibbeläge mitbestimmen, begrenzt durch ihre thermische Stabilität.

Die Gruppe der **Metalle** umfasst als wichtigste Vertreter Eisen und Kupfer inklusive der Legierungen Bronze und Messing. Es werden aber auch Aluminium, Zink, und Zinn eingesetzt.

Metalle erhöhen einerseits als Faser die mechanische Festigkeit, andererseits wird über die Metalle die thermische Leitfähigkeit und damit der Wärmedurchgang eingestellt.

Buntmetalle schließlich beeinflussen die Reibtechnik und vor allem das Verschleißverhalten aufgrund ihrer Duktilität und ihrer Fähigkeit, einen gleichmäßigen Reibfilm auszubilden. Mit dieser letztgenannten Eigenschaft beeinflussen sie auch das Komfortverhalten.

Je nach Anforderungsprofil sind diese Rohstoffgruppen in der Belagrezeptur unterschiedlich proportioniert, Tabelle 23.5. Da kein Rohstoff nur einen Effekt beeinflusst und in praxi auch Synergismen, also Wechselwirkungen zwischen den Komponenten auftreten, werden oftmals auch mit scheinbar kleinen Rezepturänderungen gravierende Eigenschaftsveränderungen hervorgerufen. Da diese Effekte nicht immer vorhersehbar sind, beruht die Reibmaterialentwicklung auf Try and Error, Empirie, aber auch langjähriger Erfahrung der Spezialisten. Das Ergebnis ist auch für den Spezialisten oft überraschend und für den Partner in der Bremsen- oder Automobilindustrie häufig nicht verständlich.

23.6 Fertigungsverfahren

Bild 23-2 veranschaulicht schematisch den Herstellungsprozess. Zur Mischungsherstellung kommen Kneter und Intensivmischer zum Einsatz.

Kneter dienen zur Herstellung von Vormischungen oder „Knetstufen". Vom Prinzip her walken engstehende Walzen die Kautschukballen durch, während diese gleichzeitig mit anderen Bestandteilen gefüllt werden. Um den Kautschuk chemisch zu vernetzen, werden Vernetzungshilfsstoffe wie Schwefel oder Zinkoxid zugesetzt. Nach dem Kneten müssen die

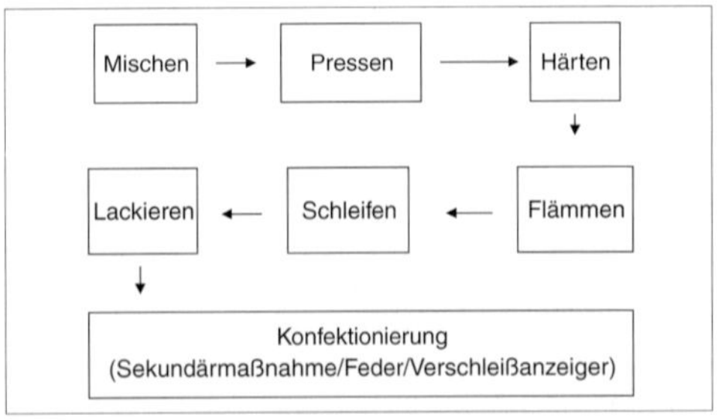

Bild 23-2 Schematische Darstellung des Herstellungsprozessess (vereinfacht)

schollenartigen Knetprodukte in Mühlen auf die angestrebte Kornverteilung vermahlen werden.
Die **Intensivmischer**, z. B. Pflugscharmischer oder Wirbelstrommischer, dienen zur Herstellung von Reibmaterialmischungen und Zwischenschichten. Dabei werden alle Bestandteile einer Formulierung (Rezeptur) in kurzer Zeit homogenisiert. Je nach technischem Prinzip wird das Mischgut im Prozess mechanisch umgeworfen, während gleichzeitig schnell rotierende Werkzeuge hohe Scherkräfte vor allem zum Fasersaufschluss aufbringen.
Beim **Pressen** (Formgebungsprozess) erfolgt die Verdichtung der Reibmaterialmasse und der Zwischenschicht unter Temperatur, Druck und Zeit in einer der Belagkontur entsprechenden Form. Weltweit werden drei grundsätzliche Verfahren angewandt:

- Heißpressen mit Vorpressling
- Heißpressen ohne Vorpressling
- Warmpressen (ohne Vorpressling)

Das **Heißpressen** mit Vorpressling wird vor allem in Japan angewandt.
Dabei wird ein Formkörper bei Raumtemperatur unter Druck mit relativ kurzer Presszeit ohne Belagträgerplatte hergestellt. Dieser Vorpressling ist nur mechanisch verdichtet und damit labil, ohne dass die Bindemittel angeschmolzen waren oder gar reagieren konnten. Danach angeschlossen ist ein Heißpressvorgang mit $T = 140-180\,°\mathrm{C}$, $P = 30-50\,\mathrm{N/mm}$ und einer Presszeit von ca. 10 Min.
Beim Heißpressen ohne Vorpressling wird das abgewogene Reibmaterial in die Form gefüllt und mechanisch verteilt. Darüber wird die Zwischenschicht eingefüllt und ebenfalls verteilt. Zuletzt wird die Belagträgerrückenplatte eingelegt und der Pressvorgang gestartet. Im Presszyklus wird die Form in bestimmten Intervallen druckentlastet und damit geöffnet, um zum einen eingeschlossene Luftpartikel und die im Verlauf der Heißpressprozess entstehenden, gasförmigen Reaktionsprodukte aus der Bindemittelreaktion entweichen zu lassen. Als Reaktionsprodukte sind vor allem Wasser(dampf) als Polykondensationsprodukt und Ammoniak aus überschüssigem Vernetzungsargens zu nennen. Während Druck und Temperatur zum Heißpressen mit Vorpressling vergleichbar sind, weichen die Presszeiten aber deutlich ab. Für Pkw Anwendungen sind Presszeiten t von maximal 5 Min., für NFZ Anwendungen Zeiten von minimal 6 Min. in Europa durchaus üblich.
Wichtig ist zu verstehen, dass unter diesen T- und t-Bedingungen die chemische Vernetzung einsetzt, dann aber zunächst durch die Entnahme des Belages am Ende der Presszeit durch den rapiden Abkühlungsprozess unterbrochen und quasi eingefroren wird.
Im **Warmpressprozess** werden hohe Drücke (80–150 N/mm) und niedrige Temperaturen (75–100 °C) bei Presszeiten von maximal 90 sec. angewandt. Als Synonym für das Warmpressen wird oftmals auch der Begriff Kaltpressen verwendet. Bei diesen Bedingungen kommt es aber nicht zum Start der Bindemittelreaktion, dafür reichen die Temperaturen und die kurzen Presszeiten nicht aus. Im günstigsten Fall fangen die Harze zu schmelzen an, verteilen sich so besser im Gefüge und verkleben die pulverförmigen Bestandteile. Nicht zuletzt wegen des hohen Drucks erhält man am Ende einen handhabbaren, stabilen Formkörper, im Gegensatz zu einem bei Raumtemperatur hergestellter Vorpressling, der mechanisch instabil ist.
Allen Prozessen gemein ist die **Härtung** im Ofen, wo im Fall des Heißpressens die Bindemittelreaktion erneut gestartet und beendet wird. Im Fall des Warmpressens wird diese erst im Härtungsprozess begonnen und auch beendet.
Das Heißpressen hat also strenggenommen eine 2-stufige Härtung. Dieser Unterschied in der Härtung ist auch ein Grund dafür, warum Beläge aus beiden Verfahren unterschiedliche Eigenschaften aufweisen.
Gesteuert wird der Härtungsprozess über die Härtungszeit und -temperatur. Oftmals kommen auch Temperaturhaltestufen zur Anwendung (gestaffelte Härtung). Bei heißgepressten Materialien erfolgt die Härtung „frei“ (drucklos). Der Härtungsprozess beeinflusst im besonderen Maß die physikalischen Eigenschaften der Reibbeläge wie Kompressibilität, Wachsen und Dehnen.
Beim Warmpressen kommt dagegen oftmals die Härtung unter Druck zum Einsatz. Beim sogenannten eingespannten Härten werden eine gewisse Anzahl von Belägen in einem Rahmen eingespannt (z. B. mit 1 N/mm) und mehrere Stunden unter Temperatur ausgehärtet. Dabei wird während des Härtens jeder Belag mit dem gleichem Druck beaufschlagt.
Neben diesen Standardverfahren sei noch das **ESPI** (**E**xtreme **S**hort **P**ressing **I**nline) [3] Verfahren erwähnt, das Heißpressen mit Druckhärtung kombiniert. Diese Druckhärtung erfolgt aber nicht in Spannrahmen, sondern in einer Art Presse, in der

mehrere Beläge simultan unter Druck in wenigen Minuten gehärtet werden.
Als letzter Fertigungsschritt ist das sogenannte **Flämmen** oder „Scorchen“ zu nennen. Hierbei wird die Reiboberfläche der Beläge eine gewisse Zeit hohen Temperaturen (z. B. 6 Min., 450 °C) ausgesetzt. Neben dieser Art des drucklosen Flämmens kann der Flämmvorgang aber auch unter Druck durchgeführt werden.
Beim Flämmen werden die organischen Bestandteile in der oberen Reibbelagschicht thermisch zersetzt und somit der Reibwertabfall über Temperatur minimiert. Dieser Effekt, Fading genannt könnte ansonsten von einem Standardfahrer als „Versagen“ der Bremse unter Temperatureinfluss empfunden werden.

23.7 Ausblick

Nachdem nun die Komplexität des Reibbelags mit seinen technologischen, ökologischen und anwendungstechnischen Zusammenhängen bekannt und auch eine Vorstellung der stofflichen Zusammensetzung vorhanden ist, stellt sich die Frage, wie sich dieses Bauteil weiter entwickeln wird. Die Frage lässt sich in verschiedene Richtungen diskutieren.
Zum einen werden die Komfortanforderungen wie bisher mit jeder neuen Fahrzeuggeneration weiter steigen. Gleichzeitig werden diese Fahrzeuge aber auch immer sensibler, die Anfälligkeit der Resonanzen mit anderen Bauteilen des Fahrwerks immer größer. Geräuschphänomene, die bei einem heutigen Serienfahrzeug nicht auftreten, erhalten beim Folgemodell auf einmal immense Bedeutung. Nicht zuletzt der Kunde, der diese Fahrzeuge kauft, ist immer weniger bereit, Komforteinbußen hinzunehmen, wobei gleichzeitig sein Empfinden für diese Dinge ebenfalls immer weiter zunimmt.
Auch die ökologischen Herausforderungen werden immer umfangreicher. Immer neue Stoffe oder Substanzklassen werden unter Umweltaspekten neu bewertet, so dass nach Ersatzstoffen gesucht werden muss. Damit werden jedoch die Möglichkeiten für die Reibmaterialentwickler zunehmend geringer. Die ökologische Diskussion muss auch in Zusammenhang mit den Kosten gesehen werden. Die Bremsen- und Automobilindustrie verlangt seit Jahren immer wieder Kostenreduktionen, auch für laufende Serien. **Ersatzstoffe** sind aber oftmals teurer als die zu Ersetzenden. Die aktuelle Diskussion nach geringeren Verunreinigungen in Rohstoffen natürlicher Ressourcen (z. B. Blei) geht in die gleiche Richtung. Hinzu kommt, dass die Rohstoffe selbst (z. B. Metalle) bzw. die Basischemikalien, die zu ihrer Herstellung notwendig sind, oft auch von der Börse und ihren extremen Schwankungen abhängig ist.
Unter dem seit 1992 herrschenden Kostendruck (Lopezkrise) werden die Projekte heute über den Belagpreis entschieden, bevor überhaupt ein einziger Belag geprüft wurde. Wenn dann die Entwicklung aufgenommen wird, sind die Kosteninhalte fixiert. Trotzdem sollen parallel dazu die Leistungsinhalte immer weiter steigen. All diese Punkte sind wie eine endlose Spirale. Als Folge hat auch in dieser Branche ein Konzentrationsprozess eingesetzt; Reibbelagfirmen stehen zum Verkauf oder schreiben rote Zahlen.
Die **Reibungsbremse** wird sicher noch viele Jahre Anwendung finden. Denkbar ist, dass sie mit Markteinführung von reinen Elektrofahrzeugen eines Tages an Bedeutung verliert. Diese Antriebsart wird es ermöglichen, durch Umkehr der „Stromrichtung“ den Elektromotor selbst sowohl als Antrieb, als auch als Bremse zu benutzen. Als reine Parkbremse wird sie aber auch in diesen Fahrzeugen überleben.
Zwischenstufen sind heute schon in der Entwicklung. Das hydraulische System in Personenkraftwagen und das pneumatische System in Nutzkraftwagen sollen durch ein elektromotorisches System ersetzt werden. Dieses System wird einige Probleme heutiger Bremsen nicht mehr aufweisen. So wird z. B. die DTV- Bildung der Vergangenheit angehören, da die Elektromotoren den Reibbelag immer ausreichend freistellen werden. Andere, heute unbekannte Phänomene werden sicherlich neu hinzukommen. Bleiben werden Geräuschanforderungen auf sehr hohem Niveau.

Literatur

[1] *Oehl, K. H.; Paul, H. G.:* Bremsbeläge in Straßenfahrzeugen. Bibliothek der Technik, Landsberg/Lech: Verlag Moderne Industrie AG & Co, Band 49, 1990
[2] *Beitz, W.; Grote, K. H:* Dubbel – Taschenbuch für den Maschinenbau, Berlin: Springer-Verlag, 1997
[3] Deutsche Offenlegungsschrift: DE19928858
IPC:F16D 69/00, Rütgers Automotive AG, 1999

24 Bremsflüssigkeiten

Das Versagen der Bremsanlage ist in der Vorstellung eines jeden Autofahrers sicherlich der schlimmstmögliche Ausfall eines sicherheitsrelevanten Systemteils. Zur Gewährleistung der Funktionssicherheit und für die absolute Funktionsbereitschaft unter extremen Belastungen dieser so überaus wichtigen Anlage muss das Bremssystem regelmäßig und auch richtig gewartet und instand gehalten werden.
Besonders wichtig dabei ist die Bremsflüssigkeit.
Die Bremsflüssigkeit überträgt in der hydraulischen Bremsanlage die Kraft vom Hauptbremszylinder zu den einzelnen Radbremszylindern und ist dort extremen Temperaturen ausgesetzt. Rotglühende Bremsscheiben sind aus dem Rennsport bekannt. Ein hoher Siedepunkt ist daher Ziel bei der Entwicklung und Produktion von Bremsflüssigkeiten. Darüber hinaus darf die Bremsflüssigkeit bremssystemtypische Werkstoffe, wie zum Beispiel Metalle und Gummidichtungen, nicht angreifen. Die anwendungstypischen Kennwerte und auch Materialverträglichkeiten werden in diversen nationalen und auch internationalen Normen definiert.
Die chemische Zusammensetzung einer hydraulischen Bremsflüssigkeit muss so gewählt werden, dass optimale Leistung und Sicherheit gewährleistet werden.

24.1 Bremsflüssigkeitstypen

Bremsflüssigkeiten bestehen im Wesentlichen aus Lösemitteln/Schmiermitteln, Inhibitoren und Antioxidationsmitteln.
Auf dem Weltmarkt existieren prinzipiell drei Typen von Bremsflüssigkeiten – auf Basis von

- Glykolen, Glykolethern (SAE J1703 [1]) und deren Borsäureestern (SAE J1704 [2]) oder
- Silikonester (SAE J 1705 [3]) oder
- Mineralölen (ISO 7309 [4]).

24.1.1 Bremsflüssigkeiten auf Basis von Glykolen, Glykolethern und deren Borsäureester

Bremsflüssigkeiten auf Basis von Glykolen, Glykolethern und deren Borsäureester besitzen einen Weltmarktanteil von mehr als 95 %.

Als Ausgangsprodukt für diesen Bremsflüssigkeitstyp ist in aller Regel Ethylenoxid, das mit Alkoholen, wie beispielsweise Methanol, Ethanol, Butanol, etc. in Gegenwart von geeigneten Katalysatoren unter genau gesteuerten und kontrollierten Reaktionsbedingungen hinsichtlich Temperatur und Druck zu den korrespondierenden Ethylenglykolmonoalkylethern umgesetzt wird, Bild 24-1.
Zur Formulierung von Bremsflüssigkeiten werden die höhermolekularen Ethylenglykolmonoalkylether mit 2, 3 oder 4 Ethylenoxideinheiten verwendet.
Natürlich müssen Bremsflüssigkeiten eine exzellente Materialverträglichkeit gegenüber den vielfältigen Werkstoffen des Bremssystems aufweisen. Daher liegt es auf der Hand, dass auch korrosionsverhindernde Komponenten, wie Korrosionsinhibitoren und auch Antioxidationsmittel, in Bremsflüssigkeiten verwendet werden.
Korrosionsinhibitoren dienen zur Minimierung der Korrosion an metallischen Werkstoffen. Sie sind üblicherweise bis maximal 5 Gew.-% in Bremsflüssigkeiten vorhanden.
Diese Korrosionsinhibitorenpakete müssen die Korrosion von Metallen in Bremssystemen über einen breiten Temperaturbereich wirkungsvoll reduzieren. Die Wirkungsweise der einzelnen Inhibitoren in deren chemischen Zusammenspiel mit den vorhandenen Metallen ist äußerst komplex und wird in langjähriger Forschungsarbeit in ausgedehnten Testreihen erarbeitet. Die ausgewählten Inhibitoren einer individuellen Bremsflüssigkeit müssen mit anderen Bremsflüssigkeiten und deren Inhibitorensystemen vollständig verträglich und mischbar sein, da während der Lebensdauer eines Fahrzeugs bzw. dessen Bremssystems verschiedene Flüssigkeiten zum Einsatz kommen können.
Bremsflüssigkeiten müssen auch gegenüber Oxidation beständig sein, da diese unter hohen Temperaturen auch der Luft ausgesetzt sind. Die Oxidation der Flüssigkeit kann durch die Gegenwart von Metallen durch Katalyse beschleunigt werden. Um den oxidativen Abbau der Bremsflüssigkeitskomponenten wirkungsvoll zu verringern, werden Antioxidationsmittel eingesetzt. Durch den oxidativen Abbau der

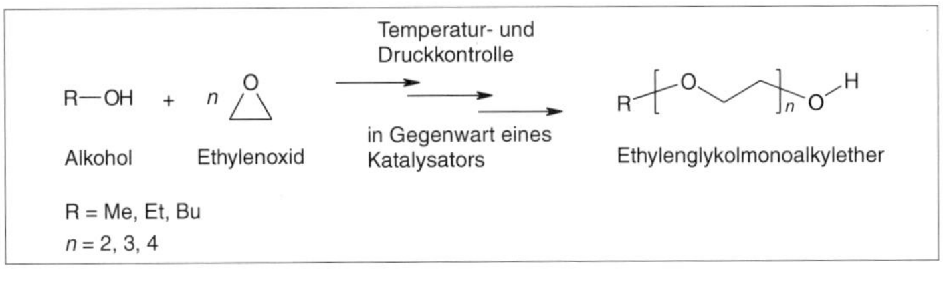

Bild 24-1 Schematisierte Darstellung von Ethylenglykolmonoalkylether

Tabelle 24.1 Anforderungen an Bremsflüssigkeiten

	DOT 3 [6]	DOT 4 [6]	DOT 5 und DOT 5.1	SAE J 1703 [1]	SAE J 1704 [2]	ISO 4925 [5]
Siedepunkt (ERBP), °C	>205	>230	>260	>205	>230	>205
Naßsiedepunkt (WRBP), °C	>140	>155	>180	>140	>155	>140
Viskosität bei −40 °C, mm^2/s	<1500	<1800	<900	<1800	<1800	<1500

Bremsflüssigkeitskomponenten kommt es zur Bildung von Harzen, wodurch es zu einem Ausfall des Bremssystems durch Beeinträchtigungen der freien Bewegung von Kolben und anderen beweglichen Teilen kommen kann.
Korrosionsinhibitoren und Antioxidationsmittel sind letztendlich für ein stabil funktionierendes hydraulisches Bremssystem unerlässlich.

24.1.2 Bremsflüssigkeiten auf Basis von Silikonestern

Bremsflüssigkeiten auf Basis von Silikonestern haben ein herausragendes Viskositätsverhalten bei niedrigen Temperaturen in Kombination mit relativ hohen Siedepunkten. Weltweit hat sich dieser Bremsflüssigkeitstyp, trotz der guten Eigenschaften gegenüber den Bremsflüssigkeiten auf Basis von Glykolen, Glykolethern und deren Borsäureester nicht durchgesetzt. Ihr Einsatz ist auf spezielle Anwendungen, wie beispielsweise in militärischen Fahrzeugen oder im Rennsport beschränkt.

24.1.3 Bremsflüssigkeiten auf Basis von Mineralölen

Mineralöle als Brems- und Hydraulikflüssigkeiten in Kraftfahrzeugen finden nur in wenigen Fällen Verwendung.

24.2 Nationale und internationale Normen

Bremsflüssigkeiten werden gemäß den geltenden nationalen und internationalen Normen SAE J1703 [1], SAE J1704 [2], ISO 4925 [5] und auch FMVSS No. 116 [6] auf ihre Tauglichkeit hin geprüft. FMVSS No. 116 [6] unterteilt die Bremsflüssigkeitsqualitäten nach DOT 3 [6], DOT 4 [6] und DOT 5.1 [6].
In diesen Normen sind die Anforderungen und Eigenschaften synthetischer Bremsflüssigkeiten nach folgenden Kriterien eingeteilt:

- Gleichgewichts-Rückfluss-Siedepunkt (kurz Siedepunkt, **E**quilibrium **R**eflux **B**oiling **P**oint **ERBP**)
- Nasser Gleichgewichts-Rückfluss-Siedepunkt (kurz Nasssiedepunkt, **W**et **E**quilibrium **R**eflux **B**oiling **P**oint, **WERBP**)
- Wasserverträglichkeit,
- pH-Wert,
- Siedestabilität,
- chemische Stabilität,
- Verträglichkeit mit einer Referenzflüssigkeit (RM 66-05 [1–3]),
- Korrosionsverhalten gegenüber:
  - Zinn (SAE Referenz RM 6a [1–3])
  - Stahl (SAE Referenz RM 7 [1–3])
  - Aluminium (SAE Referenz RM 8 [1–3])
  - Gusseisen (SAE Referenz RM 9 [1–3])
  - Messing (SAE Referenz RM 10 [1–3])
  - Kupfer (SAE Referenz RM 11 [1–3])
- Verhalten gegenüber Elastomeren:
  - Naturkautschuk (**N**atural **R**ubber **NR** [1–3])
  - Standard Styren-Butadien-Gummi (**S**tyrene-**B**utadien-**R**ubber **SBR** [1–3])
  - Standard **E**thylen, **P**ropylen und **D**iene (**EPDM** [1–3])

Die Einstufung der wasserfreien Bremsflüssigkeiten nach DOT 3 [3], DOT 4 [6] oder DOT 5 [5] bzw. DOT 5.1 [6] gemäß FMVSS No. 116 [6] erfolgt über den Wassergehalt und die Viskosität bei −40 °C, Tabelle 24.1.

24.3 Bremsflüssigkeitseigenschaften

24.3.1 Fahrzeugspezifische Eignung

Bremsflüssigkeiten unterliegen in der Automobilindustrie sehr strengen Prüfungen zur Prototypen-, Vorserien- und Serienfreigabe, um das reibungslose Zusammenspiel aller Komponenten und Werkstoffe, die im Fahrzeug verbaut werden, zu gewährleisten. Dementsprechend ist den Empfehlungen der Automobilindustrie für den Nachfüllbedarf Folge zu leisten.
Da Bremsflüssigkeiten im täglichen Betrieb altern und auch Wasser im Laufe der Zeit aus der Umgebung aufnehmen, wird allgemein ein Bremsflüssigkeitswechsel spätestens nach 2 Jahren empfohlen. Jedoch sind die vom Fahrzeughersteller vorgeschriebenen Wechselintervalle streng einzuhalten.

24.3.2 Verträglichkeit mit anderen Bremsflüssigkeiten

Bremsflüssigkeiten verschiedener Hersteller müssen untereinander mischbar sein, da im Laufe der Lebensdauer von Kraftfahrzeugen die Bremsflüssigkeiten mehrfach gewechselt werden und eine absichtliche oder auch unabsichtliche Vermischung verschiedener Flüssigkeiten nicht ausgeschlossen werden kann. So werden Bremsflüssigkeiten gemäß den Normen auf deren Verträglichkeit mit der Referenzflüssigkeit RM 66-05 [1–3] bei $-40\,°C$ und bei $+60\,°C$ geprüft. Hierbei darf weder Sediment – noch Schichtenbildung auftreten, da dies ein Hinweis auf gegenseitig unlösliche Korrosionsinhibitoren oder Antioxidantien ist, was letztendlich in Kombination mit weiteren Unverträglichkeiten zur Beeinträchtigung des Bremssystems führen kann.

24.3.3 Physikalische Kennwerte

Bremsflüssigkeiten sind aufgrund ihrer Komponenten hygroskopisch, wodurch sie im Laufe der Zeit Wasser aufnehmen. Diese Wasseraufnahme kann durch Diffusion über die Bremsschläuche oder auch über die Entlüftungsöffnungen im Bremssystem geschehen. Durch die Wasseraufnahme sinkt der Siedepunkt einer Bremsflüssigkeit, so dass zweckmäßigerweise zwischen dem Trockensiedepunkt, also dem Siedepunkt einer praktisch wasserfreien Bremsflüssigkeit, und dem Nasssiedepunkt, der Siedepunkt einer Bremsflüssigkeit mit ca. 3.5 Gew.-% Wasser, unterschieden wird.
Bremsflüssigkeiten auf Basis von Glykolen, Glykolethern und deren Borsäureester haben die vorteilhafte Eigenschaft Wasser zu binden, Bild 24-2. DOT 3 [3] Bremsflüssigkeiten enthalten in aller Regel keine Borsäureester. DOT 4 [6] und DOT 5.1 [6] Flüssigkeiten enthalten neben den klassischen Glykolen und Glykolethern auch Borsäureester, Tabelle 24.2.
In DOT 3-Flüssigkeiten wird dementsprechend das aufgenommene Wasser durch die Glykole und Glykolether gelöst.
In DOT 4 [4] und DOT 5.1 [6] Bremsflüssigkeiten wird das aufgenommene Wasser ebenfalls, wie bei DOT 3 [6] Bremsflüssigkeiten, gelöst, aber auch durch die Gegenwart von Borsäureestern „chemisch gebunden".
Die Hygroskopizität bewirkt die Aufnahme von Wasser an „wasserundichten" Stellen des Bremssystems wie beispielsweise an den Radbremszylindern, dem Vorratsbehälter oder den Bremsschläuchen. Die permeablen Gewebe- und Gummischichten der Bremsschläuche erlauben eine langsame Wasseraufnahme durch Diffusion.
Mit steigendem Wassergehalt sinkt in Bremsflüssigkeiten der Siedepunkt, Bild 24-3.
Die Bestimmung des Nasssiedepunktes gemäß den gültigen Normen erfolgt nach Lagerung der Bremsflüssigkeitsproben im Exsikkator in Gegenwart einer Referenzflüssigkeit mit 0,50% Wasser und einem exakt definierten Wasserdampfdruck.
Gleichzeitig ist aber auch die Viskosität vom Wassergehalt der Bremsflüssigkeiten abhängig. Mit steigendem Wassergehalt nimmt die Viskosität, hier am Beispiel von typischen DOT 3, DOT 4 und DOT 5.1 Bremsflüssigkeiten aufgezeigt, zu, Bild 24-4.
In Bremssystemen sind die verschiedensten Metalle miteinander – auch untereinander leitend – verbaut.

Tabelle 24.2 Grundsätzliche Komponenten bei der Formulierung von Bremsflüssigkeiten

	DOT 3 [6]	DOT 4 [6]	DOT 5.1 [6]
Glykole	×	×	×
Glykolether	×	×	×
Boräureester der Glykole/Glykolether		×	×
Inhibitoren/Antioxidationsmittel	×	×	×

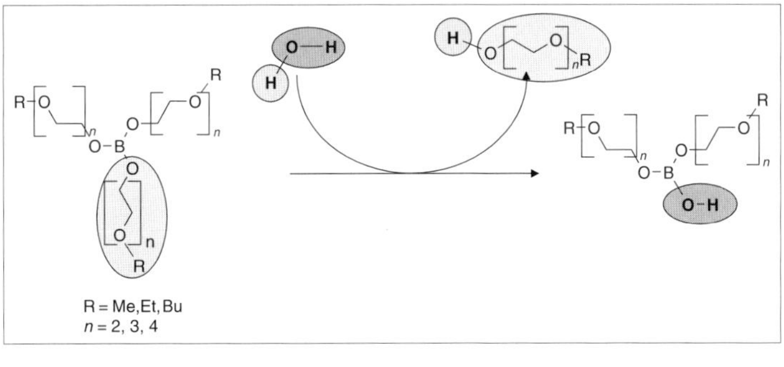

Bild 24-2 Umsetzung der Borsäureester mit Wasser zur Stabilisierung des Nasssiedepunktes

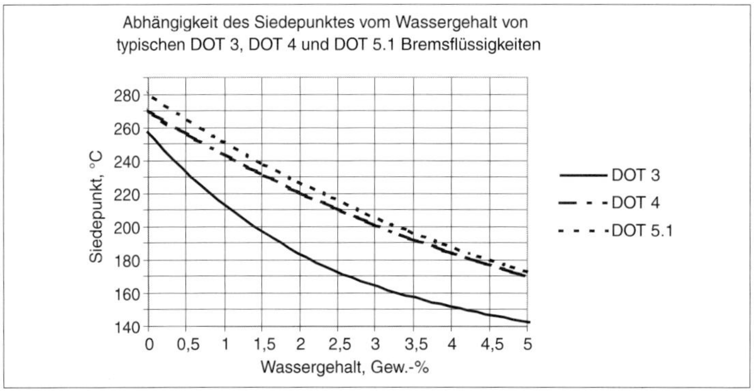

Bild 24-3 Abhängigkeit des Siedepunktes von Bremsflüssigkeiten vom Wassergehalt

Die Bremsflüssigkeit darf keines dieser Metalle angreifen, da die Korrosionsprodukte zu vorzeitigem Verschleiß führen können. Um Korrosion, verursacht durch die unterschiedlichen elektrochemischen Potentiale der Metalle, wirksam zu minimieren, enthalten Bremsflüssigkeiten Korrosionsinhibitoren für Stahl, Aluminium, Gusseisen, Messing, Kupfer und für Weißblech. Üblicherweise wird jede Charge Bremsflüssigkeit gemäß den Normvorschriften auf die Wirksamkeit des Korrosionsschutzes von den Bremsflüssigkeitsherstellern hin überprüft. Bei diesen Korrosionstests werden Metallstreifen der oben genannten Metalle und Legierungen in Gegenwart von Elastomeren mit der zu testenden Bremsflüssigkeit bei 100 °C während einer Dauer von 120 Stunden geprüft. Dabei werden sowohl Veränderungen der Metalloberfläche als auch Gewichtszunahmen bzw. -abnahmen der Metallcoupons bestimmt und ausgewertet. Weiterhin erfolgt eine Beurteilung der untersuchten Flüssigkeit hinsichtlich pH-Wert und Sedimentbildung.
Bremssysteme bestehen im Wesentlichen aus starren und beweglichen Teilen und der Bremsflüssigkeit. Zur Abdichtung der starren Teile gegenüber den beweglichen Teilen gegen Flüssigkeitsverluste finden Gummimanschetten Verwendung. Um die Dichtigkeit der Manschetten zu gewährleisten, müssen Bremsflüssigkeiten leicht quellend wirken, wodurch sich die Manschette gut an die Metallwand anlegt. Ein Schrumpfen der Manschetten dürfen Bremsflüssigkeiten nicht bewirken, da es sonst zu Flüssigkeitsverlusten im Bremssystem kommt. Mit Elastomerreferenzmaterialien SBR, NR und EPDM werden Quelltests bei 70 °C und 120 °C durchgeführt. Nach Abschluss der Tests werden die Elastomere hinsichtlich Änderungen des Volumens, des Durchmessers und der Härte beurteilt.

24.4 Umgang mit Bremsflüssigkeiten

24.4.1 Handhabung

Bremsflüssigkeiten sind Abmischungen aus Glykolen, Glykolethern und deren Borsäureestern sowie Korrosionsinhibitoren und Antioxidationsmitteln. Dementsprechend, wie bei allen chemischen Stoffen, sind mit dem Umgang von Bremsflüssigkeiten bestimmte Hygienebestimmungen einzuhalten. So ist zur Expositionsbegrenzung die richtige persönliche Schutzausrüstung gemäß den Sicherheitsdatenblättern zu wählen.
Als allgemeine Schutzmaßnahmen ist in jedem Falle eine Berührung mit den Augen und der Haut zu meiden und als Hygienemaßnahmen müssen Bremsflüssigkeiten von Nahrungsmitteln und Getränken ferngehalten werden; weiterhin ist vom Anwender

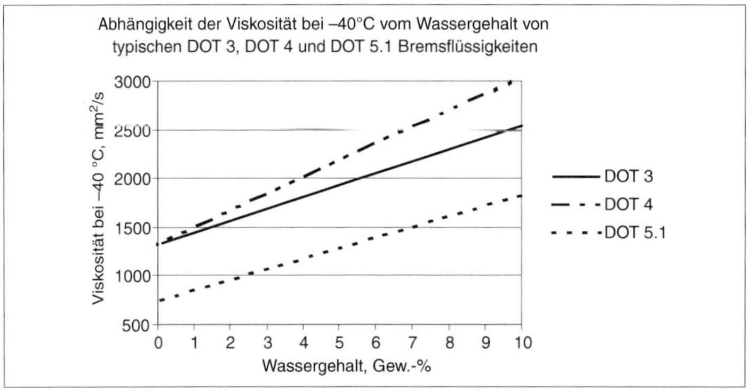

Bild 24-4 Abhängigkeit der –40 °C Viskosität von Bremsflüssigkeiten vom Wassergehalt

für vorbeugenden Hautschutz durch Hautschutzsalbe zu sorgen.
Darüber hinaus müssen geeignete Handschuhe aus bremsflüssigkeitsbeständigen Gummi und eine Schutzbrille beim Umgang mit Bremsflüssigkeiten getragen werden.
In jedem Falle muss vor dem Umgang mit Bremsflüssigkeiten das entsprechende Sicherheitsdatenblatt herangezogen werden und die darin vorgeschriebenen Sicherheitsbestimmungen sind einzuhalten.

24.4.2 Lagerung

Alle synthetischen Bremsflüssigkeiten werden nur in den Originalbehältern aufbewahrt und angebrochene Gebinde müssen so schnell wie möglich aufgebraucht werden, da aufgrund der hohen Hygroskopizität Bremsflüssigkeiten in unverschlossenen Gebinden schnell Wasser aufnehmen.
Bremsflüssigkeiten weisen in der Regel gemäß den Herstellerangaben im nicht angebrochenen Originalgebinde und unter Berücksichtigung einer fachgerechten Lagerung eine Haltbarkeit von bis zu 5 Jahren auf.

24.4.3 Entsorgung von Bremsflüssigkeiten

Jährlich fallen durch den Bremsflüssigkeitswechsel in den Werkstätten mehrere tausend Tonnen gebrauchter Bremsflüssigkeit an, die einer fachgerechten Entsorgung unterzogen werden müssen. Hierbei sind sämtliche Richtlinien zur Erstellung der Dokumentation und zur Entsorgung der Bremsflüssigkeiten einzuhalten.
Für die Werkstätten sind gebrauchte Bremsflüssigkeiten nur Sondermüll, der in der Regel der Sonderabfallverbrennung zugeführt wird. Gebrauchte Bremsflüssigkeiten stellen eine Rohstoffquelle dar, aus der mit speziellen Verfahren Komponenten für recycelte Bremsflüssigkeiten zurückgewonnen werden können.
Grundvoraussetzung für die Rückgewinnung der Rohstoffe ist das saubere und sortenreine Sammeln der gebrauchten Bremsflüssigkeiten. Bereits kleine Mengen fremder Stoffe, wie Öle und Kühlerflüssigkeiten, reduzieren die Möglichkeit der Rohstoffrückgewinnung.

Literatur

[1] *SAE Society of Automotive Engineers (Hrsg.):* SAE J1703, 2000
[2] *SAE Society of Automotive Engineers (Hrsg.):* SAE J1704, 2000
[3] *SAE Society of Automotive Engineers (Hrsg.):* SAE J1705, 1995
[4] *ISO International Organization for Standardization (Hrsg.):* ISO 7309, 1985
[5] *ISO International Organization for Standardization (Hrsg.):* ISO 4925, 1978
[6] *FMVSS Federal Motor Vehicle Safety Standard and Regulations (Hrsg.):* FMVSS No. 116, 2001

25 Bremsenprüfstände

25.1 Grundlagen und Aufgabenstellung

Die Bremse ist das elementare Sicherheitssystem eines jeden Straßen- und Schienenfahrzeugs. Auch bei einem Flugzeug ist die sichere Landung von der zuverlässigen Funktion des Bremssystems abhängig.
Deshalb fordert die Bremse größte Sorgfalt bei der Entwicklung, Produktion und Wartung. Dies ist auch in den Gesetzen wie z. B. der StVZO und den EG-Richtlinien festgelegt.
Das Leistungsvermögen der Fahrzeugantriebe und die Qualität der Fahrwerke wurde in den vergangenen Jahrzehnten kontinuierlich gesteigert. Auf gut ausgebauten Straßen wird das Leistungspotenzial der Fahrzeuge, trotz hoher Verkehrsdichte, vom Autofahrer in höhere Reisegeschwindigkeiten umgesetzt. Damit steigt die Belastung der Bremsen deutlich an.
Diese global zu beobachtende Entwicklung, gepaart mit den Sicherheitsbedürfnissen einer modernen Gesellschaft und den elementaren Gleichungen der Physik, erfordert dass die Wirksamkeit, Zuverlässigkeit und Funktionalität der Fahrzeug-Bremssysteme entsprechend hoch ist.
Aber auch Probleme wie das alt bekannte Quietschen oder Rubbeln einer Bremse führen zu Unzufriedenheit der auf Komfort bedachten Automobilkunden.
Um ein angemessenes Qualitätsniveau zu garantieren sind eine stetige Weiterentwicklung aller Bremsen-Baugruppen, eine ausreichende Qualitätssicherung in der Serienproduktion sowie eine regelmäßige Überprüfung während des Fahrzeuglebens erforderlich.
Parallel zu den aufwändigen Fahrversuchen steht den verantwortlichen Technikern eine Palette spezieller Prüftechnik zur Verfügung. Die nachfolgende Tabelle 25.1 gibt einen allgemeinen Überblick.
Im Rahmen dieses Kapitels werden die wichtigsten Prüfstände zur Untersuchung der:

- Bremswirkung und Bremsleistung
- Funktionssicherheit und Verschleißfestigkeit
- Schwingungs- und Geräuschentwicklung betrachtet.

Prüfstände bieten im Vergleich zum Fahrversuch den Vorteil, dass:

- Risiken und hohe Kosten des Straßenverkehrs ausgeschaltet werden
- Fehlereinflüsse durch den Fahrer, den Straßenzustand und die Witterung eliminiert werden
- Definierte, reproduzierbare Prüfbedingungen geschaffen werden
- Synthetische Lastkollektive oder reale Fahrversuchs-Messdaten fahrbar sind
- Alle relevanten Messgrößen leicht erfasst und gut auswertbar sind
- Automatisierte Versuche, zum Teil ohne Bedienpersonal gefahren werden können.

Somit sind exakte und hinreichend reproduzierbare Prüfergebnisse mit vertretbarem Aufwand zu erzielen.
Moderne Prüfstände sind ausgereifte Systeme zur Nachbildung realer Betriebszustände und zur exakten, meist automatisierten Erfassung der physikalisch wichtigen Parameter. Sie dienen zur Beurteilung der einzelnen Bremsen-Baugruppe oder des kompletten Systems.
All diese Argumente sprechen klar für eine leistungsfähige und zeitgemäße Prüftechnik.

25.2 Rollen-Bremsprüfstände

25.2.1 Rollen-Bremsprüfstand für die Autowerkstatt

Der einfache und sehr weit verbreitete „Rollen-Bremsprüfstand“ ist aus der Kfz-Reparatur-Werkstatt oder den TÜV-Prüfstraßen bekannt, Bild 25-1. Rollen-Bremsprüfstände werden preiswert in Kleinserie gebaut und sind in verschiedenen Baugrößen, z. B. für Pkw oder Lkw verfügbar. Sie dienen zur einfachen und schnellen Gesamt-Funktionsprüfung einer kompletten, im Fahrzeug eingebauten Bremsanlage.

Prüfablauf

- Jedes Rad des Fahrzeugs steht auf einem Rollenaggregat mit 2 Rollen á 200 mm $\varnothing$.
- Ein $\sim$3 KW AC-Getriebemotor je Rad treibt die Rollen mit konstant $V \approx 5$ km/h.
- Der Fahrer betätigt gefühlvoll das Bremspedal.
- Ein Universal-Pedalkraftmesser (0–500 N) ist optional verfügbar.
- Messung der am Radumfang erzeugten Bremskraft (KN) über die Motoraufhängung.
- Anzeige der Bremskraft je Rad und Kraftdifferenz L/R während der Bremsung.
- Berechnung und Anzeige der Abbremsung (%), bezogen auf das Fahrzeuggewicht.
- Beobachtung der Bremskraft-Pulsation, z. B. verursacht durch unrunde Bremstrommel.

Das so gewonnene Prüfergebnis erlaubt eine exakte Aussage über die ausreichende und gleichmäßige Bremswirkung an allen vier Rädern sowie die ange-

Tabelle 25.1 Prüftechnik für Bremsen und deren Komponenten

Nr.	Prüfstands-Type	Aufgabenstellung	Prüfling	Prüfergebnis
1.	Rollen-Bremsprüfstand	Bremsen-Funktionsprüfung bei TÜV und Kfz-Reparatur	Komplette Bremse im zugehörigen Fahrzeug eingebaut	Bremswirkung Gut/Schlecht? Kraftverteilung Links/Recht? Kraftaufteilung VA/HA?
2.	Rollen-Bremsen und ABS-Prüfstand	Bremsen- und ABS-Prüfung am Montageband-Ende	Komplette Bremse im zugehörigen Fahrzeug eingebaut	Bremswirkung Gut/Schlecht? Kraftverteilung Links/Recht ? ABS-Regelung funktioniert?
3.	Reibwert-Prüfstand	Reibmaterial-Qualitätssicherung	Belagprobe eingebaut in einer Standardbremse	Reibwert $\mu \sim 0{,}3$? (Okay!) Reibbelag-Verschleiß?
4.	Schwungmassen Bremsen Prüfstand	Funktionsprüfung der kompletten Radbremse	Bremsscheibe und Sattel, bzw. Trommel, Backen und Bremszylinder samt Trägerschild	Reibwert $\mu \sim 0{,}3$? Funktion aller Bauteile? Verschleiß aller Bauteile?
5.	Schwungmassen Bremsen-Geräusch Prüfstand	NVH-Untersuchungen, d. h. Geräusche (Quietschen) und Schwingungen (Rubbeln) an der kompletten Radbremse	Komplette Scheiben- oder Trommelbremse samt Radnabe und Lagerung in der Fahrzeugachse eingebaut	Funktion der Bremse okay? Reibung erregt Schwingung? Resonanzschwingungen an der Bremse und den Achsbauteilen?
6.	Fahrzeug-Bremsen Geräusch-Prüfstand	NVH-Untersuchungen, d. h. Geräusche (Quietschen) und Schwingungen (Rubbeln) an der kompletten Radbremse	Komplettes Kraftfahrzeug mit zugehöriger Scheiben- oder Trommelbremse	Funktion der Bremse okay? Reibung erregt Schwingung? Resonanzschwingungen aus der Bremse und deren Übertragung auf das Fahrzeug?
7.	Spezial-Bremsenprüfstand	Ermittlung der Bremsscheiben-Dickenvarianz und Bremsmoment-Pulsation	Komplette Scheiben- oder Trommelbremse, samt Radnabe und Wälzlagerung in den Achsschenkel eingebaut	Unrunde Bremstrommel? SDV der Bremsscheibe? Bremsmoment-Schwankung?
8.	Restschleifmoment-Bremsenprüfstand	Ermittlung des Restschleifmomentes bei gelöster Bremse	Komplette Scheiben- oder Trommelbremse, samt Radnabe und Wälzlagerung in den Achsschenkel eingebaut	Rückstellung der Bremsklötze oder Bremsbacken okay? Restschleifmoment <5 Nm? Unnötiger Kraftstoffverbrauch?

messene Bremskraftverteilung auf die Vorder- und Hinterachse.

25.2.2 Rollen-Brems- und ABS-Prüfstand für die Serienprüfung am Bandende

Der Rollen-Brems- und ABS-Prüfstand für die Serienprüfung am Ende des Automobil-Montagebandes, ist die technisch höher entwickelte Variante des zuvor skizzierten, einfachen „Rollen-Bremsprüfstand für den TÜV und die Kfz-Werkstatt“.
Diese Brems- und ABS-Prüfstände werden passend zum jeweiligen Fahrzeugtyp konzipiert und gebaut. Es sind verschiedene Baugrößen, z. B. für Pkw oder Busse und Lkw verfügbar. Die erreichte Taktzeit passt zum Materialfluss des Montagebandes.
Die Massenträgheit des Fahrzeugs wird von der Rotationsenergie der Lauftrommeln simuliert, Bild 25-2.
Die Prüfung umfasst auch die Kontrolle der elementaren ABS-Steuerfunktionen.

Prüfablauf

- Jedes Rad des Fahrzeugs steht auf einem Rollenaggregat mit 2 Rollen á 500 mm $\varnothing$.
- Ein ~ 30 KW AC-Getriebemotor je Rad treibt die Doppelrollen mit $v \approx 0 \ldots 150$ km/h.

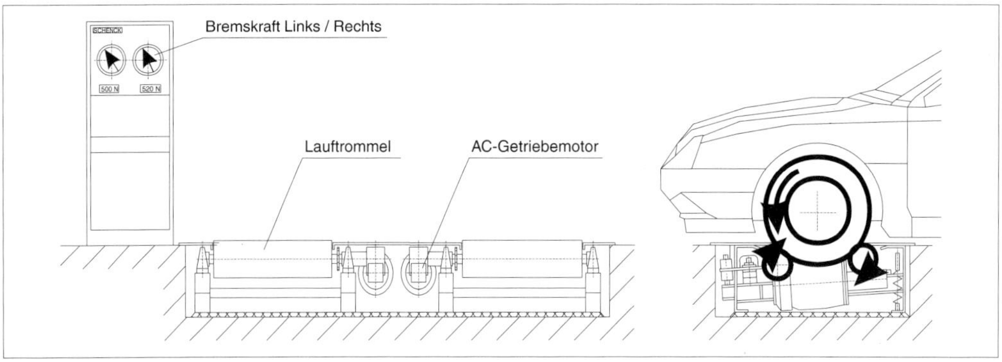

Bild 25-1 Rollenbremsenprüfstand

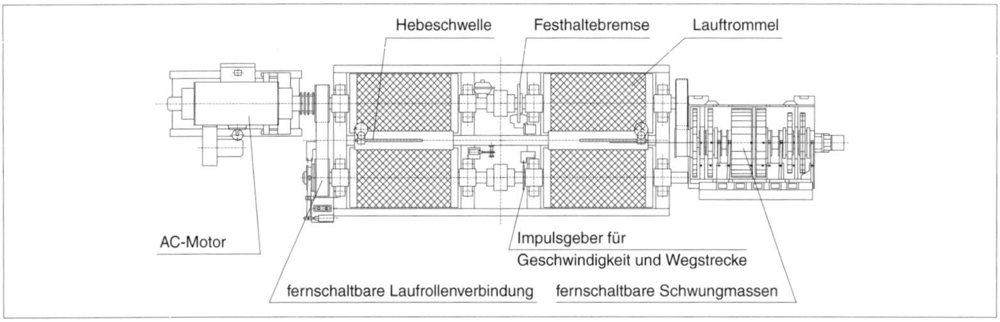

Bild 25-2 Prüfrollensatz mit fernschaltbarer Laufrollenverbindung und fernschaltbaren Schwungmassen

- Der Fahrer betätigt gefühlvoll das Bremspedal.
- Ein aufsteckbarer Pedalkraftmesser (0–500 N) ist optional verfügbar.
- Dynamische Bremskraft-Berechnung aus Rollenträgheit und $\mathrm{d}v/\mathrm{d}t$-Messung.
- Anzeige der Bremskraft je Rad und Kraftdifferenz L/R während der Bremsung.
- Berechnung und Anzeige der Abbremsung (%), bezogen auf das Fahrzeuggewicht.
- Schalten der ABS-Ventile durch Prüfstandseingriff auf den Fahrzeug CAN-Bus.
- Beobachtung der Bremskraft-Pulsation, z. B. verursacht durch ABS-Regelung.
- Automatisierte Protokollierung aller Prüfergebnisse auf Datenträger.

Diese Prüfstände dienen zur Qualitätssicherung im Automobilwerk, d. h. zur einfachen und schnellen Gesamt-Funktionsprüfung der kompletten, im Fahrzeug eingebauten Bremsanlage.
Das so gewonnene Prüfergebnis erlaubt eine exakte Aussage über die ausreichende und gleichmäßige Bremswirkung an allen vier Rädern, die Bremskraftverteilung auf die Vorder- und Hinterachse sowie die Systemreaktion auf das Schalten der ABS-Ventile.

25.3 Reibwert-Prüfstand zur Gütesicherung in der Belagproduktion

Damit im Automobilwerk oder später in der Werkstatt die Bremsen-Funktionsprüfung auf dem Rollenprüfstand zu guten Ergebnissen führt, muss zuvor die Qualität der einzelnen Bauteile sichergestellt werden.
Als typisches Beispiel für die Material- oder Bauteilprüfung sei der Reibwertprüfstand genannt.
Der Reibbelag (Scheibenbremsklotz/Trommelbremsbacke) ist das wesentliche Verschleißteil jeder Bremse. Je nach Fahrzeug und Fahrstil liegt seine Standzeit bei ca. 50 000 km.
Entsprechend groß sind der Ersatzteilmarkt und die Anzahl konkurrierender Belaghersteller.
Neben ausreichender Verschleißfestigkeit ist ein stabiler Reibwert „μ“ die wichtigste technische Eigenschaft eines Bremsbelages. Organisches Reibmaterial hat $\mu \approx 0{,}2 \ldots 0{,}4$.
Zur Ermittlung des μ-Wertes neuer Belag-Rezepturen und zur routinemäßigen Chargenprüfung des Belagwerkstoffs dient der sogenannte Reibwert-Prüfstand, Bild 25-3.

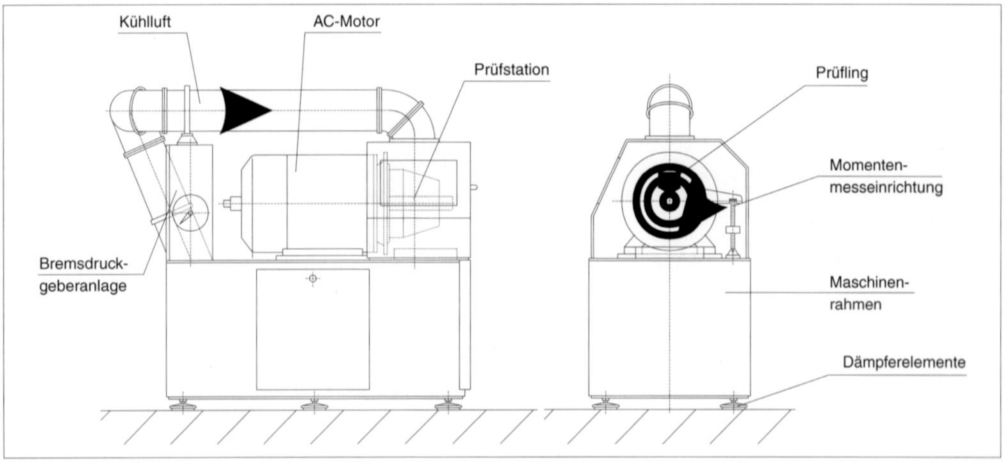

Bild 25-3 Reibwertprüfstand

Prüfablauf

- Als Prüfling dient eine Reibmaterialprobe im Format $\approx 50 \times 25 \times 15$ mm.
- Diese Probe wird in eine typische Scheiben- oder Trommelbremse eingesetzt.
- Diese Bremse ist auf einer rotierenden Prüfstandwelle montiert.
- Ein 50 KW starker AC-Getriebemotor treibt die Welle mit Drehzahl 0–1000/min.
- Eine servohydraulische Regelanlage betätigt die Bremse mit z. B. 10/20/40/80 bar.
- Reibmoment-Messung (M_{Bremse}) erfolgt über die pendelnde Abstützung der Bremse.
- Erfassung der Drehzahl (n), des Bremsdruck ($P_{\text{Hydraulich}}$) und der Belagtemperatur (°C)
- Berechnung des Reibwert
  $\mu = M_{\text{Bremse}}/2 \cdot R_{\text{Reib}} \cdot A_{\text{Kolben}} \cdot P_{\text{Hydraulisch}}$
- Automatisierte Anzeige und Protokollierung der Prüfergebnisse auf Datenträger

Der Reibwert-Prüfstand erlaubt die exakte Ermittlung des Reibwertes μ als Funktion der Drehzahl bzw. Reibgeschwindigkeit, des Anpressdrucks sowie der Temperatur an Belag und Scheibe.

25.4 Schwungmassen-Bremsenprüfstand für das F- und E-Prüffeld

Der Schwungmassen-Bremsenprüfstand ist die klassische Versuchsmaschine für die Arbeit in den Entwicklungsabteilungen der Reibbelag-, Bremsen- und Fahrzeughersteller, Bild 25-4.

Auf diesem Prüfstand kann die Bremse beliebigen, realen Lastzyklen unterworfen werden.

Als Prüfling dient die komplette Radbremse, bestehend aus Bremsscheibe, Sattel und Reibklotz, bzw. aus Bremstrommel, Trägerschild mit Bremszylinder und Bremsbacken samt Reibbelag.

Auf dem konventionellen Schwungmassen-Bremsenprüfstand wird der Bremsen-Stator (nicht rotierende Teile) an einer pendelnd gelagerten Bremsmoment-Messeinrichtung montiert.

Der Bremsenrotor (Scheibe oder Trommel) ist mit der rotierenden Prüfstandwelle verbunden. Die kine-

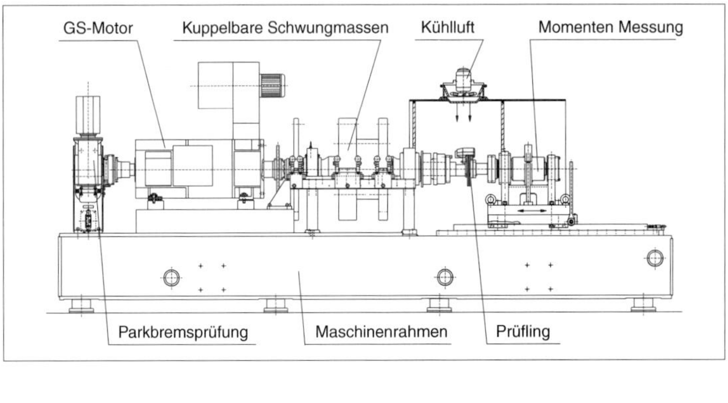

Bild 25-4 Schwungmassen-Bremsenprüfstand

tische Energie der Fahrzeugmasse wird über kuppelbare Schwungräder nachgebildet.
Ein ca. 200 KW starker Antriebsmotor beschleunigt die Maschine. Ein typischer Prüfzyklus besteht aus ca. 500–2000 Stopp- und Dauerbremsungen, die mit Hilfe eines speziellen Automatisierungssystems gesteuert, geregelt und erfasst werden.

Prüfablauf

- Maschine auf Ausgangsdrehzahl, z. B. 2000/min $\approx$ 150 km/h beschleunigen
- Prüfbremse mittels einer Druckregelanlage, z. B. mit 50 bar $\approx$500 Nm betätigen
- Die kinetische Energie der Schwungmassen $E_{\text{rot}}\,(\text{Nm}) = \frac{1}{2}\,I \cdot \omega_2$ wird in Reibungswärme an der Bremse $E_{\text{thermisch}}$ (Ws) umgewandelt.
- Alle wichtigen Parameter der Bremse, d. h. Drehzahl (n), Bremsdruck $(P_{\text{Hydraulisch}})$, das Bremsmoment (M_{Bremse}) und die Temperaturen (°C) werden gemessen.
- Der Reibwert $\mu = M_{\text{Bremse}}/2 \cdot R_{\text{Reib}} \cdot P_{\text{Hydraulisch}} \cdot A_{\text{Kolben}}$ wird berechnet.
- Automatisierte Anzeige und Protokollierung der Prüfergebnisse auf Datenträger.

Der Schwungmassen-Bremsenprüfstand erlaubt die exakte Messung aller physikalischen Parameter einer Bremse unter dem Einfluss realer Lastkollektive sowie die Ermittlung des Reibwerts μ.

25.5 Schwungmassen-Bremsengeräusch-Prüfstand

Das hohe Leistungspotenzial der heutigen Fahrzeuge verlangt nach größerer Bremsleistung auf gleichem Einbauraum (Radschüssel). Außerdem soll die reifengefederte Fahrzeugmasse möglichst gering bleiben. Daher werden die spezifische Belastung der Radbremse immer größer und zugleich die zugehörigen Achskonstruktionen immer leichter.

Mit dieser Entwicklung steigt die Anfälligkeit für die von der Bremse erregten Schwingungen „Bremsen-Quietschen (0,1–15 KHz) und Bremsen-Rubbeln (1–100 Hz)“.
Kombiniert mit den hohen Ansprüchen der Autokäufer und langen Garantiezeiten für Neuwagen, sind die Garantiekosten zur Beseitigung dieser Komfortprobleme stark angestiegen.
Die Reibbelag- und Bremsenhersteller haben in den vergangenen Jahren große Anstrengungen unternommen um diese Probleme zu lösen. Der Schwungmassen-Bremsengeräuschprüfstand (NVH-Bremsenprüfstand) ist dabei ein wichtiger Baustein.
Der Bremsengeräusch-Prüfstand folgt der Grundidee des konventionellen Schwungmassen-Bremsenprüfstands. Um jedoch die von der Bremse verursachten Schwingungen näher untersuchen zu können, muss die Bremse komplett mit Achsschenkel und Achsaufhängung, ja zum Teil sogar samt Fahrschemel und umgebender Karosserie als Prüfling betrachtet werden.
Zur Aufnahme dieser großvolumigen Baugruppen ist eine geräuschisolierte Prüfstation mit spezieller Bremsmomentmessung nötig. Klimamaschinen dienen dazu, den Einfluss der Luftfeuchte und Temperatur auf das Schwingungsverhalten der Bremse zu untersuchen.
Mit schneller Messtechnik auf PC-Basis können sowohl das hörbare Bremsen-Quietschen, als auch der von den Reibpartnern erregte Körperschall und dessen Übertragung in die Achsstruktur erfasst und analysiert werden. Spezielle Geräuschsuchprogramme erleichtern das Auffinden der Problemzonen.

25.6 Fahrzeug-Bremsen NVH-Prüfstand

Zur Beseitigung des störenden Bremsen-Quietschens oder -Rubbelns innerhalb der Garantiezeit werden oftmals die Bremsbeläge und Bremsscheiben ausgetauscht. Dies verursacht hohe Kosten und somit

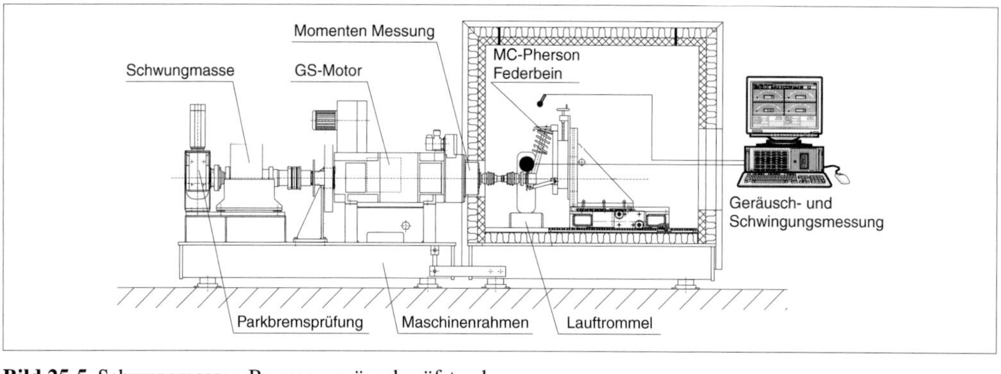

Bild 25-5 Schwungmassen-Bremsengeräuschprüfstand

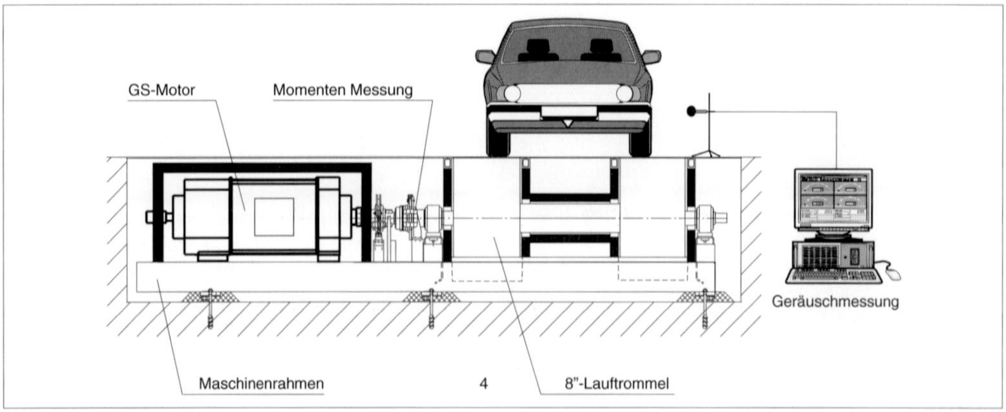

Bild 25-6 NVH-Prüfstandsaufbau

Leidensdruck bei allen führenden Bremsenherstellern.

Um möglichst nahe an die realen Einsatzbedingungen der Fahrzeugbremse heranzukommen und trotzdem die Nachteile des Fahrversuchs auszuschließen, werden in jüngster Zeit sogenannte Fahrzeug-Bremsen NVH-Prüfstände realisiert, Bild 25-6.

Die Grundidee folgt dem in Kapitel 25.5 beschriebenen Schwungmassen-Bremsengeräusch-Prüfstand. Es wird jedoch das komplette Fahrzeug als Prüfling betrachtet und in einer klimatisierten, geräuschbedämpften Prüfkammer auf einem Rollenprüfstand betrieben.

Der störende Verbrennungsmotor bleibt dabei ausgeschaltet. Die Prüfbremse wird mittels einer hydraulischen Bremsdruck-Geberanlage gefühlvoll betätigt.

Spezielle NVH-Prüfprogramme erlauben innerhalb von wenigen Tagen ein automatisches Suchen, Erfassen und Analysieren aller Schwingungserscheinungen an der Radbremse.

Mit diesem Prüfstand können sowohl die von der Bremse bei verschiedensten Arbeitspunkten und Umweltbedingungen erregten Schwingungen erfasst, als auch deren Übertragung auf die Fahrzeugachse und die Karosserie untersucht werden. In Bild 25-7 und 25-8 sind beispielhaft Prüfergebnisse eines NVH-Bremsenprüfstandes dargestellt.

25.7 Simulation anstatt „Trial and Error“ auf dem Bremsenprüfstand

Die unter Kapitel 25.2–25.6 skizzierten Maschinen und Methoden zur Entwicklung und Qualitätssicherung leistungsfähiger und komfortabler Fahrzeugbremsen erfordern hohe Investitionen und verursachen nachfolgend beachtliche Betriebskosten.

Die auf dem Prüfstand gewonnenen Erkenntnisse sind erst sehr spät verfügbar, d. h. nachdem zumindest ein Prototyp konstruiert, gefertigt und erprobt wurde.

Insbesondere bei den NVH-Problemen bleibt dann oft nur noch die späte und teuere Lösung mithilfe von Sekundärmaßnahmen, wie z. B. Zusatzmassen und Dämpfungsblechen.

Zielführender ist es die Problemzonen und deren Ursache und Wirkzusammenhänge frühzeitig zu erkennen und schon in der Konstruktionsphase für Abhilfe sorgen.

Die thermische Auslegung einer Reibungsbremse basiert hierbei auf den Berechnungsmethoden der klassischen Wärmelehre. Auch die mechanische Dimensionierung der hoch belasteten Bremsenbauteile funktioniert spätestens seit Einführung der Finite-Elemente-Berechnung FEM sehr elegant und zuverlässig.

Dagegen steckt die rechtzeitige mathematische Schwingungsanalyse noch in den Anfängen.

Durch die Verknüpfung von CAD- und FEM-Daten mit leistungsfähigen Simulationsprogrammen wie z. B. MATLAB® und Simulink® ist es heute jedoch möglich, schon in einer frühen Projekt- bzw. Konstruktionsphase hinreichend zuverlässige Erkenntnisse über das Schwingungsverhalten der kompletten Bremse (bestehend aus z. B. Sattel, Scheibe, Radnabe, Achsschenkel) und die Körperschall-Übertragung auf Resonanzkörper an der Fahrzeugachse zu gewinnen.

Dieser integrale Ansatz ist im Vergleich zu Trial and Error mit Hilfe von aufwändigen Prüfstandsversuchen kostensparend und zukunftsorientiert.

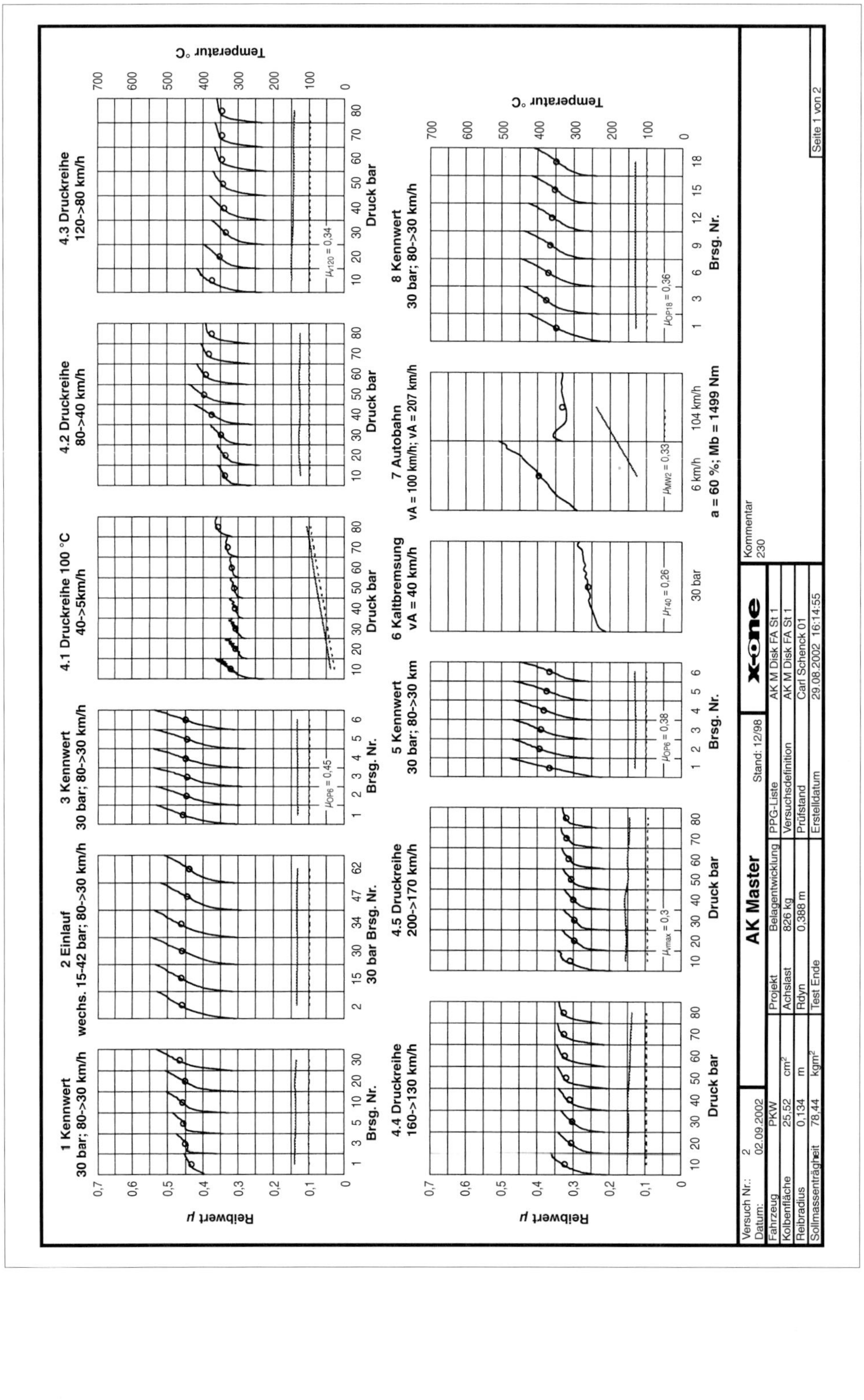

Bild 25-7 Prüfergebnis vom NVH-Bremsenprüfstand (Teil 1)

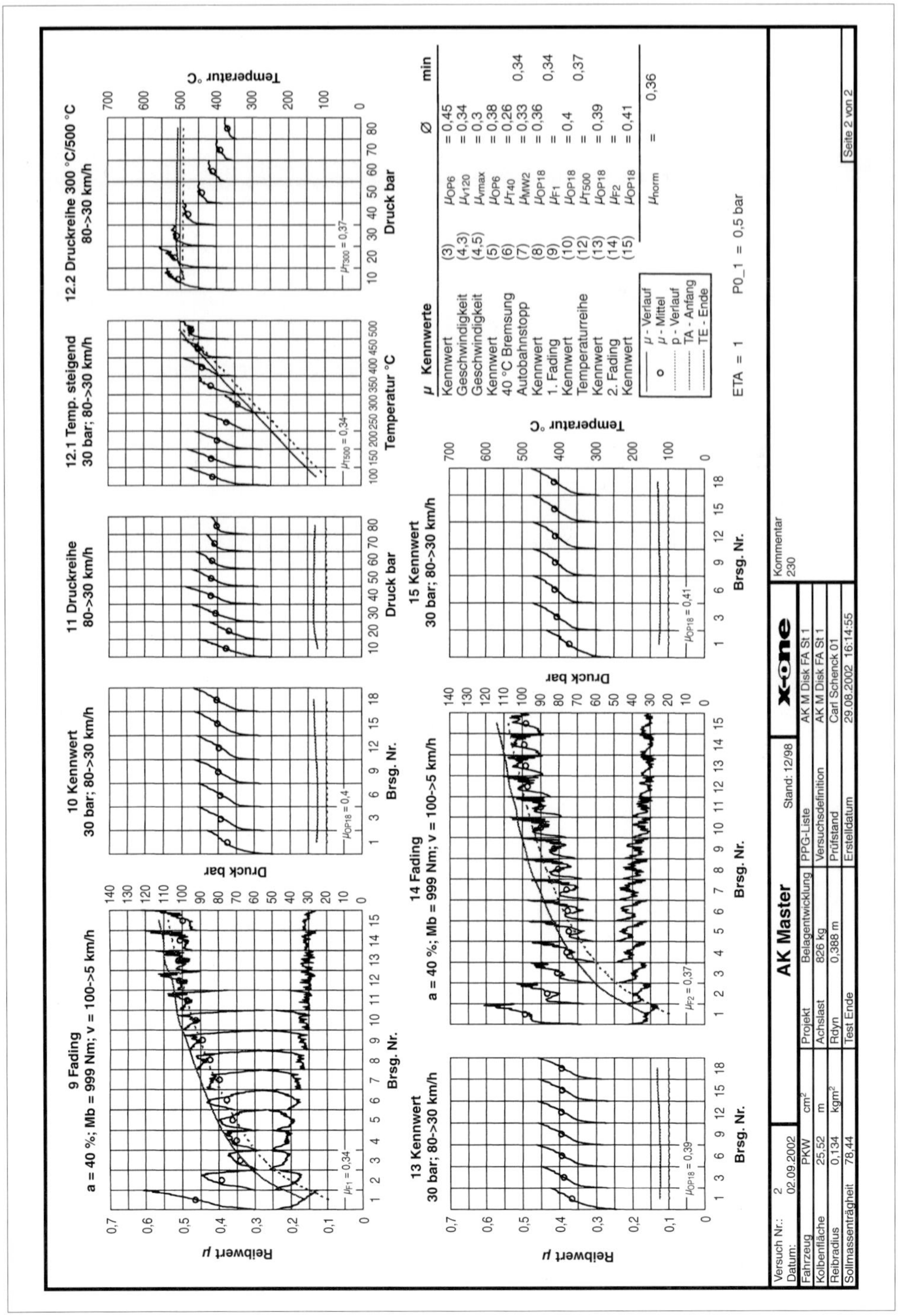

Bild 25-8 Prüfergebnis vom NVH-Bremsenprüfstand (Teil 2)

26 Sicherheit und Zuverlässigkeit von Bremsanlagen

26.1 Die Bremse als Fehlerquelle

Neben der Lenkung nimmt die Bremsanlage im Automobil sicherheitstechnisch in gleicher Weise die höchste Rangstufe ein. Selbst Oldtimer im Automobilbau waren daher bereits in den Anfängen zumindest mit zwei unabhängigen Bremsanlagen, der Betriebsbremse und der Feststellbremse ausgerüstet. Teilweise waren diese Bremsen jedoch nicht unabhängig voneinander, sondern nutzten gemeinsame Teile oder gemeinsame Bremsflächen, so dass der Bruch des gemeinsam genutzten Teiles zum Totalausfall der Bremse führen konnte. Bis zur gesetzlichen Einführung der EG-Richtlinien für Bremsanlagen enthielten die nationalen Bestimmungen keine Hinweise, dass in einem Kraftfahrzeug alle Räder gebremst sein müssen. Ebenso wenig wurde ein Nachweis für eine, – auch für verschiedene Lastfälle –, automatisch angepasste Bremskraftverteilung auf die Achsen eines Fahrzeuges verlangt.

Zu den damaligen lückenhaften gesetzlichen Bauvorschriften gesellten sich entsprechend dem jeweiligen Entwicklungsstand auftretende Materialprobleme. Korrodierende Bremsleitungen, empfindliche Trommelbremsen mit hoher Selbstverstärkung und hohe Betätigungskräfte bei schweren Fahrzeugen schränkten die Sicherheit der damaligen Fahrzeugbremsen ein.

Neben der Fortschreibung der gesetzlichen Regelwerke wurde auch durch weitere technischen Verbesserungen ein erheblicher Sicherheitsgewinn bei konservativen Bremsanlagen erreicht:

- Einführung der Scheibenbremse
- Bessere Kühlung der Radbremsen
- Komfortable Bremskraftunterstützung
- Sinnvolle Verteilung der Bremskräfte auf die Fahrzeugachsen
- Abgestimmtes Bremsverhalten bei Nutzfahrzeugzügen mit Druckluftbremsen
- 2-kreisige Betriebsbremsanlagen
- Materialverbesserungen bei Bremsleitungen, Dichtungen und Reibpaarungen

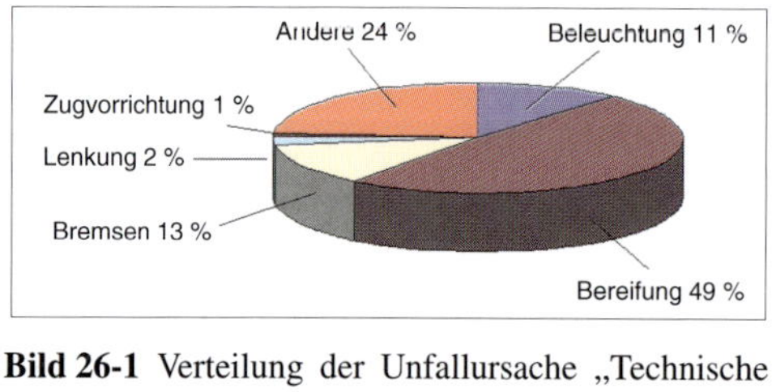

Bild 26-1 Verteilung der Unfallursache „Technische Mängel" bei Unfällen mit Todesfolge 2001 [1]

- Automatisch lastabhängige Bremsdruckregelung
- Automatische Nachstelleinrichtungen
- Allradbremsen
- Zweileitungsbremse zum Anhänger

Dennoch nimmt die Bremsanlage bei den durch technische Mängel verursachten tödlichen Unfällen immer noch Platz 2 hinter der Unfallursache Reifenmängel ein (Bild 26-1).

26.1.1 Sicherheitsbetrachtungen an konservativen Bremsanlagen

Ausgehend von den Erfahrungen im Maschinenbau ging man auch bei Bremsanlagen sicherheitstechnisch zunächst von einer 1-Fehlerbetrachtung aus und akzeptierte, dass bestimmte Teile wie das Bremspedal (da nur einmal vorhanden) als ausfallsicher anzusehen sind. Gleichwohl kann aber auch hier nicht von einer 100-prozentigen Sicherheit ausgegangen werden; Totalausfälle von Bremsanlagen können auftreten, wenn z. B. Durchrostungen am Stehblech zum Lösen des Bremspedals führen oder durch fehlerhafte Reparaturen am Hauptzylinder als „schlafender" Fehler die Trennung der beiden Betriebsbremskreise nicht mehr sichergestellt ist und bei einem Kreisausfall die gesamte Betriebsbremse versagt [2].

Grundlage für die Betrachtungsweise der Dauerfestigkeit bestimmter Teile sind u. a. die Ansätze für die Untersuchung der Dauerfestigkeit nach Wöhler bzw. DIN 50100 [3]. Zur Ermittlung der Dauerfestigkeit bestimmter Werkstoffe und Gestaltfestigkeit von Bauteilen werden Proben Dauerschwingversuchen unterzogen (Bild 26-2). Dabei wird unterschieden in

- Druckmäßiger Schwellbereich
- Wechselbereich
- Zugmäßiger Schwellbereich

Aus mehreren gleichwertigen Proben können im Dauerschwingversuch die Dauerfestigkeit bestimmter Werkstoffe sowie die Gestaltfestigkeit fertiger Bauteile ermittelt werden. Mit Erhöhung der Schwingungsamplitude kann damit die höchste Beanspruchung gefunden werden, der der Werkstoff unendlich lange widersteht. Die sich daraus ergebende „Wöhlerkurve" liefert zuverlässige Aussagen über die Dauerbelastbarkeit einer bestimmten Probe (Bild 26-3).

Für verschiedene Bereiche unterhalb der Wöhlerkurve können folgende Festigkeiten abgeleitet werden:

A: Kurzzeitfestigkeit
B: Zeitfestigkeit
C: Dauerfestigkeit

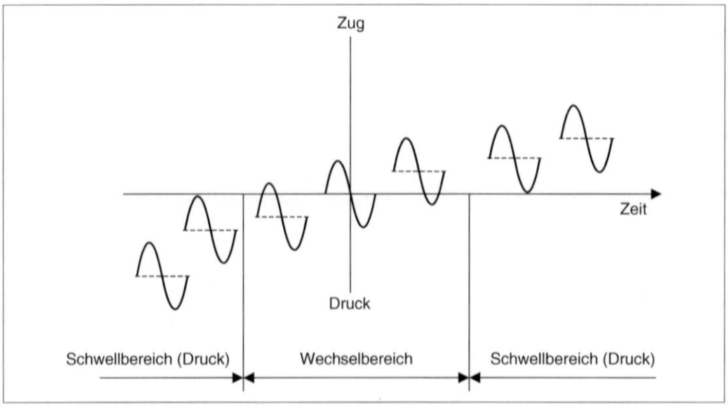

Bild 26-2 Belastungsbereiche im Dauerschwingversuch

Belastungen von Bauteilen im Fahrzeug werden anhand von realitätsnahen Versuchsläufen ermittelt. Neben den festgeschriebenen Standards in allgemeinen Normen zu Festigkeitsuntersuchungen legen die Fahrzeughersteller durch eigene Werknormen aufgrund eigener Erfahrungen vielfach spezifische Anforderungen an bestimmte Bauteile fest. Dies dient insbesondere der Optimierung von Bauteilen hinsichtlich ihres Gewichtes und Bauvolumens. Dabei ist es nicht unüblich, dass auch für sicherheitsrelevante Bremsenbauteile der sichere Bereich der Dauerfestigkeit verlassen wird und die Eigenschaften des Bauteiles aus Gründen der Optimierung des Bauteiles hinsichtlich Gewicht und Form sich mehr in den Bereich der Zeitfestigkeit verlagern (Bild 26-3).

Dabei sind die bisherigen Erfahrungen mit konservativen Werkstoffen und Bauteilen von Nutzen; durch verfeinerte, realitätsnahe Prüfverfahren können somit auch sicherheitsrelevante Bauteile einem weiteren Optimierungsprozess zur Gewichts- und Volumenreduzierung unterzogen werden, ohne wesentliche sicherheitstechnische Lebensdauereinschränkungen hinnehmen zu müssen.

Weitverbreitet ist die Darstellung der Dauerfestigkeitsgrenzen in einem Schleifenschaubild nach Smith (Bild 26-4), das sich aus den Grenzwerten der Wöhlerkurve ergibt. Die Normierungen und Übertragung der Versuchsergebnisse in dieses Schaubild sind in DIN 50100 [3] festgelegt.

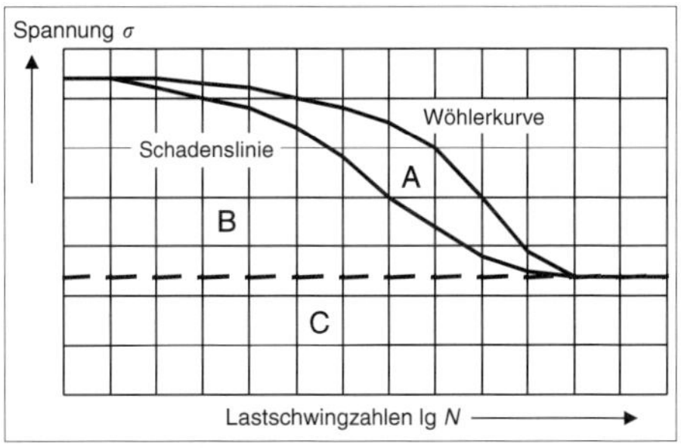

Bild 26-3 Wöhlerkurve

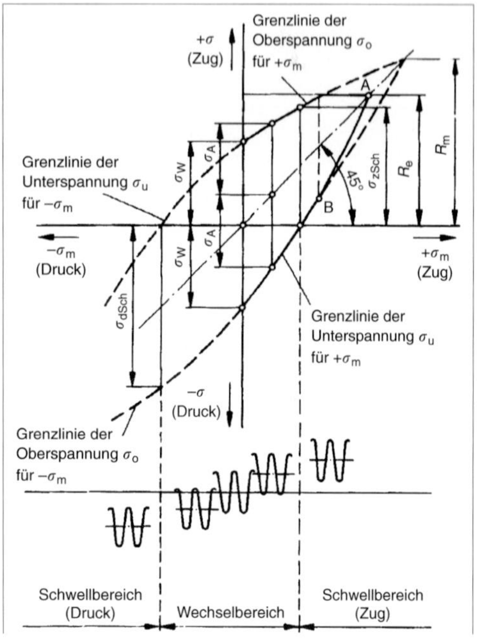

Bild 26-4 Dauerfestigkeitsschaubild nach Smith (Schema)

σ_m = Mittelspannung

σ_{Sch} = Schwellfestigkeit

σ_A = Spannungsausschlag

R_e = Streckgrenze

σ_W = Wechselfestigkeit

R_m = Zugfestigkeit

26.1.2 Sicherheitsbetrachtungen an Bremssystemen neuerer Technologien

Die unter 26.1 aufgeführten einfachen Sicherheitsbetrachtungen für konservative Bremsanlagen lassen sich in dieser Art nicht auf moderne elektronisch ge-

steuerte Bremsanlagen oder auf Bremsanlagen mit nichtmetallischen Werkstoffen (Keramik, Kohlefaser etc.) anwenden. Neben den vielfältigen Belastungen einer Bremsanlage ist zusätzlich die funktionale Sicherheit des gesamten Bremssystems zu untersuchen.
Der Gesetzgeber hat hierzu reagiert und in den Neufassungen der einschlägigen internationalen Regelwerke über Bremsanlagen und Lenkanlagen jeweils einen Anhang über die Anforderungen hinzugefügt, die auf Sicherheitsaspekte komplexer elektronischer Fahrzeugsteuerungssysteme anzuwenden sind [4]. Wesentlich darin ist die Offenlegung und Verifizierung des Sicherheitskonzeptes, das der Hersteller für das System zugrundelegt. Die Begutachtung umfasst dabei folgende Schritte:

- **Dokumentation**
  - Systemkonzept, Funktion, Eingangs-, Ausgangsvariable, Sensoren
  - Angaben zur technischen Überwachung
  - Komponenten, Funktion, Schnittstellen, Signalfluss
  - Identifikation
  - Sicherheitskonzept, Software-Tools, Fehlervorkehrungen
  - Analyse des Fehlerverhaltens, z. B. FMEA (Failure Mode Effect Analysis)
  - Informationen zum Fehlerzustand für Fahrer und/oder Personen im Servicebetrieb oder in der Technischen Überwachung
- **Verifizierung/Tests**
  - Verifizierung der Systemleistung
  - Verifizierung des Sicherheitskonzepts

Mittels mathematischer Modelle können die Fehlerwahrscheinlichkeit, Verfügbarkeit und Sicherheit komplexer elektronischer Systeme analysiert werden. Als Verfahren wird dabei die Modellierung von Systemen über sogenannte Markov-Ketten eingesetzt [5]. Grundsätzlich erstreckt sich eine FMEA für industrielle Produkte auf folgende Bereiche, Tabelle 26.1 [6]:

26.1.2.1 Zuverlässigkeit von Systemen

Der Gesetzgeber hat bewusst keine Quantifizierungen zur Zuverlässigkeit sicherheitsrelevanter Systeme angegeben. Man geht vielmehr von dem Ansatz der Fehlertoleranz (Fail-Safe) aus, wo schadentolerante Konstruktionen sicherstellen, dass ein System trotz eines Fehlers im sicheren Zustand verbleibt. Im Falle von Bremsanlagen kann dies z. B. die verminderte Leistungsfähigkeit des Systems (Hilfsbremswirkung) bei Ausfall eines Bremskreises sein.
Zur Betrachtung der Zuverlässigkeit werden folgende Größen definiert:

- $R(t)$: Zeitabhängige Funktion der Zuverlässigkeit als Maß für die Fähigkeit, dass eine Systemeinheit ihre definierte Funktion unter den angegebenen Randbedingungen erfüllt
- MTBF: Mean Time Between Failures, Mittlere Betriebsdauer zwischen zwei Ausfällen
- λ: Reziproker Wert vom MTBF

Unter Zugrundelegung einer konstanten Ausfallrate folgt hieraus die Zuverlässigkeit als Funktion der Betriebszeit:

$$R(t) = \mathrm{e}^{-\lambda t} \tag{26.1}$$

Je nach Systemausführungen ergeben sich folgende Grundformen von Zuverlässigkeiten, die sich aus den Blockdiagrammen berechnen lassen:

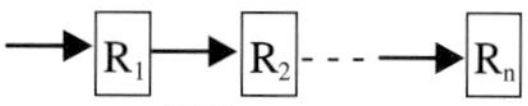

$$R(t) = \prod_{i=1}^{n} R_i \tag{26.2}$$

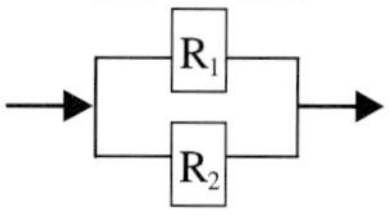

$$R(t) = R_1 + R_2 - R_1 \cdot R_2 \tag{26.3}$$

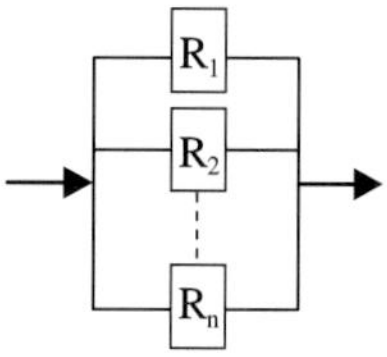

$$R(t) = \sum_{i=1}^{n} \binom{n}{i} \cdot R^i \cdot (1 - R)^{n-1} \tag{26.4}$$

Tabelle 26.1 Analyse elektronischer Systeme

Verfahren	Objekt	Ziel	Grundlagen
System-FMEA	Fahrzeugsysteme (z. B. El. Bremsanlage)	Sicherstellen der Funktion, Zuverlässigkeit und Sicherheit nach Lastenheft	Systemkonzept
Produkt-FMEA	einzelne Bauteile (z. B. Sensoren)	Sicherstellen der Eigenschaften, Gestaltung und Auslegung nach Lastenheft	Konstruktionsunterlagen
Prozess-FMEA	Schritte im Fertigungsprozess (z. B. von Prüfpunkt zu Prüfpunkt)	Sicherstellen einer fehlerfreien Fertigung	Fertigungspläne

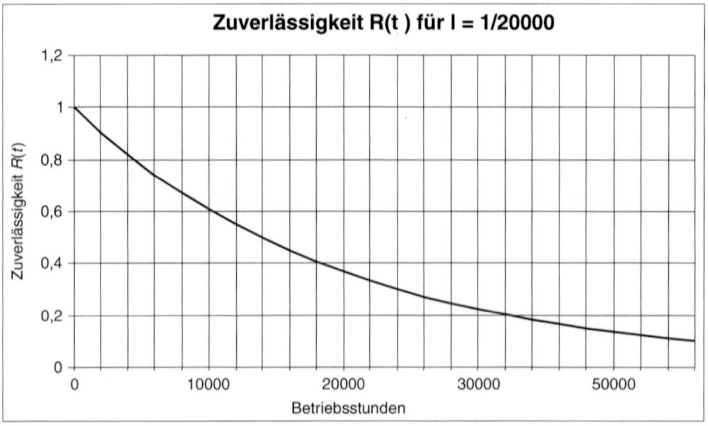

Bild 26-5 Zuverlässigkeitsfunktion für ein System mit MTBF von 20000 h

Ausgehend von den Einzelsystemen lässt sich dann eine Zuverlässigkeitsfunktion für ein Gesamtsystem wie folgt beispielhaft darstellen (s. Bild 26-5):

26.1.2.2 Verfügbarkeit von Systemen

Wie bereits unter 26.1.2.2 erwähnt ist für die sicherheitstechnische Beurteilung eines Systems eine Gesamtsystembetrachtung erforderlich, die auch berücksichtigt, ob bei Fehlern in Teilsystemen die Verfügbarkeit des Gesamtsystems (u. U. mit Einschränkungen) weiterhin gewährleistet ist. Sofern bei Fremdkraftbremsanlagen die Energieversorgung ausfällt, ist zunächst die Anlage weiterhin „verfügbar" und Warnhinweise zeigen dem Fahrer an, dass bei weiterer Benutzung der Bremsanlage es letztendlich zu einem Totalausfall der Bremsanlage kommen kann. Der Gesetzgeber verlangt in der Systemauslegung neben den Warnhinweisen in diesem Falle keine weiteren Maßnahmen, da bei gänzlicher Erschöpfung der Fremdkraftenergie letztendlich noch ein letzter Notanker in Form der Feststellbremse zur Verfügung steht, die aus diesem Grunde auch während der Fahrt betätigbar sein muss. Anders sieht es z. B. bei Lenkanlagen aus, wo der Gesetzgeber verlangt, dass ein Fahrzeug lenkbar sein muss solange es fährt; hier sind also vom Hersteller besondere Zusatzmaßnahmen vorzusehen, die vor einem Totalausfall der Lenkanlage das Fahrzeug in einen sicheren Zustand bringen. Dies kann z. B. durch einleitende haptische Maßnahmen wie künstlich erzeugte Vibrationen am Lenkrad mit nachfolgender Zwangsbremsung bis zum Stillstand erfolgen.

26.1.2.3 Anforderungen an sicherheitsgerichtete elektronische Systeme

Grundlegende Anforderungen an sicherheitsrelevante elektronische Systeme zu den Bereichen:

- Primäre elektrische Sicherheit
- Funktionale Sicherheit
- Umweltverträglichkeit
- Umgebungseinflüsse

sind im Detail in einschlägigen Normen, Regelungen oder Herstellerstandards festgelegt.
Die ganzheitliche Betrachtungsweise von sicherheitsrelevanten elektronischen Systemen verlangt einen strukturierten Ansatz, der ausgehend von einer beginnenden Festlegung der Systemanforderungen über die Risikoanalyse (Bild 26-6) zu bestimmten Sicherheitsanforderungen führt:
Die systematische Vorgehensweise (Bild 26-7) bei den Systemüberprüfungen lässt sich mit den Rückwirkungen in den Zwischenschritten wie folgt darstellen [7]:

Systemanforderungen/Lastenheft

Wegen der hohen Komplexität heutiger sicherheitsrelevanter elektronischer Systeme sollte die Prüfung bereits entwicklungsbegleitend bei der Erstellung des Lastenheftes erfolgen. In dieser Phase werden alle Anforderungen an das System definiert. Grundlegende Fehler durch missverständliche Anforderungen, mangelnde Kenntnis oder Fehlinterpretationen von Normen und Regelungen können somit vermieden werden.

Risikoanalyse (Bild 26-6)

Mit der Risikoanalyse wird über Anforderungsklassen die Sicherheitsrelevanz des Gesamtsystems festgelegt. Außerdem erfolgt hier die Definition des sicheren Zustands; dabei sind für jede kritische Funktion des Systems die möglichen Fehlerfunktionen zu betrachten und die entsprechenden Parameter zu definieren.

Prüfung der Systemstruktur

Die Analyse der Systemstruktur auf Blockschaltbildebene erfolgt mittels System-FMEA (s. 26.1.2). Dabei werden Fehlermodelle nach den einschlägigen

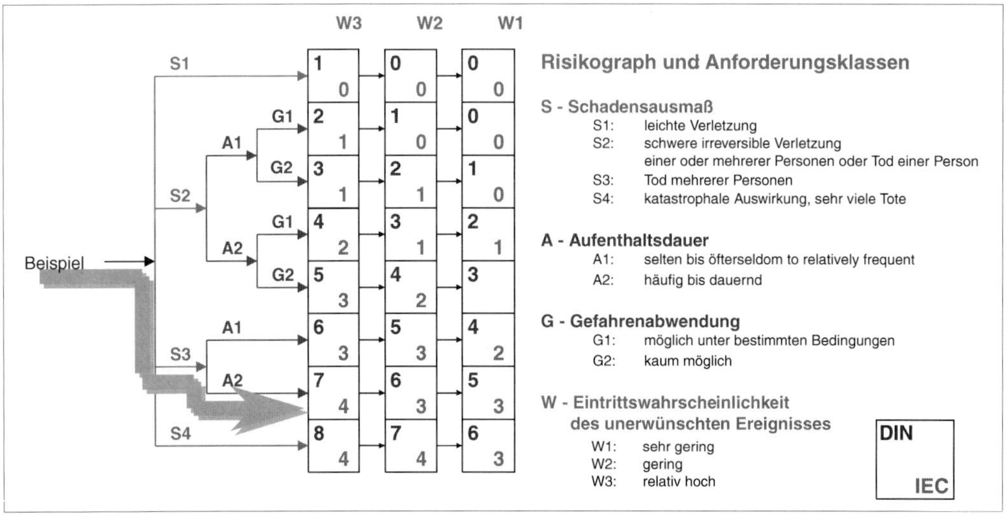

Bild 26-6 Risikograph und Anforderungsklassen

Normen (DIN V VDE 0801 bzw. IEC 61508) angewendet. Die System-FMEA soll das gesamte System ausgehend von der Sensorik über Verarbeitungseinheit bis hin zur Aktuatorik umfassen. Die komplette Untersuchung der Sicherheitsfunktionen wird gestützt durch gleichzeitige Definition der Testszenarien, um die theoretischen Ergebnisse im Rahmen der Validierung zu bestätigen.

Prüfung der Hardware

Auch im Bereich der Hardware-FMEA kommen einschlägige Fehlermodelle zur Anwendung. Eingebunden werden dabei auch Sensoren und Aktuatoren. Benachbarte Systeme (z. B. Verbindungen über CAN-BUS-Systeme) müssen zumindest hinsichtlich ihrer Rückwirkungsfreiheit betrachtet werden.

Prüfung der Software

Voraussetzung für die Software-Prüfung ist die Klärung folgender sicherheitsrelevanter Grundsatzfragen:

- Bearbeitet die Software alle zugeordneten Sicherheitsfunktionen gemäß Anforderungsspezifikation?

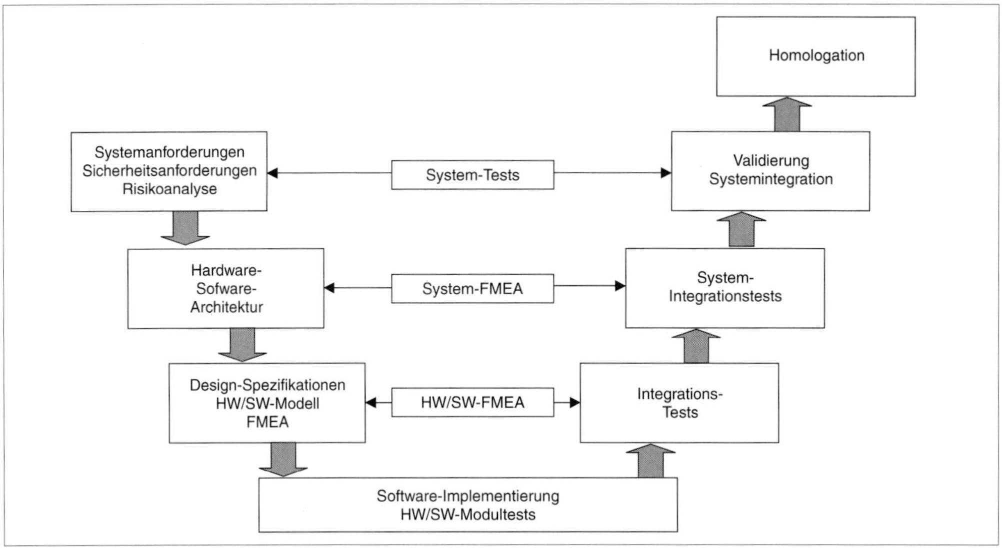

Bild 26-7 V-Modell der Systemüberprüfung

- Welche qualitätssichernden Maßnahmen zur Fehlervermeidung werden während Design und Implementierung angewandt?
- Welche Maßnahmen zur Fehlerbeherrschung (Assertions, defensive programming etc.) sind spezifiziert?
- Welche Testfälle decken die zu prüfende Sicherheitsanforderung ab?

Sinnvollerweise wird die Software für die weitere Betrachtung in die Bereiche „Funktionale Software", „Selbsttest und Diagnose-Software" und „Betriebssysteme" unterteilt. Die Prüfungen dieser Bereiche werden ebenfalls durch anerkannte Verfahren (Software Criticality Analysis) und Normen unterstützt.
Aus Erfahrung zeigt sich, dass besonderes Augenmerk auf Test- und Überwachungsfunktionen zu richten ist.

26.2 Schlankes Testen („Lean Testing") in der Fahrzeugindustrie

Mit den komplexer werdenden Prüfungen, die im Rahmen der Typbegutachtung neuer Fahrzeugtypen durchzuführen sind, stellt sich die Frage der aufwandsoptimierten Abwicklung dieser Aufgabe für Fahrzeughersteller und akkreditierte Technische Dienste. Aus Gründen einer zulassungsrechtlich abgesicherten Entwicklung eines neuen Fahrzeugtyps empfiehlt es sich grundsätzlich, Fragen der Konformität zu bestehenden gesetzlichen Bestimmungen bereits während der Fahrzeugentwicklung zu klären, um spätere Korrekturmaßnahmen zu vermeiden. Das Modell des „Lean-Testing" (Bild 26-8) umfasst dabei die Nutzung von Informationen über das gesamte Autoleben und vermeidet Doppelarbeiten im Bereich der Vorbereitung und Abwicklung von Typprüfungen:

26.2.1 Begleitung der Entwicklungsphase

Schon im Bereich der Entwicklungsphase eines neuen Fahrzeugs sind zahlreiche Grundsatzfragen der gesetzlichen Konformität von Belang. Insbesondere sind solche Problemkreise einzugrenzen, die massiven Einfluss auf die spätere Serienfertigung ausüben. Banale Dinge wie der Platz für das hintere Kennzeichen können bei fehlerhafter Festlegung massive Auswirkungen auf Werkzeuge der späteren Serienproduktion ausüben. Mit der Verlagerung der Entwicklungsarbeiten zum Zulieferer ergeben sich weitere Aufgaben zur Produktabsicherung, die sinnvollerweise von neutralen Stellen begleitet werden sollten.

26.2.2 Die Homologation (Typbegutachtung)

Mit „Start of Production" (SoP) müssen für die reibungslose Auslieferung eines Fahrzeuges alle betreffenden Zulassungsdokumente für das jeweilige Land vorliegen. Hierzu bedarf es einer exakten Planung auf der Basis des Projektmanagements. Dabei können Ergebnisse aus den entwicklungsbegleitenden Tätigkeiten für die Typbegutachtung kostengünstig verwendet werden und Doppelarbeiten vermieden werden. Rechtzeitige Klärung von Grundsatzfragen räumen dem Entwicklungsingenieur ausreichend Zeit für seine Arbeiten ein.
Im Zeitalter des „Rapid Prototyping" mittels computergestützen virtuellen Systemen wird sich auch das Verfahren der Typbegutachtung verändern. Dabei ist zu berücksichtigen, welche Software-Werkzeuge zur Anwendung kommen und welche Verfahren zur Validierung der Simulationsprozesse geeignet sind. Mit dem Verfahren des virtuellen Prototypings ergeben sich außerordentliche Einsparpotenziale und Zeitvorteile für die Automobilindustrie.

26.2.3 Erfahrungen aus dem Feld

Mit der europäischen Gruppenfreistellungsverordnung (GVO) [8] wird nicht nur für den Bereich der Verkaufsniederlassungen für Fahrzeuge deregulierend in die derzeitigen Markenbindungen eingegriffen, sondern auch massiv im Bereich der Werkstatt- und Servicedienstleistungen. Aus diesem Grunde müssen zukünftig die für die Wartung und Reparatur eines Fahrzeuges erforderlichen Daten allgemein

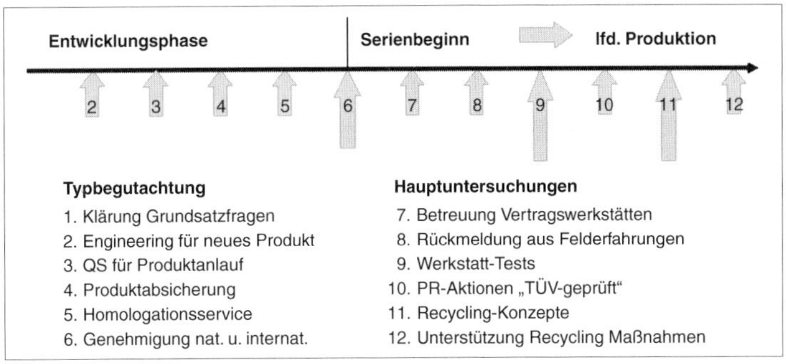

Bild 26-8 „Lean-Testing" in der Fahrzeugindustrie

verfügbar sein. In der EG-Richtlinie 98/69/EWG, wo bereits die Onboard-Diagnose festgeschrieben ist, heißt es hierzu in Artikel 4:
Die Kommission legt dem Europäischen Parlament und dem Rat bis zum 1. Januar 2000 einen Bericht über die Erstellung eines elektronischen Standardformats für Reparaturinformationen vor, das den einschlägigen internationalen Normen Rechnung trägt.

Mit der angestrebten Öffnung des Marktes geht den Fahrzeugherstellern aber auch ein strukturierter Rücklauf von Erfahrungsdaten aus dem Feld der in Verkehr befindlichen Fahrzeuge verloren. Alternativ könnte bei einer zukunftsorientierten technischen Überwachung der Fahrzeuge auf die dort gewonnenen Ergebnisse zurückgegriffen werden. Mithilfe computergestützter Abfragen kann dabei sogar auf spezielle Untersuchungswünsche der Fahrzeughersteller eingegangen werden. Gleichzeitig lässt sich die vielfältige Struktur zukünftiger Werkstattnetze durchleuchten und deren Qualität analysieren.
Erfahrungen in der technischen Überwachung bieten wertvolle Hilfe aus dem Feld. Entwicklungsingenieure können diese Informationen zur Verbesserung der Produkte und zur Absicherung der vielfältigen Anforderungen aus dem sich permanent ändernden betrieblichen Umfeld nutzen.

26.3 Entwicklung von Test- und Prüfgrundlagen

Im nationalen Bereich der StVZO (Straßenverkehrs-Zulassungsordung) werden die Inhalte der wiederkehrenden Untersuchungen nach § 29 für Bremsanlagen im wesentlichen in 2 Richtlinien festgelegt:

- Richtlinie für die Durchführung der Hauptuntersuchung und die Beurteilung der dabei festgestellten Mängel am Fahrzeug
- Richtlinie für die Prüfung der Bremsanlagen von Fahrzeugen bei der Hauptuntersuchung

Zusätzlich wird für Kraftomnibusse und schwere Nutzfahrzeuge eine Sicherheitsprüfung durchgeführt. Im Rahmen der Hauptuntersuchung sind insgesamt 37 Prüfpositionen für Bremsanlagen vorgegeben; die Untersuchungen erstrecken sich dabei auf Wirk-, Sicht- und Funktionsprüfungen.
Die Ergebnisse aus im Jahr 2001 (Bild 26-9) durchgeführten Hauptuntersuchungen zeigen, dass mit zunehmendem Fahrzeugalter die Mängel an den Bremsanlagen stark zunehmen. Absolut gesehen überwiegen Mängel an der hinteren Betriebsbremse, an der Feststellbremse und den Bremsschläuchen. Die weite Verbreitung der Scheibenbremse zumindest an der Vorderachse von Fahrzeugen wirkt sich positiv in Form von geringen Mängelraten aus. Die bei der Hauptuntersuchung festgestellten Mängel können nur unzureichend oder gar nicht durch fahrzeuginterne Eigendiagnose-Systeme erfasst werden. Wirk- und Sichtprüfungen werden daher auch in Zukunft die grundlegende Basis für die Durchführung von Hauptuntersuchungen darstellen.

26.3.1 Weiterentwicklung der Hauptuntersuchung

Spätestens mit der Einführung von automatischen Blockierverhinderern (ABV) stellte sich die Frage der Überprüfbarkeit der Funktion und Wirkung elektronischer Sicherheitssysteme im Rahmen der Hauptuntersuchungen. Üblicherweise erfolgt dabei die Kontrolle lediglich über die Funktion der Warnleuchte ohne weitere Wirkprüfung.
Aus zahlreichen Untersuchungen [10] ist ersichtlich, dass insbesondere bei stressartigen Regelvorgängen (z. B. μ-Sprung) ABV-Systeme fehlerhaft reagieren, die Fehler aber nicht durch die Selbstdiagnose erkannt werden (Bild 26-10). Umgekehrt werden Fehler zwar im Fehlerspeicher abgelegt, jedoch wird der Fahrer nicht über die Warnleuchte informiert. Die weitaus größte Fehlerrate ist bei den Radsensoren zu

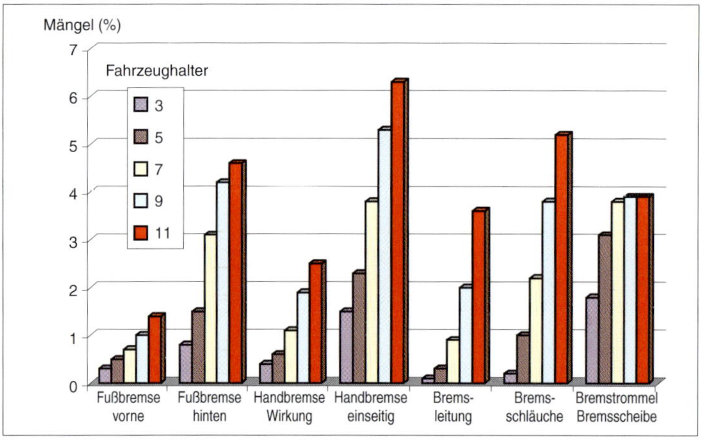

Bild 26-9 Durchschnittliche Mängelrate an Bremsanlagen [9]

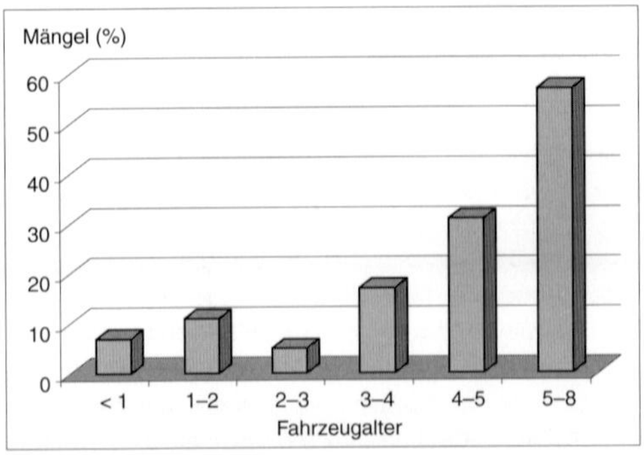

Bild 26-10 Anteil der Fahrzeuge mit ABV-Störungen oder ABV-Fehlern

verzeichnen. Auch hier ist mit zunehmendem Fahrzeugalter ein rasanter Anstieg der Fehlerrate festzustellen; d. h. gerade Fahrzeuge, die mit wachsendem Alter erfahrungsgemäss seltener gewartet werden, bergen erhebliche versteckte Verkehrssicherheitsrisiken in der Elektronik durch nicht entdeckte Fehler.

Im Zusammenhang mit der weiter fortschreitenden Integration der Elektronik in sicherheitsrelevante Fahrzeugsysteme erhebt auch die Europäische Kommission die Forderung einer umfassenden Prüfung solcher Systeme im Rahmen der Hauptuntersuchung: *Die Kommission legt dem Europäischen Parlament und dem Rat einen Bericht über die Ausdehnung der On-Board-Diagnose auf andere elektronische Fahrzeugkontrollsysteme vor, die aktive und passive Sicherheit betreffen, wobei dies unter anderem mit den emissionsmindernden Einrichtungen kompatibel sein muss. (98/69/EWG Artikel 4)*

Neben den durch das Fahrzeugalter hervorgerufenen wachsenden Fehlerraten stellt sich bei elektronischen Systemen die Frage der Manipulationssicherheit und Funktionalität nach Unfällen. Erfahrungen haben gezeigt, dass nach der Unfallinstandsetzung elektronische Systeme zwar substantiell wieder verbaut wurden, die Funktionalität aber nicht gegeben war. Aus verschiedenen Konzeptvorschlägen für eine zukünftige Form der Hauptuntersuchung lassen sich folgende Vor- und Nachteile zusammenfassen:

Tabelle 26.2 Untersuchungskonzepte für die Prüfung elektronischer Systeme im Rahmen der Hauptuntersuchung

Warneinrichtung	Kommunikation über On-Board-Diagnose-Schnittstelle	Interner Funktionstest mit mechanischer Rückwirkung	Externer Funktionstest mit mechanischer Rückwirkung
Erkannte Fehler werden über eine Warneinrichtung angezeigt	Erkannte Fehler werden über eine Warneinrichtung angezeigt; zusätzlich erfolgt ein Datenaustausch mit der Elektronikeinheit	Ergänzend zur Daten-Kommunikation werden bestimmte gespeicherte Testsignale aktiviert	Ergänzend zur Daten-Kommunikation werden beim externen Funktionstest optionale Testsignale mittels Interface an die Kontrolleinheit gemeldet
Vorteil: • Preiswerte Methode	**Vorteil:** • Preiswerte Methode, da Interface vorhanden • Informationen über das installierte System erhältlich (manipulationssicher)	**Vorteil:** • Hohe Informationsqualität • Schnelle Prüfprozedur • Systemsicher, da keine äußeren Einflüsse • Informationen über das installierte System erhältlich (manipulationssicher)	**Vorteil:** • Hohe Informationsqualität • Große Variabilität • Informationen über das installierte System erhältlich (manipulationssicher)
Nachteil: • Keine verlässliche Information über die Funktionalität des Systems • Keine Informationen über das installierte System erhältlich (manipulations-unsicher)	**Nachteil:** • Keine verlässliche Information über die Funktionalität des Systems	**Nachteil:** • Teurer als das bloße Fehlerauslesen	**Nachteil:** • Teuer wegen aufwändiger Prüfeinrichtungen • Gefahr von Hard- und Softwarebeschädigungen

Für eine kostenneutrale Aktualisierung der Inhalte der Hauptuntersuchung bietet sich die Methode der Kommunikation über die On-Board-Diagnose-Schnittstelle an. Dabei könnten zumindest die Grundfunktionalitäten und die Identifikation des Systems überprüft werden. Weitere Spezifikationen von Hard- und Softwarelösungen hierzu lassen sich nur im Rahmen von internationalen Regelungen durchsetzen.

26.3.2 Die zukünftige Typbegutachtung

Technische Anpassungen, Verfeinerungen der Messmethoden, Digitalisierung und Computer prägen mehr und mehr die heutige Typbegutachtung von Bremssystemen. Eine wesentliche Anpassung der Definition der mittleren Vollverzögerung aus den internationalen Regelwerken trägt, – zumindest linear –, der möglichen Geschwindigkeitsabhängigkeit von Verzögerungen Rechnung:

$$d_m = \frac{v_b^2 - v_e^2}{25{,}92 \cdot (s_e - s_b)} \quad \left[\frac{\text{m}}{\text{s}^2}\right] \tag{26.5}$$

Dabei gilt:

d_m = mittlere Vollverzögerung in m/s²
v_1 = Anfangsgeschwindigkeit beim Beginn des Bremsvorgangs in km/h
v_b = Geschwindigkeit bei $0{,}8 \cdot v_1$ in km/h
v_e = Geschwindigkeit bei $0{,}1 \cdot v_1$ in km/h
s_b = zwischen v_1 und v_b zurückgelegte Strecke in m
s_e = zwischen v_1 und v_e zurückgelegte Strecke in m

Aufgrund der hohen Komplexität neuer Bremssysteme, die zahlreiche sicherheitstechnische Zusatzfunktionen im Fahrzeug übernehmen, müssen Vorschriften immer globaler abgefasst werden, um umfassend allen Belangen dabei zu genügen. Die Vorschriften zur Überprüfung komplexer sicherheitsrelevanter Elektroniksysteme lassen sich in gleicher Weise für Bremsanlagen und Lenkanlagen anwenden. Hinzu kommt, dass zukünftige Systeme nicht mehr über eigene, systemabgrenzend arbeitende eigenständige Regel- und Steuersysteme verfügen werden, sondern über eine Zentraleinheit ganze Ketten der Brems-, Lenk-, Antriebs- und Fahrwerksysteme bedienen (Bild 26-11) [11].

Die pauschale Definition bestimmter zulässiger Sicherheitssysteme wie z. B. Fahrstabilitätssysteme in den gesetzlichen Regelwerken ohne weitere Wirk-Anforderungen birgt die Gefahr, dass minderwertige Produkte ohne ausreichende Funktionalität auf den Markt drängen. Anderseits bietet ein „offenes“ Regelwerk dem Konstrukteur weitestgehende Freiheiten in der Gestaltung solcher Systeme. Die Erfahrungen aus den Anfangstagen des ABV haben allerdings gezeigt, dass es sehr wohl sinnvoll ist, bestimmte Mindestwirkungen solcher elektronisch gesteuerter Systeme zu fordern und auch nachzumessen, um dem Missbrauch der Begriffe vorzubeugen.

Die Fortschreibung der Vorschriften gestaltet sich wegen der zunehmenden Globalisierung auch in diesem Bereich schwierig. Aufwändige Entwicklungskosten lassen sich aber nur mit hohen Stückzahlen amortisieren. Der Gesetzgeber ist dabei in einer besonderen Verpflichtung, zwischen Sicherheitsgewinn und Kostendruck abzuwägen. Die Kräfte des Marktes können nicht überall selbstregelnd eingreifen; so ist z. B. für europäische Verhältnisse ABV in Pkw fast schon ein Serienstandard, während in den USA der Sättigungsgrad bei der Einführung von ABV in Pkw bei weitem noch nicht erreicht ist. Bemerkenswert ist, dass der Gesetzgeber bislang ABV nur für Kraftomnibusse und schwere Nutzfahrzeuge verbindlich vorschreibt. Die Ausweitung dieser ABV-Ausrüstungspflicht auf Pkw und Krafträder scheint aus Gründen der Verkehrssicherheit mehr als geboten; das gleiche gilt für die verbindliche Einführung von Fahrstabilitätssystemen für Kraftomnibusse und schwere Nutzfahrzeuge.

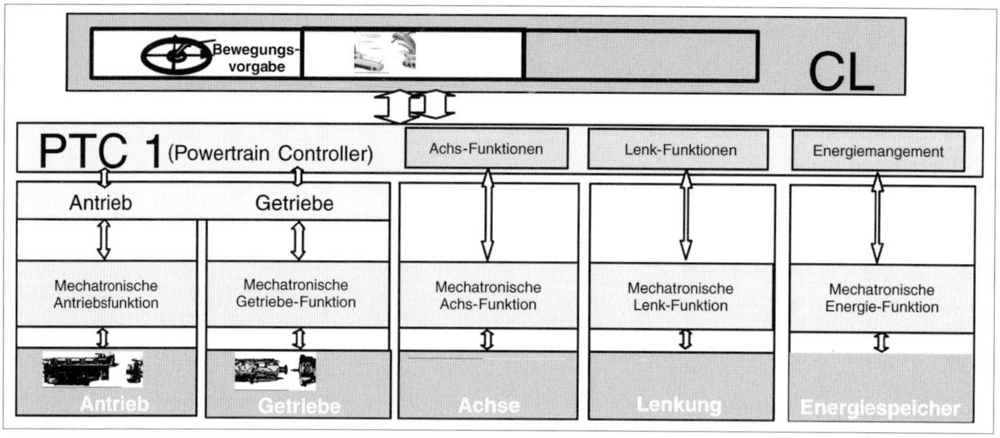

Bild 26-11 Zentrale Steuereinheit für Antrieb, Lenkung und Energieversorgung [11]

Tabelle 26.3 Sicherheitsthesen und ihr Erfüllungsgrad

Technische Sicherheitsthese	Erfüllungsgrad
Vorschriften schneller an den Stand der Technik anpassen	Verbesserungswürdig; Globalisierung hindert flexible Vorschriftengestaltung
Prüfverfahren für elektronische Systeme einführen	Liegen als Entwurf für Bremsanlagen und Lenkanlagen vor
Nur verschleißfreie Dauer-Bremsen zulassen	Nur für Kraftomnibusse, Gefahrguttransporter und schwere Nutzfahrzeuge mit Anhängerbetrieb gefordert
Automatische Bremsennachstellung vorschreiben	Eingeführt für Anhänger > 3,5 t und Kfz (außer Pkw und leichte Nutzfahrzeuge)
Sicherheit von Schaltgetrieben prüfen	Nicht realisiert
Sicherheit von Überströmventilen erhöhen	Teilweise realisiert
Leistungsfähigkeit von Bremssystemen erhöhen (Scheibenbremse)	Teilweise umgesetzt bei modernen Fahrzeugen
Sicherheitsrelevante Notfunktionen bei automatisierten Antriebssträngen definieren	Nicht vorgeschrieben
Informations- und Überwachungssystem für sicherheitsrelevante Baugruppen einführen	Nur Minimalanforderungen über Warnanzeigen zum Energievorrat und Ausfall von Funktionen (keine Temperaturüberwachung)
Notfall-Bedienung des Fahrzeugs automatisieren	Keine Vorschrift; zukünftige Entwicklungen gehen jedoch in diese Richtung

Aus Sicht der Fahrzeugindustrie ist die Vision vom „unfallfreien Fahren" mithilfe zukunftsweisender Technologien keine Illusion mehr. Gleichwohl gilt, dass für die Gesamtheit aller Fahrzeuge noch erhebliches technisches Verbesserungspotenzial vorhanden ist, wenn die Verkehrssicherheit über die gesamte Lebensdauer eines Fahrzeugs gewährleistet werden soll. Die anlässlich der Analyse des „Tankzugunfalls Herborn" [12] 1991 aufgestellten Forderungen behalten daher nach wie vor Gültigkeit und müssen nachhaltig weiterverfolgt werden, Tabelle 26.3:

Literatur

[1] *Statistisches Bundesamt (Hrsg.):* Verkehrsunfälle 2001 – Zeitreihen Wiesbaden

[2] EG-Amtsblatt, EG-Richtlinie 71/320/EWG über Bremsanlagen bestimmter Klassen von Fahrzeugen und deren Anhängefahrzeuge. Brüssel beginnend 1971 mit Fortschreibungen

[3] *DIN Deutsches Institut für Normung (Hrsg.):* DIN Normen Berlin: Beuth DIN 50100 Deutsche Normen Werkstoffprüfung, Dauerschwingversuch, Begriffe, Zeichen, Durchführung, Auswertung Feb. 1978

[4] *GRRF: (Hrsg.):* ECE-Regelung ECE-R13. Einheitliche Bedingungen für die Genehmigung der Fahrzeuge der Klassen M, N und O hinsichtlich der Bremsen. Genf: beginnend 1973 mit Fortschreibungen

[5] *Machmoud, R.:* Sicherheits- und Verfügbarkeitsanalyse komplexer KFZ-Systeme. Diss. Universität Siegen: 2000

[6] *Stolz, P.:* Technisches Risikomanagement. Fachhochschule beider Basel: 2001, Skriptum

[7] *Beer, A.:* X-by-Wire: Von der Entwicklung zur Einführung. Wiesbaden: Vieweg Verlag/GWV Fachverlage GmbH, Sonderausgabe von AT2 und MT2, Automotive Electronics 2001

[8] EG-Amtsblatt: EG-„Gruppenfreistellungsverordnung" 1400/2002. Verordnung über die Anwendung von Artikel 81 Abs. 3 des Vertrags auf Gruppen von vertikalen Vereinbarungen und aufeinander abgestimmten Verhaltensweisen im Kraftfahrzeugsektor. Brüssel: 2002

[9] TÜV AUTO REPORT 2002

[10] CITA Research Study Programme, Report 02-946 EL 001 Testing of existing Antilock Braking Systems. Brüssel, 2002

[11] EU-Projekt PEIT, Powertrain equipped with intelligent technologies 2002, Brüssel

[12] *Breuer, B.; Seibert, W.; Engel, H. G.:* Der Tankzugunfall Herborn – Rekonstruktion, Folgerungen und Vorschläge. VDI-Fortschritt-Berichte Reihe 12 Nr. 152. Düsseldorf VDI-Verlag 1991

27 Regelwerke und Prüfverfahren

Es findet sich kaum eine Komponente im Automobil oder dessen Anhänger, die nicht durch gesetzliche Zulassungsvorschriften geregelt wäre. Die Bremse ist neben der Lenkung und der Regelung der Fahrgeschwindigkeit eine der drei wesentlichen Stellgrössen in dem komplexen Regelkreis Fahrer-Fahrzeug-Straße. Daher befassen sich die gesetzlichen Zulassungsvorschriften sehr ausführlich mit dem Bremsvermögen eines Fahrzeugs sowie den dazugehörigen Teilsystemen.
Die Zulassung von Kraftfahrzeugen und Anhängern ist in allen Staaten der Welt geregelt. Als wichtigste sind die Vorschriften in Europa und den USA zu bezeichnen. Auch die japanischen Vorschriften haben einen hohen Stellenwert. Jedoch ist festzuhalten, dass Japan eine Reihe von Europäischen Vorschriften ausdrücklich als gleichwertig anerkennt. Nachdem Japan dem Abkommen von 1958 der UN-ECE beigetreten ist, kann davon ausgegangen werden, dass mehr und mehr ECE-Regelungen in das Japanische Recht übernommen werden. Aus diesem Grunde seien die nachfolgenden Betrachtungen der Einzelvorschriften im Wesentlichen auf die Regelwerke der ECE sowie der USA beschränkt.

27.1 Zulassungsverfahren in Europa und den USA

Das Zulassungsprozedere für Bremssysteme in Europa und den USA unterscheiden sich im Grundsatz durch das Verfahren an sich. Während in Europa ein so genanntes Typprüfverfahren eingesetzt wird, ist das in den USA gebräuchliche Verfahren die Selbstzertifizierung durch den Fahrzeughersteller.
Basis des Typprüfverfahrens in Europa ist die Richtlinie der Europäischen Union zur Typgenehmigung für Kraftfahrzeuge und ihre Anhänger 70/156/EWG, deren Rechtsetzung durch den Vertrag zur Begründung der Europäischen Wirtschaftsgemeinschaft begründet ist. Die Richtlinie 70/156/EWG listet in ihrem Anhang IV inzwischen weit mehr als fünfzig Einzelrichtlinien mit Anforderungen an Fahrzeugsysteme auf, eine davon ist die Richtlinie für Bremsanlagen: Richtlinie 71/320/EWG. Diese befasst sich mit allen Kategorien von Straßenfahrzeugen mit einer bauartbedingten Höchstgeschwindigkeit von mehr als 25 km/h. Parallel gilt die ECE-Regelung 13 für Bremssysteme und zusätzlich dazu die ECE-Regelung 90 für Bremsbeläge als Aquivalent zur EU-Richtlinie 71/320/EWG, die beide Gebiete – Bremssysteme und Bremsbeläge – in einer Vorschrift zusammenfasst.

Das Zulassungsverfahren in der Europäischen Union sieht auf dem Weg zur Genehmigung eines Fahrzeugs oder eines Systems/Bauteils folgende Institutionen vor:

- Genehmigungsbehörde
- Technischer Dienst

Genehmigungsbehörde in Deutschland ist das Kraftfahrtbundesamt (KBA) in Flensburg. Als Technische Dienste sind in Deutschland die Technischen Überwachungsvereine (TÜV) bzw. der DEKRA akkreditiert. Auf Basis eines Gutachtens eines Technischen Dienstes kann das KBA eine Genehmigung für ein Fahrzeug bzw. ein System/Bauteil erteilen.
Die EU-Richtlinie 71/320/EWG (analog auch die ECE-Reglung 13) kennt neben der Prüfung der Bremsanlage von Pkw oder Nutzfahrzeugen bzw. deren Anhängern auch die Prüfung zur Genehmigung von Einzelsystemen der Bremse oder Bauteilen. So ist es auch möglich, Genehmigungen für Achsen (im Sinne der Bremsanlage für Anhänger), für Auflaufbremsen (kleinere Last- oder Wohnanhänger) sowie für Bremsbeläge (Austauschbremsbelag-Baugruppen als selbstständige technische Einheiten) zu beantragen.
Die der Typprüfung zugrunde liegenden Vorschriften kennen auch die Überprüfung der Konformität der Produkte (Conformity of Production, COP) aus der laufenden Produktion. Die COP wird von der Genehmigungsbehörde in aller Regel an einen Technischen Dienst delegiert.
Im Gegensatz zu dem in Europa praktizierten Typprüfverfahren handelt es sich beim Zulassungsverfahren für Bremsen in den USA um eine Selbstzertifizierung durch den Hersteller. Dieser bescheinigt hierbei gegenüber der US-Amerikanischen Verkehrsbehörde National Highway Traffic Safety Agency (NHTSA) die Konformität seines Produkts mit den einschlägigen gesetzlichen Vorschriften. Die Behörde ihrerseits behält sich vor, die Produkte in bestimmten Zeitabständen einer Prüfung auf Konformität der Produktion zu unterziehen. Hierbei werden durch die NHTSA oder durch beauftragte Institute Serienfahrzeuge oder Teile im Handel gekauft und einer Nachprüfung unterzogen. Ergibt die Nachprüfung Abweichungen von den geltenden Vorschriften, wird dem Hersteller zunächst eingeräumt, die Messergebnisse einzusehen und eventuelle Abweichungen von den Vorschriften zu begründen. Im Falle von gravierenden Abweichungen und insbesondere im Falle von Abweichungen bei Sicherheitsteilen kann die NHTSA vom Hersteller die Durchführung einer Rückrufaktion verlangen.

Die US-Amerikanischen Vorschriften für Bremsen und Teile von Bremsen sind sog. Federal Motor Vehicle Safety Standards (FMVSS); es handelt sich um in allen Bundesstaaten der USA geltende Vorschriften. Diese befassen sich mit dem Bremssystem selbst (FMVSS 105 für hydraulisch bzw. FMVSS 121 für pneumatisch gebremste Fahrzeuge) sowie mit den Teilsystemen Bremsflüssigkeit (FMVSS 116) und Bremsschlauchleitungen (FMVSS 106). Daneben steht auch der Standard FMVSS 135 als mit Regelung 13 H der UN-ECE harmonisierte Vorschrift für hydraulisch gebremste Fahrzeuge bis 3500 kg zulässiger Gesamtmasse zur Verfügung.

27.2 Entwicklung von Vorschriften in Europa und den USA

So unterschiedlich die Genehmigungsprozesse von Fahrzeugen und Fahrzeugteilen in den USA verglichen mit Europa sind, so unterscheiden sich auch die Entwicklungsprozesse der jeweiligen Vorschriften.

Im Bereich der Europäischen Union liegt den Bremsenvorschriften die Typgenehmigungsrichtlinie für Kraftfahrzeuge und deren Anhänger zugrunde (Richtlinie 70/156/EWG). Diese setzt auf dem Vertrag zur Begründung der Europäischen Wirtschaftsgemeinschaft (EU-Vertrag) auf. Parallel zu den Richtlinien der EU existieren nahezu wortgleich formulierte ECE-Regelungen. Hierbei entspricht beispielsweise die EU-Richtlinie 71/320/EWG der ECE-Regelung 13 für Bremsanlagen. Unterschiede bestehen im administrativen Teil der Vorschriften. So haben die EU-Richtlinien das Ziel, Handelshemmnisse im Bereich der Europäischen Union abzubauen. Die ECE-Regelungen wurden unter dem Dach der UN-ECE mit Sitz in Genf als Instrumente der Harmonisierung von fahrzeugtechnischen Vorschriften geschaffen.

Die Bremsenvorschriften werden im Wesentlichen durch die UN-ECE in Genf gestaltet. Eine parallele Entwicklung dieser Vorschriften in Brüssel bei der EU wird nicht betrieben. Jedoch übernimmt die EU diejenigen ECE-Regelungen ins EU-Recht, denen sie im Rahmen des Abkommen der UN-ECE von 1958 beigetreten ist. Insoweit können sich die Ausführungen dieses Kapitels im Zusammenhang mit den Bremsenvorschriften in der EU auf allgemeine Grundsätze beschränken.

27.2.1 Entwicklung der Vorschriften in der EU

Gemäß dem EU-Vertrag hat die Kommission der Europäischen Union (hier: die Generaldirektion Unternehmen) das Recht, Vorschläge für neue EU-Richtlinien zu machen. Diese Vorschläge werden durch die Institutionen der EU im so genannten Kodezisionsverfahren behandelt. So wird ein Vorschlag der Kommission dem Rat der EU (Verkehrsministerrat) zugeleitet. Nach dessen Entscheidung wird der Kommissionsvorschlag dem Parlament der EU vorgelegt. Bevor die Kommission in die Lage versetzt wird, die neue Vorschrift in Kraft zu setzen, kann die Behandlung des Vorschriftenvorschlags im Vermittlungsausschuß der EU für den Fall erforderlich werden, dass Rat, Parlament und Kommission nicht zu einer einheitlichen Auffassung gelangen konnten. Auch die Nicht-Regierungsorganisationen (z. B. Industrie, Verbraucherorganisationen) sind in den Entwicklungsprozess eingebunden. Diese Organisationen werden in den Sitzungen der Motor Vehicle Working Group der Generaldirektion Unternehmen gehört.

27.2.2 Entwicklung der Vorschriften bei der UN-ECE

Den ECE-Regelungen liegt das Abkommen der UN-ECE von 1958 zugrunde (Übereinkommen über die Annahme einheitlicher technischer Vorschriften für Radfahrzeuge, Ausrüstungsgegenstände und Teilen, die in Radfahrzeuge(n) eingebaut und/oder verwendet werden können, und die Bedingungen für die gegenseitige Anerkennung von Genehmigungen, die nach diesen Vorschriften erteilt werden). Diesem Abkommen sind neben allen Staaten aus Mitteleuropa auch eine Reihe osteuropäischer Staaten beigetreten. Auch die Europäische Union sowie Japan gehören zu den Unterzeichnern dieses Übereinkommens.

Ziel des Übereinkommens ist die Harmonisierung von technischen Vorschriften sowie die gegenseitige Anerkennung von Typgenehmigungen für Fahrzeugsysteme durch die Unterzeichnerstaaten. Aus diesem Grunde zählen die USA mit ihrem Selbstzertifizierungssystem nicht zu den Unterzeichnerstaaten dieses Abkommens.

Der Prozess zur Neu- und Weiterentwicklung von Vorschriften für Straßenfahrzeuge bei der UN-ECE in Genf wird durch die Working Party 29 (WP.29) der UN-ECE sowie deren Administrativ-Komitees bestimmt. Die WP.29 (mittlerweile offiziell als World Forum for Harmonization of Vehicle Regulations benannt) setzt sich zusammen aus Delegierten der Unterzeichnerstaaten des Abkommens von 1958. Diese besitzen für den Fall Stimmrecht bei der Verabschiedung von Vorschriften bzw. der Änderungen, wenn sie die zu behandelnde Einzelvorschrift (hier z. B. die ECE-Regelung 13 Bremsanlagen) gezeichnet haben. Alle weiteren Staaten der Welt können ebenfalls einen Sitz in der WP.29 wahrnehmen, jedoch ohne Stimmrecht die Regelungen der ECE betreffend. Die USA sowie eine lange Reihe weiterer Staaten weltweit sind durch Delegierte in der WP.29 vertreten.

Neben den erwähnten Regierungsorganisationen sind auch Nicht-Regierungsorganisationen ohne Stimm-

recht in der WP.29 vertreten. Hierzu gehören internationale Organisationen und Verbände, die in Normung, Konstruktion und Herstellung, Forschung sowie technischer Überwachung von Straßenfahrzeugen und -Teilen involviert sind, genauso wie die Dachorganisationen von Automobilclubs und der Verbraucherschutzinstitutionen. Diese haben somit die Möglichkeit, als Berater der Regierungsorganisationen an der Neu- und Weiterentwicklung der Vorschriften mitzuwirken.
Der WP.29 arbeiten fachspezische Arbeitsgruppen zu. Die Bremsenthemen werden durch die Groupe des Rapporteurs en matière de Freinage et des Roulements (GRRF, Arbeitsgruppe Bremsen und Fahrwerk) betreut. Die Zusammensetzung der GRRF ist hinsichtlich der vertretenen Institutionen vergleichbar mit der WP.29.
Ist eine neue Vorschrift oder eine Vorschriftenänderung in der GRRF verabschiedet, durchläuft diese das Genehmigungsverfahren der WP.29. Die Europäische Union als Unterzeichner des Abkommens von 1958 stimmt mit den 15 Stimmen ihrer Mitgliedsstaaten ab. Die vorherige Abstimmung innerhalb der Europäischen Union geschieht in den Gremien der EU; bei neuen Vorschriften oder sehr komplexen Änderungen bestehender Vorschriften ist der Kodezisionsprozess zu durchlaufen.

27.2.3 Entwicklung der Vorschriften in den USA

In den USA wird die Neu- oder Weiterentwicklung durch die NHTSA geprägt. Im Auftrag der parlamentarischen Institutionen der USA oder auf Anregung durch andere Gruppen erarbeitet die NHTSA einen Vorschriftenvorschlag, der im Amtsblatt der USA (Federal Register) zur Kommentierung in Form einer Notice of Proposed Rulemaking (NPRM) veröffentlicht wird. Das Verfahren sieht vor, dass jede Institution oder auch Privatperson kommentieren kann. Die NHTSA fasst die Kommentare zusammen und veröffentlicht ein weiteres Mal im Federal Register. In Form einer Iteration unter Einbeziehung aller interessierter Gruppen wird auf diese Weise eine neue/geänderte Vorschrift veröffentlicht.
Allen beschriebenen Prozessen zur Anpassung der Vorschriften an den Stand der Technik ist gemein, dass Übergangsvorschriften vorgesehen werden. Diese unterscheiden neue Fahrzeugtypen und erstmals in Verkehr kommende Fahrzeuge. Letztere beinhalten auch bereits genehmigte Fahrzeugtypen. Für diese werden i.d.R. längere Übergangsvorschriften vorgesehen, um u. a. auslaufende Serien zu berücksichtigen. Bis dato sind keine Vorschriften hinsichtlich der Bremsanlage verabschiedet worden, die bereits im Verkehr befindliche Fahrzeuge betroffen hätten.

27.3 Europäische Vorschriften für Straßenfahrzeuge

Die Europäischen Bremsenvorschriften regeln die vorgeschriebene Wirkung der Bremsanlage sowie deren Beschaffenheit. Zusätzlich sind Vorschriften für Bremsbeläge für den Ersatzteilmarkt in Kraft gesetzt worden. Es handelt sich einerseits um die Vorschriften der Europäischen Union, die EU-Richtlinie 71/320/EWG, beide beschriebenen Bereiche abdeckend. Parallel hierzu gelten die ECE-Regelung 13 (Bremsanlagen) sowie die Regelung 90 der ECE für Ersatzbremsbeläge. Ohne inhaltliche Unterschiede zur EU-Richtlinie sind hier die Vorschriften auf zwei Regelungen verteilt. Im Nachfolgenden soll ausschließlich auf die ECE-Regelungen eingegangen werden.
Diese Vorschriften sind gültig für alle Straßenfahrzeuge mit mindestens vier Rädern sowie einer Höchstgeschwindigkeit von mindestens 25 km/h. Unterschieden wird in folgende Fahrzeugklassen:

Tabelle 27.1 Fahrzeugklassen nach EU-Richtline 70/156/EWG bzw. UN-ECE R.E.3

Klasse M:	Kraftfahrzeuge zur Personenbeförderung mit mindestens vier Rädern.
Klasse M1:	Fahrzeuge zur Personenbeförderung mit höchstens acht Sitzplätzen außer dem Fahrersitz.
Klasse M2:	Fahrzeuge zur Personenbeförderung mit mehr als acht Sitzplätzen außer dem Fahrersitz und einer zulässigen Gesamtmasse bis zu fünf Tonnen.
Klasse M3:	Fahrzeuge zur Personenbeförderung mit mehr als acht Sitzplätzen außer dem Fahrersitz und einer zulässigen Gesamtmasse von mehr als fünf Tonnen.
Klasse N:	Kraftfahrzeuge zur Güterbeförderung mit mindestens vier Rädern
Klasse N1:	Fahrzeuge zur Güterbeförderung mit einer zulässigen Gesamtmasse bis zu 3,5 Tonnen.
Klasse N2:	Fahrzeuge zur Güterbeförderung mit einer zulässigen Gesamtmasse von mehr als 3,5 Tonnen bis zu 12 Tonnen.
Klasse N3:	Fahrzeuge zur Güterbeförderung mit einer zulässigen Gesamtmasse von mehr als 12 Tonnen.

Im Fall eines Zugfahrzeuges, das zur Verbindung mit einem Sattelanhänger oder Zentralachsanhänger bestimmt ist, besteht die für die Klasseneinteilung maßgebliche Masse aus der Summe der fahrfertigen Masse des Zugfahrzeuges, der der Stützlast entsprechenden Masse, die von dem Sattel- oder Zentralachsanhänger auf das Zugfahrzeug übertragen und gegebenenfalls der Höchstmasse der Ladung des Zugfahrzeugs.

Klasse O: Anhänger (einschließlich Sattelanhänger)
Klasse O1: Anhänger mit einer zulässigen Gesamtmasse bis zu 0,75 Tonnen.
Klasse O2: Anhänger mit einer zulässigen Gesamtmasse von mehr als 0,75 Tonnen bis zu 3.5 Tonnen.
Klasse O3: Anhänger mit einer zulässigen Gesamtmasse von mehr als 3,5 Tonnen bis zu 10 Tonnen.
Klasse O4: Anhänger mit einer zulässigen Gesamtmasse von mehr als 10 Tonnen.

27.3.1 Allgemeine Vorschriften, ECE-Regelung 13 und EU-Richtlinie 71/320/EWG

Bremsanlagen müssen so beschaffen sein, dass sie betriebsüblichen Beanspruchungen sowie Korrosions- und Alterungseinflüssen standhalten. Bremsbeläge dürfen kein Asbest beinhalten. Auch darf die Wirksamkeit der Bremsanlage nicht durch magnetische oder elektrische Felder beeinträchtigt werden; dies gilt als erfüllt, wenn die Anforderungen nach ECE-Regelung 10.02 eingehalten werden.
Die Bremsanlage muss folgende Subsysteme aufweisen:

- eine Betriebsbremsanlage, deren Wirkung abstufbar sein muss. Sie muss auf alle Räder wirken und ihre Bremskraftverteilung muss symmetrisch zur Längsmittelebene des Fahrzeugs erfolgen. Abweichungen hiervon müssen dem prüfenden Technischen Dienst bezeichnet werden (z. B. Elektronisches Stabilitäts-Programm ESP).
- eine Hilfsbremsanlage, die das Fahrzeug bei Versagen der Betriebsbremse abstufbar zum Anhalten bringen kann.
- eine Feststellbremsanlage.

Ist ein Fahrzeug zum Ziehen eines pneumatisch gebremsten Anhängers vorgesehen, müssen folgende Verbindungseinrichtungen vorhanden sein:

- eine Druckluft-Vorratsleitung sowie eine -Steuerleitung oder
- eine Druckluft-Vorratsleitung sowie eine -Steuerleitung und eine elektrische Steuerleitung oder
- eine Druckluft-Vorratsleitung sowie eine elektrische Steuerleitung.

Für letztere Option sind jedoch bis dato noch keine technischen Normen verabschiedet, deshalb sind solche Systeme bis auf weiteres noch nicht zulässig.

Neben diesen Bauvorschriften sind bestimmte Vorkehrungen für die periodische technische Überwachung vorgeschrieben:

- Leichte Überprüfbarkeit von Verschleiss behafteten Bauteilen.
- Prüfanschlüsse für Druckluftbremsanlagen nach Absatz 4 der ISO-Norm 3583:1984 an bestimmten Positionen im System, um Radbremsdrucke sowie Drucke vor und nach Bremsgeräten überprüfen zu können.
- Bestimmte für die Prüfung der Bremsanlage erforderliche Daten müssen am Fahrzeug oder frei verfügbar in z. B. dem Fahrzeug-Handbuch zur Verfügung stehen.

Betriebs- und Hilfsbremsanlage dürfen gemeinsame Teile aufweisen, vorausgesetzt, sie besitzen zwei voneinander unabhängige Betätigungseinrichtungen.
Handelt es sich um eine reine Fremdkraftbremsanlage, entsteht also die Bremskraft und erfolgt ihre Übertragung ausschließlich durch einen vom Fahrer gesteuerten Energievorrat, so müssen mindestens zwei völlig voneinander unabhängige Energiespeicher mit je einer unabhängigen Übertragungseinrichtung vorhanden sein. Es genügt dann eine Energiequelle (z. B. Kompressor), wenn dieser so sicher wie möglich ausgeführt ist.
Bestimmte Teile, wie Fußhebel etc., gelten dann als nicht störanfällig, wenn sie vergleichbar sicher ausgeführt sind wie z. B. die Lenkanlage.
Der Ausfall eines Teils der Übertragungseinrichtung ist dem Fahrer durch eine Warneinrichtung (rote Kontrolllampe) anzuzeigen.
Die Verschleißnachstellung der Radbremsen muss selbsttätig erfolgen. Davon ausgenommen sind Geländefahrzeuge der Kategorien N_2 und N_3 sowie die Hinterachsen der Fahrzeugkategorien M_1 und N_1.
Bei hydraulischen Bremsanlagen müssen die oEinfüllöffnungen für die Bremsflüssigkeit leicht zugänglich und nach ISO 9128-1987 gekennzeichnet sein.
Für rekuperativ arbeitende elektrische Bremssysteme beinhalten die Vorschriften separate Anforderungen. Unterschieden wird in Systeme als Bestandteil der Betriebsbremsanlage bzw. in separate Systeme.
Auch Feststellbremssystemen mit elektrischer Übertragung haben Eingang in die Bremsenvorschriften gefunden. Die Vorschriften befassen sich insbesondere mit dem Verhalten der Feststellbremse bei Ausfall der elektrischen Übertragung.
Bei elektrischer Steuer-Übertragungseinrichtung für Betriebsbremsanlagen wird beim Auftreten von Störungen in der elektrischen Übertragung differenziert nach deren Zeitdauer des Auftretens. Eine Störung muss nicht angezeigt werden, wenn deren Auftreten 40 ms nicht übersteigt und die Bremswirkung des Betriebsbremssystems nicht spürbar beeinträchtigt wird. Darüber hinaus auftretende Störungen im System müssen dem Fahrer unverzüglich angezeigt

werden. Wird die vorgeschriebene Bremsleistung beeinträchtigt, hat dies mittels einer roten Warnanzeige zu geschehen, in anderen Fällen durch eine gelbe Warnanzeige.
Auch sind Anforderungen an sogenannte Kupplungskraft-Regelsysteme in den Vorschriften vorgesehen. Hierdurch können Differenzen zwischen der dynamischen Abbremsung von Zugfahrzeug und Anhänger ausgeglichen werden. Die Anforderungen befassen sich im wesentlichen mit Kompatibilitätskriterien für Motorwagen und Anhänger sowie mit der Sicherheits- und Warnphilosophie für den Fehlerfall.
Neben diesen allgemeinen Anforderungen für Kraftfahrzeuge und Anhänger wurden spezifische Vorschriften für Anhängefahrzeuge erlassen:
Anhänger der Kategorie O_1 müssen nicht mit einer Betriebsbremsanlage ausgerüstet sein. Anhänger der Katergorie O_2 können entweder mit einer durchgehenden oder halbdurchgehenden Betriebsbremsanlage ausgerüstet sein oder mit einer Auflaufbremsanlage. Anhänger der Kategorien O_3 und O_4 müssen mit einer durchgehenden oder einer halb durchgehenden Betriebsbremsanlage ausgerüstet sein.
Die Verschleissnachstellung der Radbremsen muss selbsttätig sein, bei Radbremsen der Anhängerkategorien O_1 und O_2 ist dies jedoch optional.

27.3.2 Wirkvorschriften

Die vorgeschriebene Wirkung ist auf den Bremsweg oder auf die mittlere Vollverzögerung bezogen.
Unterteilt wird in Bremsprüfungen nach folgenden Typen:

- Typ 0, normale Wirkung bei kalter Bremse sowie ausgekuppeltem bzw. eingekuppeltem Motor (alle Fahrzeugkategorien)
- Typ I, Prüfung des Absinkens der Bremswirkung bei heißen Bremsen (alle Kategorien M und N)
- Typ II, Prüfung auf langen Gefällstrecken (Kategorien M_3 und N_3)
- Typ II A, Dauerbremswirkung (Kraftomnibusse M_3)
- Typ III, Prüfung des Absinkens der Bremswirkung (Anhänger O_4)

Die Bremsprüfung **Typ 0** wird für die unterschiedlichen Kraftfahrzeugkategorien nach unterschiedlichen Bedingungen durchgeführt:
Bei der Betriebsbremse von Fahrzeugen der Kategorie O (Anhänger) mit durch- bzw. halb durchgehender Bremsanlage muss die Summe der am Umfang der gebremsten Räder ausgeübten Kräfte mindestens x % der Kraft betragen, die der maxi-

Tabelle 27.2 Bremsenprüfung nach EU-Richtline 71/203/EWG bzw. UN-ECE R.13

	Klasse	M_1	M_2	M_3	N_1	N_2	N_3
	Bremsprüfung Typ	0–I	0–I	0–I–II oder II A	0–I	0–I	0–I–II
Prüfung Typ 0 mit ausgekuppeltem Motor	vorgeschriebene Geschwindigkeit	80 km/h	60 km/h	60 km/h	80 km/h	60 km/h	60 km/h
	$s \leq$	$0{,}1v + \frac{v^2}{130}$	$0{,}1v + \frac{v^2}{130}$				
	$d_m \geq$	5,8 m/s²	5,8 m/s²				
Prüfung Typ 0 mit eingekuppeltem Motor	$v \approx 80\,\%\ v_{\max}$ jedoch <	160 km/h	100 km/h	90 km/h	120 km/h	100 km/h	90 km/h
	$s \leq$	$0{,}1v + \frac{v^2}{130}$	$0{,}15v + \frac{v^2}{103{,}5}$				
	$d_m \geq$	5,0 m/s²	4,0 m/s²				
	$F <$	50 daN	70 daN				

hierin bedeuten:
v = Prüfgeschwindigkeit in km/h
s = Bremsweg in Metern
d_m = mittlere Vollverzögerung in m/s²
F = Betätigungskraft am Pedal in daN
$v_{\max}$ = Höchstgeschwindigkeit des Fahrzeugs in km/h

Tabelle 27.3 Prüfbedingungen nach EU-Richtline 71/203/EWG bzw. UN-ECE R.13

Fahrzeugklasse	Prüfbedingungen			
	v_1 (km/h)	v_2 (km/h)	Δt (s)	n
M_1	$80\,\%\ v_{max} \leq 120$	$\frac{1}{2}\,v_1$	45	15
M_2	$80\,\%\ v_{max} \leq 100$	$\frac{1}{2}\,v_1$	55	15
N_1	$80\,\%\ v_{max} \leq 120$	$\frac{1}{2}\,v_1$	55	15
M_3, N_2, N_3	$80\,\%\ v_{max} \leq\ 60$	$\frac{1}{2}\,v_1$	60	20

malen Achslast entspricht:

x in %

- Anhänger, beladen und unbeladen: 50
- Sattelanhänger, beladen und unbeladen: 45
- Zentralachsanhänger, beladen und unbeladen: 50

Bei Anhängern mit Auflaufbremsanlagen gelten besondere Vorschriften, die sich neben der minimal geforderten Bremsleistung (entsprechend einer Abbremsung von 0,49 g) auch mit Kompatibilitätskriterien befassen. Hierbei wird eine sogenannte Zuordnungsberechnung durchgeführt.

Die Bremsprüfung **Typ I** hat zum Ziel, die Fadingbeanspruchung von Bremse und Bremsbelägen zu überprüfen. gefahren wird eine Anzahl von n Bremsvorgängen in bestimmten Abständen. Die Randbedingungen für diese Prüfung für Kraftfahrzeuge sind in der folgenden Tabelle beschrieben.

Nach Durchfahren dieser Prüfung wird eine Typ 0 Prüfung bei hohen Bremsentemperaturen durchgeführt. Bei Kfz darf diese Heißbremswirkung nicht unter 80 % der für die Kategorie vorgeschriebenen Wirkung und nicht unter 60 % der bei der Typ 0 Prüfung mit kalten Bremsen erzielten Wirkung liegen.

Anhänger der Kategorien O2 und O3 werden mit andauernder Bremswirkung geprüft, die einem Gefälle von 7 % auf einer Strecke von 1,7 km bei 40 km/h entspricht. Die Heißbremskraft darf dabei nicht unter 36 % der Kraft liegen, die der maximalen statischen Radlast entspricht und nicht unter 60 % des bei der Bremsprüfung Typ 0 mit derselben Geschwindigkeit ermittelten Wertes liegen. Anhänger der Kategorie O_4 haben eine Prüfung des Absinkens der Bremswirkung nach Bremsprüfung **Typ III** zu durchlaufen. Diese besteht aus 20 aufeinanderfolgenden Bremsungen mit einer Zeitdauer von jeweils 60 s und einer Ausgangsgeschwindigkeit von 60 km/h. Die erste Bremsung muss einer mittleren Vollverzögerung von 3 m/s_2 entsprechen; bei den darauf folgenden Bremsungen wird diese Bremskraft (nicht die Verzögerung) beibehalten. Unmittelbar danach wird eine Typ 0 Bremsung (mit hohen Temperaturen) durchgeführt. Die so ermittelte Heißbremskraft am Umfang der Räder muss mindestens 40 % der statischen Radlast und mindestens 60 % des bei der Typ 0 Bremsung mit kalten Bremsen ermittelten Wertes entsprechen. Die Bremsprüfung **Typ II** soll das Verhalten von Kraftfahrzeugen M_3 und N_3 auf langen Gefällstrecken darstellen. Hierbei wird die Energie-

Tabelle 27.4 Hilfsbremswirkung nach EU-Richtlinie 71/320/EWG bzw. UN-ECE R.13

	M1	M2	M3	N1	N2	N3	Kategorie O
Hilfsbremsanlage Prüfung wie Typ 0 ausgekuppelt, beladen							
Prüfgeschwindigkeit km/h	80	60	60	70	50	40	Die Bremsen des Anhängers müssen mit abstufbarer Wirkung betätigt werden können.
Bremsweg $\leq m$	93,3	64,4	64,4	95,7	54,0	38,3	
Mittl. Vollverzögerung $\geq$ m/s^2	2,9	2.5		2,2			
Betätigungskraft							
von Hand $\geq$ N	400	600		600			
mit Fuß $\geq$ N	500	700		700			

Tabelle 27.5 Feststellbremswirkung nach EU-Richtlinie 71/320/EWG bzw. UN-ECE R.13

	M1	M2	M3	N1	N2	N3	O1	O2	O3	O4
Feststellbremsanlage, Prüfung beladen										
Festhaltewirkung auf Steigung und Gefälle in %	18			18			–	18		
zusammen mit ungebremstem Anhänger	12			12			–	–		
Betätigungskraft										
von Hand ≥ N	400	600		600			–	600		
mit Fuß ≥ N	500	700		700			–	–		

aufnahme simuliert, die derjenigen einer Fahrt bei gleichmäßig 30 km/h auf einem Gefälle von 6 % über eine Strecke von 6 km. Gefordert wird nach der Gefällefahrt eine Mindestwirkung der Betriebsbremse von 3,75 m/s² bzw. 3,3 m/s² für Fahrzeuge der Kategorien M_3 bzw. N_3. Kraftomnibusse für den Zwischenortsverkehr sowie Reisebusse für den Fernverkehr der Kategorie M_3 müssen die Bremsprüfung **Typ II A** durchlaufen. Dasselbe gilt für Kraftfahrzeuge der Kategorie N_3, mit denen ein Anhänger O_4 gezogen werden soll sowie bestimmte Fahrzeuge für den Gefahrguttransport. Hierbei wird eine Beharrungsfahrt bei gleichmäßig 30 km/h an einem Gefälle von 7 % über eine Strecke von 6 km dargestellt. Während der Prüfung dürfen die Betriebs-, die Hilfs- und die Feststellbremsen nicht benutzt werden.

Die **Hilfsbremsanlage** von Fahrzeugen muss die in Tabelle 27.4 beschriebenen Wirkungen erzielen können.

Die **Feststellbremsanlage** von Fahrzeugen muss die in Tabelle 27.5 beschriebenen Wirkungen erzielen können.

27.3.3 Bremskraftverteilung und Kompatibilität zwischen Zugfahrzeug und Anhänger

Die Bremskraftverteilung zwischen den Achsen war vor der breiten Einführung des ABS eng begrenzt durch die Toleranzen der Bremskraftminderer sowie der Reibbeläge der Bremsen. Die heutigen ABS-Systeme und mehr noch die darauf aufsetzende elektronische Bremskraftverteilung eröffnete eine Fülle von gestalterischen Möglichkeiten zum Erzielen hoher Bremsleistung bei gleichzeitiger Fahrstabilität sowie weiteren Vorteilen wie z. B. gleichmäßigem Belagverschleiß an den Achsen.

Für Kraftfahrzeuge aller Kategorien muss für Kraftschlussbeiwerte k zwischen 0,2 und 0,8 die Abbremsung $z \geq 0{,}1 + 0{,}85\,(k - 0{,}2)$ sein.

Gleichzeitig ist verlangt, dass z. B. für Fahrzeuge der Kategorien M_1 und N_1 bei allen Abbremsungen zwischen 0,15 und 0,8 die Reibungskurve (Kraftschlussausnutzung) der Hinterachse nicht über derjenigen der Vorderachse liegt. Hierbei gilt, wie Bild 27-1 zeigt, eine aus der Historie gewachsene Ausnahme für einen Bereich der Abbremsung zwischen 0,3 und 0,45 (sog. french window), wenn die Kraftschlusskurve der Hinterachse diejenige der Vorderachse um nicht mehr als 0,05 übersteigt (Bild 27-1).

Für die anderen Fahrzeugkategorien gelten vergleichbare Bedingungen.

Da Zugfahrzeuge und Anhänger frei austauschbar sein müssen, wurden sogenannte Kompatibilitätskri-

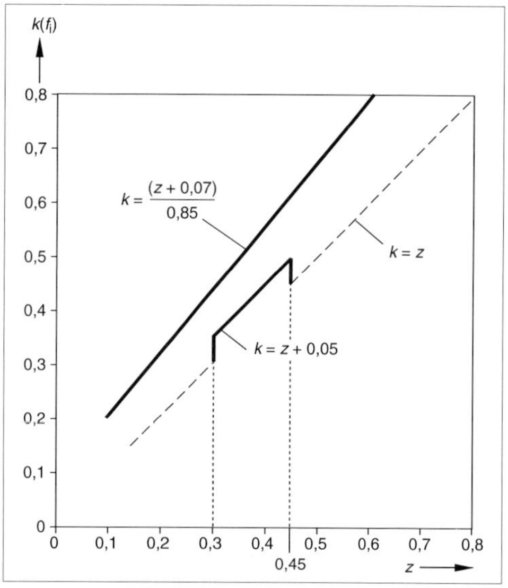

Bild 27-1 Bremskraftverteilung (Pkw bzw. leichtes Nutzfahrzeug) nach EU-Richtlinie 71/320/EWG bzw. UN-ECE R.13

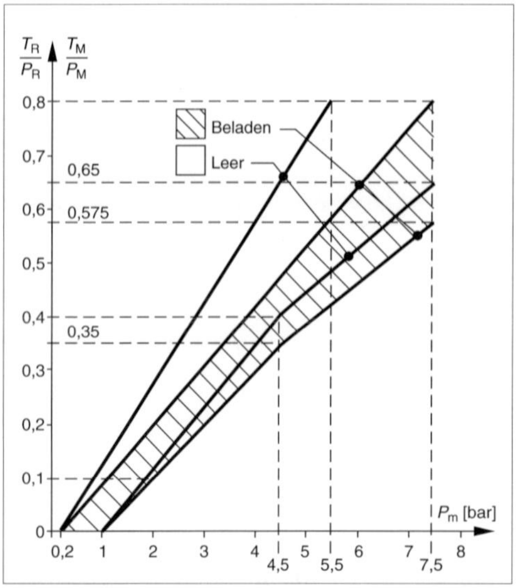

Bild 27-2 Kompatibilität zwischen Zugfahrzeug und Anhänger nach nach EU-Richtlinie 71/320/EWG bzw. UN-ECE R.13

terien formuliert. Diese sehen vor, dass bei Kraftfahrzeugen, die zum Ziehen von Anhängern der Kategorien O_3 und O_4 zugelassen sind, bei allen Drücken zwischen 0,2 bar und 7,5 bar das zulässige Verhältnis von Abbremsung und Druck in den Bereichen liegen muss, die in Bild 27-2 dargestellt sind. Für andere Fahrzeugarten halten die Vorschriften vergleichbare Diagramme bereit.

27.3.4 Vorschriften für ABS-Systeme

Prüfvorschriften für ABS sind in Anhang 13 der ECE-Regelung 13 geregelt. Die wortgleichen Vorschriften der EU-Richtlinie 71/320/EWG finden sich in deren Anhang X.
Je nach Leistungsfähigkeit wird in bestimmte Kategorien von ABS-Systemen unterschieden:

Für Kraftfahrzeuge: Kategorien 1 bis 3
Für Anhänger: Kategorie A und B.

Der wesentliche Unterschied der ABS-Kategorien besteht in den gestaffelten Leistungsanforderungen für den Fall unterschiedlichen Kraftschlusses links und rechts (μ-split). Ein Kategorie 1 ABS für ein Kraftfahrzeug muss alle Bedingungen einhalten, ein Kategorie 3 ABS wird auf μ-split nicht geprüft. Außerdem bestehen große Unterschiede bei der Messung der Kraftschlussausnutzung.
Analog verhält es sich bei den ABS-Systemen für Anhänger. Kategorie A muss hier alle Anforderungen einhalten.

Weitere wichtige Definition ist die der direkten bzw. indirekten Regelung. Zu beachten ist hier, dass in Einrichtungen mit select-low-Regelung alle Räder mit Sensoren als direkt geregelte Räder gelten.
ABS-Systeme sind für folgende Fahrzeugkategorien vorgeschrieben:

- M_2, M_3, N_2 und N_3 (für alle gilt: ABS Kategorie 1)
- O_3 und O_4

Die Prüfungen werden auf niedrigem Reibwert ($\mu \leq 0.3$ sowie auf Hochreibwert $\mu \approx 0{,}8$ gefahren.
Bestandteile der Prüfung sind:

- Energieverbrauch
  Die Bremsanlage muss über einen längeren Zeitraum bei voller Regelung ihre Wirkung beibehalten.
- Kraftschlussausnutzung
  Die Kraftschlussausnutzung muss mindestens den Wert 0,75 erreichen, auf hohem wie auf niedrigem Reibwert.
- Achsweiser Übergang von hohem auf niedrigen Reibwert et vice versa.
  Hier dürfen direkt geregelte Räder bei Übergang von μ_{high} auf μ_{low} nicht blockieren. Beim Übergang von μ_{low} auf μ_{high} muss die Fahrzeugverzögerung „innerhalb einer annehmbaren Zeit" ansteigen, ferner gelten Stabilitätskriterien.
- Bremsung auf einer Fahrbahn mit unterschiedlichem Reibwert links/rechts (μ-split)
  Direkt geregelte Räder dürfen nicht blockieren. Außerdem gelten bestimmte Abbremsungsanforderungen.

27.3.5 Vorschriften für komplexe elektronische Systeme

Mehr und mehr finden in die Fahrzeuge Systeme Eingang, deren Beschaffenheit nicht (bzw. noch nicht) vorgeschrieben ist. Die Tatsache, dass die meisten Vorschriften der ECE und der EU Wirkvorschriften sind, erweist sich hier als Segen. Andernfalls würde der technische Fortschritt in hohem Maße behindert.
Um Systeme genehmigen zu können, obwohl keine expliziten Vorschriften hierfür vorhanden sind, wurde das moderne Instrument der Genehmigung für komplexe elektronische Systeme geschaffen und als Annex 18 in die ECE-Regelung 13 eingefügt.
Man hat mit diesem Elektronik-Annex den klassischen Weg systemspezifischer Prüfungen verlassen und einen Weg gewählt, der den Nachweis eines geeigneten Sicherheitskonzepts (inkl. der Beschreibung des sicheren Zustands) sowie eine Systembeschreibung und Systemdokumentation fordert. Auch ist der Hersteller verpflichtet, dem Technischen Dienst Einblick in seine Fehlermöglichkeits- und Fehlereinflussanalyse FMEA bzw. Fehlerbaumanalyse FTA zu gewähren.

Analog hierzu wird die ECE-Regelung 79 (Lenkanlagen) in kürze einen nahezu gleich formulierten Annex erhalten.

27.3.6 Prüfung von Ersatzreibbelägen

Ersatzreibbeläge werden nach ECE-Regelung 90 oder auch (identisch) nach EU-Richtlinie 71/320 Anhang XV geprüft.
Diese Vorschrift gilt für alle Fahrzeugkategorien und befasst sich im Wesentlichen mit folgenden Kriterien:

- Mechanische Eigenschaften (Scherfestigkeit, Druckfestigkeit, Werkstoffhärte).
- Prüfung der Belageigenschaften einschließlich eines Vergleichs mit dem Originalbelag sowie Prüfung gemäß den Regeln der Bremsenvorschriften ECE-R.13 bzw. 71/320/EWG.
- Verpackung und Kennzeichnung der Ersatzbremsbeläge.

27.4 US-amerikanische Bremsenvorschriften

27.4.1 FMVSS 105 – Hydraulische Bremsanlagen

Diese Vorschrift gilt für Fahrzeuge mit hydraulischen Bremsanlagen und einer zulässigen Gesamtmasse von mehr als 3 500 kg.
Die amerikanische Bremsenvorschrift beinhaltet eine sehr konkret formulierte Reihenfolge bei der Durchführung der einzelnen Prüfungen. Sehr ausführlich ist das Einfahren der Bremsbeläge und deren Reibpartner beschrieben.
Das Anforderungsniveau mit Blick auf die Verzögerung bzw. den Bremsweg ist in etwa vergleichbar mit ECE-R.13. Jedoch existiert keine Vorschrift für ABS-Systeme.
FMVSS 105 galt bis zum Jahre 2000 auch für leichtere Fahrzeuge, wurde hier jedoch durch FMVSS 135 abgelöst.

27.4.2 FMVSS 121 – Pneumatische Bremsanlagen

Diese Vorschrift gilt für alle Fahrzeuge mit pneumatischen Bremssystemen.
Sie ist nicht kompatibel mit der ECE-Regelung 13.
Neben dem Vorhandensein von bestimmten Sicherungseinrichtungen am Fahrzeug (Zweikreisigkeit, Sicherung gegen Druckabfall beim Anhängeranschluss, Warnsignal bei Druckabfall etc.) wird für alle Fahrzeugkategorien mit Pneumatikbremse ABS gefordert. Eine konkrete Leistungsanforderung für ABS ist jedoch nicht Teil der Vorschrift. Auch weist die Vorschrift eine Druck-Verzögerungszuordnung als Kompatibilitätskriterium für Zugfahrzeug und Anhänger aus.

27.4.3 FMVSS 106 – Bremsschlauchleitungen

Diese Vorschrift gilt für alle Bremsschlauchleitungen in Fahrzeugen.
Unterteilt wird in Hydraulik-, Pneumatik- und Unterdruck-Bremsschlauchleitungen. Diese Vorschrift ist weltweit die einzige ihrer Art.
Die Anforderungen sehen im Wesentlichen vor:

- Kennzeichnungs- und Verpackungsvorschriften
- Prüfung der Dehnungs- und Berstfestigkeit
- Dauerbiegefestigkeit (35 Stunden-Test (whip-test))
- Zugfestigkeitstest
- Tests betreffend Wasserabsorption und Berstfestigkeit, Zugfestigkeit und Dauerbiegefestigkeit
- Tieftemperaturbeständigkeit
- Beständigkeit gegen andere Medien (Bremsflüssigkeit resp. Öl)
- Ozonfestigkeit
- Korrosionsfestigkeit der Armatur.

27.4.4 FMVSS 116 – Bremsflüssigkeiten für Kraftfahrzeuge

Diese Vorschrift gilt für alle Bremsflüssigkeiten für hydraulische Bremssysteme.
Die Vorschrift unterteilt grundsätzlich in drei unterschiedliche Bremsflüssigkeitskategorien bzw. -qualitäten: DOT 3, DOT 4 und DOT 5.
Geprüft werden im Wesentlichen:

- Siedepunkt
- Kinematische Viskosität
- Beständigkeit bei hoher Temperatur sowie chemische Beständigkeit
- Eigenschaften bei niedriger Temperatur
- Verdunstung
- Wassergehaltstoleranz
- Kompatibilität mit anderen Bremsflüssigkeitssorten sowie mit bestimmten Gummiqualitäten.

Vorgeschrieben ist ferner die Farbe (farblos bis gelb bzw. rot für Flüssigkeiten auf Silikonbasis). Auch sind Vorschriften für Verpackung und Kennzeichnung ausgeführt.

27.5 Weltweite Harmonisierung

27.5.1 FMVSS 135 und ECE R.13H

Die Vorschriften FMVSS 135 sowie ECE-Regelung 13H sind als erste weltweit harmonisierte Vorschriften konzipiert worden, einige Jahre bevor das Abkommen der UN-ECE von 1998 zur weltweiten Harmonisierung formuliert und in Kraft getreten war. Aufgrund der unterschiedlichen Genehmigungsstrukturen in den USA (Selbstzertifizierung) und Europa (Typgenehmigungsverfahren) sind beide Vorschriften zwar nicht wortgleich, jedoch bis auf den Themenkreis ABS technisch kompatibel.

ECE-Regelung 13 H gilt für Bremssysteme von Fahrzeugen der Kategorie M_1. Der Gültigkeitsbereich der FMVSS 135 erstreckt sich auf Kraftfahrzeuge bis 3 500 kg Gesamtmasse. Zwischenzeitlich hat auch Japan als Unterzeichnerstaat des Abkommens von 1958 die Regelung 13H als gleichwertig zu seinen nationalen Vorschriften anerkannt.
Die beiden Vorschriften FMVSS 135 sowie R.13H unterscheiden sich von den Anforderungen der R.13 mit Blick auf leichte Fahrzeuge im wesentlichen in folgenden Punkten:

- Kraftschlussausnutzung bzw. Bremskraftverteilung
- Vorschriften für ABS-Systeme (in FMVSS 135 nicht beinhaltet)

Die Bremskraftverteilungskurven beinhalten keine Ausnahmebereiche (Entfall des french window s. a. Kapitel 27.3.3).

27.5.2 Harmonisierung, ein Ausblick

Mit dem Abkommen der UN-ECE von 1998 wurde ein Vertragswerk geschaffen, dass es sowohl den USA als auch z. B. Europa mit ihren sehr unterschiedlichen Verfahren zur Genehmigung von Fahrzeugen gestattet, gemeinsame Vorschriften zu nutzen. Inzwischen haben eine lange Reihe von Ländern das Abkommen von 1998 unterzeichnet: Europäische Union, USA, Japan, Kanada, Deutschland, Frankreich, Großbritannien, Italien, Republik Korea, Russische Föderation sowie die Volksrepublik China. Die Republik Südafrika sowie Spanien haben den Vertrag unterzeichnet, die Ratifizierung steht aber noch aus.
Noch existieren keine weltweit harmonisierten Regelungen unter dem Abkommen von 1998, doch arbeiten die Vorschriften-Experten der Industrie sowie der Regierungen bereits an Entwürfen. Auch die Bremsenvorschriften stehen auf der Agenda für weltweit harmonisierte Regelungen, FMVSS 135 und Regelung 13 H werden rasch als weltweite Regelungen unter dem Abkommen von 1998 umgesetzt werden können.

Literatur

[1] *Europäische Union:* Richtline 71/320/EWG, Richtlinie des Rates vom 26. Juli 1971 zur Angleichung der Rechtsvorschriften der Mitgliedsstaaten über die Bremsanlagen bestimmter Klassen von Fahrzeugen und deren Anhängern (zuletzt geändert durch 98/12/EG)

[2] *Europäische Union:* Richtlinie 70/156/EWG, Richtlinie des Rates vom 6. Februar 1970 zur Angleichung der Rechtsvorschriften der Mitgliedsstaaten über die Betriebserlaubnis für Kraftfahrzeuge und Kraftfahrzeuganhänger (zuletzt geändert durch 98/91/EG und Berichtigung 2000/40/EG)

[3] *UN-ECE:* Abkommen von 1958, Übereinkommen über die Annahme technischer Bedingungen für Radfahrzeuge, Aurüstungsgegenstände und Teile, die in Radfahrzeuge(n) eingebaut und/oder verwendet werden können, und die Bedingungen für die gegenseitige Anerkennung von Genehmigungen, die nach diesen Vorschriften erteilt wurden, Revision 2 (3. Februar 1995)

[4] *UN-ECE:* ECE-Regelung 13, Einheitliche Vorschriften für die Genehmigung von Fahrzeugen der Klassene M, N und O hinsichtlich der Bremsen, Änderung 09, Nachtrag 6, in Kraft 20. 02. 2002

[5] *UN-ECE:* ECE-Regelung 13 H, Einheitliche Vorschriften für die Genehmigung von Personenkraftwagen hinsichtlich der Bremsen, Grundfassung Nachtrag 2, in Kraft 20. 02. 2002

[6] *UN-ECE:* ECE-Regelung 90, Einheitliche Vorschriften für die Genehmigung von Ersatz-Bremsbelag-Einheiten und Ersatz-Trommelbremsbelägen für Kraftfahrzeuge und ihre Anhänger, Corrigendum 4 zu Nachtrag 2 zu Änderung 01, in Kraft 08. 03. 2000

[7] *USA/Bund:* FMVSS 105, 49 Code of Federal Register § 571.105 – Federal Motor Vehicle Safety Standard 105; Hydraulic and electric brake systems

[8] *USA/Bund:* FMVSS 106, 49 Code of Federal Register §571.106 – Federal Motor Vehicle Safety Standard 106; brake hose assemblies, F.R. 09. 08. 1996

[9] *USA/Bund:* FMVSS 116, 49 Code of Federal Register § 571.116 – Federal Motor Vehicle Safety Standard 116; Brake fluids for motor vehicles, F.R. 27. 05 und 24. 09. 1998

[10] *USA/Bund:* FMVSS 121, 49 Code of Federal Register § 571.121 – Federal Motor Vehicle Safety Standard 121; Pneumatic brake systems; F.R. 28. 05. 2002

[11] *USA/Bund:* FMVSS 135, 49 Code of Federal Register § 571.135 – Federal Motor Vehicle Safety Standard 135; Brakes systems for light vehicles; F.R. 09. 02. 2000

[12] *UN-ECE:* Abkommen von 1998, Übereinkommen über die Restlegung globaler technischer Regelungen für Radfahrzeuge, Ausrüstungsgegenstände und Teile, die in Radfahrzeuge(n) eingebaut und/oder verwendet werden können, 25. Juni 1998

28 Wartung und Diagnose von Bremsanlagen

28.1 Einfluss von Normen, Regeln und Gesetzen in der Praxis

Bremssysteme sind Sicherheitssysteme. Um die Qualität der Wartung abzusichern wurden Normen und Richtlinien für Ersatzteile und Flüssigkeiten erstellt. Durch die Normen wird sichergestellt, dass sicherheitskritische Bauteile die erwarteten Eigenschaften wie zum Beispiel Leistung, das Verhalten bei verschiedenen Temperaturen, die chemischen Eigenschaften, vorweisen.

Grundlagen:

Generell gilt, dass alle in den Verkehr gebrachten Kraftfahrzeuge früher nach nationalen, heute nach internationalen Richtlinien überprüft und homologiert wurden.
Für den Bereich der PKW Bremse sind die Richtlinien nach EEC[1]) Direktive 71/320ff., 70/156/EWG, bzw. ECE[2]) R13ff. maßgebend. Die US amerikanischen Richtlinien FMVSS[3]) 105 und FMVSS 135 (für Fahrzeuge zugelassen nach dem 1. September 2000) werden im Wesentlichen von den vorgenannten Richtlinien abgedeckt.
Im Falle des Austausches einer Komponente des Bremssystems, darf nur ein Ersatzteil eingesetzt werden das die folgenden Kriterien erfüllt:

- Original Ersatzteil oder
- Ersatzteil mit Homologation (KBA[4]) Nr., ECE Nr.,) oder
- Ersatzteil gleicher Dimension und gleichen Materials (wenn keine Homologationsforderung besteht)

Eine Missachtung der geltenden gesetzlichen Regelungen führt zum Erlöschen der Betriebserlaubnis was entsprechende Folgen auch für den eventuellen Haftungsfall mit sich bringt.

Bremsflüssigkeit

Normen: SAE[5]) J 1703, SAE J 1704, DOT3[6]), DOT4, DOT5ff., FMVSS 571.116
Alle oben beschriebenen Normen stellen Standards dar, die die Mindestanforderungen für die verschiedenen Bremsflüssigkeiten beschreiben. Diese unterscheiden sich im Wesentlichen im Trocken-/Nasssiedepunkt, in der Viskosität bei Tieftemperatur, aber auch in ihrem Verhalten gegenüber den mit ihnen in Berührung kommenden Metallen und Gummikomponenten. Die Entwicklung moderner Bremsflüssigkeiten geht zunehmend in Richtung niedriger Viskosität bei Tieftemperatur. Hier kommen die Bremsflüssigkeitshersteller einer Forderung der Fahrzeug- und Bremsenhersteller nach die sicherstellen müssen, das die Ansprech- und Reaktionszeit moderner Bremssysteme (z. B. ABS, TC[7]), Spurstabilitätskontrolle) insbesondere auch unter Tieftemperaturbedingungen funktionieren. Entsprechend der Kennzeichnungspflicht (nach ECE R13 bzw. ECE 71/320ff.) ist im Umkreis von 100 mm des Bremsflüssigkeitsvorratsbehälters ein Warnhinweis angebracht, der die zu verwendende Qualitätsstufe vorschreibt. Obwohl die Fachliteratur das Mixen verschiedener Qualitätsstufen erlaubt, sollte man nach Möglichkeit davon absehen und nur die vom Fahrzeughersteller festgelegte Qualitätsstufe verwenden. Insbesondere das Quellverhalten der Gummikomponenten ist auf die vom Fahrzeughersteller festgelegte Bremsflüssigkeit abgestimmt und kann in Verbindung mit anderen Qualitätsstufen variieren.

Bremsschläuche

Normen: SAE J 1401ff., FMVSS 571.106, ISO[8]) 3996
Die genannten Normen beschreiben die Mindestanforderungen für Kennzeichnung, Leistung, Befestigung und Anschlüsse von Bremsschläuchen für Pkws, Lkws und Motorrädern.
Für den Fall der Reparatur gilt es darauf zu achten, nur solche Schläuche einzusetzen, die den Kennzeichnungspflichten genügen. Insbesondere müssen der Hersteller und die zu Grunde gelegte Spezifikation erkennbar sein. Darüber hinaus muss eine entsprechende Kennzeichnung das Verdrehen des Schlauches klar erkennen lassen. Sollte nach einem Gebrauch im Fahrzeug die Kennzeichnung nicht mehr lesbar sein, aber die Notwendigkeit bestehen den Schlauchhersteller zu benennen, kann dies geschehen indem man die in den Schlauch eingewebten Fäden identifiziert und deren Farbe mithilfe der im Anhang der Spezifikation SAE J 1401 befindlichen Tabelle dem Schlauchhersteller zuweist.

[1]) EEC = European Economic Community = Europäische Gemeinschaft http://europa.eu.int
[2]) ECE = Economic Commission for Europe = Europäische Kommission www.unece.org
[3]) FMVSS = Federal Motor Vehicle Safety Standard www.nhtsa.dot.gov
[4]) KBA = Kraftfahrtbundesamt www.kba.de
[5]) SAE = Society of Automotive Engineers www.sae.org
[6]) DOT = Department of Transportation United States of America www.dot.gov
[7]) TC = traction control, Traktionskontrolle
[8]) ISO = International Organization for Standardization www.iso.org

TRW Automotive
Aftermarket
TRW
Die ersten Bremsbeläge ohne Schwermetalle.
Für Ihre Gesundheit und eine saubere Umwelt
ÖKO TEST
RICHTIG GUT LEBEN
Lucas GDB 1292
sehr
ÖKO TEST
RICHTIG GUT LEBEN
Lucas GDB1351
90R-02.7031
sehr
ÖKO TEST
RICHTIG GUT LEBEN
Lucas GDB 1200
90R-01024/177
sehr gut
Ausgabe 1/2002
Lucas
TRW - Original Equipment.
Global Service.

Hauptbremszylinder, Radzylinder, Bremsgehäuse

Für Haupt- und Radzylinder sind keine expliziten Normen festgelegt. Hier gelten die Regeln wie sie in den obengenannten Grundlagen beschrieben sind. Im Falle des Austausches ist besonders darauf zu achten, dass nur Ersatzteile gleichen Durchmessers Verwendung finden. Durchmesser- und Designveränderungen führen zu einer geänderten Fahrzeugabstimmung und müssen somit aufgrund der potenziellen immanenten Gefahr begutachtet werden oder führen zum Erlöschen der Betriebserlaubnis.

Bremsscheiben

siehe allgemeine Grundlagen
Zu Beachten ist, dass im Markt vertriebene gelochte und/oder gerillte Bremsscheiben einer Homologation (TÜV[9]) in Deutschland, UTAC[10]) in Frankreich, RDW[11]) in den Niederlanden, ...) bedürfen, auch wenn sie in ihren Haupteigenschaften identisch mit dem Originalersatzteil sind.

Bremsbeläge/Bremsbacken

Im Reparaturfall dürfen Bremsbeläge bzw. Bremsbacken lediglich gegen Originalteile oder Ersatzteile, freigegeben nach ECE R 90 oder der Richtlinie 98/12/EG Anhang XV, Verwendung finden. Sowohl Bremsbeläge/Bremsbacken als auch deren Verpackung müssen regelkonform gekennzeichnet sein und sind an der ECE R 90 Nummer erkennbar.
Für Pkws und Kleintransporter zugelassen vor dem 1. April 2001 müssen die Ersatzteile mindestens mit einer KBA Nummer (Kraftfahrtbundesamt) gekennzeichnet sein.

28.2 Bremsendiagnose

Vor der Wartung und Reparatur sind einige grundsätzliche Zusammenhänge zu beachten. Oft sind Fehler, die erst beim Bremsen auftreten, nicht bei der Bremse selbst zu suchen. Bevor eine Diagnose für die Bremsanlage durchgeführt werden kann, ist eine Prüfung der peripheren Bauteile durchzuführen. Es sollten daher im Besonderen Lenkung und Fahrwerk geprüft werden. Besonderer Augenmerk ist auf das Fahrwerk (die achsgeometrischen Werte, Schwingungsdämpfer, Federung und Radnaben) zu richten. Erst wenn die Werte den Spezifikationen entsprechen, ist als nächster Schritt die Überprüfung der Bremsanlage vorzunehmen. Grundsätzlich sind die in diesem Kapitel aufgeführten Wartungs- und Diagnosearbeiten beispielhaft. Für die genaue Vorgehensweise ist grundsätzlich die Wartungs- und Diagnoserichtlinie des Fahrzeugherstellers zu beachten

[9]) TÜV = Technischer Überwachungs Verein http://www.tuev-rheinland.de/
[10]) UTAC = Union Technique de ĺAutomobile et de Motocycle et de Cycle www.utac.com
[11]) RDW = Rijksdienst voor het Wegverkeer www.rdw.nl

28.2.1 Geräusche und Vibrationen

Als Ursache für Geräusche und Vibrationen sind unter anderem Geometriefehler der Bremsscheiben anzusehen. Die daraus entstehenden Momentenschwankungen sind meistens auf Dickenabweichungen zurückzuführen. Sie können während der Fertigung der Bremsscheibe entstehen. Ebenso ist es möglich dass es beim Fahrbetrieb zu „Auswaschungen" durch partiell anliegende Bremsbeläge kommt. Als eine weitere Ursache ist der Bereich Falschmontage zu sehen (Schmutz, Korrosion, Grat, zu hohes Drehmoment durch Schlagschrauber, etc.). Die Wahrnehmung für den Fahrer ist ein temperaturunabhängiges, pulsierendes Bremspedal (Kaltrubbeln) und Lenkraddrehschwingungen.
Wenn es beim Abbremsen aus höherer Geschwindigkeit zu einem pulsierenden Bremspedal und Vibrationen im Lenkrad kommt, spricht man von Heißrubbeln. Die Ursache dieses Phänomens sind Materialspannungen in der Bremsscheibe die bei Erhitzung zu Geometriefehler führen. Ein weiterer Grund für Heißrubbeln können so genannte blaue „Hotspots" auf der Scheibe sein. Hotspots zeigen optisch eine Gefügeänderung der Bremsscheibe an. Diese Gefügeänderungen bewirken einen Reibwertunterschied mit der Folge das Drehschwingungen am Lenkrad, pulsierendes Pedal und ein deutlich zu hörendes Brummen auftreten. Das Bremsenquietschen wird durch hoch frequente Reibwertschwankungen während des Bremsvorganges hervorgerufen. Diese Schwankungen induzieren Schwingungen unterschiedlicher Frequenzen in das Radaufhängungssystem. Abhängig vom Design des Fahrwerks, der Bremsanlage und der Größe der Schwingungen, können Geräusche in den verschiedensten Frequenzen und Lautstärken auftreten.

28.2.2 Pedalbox

Die Pedalbox gilt heute als wartungsfrei ausgelegt. Bei Symptomen die auf einen Fehler der Kinematik deuten sind die Leichtgängigkeit, die Befestigung und der mechanische Verschleiß (Pedalgummi, Lagerspiel, etc.) zu kontrollieren.

Mechanik

Pedalweg zu lang

Langer Pedalweg kann mehrere Gründe haben. Zum Beispiel durch Spiel in der Pedalbox oder Spiel zwischen der Druckstange und Bremskraftverstärker. Folge dieses Spiels sind oftmals auch Klappergeräusche. Bei Fahrzeugen mit Trommelbremse kann der Luftspalt zwischen Bremsbacken und Bremstrommel zu groß sein. Die Ursache hierfür kann eine unzureichende Nachstellung sein. Bei Scheibenbremssystemen mit Schrägverschleiß an den Belägen, tritt dieser Effekt ebenso auf.

Eine weitere Ursache für ein „langes" Pedal ist eine Leckage in der Hydraulik. Üblicherweise werden diese Fehler an einem zu geringen Bremsflüssigkeitsstand erkannt. Luftblasen in der Hydraulikflüssigkeit können ebenso einen langen Pedalweg verursachen. Zusätzlich tritt dabei der Effekt eines weichen Pedals auf. Durch die daraus resultierende, erhöhte Volumenaufnahme reduziert die Sicherheitsreserven des Bremssystems.

Bremspedal zu weich

Ein so genanntes weiches Pedal fühlt sich beim Betätigen schwammig an. Grund sind in der Regel eingeschlossene Luftblasen. Da Luft sich, im Gegensatz zur Bremsflüssigkeit, hoch komprimieren lässt, reagiert das Pedal mit einem zu weichen Ansprechen. Ein ähnlicher Effekt tritt auf, wenn Aufgrund des Alters die Bremsschläuche bei gleichem Druck sich mehr ausdehnen. Mechanisches Spiel in der Pedalbox zählt, in seltenen Fällen, ebenso zu den Verursachern von weichem Pedalverhalten.

Bremspedal zu hart

Ein hartes Pedal tritt bei Schäden wie festsitzenden Kolben in den Bremszangen und den Radzylindern oder bei Ausfall des Bremskraftverstärkers auf.

Pedal vibriert

Siehe Geräusche und Vibrationen

Pedalbetätigungsgeräusche

Geräusche die beim Betätigen des Bremspedals (im Stillstand) auftreten, entstehen häufig durch Ansauggeräusche des Vakuumbremskraftverstärkers. Durch Verwendung spezieller Filter werden diese Geräusche auf ein Minimum unterdrückt. Es ist im Einzelfall zu bestimmen, ob das Geräusch die Spezifikationen überschreitet.

Elektrik

Elektrische Bauteile am Bremskraftverstärker/Pedalerie sind Bremslichtschalter (es können auch zwei eingebaut sein: einer für das Bremslicht und ein zusätzlicher für das ABS/Fahrdynamik-Sytem), Wegaufnehmer der den Betätigungsweg des Hauptzylinders als elektrische Kenngröße zurück an das Steuergerät meldet und Magnetventile für die Bremsassistentfunktion.

28.2.3 Bremskraftverstärker

Mechanische Bremskraftverstärker

Hauptursachen von Ausfällen bei mechanischen, auf Unterdruck basierenden Verstärkern, ist der fehlende Unterdruck. Die Gründe für fehlenden Unterdruck können sein: Leckage in der Versorgungsleitung zum Bremsgerät, falsch eingestellte Drosselklappe (zu weit geöffnet, dadurch keine Unterdruckbildung); Vakuumrückschlagventil defekt. Bei Dieselfahrzeugen kann als Fehlerquelle die mechanische Vakuumpumpe in Betracht kommen. Eingebaut sind diese Pumpen oft an der Lichtmaschine oder am Ventiltrieb. Sollten sich bei einem Dieselmotor Ölspuren im Bremskraftverstärker finden, ist die mechanische Vakuumpumpe zu überprüfen und auszutauschen. Ebenso sind im Normalfall Leitungen und Rückschlagventil zu ersetzen um Folgeschäden vorzubeugen. Mechanische Bremskraftverstärker sind im allgemeinen wartungsfrei. Ebenso kann die Membrane des Bremsgerätes Undichtigkeiten aufweisen. Bremskraftverstärker sind im Zweifelsfall auszutauschen. Die Überprüfung erfolgt durch mehrmaliges Betätigen bei stehendem Motor. Nachdem das Pedal einen harten Widerstand signalisiert, wird der Motor bei betätigtem Pedal gestartet. Das Pedal muss sich bei gleich bleibender Betätigungskraft nach unten bewegen.

Hydraulische Bremskraftverstärker

Bei hydraulischen Bremskraftverstärkern ist ein besonderes Augenmerk auf die Servopumpe und das Druckbegrenzungsventil zu legen. Da die hydraulische Bremskraftverstärkung als Kraftquelle in der Regel die Servolenkungspumpe nutzt, geht bei Ausfall oder Minderleistung dieser Pumpe auch die Bremskraftverstärkung völlig oder teilweise verloren. Eine andere Ursache von Fehlfunktionen kann auf der Seite des Druckbegrenzungsventils liegen, dass für die Höhe des Aussteuerdruckes verantwortlich ist. Mit einer Druckmessung können die wesentlichen Werte die zu einer Diagnose erforderlich sind gemessen werden. Zu den Wartungsarbeiten die hier anfallen, zählt der regelmäßige Wechsel des Servolenkungskeilriemens. Zu diesem System gehört noch ein Hydrospeicher der bei einem Druck von ca. 35 bis zirka 60 bar (systemabhängig) arbeitet. Wenn der Hydrospeicher korrekt arbeitet, liefert er noch herstellerabhängig, für bis zu 12 Bremsungen den notwendigen Druck; unabhängig von der Energieversorgung. Als Federelement dient im Allgemeinen N_2 (Stickstoff) das durch eine Membran vom Hydrauliköl getrennt ist. Dieser Druckspeicher ist wartungsfrei und wird nur als komplette Einheit getauscht. Die einfachste Art der Überprüfung der Membrane läuft wie folgt ab: Motor im Leerlauf laufen lassen, nach gegebener Zeit wird der Motor abgestellt. Nun wird das Bremspedal mit einer Kraft die einer Vollbremsung entspricht betätigt. Die Anzahl der Betätigungen mit spürbarer Bremskraftunterstützung sollte in etwa 12 oder mehr Betätigungen entsprechen (Abweichungen je nach Bauart sind hier möglich). Alle anderen Prüfungen verlangen mehr Aufwand und sind ausschließlich nach den Richtlinien des Fahrzeugherstellers zu prüfen – in der Regel mit einem speziellen Prüfgerät.

Eine Warnung an dieser Stelle – diese Anlagen werden in der Regel mit Hydrauliköl betrieben. Bei Kontamination mit auf Glycol basierenden Bremsflüssigkeiten wird die komplette Bremsanlage beschädigt; bis hin zum Kreisausfall. Achtung: bei Wartungsarbeiten an dieser Anlage ist stets der Speicherdruck durch Betätigen des Bremspedals abzubauen.

Elektro-Hydraulische Bremskraftverstärker

Im Unterschied zu den hydraulischen Bremskraftverstärken besitzen elektro-hydraulische Verstärker einen Elektromotor mit einer nachgeschalteten Kolbenpumpe. Ein Druckschalter regelt den Druck des Hydrospeichers in etwa zwischen 110 und 180 bar. Auch für diese Anlage gibt es im Falle eines Ausfalles der Hydraulik-Pumpe eine ausreichende Reserve für cirka 12 Bremsungen. Nach dem Ausfall der Hilfskraft ist Bremsen noch möglich – stark erhöhte Fußkraft beim Bremsen ist die Folge.

28.2.4 Hauptbremszylinder

Sichtprüfung

Bei der Sichtprüfung des Hauptbremszylinders wird zuerst der Flüssigkeitsstand im Vorratsbehälter überprüft. Ebenso darf die Belüftungsbohrung des Behälterdeckels nicht verlegt sein. Ausgleichbehälter, Hauptzylinder, eventuell vorhandene Bremslichtschalter, Bremskraftregler und Vordruckventile sind auf äußerliche Unversehrtheit zu prüfen. Gleichermaßen ist auch auf Undichtigkeiten zu achten. Kontamination mit Fremdstoffen muss ebenso ausgeschlossen sein, da diese Verschmutzung zu erhöhtem Verschleiß führt. Es darf keine Spur von Bremsflüssigkeit zu sehen sein. Sollte Bremsflüssigkeitsverlust festgestellt worden sein, der keine äußerliche Spuren hinterlässt, so sind zwei Möglichkeiten in Betracht zu ziehen. Die erste Möglichkeit ist, dass Bremsflüssigkeit über den Hauptzylinder in den Bremskraftverstärker eindringt. Um dieses festzustellen, ist der Hauptzylinder auszubauen oder durch eine andere Öffnung zu kontrollieren, ob sich Bremsflüssigkeit im Inneren des Verstärkers befindet. Die zweite Möglichkeit ist ein Bremsflüssigkeitsverlust der Radzylinder. Eher unwahrscheinlich ist eine Leckage bei ABS-Anlagen oder Bremszangen.

Niederdruckprüfung

Zur Prüfungsvorbereitung wird die Bremse mehrmals mit einem Überdruck von zirka 25 bar beaufschlagt. Von diesem Wert wird abfallend ein Überdruck von $3{,}5 \pm 1{,}5$ bar eingestellt. Dieser Überdruck wird mithilfe eines Pedalfeststellers für 5 Minuten gehalten und darf nicht abfallen. Während des Niederdruck-Test müssen der Feststeller und die gesamte Anlage vollkommen ruhig stehen, denn geringste Änderungen können Messverfälschungen verursachen.

Hochdruckprüfung

Mit einem Pedalfeststeller wird ein Überdruck zwischen 50 und 100 bar eingestellt. Die Grenze des zulässigen Druckabfalls liegt bei 10 % in 10 Minuten. Ist ein Vakuum Bremskraftverstärker eingebaut wird diese Prüfung einmal mit und einmal ohne Unterstützungskraft des Bremskraftverstärkers durchgeführt.

Vordrucktest

Zuerst wird ein Druck zwischen 50 und 100 bar eingesteuert, danach das Pedal auf Lösestellung zurückgenommen. Es sollte sich nun ein Druck, je nach Hersteller, zwischen 0,4 und 1,7 bar, einstellen. Sinkt der Druck in 5 Minuten unterhalb von 0,4 bar ab, ist eine Undichtigkeit im Vordruck oder Bodenventil die Ursache (Voraussetzung zum Tausch ist die bestandene Niederdruckprüfung, da ansonsten ein Fehler im Hauptzylinder die Ursache ist). Vordruck oder Bodenventile befinden sich lediglich in Systemen mit Trommelbremsen.

Bremslichtschalter

Es gibt 2-polige und 3-polige Bremslichtschalter, deren Testwerte sich unterscheiden. Bei 2-poligen Schaltern ist der Einschaltdruck des Schalters in der Regel zwischen 3 und 6 bar. 3-polige Schalter haben einen Einschaltdruck um die 5,5 bis 7,5 bar. Unterhalb der jeweiligen Werte darf das Bremslicht nicht aufleuchten, darüber muss das Bremslicht unterbrechungsfrei aufleuchten.

28.2.5 Rohrleitungen und Bremsschläuche

Rohrleitungen und Bremsschläuche unterliegen der regelmäßigen Hauptuntersuchung, typische Fehler in diesem Bereich sind Korrosion der Rohrleitungen und Alterung der Bremsschläuche. Durch Scheuern am Aufbau entsteht mechanischer Abrieb. Dieser entsteht oft aus Folgeschäden von Unfällen oder Montagefehlern. Grundsätzlich ist bei Reparaturen peinlich genau auf die berührungs- und spannungsfreie Verlegung der Leitungen und Schläuche zu achten. Bremsleitungen für den Einbau in Kraftfahrzeugen unterliegen der SAE J 1401. In dieser Norm sind alle wichtigen Eigenschaften, die Bremsschläuche betreffen, enthalten. Bremsschläuche haben auf ihrer Oberfläche zusätzlich farbige oder in das Material eingeprägte Streifen, die ein axiales Verdrehen anzeigen und damit den richtigen Einbau erleichtern. Die Prüfmethode für Rohrleitungen und Bremsschläuchen ist die in Sichtprobe auf Korrosion, Scheuerstellen, Aus- und Einbeulungen sowie Risse. Bei Montage von neuen Bremsschläuchen ist darauf zu achten, dass nur freigegebene Ersatzteile die der Norm SAE J1401 entsprechen, verwendet werden.

28.2.6 Bremsen

Nachlassen der Bremswirkung (Fading):

Beim Bremsen wird Bewegungsenergie mithilfe von Reibung in Wärme umgesetzt. Diese Wärme muss von den am Bremsen beteiligten Bauteilen aufgenommen und an die Umwelt abgegeben werden. Wird ein Belag über die spezifizierte maximale Temperatur überhitzt, kommt es durch chemisch/physikalische Prozesse im Reibmaterial zu einer verminderten Bremsleistung. Bei kurzzeitiger Überhitzung, erkennbar durch einen schmalen grau/weißen Rand am Bremsbelag, regeneriert sich der Belag wieder. Hält die Überlastung über einen längeren Zeitraum an, wird der Belag zerstört und ist auszutauschen.

28.2.6.1 Scheibenbremsen

Bremszangen

Bei der Inspektion von Bremszangen sind mechanische Schäden wie Verschmutzung und Korrosion der Belag- und Zangenführungen ein besonderes Augenmerk zu widmen. Ebenso ist der Bereich um die Kolben genauestens zu inspizieren. Eine beschädigte Staubmanschette führt hier zur Korrosion des Kolbens und der Bohrung. Durch festsitzende Kolben fehlt den Bremsbelägen das Lüftspiel. Die Folge sind überhitzte Bremsbeläge.

Bremsscheiben

Bei Bremsscheiben sind mögliche Fehler Montagefehler oder Geometriefehler der Bremsscheiben, siehe Kapitel Geräusche und Vibrationen (28.2.1). Bild 28-1 zeigt typische Schadensbilder in Bremsscheiben.

Beläge

Vor dem Einbau ist eine visuelle Prüfung durchzuführen hinsichtlich Reibflächenstruktur, Rissen, Stoßstellen und Blasen. Grundlage hierfür sind die von der FEMFM[12]) erstellten Standards.
Während des Gebrauchs ist die Bremsanlage regelmäßig zu überprüfen. Ein besonders Augenmerk sollte auf das Verschleißbild von Bremsscheiben und Belägen gerichtet werden. Die Mindestdicke der Beläge sollte 3 mm nicht unterschreiten.
Nach dem Ausbau der Beläge und Scheiben lassen sich durch deren Begutachtung Rückschlüsse auf den Zustand der Bremsanlage ziehen. Wenn Beläge ungleichmäßig verschlissen sind, ist der Grund in den Führungen der Beläge und/oder der Gehäuseführung zu suchen. Bild 28-2 gibt einen Eindruck von dem Schadensbild überhitzter Bremsbeläge.

Verschleißkontrolleinrichtungen

Akustische:

Bei akustischen Verschleißkontrolleinrichtungen handelt es sich in der Regel um eine Art Klammer, die am Belag angebracht wird. Erreicht dieser Belag die spezifizierte Mindestdicke, so schleift eine Zunge dieser Klammer auf der Reibfläche der Bremsscheibe. Dadurch wird ein lautes Geräusch erzeugt, dieses Geräusch zeigt dem Fahrer an, das die Beläge verschlissen sind.

[12]) FEMFM = **Federation of European Manufacturers of Friction Materials** (Verband der Europäischen Hersteller von Reibmaterial) www.vri-ev.de

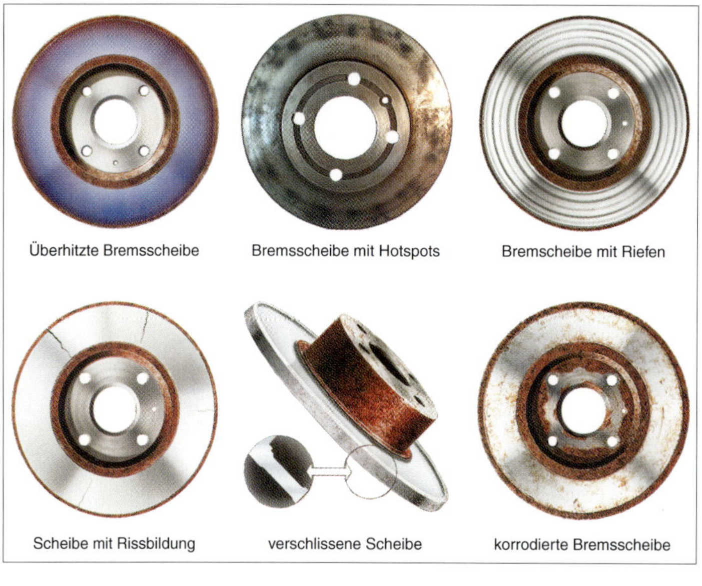

Bild 28-1 Typische Schadensbilder von Bremsscheiben

Bild 28-2 Überhitzte Bremsbeläge

Optische:

Arbeiten wie ein Zeiger. Der Verschleiß der Beläge wird durch die Stellung eines Zeigers angezeigt.

Elektrische:

Es gibt zwei hauptsächlich verwendete Arten von elektrischen Bremsbelagverschleißanzeigen. Systeme die einen Leiter benutzen zeigen die Verschleißgrenze dadurch an, dass dieser Draht mit der Bremsscheibe in Berührung kommt. Über diesen Kontakt bekommt das System eine Verbindung hin zur Masse – die Kontrollleuchte leuchtet. Im zweiten System werden zwei Kabel als Schleife eingesetzt. Dadurch ergeben sich zwei Möglichkeiten: die erste ist, dass bei Kontakt dieser Schleife zur Masse, die Kontrollleuchte illuminiert wird. Zweite Möglichkeit: die Kontrollleuchte leuchtet bei einer Unterbrechung dieser Schleife auf.

Prüfungen

Prüfungen beschränken sich bei elektrischen Verschleißanzeigen auf Durchgangs- und Widerstandsmessungen. Bei mechanischen oder optischen Anzeigen wird die Stellung, Befestigung und die Beschaffenheit kontrolliert.

28.2.6.2 Trommelbremsen

Radzylinder

Von außen lassen sich Radzylinder in der Regel nicht prüfen. Zur Prüfung muss die Bremstrommel demontiert werden. Überprüft wird ein Radzylinder auf Leckage, Freigängigkeit der Kolben und Korrosion. Des weiteren sind Staubkappen auf korrekten Sitz und Beschädigung zu prüfen.

Nachstelleinrichtungen

Nachstelleinheiten, die den Verschleiß von Belagmaterial und Bremstrommel ausgleichen, sind auf Gängigkeit und Sitz zu kontrollieren.

Bremsbacken

Bremsbacken können in der Regel durch eine Inspektionsöffnung begutachtet werden. Um sich ein Bild über den Zustand der Reibfläche zu machen muss man, wie bei den Radzylindern, die Trommel demontieren. Der Verschleiß der Beläge sollte eine Mindestbelagstärke von 2 mm nicht unterschreiten (für genaue Verschleißgrenzen siehe Herstellerspezifikation) oder aber bei genieteten Belägen sollten die Nieten nicht angeschliffen sein.

Bremstrommeln

Bei Bremstrommeln sind die Tragbilder zu überprüfen. Riefenbildung, Korrosion, Bremsflüssigkeitsaustritt und Unrundheit sind die häufigsten Fehlerursachen. Der zulässige Verschleiß wird durch den maximalen Durchmesser der Trommel angegeben.

28.2.7 Druckregler

Lastabhängig

Lastabhängige Druckaufnehmer haben eine Kinematik die den Abstand zwischen der Karosserie und der Achse in einen Hebelweg umsetzen. Dieser Hebelweg regelt den Druck der Hinterachse – je geringer der Abstand desto größer ist der Druck auf der Hinterachse. Bei der Diagnose dieser Reglerbauart ist auf korrekte Grundeinstellung der Hebellage, auf Leichtgängigkeit der Hebel und auf Dichtigkeit der hydraulischen Komponente zu achten.

Druckabhängig

Druckabhängige Regler werden vom Hersteller eingestellt. Die Diagnose bei diesen Reglern beschränkt sich auf Montage, Dichtigkeit und Druckmessung.

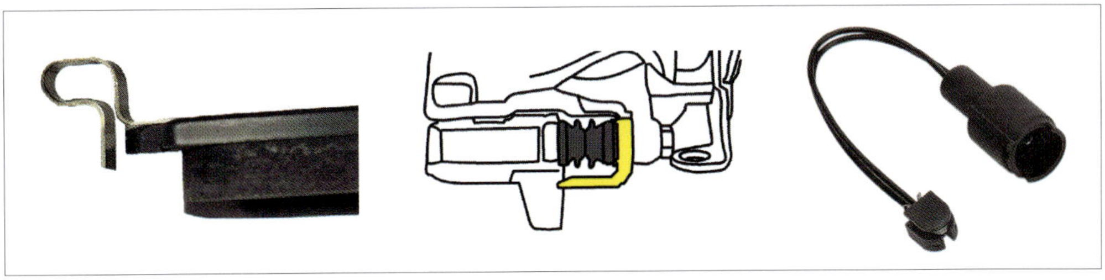

Bild 28-3 Verschleißkontrolleinrichtungen

Im Gegensatz zu den lastabhängigen Reglern sind hier keine Justierungen möglich.

Verzögerungsabhängig

Verzögerungsabhängige Regler wie das G-Valve von TRW (Lucas) haben eine Kugel eingebaut, die je nach Verzögerung stärker oder schwächer beschleunigt wird. Dadurch wird der Druck verzögerungsabhängig reguliert. Bei diesen Druckreglern ist die Einbaulage von entscheidender Bedeutung. Die vom Fahrzeughersteller vorgegebene Einbauwinkel ist zu überprüfen. Bei einer Fehlfunktion ist der Austausch des Bauteils zwingend erforderlich.

Elektronisch

Elektronische Druckregler sind üblicherweise als Zusatzfunktion in ABS = EBV[13])-Anlagen integriert. Es gibt aber noch eine erhebliche Stückzahl von reinen Hinterachsblockierverhinderern, vor allem in Nordamerika. Beide Systeme werden wie ein ABS-System überprüft (Fehlercode auslesen, Einzelbauteilprüfung)

Prüfungen

Bei Bremskraftregler-Prüfungen wird eine Druckanzeige in den ungeminderten Bereich, ein anderer in den geminderten eingebaut. Nun können die vom jeweiligen Fahrzeughersteller vorgegebenen Umschaltpunkte des Druckverlaufs angefahren und überprüft werden. Lediglich bei lastabhängigen oder verzögerungsabhängigen Druckreglern kann der Umschaltpunkt justiert werden.

28.2.8 Bremsflüssigkeit

Mineralöl basierende Bremsflüssigkeit

Mineralöl in Bremssystemen unterliegt in der Regel keinen speziellen Wartungsintervallen. Bei Instandsetzung von solchen Anlagen wird ausschließlich neues Mineralöl verwandt.

Glykol basierende Bremsflüssigkeit

Typische Wechselintervalle sind 12 bis 24 Monate. Weil Bremsflüssigkeiten die auf Glykol basieren hygroskopisch sind, sollten diese vorgegebenen Intervalle unbedingt eingehalten werden. In tropischen oder arktischen Klimazonen können Abweichungen von diesen Intervallen auftreten. Soll die Bremsflüssigkeit auf ihren Wassergehalt hin geprüft werden so sind verschiedene Testgeräte auf dem Markt.

Silicon basierende Bremsflüssigkeit

DOT5 nicht zu verwechseln mit DOT5.1! Diese Bremsflüssigkeit darf nicht mit mineralölbasierender oder glykolbasierender Bremsflüssigkeit gemischt werden. Eingesetzt wird diese Flüssigkeit oft in amerikanischen BOS[14])-Fahrzeugen.

Dampfblasenbildung

Durch die Erwärmung des Systems bei hydraulischen Scheibenbremsen wird die Bremsflüssigkeit erhitzt und bildet ab einem gewissen Siedepunkt Dampfblasen (Vapor lock = Luft im System) der zu einer Bremspedalwegverlängerung führt.

Gefahrenhinweis

Unter keinen Umständen dürfen auf Mineralöl, Silicon oder Glykol basierende Flüssigkeiten gemischt werden – in diesem Falle ist die komplette Bremsanlage rückstandsfrei zu reinigen sowie sämtliche Gummiteile im hydraulischen System zu erneuern. Bei einem ABS bedeutet es, dass die komplette hydraulische Einheit getauscht werden muss.

Wechselintervalle

Wechselintervalle sind hauptsächlich abhängig von der verwendeten Bremsflüssigkeit und den Umweltverhältnissen denen das Fahrzeug ausgesetzt ist. Die Fahrzeughersteller geben dazu Empfehlungen für die Wechselintervalle heraus. Mit entsprechenden Prüf- oder Laborgeräten können Bremsflüssigkeiten auf Wassergehalt oder Nasssiedepunkt analysiert werden, siehe Kapitel Prüfgeräte (28.4).

28.2.9 ABS, BA, EHB[15]), VSC[16]) und weitere

Bauteile und deren Prüfung

Zu Durchführung der Diagnose von ABS, BA, EHB, VSC und anderen elektronischen Bremssicherheitseinrichtungen steht an erster Stelle das Fehlercodelesegerät. Durch Auslesen des Fehlerspeichers erhält man einen Hinweis auf die Art und das Bauteil wo der Fehler zu suchen ist. Die sichere Diagnose kann aber nur gelingen, wenn Systemkenntnisse vorhanden sind. Zusätzlich werden Standardinstrumente wie Oszilloskop und Multimeter für eine sichere Diagnose benötigt. Grund ist, dass nach erhaltenem Fehlercode oft mehrere Bauteile als Ursachen möglich sind. Diese sind dann nur durch weitere Messungen zu isolieren.

28.3 Umwelt- und zeitwertgerechte Reparatur und Wartung

Wegen der stark steigenden Kosten im Bereich der Kraftfahrzeugreparatur wird seit einigen Jahren über die zeitwertgerechte Reparatur diskutiert. Dies ge-

[13]) EBV = **E**lektronischer **B**lockier**v**erhinderer

[14]) BOS = **B**ehörden und **O**rganisationen mit **S**icherheitsaufgaben

[15]) EHB = **E**lektro-**H**ydraulische-**B**remse

[16]) Vehicle Stability Control

schieht vor dem Hintergrund, dass insbesondere bei älteren Fahrzeugen sehr oft die Reparaturkosten den Zeitwert überschreiten. Unterstützt wurde dieses Thema mit der Diskussion im Vorfeld der neuen EU-Richtlinie zur Altautoverordnung, die ja die Fahrzeughersteller verpflichtet, Altautos wieder zurückzunehmen, diese fachgerecht zu entsorgen und wo möglich wieder dem Wirtschaftskreislauf zuzuführen.

Unter zeitwertgerechter Reparatur versteht man den Einsatz von

- Gebrauchtteilen
- wieder aufgearbeiteten Teilen oder
- Neuteilen mit gleicher Leistung aber reduziertem Komfortverhalten verglichen mit dem Originalteil.

Aus umweltpolitischen und wirtschaftlichen Gründen ist dieser Ansatz sicherlich begrüßenswert. Er stößt dort an seine Grenzen wo sicherheitsrelevante Bauteile betroffen sind und eine 100 %ige Sicherheit der Reparatur gegeben sein muss.

Einer Untersuchung des KTI[17]) (Kraftfahrzeugtechnisches Institut und Karosseriewerkstätte GmbH) ist zu entnehmen, dass die Verwendung gebrauchter, sicherheitsrelevanter Teile, wie zum Beispiel Teile für Bremsanlagen, Rückhaltesysteme und Lenkungen derzeit problematisch ist. Die Anbieter gebrauchter Teile scheinen derzeit nicht die logistischen Fähigkeiten zu besitzen, Gebrauchtteile eindeutig einem Fahrzeugmodell zuordnen zu können. Weitergehend werden diese Teile nach ihrem Ausbau keiner funktionellen Kontrolle unterzogen die über eine Sichtkontrolle hinaus auch Leistungskriterien beinhaltet. Hier liegt prinzipiell die Gefahr, dass der Kunde durch die Instandsetzung mit gebrauchten Teilen ein technisch minderwertiges Fahrzeug zurückerhält.

Wiederaufgearbeitete Teile sind ihrem Wesen nach Originalteile, die zerlegt, gereinigt, mit neuen Verschleißteilen wieder aufgebaut, endgeprüft und als Austauschteil markiert werden. Auf einer haltbaren Markierung als Austauschteil ist zu bestehen, um auch eventuelle Probleme zur Produkthaftung adressieren zu können.

Neuteile, mit gleicher Leistung ausgestattet wie Originalteile, aber reduziertem Komfortverhalten rechtfertigen ihren Kostenvorteil mit Einschränkungen z. B. im Geräuschverhalten aber unter Umständen auch mit reduzierter Verschleißfestigkeit.

28.4 Testgeräte

Diagnosetestgeräte

Bremsflüssigkeitsprüfgeräte

Es gibt verschiedene Arten von Bremsflüssigkeitstestgeräten auf dem Markt. Sie unterscheiden sich in der Art und Weise wie der Nasssiedepunkt oder der Wassergehalt bestimmt werden.

Die erste Gruppe von Geräten benutzt den mit steigendem Wassergehalt sich ändernden elektrischen Widerstand zur Bestimmung des prozentualen Wasseranteiles aus. Oft haben diese Geräte lediglich 3 Leuchtdioden als Anzeige. Grün bedeutet in diesem Falle 0–1 % Wassergehalt = Bremsflüssigkeit ist gut. Gelb indiziert 1–2 % Wasseranteil = Bremsflüssigkeit ist in Kürze zu wechseln. Bei einem Wassergehalt von über 3 % leuchtet die rote Lampe auf, was bedeutet dass die Bremsflüssigkeit sofort zu wechseln ist. In der Regel ist diese Art von Messgeräten speziell für einen DOT-Typ freigegeben. Zum Beispiel kann es für DOT4 ausgelegt sein. Andere besitzen einen Umschalter von einer DOT-Klasse auf eine andere.

Der nächste Typ von Testgeräten ermittelt den Siedepunkt, indem es die Flüssigkeit zum Kochen bringt. Flüssigkeit kommt dazu in eine Messkammer, dort wird sie erhitzt. Ist der Siedpunkt erreicht, so wird dann entweder durch Klartextanzeige oder drei LED's[18]) der Siedepunkt grob angezeigt. Ein typischer Wert für gute Bremsflüssigkeit ist wenn der Siedepunkt über 175 °C liegt. Zwischen 165 °C und 175 °C ist sie noch verwendbar, sollte aber in nächster Zeit gewechselt werden. Unter 165 °C ist sie sofort zu tauschen.

Die dritte Gruppe sind die so genannten Refraktometer. Das Refraktometer ist ein fernrohrähnliches optisches Instrument, das den Wassergehalt der Bremsflüssigkeit über den Brechungsindex der Flüssigkeit prüft. Genutzt wird hierbei die Eigenschaft von Bremsflüssigkeit, dass sich bei zunehmenden Gehalt an Wasser die Lichtbrechung ändert. Nachvollziehbar wird es, wenn man einen Stab in ein Glas Wasser hält und feststellt, dass der Stab im Wasser geknickt erscheint. Der Grund für diesen optischen „Knick“ ist die unterschiedliche Ausbreitungsgeschwindigkeit des Lichtes in den verschiedenen Medien Luft und Wasser. Dies führt dazu, dass Lichtstrahlen eine Ablenkung, eine Richtungsänderung, erfahren, wenn sie von einem Medium (Luft) in ein anderes Medium (Bremsflüssigkeit) eintreten; sie werden „gebrochen“. Physikalisch gesehen spricht man hier von einer Refraktion. Abgelesen wird es indem man die Probe auf eine Glasfläche aufbringt und gegen eine Lichtquelle hält. Der Wassergehalt wird dann in der Regel in Prozent angezeigt.

Elektronische Diagnose-Geräte

Unter elektronischen Diagnosegeräten versteht man in allgemeinen Fehlercodelesegeräte. Diese Geräte können stationär oder mobil ausgeführt sein. Es gibt sie als Fahrzeughersteller-spezifische Geräte oder als

[17]) KTI = Kraftfahrzeugtechnische Institut Altensteig www.k-t-i.de

[18]) LED = **L**ight-**E**mittering-**D**iode = Leuchtdiode

Geräte, die für den freien Markt konzipiert sind. Der Unterschied liegt oft in der Diagnosetiefe und in der Anzahl der zu testenden Systeme. Zusätzlich werden für eine fachgerechte Diagnose auch Oszilloskop und ein Multimeter benötigt. Das Multimeter sollte mindestens in der Lage sein Spannung, Strom, Widerstand, Frequenz und Temperatur zu messen.

Online Diagnose

Voraussetzung für die Online Diagnose ist ein vorhandener Internetanschluss. Laut einer Umfrage des ZDK[19]) im Frühjahr 2002 verfügen 90 Prozent der befragten Betriebe über einen Internetanschluss. Selbst von den kleineren befragten Betrieben (1 bis 4 Beschäftigte) haben 77 % einen Internetanschluss. Über diesen kann dann das zu diagnostizierende Fahrzeug mit Hilfe einer „Blackbox" angeschlossen werden. Die benötigte Software wird dann Online zur Verfügung gestellt. Lediglich für Einzelmessungen werden noch spezielle Messgeräte wie Multimeter oder Oszilloskop benötigt.

Mobile Diagnose

Mobile Diagnose ist in unterschiedlichen Ansätzen möglich. Von einem speziellen nur für einen Zweck konstruiertem Gerät, wie zum Beispiel ein Fehlercode-Lesegerät bis hin zu einem fahrzeugintegrierten Diagnosemanagementsystem ist so ziemlich alles im Bereich des Möglichen.
Es ist machbar, dass ein ABS-Steuergerät den Ausfall eines Raddrehzahlsensors feststellt, dieses wird dem Fahrer durch eine Kontrollleuchte angezeigt. Der Fahrer kann nun eine „Hilfetaste" betätigen, die den Fehlercode zur nächsten oder zur Wunschwerkstatt sendet. Dort kann dann entschieden werden, ob der Fehler direkt vor Ort oder in der Werkstatt behoben werden kann, gleichzeitig kann auch das entsprechende Ersatzteil automatisch bestellt und zum Reparaturpunkt verschickt werden.

Softwareaktualisierungen

Ein Thema, das in Zukunft an Bedeutung gewinnen wird, ist die Softwareaktualisierung. Hierbei besteht die Möglichkeit ein Steuergerät mit einer verbesserten Software auszustatten, das heißt werden Fehler in der Software im Alltagsbetrieb festgestellt, kann dieser Fehler mit der aktualisierten Software behoben werden. Ebenso wird ein neues Geschäftsfeld eröffnet; bestellt ein Kunde ein Fahrzeug mit ABS und Traktionskontrolle, so kann er später sein System mit einer Stabilitätskontrolle aufwerten. Voraussetzung ist dass das Steuergerät und das elektrohydraulische Aggregat die notwendigen Bauteile besitzen.

[19]) ZDK **Z**entralverband des **D**eutschen **K**raftfahrzeuggewerbes
www.jftgewerbe.de

29 Entwicklungstendenzen und Zukunftsaspekte

29.1 Gesellschaftliche und wirtschaftliche Tendenzen

Wohlstand und Lebensqualität sind in den Industrieländern in den letzten Jahren kontinuierlich gestiegen. Damit einher gehen wachsende Ansprüche an Komfort, Sicherheit und Mobilität der modernen Gesellschaft. Die Transportleistung in Personenkilometern hat sich in den letzten 20 Jahren des 20. Jahrhunderts mehr als verdoppelt und wird auch in den nächsten Jahren weiter steigen. In Europa fahren täglich 150 Millionen Menschen mit dem Personenwagen zum Arbeitsplatz und zurück, 100 Millionen nutzen den Pkw für Geschäftsreisen, 90 Millionen für den Einkauf. Schon heute verbringt jeder deutsche Autofahrer im Schnitt täglich mehr als 30 Minuten in seinem Pkw. In anderen Industrieländern ist die Situation vergleichbar, und so wächst global der Wunsch nach komfortablem, stressfreiem und sicherem Fahren.

An diesen Verbraucherwünschen muss sich das Automobil bei jeder der vielen Millionen Kaufentscheidungen pro Jahr messen lassen. Daneben bestimmen ökonomische Trends, die sich aus Globalisierung und Wettbewerbsverschärfung ergeben, die Arbeit in den Entwicklungsabteilungen der Automobilindustrie und deren Zulieferer. Zusammengefasst prägen die Entwicklung innerhalb der Automobilindustrie heute sechs Megatrends:

- Weltweite Marktpräsenz
- Weltweite Wettbewerbsfähigkeit in Leistung, Qualität und Preis
- Gestiegene Anforderungen an die Fahr- und Verkehrssicherheit
- Gestiegene Komfort- und Leistungsansprüche
- Gestiegenes Umweltbewusstsein und verschärfte Umweltvorschriften
- Trend zur stärkeren Individualität
- Sicherstellung nachhaltiger Mobilität.

Der automobile Fortschritt wurde vielen dieser Ansprüche in den letzten Jahren durchaus gerecht. Fahrkomfort und Leistungsvermögen unserer Autos stiegen kontinuierlich an, während Verbrauch und vor allem Schadstoffausstoß zum Teil dramatisch sanken. Dies ist vor allem deshalb bemerkenswert, da mit jeder neuen Modellreihe mehr Komfort- und Sicherheitsfunktionen verbaut wurden, was trotz aller Leichtbaubemühungen in toto zu einer Gewichtszunahme führt.

Die Erhöhung der Fahr- und Verkehrssicherheit ist diesen Preis jedoch ohne Frage wert, denn die individuelle Mobilität zu Lande, zu Wasser und in der Luft stellt die größte Gefährdung für Leib und Le-

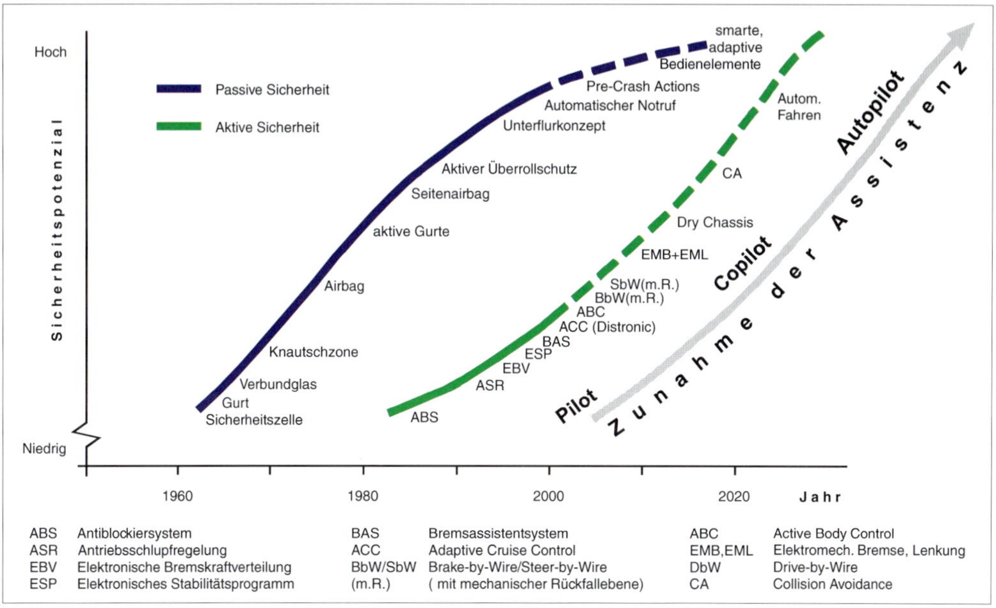

Bild 29-1 Historische Entwicklung von Komponenten und Systemen der aktiven und passiven Fahrzeugsicherheit

ben des modernen Menschen dar. Die Automobilindustrie trug diesem Umstand bislang überwiegend Rechnung durch konstruktive Maßnahmen zur Reduzierung der Unfallschwere und der Unfallfolgen. Die Optimierung der Karosseriestruktur zur besseren Aufnahme der Aufprallenergie beim Unfall war der erste Schritt, dann verlagerte sich der Fokus der Entwicklungsarbeit mehr auf neue Komponenten der passiven Sicherheit. War der Fahrerairbag vor 20 Jahren noch eine Seltenheit, sind heute selbst in kleinen Fahrzeugen Fahrer- und Beifahrerairbag, Seitenairbags und nicht selten sogar Kopfairbags serienmäßig oder gegen Aufpreis lieferbar. Auch Gurtsysteme mit Vorrichtungen zur Eliminierung der gefährlichen Gurtlose und zur bedarfsgerechten Dosierung der Rückhaltekraft sind längst kein Privileg großer und teurer Autos mehr. Quer über alle Fahrzeugklassen zeichnet sich bei Komponenten der passiven Sicherheit eine gewisse Sättigung ab.
Nun erfolgt eine verstärkte Fokussierung auf Maßnahmen der aktiven Unfallvermeidung, auf die aktive Fahrsicherheit. Dieser Trend wird die Fahrzeugentwicklung in den kommenden Jahren maßgeblich beeinflussen, wobei als Fernziel der unfallfreie Verkehrs steht (Bild 29-1). Große Bedeutung kommt hierbei dem Chassis zu, da es wie kein anderer Teil Fahrkomfort und Fahrsicherheit des Fahrzeugs bestimmt.

29.2 Die Fahrzeugführungsaufgabe heute und morgen

Ein Fahrzug zu steuern, ist eine vielschichtige und komplexe Aufgabe, die eine Reihe von Fertigkeiten und Kenntnissen erfordert. Die Fahrzeugführungsaufgabe umfasst nach [1] drei Aktionsebenen (Bild 29-2):

- Die Stabilitätsebene mit der Maßgabe „Schleuderfreies Fahren" umfasst die bei einem geübten Fahrer automatisierten Verrichtungen wie Bremsen, Kuppeln, Lenken, Gasgeben, die dazu erforderlich sind, einen Unfall ohne Fremdbeteiligung zu vermeiden.
- Die Bahnführungsebene mit der Maßgabe „Verträgliches Fahren" umfasst Aufgaben, die zur Vermeidung von Unfällen mit anderen Verkehrsteilnehmern dienen, etwa das Einhalten des Sicherheitsabstandes oder die Benutzung einer bestimmten Fahrspur.
- In der Navigationseben mit der Maßgabe „Routenbasiertes Fahren" geht es um Handlungen und Entscheidungen, die zum Teil vor Fahrtantritt getroffen werden, etwa die Wahl der Fahrtroute in Abhängigkeit von Tageszeit, zu erwartendem Verkehrsaufkommen, Wettersituation und Zeitbudget. Sie umfasst aber auch ein dynamisches Reagieren auf aktuelle Geschehnisse wie etwa das Umfahren eines Staus oder Änderung des Fahrstils bei schmelzendem Zeitbudget.

In der Pionierzeit des Automobils forderten schon die Aufgaben auf der Stabilitätsebene die ganze Aufmerksamkeit des Fahrers. Mit zunehmender Verkehrsdichte und weiter entwickelten Bedienhilfen auf der Stabilitätsebene stellte die Bahnführungsebene höhere Anforderungen, bei deren Bewältigung den Menschen zunehmend mehr Assistenzsysteme unterstützen. Auf der Navigationsebene geht es nur

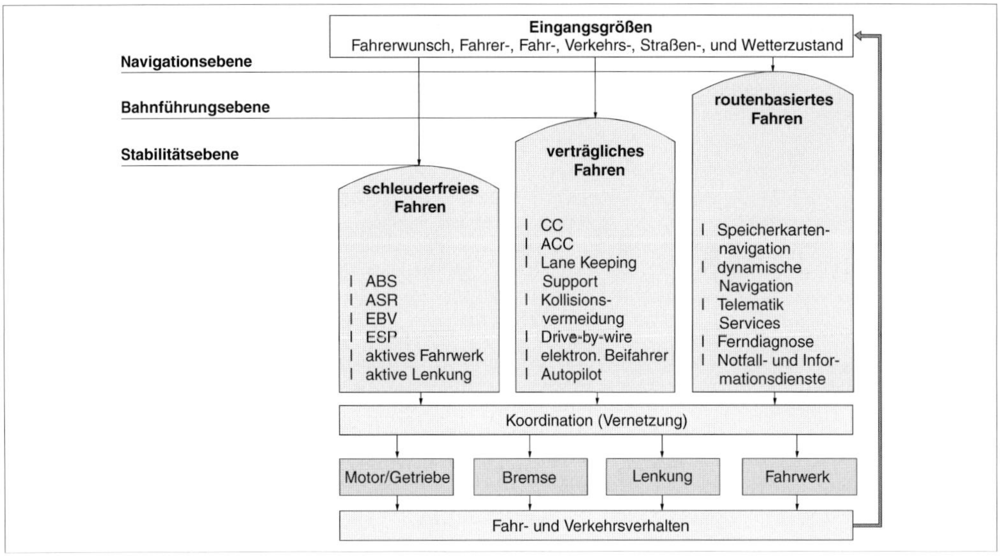

Bild 29-2 Aktionsebenen der Fahrzeugführung

vordergründig um eine Verbesserung des Fahrkomforts, denn durch die Vernetzung aller Chassissysteme mit der Außenwelt werden sich künftig auch Fahr- und Verkehrssicherheit verbessern lassen.
Bild 29-2 ordnet heutige und künftige Funktionalitäten sowie die dazugehörigen Assistenzsysteme diesen drei Ebenen der Fahrzeugführungsaufgabe zu. Auf der Stabilitätsebene sind dies elektronische Bremsen- und Stabilitätsregler sowie geregelte Radaufhängungs- und Lenksysteme, auf der Bahnführungsebene beginnend mit der einfachen Geschwindigkeitsregelung (Cruise Control, CC) über die Adaptive Cruise Control Assistenzsysteme bis hin zum Autopilot. Auf der Navigationsebene finden sich größtenteils Funktionalitäten, die nicht nur durch fahrzeuginterne Vernetzung von Systemen, sondern vielmehr durch äußere Vernetzung mit zum Beispiel Verkehrsinformations-, Rettungs- und Leitsystemen entstehen.
Eine Flut von Informationen kommt also ins Auto. Viele dieser Informationen werden vom Fahrer nicht automatisch in einer niedrigeren Bewusstseinsebene verarbeitet, sondern fordern seine Aufmerksamkeit. So empfehlen dynamische Navigationssysteme zwar Umleitungen, sie ablehnen oder akzeptieren muss jedoch der Mensch. Diese Entscheidungen können ebenso von der Fahraufgabe auf der Stabilitätsebene und der Bahnführungsebene ablenken wie der Kontakt zur Außenwelt über das Autotelefon oder den mobilen Internetzugang. Zeitgemäße Assistenzsysteme müssen den Fahrer also von Routineaufgaben entlasten, damit er sich mehr auf den Verkehr konzentrieren kann. Adaptive Geschwindigkeitsregler sind solche Assistenzsysteme, denn sie regeln den erforderlichen Sicherheitsabstand zum voraus fahrenden Fahrzeug autonom, so dass der Fahrer seine Konzentration auf andere Aufgaben lenken kann. Bei der Entwicklung solcher Assistenzsysteme ist jedoch sorgsam darauf zu achten, dass der Fahrer sie als Hilfe und nicht als bevormundenden Eingriff in sein autonomes Handeln erlebt, für das er allein die Verantwortung trägt.

29.3 Entwicklungssprünge durch neue Technologien

Technologiesprünge gab es immer wieder in der Geschichte der Kraftfahrzeugbremse, die von ihren Anfangen an kontinuierlich weiterentwickelt wurde. So erlangten mechanisch betätigte Bremsen durchaus ein hohes Niveau, ehe die Hydraulik Mitte der zwanziger Jahre für Komfort und Sicherheit vollkommen neue Horizonte öffnete, die durch Einführung der Hilfskraftbremsanlagen Mitte des letzten Jahrhunderts noch einmal weiter wurden. Den vorerst letzten Technologiesprung ermöglichte die Elektronik Mitte der siebziger Jahre. ABS, ASR, EBV und natürlich ESP wären ohne sie nicht darstellbar, Bild 29-3.
Je mehr elektronische Systeme in modernen Autos eingesetzt werden, desto sinnvoller wird deren Vernetzung untereinander. Das hat wirtschaftliche (etwa Kostensenkung durch Einsparung von Hardware), als auch funktionale Gründe. So können Einzelsysteme zu höherer Leistungsfähigkeit geführt werden, wenn ihnen Daten zur Verfügung stehen, die ursprünglich für ein anderes System generiert werden. Auch das Gebot, ökonomisch mit Energieressourcen umzugehen, verstärkt die Notwendigkeit zur Elektronifizierung möglichst aller geeigneter Fahrzeugkomponenten, denn Elektronik ist der Schlüssel zu „Power on Demand“, Kraft bei Bedarf also. Diese Technologie senkt den Kraftstoffverbrauch kommender Fahrzeuggenerationen, deren Gewicht wegen steigender Komfort- und Sicherheitsbedürfnisse tendenziell eher zu denn abnehmen wird.
Power on Demand bedeutet, dass Nebenaggregate zur Umwälzung von Kühlwasser und Öl oder zum Betrieb von Lenkung und Klimaanlage nicht mehr mechanisch und unflexibel vom Fahrzeugmotor angetrieben werden, sondern entsprechend dem aktuellen Bedarf betrieben werden. Dazu müssen diese Nebenaggregate elektrifiziert werden, so dass sie entsprechend den jeweiligen Erfordernissen mit niedriger Drehzahl arbeiten oder sogar abgeschaltet

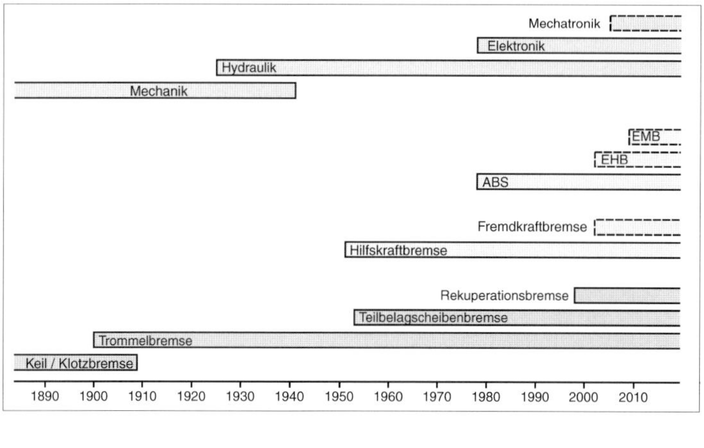

Bild 29-3 Technologiewandel – Von der Mechanik zur Mechatronik

werden können. Elektrisch betriebene Lenkungen etwa sparen gegenüber konventionellen Systemen circa 0,2 Liter Kraftstoff je 100 Kilometer. Dieses und andere Potenziale müssen künftig konsequent genutzt werden, und mit Elektronik gelingt dies erheblich besser als mit Hydraulik. Mechatronik statt Elektrohydraulik ist daher der Schlüssel zu einem weiteren Technologiesprung, der einher geht mit der Vernetzung von Fahrerassistenzsystemen, die den Menschen bei der Bewältigung der Fahrzeugführungsaufgabe unterstützen (siehe auch Kap. 29.7).

29.4 Grenzen der Hilfskraft-, Potenziale der Fremdkraftanlagen

Die in den Bildern 29-1 und 29-2 gezeigten Funktionalitäten verlangen wie erwähnt zum Teil aktive Eingriffe in jene Chassismodule, die das Fahrverhalten eines Autos bestimmen. Diese Eingriffe erfolgen sowohl in Überlagerung der Bedienbefehle des Fahrers (zum Beispiel ABS, ASR, ESP und künftig Copilot), als auch gänzlich autonom (zum Beispiel ACC, ESP, Fahrwerksregelung und in fernerer Zukunft Autopilot). Dabei ist eine menschengerechte Ausbildung der Eingabe-/Wirkungsbeziehung besonders wichtig. Insbesondere dürfen von den Bedienelementen keine Rückwirkungen ausgehen, die den Fahrer irritieren können. Ein Beispiel liefern Erfahrungen mit hydraulischen Bremssystemen, die bei normaler Betätigung völlig rückwirkungsfrei beziehungsweise mit einem dem Fahrer vertrauten Pedalgefühl arbeiten. Beim Einsatz des ABS jedoch pulsiert das Bremspedal bei der Modulation der Radbremsdrücke. Versuche haben gezeigt, dass Fahrer, die nicht um die Wirkweise des ABS wissen, sich davon irritiert fühlen können, unter Umständen sogar den Druck auf das Bremspedal reduzieren und so den Sicherheitsvorteil des ABS nicht ausschöpfen.

Dieses Beispiel zeigt, dass sogenannte Hilfskraftanlagen (Servoanlagen) ihre Wirkung nur in Grenzen rückwirkungsfrei entfalten, da der Fahrer durch die hydraulisch-mechanische Koppelung an das System regelungstechnische Eingriffe jedweder Art in Form von Rückwirkungen wahrnimmt. Das Streben nach einer perfekten Mensch-Maschine-Schnittstelle ohne störende Rückwirkungen führt daher zu sogenannten Fremdkraftanlagen, bei denen der Fahrer von den Stellorganen des Fahrzeugs energetisch gänzlich entkoppelt ist und seine Stellbefehle vorzugsweise rein elektrisch (by wire) über ein bezüglich der Eingabe-/Wirkungsbeziehung für den Fahrer transparentes Bedienteil vorgibt. Dabei ist es vorerst unerheblich,

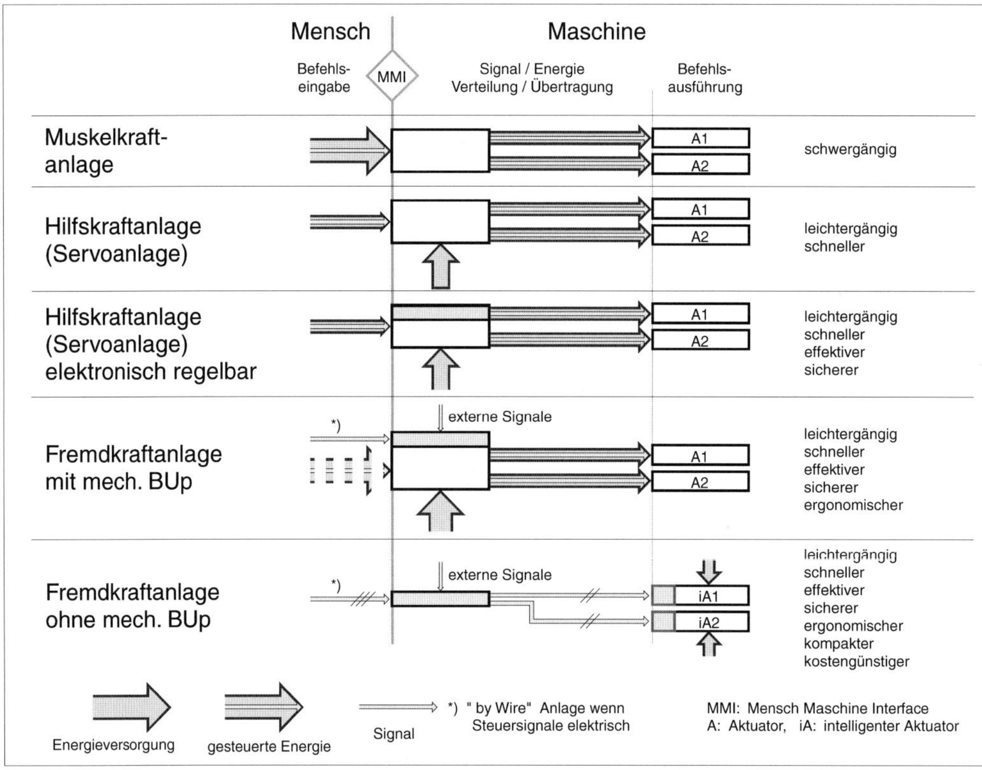

Bild 29-4 Anlagekonzepte in Vergangenheit, Gegenwart und Zukunft

wie diese Aktuatoren ausgeführt sind: elektropneumatisch, elektrohydraulisch oder flüssigkeitsfrei elektromechanisch. Im Personenwagen scheiden allerdings elektropneumatische Stellglieder aufgrund der eingeschränkten Energiedichte und Regeldynamik aus. Somit bleiben als sinnvolle Lösungen elektrohydraulische und elektromechanische Anlagen. Bild 29-4 zeigt Anlagenkonzepte von der reinen Muskelkraftanlage der Frühzeit bis zur Fremdkraftanlage ohne Bedien-Backup.

29.5 Die Mensch-Maschine-Schnittstelle

Um die in den Bildern 29-1 und 29-2 gezeigten Entwicklungen und damit künftige Fahrzeuge bezahlbar zu halten, wird die Automobilindustrie bestrebt sein, mechanische und hydraulische Bedien-Backups soweit wie möglich zu eliminieren. Erst hierdurch wird es möglich, die Bedienelemente des Autos zu hochdynamischen Mensch-Maschine-Schnittstellen weiterzuentwickeln und so auszubilden, dass sie den Fahrer ergonomisch und wirkungsseitig optimal entgegenkommen. Femdeingriffe werden ohne irritierende Rückwirkungen darstellbar. Dieses X-by-wire ist in der Luftfahrt schon lange als „Fly-by-wire" Realität, dort werden Pilotenbefehle zur Flugsteuerung rein elektrisch „by wire", ohne mechanisches Backup, übertragen. Nun vollzieht sich im Automobil der Technologiewechsel zum mechatronischen „Drive-by-wire", der alle Bedienprozesse umfasst:

- Gas geben (Throttle-by-wire)
- Kuppeln/Schalten (Shift-by-wire)
- Lenken (Steer-by-wire)
- Bremsen (Brake-by-wire).

29.6 Beispiele für By-wire-Technologien und Assistenzsysteme im Chassisbereich

Funktionale Entwicklungsfortschritte auf gegebenen Technologieebenen verlaufen weitgehend linear. Funktionssprünge, die weit über diesen evolutionär geprägten Entwicklungsfortschritt hinausgehen können, werden dagegen erst möglich durch neue Technologien, also Technologiewandel. Der Wechsel von der mechanisch betätigten zur hydraulisch betätigten Bremse dauerte ebenso Jahrzehnte wie die Marktdurchdringung von Komponenten der aktiven oder passiven Sicherheit. Je nach Markterfordernis, Kostenlage und Verfügbarkeit der Technologie sind die Zeiträume unterschiedlich lang. Die folgenden Beispiele zeigen – zum Teil schon verwirklichte – By-Wire-Systeme und zukünftige Assistenzsysteme im Chassisbereich.

29.6.1 Throttle-by-wire (E-Gas)

Das E-Gas-System wurde bei Dieselmotoren Anfang der achtziger Jahre eingeführt. Es war das erste By-wire-System im Automobilbau. E-Gas ist Bestandteil der elektronischen Motorleistungssteuerung, die die Luft- und Kraftstoffzumesssysteme regelt, Bild 29-5. Ein Sensor erfasst die Gaspedalbewegung, die vom Motorsteuergerät primär als Motorleistungsanforderung interpretiert wird. Beim Ottomotor wird dieses Signal zusammen mit weiteren Signalen in einen Drosselklappenwinkel umgerechnet, der dem momentanen Fahr- und Motorzustand in Bezug auf Verbrauch, Emission und Fahrsicherheit optimal Rechnung trägt. Die Drosselklappe wird von einem Getriebemotor betätigt, eine mechanische Verbindung zwischen Gaspedal und Getriebemotor gibt es nicht. E-Gas ermöglicht:

- adaptive, angepasste Übertragungskennlinien für ruckfreies Fahren und die Vermeidung von „Dieselwolken"
- kostengünstige Realisierung der Tempomatfunktionen (CC, ACC)
- Höchstgeschwindigkeits- und Drehzahlbegrenzung
- verbrauchs- und schadstoffoptimierten Fahrbetrieb
- Vernetzung mit ASR, MSR und ESP.

29.6.2 Shift-by-wire

Konventionelle Handschaltgetriebe, die stufenlose CVT-Automatik oder das klassische Wandler-Automatikgetriebe haben heute in der Regel eine mecha-

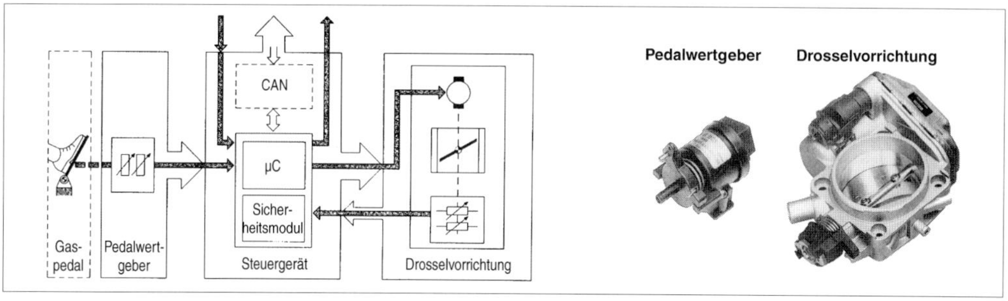

Bild 29-5 Motormanagement mit elektronisch gesteuerter Drosselklappe (EGAS von Bosch)

nische Verbindung vom Schalthebel zum Getriebe, die entweder in Form eines starren Gestänges oder, wegen immer dichter gefüllter Motorräume, als flexibel verlegbare Seilzugschaltung ausgelegt ist. In beiden Fällen signalisiert die Stellung des Schalthebels dem Fahrer den momentan gewählten Schaltzustand.

Bei den in den letzten Jahren entwickelten automatisierten Schaltgetrieben (ASG) und in Einzelfällen auch bei Wandlerautomatikgetrieben (zum Beispiel im BMW7er) wurde der Schritt zur Ablösung der mechanischen Verbindung durch eine rein elektrische „By Wire"-Übertragung schon vollzogen, Bild 29-6. Shift-by-wire bringt neue Freiheitsgrade

- für Getriebefunktionen (etwa minimierte Zugkraftunterbrechungen beim ASG aufgrund des fahrerunabhängig verlaufenden Schaltvorgangs, automatisierte Parksperre beim Automatikgetriebe),
- für die Anordnung der Bedienteile (zum Beispiel griffgünstig am Lenkrad),
- für die Entkoppelung von Geräuschen und Vibrationen,
- für die Vernetzung und den Fremdeingriff („autonomes Fahren")
- sowie Montage- und Packagingvorteile.

Beispielhaft sei hier das automatisierte Schaltgetriebe skizziert. Die optimale Synthese von Wirtschaftlichkeit und aktiv gestaltbarem Fahrspaß bei einem Höchstmaß an Bedienkomfort und Bediensicherheit ist die Motivation für dieses Getriebekonzept. Im Automatik-Modus erfolgt der Gangwechsel selbsttätig analog einem Wandlerautomatikgetriebe, wobei verschiedene Schaltcharakteristiken (Sport, Komfort etc.) durch Fahrervorgabe möglich sind. Hierbei ergeben sich in Ergänzung zur Verbrauchseinsprung durch das gegenüber einer Wandlerautomatik geringere Gewicht Vorteile bei Verbrauch und Emissionen, die beide je nach Schaltprogramm auch unter den Werten des konventionellen Handschaltgetriebes liegen.

Im manuellen Modus kann der Fahrer seinen Gangwunsch über Tasten am Lenkrad oder durch Antippen des Schalthebels vorgeben, wobei Plausibilitätsroutinen die Zulässigkeit des Schaltwunsches unter Berücksichtigung des augenblicklichen Fahrzustandes prüfen und, sofern zulässig, umsetzen.

Die Dauer der Schaltvorgänge und damit der Zugkraftunterbrechung ist üblicherweise deutlich geringer als bei einem konventionellen Schaltgetriebe. Weitere Zusatzfunktionen, wie zum Beispiel eine „Launch Control" für einen optimalen Start, können problemlos integriert werden. Die ausführenden Steller für Getriebe- und Kupplungsbetätigung sind als elektrohydraulische Aktuatoren oder als Elektromotoren ausgeführt. Der ordnungsgemäß eingelegte Gang wird über ein Display im Cockpit angezeigt.

Eine weitere Entwicklung im Bereich der ASG stellt das sogenannte Doppelkupplungsgetriebe dar, bei dem die mancherorts als unkomfortabel kritisierte Zugkraftunterbrechung beim Schalten eliminiert wird. Diese Getriebe besitzen zwei unabhängige Zahnradgruppen (eine für die geraden, eine für die ungeraden Gänge), die durch jeweils eine eigene Kupplung kraftschlüssig mit dem Motor verbunden

Bild 29-6 Shift-by-wire Schaltgetriebe am Beispiel des SMG von BMW

werden können. Beim Gangwechsel wird zunächst die nächste Gangstufe im nicht kraftschlüssigen Zweig eingelegt. Danach öffnet die Steuerung die Kupplung des kraftschlüssigen Zweiges und schließt gleichzeitig die andere. Durch regelungstechnisch sichergestelltes feines Verschleifen dieses Vorgangs wird eine Zugkraftunterbrechung vermieden.

29.6.3 Steer-by-wire

Aufgrund ihrer Einbauflexibilität (Robotertauglichkeit) und wirtschaftlichen Betriebsweise (Power on Demand) werden elektrohydraulische (EHPS) und elektromechanische (EPAS) Hilfkraftlenkanlagen vor allem bei Kompakt- und Kleinwagen weiter an Marktanteil gewinnen. In gehobenen Fahrzeugklassen hingegen werden sich fremdansteuerbare Systeme, die eine computergesteuerte Lenkwinkelüberlagerung zur Lenkvorgabe durch den Fahrer erlauben, zunehmend etablieren. Bereits in ersten Anwendungen Realität (BMW) ist die aktive Lenkung mit manuellem Lenkenergieanteil, bei der ein Aktuator an der Lenksäule eine Regelung des Radlenkwinkels erlaubt. (Bild 29-7).

29.6.4 Brake-by-wire (EHB und EMB)

Die elektrohydraulische Bremse (EHB) stellt einen entscheidenden Schritt auf dem Weg zum Drive by Wire dar. Ähnlich wie beim E-Gas gibt der Fahrer seinen Bremswunsch allein elektrisch an die hydraulisch/elektrische Regeleinheit weiter, die alle denkbaren radindividuellen Bremseneingriffe ohne irritierende Pedalrückwirkungen vornehmen kann. Die elektromechanische Bremse (EMB) erzeugt die Bremskräfte im Gegensatz zur EHB direkt an den Rädern über rein elektromechanische, also bremsflüssigkeitsfrei betätigte Radbremsen nach Maßgabe der zentralen elektronischen Control Unit. (Siehe auch Kap. 16, 17, 18). Zusammengefasst hier noch einmal die Vorteile dieser By-Wire-Systeme:

EHB und EMB

- Kürzere Brems- und Anhaltewege (kürzere Umsetz- und Bremsenschwellzeit)
- Optimales Brems- und Stabilitätsverhalten
- Optimales Pedalgefühl
- Geräuscharmer Betrieb ohne störende Pedalrückwirkungen bei Regelbremsung
- Besseres Crashverhalten durch geringere Pedalinstrusion
- Verbessertes Packaging und vereinfachte Montage
- Verwendung einheitlicher Baugruppen
- Einfache Realisierung von Fremdbremseingriffen für verschiedene Zusatzfunktionen (zum Beispiel Bremsscheiben-Trockenbremsen bei Regen, Antifadingregelung etc.)
- Keine Vakuumabhängigkeit, daher optimal geeignet für neue saugverlustoptimierte Verbrennungsmotoren
- Leichte Vernetzbarkeit mit zukünftigen Verkehrsleitsystemen
- Kundenmehrwertfunktionen.

Zusätzlich für EMB

- Höchste bauliche Integration
- Keine Bremsflüssigkeit
- Verstellbares, von der Spritzwand entkoppeltes Pedalmodul mit höchster Crashverträglichkeit.

Ein möglicher Zwischenschritt auf dem Weg zur EMB, die durch ihre bremsflüssigkeitsfreie Übertragung erhebliche Vorteile bei der Montage am Band und im Betrieb bietet, sind Hybrid-Systeme, die aus zwei hydraulischen Vorderradbremskreisen und

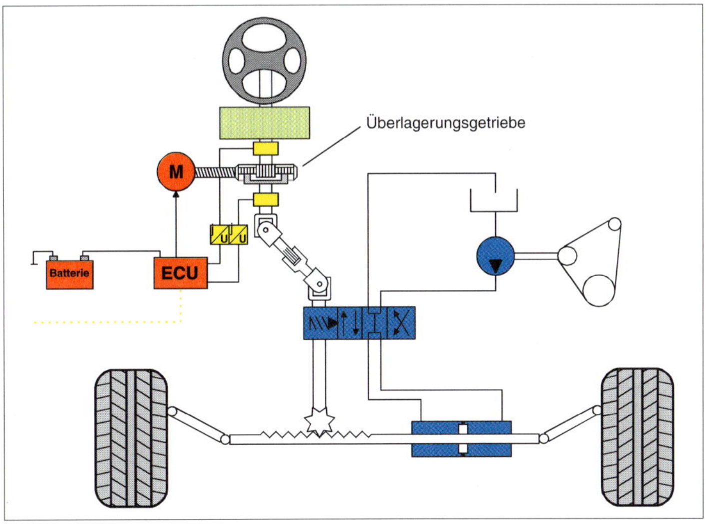

Bild 29-7 Aktive Vorderachslenkung mit manuellem Lenkenergieanteil (Prinzipschaubild)

einem elektromechanischen Hinterachsbremskreis bestehen können (siehe auch Kap. 16.8). Dieses Layout schafft durch geringere Baugrößen der konventionellen pneumatischen und hydraulischen Baugruppen Bauraum im Vorderwagen und ist als möglicher Zwischenschritt auf dem Weg zur rein elektromechanischen Bremse an allen vier Rädern sehr reizvoll. Die Vierrad-EMB ist auf das erst in einigen Jahren serienreife voll überwachte 42-Volt-Bordnetz angewiesen, um an den vorderen Radbremsen die erforderlichen Zuspannkräfte in der spezifizierten Größenordnung und Dynamik zu realisieren und die Sicherheitsanforderungen bei Energieausfall zu erfüllen.
Die Hybridbremse dagegen ist mit der heutigen 12 Volt Spannung darstellbar, da die Bremsen der Hinterachse wegen der dynamischen Lastverteilung beim Bremsen deutlich geringere Zuspannkräfte benötigen. Darüber hinaus verfügt sie über ein sicheres, das heißt redundantes und überwachtes Backup, das auch bei Funktionsstörungen zuverlässig funktioniert. Bei Stromausfall kann der Fahrer nach wie vor mittels Muskelkraft die Vorderradbremsen betätigen und dadurch die vom Gesetzgeber geforderte Hilfsbremswirkung erzielen.

29.6.5 Energiemanagement im Auto von morgen: das 42-Volt-Bordnetz

Um auf elektromechanischem Wege an den Radbremsen der EMB die erforderlichen Zuspannkräfte zu erzeugen, sind sehr leistungsstarke Aktuatoren erforderlich. Sie auf Basis des heute üblichen 12-Volt-Bordnetzes mit ausreichend Energie zu versorgen, würde aus Gründen des Wirkungsgrades elektrische Kabel mit unpraktikabel großen Querschnitten in jedes Radhaus bedingen und hohe Kosten auf Seiten der Leitungselektronik verursachen. Daher geht die Einführung der EMB am wirtschaftlichsten mit einer Umstellung des Energiemanagements im Automobil einher: Die Weichen in Richtung des 42-Volt-Bordnetzes mit überwachten, redundant ausgeführten spezifischen Energiespeichern (Batterien) sind gestellt. Auf der Seite der Energieerzeugung gibt es bereits überzeugende Lösungen. So wird der Integrierte Starter Alternator Dämpfer ISAD, der prinzipiell in der Lage ist, unterschiedliche Spannungsniveaus bereitzustellen, schon in Serie eingesetzt. Er sitzt als elektrische Maschine zwischen Verbrennungsmotor und Getriebe auf der Kurbelwelle.
Dort vereint er durch eine intelligente Steuerelektronik die Funktionen von Starter und Generator in sich und ist zudem geeignet, Ungleichförmigkeiten im Motorlauf und im Antriebsstrang ausgleichen. Energierückgewinnung beim Bremsen sowie Start-/Stoppfunktionen und eine Boost-Funktion durch Einspeisung zusätzlichen Drehmoments bei Beschleunigungsvorgängen zählen weiterhin zu den Funktionalitäten dieser Technologie, die in Praxistests bereits Verbrauchsreduzierungen von mehr als 10 % erbracht hat. Weitergehende Verbrauchseinsparungen sind möglich durch den bedarfsgerechten und verlustarmen Betrieb (Power on Demand) von Nebenaggregaten wie Wasserpumpe, Klimakompressor, Ölpumpe und Servopumpe, wenn diese elektrisch und nicht mehr starr gekoppelt vom Triebwerk des Fahrzeugs angetrieben werden.

29.7 Global Chassis Control, die Vernetzung der Assistenz- und Chassissysteme

Das Chassis oder Fahrwerk mit Bremse, Lenkung, Radaufhängung, Lenkern und Lagern (erst in Ansätzen adaptiv oder aktiv verstellbar) und Reifen bildet die Schnittstelle zwischen Fahrzeug und Fahrbahn. Es bestimmt wie keine anderes Fahrzeugelement die Fahrsicherheit und den Fahrkomfort. So vielfältig wie seine Aufgaben sind die entsprechenden technischen Lösungen zu deren Bewältigung. Eine separate Optimierung einzelner Chassissubsysteme, die heute auch zur Abdeckung unterschiedlicher Marketing- und Einkaufsstrategien als in sich eigenständig (stand alone) konzipiert sind, stößt dann an ihre Grenzen, wenn zur weiteren Verbesserung der Gesamtfunktion ein umfangreicher Datenaustausch zwischen diesen Subsystemen erforderlich ist. Denn hierzu erforderliche, standardisierte Schnittstellen existieren derzeit nur in Ansätzen.
Den letzten Entwicklungssprung zu einer höheren Funktionalität, die der Kunde als Fortschritt erkennt und dementsprechend auch honoriert, ermöglichte die Elektronik. Der nächste, konsequente Entwicklungssprung ist nur durch Vernetzung realisierbar (Bild 29-8). Um das Potenzial heute schon verbreiteter und dieser kommenden Technologien im Chassisbereich (siehe Kapitel 29.6) in vollem Umfang ausnutzen zu können, ist daher eine ganzheitlich und dennoch modular darstellbare Chassisregelung im Sinne eines Global Chassis Control (GCC) erforderlich, wie sie Bild 29-9 zeigt.
Anhand zweier Beispiele sei hier das Potenzial der Vernetzung demonstriert:

29.7.1 ESP II – Vernetzung mit fremdansteuerbarer Überlagerungslenkung

Die Vernetzung von Lenk- und Bremssystem bringt über den Sensorsynergieeffekt hinaus gewichtige Vorteile, denn sowohl Bremse als auch Lenkung nehmen Einfluss auf das die Fahrdynamik bestimmende Giermoment des Fahrzeugs: die Lenkung über die Reifenseitenkraft, das Bremssystem über die Reifenumfangskräfte, wobei die Seitenkräfte über einen längeren Hebelarm wirken. Im Gegensatz

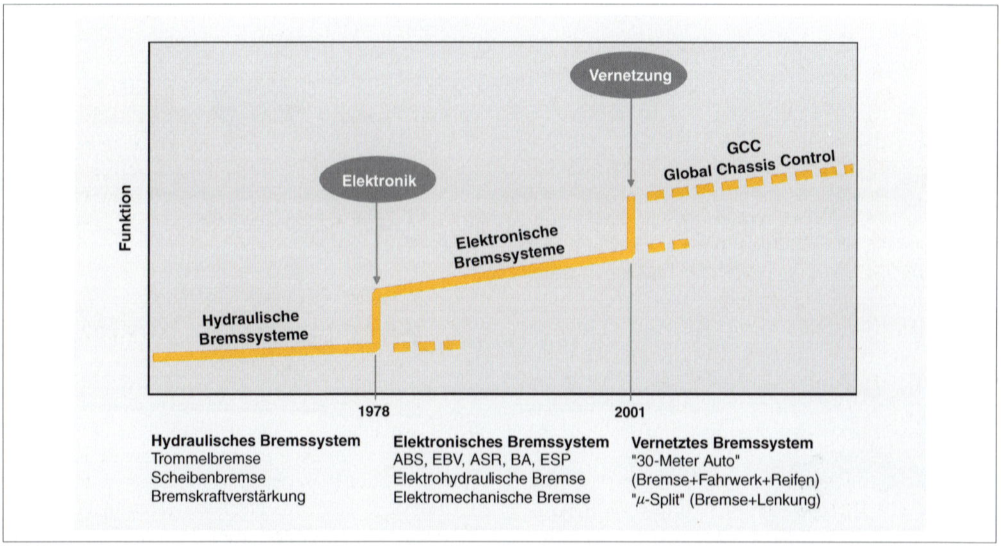

Bild 29-8 Technologiewandel als Sprungbrett funktionaler Weiterentwicklung (Beispiel Bremse)

zum Bremseneingriff mit seiner für den Fahrer spürbaren Längsverzögerung bleibt ein Fremdeingriff durch die Lenkung, zumindest für kleine Überlagerungswinkel, unbemerkt. Im Systemverbund ist es so möglich, das von der Fahrstabilitätsregelung ESP angeforderte Giermoment gleitender, diskreter einzuleiten.

Der fahrdynamische Grenzbereich lässt sich damit in einem weiter entwickelten ESP der zweiten Generation (ESP II) breiter und für den Fahrer besser vorhersehbar einstellen. Im Zusammenspiel der Systeme lassen sich weiterhin Störgroßen wie Seitenwind oder Fahrbahnneigung ausregeln, und bei Notbremsungen auf Fahrbahnen mit Reibwertunterschieden rechts zu links (μ-Split) führt ein kombinierter Eingriff in Bremse und Lenkung zu einem eindrucksvollen Sicherheitsvorteil durch erheblich verkürzte Bremswege bei gleichzeitig verringertem Lenkaufwand für Kurskorrektur und Kurshaltung. Hier unterbremst das Stand-Alone-Bremssystem die Hinterachse aus Stabi-

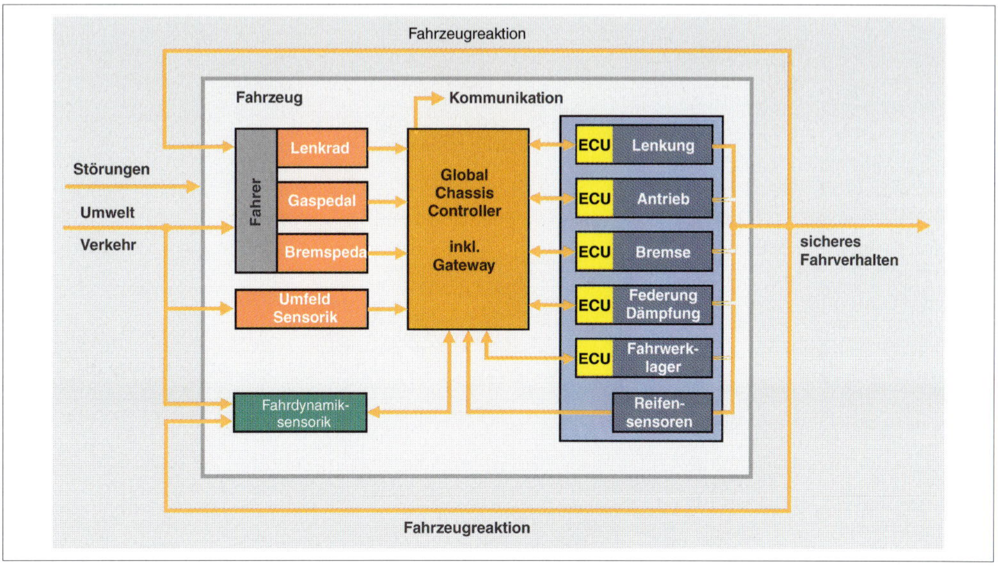

Bild 29-9 Systeme und Funktionen im Global Chassis Management

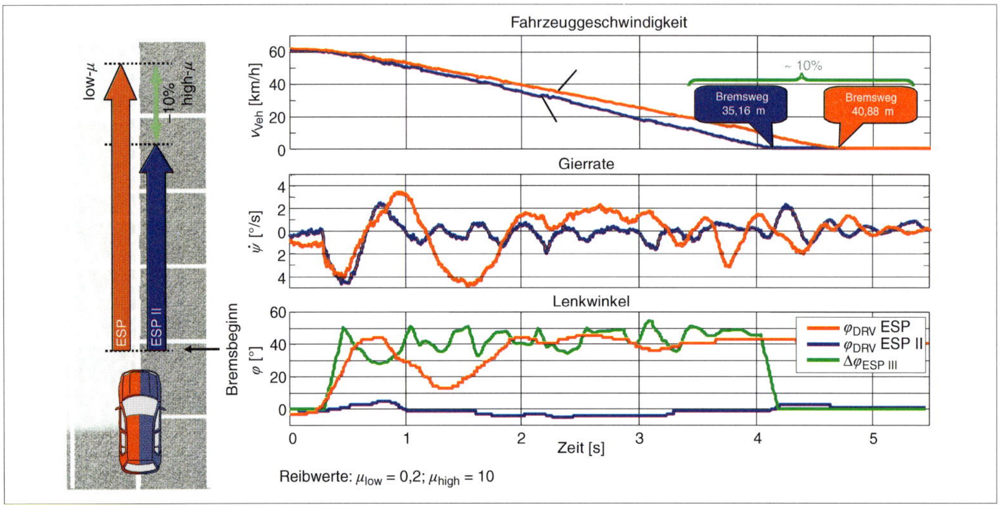

Bild 29-10 Bremsung auf μ-Split ohne/mit kombiniertem Brems- und Lenkungseingriff

litätsgründen durch Einregeln beider Bremsen auf das niedrigere Druckniveau dieser Achse („select low“). Außerdem wird die Druckschere an der Vorderachse nur begrenzt und darüber hinaus nur sehr langsam aufgebaut, um den Fahrer beim notwendigen Gegenlenken nicht zu überfordern. Beim vernetzten System aus regelbarer Lenkung und Bremse ist diese Maßnahme überflüssig. Stattdessen kann verstärkt eingebremst werden, da das hierbei entstehende Giermoment in Richtung Hochreibwertseite durch einen autonomen Lenkeingriff in Richtung Niedrigreibwertseite im Ansatz kompensiert wird (Bild 29-10).

29.7.2 Elektronisches Luftfederfahrwerk, Dämpfer- und Stabilisatorverstellung

Der Konflikt zwischen Fahrkomfort und Fahrsicherheit (Bild 29-11) erklärt, warum konventionelle Fahrwerke mit Stahltragfedern und nicht variablen Dämpfern stets einen Abstimmungskompromiss zwischen den Extremen sportlich (hart) und komfortabel (weich) darstellen. Die Lösung stellen adaptive Fahrwerke dar, die sich auf die jeweilige Fahrsituation einstellen. Erster Meilenstein war in dieser Beziehung die Active Bo-

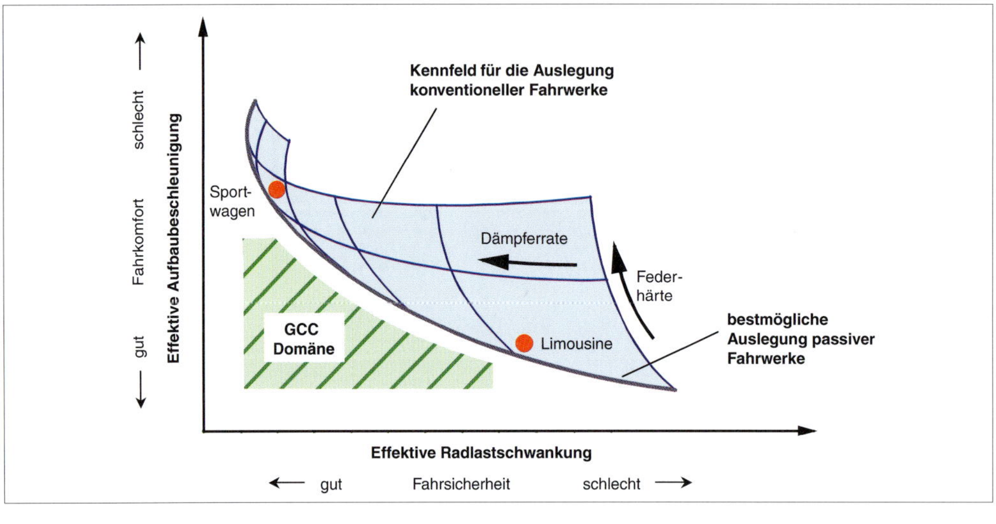

Bild 29-11 Konfliktschaubild Fahrkomfort versus Fahrsicherheit

dy Control von Mercedes Benz, die Aufbaubewegungen bis zu 5 Hz aktiv durch einen hydraulischen Stellzylinder in Reihe mit der Feder der klassischen Radaufhängung mit (steiferer) Stahlfeder und (weicherem) passiven Schwingungsdämpfer aktiv regelt.
Auch das 2001 von BMW präsentierte Dynamic Drive geht in diese Richtung, konzentriert sich jedoch auf die Stabilisator-Verstellung: Das System besteht im Kern aus einem geteilten Stabilisator gekoppelt über einen hydraulisch betriebenen Schwenkmotor. Schwenkmotorenwelle und -gehäuse sind mit jeweils einer Stabilisatorhälfte verbunden und wandeln – von einer Elektronik aufgrund der von einem Sensor gemessenen Querbeschleunigung elektronisch gesteuert – hydraulischen Druck in ein Torsions- bzw. über die Fahrwerks-Anbindung in ein Stabilisierungsmoment um. Federn und Dämpfer können dadurch komfortorientiert abgestimmt sein, ohne dass dies zu gravierenden Karosseriebewegungen oder Handlingnachteilen führt: Im Querbeschleunigungsbereich von 0 bis 0,3 g treten keine relativen Wankwinkel auf, bis 0,6 g erzeugt Dynamic Drive ein quasi-stationäres Wankverhalten.
Das elektronische Luftfedersystem ESS (Electronic Suspension System), das in immer mehr Fahrzeuge der Luxusklasse verbaut wird, nutzt die Möglichkeiten der elektronischen Regelung des Fahrwerks auf technologisch andere Weise noch konsequenter. ESS passt Dämpferkennlinie (stufig oder kontinuerlich), Federkennlinie und Karosserieniveau aufgrund von Sensorinformationen automatisch an die wechselnden Fahrzustände sowie an den Beladungszustand des Fahrzeugs an und bewirkt damit folgende Verbesserungen des Fahrverhaltens:

- Reduzierung von Wank- und Nickbewegungen
- Reduzierung sonstiger Aufbaubewegungen
- Reduzierung der Radlastschwankungen
- Verbesserung der Straßenhaftung

Darüber hinaus erlaubt es durch adaptive Steuerung von Luftfeder und Dämpfung bei fahrdynamisch wenig anspruchsvollem Betrieb ein Höchstmaß an Federungskomfort, um innerhalb von Millisekunden eine auf sicheres, sportliches Handling ausgerichtete Abstimmung von Federn und Dämpfern zu realisieren, sobald die Fahrzeugsensoren einen entsprechenden Bedarf signalisieren. Durch die Niveauregulierungs-Funktion der Luftfederung ist zudem gewährleistet, dass auch bei wechselnder Zuladung der gesamte Federweg genutzt werden und das Höhenniveau an verschiedene Einsatzbedingungen (Gelände, Autobahn etc.) angepasst werden kann. Fortschritte in der Balgentwicklung lassen mittlerweile Wandstärken von <2 mm zu, so dass die von VW, Audi, Maybach und Porsche eingesetzte Luftfeder in punkto Ansprechverhalten und Hysterese (Harshness) auch höchste Ansprüche an den Federungskomfort erfüllt. Bild 29-12 zeigt ein entsprechendes Luftfeder-/Dämpfermodul. Seine optimale Effizienz erhält ESS durch die Verknüpfung mit dem elektronischen Stabilitätsprogramm ESP. So können etwa für Verbesserungen des querdynamischen Fahrverhaltens durch einen gezielten Regelverbund von radindividuellem Bremseneingriff und Radlastvariation stabilisierende kurvenein- und kurvenausdrehende Giermomente erzeugt werden.

29.7.3 Technische und wirtschaftliche Notwendigkeiten

Werden heute, im Zeitalter der eigenständig konzipierten und zumeist isoliert wirkenden Chassissysteme, Systemkombinationen verbaut, dient die Vernetzung primär dem Ziel, eventuelle Risiken, also unsichere Fahrzustände, zu vermeiden oder aus-

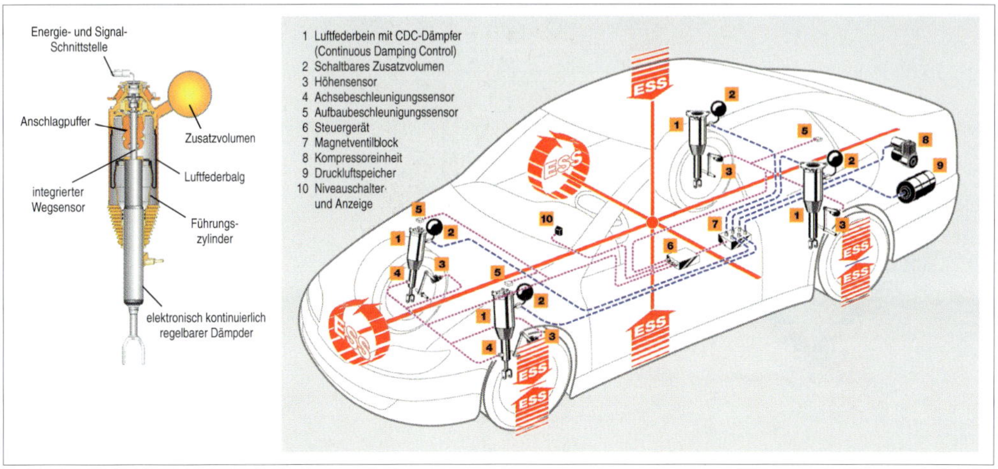

Bild 29-12 Intelligentes Luftfeder-/Dämpfermodul (links), Systemlayout im Fahrzeug (rechts)

zuschließen. Erst sekundär kommt der Wunsch nach synergetischer Funktionserweiterung (etwa über Sensor- und/oder Aktuatorfusion) oder nach Kostensenkung (etwa durch Entfall von Sensoren oder elektronischen Regeleinheiten) zum Tragen. Verschiedene Beispiele zeigen jedoch, dass die Gesamt-Performance des Chassis durch Vernetzung einzelner Komponenten erheblich gewinnt. Beispiele hierfür sind das „30-Meter-Auto“ (Vernetzung Reifen/Bremse/Fahrwerk) oder das ESP II (Vernetzung Motor/Bremse/Lenkung), siehe Kapitel 29.7.1.

Besonders eindrucksvoll zeigt sich der Effekt einer aufeinander abgestimmten Entwicklung von Chassissystemen und deren Vernetzung beim Projekt „Verkürzter Anhalteweg“. Im Rahmen des Teilprojektes mit dem plakativen Titel „30-Meter-Auto“ entwickelte Continental auf Basis eines Großserienfahrzeuges der Kompaktklasse einen Technologieträger, der dank der Vernetzung von EHB, Luftfederfahrwerk und die Reifenkräfte messenden Reifen aus 100 km/h Fahrgeschwindigkeit in der Vollverzögerungszeit Bremswege von 30 Meter erreichte. Das unter identischen Umständen gemessene Serienfahrzeug benötigt heute gut 38 Meter, um aus 100 km/h zum Stillstand abzubremsen.

In der visionären Endstufe stellt sich das Global Chassis Control mit einem Netzwerk zentraler und lokaler Intelligenz (d. h.: lokaler elektronischer Regeleinheiten) wie in Bild 29-13 gezeigt als modular aufgebautes Fahrwerkssystem dar.

Dem Fahrzeugkäufer bringt Global Chassis Control folgende Vorteile:

- Breiterer und leichter beherrschbarer Grenzbereich
- Erweiterte ESP-Funktionalität
- Kürzeste Brems- und Anhaltewege
- Minimierte Aufbaubewegungen, sprich: situationsoptimierter Fahrkomfort
- Agiles Fahrverhalten und dadurch Fahrfreude
- Minimierter Bedienaufwand beim Bremsen und Spurhalten (Lenken)
- Verbesserte Fahrzeugverfügbarkeit
- Kundenmehrwertfunktionen.

Die Vorteile für den Fahrzeughersteller sind:

- Modularer Baugruppencharakter (Plug und Play)
- Intelligente Corners, smarte Aktuatoren
- Sichere und zuverlässige E/E-Architektur, dadurch reduzierte Garantie- und Kulanzkosten
- Einbringbarkeit eigener Funktionssoftware
- Größere Freiräume und bessere Wirtschaftlichkeit bei der Fahrwerksabstimmung
- Geringere Fahrzeugherstellungskosten.

29.7.4 Der umfassende Sicherheitsgedanke

So wie die Chassissysteme der aktiven Fahrsicherheit im intelligenten Fahrwerk der Zukunft zusammenwachsen, um die steigenden Ansprüche an Fahrsicherheit zu erfüllen, ist auch eine Integration von aktiven und passiven Sicherheitssystemen absehbar. Ein erster Schritt hierzu wurde 2002 von Mercedes-Benz mit dem System Pre Safe getan. Dieses System nutzt Sensoren des ESP und des Bremsassistenten, um bei drohenden Unfällen rechtzeitig vor dem eventuellen Crash die Fahrzeuginsassen durch

- Straffen der vorderen Sicherheitsgurte mittels reversibler Spannvorrichtungen

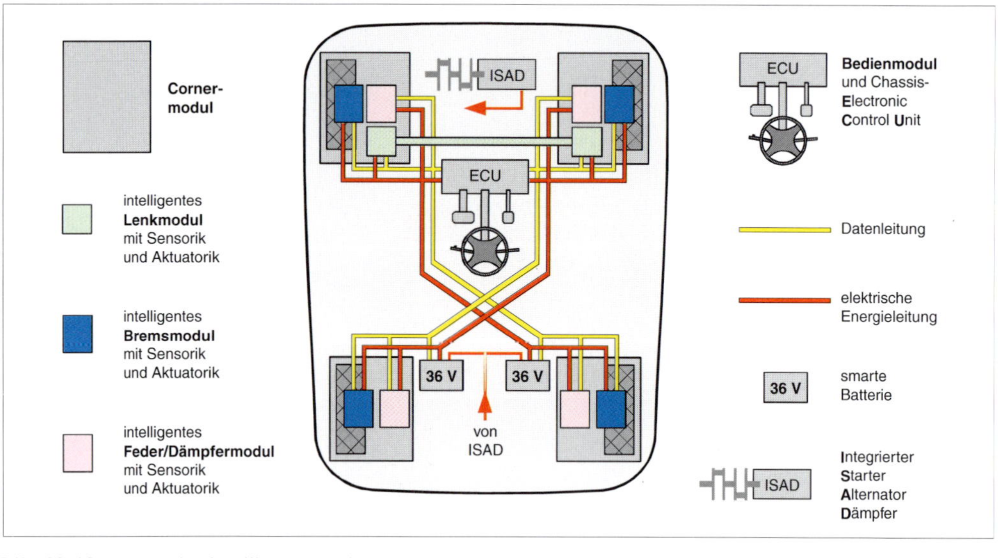

Bild 29-13 Layout des intelligenten Fahrwerks

- Optimierung von Kissen- und Lehnenneigung des Beifahrersitzes sowie seiner Position in Längsrichtung
- Optimierung der Sitzkissenneigung der elektrisch einstellbaren Einzelsitze im Fond
- Automatisches Schließen des Schiebedachs

besser vor den Folgen eines Unfalls zu schützen. Dieses System nutzt die Erkenntnis, dass Schleudern, plötzliches Ausweichen oder eine Notbremsung mehr als zwei Dritteln aller schweren Unfälle vorausgehen. Diese Phase kann bis zu einer Sekunde dauern und für eine entsprechende Vorkonditionierung auf den Ernstfall hin genutzt werden.

29.7.5 Fernziel Unfallvermeidung

Die heute schon weit verbreitete dynamische Funkleitnavigation mit Anbindung an das GSM-Mobilfunknetz hat das Potenzial, verlässlich über aktuelle Staus oder Gefahren auf der geplanten Fahrtroute zu informieren. Mit zunehmender Präzision der elektronischen Straßenkarten und der Positionsbestimmung des Fahrzeugs (Map Matching) werden weitere neue Funktionen denkbar wie beispielsweise die Vernetzung des elektronischen Stabilitätsprogramms mit dem adaptiven Tempomat ACC. Der wird mit erweiterter Sensorik (Kamera mit Bildverarbeitung und Infrarot-Fahrspurerkennung) Fahrbahnmarkierungen maschinell auswerten und so einen weiteren Schritt in Richtung sicheres Fahren leisten. Erkennt der Chassisregler eines derart ausgestatteten Fahrzeugs aufgrund der zusätzlichen Navigationsdaten, dass das Auto für die kommende Haarnadelkurve zu schnell ist, könnte dies zur Fahrerwarnung, zur Vorladung des Bremssystems oder gar in der visionären Endstufe zu einem autonom eingeleiteten Bremsvorgang führen (Bild 29-14).

Mit steigender Zuverlässigkeit der Verkehrsinformationen, die über das Autoradio (Traffic Message Channel) oder digitale Kommunikation in den Fahrwerksrechner gespeist werden, lässt sich die Vision der aktiven Unfallvermeidung durch vernetzte elektronische Komponenten weiter ausmalen: Droht auf dem demnächst passierten Streckenabschnitt Glatteis oder ist die Fahrbahn wegen eines Unfalls oder einer Baustelle blockiert, kann die Elektronik den Fahrer warnen oder gar das Auto durch aktive Eingriffe in Lenkung und Bremse verzögern. Drive by Wire wird zur „Enabling technology“, die das Auto sehen und hören lehrt. Eingedenk der Ansprüche, die eine so komplexe Vernetzung von Chassissystemen untereinander und mit der Außenwelt stellt, ist es bis zum Auto, das Unfälle aktiv vermeidet, ein langer Weg. Er wird noch Jahrzehnte in Anspruch nehmen. Doch mit den By-Wire-Systemen von heute und morgen und ihrer Bündlung im intelligenten Fahrwerk ist er zu bewältigen.

Literatur

[1] *Donges, E.:* Das Prinzip Vorhersehbarkeit als Auslegungskonzept für Maßnahmen zur Aktiven Sicherheit im Straßenverkehrssystem. Berlin: VDI-Gesellschaft Fahrzeugtechnik (1. Fachtagung, Das Mensch-Maschine-System im Verkehr 19./20. 3. 1992

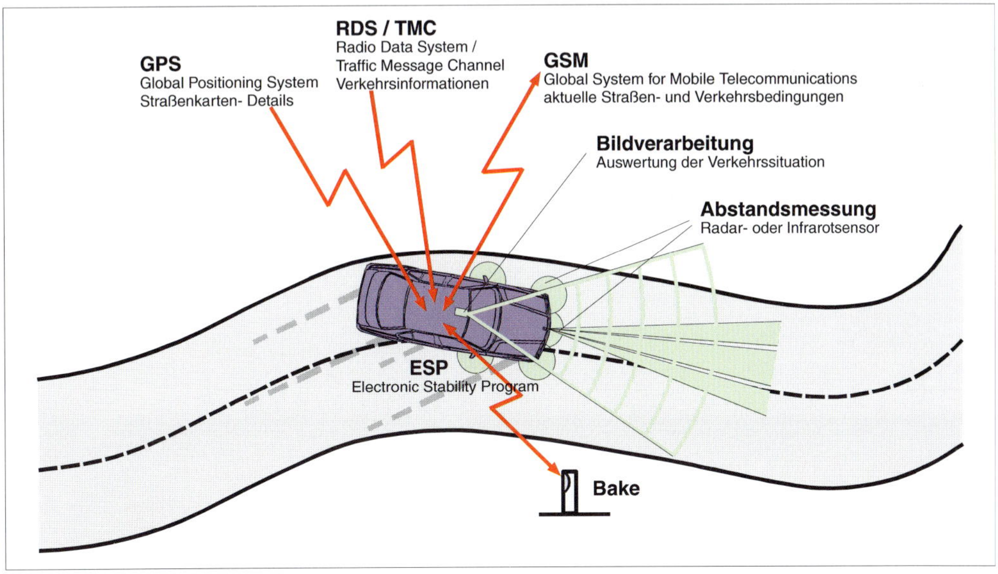

Bild 29-14 Das mit Kameras, Radar und Telematik eingebundene Auto der ferneren Zukunft wird Unfälle aktiv verhindern können

[2] *Rieth, P.; Drumm, S.; Harnischfeger, M.*: Elektronisches Stabilitätsprogramm: die Bremse, die lenkt. Landsberg/Lech: Verlag Moderne Industrie, 2001
[3] *Rieth, P.*: Autonome Bremssysteme. Frankfurt: Continental Teves AG & Co. oHG, 1999
[4] *Rieth, P.*: Brake by Wire: Bremsentechnologie im Wandel. Frankfurt: Continental Teves AG & Co. oHG, 1999
[5] *Rieth, P.*: Technologie im Wandel: X-by-Wire. Vortrag auf der Fachkonferenz „Neue Elektronikkonzepte in der Automobilindustrie" des Institute for International Research IIR, Stuttgart, 1999
[6] *Beller, H. A.; Rieth, P.*: Mit Total Chassis Management auf dem Weg zum intelligenten Fahrwerk. Vortrag auf dem XX. μ-Symposium Bad Neuenahr, 2000, VDI-Fortschritt-Bericht Reihe 12 Nr. 440
[7] *Eckert, A.; Drumm, S.; Rieth, P.*: Global Chassis Control, das Chassis im Reglerverbund. Vortrag auf der Tagung Fahrwerkstechnik Osnabrück, 2001

Bilder: Continental AG außer 26-5 (Bosch) und 26-6 (BMW)

Sachwortverzeichnis

A
Ablaufbremsanlage 187
Abnahme 216
Abrasivstoff 341
Abreissbremse 193
Abrollkomfort 305
ABS 8, 19, 22, 307
ABS-Anlage 76
ABS-Lampe 296
ABS-Prüfstand 351
ABS-Pumpe 9
ABS-Regelung 278
ABS-Regler 8
ABS-Ventil 22
Abstandsregelanlage 243
Abstandsregelsystem 241
Abstandsregeltempomat 142, 143, 261
Abtriebskraft 17
Achslastverlagerung 258
Achslastverteilung 8
Achssystem 302
Adaptive Cruise Control (ACC) 9
Adhäsionsreibung 49
Adler-Werke 3
Aktor 255
Alfred Teves 3
Anfahrhilfe 263
Anforderprofil an Reibbelag 335
Anhalteweg 12, 267
Anhängersteuerventil 128
Ansprechen 26
Ansprechschwelle 188
Ansprechverhalten 33, 72
Ansteuerung 213
Anti-Blockiersystem 8, 135, 220, 300
Anti-Skid 8
Antimon 339
Antioxidationsmittel 345
Antriebsanlage 209
Antriebschlupfregelsystem (ASR) 77
Antriebsschlupf 9
Antriebsschlupfregelung (ASR) 279
Antriebsschlupfregler 287
Antrittskraft 28
Arbeit 251
Asbest 338
Außenbandbremse 1
Aufbaudämpfung 302
Aufbaunicken 24
Auflaufbremsanlage 372
Auflaufeinrichtung 187
Auftriebsbeiwert 17
Ausbaufederung 302
Ausbrechen 3
Ausfallkriterien 70
Ausfallsicherheit 262
Ausfallwahrscheinlichkeit 15
Ausgleichsbehälter 235
Ausgleichskammer 236
Auslassventil 179
Auslegung einer Bremsanlage 120
Aussteuerpunkt 28, 66
Automatisch lastabhängige Bremskraftsteuerung (ALB) 130
automatische Fahrzeugführung 143
automatisches Abbremsen 218
automatisches Verschleißnachstellsystem 148
axialer Schlag 328

B
Bagger 198
Bahnführungsebene 388
Bandbremse 1
Batterie 257, 258
Bauraumausnutzung 28
Bedämpfung 244
Bedrosselung des Bremspedalgefühls 76
Beharrungsbremsung 11
Beharrungstemperatur 315
Beladungszustand 26, 397
Belagauftrag 329
Belagkompressibilität 303
Beläglebensdauer 72, 73
Belagrückenplatte 35
Belagstandfestigkeit 72
Belagverschleiß 273
Belagverschleißverhalten 72
Belagverschleißwarnsystem 75
Belastungsgrenze 326
Belastungskenngröße 315
Bendix 7
Bertha Benz 2
Beschleunigungsregelung 277
Betätigungseinheit 70, 245, 262
Betätigungseinrichtung 62
Betätigungsarbeit 251
Betätigungsdynamik 254, 259
Betätigungseinrichtung 179, 241, 244, 256, 371
Betätigungsenergie 261
Betätigungskraft 4, 251
Betriebsbremsanlage 62, 245, 258, 371
Betriebsbremse 2
Betriebsbremszylinder 148
Betriebsfestigkeit 265
Beurteilungskriterien 315
Bindemittel 341

Biolöslichkeit 339
Blei 339
Blendenauslegung 76
Borsäureester 345
Brake Pedal Unit (BPU) 80
Brake-by-wire 185, 219, 241, 256, 311, 393
Brake-by-wire-Anlage 243, 244
Brake-by-wire-Bremsanlage 79
Brake-by-wire-System 242, 244
Brems-Antriebsschlupfregelung (ASR) 9
Bremsabstützgerade 162
Bremsanlage für mittlere und schwere Nutzfahrzeuge 128
Bremsassistent (BAS) 9, 141, (BA) 290
Bremsbalanceverstellung 233
Bremsband 1
Bremsbelag 1, 18, 36, 152, 172, 255, 334
Bremsbelagverschiebung 248
Bremsbelagverschleißregelung 142
Bremsdruckabbaugeschwindigkeit 254
Bremsdruckminderer 22, 65
Bremsdruckregler 245
Bremsdynamik 63
Bremse 62
Bremsenansprechdauer 13
Bremsenantrieb 254
Bremsenbetätigung 246, 251
Bremseneigenmasse 255
Bremsenergie 217, 223
Bremsenergierückführung 247
Bremsengeräusch-Prüfstand 354
Bremsenkennwert C^* 67, 146, 248, 251, 255, 259, 308
Bremsenknurpsen 35
Bremsenkreisaufteilung 68
Bremsenkühlung 33
Bremsenmanagement 207
Bremsenquietschen 35, 379
Bremsenreibradius 251
Bremsenrubbeln 33, 303
Bremsenschwelldauer 13
Bremsenschwingung 154
Bremsenselbstverstärkung 255, 259
Bremsenspannenergie 259
Bremsenspannkraft 251, 252
Bremsentemperatur 293
Bremsenübersetzung 255
Bremsenvorschrift 369, 370
Bremsfallschirm 217
Bremsflüssigkeit 5, 18, 19, 36, 241, 293, 345, 378, 384
Bremsflüssigkeitseigenschaft 346
Bremsflüssigkeitstyp 345
Bremsflüssigkeitswechsel 346
Bremsgeräusch 33, 327
Bremsgestänge 177
Bremshebel 181
Bremsklappe 217
Bremsklotz 1
Bremskolben 3, 218
Bremskomfort 303
Bremskraft 173, 247, 252
Bremskraftminderer 9
Bremskraftregler 252
Bremskraftsteuerung (ALB) 123
Bremskraftsteuerventil 138
Bremskraftübertragung 3
Bremskraftverteilung 14, 21, 261
Bremskraftverteilungsdiagramm 64
Bremskreisaufteilung 69
Bremskreisausfall 126
Bremsleistung 17, 71, 173, 184
Bremslichtschalter 184
Bremsmoment 151, 173, 252
Bremsmomentsensor 226
Bremsnickausgleich 162
Bremspedalcharakteristik 303
Bremspedalgefühl 26
Bremspedalverstärkung 244
Bremsprüfung 205
Bremsregelsystem 9
Bremsring 170
Bremsscheibe 5, 153, 170
Bremsscheibenschirmung 175
Bremsschlauch 378
Bremsschlupf 9
Bremsschlupfregler 285
Bremsschuh 1
Bremsschwingung 327
Bremsstabilität 14
Bremsumfangskraft 251, 254
Bremsventil 130, 226
Bremsweg 12, 17
Bremswegverlängerung 14
Bremswelle 247
Bugradar 9
Bugradlenkung 219

C

C^*-Wert 4
Cadmium 339
CAN-Bus 266
Carbon 227
Carl Friedrich Benz 1
Computational Fluid Dynamics 83
Corrective Liners 336
Coulomb'sches Reibungsgesetz 83
Crash 36
Crashverhalten 35, 271

D

Dampfblasen 5
Dampfblasenbildung 19, 175, 384
Dämpferregelung 306
Dämpfung 302, 328
Darmstädter Reifensensor 312

Datenbus 301
Dauerbremsanlage 132
Dauerbremsung 247
Dauerfestigkeit 358
Dauerhaltbarkeit 303
Deichselkraft *D* 187
Diagnosetestgerät 385
Diagonalaufteilung 5, 69
diagonale Bremskreisaufteilung 8
Diagonalkreis 6
Dickenabweichung 73
Doppelkupplungsgetriebe 392
Dosierbarkeit 7, 26
Dröhnen 34
Druckabbauzeit 255
Druckkolben 235
Druckluftbehälter 3
druckluftbetätigte Scheibenbremse 147
Druckluftbremsanlage 371
Druckmodulator 179, 244, 245
Druckpunktgefühl 172
Druckregeleinheit 244
Druckregelkreis 244
Drucksensor 266
Druckstange 235
DTV-Test 331
Dunlop Maxaret 8, 220
Duo-Duplexbremse 5
Duo-Servo 5
Duplex-Trommelbremse 4
dynamische Instabilität 329
dynamische Stützlast P_S 193

E

(EBV) 22
ECE-Regelung 13, 368
Echtzeit-Simulation 81
Edelstahlbremsscheibe 172
EHB 243, 257, 259, 261
EHB-System 244, 245
Eigendiagnose 263
Einfluss von Motorbremsmoment, Massenträgheitsmoment und Bremsmoment von Dauerbremsanlage 124
Einlassventil 179
Einlaufprozess 317
Einlaufvorgang 19
Einspurfahrzeug 159
Einspurmodell 284
Eisschicht 325
Elastizität 26
Elastokinematik 301
Elastomerlager 305
Elch-Test 283
Electro-Hydraulic Control Unit (EHCU) 80
Electronically Controlled Deceleration (ECD) 289
Elektrifizierung 246
elektrisch betätigte Fahrzeugbremse 247
elektrisch betätigte Radbremse 246, 248, 252
elektrisch betätigte Reibungsbremse 247
elektrisch betätigte Trommelbremse 246
elektrische Feststellbremsbetätigung 256
elektrische Feststellbremse 258
elektrische Leistung 242
elektrische Parkbremse 273
elektrische Übetragungseinrichtung 246
elektrischer Energieverbrauch 247
Elektro-Hydraulische Bremsanlage (EHB) 79
elektrodynamische Bremse 247
elektrohydraulisch betätigte Bremse 261
elektrohydraulische Bremse (EHB) 31
elektrohydraulischer Wandler 246
elektrohydraulisches Bremssystem (EHB) 244
elektromagnetische Bremse 179
elektromechanisch betätigte Radbremse 258
elektromechanische Bremse (EMB) 271
elektromechanische Radbremse 272, 309
elektromechanischer Wandler 247, 248, 258
elektromechanisches Bremssystem 246
Elektronik 242, 257
elektronische (aktive) Bremskraftverstärker 79
elektronische Bremskraftverteilung (EBV) 9, 289
elektronische Differenzialsperre (EDS) 9
elektronische Vernetzung 144
elektronisches Bremsenmanagement 137
elektronisches Stabilitätsprogramm (ESP) 9, 75, 276, 281
elektronisches System 361
EMB 243, 247, 257, 259, 261
EMB-System 256
EMV 223
Encoder 254
Energie 246
Energiebedarf 250
Energieerzeugung 256
Energiefluss 242
Energiekopplung 241
Energierückgewinnung 394
Energiespeicher 256, 257, 371
Energieübertragungsmedien 242
Energieversorgung 128, 256
Energieversorgungseinrichtung 62
Entsorgung von Bremsflüssigkeit 349
Erdbaumaschine 199
ergonomische Fahreranbindung 240
ESP II 394
EU-Altautoverordnung 340

F

Fading 7, 18, 70, 147
Fahrbahnprofil 51
Fahrdynamik 304
Fahrdynamikregelung 283
Fahrerassistenz 78
Fahrerassistenzsystem 11, 292
Fahrerhandlung 10

Fahrerinformation 10
Fahrerverhalten 38
Fahrfußkraft 261
Fahrkomfort 302
Fahrsicherheit 302
Fahrsicherheitssysteme 276
Fahrstabilität 57, 269, 276
Fahrverhalten 301
Fahrwerk 300
Fahrwerk(regel)system 304
Fahrwerklager 314
Fahrwerksystem 304
Fahrzeugreaktion 10
Fahrzeugregelkreis 243
Fahrzeugstabilität 279
Fahrzeugstabilität beim Bremsen 120
Fail-safe 256
Failure-Mode und Effekt Analyse (FMEA) 62
Faser 338, 342
Faustsattel 8
Feder 131
Federal Motor Vehicle Safety Standards (FMVSS) 369
Federspeicherzylinder 148
Federsystem 252
Federung 302
Fehlerbaumanalyse 375
Fehlerdiagnose 218
Fehlerfall 218
Festhaltebremsung 11
Festsattel 167
Festsattel-Scheibenbremse 5, 8
Feststellbremsanlage 62, 371
Feststellbremse 5, 206, 209, 245, 256
Finite-Element Methode 330
Flächenpressung *p* 324
flächenbezogene Reibarbeit 315
Flämmen 344
Fliehkraftmoment 23
Flugzeug 217
Flugzeugbremse 228
FMEA 360, 375
fremdansteuerbares Bremsgerät 243
Fremdeingriff 243
Fremdkraftanlage 390
Fremdkraftbremsanlage 242, 245, 256
Fremdkraftbremse 261
Fritz Oswald 8
Fußhebelwerk 35
Fühlkolben 66
Funktionsmechanismus 318
Funktionsstoff 341
funktionstüchtige Paarung 322
Funktionsüberwachung 256

G

Gefahrenbremsung 13
Gegenwerkstoff 324
Gehäusedesachsierung 73
Generator 256
geometrische Instabilität 329
Geradeausfahrt 159
Geräuschentwicklung 172
Geschichte 1
Gesetz 378
Gespann 187
Getriebe 247, 248, 252, 256
Getriebebremse 7
Getriebesystem 272
Getriebewirkungsgrad 248
Gewindetrieb 272
Giergeschwindigkeit 23
Giermoment 21, 277
Giermoment-Aufbauverzögerung (GMA) 278
Giermomentenbeeinflussung 24
Gierrate 9
Gleiskette 209
Gleitgeschwindigkeit 49
Gleitschutzregler 8
Global Chassis Control 394
Glykolen 345
Glykolether 345
Goodyear 7
Gottlieb Daimler 1
Grenztemperatur 323
Größeneinfluss 325, 326
Gruppenfreistellungsverordnung 363
Gummi 49
Gummi-Metall-Elemente 305
Gummireibung 49, 52
Gütegrad 14

H

Haftgrenze 317
Haftwertausnutzung 13, 65
Handbremshebelkraft und -weg 81
Handkraft 166
Hardware in the Loop (HIL) 81
Harmonisierung 377
Härtung 343
Harz 341
Hauptbremszylinder 3, 70, 78, 245
Hauptuntersuchung 364
Heißpressen 343
Heissrubbeln 328, 379
Hermann Klaue 7
Heulen 327
Hilfsbremsanlage 62, 371
Hilfsbremswirkung 244, 261
Hilfskraftanlage 390
Hilfskraftbremsanlage 7
Hill Holder-Funktion 274
Hilldescent (HDC) 289
Hinterachsanteil 63
Hinterachsenlenkung 24
hochfrequentes Geräusch 328

hochfrequentes Quietschen 328
Hochleistungssekundärretarder 215
Hochleistungsstops 72
Homologation 363, 379
Hybridbremse 394
hybride 258
Hybridsystem 258
Hydraulikeinheit 262
Hydraulikpumpe 179
hydraulische Radbremse 303
hydraulische Rückfallebene 80
Hydrobuchse 305
Hygienebestimmung 348
Hygienemaßnahme 348
Hygroskopizität 347
Hysterese 244
Hysteresereibung 50

I
ideale Bremskraftverteilung 14
Idealverteilung 65, 183
Informationsverarbeitungsprozess 42
Initialfading 174
Innenbandbremse 1
innere Verstärkung C^* 4, 248
installierte Bremskraftverteilung 65
installierte Verteilung 69
Integralbremssystem 176, 182, 183
Integralbremswirkung 179
integrierte Feststellbremse 259
Intensivmischer 343

K
Kaltrubbeln 154, 328, 379
Kaltverschleiß 261
Kamm'scher Kreis 23
Karbonbremsbelag 237
Karbonbremsscheibe 237
Karl Wessel 8
Kautschuk 340
Keilbremse 1, 309
Keile 1
Kennwerteingriff 259
Kennwertschwankung und ihr Einfluss auf die Bremskraftverteilung 126
Keramik 30
Kettenfahrzeug 209
Kettenfahrzeugbremse 209
Kinematik 301
Kippmoment 159
Klotzbremse 1
Knarzen 176, 327
Kneter 342
Kombinationsbremssystem 214
Kombisattel 274
Komfort 73
Komfortbremsung 26
Komfortuntersuchung 334
Komfortverhalten 74
Kommunikation 256
Kompatibilität zwischen Zug- und Anhängefahrzeug 141
Komponentensimulation 85
Kompressibilität 328
Kompressor 3, 128
Konvektion 32
Korrosion 172
Korrosionsbeständigkeit/Bauteillebensdauer 72
Korrosionsinhibitor 345
Korrosionsschutz 36
Kraft/Weg-Charakteristik 243
kraftgesteuert 250
Kraftschätzung 254
Kraftschluss 10, 20, 49
Kraftschlussbeiwert 9, 12
Kraftschlussgrenze 19
Kraftübersetzung 189
Kraftübersetzung i_{Hk} 193
Kranhubwerk 323
Kreiselkraft 159
Kühlkanal 32
Kupfer 340
Kurvenbacke 191
Kurvenbremsverhalten 267
Kurvenfahrt 159
Kurvenstabilität 279
Kutsche 1

L
Lageregelung 252, 254
Lageregler 252
Lagerung 349
Lagesensor 254
Lamellenbremse 201, 211
Latsch 20
Lebensdauer/Verschleiß 72
Leerlaufmoment 204
Leerweg 26, 268
Leerwege 71
Leistungsdichte 326
Lenkbarkeit 276
Lenkkopfwinkel 163
Lenkraddrehschwingungen 33
Lenkradwinkel 9
Lenkrollradius 8, 24
Lenkung 276
Lenkunruhe 303
Lkw 138
Lockheed 3
lokale Reibflächentemperatur 315, 322
lokale Reibungszahl 322
lokale Temperatur 322
Löseverhalten 245, 254
Low Steel 336
Lüftspiele 26, 149, 241, 249, 250, 252, 254, 268, 303

Luftfederfahrwerk 396
Luftwiderstand 17
Luftwiderstandsbeiwert 17

M
Magnetfeldbremse 247
Magnetventil 266
Manschette 236
Masse 256
Massenträgheitsmoment 326
massive Scheibe 326
Materialkonzept 335
Materialverträglichkeit 345
McPherson 28
mechanische Verankerung 338
Mechatronik 300
mechatronischer Eingriff 255
Mehrkörper-Simulation 84
Mehrscheibenbremse 212, 217
Membranzylinder 131
Mensch-Maschine-Interaktion 38
Mensch-Maschine-Schnittstelle 241, 390
Messreihe 315, 316
Metall 342
30-Meter-Auto 398
Methode des Mehrkörpersystems 330
militärisches Fahrzeug 209
Mineralöl 345, 346
Mischungsherstellung 342
mittlere flächenbezogene Reibleistung 315
mittlere Vollverzögerung 366
Mobilität 387
modifizierte Individualregelung 135
Modul 49
Momentanpol 24
Motor 248
Motor Vehicle Working Group 369
Motor-Schleppmomentregelung (MSR) 281
Motorbremssystem 132
Motorrastmoment 256
Motorschleppmomentregelung 286
MTBF 360
Muhen 327
Muskelkraft 6, 261
Muskelkraftanlage 245

N
Nachlaufbohrung 235
Nachstellfaktor 149
Nachstellung 131
NAO 336
Nasse Bremse 201
Nasssiedepunkt 385
National Highway Traffic Safety Agency (NHTSA) 368
Navigationsebene 388
Nickausgleich 25
Nickmoment 23
Nickpol 24, 162
Niederdruckspeicher 77
niederfrequente Schwingung und Geräusch 327
niederfrequentes Quietschen 327
Niedrigreibwert 255
Norm 346
Normalbremsung 26
Normung 370
Notbremssituation 38, 244
Notbremssystem 221
Notbremsung 9, 267, 313, 399
Notstoppbetrieb 326
Nutzfahrzeug 143, 216
NVH-Prüfprogramm 355
NVH-Prüfstand 354

O
Oberflächenrauhigkeit 324
Off-Road Fahrzeug 198
offenes System 75
Ökologie 338
Ölnebel 326
On-Board-Diagnose 364, 365, 366
Originalbremssystem 326

P
Parkbremse 218, 274
Parkbremssystem 221
Passabfahrt 18
Patentwagen 1
Pedalcharakteristik 26, 272
Pedaleinheit 65
Pedalgefühl 70, 261, 272
Pedalkraftverlauf 26
Pedalsignal 226
Pedalsimulator 245
Pedalvibration 241, 271
periodische Veränderung der Reibringtemperatur 321
Pfeifen 328
physikalisch/chemische Eigenschaft 334
physikalische Instabilität 329
Planetengetriebe 272
Plunger 181, 245
Plunger-System 181
Positionierbarkeit 252
Pressen 343
Primärretarder 214
Proportionalventil 181
Protektor 19
Prüfanschluss 371
pulsweitenmodulierte Signale 252
Pumpenleistung 77
Pumpenmotor 295

Q
Querbeschleunigung 9, 23
Quietschen 7, 176

R

Radarsensor 143
Radaufhängung 301
Radbremse 1
Radbremsenansteuerung 241
Radbremszylinder 3
Raddrehzahl 9
Raddrehzahlsensor 9
Radeigenfrequenz 306
Radelementmethode 330
Radlader 198
Radlast 17, 302
Radlaständerung 178
Radlastschwankung 20, 57
Radnabe 28
Radrollradius 276
Radschüssel 28
Radstellungsparameter 301
Raureifschicht 325
Reaktionsdauer 13
Reaktionsscheibe 66
Reaktionszeit 42, 268
recycelte Bremsflüssigkeit 349
Redundanz 256
Referenzgeschwindigkeit 178, 278
Regel 378
Regeldynamik 248
Regeleinheit 179
Regelkreis 26
Regelsysteme 276
Regelung 256
Regenerationsfähigkeit 318
Regenerationsphase 322
Reibbelag 247, 248, 334
Reibenergie 323
Reibenergie q 323
Reibflächengrundtemperatur 315
Reibflächentemperatur $\vartheta(t)$ 316, 323
Reibflächentemperaturverteilung 321
Reibintensität 322
Reibleistung $\dot{q}$ 323
Reibpaarung 36, 202
Reibradius 251
Reibring 34
Reibschicht 317
Reibschichtbildung 317
Reibschwingungskennzahl 320
Reibschwingungsneigung 320
reibtechnische Eigenschaft 334
Reibungsbremse 210, 247, 248, 252
Reibungskennzahl μ_m 316
Reibungszahl $\mu(t)$ 316
Reibwerkstoff 228, 324, 338
Reibwert 308, 313
Reibwert-Prüfstand 352
Reibwertabfall 31
Reibwertempfindlichkeit 255
Reibwertschwankung 7, 259
Reifen 21, 49, 302
reifengefederte Masse 247, 302
Reifenlängskraft 19
Reifenlatsch 307
Reifenluftdruck 313
Reifenmodell 55
Reifenoberfläche 19
Reifenschlupf 276
Reifensensor 311
Rekuperation 36, 247
Rennbremsanlage 233, 235
Rennfahrzeug 17
Rennwagen 231
Resonanzschwingung 74
Restbremsmoment 241, 273
Restschleifmoment 72
Retarder 133
Reynolds-Bremse 4
Richtlinie 378
Risikoanalyse 361
Risikograph 362
Roll-over-Protection 141
Rollen-Bremsprüfstand 350
Rollmembran 7
Rollwiderstand 17
Rollwinkel 160
rotatorisch 247
Rubbeln 154, 327
Rückstellmoment 54, 190, 242, 244, 261, 295
Rückfallebene 271
Rückfördersystem 292
Rückrollsperre 142
Run-Out 328

S

Sattelfestigkeit 303
Saugrohrunterdruck 31
SBC 268
Schaben 176
Schädigungsphase 322
Schaltventil 9
Scheibenbremse 1, 7, 18, 201, 217
Scheibendickenschwankung (DTV) 328
Scheibenschlag 34
Schiebesattel-Scheibenbremse 147
Schiefziehen 3, 6, 8
Schirmung 34, 83
Schleudern 56, 399
Schlupf 11
Schlupfgeschwindigkeit 276
Schlupfregelung 277
Schmiermittel 341
Schmierstoff 248
Schräglaufwinkel 24, 54, 276
Schrägverschleiß 73
Schubumkehr 217
Schutzventil 244, 245
Schwarzweiß-Aufteilung 5

Schwellzeit 254
Schwenklager 28
Schwermetall 339
Schwimmfaustsattel-Bremse 8
Schwimmrahmen-Bremse 8
Schwimmrahmensattel 8
Schwimmsattel 167
Schwimmwinkel 21, 282
schwingende Temperatur 319, 320
schwingende Verschleißkurve 320
Schwingung 35
Schwingungsisolation 305
Schwungmassen-Bremsenprüfstand 353
Schwungmassenprüfstand 315
Seilzeug 177
Seilzug 7
Seitenführungskraft 54
Seitenkraft 22
selbstbelüftende Scheibe 326
Selbstblockade 250, 259
selbstfahrende Arbeitsmaschine 198
Selbstverstärkung 7, 146, 307
Selbstverstärkungseffekt 30
Selbstzertifizierung 368
select low 24
Select Low Regelung 279
semimetallischer Reibbelag 336
Semimets 336
Sensorik 252, 263
Sensorreifen 254
separate Vorladepumpe 79
Servo-Bremse 5
Shift-by-wire 391
Sicherheitsabstand 9
Sicherheitsdatenblatt 349
Sicherheitsfunktion 240
Sicherheitsüberwachung 252
Sidestick 243
Signalankopplung 255
Signalkopplung 241
Silica 59
Silikonester 345, 346
Simplex-Trommelbremse 67
Simplexbremse 2, 4
Sinterbelag 170
Sintermetallbelag 171, 172
Smart Booster 243, 296
sortenreines Sammeln 349
Spannarbeit 251, 252
Spannkraft 166, 173, 252, 272
Spannkraftdosierung 243
Spannkraftregelung 254
Spannkraftsensor 254
Spannverhalten 254
Spannweg 249, 251
spezifische Bremsleistung 155
Spreizachse 29
Spreizhebel 1
Springer 27, 244
Spurwinkel 301
Stabilität 17, 21, 159
Stabilitätsebene 388
Stabilitätsgrenze 14
Stabilitätsregelung mit integrierter Überschlagverhinderung 140
Starrkörpermodell 330
Staudrucksystem 184
Steer-by-wire 393
Steifigkeit 29, 248, 251
Stellweg 248
Steuerelektronik 184
Steuergerät 256
Stick-Slip 35
Stoppbremsung 18, 247
Störkrafthebelarm 29
Straßenbeschaffenheit 26
Straßenfahrzeug 3
Stromregelung 252, 254
Stromsensor 254
Stromstärke 252
Sturzwinkel 301
Systemarchitektur 314
Systemleistung 77

T

Tandemhauptbremszylinder (THZ) 6
Tangentialkraftverteilungs-Diagramm 63
technische Überwachung 370
Teilbelag-Scheibenbremse 7
Teilbelagscheibenbremse 1, 307
Telelever 166
Temperaturverlagerung 321
Temperaturverteilung 319
thermische Auslegung 71
thermische Belastung 315
Throttle-by-wire 391
Tilger 305
Torque-Motor 248
Totpunkthebel 192
Traktionsregelung 136
Traktionsvermögen 78
Translator 248
translatorisch 247
Transportleistung 387
Triebwerk 209
Triebwerksbremsschub 223
Trommelbremse 1, 18, 67, 200, 308, 323

U

Übertragungseinrichtung 70, 173, 178, 189, 220, 241, 244, 247, 248, 252, 254, 256, 371
Überbremsen 165
Überlagerungslenkung 24
Übertragungseinrichtung 62
Umgang mit Bremsflüssigkeit 348
Umwelteinfluss 325

Umweltschutz 36
umweltverträgliche Wartbarkeit 240
Umweltvorschrift 387
UN-ECE 369
Unfallvermeidung 399
Unterdruck 7, 261, 271
Unterdruckpumpe 261
Unterdruckverstärker 66

V
Vakuum 28
Vakuum-Bremskraftverstärker 7
Ventil 7
Ventilblock 219
Venturi-Prinzip 31
Verfügbarkeit 361
Verkehrssicherheit 387
Vernetzung 300, 389
Verschleiß 2, 7, 228, 249
Verschleißgrad 155
Verschleißkontrolleinrichtung 382
Verschleißlebensdauer 155
Verschleißmechanismus 334
Verschleißnachstellung 249, 250, 371
Verschleißsensierung 150
Verschleißwegnachstellung 250
Verschleißzeitraum 73
Verstärkung 264
Verstärkungsverhältnis 244
Verstelldämpfer 304
Verteilung der Bremskraft auf die Achse 120
Vertikaldynamik 307
Verträglichkeit 347
Verzögerung 5
Verzögerungsbremsung 11
Vierkreisschutzventil 128
Vierradbremse 2
Viskosität 347
Vollbelag-Scheibenbremse 7
Vollbelagbremse 7
Vollbremsung 17, 26
Vollverzögerung 373
Volumenaufnahme 18, 71, 72, 261
Vordimensionierung 326
Vorladepumpe 9
Vorladung 79
Vorschrift 368

W
Wandler 243, 248, 251, 252
Wandlerenergie 251
Wärmestrahlung 32, 72, 226
Warmpressprozess 343
Warmrubbeln 155
Wartungsarbeit 380
Wasseraufnahme 347
Wechselintervall 346
Wegsensor 181
Wegsteuerung 250
Wegübersetzung i_HW 193
WHO 338
Wilhelm Maybach 1
Windkraftanlage 323
Wirkungsgrad 3, 4, 251, 256
Wöhlerkurve 358

X
X-by-wire-System 144

Z
Z-kritisch 65
Zahnsegmenthebel 192
Zentralventil 292
Zirpen 328
Zugmaschine 199
Zulassung 368
Zulassungsvorschrift 368
Zusatzkraft K 189
Zuspannverhalten 254
Zustandsregler 285
Zuverlässigkeit 15, 360
Zweischeibenbremse 213
Zwischenschicht 338

μ-split 240
71/320/EWG 368
42-Volt-Bordnetz 394

Autoelektrik/Autoelektronik

Die stürmische Entwicklung der Autoelektrik/Autoelektronik hat in hohem Maß Einfluss auf die Ausrüstung der Kraftfahrzeuge genommen. Aus diesem Grund wurde eine weitere Neubearbeitung des bewährten Praxis-Leitfadens notwendig. Die 4. Auflage wurde noch stärker in Richtung Elektronik und deren Anwendung im Kraftfahrzeug ausgerichtet. Sie wurde um „Mikroelektronik" und „Sensoren" ergänzt. Damit kamen Grundlagen und Bauelemente der Elektronik und Mikroelektronik sowie Messgrößen, Messprinzipien und die Vorstellung konkreter Sensoren mit deren Signalaufbereitung hinzu.

Der Inhalt

- Bordnetze mit Leitungsdimensionierung, Steckverbindungen, Schaltzeichen und Schaltplänen
- Elektromagnetische Verträglichkeit (EMV) und Funkentstörung
- Starterbatterien und Antriebsbatterien
- Generatoren
- Starter
- Entwicklung und Fertigung von Generatoren und Startern
- Werkstatt-Technik (Batterien, Generatoren und Starter)
- Lichttechnik
- Anlagen für Scheiben- und Scheinwerferreinigung
- Mikroelektronik: Grundlagen der Halbleitertechnik, Elektronische Bauelemente, Mikrocontroller, Herstellung von Halbleiterbauelementen und Schaltungen
- Sensoren im Kfz
- Datenverarbeitung und Datenübertragung im Kfz
- Sachwortverzeichnis mit Erläuterungen der Abkürzungen.

Hardcover,
Format 17 x 24 cm,
4., vollständig überarbeitete und erweiterte Auflage,
503 Seiten,
gebunden,
mit zahlreichen Abbildungen.

ISBN
3-528-13872-6

Bosch-Fachbücher – Fachwissen aus erster Hand

Fachwörterbuch Kraftfahrzeugtechnik

Basierend auf der Terminologie der einzelnen Bosch-Fachbücher und des Kraftfahrtechnischen Taschenbuchs sowie diverser Schriften und Begriffssammlungen wird dem Kfz-Fachmann eine Zusammenstellung des aktuellen Fachvokabulars in den Sprachen Deutsch, Englisch und Französisch geboten. Wichtig für alle, die im internationalen Geschäft gesprächsfähig bleiben müssen und auch für neue Systeme und Produkte immer die korrekte Übersetzung benötigen.

Dieses Fachwörterbuch enthält über 7000 Fachbegriffe aus dem Bereich der Kraftfahrzeugtechnik.

Hardcover,
Format 17 x 24 cm,
2., vollständig überarbeitete und erweiterte Auflage,
513 Seiten,
gebunden.

ISBN
3-528-13874-2